新版建筑工程勘察设计规范汇编

本 社 编

中国建筑工业出版社

图书在版编目（CIP）数据

新版建筑工程勘察设计规范汇编/中国建筑工业出版社编.—北京：中国建筑工业出版社，2002
ISBN 7-112-05295-5

Ⅰ.新... Ⅱ.中... Ⅲ.①建筑工程-地质勘探-建筑规范-汇编-中国②建筑工程-设计规范-汇编-中国 Ⅳ.①TU19-65②TU2-65

中国版本图书馆 CIP 数据核字（2002）第 065919 号

新版建筑工程勘察设计规范汇编

本 社 编

*

中国建筑工业出版社出版、发行（北京西郊百万庄）
新 华 书 店 经 销
北京中科印刷有限公司印刷

*

开本：787×1092 毫米 1/16 印张：37½ 插页：3 字数：2000 千字
2002 年 9 月第一版 2003 年 6 月第二次印刷
印数：13001—18000 册 定价：**80.00** 元
ISBN 7-112-05295-5
TU·4942（10909）
版权所有 翻印必究
如有印装质量问题，可寄本社退换
（邮政编码 100037）

本社网址：http：//www.china-abp.com.cn
网上书店：http：//www.china-building.com.cn

建设部关于贯彻执行建筑工程勘察设计及施工质量验收规范若干问题的通知

建标〔2002〕212 号

国务院各有关部门，各省、自治区建设厅，直辖市建委及有关部门，新疆生产建设兵团建设局，各有关协会：

　　为了贯彻执行《建设工程质量管理条例》，加强工程建设标准化工作，我部最近批准发布了《建筑结构可靠度设计统一标准》等 7 项建筑工程勘察设计规范和《建筑工程施工质量验收统一标准》等 14 项建筑工程施工质量验收规范（以下简称"新版规范"，详见附件）。为确保这些新版规范贯彻实施，强化建筑工程管理和技术人员的标准化意识，现将新版规范的贯彻执行有关要求通知如下：

　　一、国务院有关部门、各省、自治区建设厅（直辖市建委）应当认真复审并修订不符合新版规范规定的行业标准、地方标准。

　　二、各标准设计图、计算机软件、工程设计施工指南手册等工程技术文件组织管理单位，应当按照新版规范的规定组织修改。

　　三、各级建设行政主管部门要采取有效措施，按照《实施工程建设强制性标准监督规定》（建设部令 81 号）的要求，结合当地实际情况，认真组织从事建设活动的勘察、设计、施工、监理等管理和技术人员学习和掌握新版规范，并将熟悉掌握新版规范的程度作为技术考核的内容。

　　四、新版建筑结构设计规范应与新版《建筑结构荷载规范》、《建筑结构可靠度设计统一标准》配套使用；新版工程施工质量验收规范应与新版《建筑工程施工质量验收统一标准》配套使用。

　　五、新版规范实施日期前的在施工程，执行新版规范有困难时，可按照旧规范执行。新版规范实施日期后至 2003 年 1 月 1 日前的在施工程，原则上应按照新规范执行，已按照旧规范设计的在施工程，可按照旧规范继续执行。对 2003 年 1 月 1 日前已签订施工合同且尚未正式开工的工程，应当按照新版规范修改设计后方可施工。凡在 2003 年 1 月 1 日后签订勘察、设计、施工合同的工程，必须按照新版规范执行。

　　六、住宅采用的电度表、水表、煤气表、热量表应具有产品合格证书和计量检定证书，并应按照有关工程施工质量验收规范的规定进行进场验收。

　　七、各单位在执行新版规范过程中应当注意收集意见，及时反馈给各规范管理单位。

　　附件：建筑工程勘察设计及施工质量验收规范目录

中华人民共和国建设部
二〇〇二年八月十二日

附件：建筑工程勘察设计及施工质量验收规范目录

序号	标准编号	标准名称	废止标准编号	施行日期
1	GB 50021—2001	岩土工程勘察规范	GB 50021—94	2002—03—01
2	GB 50007—2002	建筑地基基础设计规范	GBJ 7—89	2002—04—01
3	GB 50009—2001	建筑结构荷载规范	GBJ 9—87	2002—03—01
4	GB 50003—2001	砌体结构设计规范	GBJ 3—88	2002—03—01
5	GB 50010—2002	混凝土结构设计规范	GBJ 10—89	2002—04—01
6	GB 50011—2001	建筑抗震设计规范	GBJ 11—89	2002—01—01
7	GB 50068—2001	建筑结构可靠度设计统一标准	GBJ 68—84	2002—03—01
8	GB 50300—2001	建筑工程施工质量验收统一标准	GBJ 300—88 GBJ 301—88	2002—01—01
9	GB 50202—2002	建筑地基基础工程施工质量验收规范	GBJ 201—83 GBJ 202—83	2002—05—01
10	GB 50203—2002	砌体工程施工质量验收规范	GB 50203—98	2002—04—01
11	GB 50204—2002	混凝土结构工程施工质量验收规范	GB 50204—92 GBJ 321—90	2002—04—01
12	GB 50205—2002	钢结构工程施工质量验收规范	GB 50205—95 GB 50221—95	2002—03—01
13	GB 50206—2002	木结构工程施工质量验收规范	GBJ 206—83	2002—07—01
14	GB 50207—2002	屋面工程质量验收规范	GB 50207—94	2002—06—01
15	GB 50208—2002	地下防水工程质量验收规范	GBJ 208—83	2002—04—01
16	GB 50209—2002	建筑地面工程施工质量验收规范	GB 50209—95	2002—06—01
17	GB 50210—2001	建筑装饰装修工程质量验收规范	GBJ 210—83	2002—03—01
18	GB 50242—2002	建筑给水排水及采暖工程施工质量验收规范	GBJ 242—82 GBJ 302—88	2002—04—01
19	GB 50243—2002	通风与空调工程施工质量验收规范	GB 50243—97 GBJ 304—88	2002—04—01
20	GB 50303—2002	建筑电气工程施工质量验收规范	GBJ 303—88 GB 50258—96 GB 50259—96	2002—06—01
21	GB 50310—2002	电梯工程施工质量验收规范	GBJ 310—88 GB 50182—93	2002—06—01

目 录

《建筑结构可靠度设计统一标准》GB 50068—2001 ·················· 1—1
《建筑结构荷载规范》GB 50009—2001 ······························ 2—1
《建筑抗震设计规范》GB 50011—2001 ······························ 3—1
《混凝土结构设计规范》GB 50010—2002 ··························· 4—1
《砌体结构设计规范》GB 50003—2001 ······························ 5—1
《建筑地基基础设计规范》GB 50007—2002 ························· 6—1
《岩土工程勘察规范》GB 50021—2001 ······························ 7—1

中华人民共和国国家标准

建筑结构可靠度设计统一标准

Unified standard for reliability design of building structures

GB 50068—2001

主编部门：中华人民共和国建设部
批准部门：中华人民共和国建设部
施行日期：2002年3月1日

关于发布国家标准
《建筑结构可靠度设计统一标准》的通知

建标［2001］230号

根据我部"关于印发《一九九七年工程建设标准制订、修订计划的通知》"（建标［1997］108号）的要求，由建设部会同有关部门共同修订的《建筑结构可靠度设计统一标准》，经有关部门会审，批准为国家标准，编号为 GB 50068—2001，自 2002 年 3 月 1 日起施行。其中，1.0.5、1.0.8 为强制性条文，必须严格执行。原《建筑结构设计统一标准》GBJ 68—84 于 2002 年 12 月 31 日废止。

本标准由建设部负责管理，中国建筑科学研究院负责具体解释工作，建设部标准定额研究所组织中国建筑工业出版社出版发行。

中华人民共和国建设部
2001 年 11 月 13 日

前　言

本标准是根据建设部建标［1997］108 号文的要求，由中国建筑科学研究院会同有关单位对原《建筑结构设计统一标准》（GBJ 68—84）共同修订而成的。

本次修订的内容有：

1. 标准的适用范围：鉴于《建筑地基基础设计规范》、《建筑抗震设计规范》在结构可靠度设计方法上有一定特殊性，从原标准要求的"应遵守"本标准，改为"宜遵守"本标准；

2. 根据《工程结构可靠度设计统一标准》（GB 50153—92）的规定，增加了有关设计工作状况的规定，并明确了设计状况与极限状态的关系；

3. 借鉴最新版国际标准 ISO 2394:1998《结构可靠度总原则》，给出了不同类型建筑结构的设计使用年限；

4. 在承载能力极限状态的设计表达式中，对于荷载效应的基本组合，增加了永久荷载效应为主时起控制作用的组合式；

5. 对楼面活荷载、风荷载、雪荷载标准值的取值原则和结构构件的可靠指标以及结构重要性系数等作了调整；

6. 首次对结构构件正常使用的可靠度做出了规定，这将促进房屋使用性能的改善和可靠度设计方法的发展；

7. 取消了原标准的附件。

本标准黑体字标志的条文为强制性条文，必须严格执行。

本标准将来可能需要进行局部修订，有关局部修订的信息和条文内容将刊登在《工程建设标准化》杂志上。

为了提高标准质量，请各单位在执行本标准的过程中，注意总结经验，积累资料，随时将有关的意见和建议寄给中国建筑科学研究院，以供今后修订时参考。

本标准主编单位：中国建筑科学研究院。

本标准参编单位：中国建筑东北设计研究院、重庆大学、中南建筑设计院、四川省建筑科学研究院、福建师范大学。

本标准主要起草人：李明顺、胡德炘、史志华、陶学康、陈基发、白生翔、苑振芳、戴国欣、陈雪庭、王永维、钟亮、戴国莹、林忠民。

目 次

1 总则 …………………………………… 1—4
2 术语、符号 …………………………… 1—4
3 极限状态设计原则 …………………… 1—5
4 结构上的作用 ………………………… 1—7
5 材料和岩土的性能及几何参数 ……… 1—7
6 结构分析 ……………………………… 1—8
7 极限状态设计表达式 ………………… 1—8
8 质量控制要求 ………………………… 1—9
本标准用词说明 ………………………… 1—10
条文说明 ………………………………… 1—11

1 总则

1.0.1 为统一各类材料的建筑结构可靠度设计的基本原则和方法，使设计符合技术先进、经济合理、安全适用、确保质量的要求，制定本标准。

1.0.2 本标准适用于建筑结构、组成结构的构件及地基基础的设计。

1.0.3 制定建筑结构荷载规范以及钢结构、薄壁型钢结构、混凝土结构、砌体结构、木结构等设计规范应遵守本标准的规定；制定建筑地基基础和建筑抗震等设计规范宜遵守本标准规定的原则。

1.0.4 本标准所采用的设计基准期为50年。

1.0.5 结构的设计使用年限应按表1.0.5采用。

表1.0.5 设计使用年限分类

类别	设计使用年限（年）	示例
1	5	临时性结构
2	25	易于替换的结构构件
3	50	普通房屋和构筑物
4	100	纪念性建筑和特别重要的建筑结构

1.0.6 结构在规定的设计使用年限内应具有足够的可靠度。结构可靠度可采用以概率理论为基础的极限状态设计方法分析确定。

1.0.7 结构在规定的设计使用年限内应满足下列功能要求：

1 在正常施工和正常使用时，能承受可能出现的各种作用；

2 在正常使用时具有良好的工作性能；

3 在正常维护下具有足够的耐久性能；

4 在设计规定的偶然事件发生时及发生后，仍能保持必需的整体稳定性。

1.0.8 建筑结构设计时，应根据结构破坏可能产生的后果（危及人的生命、造成经济损失、产生社会影响等）的严重性，采用不同的安全等级。建筑结构安全等级的划分应符合表1.0.8的要求。

表1.0.8 建筑结构的安全等级

安全等级	破坏后果	建筑物类型
一级	很严重	重要的房屋
二级	严重	一般的房屋
三级	不严重	次要的房屋

注：1 对特殊的建筑物，其安全等级应根据具体情况另行确定；

2 地基基础设计安全等级及按抗震要求设计时建筑结构的安全等级，尚应符合国家现行有关规范的规定。

1.0.9 建筑物中各类结构构件的安全等级，宜与整个结构的安全等级相同。对其中部分结构构件的安全等级可进行调整，但不得低于三级。

1.0.10 为保证建筑结构具有规定的可靠度，除应进行必要的设计计算外，还应对结构材料性能、施工质量、使用与维护进行相应的控制。对控制的具体要求，应符合有关勘察、设计、施工及维护等标准的专门规定。

1.0.11 当缺乏统计资料时，结构设计应根据可靠的工程经验或必要的试验研究进行。

2 术语、符号

2.1 术语

2.1.1 可靠性 reliability

结构在规定的时间内，在规定的条件下，完成预定功能的能力。

2.1.2 可靠度 degree of reliability (reliability)

结构在规定的时间内，在规定的条件下，完成预定功能的概率。

2.1.3 失效概率 probability of failure

结构不能完成预定功能的概率。

2.1.4 可靠指标 β reliability index β

由 $\beta=-\Phi^{-1}(p_\mathrm{f})$ 定义的代替失效概率 p_f 的指标，其中 $\Phi^{-1}(\cdot)$ 为标准正态分布函数的反函数。

2.1.5 基本变量 basic variable

代表物理量的一组规定的变量，它表示各种作用、材料与岩土性能以及几何量的特征。

2.1.6 设计基准期 design reference period

为确定可变作用及与时间有关的材料性能等取值而选用的时间参数。

2.1.7 设计使用年限 design working life

设计规定的结构或结构构件不需进行大修即可按其预定目的使用的时期。

2.1.8 极限状态 limit state

整个结构或结构的一部分超过某一特定状态就不能满足设计规定的某一功能要求，此特定状态为该功能的极限状态。

2.1.9 设计状况 design situation

代表一定时段的一组物理条件，设计应做到结构在该时段内不超越有关的极限状态。

2.1.10 功能函数 performance function

基本变量的函数，该函数表征一种结构功能。

2.1.11 概率分布 probability distribution

随机变量取值的统计规律，一般采用概率密度函数或概率分布函数表示。

2.1.12 统计参数 statistical parameter

在概率分布中用来表示随机变量取值的平均水平

和分散程度的数字特征，如平均值、标准差、变异系数等。

2.1.13 分位值 fractile

与随机变量分布函数某一概率相应的值。

2.1.14 作用 action

施加在结构上的集中力或分布力（直接作用，也称为荷载）和引起结构外加变形或约束变形的原因（间接作用）。

2.1.15 作用代表值 representative value of an action

设计中用以验证极限状态所采用的作用值。作用代表值包括标准值、组合值、频遇值和准永久值。

2.1.16 作用标准值 characteristic value of an action

作用的基本代表值，为设计基准期内最大作用概率分布的某一分位值。

2.1.17 组合值 combination value

对可变作用，使组合后的作用效应在设计基准期内的超越概率与该作用单独出现时的相应概率趋于一致的作用值；或组合后使结构具有统一规定的可靠指标的作用值。

2.1.18 频遇值 frequent value

对可变作用，在设计基准期内被超越的总时间仅为设计基准期一小部分的作用值；或在设计基准期内其超越频率为某一给定频率的作用值。

2.1.19 准永久值 quasi-permanent value

对可变作用，在设计基准期内被超越的总时间为设计基准期一半的作用值。

2.1.20 作用设计值 design value of an action

作用代表值乘以作用分项系数所得的值。

2.1.21 材料性能标准值 characteristic value of a material property

符合规定质量的材料性能概率分布的某一分位值。

2.1.22 材料性能设计值 design value of a material property

材料性能标准值除以材料性能分项系数所得的值。

2.1.23 几何参数标准值 characteristic value of a geometrical parameter

设计规定的几何参数公称值或几何参数概率分布的某一分位值。

2.1.24 几何参数设计值 design value of a geometrical parameter

几何参数标准值增加或减少一个几何参数附加量所得的值。

2.1.25 作用效应 effect of an action

由作用引起的结构或结构构件的反应，例如内力、变形和裂缝等。

2.1.26 抗力 resistance

结构或结构构件承受作用效应的能力，如承载能力等。

2.2 符 号

T——结构的设计基准期；

p_f——结构构件失效概率的运算值；

β——结构构件的可靠指标；

p_s——结构构件的可靠度；

S——结构或结构构件的作用效应；

μ_s——结构或结构构件作用效应的平均值；

σ_s——结构或结构构件作用效应的标准差；

G_k——永久荷载的标准值；

Q_k——可变荷载的标准值；

R——结构或结构构件的抗力；

μ_R——结构或结构构件抗力的平均值；

σ_R——结构或结构构件抗力的标准差；

μ_f——材料性能的平均值；

σ_f——材料性能的标准差；

f_k——材料性能的标准值；

a——结构或结构构件的几何参数；

a_k——结构或结构构件几何参数的标准值；

ψ_c——荷载组合值系数；

ψ_f——荷载频遇值系数；

ψ_q——荷载准永久值系数；

γ_F——结构上的作用分项系数；

γ_G——永久荷载分项系数；

γ_Q——可变荷载分项系数；

γ_R——结构构件抗力分项系数；

γ_f——材料性能分项系数；

γ_0——结构重要性系数；

S_d——变形、裂缝等荷载效应的设计值；

C——设计对变形、裂缝等规定的相应限值。

3 极限状态设计原则

3.0.1 对于结构的各种极限状态，均应规定明确的标志及限值。

3.0.2 极限状态可分为下列两类：

1 承载能力极限状态。这种极限状态对应于结构或结构构件达到最大承载能力或不适于继续承载的变形。

当结构或结构构件出现下列状态之一时，应认为超过了承载能力极限状态：

1）整个结构或结构的一部分作为刚体失去平衡（如倾覆等）；

2）结构构件或连接因超过材料强度而破坏（包括疲劳破坏），或因过度变形而不适于继续承载；

3）结构转变为机动体系；

4）结构或结构构件丧失稳定（如压屈等）；

5）地基丧失承载能力而破坏（如失稳等）。

2 正常使用极限状态。这种极限状态对应于结构或结构构件达到正常使用或耐久性能的某项规定限值。

当结构或结构构件出现下列状态之一时，应认为超过了正常使用极限状态：

1）影响正常使用或外观的变形；

2）影响正常使用或耐久性能的局部损坏（包括裂缝）；

3）影响正常使用的振动；

4）影响正常使用的其他特定状态。

3.0.3 建筑结构设计时，应根据结构在施工和使用中的环境条件和影响，区分下列三种设计状况：

1 持久状况。在结构使用过程中一定出现，其持续期很长的状况。持续期一般与设计使用年限为同一数量级；

2 短暂状况。在结构施工和使用过程中出现概率较大，而与设计使用年限相比，持续期很短的状况，如施工和维修等。

3 偶然状况。在结构使用过程中出现概率很小，且持续期很短的状况，如火灾、爆炸、撞击等。

对于不同的设计状况，可采用相应的结构体系、可靠度水准和基本变量等。

3.0.4 建筑结构的三种设计状况应分别进行下列极限状态设计：

1 对三种设计状况，均应进行承载能力极限状态设计；

2 对持久状况，尚应进行正常使用极限状态设计；

3 对短暂状况，可根据需要进行正常使用极限状态设计。

3.0.5 建筑结构设计时，对所考虑的极限状态，应采用相应的结构作用效应的最不利组合：

1 进行承载能力极限状态设计时，应考虑作用效应的基本组合，必要时尚应考虑作用效应的偶然组合。

2 进行正常使用极限状态设计时，应根据不同设计目的，分别选用下列作用效应的组合：

1）标准组合，主要用于当一个极限状态被超越时将产生严重的永久性损害的情况；

2）频遇组合，主要用于当一个极限状态被超越时将产生局部损害、较大变形或短暂振动等情况；

3）准永久组合，主要用在当长期效应是决定性因素时的一些情况。

3.0.6 对偶然状况，建筑结构可采用下列原则之一按承载能力极限状态进行设计：

1 按作用效应的偶然组合进行设计或采取防护措施，使主要承重结构不致因出现设计规定的偶然事件而丧失承载能力；

2 允许主要承重结构因出现设计规定的偶然事件而局部破坏，但其剩余部分具有在一段时间内不发生连续倒塌的可靠度。

3.0.7 结构的极限状态应采用下列极限状态方程描述：

$$g(X_1, X_2, \cdots, X_n) = 0 \quad (3.0.7)$$

式中 $g(\cdot)$——结构的功能函数；

$X_i(i=1,2,\cdots,n)$——基本变量，系指结构上的各种作用和材料性能、几何参数等；进行结构可靠度分析时，也可采用作用效应和结构抗力作为综合的基本变量；基本变量应作为随机变量考虑。

3.0.8 结构按极限状态设计应符合下列要求：

$$g(X_1, X_2, \cdots, X_n) \geqslant 0 \quad (3.0.8\text{-}1)$$

当仅有作用效应和结构抗力两个基本变量时，结构按极限状态设计应符合下列要求：

$$R - S \geqslant 0 \quad (3.0.8\text{-}2)$$

式中 S——结构的作用效应；

R——结构的抗力。

3.0.9 结构构件的可靠度宜采用可靠指标度量。结构构件的可靠指标宜采用考虑基本变量概率分布类型的一次二阶矩方法进行计算。

1 当仅有作用效应和结构抗力两个基本变量且均按正态分布时，结构构件的可靠指标可按下列公式计算：

$$\beta = \frac{\mu_R - \mu_S}{\sqrt{\sigma_R^2 + \sigma_S^2}} \quad (3.0.9\text{-}1)$$

式中 β——结构构件的可靠指标；

μ_S、σ_S——结构构件作用效应的平均值和标准差；

μ_R、σ_R——结构构件抗力的平均值和标准差。

2 结构构件的失效概率与可靠指标具有下列关系：

$$p_f = \Phi(-\beta) \quad (3.0.9\text{-}2)$$

式中 p_f——结构构件失效概率的运算值；

$\Phi(\cdot)$——标准正态分布函数。

3 结构构件的可靠度与失效概率具有下列关系：

$$p_s = 1 - p_f \quad (3.0.9\text{-}3)$$

式中 p_s——结构构件的可靠度。

4 当基本变量不按正态分布时，结构构件的可靠指标应以结构构件作用效应和抗力当量正态分布的平均值和标准差代入公式（3.0.9-1）进行计算。

3.0.10 结构构件设计时采用的可靠指标，可根据对现有结构构件的可靠度分析，并考虑使用经验和经济因素等确定。

3.0.11 结构构件承载能力极限状态的可靠指标，不应小于表3.0.11的规定。

表 3.0.11　结构构件承载能力极限状态的可靠指标

破坏类型	安全等级		
	一级	二级	三级
延性破坏	3.7	3.2	2.7
脆性破坏	4.2	3.7	3.2

注：当承受偶然作用时，结构构件的可靠指标应符合专门规范的规定。

3.0.12 结构构件正常使用极限状态的可靠指标，根据其可逆程度宜取 0～1.5。

4 结构上的作用

4.0.1 结构上的各种作用，若在时间上或空间上可作为相互独立时，则每一种作用均可按对结构单独的作用考虑；当某些作用密切相关，且经常以其最大值同时出现时，可将这些作用按一种作用考虑。

4.0.2 结构上的作用可按下列性质分类：

1 按随时间的变异分类：
  1) 永久作用，在设计基准期内量值不随时间变化，或其变化与平均值相比可以忽略不计的作用；
  2) 可变作用，在设计基准期内其量值随时间变化，且其变化与平均值相比不可忽略的作用；
  3) 偶然作用，在设计基准期内不一定出现，而一旦出现其量值很大且持续时间很短的作用。

2 按随空间位置的变异分类：
  1) 固定作用，在结构上具有固定分布的作用；
  2) 自由作用，在结构上一定范围内可以任意分布的作用。

3 按结构的反应特点分类：
  1) 静态作用，使结构产生的加速度可以忽略不计的作用；
  2) 动态作用，使结构产生的加速度不可忽略不计的作用。

4.0.3 施加在结构上的荷载宜采用随机过程概率模型描述。

住宅、办公楼等楼面活荷载以及风、雪荷载随机过程的样本函数可模型化为等时段的矩形波函数。

4.0.4 荷载的各种统计参数和任意时点荷载的概率分布函数，应以观测和试验数据为基础，运用参数估计和概率分布的假设检验方法确定。检验的显著性水平可采用 0.05。

当观测和试验数据不足时，荷载的各种统计参数可结合工程经验经分析判断确定。

4.0.5 结构设计时，应根据各种极限状态的设计要求采用不同的荷载代表值。永久荷载应采用标准值作为代表值；可变荷载应采用标准值、组合值、频遇值或准永久值作为代表值。

4.0.6 结构自重的标准值可按设计尺寸与材料重力密度标准值计算。对于某些自重变异较大的材料或结构构件（如现场制作的保温材料、混凝土薄壁构件等），自重的标准值应根据结构的不利状态，通过结构可靠度分析，取其概率分布的某一分位值。

可变荷载标准值，应根据设计基准期内最大荷载概率分布的某一分位值确定。

注：当观测和试验数据不足时，荷载标准值可结合工程经验，经分析判断确定。

4.0.7 荷载组合值是当结构承受两种或两种以上可变荷载时，承载能力极限状态按基本组合设计和正常使用极限状态按标准组合设计采用的可变荷载代表值。

4.0.8 荷载频遇值是正常使用极限状态按频遇组合设计采用的一种可变荷载代表值。

4.0.9 荷载准永久值是正常使用极限状态按准永久组合和频遇组合设计采用的可变荷载代表值。

4.0.10 承载能力极限状态设计时采用的各种偶然作用的代表值，可根据观测和试验数据或工程经验，经综合分析判断确定。

4.0.11 进行建筑结构设计时，对可能同时出现的不同种类的作用，应考虑其效应组合；对不可能同时出现的不同种类的作用，不应考虑其效应组合。

5 材料和岩土的性能及几何参数

5.0.1 材料和岩土的强度、弹性模量、变形模量、压缩模量、内摩擦角、粘聚力等物理力学性能，应根据有关的试验方法标准经试验确定。

材料性能宜采用随机变量概率模型描述。材料性能的各种统计参数和概率分布函数，应以试验数据为基础，运用参数估计和概率分布的假设检验方法确定。检验的显著性水平可采用 0.05。

5.0.2 当利用标准试件的试验结果确定结构中实际的材料性能时，尚应考虑实际结构与标准试件、实际工作条件与标准试验条件的差别。结构中的材料性能与标准试件材料性能的关系，应根据相应的对比试验结果通过换算系数或函数来反映，或根据工程经验判断确定。结构中材料性能的不定性，应由标准试件材料性能的不定性和换算系数或函数的不定性两部分组成。

岩土性能指标和地基、桩基承载力等，应通过原位测试、室内试验等直接或间接的方法确定，并应考虑由于钻探取样扰动、室内外试验条件与实际工程结构条件的差别以及所采用公式的误差等因素的影响。

5.0.3 材料强度的概率分布宜采用正态分布或对数正态分布。

材料强度的标准值可取其概率分布的 0.05 分位值确定。材料弹性模量、泊松比等物理性能的标准值可取其概率分布的 0.5 分位值确定。

注：当试验数据不足时，材料性能的标准值可采用有关标准的规定值，也可结合工程经验，经分析判断确定。

5.0.4 岩土性能的标准值宜根据原位测试和室内试验的结果，按有关标准的规定确定。

注：当有条件时，岩土性能的标准值可按其概率分布的某个分位值确定。

5.0.5 结构或结构构件的几何参数 a 宜采用随机变量概率模型描述。几何参数的各种统计参数和概率分布函数，应以正常生产情况下结构或结构构件几何尺寸的测试数据为基础，运用参数估计和概率分布的假设检验方法确定。

当测试数据不足时，几何参数的统计参数可根据有关标准中规定的公差，经分析判断确定。

6 结构分析

6.0.1 结构分析应包括下列内容：
1 结构作用效应的分析，以确定结构或截面上的作用效应；
2 结构抗力及其他性能的分析，以确定结构或截面的抗力及其他性能。

6.0.2 结构分析可采用计算、模型试验或原型试验等方法。

6.0.3 结构分析采用的基本假定和计算模型应能描述所考虑极限状态下的结构反应。

根据结构的具体情况，可采用一维、二维、三维的计算模型进行结构分析。

6.0.4 当建筑结构按承载能力极限状态设计时，根据材料和结构对作用的反应，可采用线性、非线性或塑性理论计算。

当建筑结构按正常使用极限状态设计时，可采用线性理论计算；必要时，可采用非线性理论计算。

6.0.5 当结构承受自由作用时，应根据每一自由作用可能出现的空间位置，确定对结构最不利的作用布置。

6.0.6 环境对材料、构件和结构性能的系统影响，宜在结构分析中直接考虑，如湿度对木材强度的影响，高温对钢结构性能的影响等。

6.0.7 计算模型的不定性应在极限状态方程中采用一个或几个附加的基本变量考虑。附加基本变量的概率分布类型和统计参数，可通过按计算模型的计算结果与按精确方法的计算结果或实际观测的结果相比较，经统计分析确定，或根据工程经验判断确定。

7 极限状态设计表达式

7.0.1 结构构件的极限状态设计表达式，应根据各种极限状态的设计要求，采用有关的荷载代表值、材料性能标准值、几何参数标准值以及各种分项系数等表达。

作用分项系数 γ_F（包括荷载分项系数 γ_G、γ_Q）和结构构件抗力分项系数 γ_R（或材料性能分项系数 γ_f），应根据结构功能函数中基本变量的统计参数和概率分布类型，以及本标准 3.0.11 条规定的结构构件可靠指标，通过计算分析，并考虑工程经验确定。

结构重要性系数 γ_0 应按结构构件的安全等级、设计使用年限并考虑工程经验确定。

7.0.2 对于承载能力极限状态，结构构件应按本标准 3.0.5 条的要求采用荷载效应的基本组合和偶然组合进行设计。

1 基本组合

1）对于基本组合，应按下列极限状态设计表达式中最不利值确定：

$$\gamma_0 \left(\gamma_G S_{G_k} + \gamma_{Q_1} S_{Q_{1k}} + \sum_{i=2}^{n} \gamma_{Q_i} \psi_{ci} S_{Q_{ik}} \right) \leqslant R(\gamma_R, f_k, a_k, \cdots)$$
(7.0.2-1)

$$\gamma_0 \left(\gamma_G S_{G_k} + \sum_{i=1}^{n} \gamma_{Q_i} \psi_{ci} S_{Q_{ik}} \right) \leqslant R(\gamma_R, f_k, a_k, \cdots)$$
(7.0.2-2)

式中 γ_0——结构重要性系数，应按本标准 7.0.3 条的规定采用；

γ_G——永久荷载分项系数，应按本标准 7.0.4 条的规定采用；

γ_{Q_1}, γ_{Q_i}——第 1 个和第 i 个可变荷载分项系数，应按本标准 7.0.4 条的规定采用；

S_{G_k}——永久荷载标准值的效应；

$S_{Q_{1k}}$——在基本组合中起控制作用的一个可变荷载标准值的效应；

$S_{Q_{ik}}$——第 i 个可变荷载标准值的效应；

ψ_{ci}——第 i 个可变荷载的组合值系数，其值不应大于 1；

$R(\cdot)$——结构构件的抗力函数；

γ_R——结构构件抗力分项系数，其值应符合各类材料结构设计规范的规定；

f_k——材料性能的标准值；

a_k——几何参数的标准值，当几何参数的变异对结构构件有明显影响时可另增减一个附加值 Δ_a 考虑其不利影响。

2）对于一般排架、框架结构，式（7.0.2-1）可采用下列简化极限状态设计表达式：

$$\gamma_0 \left(\gamma_G S_{G_k} + \psi \sum_{i=1}^{n} \gamma_{Q_i} S_{Q_{ik}} \right) \leqslant R(\gamma_R, f_k, a_k, \cdots)$$
(7.0.2-3)

式中 ψ——简化设计表达式中采用的荷载组合系

数;一般情况下可取 $\psi=0.90$,当只有一个可变荷载时,取 $\psi=1.0$。

注:1 荷载的具体组合规则及组合值系数,应符合《建筑结构荷载规范》的规定;
2 式(7.0.2-1)、(7.0.2-2)和(7.0.2-3)中荷载效应的基本组合仅适用于荷载效应与荷载为线性关系的情况。

2 偶然组合

对于偶然组合,极限状态设计表达式宜按下列原则确定:偶然作用的代表值不乘以分项系数;与偶然作用同时出现的可变荷载,应根据观测资料和工程经验采用适当的代表值。具体的设计表达式及各种系数,应符合专门规范的规定。

7.0.3 结构重要性系数 γ_0 应按下列规定采用:

1 对安全等级为一级或设计使用年限为100年及以上的结构构件,不应小于1.1;
2 对安全等级为二级或设计使用年限为50年的结构构件,不应小于1.0;
3 对安全等级为三级或设计使用年限为5年的结构构件,不应小于0.9。

注:对设计使用年限为25年的结构构件,各类材料结构设计规范可根据各自情况确定结构重要性系数 γ_0 的取值。

7.0.4 荷载分项系数应按下列规定采用:

1 永久荷载分项系数 γ_G,当永久荷载效应对结构构件的承载能力不利时,对式(7.0.2-1)及(7.0.2-3),应取1.2,对式(7.0.2-2),应取1.35;当永久荷载效应对结构构件的承载能力有利时,不应大于1.0。

2 第1个和第 i 个可变荷载分项系数 γ_{Q_1} 和 γ_{Q_i},当可变荷载效应对结构构件的承载能力不利时,在一般情况下应取1.4;当可变荷载效应对结构构件的承载能力有利时,应取为0。

7.0.5 对于正常使用极限状态,结构构件应按本标准3.0.5条的要求分别采用荷载效应的标准组合、频遇组合和准永久组合进行设计,使变形、裂缝等荷载效应的设计值符合下式的要求:

$$S_d \leqslant C \qquad (7.0.5\text{-}1)$$

式中 S_d——变形、裂缝等荷载效应的设计值;
C——设计对变形、裂缝等规定的相应限值。

7.0.6 变形、裂缝等荷载效应的设计值 S_d 应符合下列规定:

1 标准组合:$S_d = S_{G_k} + S_{Q_{1k}} + \sum_{i=2}^{n} \psi_{ci} S_{Q_{ik}}$

$$(7.0.6\text{-}1)$$

2 频遇组合:$S_d = S_{G_k} + \psi_{f1} S_{Q_{1k}} + \sum_{i=2}^{n} \psi_{qi} S_{Q_{ik}}$

$$(7.0.6\text{-}2)$$

3 准永久组合:$S_d = S_{G_k} + \sum_{i=1}^{n} \psi_{qi} S_{Q_{ik}}$

$$(7.0.6\text{-}3)$$

式中 $\psi_{f1} S_{Q_{1k}}$——在频遇组合中起控制作用的一个可变荷载频遇值效应;
$\psi_{qi} S_{Q_{ik}}$——为第 i 个可变荷载准永久值效应。

注:S_d 的计算公式仅适用于荷载效应与荷载为线性关系的情况。

8 质量控制要求

8.0.1 材料和构件的质量可采用一个或多个质量特征表达。在各类材料结构设计与施工规范中,应对材料和构件的力学性能、几何参数等质量特征提出明确的要求。

材料和构件的合格质量水平,应根据各类材料结构设计规范规定的结构构件可靠指标确定。

8.0.2 材料宜根据统计资料,按不同质量水平划分等级。等级划分不宜过密。对不同等级的材料,设计时应采用不同的材料性能标准值。

8.0.3 对建筑结构应实施为保证结构可靠度所必需的质量控制。建筑结构的各项质量控制应由有关标准作出规定。建筑结构的质量控制应包括下列内容:

1 勘察与设计的质量控制;
2 材料和制品的质量控制;
3 施工的质量控制;
4 使用和维护的质量控制。

8.0.4 勘察与设计的质量控制应达到下列要求:

1 勘察资料应符合工程要求,数据准确,结论可靠;
2 设计方案、基本假定和计算模型合理,数据运用正确;
3 图纸和其他设计文件符合有关规定。

8.0.5 为进行施工质量控制,在各工序内应实行质量自检,在各工序间应实行交接质量检查。对工序操作和中间产品的质量,应采用统计方法进行抽查;在结构的关键部位应进行系统检查。

8.0.6 在建筑结构使用期间,应保证设计预定的使用条件,定期检查结构状况,并进行必要的维修。当实际使用条件和设计预定的使用条件不同时,应进行专门的验算和采取必要的措施。

8.0.7 材料和构件的质量控制应包括下列两种控制:

1 生产控制:在生产过程中,应根据规定的控制标准,对材料和构件的性能进行经常性检验,及时纠正偏差,保持生产过程中质量的稳定性。

2 合格控制(验收):在交付使用前,应根据规定的质量验收标准,对材料和构件进行合格性验收,保证其质量符合要求。

8.0.8 合格控制可采用抽样检验的方法进行。

各类材料和构件应根据其特点制定具体的质量验收标准，其中应明确规定验收批量、抽样方法和数量、验收函数和验收界限等。

质量验收标准宜在统计理论的基础上制定。

8.0.9 对于生产连续性较差或各批间质量特征的统计参数差异较大的材料和构件，在制定质量验收标准时，必须控制用户方风险率。计算用户方风险率时采用的极限质量水平，可按各类材料结构设计规范的有关要求和工程经验确定。

仅对连续生产的材料和构件，当产品质量稳定时，可按控制生产方风险率的条件制定质量验收标准。

8.0.10 当一批材料或构件经抽样检验判为不合格时，应根据有关的质量验收标准对该批产品进行复查或重新确定其质量等级，或采取其他措施处理。

本标准用词说明

为便于在执行本标准条文时区别对待，对执行标准严格程度的用词说明如下：

一、表示很严格，非这样做不可的用词

正面词采用"必须"，反面词采用"严禁"；

二、表示严格，在正常情况下均应这样做的用词

正面词采用"应"，反面词采用"不应"或"不得"；

三、表示允许稍有选择，在条件许可时首先应这样做的用词

正面词采用"宜"，反面词采用"不宜"。

表示有选择，在一定条件下可以这样做的，采用"可"。

中华人民共和国国家标准

建筑结构可靠度设计统一标准

GB 50068—2001

条 文 说 明

目　次

1　总则 ·················· 1—13
2　术语、符号 ············ 1—13
3　极限状态设计原则 ······ 1—13
4　结构上的作用 ·········· 1—15
5　材料和岩土的性能及几何参数 ······ 1—17
6　结构分析 ·············· 1—17
7　极限状态设计表达式 ···· 1—17
8　质量控制要求 ·········· 1—18

1 总则

1.0.1~1.0.2 本标准对各类材料的建筑结构可靠度和极限状态设计原则做出了统一规定,适用于建筑结构、组成结构的构件及地基基础的设计;适用于结构的施工阶段和使用阶段。

1.0.3 制定建筑结构荷载规范以及各类材料的建筑结构设计规范均应遵守本标准的规定,由于地基基础和建筑抗震设计在土性指标与地震反应等方面有一定的特殊性,故规定制定建筑地基基础和建筑抗震等设计规范宜遵守本标准规定的原则,表示允许稍有选择。

1.0.4 设计基准期是为确定可变作用及与时间有关的材料性能取值而选用的时间参数,它不等同于建筑结构的设计使用年限。本标准所考虑的荷载统计参数,都是按设计基准期为50年确定的,如设计时需采用其他设计基准期,则必须另行确定在设计基准期内最大荷载的概率分布及相应的统计参数。

1.0.5 随着我国市场经济的发展,建筑市场迫切要求明确建筑结构的设计使用年限。值得重视的是最新版国际标准 ISO 2394:1998《结构可靠度总原则》上首次正式提出了设计工作年限(design working life)的概念,并给出了具体分类。本次修订中借鉴了 ISO 2394:1998,提出了各种建筑结构的"设计使用年限",明确了设计使用年限是设计规定的一个时期,在这一规定时期内,只需进行正常的维护而不需进行大修就能按预期目的使用,完成预定的功能,即房屋建筑在正常设计、正常施工、正常使用和维护下所应达到的使用年限,如达不到这个年限则意味着在设计、施工、使用与维护的某一环节上出现了非正常情况,应查找原因。所谓"正常维护"包括必要的检测、防护及维修。设计使用年限是房屋建筑的地基基础工程和主体结构工程"合理使用年限"的具体化。

1.0.6 结构可靠度与结构的使用年限长短有关,本标准所指的结构可靠度或结构失效概率,是对结构的设计使用年限而言的,当结构的使用年限超过设计使用年限后,结构失效概率可能较设计预期值增大。

结构在规定的时间内,在规定的条件下,完成预定功能的能力,称为结构可靠性。结构可靠度是对结构可靠性的定量描述,即结构在规定的时间内,在规定的条件下,完成预定功能的概率。这是从统计数学观点出发的比较科学的定义,因为在各种随机因素的影响下,结构完成预定功能的能力只能用概率来度量。结构可靠度的这一定义,与其他各种从定值观点出发的定义是有本质区别的。

本标准规定的结构可靠度是以正常设计、正常施工、正常使用为条件的,不考虑人为过失的影响。人为过失应通过其他措施予以避免。

1.0.7 在建筑结构必须满足的四项功能中,第1、第4两项是结构安全性的要求,第2项是结构适用性的要求,第3项是结构耐久性的要求,三者可概括为结构可靠性的要求。

所谓足够的耐久性能,系指结构在规定的工作环境中,在预定时期内,其材料性能的恶化不致导致结构出现不可接受的失效概率。从工程概念上讲,足够的耐久性能就是指在正常维护条件下结构能够正常使用到规定的设计使用年限。

所谓整体稳定性,系指在偶然事件发生时和发生后,建筑结构仅产生局部的损坏而不致发生连续倒塌。

1.0.8 在本标准中,按建筑结构破坏后果的严重性统一划分为三个安全等级,其中,大量的一般建筑物列入中间等级,重要的建筑物提高一级;次要的建筑物降低一级。至于重要建筑物与次要建筑物的划分,则应根据建筑结构的破坏后果,即危及人的生命、造成经济损失、产生社会影响等的严重程度确定。

1.0.9 同一建筑物内的各种结构构件宜与整个结构采用相同的安全等级,但允许对部分结构构件根据其重要程度和综合经济效果进行适当调整。如提高某一结构构件的安全等级所需额外费用很少,又能减轻整个结构的破坏,从而大大减少人员伤亡和财物损失,则可将该结构构件的安全等级比整个结构的安全等级提高一级;相反,如某一结构构件的破坏并不影响整个结构或其他结构构件,则可将其安全等级降低一级。

2 术语、符号

本章的术语和符号主要依据国家标准《工程结构设计基本术语和通用符号》(GBJ 132—90)、国际标准《结构可靠性总原则》(ISO 2394:1998)以及原标准(GBJ 68—84)的规定。

3 极限状态设计原则

3.0.2 承载能力极限状态可理解为结构或结构构件发挥允许的最大承载功能的状态。结构构件由于塑性变形而使其几何形状发生显著改变,虽未达到最大承载能力,但已彻底不能使用,也属于达到这种极限状态。

疲劳破坏是在使用中由于荷载多次重复作用而达到的承载能力极限状态。

正常使用极限状态可理解为结构或结构构件达到使用功能上允许的某个限值的状态。例如,某些构件必须控制变形、裂缝才能满足使用要求。因过大的变形会造成房屋内粉刷层剥落、填充墙和隔断墙开裂及屋面积水等后果;过大的裂缝会影响结构的耐久性;

过大的变形、裂缝也会造成用户心理上的不安全感。

3.0.3 本条中"环境"一词的含义是广义的，包括结构所受的各种作用。例如，房屋结构承受家具和正常人员荷载的状况属持久状况；结构施工时承受堆料荷载的状况属短暂状况；结构遭受火灾、爆炸、撞击、罕遇地震等作用的状况属偶然状况。

3.0.5 建筑结构按极限状态设计时，必须确定相应的结构作用效应的最不利组合。两类极限状态的各种组合，详见 7.0.2 和 7.0.5 条。设计时应针对各种有关的极限状态进行必要的计算或验算，当有实际工程经验时，也可采用构造措施来代替验算。

3.0.6 当考虑偶然事件产生的作用时，主要承重结构可仅按承载能力极限状态进行设计，此时采用的结构可靠指标可适当降低。

由于偶然事件而出现特大的作用时，一般说来，要求结构仍保持完整无缺是不现实的，只能要求结构不致因此而造成与其起因不相称的破坏后果。譬如，仅由于局部爆炸或撞击事故，不应导致整个建筑结构发生灾难性的连续倒塌。为此，当按承载能力极限状态的偶然组合设计主要承重结构在经济上不利时，可考虑采用允许结构发生局部破坏而其剩余部分仍具有适当可靠度的原则进行设计。按这种原则设计时，通常可采取构造措施来实现，例如可对结构体系采取有效的超静定措施，以限制结构因偶然事件而造成破坏的范围。

3.0.7 基本变量是指极限状态方程中所包含的影响结构可靠度的各种物理量。它包括：引起结构作用效应 S（内力等）的各种作用，如恒荷载、活荷载、地震、温度变化等，构成结构抗力 R（强度等）的各种因素，如材料性能、几何参数等。分析结构可靠度时，也可将作用效应或结构抗力作为综合的基本变量考虑。基本变量一般可认为是相互独立的随机变量。

极限状态方程是当结构处于极限状态时各有关基本变量的关系式。当结构设计问题中仅包含两个基本变量时，在以基本变量为坐标的平面上，极限状态方程为直线（线性问题）或曲线（非线性问题）；当结构设计问题中包含多个基本变量时，在以基本变量为坐标的空间中，极限状态方程为平面（线性问题）或曲面（非线性问题）。

3.0.8~3.0.9 为了合理地统一我国各类材料结构设计规范的结构可靠度和极限状态设计原则，促进结构设计理论的发展，本标准采用了以概率理论为基础的极限状态设计方法，即考虑基本变量概率分布类型的一次二阶矩极限状态设计法。在原标准（GBJ 68—84）编制过程中，主要借鉴了欧洲—国际混凝土委员会（CEB）等六个国际组织联合组成的"结构安全度联合委员会"（JCSS）提出的《结构统一标准规范国际体系》的第一卷——《对各类结构和各种材料的共同统一规则》及国际标准化组织（ISO）编制的《结构可靠度总原则》(ISO 2394)。美国国家标准局 1980 年出版的《为美国国家标准 A58 拟定的基于概率的荷载准则》和前西德 1981 年出版的工业标准《结构安全要求规程的总原则》（草案）均采用了类似的方法。许多其他欧洲国家也采用这种方法编制了有关的国家标准草案。

以往采用的半概率极限状态设计方法，仅在荷载和材料强度的设计取值上分别考虑了各自的统计变异性，没有对结构构件的可靠度给出科学的定量描述。这种方法常常使人误认为只要设计中采用了某一给定安全系数，结构就能百分之百的可靠，将设计安全系数与结构可靠度简单地等同了起来。而以概率理论为基础的极限状态设计方法则是以结构失效概率来定义结构可靠度，并以与结构失效概率相对应的可靠指标 β 来度量结构可靠度，从而能较好地反映结构可靠度的实质，使设计概念更为科学和明确。

当极限状态方程中仅有作用效应 S 和结构抗力 R 两个基本变量时，可采用式（3.0.9-1）计算结构构件的可靠指标 β。当基本变量均按正态分布时，式（3.0.9-1）可以直接应用；当基本变量不按正态分布时，则须将其转化为相应的当量正态分布，也就是在设计验算点处以概率密度函数值和概率分布函数值各自相等为条件，求出当量正态分布的平均值、标准差，然后代入式（3.0.9-1）计算。由于设计验算点在设计时往往是待求的，因此就需要从假定设计验算点的坐标值开始，通过若干次迭代过程，最后得出所需的设计验算点和相应的统计参数。利用计算机进行计算是较为简便的。

在实际工程问题中，仅有作用效应和结构抗力两个基本变量的情况是很少的，一般均为多个基本变量。上述的原则和方法也适用于多个基本变量情况下结构可靠指标的计算。

3.0.11 表 3.0.11 中规定的结构构件承载能力极限状态设计时采用的可靠指标，是以建筑结构安全等级为二级时延性破坏的 β 值 3.2 作为基准，其他情况下相应增减 0.5。可靠指标 β 与失效概率运算值 p_f 的关系见下表：

β	2.7	3.2	3.7	4.2
p_f	3.5×10^{-3}	6.9×10^{-4}	1.1×10^{-4}	1.3×10^{-5}

表 3.0.11 中延性破坏是指结构构件在破坏前有明显的变形或其他预兆；脆性破坏是指结构构件在破坏前无明显的变形或其他预兆。

表 3.0.11 中作为基准的 β 值，是根据对 20 世纪 70 年代各类材料结构设计规范校准所得的结果，经综合平衡后确定的。本次修订根据"可靠度适当提高一点"的原则，取消了原标准"可对本表的规定值作不超过±0.25 幅度的调整"的规定，因此表 3.0.11 中规定的 β 值是各类材料结构设计规范应采用的最低

β 值。

表 3.0.11 中规定的 β 值是对结构构件而言的。对于其他部分如连接等，设计时采用的 β 值，应由各类材料的结构设计规范另作规定。

目前由于统计资料不够完备以及结构可靠度分析中引入了近似假定，因此所得的失效概率 p_f 及相应的 β 尚非实际值。这些值是一种与结构构件实际失效概率有一定联系的运算值，主要用于对各类结构构件可靠度作相对的度量。

3.0.12 为促进房屋使用性能的改善，根据 ISO 2394: 1998 的建议，结合国内近年来对我国建筑结构构件正常使用极限状态可靠度所做的分析研究成果，对结构构件正常使用的可靠度做出了规定。对于正常使用极限状态，其可靠指标一般应根据结构构件作用效应的可逆程度选取：可逆程度较高的结构构件取较低值；可逆程度较低的结构构件取较高值，例如 ISO 2394: 1998 规定，对可逆的正常使用极限状态，其可靠指标取为 0；对不可逆的正常使用极限状态，其可靠指标取为 1.5。

不可逆极限状态指产生超越状态的作用被移掉后，仍将永久保持超越状态的一种极限状态；可逆极限状态指产生超越状态的作用被移掉后，将不再保持超越状态的一种极限状态。

4 结构上的作用

4.0.1 结构上的某些作用，例如楼面活荷载和风荷载，它们各自出现与否以及数值大小，在时间上和空间上彼此互不相关，故称为在时间上和在空间上互相独立的作用。这种作用在计算其效应和进行组合时，可按单独的作用处理。

4.0.2

1 作用按随时间的变异分类，是对作用的基本分类。它直接关系到概率模型的选择，而且按各类极限状态设计时所采用的作用代表值一般与其出现的持续时间长短有关。

　1) 永久作用的特点是其统计规律与时间参数无关，故可采用随机变量概率模型来描述。例如结构自重，其量值在整个设计基准期内基本保持不变或单调变化而趋于限值，其随机性只是表现在空间位置的变异上。

　2) 可变作用的特点是其统计规律与时间参数有关，故必须采用随机过程概率模型来描述。例如楼面活荷载、风荷载等。

　3) 偶然作用的特点是在设计基准期内不一定出现，而一旦出现其量值是很大的。例如爆炸、撞击、罕遇的地震等。

2 作用按随空间位置的变异分类，是由于进行荷载效应组合时，必须考虑荷载在空间的位置及其所占面积大小。

　1) 固定作用的特点是在结构上出现的空间位置固定不变，但其量值可能具有随机性。例如，房屋建筑楼面上位置固定的设备荷载、屋盖上的水箱等。

　2) 自由作用的特点是可以在结构的一定空间上任意分布，出现的位置及量值都可能是随机的。例如，楼面的人员荷载等。

3 作用按结构的反应分类，主要是因为进行结构分析时，对某些出现在结构上的作用需要考虑其动力效应（加速度反应）。作用划分为静态或动态作用的原则，不在于作用本身是否具有动力特性，而主要在于它是否使结构产生不可忽略的加速度。有很多作用，例如民用建筑楼面上的活荷载，本身可能具有一定的动力特性，但使结构产生的动力效应可以忽略不计，这类作用仍应划为静态作用。

对于动态作用，在结构分析时一般均应考虑其动力效应。有一部分动态作用，例如吊车荷载，设计时可采用增大其量值（即乘以动力系数）的方法按静态作用处理。另一部分动态作用，例如地震作用、大型动力设备的作用等，则须采用结构动力学方法进行结构分析。

作用按时间、按空间位置、按结构反应进行分类，是三种不同的分类方法，各有其不同的用途。例如吊车荷载，按随时间变异分类为可变作用，按随空间位置变异分类为自由作用，按结构反应分类为动态作用。每种作用按此分类方法各属何类，需依据作用的性质具体确定。本条中的举例，旨在说明分类的基本概念，而不是全部的分类。

4.0.3 施加在结构上的荷载，不但具有随机性质，而且一般还与时间参数有关，所以用随机过程来描述是适当的。

在一个确定的设计基准期 T 内，对荷载随机过程作一次连续观测（例如对某地的风压连续观测 50 年），所获得的依赖于观测时间的数据就称为随机过程的一个样本函数。每个随机过程都是由大量样本函数构成的。

荷载随机过程的样本函数是十分复杂的，它随荷载的种类不同而异。目前对各类荷载随机过程的样本函数及其性质了解甚少。对于常见的楼面活荷载、风荷载、雪荷载等，为了简化起见，采用了平稳二项随机过程概率模型，即将它们的样本函数统一模型化为等时段矩形波函数，矩形波幅值的变化规律采用荷载随机过程 $\{Q(t), t \in [0, T]\}$ 中任意时点荷载的概率分布函数 $F_Q(x) = P\{Q(t_0) \leqslant x, t_0 \in [0, T]\}$ 来描述。

对于永久荷载，其值在设计基准期内基本不变，从而随机过程就转化为与时间无关的随机变量 $\{G(t) = G, t \in [0, T]\}$，所以样本函数的图像是平行于时间轴的一条直线。此时，荷载一次出现的持续

时间 $\tau=T$，在设计基准期内的时段数 $r=\dfrac{T}{\tau}=1$，而且在每一时段内出现的概率 $p=1$。

对于可变荷载（住宅、办公楼等楼面活荷载及风、雪荷载等），其样本函数的共同特点是荷载一次出现的持续时间 $\tau<T$，在设计基准期内的时段数 $r>1$，且在 T 内至少出现一次，所以平均出现次数 $m=pr\geqslant 1$。不同的可变荷载，其统计参数 τ、p 以及任意时点荷载的概率分布函数 $F_Q(x)$ 都是不同的。

对于住宅、办公楼楼面活荷载及风、雪荷载随机过程的样本函数采用这种统一的模型，为推导设计基准期最大荷载的概率分布函数和计算组合的最大荷载效应（综合荷载效应）等带来很多方便。

当采用一次二阶矩极限状态设计法时，必须将荷载随机过程转化为设计基准期最大荷载

$$Q_\mathrm{T}=\max_{0\leqslant t\leqslant T}Q(t)$$

因 T 已规定，故 Q_T 是一个与时间参数 t 无关的随机变量。

各种荷载的概率模型必须通过调查实测，根据所获得的资料和数据进行统计分析后确定，使之尽可能反映荷载的实际情况，并不要求一律选用平稳二项随机过程这种特定的概率模型。

4.0.4 任意时点荷载的概率分布函数 $F_Q(x)$ 是结构可靠度分析的基础。它应根据实测数据，运用 χ^2 检验或 K-S 检验等方法，选择典型的概率分布如正态、对数正态、伽马、极值Ⅰ型、极值Ⅱ型、极值Ⅲ型等来拟合，检验的显著性水平统一取 0.05。显著性水平是指所假设的概率分布类型为真而经检验被拒绝的最大概率。

荷载的统计参数，如平均值、标准差、变异系数等，应根据实测数据，按数理统计学的参数估计方法确定。当统计资料不足而一时又难以获得时，可根据工程经验经适当的判断确定。

4.0.5 荷载代表值有荷载的标准值、组合值、频遇值和准永久值，本次修订中增加了频遇值。根据各类荷载的概率模型，荷载的各种代表值均应具有明确的概率意义。

4.0.6 根据概率极限状态设计方法的要求，荷载标准值应根据设计基准期内最大荷载概率分布的某一分位值确定。在原标准的编制过程中，各类荷载的标准值维持了当时规范的取值水平，只对个别不合理者作了适当调整。

各类荷载标准值的取值水平分别为：

永久荷载标准值一般相当于永久荷载概率分布（也是设计基准期内最大荷载概率分布）的 0.5 分位值，即正态分布的平均值。对易于超重的钢筋混凝土板类构件（屋面板、楼板等）的调查表明，其标准值相当于统计平均值的 0.95 倍。由此可知，对大多数截面尺寸较大的梁、柱等承重构件，其标准值按设计尺寸与材料重力密度标准值计算，必将更接近于重力概率分布的平均值。

对于某些重量变异较大的材料和构件（如屋面的保温材料、防水材料、找平层以及钢筋混凝土薄板等），为在设计表达式中采用统一的永久荷载分项系数而又能使结构构件具有规定的可靠指标，其标准值应根据对结构的不利状态，通过结构可靠度分析，取重力概率分布的某一分位值确定，例如 0.95 或 0.05 分位值。计算分析表明，按第 7 章给出的设计表达式设计，对承受自重为主的屋盖结构，由保温、防水及找平层等产生的恒荷载宜取高分位值的标准值，具体数值应符合荷载规范的规定。

根据统计资料，新修订的荷载规范规定的楼面活荷载标准值（$2.0\mathrm{kN/m^2}$），对于办公楼楼面活荷载相当于设计基准期最大荷载平均值加 3.16 倍标准差，对于住宅楼楼面活荷载相当于设计基准期最大荷载平均值加 2.38 倍标准差。

根据统计资料，荷载规范规定的风荷载标准值接近于设计基准期最大风荷载的平均值。某些部门和地区曾反映，对于风荷载较敏感的高耸结构，规范规定的风荷载标准值偏低，有些输电塔还发生过风灾事故。新修订的建筑结构荷载规范已将风、雪荷载标准值由原来规定的"三十年一遇"值，提高到"五十年一遇"值。

4.0.7 荷载组合值是对可变荷载而言的，主要用于承载能力极限状态的基本组合中，也用于正常使用极限状态的标准组合中。组合值是考虑施加在结构上的各可变荷载不可能同时达到各自的最大值，因此，其取值不仅与荷载本身有关，而且与荷载效应组合所采用的概率模型有关。荷载组合值系数 S_{G_k} 可根据荷载在组合后产生的总作用效应值在设计基准期内的超越概率与考虑单一作用时相应概率趋于一致的原则确定，其实质是要求结构在单一可变荷载作用下的可靠度与在两个及以上可变荷载作用下的可靠度保持一致。

4.0.8 荷载频遇值也是对可变荷载而言的，主要用于正常使用极限状态的频遇组合中。根据国际标准 ISO 2394：1998，频遇值是设计基准期内荷载达到和超过该值的总持续时间与设计基准期的比值小于 0.1 的荷载代表值。

4.0.9 荷载准永久值也是对可变荷载而言的。主要用于正常使用极限状态的准永久组合和频遇组合中。准永久值反映了可变荷载的一种状态，其取值系按可变荷载出现的频繁程度和持续时间长短确定。国际标准 ISO 2394：1998 中建议，准永久值根据在设计基准期内荷载达到和超过该值的总持续时间与设计基准期的比值为 0.5 确定。对住宅、办公楼楼面活荷载及风雪荷载等，这相当于取其任意时点荷载概率分布的 0.5 分位值。准永久值的具体取值，将由建筑结构荷

载规范作出规定。在结构设计时，准永久值主要用于考虑荷载长期效应的影响。

4.0.10 目前，由于对许多偶然作用尚缺乏研究，缺少必要的实际观测资料，因此，偶然作用的代表值及有关参数，常常只能根据工程经验、建筑物类型等情况，经综合分析判断确定。对有观测资料的偶然作用，则应建立符合其特性的概率模型，给出有明确概率意义的代表值。

5 材料和岩土的性能及几何参数

5.0.1 材料性能实际上是随时间变化的，有些材料性能，例如木材、混凝土的强度等，这种变化相当明显，但为了简化起见，各种材料性能仍作为与时间无关的随机变量来考虑，而性能随时间的变化一般通过引进换算系数来估计。

5.0.2 用材料的标准试件试验所得的材料性能 f_{spe}，一般说来，不等同于结构中实际的材料性能 f_{str}，有时两者可能有较大的差别。例如，材料试件的加荷速度远超过实际结构的受荷速度，致使试件的材料强度较实际结构中偏高；试件的尺寸远小于结构的尺寸，致使试件的材料强度受到尺寸效应的影响而与结构中不同；有些材料，如混凝土，其标准试件的成型与养护与实际结构并不完全相同，有时甚至相差很大，以致两者的材料性能有所差别。所有这些因素一般习惯于采用换算系数或函数 K_0 来考虑，从而结构中实际的材料性能与标准试件材料性能的关系可用下式表示：

$$f_{str} = K_0 f_{spe}$$

由于结构所处的状态具有变异性，因此换算系数或函数 K_0 也是随机变量。

5.0.3 材料强度标准值一般取概率分布的低分位值，国际上一般取 0.05 分位值，本标准也采用这个分位值确定材料强度标准值。此时，当材料强度按正态分布时，标准值为

$$f_k = \mu_f - 1.645\sigma_f$$

当按对数正态分布时，标准值近似为

$$f_k = \mu_f \exp(-1.645\delta_f)$$

式中 μ_f、σ_f 及 δ_f 分别为材料强度的平均值、标准差及变异系数。

当材料强度增加对结构性能不利时，必要时可取高分位值。

5.0.4 岩土性能参数的标准值当有可能采用可靠性估值时，可根据区间估计理论确定，单侧置信限值由式 $f_k = \mu_f \left(1 \pm \dfrac{t_\alpha}{\sqrt{n}}\delta_f\right)$ 求得，式中 t_α 为学生氏函数，按置信度 $1-\alpha$ 和样本容量 n 确定。

5.0.5 结构的某些几何参数，例如梁跨和柱高，其变异性一般对结构抗力的影响很小，设计时可按确定量考虑。

6 结构分析

6.0.1 结构的作用效应是指在作用影响下的结构反应。通常包括截面内力（如轴力、剪力、弯矩、扭矩）以及变形和裂缝。设计时，将前者与计算的结构抗力相比较，将后者与规定的限值相比较，可验证结构是否可靠。

6.0.3 一维的结构计算模型适用于结构的某一维（长度）比其他两维大得多的情况，如梁、柱、拱；二维的结构计算模型适用于结构的某一维（厚度）比其他两维小得多的情况，如双向板、深梁、壳体；三维的结构计算模型适用于结构中没有一维显著大于或小于其他两维的情况。

6.0.7 作用效应及结构构件抗力计算模式的不精确性，是指计算结果与实际情况不相吻合的程度。其中包括确定作用效应时采用的计算简图和分析方法的误差，截面抗力的计算公式的误差，以及关于作用、材料性能、几何参数统计分析中的误差等。这类误差不是定值而是随机变量，因此，在极限状态方程中应引进附加的基本变量予以考虑。它的概率分布函数和统计参数，理论上应根据作用效应和结构构件抗力的实际值与按规范公式的计算值的比值，运用统计分析方法来确定。在具体实践时，作用效应和结构构件抗力的实际值，可以采用精确计算值或试验实测值。因为进行精确计算往往有困难，所以通常是根据试验结果，辅以工程经验判断，对这种误差的统计规律做出估计。

7 极限状态设计表达式

7.0.1 为了使所设计的结构构件在不同情况下具有比较一致的可靠度，本标准采用了多个分项系数的极限状态设计表达式。

本标准将荷载分项系数按永久荷载与可变荷载分为两大类，以便按荷载性质区别对待。这与目前许多国家规范所采用的设计表达式基本相同。考虑到各类材料结构的通用性，通过对各种结构构件的可靠度分析，本标准对常用荷载分项系数给出了统一的规定。

结构构件抗力分项系数，应按不同结构构件的特点分别确定，亦可转换为按不同的材料采用不同的材料性能分项系数。本标准对此未提出统一要求，在各类材料的结构设计规范中，应按在各种情况下 β 具有较佳一致性的原则，并适当考虑工程经验具体规定。

7.0.2 原标准中规定的荷载分项系数系按下列原则经优选确定的：在各种荷载标准值已给定的前提下，要选取一组分项系数，使按极限状态设计表达式设计的各种结构构件具有的可靠指标与规定的可靠指标之间在总体上误差最小。在定值过程中，对钢、薄钢、

钢筋混凝土、砖石和木结构选择了 14 种有代表性的构件，若干种常遇的荷载效应比值（可变荷载效应与永久荷载效应之比）以及三种荷载效应组合情况（恒荷载与住宅楼面活荷载、恒荷载与办公楼面活荷载、恒荷载与风荷载）进行分析。最后确定，在一般情况下采用 $\gamma_G=1.2$，$\gamma_Q=1.4$，本标准继续采用。

为保证以永久荷载为主结构构件的可靠指标符合规定值，本次修订增加了式（7.0.2-2），与式（7.0.2-1）同时使用，该设计表达式对以永久荷载为主的结构起控制作用。

一般情况下，一个建筑总有两种及两种以上荷载同时作用。每个荷载的大小都是一个随机变量，而且是随时间而变化的，不应也不可能同时都以最大值出现在同一结构物上。将荷载模型化为等时段矩形波函数，按荷载组合理论，依据可靠指标一致性原则，可根据荷载统计参数与荷载样本函数求得组合值系数。原《建筑结构设计统一标准》(GBJ 68—84)，仅给出当风荷载与其他可变荷载组合时，组合值系数可均采用 0.6 这一规定，避而不谈其他情况，其原因是荷载规范一直沿用遇风组合原则，当时规范编制者认为这种情况最有把握。这样规定的结果可能产生其他情况不应考虑组合值系数的误解。新修订的荷载规范认为"遇风组合"原则过于保守，因此取消"遇风组合"规定，采用两种及两种以上可变荷载均应考虑组合值系数的规定。

考虑到采用式（7.0.2-1）对排架和框架结构可能增加一定的计算工作量，为了应用简便起见，本标准允许对一般排架、框架结构采用简化的设计表达式（7.0.2-3），并与式（7.0.2-2）同时使用。

当结构承受两种或两种以上可变荷载，且其中有一种量值较大时，则有可能仅考虑较大的一种可变荷载更为不利。

荷载效应与荷载为线性关系是指两者之比为常量的情况。

偶然组合是指一种偶然作用与其他可变荷载相组合。偶然作用发生的概率很小，持续的时间较短，但对结构却可造成相当大的损害。鉴于这种特性，从安全与经济两方面考虑，当按偶然组合验算结构的承载能力时，所采用的可靠指标值允许比基本组合有所降低。国际"结构安全度联合委员会"(JCSS) 编制的《对各类结构和各种材料的共同统一规则》附录一中也反映了这个原则，其偶然状态下可靠指标的计算公式如下：

$$\beta = -\Phi^{-1}\left(\frac{p_f}{p_0}\right)$$

式中 p_f——正常情况下结构构件失效概率的运算值；
p_0——在结构的设计基准期内偶然作用出现一次的概率；
$\Phi^{-1}(\cdot)$——标准正态分布函数的反函数。

应该指出，当 $p_f \geq p_0/2$ 时 β 为负值，故应用上述公式时尚需规定其他条件。

由于不同的偶然作用，如撞击和爆炸，其性质差别较大，目前尚难给出统一的设计表达式，故本标准只提出了建立偶然组合设计表达式的一般原则。对于偶然组合，一般是：(1) 只考虑一种偶然作用与其他荷载相组合；(2) 偶然作用不乘以荷载分项系数；(3) 可变荷载可根据与偶然作用同时出现的可能性，采用适当的代表值，如准永久值等；(4) 荷载与抗力分项系数值，可根据结构可靠度分析或工程经验确定。

7.0.3 结构重要性系数 γ_0 在原标准中是考虑结构破坏后果的严重性而引入的系数，对于安全等级为一级和三级的结构构件分别取 1.1 和 0.9。可靠度分析表明，采用这些系数后，结构构件可靠指标值较安全等级为二级的结构构件分别增减 0.5 左右，与表 3.0.11 的规定基本一致。本次修订中除保留原来的意义外，对设计使用年限为 100 年及以上和 5 年的结构构件，也通过结构重要性系数 γ_0 对作用效应进行调整。考虑不同投资主体对建筑结构可靠度的要求可能不同，故允许结构重要性系数 γ_0 分别取不应小于 1.1、1.0 和 0.9。

7.0.4 对永久荷载系数 γ_G 和可变荷载系数 γ_Q 的取值，分别根据对结构构件承载能力有利和不利两种情况，做出了具体规定。

在某些情况下，永久荷载效应与可变荷载效应符号相反，而前者对结构承载能力起有利作用。此时，若永久荷载分项系数仍取同号效应时相同的值，则结构构件的可靠度将严重不足。为了保证结构构件具有必要的可靠度，并考虑到经济指标不致波动过大和应用方便，本标准规定当永久荷载效应对结构构件的承载能力有利时，γ_G 不应大于 1.0。

7.0.5～7.0.6 对于正常使用极限状态，本标准规定按荷载的持久性采用三种组合：标准组合、频遇组合和准永久组合。由于目前对正常使用极限状态的各种限值及结构可靠度分析方法研究得不充分，因此结构设计仍以过去的经验为基础进行。频遇组合和准永久组合在设计时如何应用，应由各类材料结构设计规范根据各自的特点具体规定。

8 质量控制要求

8.0.1 材料和构件的质量可采用一个或多个质量特征来表达，例如，材料的试件强度和其他物理力学性能以及构件的尺寸误差等。为了保证结构具有预期的可靠度，必须对结构设计、原材料生产以及结构施工提出统一配套的质量水平要求。材料与构件的质量水平可按各类材料结构设计规范规定的结构构件可靠指标 β 近似地确定，并以有关的统计参数来表达。当荷载的统计参数已知后，材料与构件的质量水平原则上可采用下列质量方程来描述：

$$q(\mu_f, \delta_f, \beta, f_k) = 0$$

式中 μ_f 和 δ_f 为材料和构件的某个质量特征 f 的平均值和变异系数，β 为规范规定的结构构件可靠指标。

应当指出，当按上述质量方程确定材料和构件的合格质量水平时，需以安全等级为二级的典型结构构件的可靠指标为基础进行分析。材料和构件的质量水平要求，不应随安全等级而变化，以便于生产管理。

8.0.2 材料的等级一般以材料强度标准值划分。同一等级的材料采用同一标准值。无论天然材料还是人工材料，对属于同一等级的不同产地和不同厂家的材料，其性能的质量水平一般不宜低于各类材料结构设计规范规定的可靠指标 β 的要求。按本标准制定质量要求时，允许各有关规范根据材料和构件的特点对此指标稍作增减。

8.0.7 材料及构件的质量控制包括两种，其中生产控制属于生产单位内部的质量控制；合格控制是在生产单位和用户之间进行的质量控制，即按统一规定的质量验收标准或双方同意的其他规则进行验收。

在生产控制阶段，材料性能的实际质量水平应控制在规定的合格质量水平之上。当生产有暂时性波动时，材料性能的实际质量水平亦不得低于规定的极限质量水平。

8.0.8 由于交验的材料和构件通常是大批量的，而且很多质量特征的检验是破损性的，因此，合格控制一般采用抽样检验方式。对于有可靠依据采用非破损检验方法的，必要时可采用全数检验方式。

验收标准主要包括下列内容：

1 批量大小——每一交验批中材料或构件的数量；

2 抽样方法——可为随机的或系统的抽样方法。系统的抽样方法是指抽样部位或时间是固定的；

3 抽样数量——每一交验批中抽取试样的数量；

4 验收函数——验收中采用的试样数据的某个函数，例如样本平均值、样本方差、样本最小值或最大值等；

5 验收界限——与验收函数相比较的界限值，用以确定交验批合格与否。

当前在材料和构件生产中，抽样检验标准多数是根据经验来制订的。其缺点在于没有从统计学观点合理考虑生产方和用户方的风险率或其他经济因素，因而所规定的抽样数量和验收界限往往缺乏科学依据，标准的松严程度也无法相互比较。

为了克服非统计抽样检验方法的缺点，本标准规定宜在统计理论的基础上制订抽样质量验收标准，以使达不到质量要求的交验批基本能判为不合格，而已达到质量要求的交验批基本能判为合格。

8.0.9 现有质量验收标准型式很多，本标准系按下述原则考虑：

对于生产连续性较差或各批间质量特征的统计参数差异较大的材料和构件，很难使产品批的质量基本维持在合格质量水平之上，因此必须按控制用户方风险率制订验收标准。此时，所涉及的极限质量水平，可按各类材料结构设计规范的有关要求和工程经验确定，与极限质量水平相应的用户风险率，可根据有关标准的规定确定。

对于工厂内成批连续生产的材料和构件，可采用计数或计量的调整型抽样检验方案。当前可参考国际标准 ISO 2859 及 ISO 3951 制定合理的验收标准和转换规则。规定转换规则主要是为了限制劣质产品出厂，促进提高生产管理水平；此外，对优质产品也提供了减少检验费用的可能性。考虑到生产过程可能出现质量波动，以及不同生产单位的质量可能有差别，允许在生产中对质量验收标准的松严程度进行调整。当产品质量比较稳定时，质量验收标准通常可按控制生产方的风险率来制订。此时所涉及的合格质量水平，可按规范规定的结构构件可靠指标 β 来确定。确定生产方的风险率时，应根据有关标准的规定并考虑批量大小、检验技术水平等因素确定。

8.0.10 当交验的材料或构件按质量验收标准检验判为不合格时，并不意味着这批产品一定不能使用，因为实际上存在着抽样检验结果的偶然性和试件的代表性等问题。为此，应根据有关的质量验收标准采取各种措施对产品做进一步检验和判定。例如，可以重新抽取较多的试样进行复查；当材料或构件已进入结构物时，可直接从结构中截取试件进行复查，或直接在结构物上进行荷载试验；也允许采用可靠的非破损检测方法并经综合分析后对结构做出质量评估。对于不合格的产品允许降级使用，直至报废。

中华人民共和国国家标准

建筑结构荷载规范

Load code for the design of building structures

GB 50009—2001

主编部门：中华人民共和国建设部
批准部门：中华人民共和国建设部
施行日期：２００２年３月１日

关于发布国家标准
《建筑结构荷载规范》的通知

建标〔2002〕10号

根据我部"关于印发《1997年工程建设标准制订、修订计划的通知》"（建标〔1997〕108号）的要求，由建设部会同有关部门共同修订的《建筑结构荷载规范》，经有关部门会审，批准为国家标准，编号为 GB 50009—2001，自 2002 年 3 月 1 日起施行。其中，1.0.5、3.1.2、3.2.3、3.2.5、4.1.1、4.1.2、4.3.1、4.5.1、4.5.2、6.1.1、6.1.2、7.1.1、7.1.2 为强制性条文，必须严格执行。原《建筑结构荷载规范》GBJ 9—87 于 2002 年 12 月 31 日废止。

本规范由建设部负责管理和对强制性条文的解释，中国建筑科学研究院负责具体技术内容的解释，建设部标准定额研究所组织中国建筑工业出版社出版发行。

中华人民共和国建设部
2002 年 1 月 10 日

前　言

本规范是根据建设部〔1997〕108 号文下达的"关于印发《1997 年工程建设标准制（修）订计划的通知》"的要求，由中国建筑科学研究院会同各有关单位对 1987 年国家计委批准的《建筑结构荷载规范》GBJ 9—87 进行的全面修订。

在修订过程中，修订组开展了专题研究，总结了近年来的设计经验，参考了国外规范和国际标准的有关内容，并以各种方式广泛征求了全国有关单位的意见，经反复修改通过审定后定稿。

本规范共分 7 章和 7 个附录，这次修订的主要内容如下：

1. 按修订后的《建筑结构可靠度设计统一标准》修改组合规则，并摈弃"遇风组合"的旧概念；对荷载基本组合增加由永久荷载效应控制的组合；在正常使用极限状态设计中，对短期效应组合分别给出标准和频遇两种组合，同时增加了可变荷载的频遇值系数；对所有可变荷载的组合值给出各自的组合值系数。

2. 对楼面活荷载作部分的调整和增项。

3. 对屋面均布活荷载中不上人的屋面荷载作了调整，并增加屋顶花园、直升机停机坪荷载的规定。

4. 吊车工作制改为吊车工作级别。

5. 根据新的观测资料重新对全国各气象台站统计了风压和雪压，并将风雪荷载的基本值的重现期由 30 年一遇改为 50 年一遇；规范附录中给出全国主要台站的 10 年、50 年和 100 年一遇的雪压和风压值。

6. 地面粗糙度增加一种类别。

7. 对山区建筑的风压高度变化系数给出考虑地形条件的修正系数。

8. 对围护结构构件的风荷载给出专门规定。

9. 提出对建筑群体要考虑建筑物相互干扰的影响。

10. 对柔性结构增加横风向风振的验算要求。

本标准将来可能需要进行局部修订，有关局部修订的信息和条文内容将刊登在《工程建设标准化》杂志上。

本规范以黑体字标志的条文为强制性条文，必须严格执行。

为了提高规范质量，请各单位在执行本标准的过程中，注意总结经验，积累资料，随时将有关的意见和建议反馈给中国建筑科学研究院建筑结构研究所（北京 100013，北三环东路 30 号），以供今后修订时参考。

本规范主编单位：中国建筑科学研究院
本规范参编单位：同济大学　建设部建筑设计院　中国轻工国际工程设计院　中国建筑标准设计研究所　北京市建筑设计研究院　中国气象科学研究院
本规范主要起草人：陈基发　胡德炘　金新阳
　　　　　　　　　张相庭　顾子聪　魏才昂
　　　　　　　　　蔡益燕　关桂学　薛　桁

目　　次

1 总则 ·· 2—4
2 术语及符号 ·· 2—4
　2.1 术语 ·· 2—4
　2.2 符号 ·· 2—5
3 荷载分类和荷载效应组合 ··················· 2—5
　3.1 荷载分类和荷载代表值 ···················· 2—5
　3.2 荷载组合 ··· 2—5
4 楼面和屋面活荷载 ······························· 2—6
　4.1 民用建筑楼面均布活荷载 ················ 2—6
　4.2 工业建筑楼面活荷载 ······················· 2—8
　4.3 屋面活荷载 ····································· 2—8
　4.4 屋面积灰荷载 ·································· 2—8
　4.5 施工和检修荷载及栏杆水平荷载 ······· 2—9
　4.6 动力系数 ··· 2—9
5 吊车荷载 ··· 2—9
　5.1 吊车竖向和水平荷载 ······················· 2—9
　5.2 多台吊车的组合 ······························ 2—10
　5.3 吊车荷载的动力系数 ······················· 2—10
　5.4 吊车荷载的组合值、频遇
　　　值及准永久值 ································· 2—10
6 雪荷载 ·· 2—10
　6.1 雪荷载标准值及基本雪压 ················ 2—10
　6.2 屋面积雪分布系数 ··························· 2—10
7 风荷载 ·· 2—11

　7.1 风荷载标准值及基本风压 ················ 2—11
　7.2 风压高度变化系数 ··························· 2—12
　7.3 风荷载体型系数 ······························ 2—12
　7.4 顺风向风振和风振系数 ···················· 2—17
　7.5 阵风系数 ··· 2—18
　7.6 横风向风振 ····································· 2—18
附录 A　常用材料和构件的自重 ·········· 2—19
附录 B　楼面等效均布活荷
　　　　 载的确定方法 ······························ 2—25
附录 C　工业建筑楼面活荷载 ·············· 2—26
附录 D　基本雪压和风压的确定方法 ··· 2—28
　D.1 基本雪压 ······································· 2—28
　D.2 基本风压 ······································· 2—28
　D.3 雪压和风速的统计计算 ·················· 2—28
　D.4 全国各城市的雪压和风压值 ··········· 2—29
　D.5 全国基本雪压、风压分布及雪荷载准
　　　永久值系数分区图 ·························· 2—46
附录 E　结构基本自振周期
　　　　 的经验公式 ································· 2—46
　E.1 高耸结构 ·· 2—46
　E.2 高层建筑 ·· 2—47
附录 F　结构振型系数的近似值 ············ 2—47
附录 G　本规范用词说明 ······················ 2—47
条文说明 ·· 2—48

1 总 则

1.0.1 为了适应建筑结构设计的需要,以符合安全适用、经济合理的要求,制定本规范。
1.0.2 本规范适用于建筑工程的结构设计。
1.0.3 本规范是根据《建筑结构可靠度设计统一标准》(GB 50068—2001)规定的原则制订的。
1.0.4 建筑结构设计中涉及的作用包括直接作用(荷载)和间接作用(如地基变形、混凝土收缩、焊接变形、温度变化或地震等引起的作用)。本规范仅对有关荷载作出规定。
1.0.5 本规范采用的设计基准期为50年。
1.0.6 建筑结构设计中涉及的作用或荷载,除按本规范执行外,尚应符合现行的其他国家标准的规定。

2 术语及符号

2.1 术 语

2.1.1 永久荷载 permanent load
在结构使用期间,其值不随时间变化,或其变化与平均值相比可以忽略不计,或其变化是单调的并能趋于限值的荷载。
2.1.2 可变荷载 variable load
在结构使用期间,其值随时间变化,且其变化与平均值相比不可以忽略不计的荷载。
2.1.3 偶然荷载 accidental load
在结构使用期间不一定出现,一旦出现,其值很大且持续时间很短的荷载。
2.1.4 荷载代表值 representative values of a load
设计中用以验算极限状态所采用的荷载量值,例如标准值、组合值、频遇值和准永久值。
2.1.5 设计基准期 design reference period
为确定可变荷载代表值而选用的时间参数。
2.1.6 标准值 characteristic value/nominal value
荷载的基本代表值,为设计基准期内最大荷载统计分布的特征值(例如均值、众值、中值或某个分位值)。
2.1.7 组合值 combination value
对可变荷载,使组合后的荷载效应在设计基准期内的超越概率,能与该荷载单独出现时的相应概率趋于一致的荷载值;或使组合后的结构具有统一规定的可靠指标的荷载值。
2.1.8 频遇值 frequent value
对可变荷载,在设计基准期内,其超越的总时间为规定的较小比率或超越频率为规定频率的荷载值。
2.1.9 准永久值 quasi-permanent value
对可变荷载,在设计基准期内,其超越的总时间约为设计基准期一半的荷载值。
2.1.10 荷载设计值 design value of a load
荷载代表值与荷载分项系数的乘积。
2.1.11 荷载效应 load effect
由荷载引起结构或结构构件的反应,例如内力、变形和裂缝等。
2.1.12 荷载组合 load combination
按极限状态设计时,为保证结构的可靠性而对同时出现的各种荷载设计值的规定。
2.1.13 基本组合 fundamental combination
承载能力极限状态计算时,永久作用和可变作用的组合。
2.1.14 偶然组合 accidental combination
承载能力极限状态计算时,永久作用、可变作用和一个偶然作用的组合。
2.1.15 标准组合 characteristic/nominal combination
正常使用极限状态计算时,采用标准值或组合值为荷载代表值的组合。
2.1.16 频遇组合 frequent combinations
正常使用极限状态计算时,对可变荷载采用频遇值或准永久值为荷载代表值的组合。
2.1.17 准永久组合 quasi-permanent combinations
正常使用极限状态计算时,对可变荷载采用准永久值为荷载代表值的组合。
2.1.18 等效均布荷载 equivalent uniform live load
结构设计时,楼面上不连续分布的实际荷载,一般采用均布荷载代替;等效均布荷载系指其在结构上所得的荷载效应能与实际的荷载效应保持一致的均布荷载。
2.1.19 从属面积 tributary area
从属面积是在计算梁柱构件时采用,它是指所计算构件负荷的楼面面积,它应由楼板的剪力零线划分,在实际应用中可作适当简化。
2.1.20 动力系数 dynamic coefficient
承受动力荷载的结构或构件,当按静力设计时采用的系数,其值为结构或构件的最大动力效应与相应的静力效应的比值。
2.1.21 基本雪压 reference snow pressure
雪荷载的基准压力,一般按当地空旷平坦地面上积雪自重的观测数据,经概率统计得出50年一遇最大值确定。
2.1.22 基本风压 reference wind pressure
风荷载的基准压力,一般按当地空旷平坦地面上10m高度处10min平均的风速观测数据,经概率统计得出50年一遇最大值确定的风速,再考虑相应的空气密度,按公式(D.2.2-4)确定的风压。
2.1.23 地面粗糙度 terrain roughness
风在到达结构物以前吹越过2km范围内的地面时,描述该地面上不规则障碍物分布状况的等级。

2.2 符号

G_k——永久荷载的标准值；

Q_k——可变荷载的标准值；

S_{Gk}——永久荷载效应的标准值；

S_{Qk}——可变荷载效应的标准值；

S——荷载效应组合设计值；

R——结构构件抗力的设计值；

S_A——顺风向风荷载效应；

S_C——横风向风荷载效应；

T——结构自振周期；

H——结构顶部高度；

B——结构迎风面宽度；

Re——雷诺数；

St——斯脱罗哈数；

s_k——雪荷载标准值；

s_0——基本雪压；

w_k——风荷载标准值；

w_0——基本风压；

v_{cr}——横风向共振的临界风速；

α——坡度角；

β_z——高度 z 处的风振系数；

β_{gz}——高度 z 处的阵风系数；

γ_0——结构重要性系数；

γ_G——永久荷载的分项系数；

γ_Q——可变荷载的分项系数；

ψ_c——可变荷载的组合值系数；

ψ_f——可变荷载的频遇值系数；

ψ_q——可变荷载的准永久值系数；

μ_r——屋面积雪分布系数；

μ_z——风压高度变化系数；

μ_s——风荷载体型系数；

η——风荷载地形、地貌修正系数；

ξ——风荷载脉动增大系数；

ν——风荷载脉动影响系数；

φ_z——结构振型系数；

ζ——结构阻尼比。

3 荷载分类和荷载效应组合

3.1 荷载分类和荷载代表值

3.1.1 结构上的荷载可分为下列三类：

1 永久荷载，例如结构自重、土压力、预应力等。

2 可变荷载，例如楼面活荷载、屋面活荷载和积灰荷载、吊车荷载、风荷载、雪荷载等。

3 偶然荷载，例如爆炸力、撞击力等。

注：自重是指材料自身重量产生的荷载（重力）。

3.1.2 建筑结构设计时，对不同荷载应采用不同的代表值。

对永久荷载应采用标准值作为代表值。

对可变荷载应根据设计要求采用标准值、组合值、频遇值或准永久值作为代表值。

对偶然荷载应按建筑结构使用的特点确定其代表值。

3.1.3 永久荷载标准值，对结构自重，可按结构构件的设计尺寸与材料单位体积的自重计算确定。对于自重变异较大的材料和构件（如现场制作的保温材料、混凝土薄壁构件等），自重的标准值应根据对结构的不利状态，取上限值或下限值。

注：对常用材料和构件可参考本规范附录 A 采用。

3.1.4 可变荷载的标准值，应按本规范各章中的规定采用。

3.1.5 承载能力极限状态设计或正常使用极限状态按标准组合设计时，对可变荷载应按组合规定采用标准值或组合值作为代表值。

可变荷载组合值，应为可变荷载标准值乘以荷载组合值系数。

3.1.6 正常使用极限状态按频遇组合设计时，应采用频遇值、准永久值作为可变荷载的代表值；按准永久组合设计时，应采用准永久值作为可变荷载的代表值。

可变荷载频遇值应取可变荷载标准值乘以荷载频遇值系数。

可变荷载准永久值应取可变荷载标准值乘以荷载准永久值系数。

3.2 荷载组合

3.2.1 建筑结构设计应根据使用过程中在结构上可能同时出现的荷载，按承载能力极限状态和正常使用极限状态分别进行荷载（效应）组合，并应取各自的最不利的效应组合进行设计。

3.2.2 对于承载能力极限状态，应按荷载效应的基本组合或偶然组合进行荷载（效应）组合，并应采用下列设计表达式进行设计：

$$\gamma_0 S \leqslant R \qquad (3.2.2)$$

式中 γ_0——结构重要性系数；

S——荷载效应组合的设计值；

R——结构构件抗力的设计值，应按各有关建筑结构设计规范的规定确定。

3.2.3 对于基本组合，荷载效应组合的设计值 S 应从下列组合值中取最不利值确定：

1）由可变荷载效应控制的组合：

$$S = \gamma_G S_{Gk} + \gamma_{Q1} S_{Q1k} + \sum_{i=2}^{n} \gamma_{Qi} \psi_{ci} S_{Qik}$$
(3.2.3-1)

式中 γ_G——永久荷载的分项系数,应按第 3.2.5 条采用;

γ_{Qi}——第 i 个可变荷载的分项系数,其中 γ_{Q1} 为可变荷载 Q_1 的分项系数,应按第 3.2.5 条采用;

S_{Gk}——按永久荷载标准值 G_k 计算的荷载效应值;

S_{Qik}——按可变荷载标准值 Q_{ik} 计算的荷载效应值,其中 S_{Q1k} 为诸可变荷载效应中起控制作用者;

ψ_{ci}——可变荷载 Q_i 的组合值系数,应分别按各章的规定采用;

n——参与组合的可变荷载数。

2) 由永久荷载效应控制的组合:

$$S = \gamma_G S_{Gk} + \sum_{i=1}^{n} \gamma_{Qi} \psi_{ci} S_{Qik} \quad (3.2.3-2)$$

注:1 基本组合中的设计值仅适用于荷载与荷载效应为线性的情况。
2 当对 S_{Q1k} 无法明显判断时,轮次以各可变荷载效应为 S_{Q1k},选其中最不利的荷载效应组合。
3 当考虑以竖向的永久荷载效应控制的组合时,参与组合的可变荷载仅限于竖向荷载。

3.2.4 对于一般排架、框架结构,基本组合可采用简化规则,并应按下列组合值中取最不利值确定:

1) 由可变荷载效应控制的组合:

$$S = \gamma_G S_{Gk} + \gamma_{Q1} S_{Q1k}$$

$$S = \gamma_G S_{Gk} + 0.9 \sum_{i=1}^{n} \gamma_{Qi} S_{Qik} \quad (3.2.4)$$

2) 由永久荷载效应控制的组合仍按公式 (3.2.3-2) 式采用。

3.2.5 基本组合的荷载分项系数,应按下列规定采用:

1 永久荷载的分项系数:

1) 当其效应对结构不利时
——对由可变荷载效应控制的组合,应取 1.2;
——对由永久荷载效应控制的组合,应取 1.35;

2) 当其效应对结构有利时
——一般情况下应取 1.0;
——对结构的倾覆、滑移或漂浮验算,应取 0.9。

2 可变荷载的分项系数:
——一般情况下应取 1.4;
——对标准值大于 4kN/m² 的工业房屋楼面结构的活荷载应取 1.3。

注:对于某些特殊情况,可按建筑结构有关设计规范的规定确定。

3.2.6 对于偶然组合,荷载效应组合的设计值宜按下列规定确定:偶然荷载的代表值不乘分项系数;与偶然荷载同时出现的其他荷载可根据观测资料和工程经验采用适当的代表值。各种情况下荷载效应的设计值公式,可由有关规范另行规定。

3.2.7 对于正常使用极限状态,应根据不同的设计要求,采用荷载的标准组合、频遇组合或准永久组合,并应按下列设计表达式进行设计:

$$S \leq C \quad (3.2.7)$$

式中 C——结构或结构构件达到正常使用要求的规定限值,例如变形、裂缝、振幅、加速度、应力等的限值,应按各有关建筑结构设计规范的规定采用。

3.2.8 对于标准组合,荷载效应组合的设计值 S 应按下式采用:

$$S = S_{Gk} + S_{Q1k} + \sum_{i=2}^{n} \psi_{ci} S_{Qik} \quad (3.2.8)$$

注:组合中的设计值仅适用于荷载与荷载效应为线性的情况。

3.2.9 对于频遇组合,荷载效应组合的设计值 S 应按下式采用:

$$S = S_{Gk} + \psi_{f1} S_{Q1k} + \sum_{i=2}^{n} \psi_{qi} S_{Qik} \quad (3.2.9)$$

式中 ψ_{f1}——可变荷载 Q_1 的频遇值系数,应按各章的规定采用;

ψ_{qi}——可变荷载 Q_i 的准永久值系数,应按各章的规定采用。

注:组合中的设计值仅适用于荷载与荷载效应为线性的情况。

3.2.10 对于准永久组合,荷载效应组合的设计值 S 可按下式采用:

$$S = S_{Gk} + \sum_{i=1}^{n} \psi_{qi} S_{Qik} \quad (3.2.10)$$

注:组合中的设计值仅适用于荷载与荷载效应为线性的情况。

4 楼面和屋面活荷载

4.1 民用建筑楼面均布活荷载

4.1.1 民用建筑楼面均布活荷载的标准值及其组合值、频遇值和准永久值系数,应按表 4.1.1 的规定采用。

表 4.1.1 民用建筑楼面均布活荷载标准值及其组合值、频遇值和准永久值系数

项次	类别	标准值 (kN/m²)	组合值系数 ψ_c	频遇值系数 ψ_f	准永久值系数 ψ_q
1	（1）住宅、宿舍、旅馆、办公楼、医院病房、托儿所、幼儿园	2.0	0.7	0.5	0.4
	（2）教室、试验室、阅览室、会议室、医院门诊室	2.0	0.7	0.6	0.5
2	食堂、餐厅、一般资料档案室	2.5	0.7	0.6	0.5
3	（1）礼堂、剧场、影院、有固定座位的看台	3.0	0.7	0.5	0.3
	（2）公共洗衣房	3.0	0.7	0.6	0.5
4	（1）商店、展览厅、车站、港口、机场大厅及其旅客等候室	3.5	0.7	0.6	0.5
	（2）无固定座位的看台	3.5	0.7	0.5	0.3
5	（1）健身房、演出舞台	4.0	0.7	0.6	0.5
	（2）舞厅	4.0	0.7	0.6	0.3
6	（1）书库、档案库、贮藏室	5.0	0.9	0.9	0.8
	（2）密集柜书库	12.0			
7	通风机房、电梯机房	7.0	0.9	0.9	0.8
8	汽车通道及停车库：（1）单向板楼盖（板跨不小于 2m） 客车 消防车	4.0 35.0	0.7 0.7	0.7 0.7	0.6 0.6
	（2）双向板楼盖和无梁楼盖（柱网尺寸不小于 6m×6m） 客车 消防车	2.5 20.0	0.7 0.7	0.7 0.7	0.6 0.6
9	厨房（1）一般的	2.0	0.7	0.6	0.5
	（2）餐厅的	4.0	0.7	0.7	0.7
10	浴室、厕所、盥洗室：（1）第 1 项中的民用建筑	2.0	0.7	0.5	0.4
	（2）其他民用建筑	2.5	0.7	0.6	0.5
11	走廊、门厅、楼梯：（1）宿舍、旅馆、医院病房托儿所、幼儿园、住宅	2.0	0.7	0.5	0.4
	（2）办公楼、教室、餐厅，医院门诊部	2.5	0.7	0.6	0.5
	（3）消防疏散楼梯，其他民用建筑	3.5	0.7	0.5	0.3
12	阳台（1）一般情况 （2）当人群有可能密集时	2.5 3.5	0.7	0.6	0.5

注：1 本表所给各项活荷载适用于一般使用条件，当使用荷载较大或情况特殊时，应按实际情况采用。

2 第 6 项书库活荷载当书架高度大于 2m 时，书库活荷载尚应按每米书架高度不小于 2.5kN/m² 确定。

3 第 8 项中的客车活荷载只适用于停放载人少于 9 人的客车；消防车活荷载是适用于满载总重为 300kN 的大型车辆；当不符合本表的要求时，应将车轮的局部荷载按结构效应的等效原则，换算为等效均布荷载。

4 第 11 项楼梯活荷载，对预制楼梯踏步平板，尚应按 1.5kN 集中荷载验算。

5 本表各项荷载不包括隔墙自重和二次装修荷载。对固定隔墙的自重应按恒荷载考虑，当墙位置可灵活自由布置时，非固定隔墙的自重应取每延米长墙重（kN/m）的 1/3 作为楼面活荷载的附加值（kN/m²）计入，附加值不小于 1.0kN/m²。

4.1.2 设计楼面梁、墙、柱及基础时，表 4.1.1 中的楼面活荷载标准值在下列情况下应乘以规定的折减系数。

1 设计楼面梁时的折减系数：

1）第 1（1）项当楼面梁从属面积超过 25m² 时，应取 0.9；

2）第 1（2）～7 项当楼面梁从属面积超过 50m² 时应取 0.9；

3）第 8 项对单向板楼盖的次梁和槽形板的纵肋应取 0.8；对单向板楼盖的主梁应取 0.6；

对双向板楼盖的梁应取 0.8；

4）第 9～12 项应采用与所属房屋类别相同的折减系数。

2 设计墙、柱和基础时的折减系数

1）第 1（1）项应按表 4.1.2 规定采用；

2）第 1（2）～7 项应采用与其楼面梁相同的折减系数；

3) 第8项对单向板楼盖应取0.5；
对双向板楼盖和无梁楼盖应取0.8；
4) 第9～12项应采用与所属房屋类别相同的折减系数。

注：楼面梁的从属面积应按梁两侧各延伸二分之一梁间距的范围内的实际面积确定。

表4.1.2　活荷载按楼层的折减系数

墙、柱、基础计算截面以上的层数	1	2～3	4～5	6～8	9～20	>20
计算截面以上各楼层活荷载总和的折减系数	1.00 (0.90)	0.85	0.70	0.65	0.60	0.55

注：当楼面梁的从属面积超过25m²时，应采用括号内的系数。

4.1.3 楼面结构上的局部荷载可按附录B的规定，换算为等效均布活荷载。

4.2　工业建筑楼面活荷载

4.2.1 工业建筑楼面在生产使用或安装检修时，由设备、管道、运输工具及可能拆移的隔墙产生的局部荷载，均应按实际情况考虑，可采用等效均布活荷载代替。

注：1　楼面等效均布活荷载，包括计算次梁、主梁和基础时的楼面活荷载，可分别按本规范附录B的规定确定。
2　对于一般金工车间、仪器仪表生产车间、半道体器件车间、棉纺织车间、轮胎厂准备车间和粮食加工车间，当缺乏资料时，可按本规范附录C采用。

4.2.2 工业建筑楼面（包括工作平台）上无设备区域的操作荷载，包括操作人员、一般工具、零星原料和成品的自重，可按均布活荷载考虑，采用2.0kN/m²。

生产车间的楼梯活荷载，可按实际情况采用，但不宜小于3.5kN/m²。

4.2.3 工业建筑楼面活荷载的组合值系数、频遇值系数和准永久值系数，除本规范附录C中给出的以外，应按实际情况采用；但在任何情况下，组合值和频遇值系数不应小于0.7，准永久值系数不应小于0.6。

4.3　屋面活荷载

4.3.1 房屋建筑的屋面，其水平投影面上的屋面均布活荷载，应按表4.3.1采用。

屋面均布活荷载，不应与雪荷载同时组合。

表4.3.1　屋面均布活荷载

项次	类别	标准值 (kN/m²)	组合值系数 ψ_c	频遇值系数 ψ_f	准永久值系数 ψ_q
1	不上人的屋面	0.5	0.7	0.5	0
2	上人的屋面	2.0	0.7	0.5	0.4
3	屋顶花园	3.0	0.7	0.6	0.5

注：1　不上人的屋面，当施工或维修荷载较大时，应按实际情况采用；对不同结构应按有关设计规范的规定，将标准值作0.2kN/m²的增减。
2　上人的屋面，当兼作其他用途时，应按相应楼面活荷载采用。
3　对于因屋面排水不畅、堵塞等引起的积水荷载，应采取构造措施加以防止；必要时，应按积水的可能深度确定屋面活荷载。
4　屋顶花园活荷载不包括花圃土石等材料自重。

4.3.2 屋面直升机停机坪荷载应根据直升机总重按局部荷载考虑，同时其等效均布荷载不低于5.0kN/m²。

局部荷载应按直升机实际最大起飞重量确定，当没有机型技术资料时，一般可依据轻、中、重三种类型的不同要求，按下述规定选用局部荷载标准值及作用面积：

— 轻型，最大起飞重量2t，局部荷载标准值取20kN，作用面积0.20m×0.20m；

— 中型，最大起飞重量4t，局部荷载标准值取40kN，作用面积0.25m×0.25m；

— 重型，最大起飞重量6t，局部荷载标准值取60kN，作用面积0.30m×0.30m。

荷载的组合值系数应取0.7，频遇值系数应取0.6，准永久值系数应取0。

4.4　屋面积灰荷载

4.4.1 设计生产中有大量排灰的厂房及其邻近建筑时，对于具有一定除尘设施和保证清灰制度的机械、冶金、水泥等的厂房屋面，其水平投影面上的屋面积灰荷载，应分别按表4.4.1-1和表4.4.1-2采用。

表4.4.1-1　屋面积灰荷载

项次	类别	标准值（kN/m²）			组合值系数 ψ_c	频遇值系数 ψ_f	准永久值系数 ψ_q
		屋面无挡风板	屋面有挡风板				
			挡风板内	挡风板外			
1	机械厂铸造车间（冲天炉）	0.50	0.75	0.30	0.9	0.9	0.8
2	炼钢车间（氧气转炉）	—	0.75	0.30			

续表

项次	类别	标准值（kN/m²） 屋面无挡风板	标准值（kN/m²） 屋面有挡风板 挡风板内	标准值（kN/m²） 屋面有挡风板 挡风板外	组合值系数 ψ_c	频遇值系数 ψ_f	准永久值系数 ψ_q
3	锰、铬铁合金车间	0.75	1.00	0.30			
4	硅、钨铁合金车间	0.30	0.50	0.30			
5	烧结室、一次混合室	0.50	1.00	0.20	0.9	0.9	0.8
6	烧结厂通廊及其他车间	0.30	—	—			
7	水泥厂有灰源车间（窑房、磨房、联合贮库、烘干房、破碎房）	1.00	—	—			
8	水泥厂无灰源车间（空气压缩机站、机修间、材料库、配电站）	0.50	—	—			

注：1 表中的积灰均布荷载，仅应用于屋面坡度 $\alpha \leqslant 25°$；当 $\alpha \geqslant 45°$ 时，可不考虑积灰荷载；当 $25° < \alpha < 45°$ 时，可按插值法取值。
    2 清灰设施的荷载另行考虑。
    3 对第 1~4 项的积灰荷载，仅应用于距烟囱中心 20m 半径范围内的屋面；当邻近建筑在该范围内时，其积灰荷载对第 1、3、4 项应按车间屋面无挡风板的采用，对 2 项应按车间屋面挡风板外的采用。

表 4.4.1-2 高炉邻近建筑的屋面积灰荷载

高炉容积 (m³)	标准值 (kN/m²) 屋面离高炉距离 (m) ≤50	标准值 (kN/m²) 屋面离高炉距离 (m) 100	标准值 (kN/m²) 屋面离高炉距离 (m) 200	组合值系数 ψ_c	频遇值系数 ψ_f	准永久值系数 ψ_q
<255	0.50	—	—			
255~620	0.75	0.30	—	1.0	1.0	1.0
>620	1.00	0.50	0.30			

注：1 表 4.4.1-1 中的注 1 和注 2 也适用本表。
    2 当邻近建筑屋面离高炉距离为表内中间值时，可按插值法取值。

4.4.2 对于屋面上易形成灰堆处，当设计屋面板、檩条时，积灰荷载标准值可乘以下列规定的增大系数：

在高低跨处两倍于屋面高差但不大于 6.0m 的分布宽度内取 2.0；

在天沟处不大于 3.0m 的分布宽度内取 1.4。

4.4.3 积灰荷载应与雪荷载或不上人的屋面均布活荷载两者中的较大值同时考虑。

4.5 施工和检修荷载及栏杆水平荷载

4.5.1 设计屋面板、檩条、钢筋混凝土挑檐、雨篷和预制小梁时，施工或检修集中荷载（人和小工具的自重）应取 1.0kN，并应在最不利位置处进行验算。

注：1 对于轻型构件或较宽构件，当施工荷载超过上述荷载时，应按实际情况验算，或采用加垫板、支撑等临时设施承受。
    2 当计算挑檐、雨篷承载力时，应沿板宽每隔 1.0m 取一个集中荷载；在验算挑檐、雨篷倾覆时，应沿板宽每隔 2.5~3.0m 取一个集中荷载。

4.5.2 楼梯、看台、阳台和上人屋面等的栏杆顶部水平荷载，应按下列规定采用：

    1 住宅、宿舍、办公楼、旅馆、医院、托儿所、幼儿园，应取 0.5kN/m；
    2 学校、食堂、剧场、电影院、车站、礼堂、展览馆或体育场，应取 1.0kN/m。

4.5.3 当采用荷载准永久组合时，可不考虑施工和检修荷载及栏杆水平荷载。

4.6 动力系数

4.6.1 建筑结构设计的动力计算，在有充分依据时，可将重物或设备的自重乘以动力系数后，按静力计算设计。

4.6.2 搬运和装卸重物以及车辆起动和刹车的动力系数，可采用 1.1~1.3；其动力荷载只传至楼板和梁。

4.6.3 直升机在屋面上的荷载，也应乘以动力系数，对具有液压轮胎起落架的直升机可取 1.4；其动力荷载只传至楼板和梁。

5 吊车荷载

5.1 吊车竖向和水平荷载

5.1.1 吊车竖向荷载标准值，应采用吊车最大轮压或最小轮压。

5.1.2 吊车纵向和横向水平荷载，应按下列规定采用：

    1 吊车纵向水平荷载标准值，应按作用在一边轨道上所有刹车轮的最大轮压之和的 10% 采用；该项荷载的作用点位于刹车轮与轨道的接触点，其方向与轨道方向一致。

2 吊车横向水平荷载标准值，应取横行小车重量与额定起重量之和的下列百分数，并乘以重力加速度：

1）软钩吊车：
—— 当额定起重量不大于 10t 时，应取 12%；
—— 当额定起重量为 16～50t 时，应取 10%；
—— 当额定起重量不小于 75t 时，应取 8%。

2）硬钩吊车：应取 20%。

横向水平荷载应等分于桥架的两端，分别由轨道上的车轮平均传至轨道，其方向与轨道垂直，并考虑正反两个方向的刹车情况。

注：1 悬挂吊车的水平荷载应由支撑系统承受，可不计算。
2 手动吊车及电动葫芦可不考虑水平荷载。

5.2 多台吊车的组合

5.2.1 计算排架考虑多台吊车竖向荷载时，对一层吊车单跨厂房的每个排架，参与组合的吊车台数不宜多于 2 台；对一层吊车的多跨厂房的每个排架，不宜多于 4 台。

考虑多台吊车水平荷载时，对单跨或多跨厂房的每个排架，参与组合的吊车台数不应多于 2 台。

注：当情况特殊时，应按实际情况考虑。

5.2.2 计算排架时，多台吊车的竖向荷载和水平荷载的标准值，应乘以表 5.2.2 中规定的折减系数。

表 5.2.2　多台吊车的荷载折减系数

参与组合的吊车台数	吊车工作级别	
	A1～A5	A6～A8
2	0.9	0.95
3	0.85	0.90
4	0.8	0.85

注：对于多层吊车的单跨或多跨厂房，计算排架时，参与组合的吊车台数及荷载的折减系数，应按实际情况考虑。

5.3 吊车荷载的动力系数

5.3.1 当计算吊车梁及其连接的强度时，吊车竖向荷载应乘以动力系数。对悬挂吊车（包括电动葫芦）及工作级别 A1～A5 的软钩吊车，动力系数可取 1.05；对工作级别为 A6～A8 的软钩吊车、硬钩吊车和其他特种吊车，动力系数可为 1.1。

5.4 吊车荷载的组合值、频遇值及准永久值

5.4.1 吊车荷载的组合值、频遇值及准永久值系数可按表 5.4.1 中的规定采用。

表 5.4.1　吊车荷载的组合值、频遇值及准永久值系数

吊车工作级别	组合值系数 ψ_c	频遇值系数 ψ_f	准永久值系数 ψ_q
软钩吊车			
工作级别 A1～A3	0.7	0.6	0.5
工作级别 A4、A5	0.7	0.7	0.6
工作级别 A6、A7	0.7	0.7	0.7
硬钩吊车及工作级别 A8 的软钩吊车	0.95	0.95	0.95

5.4.2 厂房排架设计时，在荷载准永久组合中不考虑吊车荷载。但在吊车梁按正常使用极限状态设计时，可采用吊车荷载的准永久值。

6　雪　荷　载

6.1 雪荷载标准值及基本雪压

6.1.1 屋面水平投影面上的雪荷载标准值，应按下式计算：

$$s_k = \mu_r s_0 \quad (6.1.1)$$

式中　s_k——雪荷载标准值（kN/m²）；
　　　μ_r——屋面积雪分布系数；
　　　s_0——基本雪压（kN/m²）。

6.1.2 基本雪压应按本规范附录 D.4 中附表 D.4 给出的 50 年一遇的雪压采用。

对雪荷载敏感的结构，基本雪压应适当提高，并应由有关的结构设计规范具体规定。

6.1.3 当城市或建设地点的基本雪压值在本规范附录 D 中没有给出时，基本雪压值可根据当地年最大雪压或雪深资料，按基本雪压定义，通过统计分析确定，分析时应考虑样本数量的影响（参见附录 D）。当地没有雪压和雪深资料时，可根据附近地区规定的基本雪压或长期资料，通过气象和地形条件的对比分析确定；也可按本规范附录 D 中全国基本雪压分布图（附图 D.5.1）近似确定。

6.1.4 山区的雪荷载应通过实际调查后确定。当无实测资料时，可按当地邻近空旷平坦地面的雪荷载值乘以系数 1.2 采用。

6.1.5 雪荷载的组合值系数可取 0.7；频遇值系数可取 0.6；准永久值系数应按雪荷载分区 Ⅰ、Ⅱ 和 Ⅲ 的不同，分别取 0.5、0.2 和 0；雪荷载分区应按本规范附录 D.4 中给出的或附图 D.5.2 的规定采用。

6.2 屋面积雪分布系数

6.2.1 屋面积雪分布系数应根据不同类别的屋面形

式，按表6.2.1采用。

表6.2.1　屋面积雪分布系数

项次	类别	屋面形式及积雪分布系数 μ_r
1	单跨单坡屋面	α: ≤25°, 30°, 35°, 40°, 45°, ≥50°；μ_r: 1.0, 0.8, 0.6, 0.4, 0.2, 0
2	单跨双坡屋面	均匀分布的情况；不均匀分布的情况 $0.75\mu_r$, $1.25\mu_r$；μ_r按第一项规定采用
3	拱形屋面	$\mu_r = \dfrac{1}{8f}$　($0.4 \leq \mu_r \leq 1.0$)
4	带天窗的屋面	均匀分布的情况 1.0；不均匀分布的情况 1.1, 0.8, 1.1
5	带天窗有挡风板的屋面	均匀分布的情况 1.0；不均匀分布的情况 1.0, 1.4, 0.8, 1.4, 1.0
6	多跨单坡屋面（锯齿形屋面）	均匀分布的情况 1.0；不均匀分布的情况 0.6, 1.4, 0.6, 1.4, 0.6, 1.4
7	双跨双坡或拱形屋面	均匀分布的情况 1.0；不均匀分布的情况 μ_r, 1.4, μ_r；μ_r按第1或3项规定采用
8	高低屋面	1.0, 2.0, 1.0；$a = 2h$，但不小于4m，不大于8m

注：
1. 第2项单跨双坡屋面仅当 $20° \leq \alpha \leq 30°$ 时，可采用不均匀分布情况。
2. 第4、5项只适用于坡度 $\alpha \leq 25°$ 的一般工业厂房屋面。
3. 第7项双跨双坡或拱形屋面，当 $\alpha \leq 25°$ 或 $f/l \leq 0.1$ 时，只采用均匀分布情况。
4. 多跨屋面的积雪分布系数，可参照第7项的规定采用。

6.2.2 设计建筑结构及屋面的承重构件时，可按下列规定采用积雪的分布情况：

1 屋面板和檩条按积雪不均匀分布的最不利情况采用；

2 屋架和拱壳可分别按积雪全跨均匀分布情况、不均匀分布的情况和半跨的均匀分布的情况采用；

3 框架和柱可按积雪全跨的均匀分布情况采用。

7 风荷载

7.1 风荷载标准值及基本风压

7.1.1 垂直于建筑物表面上的风荷载标准值，应按下述公式计算：

1 当计算主要承重结构时

$$w_k = \beta_z \mu_s \mu_z w_0 \quad (7.1.1\text{-}1)$$

式中　w_k——风荷载标准值（kN/m^2）；
　　　β_z——高度 z 处的风振系数；
　　　μ_s——风荷载体型系数；
　　　μ_z——风压高度变化系数；
　　　w_0——基本风压（kN/m^2）。

2 当计算围护结构时

$$w_k = \beta_{gz} \mu_s \mu_z w_0 \quad (7.1.1\text{-}2)$$

式中　β_{gz}——高度 z 处的阵风系数。

7.1.2 基本风压应按本规范附录D.4中附表D.4给出的50年一遇的风压采用，但不得小于0.3 kN/m^2。

对于高层建筑、高耸结构以及对风荷载比较敏感的其他结构，基本风压应适当提高，并应由有关的结构设计规范具体规定。

7.1.3 当城市或建设地点的基本风压值在本规范全国基本风压图上没有给出时，基本风压值可根据当地年最大风速资料，按基本风压定义，通过统计分析确定，分析时应考虑样本数量的影响（参见附录D）。当地没有风速资料时，可根据附近地区规定的基本风压或长期资料，通过气象和地形条件的对比分析确定；也可按本规范附录D中全国基本风压分布图（附图D.5.3）近似确定。

7.1.4 风荷载的组合值、频遇值和准永久值系数可分别取0.6、0.4和0。

7.2 风压高度变化系数

7.2.1 对于平坦或稍有起伏的地形，风压高度变化系数应根据地面粗糙度类别按表7.2.1确定。

地面粗糙度可分为A、B、C、D四类：
— A类指近海海面和海岛、海岸、湖岸及沙漠地区；
— B类指田野、乡村、丛林、丘陵以及房屋比较稀疏的乡镇和城市郊区；
— C类指有密集建群的城市市区；
— D类指有密集建筑群且房屋较高的城市市区。

7.2.2 对于山区的建筑物，风压高度变化系数可按平坦地面的粗糙度类别，由表7.2.1确定外，还应考虑地形条件的修正，修正系数 η 分别按下述规定采用：

1 对于山峰和山坡，其顶部B处的修正系数可按下述公式采用：

$$\eta_B = \left[1 + \kappa \mathrm{tg}\alpha\left(1 - \frac{z}{2.5H}\right)\right]^2 \quad (7.2.2)$$

式中 $\mathrm{tg}\alpha$ ——山峰或山坡在迎风面一侧的坡度；当 $\mathrm{tg}\alpha > 0.3$ 时，取 $\mathrm{tg}\alpha = 0.3$；
κ ——系数，对山峰取3.2，对山坡取1.4；
H ——山顶或山坡全高(m)；
z ——建筑物计算位置离建筑物地面的高度，m；当 $z > 2.5H$ 时，取 $z = 2.5H$。

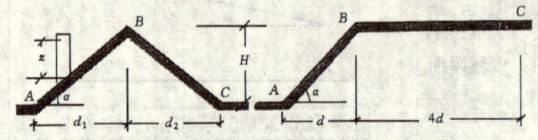

图7.2.2 山峰和山坡的示意

对于山峰和山坡的其他部位，可按图7.2.2所示，取A、C处的修正系数 η_A、η_C 为1，AB间和BC间的修正系数按 η 的线性插值确定。

2 山间盆地、谷地等闭塞地形 $\eta = 0.75 \sim 0.85$；对于与风向一致的谷口、山口 $\eta = 1.20 \sim 1.50$。

7.2.3 对于远海海面和海岛的建筑物或构筑物，风压高度变化系数可按A类粗糙度类别，由表7.2.1确定外，还应考虑表7.2.3中给出的修正系数。

表7.2.3 远海海面和海岛的修正系数 η

距海岸距离(km)	η
<40	1.0
40~60	1.0~1.1
60~100	1.1~1.2

7.3 风荷载体型系数

7.3.1 房屋和构筑物的风载体型系数，可按下列规定采用：

1 房屋和构筑物与表7.3.1中的体型类同时，可按该表的规定采用；

2 房屋和构筑物与表7.3.1中的体型不同时，可参考有关资料采用；

3 房屋和构筑物与表7.3.1中的体型不同且无参考资料可以借鉴时，宜由风洞试验确定；

4 对于重要且体型复杂的房屋和构筑物，应由风洞试验确定。

表7.2.1 风压高度变化系数 μ_z

离地面或海平面高度(m)	地面粗糙度类别			
	A	B	C	D
5	1.17	1.00	0.74	0.62
10	1.38	1.00	0.74	0.62
15	1.52	1.14	0.74	0.62
20	1.63	1.25	0.84	0.62
30	1.80	1.42	1.00	0.62
40	1.92	1.56	1.13	0.73
50	2.03	1.67	1.25	0.84
60	2.12	1.77	1.35	0.93
70	2.20	1.86	1.45	1.02
80	2.27	1.95	1.54	1.11
90	2.34	2.02	1.62	1.19
100	2.40	2.09	1.70	1.27
150	2.64	2.38	2.03	1.61
200	2.83	2.61	2.30	1.92
250	2.99	2.80	2.54	2.19
300	3.12	2.97	2.75	2.45
350	3.12	3.12	2.94	2.68
400	3.12	3.12	3.12	2.91
≥450	3.12	3.12	3.12	3.12

表7.3.1 风荷载体型系数

项次	类别	体型及体型系数 μ_s		
1	封闭式落地双坡屋面		α	μ_s
			0°	0
			30°	+0.2
			≥60°	+0.8
		中间值按插入法计算		
2	封闭式双坡屋面		α	μ_s
			≤15°	−0.6
			30°	0
			≥60°	+0.8
		中间值按插入法计算		

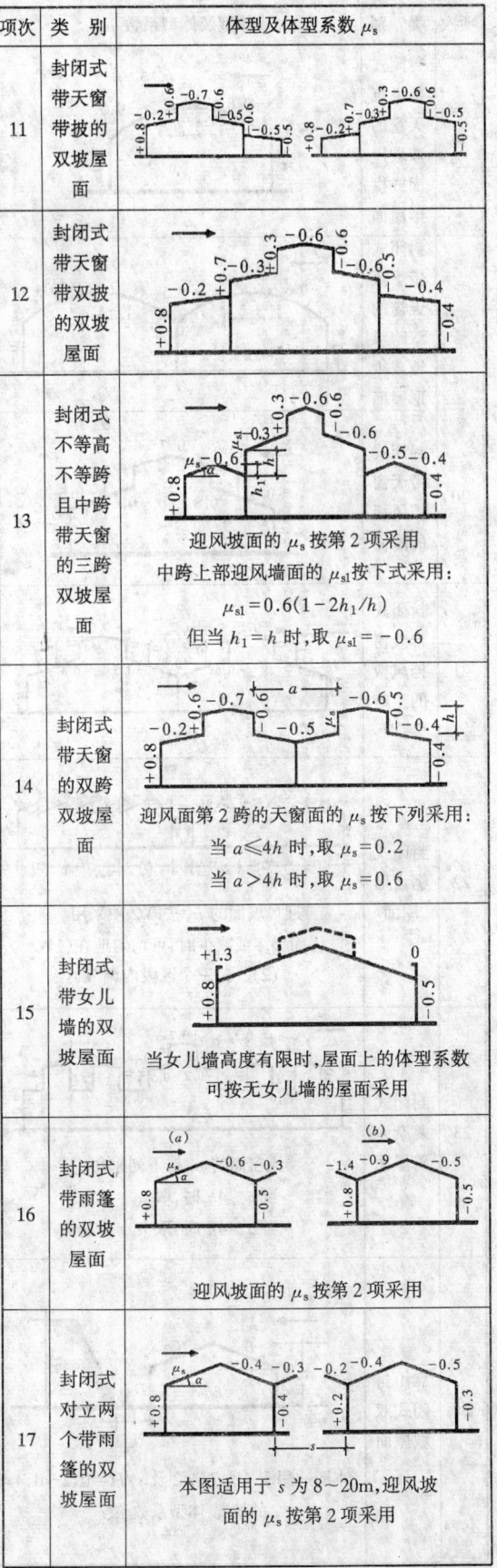

续表

项次	类别	体型及体型系数 μ_s
18	封闭式带下沉天窗的双坡屋面或拱形屋面	屋面示意图：+0.8, −0.8, −1.2, −0.5, −0.5
19	封闭式带下沉天窗的双跨双坡或拱形屋面	屋面示意图：+0.8, −0.8, −1.2, −0.5, −1.2, −0.4, −0.4
20	封闭式带天窗挡风板的屋面	屋面示意图：+0.8, +0.3, +1.4, −0.8, −0.7, −0.6, 0, −0.6, −0.5
21	封闭式带天窗挡风板的双跨屋面	屋面示意图：+0.8, +0.3, +1.4, −0.8, −0.7, −0.6, 0, −0.6, −0.1, −0.5, −0.6, +0.4, 0, −0.5, −0.4, −0.4
22	封闭式锯齿形屋面	屋面示意图（+0.8, −0.6, −0.5, −0.4 等） 迎风坡面的 μ_s 按第 2 项采用。齿面增多或减少时,可均匀地在(1)、(2)、(3)三个区段内调节
23	封闭式复杂多跨屋面	屋面示意图 天窗面的 μ_s 按下列采用： 当 $a \leqslant 4h$ 时,取 $\mu_s = 0.2$ 当 $a > 4h$ 时,取 $\mu_s = 0.6$
24	靠山封闭式双坡屋面	(a) 示意图 本图适用于 $H_m/H \geqslant 2$ 及 $s/H = 0.2 \sim 0.4$ 的情况 体型系数 μ_s:

续表

项次	类别	体型及体型系数 μ_s
24	靠山封闭式双坡屋面	体型系数 μ_s : 	β	α	A	B	C	D
---	---	---	---	---	---
30°	15°	+0.9	−0.4	0	+0.2	−0.2
	30°	+0.9	+0.2	−0.2	−0.2	−0.3
	60°	+1.0	+0.7	−0.4	−0.2	−0.5
60°	15°	+1.0	+0.3	+0.4	+0.5	+0.4
	30°	+1.0	+0.4	+0.3	+0.4	+0.2
	60°	+1.0	+0.8	−0.3	0	−0.5
90°	15°	+1.0	+0.5	+0.7	+0.8	+0.6
	30°	+1.0	+0.6	+0.8	+0.9	+0.7
	60°	+1.0	+0.9	−0.1	+0.2	−0.4 | (b) 平面图（D D′ / C C′ / E F / B B′ / A A′） 体型系数 μ_s: | β	A B D	E	A′B′C′D′	F
---	---	---	---	---
15°	−0.8	+0.9	−0.2	−0.2
30°	−0.9	+0.9	−0.2	−0.2
60°	−0.9	+0.9	−0.2	−0.2	
25	靠山封闭式带天窗的双坡屋面	示意图 本图适用于 $H_m/H \geqslant 2$ 及 $s/H = 0.2 \sim 0.4$ 的情况体型系数 μ_s: | β	A	B	C	D	D′	C′	B′	A′	E
---	---	---	---	---	---	---	---	---	---
30°	+0.9	+0.2	−0.6	−0.4	−0.3	−0.3	−0.3	−0.2	−0.5
60°	+0.9	+0.6	+0.1	+0.1	+0.2	+0.2	+0.2	+0.4	+0.1
90°	+1.0	+0.8	+0.6	+0.2	+0.6	+0.6	+0.6	+0.8	+0.6	
26	单面开敞式双坡屋面	(a) $\mu_s − 0.8$, −1.3, −1.3, −1.5, −1.5 (b) $\mu_s + 0.5$, 0, +1.3, −0.2, +1.3, −0.2 迎风坡面的 μ_s 按第 2 项采用

续表

项次	类别	体型及体型系数 μ_s
27	双面开敞及四面开敞式双坡屋面	(a)两端有山墙　(b)四面开敞 体型系数 μ_s： 	α	μ_{s1}	μ_{s2}
≤10°	-1.3	-0.7
30°	+1.6	+0.4 | 中间值按插入法计算 注 1 本图屋面对风有过敏反应，设计时应考虑 μ_s 值变号的情况； 　2 纵向风荷载对屋面所引起的总水平力： 　当 $\alpha \geq 30°$ 时，为 $0.05Aw_h$ 　当 $\alpha < 30°$ 时，为 $0.10Aw_h$ 　A 为屋面的水平投影面积，w_h 为屋面高度 h 处的风压； 　3 当室内堆放物品或房屋处于山坡时，屋面吸力应增大，可按第26项(a)采用
28	前后纵墙半开敞双坡屋面	迎风坡面的 μ_s 按第2项采用 本图适用于墙的上部集中开敞面积 ≥10%且<50%的房屋。 当开敞面积达50%时，背风墙面的系数改为 -1.1
29	单坡及双坡顶盖	(a) | α	μ_{s1}	μ_{s2}	μ_{s3}	μ_{s4}
---	---	---	---	---
≤10°	-1.3	-0.5	+1.3	+0.5
30°	-1.4	-0.6	+1.4	+0.6 | 中间值按插入法计算 (b) 体型系数按第27项采用 (c) | α	μ_{s1}	μ_{s2}
≤10°	+1.0	+0.7
30°	-1.6	-0.4 | 中间值按插入法计算 注：(b)、(c)应考虑第27项注1和注2

项次	类别	体型及体型系数 μ_s
30	封闭式房屋和构筑物	(a)正多边形(包括矩形)平面 (b)Y型平面
30	封闭式房屋和构筑物	(c)L型平面　(d)Π型平面 (e)十字型平面　(f)截角三边形平面
31	各种截面的杆件	$\mu_s = +1.3$
32	桁架	(a) 单榀桁架的体型系数 $\mu_{st} = \phi\mu_s$ μ_s 为桁架构件的体型系数，对型钢杆件按第31项采用，对圆管杆件按第36(b)项采用 $\phi = A_n/A$ 为桁架的挡风系数 A_n 为桁架杆件和节点挡风的净投影面积 $A = hl$ 为桁架的轮廓面积 (b) n 榀平行桁架的整体体型系数 $$\mu_{stw} = \mu_{st}\frac{1-\eta^n}{1-\eta}$$ μ_{st} 为单榀桁架的体型系数，η 按下表采用

续表

项次	类别	体型及体型系数 μ_s				
32	桁架	ϕ \ b/h	≤1	2	4	6
		≤0.1	1.00	1.00	1.00	1.00
		0.2	0.85	0.90	0.93	0.97
		0.3	0.66	0.75	0.80	0.85
		0.4	0.50	0.60	0.67	0.73
		0.5	0.33	0.45	0.53	0.62
		0.6	0.15	0.30	0.40	0.50

项次	类别	体型及体型系数 μ_s
33	独立墙壁及围墙	+1.3
34	塔架	① 方形 ② 方形(转45°) ③④⑤ 三角形

(a) 角钢塔架整体计算时的体型系数 μ_s

挡风系数 ϕ	方形		三角形风向③④⑤
	风向①	风向②	
		单角钢	组合角钢	
≤0.1	2.6	2.9	3.1	2.4
0.2	2.4	2.7	2.9	2.2
0.3	2.2	2.4	2.7	2.0
0.4	2.0	2.2	2.4	1.8
0.5	1.9	1.9	2.0	1.6

(b) 管子及圆钢塔架整体计算时的体型系数 μ_s

当 $\mu_z w_0 d^2 \leq 0.002$ 时，μ_s 按角钢塔架的 μ_s 值乘以 0.8 采用；

当 $\mu_z w_0 d^2 \geq 0.015$ 时，μ_s 按角钢塔架的 μ_s 值乘以 0.6 采用；

中间值按插值法计算

35	旋转壳顶	(a) $f/l > \frac{1}{4}$：$\mu_s = 0.5\sin^2\phi \sin\psi - \cos^2\phi$ ； (b) $f/l \leq \frac{1}{4}$：$\mu_s = -\cos^2\phi$

项次	类别	体型及体型系数 μ_s

36 圆截面构筑物（包括烟囱、塔桅等）

(a) 局部计算时表面分布的体型系数 μ_s

α	$H/d \geq 25$	$H/d = 7$	$H/d = 1$
0°	+1.0	+1.0	+1.0
15°	+0.8	+0.8	+0.8
30°	+0.1	+0.1	+0.1
45°	−0.9	−0.8	−0.7
60°	−1.9	−1.7	−1.2
75°	−2.5	−2.2	−1.5
90°	−2.6	−2.2	−1.7
105°	−1.9	−1.7	−1.2
120°	−0.9	−0.8	−0.7
135°	−0.7	−0.6	−0.5
150°	−0.6	−0.5	−0.4
165°	−0.6	−0.5	−0.4
180°	−0.6	−0.5	−0.4

表中数值适用于 $\mu_z w_0 d^2 \geq 0.015$ 的表面光滑情况，其中 w_0 以 kN/m^2 计，d 以 m 计

(b) 整体计算时的体型系数 μ_s

$\mu_z w_0 d^2$	表面情况	$H/d \geq 25$	$H/d = 7$	$H/d = 1$
≥0.015	$\Delta \approx 0$	0.6	0.5	0.5
	$\Delta = 0.02d$	0.9	0.8	0.7
	$\Delta = 0.08d$	1.2	1.0	0.8
≤0.002		1.2	0.8	0.7

中间值按插值法计算；

Δ 为表面凸出高度

37 架空管道

本图适用于 $\mu_z w_0 d^2 \geq 0.015$ 的情况

(a) 上下双管

s/d	≤0.25	0.5	0.75	1.0	1.5	2.0	≥3.0
μ_s	+1.2	+0.9	+0.75	+0.7	+0.65	+0.63	+0.6

(b) 前后双管

续表

项次	类别	体型及体型系数 μ_s
37	架空管道	s/d: ≤0.25, 0.5, 1.5, 3.0, 4.0, 6.0, 8.0, ≥10.0 μ_s: +0.68, +0.86, +0.94, +0.99, +1.08, +1.11, +1.14, +1.20 表列 μ_s 值为前后两管之和,其中前管为0.6 (c)密排多管 μ_s = +1.4 μ_s 值为各管之总和
38	拉索	风荷载水平分量 w_x 的体型系数 μ_{sx} 及垂直分量 w_y 的体型系数 μ_{sy}: | α | μ_{sx} | μ_{sy} | α | μ_{sx} | μ_{sy} | |---|---|---|---|---|---| | 0° | 0 | 0 | 50° | 0.60 | 0.40 | | 10° | 0.05 | 0.05 | 60° | 0.85 | 0.40 | | 20° | 0.10 | 0.10 | 70° | 1.10 | 0.30 | | 30° | 0.20 | 0.25 | 80° | 1.20 | 0.20 | | 40° | 0.35 | 0.40 | 90° | 1.25 | 0 |

7.3.2 当多个建筑物,特别是群集的高层建筑,相互间距较近时,宜考虑风力相互干扰的群体效应;一般可将单独建筑物的体型系数 μ_s 乘以相互干扰增大系数,该系数可参考类似条件的试验资料确定;必要时宜通过风洞试验得出。

7.3.3 验算围护构件及其连接的强度时,可按下列规定采用局部风压体型系数:

一、外表面

1 正压区 按表7.3.1采用;

2 负压区

——对墙面,取 -1.0;

——对墙角边,取 -1.8;

——对屋面局部部位(周边和屋面坡度大于10°的屋脊部位),取 -2.2;

——对檐口、雨篷、遮阳板等突出构件,取 -2.0。

注:对墙角边和屋面局部部位的作用宽度为房屋宽度的0.1或房屋平均高度的0.4,取其小者,但不小于1.5m。

二、内表面

对封闭式建筑物,按外表面风压的正负情况取 -0.2 或 0.2。

7.4 顺风向风振和风振系数

7.4.1 对于基本自振周期 T_1 大于 0.25s 的工程结构,如房屋、屋盖及各种高耸结构,以及对于高度大于 30m 且高宽比大于 1.5 的高柔房屋,均应考虑风压脉动对结构发生顺风向风振的影响。风振计算应按随机振动理论进行,结构的自振周期应按结构动力学计算。

注:近似的基本自振周期 T_1 可按附录 E 计算。

7.4.2 对于一般悬臂型结构,例如构架、塔架、烟囱等高耸结构,以及高度大于 30m,高宽比大于 1.5 且可忽略扭转影响的高层建筑,均可仅考虑第一振型的影响,结构的风荷载可按公式(7.1.1-1)通过风振系数来计算,结构在 z 高度处的风振系数 β_z 可按下式计算:

$$\beta_z = 1 + \frac{\xi \nu \varphi_z}{\mu_z} \quad (7.4.2)$$

式中 ξ——脉动增大系数;

ν——脉动影响系数;

φ_z——振型系数;

μ_z——风压高度变化系数。

7.4.3 脉动增大系数,可按表 7.4.3 确定。

表 7.4.3　　脉动增大系数 ξ

$w_0 T_1^2$ (kN·s²/m²)	0.01	0.02	0.04	0.06	0.08	0.10	0.20	0.40	0.60
钢结构	1.47	1.57	1.69	1.77	1.83	1.88	2.04	2.24	2.36
有填充墙的房屋钢结构	1.26	1.32	1.39	1.44	1.47	1.50	1.61	1.73	1.81
混凝土及砌体结构	1.11	1.14	1.17	1.19	1.21	1.23	1.28	1.34	1.38
$w_0 T_1^2$ (kN·s²/m²)	0.80	1.00	2.00	4.00	6.00	8.00	10.00	20.00	30.00
钢结构	2.46	2.53	2.80	3.09	3.28	3.42	3.54	3.91	4.14
有填充墙的房屋钢结构	1.88	1.93	2.10	2.30	2.43	2.52	2.60	2.85	3.01
混凝土及砌体结构	1.42	1.44	1.54	1.65	1.72	1.77	1.82	1.96	2.06

注:计算 $w_0 T_1^2$ 时,对地面粗糙度 B 类地区可直接代入基本风压,而对 A 类、C 类和 D 类地区应按当地的基本风压分别乘以 1.38、0.62 和 0.32 后代入。

7.4.4 脉动影响系数,可按下列情况分别确定。

1 结构迎风面宽度远小于其高度的情况(如高耸结构等):

1)若外形、质量沿高度比较均匀,脉动系数可按表 7.4.4-1 确定。

表 7.4.4-1　　脉动影响系数 ν

总高度 H(m)		10	20	30	40	50	60	70	80
粗糙度类别	A	0.78	0.83	0.86	0.87	0.88	0.89	0.89	0.89
	B	0.72	0.79	0.83	0.85	0.87	0.88	0.89	0.89
	C	0.64	0.73	0.78	0.82	0.85	0.87	0.88	0.90
	D	0.53	0.65	0.72	0.77	0.81	0.84	0.87	0.89
总高度 H(m)		90	100	150	200	250	300	350	400	450
粗糙度类别	A	0.89	0.89	0.87	0.84	0.82	0.79	0.79	0.79	0.79
	B	0.90	0.90	0.89	0.88	0.86	0.84	0.83	0.83	0.83
	C	0.91	0.91	0.91	0.92	0.92	0.92	0.91	0.91	0.91
	D	0.91	0.91	0.93	0.97	1.01	1.01	1.01	1.01	1.01

2) 当结构迎风面和侧风面的宽度沿高度按直线或接近直线变化，而质量沿高度按连续规律变化时，表7.4.4-1中的脉动影响系数应再乘以修正系数 θ_B 和 θ_v。θ_B 应为构筑物迎风面在 z 高度处的宽度 B_z 与底部宽度 B_0 的比值；θ_v 可按表7.4.4-2确定。

表7.4.4-2　修正系数 θ_v

B_H/B_0	1	0.9	0.8	0.7	0.6	0.5	0.4	0.3	0.2	≤0.1
θ_v	1.00	1.10	1.20	1.32	1.50	1.75	2.08	2.53	3.30	5.60

注：B_H、B_0 分别为构筑物迎风面在顶部和底部的宽度。

2 结构迎风面宽度较大时，应考虑宽度方向风压空间相关性的情况（如高层建筑等）；若外形、质量沿高度比较均匀，脉动影响系数可根据总高度 H 及其与迎风面宽度 B 的比值，按表7.4.4-3确定。

表7.4.4-3　脉动影响系数 v

H/B	粗糙度类别	总高度 H (m)							
		≤30	50	100	150	200	250	300	350
≤0.5	A	0.44	0.42	0.33	0.27	0.24	0.21	0.19	0.17
	B	0.42	0.41	0.33	0.28	0.25	0.22	0.20	0.18
	C	0.40	0.40	0.34	0.29	0.27	0.23	0.22	0.20
	D	0.36	0.37	0.34	0.30	0.27	0.25	0.24	0.22
1.0	A	0.48	0.47	0.41	0.35	0.31	0.27	0.26	0.24
	B	0.46	0.46	0.42	0.36	0.36	0.29	0.27	0.26
	C	0.43	0.44	0.42	0.37	0.34	0.31	0.29	0.28
	D	0.39	0.42	0.42	0.38	0.36	0.33	0.32	0.31
2.0	A	0.50	0.51	0.46	0.42	0.38	0.35	0.33	0.31
	B	0.48	0.50	0.47	0.42	0.40	0.36	0.35	0.33
	C	0.45	0.49	0.48	0.44	0.42	0.38	0.38	0.36
	D	0.41	0.46	0.48	0.46	0.44	0.42	0.42	0.39
3.0	A	0.53	0.51	0.49	0.42	0.41	0.38	0.38	0.36
	B	0.51	0.50	0.49	0.46	0.43	0.40	0.40	0.38
	C	0.48	0.49	0.49	0.48	0.46	0.43	0.43	0.41
	D	0.43	0.46	0.49	0.49	0.48	0.47	0.46	0.45
5.0	A	0.52	0.53	0.51	0.49	0.46	0.44	0.42	0.39
	B	0.50	0.53	0.52	0.49	0.45	0.44	0.44	0.42
	C	0.47	0.50	0.52	0.50	0.48	0.45	0.45	0.44
	D	0.43	0.48	0.52	0.53	0.52	0.51	0.51	0.50
8.0	A	0.53	0.54	0.53	0.51	0.48	0.46	0.43	0.42
	B	0.51	0.53	0.54	0.52	0.50	0.49	0.46	0.44
	C	0.48	0.51	0.54	0.53	0.52	0.52	0.50	0.48
	D	0.43	0.48	0.54	0.53	0.55	0.54	0.54	0.53

7.4.5 振型系数应根据结构动力计算确定。对外形、质量、刚度沿高度按连续规律变化的悬臂型高耸结构及沿高度比较均匀的高层建筑，振型系数也可根据相对高度 z/H 按附录F确定。

7.5 阵风系数

7.5.1 计算围护结构风荷载时的阵风系数应按表7.5.1确定。

表7.5.1　阵风系数 β_{gz}

离地面高度 (m)	地面粗糙度类别			
	A	B	C	D
5	1.69	1.88	2.30	3.21
10	1.63	1.78	2.10	2.76
15	1.60	1.72	1.99	2.54
20	1.58	1.69	1.92	2.39
30	1.54	1.64	1.83	2.21
40	1.52	1.60	1.77	2.09
50	1.51	1.58	1.73	2.01
60	1.49	1.56	1.69	1.94
70	1.48	1.54	1.66	1.89
80	1.47	1.53	1.64	1.85
90	1.47	1.52	1.62	1.81
100	1.46	1.51	1.60	1.78
150	1.43	1.47	1.54	1.67
200	1.42	1.44	1.50	1.60
250	1.40	1.42	1.46	1.55
300	1.39	1.41	1.44	1.51

7.6 横风向风振

7.6.1 对圆形截面的结构，应根据雷诺数 Re 的不同情况按下述规定进行横风向风振（旋涡脱落）的校核：

1 当 $Re<3×10^5$ 时（亚临界的微风共振），应按下式控制结构顶部风速 v_H 不超过临界风速 v_{cr}，v_{cr} 和 v_H 可按下列公式确定：

$$v_{cr}=\frac{D}{T_1 St} \quad (7.6.1\text{-}1)$$

$$v_H=\sqrt{\frac{2000\gamma_W\mu_H w_0}{\rho}} \quad (7.6.1\text{-}2)$$

式中　T_1——结构基本自振周期；
　　　St——斯脱罗哈数，对圆截面结构取0.2；
　　　γ_W——风荷载分项系数，取1.4；
　　　μ_H——结构顶部风压高度变化系数；
　　　w_0——基本风压（kN/m^2）；
　　　ρ——空气密度（kg/m^3）。

当结构顶部风速超过 v_{cr} 时，可在构造上采取防振措施，或控制结构的临界风速 v_{cr} 不小于15m/s。

2 $Re\geq3.5×10^6$ 且结构顶部风速大于 v_{cr} 时（跨临界的强风共振），应按第7.6.2条考虑横风向风荷载引起的荷载效应。

3 雷诺数 Re 可按下列公式确定：

$$Re = 69000vD \quad (7.6.1-3)$$

式中 v——计算高度处的风速（m/s）；
D——结构截面的直径（m）。

4 当结构沿高度截面缩小时（倾斜度不大于 0.02），可近似取 2/3 结构高度处的风速和直径。

7.6.2 跨临界强风共振引起在 z 高处振型 j 的等效风荷载可由下列公式确定：

$$w_{crj} = |\lambda_j| v_{cr}^2 \varphi_{zj} / 12800 \zeta_j \quad (kN/m^2)$$

$$(7.6.2-1)$$

式中 λ_j——计算系数，按表 7.6.2 确定；
φ_{zj}——在 z 高处结构的 j 振型系数，由计算确定或参考附录 F；
ζ_j——第 j 振型的阻尼比；对第 1 振型，钢结构取 0.01，房屋钢结构取 0.02，混凝土结构取 0.05；对高振型的阻尼比，若无实测资料，可近似按第 1 振型的值取用。

表 7.6.2 中的 H_1 为临界风速起始点高度，可按下式确定：

$$H_1 = H \times \left(\frac{v_{cr}}{v_H}\right)^{1/\alpha} \quad (7.6.2-2)$$

式中 α——地面粗糙度指数，对 A、B、C 和 D 四类分别取 0.12、0.16、0.22 和 0.30；
v_H——结构顶部风速（m/s）。

注：校核横向风振时所考虑的高振型序号不大于 4，对一般悬臂型结构，可只取第 1 或第 2 个振型。

表 7.6.2 λ_j 计算用表

结构类型	振型序号	H_1/H										
		0	0.1	0.2	0.3	0.4	0.5	0.6	0.7	0.8	0.9	1.0
高耸结构	1	1.56	1.55	1.54	1.49	1.42	1.31	1.15	0.94	0.68	0.37	0
	2	0.83	0.82	0.76	0.60	0.37	0.09	-0.16	-0.33	-0.38	-0.27	0
	3	0.52	0.48	0.32	0.06	-0.19	-0.30	-0.21	0.00	0.20	0.23	0
	4	0.30	0.23	0.03	-0.20	-0.23	-0.08	0.10	0.15	-0.05	-0.18	0
高层建筑	1	1.56	1.56	1.54	1.49	1.41	1.28	1.12	0.91	0.65	0.35	0
	2	0.73	0.72	0.63	0.45	0.19	-0.11	-0.36	-0.52	-0.53	-0.36	0

7.6.3 校核横风向风振时，风的荷载总效应可将横风向风荷载效应 S_C 与顺风向风荷载效应 S_A 按下式组合后确定：

$$S = \sqrt{S_C^2 + S_A^2} \quad (7.6.3)$$

7.6.4 对非圆形截面的结构，横风向风振的等效风荷载宜通过空气弹性模型的风洞试验确定；也可参考有关资料确定。

附录 A 常用材料和构件的自重

表 A.1   常用材料和构件的自重表

名 称	自 重	备 注
1. 木 材	kN/m^3	
杉木	4	随含水率而不同
冷杉、云杉、红松、华山松、樟子松、铁杉、拟赤杨、红豆、杨木、枫杨	4~5	随含水率而不同
马尾松、云南松、油松、赤松、广东松、榙木、枧香、柳木、檫木、秦岭落叶松、新疆落叶松	5~6	随含水率而不同
东北落叶松、陆均松、榆木、桦木、水曲柳、苦楝、木荷、臭椿	6~7	随含水率而不同
锥木（栲木）、石栎、槐木、乌墨	7~8	随含水率而不同
青冈栎（槠木）、栎木（柞木）、桉树、木麻黄	8~9	随含水率而不同
普通木板条、椽檩木料	5	随含水率而不同
锯末	2~2.5	加防腐剂时为 $3kN/m^3$
木丝板	4~5	
软木板	2.5	
刨花板	6	
2. 胶合板材	kN/m^2	
胶合三夹板（杨木）	0.019	
胶合三夹板（椴木）	0.022	
胶合三夹板（水曲柳）	0.028	
胶合五夹板（杨木）	0.03	
胶合五夹板（椴木）	0.034	
胶合五夹板（水曲柳）	0.04	
甘蔗板（按 10mm 厚计）	0.03	常用厚度为 13,15,19,25mm
隔声板（按 10mm 厚计）	0.03	常用厚度为 13,20mm
木屑板（按 10mm 厚计）	0.12	常用厚度为 6,10mm
3. 金属矿产	kN/m^3	
铸铁	72.5	
锻铁	77.5	
铁矿渣	27.6	
赤铁矿	25~30	
钢	78.5	
紫铜、赤铜	89	
黄铜、青铜	85	
硫化铜矿	42	
铝	27	
铝合金	28	
锌	70.5	
亚锌矿	40.5	
铅	114	
方铅矿	74.5	

续表

名　　称	自重	备　　注
金	193	
白金	213	
银	105	
锡	73.5	
镍	89	
水银	136	
钨	189	
镁	18.5	
锑	66.6	
水晶	29.5	
硼砂	17.5	
硫矿	20.5	
石棉矿	24.6	
石棉	10	压实
石棉	4	松散,含水量不大于15%
石垩（高岭土）	22	
石膏矿	25.5	
石膏	13~14.5	粗块堆放 $\varphi=30°$
		细块堆放 $\varphi=40°$
石膏粉	9	
4. 土、砂、砂砾、岩石　　kN/m³		
腐殖土	15~16	干,$\varphi=40°$；湿,$\varphi=35°$；很湿,$\varphi=25°$
粘　土	13.5	干,松,空隙比为1.0
粘　土	16	干,$\varphi=40°$,压实
粘　土	18	湿,$\varphi=35°$,压实
粘　土	20	很湿,$\varphi=25°$,压实
砂　土	12.2	干,松
砂　土	16	干,$\varphi=35°$,压实
砂　土	18	湿,$\varphi=35°$,压实
砂　土	20	很湿,$\varphi=25°$,压实
砂　土	14	干,细砂
砂　土	17	干,细砂
卵　石	16~18	干
粘土夹卵石	17~18	干,松
砂夹卵石	15~17	干,松
砂夹卵石	16~19.2	干,压实
砂夹卵石	18.9~19.2	湿
浮　石	6~8	干
浮石填充料	4~6	
砂　岩	23.6	
页　岩	28	
页　岩	14.8	片石堆置
泥灰石	14	$\varphi=40°$
花岗岩、大理石	28	
花岗岩	15.4	片石堆置
石灰石	26.4	
石灰石	15.2	片石堆置
贝壳石灰岩	14	
白云石	16	片石堆置,$\varphi=48°$
滑石	27.1	
火石(燧石)	35.2	
云斑石	27.6	
玄武岩	29.5	
长石	25.5	
角闪石、绿石	30	
角闪石、绿石	17.1	片石堆置
碎石子	14~15	堆置
岩粉	16	粘土质或石灰质的
多孔粘土	5~8	作填充料用,$\varphi=35°$
硅藻土填充料	4~6	
辉绿岩板	29.5	
5. 砖及砌块　　kN/m³		
普通砖	18	240mm×115mm×53mm（684块/m³）
普通砖	19	机器制
缸砖	21~21.5	230mm×110mm×65mm（609块/m³）
红缸砖	20.4	
耐火砖	19~22	230mm×110mm×65mm（609块/m³）
耐酸瓷砖	23~25	230mm×113mm×65mm（590块/m³）
灰砂砖	18	砂:白灰=92:8
煤渣砖	17~18.5	
矿渣砖	18.5	硬矿渣:烟灰:石灰=75:15:10
焦渣砖	12~14	
烟灰砖	14~15	炉渣:电石渣:烟灰=30:40:30
粘土坯	12~15	
锯末砖	9	
焦渣空心砖	10	290mm×290mm×140mm（85块/m³）
水泥空心砖	9.8	290mm×290mm×140mm（85块/m³）
水泥空心砖	10.3	300mm×250mm×110mm（121块/m³）
水泥空心砖	9.6	300mm×250mm×160mm（83块/m³）

续表

名称	自重	备注
蒸压粉煤灰砖	14.0～16.0	干重度
陶粒空心砌块	5.0	长600、400mm,宽150、250mm,高250、200mm
	6.0	390mm×290mm×190mm
粉煤灰轻渣空心砌块	7.0～8.0	390mm×190mm×190mm,390mm×240mm×190mm
蒸压粉煤灰加气混凝土砌块	5.5	
混凝土空心小砌块	11.8	390mm×190mm×190mm
碎砖	12	堆置
水泥花砖	19.8	200mm×200mm×24mm（1042块/m³）
瓷面砖	19.8	150mm×150mm×8mm（5556块/m³）
陶瓷锦砖	0.12kN/m²	厚5mm

6. 石灰、水泥、灰浆及混凝土　kN/m³

名称	自重	备注
生石灰块	11	堆置,$\varphi=30°$
生石灰粉	12	堆置,$\varphi=35°$
熟石灰膏	13.5	
石灰砂浆、混合砂浆	17	
水泥石灰焦渣砂浆	14	
石灰炉渣	10～12	
水泥炉渣	12～14	
石灰焦渣砂浆	13	
灰土	17.5	石灰:土=3:7,夯实
稻草石灰泥	16	
纸筋石灰泥	16	
石灰锯末	3.4	石灰:锯末=1:3
石灰三合土	17.5	石灰、砂子、卵石
水泥	12.5	轻质松散,$\varphi=20°$
水泥	14.5	散装,$\varphi=30°$
水泥	16	袋装压实,$\varphi=40°$
矿渣水泥	14.5	
水泥砂浆	20	
水泥蛭石砂浆	5～8	
石棉水泥浆	19	
膨胀珍珠岩砂浆	7～15	
石膏砂浆	12	
碎砖混凝土	18.5	
素混凝土	22～24	振捣或不振捣
矿渣混凝土	20	
焦渣混凝土	16～17	承重用
焦渣混凝土	10～14	填充用
铁屑混凝土	28～65	
浮石混凝土	9～14	
沥青混凝土	20	
无砂大孔性混凝土	16～19	

续表

名称	自重	备注
泡沫混凝土	4～6	
加气混凝土	5.5～7.5	单块
石灰粉煤灰加气混凝土	6.0～6.5	
钢筋混凝土	24～25	
碎砖钢筋混凝土	20	
钢丝网水泥	25	用于承重结构
水玻璃耐酸混凝土	20～23.5	
粉煤灰陶砾混凝土	19.5	

7. 沥青、煤灰、油料　kN/m³

名称	自重	备注
石油沥青	10～11	根据相对密度
柏油	12	
煤沥青	13.4	
煤焦油	10	
无烟煤	15.5	整体
无烟煤	9.5	块状堆放,$\varphi=30°$
无烟煤	8	碎块堆放,$\varphi=35°$
煤末	7	堆放,$\varphi=15°$
煤球	10	堆放
褐煤	12.5	
褐煤	7～8	堆放
泥炭	7.5	
泥炭	3.2～3.4	堆放
木炭	3～5	
煤焦	12	
煤焦	7	堆放,$\varphi=45°$
焦渣	10	
煤灰	6.5	
煤灰	8	压实
石墨	20.8	
煤蜡	9	
油蜡	9.6	
原油	8.8	
煤油	8	
煤油	7.2	桶装,相对密度0.82～0.89
润滑油	7.4	
汽油	6.7	
汽油	6.4	桶装,相对密度0.72～0.76
动物油、植物油	9.3	
豆油	8	大铁桶装,每桶360kg

8. 杂项　kN/m³

名称	自重	备注
普通玻璃	25.6	
钢丝玻璃	26	
泡沫玻璃	3～5	
玻璃棉	0.5～1	作绝缘层填充料用
岩棉	0.5～2.5	
沥青玻璃棉	0.8～1	导热系数0.035～0.047[W/(m·K)]

续表

名　　称	自　重	备　注
玻璃棉板(管套)	1～1.5	导热系数 0.035～0.047 [W/(m·K)]
玻璃钢	14～22	
矿渣棉	1.2～1.5	松散,导热系数 0.031～0.044 [W/(m·K)]
矿渣棉制品(板、砖、管)	3.5～4	导热系数 0.047～0.07 [W/(m·K)]
沥青矿渣棉	1.2～1.6	导热系数 0.041～0.052 [W/(m·K)]
膨胀珍珠岩粉料	0.8～2.5	干,松散,导热系数 0.052～0.076 [W/(m·K)]
水泥珍珠岩制品、憎水珍珠岩制品	3.5～4	强度 1N/mm² 导热系数 0.058～0.081 [W/(m·K)]
膨胀蛭石	0.8～2	导热系数 0.052～0.07 [W/(m·K)]
沥青蛭石制品	3.5～4.5	导热系数 0.81～0.105 [W/(m·K)]
水泥蛭石制品	4～6	导热系数 0.093～0.14 [W/(m·K)]
聚氯乙烯板(管)	13.6～16	
聚苯乙烯泡沫塑料	0.5	导热系数不大于 0.035 [W/(m·K)]
石棉板	13	含水率不大于 3%
乳化沥青	9.8～10.5	
软性橡胶	9.3	
白磷	18.3	
松香	10.7	
磁	24	
酒精	7.85	100%纯
酒精	6.6	桶装,相对密度 0.79～0.82
盐酸	12	浓度 40%
硝酸	15.1	浓度 91%
硫酸	17.9	浓度 87%
火碱	17	浓度 60%
氯化铵	7.5	袋装堆放
尿素	7.5	袋装堆放
碳酸氢铵	8	袋装堆放
水	10	温度 4℃ 密度最大时
冰	8.96	
书籍	5	书架藏置

续表

名　　称	自　重	备　注
道林纸	10	
报纸	7	
宣纸类	4	
棉花、棉纱	4	压紧平均重量
稻草	1.2	
建筑碎料(建筑垃圾)	15	
9. 食品　kN/m³		
稻谷	6	$\varphi=35°$
大米	8.5	散放
豆类	7.5～8	$\varphi=20°$
豆类	6.8	袋装
小麦	8	$\varphi=25°$
面粉	7	
玉米	7.8	$\varphi=28°$
小米、高粱	7	散装
小米、高粱	6	袋装
芝麻	4.5	袋装
鲜果	3.5	散装
鲜果	3	箱装
花生	2	袋装带壳
罐头	4.5	箱装
酒、酱、油、醋	4	成瓶箱装
豆饼	9	圆饼放置,每块 28kg
矿盐	10	成块
盐	8.6	细粒散放
盐	8.1	袋装
砂糖	7.5	散装
砂糖	7	袋装
10. 砌体　kN/m³		
浆砌细方石	26.4	花岗岩,方整石块
浆砌细方石	25.6	石灰石
浆砌细方石	22.4	砂岩
浆砌毛方石	24.8	花岗岩,上下面大致平整
浆砌毛方石	24	石灰石
浆砌毛方石	20.8	砂岩
干砌毛石	20.8	花岗岩,上下面大致平整
干砌毛石	20	石灰石
干砌毛石	17.6	砂岩
浆砌普通砖	18	
浆砌机砖	19	
浆砌缸砖	21	
浆砌耐火砖	22	
浆砌矿渣砖	21	
浆砌焦渣砖	12.5～14	
土坯砖砌体	16	
粘土砖空斗砌体	17	中填碎瓦砾,一眠一斗
粘土砖空斗砌体	13	全斗

续表

名称	自重	备注
粘土砖空斗砌体	12.5	不能承重
粘土砖空斗砌体	15	能承重
粉煤灰泡沫砌块砌体	8~8.5	粉煤灰:电石渣:废石膏=74:22:4
三合土	17	灰:砂:土=1:1:9~1:1:4

11. 隔墙与墙面 kN/m²

名称	自重	备注
双面抹灰板条隔墙	0.9	每面抹灰厚16~24mm,龙骨在内
单面抹灰板条隔墙	0.5	灰厚16~24mm,龙骨在内
C型轻钢龙骨隔墙	0.27	两层12mm纸面石膏板,无保温层
	0.32	两层12mm纸面石膏板,中填岩棉保温板50mm
	0.38	三层12mm纸面石膏板,无保温层
	0.43	三层12mm纸面石膏板,中填岩棉保温板50mm
	0.49	四层12mm纸面石膏板,无保温层
	0.54	四层12mm纸面石膏板,中填岩棉保温板50mm
贴瓷砖墙面	0.5	包括水泥砂浆打底,共厚25mm
水泥粉刷墙面	0.36	20mm厚,水泥粗砂
水磨石墙面	0.55	25mm厚,包括打底
水刷石墙面	0.5	25mm厚,包括打底
石灰粗砂粉刷	0.34	20mm厚
剁假石墙面	0.5	25mm厚,包括打底
外墙拉毛墙面	0.7	包括25mm水泥砂浆打底

12. 屋架、门窗 kN/m²

名称	自重	备注
木屋架	0.07+0.007l	按屋面水平投影面积计算,跨度l以m计
钢屋架	0.12+0.011l	无天窗,包括支撑,按屋面水平投影面积计算,跨度l以m计
木框玻璃窗	0.2~0.3	
钢框玻璃窗	0.4~0.45	
木门	0.1~0.2	
钢铁门	0.4~0.45	

13. 屋顶 kN/m²

名称	自重	备注
粘土平瓦屋面	0.55	按实际面积计算,下同
水泥平瓦屋面	0.5~0.55	
小青瓦屋面	0.9~1.1	
冷摊瓦屋面	0.5	
石板瓦屋面	0.46	厚6.3mm
石板瓦屋面	0.71	厚9.5mm
石板瓦屋面	0.96	厚12.1mm
麦秸泥灰顶	0.16	以10mm厚计
石棉板瓦	0.18	仅瓦自重
波形石棉瓦	0.2	1820mm×725mm×8mm
镀锌薄钢板	0.05	24号
瓦楞铁	0.05	26号
彩色钢板波形瓦	0.12~0.13	0.6厚彩色钢板
拱型彩色钢板屋面	0.3	包括保温及灯具重0.15kN/m²
有机玻璃屋面	0.06	厚1.0mm
玻璃屋顶	0.3	9.5mm夹丝玻璃,框架自重在内
玻璃砖顶	0.65	框架自重在内
油毡防水层(包括改性沥青防水卷材)	0.05	一层油毡刷油两遍
	0.25~0.3	四层作法,一毡二油上铺小石子
	0.3~0.35	六层作法,二毡三油上铺小石子
	0.35~0.4	八层作法,三毡四油上铺小石子
捷罗克防水层	0.1	厚8mm
屋顶天窗	0.35~0.4	9.5mm夹丝玻璃,框架自重在内

14. 顶棚 kN/m²

名称	自重	备注
钢丝网抹灰吊顶	0.45	
麻刀灰板条顶棚	0.45	吊木在内,平均灰厚20mm
砂子灰板条顶棚	0.55	吊木在内,平均灰厚25mm
苇箔抹灰顶棚	0.48	吊木龙骨在内
松木顶棚	0.25	吊木在内
三夹板顶棚	0.18	吊木在内
马粪纸顶棚	0.15	吊木及盖缝条在内
木丝板吊顶棚	0.26	厚25mm,吊木及盖缝条在内
木丝板吊顶棚	0.29	厚30mm,吊木及盖缝条在内
隔声纸板顶棚	0.17	厚10mm,吊木及盖缝条在内
隔声纸板顶棚	0.18	厚13mm,吊木及盖缝条在内
隔声纸板顶棚	0.2	厚20mm,吊木及盖缝条在内
V型轻钢龙骨吊顶	0.12	一层9mm纸面石膏板,无保温层

续表

名 称	自重	备 注
	0.17	二层 9mm 纸面石膏板,有厚 50mm 的岩棉板保温层
	0.20	二层 9mm 纸面石膏板,无保温层
	0.25	二层 9mm 纸面石膏板,有厚 50mm 的岩棉板保温层
V型轻钢龙骨及铝合金龙骨吊顶	0.1~0.12	一层矿棉吸声板厚 15mm,无保温层
顶棚上铺焦渣锯末绝缘层	0.2	厚 50mm 焦渣、锯末按 1:5 混合
15. 地面	kN/m²	
地板格栅	0.2	仅格栅自重
硬木地板	0.2	厚 25mm,剪刀撑、钉子等自重在内,不包括格栅自重
松木地板	0.18	
小瓷砖地面	0.55	包括水泥粗砂打底
水泥花砖地面	0.6	砖厚 25mm,包括水泥粗砂打底
水磨石地面	0.65	10mm 面层,20mm 水泥砂浆打底
油地毡	0.02~0.03	油地纸,地板表面用
木块地面	0.7	加防腐油膏铺砌厚 76mm
菱苦土地面	0.28	厚 20mm
铸铁地面	4~5	60mm 碎石垫层,60mm 面层
缸砖地面	1.7~2.1	60mm 砂垫层,53mm 面层,平铺
缸砖地面	3.3	60mm 砂垫层,115mm 面层,侧铺
黑砖地面	1.5	砂垫层,平铺
16. 建筑用压型钢板	kN/m²	
单波型 V-300(S-30)	0.12	波高 173mm,板厚 0.8mm
双波型 W-500	0.11	波高 130mm,板厚 0.8mm
三波型 V-200	0.135	波高 70mm,板厚 1mm
多波型 V-125	0.065	波高 35mm,板厚 0.6mm
多波型 V-115	0.079	波高 35mm,板厚 0.6mm
17. 建筑墙板	kN/m²	
彩色钢板金属幕墙板	0.11	两层,彩色钢板厚 0.6mm,聚苯乙烯芯材厚 25mm
金属绝热材料(聚氨酯)复合板	0.14	板厚 40mm,钢板厚 0.6mm

续表

名 称	自重	备 注
	0.15	板厚 60mm,钢板厚 0.6mm
	0.16	板厚 80mm,钢板厚 0.6mm
彩色钢板夹聚苯乙烯保温板	0.12~0.15	两层,彩色钢板厚 0.6mm,聚苯乙烯芯材板厚 50~250mm
彩色钢板岩棉夹心板	0.24	板厚 100mm,两层彩色钢板,Z 型龙骨岩棉芯材
	0.25	板厚 120mm,两层彩色钢板 Z 型龙骨岩棉芯材
GRC 增强水泥聚苯复合保温板	1.13	
GRC 空心隔墙板	0.3	长 2400~2800mm,宽 600mm,厚 60mm
GRC 内隔墙板	0.35	长 2400~2800mm,宽 600mm,厚 60mm
轻质 GRC 保温板	0.14	3000mm × 600mm × 60mm
轻质 GRC 空心隔墙板	0.17	3000mm × 600mm × 60mm
轻质大型墙板(太空板系列)	0.7~0.9	6000mm × 1500mm × 120mm,高强水泥发泡芯材
轻质条型墙板(太空板系列),厚度 80mm	0.4	标准规格 3000mm × 1000(1200、1500)mm 高强水泥发泡芯材,按不同檩距及荷载配有不同钢骨架及冷拔钢丝网
厚度 100mm	0.45	
厚度 120mm	0.5	
GRC 墙板	0.11	厚 10mm
钢丝网岩棉夹芯复合板(GY 板)	1.1	岩棉芯材厚 50mm,双面钢丝网水泥砂浆各厚 25mm
硅酸钙板	0.08	板厚 6mm
	0.10	板厚 8mm
	0.12	板厚 10mm
泰柏板	0.95	板厚 100mm,钢丝网片夹聚苯乙烯保温层,每面抹水泥砂浆厚 20mm
蜂窝复合板	0.14	厚 75mm
石膏珍珠岩空心条板	0.45	长 2500~3000mm,宽 600mm,厚 60mm
加强型水泥石膏聚苯保温板	0.17	3000mm × 600mm × 60mm
玻璃幕墙	1.0~1.5	一般可按单位面积玻璃自重增大 20%~30% 采用

附录 B 楼面等效均布活荷载的确定方法

B.0.1 楼面（板、次梁及主梁）的等效均布活荷载，应在其设计控制部位上，根据需要按内力（如弯矩、剪力等）、变形及裂缝的等值要求来确定。在一般情况下，可仅按内力的等值来确定。

B.0.2 连续梁、板的等效均布活荷载，可按单跨简支计算。但计算内力时，仍应按连续考虑。

B.0.3 由于生产、检修、安装工艺以及结构布置的不同，楼面活荷载差别较大时，应划分区域分别确定等效均布活荷载。

B.0.4 单向板上局部荷载（包括集中荷载）的等效均布活荷载 q_e，可按下式计算：

$$q_e = \frac{8M_{max}}{bl^2} \quad (B.0.4-1)$$

式中 l——板的跨度；

b——板上荷载的有效分布宽度，按本附录 B.0.5 确定；

M_{max}——简支单向板的绝对最大弯矩，按设备的最不利布置确定。

计算 M_{max} 时，设备荷载应乘以动力系数，并扣去设备在该板跨内所占面积上，由操作荷载引起的弯矩。

B.0.5 单向板上局部荷载的有效分布宽 b，可按下列规定计算：

1 当局部荷载作用面的长边平行于板跨时，简支板上荷载的有效分布宽度 b 为：（图 B.0.5-1）

（1）当 $b_{cx} \geq b_{cy}$，$b_{cy} \leq 0.6l$，$b_{cx} \leq l$ 时：

$$b = b_{cy} + 0.7l \quad (B.0.5-1)$$

（2）当 $b_{cx} \geq b_{cy}$，$0.6l < b_{cy} \leq l$，$b_{cx} \leq l$ 时：

$$b = 0.6b_{cy} + 0.94l \quad (B.0.5-2)$$

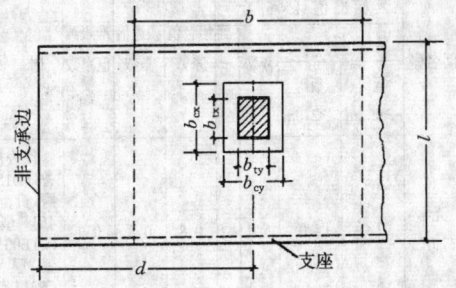

图 B.0.5-1 简支板上局部荷载的有效分布宽度
（荷载作用面的长边平行于板跨）

2 当荷载作用面的长边垂直于板跨时，简支板上荷载的有效分布宽度 b 为（图 B.0.5-2）：

（1）当 $b_{cx} < b_{cy}$，$b_{cy} \leq 2.2l$，$b_{cx} \leq l$ 时：

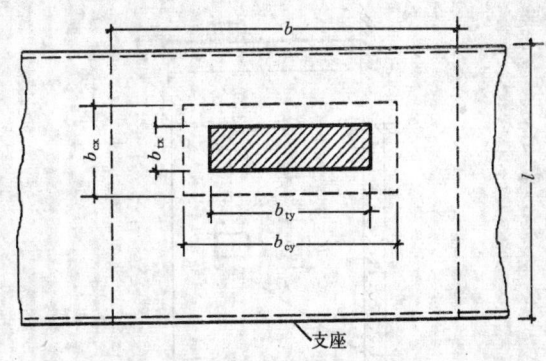

图 B.0.5-2 简支板上局部荷载的有效分布宽度
（荷载作用面的长边垂直于板跨）

$$b = \frac{2}{3}b_{cy} + 0.73l \quad (B.0.5-3)$$

（2）当 $b_{cx} < b_{cy}$，$b_{cy} > 2.2l$，$b_{cx} \leq l$ 时：

$$b = b_{cy} \quad (B.0.5-4)$$

式中 l——板的跨度；

b_{cx}——荷载作用面平行于板跨的计算宽度；

b_{cy}——荷载作用面垂直于板跨的计算宽度；

而

$$b_{tx} = b_{tx} + 2s + h$$
$$b_{ty} = b_{ty} + 2s + h$$

式中 b_{tx}——荷载作用面平行于板跨的宽度；

b_{ty}——荷载作用面垂直于板跨的宽度；

s——垫层厚度；

h——板的厚度。

3 当局部荷载作用在板的非支承边附近，即 $d < \frac{b}{2}$ 时（图 B.0.5-1），荷载的有效分布宽度应予折减，可按下式计算：

$$b' = \frac{1}{2}b + d \quad (B.0.5-5)$$

式中 b'——折减后的有效分布宽度；

d——荷载作用面中心至非支承边的距离。

4 当两个局部荷载相邻而 $e < b$ 时，荷载的有效分布宽度应予折减，可按下式计算（图 B.0.5-3）：

$$b' = \frac{b}{2} + \frac{e}{2} \quad (B.0.5-6)$$

式中 e——相邻两个局部荷载的中心间距。

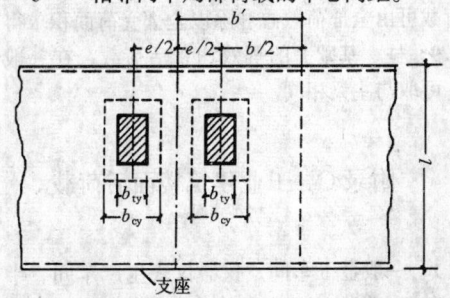

图 B.0.5-3 相邻两个局部荷载的有效分布宽度

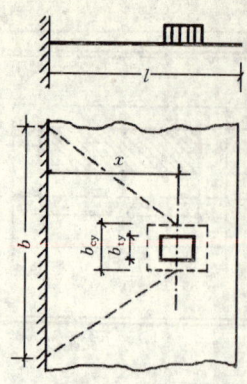

图 B.0.5-4 悬臂板上局部荷载的有效分布宽度

5 悬臂板上局部荷载的有效分布宽度（图 B.0.5-4）为：

$$b = b_{cy} + 2x \quad \text{(B.0.5-7)}$$

式中 x——局部荷载作用面中心至支座的距离。

B.0.6 双向板的等效均布荷载可按与单向板相同的原则，按四边简支板的绝对最大弯矩等值来确定。

B.0.7 次梁（包括槽形板的纵肋）上的局部荷载，应按下列公式分别计算弯矩和剪力的等效均布活荷载，且取其中较大者：

$$q_{eM} = \frac{8M_{max}}{sl^2} \quad \text{(B.0.7-1)}$$

$$q_{eV} = \frac{2V_{max}}{sl} \quad \text{(B.0.7-2)}$$

式中 s——次梁间距；
 l——次梁跨度；
 M_{max} 与 V_{max}——简支次梁的绝对最大弯矩与最大剪力，按设备的最不利布置确定。

按简支梁计算 M_{max} 与 V_{max} 时，除了直接传给次梁的局部荷载外，还应考虑邻近板面传来的活荷载（其中设备荷载应考虑动力影响，并扣除设备所占面积上的操作荷载），以及两侧相邻次梁卸荷作用。

B.0.8 当荷载分布比较均匀时，主梁上的等效均布活荷载可由全部荷载总和除以全部受荷面积求得。

B.0.9 柱、基础上的等效均布活荷载，在一般情况下，可与主梁相同。

附录 C 工业建筑楼面活荷载

C.0.1 一般金工车间、仪器仪表生产车间、半导体器件车间、棉纺织车间、轮胎厂准备车间和粮食加工车间的楼面等效均布活荷载，可按表 C.0.1～C.0.6 采用。

表 C.0.1 金工车间楼面均布活荷载

序号	项目	标准值 (kN/m²) 板 板跨≥1.2m	板 板跨≥2.0m	次梁（肋） 梁间距≥1.2m	次梁（肋） 梁间距≥2.0m	主梁	组合值系数 ψ_c	频遇值系数 ψ_f	准永久值系数 ψ_q	代表性机床型号
1	一类金工	22.0	14.0	14.0	10.0	9.0	1.0	0.95	0.85	CW6180、X53K、X63W、B690、M1080、Z35A
2	二类金工	18.0	12.0	12.0	9.0	8.0	1.0	0.95	0.85	C6163、X52K、X62W、B6090、M1050A、Z3040
3	三类金工	16.0	10.0	10.0	8.0	7.0	1.0	0.95	0.85	C6140、X51K、X61W、B6050、M1040、Z3025
4	四类金工	12.0	8.0	8.0	6.0	5.0	1.0	0.95	0.85	C6132、X50A、X60W、B635-1、M1010、Z32K

注：**1** 表列荷载适用于单向支承的现浇梁板及预制槽形板等楼面结构，对于槽形板，表列板跨系指槽形板纵肋间距。
2 表列荷载不包括隔墙和吊顶自重。
3 表列荷载考虑了安装、检修和正常使用情况下的设备（包括动力影响）和操作荷载。
4 设计墙、柱、基础时，表列楼面荷载可采用与设计主梁相同的荷载。

表 C.0.2 仪器仪表生产车间楼面均布活荷载

序号	车间名称	标准值 (kN/m²) 板 板跨≥1.2m	板 板跨≥2.0m	次梁（肋）	主梁	组合值系数 ψ_c	频遇值系数 ψ_f	准永久值系数 ψ_q	附注
1	光学车间 光学加工	7.0	5.0	5.0	4.0	0.8	0.8	0.7	代表性设备 H015 研磨机、ZD-450 型及 GZD800 型镀膜机、Q8312 型透镜抛光机
2	较大型光学仪器装配	7.0	5.0	5.0	4.0	0.8	0.8	0.7	代表性设备 C0502A 精整车床，万能工具显微镜
3	一般光学仪器装配	4.0	4.0	4.0	3.0	0.7	0.7	0.6	产品在装配桌上装配

续表

序号	车间名称	标准值(kN/m²) 板 板跨≥1.2m	标准值(kN/m²) 板 板跨≥2.0m	次梁(肋)	主梁	组合值系数 ψ_c	频遇值系数 ψ_f	准永久值系数 ψ_q	附注
4	较大型光学仪器装配	7.0	5.0	5.0	4.0	0.8	0.8	0.7	产品在楼面上装配
5	一般光学仪器装配	4.0	4.0	4.0	3.0	0.7	0.7	0.6	产品在装配桌上装配
6	小模数齿轮加工、晶体元件(宝石)加工	7.0	5.0	5.0	4.0	0.8	0.8	0.7	代表性设备YM3680滚齿机、宝石平面磨床
7	一般仪器仓库	4.0	4.0	4.0	3.0	1.0	0.95	0.85	
8	较大型仪器仓库	7.0	7.0	7.0	6.0	1.0	0.95	0.85	

注：见表 C.0.1 注。

表 C.0.3 半导体器件车间楼面均布活荷载

序号	车间名称	标准值(kN/m²) 板 板跨≥1.2m	板跨≥2.0m	次梁(肋) 梁间距≥1.2m	梁间距≥2.0m	主梁	组合值系数 ψ_c	频遇值系数 ψ_f	准永久值系数 ψ_q	代表性设备单件自重(kN)
1	半导体器件车间	10.0	8.0	8.0	6.0	5.0	1.0	0.95	0.85	14.0~18.0
2		8.0	6.0	6.0	5.0	4.0	1.0	0.95	0.85	9.0~12.0
3		6.0	5.0	5.0	4.0	3.0	1.0	0.95	0.85	4.0~8.0
4		4.0	4.0	3.0	3.0	3.0	1.0	0.95	0.85	≤3.0

注：见表 C.0.1 注。

表 C.0.4 棉纺织造车间楼面均布活荷载

序号	车间名称	标准值(kN/m²) 板 板跨≥1.2m	板跨≥2.0m	次梁(肋) 间距≥1.2m	间距≥2.0m	主梁	组合值系数 ψ_c	频遇值系数 ψ_f	准永久值系数 ψ_q	代表性设备
1	梳棉间	12.0	8.0	10.0	7.0	5.0	0.8	0.8	0.7	FA201,203 FA221A
		15.0	10.0	12.0	8.0					
2	粗纱间	8.0 (15.0)	6.0 (10.0)	6.0 (8.0)	5.0	4.0				FA401, 415A,421 TJFA458A

序号	车间名称	标准值(kN/m²) 板 板跨≥1.2m	板跨≥2.0m	次梁(肋) 间距≥1.2m	间距≥2.0m	主梁	组合值系数 ψ_c	频遇值系数 ψ_f	准永久值系数 ψ_q	代表性设备
3	细纱间络筒间	6.0 (10.0)	5.0	5.0	5.0	4.0	0.8	0.8	0.7	FA705,506, 507A GA013,015 ESPERO
4	捻线间整经间	8.0	6.0	6.0	5.0	4.0				FA705,721, 762 ZC-L-180 D3-1000-180
5	织布间 有梭织机	12.5	6.5	6.5	5.5	4.4				GA615-150 GA615-180
	剑杆织机	18.0	9.0	10.0	6.0	4.5				GA731-190, 733-190 TP600-200 SOMET-190

注：括号内的数值仅用于粗纱机机头部位局部楼面。

表 C.0.5 轮胎厂准备车间楼面均布荷载

序号	车间名称	标准值(kN/m²) 板 板跨≥1.2m	板跨≥2.0m	次梁(肋)	主梁	组合值系数 ψ_c	频遇值系数 ψ_f	准永久值系数 ψ_q	代表性设备
1	准备车间	14.0	14.0	12.0	10.0	1.0	0.95	0.85	炭黑加工投料
2		10.0	8.0	8.0	6.0	1.0	0.95	0.85	化工原料加工配合、密炼机炼胶

注：1 密炼机检修用的电葫芦荷载未计入，设计时应另行考虑。
2 炭黑加工投料活荷载系考虑兼作炭黑仓库使用的情况，若不兼作仓库时，上述荷载应予降低。
3 见表 C.0.1 注。

表 C.0.6 粮食加工车间楼面均布活荷载

序号	车间名称		标准值(kN/m²) 板 板跨≥2.0m	板跨≥2.5m	板跨≥3.0m	次梁 梁间距≥2.0m	梁间距≥2.5m	梁间距≥3.0m	主梁	组合值系数 ψ_c	频遇值系数 ψ_f	准永久值系数 ψ_q	代表性设备
1	面粉厂	拉丝车间	14.0	12.0	12.0	12.0	12.0	12.0	12.0	1.0	0.95	0.85	JMN10 拉丝机
2		磨子间	12.0	10.0	9.0	10.0	9.0	8.0	9.0				MF011 磨粉机
3		麦间及制粉车祸	5.0	5.0	4.0	5.0	4.0	4.0	4.0				SX011 振动筛 GF031 擦麦机 GF011 打麦机
4		吊平筛的顶层	2.0	2.0	2.0	6.0	6.0	6.0	6.0				SL011 平筛
5	米厂	洗麦车间	14.0	12.0	10.0	10.0	9.0	9.0	9.0				洗麦机
6		砻谷机及碾米车间	7.0	6.0	5.0	4.0	4.0	4.0	4.0				LG09 胶辊砻谷机
7		清理车间	4.0	3.0	3.0	4.0	3.0	3.0	3.0				组合清理筛

注：1 当拉丝车间不可能满布磨辊时，主梁活荷载可按 10kN/m² 采用。
2 吊平筛的顶层荷载系按设备吊在梁下考虑的。
3 米厂清理车间采用 SX011 振动筛时，等效均布活荷载可按面粉厂麦间的规定采用。
4 见表 C.0.1 注。

附录D 基本雪压和风压的确定方法

D.1 基本雪压

D.1.1 在确定雪压时,观察场地应具有代表性。场地的代表性是指下述内容:
— 观察场地周围的地形为空旷平坦;
— 积雪的分布保持均匀;
— 设计项目地点应在观察场地的地形范围内,或它们具有相同的地形。

对于积雪局部变异特别大的地区,以及高原地形的山区,应予以专门调查和特殊处理。

D.1.2 雪压是指单位水平面积上的雪重,单位以 kN/m^2 计。当气象台站有雪压记录时,应直接采用雪压数据计算基本雪压;当无雪压记录时,可间接采用积雪深度,按下式计算雪压:

$$S = h\rho g \,(kN/m^2) \quad (D.1.2)$$

式中 h——积雪深度,指从积雪表面到地面的垂直深度(m);
ρ——积雪密度(t/m^3);
g——重力加速度,$9.8m/s^2$。

雪密度随积雪深度、积雪时间和当地的地理气候条件等因素的变化有较大幅度的变异,对于无雪压直接记录的台站,可按地区的平均雪密度计算雪压。

基本雪压按 D.3 中规定的方法计算。历年最大雪压数据按每年7月份到次年6月份间的最大雪压采用。

D.2 基本风压

D.2.1 在确定风压时,观察场地应具有代表性。场地的代表性是指下述内容:
— 观测场地周围的地形为空旷平坦;
— 能反映本地区较大范围内的气象特点,避免局部地形和环境的影响。

D.2.2 风速观测数据资料应符合下述要求:

1 应全部取自自记式风速仪的记录资料,对于以往非自记的定时观测资料,均应通过适当修正后加以采用。

2 风速仪高度与标准高度 10m 相差过大时,可按下式换算到标准高度的风速:

$$v = v_z \left(\frac{z}{10}\right)^\alpha \quad (D.2.2)$$

式中 z——风速仪实际高度(m);
v_z——风仪观测风速(m/s);
α——空旷平坦地区地面粗糙指数,取 0.16。

使用风杯式测风仪时,必须考虑空气密度受温度、气压影响的修正,可按下公式确定空气密度:

$$\rho = \frac{0.001276}{1+0.00366t}\left(\frac{p-0.378e}{100000}\right)(t/m^3) \quad (D.2.2-2)$$

式中 t——空气温度(℃);
p——气压(Pa);
e——水汽压(Pa)。

也可根据所在地的海拔高度 z(m)按下述公式近似估算空气密度:

$$\rho = 0.00125 e^{-0.0001z} \,(t/m^3) \quad (D.2.2-3)$$

选取的年最大风速数据时,一般应有25年以上的资料;当无法满足时,至少也不宜少于10年的风速资料。

基本风压应按 D.3 规定,在计算平均50年一遇的基本风速 v_0 后,按下式确定:

$$w_0 = \frac{1}{2}\rho v_0^2 \quad (D.2.2-4)$$

D.3 雪压和风速的统计计算

D.3.1 对雪压和风速的年最大值 x 均采用极值 I 型的概率分布,其分布函数为

$$F(x) = \exp\{-\exp[-\alpha(x-u)]\} \quad (D.3.1-1)$$

式中 u——分布的位置参数,即其分布的众值;
α——分布的尺度参数。

分布的参数与均值 μ 和标准差 σ 的关系按下述确定:

$$\alpha = \frac{1.28255}{\sigma} \quad (D.3.1-2)$$

$$u = \mu - \frac{0.57722}{\alpha} \quad (D.3.1-3)$$

D.3.2 当由有限样本的均值 $\bar{x}$ 和标准差 s 作为 μ 和 σ 的近似估计时,取

$$\alpha = \frac{C_1}{s} \quad (D.3.2-1)$$

$$u = \bar{x} - \frac{C_2}{\alpha} \quad (D.3.2-2)$$

式中系数 C_1 和 C_2 见表 D.3.2。

表 D.3.2 系数 C_1 和 C_2

n	C_1	C_2	n	C_1	C_2
10	0.9497	0.4952	60	1.17465	0.55208
15	1.02057	0.5182	70	1.18536	0.55477
20	1.06283	0.52355	80	1.19385	0.55688
25	1.09145	0.53086	90	1.20649	0.55860
30	1.11238	0.53622	100	1.20649	0.56002
35	1.12847	0.54034	250	1.24292	0.56878
40	1.14132	0.54362	500	1.25880	0.57240
45	1.15185	0.54630	1000	1.26851	0.57450
50	1.16066	0.54853	∞	1.28255	0.57722

D.3.3 平均重现期为 R 的最大雪压和最大风速 x_R 可按下式确定:

$$x_R = u - \frac{1}{\alpha}\ln\left[\ln\left(\frac{R}{R-1}\right)\right] \quad (D.3.3)$$

D.3.4 全国各站台重现期为10年、50年和100年的雪压和风压值见附表 D.4,其他重现期 R 的相应

值可按下式确定：

$$x_R = x_{10} + (x_{100} - x_{10})(\ln R/\ln 10 - 1)$$

(D.3.4)

D.4 全国各城市的雪压和风压值

附表 D.4　　全国各城市的 50 年一遇雪压和风压

省市名	城　市　名	海拔高度 (m)	风压（kN/m²）			雪压（kN/m²）			雪荷载准永久值系数分区
			$n=10$	$n=50$	$n=100$	$n=10$	$n=50$	$n=100$	
北京		54.0	0.30	0.45	0.50	0.25	0.40	0.45	Ⅱ
天津	天津市	3.3	0.30	0.50	0.60	0.25	0.40	0.45	Ⅱ
	塘沽	3.2	0.40	0.55	0.60	0.20	0.35	0.40	Ⅱ
上海		2.8	0.40	0.55	0.60	0.10	0.20	0.25	Ⅲ
重庆		259.1	0.25	0.40	0.45				
河北	石家庄市	80.5	0.25	0.35	0.40	0.20	0.30	0.35	Ⅱ
	蔚县	909.5	0.20	0.30	0.35	0.20	0.30	0.35	Ⅱ
	邢台市	76.8	0.20	0.30	0.35	0.25	0.35	0.40	Ⅱ
	丰宁	659.7	0.30	0.40	0.45	0.15	0.25	0.30	Ⅱ
	围场	842.8	0.35	0.45	0.50	0.20	0.30	0.35	Ⅱ
	张家口市	724.2	0.35	0.55	0.60	0.15	0.25	0.30	Ⅱ
	怀来	536.8	0.25	0.35	0.40	0.15	0.20	0.25	Ⅱ
	承德市	377.2	0.30	0.40	0.45	0.20	0.30	0.35	Ⅱ
	遵化	54.9	0.30	0.40	0.45	0.25	0.40	0.50	Ⅱ
	青龙	227.2	0.25	0.30	0.35	0.25	0.40	0.45	Ⅱ
	秦皇岛市	2.1	0.35	0.45	0.50	0.15	0.25	0.30	Ⅱ
	霸县	9.0	0.25	0.40	0.45	0.20	0.30	0.35	Ⅱ
	唐山市	27.8	0.30	0.40	0.45	0.25	0.35	0.40	Ⅱ
	乐亭	10.5	0.30	0.40	0.45	0.25	0.40	0.45	Ⅱ
	保定市	17.2	0.30	0.40	0.45	0.25	0.35	0.40	Ⅱ
	饶阳	18.9	0.30	0.35	0.40	0.20	0.30	0.35	Ⅱ
	沧州市	9.6	0.30	0.40	0.45	0.20	0.30	0.35	Ⅱ
	黄骅	6.6	0.30	0.40	0.45	0.20	0.30	0.35	Ⅱ
	南宫市	27.4	0.25	0.35	0.40	0.15	0.25	0.30	Ⅱ
山西	太原市	778.3	0.30	0.40	0.45	0.25	0.35	0.40	Ⅱ
	右玉	1345.8				0.20	0.30	0.35	Ⅱ
	大同市	1067.2	0.35	0.55	0.65	0.15	0.25	0.30	Ⅱ
	河曲	861.5	0.30	0.50	0.60	0.20	0.30	0.35	Ⅱ
	五寨	1401.0	0.30	0.40	0.45	0.20	0.25	0.30	Ⅱ
	兴县	1012.6	0.25	0.45	0.55	0.20	0.25	0.30	Ⅱ
	原平	828.2	0.30	0.50	0.60	0.20	0.30	0.35	Ⅱ
	离石	950.8	0.30	0.45	0.50	0.20	0.30	0.35	Ⅱ
	阳泉市	741.9	0.30	0.40	0.45	0.20	0.35	0.40	Ⅱ
	榆社	1041.4	0.20	0.30	0.35	0.20	0.30	0.35	Ⅱ
	隰县	1052.7	0.25	0.35	0.40	0.20	0.30	0.35	Ⅱ

续表

省市名	城市名	海拔高度(m)	风压 (kN/m²)			雪压 (kN/m²)			雪荷载准永久值系数分区
			n=10	n=50	n=100	n=10	n=50	n=100	
山西	介休	743.9	0.25	0.40	0.45	0.20	0.30	0.35	Ⅱ
	临汾市	449.5	0.25	0.40	0.45	0.15	0.25	0.30	Ⅱ
	长治县	991.8	0.30	0.50	0.60				
	运城市	376.0	0.30	0.40	0.45	0.15	0.25	0.30	Ⅱ
	阳城	659.5	0.30	0.45	0.50	0.20	0.30	0.35	Ⅱ
内蒙古	呼和浩特市	1063.0	0.35	0.55	0.60	0.25	0.40	0.45	Ⅱ
	额右旗拉布达林	581.4	0.35	0.50	0.60	0.35	0.45	0.50	Ⅰ
	牙克石市图里河	732.6	0.30	0.40	0.45	0.40	0.60	0.70	Ⅰ
	满洲里市	661.7	0.50	0.65	0.70	0.20	0.30	0.35	Ⅰ
	海拉尔市	610.2	0.45	0.65	0.75	0.35	0.45	0.50	Ⅰ
	鄂伦春小二沟	286.1	0.30	0.40	0.45	0.35	0.50	0.55	Ⅰ
	新巴尔虎右旗	554.2	0.45	0.60	0.65	0.25	0.40	0.45	Ⅰ
	新巴尔虎左旗阿木古朗	642.0	0.40	0.55	0.60	0.25	0.35	0.40	Ⅰ
	牙克石市博克图	739.7	0.40	0.55	0.60	0.35	0.55	0.65	Ⅰ
	扎兰屯市	306.5	0.30	0.40	0.45	0.35	0.55	0.65	Ⅰ
	科右翼前旗阿尔山	1027.4	0.35	0.50	0.55	0.45	0.60	0.70	Ⅰ
	科右翼前旗索伦	501.8	0.45	0.55	0.60	0.25	0.35	0.40	Ⅰ
	乌兰浩特市	274.7	0.40	0.55	0.60	0.20	0.30	0.35	Ⅰ
	东乌珠穆沁旗	838.7	0.35	0.55	0.65	0.20	0.30	0.35	Ⅰ
	额济纳旗	940.50	0.40	0.60	0.70	0.05	0.10	0.15	Ⅱ
	额济纳旗拐子湖	960.0	0.45	0.55	0.60	0.05	0.05	0.10	Ⅱ
	阿左旗巴彦毛道	1328.1	0.40	0.55	0.60	0.05	0.10	0.15	Ⅱ
	阿拉善右旗	1510.1	0.45	0.55	0.60	0.05	0.10	0.10	Ⅱ
	二连浩特市	964.7	0.55	0.65	0.70	0.15	0.25	0.30	Ⅱ
	那仁宝力格	1181.6	0.40	0.55	0.60	0.20	0.30	0.35	Ⅰ
	达茂旗满都拉	1225.2	0.50	0.75	0.85	0.15	0.20	0.25	Ⅱ
	阿巴嘎旗	1126.1	0.35	0.50	0.55	0.25	0.35	0.40	Ⅰ
	苏尼特左旗	1111.4	0.40	0.50	0.55	0.25	0.35	0.40	Ⅰ
	乌拉特后旗海力素	1509.6	0.45	0.55	0.55	0.10	0.15	0.20	Ⅱ
	苏尼特右旗朱日和	1150.8	0.50	0.65	0.75	0.15	0.20	0.25	Ⅱ
	乌拉特中旗海流图	1288.0	0.45	0.60	0.65	0.20	0.30	0.35	Ⅱ
	百灵庙	1376.6	0.50	0.75	0.85	0.25	0.35	0.40	Ⅱ
	四子王旗	1490.1	0.40	0.60	0.70	0.30	0.45	0.55	Ⅱ
	化德	1482.7	0.45	0.75	0.85	0.15	0.25	0.30	Ⅱ
	杭锦后旗陕坝	1056.7	0.30	0.45	0.50	0.15	0.20	0.25	Ⅱ
	包头市	1067.2	0.35	0.55	0.60	0.15	0.25	0.30	Ⅱ
	集宁市	1419.3	0.40	0.60	0.70	0.25	0.35	0.40	Ⅱ
	阿拉善左旗吉兰泰	1031.8	0.35	0.50	0.55	0.5	0.10	0.15	Ⅱ

续表

省市名	城市名	海拔高度(m)	风压（kN/m²）			雪压（kN/m²）			雪荷载准永久值系数分区
			n=10	n=50	n=100	n=10	n=50	n=100	
内蒙古	临河市	1039.3	0.30	0.50	0.60	0.15	0.25	0.30	Ⅱ
	鄂托克旗	1380.3	0.35	0.55	0.65	0.15	0.20	0.20	Ⅱ
	东胜市	1460.4	0.30	0.50	0.60	0.25	0.35	0.40	Ⅱ
	阿腾席连	1329.3	0.40	0.50	0.55	0.20	0.30	0.35	Ⅱ
	巴彦浩特	1561.4	0.40	0.60	0.70	0.15	0.25		Ⅱ
	西乌珠穆沁旗	995.9	0.45	0.55	0.60	0.30	0.40	0.45	Ⅰ
	扎鲁特鲁北	265.0	0.40	0.55	0.60	0.20	0.30	0.35	Ⅱ
	巴林左旗林东	484.4	0.40	0.55	0.60	0.20	0.30	0.35	Ⅱ
	锡林浩特市	989.5	0.40	0.55	0.60	0.25	0.40	0.45	Ⅰ
	林西	799.0	0.45	0.60	0.70	0.25	0.40	0.45	Ⅰ
	开鲁	241.0	0.40	0.55	0.60	0.20	0.30	0.35	Ⅱ
	通辽市	178.5	0.40	0.55	0.60	0.20	0.30	0.35	Ⅱ
	多伦	1245.4	0.40	0.55	0.60	0.20	0.30	0.35	Ⅰ
	翁牛特旗乌丹	631.8				0.20	0.30	0.35	Ⅱ
	赤峰市	571.1	0.30	0.55	0.65	0.25	0.30	0.35	Ⅱ
	敖汉旗宝国图	400.5	0.40	0.50	0.55	0.25	0.40	0.45	Ⅱ
辽宁	沈阳市	42.8	0.40	0.55	0.60	0.30	0.50	0.55	Ⅰ
	彰武	79.4	0.35	0.45	0.50	0.20	0.30	0.35	Ⅱ
	阜新市	144.0	0.40	0.60	0.70	0.25	0.40	0.45	Ⅱ
	开原	98.2	0.30	0.45	0.50	0.30	0.40	0.45	Ⅰ
	清原	234.1	0.25	0.40	0.45	0.35	0.50	0.60	Ⅰ
	朝阳市	169.2	0.40	0.55	0.60	0.30	0.45	0.55	Ⅱ
	建平县叶柏寿	421.7	0.30	0.35	0.40	0.25	0.35	0.40	Ⅱ
	黑山	37.5	0.45	0.65	0.75	0.30	0.45	0.50	Ⅱ
	锦州市	65.9	0.40	0.60	0.70	0.30	0.40	0.45	Ⅱ
	鞍山市	77.3	0.30	0.50	0.60	0.30	0.40	0.45	Ⅱ
	本溪市	185.2	0.35	0.45	0.50	0.40	0.55	0.60	Ⅰ
	抚顺市章党	118.5	0.30	0.45	0.50	0.35	0.45	0.50	Ⅰ
	桓仁	240.3	0.25	0.30	0.35	0.35	0.50	0.55	Ⅰ
	绥中	15.3	0.25	0.40	0.45	0.25	0.35	0.40	Ⅱ
	兴城市	8.8	0.35	0.45	0.50	0.20	0.30	0.35	Ⅱ
	营口市	3.3	0.40	0.60	0.70	0.30	0.40	0.45	Ⅱ
	盖县熊岳	20.4	0.30	0.40	0.45	0.25	0.40	0.45	Ⅱ
	本溪县草河口	233.4	0.25	0.45	0.55	0.35	0.55	0.60	Ⅰ
	岫岩	79.3	0.30	0.45	0.50	0.35	0.50	0.55	Ⅱ
	宽甸	260.1	0.30	0.50	0.60	0.40	0.60	0.70	
	丹东市	15.1	0.35	0.55	0.65	0.30	0.40	0.45	Ⅱ
	瓦房店市	29.3	0.35	0.50	0.55	0.20	0.30	0.35	Ⅱ
	新金县皮口	43.2	0.35	0.50	0.55	0.20	0.30	0.35	Ⅱ
	庄河	34.8	0.35	0.50	0.55	0.25	0.35	0.40	Ⅱ
	大连市	91.5	0.40	0.65	0.75	0.25	0.40	0.45	Ⅱ

续表

省市名	城市名	海拔高度(m)	风压 (kN/m²)			雪压 (kN/m²)			雪荷载准永久值系数分区
			$n=10$	$n=50$	$n=100$	$n=10$	$n=50$	$n=100$	
吉林	长春市	236.8	0.45	0.65	0.75	0.25	0.35	0.40	Ⅰ
	白城市	155.4	0.45	0.65	0.75	0.15	0.20	0.25	Ⅱ
	乾安	146.3	0.35	0.45	0.50	0.15	0.20	0.25	Ⅱ
	前郭尔罗斯	134.7	0.30	0.45	0.50	0.15	0.25	0.30	Ⅱ
	通榆	149.5	0.35	0.50	0.55	0.15	0.20	0.25	Ⅱ
	长岭	189.3	0.30	0.45	0.50	0.15	0.20	0.25	Ⅱ
	扶余市三岔河	196.6	0.35	0.55	0.65	0.20	0.30	0.35	Ⅰ
	双辽	114.9	0.35	0.50	0.55	0.20	0.30	0.35	Ⅱ
	四平市	164.2	0.40	0.55	0.60	0.20	0.35	0.40	Ⅰ
	磐石县烟筒山	271.6	0.30	0.40	0.45	0.25	0.40	0.45	Ⅰ
	吉林市	183.4	0.40	0.50	0.55	0.30	0.45	0.50	Ⅰ
	蛟河	295.0	0.30	0.45	0.50	0.40	0.65	0.75	Ⅰ
	敦化市	523.7	0.30	0.45	0.50	0.30	0.45	0.60	Ⅰ
	梅河口市	339.9	0.30	0.40	0.45	0.30	0.45	0.50	Ⅰ
	桦甸	263.8	0.30	0.40	0.45	0.40	0.65	0.75	Ⅰ
	靖宇	549.2	0.25	0.35	0.40	0.40	0.60	0.70	Ⅰ
	抚松县东岗	774.2	0.30	0.40	0.45	0.60	0.90	1.05	Ⅰ
	延吉市	176.8	0.35	0.50	0.55	0.35	0.55	0.65	Ⅰ
	通化市	402.9	0.30	0.50	0.60	0.50	0.80	0.90	Ⅰ
	浑江市临江	332.7	0.20	0.30	0.35	0.45	0.70	0.80	Ⅰ
	集安市	177.7	0.20	0.30	0.35	0.45	0.70	0.80	Ⅰ
	长白	1016.7	0.35	0.45	0.50	0.40	0.60	0.70	Ⅰ
黑龙江	哈尔滨市	142.3	0.35	0.55	0.65	0.30	0.45	0.50	Ⅰ
	漠河	296.0	0.25	0.35	0.40	0.50	0.65	0.70	Ⅰ
	塔河	357.4	0.25	0.30	0.35	0.45	0.60	0.65	Ⅰ
	新林	494.6	0.25	0.35	0.40	0.40	0.50	0.55	Ⅰ
	呼玛	177.4	0.30	0.50	0.60	0.35	0.45	0.50	Ⅰ
	加格达奇	371.7	0.25	0.35	0.40	0.40	0.55	0.60	Ⅰ
	黑河市	166.4	0.35	0.50	0.55	0.45	0.60	0.65	Ⅰ
	嫩江	242.2	0.40	0.55	0.60	0.40	0.55	0.60	Ⅰ
	孙吴	234.5	0.40	0.60	0.70	0.40	0.55	0.60	Ⅰ
	北安市	269.7	0.30	0.50	0.60	0.40	0.55	0.60	Ⅰ
	克山	234.6	0.30	0.45	0.50	0.30	0.50	0.55	Ⅰ
	富裕	162.4	0.30	0.40	0.45	0.25	0.35	0.40	Ⅰ
	齐齐哈尔市	145.9	0.35	0.45	0.50	0.25	0.40	0.45	Ⅰ
	海伦	239.2	0.35	0.55	0.65	0.30	0.40	0.45	Ⅰ
	明水	249.2	0.35	0.45	0.50	0.25	0.40	0.45	Ⅰ

续表

省市名	城市名	海拔高度 (m)	风压 (kN/m²)			雪压 (kN/m²)			雪荷载准永久值系数分区
			$n=10$	$n=50$	$n=100$	$n=10$	$n=50$	$n=100$	
黑龙江	伊春市	240.9	0.25	0.35	0.40	0.45	0.60	0.65	I
	鹤岗市	227.9	0.30	0.40	0.45	0.45	0.65	0.70	I
	富锦	64.2	0.30	0.45	0.50	0.35	0.45	0.50	I
	泰来	149.5	0.30	0.45	0.50	0.20	0.30	0.35	I
	绥化市	179.6	0.35	0.55	0.65	0.35	0.50	0.60	I
	安达市	149.3	0.35	0.55	0.65	0.20	0.30	0.35	I
	铁力	210.5	0.25	0.35	0.40	0.50	0.75	0.85	I
	佳木斯市	81.2	0.40	0.65	0.75	0.45	0.65	0.70	I
	依兰	100.1	0.45	0.65	0.75				
	宝清	83.0	0.30	0.40	0.45	0.35	0.50	0.55	I
	通河	108.6	0.35	0.50	0.55	0.50	0.75	0.85	I
	尚志	189.7	0.35	0.55	0.60	0.40	0.55	0.60	I
	鸡西市	233.6	0.40	0.55	0.65	0.45	0.65	0.75	I
	虎林	100.2	0.35	0.45	0.50	0.50	0.70	0.80	I
	牡丹江市	241.4	0.35	0.50	0.55	0.40	0.60	0.65	I
	绥芬河市	496.7	0.40	0.60	0.70	0.40	0.55	0.60	I
山东	济南市	51.6	0.30	0.45	0.50	0.20	0.30	0.35	II
	德州市	21.2	0.30	0.45	0.50	0.20	0.35	0.40	II
	惠民	11.3	0.40	0.50	0.55	0.25	0.35	0.40	II
	寿光县羊角沟	4.4	0.30	0.45	0.50	0.15	0.25	0.30	II
	龙口市	4.8	0.45	0.60	0.65	0.25	0.35	0.40	II
	烟台市	46.7	0.40	0.55	0.60	0.30	0.40	0.45	II
	威海市	46.6	0.45	0.65	0.75	0.30	0.45	0.50	II
	荣成市成山头	47.7	0.60	0.70	0.75	0.25	0.40	0.45	II
	莘县朝城	42.7	0.35	0.45	0.50	0.25	0.35	0.40	II
	泰安市泰山	1533.7	0.65	0.85	0.95	0.40	0.55	0.60	II
	泰安市	128.8	0.30	0.40	0.45	0.20	0.35	0.40	II
	淄博市张店	34.0	0.30	0.40	0.45	0.30	0.45	0.50	II
	沂源	304.5	0.30	0.35	0.40	0.20	0.30	0.35	II
	潍坊市	44.1	0.30	0.40	0.45	0.25	0.35	0.40	II
	莱阳市	30.5	0.30	0.40	0.45	0.15	0.25	0.30	II
	青岛市	76.0	0.45	0.60	0.70	0.15	0.20	0.25	II
	海阳	65.2	0.40	0.55	0.60	0.10	0.15	0.15	II
	荣城市石岛	33.7	0.40	0.55	0.65	0.10	0.15	0.15	II
	菏泽市	49.7	0.25	0.40	0.45	0.20	0.30	0.35	II
	兖州	51.7	0.25	0.40	0.45	0.25	0.35	0.45	II
	莒县	107.4	0.25	0.35	0.40	0.20	0.35	0.40	II
	临沂	87.9	0.30	0.40	0.45	0.25	0.40	0.45	II
	日照市	16.1	0.30	0.40	0.45				

续表

省市名	城市名	海拔高度 (m)	风压 (kN/m²)			雪压 (kN/m²)			雪荷载准永久值系数分区
			$n=10$	$n=50$	$n=100$	$n=10$	$n=50$	$n=100$	
江苏	南京市	8.9	0.25	0.40	0.45	0.40	0.65	0.75	Ⅱ
	徐州市	41.0	0.25	0.35	0.40	0.25	0.35	0.40	Ⅱ
	赣榆	2.1	0.30	0.45	0.50	0.25	0.35	0.40	Ⅱ
	盱眙	34.5	0.25	0.35	0.40	0.20	0.30	0.35	Ⅱ
	淮阴市	17.5	0.25	0.40	0.45	0.25	0.40	0.45	Ⅱ
	射阳	2.0	0.30	0.40	0.45	0.15	0.20	0.25	Ⅲ
	镇江	26.5	0.30	0.40	0.45	0.25	0.35	0.40	Ⅲ
	无锡	6.7	0.30	0.45	0.50	0.30	0.40	0.45	Ⅲ
	泰州	6.6	0.25	0.40	0.45	0.25	0.35	0.40	Ⅲ
	连云港	3.7	0.35	0.55	0.65	0.25	0.40	0.45	Ⅱ
	盐城	3.6	0.25	0.45	0.55	0.20	0.35	0.40	Ⅲ
	高邮	5.4	0.25	0.40	0.45	0.20	0.35	0.40	Ⅲ
	东台市	4.3	0.30	0.40	0.45	0.20	0.30	0.35	Ⅲ
	南通市	5.3	0.30	0.45	0.50	0.15	0.25	0.30	Ⅲ
	启东县吕泗	5.5	0.35	0.50	0.55	0.10	0.20	0.25	Ⅲ
	常州市	4.9	0.25	0.40	0.45	0.20	0.35	0.40	Ⅲ
	溧阳	7.2	0.25	0.40	0.45	0.30	0.50	0.55	Ⅲ
	吴县东山	17.5	0.30	0.45	0.50	0.25	0.40	0.45	Ⅲ
浙江	杭州市	41.7	0.30	0.45	0.50	0.30	0.45	0.50	Ⅲ
	临安县天目山	1505.9	0.55	0.70	0.80	0.100	0.160	0.185	Ⅱ
	平湖县乍浦	5.4	0.35	0.45	0.50	0.25	0.35	0.40	Ⅲ
	慈溪市	7.1	0.30	0.45	0.50	0.25	0.35	0.40	Ⅲ
	嵊泗	79.6	0.85	1.30	1.55				
	嵊泗县嵊山	124.6	0.95	1.50	1.75				
	舟山市	35.7	0.50	0.85	1.00	0.30	0.50	0.60	Ⅲ
	金华市	62.6	0.25	0.35	0.40	0.35	0.55	0.65	Ⅲ
	嵊县	104.3	0.25	0.40	0.50	0.35	0.55	0.65	Ⅲ
	宁波市	4.2	0.30	0.50	0.60	0.20	0.30	0.35	Ⅲ
	象山县石浦	128.4	0.75	1.20	1.40	0.20	0.30	0.35	Ⅲ
	衢州市	66.9	0.25	0.35	0.40	0.30	0.50	0.60	Ⅲ
	丽水市	60.8	0.20	0.30	0.35	0.30	0.45	0.50	Ⅲ
	龙泉	198.4	0.20	0.30	0.35	0.35	0.55	0.65	Ⅲ
	临海市括苍山	1383.1	0.60	0.90	1.05	0.40	0.60	0.70	Ⅲ
	温州市	6.0	0.35	0.60	0.70	0.25	0.35	0.40	Ⅲ
	椒江市洪家	1.3	0.35	0.55	0.65	0.20	0.30	0.35	Ⅲ
	椒江市下大陈	86.2	0.90	1.40	1.65	0.25	0.35	0.40	Ⅲ
	玉环县坎门	95.9	0.70	1.20	1.45	0.20	0.35	0.40	Ⅲ
	瑞安市北麂	42.3	0.95	1.60	1.90				

续表

省市名	城市名	海拔高度 (m)	风压 (kN/m²)			雪压 (kN/m²)			雪荷载准永久值系数分区
			$n=10$	$n=50$	$n=100$	$n=10$	$n=50$	$n=100$	
安徽	合肥市	27.9	0.25	0.35	0.40	0.40	0.60	0.70	Ⅱ
	砀山	43.2	0.25	0.35	0.40	0.25	0.40	0.45	Ⅱ
	亳州市	37.7	0.25	0.45	0.55	0.25	0.40	0.45	Ⅱ
	宿县	25.9	0.25	0.40	0.50	0.25	0.40	0.45	Ⅱ
	寿县	22.7	0.25	0.35	0.40	0.30	0.50	0.55	Ⅱ
	蚌埠市	18.7	0.25	0.35	0.40	0.30	0.45	0.55	Ⅱ
	滁县	25.3	0.25	0.35	0.40	0.25	0.40	0.45	Ⅱ
	六安市	60.5	0.20	0.35	0.40	0.35	0.55	0.60	Ⅱ
	霍山	68.1	0.20	0.35	0.40	0.40	0.60	0.65	Ⅱ
	巢县	22.4	0.25	0.35	0.40	0.30	0.45	0.50	Ⅱ
	安庆市	19.8	0.25	0.40	0.45	0.20	0.35	0.40	Ⅲ
	宁国	89.4	0.25	0.35	0.40	0.30	0.50	0.55	Ⅲ
	黄山	1840.4	0.50	0.70	0.80	0.35	0.45	0.50	Ⅲ
	黄山市	142.7	0.25	0.35	0.40	0.30	0.45	0.50	Ⅲ
	阜阳市	30.6				0.35	0.55	0.60	Ⅱ
江西	南昌市	46.7	0.30	0.45	0.55	0.30	0.45	0.50	Ⅲ
	修水	146.8	0.20	0.30	0.35	0.25	0.40	0.50	Ⅲ
	宜春市	131.3	0.20	0.30	0.35	0.25	0.40	0.45	Ⅲ
	吉安	76.4	0.25	0.30	0.35	0.25	0.35	0.45	Ⅲ
	宁冈	263.1	0.20	0.30	0.35	0.30	0.45	0.50	Ⅲ
	遂川	126.1	0.20	0.30	0.35	0.30	0.45	0.55	Ⅲ
	赣州市	123.8	0.20	0.30	0.35	0.20	0.35	0.40	Ⅲ
	九江	36.1	0.25	0.35	0.40	0.30	0.40	0.45	Ⅲ
	庐山	1164.5	0.40	0.55	0.60	0.55	0.75	0.85	Ⅲ
	波阳	40.1	0.25	0.40	0.45	0.35	0.60	0.70	Ⅲ
	景德镇市	61.5	0.25	0.35	0.40	0.25	0.35	0.40	Ⅲ
	樟树市	30.4	0.20	0.30	0.35	0.25	0.40	0.45	Ⅲ
	贵溪	51.2	0.20	0.30	0.35	0.35	0.50	0.60	Ⅲ
	玉山	116.3	0.20	0.30	0.35	0.35	0.55	0.65	Ⅲ
	南城	80.8	0.25	0.30	0.35	0.20	0.35	0.40	Ⅲ
	广昌	143.8	0.20	0.30	0.35	0.30	0.45	0.50	Ⅲ
	寻乌	303.9	0.25	0.30	0.35				
福建	福州市	83.8	0.40	0.70	0.85				
	邵武市	191.5	0.20	0.30	0.35	0.25	0.35	0.40	Ⅲ
	铅山县七仙山	1401.9	0.55	0.70	0.80	0.40	0.60	0.70	Ⅲ
	浦城	276.9	0.20	0.30	0.35	0.35	0.55	0.65	Ⅲ
	建阳	196.9	0.25	0.35	0.40	0.35	0.50	0.55	Ⅲ

2—35

续表

省市名	城市名	海拔高度 (m)	风压 (kN/m²)			雪压 (kN/m²)			雪荷载准永久值系数分区
			$n=10$	$n=50$	$n=100$	$n=10$	$n=50$	$n=100$	
福建	建瓯	154.9	0.25	0.35	0.40	0.25	0.35	0.40	Ⅲ
	福鼎	36.2	0.35	0.70	0.90				
	泰宁	342.9	0.20	0.30	0.35	0.30	0.50	0.60	Ⅲ
	南平市	125.6	0.20	0.35	0.45				
	福鼎县台山	106.6	0.75	1.00	1.10				
	长汀	310.0	0.20	0.35	0.40	0.15	0.25	0.30	Ⅲ
	上杭	197.9	0.25	0.30	0.35				
	永安市	206.0	0.25	0.40	0.45				
	龙岩市	342.3	0.20	0.35	0.45				
	德化县九仙山	1653.5	0.60	0.80	0.90	0.25	0.40	0.50	Ⅲ
	屏南	896.5	0.20	0.30	0.35	0.25	0.45	0.50	Ⅲ
	平潭	32.4	0.75	1.30	1.60				
	崇武	21.8	0.55	0.80	0.90				
	厦门市	139.4	0.50	0.80	0.95				
	东山	53.3	0.80	1.25	1.45				
陕西	西安市	397.5	0.25	0.35	0.40	0.20	0.25	0.30	Ⅱ
	榆林市	1057.5	0.25	0.40	0.45	0.20	0.25	0.30	Ⅱ
	吴旗	1272.6	0.25	0.40	0.50	0.15	0.20	0.20	Ⅱ
	横山	1111.0	0.30	0.40	0.45	0.15	0.25	0.30	Ⅱ
	绥德	929.7	0.30	0.40	0.45	0.20	0.35	0.40	Ⅱ
	延安市	957.8	0.25	0.35	0.40	0.15	0.25	0.30	Ⅱ
	长武	1206.5	0.20	0.30	0.35	0.20	0.30	0.35	Ⅱ
	洛川	1158.3	0.25	0.35	0.40	0.25	0.35	0.40	Ⅱ
	铜川市	978.9	0.20	0.35	0.40	0.15	0.20	0.25	Ⅱ
	宝鸡市	612.4	0.20	0.35	0.40	0.15	0.20	0.25	Ⅱ
	武功	447.8	0.20	0.35	0.40	0.20	0.25	0.30	Ⅱ
	华阴县华山	2064.9	0.40	0.50	0.55	0.50	0.70	0.75	Ⅱ
	略阳	794.2	0.25	0.35	0.40	0.10	0.15	0.15	Ⅲ
	汉中市	508.4	0.20	0.30	0.35	0.15	0.20	0.25	Ⅲ
	佛坪	1087.7	0.25	0.30	0.35	0.15	0.25	0.30	Ⅲ
	商州市	742.2	0.25	0.30	0.35	0.20	0.30	0.35	Ⅱ
	镇安	693.7	0.20	0.30	0.35	0.20	0.30	0.35	Ⅲ
	石泉	484.9	0.20	0.30	0.35	0.20	0.30	0.35	Ⅲ
	安康市	290.8	0.30	0.45	0.50	0.10	0.15	0.20	Ⅲ

续表

省市名	城市名	海拔高度(m)	风压 (kN/m²)			雪压 (kN/m²)			雪荷载准永久值系数分区
			n=10	n=50	n=100	n=10	n=50	n=100	
甘肃	兰州市	1517.2	0.20	0.30	0.35	0.10	0.15	0.20	Ⅱ
	吉诃德	966.5	0.45	0.55	0.60				
	安西	1170.8	0.40	0.55	0.60	0.10	0.20	0.25	Ⅱ
	酒泉市	1477.2	0.40	0.55	0.60	0.20	0.30	0.35	Ⅱ
	张掖市	1482.7	0.30	0.50	0.60	0.05	0.10	0.15	Ⅱ
	武威市	1530.9	0.35	0.55	0.65	0.15	0.20	0.25	Ⅱ
	民勤	1367.0	0.40	0.50	0.55	0.05	0.10	0.10	Ⅱ
	乌鞘岭	3045.1	0.35	0.40	0.45	0.35	0.55	0.60	Ⅱ
	景泰	1630.5	0.25	0.40	0.45	0.10	0.15	0.20	Ⅱ
	靖远	1398.2	0.20	0.30	0.35	0.15	0.20	0.25	Ⅱ
	临夏市	1917.0	0.20	0.30	0.35	0.15	0.25	0.30	Ⅱ
	临洮	1886.6	0.20	0.30	0.35	0.30	0.50	0.55	Ⅱ
	华家岭	2450.6	0.30	0.40	0.45	0.25	0.40	0.45	Ⅱ
	环县	1255.6	0.20	0.30	0.35	0.15	0.25	0.30	Ⅱ
	平凉市	1346.6	0.25	0.30	0.35	0.15	0.25	0.30	Ⅱ
	西峰镇	1421.0	0.20	0.30	0.35	0.25	0.40	0.45	Ⅱ
	玛曲	3471.4	0.25	0.30	0.35	0.15	0.20	0.25	Ⅱ
	夏河县合作	2910.0	0.25	0.30	0.35	0.25	0.40	0.45	Ⅱ
	武都	1079.1	0.25	0.35	0.40	0.05	0.10	0.15	Ⅲ
	天水市	1141.7	0.20	0.35	0.40	0.15	0.20	0.25	Ⅱ
	马宗山	1962.7				0.10	0.15	0.20	Ⅱ
	敦煌	1139.0				0.10	0.15	0.20	Ⅱ
	玉门市	1526.0				0.15	0.20	0.25	Ⅱ
	金塔县鼎新	1177.4				0.05	0.10	0.15	Ⅱ
	高台	1332.2				0.05	0.10	0.15	Ⅱ
	山丹	1764.6				0.15	0.20	0.25	Ⅱ
	永昌	1976.1				0.10	0.15	0.20	Ⅱ
	榆中	1874.1				0.15	0.20	0.25	Ⅱ
	会宁	2012.2				0.20	0.30	0.35	Ⅱ
	岷县	2315.0				0.10	0.15	0.20	Ⅱ
宁夏	银川市	1111.4	0.40	0.65	0.75	0.15	0.20	0.25	Ⅱ
	惠农	1091.0	0.45	0.65	0.70	0.05	0.10	0.10	Ⅱ
	陶乐	1101.6				0.05	0.10	0.10	Ⅱ
	中卫	1225.7	0.30	0.45	0.50	0.05	0.10	0.15	Ⅱ
	中宁	1183.3	0.30	0.35	0.40	0.10	0.15	0.20	Ⅱ
	盐池	1347.8	0.30	0.40	0.45	0.20	0.30	0.35	Ⅱ
	海源	1854.2	0.25	0.30	0.35	0.25	0.40	0.45	Ⅱ
	同心	1343.9	0.20	0.30	0.35	0.10	0.10	0.15	Ⅱ
	固原	1753.0	0.25	0.35	0.40	0.30	0.40	0.45	Ⅱ
	西吉	1916.5	0.20	0.30	0.35	0.15	0.20	0.20	Ⅱ

2—37

续表

省市名	城市名	海拔高度 (m)	风压 (kN/m²)			雪压 (kN/m²)			雪荷载准永久值系数分区
			$n=10$	$n=50$	$n=100$	$n=10$	$n=50$	$n=100$	
青海	西宁市	2261.2	0.25	0.35	0.40	0.15	0.20	0.25	Ⅱ
	茫崖	3138.5	0.30	0.40	0.45	0.05	0.10	0.10	Ⅱ
	冷湖	2733.0	0.40	0.55	0.60	0.05	0.10	0.10	Ⅱ
	祁连县托勒	3367.0	0.30	0.40	0.45	0.20	0.25	0.30	Ⅱ
	祁连县野牛沟	3180.0	0.30	0.40	0.45	0.15	0.20	0.20	Ⅱ
	祁连	2787.4	0.30	0.35	0.40	0.10	0.15	0.15	Ⅱ
	格尔木市小灶火	2767.0	0.30	0.40	0.45	0.05	0.10	0.10	Ⅱ
	大柴旦	3173.2	0.30	0.40	0.45	0.10	0.15	0.15	Ⅱ
	德令哈市	2981.5	0.25	0.35	0.40	0.10	0.15	0.20	Ⅱ
	刚察	3301.5	0.25	0.35	0.40	0.20	0.25	0.30	Ⅱ
	门源	2850.0	0.25	0.35	0.40	0.15	0.25	0.30	Ⅱ
	格尔木市	2807.6	0.30	0.40	0.45	0.10	0.20	0.25	Ⅱ
	都兰县诺木洪	2790.4	0.35	0.50	0.60	0.05	0.10	0.10	Ⅱ
	都兰	3191.1	0.30	0.45	0.55	0.20	0.25	0.30	Ⅱ
	乌兰县茶卡	3087.6	0.25	0.35	0.40	0.15	0.20	0.25	Ⅱ
	共和县恰卜恰	2835.0	0.25	0.35	0.40	0.10	0.15	0.15	Ⅱ
	贵德	2237.1	0.25	0.30	0.35	0.05	0.10	0.10	Ⅱ
	民和	1813.9	0.20	0.30	0.35	0.10	0.10	0.15	Ⅱ
	唐古拉山五道梁	4612.2	0.35	0.45	0.50	0.20	0.25	0.30	Ⅰ
	兴海	3323.2	0.25	0.35	0.40	0.15	0.20	0.20	Ⅱ
	同德	3289.4	0.25	0.30	0.35	0.20	0.30	0.35	Ⅱ
	泽库	3662.8	0.25	0.30	0.35	0.30	0.40	0.45	Ⅱ
	格尔木市托托河	4533.1	0.40	0.50	0.55	0.25	0.35	0.40	Ⅰ
	治多	4179.0	0.25	0.30	0.35	0.15	0.20	0.25	Ⅰ
	杂多	4066.4	0.25	0.35	0.40	0.20	0.25	0.30	Ⅱ
	曲麻莱	4231.2	0.25	0.35	0.40	0.20	0.25	0.25	Ⅰ
	玉树	3681.2	0.20	0.30	0.35	0.15	0.20	0.25	Ⅱ
	玛多	4272.3	0.30	0.40	0.45	0.25	0.35	0.40	Ⅰ
	称多县清水河	4415.4	0.25	0.30	0.35	0.20	0.25	0.30	Ⅰ
	玛沁县仁峡姆	4211.1	0.30	0.35	0.40	0.15	0.25	0.30	Ⅰ
	达日县吉迈	3967.5	0.25	0.35	0.40	0.20	0.25	0.30	Ⅰ
	河南	3500.0	0.25	0.40	0.45	0.20	0.25	0.30	Ⅱ
	久治	3628.5	0.20	0.30	0.35	0.20	0.25	0.30	Ⅱ
	昂欠	3643.7	0.25	0.30	0.35	0.10	0.20	0.25	Ⅱ
	班玛	3750.0	0.20	0.30	0.35	0.15	0.20	0.25	Ⅱ

续表

省市名	城市名	海拔高度 (m)	风压 (kN/m²)			雪压 (kN/m²)			雪荷载准永久值系数分区
			$n=10$	$n=50$	$n=100$	$n=10$	$n=50$	$n=100$	
新疆	乌鲁木齐市	917.9	0.40	0.60	0.70	0.60	0.80	0.90	I
	阿勒泰市	735.3	0.40	0.70	0.85	0.85	1.25	1.40	I
	博乐市阿拉山口	284.8	0.95	1.35	1.55	0.20	0.25	0.25	I
	克拉玛依市	427.3	0.65	0.90	1.00	0.20	0.30	0.35	I
	伊宁市	662.5	0.40	0.60	0.70	0.70	1.00	1.15	I
	昭苏	1851.0	0.25	0.40	0.45	0.55	0.75	0.85	I
	乌鲁木齐县达板城	1103.5	0.55	0.80	0.90	0.15	0.20	0.20	I
	和静县巴音布鲁克	2458.0	0.25	0.35	0.40	0.45	0.65	0.75	I
	吐鲁番市	34.5	0.50	0.85	1.00	0.15	0.20	0.25	II
	阿克苏市	1103.8	0.30	0.45	0.50	0.15	0.25	0.30	II
	库车	1099.0	0.35	0.50	0.60	0.15	0.25	0.30	II
	库尔勒市	931.5	0.30	0.45	0.50	0.15	0.25	0.30	II
	乌恰	2175.7	0.25	0.35	0.40	0.35	0.50	0.60	II
	喀什市	1288.7	0.35	0.55	0.65	0.30	0.45	0.50	II
	阿合奇	1984.9	0.25	0.35	0.40	0.25	0.35	0.40	II
	皮山	1375.4	0.20	0.30	0.35	0.15	0.20	0.25	II
	和田	1374.6	0.25	0.40	0.45	0.10	0.20	0.25	II
	民丰	1409.3	0.20	0.30	0.35	0.10	0.15	0.15	II
	民丰县安的河	1262.8	0.20	0.30	0.35	0.05	0.05	0.05	II
	于田	1422.0	0.20	0.30	0.35	0.10	0.15	0.15	II
	哈密	737.2	0.40	0.60	0.70	0.15	0.20	0.25	II
	哈巴河	532.6				0.55	0.75	0.85	I
	吉木乃	984.1				0.70	1.00	1.15	I
	福海	500.9				0.30	0.45	0.50	I
	富蕴	807.5				0.65	0.95	1.05	I
	塔城	534.9				0.95	1.35	1.55	I
	和布克赛尔	1291.6				0.25	0.40	0.45	I
	青河	1218.2				0.55	0.80	0.90	I
	托里	1077.8				0.55	0.75	0.85	I
	北塔山	1653.7				0.55	0.65	0.70	I
	温泉	1354.6				0.35	0.45	0.50	I
	精河	320.1				0.20	0.30	0.35	I
	乌苏	478.7				0.40	0.55	0.60	I
	石河子	442.9				0.50	0.70	0.80	I
	蔡家湖	440.5				0.40	0.50	0.55	I
	奇台	793.5				0.55	0.75	0.85	I
	巴仑台	1752.5				0.20	0.30	0.35	II
	七角井	873.2				0.05	0.10	0.15	II

续表

省市名	城市名	海拔高度(m)	风压 (kN/m²)			雪压 (kN/m²)			雪荷载准永久值系数分区
			$n=10$	$n=50$	$n=100$	$n=10$	$n=50$	$n=100$	
新疆	库米什	922.4				0.05	0.10	0.10	Ⅱ
	焉耆	1055.8				0.15	0.20	0.25	Ⅱ
	拜城	1229.2				0.20	0.30	0.35	Ⅱ
	轮台	976.1				0.15	0.25	0.30	Ⅱ
	吐尔格特	3504.4				0.35	0.50	0.55	Ⅱ
	巴楚	1116.5				0.10	0.15	0.20	Ⅱ
	柯坪	1161.8				0.05	0.10	0.15	Ⅱ
	阿拉尔	1012.2				0.05	0.10	0.10	Ⅱ
	铁干里克	846.0				0.10	0.15	0.15	Ⅱ
	若羌	888.3				0.10	0.15	0.20	Ⅱ
	塔吉克	3090.9				0.15	0.25	0.30	Ⅱ
	莎车	1231.2				0.15	0.20	0.25	Ⅱ
	且末	1247.5				0.10	0.15	0.20	Ⅱ
	红柳河	1700.0				0.10	0.15	0.15	Ⅱ
河南	郑州市	110.4	0.30	0.45	0.50	0.25	0.40	0.45	Ⅱ
	安阳市	75.5	0.25	0.45	0.55	0.25	0.40	0.45	Ⅱ
	新乡市	72.7	0.30	0.40	0.45	0.20	0.30	0.35	Ⅱ
	三门峡市	410.1	0.25	0.40	0.45	0.15	0.20	0.25	Ⅱ
	卢氏	568.8	0.20	0.30	0.35	0.20	0.30	0.35	Ⅱ
	孟津	323.3	0.30	0.45	0.50	0.30	0.40	0.50	Ⅱ
	洛阳市	137.1	0.25	0.40	0.45	0.25	0.35	0.40	Ⅱ
	栾川	750.1	0.20	0.30	0.35	0.25	0.40	0.45	Ⅱ
	许昌市	66.8	0.30	0.40	0.45	0.30	0.40	0.45	Ⅱ
	开封市	72.5	0.30	0.45	0.50	0.20	0.30	0.35	Ⅱ
	西峡	250.3	0.25	0.35	0.40	0.20	0.30	0.35	Ⅱ
	南阳市	129.2	0.25	0.35	0.40	0.30	0.45	0.50	Ⅱ
	宝丰	136.4	0.25	0.35	0.40	0.20	0.30	0.35	Ⅱ
	西华	52.6	0.25	0.45	0.55	0.30	0.45	0.50	Ⅱ
	驻马店市	82.7	0.25	0.40	0.45	0.30	0.45	0.50	Ⅱ
	信阳市	114.5	0.25	0.35	0.40	0.35	0.55	0.65	Ⅱ
	商丘市	50.1	0.20	0.35	0.45	0.30	0.45	0.50	Ⅱ
	固始	57.1	0.20	0.35	0.40	0.35	0.50	0.60	Ⅱ
湖北	武汉市	23.3	0.25	0.35	0.40	0.30	0.50	0.60	Ⅱ
	郧县	201.9	0.20	0.30	0.35	0.25	0.40	0.45	Ⅱ
	房县	434.4	0.20	0.30	0.35	0.20	0.30	0.35	Ⅲ
	老河口市	90.0	0.20	0.30	0.35	0.25	0.40	0.40	Ⅱ
	枣阳市	125.5	0.25	0.40	0.45	0.30	0.40	0.45	Ⅱ
	巴东	294.5	0.15	0.30	0.35	0.15	0.20	0.25	Ⅲ
	钟祥	65.8	0.20	0.30	0.35	0.25	0.35	0.40	Ⅱ

续表

省市名	城市名	海拔高度(m)	风压（kN/m²）			雪压（kN/m²）			雪荷载准永久值系数分区
			n=10	n=50	n=100	n=10	n=50	n=100	
湖北	麻城市	59.3	0.20	0.35	0.45	0.35	0.55	0.65	Ⅱ
	恩施市	457.1	0.20	0.30	0.35	0.15	0.20	0.25	Ⅲ
	巴东县绿葱坡	1819.3	0.30	0.35	0.40	0.55	0.75	0.85	Ⅲ
	五峰县	908.4	0.20	0.30	0.35	0.25	0.35	0.40	Ⅲ
	宜昌市	133.1	0.20	0.30	0.35	0.20	0.30	0.35	Ⅲ
	江陵县荆州	32.6	0.20	0.30	0.35	0.25	0.40	0.45	Ⅱ
	天门市	34.1	0.20	0.30	0.35	0.25	0.35	0.45	Ⅱ
	来凤	459.5	0.20	0.30	0.35	0.15	0.20	0.25	Ⅲ
	嘉鱼	36.0	0.20	0.35	0.45	0.25	0.35	0.40	Ⅲ
	英山	123.8	0.20	0.30	0.35	0.25	0.40	0.45	Ⅲ
	黄石市	19.6	0.25	0.35	0.40	0.25	0.35	0.40	Ⅲ
湖南	长沙市	44.9	0.25	0.35	0.40	0.30	0.45	0.50	Ⅲ
	桑植	322.2	0.20	0.30	0.35	0.25	0.35	0.40	Ⅲ
	石门	116.9	0.25	0.30	0.35	0.25	0.35	0.40	Ⅲ
	南县	36.0	0.25	0.40	0.50	0.30	0.45	0.50	Ⅲ
	岳阳市	53.0	0.25	0.40	0.45	0.35	0.55	0.65	Ⅲ
	吉首市	206.6	0.20	0.30	0.35	0.20	0.30	0.35	Ⅲ
	沅陵	151.6	0.20	0.30	0.35	0.20	0.35	0.40	Ⅲ
	常德市	35.0	0.25	0.40	0.50	0.30	0.50	0.60	Ⅱ
	安化	128.3	0.20	0.30	0.35	0.30	0.45	0.50	Ⅱ
	沅江市	36.0	0.25	0.40	0.45	0.35	0.55	0.65	Ⅲ
	平江	106.3	0.20	0.30	0.35	0.25	0.40	0.45	Ⅲ
	芷江	272.2	0.20	0.30	0.35	0.25	0.35	0.45	Ⅲ
	雪峰山	1404.9				0.50	0.75	0.85	Ⅱ
	邵阳市	248.6	0.20	0.30	0.35	0.20	0.30	0.35	Ⅲ
	双峰	100.0		0.30	0.35	0.25	0.40	0.45	Ⅲ
	南岳	1265.9	0.60	0.75	0.85	0.45	0.65	0.75	Ⅲ
	通道	397.5	0.25	0.30	0.35	0.15	0.25	0.30	Ⅲ
	武岗	341.0	0.20	0.30	0.35	0.20	0.30	0.35	Ⅲ
	零陵	172.6	0.25	0.40	0.45	0.15	0.25	0.30	Ⅲ
	衡阳市	103.2	0.25	0.40	0.45	0.20	0.35	0.40	Ⅲ
	道县	192.2	0.25	0.35	0.40	0.15	0.20	0.25	Ⅲ
	郴州市	184.9	0.20	0.30	0.35	0.20	0.30	0.35	Ⅲ
广东	广州市	6.6	0.30	0.50	0.60				
	南雄	133.8	0.20	0.30	0.35				
	连县	97.6	0.20	0.30	0.35				
	韶关	69.3	0.20	0.35	0.45				
	佛岗	67.8	0.20	0.30	0.35				

续表

省市名	城市名	海拔高度(m)	风压 (kN/m²)			雪压 (kN/m²)			雪荷载准永久值系数分区
			$n=10$	$n=50$	$n=100$	$n=10$	$n=50$	$n=100$	
广东	连平	214.5	0.20	0.30	0.35				
	梅县	87.8	0.20	0.30	0.35				
	广宁	56.8	0.20	0.30	0.35				
	高要	7.1	0.30	0.50	0.60				
	河源	40.6	0.20	0.30	0.35				
	惠阳	22.4	0.35	0.55	0.60				
	五华	120.9	0.20	0.30	0.35				
	汕头市	1.1	0.50	0.80	0.95				
	惠来	12.9	0.45	0.75	0.90				
	南澳	7.2	0.50	0.80	0.95				
	信宜	84.6	0.35	0.60	0.70				
	罗定	53.3	0.20	0.30	0.35				
	台山	32.7	0.35	0.55	0.65				
	深圳市	18.2	0.45	0.75	0.90				
	汕尾	4.6	0.50	0.85	1.00				
	湛江市	25.3	0.50	0.80	0.95				
	阳江	23.3	0.45	0.70	0.80				
	电白	11.8	0.45	0.70	0.80				
	台山县上川岛	21.5	0.75	1.05	1.20				
	徐闻	67.9	0.45	0.75	0.90				
广西	南宁市	73.1	0.25	0.35	0.40				
	桂林市	164.4	0.20	0.30	0.35				
	柳州市	96.8	0.20	0.30	0.35				
	蒙山	145.7	0.20	0.30	0.35				
	贺山	108.8	0.20	0.30	0.35				
	百色市	173.5	0.25	0.45	0.55				
	靖西	739.4	0.20	0.30	0.35				
	桂平	42.5	0.20	0.30	0.35				
	梧州市	114.8	0.20	0.30	0.35				
	龙州	128.8	0.20	0.30	0.35				
	灵山	66.0	0.20	0.30	0.35				
	玉林	81.8	0.20	0.30	0.35				
	东兴	18.2	0.45	0.75	0.90				
	北海市	15.3	0.45	0.75	0.90				
	涠州岛	55.2	0.70	1.00	1.15				
海南	海口市	14.1	0.45	0.75	0.90				
	东方	8.4	0.55	0.85	1.00				
	儋县	168.7	0.40	0.70	0.85				
	琼中	250.9	0.30	0.45	0.55				
	琼海	24.0	0.50	0.85	1.05				
	三亚市	5.5	0.50	0.85	1.05				
	陵水	13.9	0.50	0.85	1.05				
	西沙岛	4.7	1.05	1.80	2.20				
	珊瑚岛	4.0	0.70	1.10	1.30				

续表

省市名	城市名	海拔高度(m)	风压 (kN/m²)			雪压 (kN/m²)			雪荷载准永久值系数分区
			$n=10$	$n=50$	$n=100$	$n=10$	$n=50$	$n=100$	
四川	成都市	506.1	0.20	0.30	0.35	0.10	0.10	0.15	Ⅲ
	石渠	4200.0	0.25	0.30	0.35	0.30	0.45	0.50	Ⅱ
	若尔盖	3439.6	0.25	0.30	0.35	0.30	0.40	0.45	Ⅱ
	甘孜	3393.5	0.35	0.45	0.50	0.25	0.40	0.45	Ⅱ
	都江堰市	706.7	0.20	0.30	0.35	0.15	0.25	0.30	Ⅲ
	绵阳市	470.8	0.20	0.30	0.35				
	雅安市	627.6	0.20	0.30	0.35	0.10	0.20	0.20	Ⅲ
	资阳	357.0	0.20	0.30	0.35				
	康定	2615.7	0.30	0.35	0.40	0.30	0.50	0.55	Ⅱ
	汉源	795.9	0.20	0.30	0.35				
	九龙	2987.3	0.20	0.30	0.35	0.15	0.20	0.20	Ⅲ
	越西	1659.0	0.25	0.30	0.35	0.15	0.25	0.30	Ⅲ
	昭觉	2132.4	0.25	0.30	0.35	0.25	0.35	0.40	Ⅲ
	雷波	1474.9	0.20	0.30	0.35	0.20	0.30	0.35	Ⅲ
	宜宾市	340.8	0.20	0.30	0.35				
	盐源	2545.0	0.20	0.30	0.35	0.20	0.30	0.35	Ⅲ
	西昌市	1590.9	0.20	0.30	0.35	0.20	0.30	0.35	Ⅲ
	会理	1787.1	0.20	0.30	0.35				
	万源	674.0	0.20	0.30	0.35	0.50	0.10	0.15	Ⅲ
	阆中	382.6	0.20	0.30	0.35				
	巴中	358.9	0.20	0.30	0.35				
	达县市	310.4	0.20	0.35	0.45				
	奉节	607.3	0.25	0.35	0.40	0.20	0.35	0.40	Ⅲ
	遂宁市	278.2	0.20	0.30	0.35				
	南充市	309.3	0.20	0.30	0.35				
	梁平	454.6	0.20	0.30	0.35				
	万县市	186.7	0.15	0.30	0.35				
	内江市	347.1	0.25	0.40	0.50				
	涪陵市	273.5	0.20	0.30	0.35				
	泸州市	334.8	0.20	0.30	0.35				
	叙永	377.5	0.20	0.30	0.35				
	德格	3201.2				0.15	0.20	0.25	Ⅱ
	色达	3893.9				0.30	0.40	0.45	Ⅱ
	道孚	2957.2				0.15	0.20	0.25	Ⅱ
	阿坝	3275.1				0.25	0.40	0.45	Ⅱ
	马尔康	2664.4				0.15	0.25	0.30	Ⅱ
	红原	3491.6				0.25	0.40	0.45	Ⅱ
	小金	2369.2				0.10	0.15	0.15	Ⅱ
	松潘	2850.7				0.20	0.30	0.35	Ⅱ
	新龙	3000.0				0.10	0.15	0.15	Ⅱ
	理塘	3948.9				0.35	0.50	0.60	Ⅱ
	稻城	3727.7				0.20	0.30	0.35	Ⅲ
	峨眉山	3047.4				0.40	0.50	0.55	Ⅱ
	金佛山	1905.9				0.35	0.50	0.60	Ⅱ

2—43

续表

省市名	城市名	海拔高度(m)	风压 (kN/m²)			雪压 (kN/m²)			雪荷载准永久值系数分区
			$n=10$	$n=50$	$n=100$	$n=10$	$n=50$	$n=100$	
贵州	贵阳市	1074.3	0.20	0.30	0.35	0.10	0.20	0.25	Ⅲ
	威宁	2237.5	0.25	0.35	0.40	0.25	0.35	0.40	Ⅲ
	盘县	1515.2	0.25	0.35	0.40	0.25	0.35	0.45	Ⅲ
	桐梓	972.0	0.20	0.30	0.35	0.10	0.15	0.20	Ⅲ
	习水	1180.2	0.20	0.30	0.35	0.15	0.20	0.25	Ⅲ
	毕节	1510.6	0.20	0.30	0.35	0.15	0.25	0.30	Ⅲ
	遵义市	843.9	0.20	0.30	0.35	0.10	0.15	0.20	Ⅲ
	湄潭	791.8				0.15	0.20	0.25	Ⅲ
	思南	416.3	0.20	0.30	0.35	0.10	0.20	0.25	Ⅲ
	铜仁	279.7	0.20	0.30	0.35	0.20	0.30	0.35	Ⅲ
	黔西	1251.8				0.15	0.20	0.25	Ⅲ
	安顺市	1392.9	0.20	0.30	0.35	0.20	0.30	0.35	Ⅲ
	凯里市	720.3	0.20	0.30	0.35	0.15	0.20	0.25	Ⅲ
	三穗	610.5				0.20	0.30	0.35	Ⅲ
	兴仁	1378.5	0.20	0.30	0.35	0.20	0.35	0.40	Ⅲ
	罗甸	440.3	0.20	0.30	0.35				
	独山	1013.3				0.20	0.30	0.35	Ⅲ
	榕江	285.7				0.10	0.15	0.20	Ⅲ
云南	昆明市	1891.4	0.20	0.30	0.35	0.20	0.30	0.35	Ⅲ
	德钦	3485.0	0.25	0.35	0.40	0.60	0.90	1.05	Ⅱ
	贡山	1591.3	0.20	0.30	0.35	0.50	0.85	1.00	Ⅱ
	中甸	3276.1	0.20	0.30	0.35	0.50	0.80	0.90	Ⅱ
	维西	2325.6	0.20	0.30	0.35	0.40	0.55	0.65	Ⅲ
	昭通市	1949.5	0.25	0.35	0.40	0.15	0.25	0.30	Ⅲ
	丽江	2393.2	0.25	0.30	0.35	0.20	0.30	0.35	Ⅲ
	华坪	1244.8	0.25	0.35	0.40				
	会泽	2109.5	0.25	0.35	0.40	0.25	0.35	0.40	Ⅲ
	腾冲	1654.6	0.20	0.30	0.35				
	泸水	1804.9	0.20	0.30	0.35				
	保山市	1653.5	0.20	0.30	0.35				
	大理市	1990.5	0.45	0.65	0.75				
	元谋	1120.2	0.25	0.35	0.40				
	楚雄市	1772.0	0.20	0.35	0.40				
	曲靖市沾益	1898.7	0.25	0.30	0.35	0.25	0.40	0.45	Ⅲ
	瑞丽	776.6	0.20	0.30	0.35				
	景东	1162.3	0.20	0.30	0.35				
	玉溪	1636.7	0.20	0.30	0.35				
	宜良	1532.1	0.25	0.40	0.50				

续表

省市名	城市名	海拔高度 (m)	风压 (kN/m²)			雪压 (kN/m²)			雪荷载准永久值系数分区
			$n=10$	$n=50$	$n=100$	$n=10$	$n=50$	$n=100$	
云南	泸西	1704.3	0.25	0.30	0.35				
	孟定	511.4	0.25	0.40	0.45				
	临沧	1502.4	0.20	0.30	0.35				
	澜沧	1054.8	0.20	0.30	0.35				
	景洪	552.7	0.20	0.40	0.50				
	思茅	1302.1	0.25	0.45	0.55				
	元江	400.9	0.25	0.30	0.35				
	勐腊	631.9	0.20	0.30	0.35				
	江城	1119.5	0.20	0.40	0.50				
	蒙自	1300.7	0.25	0.30	0.35				
	屏边	1414.1	0.20	0.30	0.35				
	文山	1271.6	0.20	0.30	0.35				
	广南	1249.6	0.25	0.35	0.40				
西藏	拉萨市	3658.0	0.20	0.30	0.35	0.10	0.15	0.20	Ⅲ
	班戈	4700.0	0.35	0.55	0.65	0.20	0.25	0.30	Ⅰ
	安多	4800.0	0.45	0.75	0.90	0.20	0.30	0.35	Ⅰ
	那曲	4507.0	0.30	0.45	0.50	0.30	0.40	0.45	Ⅰ
	日喀则市	3836.0	0.20	0.30	0.35	0.10	0.15	0.15	Ⅲ
	乃东县泽当	3551.7	0.20	0.30	0.35	0.10	0.15	0.15	Ⅲ
	隆子	3860.0	0.30	0.45	0.50	0.10	0.15	0.20	Ⅲ
	索县	4022.8	0.25	0.40	0.45	0.20	0.25	0.30	Ⅰ
	昌都	3306.0	0.20	0.30	0.35	0.15	0.20	0.20	Ⅱ
	林芝	3000.0	0.25	0.35	0.40	0.10	0.15	0.15	Ⅲ
	葛尔	4278.0				0.10	0.15	0.15	Ⅰ
	改则	4414.9				0.20	0.30	0.35	Ⅰ
	普兰	3900.0				0.50	0.70	0.80	Ⅰ
	申扎	4672.0				0.15	0.20	0.20	Ⅰ
	当雄	4200.0				0.25	0.35	0.40	Ⅱ
	尼木	3809.4				0.15	0.20	0.25	Ⅲ
	聂拉木	3810.0				1.85	2.90	3.35	Ⅰ
	定日	4300.0				0.15	0.25	0.30	Ⅱ
	江孜	4040.0				0.10	0.10	0.15	Ⅲ
	错那	4280.0				0.50	0.70	0.80	Ⅲ
	帕里	4300.0				0.60	0.90	1.05	Ⅱ
	丁青	3873.1				0.25	0.35	0.40	Ⅱ
	波密	2736.0				0.25	0.35	0.40	Ⅲ
	察隅	2327.6				0.35	0.55	0.65	Ⅲ

续表

省市名	城市名	海拔高度(m)	风压（kN/m²）			雪压（kN/m²）			雪荷载准永久值系数分区
			$n=10$	$n=50$	$n=100$	$n=10$	$n=50$	$n=100$	
台湾	台北	8.0	0.40	0.70	0.85				
	新竹	8.0	0.50	0.80	0.95				
	宜兰	9.0	1.10	1.85	2.30				
	台中	78.0	0.50	0.80	0.90				
	花莲	14.0	0.40	0.70	0.85				
	嘉义	20.0	0.50	0.80	0.95				
	马公	22.0	0.85	1.30	1.55				
	台东	10.0	0.65	0.90	1.05				
	冈山	10.0	0.55	0.80	0.95				
	恒春	24.0	0.70	1.05	1.20				
	阿里山	2406.0	0.25	0.35	0.40				
	台南	14.0	0.60	0.80	1.00				
香港	香港	50.0	0.80	0.90	0.95				
	横澜岛	55.0	0.95	1.25	1.40				
澳门		57.0	0.75	0.85	0.90				

D.5 全国基本雪压、风压分布及雪荷载准永久值系数分区图

1 附图 D.5.1 全国基本雪压分布图
2 附图 D.5.2 雪荷载准永久值系数分区图
3 附图 D.5.3 全国基本风压分布图

附录 E 结构基本自振周期的经验公式

E.1 高耸结构

E.1.1 一般情况

$$T_1 = (0.007 \sim 0.013)H$$

钢结构可取高值，钢筋混凝土结构可取低值。

E.1.2 具体结构

1 烟囱

1) 高度不超过 60m 的砖烟囱：

$$T_1 = 0.23 + 0.22 \times 10^{-2} \frac{H^2}{d} \quad (E.1.2-1)$$

2) 高度不超过 150m 的钢筋混凝土烟囱：

$$T_1 = 0.41 + 0.10 \times 10^{-2} \frac{H^2}{d} \quad (E.1.2-2)$$

3) 高度超过 150m，但低于 210m 的钢筋混凝土烟囱：

$$T = 0.53 + 0.08 \times 10^{-2} \frac{H^2}{d} \quad (E.1.2-3)$$

式中 H——烟囱高度（m）；
d——烟囱 1/2 高度处的外径（m）。

2 石油化工塔架（图 E.1.2）

1) 圆柱（筒）基础塔（塔壁厚不大于 30mm）
当 $H^2/D_0 < 700$ 时

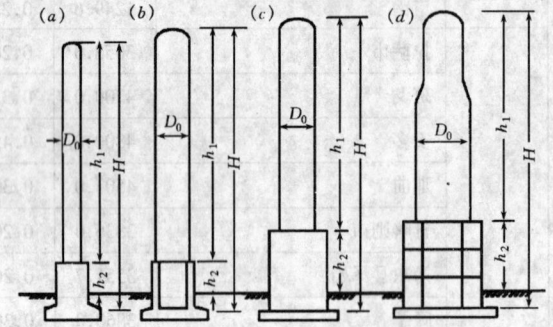

图 E.1.2 设备塔架的基础型式

(a) 圆柱基础塔；(b) 圆筒基础塔；(c) 方形（板式）框架基础塔；(d) 环形框架基础塔

$$T_1 = 0.35 + 0.85 \times 10^{-3} H^2/D_0 \quad (E.1.2.1)$$

当 $H^2/D_0 \geqslant 700$ 时

$$T_1 = 0.25 + 0.99 \times 10^{-3} H^2/D_0 \quad (E.1.2.2)$$

式中 H——从基础底板或柱基顶面至设备塔顶面的总高度（m）；
D_0——设备塔的外径（m）；对变直径塔，可按各段高度为权，取外径的加权平均值。

2) 框架基础塔（塔壁厚不大于 30mm）

$$T_1 = 0.56 + 0.40 \times 10^{-3} H^2/D_0 \quad (E.1.2.3)$$

3) 塔壁厚大于 30mm 的各类设备塔架的基本自振周期应按有关理论公式计算。

4) 当若干塔由平台连成一排时，垂直于排列方向的各塔基本自振周期 T_1 可采用主塔（即周期最长的塔）的基本自振周期值；平行于排列方向的各塔基本自振周期 T_1 可采用主塔基本自振周期乘以折减系数 0.9。

E.2 高层建筑

E.2.1 一般情况

1 钢结构 $T_1 = (0.10 \sim 0.15)n$ （E.2.1.1）

2 钢筋混凝土结构 $T_1 = (0.05 \sim 0.10)n$

（E.2.1.2）

式中 n——建筑层数。

E.2.2 具体结构

1 钢筋混凝土框架和框剪结构

$$T_1 = 0.25 + 0.53 \times 10^{-3} \frac{H^2}{\sqrt[3]{B}}$$ （E.2.1.3）

2 钢筋混凝土剪力墙结构

$$T_1 = 0.03 + 0.03 \frac{H}{\sqrt[3]{B}}$$ （E.2.1.4）

式中 H——房屋总高度（m）；
B——房屋宽度（m）。

附录F 结构振型系数的近似值

F.1 结构振型系数应按实际工程由结构动力学计算得出。在此仅给出截面沿高度不变的两类结构第1至第4的振型系数和截面沿高度规律变化的高耸结构第1振型系数的近似值。在一般情况下，对顺风向响应可仅考虑第1振型的影响，对横风向的共振响应，应验算第1至第4振型的频率，因此列出相应的前4个振型系数。

F.1.1 迎风面宽度远小于其高度的高耸结构，其振型系数可按表F.1.1采用。

表F.1.1 高耸结构的振型系数

相对高度 z/H	振型序号			
	1	2	3	4
0.1	0.02	−0.09	0.23	−0.39
0.2	0.06	−0.30	0.61	−0.75
0.3	0.14	−0.53	0.76	−0.43
0.4	0.23	−0.68	0.53	0.32
0.5	0.34	−0.71	0.02	0.71
0.6	0.46	−0.59	−0.48	0.33
0.7	0.59	−0.32	−0.66	−0.40
0.8	0.79	0.07	−0.40	−0.64
0.9	0.86	0.52	0.23	−0.05
1.0	1.00	1.00	1.00	1.00

F.1.2 迎风面宽度较大的高层建筑，当剪力墙和框架均起主要作用时，其振型系数可按表F.1.2采用。

表F.1.2 高层建筑的振型系数

相对高度 z/H	振型序号			
	1	2	3	4
0.1	0.02	−0.09	0.22	−0.38
0.2	0.08	−0.30	0.58	−0.73
0.3	0.17	−0.50	0.70	−0.40
0.4	0.27	−0.68	0.46	0.33
0.5	0.38	−0.63	−0.03	0.68
0.6	0.45	−0.48	−0.49	0.29
0.7	0.67	−0.18	−0.63	−0.47
0.8	0.74	0.17	−0.34	−0.62
0.9	0.86	0.58	0.27	−0.02
1.0	1.00	1.00	1.00	1.00

F.1.3 对截面沿高度规律变化的高耸结构，其第1振型系数可按表F.1.3采用。

表F.1.3 高耸结构的第1振型系数

相对高度 z/H	高耸结构				
	$B_H/B_0=1.0$	0.8	0.6	0.4	0.2
0.1	0.02	0.02	0.01	0.01	0.01
0.2	0.06	0.06	0.05	0.04	0.03
0.3	0.14	0.12	0.11	0.09	0.07
0.4	0.23	0.21	0.19	0.16	0.13
0.5	0.34	0.32	0.29	0.26	0.21
0.6	0.46	0.44	0.41	0.37	0.31
0.7	0.59	0.57	0.55	0.51	0.45
0.8	0.79	0.71	0.69	0.66	0.61
0.9	0.86	0.86	0.85	0.83	0.80
1.0	1.00	1.00	1.00	1.00	1.00

附录G 本规范用词说明

为便于在执行本规范条文时区别对待，对执行规范严格程度的用词说明如下：

G.0.1 表示很严格，非这样做不可的用词
正面词采用"必须"，反面词采用"严禁"；

G.0.2 表示严格，在正常情况下均应这样做的用词
正面词采用"应"，反面词采用"不应"或"不得"；

G.0.3 表示允许稍有选择，在条件许可时首先应这样做的用词
正面词采用"宜"，反面词采用"不宜"；
表示有选择，在一定条件下可以这样做的，采用"可"。

中华人民共和国国家标准

建筑结构荷载规范

GB50009—2001

条 文 说 明

目 次

1 总则 …………………………… 2—50
3 荷载分类和荷载效应组合 ………… 2—50
4 楼面和屋面活荷载 ……………… 2—53
5 吊车荷载 ………………………… 2—57
6 雪荷载 …………………………… 2—59
7 风荷载 …………………………… 2—61

1 总则

1.0.1~1.0.3 本规范的适用范围限于工业与民用建筑的结构设计，其中也包括附属于该类建筑的一般构筑物在内，例如烟囱、水塔等构筑物。在设计其他土木工程结构或特殊的工业构筑物时，本规范中规定的风、雪荷载也应作为设计的依据。此外，对建筑结构的地基设计，其上部传来的荷载也应以本规范为依据。

《建筑结构设计统一标准》GB 50068—2001 第 1.0.2 条的规定是制定各本建筑结构设计规范时应遵守的准则，并要求在各本建筑结构设计规范中为它制定相应的具体规定。本规范第 2 章各节的内容，基本上是陈述了 GB 50068—2001 第四和第七章中的有关规定，同时还给出具体的补充规定。

1.0.4 结构上的作用是指能使结构产生效应（结构或构件的内力、应力、位移、应变、裂缝等）的各种原因的总称。由于常见的能使结构产生效应的原因，多数可归结为直接作用在结构上的力集（包括集中力和分布力），因此习惯上都将结构上的各种作用统称为荷载（也有称为载荷或负荷）。但"荷载"这个术语，对于另外一些也能使结构产生效应的原因并不恰当，例如温度变化、材料的收缩和徐变、地基变形、地面运动等现象，这类作用不是直接以力集的形式出现，而习惯上也以"荷载"一词来概括，称之为温度荷载、地震荷载等，这就混淆了两种不同性质的作用。尽管在国际上，目前仍有不少国家将"荷载"与"作用"等同采用，本规范还是根据《建筑结构设计统一标准》中的术语，将这两类作用分别称为直接作用和间接作用，而将荷载仅等同于直接作用，作为《建筑结构荷载规范》，目前仍限于对直接作用的规定。

尽管在本规范中没有给出各类间接作用的规定，但在设计中仍应根据实际可能出现的情况加以考虑。

1.0.5 在确定各类可变荷载的标准值时，会涉及出现荷载最大值的时域问题，本规范统一采用一般结构的设计使用年限 50 年作为规定荷载最大值的时域，在此也称之为设计基准期。

1.0.6 除本规范中给出的荷载外，在某些工程中仍有一些其他性质的荷载需要考虑，例如塔桅结构上结构构件、架空线、拉绳表面的裹冰荷载《高耸结构设计规范》GB50135，储存散料的储仓荷载《钢筋混凝土筒仓设计规范》GB50077，地下构筑物的水压力和土压力《给水排水工程结构设计规范》GB50069，结构构件的温差作用《烟囱设计规范》GB50051 都应按相应的规范确定。

3 荷载分类和荷载效应组合

3.1 荷载分类和荷载代表值

3.1.1 《建筑结构设计统一标准》指出，结构上的作用可按时间或空间的变异分类，还可按结构的反应性质分类，其中最基本的是按随时间的变异分类。在分析结构可靠度时，它关系到概率模型的选择；在按各类极限状态设计时，它还关系到荷载代表值及其效应组合形式的选择。

本规范中的永久荷载和可变荷载，类同于以往所谓的恒荷载和活荷载；而偶然荷载也相当于 50 年代规范中的特殊荷载。

土压力和预应力作为永久荷载是因为它们都是随时间单调变化而能趋于限值的荷载，其标准值都是依其可能出现的最大值来确定。在建筑结构设计中，有时也会遇到有水压力作用的情况，按《工程结构可靠度设计统一标准》GB 50153—92 的规定，水位不变的水压力按永久荷载考虑，而水位变化的水压力按可变荷载考虑。

地震作用（包括地震力和地震加速度等）由《建筑结构抗震规范》GB 50011—2001 具体规定，而其他类型的偶然荷载，如撞击、爆炸等是由各部门以其专业本身特点，按经验采用，并在有关的标准中规定。目前对偶然作用或荷载，在国内尚未有比较成熟的确定方法，因此本规范在这方面仍未对它具体规定，工程中可参考国际标准化协会正在拟订中的《人为偶然作用》（DIS 10252）的规定，该标准目前主要是对在道路和河道交通中和撞击有关的偶然荷载（等效静力荷载）代表值给出一些规定，而对爆炸引起的偶然荷载仅给出原则规定。

3.1.2 虽然任何荷载都具有不同性质的变异性，但在设计中，不可能直接引用反映荷载变异性的各种统计参数，通过复杂的概率运算进行具体设计。因此，在设计时，除了采用能便于设计者使用的设计表达式外，对荷载仍应赋予一个规定的量值，称为荷载代表值。荷载可根据不同的设计要求，规定不同的代表值，以使之能更确切地反映它在设计中的特点。本规范给出荷载的四种代表值：标准值、组合值、频遇值和准永久值，其中，频遇值是新增添的。荷载标准值是荷载的基本代表值，而其他代表值都可在标准值的基础上乘以相应的系数后得出。

荷载标准值是指其在结构的使用期间可能出现的最大荷载值。由于荷载本身的随机性，因而使用期间的最大荷载也是随机变量，原则上也可用它的统计分布来描述。按 GB 50068—2001 的规定，荷载标准值统一由设计基准期最大荷载概率分布的某个分位值来确定，设计基准期统一规定为 50 年，而对该分位值的百分位未作统一规定。

因此，对某类荷载，当有足够资料而有可能对其统计分布作出合理估计时，则在其设计基准期最大荷载的分布上，可根据协议的百分位，取其分位值作为该荷载的代表值，原则上可取分布的特征值（例如均值、众值或中值），国际上习惯称之为荷载的特征值 (Characteristic value)。实际上，对于大部分自然荷载，包括风雪荷载，习惯上都以其规定的平均重现期来定义标准值，也即相当于以其重现期内最大荷载的分布的众值为标准值。

目前，并非对所有荷载都能取得充分的资料，为此，不得不从实际出发，根据已有的工程实践经验，通过分析判断后，协议一个公称值（Nominal value）作为代表值。在本规范中，对按这两种方式规定的代表值统称为荷载标准值。

本规范提供的荷载标准值，若属于强制性条款，则在设计中必须作为荷载最小值采用；若不属于强制性条款，则应由业主认可后采用，并在设计文件中注明。

3.1.3 结构或非承重构件的自重为永久荷载，由于其变异性不大，而且多为正态分布，一般以其分布的均值作为荷载标准值，由此，即可按结构设计规定的尺寸和材料或结构构件单位体积的自重（或单位面积的自重）平均值确定。对于自重变异性较大的材料，尤其是制作屋面的轻质材料，考虑到结构的可靠性，在设计中应根据该荷载对结构有利或不利，分别取其自重的下限值或上限值。在附录 A 中，对某些变异性较大的材料，都分别给出其自重的上限和下限值。

3.1.5 当有两种或两种以上的可变荷载在结构上要求同时考虑时，由于所有可变荷载同时达到其单独出现时可能达到的最大值的概率极小，因此，除主导荷载（产生最大效应的荷载）仍可以其标准值为代表值外，其他伴随荷载均应采用相应时段内的最大荷载，也即以小于其标准值的组合值为荷载代表值，而组合值原则上可按相应时段最大荷载分布中的协议分位值（可取与标准值相同的分位值）来确定。

国际标准对组合值的确定方法另有规定，它出于可靠指标一致性的目的，并采用经简化后的敏感系数 α，给出两种不同方法的组合值系数表达式。在概念上这种方式比同分位值的表达方式更为合理，但在研究中发现，采用不同方法所得的结果对实际应用来说，并没有明显的差异，考虑到目前实际荷载取样的局限性，因此本规范暂时不明确组合值的确定方法，主要还是在工程设计的经验范围内，偏保守地加以确定。

3.1.6 荷载的标准值是在规定的设计基准期内最大荷载的意义上确定的，它没有反映荷载作为随机过程而具有随时间变异的特性。当结构按正常使用极限状态的要求进行设计时，例如要求控制房屋的变形、裂缝、局部损坏以及引起不舒适的振动时，就应从不同的要求出发，来选择荷载的代表值。

在可变荷载 Q 的随机过程中，荷载超过某水平 Q_x 的表示方式，国际标准对此建议有两种：

1 用超过 Q_x 的总持续时间 $T_x = \Sigma t_i$，或与设计基准期 T 的比率 $\mu_x = T_x/T$ 来表示（图 3.1.6a）。图 3.1.6b 给出的是可变荷载 Q 在非零时域内任意时点荷载 Q^* 的概率分布函数 $F_{Q^*}(Q)$，超越 Q_x 的概率为 p^* 可按下式确定：

$$p^* = 1 - F_{Q^*}(Q_x) \quad (3.1.6-1)$$

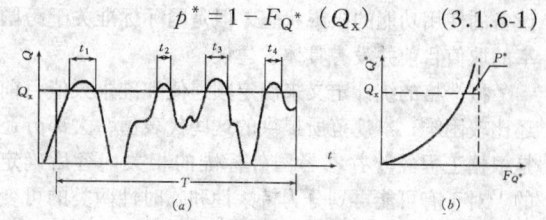

图 3.1.6-1

对于各态历经的随机过程，μ_x 可按下式确定：

$$\mu_x = \frac{T_x}{T} = p^* q \quad (3.1.6-2)$$

式中 q 为荷载 Q 的非零概率。

当 μ_x 为规定时，则相应的荷载水平 Q_x 按下式确定：

$$Q_x = F_Q^{-1}\left(1 - \frac{\mu_x}{q}\right) \quad (3.1.6-3)$$

对于与时间有关联的正常使用极限状态，荷载的代表值均可考虑按上述方式取值，例如允许某些极限状态在一个较短的持续时间内被超过，或在总体上不长的时间内被超过，可以采用较小的 μ_x 值（建议不大于 0.1）按式 (3.1.6-3) 计算荷载频遇值 Q_f 作为荷载的代表值，它相当于在结构上时而出现的较大荷载值，但总是小于荷载的标准值。对于在结构上经常作用的可变荷载，应以准永久值为代表值，相应的 μ_x 值建议取 0.5，相当于可变荷载在整个变化过程中的中间值。

2 用超越 Q_x 的次数 n_x 或单位时间内的平均超越次数 $\nu_x = n_x/T$（跨阈率）来表示（图 3.1.6-2）。

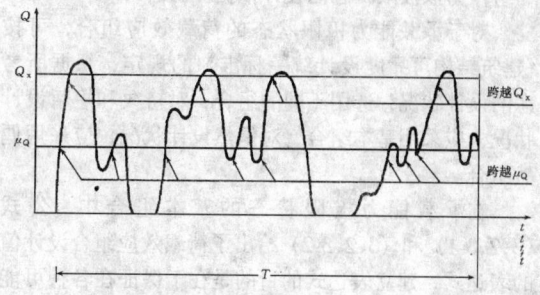

图 3.1.6-2

跨阈率可通过直接观察确定，一般也可应用随机过程的某些特性（例如其谱密度函数）间接确定。当其任意时点荷载的均值 μ_{Q^*} 及其跨阈率 $\nu_{\rm m}$ 为已知，而且荷载是高斯平稳各态历经的随机过程，则对应于跨阈率 $\nu_{\rm x}$ 的荷载水平 $Q_{\rm x}$ 可按下式确定：

$$Q_{\rm x} = \mu_{Q^*} + \sigma_{Q^*}\sqrt{\ln(\nu_{\rm m}/\nu_{\rm x})^2} \quad (3.1.6\text{-}4)$$

对于与荷载超越次数有关联的正常使用极限状态，荷载的代表值可考虑按上述方式取值，国际标准建议将此作为确定频遇值的另一种方式，尤其是当结构振动时涉及人的舒适性、影响非结构构件的性能和设备的使用功能的极限状态，但是国际标准关于跨阈率的取值目前并没有具体的建议。

按严格的统计定义来确定频遇值和准永久值目前还比较困难，本规范所提供的这些代表值，大部分还是根据工程经验并参考国外标准的相关内容后确定的。对于有可能再划分为持久性和临时性两类的可变荷载，可以直接引用荷载的持久性部分，作为荷载准永久值取值的依据。

3.2 荷载效应组合

3.2.1～3.2.4 当整个结构或结构的一部分超过某一特定状态，而不能满足设计规定的某一功能要求时，则称此特定状态为结构对该功能的极限状态。设计中的极限状态往往以结构的某种荷载效应，如内力、应力、变形、裂缝等超过相应规定的标志为依据。根据设计中要求考虑的结构功能，结构的极限状态在总体上可分为两大类，即承载能力极限状态和正常使用极限状态。对承载能力极限状态，一般是以结构的内力超过其承载能力为依据；对正常使用极限状态，一般是以结构的变形、裂缝、振动参数超过设计允许的限值为依据。在当前的设计中，有时也通过结构应力的控制来保证结构满足正常使用的要求，例如地基承载应力的控制。

对所考虑的极限状态，在确定其荷载效应时，应对所有可能同时出现的诸荷载作用加以组合，求得组合后在结构中的总效应。考虑荷载出现的变化性质，包括出现的与否和不同的方向，这种组合可以多种多样，因此还必须在所有可能组合中，取其中最不利的一组作为该极限状态的设计依据。

对于承载能力极限状态的荷载效应组合，可按《建筑结构可靠度设计统一标准》的规定，根据所考虑的设计状况，选用不同的组合；对持久和短暂设计状况，应采用基本组合，对偶然设计状况，应采用偶然组合。

在承载能力极限状态的基本组合中，公式（3.2.3-1）和（3.2.3-2）给出了荷载效应组合设计值的表达式，建立表达式的目的是在于保证在各种可能出现的荷载组合情况下，通过设计都能使结构维持在相同的可靠度水平上。必须注意，规范给出的表达式都是以荷载与荷载效应有线性关系为前提，对于明显不符合该条件的情况，应在各本结构设计规范中对此作出相应的补充规定。这个原则同样适用于正常使用极限状态的各个组合的表达式中。

在应用公式（3.2.3-1）时，式中的 S_{Q1k} 为诸可变荷载效应中其设计值为控制其组合为最不利者，当设计者无法判断时，可轮次以各可变荷载效应 S_{Qik} 为 S_{Q1k}，选其中最不利的荷载效应组合为设计依据，这个过程建议由计算机程序的运行来完成。

与原规范不同，增加了由公式（3.2.3-2）给出的由永久荷载效应控制的组合设计值，当结构的自重占主要时，考虑这个条件就能避免可靠度偏低的后果；虽然过去在有些结构设计规范中，也曾为此专门给出某些补充规定，例如对某些以自重为主的构件采用提高重要性系数、提高屋面活荷载的设计规定，但在实际应用中，总不免有挂一漏万的顾虑。采用公式（3.2.3-2）后，在撤消这些补漏规定的同时，也避免了安全度可能不足之后果。

应注意在应用（3.2.3-2）的组合式时，为减轻计算工作量，当考虑以自重为主时，对可变荷载容许只考虑与结构自重方向一致的竖向荷载，例如雪荷载、吊车竖向荷载。此外，对某些材料的结构，可考虑自身的特点，由各结构设计规范自行规定，可不采用该组合式进行校核。

与原规范不同，在考虑组合时，摒弃了"遇风组合"的惯例，要求所有可变荷载当作为伴随荷载时，都必须以其组合值为代表值，而不仅仅限于有风荷载参与组合的情况。至于对组合值系数，除风荷载仍取 $\psi_{\rm c} = 0.6$ 外，对其他可变荷载，目前建议统一取 $\psi_{\rm c} = 0.7$，但为避免与以往设计结果有过大差别，在任何情况下，暂时建议不低于频遇值系数。

当设计一般排架和框架时，为便于手算的目的，仍允许采用简化的组合规则，也即对所有参与组合的可变荷载的效应设计值，乘以一个统一的组合系数，但考虑到原规范中的组合系数 0.85 在某些情况下偏于不安全，因此将它提高到 0.9；同样，也增加了由公式（3.2.3-2）给出的由永久荷载效应控制的组合设计值。

必须指出，条文中给出的荷载效应组合值的表达式是采用各项可变荷载小于叠加的形式，这在理论上仅适用于各项可变荷载的效应与荷载为线性关系的情况。当涉及非线性问题时，应根据问题性质，或按有关设计规范的规定采用其他不同的方法。

3.2.5 荷载效应组合的设计值中，荷载分项系数应根据荷载不同的变异系数和荷载的具体组合情况（包括不同荷载的效应比），以及与抗力有关的分项系数的取值水平等因素确定，以使在不同设计情况下的结构可靠度能趋于一致。但为了设计上的方便，GB 50068—2001 将荷载分成永久荷载和可变荷载两类，相应给出两个规定的系数 $\gamma_{\rm G}$ 和 $\gamma_{\rm Q}$。这两个分项系数是在荷载标准值已给定的前提下，使按极限状态设计表达式设计所得的各类结构构件的可靠指标，与规定的目标可靠指标之间，在总体上误差最小为原则，经优化后选定的。

《建筑结构设计统一标准》原编制组曾选择了14种有代表性的结构构件；针对恒荷载与办公楼活荷载、恒荷载与住宅活荷载以及恒荷载与风荷载三种简单组合情况进行分析，并在 $\gamma_G = 1.1$、1.2、1.3 和 $\gamma_Q = 1.1$、1.2、1.3、1.4、1.5、1.6 共 3×6 组方案中，选得一组最优方案为 $\gamma_G = 1.2$ 和 $\gamma_Q = 1.4$。但考虑到前提条件的局限性，允许在特殊的情况下作合理的调整，例如对于标准值大于 4kN/m² 的工业楼面活荷载，其变异系数一般较小，此时从经济上考虑，可取 $\gamma_Q = 1.3$。

分析表明，当永久荷载效应与可变荷载效应相比很大时，若仍采用 $\gamma_G = 1.2$，则结构的可靠度远不能达到目标值的要求，因此，在式（3.2.3-2）中给出由永久荷载效应控制的设计组合值中，相应取 $\gamma_G = 1.35$。

分析还表明，当永久荷载效应与可变荷载效应异号时，若仍采用 $\gamma_G = 1.2$，则结构的可靠度会随永久荷载效应所占比重的增大而严重降低，此时，γ_G 宜取小于 1 的系数。但考虑到经济效果和应用方便的因素，建议取 $\gamma_G = 1$。而在验算结构倾覆、滑移或漂浮时，一部分永久荷载实际上起着抵抗倾覆、滑移或漂浮的作用，对于这部分永久荷载，其荷载分项系数 γ_G 显然也应取用小于 1 的系数，规范对此建议采用 $\gamma_G = 0.9$，而实际上在不同材料的结构中，出于历史经验的不同，对此也有采用更小的系数，以提高结构抗倾覆、滑移或漂浮的可靠性。

3.2.6 对于偶然设计状况（包括撞击、爆炸、火灾事故的发生），均应采用偶然组合进行设计。由于偶然荷载的出现是罕遇事件，它本身发生的概率极小，因此，对偶然设计状况，允许结构丧失承载能力的概率比持久和短暂状况可大些。考虑到不同偶然荷载的性质差别较大，目前还难以给出具体统一的设计表达式，建议由专门的标准规范另行规定。规定时应注意下述问题：首先，由于偶然荷载标准值的确定，本身带有主观的臆测因素，因而不再考虑荷载分项系数；其次，对偶然设计状况，不必同时考虑两种偶然荷载；第三，设计时应区分偶然事件发生时和发生后的两种不同设计状况。

3.2.7～3.2.10 对于正常使用极限状态的结构设计，过去主要是验算结构在正常使用条件下的变形和裂缝，并控制它们不超过限值。其中，与之有关的荷载效应都是根据荷载的标准值确定的。实际上，在正常使用的极限状态设计时，与状态有关的荷载水平，不一定非以设计基准期内的最大荷载为准，应根据所考虑的正常使用具体条件来考虑。原规范对正常使用极限状态的结构设计，给出短期和长期两种效应组合，其中短期效应组合，与承载能力极限状态不考虑荷载分项系数的基本组合相同，因此它反映的仍是设计基准期内最大荷载效应组合，只是在可靠度水平上可有所降低；长期效应组合反映的是在设计基准期内持久作用的荷载效应组合，在某些结构设计规范中，一般仅将它作为结构上长期荷载效应的依据。由于短期效应组合所反映的是一个极值效应，将它作为正常使用条件下的验算荷载水平，在逻辑概念上是有欠缺的。为此，参照国际标准，对正常使用极限状态的设计，当考虑短期效应时，可根据不同的设计要求，分别采用荷载的标准组合或频遇组合，当考虑长期效应时，可采用准永久组合。增加的频遇组合系指永久荷载标准值、主导可变荷载的频遇值与伴随可变荷载的准永久值的效应组合。可变荷载的准永久值系数仍按原规范的规定采用；频遇值系数原则上应按第 3.1.6 条说明中的规定，但由于大部分可变荷载的统计参数并不掌握，规范中采用的系数目前是按工程经验经判断后给出。

在采用标准组合时，也可参照按承载能力极限状态的基本组合，采用简化规则，即按式（3.2.3-3），但取分项系数为 1。

此外，正常使用极限状态要求控制的极限标志也不一定仅限于变形、裂缝等常见的那一些现象，也可延伸到其他特定的状态，如地基承载应力的设计控制，实质上是在于控制地基的沉陷，因此也可归入这一类。

与基本组合中的规定相同，对于标准、频遇及准永久组合，其荷载效应组合的设计值也仅适用于各项可变荷载效应与荷载为线性关系的情况。

4 楼面和屋面活荷载

4.1 民用建筑楼面均布活荷载

4.1.1 在《荷载暂行规范》规结 1—58 中，民用建筑楼面活荷载取值是参照当时的苏联荷载规范并结合我国具体情况，按经验判断的方法来确定的。《工业与民用建筑结构荷载规范》TJ9—74 修订前，在全国一定范围内对办公室和住宅的楼面活荷载进行了调查。当时曾对 4 个城市（北京、兰州、成都和广州）的 606 间住宅和 3 个城市（北京、兰州和广州）的 258 间办公室的实际荷载作了测定。按楼板内弯矩等效的原则，将实际荷载换算为等效均布荷载，经统计算，分别得出其平均值为 1.051kN/m² 和 1.402kN/m²，标准差为 0.23kN/m² 和 0.219kN/m²；按平均值加两倍标准差的标准荷载定义，得出住宅和办公室的标准活荷载分别为 1.513kN/m² 和 1.84kN/m²。但在规结 1—58 中对办公楼允许按不同情况可取 1.5kN/m² 或 2kN/m² 进行设计，而且较多单位根据当时的设计实践经验取 1.5kN/m²，而只对兼作会议

2—53

室的办公楼可提高到 2kN/m²。对其他用途的民用楼面，由于缺乏足够数据，一般仍按实际荷载的具体分析，并考虑当时的设计经验，在原规范的基础上适当调整后确定。

《建筑结构荷载规范》GBJ9—87 根据《建筑结构统一设计标准》GBJ68—84 对荷载标准值的定义，重新对住宅、办公室和商店的楼面活荷载做了调查和统计，并考虑荷载随空间和时间的变异性，采用了适当的概率统计模型。模型中直接采用房间面积平均荷载来代替等效均布荷载，这在理论上虽然不很严格（参见原规范的说明），但对其结果估计不会有严重影响，而对调查和统计工作却可得到很大的简化。

楼面活荷载按其随时间变异的特点，可分持久性和临时性两部分。持久性活荷载是指楼面上在某个时段内基本保持不变的荷载，例如住宅内的家具、物品，工业房屋内的机器、设备和堆料，还包括常住人员自重，这些荷载，除非发生一次搬迁，一般变化不大。临时性活荷载是指楼面上偶尔出现短期荷载，例如聚会的人群、维修时工具和材料的堆积、室内扫除时家具的集聚等。

对持久性活荷载 L_i 的概率统计模型，可根据调查给出荷载变动的平均时间间隔 τ 及荷载的统计分布，采用等时段的二项平稳随机过程（图 4.1.1-1）。

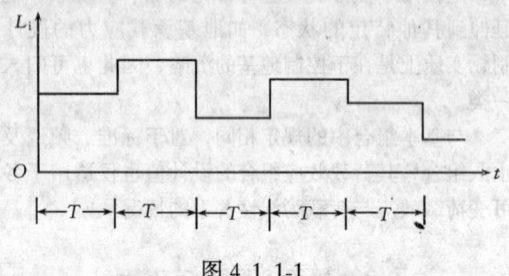

图 4.1.1-1

对临时性活荷载 L_r，由于持续时间很短，要通过调查确定荷载在单位时间内出现次数的平均率及其荷载值的统计分布，实际上是有困难的。为此，提出一个勉强可以代替的方法，就是通过对用户的查询，了解到最近若干年内一次最大的临时性荷载值，以此作为时段内的最大荷载 L_{rs}，并作为荷载统计的基础。对 L_r 也采用与持久性活荷载相同的概率模型（图 4.1.1-2）。

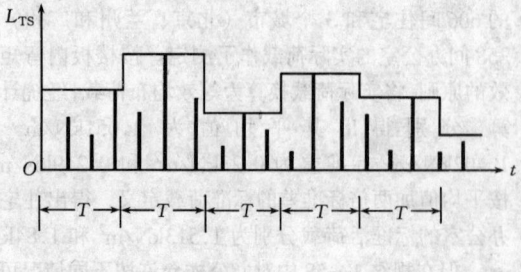

图 4.1.1-2

出于分析上的方便，对各类活荷载的分布类型采用了极值 I 型。根据 L_r 和 L_{rs} 的统计参数，分别求出 50 年最大荷载值 L_{iT} 和 L_{rT} 的统计分布和参数。再根据 Tukstra 的组合原则，得出 50 年内总荷载最大值 L_T 的统计参数。在 1977 年以后的三年里，曾对全国某些城市的办公室、住宅和商店的活荷载情况进行了调查，其中：在全国 25 个城市实测了 133 栋办公楼共 2201 间办公室，总面积为 63700m²，同时调查了 317 栋用户的搬迁情况；对全国 10 个城市的住宅实测了 556 间，总为 7000m²，同时调查了 229 户的搬迁情况；在全国 10 个城市实测了 21 家百货商店共 214 个柜台，总面积为 23700m²。现将当时统计分析的结果列于表 4.1.1 中。

表 4.1.1 中的 L_K 系指 GBJ 9—87 中给出的活荷载的标准值。按《建筑结构可靠度设计统一标准》的规定，标准值应为设计基准期 50 年内荷载最大值分布的某一个分位值。虽然没有对分位值的百分数作具体规定，但对性质类同的可变荷载，应尽量使其取值在保证率上保持相同的水平。从表 4.1.1 中可见，若对办公室而言，$L_K = 1.5 kN/m^2$，它相当于 L_T 的均值 μ_{LT} 加 1.5 倍的标准差 σ_{LT}，其中 1.5 系数指保证率系数 α。若假设 L_T 的分布仍为极值 I 型，则与 α 对应的保证率为 92.1%，也即 L_K 取 92.1% 的分位值。以此为标准，则住宅的活荷载标准值就偏低较多。鉴于当时调查时的住宅荷载还是偏高的实际情况，因此原规范仍保持以往的取值。但考虑到工程界普遍的意见，认为对于建设工程量比较大的住宅和办公楼来说，其荷载标准值与国外相比显然偏低，又鉴于民用建筑的楼面活荷载今后的变化趋势也难以预测，这次修订，决定将楼面活荷载的最小值规定为 2.0kN/m²。

表 4.1.1 全国部分城市建筑楼面活荷载统计分析表

	办公室			住宅			商店		
	μ	σ	τ	μ	σ	τ	μ	σ	τ
L_i	0.386	0.178	10 年	0.504	0.162	10 年	0.580	0.351	1 年
L_{rs}	0.355	0.244		0.468	0.252		0.955	0.428	
L_{iT}	0.610	0.178		0.707	0.162		4.650	0.351	
L_{rT}	0.661	0.244		0.784	0.252		2.261	0.428	
L_T	1.047	0.302		1.288	0.300		2.841	0.553	
L_K	1.5			1.5			3.5		
α	1.5			0.7			1.2		
$p(\%)$	92.1			79.1			88.5		

关于其他类别的荷载，由于缺乏系统的统计资料，仍按以往的设计经验，并参考 1986 年颁布的《居住和公共建筑的使用和占用荷载》ISO 2103 而加以确定。

对藏书库和档案库，根据 70 年代初期的调查，其荷载一般为 3.5kN/m² 左右，个别超过 4kN/m²，而最重的可达 5.5kN/m²（按书架高 2.3m，净距 0.6m，放 7 层精装书籍估计）。GBJ9—87 修订时参照 ISO

2103的规定采用为5kN/m²，现又给出按书架每米高度不少于2.5kN/m²的补充规定，并对于采用密集柜的无过道书库规定荷载标准值为12kN/m²。

停车库及车道的活荷载仅考虑由小轿车、吉普车、小型旅行车（载人少于9人）的车轮局部荷载以及其他必要的维修设备荷载。在ISO 2103中，停车库活荷载标准值取2.5kN/m²。按荷载最不利布置核算其等效均布荷载后，表明该荷载值只适用于板跨不小于6m的双向板或无梁楼盖。对国内目前常用的单向板楼盖，当板跨不小于2m时，应取4.0kN/m²比较合适。当结构情况不符合上述条件时，可直接按车轮局部荷载计算楼板内力，局部荷载取4.5kN，分布在0.2m×0.2m的局部面积上。该局部荷载也可作为验算结构局部效应的依据（如抗冲切等）。对其他车辆的车库和车道，应按车辆最大轮压作为局部荷载确定。对于20～30t的消防车，可按最大轮压为60kN，作用在0.6m×0.2m的局部面积上的条件确定。

这次修订，对不同类别的楼面均布活荷载，除个别项目有调整外，大部分的标准值仍保持原有水平。对民用建筑楼面可根据在楼面上活动的人和设施的不同状况，不妨将其标准值的取值分成七个档次：

(1) 活动的人较少　　$L_K=2.0$kN/m²；

(2) 活动的人较多且有设备
　　　　　　　　　　$L_K=2.5$kN/m²；

(3) 活动的人很多且有较重的设备
　　　　　　　　　　$L_K=3.0$kN/m²；

(4) 活动的人很集中，有时很挤
　　或有较重的设备　$L_K=3.5$kN/m²；

(5) 活动的性质比较剧烈
　　　　　　　　　　$L_K=4.0$kN/m²；

(6) 储存物品的仓库　$L_K=5.0$kN/m²；

(7) 有大型的机械设备　$L_K=6\sim7.5$kN/m²。

对于在表4.1.1中没有列出的项目可对照上述类别选用，但当有特别重的设备时应另行考虑。

作为办公楼的荷载还应考虑会议室、档案室和资料室等的不同要求，一般应在2.0～2.5kN/m²范围内采用。

对于洗衣房、通风机房以及非固定隔墙的楼面均布活荷载，均系参照国内设计经验和国外规范的有关内容酌情增添的。其中非固定隔墙的荷载应按活荷载考虑，可采用每延米长度的墙重（kN/m）的1/3作为楼面活荷载的附加值（kN/m²），该附加值建议不小于1.0kN/m²，但对于楼面活荷载大于4.0 kN/m²的情况，不小于0.5kN/m²。

4.1.2 作用在楼面上的活荷载，不可能以标准值的大小同时布满在所有的楼面上，因此在设计梁、墙、柱和基础时，还要考虑实际荷载沿楼面分布的变异情况，也即在确定梁、墙、柱和基础的荷载标准值时，还应按楼面活荷载标准值乘以折减系数后，

折减系数的确定实际上是比较复杂的，采用简化的概率统计模型来解决这个问题还不够成熟。目前除美国规范是按结构部位的影响面积来考虑外，其他国家均按传统方法，通过从属面积来考虑荷载折减系数。在ISO 2103中，建议按下述不同情况对荷载标准值乘以折减系数λ。

当计算梁时：

1 对住宅、办公楼等房屋或其房间：

$$\lambda = 0.3 + \frac{3}{\sqrt{A}} \quad (A>18\text{m}^2) \quad (4.1.2\text{-}1)$$

2 对公共建筑或其房间：

$$\lambda = 0.5 + \frac{3}{\sqrt{A}} \quad (A>36\text{m}^2) \quad (4.1.2\text{-}2)$$

式中　A——所计算梁的从属面积，指向梁两侧各延伸1/2梁间距范围内的实际楼面面积。

当计算多层房屋的柱、墙和基础时：

1 对住宅、办公楼等房屋：

$$\lambda = 0.3 + \frac{0.6}{\sqrt{n}} \quad (4.1.2\text{-}3)$$

2 对公共建筑：

$$\lambda = 0.5 + \frac{0.6}{\sqrt{n}} \quad (4.1.2\text{-}4)$$

式中　n——所计算截面以上的楼层数，n≥2。

对本规范表4.1.1中第1（1）项的各类建筑物，在设计其楼面梁时，可按式（4.1.2-1）考虑；第1（2）～7项的各类建筑物，可按式（4.1.2-2）考虑。为了设计方便，而又不明显影响经济效果，本条文的规定作了一些合理的简化。在设计柱、墙和基础时，对第1（1）项建筑类别采用的折减系数改用$\lambda = 0.4 + \frac{0.6}{\sqrt{n}}$。对第1（2）～8项的建筑类别，直接按楼面梁的折减系数，而不另考虑按楼层数的折减。这与ISO 2103相比略为保守，但与以往的设计经验比较接近。

停车库及车道的楼面活荷载是根据荷载最不利布置下的等效均布荷载确定，因此本条文给出的折减系数，实际上也是根据次梁、主梁或柱上的等效均布荷载与楼面等效均布荷载的比值确定。

4.2 工业建筑楼面活荷载

4.2.1 在设计多层工业建筑结构时，楼面活荷载的标准值大多由工艺提供，或由土建设计人员根据有关资料自行计算确定。鉴于计算方法不一，计算工作量又较大，很多设计单位希望由本规范统一规定。在制订TJ 9—74荷载规范时，曾对全国有代表性的70多个工厂进行实际调查和分析，根据条件成熟情况，在附录C中列出了金工车间、仪器仪表生产车间、半导

体器件车间、小型电子管和白炽灯泡车间、棉纺织造车间、轮胎厂准备车间和粮食加工车间等七类工业建筑楼面活荷载的标准值，供设计参照采用。

这次修订，除棉纺织造车间由中国纺织工业设计院根据纺织工业的发展现状重新修订外，其他仍沿用 GBJ 9—87 的规定。

金工车间的活荷载在 TJ 9—74 中是按车间的加工性质来划分的。根据调查，在加工性质相同的车间中，由于加工件不同，采用的机床型号有时差别很大，致使楼面活荷载的差异十分悬殊。事实上，确定楼面活荷载大小的主要因素是金工车间的机床设备，而不是它的加工性质。因此，在调查资料的基础上，按机床设备的重量等级，重新划分了活荷载的取值，而且是相互配套的。在实际应用中发现，有相当数量的设备超出 TJ 9—74 规定的机床设备重量等级。考虑到这个情况，GBJ 9—87 规范对金工车间机床设备的重量等级范围作了相应的扩大。

这次修订，棉纺织造车间的活荷载修订原则与金工车间相同，即改为按织机型号的重量等级重新划分了活荷载的取值。

附录 B 的方法主要是为确定工业建筑楼面等效均布活荷载而制订的。为了简化，在方法上作了一些假设：计算等效均布荷载时统一假定结构的支承条件都为简支，并按弹性阶段分析内力。这对实际上为非简支的结构以及考虑材料处于弹塑性阶段的设计时会有一定的设计误差。

计算板面等效均布荷载时，还必须明确板面局部荷载实际作用面的尺寸。作用面一般按矩形考虑，从而可确定荷载传递到板轴心面处的计算宽度，此时假定荷载按 45°扩散线传递。

板面等效均布荷载按板内分布弯矩等效的原则确定，也即在实际的局部荷载作用下在简支板内引起的绝对最大的分布弯矩，使其等于在等效均布荷载作用下在该简支板内引起的最大分布弯矩作为条件。所谓绝对最大是指在设计时假定实际荷载的作用位置是在对板最不利的位置上。

在局部荷载作用下，板内分布弯矩的计算比较复杂，一般可参考有关的计算手册。对于边长比大于 2 的单向板，附录 B 中给出更为具体的方法。在均布荷载作用下，单向板内分布弯矩沿板宽方向是均匀分布的，因此可按单位宽度的简支板来计算其分布弯矩；在局部荷载作用下，单向板内分布弯矩沿板宽方向不再均匀分布，而是在局部荷载处具有最大值，并逐渐向宽度两侧减小，形成一个分布宽度。现以均布荷载代替，为使板内分布弯矩等效，可相应确定板的有效分布宽度。在附录 B 中，根据计算结果，给出了五种局部荷载情况下有效分布宽度的近似公式，从而可直接按公式（B.0.4-1）确定单向板的等效均布活荷载。

表 C 中列出的工业建筑楼面活荷载值，是对板跨在 1.0～2.5m，梁跨 4.0～6.0m 的肋形楼盖结构而言，并考虑设备荷载处于最不利布置的情况下得出的。设备布置要考虑到有可能出现的密集布置，其间距根据各类车间的工艺特点而定：对由单台设备组成的生产区域，一般操作边取 1.0～1.2m，非操作边取 0.5～0.75m；对由不同设备组成的生产线，一般按实际间距采用，但当间距大于 0.5m 时按 0.5m 考虑。

对于不同用途的工业建筑结构，通过对计算资料的分析表明，其板、次梁和主梁的等效均布荷载的比值没有共同的规律，难以给出统一的折减系数。因此，表中对板、次梁和主梁，分别列出了等效均布荷载的标准值。对柱、墙和基础，一概不考虑按楼层数的折减。

表中所列板跨或次梁（肋）的间距以 1.2m 为下限，小于 1.2m 的一般为预制槽板。此时，在设计中可将板面和肋视作一个整体，按梁的荷载计算。

表中荷载值已包括操作荷载值，但不包括隔墙自重。当需要考虑隔墙自重时，应根据隔墙的实际情况计算。当隔墙可能任意移动时，建议采用重量不超过 300kg/m 的轻质隔墙，此时（考虑隔墙后）的活荷载增值一般可取 1.0kN/m²。

不同用途的工业建筑，其工艺设备的动力性质不尽相同。对一般情况，荷载中已考虑动力系数 1.05～1.1；对特殊的专用设备和机器，可提高到 1.2～1.3。

4.2.2 操作荷载对板面一般取 2kN/m²。对堆料较多的车间，如金工车间，操作荷载取 2.5kN/m²。有的车间，例如仪器仪表装配车间，由于生产的不均衡性，某个时期的成品、半成品堆放特别严重，这时可定为 4kN/m²。还有些车间，其荷载基本上由堆料所控制，例如粮食加工厂的拉丝车间、轮胎厂的准备车间、纺织车间的齿轮室等。

操作荷载在设备所占的楼面面积内不予考虑。

4.3 屋面均布活荷载

4.3.1 对不上人的屋面均布活荷载，以往规范的规定是考虑在使用阶段作为维修所必需的荷载，因而取值较低，统一规定为 0.3kN/m²。后来在屋面结构上，尤其钢筋混凝土屋面上，出现了较多的事故，原因无非是屋面超重、超载或施工质量偏低。特别对无雪地区，当按过低的屋面活荷载设计，就更容易发生质量方面的事故。因此，为了进一步提高屋面结构的可靠度，在 GBJ 9—87 中将不上人的钢筋混凝土屋面活荷载提高到 0.5kN/m²。根据原颁布的 GBJ 68—84，对永久荷载和可变荷载分别采用不同的荷载分项系数以后，荷载以自重为主的屋面结构可靠度相对又有所下降。为此，GBJ 9—87 有区别地适当提高其屋面活荷载的值为 0.7kN/m²。

由于本次修订在条文第3.2.3条中已补充了以恒载控制的不利组合式,而屋面活荷载中主要考虑的仅是施工或维修荷载,故将原规范项次1中对重屋盖结构附加的荷载值0.2kN/m²取消,也不再区分屋面性质,统一取为0.5kN/m²。但在不同材料的结构设计规范中,当出于设计方面的历史经验而有必要改变屋面荷载的取值时,可由该结构设计规范自行规定,但其幅度为±0.2kN/m²。

关于屋顶花园和直升机停机坪的荷载是参照国内设计经验和国外规范有关内容而增添的。

4.4 屋面积灰荷载

4.4.1 屋面积灰荷载是冶金、铸造、水泥等行业的建筑所特有的问题。我国早已注意到这个问题,各设计、生产单位也积累了一定的经验和数据。在制订TJ 9—74前,曾对全国15个冶金企业的25个车间、13个机械工厂的18个铸造车间及10个水泥厂的27个车间进行了一次全面系统的实际调查。调查了各车间设计时所依据的积灰荷载、现场的除尘装置和实际清灰制度,实测了屋面不同部位、不同灰源距离、不同风向下的积灰厚度,并计算其平均日积灰量,对灰的性质及其重度也做了研究。

调查结果表明,这些工业建筑的积灰问题比较严重,而且其性质也比较复杂。影响积灰的主要因素是:除尘装置的使用维修情况、清灰制度执行情况、风向和风速、烟囱高度、屋面坡度和屋面挡风板等。

确定积灰荷载只有在考虑工厂设有一般的除尘装置,且能坚持正常的清灰制度的前提下才有意义。对一般厂房,可以做到3~6个月清灰一次。对铸造车间的冲天炉附近,因积灰速度较快,积灰范围不大,可以做到按月清灰一次。

调查中所得的实测平均日积灰量列于表4.4.1-1中。

表4.4.1-1 实测平均日积灰量

车 间 名 称	平均日积灰量(cm)
贮矿槽、出铁场	0.08
炼钢车间:有化铁炉	0.06
无化铁炉	0.065
铁合金车间	0.067~0.12
烧结车间:无挡风板	0.035
有挡风板(挡风板内)	0.046
铸造车间	0.18
水泥厂:窑房	0.044
磨房	0.028
生、熟料库和联合贮库	0.045

对积灰取样测定了灰的天然重度和饱和重度,以其平均值作为灰的实际重度,用以计算积灰周期内的最大积灰荷载。按灰源类别不同,分别得出其计算重度(见表4.4.1-2)。

4.4.2 易于形成灰堆的屋面处,其积灰荷载的增大系数可参照雪荷载的屋面积雪分布系数的规定来确定。

表4.4.1-2 积灰重度

| 车间名称 | 灰源类别 | 重度(kN/m³) | | | 注 |
		天然	饱和	计算	
炼铁车间	高炉	13.2	17.9	15.55	
炼钢车间	转炉	9.4	15.5	12.45	
铁合金车间	电炉	8.1	16.6	12.35	
烧结车间	烧结炉	7.8	15.8	11.80	
铸造车间	冲天炉	11.2	15.6	13.40	
水泥厂	生料库	8.1	12.6	10.35	建议按熟料库采用
	熟料库			15.00	

4.4.3 对有雪地区,积灰荷载应与雪荷载同时考虑。此外,考虑到雨季的积灰有可能接近饱和,此时的积灰荷载的增值为偏于安全,可通过不上人屋面活荷载来补偿。

4.5 施工和检修荷载及栏杆水平荷载

4.5.1 设计屋面板、檩条、钢筋混凝土挑檐、雨篷和预制小梁时,除了按第3.3.1条单独考虑屋面均布活荷载外,还应另外验算在施工、检修时可能出现在最不利位置上,由人和工具自重形成的集中荷载。对于宽度较大的挑檐和雨篷,在验算其承载力时,为偏于安全,可沿其宽度每隔1.0m考虑一个集中荷载;在验算其倾覆时,可根据实际可能的情况,增大集中荷载的间距,一般可取2.5~3.0m。

5 吊车荷载

5.1 吊车竖向和水平荷载

5.1.1 按吊车荷载设计结构时,有关吊车的技术资料(包括吊车的最大或最小轮压)都应由工艺提供。过去公布的专业标准《起重机基本参数尺寸系列》(EQ1—62~8—62)曾对吊车有关的各项参数有详尽的规定,可供结构设计使用。但经多年实践表明,由各工厂设计的起重机械,其参数和尺寸不太可能完全与该标准保持一致。因此,设计时仍应直接参照制造厂当时的产品规格作为设计依据。

选用的吊车是按其工作的繁重程度来分级的,这不仅对吊车本身的设计有直接的意义,也和厂房结构的设计有关。国家标准《起重机设计规范》(GB3811—83)是参照国际标准《起重设备分级》(ISO 4301—1980)的原则,重新划分了起重机的工作级别。在考虑吊车繁重程度时,它区分了吊车的利用次数和荷载大小两种因素。按吊车在使用期内要求的总工作循环次数分成10个利用等级,又按吊车荷载达到其额定值的频繁程度分成4个载荷状态（轻、中、重、特重）。根据要求的利用等级和载荷状态，确定吊车的工作级别，共分8个级别作为吊车设计的依据。

这样的工作级别划分在原则上也适用于厂房的结构设计，虽然根据过去的设计经验，在按吊车荷载设计结构时，仅参照吊车的载荷状态将其划分为轻、中、重和超重4级工作制，而不考虑吊车的利用因素，这样做实际上也并不会影响到厂房的结构设计，但是，在执行国际标准《起重机设计规范》（GB3811—83）以来，所有吊车的生产和定货，项目的工艺设计以及土建原始资料的提供，都以吊车的工作级别为依据，因此在吊车荷载的规定中也相应改用按工作级别划分。

这次修订采用的工作级别是按表5.1.1与过去的工作制等级相对应的。

表5.1.1 吊车的工作制等级与工作级别的对应关系

工作制等级	轻级	中级	重级	超重级
工作级别	A1～A3	A4, A5	A6, A7	A8

5.1.2 吊车的水平荷载分纵向和横向两种，分别由吊车的大车和小车的运行机构在启动或制动时引起的惯性力产生，惯性力为运行重量与运行加速度的乘积，但必须通过制动轮与钢轨间的摩擦传递给厂房结构。因此，吊车的水平荷载取决于制动轨的轮压和它与钢轨间的滑动摩擦系数，摩擦系数一般可取0.14。

在规范TJ 9—74中，吊车纵向水平荷载取作用在一边轨道上所有刹动轮最大轮压之和的10%，虽比理论值为低，但经长期使用检验，尚未发现有问题。太原重机学院曾对1台300t中级工作制的桥式吊车进行了纵向水平荷载的测试，得出大车制动力系数为0.084～0.091，与规范规定值比较接近。因此，纵向水平荷载的取值仍保持不变。

吊车的横向水平荷载可按下式取值：

$$T = \alpha (Q + Q_1) g \quad (5.1.2)$$

式中 Q——吊车的额定起重量；
Q_1——横行小车重量；
g——重力加速度；
α——横向水平荷载系数（或称小车制动力系数）。

如考虑小车制动轮数占总轮数之半，则理论上α应取0.07，但TJ 9—74当年对软钩吊车取α不小于0.05，对硬钩吊车取α为0.10，并规定该荷载仅由一边轨道上各车轮平均传递到轨顶，方向与轨道垂直，同时考虑正反两个方向。

经浙江大学、太原重机学院及原第一机械工业部第一设计院等单位，在3个地区对5个厂房及12个露天栈桥的额定起重量为5～75t的中级工作制桥式吊车进行了实测。实测结果表明：小车制动力的上限均超过规范的规定值，而且横向水平荷载系数α往往随吊车起重量的减小而增大，这可能是由于司机对起重量大的吊车能控制以较低的运行速度所致。根据实测资料分别出5～75t吊车上小车制动力的统计参数，见表5.1.2。若对小车制动力的标准值按保证率99.9%取值，则$T_k = \mu_T + 3\sigma_T$，由此得出系数α，除5t吊车明显偏大外，其他约在0.08～0.11之间。经综合分析比较，将吊车额定起重量按大小分成3个组别，分别规定了软钩吊车的横向水平荷载系数为0.12、0.10和0.08。

对于夹钳、料耙、脱锭等硬钩吊车，由于使用频繁，运行速度高，小车附设的悬臂结构使起吊的重物不能自由摆动等原因，以致制动时产生较大的惯性力。TJ 9—74规范规定它的横向水平荷载虽已比软钩吊车大一倍，但与实测相比还是偏低，曾对10t夹钳吊车进行实测，实测的制动力为规范规定值的1.44倍。此外，硬钩吊车的另一个问题是卡轨现象严重。综合上述情况，GBJ 9—87已将硬钩吊车的横向水平荷载系数α提高为0.2。

表5.1.2 吊车制动力统计参数

吊车额定起重量(t)	制动力 T (kN)		标准值T_k (kN)	$\alpha = \dfrac{T_k}{(Q+Q_1)g}$
	均值 μ_T	标准差 σ_T		
5	0.056	0.020	0.116	0.175
10	0.074	0.022	0.140	0.108
20	0.121	0.040	0.247	0.079
30	0.181	0.048	0.325	0.081
75	0.405	0.141	0.828	0.080

经对13个车间和露天栈桥的小车制动力实测数据进行分析，表明吊车制动轮与轨道之间的摩擦力足以传递小车制动时产生的制动力。小车制动力是由支承吊车的两边相应的承重结构共同承受，并不是TJ 9—74规范中所认为的仅由一边轨道传递横向水平荷载。经对实测资料的统计分析，当两边柱的刚度相等时，小车制动力的横向分配系数多数为0.45/0.55，少数为0.4/0.6，个别为0.3/0.7，平均为0.474/0.526。为了计算方便，GBJ 9—87规范已建议吊车的横向水平荷载在两边轨道上平等分配，这个规定与欧美的规范也是一致的。

5.2 多台吊车的组合

5.2.1 设计厂房的吊车梁和排架时，考虑参与组合的吊车台数是根据所计算的结构构件能同时产生效应的吊车台数确定。它主要取决于柱距大小和厂房跨间的数量，其次是各吊车同时集聚在同一柱距范围内的可能性。根据实际观察，在同一跨度内，2台吊车以邻接距离运行的情况还是常见的，但3台吊车相邻运行却很罕见，即使发生，由于柱距所限，能产生影响的也只是2台。因此，对单跨厂房设计时最多考虑2台吊车。

对多跨厂房，在同一柱距内同时出现超过2台吊车的机会增加。但考虑隔跨吊车对结构的影响减弱，为了计算上的方便。容许在计算吊车竖向荷载时，最多只考虑4台吊车。而在计算吊车水平荷载时，由于同时制动的机会很小，容许最多只考虑2台吊车。

5.2.2 TJ 9—74 规范对吊车荷载，无论是由2台还是4台吊车引起的，都按同时满载，且其小车位置都按同时处于最不利的极限工作位置上考虑。根据在北京、上海、沈阳、鞍山、大连等地的实际观察调查，实际上这种最不利的情况是不可能出现的。对不同工作制的吊车，其吊车载荷有所不同，即不同吊车有各自的满载概率，而2台或4台同时满载，且小车又同时处于最不利位置的概率就更小。因此，本条文给出的折减系数是从概率的观点考虑多台吊车共同作用时的吊车荷载效应组合相对于最不利效应的折减。

为了探讨多台吊车组合后的折减系数，在编制 GBJ 68—84 时，曾在全国3个地区9个机械工厂的机械加工、冲压、装配和铸造车间，对额定起重量为2~50t的轻、中、重级工作制的57台吊车做了吊车竖向荷载的实测调查工作。根据所得资料，经整理并通过统计分析，根据分析结果表明，吊车荷载的折减系数与吊车工作的载荷状态有关，随吊车工作载荷状态由轻级到重级而增大；随额定起重量的增大而减小；同跨2台和相邻跨2台的差别不大。在对竖向吊车荷载分析结果的基础上，并参考国外规范的规定，本条文给出的折减系数值还是偏于保守的；并将此规定直接引用到横向水平荷载的折减。这次修订，在参与组合的吊车数量上，插入台数为3的可能情况。

5.3 吊车荷载的动力系数

5.3.1 吊车竖向荷载的动力系数，主要是考虑吊车在运行时对吊车梁及其连接的动力影响。根据调查了解，产生动力的主要因素是吊车轨道接头的高低不平和工件翻转时的振动。从少量实测资料来看，其量值都在1.2以内。TJ 9—74 规范对钢吊车梁取1.1，对钢筋混凝土吊车梁按工作制级别分别取1.1，1.2和1.3。在前苏联荷载规范 CHиП6-74 中，不分材料，仅对重级工作制的吊车梁取动力系数1.1。GBJ 9—87 修订时，主要考虑到吊车荷载分项系数统一按可变荷载分布系数1.4取值后，相等于以往的设计而言偏高，会影响吊车梁的材料用量。在当时对吊车梁的实际动力特性不甚清楚的前提下，暂时采用略为降低的值1.05和1.1，以弥补偏高的荷载分项系数。

TJ 9—74 规范当时对横向水平荷载还规定了动力系数，以计算重级工作制的吊车梁上翼缘及其制动结构的强度和稳定性以及连接的强度，这主要是考虑在这类厂房中，吊车在实际运行过程中产生的水平卡轨力。产生卡轨力的原因主要在于吊车轨道不直或吊车行驶时的歪斜，其大小与吊车的制造、安装、调试和使用期间的维护等管理因素有关。在下沉的条件下，不应出现严重的卡轨现象，但实际上由于生产中难以控制的因素，尤其是硬钩吊车，经常产生较大的卡轨力，使轨道被严重啃蚀，有时还会造成吊车梁与柱连接的破坏。假如采用按吊车的横向制动力乘以所谓动力系数的方式来规定卡轨力，在概念上是不够清楚的。鉴于目前对卡轨力的产生机理、传递方式以及在正常条件下的统计规律还缺乏足够的认识，因此在取得更为系统的实测资料以前，还无法建立合理的计算模型，给出明确的设计规定。TJ 9—74 规范中关于这个问题的规定，已从本规范中撤消，由各结构设计规范和技术标准根据自身特点分别自行规定。

5.4 吊车荷载的组合值、频遇值及准永久值

5.3.2 处于工作状态的吊车，一般很少会持续地停留在某一个位置上，所以在正常条件下，吊车荷载的作用都是短时间的。但当空载吊车经常被安置在指定的某个位置时，计算吊车梁的长期荷载效应可按本条文规定的准永久值采用。

6 雪 荷 载

6.1 雪荷载标准值及基本雪压

6.1.2 基本雪压 s_0 的修订是根据全国672个地点的气象台（站），从建站起到1995年的最大雪压或雪深资料，经统计得出50年一遇最大雪压，即重现期为50年的最大雪压，以此规定当地的基本雪压。

当前，我国大部分气象台（站）收集的都是雪深数据，而相应的积雪密度数据又不齐全。在统计中，当缺乏平行观测的积雪密度时，均以当地的平均密度来估算雪压值。

各地区的积雪的平均密度按下述取用：东北及新疆北部地区的平均密度取150kg/m³；华北及西北地区取130kg/m³，其中青海取120kg/m³；淮河、秦岭以南地区一般取150kg/m³，其中江西、浙江取200kg/m³。

年最大雪压的概率分布统一按极值Ⅰ型考虑，具体计算可按附录D的规定。

在制订我国基本雪压分布图时，应考虑如下特点：

（1）新疆北部是我国突出的雪压高值区。该区由于冬季受北冰洋南侵的冷湿气流影响，雪量丰富，且阿尔泰山、天山等山脉对气流有阻滞和抬升作用，更利于降雪。加上温度低，积雪可以保持整个冬季不溶化，新雪覆老雪，形成了特大雪压。在阿尔泰山区域雪压值达1kN/m²。

（2）东北地区由于气旋活动频繁，并有山脉对气流的抬升作用，冬季多降雪天气，同时因气温低，更有利于积雪。因此大兴安岭及长白山区是我国又一个雪压高值区。黑龙江省北部和吉林省东部的广泛地区，雪压值可达 0.7kN/m² 以上。但是吉林西部和辽宁北部地区，因地处大兴安岭的东南背风坡，气流有下沉作用，不易降雪，积雪不多，雪压仅在 0.2kN/m² 左右。

（3）长江中下游及淮河流域是我国稍南地区的一个雪压高值区。该地区冬季积雪情况不很稳定，有些年份一冬无积雪，而有些年份在某种天气条件下，例如寒潮南下，到此区后冷暖空气僵持，加上水汽充足，遇较低温度，即降下大雪，积雪很深，也带来雪灾。1955 年元旦，江淮一带降大雪，南京雪深达 51cm，正阳关达 52cm，合肥达 40cm。1961 年元旦，浙江中部降大雪，东阳雪深达 55cm，金华达 45cm。江西北部以及湖南一些地点也会出现 40～50cm 以上的雪深。因此，这一地区不少地点雪压达 0.40～0.50kN/m²。但是这里的积雪期是较短的，短则 1、2 天，长则 10 来天。

（4）川西、滇北山区的雪压也较高。因该区海拔高，温度低，湿度大，降雪较多而不易溶化。但该区的河谷内，由于落差大，高度相对低和气流下沉增温作用，积雪就不多。

（5）华北及西北大部地区，冬季温度虽低，但水汽不足，降水量较少，雪压也相应较小，一般为 0.2～0.3kN/m²。西北干旱地区，雪压在 0.2kN/m² 以下。该区内的燕山、太行山、祁连山等山脉，因有地形的影响，降雪稍多，雪压可在 0.3kN/m² 以上。

（6）南岭、武夷山脉以南，冬季气温高，很少降雪，基本无积雪。

对雪荷载敏感的结构，例如轻型屋盖，考虑到雪荷载有时会远超过结构自重，此时仍采用雪荷载分项系数为 1.40，屋盖结构的可靠度可能不够，因此对这种情况，建议将基本雪压适当提高，但这应由有关规范或标准作具体规定。

6.1.4 对山区雪压未开展实测研究仍按原规范作一般性的分析估计。在无实测资料的情况下，规范建议比附近空旷地面的基本雪压增大 20% 采用。

6.2 屋面积雪分布系数

6.2.1 屋面积雪分布系数就是屋面水平投影面积上的雪荷载 s_h 与基本雪压 s_0 的比值，实际也就是地面基本雪压换算为屋面雪荷载的换算系数。它与屋面形式、朝向及风力等有关。

我国与前苏联、加拿大、北欧等国相比，积雪情况不甚严重，积雪期也较短。因此本规范根据以往的设计经验，参考国际标准 ISO 4355 及国外有关资料，对屋面积雪分布仅概括地规定了 8 种典型屋面积雪分布系数（参见本规范表 6.2.1）。现就这些图形作以下几点说明：

1 坡屋面

本规范认为，我国南部气候转暖，屋面积雪容易融化，北部寒潮风较大，屋面积雪容易吹掉，因此仍沿用旧规范的规定 $\alpha \geqslant 50°$，$\mu_r = 0$ 和 $\alpha \leqslant 25°$，$\mu_r = 1$ 是合理的。

2 拱形屋面

本规范给出了矢跨比有关的计算公式，即 $\mu_r = l/8f$（l 为跨度，f 为矢高），但 μ_r 规定不大于 1.0 及不小于 0.4。

3 带天窗屋面及带天窗有挡风板的屋面

天窗顶上的数据 0.8 是考虑了滑雪的影响，挡风板内的数据 1.4 是考虑了堆雪的影响。

4 多跨单坡及双跨（多跨）双坡或拱形屋面

其系数 1.4 及 0.6 则是考虑了屋面凹处范围内，局部堆雪影响及局部滑雪影响。

5 高低屋面

前苏联根据西伯里亚地区的屋面雪荷载的调查，规定屋面积雪分布系数 $\mu_r = \dfrac{2h}{s_0}$，但不大于 4.0，其中 h 为屋面高低差，以 m 计，s_0 为基本雪压，以 kN/m² 计；又规定积雪分布宽度 $a_1 = 2h$，但不小于 5m，不大于 10m；积雪按三角形状分布，见图 6.2.1。

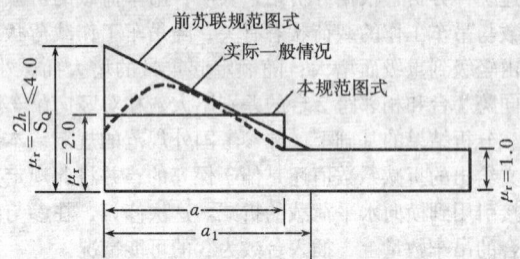

图 6.2.1 高低屋面处雪堆分布图式

我国高雪地区的基本雪压 $s_0 = 0.5 \sim 0.8 \text{kN/m}^2$，当屋面高低差达 2m 以上时，则 μ_r 通常均取 4.0。根据我国积雪情况调查，高低屋面堆雪集中程度远次于西伯里亚地区，形成三角形分布的情况较少，一般高低屋面处存在风涡作用，雪堆多形成曲线图形的堆积情况。本规范将它简化为矩形分布的雪堆，μ_r 取平均值为 2.0，雪堆长度为 $2h$，但不小于 4m，不大于 8m。

6 其他屋面形式

对规范典型屋面图形以外的情况，设计人员可根据上述说明推断酌定，例如天沟处及下沉式天窗内建议 $\mu_r = 1.4$，其长度可取女儿墙高度的 1.2～2 倍。

7 在表 6.2.1 中，对大部分屋面都列出了积雪均匀分布和不均匀分布两种情况，后一种主要是考虑雪的漂移和堆积后的效应。

6.2.2 设计建筑结构及屋面的承重构件时，原则上应按表6.2.1中给出的两种积雪分布情况，分别计算结构构件的效应值，并按最不利的情况确定结构构件的截面，但这样的设计计算工作量较大。根据长期以来积累的设计经验，出于简化的目的，规范允许设计人员按本条文的规定进行设计。

7 风荷载

7.1 风荷载标准值及基本风压

7.1.1 对于主要承重结构，风荷载标准值的表达可有两种形式，其一为平均风压加上由脉动风引起导致结构风振的等效风压；另一种为平均风压乘以风振系数。由于在结构的风振计算中，一般往往是第1振型起主要作用，因而我国与大多数国家相同，采用后一种表达形式，即采用风振系数 β_z，它综合考虑了结构在风荷载作用下的动力响应，其中包括风速随时间、空间的变异性和结构的阻尼特性等因素。

对于围护结构，由于其刚性一般较大，在结构效应中可不必考虑其共振分量，此时可仅在平均风压的基础上，近似考虑脉动风瞬间的增大因素，通过阵风系数 β_{gz} 来计算其风荷载。

7.1.2 基本风压 w_0 是根据全国各气象台站历年来的最大风速记录，按基本风压的标准要求，将不同风仪高度和时次时距的年最大风速，统一换算为离地10m高，自记10min平均年最大风速（m/s）。根据该风速数据，按附录D的规定，经统计分析确定重现期为50年的最大风速，作为当地的基本风速 v_0。再按贝努利公式

$$w_0 = \frac{1}{2}\rho v^2 \quad (7.1.2)$$

确定基本风压。以往，国内的风速记录大多数根据风压板的观测结果，刻度所反映的风速，实际上是统一根据标准的空气密度 $\rho = 1.25 \text{kg/m}^3$ 按上述公式反算而得，因此在按该风速确定风压时，可统一按公式 $w_0 = v_0^2/1600$（kN/m^2）计算。

鉴于通过风压板的观测，人为的观测误差较大，再加上时次时距换算中的误差，其结果就不太可靠，当前各气象台站已累积了较多的根据风杯式自记风速仪记录的10min平均年最大风速数据，因此在这次数据处理时，基本上是以自记的数据为依据。因此在确定风压时，必须考虑各台站观测当时的空气密度，当缺乏资料时，也可参考附录D的规定采用。

与雪荷载相同，规范将基本风压的重现期由以往的30年统一改为50年，这样，在标准上将与国外大部分国家取得一致。但经修改后，各地的基本风压并不是全在原有的基础上提高10%，而是根据新的风速观测数据，进行统计分析后重新确定的。为了能适应不同的设计条件，风荷载也可采用与基本风压不同的重现期，附录D给出相应的换算公式。

资料表明，修订后的基本风压值与原规范的取值相比，总体上虽已提高了10%，但对风荷载比较敏感的高层建筑和高耸结构，以及自重较轻的钢木主体结构，其基本风压值仍可由各结构设计规范，根据结构的自身特点，考虑适当提高其重现期；对于围护结构，其重要性与主体结构相比要低些，可仍取50年；对于其他设计情况，其重现期也可由有关的设计规范另行规定，或由设计人员自行选用。

7.2 风压高度变化系数

7.2.1 在大气边界层内，风速随离地面高度而增大。当气压场随高度不变时，风速随高度增大的规律，主要取决于地面粗糙度和温度垂直梯度。通常认为在离地面高度为300～500m时，风速不再受地面粗糙度的影响，也即达到所谓"梯度风速"，该高度称之梯度风高度。地面粗糙度等级低的地区，其梯度风高度比等级高的地区为低。

原规范将地面粗糙度等级由过去的陆、海两类改成A、B、C三类，但随着我国建设事业的蓬勃发展，城市房屋的高度和密度日益增大，因此，对大城市中心地区，其粗糙程度也有不同程度的提高。考虑到大多数发达国家，诸如美、英、日等国家的规范，以及国际标准ISO 4354和欧洲统一规范EN 1991—2—4都将地面粗糙度等级划分为四类，甚至为五类（日本）。为适应当前发展形势，这次修订也将由三类改成四类，其中A、B两类的有关参数不变，C类指有密集建筑群的城市市区，其粗糙度指数 α 由0.2改为0.22，梯度风高度 H_G 仍取400m；新增添的D类，指有密集建筑群且有大量高层建筑的大城市市区，其粗糙度指数 α 取0.3，H_G 取450m。

根据地面粗糙度指数及梯度风高度，即可得出风压高度变化系数如下：

$$\begin{aligned}
\mu_z^A &= 1.379\left(\frac{z}{10}\right)^{0.24} \\
\mu_z^B &= 1.000\left(\frac{z}{10}\right)^{0.32} \\
\mu_z^C &= 0.616\left(\frac{z}{10}\right)^{0.44} \\
\mu_z^D &= 0.318\left(\frac{z}{10}\right)^{0.60}
\end{aligned} \quad (7.2.1)$$

在确定城区的地面粗糙度类别时，若无 α 的实测可按下述原则近似确定：

1 以拟建房2km为半径的迎风半圆影响范围内的房屋高度和密集度来区分粗糙度类别，风向原则上应以该地区最大风的风向为准，但也可取其主导风；

2 以半圆影响范围内建筑物的平均高度 $\bar{h}$ 来划分地面粗糙度类别，当 $\bar{h} \geq 18\text{m}$，为D类，$9\text{m} < \bar{h} \leq 18\text{m}$，为C类，$\bar{h} < 9\text{m}$，为B类；

3 影响范围内不同高度的面域可按下述原则确定，即每座建筑物向外延伸距离为其高度的面域内均

为该高度，当不同高度的面域相交时，交叠部分的高度区大者；

4 平均高度 $\bar{h}$ 取各面域面积为权数计算。

7.2.2 对于山区的建筑物，原规范采用系数对其基本风压进行调整，并对山峰和山坡也是根据山麓的基本风压，按高差的风压高度变化系数予以调整。这些规定缺乏根据，没有得到实际观测资料的验证。

关于山区风荷载考虑地形影响的问题，目前能作为设计依据的，最可靠的方法是直接在建设场地进行与邻近气象站的风速对比观测，但这种做法不一定可行。在国内，华北电力设计院与中国气象科学研究院合作，采用 Taylor-Lee 的模型，结合华北地区的山峰风速的实测资料，对山顶与山下气象站的风速关系进行研究（见电力勘测 1997/1），但其成果仍有一定的局限性。

国外的规范对山区风荷载的规定一般有两种形式：一种也是规定建筑物地面的起算点，建筑物上的风荷载直接按规定的风压高度变化系数计算，这种方法比较陈旧。另一种是按地形条件，对风荷载给出地形系数，或对风压高度变化系数给出修正系数。这次修订采用后一种形式，并参考加拿大、澳大利亚和英国的相应规范，以及欧洲钢结构协会 ECCS 的规定（房屋与结构的风效应计算建议），对山峰和山坡上的建筑物，给出风压高度变化系数的修正系数。

7.3 风荷载体型系数

7.3.1 风荷载体型系数是指风作用在建筑物表面上所引起的实际压力（或吸力）与来流风的速度压的比值，它描述的是建筑物表面在稳定风压作用下的静态压力的分布规律，主要与建筑物的体型和尺度有关，也与周围环境和地面粗糙度有关。由于它涉及的是关于固体与流体相互作用的流体动力学问题，对于不规则形状的固体，问题尤为复杂，无法给出理论上的结果，一般均应由试验确定。鉴于原型实测的方法对结构设计的不现实性，目前只能采用相似原理，在边界层风洞内对拟建的建筑物模型进行测试。

表 7.3.1 列出 38 项不同类型的建筑物和各类结构体型及其体型系数，这些都是根据国内外的试验资料和外国规范中的建议性规定整理而成，当建筑物与表中列出的体型类同时可参考应用。有关本规范中列出的各类建筑物体型的体型系数的说明，可参见《建筑结构荷载规范》GBJ 9—87 的条文说明。

这次修订将原第 26 项封闭式皮带通廊取消；原第 34 项塔架的内容，为了便于计算，将原来的按单片桁架的体型系数改为整体塔架的体型系数；将原第 40 项高层建筑改为封闭式房屋和构筑物，并将其中的矩形平面用原第 37 项（封闭式正方形及多边形构筑物）的内容代替。

必须指出，表 7.3.1 中的系数是有局限性的，这次修订强调了将风洞试验作为抗风设计辅助工具的必要性，尤其是对于体型复杂而且性质重要的房屋结构。

7.3.2 当建筑群，尤其是高层建筑群，房屋相互间距较近时，由于旋涡的相互干扰，房屋某些部位的局部风压会显著增大，设计时应予注意。对比较重要的高层建筑，建议在风洞试验中考虑周围建筑物的干扰因素。

根据国内有关资料（张相庭：《工程抗风设计计算手册》，中国建筑工业出版社，1998，第 72～73 页），提供的增大系数，是根据国内试验研究报告取较低的下限而得出，其取值基本上与澳大利亚规范接近。当与邻近房屋的间距小于 3.5 倍的迎风面宽度且两栋房屋中心连线与风向成 45°时，可取大值；当房屋连线与风向一致时，可取小值；当与风向垂直时不考虑；当间距大于 7.5 倍的迎风面宽度时，也可不考虑。

7.3.3 风力作用在高层建筑表面，与作用在一般建筑物表面上一样，压力分布很不均匀，在角隅、檐口、边棱处和在附属结构的部位（如阳台、雨篷等外挑构件），局部风压会超过按表 7.3.1 所得的平均风压。

根据风洞实验资料和一些实测结果，并参考国外的风荷载规范，对负压区可根据不同部位分别取体型系数为 $-1.0\sim-2.2$。

对封闭式建筑物，考虑到建筑物内实际存在的个别孔口和缝隙，以及机械通风等因素，室内可能存在正负不同的气压，参照国外规范，大多取 $\pm(0.2\sim 0.25)$ 的压力系数，现取 ± 0.2。

7.4 顺风向风振及风振系数

7.4.1 参考国外规范及我国抗风振工程设计和理论研究的实践情况，当结构基本自振周期 $T\geqslant 0.25s$ 时，以及等于高度超过 30m 且高宽比大于 1.5 的高柔房屋，由风引起的结构振动比较明显，而且随着结构自振周期的增长，风振也随着增强，因此在设计中应考虑风振的影响；而且在原则上还应考虑多个振型的影响；对于前几个频率比较密集的结构，例如桅杆、屋盖等结构，需要考虑的振型可多达 10 个及以上。对此都应按结构的随机振动理论进行计算。

对于 $T<0.25s$ 的结构和高度小于 30m 或高宽比小于 1.5 的房屋，原则上也应考虑风振影响，但经计算表明，这类结构的风振一般不大，此时往往按构造要求进行设计，结构已有足够的刚度，因而一般不考虑风振影响也不至于会影响结构的抗风安全性。

7.4.2～7.4.6 对于一般悬臂型结构，例如框架、塔架、烟囱等高耸结构，高度大于 30m 且高宽比大于 1.5 且可以忽略扭转的高柔房屋，由于频谱比较稀疏，第一振型起到绝对的影响，此时可以仅考虑结构的第一振型，并通过风振系数来表达，计算可按结构的随机振动理论进行，条文中给出有关的公式和计算用表。

对于外形和重量沿高度无变化的等截面结构，如只考虑第一振型影响，可导出沿高度 z 处的风振系数：

$$\beta_z = 1 + \frac{\xi \nu \varphi_z}{\mu_z} \quad (7.4.2-1)$$

风振动力系数 ξ 如取 Davenport 建议的风谱密度经验公式，并把响应近似取静态分量及窄带白噪声共振响应分量之和，则可得到：

$$\xi = \sqrt{1 + \frac{x^2 \pi/6\zeta}{(1+x^2)^{3/4}}} \quad (7.4.2-2)$$

式中 $x = \dfrac{1200 f_1}{v_0} \approx \dfrac{30}{\sqrt{w_0 T_1^2}}$；

ζ——结构的阻尼比；对钢结构取 0.01，对有墙体材料填充的房屋钢结构取 0.02，对钢筋混凝土及砖石砌体结构取 0.05；

w_0——考虑当地地面粗糙度后的基本风压；

T_1——结构的基本自振周期。

式（7.4.2-1）中的 φ_z 为结构的振型系数，理应在结构动力分析时确定，为了简化，在确定风荷载时，可采用近似公式。按结构变形特点，对高耸构筑物可按弯曲型考虑，采用下述近似公式：

$$\varphi_z = \frac{6z^2 H^2 - 4z^3 H + z^4}{3H^4} \quad (7.4.2-3)$$

对高层建筑，当以剪力墙的工作为主时，可按弯剪型考虑，采用下述近似公式：

$$\varphi_z = \mathrm{tg}\left[\frac{\pi}{4}\left(\frac{z}{H}\right)^{0.7}\right] \quad (7.4.2-4)$$

对高层建筑也可进一步考虑框架和剪力墙各自的弯曲和剪切刚度，根据不同的综合刚度参数 λ，给出不同的振型系数，附录 F 对高层建筑给出前四个振型系数，它是假设框架和剪力墙均起主要作用时的情况，即取 $\lambda = 3$。综合刚度参数 λ 可按下式确定：

$$\lambda = \frac{C}{\eta}\left(\frac{1}{EI_W} + \frac{1}{EI_N}\right)H^2 \quad (7.4.2-5)$$

式中 C——建筑物的剪切刚度；

EI_W——剪力墙的弯曲刚度；

EI_N——考虑墙柱轴向变形的等效刚度；

$$\eta = 1 + \frac{C_f}{C_w}$$

C_f——框架剪切刚度；

C_w——剪力墙剪切刚度；

H——房屋总高。

式（7.4.2-1）中的 ν 为考虑风压脉动及其相关性的脉动影响系数，对于无限自由度体系，可按下述公式确定：

$$\nu = \frac{\int_0^H \mu_f \mu_z \varphi_z \mathrm{d}z}{\int_0^H \varphi_z^2 \mathrm{d}z} \eta \quad (7.4.2-6)$$

对有限自由度体系，可按下述公式确定：

$$\nu = \frac{\sum_{i=1}^n \mu_{fi} \mu_{zi} \varphi_{1i} \Delta h_i}{\sum_{i=1}^n \varphi_{1i}^2 \Delta h_i} \eta \quad (7.4.2-7)$$

式中 η 是考虑风压脉动空间相关性的折算系数，可由随机振动理论导出，它的表达式为多重积分，需通过计算机计算确定，其中涉及的相关性系数，一般都采用简单的指数衰减规律。

脉动系数 μ_f 是根据国内实测数据，并参考国外规范资料取：

$$\mu_f = 0.5 \times 35^{1.8(\alpha - 0.16)}\left(\frac{z}{10}\right)^{-\alpha} \quad (7.4.2-8)$$

式中 α 为地面粗糙度指数，对应于 A、B、C 和 D 四类地貌，分别取 0.12、0.16、0.22 和 0.30；μ_f 为高度变化系数。

很多高耸构筑物的截面沿高度是有变化的，此时在应用公式（7.4.2）时应注意如下问题：对于结构进深尺寸比较均匀的构筑物，即使迎风面宽度沿高度有变化，计算结果表明，与按等截面计算的结果十分接近，故对这种情况仍可公式（7.4.2）计算风振系数；对于进深尺寸和宽度沿高度按线性或近似于线性变化，而重量沿高度按连续规律变化的构筑物，例如截面为正方形或三角形的高耸塔架及圆形截面的烟囱，计算结果表明，必须考虑外形的影响。此时，除在公式（7.4.2）中按变截面取结构的振型系数外，并对脉动影响系数也要按第 7.4.4 条的规定予以修正。

7.5 阵风系数

7.5.1 计算围护结构的风荷载时所采用的阵风系数，是参考国外规范的取值水平，按下述公式确定：

$$\beta_{gz} = k(1 + 2\mu_f) \quad (7.5.1-1)$$

式中 μ_f——脉动系数，按式（7.4.2-8）确定；

k——地面粗糙度调整系数，对 A、B、C、D 四种类型，分别取 0.92、0.89、0.85、0.80。

对于低矮房屋的围护结构，按本规范提供的阵风系数确定的风荷载，与某些国外规范专为低矮房屋制定的规定相比，有估计过高的可能。考虑到近地面湍流规律的复杂性，在取得更多资料以前，规范暂时不明确低矮房屋围护结构风荷载的具体规定，但容许设计者参照国外对低矮房屋的边界层风洞试验资料或有关规范的规定进行设计。

7.6 横风向风振

7.6.1 当建筑物受到风力作用时，不但顺风向可能发生风振，而且在一定条件下，也能发生横风向的风振。横风向风振都是由不稳定的空气动力形成，其性质远比顺风向更为复杂，其中包括旋涡脱落 Vortex-shedding、驰振 Galloping、颤振 Flutter、扰振 Buffeting 等空气动力现象。

对圆截面柱体结构，当发生旋涡脱落时，若脱落频率与结构自振频率相符，将出现共振。大量试验表明，旋涡脱落频率 f_s 与风速 v 成正比，与截面的直径 D 成反比。同时，雷诺数 $Re = \dfrac{vD}{\nu}$（ν 为空气运动粘性系数，约为 $1.45 \times 10^{-5}\,\mathrm{m^2/s}$）和斯脱罗哈数 $St = \dfrac{f_s D}{v}$ 在识别其振动规律方面有重要意义。

当风速较低，即 $Re \leqslant 3 \times 10^5$ 时，一旦 f_s 与结构自振频率相符，即发生亚临界的微风共振，对圆截面柱体，$St \approx 0.2$；当风速增大而处于超临界范围，即 $3 \times 10^5 \leqslant Re < 3.5 \times 10^6$ 时，旋涡脱落没有明显的周期，结构的横向振动也呈随机性；当风更大，$Re \geqslant 3.5 \times 10^6$，即进入跨临界范围，重新出现规则的周期性旋涡脱落，一旦与结构自振频率接近，结构将发生强风共振。

一般情况下，当风速在亚临界或超临界范围内时，只要采取适当构造措施，不会对结构产生严重影响，即使发生微风共振，结构可能对正常使用有些影响，但也不至于破坏，设计时，只要按规范公式（7.5.1-2）的要求控制结构顶部风速即可。

当风速进入跨临界范围内时，结构有可能出现严重的振动，甚至于破坏，国内外都曾发生过很多这类的损坏和破坏的事例，对此必须引起注意。

7.5.2 对跨临界的强风共振，设计时必须按不同振型对结构予以验算，规范公式（7.5.2-1）中的计算系数 λ_j 是对 j 振型情况下考虑与共振区分布有关的折算系数，若临界风速起始点在结构底部，整个高度为共振区，它的效应为最严重，系数值最大；若临界风速起始点在结构顶部，不发生共振，也不必验算横风向的风振荷载。根据国外资料和我们的计算研究，认为一般考虑前 4 个振型就足够了，但以前两个振型的共振为最常见。公式中的临界风速 v_{cr} 计算时，应注意对不同振型是不同的。

7.6.3 在风荷载作用下，同时发生的顺风向和横风向风振，其结构效应应予以矢量叠加。一般情况下，当发生强风共振时，横风向的影响起主要的作用。

7.6.4 对于非圆截面的柱体，同样也存在旋涡脱落等空气动力不稳定问题，但其规律更为复杂，国外的风荷载规范逐渐趋向于也按随机振动的理论建立计算模型，目前，规范仍建议对重要的柔性结构，应在风洞试验的基础上进行设计。

中华人民共和国国家标准

建筑抗震设计规范

Code for seismic design of buildings

GB 50011－2001

主编部门：中华人民共和国建设部
批准部门：中华人民共和国建设部
施行日期：２００２年１月１日

关于发布国家标准《建筑抗震设计规范》的通知

建标［2001］156 号

根据我部《关于印发 1997 年工程建设标准制订、修订计划的通知》（建标［1997］108 号）的要求，由建设部会同有关部门共同修订的《建筑抗震设计规范》，经有关部门会审，批准为国家标准，编号为 GB50011—2001，自 2002 年 1 月 1 日起施行。其中，1.0.2、1.0.4、3.1.1、3.1.3、3.3.1、3.3.2、3.4.1、3.5.2、3.7.1、3.8.1、3.9.1、3.9.2、4.1.6、4.1.9、4.2.2、4.3.2、4.4.5、5.1.1、5.1.3、5.1.4、5.1.6、5.2.5、5.4.1、5.4.2、6.1.2、6.3.3、6.3.8、6.4.3、7.1.2、7.1.5、7.1.8、7.2.4、7.2.7、7.3.1、7.3.3、7.3.5、7.4.1、7.4.4、7.5.3、7.5.4、8.1.3、8.3.1、8.3.6、8.4.2、8.5.1、10.1.3、10.2.5、10.3.3、12.1.2、12.1.5、12.2.1、12.2.9 为强制性条文，必须严格执行。原《建筑抗震设计规范》GBJ 11—89 以及《工程建设国家标准局部修订公告》（第 1 号）于 2002 年 12 月 31 日废止。

本标准由建设部负责管理，中国建筑科学研究院负责具体解释工作，建设部标准定额研究所组织中国建筑工业出版社出版发行。

中华人民共和国建设部
2001 年 7 月 20 日

前　言

本规范是根据建设部［1997］建标第 108 号文的要求，由中国建筑科学研究院会同有关的设计、勘察、研究和教学单位对《建筑抗震设计规范》GBJ 11—89 进行修订而成。

修订过程中，开展了专题研究和部分试验研究，调查总结了近年来国内外大地震的经验教训，采纳了地震工程的新科研成果，考虑了我国的经济条件和工程实践，并在全国范围内广泛征求了有关设计、勘察、科研、教学单位及抗震管理部门的意见，经反复讨论、修改、充实和试设计，最后经审查定稿。

本次修订后共有 13 章 11 个附录，主要修订内容是：调整了建筑的抗震设防分类，提出了按设计基本地震加速度进行抗震设计的要求，将原规范的设计近、远震改为设计特征周期分区；修改了建筑场地划分、液化判别、地震影响系数和扭转效应计算的规定；增补了不规则建筑结构的概念设计、结构抗震分析、楼层地震剪力控制和抗震变形验算的要求；改进了砌体结构、混凝土结构、底部框架房屋的抗震措施；增加了有关发震断裂、桩基、混凝土筒体结构、钢结构房屋、配筋砌块房屋、非结构等抗震设计的内容以及房屋隔震、消能减震设计的规定。还取消了有关单排柱内框架房屋、中型砌块房屋及烟囱、水塔等构筑物的抗震设计规定。

本规范将来可能需要进行局部修订，有关局部修订的信息和条文内容将刊登在《工程建设标准化》杂志上。

本规范以黑体字标志的条文为强制性条文，必须严格执行。

本规范的具体解释由中国建筑科学研究院工程抗震研究所负责。在执行过程中，请各单位结合工程实践，认真总结经验，并将意见和建议寄交北京市北三环东路 30 号中国建筑科学研究院国家标准《建筑抗震设计规范》管理组（邮编：100013，E-mail: ieecabr@public3.bta.net.cn）。

本规范的主编单位：中国建筑科学研究院

参加单位：中国地震局工程力学研究所、中国建筑技术研究院、冶金工业部建筑研究总院、建设部建筑设计院、机械工业部设计研究院、中国轻工国际工程设计院（中国轻工业北京设计院）、北京市建筑设计研究院、上海建筑设计研究院、中南建筑设计院、中国建筑西北设计研究院、新疆自治区建筑设计研究院、广东省建筑设计研究院、云南省设计院、辽宁省建筑设计研究院、深圳市建筑设计研究总院、北京勘察设计研究院、深圳大学建筑设计研究院、清华大学、同济大学、哈尔滨建筑大学、华中理工大学、重庆建筑大学、云南工业大学、华南建设学院（西院）

主要起草人：徐正忠　王亚勇（以下按姓氏笔画排列）

王迪民	王彦深	王骏孙	韦承基	叶燎原
刘惠珊	吕西林	孙平善	李国强	吴明舜
苏经宇	张前国	陈　健	陈富生	沙　安
欧进萍	周炳章	周锡元	周雍年	周福霖
胡庆昌	袁金西	秦　权	高小旺	容柏生
唐家祥	徐　建	徐永基	钱稼茹	龚思礼
董津城	赖　明	傅学怡	蔡益燕	樊小卿
潘凯云	戴国莹			

目 次

1 总则 ·································· 3—5
2 术语和符号 ····························· 3—5
　2.1 术语 ······························ 3—5
　2.2 主要符号 ·························· 3—5
3 抗震设计的基本要求 ···················· 3—6
　3.1 建筑抗震设防分类和设防标准 ········ 3—6
　3.2 地震影响 ·························· 3—6
　3.3 场地和地基 ························ 3—7
　3.4 建筑设计和建筑结构的规则性 ········ 3—7
　3.5 结构体系 ·························· 3—8
　3.6 结构分析 ·························· 3—8
　3.7 非结构构件 ························ 3—8
　3.8 隔震和消能减震设计 ················ 3—9
　3.9 结构材料与施工 ···················· 3—9
　3.10 建筑的地震反应观测系统 ··········· 3—9
4 场地、地基和基础 ······················ 3—9
　4.1 场地 ······························ 3—9
　4.2 天然地基和基础 ···················· 3—10
　4.3 液化土和软土地基 ·················· 3—11
　4.4 桩基 ······························ 3—13
5 地震作用和结构抗震验算 ················ 3—14
　5.1 一般规定 ·························· 3—14
　5.2 水平地震作用计算 ·················· 3—15
　5.3 竖向地震作用计算 ·················· 3—17
　5.4 截面抗震验算 ······················ 3—17
　5.5 抗震变形验算 ······················ 3—18
6 多层和高层钢筋混凝土房屋 ·············· 3—19
　6.1 一般规定 ·························· 3—19
　6.2 计算要点 ·························· 3—21
　6.3 框架结构抗震构造措施 ·············· 3—23
　6.4 抗震墙结构抗震构造措施 ············ 3—25
　6.5 框架-抗震墙结构抗震构造
　　　措施 ······························ 3—26
　6.6 板柱-抗震墙结构抗震设计
　　　要求 ······························ 3—27
　6.7 筒体结构抗震设计要求 ·············· 3—27
7 多层砌体房屋和底部框架、
　内框架房屋 ···························· 3—27
　7.1 一般规定 ·························· 3—27
　7.2 计算要点 ·························· 3—29
　7.3 多层粘土砖房抗震构造措施 ·········· 3—31
　7.4 多层砌块房屋抗震构造措施 ·········· 3—33
　7.5 底部框架-抗震墙房屋抗震
　　　构造措施 ·························· 3—34
　7.6 多排柱内框架房屋抗震构造
　　　措施 ······························ 3—34
8 多层和高层钢结构房屋 ·················· 3—35
　8.1 一般规定 ·························· 3—35
　8.2 计算要点 ·························· 3—35
　8.3 钢框架结构抗震构造措施 ············ 3—38
　8.4 钢框架-中心支撑结构抗震
　　　构造措施 ·························· 3—39
　8.5 钢框架-偏心支撑结构抗震
　　　构造措施 ·························· 3—40
9 单层工业厂房 ·························· 3—40
　9.1 单层钢筋混凝土柱厂房 ·············· 3—40
　9.2 单层钢结构厂房 ···················· 3—44
　9.3 单层砖柱厂房 ······················ 3—45
10 单层空旷房屋 ························· 3—47
　10.1 一般规定 ························· 3—47
　10.2 计算要点 ························· 3—47
　10.3 抗震构造措施 ····················· 3—47
11 土、木、石结构房屋 ··················· 3—48
　11.1 村镇生土房屋 ····················· 3—48
　11.2 木结构房屋 ······················· 3—48
　11.3 石结构房屋 ······················· 3—48
12 隔震和消能减震设计 ··················· 3—49
　12.1 一般规定 ························· 3—49
　12.2 房屋隔震设计要点 ················· 3—49
　12.3 房屋消能减震设计要点 ············· 3—51
13 非结构构件 ··························· 3—53
　13.1 一般规定 ························· 3—53
　13.2 基本计算要求 ····················· 3—53
　13.3 建筑非结构构件的基本
　　　　抗震措施 ························· 3—54
　13.4 建筑附属机电设备支架的
　　　　基本抗震措施 ····················· 3—55
附录A 我国主要城镇抗震设防烈度、设计

3—3

	基本地震加速度和设计
	地震分组 …………… 3—55
附录 B	高强混凝土结构抗震
	设计要求 …………… 3—63
附录 C	预应力混凝土结构抗
	震设计要求 ………… 3—63
附录 D	框架梁柱节点核芯区
	截面抗震验算 ……… 3—64
附录 E	转换层结构抗震设计要求 …… 3—65
附录 F	配筋混凝土小型空心
	砌块抗震墙房屋抗震
	设计要求 …………… 3—66

附录 G	多层钢结构厂房抗震
	设计要求 …………… 3—67
附录 H	单层厂房横向平面排架
	地震作用效应调整 …… 3—68
附录 J	单层钢筋混凝土柱厂房
	纵向抗震验算 ……… 3—70
附录 K	单层砖柱厂房纵向抗震计
	算的修正刚度法 …… 3—71
附录 L	隔震设计简化计算和砌体结
	构隔震措施 ………… 3—72
本规范用词用语说明 ………………… 3—74
条文说明 …………………………… 3—75

1 总 则

1.0.1 为贯彻执行《中华人民共和国建筑法》和《中华人民共和国防震减灾法》并实行以预防为主的方针，使建筑经抗震设防后，减轻建筑的地震破坏，避免人员伤亡，减少经济损失，制定本规范。

按本规范进行抗震设计的建筑，其抗震设防目标是：当遭受低于本地区抗震设防烈度的多遇地震影响时，一般不受损坏或不需修理可继续使用；当遭受相当于本地区抗震设防烈度的地震影响时，可能损坏，经一般修理或不需修理仍可继续使用；当遭受高于本地区抗震设防烈度预估的罕遇地震影响时，不致倒塌或发生危及生命的严重破坏。

1.0.2 抗震设防烈度为6度及以上地区的建筑，必须进行抗震设计。

1.0.3 本规范适用于抗震设防烈度为6、7、8和9度地区建筑工程的抗震设计及隔震、消能减震设计。抗震设防烈度大于9度地区的建筑和行业有特殊要求的工业建筑，其抗震设计应按有关专门规定执行。

注：本规范一般略去"抗震设防烈度"字样，如"抗震设防烈度为6度、7度、8度、9度"，简称为"6度、7度、8度、9度"。

1.0.4 抗震设防烈度必须按国家规定的权限审批、颁发的文件（图件）确定。

1.0.5 一般情况下，抗震设防烈度可采用中国地震动参数区划图的地震基本烈度（或与本规范设计基本地震加速度值对应的烈度值）。对已编制抗震设防区划的城市，可按批准的抗震设防烈度或设计地震动参数进行抗震设防。

1.0.6 建筑的抗震设计，除应符合本规范要求外，尚应符合国家现行的有关强制性标准的规定。

2 术语和符号

2.1 术 语

2.1.1 抗震设防烈度 seismic fortification intensity

按国家规定的权限批准作为一个地区抗震设防依据的地震烈度。

2.1.2 抗震设防标准 seismic fortification criterion

衡量抗震设防要求的尺度，由抗震设防烈度和建筑使用功能的重要性确定。

2.1.3 地震作用 earthquake action

由地震动引起的结构动态作用，包括水平地震作用和竖向地震作用。

2.1.4 设计地震动参数 design parameters of ground motion

抗震设计用的地震加速度（速度、位移）时程曲线、加速度反应谱和峰值加速度。

2.1.5 设计基本地震加速度 design basic acceleration of ground motion

50年设计基准期超越概率10%的地震加速度的设计取值。

2.1.6 设计特征周期 design characteristic period of ground motion

抗震设计用的地震影响系数曲线中，反映地震震级、震中距和场地类别等因素的下降段起始点对应的周期值。

2.1.7 场地 site

工程群体所在地，具有相似的反应谱特征。其范围相当于厂区、居民小区和自然村或不小于 $1.0km^2$ 的平面面积。

2.1.8 建筑抗震概念设计 seismic concept design of buildings

根据地震灾害和工程经验等所形成的基本设计原则和设计思想，进行建筑和结构总体布置并确定细部构造的过程。

2.1.9 抗震措施 seismic fortification measures

除地震作用计算和抗力计算以外的抗震设计内容，包括抗震构造措施。

2.1.10 抗震构造措施 details of seismic design

根据抗震概念设计原则，一般不需计算而对结构和非结构各部分必须采取的各种细部要求。

2.2 主要符号

2.2.1 作用和作用效应

F_{Ek}、F_{Evk}——结构总水平、竖向地震作用标准值；

G_E、G_{eq}——地震时结构（构件）的重力荷载代表值、等效总重力荷载代表值；

w_k——风荷载标准值；

S_E——地震作用效应（弯矩、轴向力、剪力、应力和变形）；

S——地震作用效应与其他荷载效应的基本组合；

S_k——作用、荷载标准值的效应；

M——弯矩；

N——轴向压力；

V——剪力；

p——基础底面压力；

u——侧移；

θ——楼层位移角。

2.2.2 材料性能和抗力

K——结构（构件）的刚度；

R——结构构件承载力；

f、f_k、f_E——各种材料强度（含地基承载力）设计值、标准值和抗震设计值；

[θ]——楼层位移角限值。

2.2.3 几何参数

A——构件截面面积；
A_s——钢筋截面面积；
B——结构总宽度；
H——结构总高度、柱高度；
L——结构（单元）总长度；
a——距离；
a_s、a'_s——纵向受拉钢筋合力点至截面边缘的最小距离；
b——构件截面宽度；
d——土层深度或厚度，钢筋直径；
h——计算楼层层高，构件截面高度；
l——构件长度或跨度；
t——抗震墙厚度、楼板厚度。

2.2.4 计算系数

α——水平地震影响系数；
α_{max}——水平地震影响系数最大值；
α_{vmax}——竖向地震影响系数最大值；
γ_G、γ_E、γ_w——作用分项系数；
γ_{RE}——承载力抗震调整系数；
ζ——计算系数；
η——地震作用效应（内力和变形）的增大或调整系数；
λ——构件长细比，比例系数；
ξ_y——结构（构件）屈服强度系数；
ρ——配筋率，比率；
φ——构件受压稳定系数；
ψ——组合值系数，影响系数。

2.2.5 其他

T——结构自振周期；
N——贯入锤击数；
I_{lE}——地震时地基的液化指数；
X_{ji}——位移振型坐标（j振型i质点的x方向相对位移）；
Y_{ji}——位移振型坐标（j振型i质点的y方向相对位移）；
n——总数，如楼层数、质点数、钢筋根数、跨数等；
v_{se}——土层等效剪切波速；
Φ_{ji}——转角振型坐标（j振型i质点的转角方向相对位移）。

3 抗震设计的基本要求

3.1 建筑抗震设防分类和设防标准

3.1.1 建筑应根据其使用功能的重要性分为甲类、乙类、丙类、丁类四个抗震设防类别。甲类建筑应属于重大建筑工程和地震时可能发生严重次生灾害的建筑，乙类建筑应属于地震时使用功能不能中断或需尽快恢复的建筑，丙类建筑应属于除甲、乙、丁类以外的一般建筑，丁类建筑应属于抗震次要建筑。

3.1.2 建筑抗震设防类别的划分，应符合国家标准《建筑抗震设防分类标准》GB50223的规定。

3.1.3 各抗震设防类别建筑的抗震设防标准，应符合下列要求：

1 甲类建筑，地震作用应高于本地区抗震设防烈度的要求，其值应按批准的地震安全性评价结果确定；抗震措施，当抗震设防烈度为6～8度时，应符合本地区抗震设防烈度提高一度的要求，当为9度时，应符合比9度抗震设防更高的要求。

2 乙类建筑，地震作用应符合本地区抗震设防烈度的要求；抗震措施，一般情况下，当抗震设防烈度为6～8度时，应符合本地区抗震设防烈度提高一度的要求，当为9度时，应符合比9度抗震设防更高的要求；地基基础的抗震措施，应符合有关规定。

对较小的乙类建筑，当其结构改用抗震性能较好的结构类型时，应允许仍按本地区抗震设防烈度的要求采取抗震措施。

3 丙类建筑，地震作用和抗震措施均应符合本地区抗震设防烈度的要求。

4 丁类建筑，一般情况下，地震作用仍应符合本地区抗震设防烈度的要求；抗震措施应允许比本地区抗震设防烈度的要求适当降低，但抗震设防烈度为6度时不应降低。

3.1.4 抗震设防烈度为6度时，除本规范有具体规定外，对乙、丙、丁类建筑可不进行地震作用计算。

3.2 地 震 影 响

3.2.1 建筑所在地区遭受的地震影响，应采用相应于抗震设防烈度的设计基本地震加速度和设计特征周期或本规范第1.0.5条规定的设计地震动参数来表征。

3.2.2 抗震设防烈度和设计基本地震加速度取值的对应关系，应符合表3.2.2的规定。设计基本地震加速度为0.15g和0.30g地区内的建筑，除本规范另有规定外，应分别按抗震设防烈度7度和8度的要求进行抗震设计。

表3.2.2 抗震设防烈度和设计基本地震加速度值的对应关系

抗震设防烈度	6	7	8	9
设计基本地震加速度值	0.05g	0.10(0.15)g	0.20(0.30)g	0.40g

注：g为重力加速度。

3.2.3 建筑的设计特征周期应根据其所在地的设计

地震分组和场地类别确定。本规范的设计地震共分为三组。对Ⅱ类场地，第一组、第二组和第三组的设计特征周期，应分别按0.35s、0.40s和0.45s采用。

注：本规范一般把"设计特征周期"简称为"特征周期"。

3.2.4 我国主要城镇（县级及县级以上城镇）中心地区的抗震设防烈度、设计基本地震加速度值和所属的设计地震分组，可按本规范附录A采用。

3.3 场地和地基

3.3.1 选择建筑场地时，应根据工程需要，掌握地震活动情况、工程地质和地震地质的有关资料，对抗震有利、不利和危险地段作出综合评价。对不利地段，应提出避开要求；当无法避开时应采取有效措施；不应在危险地段建造甲、乙、丙类建筑。

3.3.2 建筑场地为Ⅰ类时，甲、乙类建筑应允许仍按本地区抗震设防烈度的要求采取抗震构造措施；丙类建筑应允许按本地区抗震设防烈度降低一度的要求采取抗震构造措施，但抗震设防烈度为6度时仍应按本地区抗震设防烈度的要求采取抗震构造措施。

3.3.3 建筑场地为Ⅲ、Ⅳ类时，对设计基本地震加速度为0.15g和0.30g的地区，除本规范另有规定外，宜分别按抗震设防烈度8度（0.20g）和9度（0.40g）时各类建筑的要求采取抗震构造措施。

3.3.4 地基和基础设计应符合下列要求：

　　1 同一结构单元的基础不宜设置在性质截然不同的地基上；

　　2 同一结构单元不宜部分采用天然地基部分采用桩基；

　　3 地基为软弱粘性土、液化土、新近填土或严重不均匀土时，应估计地震时地基不均匀沉降或其他不利影响，并采取相应的措施。

3.4 建筑设计和建筑结构的规则性

3.4.1 建筑设计应符合抗震概念设计的要求，不应采用严重不规则的设计方案。

3.4.2 建筑及其抗侧力结构的平面布置宜规则、对称，并应具有良好的整体性；建筑的立面和竖向剖面宜规则，结构的侧向刚度宜均匀变化，竖向抗侧力构件的截面尺寸和材料强度宜自下而上逐渐减小，避免抗侧力结构的侧向刚度和承载力突变。

当存在表3.4.2-1所列举的平面不规则类型或表3.4.2-2所列举的竖向不规则类型时，应符合本章第3.4.3条的有关规定。

表3.4.2-1　平面不规则的类型

不规则类型	定　义
扭转不规则	楼层的最大弹性水平位移（或层间位移），大于该楼层两端弹性水平位移（或层间位移）平均值的1.2倍
凹凸不规则	结构平面凹进的一侧尺寸，大于相应投影方向总尺寸的30%
楼板局部不连续	楼板的尺寸和平面刚度急剧变化，例如，有效楼板宽度小于该层楼板典型宽度的50%，或开洞面积大于该层楼面面积的30%，或较大的楼层错层

表3.4.2-2　竖向不规则的类型

不规则类型	定　义
侧向刚度不规则	该层的侧向刚度小于相邻上一层的70%，或小于其上相邻三个楼层侧向刚度平均值的80%；除顶层外，局部收进的水平向尺寸大于相邻下一层的25%
竖向抗侧力构件不连续	竖向抗侧力构件（柱、抗震墙、抗震支撑）的内力由水平转换构件（梁、桁架等）向下传递
楼层承载力突变	抗侧力结构的层间受剪承载力小于相邻上一楼层的80%

3.4.3 不规则的建筑结构，应按下列要求进行水平地震作用计算和内力调整，并应对薄弱部位采取有效的抗震构造措施：

　　1 平面不规则而竖向规则的建筑结构，应采用空间结构计算模型，并应符合下列要求：

　　　1）扭转不规则时，应计及扭转影响，且楼层竖向构件最大的弹性水平位移和层间位移分别不宜大于楼层两端弹性水平位移和层间位移平均值的1.5倍；

　　　2）凹凸不规则或楼板局部不连续时，应采用符合楼板平面内实际刚度变化的计算模型，当平面不对称时尚应计及扭转影响。

　　2 平面规则而竖向不规则的建筑结构，应采用空间结构计算模型，其薄弱层的地震剪力应乘以1.15的增大系数，应按本规范有关规定进行弹塑性变形分析，并应符合下列要求：

　　　1）竖向抗侧力构件不连续时，该构件传递给水平转换构件的地震内力应乘以1.25～1.5的增大系数；

　　　2）楼层承载力突变时，薄弱层抗侧力结构的受剪承载力不应小于相邻上一楼层的65%。

　　3 平面不规则且竖向不规则的建筑结构，应同时符合本条1、2款的要求。

3.4.4 砌体结构和单层工业厂房的平面不规则性和竖向不规则性，应分别符合本规范有关章节的规定。

3.4.5 体型复杂、平立面特别不规则的建筑结构，可按实际需要在适当部位设置防震缝，形成多个较规则的抗侧力结构单元。

3.4.6 防震缝应根据抗震设防烈度、结构材料种类、结构类型、结构单元的高度和高差情况，留有足够的宽度，其两侧的上部结构应完全分开。

当设置伸缩缝和沉降缝时，其宽度应符合防震缝的要求。

3.5 结构体系

3.5.1 结构体系应根据建筑的抗震设防类别、抗震设防烈度、建筑高度、场地条件、地基、结构材料和施工等因素，经技术、经济和使用条件综合比较确定。

3.5.2 结构体系应符合下列各项要求：
1 应具有明确的计算简图和合理的地震作用传递途径。
2 应避免因部分结构或构件破坏而导致整个结构丧失抗震能力或对重力荷载的承载能力。
3 应具备必要的抗震承载力，良好的变形能力和消耗地震能量的能力。
4 对可能出现的薄弱部位，应采取措施提高抗震能力。

3.5.3 结构体系尚宜符合下列各项要求：
1 宜有多道抗震防线。
2 宜具有合理的刚度和承载力分布，避免因局部削弱或突变形成薄弱部位，产生过大的应力集中或塑性变形集中。
3 结构在两个主轴方向的动力特性宜相近。

3.5.4 结构构件应符合下列要求：
1 砌体结构应按规定设置钢筋混凝土圈梁和构造柱、芯柱，或采用配筋砌体等。
2 混凝土结构构件应合理地选择尺寸、配置纵向受力钢筋和箍筋，避免剪切破坏先于弯曲破坏、混凝土的压溃先于钢筋的屈服、钢筋的锚固粘结破坏先于构件破坏。
3 预应力混凝土的抗侧力构件，应配有足够的非预应力钢筋。
4 钢结构构件应合理控制尺寸，避免局部失稳或整个构件失稳。

3.5.5 结构各构件之间的连接，应符合下列要求：
1 构件节点的破坏，不应先于其连接的构件。
2 预埋件的锚固破坏，不应先于连接件。
3 装配式结构构件的连接，应能保证结构的整体性。
4 预应力混凝土构件的预应力钢筋，宜在节点核心区以外锚固。

3.5.6 装配式单层厂房的各种抗震支撑系统，应保证地震时结构的稳定性。

3.6 结构分析

3.6.1 除本规范特别规定者外，建筑结构应进行多遇地震作用下的内力和变形分析，此时，可假定结构与构件处于弹性工作状态，内力和变形分析可采用线性静力方法或线性动力方法。

3.6.2 不规则且具有明显薄弱部位可能导致地震时严重破坏的建筑结构，应按本规范有关规定进行罕遇地震作用下的弹塑性变形分析。此时，可根据结构特点采用静力弹塑性分析或弹塑性时程分析方法。

当本规范有具体规定时，尚可采用简化方法计算结构的弹塑性变形。

3.6.3 当结构在地震作用下的重力附加弯矩大于初始弯矩的10%时，应计入重力二阶效应的影响。

注：重力附加弯矩指任一楼层以上全部重力荷载与该楼层地震层间位移的乘积；初始弯矩指该楼层地震剪力与楼层层高的乘积。

3.6.4 结构抗震分析时，应按照楼、屋盖在平面内变形情况确定为刚性、半刚性和柔性的横隔板，再按抗侧力系统的布置确定抗侧力构件间的共同工作并进行各构件间的地震内力分析。

3.6.5 质量和侧向刚度分布接近对称且楼、屋盖可视为刚性横隔板的结构，以及本规范有关章节有具体规定的结构，可采用平面结构模型进行抗震分析。其他情况，应采用空间结构模型进行抗震分析。

3.6.6 利用计算机进行结构抗震分析，应符合下列要求：
1 计算模型的建立，必要的简化计算与处理，应符合结构的实际工作状况。
2 计算软件的技术条件应符合本规范及有关标准的规定，并应阐明其特殊处理的内容和依据。
3 复杂结构进行多遇地震作用下的内力和变形分析时，应采用不少于两个不同的力学模型，并对其计算结果进行分析比较。
4 所有计算机计算结果，应经分析判断确认其合理、有效后方可用于工程设计。

3.7 非结构构件

3.7.1 非结构构件，包括建筑非结构构件和建筑附属机电设备，自身及其与结构主体的连接，应进行抗震设计。

3.7.2 非结构构件的抗震设计，应由相关专业人员分别负责进行。

3.7.3 附着于楼、屋面结构上的非结构构件，应与主体结构有可靠的连接或锚固，避免地震时倒塌伤人或砸坏重要设备。

3.7.4 围护墙和隔墙应考虑对结构抗震的不利影响，避免不合理设置而导致主体结构的破坏。

3.7.5 幕墙、装饰贴面与主体结构应有可靠连接，避免地震时脱落伤人。

3.7.6 安装在建筑上的附属机械、电气设备系统的支座和连接，应符合地震时使用功能的要求，且不应导致相关部件的损坏。

3.8 隔震和消能减震设计

3.8.1 隔震和消能减震设计，应主要应用于使用功能有特殊要求的建筑及抗震设防烈度为8、9度的建筑。

3.8.2 采用隔震或消能减震设计的建筑，当遭遇到本地区的多遇地震影响、抗震设防烈度地震影响和罕遇地震影响时，其抗震设防目标应高于本规范第1.0.1条的规定。

3.9 结构材料与施工

3.9.1 抗震结构对材料和施工质量的特别要求，应在设计文件上注明。

3.9.2 结构材料性能指标，应符合下列最低要求：

1 砌体结构材料应符合下列规定：
   1) 烧结普通粘土砖和烧结多孔粘土砖的强度等级不应低于MU10，其砌筑砂浆强度等级不应低于M5；
   2) 混凝土小型空心砌块的强度等级不应低于MU7.5，其砌筑砂浆强度等级不应低于M7.5。

2 混凝土结构材料应符合下列规定：
   1) 混凝土的强度等级，框支梁、框支柱及抗震等级为一级的框架梁、柱、节点核芯区，不应低于C30；构造柱、芯柱、圈梁及其他各类构件不应低于C20；
   2) 抗震等级为一、二级的框架结构，其纵向受力钢筋采用普通钢筋时，钢筋的抗拉强度实测值与屈服强度实测值的比值不应小于1.25；且钢筋的屈服强度实测值与强度标准值的比值不应大于1.3。

3 钢结构的钢材应符合下列规定：
   1) 钢材的抗拉强度实测值与屈服强度实测值的比值不应小于1.2；
   2) 钢材应有明显的屈服台阶，且伸长率应大于20%；
   3) 钢材应有良好的可焊性和合格的冲击韧性。

3.9.3 结构材料性能指标，尚宜符合下列要求：

1 普通钢筋宜优先采用延性、韧性和可焊性较好的钢筋；普通钢筋的强度等级，纵向受力钢筋宜选用HRB400级和HRB335级热轧钢筋，箍筋宜选用HRB335、HRB400和HPB235级热轧钢筋。
   注：钢筋的检验方法应符合现行国家标准《混凝土结构工程施工及验收规范》GB50204的规定。

2 混凝土结构的混凝土强度等级，9度时不宜超过C60，8度时不宜超过C70。

3 钢结构的钢材宜采用Q235等级B、C、D的碳素结构钢及Q345等级B、C、D、E的低合金高强度结构钢；当有可靠依据时，尚可采用其他钢种和钢号。

3.9.4 在施工中，当需要以强度等级较高的钢筋替代原设计中的纵向受力钢筋时，应按照钢筋受拉承载力设计值相等的原则换算，并应满足正常使用极限状态和抗震构造措施的要求。

3.9.5 采用焊接连接的钢结构，当钢板厚不小于40mm且承受沿板厚方向的拉力时，受拉试件板厚方向截面收缩率，不应小于国家标准《厚度方向性能钢板》GB50313关于Z15级规定的容许值。

3.9.6 钢筋混凝土构造柱、芯柱和底部框架-抗震墙砖房中砖抗震墙的施工，应先砌墙后浇构造柱、芯柱和框架梁柱。

3.10 建筑的地震反应观测系统

3.10.1 抗震设防烈度为7、8、9度时，高度分别超过160m，120m，80m的高层建筑，应设置建筑结构的地震反应观测系统，建筑设计应留有观测仪器和线路的位置。

4 场地、地基和基础

4.1 场 地

4.1.1 选择建筑场地时，应按表4.1.1划分对建筑抗震有利、不利和危险的地段。

表4.1.1 有利、不利和危险地段的划分

地段类别	地质、地形、地貌
有利地段	稳定基岩，坚硬土，开阔、平坦、密实、均匀的中硬土等
不利地段	软弱土，液化土，条状突出的山嘴，高耸孤立的山丘，非岩质的陡坡，河岸和边坡的边缘，平面分布上成因、岩性、状态明显不均匀的土层（如故河道、疏松的断层破碎带、暗埋的塘浜沟谷和半填半挖地基）等
危险地段	地震时可能发生滑坡、崩塌、地陷、地裂、泥石流等及发震断裂带上可能发生地表位错的部位

4.1.2 建筑场地的类别划分，应以土层等效剪切波速和场地覆盖层厚度为准。

4.1.3 土层剪切波速的测量，应符合下列要求：

1 在场地初步勘察阶段，对大面积的同一地质单元，测量土层剪切波速的钻孔数量，应为控制性钻孔数量的1/3~1/5，山间河谷地区可适量减少，但不宜少于3个。

2 在场地详细勘察阶段，对单幢建筑，测量土层剪切波速的钻孔数量不宜少于2个，数据变化较大时，可适量增加；对小区中处于同一地质单元的密集

高层建筑群，测量土层剪切波速的钻孔数量可适量减少，但每幢高层建筑下不得少于一个。

3 对丁类建筑及层数不超过10层且高度不超过30m的丙类建筑，当无实测剪切波速时，可根据岩土名称和性状，按表4.1.3划分土的类型，再利用当地经验在表4.1.3的剪切波速范围内估计各土层的剪切波速。

表4.1.3　土的类型划分和剪切波速范围

土的类型	岩土名称和性状	土层剪切波速范围（m/s）
坚硬土或岩石	稳定岩石，密实的碎石土	$v_s > 500$
中硬土	中密、稍密的碎石土，密实、中密的砾、粗、中砂，$f_{ak} > 200$的粘性土和粉土，坚硬黄土	$500 \geqslant v_s > 250$
中软土	稍密的砾、粗、中砂，除松散外的细、粉砂，$f_{ak} \leqslant 200$的粘性土和粉土，$f_{ak} > 130$的填土，可塑黄土	$250 \geqslant v_s > 140$
软弱土	淤泥和淤泥质土，松散的砂，新近沉积的粘性土和粉土，$f_{ak} \leqslant 130$的填土，流塑黄土	$v_s \leqslant 140$

注：f_{ak}为由载荷试验等方法得到的地基承载力特征值(kPa)；v_s为岩土剪切波速。

4.1.4 建筑场地覆盖层厚度的确定，应符合下列要求：

1 一般情况下，应按地面至剪切波速大于500m/s的土层顶面的距离确定。

2 当地面5m以下存在剪切波速大于相邻上层土剪切波速2.5倍的土层，且其下卧岩土的剪切波速均不小于400m/s时，可按地面至该土层顶面的距离确定。

3 剪切波速大于500m/s的孤石、透镜体，应视同周围土层。

4 土层中的火山岩硬夹层，应视为刚体，其厚度应从覆盖土层中扣除。

4.1.5 土层的等效剪切波速，应按下列公式计算：

$$v_{se} = d_0 / t \quad (4.1.5-1)$$

$$t = \sum_{i=1}^{n} (d_i / v_{si}) \quad (4.1.5-2)$$

式中　v_{se}——土层等效剪切波速（m/s）；
　　　d_0——计算深度(m)，取覆盖层厚度和20m二者的较小值；
　　　t——剪切波在地面至计算深度之间的传播时间；
　　　d_i——计算深度范围内第i土层的厚度（m）；
　　　v_{si}——计算深度范围内第i土层的剪切波速（m/s）；
　　　n——计算深度范围内土的分层数。

4.1.6 建筑的场地类别，应根据土层等效剪切波速和场地覆盖层厚度按表4.1.6划分为四类。当有可靠的剪切波速和覆盖层厚度且其值处于表4.1.6所列场地类别的分界线附近时，应允许按插值方法确定地震作用计算所用的设计特征周期。

表4.1.6　各类建筑场地的覆盖层厚度（m）

等效剪切波速 (m/s)	场地类别			
	Ⅰ	Ⅱ	Ⅲ	Ⅳ
$v_{se} > 500$	0			
$500 \geqslant v_{se} > 250$	<5	$\geqslant 5$		
$250 \geqslant v_{se} > 140$	<3	3～50	>50	
$v_{se} \leqslant 140$	<3	3～15	>15～80	>80

4.1.7 场地内存在发震断裂时，应对断裂的工程影响进行评价，并应符合下列要求：

1 对符合下列规定之一的情况，可忽略发震断裂错动对地面建筑的影响：

1) 抗震设防烈度小于8度；
2) 非全新世活动断裂；
3) 抗震设防烈度为8度和9度时，前第四纪基岩隐伏断裂的土层覆盖厚度分别大于60m和90m。

2 对不符合本条1款规定的情况，应避开主断裂带。其避让距离不宜小于表4.1.7对发震断裂最小避让距离的规定。

表4.1.7　发震断裂的最小避让距离（m）

烈度	建筑抗震设防类别			
	甲	乙	丙	丁
8	专门研究	300m	200m	—
9	专门研究	500m	300m	—

4.1.8 当需要在条状突出的山嘴、高耸孤立的山丘、非岩石的陡坡、河岸和边坡边缘等不利地段建造丙类及丙类以上建筑时，除保证其在地震作用下的稳定性外，尚应估计不利地段对设计地震动参数可能产生的放大作用，其地震影响系数最大值应乘以增大系数。其值可根据不利地段的具体情况确定，但不宜大于1.6。

4.1.9 场地岩土工程勘察，应根据实际需要划分对建筑有利、不利和危险的地段，提供建筑的场地类别和岩土地震稳定性（如滑坡、崩塌、液化和震陷特性等）评价，对需要采用时程分析法补充计算的建筑，尚应根据设计要求提供土层剖面、场地覆盖层厚度和有关的动力参数。

4.2 天然地基和基础

4.2.1 下列建筑可不进行天然地基及基础的抗震承

载力验算：

1 砌体房屋。

2 地基主要受力层范围内不存在软弱粘性土层的下列建筑：

　　1）一般的单层厂房和单层空旷房屋；

　　2）不超过8层且高度在25m以下的一般民用框架房屋；

　　3）基础荷载与2）项相当的多层框架厂房。

3 本规范规定可不进行上部结构抗震验算的建筑。

注：软弱粘性土层指7度、8度和9度时，地基承载力特征值分别小于80、100和120kPa的土层。

4.2.2 天然地基基础抗震验算时，应采用地震作用效应标准组合，且地基抗震承载力应取地基承载力特征值乘以地基抗震承载力调整系数计算。

4.2.3 地基抗震承载力应按下式计算：

$$f_{aE} = \zeta_a f_a \quad (4.2.3)$$

式中 f_{aE}——调整后的地基抗震承载力；

　　ζ_a——地基抗震承载力调整系数，应按表4.2.3采用；

　　f_a——深宽修正后的地基承载力特征值，应按现行国家标准《建筑地基基础设计规范》GB50007采用。

表4.2.3 地基土抗震承载力调整系数

岩土名称和性状	ζ_a
岩石，密实的碎石土，密实的砾、粗、中砂，$f_{ak} \geq 300$ 的粘性土和粉土	1.5
中密、稍密的碎石土，中密和稍密的砾、粗、中砂，密实和中密的细、粉砂，$150 \leq f_{ak} < 300$ 的粘性土和粉土，坚硬黄土	1.3
稍密的细、粉砂，$100 \leq f_{ak} < 150$ 的粘性土和粉土，可塑黄土	1.1
淤泥，淤泥质土，松散的砂，杂填土，新近堆积黄土及流塑黄土	1.0

4.2.4 验算天然地基地震作用下的竖向承载力时，按地震作用效应标准组合的基础底面平均压力和边缘最大压力应符合下列各式要求：

$$p \leq f_{aE} \quad (4.2.4-1)$$
$$p_{max} \leq 1.2 f_{aE} \quad (4.2.4-2)$$

式中 p——地震作用效应标准组合的基础底面平均压力；

　　p_{max}——地震作用效应标准组合的基础边缘的最大压力。

高宽比大于4的高层建筑，在地震作用下基础底面不宜出现拉应力；其他建筑，基础底面与地基土之间零应力区面积不应超过基础底面面积的15%。

4.3 液化土和软土地基

4.3.1 饱和砂土和饱和粉土（不含黄土）的液化判别和地基处理，6度时，一般情况下可不进行判别和处理，但对液化沉陷敏感的乙类建筑可按7度的要求进行判别和处理，7～9度时，乙类建筑可按本地区抗震设防烈度的要求进行判别和处理。

4.3.2 存在饱和砂土和饱和粉土（不含黄土）的地基，除6度设防外，应进行液化判别；存在液化土层的地基，应根据建筑的抗震设防类别、地基的液化等级，结合具体情况采取相应的措施。

4.3.3 饱和的砂土或粉土（不含黄土），当符合下列条件之一时，可初步判别为不液化或可不考虑液化影响：

1 地质年代为第四纪晚更新世（Q_3）及其以前时，7、8度时可判为不液化。

2 粉土的粘粒（粒径小于0.005mm的颗粒）含量百分率，7度、8度和9度分别不小于10、13和16时，可判为不液化土。

注：用于液化判别的粘粒含量系采用六偏磷酸钠作分散剂测定，采用其他方法时应按有关规定换算。

3 天然地基的建筑，当上覆非液化土层厚度和地下水位深度符合下列条件之一时，可不考虑液化影响：

$$d_u > d_0 + d_b - 2 \quad (4.3.3-1)$$
$$d_w > d_0 + d_b - 3 \quad (4.3.3-2)$$
$$d_u + d_w > 1.5 d_0 + 2 d_b - 4.5 \quad (4.3.3-3)$$

式中 d_w——地下水位深度（m），宜按设计基准期内年平均最高水位采用，也可按近期内年最高水位采用；

　　d_u——上覆盖非液化土层厚度（m），计算时宜将淤泥和淤泥质土层扣除；

　　d_b——基础埋置深度（m），不超过2m时应采用2m；

　　d_0——液化土特征深度（m），可按表4.3.3采用。

表4.3.3 液化土特征深度（m）

饱和土类别	7度	8度	9度
粉 土	6	7	8
砂 土	7	8	9

4.3.4 当初步判别认为需进一步进行液化判别时，应采用标准贯入试验判别法判别地面下15m深度范围内的液化；当采用桩基或埋深大于5m的深基础时，尚应判别15～20m范围内土的液化。当饱和土标准贯入锤击数（未经杆长修正）小于液化判别标准

贯入锤击数临界值时，应判为液化土。当有成熟经验时，尚可采用其他判别方法。

在地面下15m深度范围内，液化判别标准贯入锤击数临界值可按下式计算：

$$N_{cr}=N_0\left[0.9+0.1(d_s-d_w)\right]\sqrt{3/\rho_c}\quad(d_s\leqslant15) \tag{4.3.4-1}$$

在地面下15～20m范围内，液化判别标准贯入锤击数临界值可按下式计算：

$$N_{cr}=N_0(2.4-0.1d_s)\sqrt{3/\rho_c}\quad(15\leqslant d_s\leqslant20) \tag{4.3.4-2}$$

式中 N_{cr}——液化判别标准贯入锤击数临界值；
N_0——液化判别标准贯入锤击数基准值，应按表4.3.4采用；
d_s——饱和土标准贯入点深度（m）；
ρ_c——粘粒含量百分率，当小于3或为砂土时，应采用3。

表4.3.4　标准贯入锤击数基准值

设计地震分组	7度	8度	9度
第一组	6(8)	10(13)	16
第二、三组	8(10)	12(15)	18

注：括号内数值用于设计基本地震加速度为0.15g和0.30g的地区。

4.3.5 对存在液化土层的地基，应探明各液化土层的深度和厚度，按下式计算每个钻孔的液化指数，并按表4.3.5综合划分地基的液化等级：

$$I_{lE}=\sum_{i=1}^{n}\left(1-\frac{N_i}{N_{cri}}\right)d_iW_i \tag{4.3.5}$$

式中 I_{lE}——液化指数；
n——在判别深度范围内每一个钻孔标准贯入试验点的总数；
N_i、N_{cri}——分别为i点标准贯入锤击数的实测值和临界值，当实测值大于临界值时应取临界值的数值；
d_i——i点所代表的土层厚度（m），可采用与该标准贯入试验点相邻的上、下两标准贯入试验点深度差的一半，但上界不高于地下水位深度，下界不深于液化深度；
W_i——i土层单位土层厚度的层位影响权函数值（单位为m^{-1}）。若判别深度为15m，当该层中点深度不大于5m时应采用10，等于15m时应采用零值，5～15m时应按线性内插法取值；若判别深度为20m，当该层中点深度不大于5m时应采用10，等于20m时应采用零值，5～20m时应按线性内插法取值。

表4.3.5　液化等级

液化等级	轻微	中等	严重
判别深度为15m时的液化指数	$0<I_{lE}\leqslant5$	$5<I_{lE}\leqslant15$	$I_{lE}>15$
判别深度为20m时的液化指数	$0<I_{lE}\leqslant6$	$6<I_{lE}\leqslant18$	$I_{lE}>18$

4.3.6 当液化土层较平坦且均匀时，宜按表4.3.6选用地基抗液化措施；尚可计入上部结构重力荷载对液化危害的影响，根据液化震陷量的估计适当调整抗液化措施。

不宜将未经处理的液化土层作为天然地基持力层。

表4.3.6　抗液化措施

建筑抗震设防类别	地基的液化等级		
	轻微	中等	严重
乙类	部分消除液化沉陷，或对基础和上部结构处理	全部消除液化沉陷，或部分消除液化沉陷且对基础和上部结构处理	全部消除液化沉陷
丙类	基础和上部结构处理，亦可不采取措施	基础和上部结构处理，或更高要求的措施	全部消除液化沉陷，或部分消除液化沉陷且对基础和上部结构处理
丁类	可不采取措施	可不采取措施	基础和上部结构处理，或其他经济的措施

4.3.7 全部消除地基液化沉陷的措施，应符合下列要求：

1 采用桩基时，桩端伸入液化深度以下稳定土层中的长度（不包括桩尖部分），应按计算确定，且对碎石土，砾、粗、中砂，坚硬粘性土和密实粉土尚不应小于0.5m，对其他非岩石土尚不宜小于1.5m。

2 采用深基础时，基础底面应埋入液化深度以下的稳定土层中，其深度不应小于0.5m。

3 采用加密法（如振冲、振动加密、挤密碎石桩、强夯等）加固时，应处理至液化深度下界；振冲或挤密碎石桩加固后，桩间土的标准贯入锤击数不宜小于本节第4.3.4条规定的液化判别标准贯入锤击数临界值。

4 用非液化土替换全部液化土层。

5 采用加密法或换土法处理时，在基础边缘以外的处理宽度，应超过基础底面下处理深度的1/2且不小于基础宽度的1/5。

4.3.8 部分消除地基液化沉陷的措施，应符合下列要求：

1 处理深度应使处理后的地基液化指数减少,当判别深度为15m时,其值不宜大于4,当判别深度为20m时,其值不宜大于5;对独立基础和条形基础,尚不应小于基础底面下液化土特征深度和基础宽度的较大值。

2 采用振冲或挤密碎石桩加固后,桩间土的标准贯入锤击数不宜小于按本节第4.3.4条规定的液化判别标准贯入锤击数临界值。

3 基础边缘以外的处理宽度,应符合本节第4.3.7条5款的要求。

4.3.9 减轻液化影响的基础和上部结构处理,可综合采用下列各项措施:

1 选择合适的基础埋置深度。

2 调整基础底面积,减少基础偏心。

3 加强基础的整体性和刚度,如采用箱基、筏基或钢筋混凝土交叉条形基础,加设基础圈梁等。

4 减轻荷载,增强上部结构的整体刚度和均匀对称性,合理设置沉降缝,避免采用对不均匀沉降敏感的结构形式等。

5 管道穿过建筑处应预留足够尺寸或采用柔性接头等。

4.3.10 液化等级为中等液化和严重液化的故河道、现代河滨、海滨,当有液化侧向扩展或流滑可能时,在距常时水线约100m以内不宜修建永久性建筑,否则应进行抗滑动验算、采取防土体滑动措施或结构抗裂措施。

注:常时水线宜按设计基准期内年平均最高水位采用,也可按近期年最高水位采用。

4.3.11 地基主要受力层范围内存在软弱粘性土层与湿陷性黄土时,应结合具体情况综合考虑,采用桩基、地基加固处理或本节第4.3.9条的各项措施,也可根据软土震陷量的估计,采取相应措施。

4.4 桩 基

4.4.1 承受竖向荷载为主的低承台桩基,当地面下无液化土层,且桩承台周围无淤泥、淤泥质土和地基承载力特征值不大于100kPa的填土时,下列建筑可不进行桩基抗震承载力验算:

1 本章第4.2.1条之1、3款规定的建筑;

2 7度和8度时的下列建筑:

   1)一般的单层厂房和单层空旷房屋;

   2)不超过8层且高度在25m以下的一般民用框架房屋;

   3)基础荷载与2)项相当的多层框架厂房。

4.4.2 非液化土中低承台桩基的抗震验算,应符合下列规定:

1 单桩的竖向和水平向抗震承载力特征值,可均比非抗震设计时提高25%。

2 当承台周围的回填土夯实至干密度不小于《建筑地基基础设计规范》对填土的要求时,可由承台正面填土与桩共同承担水平地震作用;但不应计入承台底面与地基间的摩擦力。

4.4.3 存在液化土层的低承台桩基抗震验算,应符合下列规定:

1 对一般浅基础,不宜计入承台周围土的抗力或刚性地坪对水平地震作用的分担作用。

2 当桩承台底面上、下分别有厚度不小于1.5m、1.0m的非液化土层或非软弱土层时,可按下列二种情况进行桩的抗震验算,并按不利情况设计:

   1)桩承受全部地震作用,桩承载力按本节第4.4.2条取用,液化土的桩周摩阻力及桩水平抗力均应乘以表4.4.3的折减系数。

表4.4.3 土层液化影响折减系数

实际标贯锤击数/临界标贯锤击数	深度 d_s(m)	折减系数
≤0.6	d_s≤10	0
	10<d_s≤20	1/3
>0.6~0.8	d_s≤10	1/3
	10<d_s≤20	2/3
>0.8~1.0	d_s≤10	2/3
	10<d_s≤20	1

   2)地震作用按水平地震影响系数最大值的10%采用,桩承载力仍按本节第4.4.2条1款取用,但应扣除液化土层的全部摩阻力及桩承台下2m深度范围内非液化土的桩周摩阻力。

3 打入式预制桩及其他挤土桩,当平均桩距为2.5~4倍桩径且桩数不少于5×5时,可计入打桩对土的加密作用及桩身对液化土变形限制的有利影响。当打桩后桩间土的标准贯入锤击数值达到不液化的要求时,单桩承载力可不折减,但对桩尖持力层作强度校核时,桩群外侧的应力扩散角应取为零。打桩后桩间土的标准贯入锤击数宜由试验确定,也可按下式计算:

$$N_1 = N_p + 100\rho(1 - e^{-0.3N_p}) \quad (4.4.3)$$

式中 N_1——打桩后的标准贯入锤击数;

ρ——打入式预制桩的面积置换率;

N_p——打桩前的标准贯入锤击数。

4.4.4 处于液化土中的桩基承台周围,宜用非液化土填筑夯实,若用砂土或粉土则应使土层的标准贯入锤击数不小于本章第4.3.4条规定的液化判别标准贯入锤击数临界值。

4.4.5 液化土中桩的配筋范围,应自桩顶至液化深度以下符合全部消除液化沉陷所要求的深度,其纵向钢筋应与桩顶部相同,箍筋应加密。

4.4.6 在有液化侧向扩展的地段,距常时水线100m范围内的桩基除应满足本节中的其他规定外,尚应考虑土流动时的侧向作用力,且承受侧向推力的面积应按边桩外缘间的宽度计算。

5 地震作用和结构抗震验算

5.1 一 般 规 定

5.1.1 各类建筑结构的地震作用，应符合下列规定：

1 一般情况下，应允许在建筑结构的两个主轴方向分别计算水平地震作用并进行抗震验算，各方向的水平地震作用应由该方向抗侧力构件承担。

2 有斜交抗侧力构件的结构，当相交角度大于15°时，应分别计算各抗侧力构件方向的水平地震作用。

3 质量和刚度分布明显不对称的结构，应计入双向水平地震作用下的扭转影响；其他情况，应允许采用调整地震作用效应的方法计入扭转影响。

4 8、9度时的大跨度和长悬臂结构及9度时的高层建筑，应计算竖向地震作用。

注：8、9度时采用隔震设计的建筑结构，应按有关规定计算竖向地震作用。

5.1.2 各类建筑结构的抗震计算，应采用下列方法：

1 高度不超过40m、以剪切变形为主且质量和刚度沿高度分布比较均匀的结构，以及近似于单质点体系的结构，可采用底部剪力法等简化方法。

2 除1款外的建筑结构，宜采用振型分解反应谱法。

3 特别不规则的建筑、甲类建筑和表5.1.2-1所列高度范围的高层建筑，应采用时程分析法进行多遇地震下的补充计算，可取多条时程曲线计算结果的平均值与振型分解反应谱法计算结果的较大值。

采用时程分析法时，应按建筑场地类别和设计地震分组选用不少于二组的实际强震记录和一组人工模拟的加速度时程曲线，其平均地震影响系数曲线应与振型分解反应谱法所采用的地震影响系数曲线在统计意义上相符，其加速度时程的最大值可按表5.1.2-2采用。弹性时程分析时，每条时程曲线计算所得结构底部剪力不应小于振型分解反应谱法计算结果的65%，多条时程曲线计算所得结构底部剪力的平均值不应小于振型分解反应谱法计算结果的80%。

表 5.1.2-1 采用时程分析的房屋高度范围

烈度、场地类别	房屋高度范围（m）
8度Ⅰ、Ⅱ类场地和7度	>100
8度Ⅲ、Ⅳ类场地	>80
9 度	>60

表 5.1.2-2 时程分析所用地震加速度时程曲线的最大值（cm/s^2）

地震影响	6度	7度	8度	9度
多遇地震	18	35（55）	70（110）	140
罕遇地震	—	220（310）	400（510）	620

注：括号内数值分别用于设计基本地震加速度为0.15g和0.30g的地区。

4 计算罕遇地震下结构的变形，应按本章第5.5节规定，采用简化的弹塑性分析方法或弹塑性时程分析法。

注：建筑结构的隔震和消能减震设计，应采用本规范第12章规定的计算方法。

5.1.3 计算地震作用时，建筑的重力荷载代表值应取结构和构配件自重标准值和各可变荷载组合值之和。各可变荷载的组合值系数，应按表5.1.3采用。

表 5.1.3 组合值系数

可变荷载种类		组合值系数
雪荷载		0.5
屋面积灰荷载		0.5
屋面活荷载		不计入
按实际情况计算的楼面活荷载		1.0
按等效均布荷载计算的楼面活荷载	藏书库、档案库	0.8
	其他民用建筑	0.5
吊车悬吊物重力	硬钩吊车	0.3
	软钩吊车	不计入

注：硬钩吊车的吊重较大时，组合值系数应按实际情况采用。

5.1.4 建筑结构的地震影响系数应根据烈度、场地类别、设计地震分组和结构自振周期以及阻尼比确定。其水平地震影响系数最大值应按表5.1.4-1采用；特征周期应根据场地类别和设计地震分组按表5.1.4-2采用，计算8、9度罕遇地震作用时，特征周期应增加0.05s。

注：1 周期大于6.0s的建筑结构所采用的地震影响系数应专门研究；

2 已编制抗震设防区划的城市，应允许按批准的设计地震动参数采用相应的地震影响系数。

表 5.1.4-1 水平地震影响系数最大值

地震影响	6度	7度	8度	9度
多遇地震	0.04	0.08（0.12）	0.16（0.24）	0.32
罕遇地震	—	0.50（0.72）	0.90（1.20）	1.40

注：括号中数值分别用于设计基本地震加速度为0.15g和0.30g的地区。

表 5.1.4-2 特征周期值（s）

设计地震分组	场 地 类 别			
	Ⅰ	Ⅱ	Ⅲ	Ⅳ
第一组	0.25	0.35	0.45	0.65
第二组	0.30	0.40	0.55	0.75
第三组	0.35	0.45	0.65	0.90

5.1.5 建筑结构地震影响系数曲线（图5.1.5）的阻尼调整和形状参数应符合下列要求：

1 除有专门规定外，建筑结构的阻尼比应取0.05，地震影响系数曲线的阻尼调整系数应按1.0采用，形状参数应符合下列规定：

1）直线上升段，周期小于0.1s的区段。

2) 水平段，自0.1s至特征周期区段，应取最大值(α_{max})。

3) 曲线下降段，自特征周期至5倍特征周期区段，衰减指数应取0.9。

4) 直线下降段，自5倍特征周期至6s区段，下降斜率调整系数应取0.02。

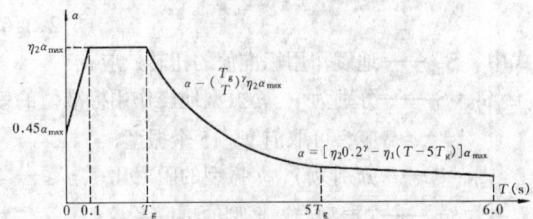

α—地震影响系数；α_{max}—地震影响系数最大值；η_1—直线下降段的下降斜率调整系数；γ—衰减指数；T_g—特征周期；η_2—阻尼调整系数；T—结构自振周期

图 5.1.5 地震影响系数曲线

2 当建筑结构的阻尼比按有关规定不等于0.05时，地震影响系数曲线的阻尼调整系数和形状参数应符合下列规定：

1) 曲线下降段的衰减指数应按下式确定：

$$\gamma = 0.9 + \frac{0.05 - \zeta}{0.5 + 5\zeta} \quad (5.1.5-1)$$

式中 γ——曲线下降段的衰减指数；
　　 ζ——阻尼比。

2) 直线下降段的下降斜率调整系数应按下式确定：

$$\eta_1 = 0.02 + (0.05 - \zeta)/8 \quad (5.1.5-2)$$

式中 η_1——直线下降段的下降斜率调整系数，小于0时取0。

3) 阻尼调整系数应按下式确定：

$$\eta_2 = 1 + \frac{0.05 - \zeta}{0.06 + 1.7\zeta} \quad (5.1.5-3)$$

式中 η_2——阻尼调整系数，当小于0.55时，应取0.55。

5.1.6 结构抗震验算，应符合下列规定：

1 6度时的建筑(建造于Ⅳ类场地上较高的高层建筑除外)，以及生土房屋和木结构房屋等，应允许不进行截面抗震验算，但应符合有关的抗震措施要求。

2 6度时建造于Ⅳ类场地上较高的高层建筑，7度和7度以上的建筑结构（生土房屋和木结构房屋等除外），应进行多遇地震作用下的截面抗震验算。

注：采用隔震设计的建筑结构，其抗震验算应符合有关规定。

5.1.7 符合本章第5.5节规定的结构，除按规定进行多遇地震作用下的截面抗震验算外，尚应进行相应的变形验算。

5.2 水平地震作用计算

5.2.1 采用底部剪力法时，各楼层可仅取一个自由度，结构的水平地震作用标准值，应按下列公式确定（图5.2.1）：

$$F_{Ek} = \alpha_1 G_{eq} \quad (5.2.1-1)$$

$$F_i = \frac{G_i H_i}{\sum_{j=1}^{n} G_j H_j} F_{Ek}(1 - \delta_n)$$

$$(i = 1, 2 \cdots n) \quad (5.2.1-2)$$

$$\Delta F_n = \delta_n F_{Ek} \quad (5.2.1-3)$$

式中 F_{Ek}——结构总水平地震作用标准值；

α_1——相应于结构基本自振周期的水平地震影响系数值，应按本章第5.1.4条确定，多层砌体房屋、底部框架和多层内框架砖房，宜取水平地震影响系数最大值；

图 5.2.1 结构水平地震作用计算简图

G_{eq}——结构等效总重力荷载，单质点应取总重力荷载代表值，多质点可取总重力荷载代表值的85%；

F_i——质点i的水平地震作用标准值；

G_i, G_j——分别为集中于质点i、j的重力荷载代表值，应按本章第5.1.3条确定；

H_i, H_j——分别为质点i、j的计算高度；

δ_n——顶部附加地震作用系数，多层钢筋混凝土和钢结构房屋可按表5.2.1采用，多层内框架砖房可采用0.2，其他房屋可采用0.0；

ΔF_n——顶部附加水平地震作用。

表 5.2.1 顶部附加地震作用系数

T_g (s)	$T_1 > 1.4 T_g$	$T_1 \leq 1.4 T_g$
≤0.35	$0.08 T_1 + 0.07$	
<0.35～0.55	$0.08 T_1 + 0.01$	0.0
>0.55	$0.08 T_1 - 0.02$	

注：T_1为结构基本自振周期。

5.2.2 采用振型分解反应谱法时，不进行扭转耦联计算的结构，应按下列规定计算其地震作用和作用效应：

1 结构j振型i质点的水平地震作用标准值，应按下列公式确定：

$$F_{ji} = \alpha_j \gamma_j X_{ji} G_i \quad (i = 1, 2, \cdots n, j = 1, 2, \cdots m)$$
$$(5.2.2-1)$$

$$\gamma_j = \sum_{i=1}^{n} X_{ji} G_i \bigg/ \sum_{i=1}^{n} X_{ji}^2 G_i \quad (5.2.2-2)$$

式中 F_{ji}——j振型i质点的水平地震作用标准值；

α_j——相应于j振型自振周期的地震影响系数，应按本章第5.1.4条确定；

X_{ji}——j振型i质点的水平相对位移；

γ_j —— j 振型的参与系数。

2 水平地震作用效应（弯矩、剪力、轴向力和变形），应按下式确定：

$$S_{Ek} = \sqrt{\Sigma S_j^2} \quad (5.2.2-3)$$

式中 S_{Ek} —— 水平地震作用标准值的效应；

S_j —— j 振型水平地震作用标准值的效应，可只取前 2~3 个振型，当基本自振周期大于 1.5s 或房屋高宽比大于 5 时，振型个数应适当增加。

5.2.3 建筑结构估计水平地震作用扭转影响时，应按下列规定计算其地震作用和作用效应：

1 规则结构不进行扭转耦联计算时，平行于地震作用方向的两个边榀，其地震作用效应应乘以增大系数。一般情况下，短边可按 1.15 采用，长边可按 1.05 采用；当扭转刚度较小时，宜按不小于 1.3 采用。

2 按扭转耦联振型分解法计算时，各楼层可取两个正交的水平位移和一个转角共三个自由度，并应按下列公式计算结构的地震作用和作用效应。确有依据时，尚可采用简化计算方法确定地震作用效应。

1）j 振型 i 层的水平地震作用标准值，应按下列公式确定：

$$F_{xji} = \alpha_j \gamma_{tj} X_{ji} G_i$$
$$F_{yji} = \alpha_j \gamma_{tj} Y_{ji} G_i \quad (i=1,2,\cdots n, j=1,2,\cdots m)$$
$$F_{tji} = \alpha_j \gamma_{tj} r_i^2 \varphi_{ji} G_i \quad (5.2.3-1)$$

式中 F_{xji}、F_{yji}、F_{tji} —— 分别为 j 振型 i 层的 x 方向、y 方向和转角方向的地震作用标准值；

X_{ji}、Y_{ji} —— 分别为 j 振型 i 层质心在 x、y 方向的水平相对位移；

φ_{ji} —— j 振型 i 层的相对扭转角；

r_i —— i 层转动半径，可取 i 层绕质心的转动惯量除以该层质量的商的正二次方根；

γ_{tj} —— 计入扭转的 j 振型的参与系数，可按下列公式确定：

当仅取 x 方向地震作用时

$$\gamma_{tj} = \sum_{i=1}^{n} X_{ji} G_i \bigg/ \sum_{i=1}^{n} (X_{ji}^2 + Y_{ji}^2 + \varphi_{ji}^2 r_i^2) G_i$$
$$(5.2.3-2)$$

当仅取 y 方向地震作用时

$$\gamma_{tj} = \sum_{i=1}^{n} Y_{ji} G_i \bigg/ \sum_{i=1}^{n} (X_{ji}^2 + Y_{ji}^2 + \varphi_{ji}^2 r_i^2) G_i$$
$$(5.2.3-3)$$

当取与 x 方向斜交的地震作用时，

$$\gamma_{tj} = \gamma_{xj} \cos\theta + \gamma_{yj} \sin\theta \quad (5.2.3-4)$$

式中 γ_{xj}、γ_{yj} —— 分别由式（5.2.3-2）、（5.2.3-3）求得的参与系数；

θ —— 地震作用方向与 x 方向的夹角。

2）单向水平地震作用的扭转效应，可按下列公式确定：

$$S_{Ek} = \sqrt{\sum_{j=1}^{m} \sum_{k=1}^{m} \rho_{jk} S_j S_k} \quad (5.2.3-5)$$

$$\rho_{jk} = \frac{8\zeta_j \zeta_k (1+\lambda_T) \lambda_T^{1.5}}{(1-\lambda_T^2)^2 + 4\zeta_j \zeta_k (1+\lambda_T)^2 \lambda_T}$$
$$(5.2.3-6)$$

式中 S_{Ek} —— 地震作用标准值的扭转效应；

S_j、S_k —— 分别为 j、k 振型地震作用标准值的效应，可取前 9~15 个振型；

ζ_j、ζ_k —— 分别为 j、k 振型的阻尼比；

ρ_{jk} —— j 振型与 k 振型的耦联系数；

λ_T —— k 振型与 j 振型的自振周期比。

3）双向水平地震作用的扭转效应，可按下列公式中的较大值确定：

$$S_{Ek} = \sqrt{S_x^2 + (0.85 S_y)^2} \quad (5.2.3-7)$$

或 $$S_{Ek} = \sqrt{S_y^2 + (0.85 S_x)^2} \quad (5.2.3-8)$$

式中 S_x、S_y 分别为 x 向、y 向单向水平地震作用按式（5.2.3-5）计算的扭转效应。

5.2.4 采用底部剪力法时，突出屋面的屋顶间、女儿墙、烟囱等的地震作用效应，宜乘以增大系数 3，此增大部分不应往下传递，但与该突出部分相连的构件应予计入；采用振型分解法时，突出屋面部分可作为一个质点；单层厂房突出屋面天窗架的地震作用效应的增大系数，应按本规范 9 章的有关规定采用。

5.2.5 抗震验算时，结构任一楼层的水平地震剪力应符合下式要求：

$$V_{Eki} > \lambda \sum_{j=i}^{n} G_j \quad (5.2.5)$$

式中 V_{Eki} —— 第 i 层对应于水平地震作用标准值的楼层剪力；

λ —— 剪力系数，不应小于表 5.2.5 规定的楼层最小地震剪力系数值，对竖向不规则结构的薄弱层，尚应乘以 1.15 的增大系数；

G_j —— 第 j 层的重力荷载代表值。

表 5.2.5 楼层最小地震剪力系数值

类　别	7 度	8 度	9 度
扭转效应明显或基本周期小于 3.5s 的结构	0.016(0.024)	0.032(0.048)	0.064
基本周期大于 5.0s 的结构	0.012(0.018)	0.024(0.032)	0.040

注：1 基本周期介于 3.5s 和 5s 之间的结构，可插入取值；

2 括号内数值分别用于设计基本地震加速度为 0.15g 和 0.30g 的地区。

5.2.6 结构的楼层水平地震剪力,应按下列原则分配:

1 现浇和装配整体式混凝土楼、屋盖等刚性楼盖建筑,宜按抗侧力构件等效刚度的比例分配。

2 木楼盖、木屋盖等柔性楼盖建筑,宜按抗侧力构件从属面积上重力荷载代表值的比例分配。

3 普通的预制装配式混凝土楼、屋盖等半刚性楼、屋盖的建筑,可取上述两种分配结果的平均值。

4 计入空间作用、楼盖变形、墙体弹塑性变形和扭转的影响时,可按本规范各有关规定对上述分配结果作适当调整。

5.2.7 结构抗震计算,一般情况下可不计入地基与结构相互作用的影响;8度和9度时建造于Ⅲ、Ⅳ类场地,采用箱基、刚性较好的筏基和桩箱联合基础的钢筋混凝土高层建筑,当结构基本自振周期处于特征周期的1.2倍至5倍范围时,若计入地基与结构动力相互作用的影响,对刚性地基假定计算的水平地震剪力可按下列规定折减,其层间变形可按折减后的楼层剪力计算。

1 高宽比小于3的结构,各楼层水平地震剪力的折减系数,可按下式计算:

$$\psi = \left(\frac{T_1}{T_1 + \Delta T}\right)^{0.9} \quad (5.2.7)$$

式中 ψ——计入地基与结构动力相互作用后的地震剪力折减系数;

T_1——按刚性地基假定确定的结构基本自振周期(s);

ΔT——计入地基与结构动力相互作用的附加周期(s),可按表5.2.7采用。

表 5.2.7　附加周期(s)

烈度	场地类别	
	Ⅲ类	Ⅳ类
8	0.08	0.20
9	0.10	0.25

2 高宽比不小于3的结构,底部的地震剪力按1款规定折减,顶部不折减,中间各层按线性插入值折减。

3 折减后各楼层的水平地震剪力,应符合本章第5.2.5条的规定。

5.3 竖向地震作用计算

5.3.1 9度时的高层建筑,其竖向地震作用标准值应按下列公式确定(图5.3.1);楼层的竖向地震作用效应可按各构件承受的重力荷载代表值的比例分配,并宜乘以增大系数1.5。

$$F_{Evk} = \alpha_{vmax} G_{eq} \quad (5.3.1-1)$$

$$F_{vi} = \frac{G_i H_i}{\sum G_j H_j} F_{Evk} \quad (5.3.1-2)$$

式中 F_{Evk}——结构总竖向地震作用标准值;

F_{vi}——质点i的竖向地震作用标准值;

α_{vmax}——竖向地震影响系数的最大值,可取水平地震影响系数最大值的65%;

G_{eq}——结构等效总重力荷载,可取其重力荷载代表值的75%。

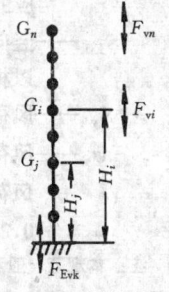

图 5.3.1 结构竖向地震作用计算简图

5.3.2 平板型网架屋盖和跨度大于24m屋架的竖向地震作用标准值,宜取其重力荷载代表值和竖向地震作用系数的乘积;竖向地震作用系数可按表5.3.2采用。

表 5.3.2　竖向地震作用系数

结构类型	烈度	场地类别		
		Ⅰ	Ⅱ	Ⅲ、Ⅳ
平板型网架、钢屋架	8	可不计算(0.10)	0.08(0.12)	0.10(0.15)
	9	0.15	0.15	0.20
钢筋混凝土屋架	8	0.10(0.15)	0.13(0.19)	0.13(0.19)
	9	0.20	0.25	0.25

注:括号中数值分别用于设计基本地震加速度为0.15g和0.30g的地区。

5.3.3 长悬臂和其他大跨度结构的竖向地震作用标准值,8度和9度可分别取该结构、构件重力荷载代表值的10%和20%,设计基本地震加速度为0.30g时,可取该结构、构件重力荷载代表值的15%。

5.4 截面抗震验算

5.4.1 结构构件的地震作用效应和其他荷载效应的基本组合,应按下式计算:

$$S = \gamma_G S_{GE} + \gamma_{Eh} S_{Ehk} + \gamma_{Ev} S_{Evk} + \psi_w \gamma_w S_{wk} \quad (5.4.1)$$

式中 S——结构构件内力组合的设计值,包括组合的弯矩、轴向力和剪力设计值;

γ_G——重力荷载分项系数,一般情况应采用1.2,当重力荷载效应对构件承载能力有利时,不应大于1.0;

γ_{Eh}、γ_{Ev}——分别为水平、竖向地震作用分项系数,应按表5.4.1采用;

γ_w——风荷载分项系数,应采用1.4;

S_{GE}——重力荷载代表值的效应,有吊车时,尚应包括悬吊物重力标准值的效应;

S_{Ehk}——水平地震作用标准值的效应,尚应乘以

相应的增大系数或调整系数;

S_{Evk}——竖向地震作用标准值的效应,尚应乘以相应的增大系数或调整系数;

S_{wk}——风荷载标准值的效应;

ψ_w——风荷载组合值系数,一般结构取0.0,风荷载起控制作用的高层建筑应采用0.2。

注:本规范一般略去表示水平方向的下标。

表5.4.1 地震作用分项系数

地 震 作 用	γ_{Eh}	γ_{Ev}
仅计算水平地震作用	1.3	0.0
仅计算竖向地震作用	0.0	1.3
同时计算水平与竖向地震作用	1.3	0.5

5.4.2 结构构件的截面抗震验算,应采用下列设计表达式:

$$S \leqslant R/\gamma_{RE} \quad (5.4.2)$$

式中 γ_{RE}——承载力抗震调整系数,除另有规定外,应按表5.4.2采用;

R——结构构件承载力设计值。

表5.4.2 承载力抗震调整系数

材料	结构构件	受力状态	γ_{RE}
钢	柱,梁		0.75
	支撑		0.80
	节点板件,连接螺栓		0.85
	连接焊缝		0.90
砌体	两端均有构造柱、芯柱的抗震墙	受剪	0.9
	其他抗震墙	受剪	1.0
混凝土	梁	受弯	0.75
	轴压比小于0.15的柱	偏压	0.75
	轴压比不小于0.15的柱	偏压	0.80
	抗 震 墙	偏压	0.85
	各类构件	受剪、偏拉	0.85

5.4.3 当仅计算竖向地震作用时,各类结构构件承载力抗震调整系数均宜采用1.0。

5.5 抗震变形验算

5.5.1 表5.5.1所列各类结构应进行多遇地震作用下的抗震变形验算,其楼层内最大的弹性层间位移应符合下式要求:

$$\Delta u_e \leqslant [\theta_e] h \quad (5.5.1)$$

式中 Δu_e——多遇地震作用标准值产生的楼层内最大的弹性层间位移;计算时,除以弯曲变形为主的高层建筑外,可不扣除结构整体弯曲变形;应计入扭转变形,各作用分项系数均应采用1.0;钢筋混凝土结构构件的截面刚度可采用弹性刚度;

$[\theta_e]$——弹性层间位移角限值,宜按表5.5.1采用;

h——计算楼层层高。

表5.5.1 弹性层间位移角限值

结 构 类 型	$[\theta_e]$
钢筋混凝土框架	1/550
钢筋混凝土框架-抗震墙、板柱-抗震墙、框架-核心筒	1/800
钢筋混凝土抗震墙、筒中筒	1/1000
钢筋混凝土框支层	1/1000
多、高层钢结构	1/300

5.5.2 结构在罕遇地震作用下薄弱层的弹塑性变形验算,应符合下列要求:

1 下列结构应进行弹塑性变形验算:

 1) 8度Ⅲ、Ⅳ类场地和9度时,高大的单层钢筋混凝土柱厂房的横向排架;

 2) 7～9度时楼层屈服强度系数小于0.5的钢筋混凝土框架结构;

 3) 高度大于150m的钢结构;

 4) 甲类建筑和9度时乙类建筑中的钢筋混凝土结构和钢结构;

 5) 采用隔震和消能减震设计的结构。

2 下列结构宜进行弹塑性变形验算:

 1) 表5.1.2-1所列高度范围且属于表3.4.2-2所列竖向不规则类型的高层建筑结构;

 2) 7度Ⅲ、Ⅳ类场地和8度时乙类建筑中的钢筋混凝土结构和钢结构;

 3) 板柱-抗震墙结构和底部框架砖房;

 4) 高度不大于150m的高层钢结构。

注:楼层屈服强度系数为按构件实际配筋和材料强度标准值计算的楼层受剪承载力和按罕遇地震作用标准值计算的楼层弹性地震剪力的比值;对排架柱,指按实际配筋面积、材料强度标准值和轴向力计算的正截面受弯承载力与按罕遇地震作用标准值计算的弹性地震弯矩的比值。

5.5.3 结构在罕遇地震作用下薄弱层(部位)弹塑性变形计算,可采用下列方法:

1 不超过12层且层刚度无突变的钢筋混凝土框架结构、单层钢筋混凝土柱厂房可采用本节第5.5.4条的简化计算法;

2 除1款以外的建筑结构,可采用静力弹塑性分析方法或弹塑性时程分析法等;

3 规则结构可采用弯剪层模型或平面杆系模型,属于本规范第3.4节规定的不规则结构应采用空间结构模型。

5.5.4 结构薄弱层(部位)弹塑性层间位移的简化计算,宜符合下列要求:

1 结构薄弱层（部位）的位置可按下列情况确定：

  1）楼层屈服强度系数沿高度分布均匀的结构，可取底层；

  2）楼层屈服强度系数沿高度分布不均匀的结构，可取该系数最小的楼层（部位）和相对较小的楼层，一般不超过2～3处；

  3）单层厂房，可取上柱。

2 弹塑性层间位移可按下列公式计算：

$$\Delta u_p = \eta_p \Delta u_e \quad (5.5.4-1)$$

或

$$\Delta u_p = \mu \Delta u_y = \frac{\eta_p}{\xi_y} \Delta u_y \quad (5.5.4-2)$$

式中 Δu_p——弹塑性层间位移；

Δu_y——层间屈服位移；

μ——楼层延性系数；

Δu_e——罕遇地震作用下按弹性分析的层间位移；

η_p——弹塑性层间位移增大系数，当薄弱层（部位）的屈服强度系数不小于相邻层（部位）该系数平均值的0.8时，可按表5.5.4采用。当不大于该平均值的0.5时，可按表内相应数值的1.5倍采用；其他情况可采用内插法取值；

ξ_y——楼层屈服强度系数。

表5.5.4 弹塑性层间位移增大系数

结构类型	总层数 n 或部位	ξ_y		
		0.5	0.4	0.3
多层均匀框架结构	2～4	1.30	1.40	1.60
	5～7	1.50	1.65	1.80
	8～12	1.80	2.00	2.20
单层厂房	上柱	1.30	1.60	2.00

5.5.5 结构薄弱层（部位）弹塑性层间位移应符合下式要求：

$$\Delta u_p \leqslant [\theta_p] h \quad (5.5.5)$$

式中 $[\theta_p]$——弹塑性层间位移角限值，可按表5.5.5采用；对钢筋混凝土框架结构，当轴压比小于0.40时，可提高10%；当柱子全高的箍筋构造比本规范表6.3.12条规定的最小配箍特征值大30%时，可提高20%，但累计不超过25%。

h——薄弱层楼层高度或单层厂房上柱高度。

表5.5.5 弹塑性层间位移角限值

结 构 类 型	$[\theta_p]$
单层钢筋混凝土柱排架	1/30
钢筋混凝土框架	1/50
底部框架砖房中的框架-抗震墙	1/100
钢筋混凝土框架-抗震墙、板柱-抗震墙、框架-核心筒	1/100
钢筋混凝土抗震墙、筒中筒	1/120
多、高层钢结构	1/50

6 多层和高层钢筋混凝土房屋

6.1 一般规定

6.1.1 本章适用的现浇钢筋混凝土房屋的结构类型和最大高度应符合表6.1.1的要求。平面和竖向均不规则的结构或建造于Ⅳ类场地的结构，适用的最大高度应适当降低。

注：本章的"抗震墙"即国家标准《混凝土结构设计规范》GB50010中的剪力墙。

表6.1.1 现浇钢筋混凝土房屋适用的最大高度（m）

结构类型	烈 度			
	6	7	8	9
框 架	60	55	45	25
框架-抗震墙	130	120	100	50
抗震墙	140	120	100	60
部分框支抗震墙	120	100	80	不应采用
框架-核心筒	150	130	100	70
筒中筒	180	150	120	80
板柱-抗震墙	40	35	30	不应采用

注：1 房屋高度指室外地面到主要屋面板板顶的高度（不包括局部突出屋顶部分）；

2 框架-核心筒结构指周边稀柱框架与核心筒组成的结构；

3 部分框支抗震墙结构指首层或底部两层框支抗震墙结构；

4 乙类建筑可按本地区抗震设防烈度确定适用的最大高度；

5 超过表内高度的房屋，应进行专门研究和论证，采取有效的加强措施。

6.1.2 钢筋混凝土房屋应根据烈度、结构类型和房屋高度采用不同的抗震等级，并应符合相应的计算和构造措施要求。丙类建筑的抗震等级应按表6.1.2确定。

表6.1.2 现浇钢筋混凝土房屋的抗震等级

结构类型		烈度						
		6		7		8		9
		≤30	>30	≤30	>30	≤30	>30	≤25
框架结构	高度(m)	≤30	>30	≤30	>30	≤30	>30	≤25
	框架	四	三	三	二	二	一	一
	剧场、体育馆等大跨度公共建筑	三		二		一		一
框架-抗震墙结构	高度(m)	≤60	>60	≤60	>60	≤60	>60	≤50
	框架	四	三	三	二	二	一	一
	抗震墙	三		二	二	一	一	一
抗震墙结构	高度(m)	≤80	>80	≤80	>80	≤80	>80	≤60
	抗震墙	四	三	三	二	二	一	一
部分框支抗震墙结构	抗震墙	三	二	二	一	一		
	框支层框架	二	二	一	一			
筒体结构	框架-核心筒	框架	三		二		一		一
		核心筒	二		二		一		一
	筒中筒	外筒	三		二		一		一
		内筒	三		二		一		一
板柱-抗震墙结构	板柱的柱	三		二		一		
	抗震墙	二		二		一		

注：1 建筑场地为I类时，除6度外可按表内降低一度所对应的抗震等级采取抗震构造措施，但相应的计算要求不应降低；

2 接近或等于高度分界时，应允许结合房屋不规则程度及场地、地基条件确定抗震等级；

3 部分框支抗震墙结构中，抗震墙加强部位以上的一般部位，应允许按抗震墙结构确定其抗震等级。

6.1.3 钢筋混凝土房屋抗震等级的确定，尚应符合下列要求：

1 框架-抗震墙结构，在基本振型地震作用下，若框架部分承受的地震倾覆力矩大于结构总地震倾覆力矩的50%，其框架部分的抗震等级应按框架结构确定，最大适用高度可比框架结构适当增加。

2 裙房与主楼相连，除应按裙房本身确定外，不应低于主楼的抗震等级；主楼结构在裙房顶层及相邻上下各一层应适当加强抗震构造措施。裙房与主楼分离时，应按裙房本身确定抗震等级。

3 当地下室顶板作为上部结构的嵌固部位时，地下一层的抗震等级应与上部结构相同，地下一层以下的抗震等级可根据具体情况采用三级或更低等级。地下室中无上部结构的部分，可根据具体情况采用三级或更低等级。

4 抗震设防类别为甲、乙、丁类的建筑，应按本规范第3.1.3条规定和表6.1.2确定抗震等级；其中，8度乙类建筑高度超过表6.1.2规定的范围时，应经专门研究采取比一级更有效的抗震措施。

注：本章"一、二、三、四级"即"抗震等级为一、二、三、四级"的简称。

6.1.4 高层钢筋混凝土房屋宜避免采用本规范第3.4节规定的不规则建筑结构方案，不设防震缝；当需要设置防震缝时，应符合下列规定：

1 防震缝最小宽度应符合下列要求：

 1）框架结构房屋的防震缝宽度，当高度不超过15m时可采用70mm；超过15m时，6度、7度、8度和9度相应每增加高度5m、4m、3m和2m，宜加宽20mm。

 2）框架-抗震墙结构房屋的防震缝宽度可采用1）项规定数值的70%，抗震墙结构房屋的防震缝宽度可采用1）项规定数值的50%；且均不宜小于70mm。

 3）防震缝两侧结构类型不同时，宜按需要较宽防震缝的结构类型和较低房屋高度确定缝宽。

2 8、9度框架结构房屋防震缝两侧结构高度、刚度或层高相差较大时，可在缝两侧房屋的尽端沿全高设置垂直于防震缝的抗撞墙，每一侧抗撞墙的数量不应少于两道，宜分别对称布置，墙肢长度可不大于一个柱距，框架和抗撞墙的内力应按设置和不设置抗撞墙两种情况分别进行分析，并按不利情况取值。防震缝两侧抗撞墙的端柱和框架的边柱，箍筋应沿房屋全高加密。

6.1.5 框架结构和框架-抗震墙结构中，框架和抗震墙均应双向设置，柱中线与抗震墙中线、梁中线与柱中线之间偏心距不宜大于柱宽的1/4。

6.1.6 框架-抗震墙和板柱-抗震墙结构中，抗震墙之间无大洞口的楼、屋盖的长宽比，不宜超过表6.1.6的规定；超过时，应计入楼盖平面内变形的影响。

表6.1.6 抗震墙之间楼、屋盖的长宽比

楼、屋盖类型	烈度			
	6	7	8	9
现浇、叠合梁板	4	4	3	2
装配式楼盖	3	3	2.5	不宜采用
框支层和板柱-抗震墙的现浇梁板	2.5	2.5		不应采用

6.1.7 采用装配式楼、屋盖时，应采取措施保证楼、屋盖的整体性及其与抗震墙的可靠连接。采用配筋现浇面层加强时，厚度不宜小于50mm。

6.1.8 框架-抗震墙结构中的抗震墙设置，宜符合下列要求：

1 抗震墙宜贯通房屋全高，且横向与纵向的抗震墙宜相连。

2 抗震墙宜设置在墙面不需要开大洞口的位置。

3 房屋较长时，刚度较大的纵向抗震墙不宜设置在房屋的端开间。

4 抗震墙洞口宜上下对齐；洞边距端柱不宜小于300mm。

5 一、二级抗震墙的洞口连梁，跨高比不宜大于5，且梁截面高度不宜小于400mm。

6.1.9 抗震墙结构和部分框支抗震墙结构中的抗震墙设置，应符合下列要求：

1 较长的抗震墙宜开设洞口，将一道抗震墙分成长度较均匀的若干墙段，洞口连梁的跨高比宜大于6，各墙段的高宽比不应小于2。

2 墙肢的长度沿结构全高不宜有突变；抗震墙有较大洞口时，以及一、二级抗震墙的底部加强部位，洞口宜上下对齐。

3 矩形平面的部分框支抗震墙结构，其框支层的楼层侧向刚度不应小于相邻非框支层楼层侧向刚度的50%；框支层落地抗震墙间距不宜大于24m，框支层的平面布置尚宜对称，且宜设抗震筒体。

6.1.10 部分框支抗震墙结构的抗震墙，其底部加强部位的高度，可取框支层加框支层以上二层的高度及落地抗震墙总高度的1/8二者的较大值，且不大于15m；其他结构的抗震墙，其底部加强部位的高度可取墙肢总高度的1/8和底部二层二者的较大值，且不大于15m。

6.1.11 框架单独柱基有下列情况之一时，宜沿两个主轴方向设置基础系梁：

1 一级框架和Ⅳ类场地的二级框架；

2 各柱基承受的重力荷载代表值差别较大；

3 基础埋置较深，或各基础埋置深度差别较大；

4 地基主要受力层范围内存在软弱粘性土层、液化土层和严重不均匀土层；

5 桩基承台之间。

6.1.12 框架-抗震墙结构中的抗震墙基础和部分框支抗震墙结构的落地抗震墙基础，应有良好的整体性和抗转动的能力。

6.1.13 主楼与裙房相连且采用天然地基，除应符合本规范第4.2.4条的规定外，在地震作用下主楼基础底面不宜出现零应力区。

6.1.14 地下室顶板作为上部结构的嵌固部位时，应避免在地下室顶板开设大洞口，并应采用现浇梁板结构，其楼板厚度不宜小于180mm，混凝土强度等级不宜小于C30，应采用双层双向配筋，且每层每个方向的配筋率不宜小于0.25%；地下室结构的楼层侧向刚度不宜小于相邻上部楼层侧向刚度的2倍，地下室柱截面每侧的纵向钢筋面积，除应满足计算要求外，不应少于地上一层对应柱每侧纵筋面积的1.1倍；地上一层的框架结构柱和抗震墙墙底截面的弯矩设计值应符合本章第6.2.3、6.2.6、6.2.7条的规定，位于地下室顶板的梁柱节点左右梁端截面实际受弯承载力之和不宜小于上下柱端实际受弯承载力之和。

6.1.15 框架的填充墙应符合本规范第13章的规定。

6.1.16 高强混凝土结构抗震设计应符合本规范附录B的规定。

6.1.17 预应力混凝土结构抗震设计应符合本规范附录C的规定。

6.2 计算要点

6.2.1 钢筋混凝土结构应按本节规定调整构件的组合内力设计值，其层间变形应符合本规范第5.5节有关规定；构件截面抗震验算时，凡本章和有关附录未作规定者，应符合现行有关结构设计规范的要求，但其非抗震的构件承载力设计值应除以本规范规定的承载力抗震调整系数。

6.2.2 一、二、三级框架的梁柱节点处，除框架顶层和柱轴压比小于0.15者及框支梁与框支柱的节点外，柱端组合的弯矩设计值应符合下式要求：

$$\Sigma M_c = \eta_c \Sigma M_b \quad (6.2.2-1)$$

一级框架结构及9度时尚应符合

$$\Sigma M_c = 1.2 \Sigma M_{bua} \quad (6.2.2-2)$$

式中 ΣM_c——节点上下柱端截面顺时针或反时针方向组合的弯矩设计值之和，上下柱端的弯矩设计值，可按弹性分析分配；

ΣM_b——节点左右梁端截面反时针或顺时针方向组合的弯矩设计值之和，一级框架节点左右梁端均为负弯矩时，绝对值较小的弯矩应取零；

ΣM_{bua}——节点左右梁端截面反时针或顺时针方向实配的正截面抗震受弯承载力所对应的弯矩值之和，根据实配钢筋面积（计入受压筋）和材料强度标准值确定；

η_c——柱端弯矩增大系数，一级取1.4，二级取1.2，三级取1.1。

当反弯点不在柱的层高范围内时，柱截面组合的弯矩设计值可乘以上述柱端弯矩增大系数。

6.2.3 一、二、三级框架结构的底层，柱下端截面组合的弯矩设计值，应分别乘以增大系数1.5、1.25和1.15。底层柱纵向钢筋宜按上下端的不利情况配置。

注：底层指无地下室的基础以上或地下室以上的首层。

6.2.4 一、二、三级的框架梁和抗震墙中跨高比大于2.5的连梁，其梁端截面组合的剪力设计值应按下式调整：

$$V = \eta_{vb}(M_b^l + M_b^r)/l_n + V_{Gb} \quad (6.2.4-1)$$

一级框架结构及9度时尚应符合

$$V = 1.1(M_{bua}^l + M_{bua}^r)/l_n + V_{Gb} \quad (6.2.4-2)$$

式中 V——梁端截面组合的剪力设计值；

l_n——梁的净跨；

V_{Gb}——梁在重力荷载代表值（9度时高层建筑还应包括竖向地震作用标准值）作用下，按简支梁分析的梁端截面剪力设计值；

M_b^l、M_b^r——分别为梁左右端截面反时针或顺时针方向组合的弯矩设计值，一级框架两端弯矩均为负弯矩时，绝对值较小的弯矩应取零；

M_{bua}^l、M_{bua}^r——分别为梁左右端截面反时针或顺时针方向实配的正截面抗震受弯承载力所对应的弯矩值，根据实配钢筋面积（计入受压筋）和材料强度标准值确定；

η_{vb}——梁端剪力增大系数，一级取1.3，二级取1.2，三级取1.1。

6.2.5 一、二、三级的框架柱和框支柱组合的剪力设计值应按下式调整：

$$V = \eta_{vc}(M_c^b + M_c^t)/H_n \quad (6.2.5-1)$$

一级框架结构及9度时尚应符合

$$V = 1.2(M_{cua}^b + M_{cua}^t)/H_n \quad (6.2.5-2)$$

式中 V——柱端截面组合的剪力设计值；框支柱的剪力设计值尚应符合本节第6.2.10条的规定；

H_n——柱的净高；

M_c^t、M_c^b——分别为柱的上下端顺时针或反时针方向截面组合的弯矩设计值，应符合本节第6.2.2、6.2.3条的规定；框支柱的弯矩设计值尚应符合本节第6.2.10条的规定；

M_{cua}^t、M_{cua}^b——分别为偏心受压柱的上下端顺时针或反时针方向实配的正截面抗震受弯承载力所对应的弯矩值，根据实配钢筋面积、材料强度标准值和轴压力等确定；

η_{vc}——柱剪力增大系数，一级取1.4，二级取1.2，三级取1.1。

6.2.6 一、二、三级框架的角柱，经本节第6.2.2、6.2.3、6.2.5、6.2.10条调整后的组合弯矩设计值、剪力设计值尚应乘以不小于1.10的增大系数。

6.2.7 抗震墙各墙肢截面组合的弯矩设计值，应按下列规定采用：

1 一级抗震墙的底部加强部位及以上一层，应按墙肢底部截面组合弯矩设计值采用；其他部位，墙肢截面的组合弯矩设计值应乘以增大系数，其值可采用1.2。

2 部分框支抗震墙结构的落地抗震墙墙肢不宜出现小偏心受拉。

3 双肢抗震墙中，墙肢不宜出现小偏心受拉；当任一墙肢为大偏心受拉时，另一墙肢的剪力设计值、弯矩设计值应乘以增大系数1.25。

6.2.8 一、二、三级的抗震墙底部加强部位，其截面组合的剪力设计值应按下式调整：

$$V = \eta_{vw} V_w \quad (6.2.8-1)$$

9度时尚应符合 $V = 1.1 \dfrac{M_{wua}}{M_w} V_w \quad (6.2.8-2)$

式中 V——抗震墙底部加强部位截面组合的剪力设计值；

V_w——抗震墙底部加强部位截面组合的剪力计算值；

M_{wua}——抗震墙底部截面实配的抗震受弯承载力所对应的弯矩值，根据实配纵向钢筋面积、材料强度标准值和轴力等计算；有翼墙时应计入墙两侧各一倍翼墙厚度范围内的纵向钢筋；

M_w——抗震墙底部截面组合的弯矩设计值；

η_{vw}——抗震墙剪力增大系数，一级为1.6，二级为1.4，三级为1.2。

6.2.9 钢筋混凝土结构的梁、柱、抗震墙和连梁，其截面组合的剪力设计值应符合下列要求：

跨高比大于2.5的梁和连梁及剪跨比大于2的柱和抗震墙：

$$V \leq \dfrac{1}{\gamma_{RE}}(0.20 f_c b h_0) \quad (6.2.9-1)$$

跨高比不大于2.5的连梁、剪跨比不大于2的柱和抗震墙、部分框支抗震墙结构的框支柱和框支梁、以及落地抗震墙的底部加强部位：

$$V \leq \dfrac{1}{\gamma_{RE}}(0.15 f_c b h_0) \quad (6.2.9-2)$$

剪跨比应按下式计算：

$$\lambda = M^c/(V^c h_0) \quad (6.2.9-3)$$

式中 λ——剪跨比，应按柱或墙端截面组合的弯矩计算值M^c、对应的截面组合剪力计算值V^c及截面有效高度h_0确定，并取上下端计算结果的较大值；反弯点位于柱高中部的框架柱可按柱净高与2倍柱截面高度之比计算；

V——按本节第6.2.5、6.2.6、6.2.8、6.2.10条等规定调整后的柱端或墙端截面组合的剪力设计值；

f_c——混凝土轴心抗压强度设计值；

b——梁、柱截面宽度或抗震墙墙肢截面宽度，圆形截面柱可按面积相等的方形截面计算；

h_0——截面有效高度，抗震墙可取墙肢长度。

6.2.10 部分框支抗震墙结构的框支柱尚应满足下列要求：

1 框支柱承受的最小地震剪力，当框支柱的数目多于10根时，柱承受地震剪力之和不应小于该楼层地震剪力的20%；当少于10根时，每根柱承受的地震剪力不应小于该楼层地震剪力的2%。

2 一、二级框支柱由地震作用引起的附加轴力应分别乘以增大系数1.5、1.2；计算轴压比时，该附加轴力可不乘以增大系数。

3 一、二级框支柱的顶层柱上端和底层柱下端，其组合的弯矩设计值应分别乘以增大系数1.5和1.25，框支柱的中间节点应满足本节第6.2.2条的要求。

4 框支梁中线宜与框支柱中线重合。

6.2.11 部分框支抗震墙结构的一级落地抗震墙底部加强部位尚应满足下列要求：

1 验算抗震墙受剪承载力时不宜计入混凝土的受剪作用，若需计入混凝土的受剪作用，则墙肢在边缘构件以外的部位在两排钢筋间应设置直径不小于8mm的拉结筋，且水平和竖向间距分别不大于该方向分布筋间距两倍和400mm的较小值。

2 无地下室且墙肢底部截面出现偏心受拉时，宜在墙肢与基础交接面另设交叉防滑斜筋，防滑斜筋承担的拉力可按交接面处剪力设计值的30%采用。

6.2.12 部分框支抗震墙结构的框支层楼板应符合本规范附录E.1的规定。

6.2.13 钢筋混凝土结构抗震计算时，尚应符合下列要求：

1 侧向刚度沿竖向分布基本均匀的框架-抗震墙结构，任一层框架部分的地震剪力，不应小于结构底部总地震剪力的20%和按框架-抗震墙结构分析的框架部分各楼层地震剪力中最大值1.5倍二者的较小值。

2 抗震墙连梁的刚度可折减，折减系数不宜小于0.50。

3 抗震墙结构、部分框支抗震墙结构、框架-抗震墙结构、筒体结构、板柱-抗震墙结构计算内力和变形时，其抗震墙应计入端部翼墙的共同工作。翼墙的有效长度，每侧由墙面算起可取相邻抗震墙净间距的一半、至门窗洞口的墙长度及抗震墙总高度的15%三者的最小值。

6.2.14 一级抗震墙的施工缝截面受剪承载力，应采用下式验算：

$$V_{wj} \leqslant \frac{1}{\gamma_{RE}}(0.6f_y A_s + 0.8N) \quad (6.2.14)$$

式中 V_{wj}——抗震墙施工缝处组合的剪力设计值；
　　f_y——竖向钢筋抗拉强度设计值；
　　A_s——施工缝处抗震墙的竖向分布钢筋、竖向插筋和边缘构件（不包括边缘构件以外的两侧翼墙）纵向钢筋的总截面面积；
　　N——施工缝处不利组合的轴向力设计值，压力取正值，拉力取负值。

6.2.15 框架节点核芯区的抗震验算应符合下列要求：

1 一、二级框架的节点核芯区，应进行抗震验算；三、四级框架节点核芯区，可不进行抗震验算，但应符合抗震构造措施的要求。

2 核芯区截面抗震验算方法应符合本规范附录D的规定。

6.3 框架结构抗震构造措施

6.3.1 梁的截面尺寸，宜符合下列各项要求：
1 截面宽度不宜小于200mm；
2 截面高宽比不宜大于4；
3 净跨与截面高度之比不宜小于4。

6.3.2 采用梁宽大于柱宽的扁梁时，楼板应现浇，梁中线宜与柱中线重合，扁梁应双向布置，且不宜用于一级框架结构。扁梁的截面尺寸应符合下列要求，并应满足现行有关规范对挠度和裂缝宽度的规定：

$$b_b \leqslant 2b_c \quad (6.3.2-1)$$

$$b_b \leqslant b_c + h_b \quad (6.3.2-2)$$

$$h_b \geqslant 16d \quad (6.3.2-3)$$

式中 b_c——柱截面宽度，圆形截面取柱直径的0.8倍；
　　b_b、h_b——分别为梁截面宽度和高度；
　　d——柱纵筋直径。

6.3.3 梁的钢筋配置，应符合下列各项要求：

1 梁端纵向受拉钢筋的配筋率不应大于2.5%，且计入受压钢筋的梁端混凝土受压区高度和有效高度之比，一级不应大于0.25，二、三级不应大于0.35。

2 梁端截面的底面和顶面纵向钢筋配筋量的比值，除按计算确定外，一级不应小于0.5，二、三级不应小于0.3。

3 梁端箍筋加密区的长度、箍筋最大间距和最小直径应按表6.3.3采用，当梁端纵向受拉钢筋配筋率大于2%时，表中箍筋最小直径数值应增大2mm。

表6.3.3 梁端箍筋加密区的长度、箍筋的最大间距和最小直径

抗震等级	加密区长度（采用较大值）（mm）	箍筋最大间距（采用最小值）（mm）	箍筋最小直径（mm）
一	$2h_b$, 500	$h_b/4$, $6d$, 100	10
二	$1.5h_b$, 500	$h_b/4$, $8d$, 100	8
三	$1.5h_b$, 500	$h_b/4$, $8d$, 150	8
四	$1.5h_b$, 500	$h_b/4$, $8d$, 150	6

注：d为纵向钢筋直径，h_b为梁截面高度。

6.3.4 梁的纵向钢筋配置，尚应符合下列各项要求：
1 沿梁全长顶面和底面的配筋，一、二级不应少于2φ14，且分别不应少于梁两端顶面和底面纵向配筋中较大截面面积的1/4，三、四级不应少于2φ12；

2 一、二级框架梁内贯通中柱的每根纵向钢筋直径，对矩形截面柱，不宜大于柱在该方向截面尺寸的1/20；对圆形截面柱，不宜大于纵向钢筋所在位置柱截面弦长的1/20。

6.3.5 梁端加密区的箍筋肢距，一级不宜大于200mm和20倍箍筋直径的较大值，二、三级不宜大于250mm和20倍箍筋直径的较大值，四级不宜大于300mm。

6.3.6 柱的截面尺寸，宜符合下列各项要求：

1 截面的宽度和高度均不宜小于300mm；圆柱直径不宜小于350mm。

2 剪跨比宜大于2。

3 截面长边与短边的边长比不宜大于3。

6.3.7 柱轴压比不宜超过表6.3.7的规定；建造于Ⅳ类场地且较高的高层建筑，柱轴压比限值应适当减小。

表6.3.7 柱轴压比限值

结构类型	抗震等级		
	一	二	三
框架结构	0.7	0.8	0.9
框架-抗震墙，板柱-抗震墙及筒体	0.75	0.85	0.95
部分框支抗震墙	0.6	0.7	—

注：1 轴压比指柱组合的轴压力设计值与柱的全截面面积和混凝土轴心抗压强度设计值乘积之比值；可不进行地震作用计算的结构，取无地震作用组合的轴力设计值；
2 表内限值适用于剪跨比大于2、混凝土强度等级不高于C60的柱；剪跨比不大于2的柱轴压比限值应降低0.05；剪跨比小于1.5的柱，轴压比限值应专门研究并采取特殊构造措施；
3 沿柱全高采用井字复合箍且箍筋肢距不大于200mm、间距不大于100mm、直径不小于12mm，或沿柱全高采用复合螺旋箍、螺旋间距不大于100mm、箍筋肢距不大于200mm、直径不小于12mm，或沿柱全高采用连续复合矩形螺旋箍、螺旋净距不大于80mm、箍筋肢距不大于200mm、直径不小于10mm，轴压比限值均可增加0.10；上述三种箍筋的配箍特征值均应按增大的轴压比由本节表6.3.12确定；
4 在柱的截面中部附加芯柱，其中另加的纵向钢筋的总面积不少于柱截面面积的0.8%，轴压比限值可增加0.05；此项措施与注3的措施共同采用时，轴压比限值可增加0.15，但箍筋的配箍特征值仍可按轴压比增加0.10的要求确定；
5 柱轴压比不应大于1.05。

6.3.8 柱的钢筋配置，应符合下列各项要求：

1 柱纵向钢筋的最小总配筋率应按表6.3.8-1采用，同时每一侧配筋率不应小于0.2%；对建造于Ⅳ类场地且较高的高层建筑，表中的数值应增加0.1。

表6.3.8-1 柱截面纵向钢筋的最小总配筋率（百分率）

类别	抗震等级			
	一	二	三	四
中柱和边柱	1.0	0.8	0.7	0.6
角柱、框支柱	1.2	1.0	0.9	0.8

注：采用HRB400级热轧钢筋时应允许减少0.1，混凝土强度等级高于C60时应增加0.1。

2 柱箍筋在规定的范围内应加密，加密区的箍筋间距和直径，应符合下列要求：

1）一般情况下，箍筋的最大间距和最小直径，应按表6.3.8-2采用；

表6.3.8-2 柱箍筋加密区的箍筋最大间距和最小直径

抗震等级	箍筋最大间距（采用较小值，mm）	箍筋最小直径（mm）
一	6d, 100	10
二	8d, 100	8
三	8d, 150（柱根100）	8
四	8d, 150（柱根100）	6（柱根8）

注：d为柱纵筋最小直径；柱根指框架底层柱的嵌固部位。

2）二级框架柱的箍筋直径不小于10mm且箍筋肢距不大于200mm时，除柱根外最大间距应允许采用150mm；三级框架柱的截面尺寸不大于400mm时，箍筋最小直径应允许采用6mm；四级框架柱剪跨比不大于2时，箍筋直径不应小于8mm。

3）框支柱和剪跨比不大于2的柱，箍筋间距不应大于100mm。

6.3.9 柱的纵向钢筋配置，尚应符合下列各项要求：

1 宜对称配置。

2 截面尺寸大于400mm的柱，纵向钢筋间距不宜大于200mm。

3 柱总配筋率不应大于5%。

4 一级且剪跨比不大于2的柱，每侧纵向钢筋配筋率不宜大于1.2%。

5 边柱、角柱及抗震墙端柱在地震作用组合产生小偏心受拉时，柱内纵筋总截面面积应比计算值增加25%。

6 柱纵向钢筋的绑扎接头应避开柱端的箍筋加密区。

6.3.10 柱的箍筋加密范围，应按下列规定采用：

1 柱端，取截面高度（圆柱直径），柱净高的1/6和500mm三者的最大值。

2 底层柱，柱根不小于柱净高的1/3；当有刚性地面时，除柱端外尚应取刚性地面上下各500mm。

3 剪跨比不大于2的柱和因设置填充墙等形成的柱净高与柱截面高度之比不大于4的柱，取全高。

4 框支柱，取全高。

5 一级及二级框架的角柱，取全高。

6.3.11 柱箍筋加密区箍筋肢距，一级不宜大于200mm，二、三级不宜大于250mm和20倍箍筋直径的较大值，四级不宜大于300mm。至少每隔一根纵向钢筋宜在两个方向有箍筋或拉筋约束；采用拉筋复合箍时，拉筋宜紧靠纵向钢筋并钩住箍筋。

6.3.12 柱箍筋加密区的体积配箍率，应符合下列要求：

$$\rho_v \geq \lambda_v f_c / f_{yv} \quad (6.3.12)$$

式中 ρ_v——柱箍筋加密区的体积配箍率，一级不应小于0.8%，二级不应小于0.6%，三、四级不应小于0.4%；计算复合箍的体积配箍率时，应扣除重叠部分的箍筋体积；

f_c——混凝土轴心抗压强度设计值；强度等级低于C35时，应按C35计算；

f_{yv}——箍筋或拉筋抗拉强度设计值，超过360N/mm² 时，应取360N/mm² 计算；

λ_v——最小配箍特征值，宜按表6.3.12采用。

表6.3.12 柱箍筋加密区的箍筋最小配箍特征值

抗震等级	箍筋形式	柱轴压比								
		≤0.3	0.4	0.5	0.6	0.7	0.8	0.9	1.0	1.05
一	普通箍、复合箍	0.10	0.11	0.13	0.15	0.17	0.20	0.23		
一	螺旋箍、复合或连续复合矩形螺旋箍	0.08	0.09	0.11	0.13	0.15	0.18	0.21		
二	普通箍、复合箍	0.08	0.09	0.11	0.13	0.15	0.17	0.19	0.22	0.24
二	螺旋箍、复合或连续复合矩形螺旋箍	0.06	0.07	0.09	0.11	0.13	0.15	0.17	0.20	0.22
三	普通箍、复合箍	0.06	0.07	0.09	0.11	0.13	0.15	0.17	0.20	0.22
三	螺旋箍、复合或连续复合矩形螺旋箍	0.05	0.06	0.07	0.09	0.11	0.13	0.15	0.18	0.20

注：1 普通箍指单个矩形箍和单个圆形箍；复合箍指由矩形、多边形、圆形箍或拉筋组成的箍筋；复合螺旋箍指由螺旋箍与矩形、多边形、圆形箍或拉筋组成的箍筋；连续复合矩形螺旋箍指全部螺旋箍为同一根钢筋加工而成的箍筋。

2 框支柱宜采用复合螺旋箍或井字复合箍，其最小配箍特征值应比表内数值增加0.02，且体积配箍率不应小于1.5%。

3 剪跨比不大于2的柱宜采用复合螺旋箍或井字复合箍，其体积配箍率不应小于1.2%，9度时不应小于1.5%；

4 计算复合螺旋箍的体积配箍率时，其非螺旋箍的箍筋体积应乘以换算系数0.8。

6.3.13 柱箍筋非加密区的体积配箍率不宜小于加密区的50%；箍筋间距，一、二级框架柱不应大于10倍纵向钢筋直径，三、四级框架柱不应大于15倍纵向钢筋直径。

6.3.14 框架节点核芯区箍筋的最大间距和最小直径宜按本章6.3.8条采用，一、二、三级框架节点核芯区配箍特征值分别不宜小于0.12、0.10和0.08且体积配箍率分别不宜小于0.6%、0.5%和0.4%。柱剪跨比不大于2的框架节点核芯区配箍特征值不宜小于核芯区上、下柱端的较大配箍特征值。

6.4 抗震墙结构抗震构造措施

6.4.1 抗震墙的厚度，一、二级不应小于160mm且不应小于层高的1/20，三、四级不应小于140mm且不应小于层高的1/25。底部加强部位的墙厚，一、二级不宜小于200mm且不宜小于层高的1/16；无端柱或翼墙时不应小于层高的1/12。

6.4.2 抗震墙厚度大于140 mm时，竖向和横向分布钢筋应双排布置；双排分布钢筋间拉筋的间距不应大于600mm，直径不应小于6mm；在底部加强部位，边缘构件以外的拉筋间距应适当加密。

6.4.3 抗震墙竖向、横向分布钢筋的配筋，应符合下列要求：

1 一、二、三级抗震墙的竖向和横向分布钢筋最小配筋率均不应小于0.25%，四级抗震墙不应小于0.20%；钢筋最大间距不应大于300mm，最小直径不应小于8mm。

2 部分框支抗震墙结构的抗震墙底部加强部位，纵向及横向分布钢筋配筋率均不应小于0.3%，钢筋间距不应大于200mm。

6.4.4 抗震墙竖向、横向分布钢筋的钢筋直径不宜大于墙厚的1/10。

6.4.5 一级和二级抗震墙，底部加强部位在重力荷载代表值作用下墙肢的轴压比，一级（9度）时不宜超过0.4，一级（8度）时不宜超过0.5，二级不宜超过0.6。

6.4.6 抗震墙两端和洞口两侧应设置边缘构件，并应符合下列要求：

1 抗震墙结构，一、二级抗震墙底部加强部位及相邻的上一层应按本章第6.4.7条设置约束边缘构件，但墙肢截面在重力荷载代表值作用下的轴压比小于表6.4.6的规定值时可按本章第6.4.8条设置构造边缘构件。

表6.4.6 抗震墙设置构造边缘构件的最大轴压比

等级或烈度	一级（9度）	一级（8度）	二级
轴压比	0.1	0.2	0.3

2 部分框支抗震墙结构，一、二级落地抗震墙

底部加强部位及相邻的上一层的两端应设置符合约束边缘构件要求的翼墙或端柱,洞口两侧应设置约束边缘构件;不落地抗震墙应在底部加强部位及相邻的上一层的墙肢两端设置约束边缘构件。

3 一、二级抗震墙的其他部位和三、四级抗震墙,均应按本章6.4.8条设置构造边缘构件。

6.4.7 抗震墙的约束边缘构件包括暗柱、端柱和翼墙(图6.4.7)。约束边缘构件沿墙肢的长度和配箍特征值应符合表6.4.7的要求,一、二级抗震墙约束边缘构件在设置箍筋范围内(即图6.4.7中阴影部分)的纵向钢筋配筋率,分别不应小于1.2%和1.0%。

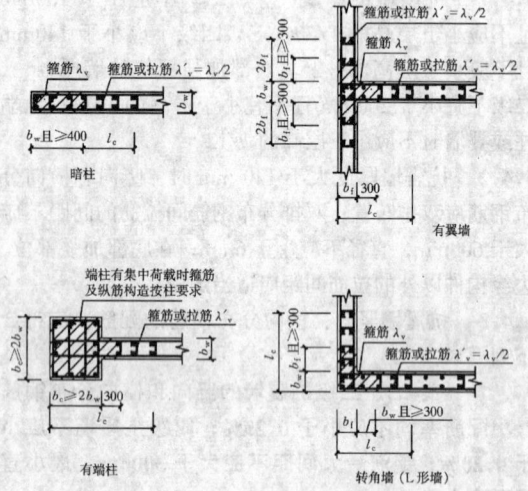

图6.4.7 抗震墙的约束边缘构件

表6.4.7 约束边缘构件范围 l_c 及其配箍特征值 λ_v

项　目	一级(9度)	一级(8度)	二　级
λ_v	0.2	0.2	0.2
l_c(暗柱)	$0.25h_w$	$0.20h_w$	$0.20h_w$
l_c(有翼墙或端柱)	$0.20h_w$	$0.15h_w$	$0.15h_w$

注:**1** 抗震墙的翼墙长度小于其3倍厚度或端柱截面边长小于2倍墙厚时,视为无翼墙、无端柱;
  2 l_c为约束边缘构件沿墙肢长度,不应小于表内数值、$1.5b_w$和450 mm三者的最大值;有翼墙或端柱时尚不应小于翼墙厚度或端柱沿墙肢方向截面高度加300 mm;
  3 λ_v为约束边缘构件的配箍特征值,计算配箍率时,箍筋或拉筋抗拉强度设计值超过360N/mm²时,应按360N/mm²计算;箍筋或拉筋沿竖向间距,一级不宜大于100mm,二级不宜大于150mm;
  4 h_w为抗震墙墙肢长度。

6.4.8 抗震墙的构造边缘构件的范围,宜按图6.4.8采用;构造边缘构件的配筋应满足受弯承载力要求,并宜符合表6.4.8的要求。

表6.4.8 抗震墙构造边缘构件的配筋要求

抗震等级	底部加强部位			其他部位		
	纵向钢筋最小量(取较大值)	箍筋最小直径(mm)	沿竖向最大间距(mm)	纵向钢筋最小量	拉筋最小直径(mm)	沿竖向最大间距(mm)
一	$0.010A_c$, 6φ16	8	100	6φ14	8	150
二	$0.008A_c$, 6φ14	8	150	6φ12	8	200
三	$0.005A_c$, 4φ12	6	150	4φ12	6	200
四	$0.005A_c$, 4φ12	6	200	4φ12	6	250

注:**1** A_c为计算边缘构件纵向构造钢筋的暗柱或端柱面积,即图6.4.8抗震墙截面的阴影部分;
  2 对其他部位,拉筋的水平间距不应大于纵筋间距的2倍,转角处宜用箍筋;
  3 当端柱承受集中荷载时,其纵向钢筋、箍筋直径和间距应满足柱的相应要求。

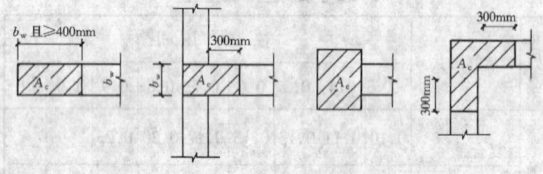

图6.4.8 抗震墙的构造边缘构件范围

6.4.9 抗震墙的墙肢长度不大于墙厚的3倍时,应按柱的要求进行设计,箍筋应沿全高加密。

6.4.10 一、二级抗震墙跨高比不大于2且墙厚不小于200mm的连梁,除普通箍筋外宜另设斜向交叉构造钢筋。

6.4.11 顶层连梁的纵向钢筋锚固长度范围内,应设置箍筋。

6.5 框架-抗震墙结构抗震构造措施

6.5.1 抗震墙的厚度不应小于160mm且不应小于层高的1/20,底部加强部位的抗震墙厚度不应小于200mm且不应小于层高的1/16,抗震墙的周边应设置梁(或暗梁)和端柱组成的边框;端柱截面宜与同层框架柱相同,并应满足本章第6.3节对框架柱的要求;抗震墙底部加强部位的端柱和紧靠抗震墙洞口的端柱宜按柱箍筋加密区的要求沿全高加密箍筋。

6.5.2 抗震墙的竖向和横向分布钢筋,配筋率均不应小于0.25%,并应双排布置,拉筋间距不应大于600mm,直径不应小于6mm。

6.5.3 框架-抗震墙结构的其他抗震构造措施,应符合本章第6.3节、6.4节对框架和抗震墙的有关要求。

6.6 板柱-抗震墙结构抗震设计要求

6.6.1 板柱-抗震墙结构的抗震墙，其抗震构造措施应符合本章第6.4节的有关规定，且底部加强部位及相邻上一层应按本章第6.4.7条设置约束边缘构件，其他部位应按第6.4.8条设置构造边缘构件；柱（包括抗震墙端柱）的抗震构造措施应符合本章第6.3节对框架柱的有关规定。

6.6.2 房屋的周边和楼、电梯洞口周边应采用有梁框架。

6.6.3 8度时宜采用有托板或柱帽的板柱节点，托板或柱帽根部的厚度（包括板厚）不宜小于柱纵筋直径的16倍。托板或柱帽的边长不宜小于4倍板厚及柱截面相应边长之和。

6.6.4 房屋的屋盖和地下一层顶板，宜采用梁板结构。

6.6.5 板柱-抗震墙结构的抗震墙，应承担结构的全部地震作用，各层板柱部分应满足计算要求，并应能承担不少于各层全部地震作用的20%。

6.6.6 板柱结构在地震作用下按等代平面框架分析时，其等代梁的宽度宜采用垂直于等代平面框架方向柱距的50%。

6.6.7 无柱帽平板宜在柱上板带中设构造暗梁，暗梁宽度可取柱宽及柱两侧各不大于1.5倍板厚。暗梁支座上部钢筋面积应不小于柱上板带钢筋面积的50%，暗梁下部钢筋不宜少于上部钢筋的1/2。

6.6.8 无柱帽柱上板带的板底钢筋，宜在距柱面为2倍纵筋锚固长度以外搭接，钢筋端部宜有垂直于板面的弯钩。

6.6.9 沿两个主轴方向通过柱截面的板底连续钢筋的总截面面积，应符合下式要求：

$$A_s \geq N_G/f_y \qquad (6.6.9)$$

式中 A_s——板底连续钢筋总截面面积；
N_G——在该层楼板重力荷载代表值作用下的柱轴压力设计值；
f_y——楼板钢筋的抗拉强度设计值。

6.7 筒体结构抗震设计要求

6.7.1 框架-核心筒结构应符合下列要求：
1 核心筒与框架之间的楼盖宜采用梁板体系。
2 低于9度采用加强层时，加强层的大梁或桁架应与核心筒内的墙肢贯通；大梁或桁架与周边框架柱的连接宜采用铰接或半刚性连接。
3 结构整体分析应计入加强层变形的影响。
4 9度时不应采用加强层。
5 在施工程序及连接构造上，应采取措施减小结构竖向温度变形及轴向压缩对加强层的影响。

6.7.2 框架-核心筒结构的核心筒、筒中筒结构的内筒，其抗震墙应符合本章第6.4节的有关规定，且抗震墙的厚度、竖向和横向分布钢筋应符合本章第6.5节的规定；筒体底部加强部位及相邻上一层不应改变墙体厚度。一、二级筒体角部的边缘构件应按下列要求加强：底部加强部位，约束边缘构件沿墙肢的长度应取墙肢截面高度的1/4，且约束边缘构件范围内应全部采用箍筋；底部加强部位以上的全高范围内宜按本章图6.4.7的转角墙设置约束边缘构件，约束边缘构件沿墙肢的长度仍取墙肢截面高度的1/4。

6.7.3 内筒的门洞不宜靠近转角。

6.7.4 楼层梁不宜集中支承在内筒或核心筒的转角处，也不宜支承在洞口连梁上；内筒或核心筒支承楼层梁的位置宜设暗柱。

6.7.5 一、二级核心筒和内筒中跨高比不大于2的连梁，当梁截面宽度不小于400mm时，宜采用交叉暗柱配筋，全部剪力应由暗柱的配筋承担，并按框架梁构造要求设置普通箍筋；当梁截面宽度小于400mm且不小于200mm时，除普通箍筋外，宜另加设交叉的构造钢筋。

6.7.6 筒体结构转换层的抗震设计应符合本规范附录E.2的规定。

7 多层砌体房屋和底部框架、内框架房屋

7.1 一般规定

7.1.1 本章适用于烧结普通粘土砖、烧结多孔粘土砖、混凝土小型空心砌块等砌体承重的多层房屋，底层或底部两层框架-抗震墙和多层的多排柱内框架砖砌体房屋。

配筋混凝土小型空心砌块抗震墙房屋的抗震设计，应符合本规范附录F的规定。

注：1 本章中"普通砖、多孔砖、小砌块"即"烧结普通粘土砖、烧结多孔粘土砖、混凝土小型空心砌块"的简称。采用其他烧结砖、蒸压砖的砌体房屋，块体的材料性能应有可靠的试验数据；当砌体抗剪强度不低于粘土砖砌体时，可按本章粘土砖房屋的相应规定执行；

2 6、7度时采用蒸压灰砂砖和蒸压粉煤灰砖砌体的房屋，当砌体的抗剪强度不低于粘土砖砌体的70%时，房屋的层数应比粘土砖房屋减少一层，高度应减少3m，且钢筋混凝土构造柱应按增加一层的层数所对应的粘土砖房屋设置，其他要求可按粘土砖房屋的相应规定执行。

7.1.2 多层房屋的层数和高度应符合下列要求：
1 一般情况下，房屋的层数和总高度不应超过表7.1.2的规定。
2 对医院、教学楼等及横墙较少的多层砌体

房屋，总高度应比表7.1.2的规定降低3m，层数相应减少一层；各层横墙很少的多层砌体房屋，还应根据具体情况再适当降低总高度和减少层数。

注：横墙较少指同一楼层内开间大于4.20m的房间占该层总面积的40%以上。

3 横墙较少的多层砖砌体住宅楼，当按规定采取加强措施并满足抗震承载力要求时，其高度和层数应允许仍按表7.1.2的规定采用。

表7.1.2 房屋的层数和总高度限值（m）

房屋类别		最小墙厚度(mm)	烈度							
			6		7		8		9	
			高度	层数	高度	层数	高度	层数	高度	层数
多层砌体	普通砖	240	24	8	21	7	18	6	12	4
	多孔砖	240	21	7	21	7	18	6	12	4
	多孔砖	190	21	7	18	6	15	5	—	—
	小砌块	190	21	7	21	7	18	6	—	—
底部框架-抗震墙		240	22	7	22	7	19	6	—	—
多排柱内框架		240	16	5	16	5	13	4	—	—

注：1 房屋的总高度指室外地面到主要屋面板板顶或檐口的高度，半地下室从地下室室内地面算起，全地下室和嵌固条件好的半地下室应允许从室外地面算起；对带阁楼的坡屋面应算到山尖墙的1/2高度处；

2 室内外高差大于0.6m时，房屋总高度应允许比表中数据适当增加，但不应多于1m；

3 本表小砌块砌体房屋不包括配筋混凝土小型空心砌块砌体房屋。

7.1.3 普通砖、多孔砖和小砌块砌体承重房屋的层高，不应超过3.6m；底部框架-抗震墙房屋的底部和内框架房屋的层高，不应超过4.5m。

7.1.4 多层砌体房屋总高度与总宽度的最大比值，宜符合表7.1.4的要求。

表7.1.4 房屋最大高宽比

烈度	6	7	8	9
最大高宽比	2.5	2.5	2.0	1.5

注：1 单面走廊房屋的总宽度不包括走廊宽度；
2 建筑平面接近正方形时，其高宽比宜适当减小。

7.1.5 房屋抗震横墙的间距，不应超过表7.1.5的要求：

表7.1.5 房屋抗震横墙最大间距（m）

房屋类别		烈度			
		6	7	8	9
多层砌体	现浇或装配整体式钢筋混凝土楼、屋盖	18	18	15	11
	装配式钢筋混凝土楼、屋盖	15	15	11	7
	木楼、屋盖	11	11	7	4
底部框架-抗震墙	上部各层	同多层砌体房屋			—
	底层或底部两层	21	18	15	—
多排柱内框架		25	21	18	—

注：1 多层砌体房屋的顶层，最大横墙间距应允许适当放宽；
2 表中木楼、屋盖的规定，不适用于小砌块砌体房屋。

7.1.6 房屋中砌体墙段的局部尺寸限值，宜符合表7.1.6的要求：

表7.1.6 房屋的局部尺寸限值（m）

部位	6度	7度	8度	9度
承重窗间墙最小宽度	1.0	1.0	1.2	1.5
承重外墙尽端至门窗洞边的最小距离	1.0	1.0	1.2	1.5
非承重外墙尽端至门窗洞边的最小距离	1.0	1.0	1.0	1.0
内墙阳角至门窗洞边的最小距离	1.0	1.0	1.5	2.0
无锚固女儿墙（非出入口处）的最大高度	0.5	0.5	0.5	0.0

注：1 局部尺寸不足时应采取局部加强措施弥补；
2 出入口处的女儿墙应有锚固；
3 多层多排柱内框架房屋的纵向窗间墙宽度，不应小于1.5m。

7.1.7 多层砌体房屋的结构体系，应符合下列要求：

1 应优先采用横墙承重或纵横墙共同承重的结构体系。

2 纵横墙的布置宜均匀对称，沿平面内宜对齐，沿竖向应上下连续；同一轴线上的窗间墙宽度宜均匀。

3 房屋有下列情况之一时宜设置防震缝，缝两侧均应设置墙体，缝宽应根据烈度和房屋高度确定，可采用50～100mm：

  1）房屋立面高差在6m以上；
  2）房屋有错层，且楼板高差较大；
  3）各部分结构刚度、质量截然不同。

4 楼梯间不宜设置在房屋的尽端和转角处。

5 烟道、风道、垃圾道等不应削弱墙体；当墙体被削弱时，应对墙体采取加强措施；不宜采用无竖向配筋的附墙烟囱及出屋面的烟囱。

6 不应采用无锚固的钢筋混凝土预制挑檐。

7.1.8 底部框架-抗震墙房屋的结构布置，应符合下列要求：

1 上部的砌体抗震墙与底部的框架梁或抗震墙应对齐或基本对齐。

2 房屋的底部，应沿纵横两个方向设置一定数量的抗震墙，并应均匀对称布置或基本均匀对称布置。6、7度且总层数不超过五层的底层框架-抗震墙房屋，应允许采用嵌砌于框架之间的砌体抗震墙，但应计入砌体墙对框架的附加轴力和附加剪力；其余情况应采用钢筋混凝土抗震墙。

3 底层框架-抗震墙房屋的纵横两个方向，第二层与底层侧向刚度的比值，6、7度时不应大于2.5，8度时不应大于2.0，且均不应小于1.0。

4 底部两层框架-抗震墙房屋的纵横两个方向，底层与底部第二层侧向刚度应接近，第三层与底部第二层侧向刚度的比值，6、7度时不应大于2.0，8度时不应大于1.5，且均不应小于1.0。

5 底部框架-抗震墙房屋的抗震墙应设置条形基础、筏式基础或桩基。

7.1.9 多层多排柱内框架房屋的结构布置，应符合下列要求：

1 房屋宜采用矩形平面，且立面宜规则；楼梯间横墙宜贯通房屋全宽。

2 7度时横墙间距大于18m或8度时横墙间距大于15m，外纵墙的窗间墙宜设置组合柱。

3 多排柱内框架房屋的抗震墙应设置条形基础、筏式基础或桩基。

7.1.10 底部框架-抗震墙房屋和多层多排柱内框架房屋的钢筋混凝土结构部分，除应符合本章规定外，尚应符合本规范第6章的有关要求；此时，底部框架-抗震墙房屋的框架和抗震墙的抗震等级，6、7、8度可分别按三、二、一级采用；多排柱内框架的抗震等级，6、7、8度可分别按四、三、二级采用。

7.2 计 算 要 点

7.2.1 多层砌体房屋、底部框架房屋和多层多排柱内框架房屋的抗震计算，可采用底部剪力法，并应按本节规定调整地震作用效应。

7.2.2 对砌体房屋，可只选择从属面积较大或竖向应力较小的墙段进行截面抗震承载力验算。

7.2.3 进行地震剪力分配和截面验算时，砌体墙段的层间等效侧向刚度应按下列原则确定：

1 刚度的计算应计及高宽比的影响。高宽比小于1时，可只计算剪切变形；高宽比不大于4且不小于1时，应同时计算弯曲和剪切变形；高宽比大于4时，等效侧向刚度可取0.0。

注：墙段的高宽比指层高与墙长之比，对门窗洞边的小墙段指洞口净高与洞侧墙宽之比。

2 墙段宜按门窗洞口划分；对小开口墙段按毛墙面计算的刚度，可根据开洞率乘以表7.2.3的洞口影响系数：

表7.2.3　　墙段洞口影响系数

开 洞 率	0.10	0.20	0.30
影响系数	0.98	0.94	0.88

注：开洞率为洞口面积与墙段毛面积之比；窗洞高度大于层高50%时，按门洞对待。

7.2.4 底部框架-抗震墙房屋的地震作用效应，应按下列规定调整：

1 对底层框架-抗震墙房屋，底层的纵向和横向地震剪力设计值均应乘以增大系数，其值应允许根据第二层与底层侧向刚度比值的大小在1.2～1.5范围内选用。

2 对底部两层框架-抗震墙房屋，底层和第二层的纵向和横向地震剪力设计值亦均应乘以增大系数，其值应允许根据侧向刚度比在1.2～1.5范围内选用。

3 底层或底部两层的纵向和横向地震剪力设计值应全部由该方向的抗震墙承担，并按各抗震墙侧向刚度比例分配。

7.2.5 底部框架-抗震墙房屋中，底部框架的地震作用效应宜采用下列方法确定：

1 底部框架柱的地震剪力和轴向力，宜按下列规定调整：

1）框架柱承担的地震剪力设计值，可按各抗侧力构件有效侧向刚度比例分配确定；有效侧向刚度的取值，框架不折减，混凝土墙可乘以折减系数0.30，砖墙可乘以折减系数0.20。

2）框架柱的轴力应计入地震倾覆力矩引起的附加轴力，上部砖房可视为刚体，底部各轴线承受的地震倾覆力矩，可近似按底部抗震墙和框架的侧向刚度的比例分配确定。

2 底部框架-抗震墙房屋的钢筋混凝土托墙梁计算地震组合内力时，应采用合适的计算简图。若考虑上部墙体与托墙梁的组合作用，应计入地震时墙体开裂对组合作用的不利影响，可调整有关的弯矩系数、轴力系数等计算参数。

7.2.6 多层多排柱内框架房屋各柱的地震剪力设计值，宜按下式确定：

$$V_c = \frac{\psi_c}{n_b \cdot n_s}(\zeta_1 + \zeta_2\lambda)V \quad (7.2.6)$$

式中　V_c——各柱地震剪力设计值；

V——抗震横墙间的楼层地震剪力设计值；

ψ_c——柱类型系数，钢筋混凝土内柱可采用0.012，外墙组合砖柱可采用0.0075；

n_b——抗震横墙间的开间数；

n_s——内框架的跨数；

λ——抗震横墙间距与房屋总宽度的比值,当小于0.75时,按0.75采用;

ζ_1、ζ_2——分别为计算系数,可按表7.2.6采用:

表7.2.6 计算系数

房屋总层数	2	3	4	5
ζ_1	2.0	3.0	5.0	7.5
ζ_2	7.5	7.0	6.5	6.0

7.2.7 各类砌体沿阶梯形截面破坏的抗震抗剪强度设计值,应按下式确定:

$$f_{vE} = \zeta_N f_v \qquad (7.2.7)$$

式中 f_{vE}——砌体沿阶梯形截面破坏的抗震抗剪强度设计值;

f_v——非抗震设计的砌体抗剪强度设计值;

ζ_N——砌体抗震抗剪强度的正应力影响系数,应按表7.2.7采用。

表7.2.7 砌体强度的正应力影响系数

砌体类别	σ_0/f_v							
	0.0	1.0	3.0	5.0	7.0	10.0	15.0	20.0
普通砖,多孔砖	0.80	1.00	1.28	1.50	1.70	1.95	2.32	
小砌块		1.25	1.75	2.25	2.60	3.10	3.95	4.80

注:σ_0为对应于重力荷载代表值的砌体截面平均压应力。

7.2.8 普通砖、多孔砖墙体的截面抗震受剪承载力,应按下列规定验算:

1 一般情况下,应按下式验算:

$$V \leqslant f_{vE}A/\gamma_{RE} \qquad (7.2.8\text{-}1)$$

式中 V——墙体剪力设计值;

f_{vE}——砖砌体沿阶梯形截面破坏的抗震抗剪强度设计值;

A——墙体横截面面积,多孔砖取毛截面面积;

γ_{RE}——承载力抗震调整系数,承重墙按本规范表5.4.2采用,自承重墙按0.75采用。

2 当按式(7.2.8-1)验算不满足要求时,可计入设置于墙段中部、截面不小于240mm×240mm且间距不大于4m的构造柱对受剪承载力的提高作用,按下列简化方法验算:

$$V \leqslant \frac{1}{\gamma_{RE}}[\eta_c f_{vE}(A-A_c) + \zeta f_t A_c + 0.08 f_y A_s]$$

$$(7.2.8\text{-}2)$$

式中 A_c——中部构造柱的横截面总面积(对横墙和内纵墙,$A_c>0.15A$时,取$0.15A$;对外纵墙,$A_c>0.25A$时,取$0.25A$);

f_t——中部构造柱的混凝土轴心抗拉强度设计值;

A_s——中部构造柱的纵向钢筋截面总面积(配筋率不小于0.6%,大于1.4%时取1.4%);

f_y——钢筋抗拉强度设计值;

ζ——中部构造柱参与工作系数;居中设一根时取0.5,多于一根时取0.4;

η_c——墙体约束修正系数;一般情况取1.0,构造柱间距不大于2.8m时取1.1。

7.2.9 水平配筋普通砖、多孔砖墙体的截面抗震受剪承载力,应按下式验算:

$$V \leqslant \frac{1}{\gamma_{RE}}(f_{vE}A + \zeta_s f_y A_s) \qquad (7.2.9)$$

式中 A——墙体横截面面积,多孔砖取毛截面面积;

f_y——钢筋抗拉强度设计值;

A_s——层间墙体竖向截面的钢筋总截面面积,其配筋率应不小于0.07%且不大于0.17%;

ζ_s——钢筋参与工作系数,可按表7.2.9采用。

表7.2.9 钢筋参与工作系数

墙体高宽比	0.4	0.6	0.8	1.0	1.2
ζ_s	0.10	0.12	0.14	0.15	0.12

7.2.10 小砌块墙体的截面抗震受剪承载力,应按下式验算:

$$V \leqslant \frac{1}{\gamma_{RE}}[f_{vE}A + (0.3f_t A_c + 0.05 f_y A_s)\zeta_c]$$

$$(7.2.10)$$

式中 f_t——芯柱混凝土轴心抗拉强度设计值;

A_c——芯柱截面总面积;

A_s——芯柱钢筋截面总面积;

ζ_c——芯柱参与工作系数,可按表7.2.10采用。

注:当同时设置芯柱和构造柱时,构造柱截面可作为芯柱截面,构造柱钢筋可作为芯柱钢筋。

表7.2.10 芯柱参与工作系数

填孔率ρ	$\rho<0.15$	$0.15\leqslant\rho<0.25$	$0.25\leqslant\rho<0.5$	$\rho\geqslant 0.5$
ζ_c	0.0	1.0	1.10	1.15

注:填孔率指芯柱根数(含构造柱和填实孔洞数量)与孔洞总数之比。

7.2.11 底层框架-抗震墙房屋中嵌砌于框架之间的普通砖抗震墙,当符合本章第7.5.6条的构造要求时,其抗震验算应符合下列规定:

1 底层框架柱的轴向力和剪力,应计入砖抗震

墙引起的附加轴向力和附加剪力,其值可按下列公式确定:

$$N_f = V_w H_f / l \quad (7.2.11-1)$$
$$V_f = V_w \quad (7.2.11-2)$$

式中 V_w——墙体承担的剪力设计值,柱两侧有墙时可取二者的较大值;
　　N_f——框架柱的附加轴压力设计值;
　　V_f——框架柱的附加剪力设计值;
　　H_f、l——分别为框架的层高和跨度。

2 嵌砌于框架之间的普通砖抗震墙及两端框架柱,其抗震受剪承载力应按下式验算:

$$V \leqslant \frac{1}{\gamma_{REc}} \Sigma (M_{yc}^u + M_{yc}^l)/H_0 + \frac{1}{\gamma_{REw}} \Sigma f_{vE} A_{w0}$$

(7.2.11-3)

式中 V——嵌砌普通砖抗震墙及两端框架柱剪力设计值;
　　A_{w0}——砖墙水平截面的计算面积,无洞口时取实际截面的1.25倍,有洞口时取截面净面积,但不计入宽度小于洞口高度1/4的墙肢截面面积;
　　M_{yc}^u、M_{yc}^l——分别为底层框架柱上下端的正截面受弯承载力设计值,可按现行国家标准《混凝土结构设计规范》GB 50010 非抗震设计的有关公式取等号计算;
　　H_0——底层框架柱的计算高度,两侧均有砖墙时取柱净高的2/3,其余情况取柱净高;
　　γ_{REc}——底层框架柱承载力抗震调整系数,可采用0.8;
　　γ_{REw}——嵌砌普通砖抗震墙承载力抗震调整系数,可采用0.9。

7.2.12 多层内框架房屋的外墙组合砖柱,其抗震验算可按本规范第9.3.9条的规定执行。

7.3 多层粘土砖房抗震构造措施

7.3.1 多层普通砖、多孔砖房,应按下列要求设置现浇钢筋混凝土构造柱(以下简称构造柱):

1 构造柱设置部位,一般情况下应符合表7.3.1的要求。

2 外廊式和单面走廊式的多层房屋,应根据房屋增加一层后的层数,按表7.3.1的要求设置构造柱,且单面走廊两侧的纵墙均应按外墙处理。

3 教学楼、医院等横墙较少的房屋,应根据房屋增加一层后的层数,按表7.3.1的要求设置构造柱;当教学楼、医院等横墙较少的房屋为外廊式或单面走廊式时,应按2款要求设置构造柱,但6度不超过四层、7度不超过三层和8度不超过二层时,应按增加二层后的层数对待。

表7.3.1 砖房构造柱设置要求

房屋层数				设置部位
6度	7度	8度	9度	
四、五	三、四	二、三		7、8度时,楼、电梯间的四角;隔15m或单元横墙与外纵墙交接处
六、七	五	四	二	外墙四角,错层部位横墙与外纵墙交接处,大房间内外墙交接处,较大洞口两侧	隔开间横墙(轴线)与外墙交接处,山墙与内纵墙交接处;7~9度时,楼、电梯间的四角
八	六、七	五、六	三、四		内墙(轴线)与外墙交接处,内墙的局部较小墙垛处;7~9度时,楼、电梯间的四角;9度时内纵墙与横墙(轴线)交接处

7.3.2 多层普通砖、多孔砖房屋的构造柱应符合下列要求:

1 构造柱最小截面可采用240mm×180mm,纵向钢筋宜采用4φ12,箍筋间距不宜大于250mm,且在柱上下端宜适当加密;7度时超过六层、8度时超过五层和9度时,构造柱纵向钢筋宜采用4φ14,箍筋间距不应大于200mm;房屋四角的构造柱可适当加大截面及配筋。

2 构造柱与墙连接处应砌成马牙槎,并应沿墙高每隔500mm设2φ6拉结钢筋,每边伸入墙内不宜小于1m。

3 构造柱与圈梁连接处,构造柱的纵筋应穿过圈梁,保证构造柱纵筋上下贯通。

4 构造柱可不单独设置基础,但应伸入室外地面下500mm,或与埋深小于500mm的基础圈梁相连。

5 房屋高度和层数接近本章表7.1.2的限值时,纵、横墙内构造柱间距尚应符合下列要求:

1) 横墙内的构造柱间距不宜大于层高的二倍;下部1/3楼层的构造柱间距适当减小;

2) 当外纵墙开间大于3.9m时,应另设加强措施。内纵墙的构造柱间距不宜大于4.2m。

7.3.3 多层普通砖、多孔砖房屋的现浇钢筋混凝土圈梁设置应符合下列要求:

1 装配式钢筋混凝土楼、屋盖或木楼、屋盖的砖房,横墙承重时应按表7.3.3的要求设置圈梁;纵墙承重时每层均应设置圈梁,且抗震横墙上的圈梁间距应比表内要求适当加密。

2 现浇或装配整体式钢筋混凝土楼、屋盖与墙体有可靠连接的房屋,应允许不另设圈梁,但楼板沿墙体周边应加强配筋并应与相应的构造柱钢筋可靠连接。

表7.3.3　砖房现浇钢筋混凝土圈梁设置要求

墙类	烈度		
	6、7	8	9
外墙和内纵墙	屋盖处及每层楼盖处	屋盖处及每层楼盖处	屋盖处及每层楼盖处
内横墙	同上;屋盖处间距不应大于7m;楼盖处间距不应大于15m;构造柱对应部位	同上;屋盖处沿所有横墙,且间距不应大于7m;楼盖处间距不应大于7m;构造柱对应部位	同上;各层所有横墙

7.3.4　多层普通砖、多孔砖房屋的现浇钢筋混凝土圈梁构造应符合下列要求:

1　圈梁应闭合,遇有洞口圈梁应上下搭接。圈梁宜与预制板设在同一标高处或紧靠板底;

2　圈梁在本节第7.3.3条要求的间距内无横墙时,应利用梁或板缝中配筋替代圈梁;

3　圈梁的截面高度不应小于120mm,配筋应符合表7.3.4的要求;按本规范第3.3.4条3款要求增设的基础圈梁,截面高度不应小于180mm,配筋不应少于4φ12。

表7.3.4　砖房圈梁配筋要求

配　筋	烈度		
	6、7	8	9
最小纵筋	4φ10	4φ12	4φ14
最大箍筋间距(mm)	250	200	150

7.3.5　多层普通砖、多孔砖房屋的楼、屋盖应符合下列要求:

1　现浇钢筋混凝土楼板或屋面板伸进纵、横墙内的长度,均不应小于120mm。

2　装配式钢筋混凝土楼板或屋面板,当圈梁未设在板的同一标高时,板端伸进外墙的长度不应小于120mm,伸进内墙的长度不应小于100mm,在梁上不应小于80mm。

3　当板的跨度大于4.8m并与外墙平行时,靠外墙的预制板侧边应与墙或圈梁拉结。

4　房屋端部大房间的楼盖,8度时房屋的屋盖和9度时房屋的楼、屋盖,当圈梁设在板底时,钢筋混凝土预制板应相互拉结,并应与梁、墙或圈梁拉结。

7.3.6　楼、屋盖的钢筋混凝土梁或屋架应与墙、柱(包括构造柱)或圈梁可靠连接,梁与砖柱的连接不应削弱柱截面,各层独立砖柱顶部应在两个方向均有可靠连接。

7.3.7　7度时长度大于7.2m的大房间,及8度和9度时,外墙转角及内外墙交接处,应沿墙高每隔500mm配置2φ6拉结钢筋,并每边伸入墙内不宜小于1m。

7.3.8　楼梯间应符合下列要求:

1　8度和9度时,顶层楼梯间横墙和外墙应沿墙高每隔500mm设2φ6通长钢筋;9度时其他各层楼梯间墙体应在休息平台或楼层半高处设置60mm厚的钢筋混凝土带或配筋砖带,其砂浆强度等级不应低于M7.5,纵向钢筋不应少于2φ10。

2　8度和9度时,楼梯间及门厅内墙阳角处的大梁支承长度不应小于500mm,并应与圈梁连接。

3　装配式楼梯段应与平台板的梁可靠连接;不应采用墙中悬挑式踏步或踏步竖肋插入墙体的楼梯,不应采用无筋砖砌栏板。

4　突出屋顶的楼、电梯间,构造柱应伸到顶部,并与顶部圈梁连接,内外墙交接处应沿墙高每隔500mm设2φ6拉结钢筋,且每边伸入墙内不应小于1m。

7.3.9　坡屋顶房屋的屋架应与顶层圈梁可靠连接,檩条或屋面板应与墙及屋架可靠连接,房屋出入口处的檐口瓦应与屋面构件锚固;8度和9度时,顶层内纵墙顶宜增砌支承山墙的踏步式墙垛。

7.3.10　门窗洞处不应采用无筋砖过梁;过梁支承长度,6~8度时不应小于240mm,9度时不应小于360mm。

7.3.11　预制阳台应与圈梁和楼板的现浇板带可靠连接。

7.3.12　后砌的非承重砌体隔墙应符合本规范第13.3节的有关规定。

7.3.13　同一结构单元的基础(或桩承台),宜采用同一类型的基础,底面宜埋置在同一标高上,否则应增设基础圈梁并应按1:2的台阶逐步放坡。

7.3.14　横墙较少的多层普通砖、多孔砖住宅楼的总高度和层数接近或达到表7.1.2规定限值,应采取下列加强措施:

1　房屋的最大开间尺寸不宜大于6.6m。

2　同一结构单元内横墙错位数量不宜超过横墙总数的1/3,且连续错位不宜多于两道;错位的墙体交接处均应增设构造柱,且楼、屋面板应采用现浇钢筋混凝土板。

3　横墙和内纵墙上洞口的宽度不宜大于1.5m;外纵墙上洞口的宽度不宜大于2.1m或开间尺寸的一半;且内外墙上洞口位置不应影响内外纵墙与横墙的整体连接。

4　所有纵横墙均应在楼、屋盖标高处设置加强的现浇钢筋混凝土圈梁:圈梁的截面高度不宜小于150mm,上下纵筋各不应少于3φ10,箍筋不小于φ6,间距不大于300mm。

5　所有纵横墙交接处及横墙的中部,均应增设满足下列要求的构造柱：在横墙内的柱距不宜大于层高，在纵墙内的柱距不宜大于4.2m，最小截面尺寸不宜小于240mm×240mm，配筋宜符合表7.3.14的要求。

表7.3.14　增设构造柱的纵筋和箍筋设置要求

位置	纵向钢筋			箍筋		
	最大配筋率（%）	最小配筋率（%）	最小直径（mm）	加密区范围（mm）	加密区间距（mm）	最小直径（mm）
角柱	1.8	0.8	14	全高	100	6
边柱			14	上端700		
中柱	1.4	0.6	12	下端500		

6　同一结构单元的楼、屋面板应设置在同一标高处。

7　房屋底层和顶层的窗台标高处，宜设置沿纵横墙通长的水平现浇钢筋混凝土带；其截面高度不小于60mm，宽度不小于240mm，纵向钢筋不少于3ϕ6。

7.4　多层砌块房屋抗震构造措施

7.4.1　小砌块房屋应按表7.4.1的要求设置钢筋混凝土芯柱，对医院、教学楼等横墙较少的房屋，应根据房屋增加一层后的层数，按表7.4.1的要求设置芯柱。

表7.4.1　小砌块房屋芯柱设置要求

房屋层数			设置部位	设置数量
6度	7度	8度		
四、五	三、四	二、三	外墙转角，楼梯间四角；大房间内外墙交接处；隔15m或单元横墙与外纵墙交接处	外墙转角，灌实3个孔；内外墙交接处，灌实4个孔
六	五	四	外墙转角，楼梯间四角，大房间内外墙交接处，山墙与内纵墙交接处；隔开间横墙（轴线）与内纵墙交接处	
七	六	五	外墙转角，楼梯间四角；各内墙（轴线）与外纵墙交接处；8、9度时，内纵墙与横墙（轴线）交接处和洞口两侧	外墙转角，灌实5个孔；内外墙交接处，灌实4个孔；内墙交接处，灌实4~5个孔；洞口两侧各灌实1个孔
	七	六	同上；横墙内芯柱间距不宜大于2m	外墙转角，灌实7个孔；内外墙交接处，灌实5个孔；内墙交接处，灌实4~5个孔；洞口两侧各灌实1个孔

注：外墙转角、内外墙交接处、楼电梯间四角等部位，应允许采用钢筋混凝土构造柱替代部分芯柱。

7.4.2　小砌块房屋的芯柱，应符合下列构造要求：

1　小砌块房屋芯柱截面不宜小于120mm×120mm。

2　芯柱混凝土强度等级，不应低于C20。

3　芯柱的竖向插筋应贯通墙身且与圈梁连接；插筋不应小于1ϕ12，7度时超过五层、8度时超过四层和9度时，插筋不应小于1ϕ14。

4　芯柱应伸入室外地面下500mm或与埋深小于500mm的基础圈梁相连。

5　为提高墙体抗震受剪承载力而设置的芯柱，宜在墙体内均匀布置，最大净距不宜大于2.0m。

7.4.3　小砌块房屋中替代芯柱的钢筋混凝土构造柱，应符合下列构造要求：

1　构造柱最小截面可采用190mm×190mm，纵向钢筋宜采用4ϕ12，箍筋间距不宜大于250mm，且在柱上下端宜适当加密；7度时超过五层、8度时超过四层和9度时，构造柱纵向钢筋宜采用4ϕ14，箍筋间距不应大于200mm；外墙转角的构造柱可适当加大截面及配筋。

2　构造柱与砌块墙连接处应砌成马牙槎，与构造柱相邻的砌块孔洞，6度时宜填实，7度时应填实，8度时应填实并插筋；沿墙高每隔600mm应设拉结钢筋网片，每边伸入墙内不宜小于1m。

3　构造柱与圈梁连接处，构造柱的纵筋应穿过圈梁，保证构造柱纵筋上下贯通。

4　构造柱可不单独设置基础，但应伸入室外地面下500mm，或与埋深小于500mm的基础圈梁相连。

7.4.4　小砌块房屋的现浇钢筋混凝土圈梁应按表7.4.4的要求设置，圈梁宽度不应小于190mm，配筋不应少于4ϕ12，箍筋间距不应大于200mm。

表7.4.4　小砌块房屋现浇钢筋混凝土圈梁设置要求

墙类	烈度	
	6、7	8
外墙和内纵墙	屋盖处及每层楼盖处	屋盖处及每层楼盖处
内横墙	同上；屋盖处沿所有横墙；楼盖处间距不应大于7m；构造柱对应部位	同上；各层所有横墙

7.4.5　小砌块房屋墙体交接处或芯柱与墙体连接处应设置拉结钢筋网片，网片可采用直径4mm的钢筋点焊而成，沿墙高每隔600mm设置，每边伸入墙内不宜小于1m。

7.4.6　小砌块房屋的层数，6度时七层、7度时超过五层、8度时超过四层，在底层和顶层的窗台标高处，沿纵横墙应设置通长的水平现浇钢筋混凝土带；其截面高度不小于60mm，纵筋不少于2ϕ10，并应有分布拉结钢筋；其混凝土强度等级不应低于C20。

7.4.7 小砌块房屋的其他抗震构造措施,应符合本章第7.3.5条至7.3.13条有关要求。

7.5 底部框架-抗震墙房屋抗震构造措施

7.5.1 底部框架-抗震墙房屋的上部应设置钢筋混凝土构造柱,并应符合下列要求:

1 钢筋混凝土构造柱的设置部位,应根据房屋的总层数按本章第7.3.1条的规定设置。过渡层尚应在底部框架柱对应位置处设置构造柱。

2 构造柱的截面,不宜小于240mm×240mm。

3 构造柱的纵向钢筋不宜少于4φ14,箍筋间距不宜大于200mm。

4 过渡层构造柱的纵向钢筋,7度时不宜少于4φ16,8度时不宜少于6φ16。一般情况下,纵向钢筋应锚入下部的框架柱内;当纵向钢筋锚固在框架梁内时,框架梁的相应位置应加强。

5 构造柱应与每层圈梁连接,或与现浇楼板可靠拉结。

7.5.2 上部抗震墙的中心线宜同底部的框架梁、抗震墙的轴线相重合;构造柱宜与框架柱上下贯通。

7.5.3 底部框架-抗震墙房屋的楼盖应符合下列要求:

1 过渡层的底板应采用现浇钢筋混凝土板,板厚不应小于120mm;并应少开洞、开小洞,当洞口尺寸大于800mm时,洞口周边应设置边梁。

2 其他楼层,采用装配式钢筋混凝土楼板时均应设现浇圈梁,采用现浇钢筋混凝土楼板时应允许不另设圈梁,但楼板沿墙体周边应加强配筋并应与相应的构造柱可靠连接。

7.5.4 底部框架-抗震墙房屋的钢筋混凝土托墙梁,其截面和构造应符合下列要求:

1 梁的截面宽度不应小于300mm,梁的截面高度不应小于跨度的1/10。

2 箍筋的直径不应小于8mm,间距不应大于200mm;梁端在1.5倍梁高且不小于1/5梁净跨范围内,以及上部墙体的洞口处和洞口两侧各500mm且不小于梁高的范围内,箍筋间距不应大于100mm。

3 沿梁高应设腰筋,数量不应少于2φ14,间距不应大于200mm。

4 梁的主筋和腰筋应按受拉钢筋的要求锚固在柱内,且支座上部的纵向钢筋在柱内的锚固长度应符合钢筋混凝土框支梁的有关要求。

7.5.5 底部的钢筋混凝土抗震墙,其截面和构造应符合下列要求:

1 抗震墙周边应设置梁(或暗梁)和边框柱(或框架柱)组成的边框;边框梁的截面宽度不宜小于墙板厚度的1.5倍,截面高度不宜小于墙板厚度的2.5倍;边框柱的截面高度不宜小于墙板厚度的2倍。

2 抗震墙墙板的厚度不宜小于160mm,且不应小于墙板净高的1/20;抗震墙宜开设洞口形成若干墙段,各墙段的高宽比不宜小于2。

3 抗震墙的竖向和横向分布钢筋配筋率均不应小于0.25%,并应采用双排布置;双排分布钢筋间拉筋的间距不应大于600mm,直径不应小于6mm。

4 抗震墙的边缘构件可按本规范第6.4节关于一般部位的规定设置。

7.5.6 底层框架-抗震墙房屋的底层采用普通砖抗震墙时,其构造应符合下列要求:

1 墙厚不应小于240mm,砌筑砂浆强度等级不应低于M10,应先砌墙后浇框架。

2 沿框架柱每隔500mm配置2φ6拉结钢筋,并沿砖墙全长设置;在墙体半高处尚应设置与框架柱相连的钢筋混凝土水平系梁。

3 墙长大于5m时,应在墙内增设钢筋混凝土构造柱。

7.5.7 底部框架-抗震墙房屋的材料强度等级,应符合下列要求:

1 框架柱、抗震墙和托墙梁的混凝土强度等级,不应低于C30。

2 过渡层墙体的砌筑砂浆强度等级,不应低于M7.5。

7.5.8 底部框架-抗震墙房屋的其他抗震构造措施,应符合本章第7.3.5条至7.3.14条有关要求。

7.6 多排柱内框架房屋抗震构造措施

7.6.1 多层多排柱内框架房屋的钢筋混凝土构造柱设置,应符合下列要求:

1 下列部位应设置钢筋混凝土构造柱:
 1)外墙四角和楼、电梯间四角;楼梯休息平台梁的支承部位;
 2)抗震墙两端及未设置组合柱的外纵墙、外横墙上对应于中间柱列轴线的部位。

2 构造柱的截面,不宜小于240mm×240mm。

3 构造柱的纵向钢筋不宜少于4φ14,箍筋间距不宜大于200mm。

4 构造柱应与每层圈梁连接,或与现浇楼板可靠拉结。

7.6.2 多层多排柱内框架房屋的楼、屋盖,应采用现浇或装配整体式钢筋混凝土板。采用现浇钢筋混凝土楼板时应允许不设圈梁,但楼板沿墙体周边应加强配筋并应与相应的构造柱可靠连接。

7.6.3 多排柱内框架梁在外纵墙、外横墙上的搁置长度不应小于300mm,且梁端应与圈梁或组合柱、构造柱连接。

7.6.4 多排柱内框架房屋的其他抗震构造措施应符合本章第7.3.5条至7.3.13条有关要求。

8 多层和高层钢结构房屋

8.1 一般规定

8.1.1 本章适用的钢结构民用房屋的结构类型和最大高度应符合表8.1.1的规定。平面和竖向均不规则或建造于Ⅳ类场地的钢结构，适用的最大高度应适当降低。

注：多层钢结构厂房的抗震设计，应符合本规范附录G的规定。

表8.1.1　钢结构房屋适用的最大高度（m）

结构类型	6、7度	8度	9度
框架	110	90	50
框架-支撑（抗震墙板）	220	200	140
筒体（框筒，筒中筒，桁架筒，束筒）和巨型框架	300	260	180

注：1　房屋高度指室外地面到主要屋面板板顶的高度（不包括局部突出屋顶部分）；
　　2　超过表内高度的房屋，应进行专门研究和论证，采取有效的加强措施。

8.1.2 本章适用的钢结构民用房屋的最大高宽比不宜超过表8.1.2的规定。

表8.1.2　钢结构民用房屋适用的最大高宽比

烈度	6、7	8	9
最大高宽比	6.5	6.0	5.5

注：计算高宽比的高度从室外地面算起。

8.1.3 钢结构房屋应根据烈度、结构类型和房屋高度，采用不同的地震作用效应调整系数，并采取不同的抗震构造措施。

8.1.4 钢结构房屋宜避免采用本规范第3.4节规定的不规则建筑结构方案，不设防震缝；需要设置防震缝时，缝宽应不小于相应钢筋混凝土结构房屋的1.5倍。

8.1.5 不超过12层的钢结构房屋可采用框架结构、框架-支撑结构或其他结构类型；超过12层的钢结构房屋，8、9度时，宜采用偏心支撑、带竖缝钢筋混凝土抗震墙板、内藏钢支撑钢筋混凝土墙板或其他消能支撑及筒体结构。

8.1.6 采用框架-支撑结构时，应符合下列规定：

1　支撑框架在两个方向的布置均宜基本对称，支撑框架之间楼盖的长宽比不宜大于3。

2　不超过12层的钢结构宜采用中心支撑，有条件时也可采用偏心支撑等消能支撑。超过12层的钢结构采用偏心支撑框架时，顶层可采用中心支撑。

3　中心支撑框架宜采用交叉支撑，也可采用人字支撑或单斜杆支撑，不宜采用K形支撑；支撑的轴线应交汇于梁柱构件轴线的交点，确有困难时偏离中心不应超过支撑杆件宽度，并应计入由此产生的附加弯矩。

4　偏心支撑框架的每根支撑应至少有一端与框架梁连接，并在支撑与梁交点和柱之间或同一跨内另一支撑与梁交点之间形成消能梁段。

8.1.7 钢结构的楼盖宜采用压型钢板现浇钢筋混凝土组合楼板或非组合楼板。对不超过12层的钢结构尚可采用装配整体式钢筋混凝土楼板，亦可采用装配式楼板或其他轻型楼盖；对超过12层的钢结构，必要时可设置水平支撑。

采用压型钢板钢筋混凝土组合楼板和现浇钢筋混凝土楼板时，应与钢梁有可靠连接。采用装配式、装配整体式或轻型楼板时，应将楼板预埋件与钢梁焊接，或采取其他保证楼盖整体性的措施。

8.1.8 超过12层的钢框架-筒体结构，在必要时可设置由筒体外伸臂或外伸臂和周边桁架组成的加强层。

8.1.9 钢结构房屋设置地下室时，框架-支撑（抗震墙板）结构中竖向连续布置的支撑（抗震墙板）应延伸至基础；框架柱应至少延伸至地下一层。

8.1.10 超过12层的钢结构应设置地下室。其基础埋置深度，当采用天然地基时不宜小于房屋总高度的1/15；当采用桩基时，桩承台埋深不宜小于房屋总高度的1/20。

8.2 计算要点

8.2.1 钢结构应按本节规定调整地震作用效应，其层间变形应符合本规范第5.5节的有关规定；构件截面和连接的抗震验算时，凡本章未作规定者，应符合现行有关结构设计规范的要求，但其非抗震的构件、连接的承载力设计值应除以本规范规定的承载力抗震调整系数。

8.2.2 钢结构在多遇地震下的阻尼比，对不超过12层的钢结构可采用0.035，对超过12层的钢结构可采用0.02；在罕遇地震下的分析，阻尼比可采用0.05。

8.2.3 钢结构在地震作用下的内力和变形分析，应符合下列规定：

1　钢结构应按本规范第3.6.3条规定计入重力二阶效应。对框架梁，可不按柱轴线处的内力而按梁端内力设计。对工字形截面柱，宜计入梁柱节点域剪切变形对结构侧移的影响；中心支撑框架和不超过12层的钢结构，其层间位移计算可不计入梁柱节点域剪切变形的影响。

2　钢框架-支撑结构的斜杆可按端部铰接杆计算；框架部分按计算得到的地震剪力应乘以调整系数，达到不小于结构底部总地震剪力的25%和框架部分地震剪力最大值1.8倍二者的较小者。

3　中心支撑框架的斜杆轴线偏离梁柱轴线交点不超过支撑杆件的宽度时，仍可按中心支撑框架分析，但应计及由此产生的附加弯矩；人字形和V形

3—35

支撑组合的内力设计值应乘以增大系数，其值可采用1.5。

4 偏心支撑框架构件的内力设计值，应按下列要求调整：

1) 支撑斜杆的轴力设计值，应取与支撑斜杆相连接的消能梁段达到受剪承载力时支撑斜杆轴力与增大系数的乘积，其值在8度及以下时不应小于1.4，9度时不应小于1.5；

2) 位于消能梁段同一跨的框架梁内力设计值，应取消能梁段达到受剪承载力时框架梁内力与增大系数的乘积，其值在8度及以下时不应小于1.5，9度时不应小于1.6；

3) 框架柱的内力设计值，应取消能梁段达到受剪承载力时柱内力与增大系数的乘积，其值在8度及以下时不应小于1.5，9度时不应小于1.6。

5 内藏钢支撑钢筋混凝土墙板和带竖缝钢筋混凝土墙板应按有关规定计算，带竖缝钢筋混凝土墙板可仅承受水平荷载产生的剪力，不承受竖向荷载产生的压力。

6 钢结构转换层下的钢框架柱，地震内力应乘以增大系数，其值可采用1.5。

8.2.4 钢框架梁的上翼缘采用抗剪连接件与组合楼板连接时，可不验算地震作用下的整体稳定。

8.2.5 钢框架构件及节点的抗震承载力验算，应符合下列规定：

1 节点左右梁端和上下柱端的全塑性承载力应符合式（8.2.5-1）要求。当柱所在楼层的受剪承载力比上一层的受剪承载力高出25%，或柱轴向力设计值与柱全截面面积和钢材抗拉强度设计值乘积的比值不超过0.4，或作为轴心受压构件在2倍地震力下稳定性得到保证时，可不按该式验算。

$$\Sigma W_{pc}(f_{yc} - N/A_c) \geqslant \eta \Sigma W_{pb} f_{yb} \quad (8.2.5\text{-}1)$$

式中 W_{pc}、W_{pb}——分别为柱和梁的塑性截面模量；
N——柱轴向压力设计值；
A_c——柱截面面积；
f_{yc}、f_{yb}——分别为柱和梁的钢材屈服强度；
η——强柱系数，超过6层的钢框架，6度Ⅳ类场地和7度时可取1.0，8度时可取1.05，9度时可取1.15。

2 节点域的屈服承载力应符合下式要求：

$$\psi(M_{pb1} + M_{pb2})/V_p \leqslant (4/3)f_v \quad (8.2.5\text{-}2)$$

工字形截面柱　　$V_p = h_b h_c t_w$ 　　(8.2.5-3)

箱形截面柱　　$V_p = 1.8 h_b h_c t_w$ 　　(8.2.5-4)

3 工字形截面柱和箱形截面柱的节点域应按下列公式验算：

$$t_w \geqslant (h_b + h_c)/90 \quad (8.2.5\text{-}5)$$

$$(M_{b1} + M_{b2})/V_p \leqslant (4/3)f_v/\gamma_{RE} \quad (8.2.5\text{-}6)$$

式中 M_{pb1}、M_{pb2}——分别为节点域两侧梁的全塑性受弯承载力；
V_p——节点域的体积；
f_v——钢材的抗剪强度设计值；
ψ——折减系数，6度Ⅳ类场地和7度时可取0.6，8、9度时可取0.7；
h_b、h_c——分别为梁腹板高度和柱腹板高度；
t_w——柱在节点域的腹板厚度；
M_{b1}、M_{b2}——分别为节点域两侧梁的弯矩设计值；
γ_{RE}——节点域承载力抗震调整系数，取0.85。

注：当柱节点域腹板厚度不小于梁、柱截面高度之和的1/70时，可不验算节点域的稳定性。

8.2.6 中心支撑框架构件的抗震承载力验算，应符合下列规定：

1 支撑斜杆的受压承载力应按下式验算：

$$N/(\varphi A_{br}) \leqslant \psi f/\gamma_{RE} \quad (8.2.6\text{-}1)$$

$$\psi = 1/(1 + 0.35\lambda_n) \quad (8.2.6\text{-}2)$$

$$\lambda_n = (\lambda/\pi)\sqrt{f_{ay}/E} \quad (8.2.6\text{-}3)$$

式中 N——支撑斜杆的轴向力设计值；
A_{br}——支撑斜杆的截面面积；
φ——轴心受压构件的稳定系数；
ψ——受循环荷载时的强度降低系数；
λ_n——支撑斜杆的正则化长细比；
E——支撑斜杆材料的弹性模量；
f_{ay}——钢材屈服强度；
γ_{RE}——支撑承载力抗震调整系数。

2 人字支撑和V形支撑的横梁在支撑连接处应保持连续，该横梁应承受支撑斜杆传来的内力，并应按不计入支撑支点作用的简支梁验算重力荷载和受压支撑屈曲后产生不平衡力作用下的承载力。

注：顶层和塔屋的梁可不执行本款规定。

8.2.7 偏心支撑框架构件的抗震承载力验算，应符合下列规定：

1 偏心支撑框架消能梁段的受剪承载力应按下列公式验算：

当 $N \leqslant 0.15Af$ 时

$$V \leqslant \varphi V_l/\gamma_{RE} \quad (8.2.7\text{-}1)$$

$V_l = 0.58 A_w f_{ay}$ 或 $V_l = 2M_{lp}/a$，取较小值

$A_w = (h - 2t_f)t_w$

$M_{lp} = W_p f$

当 $N > 0.15Af$ 时 $V \leqslant \varphi V_{lc}/\gamma_{RE} \quad (8.2.7\text{-}2)$

$$V_{lc} = 0.58A_w f_{ay}\sqrt{1-[N/(Af)^2]}$$

或 $V_{lc} = 2.4M_{lp}[1-N/(Af)]/a$，取较小值

式中 φ——系数，可取 0.9；

V、N——分别为消能梁段的剪力设计值和轴力设计值；

V_l、V_{lc}——分别为消能梁段的受剪承载力和计入轴力影响的受剪承载力；

M_{lp}——消能梁段的全塑性受弯承载力；

a、h、t_w、t_f——分别为消能梁段的长度、截面高度、腹板厚度和翼缘厚度；

A、A_w——分别为消能梁段的截面面积和腹板截面面积；

W_p——消能梁段的塑性截面模量；

f、f_{ay}——分别为消能梁段钢材的抗拉强度设计值和屈服强度；

γ_{RE}——消能梁段承载力抗震调整系数，取 0.85。

注：消能梁段指偏心支撑框架中斜杆与梁交点和柱之间的区段或同一跨内相邻两个斜杆与梁交点之间的区段，地震时消能梁段屈服而使其余区段仍处于弹性受力状态。

2 支撑斜杆与消能梁段连接的承载力不得小于支撑的承载力。若支撑需抵抗弯矩，支撑与梁的连接应按抗压弯连接设计。

8.2.8 钢结构构件连接应按地震组合内力进行弹性设计，并应进行极限承载力验算：

1 梁与柱连接弹性设计时，梁上下翼缘的端截面应满足连接的弹性设计要求，梁腹板应计入剪力和弯矩。梁与柱连接的极限受弯、受剪承载力，应符合下列要求：

$$M_u \geqslant 1.2M_p \quad (8.2.8-1)$$

$$V_u \geqslant 1.3(2M_{lp}/l_n) \text{ 且 } V_u \geqslant 0.58h_w t_w f_{ay}$$
$$(8.2.8-2)$$

式中 M_u——梁上下翼缘全熔透坡口焊缝的极限受弯承载力；

V_u——梁腹板连接的极限受剪承载力；垂直于角焊缝受剪时，可提高 1.22 倍；

M_p——梁（梁贯通时为柱）的全塑性受弯承载力；

l_n——梁的净跨（梁贯通时取该楼层柱的净高）；

h_w、t_w——梁腹板的高度和厚度；

f_{ay}——钢材屈服强度。

2 支撑与框架的连接及支撑拼接的极限承载力，应符合下式要求：

$$N_{ubr} \geqslant 1.2 A_n f_{ay} \quad (8.2.8-3)$$

式中 N_{ubr}——螺栓连接和节点板连接在支撑轴线方向的极限承载力；

A_n——支撑的截面净面积；

f_{ay}——支撑钢材的屈服强度。

3 梁、柱构件拼接的弹性设计时，腹板应计入弯矩，且受剪承载力不应小于构件截面受剪承载力的 50%；拼接的极限承载力，应符合下列要求：

$$V_u \geqslant 0.58h_w t_w f_{ay} \quad (8.2.8-4)$$

无轴向力时 $M_u \geqslant 1.2 M_p$

$$(8.2.8-5)$$

有轴向力时 $M_u \geqslant 1.2 M_{pc}$

$$(8.2.8-6)$$

式中 M_u、V_u——分别为构件拼接的极限受弯、受剪承载力；

M_{pc}——构件有轴向力时的全截面受弯承载力；

h_w、t_w——拼接构件截面腹板的高度和厚度；

f_{ay}——被拼接构件的钢材屈服强度。

拼接采用螺栓连接时，尚应符合下列要求：

翼缘 $nN_{cu}^b \geqslant 1.2A_f f_{ay}$

且 $nN_{vu}^b \geqslant 1.2A_f f_{ay} \quad (8.2.8-7)$

腹板 $N_{cu}^b \geqslant \sqrt{(V_u/n)^2 + (N_M^b)^2}$

且 $N_{vu}^b \geqslant \sqrt{(V_u/n)^2 + (N_M^b)^2}$

$$(8.2.8-8)$$

式中 N_{vu}^b、N_{cu}^b——一个螺栓的极限受剪承载力和对应的板件极限承压力；

A_f——翼缘的有效截面面积；

N_M^b——腹板拼接中弯矩引起的一个螺栓的最大剪力；

n——翼缘拼接或腹板拼接一侧的螺栓数。

4 梁、柱构件有轴力时的全截面受弯承载力，应按下列公式计算：

工字形截面（绕强轴）和箱形截面

当 $N/N_y \leqslant 0.13$ 时 $M_{pc} = M_p \quad (8.2.8-9)$

当 $N/N_y > 0.13$ 时 $M_{pc} = 1.15(1-N/N_y)M_p$

$$(8.2.8-10)$$

工字形截面（绕弱轴）

当 $N/N_y \leqslant A_w/A$ 时 $M_{pc} = M_p \quad (8.2.8-11)$

当 $N/N_y > A_w/A$ 时

$$M_{pc} = \{1 - [(N - A_w f_{ay})/(N_y - A_w f_{ay})]^2\} M_p$$
(8.2.8-12)

式中 N_y——构件轴向屈服承载力，取 $N_y = A_n f_{ay}$。

5 焊缝的极限承载力应按下列公式计算：

对接焊缝受拉 $N_u = A_f^w f_u$ (8.2.8-13)

角焊缝受剪 $V_u = 0.58 A_f^w f_u$ (8.2.8-14)

式中 A_f^w——焊缝的有效受力面积；
　　f_u——构件母材的抗拉强度最小值。

6 高强度螺栓连接的极限受剪承载力，应取下列二式计算的较小者：

$$N_{vu}^b = 0.58 n_f A_e^b f_u^b$$ (8.2.8-15)

$$N_{cu}^b = d \Sigma t f_{cu}^b$$ (8.2.8-16)

式中 N_{vu}^b、N_{cu}^b——分别为一个高强度螺栓的极限受剪承载力和对应的板件极限承压力；
　　n_f——螺栓连接的剪切面数量；
　　A_e^b——螺栓螺纹处的有效截面面积；
　　f_u^b——螺栓钢材的抗拉强度最小值；
　　d——螺栓杆直径；
　　Σt——同一受力方向的钢板厚度之和；
　　f_{cu}^b——螺栓连接板的极限承压强度，取 $1.5 f_u$。

8.3 钢框架结构抗震构造措施

8.3.1 框架柱的长细比，应符合下列规定：

1 不超过12层的钢框架柱的长细比，6～8度时不应大于 $120 \sqrt{235/f_{ay}}$，9度时不应大于 $100 \sqrt{235/f_{ay}}$。

2 超过12层的钢框架柱的长细比，应符合表8.3.1的规定：

表8.3.1　超过12层框架的柱长细比限值

烈　度	6度	7度	8度	9度
长细比	120	80	60	60

注：表列数值适用于Q235钢，采用其他牌号钢材时，应乘以 $\sqrt{235/f_{ay}}$。

8.3.2 框架梁、柱板件宽厚比应符合下列规定：

1 不超过12层框架的梁、柱板件宽厚比应符合表8.3.2-1的要求：

表8.3.2-1　不超过12层框架的梁柱板件宽厚比限值

板件名称		7度	8度	9度
柱	工字形截面翼缘外伸部分	13	12	11
	箱形截面壁板	40	36	36
	工字形截面腹板	52	48	44

续表

板件名称		7度	8度	9度
梁	工字形截面和箱形截面翼缘外伸部分	11	10	9
	箱形截面翼缘在两腹板间的部分	36	32	30
	工字形截面和箱形截面腹板 ($N_b/Af<0.37$)	$85-120N_b/Af$	$80-110N_b/Af$	$72-100N_b/Af$
	($N_b/Af \geq 0.37$)	40	39	35

注：表列数值适用于Q235，当材料为其他牌号钢材时，应乘以 $\sqrt{235/f_{ay}}$。

2 超过12层框架梁、柱板件宽厚比应符合表8.3.2-2的规定：

表8.3.2-2　超过12层框架的梁柱板件宽厚比限值

板件名称		6度	7度	8度	9度
柱	工字形截面翼缘外伸部分	13	11	10	9
	工字形截面腹板	43	43	43	43
	箱形截面壁板	39	37	35	33
梁	工字形截面和箱形截面翼缘外伸部分	11	10	9	9
	箱形截面翼缘在两腹板间的部分	36	32	30	30
	工字形截面和箱形截面腹板	$85-120N_b/Af$	$80-110N_b/Af$	$72-100N_b/Af$	$72-100N_b/Af$

注：表列数值适用于Q235钢，采用其他牌号钢材时，应乘以 $\sqrt{235/f_{ay}}$。

8.3.3 梁柱构件的侧向支承应符合下列要求：

1 梁柱构件在出现塑性铰的截面处，其上下翼缘均应设置侧向支承。

2 相邻两支承点间的构件长细比，应符合国家标准《钢结构设计规范》GB50017关于塑性设计的有关规定。

8.3.4 梁与柱的连接构造，应符合下列要求：

1 梁与柱的连接宜采用柱贯通型。

2 柱在两个互相垂直的方向都与梁刚接时，宜采用箱形截面。当仅在一个方向刚接时，宜采用工字形截面，并将柱腹板置于刚接框架平面内。

3 工字形截面柱（翼缘）和箱形截面柱与梁刚接时，应符合下列要求（图8.3.4-1），有充分依据时也可采用其他构造形式：

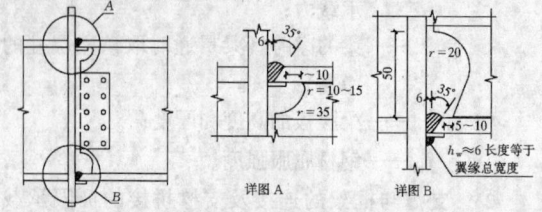

图8.3.4-1　框架梁与柱的现场连接

1) 梁翼缘与柱翼缘间应采用全熔透坡口焊缝；8度乙类建筑和9度时，应检验V形切口的冲击韧性，其恰帕冲击韧性在-20℃时不低于27J；

2) 柱在梁翼缘对应位置设置横向加劲肋，且加劲肋厚度不应小于梁翼缘厚度；

3) 梁腹板宜采用摩擦型高强度螺栓通过连接板与柱连接；腹板角部宜设置扇形切角，其端部与梁翼缘的全熔透焊缝应隔开；

4) 当梁翼缘的塑性截面模量小于梁全截面塑性截面模量的70%时，梁腹板与柱的连接螺栓不得少于二列；当计算仅需一列时，仍应布置二列，且此时螺栓总数不得少于计算值的1.5倍；

5) 8度Ⅲ、Ⅳ场地和9度时，宜采用能将塑性铰自梁端外移的骨形连接。

4 框架梁采用悬臂梁段与柱刚性连接时（图8.3.4-2），悬臂梁段与柱应预先采用全焊接连接，梁的现场拼接可采用翼缘焊接腹板螺栓连接（a）或全部螺栓连接（b）。

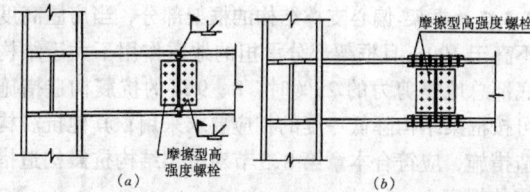

图8.3.4-2 框架梁与柱通过梁悬臂段的连接

5 箱形截面柱在与梁翼缘对应位置设置的隔板应采用全熔透对接焊缝与壁板相连。工字形截面柱的横向加劲肋与柱翼缘应采用全熔透对接焊缝连接，与腹板可采用角焊缝连接。

8.3.5 当节点域的体积不满足本章第8.2.5条3款的规定时，应采取加厚节点域或贴焊补强板的措施。补强板的厚度及其焊缝应按传递补强板所分担剪力的要求设计。

8.3.6 梁与柱刚性连接时，柱在梁翼缘上下各500mm的节点范围内，柱翼缘与柱腹板间或箱形柱壁板间的连接焊缝，应采用坡口全熔透焊缝。

8.3.7 框架柱接头宜位于框架梁上方1.3m附近。

上下柱的对接接头应采用全熔透焊缝，柱拼接接头上下各100mm范围内，工字形截面柱翼缘与腹板间及箱形截面柱角部壁板间的焊缝，应采用全熔透焊缝。

8.3.8 超过12层钢结构的刚接柱脚宜采用埋入式，6、7度时也可采用外包式。

8.4 钢框架-中心支撑结构抗震构造措施

8.4.1 当中心支撑采用只能受拉的单斜杆体系时，应同时设置不同倾斜方向的两组斜杆，且每组中不同方向单斜杆的截面面积在水平方向的投影面积之差不得大于10%。

8.4.2 中心支撑杆件的长细比和板件宽厚比应符合下列规定：

1 支撑杆件的长细比，不宜大于表8.4.2-1的限值。

表8.4.2-1 钢结构中心支撑杆件长细比限值

类 型		6、7度	8度	9度
不超过12层	按压杆设计	150	120	120
	按拉杆设计	200	150	150
超过12层		120	90	60

注：表列数值适用于Q235钢，采用其他牌号钢材应乘以$\sqrt{235/f_{ay}}$。

2 支撑杆件的板件宽厚比，不应大于表8.4.2-2规定的限值。采用节点板连接时，应注意节点板的强度和稳定。

表8.4.2-2 钢结构中心支撑板件宽厚比限值

板件名称	不超过12层			超过12层			
	7度	8度	9度	6度	7度	8度	9度
翼缘外伸部分	13	11	9	9	8	8	7
工字形截面腹板	33	30	27	25	23	23	21
箱形截面腹板	31	28	25	23	23	20	19
圆管外径与壁厚比				42	40	40	38

注：表列数值适用于Q235钢，采用其他牌号钢材应乘以$\sqrt{235/f_{ay}}$。

8.4.3 中心支撑节点的构造应符合下列要求：

1 超过12层时，支撑宜采用轧制H型钢制作，两端与框架可采用刚接构造，梁柱与支撑连接处应设置加劲肋；8、9度采用焊接工字形截面的支撑时，其翼缘与腹板的连接宜采用全熔透连续焊缝；

2 支撑与框架连接处，支撑杆端宜做成圆弧；

3 梁在其与V形支撑或人字支撑相交处，应设置侧向支承；该支承点与梁端支承间的侧向长细比（λ_y）以及支承力，应符合国家标准《钢结构设计规范》GB 50017关于塑性设计的规定；

4 不超过12层时，若支撑与框架采用节点板连接，应符合国家标准《钢结构设计规范》GB 50017关于节点板在连接杆件每侧有不小于30°夹角的规定；支撑端部至节点板嵌固点在沿支撑杆件方向的距离（由节点板与框架构件焊缝的起点垂直于支撑杆轴线的直线至支撑端部的距离），不应小于节点板厚度的2倍。

8.4.4 框架-中心支撑结构的框架部分，当房屋高度不高于100m且框架部分承担的地震作用不大于结构底部总地震剪力的25%时，8、9度的抗震构造措施可按框架结构降低一度的相应要求采用；其他抗震构造措施，应符合本章第8.3节对框架结构抗震构造措

8.5 钢框架-偏心支撑结构抗震构造措施

8.5.1 偏心支撑框架消能梁段的钢材屈服强度不应大于345MPa。消能梁段及与消能梁段同一跨内的非消能梁段,其板件的宽厚比不应大于表8.5.1规定的限值。

表8.5.1 偏心支撑框架梁板件宽厚比限值

板件名称		宽厚比限值
翼缘外伸部分		8
腹板	当 $N/Af \leq 0.14$ 时	$90[1-1.65N/(Af)]$
	当 $N/Af > 0.14$ 时	$33[2.3-N/(Af)]$

注:表列数值适用于Q235钢,当材料为其他钢号时,应乘以 $\sqrt{235/f_{ay}}$。

8.5.2 偏心支撑框架的支撑杆件的长细比不应大于 $120\sqrt{235/f_{ay}}$,支撑杆件的板件宽厚比不应超过国家标准《钢结构设计规范》GB 50017规定的轴心受压构件在弹性设计时的宽厚比限值。

8.5.3 消能梁段的构造应符合下列要求:

1 当 $N>0.16Af$ 时,消能梁段的长度应符合下列规定:

当 $\rho(A_w/A) < 0.3$ 时,$a < 1.6 M_{lp}/V_l$ (8.5.3-1)

当 $\rho(A_w/A) \geq 0.3$ 时,

$$a \leq [1.15 - 0.5\rho(A_w/A)]1.6 M_{lp}/V_l$$
(8.5.3-2)

$$\rho = N/V \quad (8.5.3-3)$$

式中 a——消能梁段的长度;
ρ——消能梁段轴向力设计值与剪力设计值之比。

2 消能梁段的腹板不得贴焊补强板,也不得开洞。

3 消能梁段与支撑连接处,应在其腹板两侧配置加劲肋,加劲肋的高度应为梁腹板高度,一侧的加劲肋宽度不应小于 $(b_f/2-t_w)$,厚度不应小于 $0.75t_w$ 和10mm的较大值。

4 消能梁段应按下列要求在其腹板上设置中间加劲肋:

1) 当 $a \leq 1.6 M_{lp}/V_l$ 时,加劲肋间距不大于 $(30t_w - h/5)$;

2) 当 $2.6 M_{lp}/V_l < a \leq 5M_{lp}/V_l$ 时,应在距消能梁段端部 $1.5b_f$ 处配置中间加劲肋,且中间加劲肋间距不应大于 $(52t_w - h/5)$;

3) 当 $1.6 M_{lp}/V_l < a \leq 2.6 M_{lp}/V_l$ 时,中间加劲肋的间距宜在上述二者间线性插入;

4) 当 $a > 5M_{lp}/V_l$ 时,可不配置中间加劲肋;

5) 中间加劲肋应与消能梁段的腹板等高,当消能梁段截面高度不大于640mm时,可配置单侧加劲肋,消能梁段截面高度大于640mm时,应在两侧配置加劲肋,一侧加劲肋的宽度不应小于 $(b_f/2-t_w)$,厚度不应小于 t_w 和10mm。

8.5.4 消能梁段与柱的连接应符合下列要求:

1 消能梁段与柱连接时,其长度不得大于 $1.6M_{lp}/V_l$,且应满足第8.2.7条的规定。

2 消能梁段翼缘与柱翼缘之间应采用坡口全熔透对接焊缝连接,消能梁段腹板与柱之间应采用角焊缝连接;角焊缝的承载力不得小于消能梁段腹板的轴向承载力、受剪承载力和受弯承载力。

3 消能梁段与柱腹板连接时,消能梁段翼缘与连接板间应采用坡口全熔透焊缝,消能梁段腹板与柱间应采用角焊缝;角焊缝的承载力不得小于消能梁段腹板的轴向承载力、受剪承载力和受弯承载力。

8.5.5 消能梁段两端上下翼缘应设置侧向支撑,支撑的轴力设计值不得小于消能梁段翼缘轴向承载力设计值(翼缘宽度、厚度和钢材受压承载力设计值三者的乘积)的6%,即 $0.06b_f t_f f$。

8.5.6 偏心支撑框架梁的非消能梁段上下翼缘,应设置侧向支撑,支撑的轴力设计值不得小于梁翼缘轴向承载力设计值的2%,即 $0.02b_f t_f f$。

8.5.7 框架-偏心支撑结构的框架部分,当房屋高度不高于100m且框架部分承担的地震作用不大于结构底部总地震剪力的25%时,8、9度的抗震构造措施可按框架结构降低一度的相应要求采用;其他抗震构造措施,应符合本章第8.3节对框架结构抗震构造措施的规定。

9 单层工业厂房

9.1 单层钢筋混凝土柱厂房

(Ⅰ)一般规定

9.1.1 厂房的结构布置,应符合下列要求:

1 多跨厂房宜等高和等长。

2 厂房的贴建房屋和构筑物,不宜布置在厂房角部和紧邻防震缝处。

3 厂房体型复杂或有贴建的房屋和构筑物时,宜设防震缝;在厂房纵横跨交接处、大柱网厂房或不设柱间支撑的厂房,防震缝宽度可采用100~150mm,其他情况可采用50~90mm。

4 两个主厂房之间的过渡跨至少应有一侧采用防震缝与主厂房脱开。

5 厂房内上吊车的铁梯不应靠近防震缝设置;多跨厂房各跨上吊车的铁梯不宜设置在同一横向轴线附近。

6 工作平台宜与厂房主体结构脱开。

7 厂房的同一结构单元内,不应采用不同的结构型式;厂房端部应设屋架,不应采用山墙承重;厂房单元内不应采用横墙和排架混合承重。

8 厂房各柱列的侧移刚度宜均匀。

9.1.2 厂房天窗架的设置，应符合下列要求：

1 天窗宜采用突出屋面较小的避风型天窗，有条件或9度时宜采用下沉式天窗。

2 突出屋面的天窗宜采用钢天窗架；6～8度时，可采用矩形截面杆件的钢筋混凝土天窗架。

3 8度和9度时，天窗架宜从厂房单元端部第三柱间开始设置。

4 天窗屋盖、端壁板和侧板，宜采用轻型板材。

9.1.3 厂房屋架的设置，应符合下列要求：

1 厂房宜采用钢屋架或重心较低的预应力混凝土、钢筋混凝土屋架。

2 跨度不大于15m时，可采用钢筋混凝土屋面梁。

3 跨度大于24m，或8度Ⅲ、Ⅳ类场地和9度时，应优先采用钢屋架。

4 柱距为12m时，可采用预应力混凝土托架（梁）；当采用钢屋架时，亦可采用钢托架（梁）。

5 有突出屋面天窗架的屋盖不宜采用预应力混凝土或钢筋混凝土空腹屋架。

9.1.4 厂房柱的设置，应符合下列要求：

1 8度和9度时，宜采用矩形、工字形截面柱或斜腹杆双肢柱，不宜采用薄壁工字形柱、腹板开孔工字形柱、预制腹板的工字形柱和管柱。

2 柱底至室内地坪以上500mm范围内和阶形柱的上柱宜采用矩形截面。

9.1.5 厂房围护墙、女儿墙的布置和抗震构造措施，应符合本规范第13.3节对非结构构件的有关规定。

（Ⅱ） 计算要点

9.1.6 7度Ⅰ、Ⅱ类场地，柱高不超过10m且结构单元两端均有山墙的单跨及等高多跨厂房（锯齿形厂房除外），当按本规范的规定采取抗震构造措施时，可不进行横向及纵向的截面抗震验算。

9.1.7 厂房的横向抗震计算，应采用下列方法：

1 混凝土无檩和有檩屋盖厂房，一般情况下，宜计及屋盖的横向弹性变形，按多质点空间结构分析；当符合本规范附录H的条件时，可按平面排架计算，并按附录H的规定对排架柱的地震剪力和弯矩进行调整。

2 轻型屋盖厂房，柱距相等时，可按平面排架计算。

注：本节轻型屋盖指屋面为压型钢板、瓦楞铁、石棉瓦等有檩屋盖。

9.1.8 厂房的纵向抗震计算，应采用下列方法：

1 混凝土无檩和有檩屋盖及有较完整支撑系统的轻型屋盖厂房，可采用下列方法：

1）一般情况下，宜计及屋盖的纵向弹性变形、围护墙与隔墙的有效刚度，不对称时尚宜计及扭转的影响，按多质点进行空间结构分析；

2）柱顶标高不大于15m且平均跨度不大于30m的单跨或等高多跨的钢筋混凝土柱厂房，宜采用本规范附录J规定的修正刚度法计算。

2 纵墙对称布置的单跨厂房和轻型屋盖的多跨厂房，可按柱列分片独立计算。

9.1.9 突出屋面天窗架的横向抗震计算，可采用下列方法：

1 有斜撑杆的三铰拱式钢筋混凝土和钢天窗架的横向抗震计算可采用底部剪力法；跨度大于9m或9度时，天窗架的地震作用效应应乘以增大系数，增大系数可采用1.5。

2 其他情况下天窗架的横向水平地震作用可用振型分解反应谱法。

9.1.10 突出屋面天窗架的纵向抗震计算，可采用下列方法：

1 天窗架的纵向抗震计算，可采用空间结构分析法，并计及屋盖平面弹性变形和纵墙的有效刚度。

2 柱高不超过15m的单跨和等高多跨混凝土无檩屋盖厂房的天窗架纵向地震作用计算，可采用底部剪力法，但天窗架的地震作用效应应乘以效应增大系数，其值可按下列规定采用：

1）单跨、边跨屋盖或有纵向内隔墙的中跨屋盖：

$$\eta = 1 + 0.5n \quad (9.1.10\text{-}1)$$

2）其他中跨屋盖：

$$\eta = 0.5n \quad (9.1.10\text{-}2)$$

式中 η——效应增大系数；

n——厂房跨数，超过四跨时取四跨。

9.1.11 两个主轴方向柱距均不小于12m、无桥式吊车且无柱间支撑的大柱网厂房，柱截面抗震验算应同时计算两个主轴方向的水平地震作用，并应计入位移引起的附加弯矩。

9.1.12 不等高厂房中，支承低跨屋盖的柱牛腿（柱肩）的纵向受拉钢筋截面面积，应按下式确定：

$$A_s \geq \left(\frac{N_G a}{0.85 h_0 f_y} + 1.2 \frac{N_E}{f_y} \right) \gamma_{RE} \quad (9.1.12)$$

式中 A_s——纵向水平受拉钢筋的截面面积；

N_G——柱牛腿面上重力荷载代表值产生的压力设计值；

a——重力作用点至下柱近侧边缘的距离，当小于$0.3h_0$时采用$0.3h_0$；

h_0——牛腿最大竖向截面的有效高度；

N_E——柱牛腿面上地震组合的水平拉力设计值;

γ_{RE}——承载力抗震调整系数,可采用1.0。

9.1.13 柱间交叉支撑斜杆的地震作用效应及其与柱连接节点的抗震验算,可按本规范附录J的规定进行。

9.1.14 8度和9度时,高大山墙的抗风柱应进行平面外的截面抗震验算。

9.1.15 当抗风柱与屋架下弦相连接时,连接点应设在下弦横向支撑节点处,下弦横向支撑杆件的截面和连接节点应进行抗震承载力验算。

9.1.16 当工作平台和刚性内隔墙与厂房主体结构连接时,应采用与厂房实际受力相适应的计算简图,计入工作平台和刚性内隔墙对厂房的附加地震作用影响,变位受约束且剪跨比不大于2的排架柱,其斜截面受剪承载力应按国家标准《混凝土结构设计规范》GB 50010 的规定计算,并采取相应的抗震措施。

9.1.17 8度Ⅲ、Ⅳ类场地和9度时,带有小立柱的拱形和折线型屋架或上弦节间较长且矢高较大的屋架,屋架上弦宜进行抗扭验算。

(Ⅲ) 抗震构造措施

9.1.18 有檩屋盖构件的连接及支撑布置,应符合下列要求:

1 檩条应与混凝土屋架(屋面梁)焊牢,并应有足够的支承长度。

2 双脊檩应在跨度1/3处相互拉结。

3 压型钢板应与檩条可靠连接,瓦楞铁、石棉瓦等应与檩条拉结。

4 支撑布置宜符合表9.1.18的要求。

表 9.1.18 有檩屋盖的支撑布置

支撑名称		烈度		
		6、7	8	9
屋架支撑	上弦横向支撑	厂房单元端开间各设一道	厂房单元端开间及厂房单元长度大于66m的柱间支撑开间各设一道;天窗开洞范围的两端各增设局部的支撑一道	厂房单元端开间及厂房单元长度大于42m的柱间支撑开间各设一道;天窗开洞范围的两端各增设局部的上弦横向支撑一道
	下弦横向支撑	同非抗震设计		
	跨中竖向支撑			
	端部竖向支撑	屋架端部高度大于900mm时,厂房单元端开间及柱间支撑开间各设一道		
天窗架支撑	上弦横向支撑	厂房单元天窗端开间各设一道	厂房单元天窗端开间及每隔30m各设一道	厂房单元天窗端开间及每隔18m各设一道
	两侧竖向支撑	厂房单元天窗端开间及每隔36m各设一道	厂房单元天窗端开间及每隔30m各设一道	厂房单元天窗端开间及每隔18m各设一道

9.1.19 无檩屋盖构件的连接及支撑布置,应符合下列要求:

1 大型屋面板应与屋架(屋面梁)焊牢,靠柱列的屋面板与屋架(屋面梁)的连接焊缝长度不宜小于80mm。

2 6度和7度时,有天窗厂房单元的端开间,或8度和9度时各开间,宜将垂直屋架方向两侧相邻的大型屋面板的顶面彼此焊牢。

3 8度和9度时,大型屋面板端头底面的预埋件宜采用角钢并与主筋焊牢。

4 非标准屋面板宜采用装配整体式接头,或将板四角切掉后与屋架(屋面梁)焊牢。

5 屋架(屋面梁)端部顶面预埋件的锚筋,8度时不宜少于4ϕ10,9度时不宜少于4ϕ12。

6 支撑的布置宜符合表9.1.19-1的要求,有中间井式天窗时宜符合表9.1.19-2的要求;8度和9度跨度不大于15m的屋面梁屋盖,可仅在厂房单元两端各设竖向支撑一道。

表 9.1.19-1 无檩屋盖的支撑布置

支撑名称		烈度		
		6、7	8	9
屋架支撑	上弦横向支撑	屋架跨度小于18m时同非抗震设计,跨度不小于18m时在厂房单元端开间各设一道	厂房单元端开间及柱间支撑开间各设一道,天窗开洞范围的两端各增设局部的支撑一道	
	上弦通长水平系杆	同非抗震设计	沿屋架跨度不大于15m设一道,但装配整体式屋面可不设	沿屋架跨度不大于12m设一道,但装配整体式屋面可不设
			围护墙在屋架上弦高度有现浇圈梁时,其端部处可不另设	围护墙在屋架上弦高度有现浇圈梁时,其端部处可不另设
	下弦横向支撑	同非抗震设计		
	跨中竖向支撑			
	两端竖向支撑 屋架端部高度 ≤900mm	厂房单元端开间各设一道	厂房单元端开间及柱间支撑开间各设一道	厂房单元端开间、柱间支撑开间及每隔48m各设一道
	两端竖向支撑 屋架端部高度 >900mm			厂房单元端开间、柱间支撑开间及每隔30m各设一道
	天窗两侧竖向支撑	厂房单元天窗端开间及每隔30m各设一道	厂房单元天窗端开间及每隔24m各设一道	厂房单元天窗端开间及每隔18m各设一道
	上弦横向支撑	同非抗震设计	天窗跨度≥9m时,厂房单元天窗端开间及柱间支撑开间各设一道	厂房单元天窗端开间及柱间支撑开间各设一道

表9.1.19-2 中间井式天窗无檩屋盖支撑布置

支撑名称		6、7度	8度	9度
上弦横向支撑 下弦横向支撑		厂房单元端开间各设一道	厂房单元端开间及柱间支撑开间各设一道	
上弦通长水平杆		天窗范围内屋架跨中上弦节点处设置		
下弦通长水平系杆		天窗两侧及天窗范围内屋架下弦节点处设置		
跨中竖向支撑		有上弦横向支撑开间设置,位置与下弦通长系杆相对应		
两端竖向支撑	屋架端部高度≤900mm	同非抗震设计	有上弦横向支撑开间,且间距不大于48m	
	屋架端部高度>900mm	厂房单元端开间各设一道	有上弦横向支撑开间,且间距不大于48m	有上弦横向支撑开间,且间距不大于30m

9.1.20 屋盖支撑尚应符合下列要求:

  1 天窗开洞范围内,在屋架脊点处应设上弦通长水平压杆。

  2 屋架跨中竖向支撑在跨度方向的间距,6~8度时不大于15m,9度时不大于12m;当仅在跨中设一道时,应设在跨中屋架屋脊处;当设二道时,应在跨度方向均匀布置。

  3 屋架上、下弦通长水平系杆与竖向支撑宜配合设置。

  4 柱距不小于12m且屋架间距6m的厂房,托架(梁)区段及其相邻开间应设下弦纵向水平支撑。

  5 屋盖支撑杆件宜用型钢。

9.1.21 突出屋面的混凝土天窗架,其两侧墙板与天窗立柱宜采用螺栓连接。

9.1.22 混凝土屋架的截面和配筋,应符合下列要求:

  1 屋架上弦第一节间和梯形屋架端竖杆的配筋,6度和7度时不宜少于4φ12,8度和9度时不宜少于4φ14。

  2 梯形屋架的端竖杆截面宽度宜与上弦宽度相同。

  3 拱形和折线形屋架上弦端部支撑屋面板的小立柱,截面不宜小于200mm×200mm,高度不宜大于500mm,主筋宜采用Ⅱ形,6度和7度时不宜少于4φ12,8度和9度时不宜少于4φ14,箍筋可采用φ6,间距宜为100mm。

9.1.23 厂房柱子的箍筋,应符合下列要求:

  1 下列范围内柱的箍筋应加密:

   1)柱头,取柱顶以下500mm并不小于柱截面长边尺寸;

   2)上柱,取阶形柱自牛腿面至吊车梁顶面以上300mm高度范围内;

   3)牛腿(柱肩),取全高;

   4)柱根,取下柱柱底至室内地坪以上500mm;

   5)柱间支撑与柱连接节点和柱变位受平台等约束的部位,取节点上、下各300mm。

  2 加密区箍筋间距不应大于100mm,箍筋肢距和最小直径应符合表9.1.23的规定:

表9.1.23 柱加密区箍筋最大肢距和最小箍筋直径

烈度和场地类别		6度和7度Ⅰ、Ⅱ类场地	7度Ⅲ、Ⅳ类场地和8度Ⅰ、Ⅱ类场地	8度Ⅲ、Ⅳ类场地和9度
箍筋最大肢距(mm)		300	250	200
箍筋最小直径	一般柱头和柱根	φ6	φ8	φ8(φ10)
	角柱柱头	φ8	φ10	φ10
	上柱牛腿和有支撑的柱根	φ8	φ8	φ10
	有支撑的柱头和柱变位受约束部位	φ8	φ10	φ10

注:括号内数值用于柱根。

9.1.24 山墙抗风柱的配筋,应符合下列要求:

  1 抗风柱柱顶以下300mm和牛腿(柱肩)面以上300mm范围内的箍筋,直径不宜小于6mm,间距不应大于100mm,肢距不宜大于250mm。

  2 抗风柱的变截面牛腿(柱肩)处,宜设置纵向受拉钢筋。

9.1.25 大柱网厂房柱的截面和配筋构造,应符合下列要求:

  1 柱截面宜采用正方形或接近正方形的矩形,边长不宜小于柱全高的1/18~1/16。

  2 重屋盖厂房地震组合的柱轴压比,6、7度时不宜大于0.8,8度时不宜大于0.7,9度时不应大于0.6。

  3 纵向钢筋宜沿柱截面周边对称配置,间距不宜大于200mm,角部宜配置直径较大的钢筋。

  4 柱头和柱根的箍筋应加密,并应符合下列要求:

   1)加密范围,柱根取基础顶面至室内地坪以上1m,且不小于柱全高的1/6;柱头取柱顶以下500mm,且不小于柱截面长边尺寸;

   2)箍筋直径、间距和肢距,应符合本章第9.1.23条的规定。

9.1.26 厂房柱间支撑的设置和构造,应符合下列要求:

  1 厂房柱间支撑的布置,应符合下列规定:

   1)一般情况下,应在厂房单元中部设置上、下柱间支撑,且下柱支撑应与上柱支撑配套设置;

   2)有吊车或8度和9度时,宜在厂房单元两端增设上柱支撑;

   3)厂房单元较长或8度Ⅲ、Ⅳ类场地和9度时，可在厂房单元中部1/3区段内设置两道柱间支撑。

2 柱间支撑应采用型钢，支撑形式宜采用交叉式，其斜杆与水平面的交角不宜大于55°。

3 支撑杆件的长细比，不宜超过表9.1.26的规定。

4 下柱支撑的下节点位置和构造措施，应保证将地震作用直接传给基础；当6度和7度不能直接传给基础时，应计及支撑对柱和基础的不利影响。

5 交叉支撑在交叉点应设置节点板，其厚度不应小于10mm，斜杆与交叉节点板应焊接，与端节点板宜焊接。

表9.1.26　交叉支撑斜杆的最大长细比

位置	烈度			
	6度和7度Ⅰ、Ⅱ类场地	7度Ⅲ、Ⅳ类场地和8度Ⅰ、Ⅱ类场地	8度Ⅲ、Ⅳ类场地和9度Ⅰ、Ⅱ类场地	9度Ⅲ、Ⅳ类场地
上柱支撑	250	250	200	150
下柱支撑	200	200	150	150

9.1.27 8度时跨度不小于18m的多跨厂房中柱和9度时多跨厂房各柱，柱顶宜设置通长水平压杆，此压杆可与梯形屋架支座处通长水平系杆合并设置，钢筋混凝土系杆端头与屋架间的空隙应采用混凝土填实。

9.1.28 厂房结构构件的连接节点，应符合下列要求：

1 屋架（屋面梁）与柱顶的连接，8度时宜采用螺栓，9度时宜采用钢板铰，亦可采用螺栓；屋架（屋面梁）端部支承垫板的厚度不宜小于16mm。

2 柱顶预埋件的锚筋，8度时不宜少于4ϕ14，9度时不宜少于4ϕ16；有柱间支撑的柱子，柱顶预埋件尚应增设抗剪钢板。

3 山墙抗风柱的柱顶，应设置预埋板，使柱顶与端屋架的上弦（屋面梁上翼缘）可靠连接。连接部位应位于上弦横向支撑与屋架的连接点处，不符合时可在支撑中增设次腹杆或设置型钢横梁，将水平地震作用传至节点部位。

4 支承低跨屋盖的中柱牛腿（柱肩）的预埋件，应与牛腿（柱肩）中按计算承受水平拉力部分的纵向钢筋焊接，且焊接的钢筋，6度和7度时不应少于2ϕ12，8度时不应少于2ϕ14，9度时不应少于2ϕ16。

5 柱间支撑与柱连接节点预埋件的锚件，8度Ⅲ、Ⅳ类场地和9度时，宜采用角钢加端板，其他情况可采用HRB335级或HRB400级热轧钢筋，但锚固长度不应小于30倍锚筋直径或增设端板。

6 厂房中的吊车走道板、端屋架与山墙间的填充小屋面板、天沟板、天窗端壁板和天窗侧板下的填充砌体等构件应与支承结构有可靠的连接。

9.2　单层钢结构厂房

（Ⅰ）一般规定

9.2.1 本节主要适用于钢柱、钢屋架或实腹梁承重的单跨和多跨的单层厂房。不适用于单层轻型钢结构厂房。

9.2.2 厂房平面布置和钢筋混凝土屋面板的设置构造要求等，可参照本规范第9.1节单层钢筋混凝土柱厂房的有关规定。

9.2.3 厂房的结构体系应符合下列要求：

1 厂房的横向抗侧力体系，可采用屋盖横梁与柱顶刚接或铰接的框架、门式刚架、悬臂柱或其他结构体系。厂房纵向抗侧力体系宜采用柱间支撑，条件限制时也可采用刚架结构。

2 构件在可能产生塑性铰的最大应力区内，应避免焊接接头；对于厚度较大无法采用螺栓连接的构件，可采用对接焊缝等强度连接。

3 屋盖横梁与柱顶铰接时，宜采用螺栓连接。刚接框架的屋架上弦与柱相连的连接板，不应出现塑性变形。当横梁为实腹梁时，梁与柱的连接以及梁与梁拼接的受弯、受剪极限承载力，应能分别承受梁全截面屈服时受弯、受剪承载力的1.2倍。

4 柱间支撑杆件应采用整根材料，超过材料最大长度规格时可采用对接焊缝等强拼接；柱间支撑与构件的连接，不应小于支撑杆件塑性承载力的1.2倍。

（Ⅱ）计算要点

9.2.4 厂房抗震计算时，应根据屋盖高差和吊车设置情况，分别采用单质点、双质点或多质点模型计算地震作用。

9.2.5 厂房地震作用计算时，围护墙的自重与刚度应符合下列规定：

1 轻质墙板或与柱柔性连接的预制钢筋混凝土墙板，应计入墙体的全部自重，但不应计入刚度。

2 与柱贴砌且与柱拉结的砌体围护墙，应计入全部自重，在平行于墙体方向计算时可计入等效刚度，其等效系数可采用0.4。

9.2.6 厂房横向抗震计算可采用下列方法：

1 一般情况下，宜计入屋盖变形进行空间分析。

2 采用轻型屋盖时，可按平面排架或框架计算。

9.2.7 厂房纵向抗震计算，可采用下列方法：

1 采用轻质墙板或与柱柔性连接的大型墙板的厂房，可按单质点计算，各柱列的地震作用应按以下原则分配：

1）钢筋混凝土无檩屋盖可按柱列刚度比例分配；

2）轻型屋盖可按柱列承受的重力荷载代表值

的比例分配；

　　3) 钢筋混凝土有檩屋盖可取上述两种分配结果的平均值。

　　2 采用与柱贴砌的烧结普通粘土砖围护墙厂房，可参照本规范第9.1.8条的规定。

9.2.8 屋盖竖向支撑桁架的腹杆应能承受和传递屋盖的水平地震作用，其连接的承载力应大于腹杆的内力，并满足构造要求。

9.2.9 柱间交叉支撑的地震作用及验算可按本规范附录H.2的规定按拉杆计算，并计及相交受压杆的影响。交叉支撑端部的连接，对单角钢支撑应计入强度折减，8、9度时不得采用单面偏心连接；交叉支撑有一杆中断时，交叉节点板应予以加强，其承载力不小于1.1倍杆件承载力。

（Ⅲ） 抗震构造措施

9.2.10 屋盖的支撑布置，宜符合本规范第9.1节的有关要求。

9.2.11 柱的长细比不应大于 $120\sqrt{235/f_{ay}}$。

9.2.12 单层框架柱、梁截面板件的宽厚比限值，除应符合现行《钢结构设计规范》GB50017对钢结构弹性阶段设计的有关规定外，尚应符合表9.2.12的规定：

表9.2.12　单层钢结构厂房板件宽厚比限值

构件	板件名称	7度	8度	9度
柱	工字形截面翼缘外伸部分	13	11	10
	箱形截面两腹板间翼缘	38	36	36
	箱形截面腹板（$N_c/Af<0.25$）	70	65	60
	（$N_c/Af\geq0.25$）	58	52	48
	圆管外径与壁比	60	55	50
梁	工形截面翼缘外伸部分	11	10	9
	箱形截面两腹板间翼缘	36	32	30
	箱形截面腹板（$N_b/Af<0.37$）	85－120ρ	80－110ρ	72－100ρ
	腹板（$N_b/Af\geq0.37$）	40	39	35

注：1　表列数值适用于Q235钢，当材料为其他钢号时，应乘以 $\sqrt{235/f_{ay}}$；

　　2　N_c、N_b 分别为柱、梁轴向力；A 为相应构件截面面积；f 为钢材抗拉强度设计值；

　　3　ρ 指 N_b/Af。

　　3 构件腹板宽厚比，可通过设置纵向加劲肋减小。

9.2.13 柱脚应采取保证能传递柱身承载力的插入式或埋入式柱脚。6、7度时亦可采用外露式刚性柱脚，但柱脚螺栓的组合弯矩设计值应乘以增大系数1.2。

　　实腹式钢柱采用插入式柱脚的埋入深度，不得小于钢柱截面高度的2倍；同时应满足下式要求：

$$d\geq\sqrt{6M/b_f f_c} \quad (9.2.13)$$

式中　d——柱脚埋深；
　　　　M——柱脚全截面屈服时的极限弯矩；
　　　　b_f——柱在受弯方向截面的翼缘宽度；
　　　　f_c——基础混凝土轴心受压强度设计值。

9.2.14 柱间交叉支撑应符合下列要求：

　　1 有吊车时，应在厂房单元中部设置上下柱间支撑，并应在厂房单元两端增设上柱支撑；7度时结构单元长度大于120m，8、9度时结构单元长度大于90m，宜在单元中部1/3区段内设置两道上下柱间支撑。

　　2 柱间交叉支撑的长细比、支撑斜杆与水平面的夹角、支撑斜杆交叉点的节点板厚度，应符合本规范第9.1.26条的有关规定。

　　3 有条件时，可采用消能支撑。

9.3　单层砖柱厂房

（Ⅰ）一　般　规　定

9.3.1 本节适用于下列范围内的烧结普通粘土砖柱（墙垛）承重的中小型厂房：

　　1 单跨和等高多跨且无桥式吊车的车间、仓库等。

　　2 6～8度，跨度不大于15m且柱顶标高不大于6.6m。

　　3 9度，跨度不大于12m且柱顶标高不大于4.5m。

9.3.2 厂房的平立面布置，宜符合本章第9.1节的有关规定，但防震缝的设置，应符合下列要求：

　　1 轻型屋盖厂房，可不设防震缝。

　　2 钢筋混凝土屋盖厂房与贴建的建（构）筑物间宜设防震缝，其宽度可采用50～70mm。

　　3 防震缝处应设置双柱或双墙。

　　注：本节轻型屋盖指木屋盖和轻钢屋架、压型钢板、瓦楞铁、石棉瓦屋面的屋盖。

9.3.3 厂房两端均应设置承重山墙；天窗不应通至厂房单元的端开间，天窗不应采用端砖壁承重。

9.3.4 厂房的结构体系，尚应符合下列要求：

　　1 6～8度时，宜采用轻型屋盖，9度时，应采用轻型屋盖。

　　2 6度和7度时，可采用十字形截面的无筋砖柱；8度和9度时应采用组合砖柱，且中柱在8度Ⅲ、Ⅳ类场地和9度时宜采用钢筋混凝土柱。

　　3 厂房纵向的独立砖柱柱列，可在柱间设置与柱等高的抗震墙承受纵向地震作用，砖抗震墙应与柱同时咬槎砌筑，并应设置基础；无砖抗震墙的柱顶，应设通长水平压杆。

　　4 纵、横向内隔墙宜做成抗震墙，非承重横墙和非整体砌筑且不到顶的纵向隔墙宜采用轻质墙，当采用非轻质墙时，应计及隔墙对柱及其与屋架（梁）连接节点的附加地震剪力。独立的纵、横内隔墙应采取措施保证其平面外的稳定性,且顶部应设置现浇钢筋混凝土压顶梁。

(Ⅱ) 计算要点

9.3.5 按本节规定采取抗震构造措施的单层砖柱厂房,当符合下列条件时,可不进行横向或纵向截面抗震验算:

1 7度Ⅰ、Ⅱ类场地,柱顶标高不超过4.5m,且结构单元两端均有山墙的单跨及等高多跨砖柱厂房,可不进行横向和纵向抗震验算。

2 7度Ⅰ、Ⅱ类场地,柱顶标高不超过6.6m,两侧设有厚度不小于240mm且开洞截面面积不超过50%的外纵墙,结构单元两端均有山墙的单跨厂房,可不进行纵向抗震验算。

9.3.6 厂房的横向抗震计算,可采用下列方法:

1 轻型屋盖厂房可按平面排架进行计算。

2 钢筋混凝土屋盖厂房和密铺望板的瓦木屋盖厂房可按平面排架进行计算并计及空间工作,按本规范附录H调整地震作用效应。

9.3.7 厂房的纵向抗震计算,可采用下列方法:

1 钢筋混凝土屋盖厂房宜采用振型分解反应谱法进行计算。

2 钢筋混凝土屋盖的等高多跨砖柱厂房可按本规范附录K规定的修正刚度法进行计算。

3 纵墙对称布置的单跨厂房和轻型屋盖的多跨厂房,可采用柱列分片独立进行计算。

9.3.8 突出屋面天窗架的横向和纵向抗震计算应符合本章第9.1.9和第9.1.10条的规定。

9.3.9 偏心受压砖柱的抗震验算,应符合下列要求:

1 无筋砖柱地震组合轴向力设计值的偏心距,不宜超过0.9倍截面形心到轴向力所在方向截面边缘的距离;承载力抗震调整系数可采用0.9。

2 组合砖柱的配筋应按计算确定,承载力抗震调整系数可采用0.85。

(Ⅲ) 抗震构造措施

9.3.10 木屋盖的支撑布置,宜符合表9.3.10的要求,钢屋架、瓦楞铁、石棉瓦等屋面的支撑,可按表中无望板屋盖的规定设置,不应在端开间设置下弦水平系杆与山墙连接;支撑与屋架或天窗架应采用螺栓连接;木天窗架的边柱,宜采用通长木夹板或铁板并通过螺栓加强边柱与屋架上弦的连接。

9.3.11 檩条与山墙卧梁应可靠连接,有条件时可采用檩条伸出山墙的屋面结构。

9.3.12 钢筋混凝土屋盖的构造措施,应符合本章第9.1节的有关规定。

9.3.13 厂房柱顶标高处应沿房屋外墙及承重内墙设置现浇闭合圈梁,8度和9度时还应沿墙高每隔3~4m增设一道圈梁,圈梁的截面高度不应小于180mm,配筋不应少于4φ12;当地基为软弱粘性土、液化土、新近填土或严重不均匀土层时,尚应设置基础圈梁。当圈梁兼作门窗过梁或抵抗不均匀沉降影响时,其截面和配筋除满足抗震要求外,尚应根据实际受力计算确定。

表9.3.10 木屋盖的支撑布置

支撑名称		烈度				
		6、7	8		9	
		各类屋盖	满铺望板无天窗	稀铺望板或无望板有天窗	满铺望板	稀铺望板或无望板
屋架支撑	上弦横向支撑	同非抗震设计	房屋单元两端开间及每隔20m设一道	屋架跨度大于6m时,房屋单元两端天窗开洞范围内各设一道	屋架跨度大于6m时,房屋单元两端第二开间及每隔20m设一道	屋架跨度大于6m时,房屋单元两端第二开间及每隔20m设一道
	下弦横向支撑	同非抗震设计			屋架跨度大于6m时,房屋单元两端第二开间及每隔20m设一道	
	跨中竖向支撑	同非抗震设计			隔间设置并加下弦通长水平系杆	
天窗架支撑	天窗两侧竖向支撑	天窗两端第一开间各设一道			天窗两端第一开间及每隔20m左右设一道	
	上弦横向支撑	跨度较大的天窗,参照无天窗屋架的支撑布置				

9.3.14 山墙应沿屋面设置现浇钢筋混凝土卧梁,并应与屋盖构件锚拉;山墙壁柱的截面与配筋,不宜小于排架柱,壁柱应通到墙顶并与卧梁或屋盖构件连接。

9.3.15 屋架(屋面梁)与墙顶圈梁或柱顶垫块,应采用螺栓或焊接连接;柱顶垫块应现浇,其厚度不应小于240mm,并应配置两层直径不小于8mm间距不大于100mm的钢筋网;墙顶圈梁应与柱顶垫块整浇,9度时,在垫块两侧各500mm范围内,圈梁的箍筋间距不应大于100mm。

9.3.16 砖柱的构造应符合下列要求:

1 砖的强度等级不应低于MU10,砂浆的强度等级不应低于M5;组合砖柱中的混凝土强度等级应采用C20。

2 砖柱的防潮层应采用防水砂浆。

9.3.17 钢筋混凝土屋盖的砖柱厂房,山墙开洞的水平截面面积不宜超过总截面面积的50%;8度时,应在山、横墙两端设置钢筋混凝土构造柱;9度时,应在山、横墙两端及高大的门洞两侧设置钢筋混凝土构造柱。

钢筋混凝土构造柱的截面尺寸，可采用240mm×240mm；当为9度且山、横墙的厚度为370mm时，其截面宽度宜取370mm；构造柱的竖向钢筋，8度时不应少于4φ12，9度时不应少于4φ14；箍筋可采用φ6，间距宜为250～300mm。

9.3.18 砖砌体墙的构造应符合下列要求：

1 8度和9度时，钢筋混凝土无檩屋盖砖柱厂房，砖围护墙顶部宜沿墙长每隔1m埋入1φ8竖向钢筋，并插入顶部圈梁内。

2 7度且墙顶高度大于4.8m或8度和9度时，外墙转角及承重内横墙与外纵墙交接处，当不设置构造柱时，应沿墙高每500mm配置2φ6钢筋，每边伸入墙内不小于1m。

3 出屋面女儿墙的抗震构造措施，应符合本规范第13.3节的有关规定。

10 单层空旷房屋

10.1 一般规定

10.1.1 本章适用于较空旷的单层大厅和附属房屋组成的公共建筑。

10.1.2 大厅、前厅、舞台之间，不宜设防震缝分开；大厅与两侧附属房屋之间可不设防震缝。但不设缝时应加强连接。

10.1.3 单层空旷房屋大厅，支承屋盖的承重结构，在下列情况下不应采用砖柱：

1 9度时与8度Ⅲ、Ⅳ类场地的建筑。

2 大厅内设有挑台。

3 8度Ⅰ、Ⅱ类场地和7度Ⅲ、Ⅳ类场地，大厅跨度大于15m或柱顶高度大于6m。

4 7度Ⅰ、Ⅱ类场地和6度Ⅲ、Ⅳ类场地，大厅跨度大于18m或柱顶高度大于8m。

10.1.4 单层空旷房屋大厅，支承屋盖的承重结构除第10.1.3条规定者外，可在大厅纵墙屋架支点下，增设钢筋混凝土-砖组合壁柱，不得采用无筋砖壁柱。

10.1.5 前厅结构布置应加强横向的侧向刚度，大门处壁柱，及前厅内独立柱应设计成钢筋混凝土柱。

10.1.6 前厅与大厅、大厅与舞台连接处的横墙，应加强侧向刚度，设置一定数量的钢筋混凝土抗震墙。

10.1.7 大厅部分其他要求可参照本规范第9章，附属房屋应符合本规范的有关规定。

10.2 计算要点

10.2.1 单层空旷房屋的抗震计算，可将房屋划分为前厅、舞台、大厅和附属房屋等若干独立结构，按本规范有关规定执行，但应计及相互影响。

10.2.2 单层空旷房屋的抗震计算，可采用底部剪力法，地震影响系数可取最大值。

10.2.3 大厅的纵向水平地震作用标准值，可按下式计算：

$$F_{Ek} = \alpha_{max} G_{eq} \qquad (10.2.3)$$

式中 F_{Ek}——大厅一侧纵墙或柱列的纵向水平地震作用标准值；

G_{eq}——等效重力荷载代表值。包括大厅屋盖和毗连附属房屋屋盖各一半的自重和50%雪荷载标准值，及一侧纵墙或柱列的折算自重。

10.2.4 大厅的横向抗震计算，宜符合下列原则：

1 两侧无附属房屋的大厅，有挑台部分和无挑台部分可各取一个典型开间计算；符合第9章规定时，尚可计及空间工作。

2 两侧有附属房屋时，应根据附属房屋的结构类型，选择适当的计算方法。

10.2.5 8度和9度时，高大山墙的壁柱应进行平面外的截面抗震验算。

10.3 抗震构造措施

10.3.1 大厅的屋盖构造，应符合本规范第9章的规定。

10.3.2 大厅的钢筋混凝土柱和组合砖柱应符合下列要求：

1 组合砖柱纵向钢筋的上端应锚入屋架底部的钢筋混凝土圈梁内。组合柱的纵向钢筋，除按计算确定外，且6度Ⅲ、Ⅳ类场地和7度Ⅰ、Ⅱ类场地每侧不应少于4φ14；7度Ⅲ、Ⅳ类场地和8度Ⅰ、Ⅱ类场地每侧不应少于4φ16。

2 钢筋混凝土柱应按抗震等级为二级框架柱设计，其配筋量应按计算确定。

10.3.3 前厅与大厅，大厅与舞台间轴线上横墙，应符合下列要求：

1 应在横墙两端，纵向梁支点及大洞口两侧设置钢筋混凝土框架柱或构造柱。

2 嵌砌在框架柱间的横墙应有部分设计成抗震等级为二级的钢筋混凝土抗震墙。

3 舞台口的柱和梁应采用钢筋混凝土结构，舞台口大梁上承重砌体墙应设置间距不大于4m的立柱和间距不大于3m的圈梁，立柱、圈梁的截面尺寸、配筋及与周围砌体的拉结应符合多层砌体房屋要求。

4 9度时，舞台口大梁上的砖墙不应承重。

10.3.4 大厅柱（墙）顶标高处应设置现浇圈梁，并宜沿墙高每隔3m左右增设一道圈梁。梯形屋架端部高度大于900mm时还应在上弦标高处增设一道圈梁。圈梁的截面高度不宜小于180mm，宽度宜与墙厚相同，纵筋不应少于4φ12，箍筋间距不宜大于200mm。

10.3.5 大厅与两侧附属房屋间不设防震缝时,应在同一标高处设置封闭圈梁并在交接处拉通,墙体交接处应沿墙高每隔500mm设置2φ6拉结钢筋,且每边伸入墙内不宜小于1m。

10.3.6 悬挑式挑台应有可靠的锚固和防止倾覆的措施。

10.3.7 山墙应沿屋面设置钢筋混凝土卧梁,并应与屋盖构件锚拉;山墙应设置钢筋混凝土柱或组合柱,其截面和配筋分别不宜小于排架柱或纵墙组合柱,并应通过山墙的顶端与卧梁连接。

10.3.8 舞台后墙,大厅与前厅交接处的高大山墙,应利用工作平台或楼层作为水平支撑。

11 土、木、石结构房屋

11.1 村镇生土房屋

11.1.1 本节适用于6～8度未经焙烧的土坯、灰土和夯土承重墙体的房屋及土窑洞、土拱房。

注：1 灰土墙指掺石灰（或其他粘结材料）的土筑墙和掺石灰土坯墙；

2 土窑洞包括在未经扰动的原土中开挖而成的崖窑和由土坯砌筑拱顶的坑窑。

11.1.2 生土房屋宜建单层,6度和7度的灰土墙房屋可建二层,但总高度不应超过6m;单层生土房屋的檐口高度不宜大于2.5m,开间不宜大于3.2m;窑洞净跨不宜大于2.5m。

11.1.3 生土房屋开间均应有横墙,不宜采用土搁梁结构,同一房屋不宜采用不同材料的承重墙体。

11.1.4 应采用轻屋面材料;硬山搁檩的房屋宜采用双坡屋面或弧形屋面,檩条支承处应设垫木;檐口标高处（墙顶）应有木圈梁（或木垫板）,端檩应出檐,内墙上檩条应满搭或采用夹板对接和燕尾接。木屋盖各构件应采用圆钉、扒钉、铅丝等相互连接。

11.1.5 生土房屋内外墙体应同时分层交错夯筑或咬砌,外墙四角和内外墙交接处,宜沿墙高每隔300mm左右放一层竹筋、木条、荆条等拉结材料。

11.1.6 各类生土房屋的地基应夯实,应做砖或石基础;宜作外墙裙防潮处理（墙角宜设防潮层）。

11.1.7 土坯房宜采用粘性土湿法成型并宜掺入草苇等拉结材料;土坯应卧砌并宜采用粘土浆或粘土石灰浆砌筑。

11.1.8 灰土墙房屋应每层设置圈梁,并在横墙上拉通;内纵墙顶面宜在山尖墙两侧增砌踏步式墙垛。

11.1.9 土拱房应多跨连续布置,各拱均应支承在稳固的崖体上或支承在人工土墙上;拱圈厚度宜为300～400mm,应支模砌筑,不应后倾贴砌;外侧支承墙和拱圈上不应布置门窗。

11.1.10 土窑洞应避开易产生滑坡、山崩的地段,

开挖窑洞的崖体应土质密实、土体稳定、坡度较平缓、无明显的竖向节理;崖窑前不宜接砌土坯或其他材料的前脸;不宜开挖层窑,否则应保持足够的间距,且上、下不宜对齐。

11.2 木结构房屋

11.2.1 本节适用于穿斗木构架、木柱木屋架和木柱木梁等房屋。

11.2.2 木结构房屋的平面布置应避免拐角或突出;同一房屋不应采用木柱与砖柱或砖墙等混合承重。

11.2.3 木柱木屋架和穿斗木构架房屋不宜超过二层,总高度不宜超过6m。木柱木梁房屋宜建单层,高度不宜超过3m。

11.2.4 礼堂、剧院、粮仓等较大跨度的空旷房屋,宜采用四柱落地的三跨木排架。

11.2.5 木屋架屋盖的支撑布置,应符合本规范第9.3节的有关规定的要求,但房屋两端的屋架支撑,应设置在端开间。

11.2.6 柱顶应有暗榫插入屋架下弦,并用U形铁件连接;8度和9度时,柱脚应用铁件或其他措施与基础锚固。

11.2.7 空旷房屋应在木柱与屋架（或梁）间设置斜撑;横隔墙较多的居住房屋应在非抗震隔墙内设斜撑,穿斗木构架房屋可不设斜撑;斜撑宜采用木夹板,并应通到屋架的上弦。

11.2.8 穿斗木构架房屋的横向和纵向均应在木柱的上、下柱端和楼层下部设置穿枋,并应在每一纵向柱列间设置1～2道剪刀撑或斜撑。

11.2.9 斜撑和屋盖支撑结构,均应采用螺栓与主体构件相连接;除穿斗木构件外,其他木构件宜采用螺栓连接。

11.2.10 椽与檩的搭接处应满钉,以增强屋盖的整体性。木构架中,宜在柱檐口以上沿房屋纵向设置竖向剪刀撑等措施,以增强纵向稳定性。

11.2.11 木构件应符合下列要求：

1 木柱的梢径不宜小于150mm;应避免在柱的同一高度处纵横向同时开槽,且在柱的同一截面开槽面积不应超过截面总面积的1/2。

2 柱子不能有接头。

3 穿枋应贯通木构架各柱。

11.2.12 围护墙应与木结构可靠拉结;土坯、砖等砌筑的围护墙不应将木柱完全包裹,宜贴砌在木柱外侧。

11.3 石结构房屋

11.3.1 本节适用于6～8度,砂浆砌筑的料石砌体（包括有垫片或无垫片）承重的房屋。

11.3.2 多层石砌体房屋的总高度和层数不宜超过表11.3.2的规定。

表11.3.2 多层石房总高度（m）和层数限值

墙体类别	烈度					
	6		7		8	
	高度	层数	高度	层数	高度	层数
细、半细料石砌体（无垫片）	16	五	13	四	10	三
粗料石及毛料石砌体（有垫片）	13	四	10	三	7	二

注：房屋总高度的计算同表7.1.2注。

11.3.3 多层石砌体房屋的层高不宜超过3m。

11.3.4 多层石砌体房屋的抗震横墙间距，不应超过表11.3.4的规定。

表11.3.4 多层石房的抗震横墙间距（m）

楼、屋盖类型	烈度		
	6	7	8
现浇及装配整体式钢筋混凝土	10	10	7
装配整体式钢筋混凝土	7	7	4

11.3.5 多层石房，宜采用现浇或装配整体式钢筋混凝土楼、屋盖。

11.3.6 石墙的截面抗震验算，可参照本规范第7.2节；其抗剪强度应根据试验数据确定。

11.3.7 多层石房的下列部位，应设置钢筋混凝土构造柱：
 1 外墙四角和楼梯间四角。
 2 6度隔开间的内外墙交接处。
 3 7度和8度每开间的内外墙交接处。

11.3.8 抗震横墙洞口的水平截面面积，不应大于全截面面积的1/3。

11.3.9 每层的纵横墙均应设置圈梁，其截面高度不应小于120mm，宽度宜与墙厚相同，纵向钢筋不应小于4φ10，箍筋间距不宜大于200mm。

11.3.10 无构造柱的纵横墙交接处，应采用条石无垫片砌筑，且应沿墙高每隔500mm设置拉结钢筋网片，每边每侧伸入墙内不宜小于1m。

11.3.11 其他有关抗震构造措施要求，参照本规范第7章的规定。

12 隔震和消能减震设计

12.1 一般规定

12.1.1 本章适用于在建筑上部结构与基础之间设置隔震层以隔离地震能量的房屋隔震设计，以及在抗侧力结构中设置消能器吸收与消耗地震能量的房屋消能减震设计。

采用隔震和消能减震设计的建筑结构，应符合本规范第3.8.1条的规定，其抗震设防目标应符合本规范第3.8.2条的规定。

注：1 本章隔震设计指在房屋底部设置的由橡胶隔震支座和阻尼器等部件组成的隔震层，以延长整个结构体系的自振周期、增大阻尼，减少输入上部结构的地震能量，达到预期防震要求。

 2 消能减震设计指在房屋结构中设置消能装置，通过其局部变形提供附加阻尼，以消耗输入上部结构的地震能量，达到预期防震要求。

12.1.2 建筑结构的隔震设计和消能减震设计，应根据建筑抗震设防类别、抗震设防烈度、场地条件、建筑结构方案和建筑使用要求，与采用抗震设计的设计方案进行技术、经济可行性的对比分析后，确定其设计方案。

12.1.3 需要减少地震作用的多层砌体和钢筋混凝土框架等结构类型的房屋，采用隔震设计时应符合下列各项要求：

 1 结构体型基本规则，不隔震时可在两个主轴方向分别采用本规范第5.1.2条规定的底部剪力法进行计算且结构基本周期小于1.0s；体型复杂结构采用隔震设计，宜通过模型试验后确定。

 2 建筑场地宜为Ⅰ、Ⅱ、Ⅲ类，并应选用稳定性较好的基础类型。

 3 风荷载和其他非地震作用的水平荷载标准值产生的总水平力不宜超过结构总重力的10%。

 4 隔震层应提供必要的竖向承载力、侧向刚度和阻尼；穿过隔震层的设备配管、配线，应采用柔性连接或其他有效措施适应隔震层的罕遇地震水平位移。

12.1.4 需要减少地震水平位移的钢和钢筋混凝土等结构类型的房屋，宜采用消能减震设计。

消能部件应对结构提供足够的附加阻尼，尚应根据其结构类型分别符合本规范相应章节的设计要求。

12.1.5 隔震和消能减震设计时，隔震部件和消能减震部件应符合下列要求：

 1 隔震部件和消能减震部件的耐久性和设计参数应由试验确定。

 2 设置隔震部件和消能减震部件的部位，除按计算确定外，应采取便于检查和替换的措施。

 3 设计文件上应注明对隔震部件和消能减震部件性能要求，安装前应对工程中所用的各种类型和规格的原型部件进行抽样检测，每种类型和每一规格的数量不应少于3个，抽样检测的合格率应为100%。

12.1.6 建筑结构的隔震设计和消能减震设计，尚应符合相关专门标准的规定。

12.2 房屋隔震设计要点

12.2.1 隔震设计应根据预期的水平向减震系数和位移控制要求，选择适当的隔震支座（含阻尼器）及为抵抗地基微震动与风荷载提供初刚度的部件组成结构的隔震层。

隔震支座应进行竖向承载力的验算和罕遇地震下

水平位移的验算。

隔震层以上结构的水平地震作用应根据水平减震系数确定；其竖向地震作用标准值，8度和9度时分别不应小于隔震层以上结构总重力荷载代表值的20%和40%。

12.2.2 建筑结构隔震设计的计算分析，应符合下列规定：

1 隔震体系的计算简图可采用剪切型结构模型（图12.2.2）；当上部结构的质心与隔震层刚度中心不重合时应计入扭转变形的影响。隔震层顶部的梁板结构，对钢筋混凝土结构应作为其上部结构的一部分进行计算和设计。

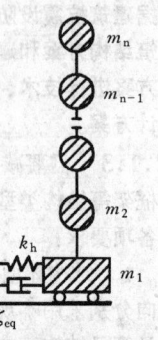

图12.2.2 隔震结构计算简图

2 一般情况下，宜采用时程分析法进行计算；输入地震波的反应谱特性和数量，应符合本规范第5.1.2条的规定；计算结果宜取其平均值；当处于发震断层10km以内时，若输入地震波未计及近场影响，对甲、乙类建筑，计算结果尚应乘以下列近场影响系数：5km以内取1.5，5km以外取1.25。

3 砌体结构及基本周期与其相当的结构可按本规范附录L简化计算。

12.2.3 隔震层由橡胶和薄钢板相间层叠组成的橡胶隔震支座应符合下列要求：

1 隔震支座在表12.2.3所列的压应力下的极限水平变位，应大于其有效直径的0.55倍和各橡胶层总厚度3.0倍二者的较大值。

2 在经历相应设计基准期的耐久试验后，隔震支座刚度、阻尼特性变化不超过初期值的±20%；徐变量不超过各橡胶层总厚度的5%。

3 各橡胶隔震支座的竖向平均压应力设计值，不应超过表12.2.3的规定。

表12.2.3 橡胶隔震支座平均压应力限值

建筑类别	甲类建筑	乙类建筑	丙类建筑
平均压应力限值（MPa）	10	12	15

注：1 平均压应力设计值应按永久荷载和可变荷载组合计算，对需验算倾覆的结构应包括水平地震作用效应组合；对需进行竖向地震作用计算的结构，尚应包括竖向地震作用效应组合；
    2 当橡胶支座的第二形状系数（有效直径与各橡胶层总厚度之比）小于5.0时应降低平均压应力限值：小于5不小于4时降低20%，小于4不小于3时降低40%；
    3 外径小于300mm的橡胶支座，其平均压应力限值对丙类建筑为12MPa。

12.2.4 隔震层的布置、竖向承载力、侧向刚度和阻尼应符合下列规定：

1 隔震层宜设置在结构第一层以下的部位，其橡胶隔震支座应设置在受力较大的位置，间距不宜过大，其规格、数量和分布应根据竖向承载力、侧向刚度和阻尼的要求通过计算确定。隔震层在罕遇地震下应保持稳定，不宜出现不可恢复的变形。隔震层橡胶支座在罕遇地震作用下，不宜出现拉应力。

2 隔震层的水平动刚度和等效粘滞阻尼比可按下列公式计算：

$$K_h = \Sigma K_j \quad (12.2.4\text{-}1)$$
$$\zeta_{eq} = \Sigma K_j \zeta_j / K_h \quad (12.2.4\text{-}2)$$

式中 ζ_{eq}——隔震层等效粘滞阻尼比；
K_h——隔震层水平动刚度；
ζ_j——j隔震支座由试验确定的等效粘滞阻尼比，单独设置的阻尼器时，应包括该阻尼器的相应阻尼比；
K_j——j隔震支座（含阻尼器）由试验确定的水平动刚度，当试验发现动刚度与加载频率有关时，宜取相应于隔震体系基本自振周期的动刚度值。

3 隔震支座由试验确定设计参数时，竖向荷载应保持表12.2.3的平均压应力限值，对多遇地震验算，宜采用水平加载频率为0.3Hz且隔震支座剪切变形为50%的水平刚度和等效粘滞阻尼比；对罕遇地震验算，直径小于600mm的隔震支座宜采用水平加载频率为0.1Hz且隔震支座剪切变形不小于250%时的水平动刚度和等效粘滞阻尼比，直径不小于600mm的隔震支座可采用水平加载频率为0.2Hz且隔震支座剪切变形为100%时的水平动刚度和等效粘滞阻尼比。

12.2.5 隔震层以上结构的地震作用计算，应符合下列规定：

1 水平地震作用沿高度可采用矩形分布；水平地震影响系数的最大值可采用本规范第5.1.4条规定的水平地震影响系数最大值和水平向减震系数的乘积。水平向减震系数应根据结构隔震与非隔震两种情况下各层层间剪力的最大比值，按表12.2.5确定。

表12.2.5 层间剪力最大比值与水平向减震系数的对应关系

层间剪力最大比值	0.53	0.35	0.26	0.18
水平向减震系数	0.75	0.50	0.38	0.25

2 水平向减震系数不宜低于0.25，且隔震后结构的总水平地震作用不得低于非隔震的结构在6度设防时的总水平地震作用；各楼层的水平地震剪力尚应符合本规范第5.2.5条最小地震剪力系数的规定。

3 9度时和8度且水平向减震系数为0.25时，隔震层以上的结构应进行竖向地震作用的计算；8度且水平向减震系数不大于0.5时，宜进行竖向地震作用的计算。

隔震层以上结构竖向地震作用标准值计算时，各楼层可视为质点，并按本规范第5.3节公式（5.3.1-2）计算竖向地震作用标准值沿高度的分布。

12.2.6 隔震支座的水平剪力应根据隔震层在罕遇地震下的水平剪力按各隔震支座的水平刚度分配；当按扭转耦联计算时，尚应计及隔震支座的扭转刚度。

隔震支座对应于罕遇地震水平剪力的水平位移，应符合下列要求：

$$u_i \leqslant [u_i] \quad (12.2.6-1)$$
$$u_i = \beta_i u_c \quad (12.2.6-2)$$

式中 u_i——罕遇地震作用下，第 i 个隔震支座考虑扭转的水平位移；

$[u_i]$——第 i 个隔震支座的水平位移限值；对橡胶隔震支座，不应超过该支座有效直径的0.55倍和支座各橡胶层总厚度3.0倍二者的较小值；

u_c——罕遇地震下隔震层质心处或不考虑扭转的水平位移；

β_i——第 i 个隔震支座的扭转影响系数，应取考虑扭转和不考虑扭转时 i 支座计算位移的比值；当隔震层以上结构的质心与隔震层刚度中心在两个主轴方向均无偏心时，边支座的扭转影响系数不应小于1.15。

12.2.7 隔震层以上结构的隔震措施，应符合下列规定：

1 隔震层以上结构应采取不阻碍隔震层在罕遇地震下发生大变形的下列措施：

1）上部结构的周边应设置防震缝，缝宽不宜小于各隔震支座在罕遇地震下的最大水平位移值的1.2倍。

2）上部结构（包括与其相连的任何构件）与地面（包括地下室和与其相连的构件）之间，宜设置明确的水平隔离缝；当设置水平隔离缝确有困难时，应设置可靠的水平滑移垫层。

3）在走廊、楼梯、电梯等部位，应无任何障碍物。

2 丙类建筑在隔震层以上结构的抗震措施，当水平向减震系数为0.75时不应降低非隔震时的有关要求；水平向减震系数不大于0.50时，可适当降低本规范有关章节对非隔震建筑的要求，但与抵抗竖向地震作用有关的抗震构造措施不应降低。此时，对砌体结构，可按本规范附录L采取抗震构造措施；对钢筋混凝土结构，柱和墙肢的轴压比控制应仍按非隔震的有关规定采用，其他计算和抗震构造措施要求，可按表12.2.7划分抗震等级，再按本规范第6章的有关规定采用。

表12.2.7 隔震后现浇钢筋混凝土结构的抗震等级

结构类型		7度		8度		9度	
框架	高度（m）	<20	>20	<20	>20	<20	>20
	一般框架	四	三	三	二	二	一
抗震墙	高度（m）	<25	>25	<25	>25	<25	>25
	一般抗震墙	四	三	三	二	二	一

12.2.8 隔震层与上部结构的连接，应符合下列规定：

1 隔震层顶部应设置梁板式楼盖，且应符合下列要求：

1）应采用现浇或装配整体式混凝土板。现浇板厚度不宜小于140mm；配筋现浇面层厚度不应小于50mm。隔震支座上方的纵、横梁应采用现浇钢筋混凝土结构。

2）隔震层顶部梁板的刚度和承载力，宜大于一般楼面梁板的刚度和承载力。

3）隔震支座附近的梁、柱应计算冲切和局部承压，加密箍筋并根据需要配置网状钢筋。

2 隔震支座和阻尼器的连接构造，应符合下列要求：

1）隔震支座和阻尼器应安装在便于维护人员接近的部位；

2）隔震支座与上部结构、基础结构之间的连接件，应能传递罕遇地震下支座的最大水平剪力。

3）隔震墙下隔震支座的间距不宜大于2.0m；

4）外露的预埋件应有可靠的防锈措施。预埋件的锚固钢筋应与钢板牢固连接，锚固钢筋的锚固长度宜大于20倍锚固钢筋直径，且不应小于250mm。

12.2.9 隔震层以下结构（包括地下室）的地震作用和抗震验算，应采用罕遇地震下隔震支座底部的竖向力、水平力和力矩进行计算。

隔震建筑地基基础的抗震验算和地基处理仍应按本地区抗震设防烈度进行，甲、乙类建筑的抗液化措施应按提高一个液化等级确定，直至全部消除液化沉陷。

12.3 房屋消能减震设计要点

12.3.1 消能减震设计时，应根据罕遇地震下的预期结构位移控制要求，设置适当的消能部件。消能部件可由消能器及斜撑、墙体、梁或节点等支承构件组成。消能器可采用速度相关型、位移相关型或其他类型。

注：1 速度相关型消能器指粘滞消能器和粘弹性消能器等；

2 位移相关型消能器指金属屈服消能器和摩擦消能器等。

12.3.2 消能部件可根据需要沿结构的两个主轴方向分别设置。消能部件宜设置在层间变形较大的位置，其数量和分布应通过综合分析合理确定，并有利于提高整个结构的消能减震能力，形成均匀合理的受力体系。

12.3.3 消能减震设计的计算分析，应符合下列规定：

1 一般情况下，宜采用静力非线性分析方法或非线性时程分析方法。

2 当主体结构基本处于弹性工作阶段时，可采用线性分析方法作简化估算，并根据结构的变形特征和高度等，按本规范第5.1节的规定分别采用底部剪力法、振型分解反应谱法和时程分析法。其地震影响系数可根据消能减震结构的总阻尼比按本规范第5.1.5条的规定采用。

3 消能减震结构的总刚度应为结构刚度和消能部件有效刚度的总和。

4 消能减震结构的总阻尼比应为结构阻尼比和消能部件附加给结构的有效阻尼比的总和。

5 消能减震结构的层间弹塑性位移角限值，框架结构宜采用1/80。

12.3.4 消能部件附加给结构的有效阻尼比，可按下列方法确定：

1 消能部件附加的有效阻尼比可按下式估算：

$$\zeta_a = W_c/(4\pi W_s) \quad (12.3.4-1)$$

式中 ζ_a——消能减震结构的附加有效阻尼比；

W_c——所有消能部件在结构预期位移下往复一周所消耗的能量；

W_s——设置消能部件的结构在预期位移下的总应变能。

2 不计及扭转影响时，消能减震结构在其水平地震作用下的总应变能，可按下式估算：

$$W_s = (1/2)\Sigma F_i u_i \quad (12.3.4-2)$$

式中 F_i——质点i的水平地震作用标准值；

u_i——质点i对应于水平地震作用标准值的位移。

3 速度线性相关型消能器在水平地震作用下所消耗的能量，可按下式估算：

$$W_c = (2\pi^2/T_1)\Sigma C_j \cos^2\theta_j \Delta u_j^2 \quad (12.3.4-3)$$

式中 T_1——消能减震结构的基本自振周期；

C_j——第j个消能器由试验确定的线性阻尼系数；

θ_j——第j个消能器的消能方向与水平面的夹角；

Δu_j——第j个消能器两端的相对水平位移。

当消能器的阻尼系数和有效刚度与结构振动周期有关时，可取相应于消能减震结构基本自振周期的值。

4 位移相关型、速度非线性相关型和其他类型消能器在水平地震作用下所消耗的能量，可按下式估算：

$$W_c = \Sigma A_j \quad (12.3.4-4)$$

式中 A_j——第j个消能器的恢复力滞回环在相对水平位移Δu_j时的面积。

消能器的有效刚度可取消能器的恢复力滞回环在相对水平位移Δu_j时的割线刚度。

5 消能部件附加给结构的有效阻尼比超过20%时，宜按20%计算。

12.3.5 对非线性时程分析法，宜采用消能部件的恢复力模型计算；对静力非线性分析法，消能部件附加给结构的有效阻尼比和有效刚度，可采用本章第12.3.4条的方法确定。

12.3.6 消能部件由试验确定的有效刚度、阻尼比和恢复力模型的设计参数，应符合下列规定：

1 速度相关型消能器应由试验提供设计容许位移、极限位移，以及设计容许位移幅值和不同环境温度条件下、加载频率为0.1~4Hz的滞回模型。速度线性相关型消能器与斜撑、墙体或梁等支承构件组成消能部件时，该支承构件在消能器消能方向的刚度可按下式计算：

$$K_b = (6\pi/T_1)C_v \quad (12.3.6-1)$$

式中 K_b——支承构件在消能器方向的刚度；

C_v——消能器的由试验确定的相应于结构基本自振周期的线性阻尼系数；

T_1——消能减震结构的基本自振周期。

2 位移相关型消能器应由往复静力加载确定设计容许位移、极限位移和恢复力模型参数。位移相关型消能器与斜撑、墙体或梁等支承构件组成消能部件时，该部件的恢复力模型参数宜符合下列要求：

$$\Delta u_{py}/\Delta u_{sy} \leqslant 2/3 \quad (12.3.6-2)$$

$$(K_p/K_s)(\Delta u_{py}/\Delta u_{sy}) \geqslant 0.8 \quad (12.3.6-3)$$

式中 K_p——消能部件在水平方向的初始刚度；

Δu_{py}——消能部件的屈服位移；

K_s——设置消能部件的结构楼层侧向刚度；

Δu_{sy}——设置消能部件的结构层间屈服位移。

3 在最大应允许位移幅值下，按应允许的往复周期循环60圈后，消能器的主要性能衰减量不应超过10%、且不应有明显的低周疲劳现象。

12.3.7 消能器与斜撑、墙体、梁或节点等支承构件的连接，应符合钢构件连接或钢与钢筋混凝土构件连接的构造要求，并能承担消能器施加给连接节点的最大作用力。

12.3.8 与消能部件相连的结构构件，应计入消能部件传递的附加内力，并将其传递到基础。

12.3.9 消能器和连接构件应具有耐久性能和较好的易维护性。

13 非结构构件

13.1 一般规定

13.1.1 本章主要适用于非结构构件与建筑结构的连接。非结构构件包括持久性的建筑非结构构件和支承于建筑结构的附属机电设备。

注：1 建筑非结构构件指建筑中除承重骨架体系以外的固定构件和部件，主要包括非承重墙体，附着于楼面和屋面结构的构件、装饰构件和部件、固定于楼面的大型储物架等。

2 建筑附属机电设备指为现代建筑使用功能服务的附属机械、电气构件、部件和系统，主要包括电梯，照明和应急电源、通信设备，管道系统，采暖和空气调节系统，烟火监测和消防系统，公用天线等。

13.1.2 非结构构件应根据所属建筑的抗震设防类别和非结构地震破坏的后果及其对整个建筑结构影响的范围，采取不同的抗震措施；当相关专门标准有具体要求时，尚应采用不同的功能系数、类别系数等进行抗震计算。

13.1.3 当计算和抗震措施要求不同的两个非结构构件连接在一起时，应按较高的要求进行抗震设计。

非结构构件连接损坏时，应不致引起与之相连接的有较高要求的非结构构件失效。

13.2 基本计算要求

13.2.1 建筑结构抗震计算时，应按下列规定计入非结构构件的影响：

1 地震作用计算时，应计入支承于结构构件的建筑构件和建筑附属机电设备的重力。

2 对柔性连接的建筑构件，可不计入刚度；对嵌入抗侧力构件平面内的刚性建筑非结构构件，可采用周期调整等简化方法计入其刚度影响；一般情况下不应计入其抗震承载力，当有专门的构造措施时，尚可按有关规定计入其抗震承载力。

3 对需要采用楼面谱计算的建筑附属机电设备，宜采用合适的简化计算模型计入设备与结构的相互作用。

4 支承非结构构件的结构构件，应将非结构构件地震作用效应作为附加作用对待，并满足连接件的锚固要求。

13.2.2 非结构构件的地震作用计算方法，应符合下列要求：

1 各构件和部件的地震力应施加于其重心，水平地震力应沿任一水平方向。

2 一般情况下，非结构构件自身重力产生的地震作用可采用等效侧力法计算；对支承于不同楼层或防震缝两侧的非结构构件，除自身重力产生的地震作用外，尚应同时计及地震时支承点之间相对位移产生的作用效应。

3 建筑附属设备（含支架）的体系自振周期大于0.1s且其重力超过所在楼层重力的1%，或建筑附属设备的重力超过所在楼层重力的10%时，宜采用楼面反应谱方法。其中，与楼盖非弹性连接的设备，可直接将设备与楼盖作为一个质点计入整个结构的分析中得到设备所受的地震作用。

13.2.3 采用等效侧力法时，水平地震作用标准值宜按下列公式计算：

$$F = \gamma \eta \zeta_1 \zeta_2 \alpha_{\max} G \qquad (13.2.3)$$

式中 F——沿最不利方向施加于非结构构件重心处的水平地震作用标准值；

γ——非结构构件功能系数，由相关标准根据建筑设防类别和使用要求等确定；

η——非结构构件类别系数，由相关标准根据构件材料性能等因素确定；

ζ_1——状态系数；对预制建筑构件、悬臂类构件、支承点低于质心的任何设备和柔性体系宜取2.0，其余情况可取1.0；

ζ_2——位置系数，建筑的顶点宜取2.0，底部宜取1.0，沿高度线性分布；对本规范第5章要求采用时程分析法补充计算的结构，应按其计算结果调整；

$\alpha_{\max}$——地震影响系数最大值；可按本规范第5.1.4条关于多遇地震的规定采用；

G——非结构构件的重力，应包括运行时有关的人员、容器和管道中的介质及储物柜中物品的重力。

13.2.4 非结构构件因支承点相对水平位移产生的内力，可按该构件在位移方向的刚度乘以规定的支承点相对水平位移计算。

非结构构件在位移方向的刚度，应根据其端部的实际连接状态，分别采用刚接、铰接、弹性连接或滑动连接等简化的力学模型。

相邻楼层的相对水平位移，可按本规范第5.5节规定的限值采用；防震缝两侧的相对水平位移，宜根据使用要求确定。

13.2.5 采用楼面反应谱法时，非结构构件的水平地震作用标准值宜按下列公式计算：

$$F = \gamma \eta \beta_s G \qquad (13.2.5)$$

式中 β_s——非结构构件的楼面反应谱值，取决于设防烈度、场地条件、非结构构件与结构体系之间的周期比、质量比和阻尼，以及非结构构件在结构的支承位置、数量和连接性质。通常将非结构构件简化为支承于结构的单质点体系，对支座间有相对位移的非结构构件则采用多支点体系，按专门方法计算。

13.2.6 非结构构件的地震作用效应（包括自身重力产生的效应和支座相对位移产生的效应）和其他荷载效应的基本组合，应按本规范第5.4节的规定计算；幕墙需计算地震作用效应与风荷载效应的组合；容器类尚应计及设备运转时的温度、工作压力等产生的作用效应。

非结构构件抗震验算时，摩擦力不得作为抵抗地震作用的抗力；承载力抗震调整系数，连接件可采用1.0，其余可按相关标准的规定采用。

13.3 建筑非结构构件的基本抗震措施

13.3.1 建筑结构中，设置连接幕墙、围护墙、隔墙、女儿墙、雨篷、商标、广告牌、顶篷支架、大型储物架等建筑非结构构件的预埋件、锚固件的部位，应采取加强措施，以承受建筑非结构构件传给主体结构的地震作用。

13.3.2 非承重墙体的材料、选型和布置，应根据烈度、房屋高度、建筑体型、结构层间变形、墙体自身抗侧力性能的利用等因素，经综合分析后确定。

  1 墙体材料的选用应符合下列要求：
    1) 混凝土结构和钢结构的非承重墙体应优先采用轻质墙体材料。
    2) 单层钢筋混凝土柱厂房的围护墙宜采用轻质墙板或钢筋混凝土大型墙板，外侧柱距为12m时应采用轻质墙板或钢筋混凝土大型墙板；不等高厂房的高跨封墙和纵横向厂房交接处的悬墙宜采用轻质墙板，8、9度时应采用轻质墙板；
    3) 钢结构厂房的围护墙，7、8度时宜采用轻质墙板或与柱柔性连接的钢筋混凝土墙板，不应采用嵌砌砌体墙；9度时宜采用轻质墙板。

  2 刚性非承重墙体的布置，应避免使结构形成刚度和强度分布上的突变。单层钢筋混凝土柱厂房的刚性围护墙沿纵向宜均匀对称布置。

  3 墙体与主体结构应有可靠的拉结，应能适应主体结构不同方向的层间位移；8、9度时应具有满足层间变位的变形能力，与悬挑构件相连接时，尚应具有满足节点转动引起的竖向变形的能力。

  4 外墙板的连接件应具有足够的延性和适当的转动能力，宜满足在设防烈度下主体结构层间变形的要求。

13.3.3 砌体墙应采取措施减少对主体结构的不利影响，并应设置拉结筋、水平系梁、圈梁、构造柱等与主体结构可靠拉结：

  1 多层砌体结构中，后砌的非承重隔墙应沿墙高每隔500mm配置2φ6拉结钢筋与承重墙或柱拉结，每边伸入墙内不应少于500mm；8度和9度时，长度大于5m的后砌隔墙，墙顶尚应与楼板或梁拉结。

  2 钢筋混凝土结构中的砌体填充墙，宜与柱脱开或采用柔性连接，并应符合下列要求：
    1) 填充墙在平面和竖向的布置，宜均匀对称，宜避免形成薄弱层或短柱；
    2) 砌体的砂浆强度等级不应低于M5，墙顶应与框架梁密切结合；
    3) 填充墙应沿框架柱全高每隔500mm设2φ6拉筋，拉筋伸入墙内的长度，6、7度时不应小于墙长的1/5且不小于700mm，8、9度时宜沿墙全长贯通；
    4) 墙长大于5m时，墙顶与梁宜有拉结；墙长超过层高2倍时，宜设置钢筋混凝土构造柱；墙高超过4m时，墙体半高宜设置与柱连接且沿墙全长贯通的钢筋混凝土水平系梁。

  3 单层钢筋混凝土柱厂房的砌体隔墙和围护墙应符合下列要求：
    1) 砌体隔墙与柱宜脱开或柔性连接，并应采取措施使墙体稳定，隔墙顶部应设现浇钢筋混凝土压顶梁。
    2) 厂房的砌体围护墙宜采用外贴式并与柱可靠拉结；不等高厂房的高跨封墙和纵横向厂房交接处的悬墙采用砌体时，不应直接砌在低屋盖上。
    3) 砌体围护墙在下列部位应设置现浇钢筋混凝土圈梁：
     ——梯形屋架端部上弦和柱顶的标高处应各设一道，但屋架端部高度不大于900mm时可合并设置；
     ——8度和9度时，应按上密下稀的原则每隔4m左右在窗顶增设一道圈梁，不等高厂房的高低跨封墙和纵墙跨交接处的悬墙，圈梁的竖向间距不应大于3m；
     ——山墙沿屋面应设钢筋混凝土卧梁，并应与屋架端部上弦标高处的圈梁连接。
    4) 圈梁的构造应符合下列规定：
     ——圈梁宜闭合，圈梁截面宽度宜与墙厚相同，截面高度不应小于180mm；圈梁的纵筋，6～8度时不应少于4φ12，9度时不应少于4φ14；
     ——厂房转角处柱顶圈梁在端开间范围内的纵筋，6～8度时不宜少于4φ14，9度时不宜少于4φ16，转角两侧各1m范围内的箍筋直径不宜小于φ8，间距不宜大于100mm；圈梁转角处应增设不少于3根且直径与纵筋相同的水平斜筋；
     ——圈梁应与柱或屋架牢固连接，山墙卧

梁应与屋面板拉结；顶部圈梁与柱或屋架连接的锚拉钢筋不宜少于4φ12，且锚固长度不宜少于35倍钢筋直径，防震缝处圈梁与柱或屋架的拉结宜加强。

5) 8度Ⅲ、Ⅳ类场地和9度时，砖围护墙下的预制基础梁应采用现浇接头；当另设条形基础时，在柱基础顶面标高处应设置连续的现浇钢筋混凝土圈梁，其配筋不应少于4φ12。

6) 墙梁宜采用现浇，当采用预制墙梁时，梁底应与砖墙顶面牢固拉结并应与柱锚拉；厂房转角处相邻的墙梁，应相互可靠连接。

4 单层钢结构厂房的砌体围护墙不应采用嵌砌式，8度时尚应采取措施使墙体不妨碍厂房柱列沿纵向的水平位移。

5 砌体女儿墙在人流出入口应与主体结构锚固；防震缝处应留有足够的宽度，缝两侧的自由端应予以加强。

13.3.4 各类顶棚的构件与楼板的连接件，应能承受顶棚、悬挂重物和有关机电设施的自重和地震附加作用；其锚固的承载力应大于连接件的承载力。

13.3.5 悬挑雨篷或一端由柱支承的雨篷，应与主体结构可靠连接。

13.3.6 玻璃幕墙、预制墙板、附属于楼屋面的悬臂构件和大型储物架的抗震构造，应符合相关专门标准的规定。

13.4 建筑附属机电设备支架的基本抗震措施

13.4.1 附属于建筑的电梯、照明和应急电源系统、烟火监测和消防系统、采暖和空气调节系统、通信系统、公用天线等与建筑结构的连接构件和部件的抗震措施，应根据设防烈度、建筑使用功能、房屋高度、结构类型和变形特征、附属设备所处的位置和运转要求等，按相关专门标准的要求经综合分析后确定。

下列附属机电设备的支架可无抗震设防要求：

——重力不超过1.8kN的设备；

——内径小于25mm的煤气管道和内径小于60mm的电气配管；

——矩形截面面积小于$0.38m^2$和圆形直径小于0.70m的风管；

——吊杆计算长度不超过300mm的吊杆悬挂管道。

13.4.2 建筑附属设备不应设置在可能导致其使用功能发生障碍等二次灾害的部位；对于有隔振装置的设备，应注意其强烈振动对连接件的影响，并防止设备和建筑结构发生谐振现象。

建筑附属机电设备的支架应具有足够的刚度和强度；其与建筑结构应有可靠的连接和锚固，应使设备在遭遇设防烈度地震影响后能迅速恢复运转。

13.4.3 管道、电缆、通风管和设备的洞口设置，应减少对主要承重结构构件的削弱；洞口边缘应有补强措施。

管道和设备与建筑结构的连接，应能应允许二者间有一定的相对变位。

13.4.4 建筑附属机电设备的基座或连接件应能将设备承受的地震作用全部传递到建筑结构上。建筑结构中，用以固定建筑附属机电设备预埋件、锚固件的部位，应采取加强措施，以承受附属机电设备传给主体结构的地震作用。

13.4.5 建筑内的高位水箱应与所在的结构构件可靠连接；8、9度时按本规范第5.1.2条规定需采用时程分析的高层建筑，尚宜计及水对建筑结构产生的附加地震作用效应。

13.4.6 在设防烈度地震下需要连续工作的附属设备，宜设置在建筑结构地震反应较小的部位；相关部位的结构构件应采取相应的加强措施。

附录A 我国主要城镇抗震设防烈度、设计基本地震加速度和设计地震分组

本附录仅提供我国抗震设防区各县级及县级以上城镇的中心地区建筑工程抗震设计时所采用的抗震设防烈度、设计基本地震加速度值和所属的设计地震分组。

注：本附录一般把"设计地震第一、二、三组"简称为"第一组、第二组、第三组"。

A.0.1 首都和直辖市

1 抗震设防烈度为8度，设计基本地震加速度值为0.20g：

北京（除昌平、门头沟外的11个市辖区），平谷，大兴，延庆，宁河，汉沽。

2 抗震设防烈度为7度，设计基本地震加速度值为0.15g：

密云，怀柔，昌平，门头沟，天津（除汉沽、大港外的12个市辖区），蓟县，宝坻，静海。

3 抗震设防烈度为7度，设计基本地震加速度值为0.10g：

大港，上海（除金山外的15个市辖区），南汇，奉贤

4 抗震设防烈度为6度，设计基本地震加速度值为0.05g：

崇明，金山，重庆（14个市辖区），巫山，奉节，云阳，忠县，丰都，长寿，璧山，合川，铜梁，大足，荣昌，永川，江津，綦江，南川，黔江，石柱，巫溪*

注：1 首都和直辖市的全部县级及县级以上设防城镇，

设计地震分组均为第一组；

2 上标*指该城镇的中心位于本设防区和较低设防区的分界线，下同。

A.0.2 河北省

1 抗震设防烈度为8度，设计基本地震加速度值为0.20g：

第一组：廊坊（2个市辖区），唐山（5个市辖区），三河，大厂，香河，丰南，丰润，怀来，涿鹿

2 抗震设防烈度为7度，设计基本地震加速度值为0.15g：

第一组：邯郸(4个市辖区)，邯郸县，文安，任丘，河间，大城，涿州，高碑店，涞水，固安，永清，玉田，迁安，卢龙，滦县，滦南，唐海，乐亭，宣化，蔚县，阳原，成安，磁县，临漳，大名，宁晋

3 抗震设防烈度为7度，设计基本地震加速度值为0.10g：

第一组：石家庄（6个市辖区），保定（3个市辖区），张家口（4个市辖区），沧州（2个市辖区），衡水，邢台（2个市辖区），霸州，雄县，易县，沧县，张北，万全，怀安，兴隆，迁西，抚宁，昌黎，青县，献县，广宗，平乡，鸡泽，隆尧，新河，曲周，肥乡，馆陶，广平，高邑，内丘，邢台县，赵县，武安，涉县，赤城，涞源，定兴，容城，徐水，安新，高阳，博野，蠡县，肃宁，深泽，安平，饶阳，魏县，藁城，栾城，晋州，深州，武强，辛集，冀州，任县，柏乡，巨鹿，南和，沙河，临城，泊头，永年，崇礼，南宫*

第二组：秦皇岛（海港、北戴河），清苑，遵化，安国

4 抗震设防烈度为6度，设计基本地震加速度值为0.05g：

第一组：正定，围场，尚义，灵寿，无极，平山，鹿泉，井陉，元氏，南皮，吴桥，景县，东光

第二组：承德（除鹰手营子外的2个市辖区），隆化，承德县，宽城，青龙，阜平，满城，顺平，唐县，望都，曲阳，定州，行唐，赞皇，黄骅，海兴，孟村，盐山，阜城，故城，清河，山海关，沽源，新乐，武邑，枣强，威县

第三组：丰宁，滦平，鹰手营子，平泉，临西，邱县

A.0.3 山西省

1 抗震设防烈度为8度，设计基本地震加速度值为0.20g：

第一组：太原（6个市辖区），临汾，忻州，祁县，平遥，古县，代县，原平，定襄，阳曲，太谷，介休，灵石，汾西，霍州，洪洞，襄汾，晋中，浮山，永济，清徐

2 抗震设防烈度为7度，设计基本地震加速度值为0.15g：

第一组：大同（4个市辖区），朔州（朔城区），大同县，怀仁，浑源，广灵，应县，山阴，灵丘，繁峙，五台，古交，交城，文水，汾阳，曲沃，孝义，侯马，新绛，稷山，绛县，河津，闻喜，翼城，万荣，临猗，夏县，运城，芮城，平陆，沁源*，宁武*

3 抗震设防烈度为7度，设计基本地震加速度值为0.10g：

第一组：长治（2个市辖区），阳泉（3个市辖区），长治县，阳高，天镇，左云，右玉，神池，寿阳，昔阳，安泽，乡宁，垣曲，沁水，平定，和顺，黎城，潞城，壶关

第二组：平顺，榆社，武乡，娄烦，交口，隰县，蒲县，吉县，静乐，盂县，沁县，陵川，平鲁

4 抗震设防烈度为6度，设计基本地震加速度值为0.05g：

第二组：偏关，河曲，保德，兴县，临县，方山，柳林

第三组：晋城，离石，左权，襄垣，屯留，长子，高平，阳城，泽州，五寨，岢岚，岚县，中阳，石楼，永和，大宁

A.0.4 内蒙自治区

1 抗震设防烈度为8度，设计基本地震加速度值为0.30g：

第一组：土默特右旗，达拉特旗*

2 抗震设防烈度为8度，设计基本地震加速度值为0.20g：

第一组：包头(除白云矿区外的5个市辖区)，呼和浩特(4个市辖区)，土默特左旗，乌海(3个市辖区)，杭锦后旗，磴口，宁城，托克托*

3 抗震设防烈度为7度，设计基本地震加速度值为0.15g：

第一组：喀喇沁旗，五原，乌拉特前旗，临河，固阳，武川，凉城，和林格尔，赤峰(红山*，元宝山区)

第二组：阿拉善左旗

4 抗震设防烈度为7度，设计基本地震加速度值为0.10g：

第一组：集宁，清水河，开鲁，敖汉旗，乌特拉后旗，卓资，察右前旗，丰镇，扎兰屯，乌特拉中旗，赤峰（松山区），通辽*

第三组：东胜，准格尔旗

5 抗震设防烈度为6度，设计基本地震加速度值为0.05g：

第一组：满洲里，新巴尔虎右旗，莫力达瓦旗，阿荣旗，扎赉特旗，翁牛特旗，兴和，商都，察右后旗，科左中旗，科左后旗，奈曼旗，库伦旗，乌审旗，苏尼特右旗

第二组：达尔罕茂明安联合旗，阿拉善右旗，鄂托克旗，鄂托克前旗，白云

第三组：伊金霍洛旗，杭锦旗，四王子旗，察右

中旗

A.0.5 辽宁省

1 抗震设防烈度为8度，设计基本地震加速度值为0.20g：

普兰店，东港

2 抗震设防烈度为7度，设计基本地震加速度值为0.15g：

营口（4个市辖区），丹东（3个市辖区），海城，大石桥，瓦房店，盖州，金州

3 抗震设防烈度为7度，设计基本地震加速度值为0.10g：

沈阳（9个市辖区），鞍山（4个市辖区），大连（除金州外的5个市辖区），朝阳（2个市辖区），辽阳（5个市辖区），抚顺（除顺城外的3个市辖区），铁岭（2个市辖区），盘锦（2个市辖区），盘山，朝阳县，辽阳县，岫岩，铁岭县，凌源，北票，建平，开原，抚顺县，灯塔，台安，大洼，辽中

4 抗震设防烈度为6度，设计基本地震加速度值为0.05g：

本溪（4个市辖区），阜新（5个市辖区），锦州（3个市辖区），葫芦岛（3个市辖区），昌图，西丰，法库，彰武，铁法，阜新县，康平，新民，黑山，北宁，义县，喀喇沁，凌海，兴城，绥中，建昌，宽甸，凤城，庄河，长海，顺城

注：全省县级及县级以上设防城镇的设计地震分组，除兴城、绥中、建昌、南票为第二组外，均为第一组。

A.0.6 吉林省

1 抗震设防烈度为8度，设计基本地震加速度值为0.20g：

前郭尔罗斯，松原

2 抗震设防烈度为7度，设计基本地震加速度值为0.15g：

大安*

3 抗震设防烈度为7度，设计基本地震加速度值为0.10g：

长春（6个市辖区），吉林（除丰满外的3个市辖区），白城，乾安，舒兰，九台，永吉*

4 抗震设防烈度为6度，设计基本地震加速度值为0.05g：

四平（2个市辖区），辽源（2个市辖区），镇赉，洮南，延吉，汪清，图们，珲春，龙井，和龙，安图，蛟河，桦甸，梨树，磐石，东丰，辉南，梅河口，东辽，榆树，靖宇，抚松，长岭，通榆，德惠，农安，伊通，公主岭，扶余，丰满

注：全省县级及县级以上设防城镇，设计地震分组均为第一组。

A.0.7 黑龙江省

1 抗震设防烈度为7度，设计基本地震加速度值为0.10g：

绥化，萝北，泰来

2 抗震设防烈度为6度，设计基本地震加速度值为0.05g：

哈尔滨（7个市辖区），齐齐哈尔（7个市辖区），大庆（5个市辖区），鹤岗（6个市辖区），牡丹江（4个市辖区），鸡西（6个市辖区），佳木斯（5个市辖区），七台河（3个市辖区），伊春（伊春区，乌马河区），鸡东，望奎，穆棱，绥芬河，东宁，宁安，五大连池，嘉荫，汤原，桦南，桦川，依兰，勃利，通河，方正，木兰，巴彦，延寿，尚志，宾县，安达，明水，绥棱，庆安，兰西，肇东，肇州，肇源，呼兰，阿城，双城，五常，讷河，北安，甘南，富裕，龙江，黑河，青冈*，海林*

注：全省县级及县级以上设防城镇，设计地震分组均为第一组。

A.0.8 江苏省

1 抗震设防烈度为8度，设计基本地震加速度值为0.30g：

第一组：宿迁，宿豫*

2 抗震设防烈度为8度，设计基本地震加速度值为0.20g：

第一组：新沂，邳州，睢宁

3 抗震设防烈度为7度，设计基本地震加速度值为0.15g：

第一组：扬州（3个市辖区），镇江（2个市辖区），东海，沭阳，泗洪，江都，大丰

4 抗震设防烈度为7度，设计基本地震加速度值为0.10g：

第一组：南京（11个市辖区），淮安（除楚州外的3个市辖区），徐州（5个市辖区），铜山，沛县，常州（4个市辖区），泰州（2个市辖区），赣榆，泗阳，盱眙，射阳，江浦，武进，盐城，盐都，东台，海安，姜堰，如皋，如东，扬中，仪征，兴化，高邮，六合，句容，丹阳，金坛，丹徒，溧阳，溧水，昆山，太仓

第三组：连云港（4个市辖区），灌云

5 抗震设防烈度为6度，设计基本地震加速度值为0.05g：

第一组：南通（2个市辖区），无锡（6个市辖区），苏州（6个市辖区），通州，宜兴，江阴，洪泽，金湖，建湖，常熟，吴江，靖江，泰兴，张家港，海门，启东，高淳，丰县

第二组：响水，滨海，阜宁，宝应，金湖

第三组：灌南，涟水，楚州

A.0.9 浙江省

1 抗震设防烈度为7度，设计基本地震加速度值为0.10g：

岱山，嵊泗，舟山（2个市辖区）

2 抗震设防烈度为6度，设计基本地震加速度值为0.05g：

杭州（6个市辖区），宁波（5个市辖区），湖州，嘉兴（2个市辖区），温州（3个市辖区），绍兴，绍兴县，长兴，安吉，临安，奉化，鄞县，象山，德清，嘉善，平湖，海盐，桐乡，余杭，海宁，萧山，上虞，慈溪，余姚，瑞安，富阳，平阳，苍南，乐清，永嘉，泰顺，景宁，云和，庆元，洞头

注：全省县级及县级以上设防城镇，设计地震分组均为第一组。

A.0.10 安徽省

1 抗震设防烈度为7度，设计基本地震加速度值为0.15g：

第一组：五河，泗县

2 抗震设防烈度为7度，设计基本地震加速度值为0.10g：

第一组：合肥（4个市辖区），蚌埠（4个市辖区），阜阳（3个市辖区），淮南（5个市辖区），枞阳，怀远，长丰，六安（2个市辖区），灵璧，固镇，凤阳，明光，定远，肥东，肥西，舒城，庐江，桐城，霍山，涡阳，安庆（3个市辖区）*，铜陵县*

3 抗震设防烈度为6度，设计基本地震加速度值为0.05g：

第一组：铜陵（3个市辖区），芜湖（4个市辖区），巢湖，马鞍山（4个市辖区），滁州（2个市辖区），芜湖县，砀山，萧县，亳州，界首，太和，临泉，阜南，利辛，蒙城，凤台，寿县，颍上，霍丘，金寨，天长，来安，全椒，含山，和县，当涂，无为，繁昌，池州，岳西，潜山，太湖，怀宁，望江，东至，宿松，南陵，宣城，郎溪，广德，泾县，青阳，石台

第二组：濉溪，淮北

第三组：宿州

A.0.11 福建省

1 抗震设防烈度为8度，设计基本地震加速度值为0.20g：

第一组：金门*

2 抗震设防烈度为7度，设计基本地震加速度值为0.15g：

第一组：厦门（7个市辖区），漳州（2个市辖区），晋江，石狮，龙海，长泰，漳浦，东山，诏安

第二组：泉州（4个市辖区）

3 抗震设防烈度为7度，设计基本地震加速度值为0.10g：

第一组：福州（除马尾外的4个市辖区），安溪，南靖，华安，平和，云霄

第二组：莆田（2个市辖区），长乐，福清，莆田县，平潭，惠安，南安，马尾

4 抗震设防烈度为6度，设计基本地震加速度值为0.05g：

第一组：三明（2个市辖区），政和，屏南，霞浦，福鼎，福安，柘荣，寿宁，周宁，松溪，宁德，古田，罗源，沙县，尤溪，闽清，闽侯，南平，大田，漳平，龙岩，永定，泰宁，宁化，长汀，武平，建宁，将乐，明溪，清流，连城，上杭，永安，建瓯

第二组：连江，永泰，德化，永春，仙游

A.0.12 江西省

1 抗震设防烈度为7度，设计基本地震加速度值为0.10g：

寻乌，会昌

2 抗震设防烈度为6度，设计基本地震加速度值为0.05g：

南昌（5个市辖区），九江（2个市辖区），南昌县，进贤，余干，九江县，彭泽，湖口，星子，瑞昌，德安，都昌，武宁，修水，靖安，铜鼓，宜丰，宁都，石城，瑞金，安远，定南，龙南，全南，大余

注：全省县级及县级以上设防城镇，设计地震分组均为第一组。

A.0.13 山东省

1 抗震设防烈度为8度，设计基本地震加速度值为0.20g：

第一组：郯城，临沭，莒南，莒县，沂水，安丘，阳谷

2 抗震设防烈度为7度，设计基本地震加速度值为0.15g：

第一组：临沂（3个市辖区），潍坊（4个市辖区），菏泽，东明，聊城，苍山，沂南，昌邑，青州，临朐，诸城，五莲，长岛，蓬莱，龙口，莘县，鄄城，寿光*

3 抗震设防烈度为7度，设计基本地震加速度值为0.10g：

第一组：烟台（4个市辖区），威海，枣庄（5个市辖区），淄博（除博山外的4个市辖区），平原，高唐，茌平，东阿，平阴，梁山，郓城，定陶，巨野，成武，曹县，广饶，博兴，高青，桓台，文登，沂源，蒙阴，费县，微山，禹城，冠县，莱芜（2个市辖区）*，单县*，夏津*

第二组：东营（2个市辖区），招远，新泰，栖霞，莱州，日照，平度，高密，垦利，博山，滨州*，平邑*

4 抗震设防烈度为6度，设计基本地震加速度值为0.05g：

第一组：德州，宁阳，陵县，曲阜，邹城，鱼台，乳山，荣成，兖州

第二组：济南（5个市辖区），青岛（7个市辖区），泰安（2个市辖区），济宁（2个市辖区），武城，乐陵，庆云，无棣，阳信，宁津，沾化，利津，惠民，商河，临邑，济阳，齐河，邹平，章丘，泗水，莱阳，海阳，金乡，滕州，莱西，即墨

第三组：胶南，胶州，东平，汶上，嘉祥，临清，长清，

肥城

A.0.14 河南省

1 抗震设防烈度为8度，设计基本地震加速度值为0.20g：

第一组：新乡（4个市辖区），新乡县，安阳（4个市辖区），安阳县，鹤壁（3个市辖区），原阳，延津，汤阴，淇县，卫辉，获嘉，范县，辉县

2 抗震设防烈度为7度，设计基本地震加速度值为0.15g：

第一组：郑州（6个市辖区），濮阳，濮阳县，长垣，封丘，修武，武陟，内黄，浚县，滑县，台前，南乐，清丰，灵宝，三门峡，陕县，林州*

3 抗震设防烈度为7度，设计基本地震加速度值为0.10g：

第一组：洛阳（6个市辖区），焦作（4个市辖区），开封（5个市辖区），南阳（2个市辖区），开封县，许昌县，沁阳，博爱，孟州，孟津，巩义，偃师，济源，新密，新郑，民权，兰考，长葛，温县，荥阳，中牟，杞县*，许昌*

4 抗震设防烈度为6度，设计基本地震加速度值为0.05g：

第一组：商丘（2个市辖区），信阳（2个市辖区），漯河，平顶山（4个市辖区），登封，义马，虞城，夏邑，通许，尉氏，睢县，宁陵，柘城，新安，宜阳，嵩县，汝阳，伊川，禹州，郏县，宝丰，襄城，郾城，鄢陵，扶沟，太康，鹿邑，郸城，沈丘，项城，淮阳，周口，商水，上蔡，临颍，西华，西平，栾川，内乡，镇平，唐河，邓州，新野，社旗，平舆，新县，驻马店，泌阳，汝南，桐柏，淮滨，息县，正阳，遂平，光山，罗山，潢川，商城，固始，南召，舞阳*

第二组：汝州，睢县，永城

第三组：卢氏，洛宁，渑池

A.0.15 湖北省

1 抗震设防烈度为7度，设计基本地震加速度值为0.10g：

竹溪，竹山，房县

2 抗震设防烈度为6度，设计基本地震加速度值为0.05g：

武汉（13个市辖区），荆州（2个市辖区），荆门，襄樊（2个市辖区），襄阳，十堰（2个市辖区），宜昌（4个市辖区），宜昌县，黄石（4个市辖区），恩施，咸宁，麻城，团风，罗田，英山，黄冈，鄂州，浠水，蕲春，黄梅，武穴，郧西，郧县，丹江口，谷城，老河口，宜城，南漳，保康，神农架，钟祥，沙洋，远安，兴山，巴东，秭归，当阳，建始，利川，公安，宣恩，咸丰，长阳，宜都，枝江，松滋，江陵，石首，监利，洪湖，孝感，应城，云梦，天门，仙桃，红安，安陆，潜江，嘉鱼，大冶，通山，赤壁，崇阳，通城，五峰*，京山*

注：全省县级及县级以上设防城镇，设计地震分组均为第一组。

A.0.16 湖南省

1 抗震设防烈度为7度，设计基本地震加速度值为0.15g：

常德（2个市辖区）

2 抗震设防烈度为7度，设计基本地震加速度值为0.10g：

岳阳（3个市辖区），岳阳县，汨罗，湘阴，临澧，澧县，津市，桃源，安乡，汉寿

3 抗震设防烈度为6度，设计基本地震加速度值为0.05g：

长沙（5个市辖区），长沙县，益阳（2个市辖区），张家界（2个市辖区），郴州（2个市辖区），邵阳（3个市辖区），邵阳县，泸溪，沅陵，娄底，宜章，资兴，平江，宁乡，新化，冷水江，涟源，双峰，新邵，邵东，隆回，石门，慈利，华容，南县，临湘，沅江，桃江，望城，溆浦，会同，靖州，韶山，江华，宁远，道县，临武，湘乡*，安化*，中方*，洪江*

注：全省县级及县级以上设防城镇，设计地震分组均为第一组。

A.0.17 广东省

1 抗震设防烈度为8度，设计基本地震加速度值为0.20g：

汕头（5个市辖区），澄海，潮安，南澳，徐闻，潮州*

2 抗震设防烈度为7度，设计基本地震加速度值为0.15g：

揭阳，揭东，潮阳，饶平

3 抗震设防烈度为7度，设计基本地震加速度值为0.10g：

广州（除花都外的9个市辖区），深圳（6个市辖区），湛江（4个市辖区），汕尾，海丰，普宁，惠来，阳江，阳东，阳西，茂名，化州，廉江，遂溪，吴川，丰顺，南海，顺德，中山，珠海，斗门，电白，雷州，佛山（2个市辖区）*，江门（2个市辖区）*，新会*，陆丰*

4 抗震设防烈度为6度，设计基本地震加速度值为0.05g：

韶关（3个市辖区），肇庆（2个市辖区），花都，河源，揭西，东源，梅州，东莞，清远，清新，南雄，仁化，始兴，乳源，曲江，英德，佛冈，龙门，龙川，平远，大埔，从化，梅县，兴宁，五华，紫金，陆河，增城，博罗，惠州，惠阳，惠东，三水，四会，云浮，云安，高要，高明，鹤山，封开，郁南，罗定，信宜，新兴，开平，恩平，台山，阳春，高州，翁源，连平，和平，蕉岭，新丰*

注：全省县级及县级以上设防城镇，设计地震分组均为

第一组。

A.0.18　广西自治区

1 抗震设防烈度为7度，设计基本地震加速度值为0.15g：

灵山，田东

2 抗震设防烈度为7度，设计基本地震加速度值为0.10g：

玉林，兴业，横县，北流，百色，田阳，平果，隆安，浦北，博白，乐业*

3 抗震设防烈度为6度，设计基本地震加速度值为0.05g：

南宁(6个市辖区)，桂林(5个市辖区)，柳州(5个市辖区)，梧州(3个市辖区)，钦州(2个市辖区)，贵港(2个市辖区)，防城港(2个市辖区)，北海(2个市辖区)，兴安，灵川，临桂，永福，鹿寨，天峨，东兰，巴马，都安，大化，马山，融安，象州，武宣，桂平，平南，上林，宾阳，武鸣，大新，扶绥，邕宁，东兴，合浦，钟山，贺州，藤县，苍梧，容县，岑溪，陆川，凤山，凌云，田林，隆林，西林，德保，靖西，那坡，天等，崇左，上思，龙州，宁明，融水，凭祥，全州

注：全自治区县级及县级以上设防城镇，设计地震分组均为第一组。

A.0.19　海南省

1 抗震设防烈度为8度，设计基本地震加速度值为0.30g：

海口(3个市辖区)，琼山

2 抗震设防烈度为8度，设计基本地震加速度值为0.20g：

文昌，定安

3 抗震设防烈度为7度，设计基本地震加速度值为0.15g：

澄迈

4 抗震设防烈度为7度，设计基本地震加速度值为0.10g：

临高，琼海，儋州，屯昌

5 抗震设防烈度为6度，设计基本地震加速度值为0.05g：

三亚，万宁，琼中，昌江，白沙，保亭，陵水，东方，乐东，通什

注：全省县级及县级以上设防城镇，设计地震分组均为第一组。

A.0.20　四川省

1 抗震设防烈度不低于9度，设计基本地震加速度值不小于0.40g：

第一组：康定，西昌

2 抗震设防烈度为8度，设计基本地震加速度值为0.30g：

第一组：冕宁*

3 抗震设防烈度为8度，设计基本地震加速度值为0.20g：

第一组：松潘，道孚，泸定，甘孜，炉霍，石棉，喜德，普格，宁南，德昌，理塘

第二组：九寨沟

4 抗震设防烈度为7度，设计基本地震加速度值为0.15g：

第一组：宝兴，茂县，巴塘，德格，马边，雷波

第二组：越西，雅江，九龙，平武，木里，盐源，会东，新龙

第三组：天全，荥经，汉源，昭觉，布拖，丹巴，芦山，甘洛

5 抗震设防烈度为7度，设计基本地震加速度值为0.10g：

第一组：成都(除龙泉驿、清白江的5个市辖区)，乐山(除金口河外的3个市辖区)，自贡(4个市辖区)，宜宾，宜宾县，北川，安县，绵竹，汶川，都江堰，双流，新津，青神，峨边，沐川，屏山，理县，得荣，新都*

第二组：攀枝花(3个市辖区)，江油，什邡，彭州，郫县，温江，大邑，崇州，邛崃，蒲江，彭山，丹棱，眉山，洪雅，夹江，峨眉山，若尔盖，色达，壤塘，马尔康，石渠，白玉，金川，黑水，盐边，米易，乡城，稻城，金口河，朝天区*

第三组：青川，雅安，名山，美姑，金阳，小金，会理

6 抗震设防烈度为6度，设计基本地震加速度值为0.05g：

第一组：泸州(3个市辖区)，内江(2个市辖区)，德阳，宣汉，达州，达县，大竹，邻水，渠县，广安，华蓥，隆昌，富顺，泸县，南溪，江安，长宁，高县，珙县，兴文，叙永，古蔺，金堂，广汉，简阳，资阳，仁寿，资中，犍为，荣县，威远，南江，通江，万源，巴中，苍溪，阆中，仪陇，西充，南部，盐亭，三台，射洪，大英，乐至，旺苍，龙泉驿，清白江

第二组：绵阳(2个市辖区)，梓潼，中江，阿坝，筠连，井研

第三组：广元(除朝天区外的2个市辖区)，剑阁，罗江，红原

A.0.21　贵州省

1 抗震设防烈度为7度，设计基本地震加速度值为0.10g：

第一组：望谟

第二组：威宁

2 抗震设防烈度为6度，设计基本地震加速度值为0.05g：

第一组：贵阳(除白云外的5个市辖区)，凯里，毕节，安顺，都匀，六盘水，黄平，福泉，贵定，麻江，清镇，龙里，平坝，纳雍，织金，水城，普定，六枝，镇宁，惠水，长顺，关岭，紫云，罗甸，兴

仁,贞丰,安龙,册亨,金沙,印江,赤水,习水,思南*

第二组:赫章,普安,晴隆,兴义

第三组:盘县

A.0.22 云南省

1 抗震设防烈度不低于9度,设计基本地震加速度值不小于0.40g:

第一组:寻甸,东川

第二组:澜沧

2 抗震设防烈度为8度,设计基本地震加速度值为0.30g:

第一组:剑川,嵩明,宜良,丽江,鹤庆,永胜,潞西,龙陵,石屏,建水

第二组:耿马,双江,沧源,勐海,西盟,孟连

3 抗震设防烈度为8度,设计基本地震加速度值为0.20g:

第一组:石林,玉溪,大理,永善,巧家,江川,华宁,峨山,通海,洱源,宾川,弥渡,祥云,会泽,南涧

第二组:昆明(除东川外的4个市辖区),思茅,保山,马龙,呈贡,澄江,晋宁,易门,漾濞,巍山,云县,腾冲,施甸,瑞丽,梁河,安宁,凤庆*,陇川*

第三组:景洪,永德,镇康,临沧

4 抗震设防烈度为7度,设计基本地震加速度值为0.15g:

第一组:中甸,泸水,大关,新平*

第二组:沾益,个旧,红河,元江,禄丰,双柏,开远,盈江,永平,昌宁,宁蒗,南华,楚雄,勐腊,华坪,景东*

第三组:曲靖,弥勒,陆良,富民,禄劝,武定,兰坪,云龙,景谷,普洱

5 抗震设防烈度为7度,设计基本地震加速度值为0.10g:

第一组:盐津,绥江,德钦,水富,贡山

第二组:昭通,彝良,鲁甸,福贡,永仁,大姚,元谋,姚安,牟定,墨江,绿春,镇沅,江城,金平

第三组:富源,师宗,泸西,蒙自,元阳,维西,宣威

6 抗震设防烈度为6度,设计基本地震加速度值为0.05g:

第一组:威信,镇雄,广南,富宁,西畴,麻栗坡,马关

第二组:丘北,砚山,屏边,河口,文山

第三组:罗平

A.0.23 西藏自治区

1 抗震设防烈度不低于9度,设计基本地震加速度值不小于0.40g:

第二组:当雄,墨脱

2 抗震设防烈度为8度,设计基本地震加速度值为0.30g:

第一组:申扎

第二组:米林,波密

3 抗震设防烈度为8度,设计基本地震加速度值为0.20g:

第一组:普兰,聂拉木,萨嘎

第二组:拉萨,堆龙德庆,尼木,仁布,尼玛,洛隆,隆子,错那,曲松

第三组:那曲,林芝(八一镇),林周

4 抗震设防烈度为7度,设计基本地震加速度值为0.15g:

第一组:札达,吉隆,拉孜,谢通门,亚东,洛扎,昂仁

第二组:日土,江孜,康马,白朗,扎囊,措美,桑日,加查,边坝,八宿,丁青,类乌齐,乃东,琼结,贡嘎,朗县,达孜,日喀则*,噶尔*

第三组:南木林,班戈,浪卡子,墨竹工卡,曲水,安多,聂荣

5 抗震设防烈度为7度,设计基本地震加速度值为0.10g:

第一组:改则,措勤,仲巴,定结,芒康

第二组:昌都,定日,萨迦,岗巴,巴青,工布江达,索县,比如,嘉黎,察雅,左贡,察隅,江达,贡觉

6 抗震设防烈度为6度,设计基本地震加速度值为0.05g:

第一组:革吉

A.0.24 陕西省

1 抗震设防烈度为8度,设计基本地震加速度值为0.20g:

第一组:西安(8个市辖区),渭南,华县,华阴,潼关,大荔

第二组:陇县

2 抗震设防烈度为7度,设计基本地震加速度值为0.15g:

第一组:咸阳(3个市辖区),宝鸡(2个市辖区),高陵,千阳,岐山,凤翔,扶风,武功,兴平,周至,眉县,宝鸡县,三原,富平,澄城,蒲城,泾阳,礼泉,长安,户县,蓝田,韩城,合阳

第二组:凤县

3 抗震设防烈度为7度,设计基本地震加速度值为0.10g:

第一组:安康,平利,乾县,洛南

第二组:白水,耀县,淳化,麟游,永寿,商州,铜川(2个市辖区)*,柞水*

第三组:太白,留坝,勉县,略阳

4 抗震设防烈度为6度,设计基本地震加速度

值为0.05g：

第一组：延安，清涧，神木，佳县，米脂，绥德，安塞，延川，延长，定边，吴旗，志丹，甘泉，富县，商南，旬阳，紫阳，镇巴，白河，岚皋，镇坪，子长*

第二组：府谷，吴堡，洛川，黄陵，旬邑，洋县，西乡，石泉，汉阴，宁陕，汉中，南郑，城固

第三组：宁强，宜川，黄龙，宜君，长武，彬县，佛坪，镇安，丹凤，山阳

A.0.25 甘肃省

1 抗震设防烈度不低于9度，设计基本地震加速度值不小于0.40g：

第一组：古浪

2 抗震设防烈度为8度，设计基本地震加速度值为0.30g：

第一组：天水（2个市辖区），礼县，西和

3 抗震设防烈度为8度，设计基本地震加速度值为0.20g：

第一组：宕昌，文县，肃北，武都

第二组：兰州（5个市辖区），成县，舟曲，徽县，康县，武威，永登，天祝，景泰，靖远，陇西，武山，秦安，清水，甘谷，漳县，会宁，静宁，庄浪，张家川，通渭，华亭

4 抗震设防烈度为7度，设计基本地震加速度值为0.15g：

第一组：康乐，嘉峪关，玉门，酒泉，高台，临泽，肃南

第二组：白银（2个市辖区），永靖，岷县，东乡，和政，广河，临潭，卓尼，迭部，临洮，渭源，皋兰，崇信，榆中，定西，金昌，两当，阿克塞，民乐，永昌

第三组：平凉

5 抗震设防烈度为7度，设计基本地震加速度值为0.10g：

第一组：张掖，合作，玛曲，金塔，积石山

第二组：敦煌，安西，山丹，临夏，临夏县，夏河，碌曲，泾川，灵台

第三组：民勤，镇原，环县

6 抗震设防烈度为6度，设计基本地震加速度值为0.05g：

第二组：华池，正宁，庆阳，合水，宁县

第三组：西峰

A.0.26 青海省

1 抗震设防烈度为8度，设计基本地震加速度值为0.20g：

第一组：玛沁

第二组：玛多，达日

2 抗震设防烈度为7度，设计基本地震加速度值为0.15g：

第一组：祁连，玉树

第二组：甘德，门源

3 抗震设防烈度为7度，设计基本地震加速度值为0.10g：

第一组：乌兰，治多，称多，杂多，囊谦

第二组：西宁（4个市辖区），同仁，共和，德令哈，海晏，湟源，湟中，平安，民和，化隆，贵德，尖扎，循化，格尔木，贵南，同德，河南，曲麻莱，久治，班玛，天峻，刚察

第三组：大通，互助，乐都，都兰，兴海

4 抗震设防烈度为6度，设计基本地震加速度值为0.05g：

第二组：泽库

A.0.27 宁夏自治区

1 抗震设防烈度为8度，设计基本地震加速度值为0.30g：

第一组：海原

2 抗震设防烈度为8度，设计基本地震加速度值为0.20g：

第一组：银川（3个市辖区），石嘴山（3个市辖区），吴忠，惠农，平罗，贺兰，永宁，青铜峡，泾源，灵武，陶乐，固原

第二组：西吉，中卫，中宁，同心，隆德

3 抗震设防烈度为7度，设计基本地震加速度值为0.15g：

第三组：彭阳

4 抗震设防烈度为6度，设计基本地震加速度值为0.05g：

第三组：盐池

A.0.28 新疆自治区

1 抗震设防烈度不低于9度，设计基本地震加速度值不小于0.40g：

第二组：乌恰，塔什库尔干

2 抗震设防烈度为8度，设计基本地震加速度值为0.30g：

第二组：阿图什，喀什，疏附

3 抗震设防烈度为8度，设计基本地震加速度值为0.20g：

第一组：乌鲁木齐（7个市辖区），乌鲁木齐县，温宿，阿克苏，柯坪，米泉，乌苏，特克斯，库车，巴里坤，青河，富蕴，乌什*

第二组：尼勒克，新源，巩留，精河，奎屯，沙湾，玛纳斯，石河子，独山子

第三组：疏勒，伽师，阿克陶，英吉沙

4 抗震设防烈度为7度，设计基本地震加速度值为0.15g：

第一组：库尔勒，新和，轮台，和静，焉耆，博湖，巴楚，昌吉，拜城，阜康*，木垒*

第二组：伊宁，伊宁县，霍城，察布查尔，呼图壁

第三组：岳普湖

5 抗震设防烈度为7度，设计基本地震加速度值为0.10g：

第一组：吐鲁番，和田，和田县，昌吉，吉木萨尔，洛浦，奇台，伊吾，鄯善，托克逊，和硕，尉犁，墨玉，策勒，哈密

第二组：克拉玛依（克拉玛依区），博乐，温泉，阿合奇，阿瓦提，沙雅

第三组：莎车，泽普，叶城，麦盖堤，皮山

6 抗震设防烈度为6度，设计基本地震加速度值为0.05g：

第一组：于田，哈巴河，塔城，额敏，福海，和布克赛尔，乌尔禾

第二组：阿勒泰，托里，民丰，若羌，布尔津，吉木乃，裕民，白碱滩

第三组：且末

A.0.29 港澳特区和台湾省

1 抗震设防烈度不低于9度，设计基本地震加速度值不小于0.40g：

第一组：台中

第二组：苗栗，云林，嘉义，花莲

2 抗震设防烈度为8度，设计基本地震加速度值为0.30g：

第二组：台北，桃园，台南，基隆，宜兰，台东，屏东

3 抗震设防烈度为8度，设计基本地震加速度值为0.20g：

第二组：高雄，澎湖

4 抗震设防烈度为7度，设计基本地震加速度值为0.15g：

第一组：香港

5 抗震设防烈度为7度，设计基本地震加速度值为0.10g：

第一组：澳门

附录B 高强混凝土结构抗震设计要求

B.0.1 高强混凝土结构所采用的混凝土强度等级应符合本规范第3.9.3条的规定；其抗震设计，除应符合普通混凝土结构抗震设计要求外，尚应符合本附录的规定。

B.0.2 结构构件截面剪力设计值的限值中含有混凝土轴心抗压强度设计值（f_c）的项应乘以混凝土强度影响系数（β_c）。其值，混凝土强度等级为C50时取1.0，C80时取0.8，介于C50和C80之间时取其内插值。

结构构件受压区高度计算和承载力验算时，公式中含有混凝土轴心抗压强度设计值（f_c）的项也应按国家标准《混凝土结构设计规范》GB50010的有关规定乘以相应的混凝土强度影响系数。

B.0.3 高强混凝土框架的抗震构造措施，应符合下列要求：

1 梁端纵向受拉钢筋的配筋率不宜大于3%（HRB335级钢筋）和2.6%（HRB400级钢筋）。梁端箍筋加密区的箍筋最小直径应比普通混凝土梁箍筋的最小直径增大2mm。

2 柱的轴压比限值宜按下列规定采用：不超过C60混凝土的柱可与普通混凝土柱相同，C65~C70混凝土的柱宜比普通混凝土柱减小0.05，C75~C80混凝土的柱宜比普通混凝土柱减小0.1。

3 当混凝土强度等级大于C60时，柱纵向钢筋的最小总配筋率应比普通混凝土柱增大0.1%。

4 柱加密区的最小配箍特征值宜按下列规定采用：混凝土强度等级高于C60时，箍筋宜采用复合箍、复合螺旋箍或连续复合矩形螺旋箍。

1）轴压比不大于0.6时，宜比普通混凝土柱大0.02；

2）轴压比大于0.6时，宜比普通混凝土柱大0.03。

B.0.4 当混凝土强度等级大于C60时，抗震墙约束边缘构件的配箍特征值宜比轴压比相同的普通抗震墙增加0.02。

附录C 预应力混凝土结构抗震设计要求

C.1 一般要求

C.1.1 本附录适用于6、7、8度时先张法和后张有粘结预应力混凝土结构的抗震设计，9度时应进行专门研究。

无粘结预应力混凝土结构的抗震设计，应符合专门的规定。

C.1.2 抗震设计时，框架的后张预应力构件宜采用有粘结预应力筋。

C.1.3 后张预应力筋的锚具不宜设置在梁柱节点核芯区。

C.2 预应力框架结构

C.2.1 预应力混凝土框架梁应符合下列规定：

1 后张预应力混凝土框架梁中应采用预应力筋和非预应力筋混合配筋方式，按下式计算的预应力强度比，一级不宜大于0.55；二、三级不宜大于0.75。

$$\lambda = \frac{A_p f_{py}}{A_p f_{py} + A_s f_y} \quad (C.2.1)$$

式中 λ——预应力强度比；

A_p、A_s——分别为受拉区预应力筋、非预应力筋截面面积；

f_{py}——预应力筋的抗拉强度设计值；

f_y——非预应力筋的抗拉强度设计值。

2 预应力混凝土框架梁端纵向受拉钢筋按非预应力钢筋抗拉强度设计值换算的配筋率不应大于2.5%，且考虑受压钢筋的梁端混凝土受压区高度和有效高度之比，一级不应大于0.25，二、三级不应大于0.35。

3 梁端截面的底面和顶面非预应力钢筋配筋量的比值，除按计算确定外，一级不应小于1.0，二、三级不应小于0.8，同时，底面非预应力钢筋配筋量不应低于毛截面面积的0.2%。

C.2.2 预应力混凝土悬臂梁应符合下列规定：

1 悬臂梁的预应力强度比可按本附录第C.2.1条1款的规定采用；考虑受压钢筋的混凝土受压区高度和有效高度之比可按本附录第C.2.1条2款的规定采用。

2 悬臂梁梁底和梁顶非预应力筋配筋量的比值，除按计算确定外，不应小于1.0，且底面非预应力筋配筋量不应低于毛截面面积的0.2%。

C.2.3 预应力混凝土框架柱应符合下列规定：

1 预应力混凝土大跨度框架顶层边柱宜采用非对称配筋，一侧采用混合配筋，另一侧仅配置普通钢筋。

2 预应力框架柱应符合本规范第6.2节调整框架柱内力组合设计值的相应要求。

3 预应力混凝土框架柱的截面受压区高度和有效高度之比，一级不应大于0.25，二、三级不应大于0.35。

4 预应力框架柱箍筋应沿柱全高加密。

附录D 框架梁柱节点核芯区截面抗震验算

D.1 一般框架梁柱节点

D.1.1 一、二级框架梁柱节点核芯区组合的剪力设计值，应按下列公式确定：

$$V_j = \frac{\eta_{jb} \Sigma M_b}{h_{b0} - a'_s}\left(1 - \frac{h_{b0} - a'_s}{H_c - h_b}\right) \quad (D.1.1-1)$$

9度时和一级框架结构尚应符合

$$V_j = \frac{1.15 \Sigma M_{bua}}{h_{b0} - a'_s}\left(1 - \frac{h_{b0} - a'_s}{H_c - h_b}\right)$$

$$(D.1.1-2)$$

式中 V_j——梁柱节点核芯区组合的剪力设计值；

h_{b0}——梁截面的有效高度，节点两侧梁截面高度不等时可采用平均值；

a'_s——梁受压钢筋合力点至受压边缘的距离；

H_c——柱的计算高度，可采用节点上、下柱反弯点之间的距离；

h_b——梁的截面高度，节点两侧梁截面高度不等时可采用平均值；

η_{jb}——节点剪力增大系数，一级取1.35，二级取1.2；

ΣM_b——节点左右梁端反时针或顺时针方向组合弯矩设计值之和，一级时节点左右梁端均为负弯矩，绝对值较小的弯矩应取零；

ΣM_{bua}——节点左右梁端反时针或顺时针方向实配的正截面抗震受弯承载力所对应的弯矩值之和，根据实配钢筋面积（计入受压筋）和材料强度标准值确定。

D.1.2 核芯区截面有效验算宽度，应按下列规定采用：

1 核芯区截面有效验算宽度，当验算方向的梁截面宽度不小于该侧柱截面宽度的1/2时，可采用该侧柱截面宽度，当小于柱截面宽度的1/2时，可采用下列二者的较小值：

$$b_j = b_b + 0.5 h_c \quad (D.1.2-1)$$
$$b_j = b_c \quad (D.1.2-2)$$

式中 b_j——节点核芯区的截面有效验算宽度；

b_b——梁截面宽度；

h_c——验算方向的柱截面高度；

b_c——验算方向的柱截面宽度。

2 当梁、柱的中线不重合且偏心距不大于柱宽的1/4时，核芯区的截面有效验算宽度可采用上款和下式计算结果的较小值。

$$b_j = 0.5(b_b + b_c) + 0.25 h_c - e \quad (D.1.2-3)$$

式中 e——梁与柱中线偏心距。

D.1.3 节点核芯区组合的剪力设计值，应符合下列要求：

$$V_j \leq \frac{1}{\gamma_{RE}}(0.30 \eta_j f_c b_j h_j) \quad (D.1.3)$$

式中 η_j——正交梁的约束影响系数，楼板为现浇，梁柱中线重合，四侧各梁截面宽度不小于该侧柱截面宽度的1/2，且正交方向梁高度不小于框架梁高度的3/4时，可采用1.5，9度时宜采用1.25，其他情况均采用1.0；

h_j——节点核芯区的截面高度，可采用验算方向的柱截面高度；

γ_{RE}——承载力抗震调整系数，可采用0.85。

D.1.4 节点核芯区截面抗震受剪承载力，应采用下列公式验算：

$$V_j \leq \frac{1}{\gamma_{RE}}\left(1.1\eta_j f_t b_j h_j + 0.05 \eta_j N \frac{b_j}{b_c} + f_{yv} A_{svj} \frac{h_{b0} - a'_s}{s}\right)$$

$$(D.1.4-1)$$

9度时 $V_j \leqslant \dfrac{1}{\gamma_{RE}}\left(0.9\eta_j f_t b_j h_j + f_{yv}A_{svj}\dfrac{h_{b0}-a'_s}{s}\right)$

(D.1.4-2)

式中 N——对应于组合剪力设计值的上柱组合轴向压力较小值,其取值不应大于柱的截面面积和混凝土轴心抗压强度设计值的乘积50%,当 N 为拉力时,取 $N=0$;

f_{yv}——箍筋的抗拉强度设计值;

f_t——混凝土轴心抗拉强度设计值;

A_{svj}——核芯区有效验算宽度范围内同一截面验算方向箍筋的总截面面积;

s——箍筋间距。

D.2 扁梁框架的梁柱节点

D.2.1 扁梁框架的梁宽大于柱宽时,梁柱节点应符合本段的规定。

D.2.2 扁梁框架的梁柱节点核芯区应根据梁纵筋在柱宽范围内、外的截面面积比例,对柱宽以内和柱宽以外的范围分别验算受剪承载力。

D.2.3 核芯区验算方法除应符合一般框架梁柱节点的要求外,尚应符合下列要求:

1 按本附录式(D.1.3)验算核芯区剪力限值时,核芯区有效宽度可取梁宽与柱宽之和的平均值。

2 四边有梁的约束影响系数,验算柱宽范围内核芯区的受剪承载力时可取1.5,验算柱宽范围外核芯区的受剪承载力时宜取1.0;

3 验算核芯区受剪承载力时,在柱宽范围内的核芯区,轴向力的取值可与一般梁柱节点相同;柱宽以外的核芯区,可不考虑轴向力对受剪承载力的有利作用;

4 锚入柱内的梁上部钢筋宜大于其全部截面面积的60%。

D.3 圆柱框架的梁柱节点

D.3.1 梁中线与柱中线重合时,圆柱框架梁柱节点核芯区组合的剪力设计值应符合下列要求:

$$V_j \leqslant \dfrac{1}{\gamma_{RE}}(0.30\eta_j f_c A_j) \qquad (D.3.1)$$

式中 η_j——正交梁的约束影响系数,按本附录D.1.3确定,其中柱截面宽度按柱直径采用;

A_j——节点核芯区有效截面面积,梁宽(b_b)不小于柱直径(D)之半时,取 $A_j = 0.8D^2$;梁宽(b_b)小于柱直径(D)之半且不小于 $0.4D$ 时, $A_j = 0.8D(b_b + D/2)$。

D.3.2 梁中线与柱中线重合时,圆柱框架梁柱节点核芯区截面抗震受剪承载力应采用下列公式验算:

$$V_j \leqslant \dfrac{1}{\gamma_{RE}}\Big(1.5\eta_j f_t A_j + 0.05\eta_j \dfrac{N}{D^2}A_j$$

$$+ 1.57f_{yv}A_{sh}\dfrac{h_{b0}-a'_s}{s} + f_{yv}A_{svj}\dfrac{h_{b0}-a'_s}{s}\Big)$$

(D.3.2-1)

9度时 $V_j \leqslant \dfrac{1}{\gamma_{RE}}\Big(1.2\eta_j f_t A_j + 1.57f_{yv}A_{sh}\dfrac{b_{b0}-a'_s}{s}$

$$+ f_{yv}A_{svj}\dfrac{h_{b0}-a'_s}{s}\Big) \qquad (D.3.2-2)$$

式中 A_{sh}——单根圆形箍筋的截面面积;

A_{svj}——同一截面验算方向的拉筋和非圆形箍筋的总截面面积;

D——圆柱截面直径;

N——轴向力设计值,按一般梁柱节点的规定取值。

附录 E 转换层结构抗震设计要求

E.1 矩形平面抗震墙结构框支层楼板设计要求

E.1.1 框支层应采用现浇楼板,厚度不宜小于180mm,混凝土强度等级不宜低于C30,应采用双层双向配筋,且每层每个方向的配筋率不应小于0.25%。

E.1.2 部分框支抗震墙结构的框支层楼板剪力设计值,应符合下列要求:

$$V_f \leqslant \dfrac{1}{\gamma_{RE}}(0.1f_c b_f t_f) \qquad (E.1.2)$$

式中 V_f——由不落地抗震墙传到落地抗震墙处按刚性楼板计算的框支层楼板组合的剪力设计值,8度时应乘以增大系数2,7度时应乘以增大系数1.5;验算落地抗震墙时不考虑此项增大系数;

$b_f t_f$——分别为框支层楼板的宽度和厚度;

γ_{RE}——承载力抗震调整系数,可采用0.85。

E.1.3 部分框支抗震墙结构的框支层楼板与落地抗震墙交接截面的受剪承载力,应按下列公式验算:

$$V_f \leqslant \dfrac{1}{\gamma_{RE}}(f_y A_s) \qquad (E.1.3)$$

式中 A_s——穿过落地抗震墙的框支层楼盖(包括梁和板)的全部钢筋的截面面积。

E.1.4 框支层楼板的边缘和较大洞口周边应设置边梁,其宽度不宜小于板厚的2倍,纵向钢筋配筋率不应小于1%,钢筋接头宜采用机械连接或焊接,楼板的钢筋应锚固在边梁内。

E.1.5 对建筑平面较长或不规则及各抗震墙内力相差较大的框支层,必要时可采用简化方法验算楼板平面内的受弯、受剪承载力。

E.2 筒体结构转换层抗震设计要求

E.2.1 转换层上下的结构质量中心宜接近重合(不

包括裙房），转换层上下层的侧向刚度比不宜大于2。

E.2.2 转换层上部的竖向抗侧力构件（墙、柱）宜直接落在转换层的主结构上。

E.2.3 厚板转换层结构不宜用于7度及7度以上的高层建筑。

E.2.4 转换层楼盖不应有大洞口，在平面内宜接近刚性。

E.2.5 转换层楼盖与筒体、抗震墙应有可靠的连接，转换层楼板的抗震验算和构造宜符合本附录E.1对框支层楼板的有关规定。

E.2.6 8度时转换层结构应考虑竖向地震作用。

E.2.7 9度时不应采用转换层结构。

附录F 配筋混凝土小型空心砌块抗震墙房屋抗震设计要求

F.1 一般要求

F.1.1 本附录适用的配筋混凝土小型空心砌块抗震墙房屋的最大高度应符合表F.1.1-1规定，且房屋总高度与总宽度的比值不宜超过表F.1.1-2的规定；对横墙较少或建造于Ⅳ类场地的房屋，适用的最大高度应适当降低。

表F.1.1-1 配筋混凝土小型空心砌块抗震墙房屋适用的最大高度（m）

最小墙厚（mm）	6度	7度	8度
190	54	45	30

注：房屋高度超过表内高度时，应根据专门研究，采取有效的加强措施。

表F.1.1-2 配筋混凝土小型空心砌块抗震墙房屋的最大高宽比

烈度	6度	7度	8度
最大高宽比	5	4	3

F.1.2 配筋小型空心砌块抗震墙房屋应根据抗震设防分类、抗震设防烈度和房屋高度采用不同的抗震等级，并应符合相应的计算和构造措施要求。丙类建筑的抗震等级宜按表F.1.2确定：

表F.1.2 配筋小型空心砌块抗震墙房屋的抗震等级

烈度	6度		7度		8度	
高度（m）	≤24	>24	≤24	>24	≤24	>24
抗震等级	四	三	三	二	二	一

注：接近或等于高度分界时，可结合房屋不规则程度及和场地、地基条件确定抗震等级。

F.1.3 房屋应避免采用本规范第3.4节规定的不规则建筑结构方案，并应符合下列要求：

1 平面形状宜简单、规则，凹凸不宜过大；竖向布置宜规则、均匀，避免过大的外挑和内收。

2 纵横向抗震墙宜拉通对直；每个墙段不宜太长，每个独立墙段的总高度与墙段长度之比不宜小于2；门洞口宜上下对齐，成列布置。

3 房屋抗震横墙的最大间距，应符合表F.1.3的要求：

表F.1.3 抗震横墙的最大间距

烈度	6度	7度	8度
最大间距（m）	15	15	11

F.1.4 房屋宜选用规则、合理的建筑结构方案不设防震缝，当需要防震缝时，其最小宽度应符合下列要求：

当房屋高度不超过20m时，可采用70mm；当超过20m时，6度、7度、8度相应每增加6m、5m和4m，宜加宽20mm。

F.2 计算要点

F.2.1 配筋小型空心砌块抗震墙房屋抗震计算时，应按本节规定调整地震作用效应；6度时可不做抗震验算。

F.2.2 配筋小型空心砌块抗震墙承载力计算时，底部加强部位截面的组合剪力设计值应按下列规定调整：

$$V = \eta_{vw} V_w \qquad (F.2.2)$$

式中 V——抗震墙底部加强部位截面组合的剪力设计值；

V_w——抗震墙底部加强部位截面组合的剪力计算值；

η_{vw}——剪力增大系数，一级取1.6，二级取1.4，三级取1.2，四级取1.0。

F.2.3 配筋小型空心砌块抗震墙截面组合的剪力设计值，应符合下列要求：

剪跨比大于2

$$V \leq \frac{1}{\gamma_{RE}}(0.2 f_{gc} b_w h_w) \qquad (F.2.3-1)$$

剪跨比不大于2

$$V \leq \frac{1}{\gamma_{RE}}(0.15 f_{gc} b_w h_w) \qquad (F.2.3-2)$$

式中 f_{gc}——灌芯小砌块砌体抗压强度设计值；满灌时可取2倍砌块砌体抗压强度设计值；

b_w——抗震墙截面宽度；

h_w——抗震墙截面高度；

γ_{RE}——承载力抗震调整系数，取0.85。

注：剪跨比应按本规范式（6.2.9-3）计算。

F.2.4 偏心受压配筋小型空心砌块抗震墙截面受剪承载力，应按下列公式验算：

$$V \leq \frac{1}{\gamma_{RE}} \left[\frac{1}{\lambda - 0.5}(0.48 f_{gv} b_w h_w + 0.1N) \right.$$

$$+ 0.72 f_{yh}\frac{A_{sh}}{s}h_{w0}\bigg] \quad \text{(F.2.4-1)}$$

$$0.5V \leqslant \frac{1}{\gamma_{RE}}\left(0.72 f_{yh}\frac{A_{sh}}{s}h_{w0}\right) \quad \text{(F.2.4-2)}$$

式中 N——抗震墙轴向压力设计值;取值不大于 $0.2f_{gc}b_w h_w$;

λ——计算截面处的剪跨比,取 $\lambda = M/Vh_w$; 当小于1.5时取1.5,当大于2.2时取2.2;

f_{gv}——灌芯小砌块砌体抗剪强度设计值;可取 $f_{gv}=0.2f_{gc}^{0.55}$;

A_{sh}——同一截面的水平钢筋截面面积;

s——水平分布筋间距;

f_{yh}——水平分布筋抗拉强度设计值;

h_{w0}——抗震墙截面有效高度;

γ_{RE}——承载力抗震调整系数,取0.85。

F.2.5 配筋小型空心砌块抗震墙跨高比大于2.5的连梁宜采用钢筋混凝土连梁,其截面组合的剪力设计值和斜截面受剪承载力,应符合现行国家标准《混凝土结构设计规范》GB 50010对连梁的有关规定。

F.3 抗震构造措施

F.3.1 配筋小型空心砌块抗震墙房屋的灌芯混凝土,应采用塌落度大、流动性和和易性好,并与砌块结合良好的混凝土,灌芯混凝土的强度等级不应低于C20。

F.3.2 配筋小型空心砌块房屋的墙段底部(高度不小于房屋高度的1/6且不小于二层的高度),应按加强部位配置水平和竖向钢筋。

F.3.3 配筋小型空心砌块抗震墙横向和竖向分布钢筋的配置,应符合下列要求:

1 竖向钢筋可采用单排布置,最小直径12mm;其最大间距600mm,顶层和底层应适当减小。

2 水平钢筋宜双排布置,最小直径8mm;其最大间距600mm,顶层和底层不应大于400mm。

3 竖向、横向的分布钢筋的最小配筋率,一级均不应小于0.13%;二级的一般部位不应小于0.10%,加强部位不宜小于0.13%;三、四级均不应小于0.10%。

F.3.4 配筋小型空心砌块抗震墙内竖向和水平分布钢筋的搭接长度不应小于48倍钢筋直径,锚固长度不应小于42倍钢筋直径。

F.3.5 配筋小型空心砌块抗震墙在重力荷载代表值下的轴压比,一级不宜大于0.5,二、三级不宜大于0.6。

F.3.6 配筋小型空心砌块抗震墙的压应力大于0.5倍灌芯小砌块砌体抗压强度设计值(f_{gc})时,在墙端应设置长度不小于3倍墙厚的边缘构件,其最小配筋应符合表F.3.6的要求:

表F.3.6 配筋小型空心砌块抗震墙边缘构件的配筋要求

抗震等级	加强部位纵向钢筋最小量	一般部位纵向钢筋最小量	箍筋最小直径	箍筋最大间距
一	3ϕ20	3ϕ18	ϕ8	200mm
二	3ϕ18	3ϕ16	ϕ8	200mm
三	3ϕ16	3ϕ14	ϕ8	200mm
四	3ϕ14	3ϕ12	ϕ8	200mm

F.3.7 配筋小型空心砌块抗震墙连梁的抗震构造,应符合下列要求:

1 连梁的纵向钢筋锚入墙内的长度,一、二级不应小于1.15倍锚固长度,三级不应小于1.05倍锚固长度,四级不应小于锚固长度且不应小于600mm。

2 连梁的箍筋设置,沿梁全长均应符合框架梁端箍筋加密区的构造要求。

3 顶层连梁的纵向钢筋锚固长度范围内,应设置间距不大于200mm的箍筋,直径与该连梁的箍筋直径相同。

4 跨高比不大于2.5的连梁,自梁顶面下200mm至梁底面上200mm的范围内应增设水平分布钢筋;其间距不大于200mm;每层分布筋的数量,一级不少于2ϕ12,二~四级不少于2ϕ10;水平分布筋伸入墙内的长度,不应小于30倍钢筋直径和300mm。

5 配筋小型空心砌块抗震墙的连梁内不宜开洞,需要开洞时应符合下列要求:

1) 在跨中梁高1/3处预埋外径不大于200mm的钢套管;

2) 洞口上下的有效高度不应小于1/3梁高,且不小于200mm;

3) 洞口处应配置补强钢筋,被洞口削弱的截面应进行受剪承载力验算。

F.3.8 楼盖的构造应符合下列要求:

1 配筋小型空心砌块房屋的楼、屋盖宜采用现浇钢筋混凝土板;抗震等级为四级时,也可采用装配整体式钢筋混凝土楼盖。

2 各楼层均应设置现浇钢筋混凝土圈梁。其混凝土强度等级应为砌块强度等级的二倍;现浇楼板的圈梁截面高度不宜小于200mm,装配整体式楼板的板底圈梁截面高度不宜小于120mm;其纵向钢筋直径不应小于砌体的水平分布钢筋直径,箍筋直径不应小于8mm,间距不应大于200mm。

附录G 多层钢结构厂房抗震设计要求

G.0.1 多层钢结构厂房的布置应符合本规范第8.1.4~8.1.7条的有关要求,尚应符合下列规定:

1 平面形状复杂、各部分构架高度差异大或楼层荷载相差悬殊时,应设防震缝或采取其他措施。

2 料斗等设备穿过楼层且支承在该楼层时,其运行装料后的设备总重心宜接近楼层的支点处。同一设备穿过两个以上楼层时,应选择其中的一层作为支座;必要时可另选一层加设水平支承点。

3 设备自承重时,厂房楼层应与设备分开。

表G.0.1 楼层水平支撑设置要求

项次	楼面结构类型		楼面荷载标准值≤10kN/m²	楼面荷载标准值>10kN/m²或较大集中荷载
1	钢与混凝土组合楼面,现浇、装配整体式楼板与钢梁有可靠连接	仅有小孔楼板	不需设水平支撑	不需设水平支撑
		有大孔楼板	应在开孔周围柱网区格内设水平支撑	应在开孔周围柱网区格内设水平支撑
2	铺金属板(与主梁有可靠连接)		宜设水平支撑	应设水平支撑
3	铺活动格栅板		应设水平支撑	应设水平支撑

注:1 楼面荷载系指除结构自重外的活荷载、管道及电缆等;
2 各行业楼层面板开孔不尽相同,大小孔的划分宜结合工程具体情况确定;
3 6、7度设防时,铺金属板与主梁有可靠连接,可不设水平支撑。

4 厂房的支撑布置应符合下列要求:

1) 柱间支撑宜布置在荷载较大的柱间,且在同一柱间上下贯通,不贯通时应错开开间后连续布置并宜适当增加相近楼层、屋面的水平支撑,确保支撑承担的水平地震作用能传递至基础。

2) 有抽柱的结构,宜适当增加相近楼层、屋面的水平支撑并在相邻柱间设置竖向支撑。

3) 柱间支撑杆件应采用整根材料,超过材料最大长度规格时可采用对接焊缝等强拼接;柱间支撑与构件的连接,不应小于支撑杆件塑性承载力的1.2倍。

5 厂房楼盖宜采用压型钢板与现浇钢筋混凝土的组合楼板,亦可采用钢铺板。

6 当各榀框架侧向刚度相差较大、柱间支撑布置又不规则时,应设楼层水平支撑;其他情况,楼层水平支撑的设置应按表G.0.1确定。

G.0.2 厂房的抗震计算,除应符合本规范第8.2节有关要求外,尚应符合下列规定:

1 地震作用计算时,重力荷载代表值和可变荷载组合值系数,除应符合本规范第5章规定外,尚应根据行业的特点,对楼面检修荷载、成品或原料堆积楼面荷载、设备和料斗及管道内的物料等,采用相应的组合值系数。

2 直接支承设备和料斗的构件及其连接,应计入设备等产生的地震作用:

1) 设备与料斗对支承构件及其连接产生的水平地震作用,可按下式确定:

$$F_s = \alpha_{max} \lambda G_{eq} \quad (G.0.2-1)$$
$$\lambda = 1.0 + H_x/H_n \quad (G.0.2-2)$$

式中 F_s——设备或料斗重心处的水平地震作用标准值;
 α_{max}——水平地震影响系数最大值;
 G_{eq}——设备或料斗的重力荷载代表值;
 λ——放大系数;
 H_x——建筑基础至设备或料斗重心的距离;
 H_n——建筑基础底至建筑物顶部的距离。

2) 此水平地震作用对支承构件产生的弯矩、扭矩,取设备或料斗重心至支承构件形心距离计算。

3 有压型钢板的现浇钢筋混凝土楼板,板面开孔较小且用栓钉等抗剪连接件与钢梁连接时,可将楼盖视为刚性楼盖。

G.0.3 多层钢结构厂房的抗震构造措施,除应符合本规范第8.3、8.4节有关要求外,尚应符合下列要求:

1 多层厂房钢框架与支撑的连接可采用焊接或高强度螺栓连接,纵向柱间支撑和屋面水平支撑布置,应符合下列要求:

1) 纵向柱间支撑宜设置于柱列中部附近;

2) 屋面的横向水平支撑和顶层的柱间支撑,宜设置在厂房单元端部的同一柱间内;当厂房单元较长时,应每隔3~5个柱间设置一道。

2 厂房设置楼层水平支撑时,其构造宜符合下列要求:

1) 水平支撑可设在次梁底部,但支撑杆端部应与楼层轴线上主梁的腹板和下翼缘同时相连;

2) 楼层水平支撑的布置应与柱间支撑位置相协调;

3) 楼层轴线上的主梁可作为水平支撑系统的弦杆,斜杆与弦杆夹角宜在30°~60°之间;

4) 在柱网区格内次梁承受较大的设备荷载时,应增设刚性系杆,将设备重力的地震作用传到水平支撑弦杆(轴线上的主梁)或节点上。

附录H 单层厂房横向平面排架地震作用效应调整

H.1 基本自振周期的调整

H.1.1 按平面排架计算厂房的横向地震作用时,排

架的基本自振周期应考虑纵墙及屋架与柱连接的固结作用,可按下列规定进行调整:

1 由钢筋混凝土屋架或钢屋架与钢筋混凝土柱组成的排架,有纵墙时取周期计算值的80%,无纵墙时取90%;

2 由钢筋混凝土屋架或钢屋架与砖柱组成的排架,取周期计算值的90%;

3 由木屋架、钢木屋架或轻钢屋架与砖柱组成排架,取周期计算值。

H.2 排架柱地震剪力和弯矩的调整系数

H.2.1 钢筋混凝土屋盖的单层钢筋混凝柱厂房,按H.1.1确定基本自振周期且按平面排架计算的排架柱地震剪力和弯矩,当符合下列要求时,可考虑空间工作和扭转影响,并按H.2.3的规定调整:

1 7度和8度;

2 厂房单元屋盖长度与总跨度之比小于8或厂房总跨度大于12m;

3 山墙的厚度不小于240mm,开洞所占的水平截面积不超过总面积50%,并与屋盖系统有良好的连接;

4 柱顶高度不大于15m。

注:1. 屋盖长度指山墙到山墙的间距,仅一端有山墙时,应取所考虑排架至山墙的距离;
2. 高低跨相差较大的不等高厂房,总跨度可不包括低跨。

H.2.2 钢筋混凝土屋盖和密铺望板瓦木屋盖的单层砖柱厂房,按H.1.1确定基本自振周期且按平面排架计算的排架柱地震剪力和弯矩,当符合下列要求时,可考虑空间工作,并按第H.2.3条的规定调整:

1 7度和8度;

2 两端均有承重山墙;

3 山墙或承重(抗震)横墙的厚度不小于240mm,开洞所占的水平截面积不超过总面积50%,并与屋盖系统有良好的连接;

4 山墙或承重(抗震)横墙的长度不宜小于其高度;

5 单元屋盖长度与总跨度之比小于8或厂房总跨度大于12m。

注:屋盖长度指山墙到山墙或承重(抗震)横墙的间距。

H.2.3 排架柱的剪力和弯矩应分别乘以相应的调整系数,除高低跨度交接处上柱以外的钢筋混凝土柱,其值可按表H.2.3-1采用,两端均有山墙的砖柱,其值可按表H.2.3-2采用。

H.2.4 高低跨交接处的钢筋混凝土柱的支承低跨屋盖牛腿以上各截面,按底部剪力法求得的地震剪力和弯矩应乘以增大系数,其值可按下式采用:

表 H.2.3-1 钢筋混凝土柱(除高低跨交接处上柱外)考虑空间工作和扭转影响的效应调整系数

屋盖	山墙		屋盖长度(m)										
			≤30	36	42	48	54	60	66	72	78	84	90	96
钢筋混凝土无檩屋盖	两端山墙	等高厂房		0.75	0.75	0.75	0.8	0.8	0.8	0.85	0.85	0.85		0.9
		不等高厂房		0.85	0.85	0.85	0.9	0.9	0.9	0.95	0.95	0.95		1.0
	一端山墙		1.05	1.15	1.2	1.25	1.3	1.3	1.3	1.3	1.35	1.35	1.35	1.35
钢筋混凝土有檩屋盖	两端山墙	等高厂房			0.8	0.85	0.9	0.95	0.95	1.0	1.0	1.05	1.05	1.1
		不等高厂房			0.85	0.9	0.95	1.0	1.05	1.05	1.1	1.1		1.15
	一端山墙			1.0	1.05	1.1	1.1	1.15	1.15	1.15	1.2	1.2	1.25	1.25

表 H.2.3-2 砖柱考虑空间作用的效应调整系数

屋盖类型	山墙或承重(抗震)横墙间距(m)										
	≤12	18	24	30	36	42	48	54	60	66	72
钢筋混凝土无檩屋盖	0.60	0.65	0.70	0.75	0.80	0.85	0.85	0.90	0.95	0.95	1.00
钢筋混凝土有檩屋盖或密铺望板瓦木屋盖	0.65	0.70	0.75	0.80	0.90	0.95	0.95	1.00	1.05	1.05	1.10

$$\eta = \zeta\left(1 + 1.7\frac{n_h}{n_0} \cdot \frac{G_{EL}}{G_{Eh}}\right) \quad (H.2.4)$$

式中 η——地震剪力和弯矩的增大系数;

ζ——不等高厂房低跨交接处的空间工作影响系数,可按表H.2.4采用;

n_h——高跨的跨数;

n_0——计算跨数,仅一侧有低跨时应取总跨数,两侧均有低跨时应取总跨数与高跨数之和;

G_{EL}——集中于交接处一侧各低跨屋盖标高处的总重力荷载代表值;

G_{Eh}——集中于高跨柱顶标高处的总重力荷载代表值。

表 H.2.4 高低跨交接处钢筋混凝土上柱空间工作影响系数

屋盖	山墙	屋盖长度(m)									
		≤36	42	48	54	60	66	72	78	84	90	96
钢筋混凝土无檩屋盖	两端山墙		0.7	0.76	0.82	0.88	0.94	1.0	1.06	1.06	1.06	1.06
	一端山墙	1.25										
钢筋混凝土有檩屋盖	两端山墙		0.9	1.0	1.05	1.1	1.1	1.15	1.15	1.15	1.2	1.2
	一端山墙	1.05										

H.3 吊车桥架引起的地震作用效应的增大系数

H.3.1 钢筋混凝土柱单层厂房的吊车梁顶标高处的

3—69

上柱截面，由吊车桥架引起的地震剪力和弯矩应乘以增大系数，当按底部剪力法等简化计算方法计算时，其值可按表 H.3.1 采用。

表 H.3.1 桥架引起的地震剪力和弯矩增大系数

屋盖类型	山 墙	边 柱	高低跨柱	其他中柱
钢筋混凝土无檩屋盖	两端山墙	2.0	2.5	3.0
	一端山墙	1.5	2.0	2.5
钢筋混凝土有檩屋盖	两端山墙	1.5	2.0	2.5
	一端山墙	1.5	2.0	2.0

附录 J 单层钢筋混凝土柱厂房纵向抗震验算

J.1 厂房纵向抗震计算的修正刚度法

J.1.1 纵向基本自振周期的计算

按本附录计算单跨或等高多跨的钢筋混凝土柱厂房纵向地震作用时，在柱顶标高不大于 15m 且平均跨度不大于 30m 时，纵向基本周期可按下列公式确定：

1 砖围护墙厂房，可按下式计算：

$$T_1 = 0.23 + 0.00025\psi_1 l \sqrt{H^3} \quad (J.1.1-1)$$

式中 ψ_1——屋盖类型系数，大型屋面板钢筋混凝土屋架可采用 1.0，钢屋架采用 0.85；

l——厂房跨度（m），多跨厂房可取各跨的平均值；

H——基础顶面至柱顶的高度（m）。

2 敞开、半敞开或墙板与柱子柔性连接的厂房，可按第 1 款式（J.1.1-1）进行计算并乘以下列围护墙影响系数：

$$\psi_2 = 2.6 - 0.002l\sqrt{H^3} \quad (J.1.1-2)$$

式中 ψ_2——围护墙影响系数，小于 1.0 时应采用 1.0。

J.1.2 柱列地震作用的计算

1 等高多跨钢筋混凝土屋盖的厂房，各纵向柱列的柱顶标高处的地震作用标准值，可按下列公式确定：

$$F_i = \alpha_1 G_{eq} \frac{K_{ai}}{\sum K_{ai}} \quad (J.1.2-1)$$

$$K_{ai} = \psi_3 \psi_4 K_i \quad (J.1.2-2)$$

式中 F_i——i 柱列柱顶标高处的纵向地震作用标准值；

α_1——相应于厂房纵向基本自振周期的水平地震影响系数，应按本规范第 5.1.5 条确定；

G_{eq}——厂房单元柱列总等效重力荷载代表值，应包括按本规范第 5.1.3 条确定的屋盖重力荷载代表值、70%纵墙自重、50%横墙与山墙自重及折算的柱自重（有吊车时采用 10%柱自重，无吊车时采用 50%柱自重）；

K_i——i 柱列柱顶的总侧移刚度，应包括 i 柱列内柱子和上、下柱间支撑的侧移刚度及纵墙的折减侧移刚度的总和，贴砌的砖围护墙侧移刚度的折减系数，可根据柱列侧移值的大小，采用 0.2～0.6；

K_{ai}——i 柱列柱顶的调整侧移刚度；

ψ_3——柱列侧移刚度的围护墙影响系数，可按表 J.1.2-1 采用；有纵向砖围护墙的四跨或五跨厂房，由边柱列数起的第三柱列，可按表内相应数值的 1.15 倍采用；

ψ_4——柱列侧移刚度的柱间支撑影响系数，纵向为砖围护墙时，边柱列可采用 1.0，中柱列可按表 J.1.2-2 采用。

表 J.1.2-1 围护墙影响系数

围护墙类别和烈度		柱 列 和 屋 盖 类 别				
		边柱列	中 柱 列			
			无檩屋盖		有檩屋盖	
240砖墙	370砖墙		边跨无天窗	边跨有天窗	边跨无天窗	边跨有天窗
	7度	0.85	1.7	1.8	1.8	1.9
7度	8度	0.85	1.5	1.6	1.6	1.7
8度	9度	0.85	1.3	1.4	1.4	1.5
9度		0.85	1.2	1.3	1.3	1.4
无墙、石棉瓦或挂板		0.90	1.1	1.1	1.2	1.2

表 J.1.2-2 纵向采用砖围护墙的中柱列柱间支撑影响系数

厂房单元内设置下柱支撑的柱间数	中柱列下柱支撑斜杆的长细比					中柱列无支撑
	≤40	41～80	81～120	121～150	>150	
一柱间	0.9	0.95	1.0	1.1	1.25	1.4
二柱间			0.9	0.95	1.0	

2 等高多跨钢筋混凝土屋盖厂房，柱列各吊车梁顶标高处的纵向地震作用标准值，可按下式确定：

$$F_{ci} = \alpha_1 G_{ci} \frac{H_{ci}}{H_i} \quad (J.1.2-3)$$

式中 F_{ci}——i 柱列在吊车梁顶标高处的纵向地震作用标准值；

G_{ci}——集中于 i 柱列吊车梁顶标高处的等效重力荷载代表值，应包括按本规范第 5.1.3 条确定的吊车梁与悬吊物的重力荷载代表值和 40%柱子自重；

H_{ci}——i 柱列吊车梁顶高度；

H_i——i 柱列柱顶高度。

J.2 柱间支撑地震作用效应及验算

J.2.1 斜杆长细比不大于 200 的柱间支撑在单位侧

力作用下的水平位移，可按下式确定：

$$u = \Sigma \frac{1}{1+\varphi_i} u_{ti} \quad \text{(J.2.1)}$$

式中　u——单位侧力作用点的位移；
　　　φ_i——i 节间斜杆轴心受压稳定系数，应按现行国家标准《钢结构设计规范》采用；
　　　u_{ti}——单位侧力作用下 i 节间仅考虑拉杆受力的相对位移。

J.2.2 长细比不大于 200 的斜杆截面可仅按抗拉验算，但应考虑压杆的卸载影响，其拉力可按下式确定：

$$N_t = \frac{l_i}{(1+\psi_c\varphi_i)s_c} V_{bi} \quad \text{(J.2.2)}$$

式中　N_t——i 节间支撑斜杆抗拉验算时的轴向拉力设计值；
　　　l_i——i 节间斜杆的全长；
　　　ψ_c——压杆卸载系数，压杆长细比为 60、100 和 200 时，可分别采用 0.7、0.6 和 0.5；
　　　V_{bi}——i 节间支撑承受的地震剪力设计值；
　　　s_c——支撑所在柱间的净距。

J.2.3 无贴砌墙的纵向柱列，上柱支撑与同列下柱支撑宜等强设计。

J.3 柱间支撑端节点预埋件的截面抗震验算

J.3.1 柱间支撑与柱连接节点预埋件的锚件采用锚筋时，其截面抗震承载力宜按下列公式验算：

$$N \leq \frac{0.8 f_y A_s}{\gamma_{RE}\left(\frac{\cos\theta}{0.8\zeta_m\psi} + \frac{\sin\theta}{\zeta_r\zeta_v}\right)} \quad \text{(J.3-1)}$$

$$\psi = \frac{1}{1+\frac{0.6e_0}{\zeta_r s}} \quad \text{(J.3-2)}$$

$$\zeta_m = 0.6 + 0.25 t/d \quad \text{(J.3-3)}$$

$$\zeta_v = (4 - 0.08d)\sqrt{f_c/f_y} \quad \text{(J.3-4)}$$

式中　A_s——锚筋总截面面积；
　　　γ_{RE}——承载力抗震调整系数，可采用 1.0；
　　　N——预埋板的斜向拉力，可采用全截面屈服点强度计算的支撑斜杆轴向力的 1.05 倍；
　　　e_0——斜向拉力对锚筋合力作用线的偏心距，应小于外排锚筋之间距离的 20%（mm）；
　　　θ——斜向拉力与其水平投影的夹角；
　　　ψ——偏心影响系数；
　　　s——外排锚筋之间的距离（mm）；
　　　ζ_m——预埋板弯曲变形影响系数；
　　　t——预埋板厚度（mm）；
　　　d——锚筋直径（mm）；
　　　ζ_r——验算方向锚筋排数的影响系数，二、三和四排可分别采用 1.0、0.9 和 0.85；
　　　ζ_v——锚筋的受剪影响系数，大于 0.7 时应采用 0.7。

J.3.2 柱间支撑与柱连接节点预埋件的锚件采用角钢加端板时，其截面抗震承载力宜按下列公式验算：

$$N \leq \frac{0.7}{\gamma_{RE}\left(\frac{\sin\theta}{V_{u0}} + \frac{\cos\theta}{\psi N_{u0}}\right)} \quad \text{(J.3-5)}$$

$$V_{u0} = 3n\zeta_r\sqrt{W_{\min} b f_a f_c} \quad \text{(J.3-6)}$$

$$N_{u0} = 0.8 n f_a A_s \quad \text{(J.3-7)}$$

式中　n——角钢根数；
　　　b——角钢肢宽；
　　　$W_{\min}$——与剪力方向垂直的角钢最小截面模量；
　　　A_s——一根角钢的截面面积；
　　　f_a——角钢抗拉强度设计值。

附录 K 单层砖柱厂房纵向抗震计算的修正刚度法

K.0.1 本附录适用于钢筋混凝土无檩或有檩屋盖等高多跨单层砖柱厂房的纵向抗震验算。

K.0.2 单层砖柱厂房的纵向基本自振周期可按下式计算：

$$T_1 = 2\psi_T \sqrt{\frac{\Sigma G_s}{\Sigma K_s}} \quad \text{(K.0.2)}$$

式中　ψ_T——周期修正系数，按表 K.0.2 采用；
　　　G_s——第 s 柱列的集中重力荷载，包括柱列左右各半跨的屋盖和山墙重力荷载，及按动能等效原则换算集中到柱顶或墙顶处的墙、柱重力荷载；
　　　K_s——第 s 柱列的侧移刚度。

表 K.0.2　厂房纵向基本自振周期修正系数

屋盖类型	钢筋混凝土无檩屋盖		钢筋混凝土有檩屋盖	
	边跨无天窗	边跨有天窗	边跨无天窗	边跨有天窗
周期修正系数	1.3	1.35	1.4	1.45

K.0.3 单层砖柱厂房纵向总水平地震作用标准值可按下式计算：

$$F_{Ek} = \alpha_1 \Sigma G_s \quad \text{(K.0.3)}$$

式中　α_1——相应于单层砖柱厂房纵向基本自振周期 T_1 的地震影响系数；
　　　G_s——按照柱列底部剪力相等原则，第 s 柱列换算集中到墙顶处的重力荷载代表值。

K.0.4 沿厂房纵向第 s 柱列上端的水平地震作用可

按下式计算：

$$F_s = \frac{\psi_s K_s}{\Sigma \psi_s K_s} F_{Ek} \quad (K.0.4)$$

式中 ψ_s——反映屋盖水平变形影响的柱列刚度调整系数，根据屋盖类型和各柱列的纵墙设置情况，按表 K.0.4 采用。

表 K.0.4　柱列刚度调整系数

纵墙设置情况		屋盖类型			
		钢筋混凝土无檩屋盖		钢筋混凝土有檩屋盖	
		边柱列	中柱列	边柱列	中柱列
砖柱敞棚		0.95	1.1	0.9	1.6
各柱列均为带壁柱砖墙		0.95	1.1	0.9	1.2
边柱列为带壁柱砖墙	中柱列的纵墙不少于4开间	0.7	1.4	0.75	1.5
	中柱列的纵墙少于4开间	0.6	1.8	0.65	1.9

附录 L　隔震设计简化计算和砌体结构隔震措施

L.1　隔震设计的简化计算

L.1.1　多层砌体结构及与砌体结构周期相当的结构采用隔震设计时，上部结构的总水平地震作用可按本规范第 5.2.1 条公式（5.2.1-1）简化计算，但应符合下列规定：

1　水平向减震系数，宜根据隔震后整个体系的基本周期，按下式确定：

$$\psi = \sqrt{2} \eta_2 (T_{gm}/T_1)^{\gamma} \quad (L.1.1-1)$$

式中 ψ——水平向减震系数；
　　η_2——地震影响系数的阻尼调整系数，根据隔震层等效阻尼按本规范第 5.1.5 条确定；
　　γ——地震影响系数的曲线下降段衰减指数，根据隔震层等效阻尼按本规范第 5.1.5 条确定；
　　T_{gm}——砌体结构采用隔震方案时的设计特征周期，根据本地区所属的设计地震分组按本规范第 5.1.4 条确定，但小于 0.4s 时应按 0.4s 采用；
　　T_1——隔震后体系的基本周期，不应大于 2.0s 和 5 倍特征周期的较大值。

2　与砌体结构周期相当的结构，其水平向减震系数宜根据隔震后整个体系的基本周期，按下式确定：

$$\psi = \sqrt{2} \eta_2 (T_g/T_1)^{\gamma} (T_0/T_g)^{0.9} \quad (L.1.1-2)$$

式中 T_0——非隔震结构的计算周期，当小于特征周期时应采用特征周期的数值；
　　T_1——隔震后体系的基本周期，不应大于 5 倍特征周期值；
　　T_g——特征周期；其余符号同上。

3　砌体结构及与其基本周期相当的结构，隔震后体系的基本周期可按下式计算：

$$T_1 = 2\pi \sqrt{G/K_h g} \quad (L.1.1-3)$$

式中 T_1——隔震体系的基本周期；
　　G——隔震层以上结构的重力荷载代表值；
　　K_h——隔震层的水平动刚度，可按本规范第 12.2.4 条的规定计算；
　　g——重力加速度。

L.1.2　砌体结构及与其基本周期相当的结构，隔震层在罕遇地震下的水平剪力可按下式计算：

$$V_c = \lambda_s \alpha_1 (\zeta_{eq}) G \quad (L.1.2)$$

式中 V_c——隔震层在罕遇地震下的水平剪力。

L.1.3　砌体结构及与其基本周期相当的结构，隔震层质心处在罕遇地震下的水平位移可按下式计算：

$$u_e = \lambda_s \alpha_1 (\zeta_{eq}) G / K_h \quad (L.1.3)$$

式中 λ_s——近场系数；甲、乙类建筑距发震断层 5km 以内取 1.5；5～10km 取 1.25；10km 以远取 1.0；丙类建筑可取 1.0；
　　$\alpha_1 (\zeta_{eq})$——罕遇地震下的地震影响系数值，可根据隔震层参数，按本规范第 5.1.5 条的规定进行计算；
　　K_h——罕遇地震下隔震层的水平动刚度，应按本规范第 12.2.4 条的有关规定采用。

L.1.4　当隔震支座的平面布置为矩形或接近于矩形，但上部结构的质心与隔震层刚度中心不重合时，隔震支座扭转影响系数可按下列方法确定：

1　仅考虑单向地震作用的扭转时，扭转影响系数可按下列公式估计：

$$\beta_i = 1 + 12 e s_i / (a^2 + b^2) \quad (L.1.4-1)$$

式中 e——上部结构质心与隔震层刚度中心在垂直于地震作用方向的偏心距；
　　s_i——第 i 个隔震支座与隔震层刚度中心在垂直于地震作用方向的距离；
　　a、b——隔震层平面的两个边长。

对边支座，其扭转影响系数不宜小于 1.15；当隔震层和上部结构采取有效的抗扭措施后或扭转周期小于平动周期的 70%，扭转影响系数可取 1.15。

2　同时考虑双向地震作用的扭转时，扭转影响系数可仍按式（L.1.4-1）计算，但其中的偏心距值

（e）应采用下列公式中的较大值替代：

$$e = \sqrt{e_x^2 + (0.85e_y)^2} \quad (L1.4-2)$$

$$e = \sqrt{e_y^2 + (0.85e_x)^2} \quad (L1.4-3)$$

式中 e_x——y 方向地震作用时的偏心距；
e_y——x 方向地震作用时的偏心距。

对边支座，其扭转影响系数不宜小于 1.2。

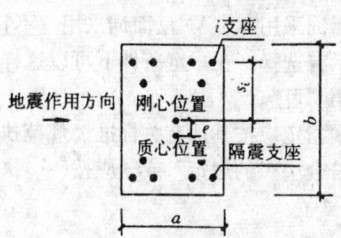

图 L.1.4 扭转计算示意图

L.1.5 砌体结构按本规范第 12.2.5 条规定进行竖向地震作用下的抗震验算时，砌体抗震抗剪强度的正应力影响系数，宜按减去竖向地震作用效应后的平均压应力取值。

L.1.6 砌体结构的隔震层顶部各纵、横梁均可按承受均布荷载的单跨简支梁或多跨连续梁计算。均布荷载可按本规范第 7.2.5 条关于底部框架砖房的钢筋混凝土托墙梁的规定取值；当按连续梁算出的正弯矩小于单跨简支梁跨中弯矩的 0.8 倍时，应按 0.8 倍单跨简支梁跨中弯矩配筋。

L.2 砌体结构的隔震措施

L.2.1 当水平向减震系数不大于 0.50 时，丙类建筑的多层砌体结构，房屋的层数、总高度和高宽比限值，可按本规范第 7.1 节中降低一度的有关规定采用。

L.2.2 砌体结构隔震层的构造应符合下列规定：

1 多层砌体房屋的隔震层位于地下室顶部时，隔震支座不宜直接放置在砌体墙上，并应验算砌体的局部承压。

2 隔震层顶部纵、横梁的构造均应符合本规范第 7.5.4 条关于底部框架砖房的钢筋混凝土托墙梁的要求。

L.2.3 丙类建筑隔震后上部砌体结构的抗震构造措施应符合下列要求：

1 承重外墙尽端至门窗洞边的最小距离及圈梁的截面和配筋构造，仍应符合本规范第 7.1 节和第 7.3 节的有关规定。

2 多层浇结普通粘土砖和浇结多孔粘土砖房屋的钢筋混凝土构造柱设置，水平向减震系数为 0.75 时，仍应符合本规范表 7.3.1 的规定；7～9 度，水平向减震系数为 0.5 和 0.38 时，应符合表 L.2.3-1 的规定，水平向减震系数为 0.25 时，宜符合本规范表 7.3.1 降低一度的有关规定。

表 L.2.3-1 隔震后砖房构造柱设置要求

房屋层数			设 置 部 位
7度	8度	9度	
三、四	二、三		每隔 15m 或单元横墙与外墙交接处
五	四	二	每隔三开间的横墙与外墙交接处
六、七	五	三、四	楼、电梯间四角，外墙四角，错层部位横墙与外纵墙交接处，较大洞口两侧，大房间内外墙交接处	隔开间横墙（轴线）与外墙交接处，山墙与内纵墙交接处；9 度四层，外纵墙与内墙（轴线）交接处
八	六、七	五		内墙（轴线）与外墙交接处，内墙局部较小墙垛处；8 度七层，内纵墙与隔开间横墙交接处；9 度时内纵墙与横墙（轴线）交接处

3 混凝土小型空心砌块房屋芯柱的设置，水平向减震系数为 0.75 时，仍应符合本规范表 7.4.1 的规定；7～9 度，当水平向减震系数为 0.5 和 0.38 时，应符合表 L.2.3-2 的规定，当水平向减震系数为 0.25 时，宜符合本规范表 7.4.1 降低一度的有关规定。

表 L.2.3-2 隔震后混凝土小型空心砌块房屋芯柱设置要求

房屋层数			设 置 部 位	设 置 数 量
7度	8度	9度		
三、四	二、三		外墙转角，楼梯间四角，大房间内外墙交接处；每隔 16m 或单元横墙与外墙交接处	外墙转角，灌实 3 个孔
五	四	二	外墙转角，楼梯间四角，大房间内外墙交接处，山墙与内纵墙交接处，隔三开间横墙（轴线）与外纵墙交接处	内外墙交接处，灌实 4 个孔
六	五	三	外墙转角，楼梯间四角，大房间内外墙交接处；隔开间横墙（轴线）与外纵墙交接处，山墙与内纵墙交接处；8、9 度时，外纵墙与横墙（轴线）交接处，大洞口两侧	外墙转角，灌实 5 个孔；内外墙交接处，灌实 4 个孔；洞口两侧各灌实 1 个孔
七	六	四	外墙转角，楼梯间四角，各内墙（轴线）与外纵墙交接处，内纵墙与横墙（轴线）交接处；8、9 度时洞口两侧	外墙转角，灌实 7 个孔；内外墙交接处，灌实 4 个孔；内墙交接处，灌实 4～5 个孔；洞口两侧各灌实 1 个孔

4 上部结构的其他抗震构造措施，水平向减系数为 0.75 时仍按本规范第 7 章的相应规定采用；7～9 度，水平向减震系数为 0.50 和 0.38 时，可按本规范第 7 章降低一度的相应规定采用；水平向减震系数为 0.25 时可按本规范第 7 章降低二度且不低于 6 度的相应规定采用。

本规范用词用语说明

  1 为了便于在执行本规范条文时区别对待，对要求严格程度不同的用词说明如下：
  1）表示很严格，非这样做不可的用词：
    正面词采用"必须"；反面词采用"严禁"。
  2）表示严格，在正常情况下均应这样做的用词：
    正面词采用"应"；反面词采用"不应"或"不得"。
  3）表示允许稍有选择，在条件许可时首先这样做的用词：
    正面词采用"宜"；反面词采用"不宜"；
    表示有选择，在一定条件下可以这样做的，采用"可"。
  2 规范中指定应按其他有关标准、规范执行时，写法为："应符合……的规定"或"应按……执行"。

中华人民共和国国家标准

建筑抗震设计规范

GB 50011—2001

条 文 说 明

目 次

1 总则 ················· 3—77
2 术语和符号 ············ 3—77
3 抗震设计的基本要求 ······· 3—78
4 场地、地基和基础 ········ 3—83
5 地震作用和结构抗震验算 ···· 3—89
6 多层和高层钢筋混凝土房屋 ··· 3—96
7 多层砌体房屋和底部框架、内框架
　房屋 ················· 3—102
8 多层和高层钢结构房屋 ······ 3—107
9 单层工业厂房 ············ 3—111
10 单层空旷房屋 ············ 3—117
11 土、木、石结构房屋 ········ 3—118
12 隔震和消能减震设计 ········ 3—119
13 非结构构件 ·············· 3—123

1 总 则

1.0.1 本规范抗震设防的基本思想和原则同GBJ11—89规范（以下简称89规范）一样，仍以"三个水准"为抗震设防目标。

抗震设防是以现有的科学水平和经济条件为前提。规范的科学依据只能是现有的经验和资料。目前对地震规律性的认识还很不足，随着科学水平的提高，规范的规定会有相应的突破，而且规范的编制要根据国家的经济条件，适当地考虑抗震设防水平，设防标准不能过高。

本次修订，继续保持89规范提出的抗震设防三个水准目标，即"小震不坏，大震不倒"的具体化。根据我国华北、西北和西南地区地震发生概率的统计分析，50年内超越概率约为63%的地震烈度为众值烈度，比基本烈度约低一度半，规范取为第一水准烈度；50年超越概率约10%的烈度即1990中国地震烈度区划图规定的地震基本烈度或新修订的中国地震动参数区划图规定的峰值加速度所对应的烈度，规范取为第二水准烈度；50年超越概率2%～3%的烈度可作为罕遇地震的概率水准，规范取为第三水准烈度，当基本烈度6度时为7度强，7度时为8度强，8度时为9度弱，9度时为9度强。

与各地震烈度水准相应的抗震设防目标是：一般情况下（不是所有情况下），遭遇第一水准烈度（众值烈度）时，建筑处于正常使用状态，从结构抗震分析角度，可以视为弹性体系，采用弹性反应谱进行弹性分析；遭遇第二水准烈度（基本烈度）时，结构进入非弹性工作阶段，但非弹性变形或结构体系的损坏控制在可修复的范围（与89规范相同，仍与78规范相当）；遭遇第三水准烈度（预估的罕遇地震）时，结构有较大的非弹性变形，但应控制在规定的范围内，以免倒塌。

还需说明的是：

1 抗震设防烈度为6度时，建筑按本规范采用相应的抗震措施之后，抗震能力比不设防时有实质性的提高，但其抗震能力仍是较低的，不能过高估计。

2 各类建筑按本规范规定采取不同的抗震措施之后，相应的抗震设防目标在程度上有所提高或降低。例如，丁类建筑在设防烈度地震下的损坏程度可能会重些，且其倒塌不危及人们的生命安全，在预估的罕遇地震下的表现会比一般的情况要差；甲类建筑在设防烈度地震下的损坏是轻微甚至是基本完好的，在预估的罕遇地震下的表现将会比一般的情况好些。

3 本次修订仍采用二阶段设计实现上述三个水准的设防目标：第一阶段设计是承载力验算，取第一水准的地震动参数计算结构的弹性地震作用标准值和相应的地震作用效应，继续保持其可靠度水平同78规范相当，采用《建筑结构可靠度设计统一标准》GB50068规定的分项系数设计表达式进行结构构件的截面承载力验算，这样，既满足了在第一水准下具有必要的承载力可靠度，又满足第二水准的损坏可修的目标。对大多数的结构，可只进行第一阶段设计，而通过概念设计和抗震构造措施来满足第三水准的设计要求。

第二阶段设计是弹塑性变形验算，对特殊要求的建筑、地震时易倒塌的结构以及有明显薄弱层的不规则结构，除进行第一阶段设计外，还要进行结构薄弱部位的弹塑性层间变形验算并采取相应的抗震构造措施，实现第三水准的设防要求。

1.0.2 本条是"强制性条文"，要求抗震设防区所有新建的建筑工程均必需进行抗震设计。以下，凡用粗体表示的条文，均为建筑工程房屋建筑部分的《强制性条文》。

1.0.3 本规范的适用范围，继续保持89规范的规定，适用于6～9度一般的建筑工程。鉴于近数十年来，很多6度地震区发生了较大的地震，甚至特大地震，6度地震区的建筑要适当考虑一些抗震要求，以减轻地震灾害。

工业建筑中，一些因生产工艺要求而造成的特殊问题的抗震设计，与一般的建筑工程不同，需由有关的专业标准予以规定。

因缺乏可靠的近场地震的资料和数据，抗震设防烈度大于9度地区的建筑抗震设计，仍没有条件列入规范。因此，在没有新的专门规定前，可仍按1989年建设部印发（89）建抗字第426号《地震基本烈度X度区建筑抗震设防暂行规定》的通知执行。

1.0.4 为适应《强制性条文》的要求，采用最严的规范用语"必须"。

1.0.5 本条体现了抗震设防依据的"双轨制"，即一般情况采用抗震设防烈度（作为一个地区抗震设防依据的地震烈度），在一定条件下，可采用抗震设防区划提供的地震动参数（如地面运动加速度峰值、反应谱值、地震影响系数曲线和地震加速度时程曲线）。

关于抗震设防烈度和抗震设防区划的审批权限，由国家有关主管部门规定。

89规范的第1.0.4条和第1.0.5条，本次修订移至第3章第3.1.1～3.1.3条。

89规范的第1.0.6条，本次修订不再出现。

2 术语和符号

本次修订，将89规范的附录一改为一章，并增加了一些术语。

抗震设防标准，是一种衡量对建筑抗震能力要求高低的综合尺度，既取决于地震强弱的不同，又取决于使用功能重要性的不同。

地震作用的涵义,强调了其动态作用的性质,不仅是加速度的作用,还应包括地动的速度和位移的作用。

本次修订还明确了抗震措施和抗震构造措施的区别。抗震构造措施只是抗震措施的一个组成部分。

3 抗震设计的基本要求

3.1 建筑抗震设防分类和设防标准

3.1.1~3.1.3 根据我国的实际情况,提出适当的抗震设防标准,既能合理使用建设投资,又能达到抗震安全的要求。

89规范关于建筑抗震设防分类和设防标准的规定,已被国家标准《建筑抗震设防分类标准》GB50223所替代。因此,本次修订的条文主要引用了该国家标准的规定。

按《防震减灾法》,本次修订明确,甲类建筑为"重大建筑工程和地震时可能发生严重次生灾害的建筑"。其地震作用计算,增加了"甲类建筑的地震作用,应按高于本地区设防烈度计算,其值应按批准的地震安全性评价结果确定",修改了GB50223规定甲类建筑的地震作用应按本地区设防烈度提高一度计算的规定。这意味着,提高的幅度应经专门研究,并需要按规定的权限审批。条件许可时,专门研究可包括基于建筑地震破坏损失和投资关系的优化原则确定的方法。

丁类建筑不要求按降低一度采取抗震措施,要求适当降低抗震措施即可。

对较小的乙类建筑,仍按GB50223的要求执行。按GB50223—95的说明,指的是对一些建筑规模较小建筑,例如,工矿企业的变电所、空压站、水泵房以及城市供水水源的泵房等。当这些小建筑为丙类建筑时,一般采用砖混结构;当为乙类建筑时,若改用抗震性能较好的钢筋混凝土结构或钢结构,则可仍按本地区设防烈度的规定采取抗震措施。

新修订的《建筑结构可靠度设计统一标准》GB50068,提出了设计使用年限的原则规定。本规范的甲、乙、丙、丁分类,可体现建筑重要性及设计使用年限的不同。

3.2 地 震 影 响

近年来地震经验表明,在宏观烈度相似的情况下,处在大震级远震中距下的柔性建筑,其震害要比中、小震级近震中距的情况重得多;理论分析也发现,震中距不同时反应谱频谱特性并不相同。抗震设计时,对同样场地条件、同样烈度的地震,按震源机制、震级大小和震中距远近区别对待是必要的,建筑所受到的地震影响,需要采用设计地震动的强度及设计反应谱的特征周期来表征。

作为一种简化,89规范主要藉助于当时的地震烈度区划,引入了设计近震和设计远震,后者可能遭遇近、远两种地震影响,设防烈度为9度时只考虑近震的地震影响;在水平地震作用计算时,设计近、远震用二组地震影响系数α曲线表达,按远震的曲线设计就已包含两种地震作用不利情况。

本次修订,明确引入了"设计基本地震加速度"和"设计特征周期",可与新修订的中国地震动参数区划图(中国地震动峰值加速度区划图A1和中国地震动反应谱特征周期区划图B1)相匹配。

"设计基本地震加速度"是根据建设部1992年7月3日颁发的建标〔1992〕419号《关于统一抗震设计规范地面运动加速度设计取值的通知》而作出的。通知中有如下规定:

术语名称:设计基本地震加速度值。

定义:50年设计基准期超越概率10%的地震加速度的设计取值。

取值:7度0.10g,8度0.20g,9度0.40g。

表3.2.2所列的设计基本地震加速度与抗震设防烈度的对应关系即来源于上述文件。这个取值与《中国地震动参数区划图A1》所规定的"地震动峰值加速度"相当:即在0.10g和0.20g之间有一个0.15g的区域,0.20g和0.40g之间有一个0.30g的区域,在这二个区域内建筑的抗震设计要求,除另有具体规定外分别同7度和8度地区相当,在本规范表3.2.2中用括号内数值表示。表3.2.2中还引入了与6度相当的设计基本地震加速度值0.05g。

"设计特征周期"即设计所用的地震影响系数特征周期(T_g)。89规范规定,其取值根据设计近、远震和场地类别来确定,我国绝大多数地区只考虑设计近震,需要考虑设计远震的地区很少(约占县级城镇的8%)。本次修订将设计近震、远震改称设计地震分组,可更好体现震级和震中距的影响,建筑工程的设计地震分为三组。在抗震设防决策上,为保持规范的延续性,设计地震的分组可在《中国地震动反应谱特征周期区划图B1》基础上略做调整:

1 区划图B1中0.35s和0.40s的区域作为设计地震第一组;

2 区划图B1中0.45s的区域,多数作为设计地震第二组;其中,借用89规范按烈度衰减等震线确定"设计远震"的规定,取加速度衰减影响的下列区域作为设计地震第三组:

1) 区划图A1中峰值加速度0.2g减至0.05g的影响区域和0.3g减至0.1g的影响区域;

2) 区划图B1中0.45s且区划图A1中≥0.4g的峰值加速度减至0.2g及以下的影响区域。

为便于设计单位使用,本规范在附录A规定了县级及县级以上城镇(按民政部编2001行政区划简册,包括地级市的市辖区)

的中心地区(如城关地区)的抗震设防烈度、设计基本地震加速度和所属的设计地震分组。

3.3 场地和地基

3.3.1 地震造成建筑的破坏,除地震动直接引起结构破坏外,还有场地条件的原因,诸如:地震引起的地表错动与地裂,地基土的不均匀沉陷、滑坡和粉、砂土液化等,因此抗震设防区的建筑工程宜选择有利的地段,避开不利的地段并不在危险的地段建设。

3.3.2 抗震构造措施不同于抗震措施。对Ⅰ类场地,仅降低抗震构造措施,不降低抗震措施中的其他要求,如按概念设计要求的内力调整措施。对于丁类建筑,其抗震措施已降低,不再重复降低。

3.3.4 对同一结构单元不宜部分采用天然地基部分采用桩基的要求,一般情况执行没有困难。在高层建筑中,当主楼和裙房不分缝的情况下难以满足时,需仔细分析不同地基在地震下变形的差异及上部结构各部分地震反应差异的影响,采取相应措施。

3.4 建筑设计和建筑结构的规则性

3.4.1 合理的建筑布置在抗震设计中是头等重要的,提倡平、立面简单对称。因为震害表明,简单、对称的建筑在地震时较不容易破坏。而且道理也很清楚,简单、对称的结构容易估计其地震时的反应,容易采取抗震构造措施和进行细部处理。"规则"包含了对建筑的平、立面外形尺寸,抗侧力构件布置、质量分布,直至承载力分布等诸多因素的综合要求。"规则"的具体界限随结构类型的不同而异,需要建筑师和结构工程师互相配合,才能设计出抗震性能良好的建筑。

本条主要对建筑师的建筑设计方案提出了要求。首先应符合合理的抗震概念设计原则,宜采用规则的建筑设计方案,强调应避免采用严重不规则的设计方案。

规则的建筑结构体现在体型(平面和立面的形状)简单,抗侧力体系的刚度和承载力上下变化连续、均匀,平面布置基本对称。即在平面、竖向图形或抗侧力体系上,没有明显的、实质的不连续(突变)。

规则与不规则的区分,本规范在第3.4.2条规定了一些定量的界限,但实际上引起建筑结构不规则的因素还有很多,特别是复杂的建筑体型,很难一一用若干简化的定量指标来划分不规则程度并规定限制范围,但是,有经验的、有抗震知识素养的建筑设计人员,应该对所设计的建筑的抗震性能有所估计,要区分不规则、特别不规则和严重不规则等不规则程度,避免采用抗震性能差的严重不规则的设计方案。

这里,"不规则"指的是超过表3.4.2-1和表3.4.2-2中一项及以上的不规则指标;特别不规则,指的是多项均超过表3.4.2-1和表3.4.2-2中不规则指标或某一项超过规定指标较多,具有较明显的抗震薄弱部位,将会引起不良后果者;严重不规则,指的是体型复杂,多项不规则指标超过第3.4.2条上限值或某一项大大超过规定值,具有严重的抗震薄弱环节,将会导致地震破坏的严重后果者。

3.4.2、3.4.3 本次修订考虑了《建筑抗震设计规范》GBJ 11—89和《钢筋混凝土高层建筑结构设计与施工规程》JGJ 3—91的相应规定,并参考了美国UBC(1997)日本BSL(1987年版)和欧洲规范8。上述五本规范对不规则结构的条文规定有以下三种方式:

1 规定了规则结构的准则,不规定不规则结构的相应设计规定,如《建筑抗震设计规范》和《钢筋混凝土高层建筑结构设计与施工规程》。

2 对结构的不规则性作出限制,如日本BSL。

3 对规则与不规则结构作出了定量的划分,并规定了相应的设计计算要求,如美国UBC及欧洲规范8。

本规范基本上采用了第3种方式,但对容易避免或危害性较小的不规则问题未作规定。

对于结构扭转不规则,按刚性楼盖计算,当最大层间位移与其平均值的比值为1.2时,相当于一端为1.0,另一端为1.45;当比值为1.5时,相当于一端为1.0,另一端为3。美国FEMA的NEHRP规定,限1.4。按本规范CQC计算位移时,需注意合理确定符号。

对于较大错层,如超过梁高的错层,需按楼板开洞对待;当错层面积大于该层总面积30%时,则属于楼板局部不连续。楼板典型宽度按楼板外形的基本宽度计算。

上层缩进尺寸超过相邻下层对应尺寸的1/4,属于用尺寸衡量的刚度不规则的范畴。侧向刚度可取地震作用下的层剪力与层间位移之比值计算,刚度突变上限在有关章节规定。

除了表3.4.2所列的不规则,UBC的规定中,对平面不规则尚有抗侧力构件上下错位、与主轴斜交或不对称布置,对竖向不规则尚有相邻楼层质量比大于150%或竖向抗侧力构件在平面内收进的尺寸大于构件的长度(如棋盘式布置)等。

图3.4.2为典型示例,以便理解表3.4.2中所列的不规则类型。

3.4.4 本规范第3.4.2条和第3.4.3条的规定,主要针对钢筋混凝土和钢结构的多层和高层建筑所作的不规则性的限制,对砌体结构多层房屋和单层工业厂房的不规则性应符合本规范有关章节的专门规定。

3.4.5、3.4.6 体型复杂的建筑并不一概提倡设置防震缝。有些建筑结构,因建筑设计的需要或建筑场地

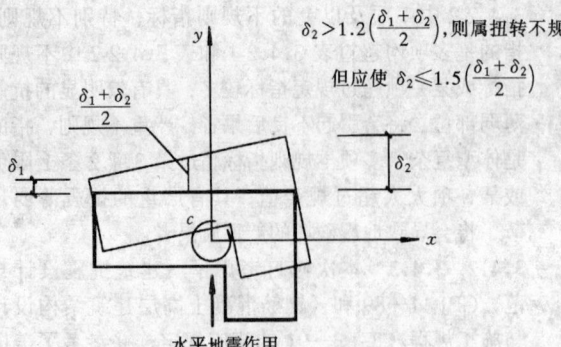

图 3.4.2-1 建筑结构平面的扭转不规则示例

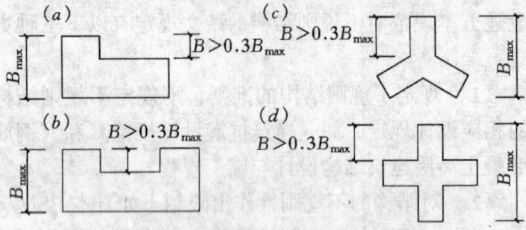

图 3.4.2-2 建筑结构平面的凹角或凸角不规则示例

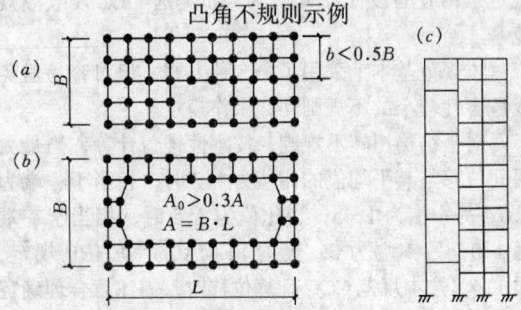

图 3.4.2-3 建筑结构平面的局部不连续示例
（大开洞及错层）

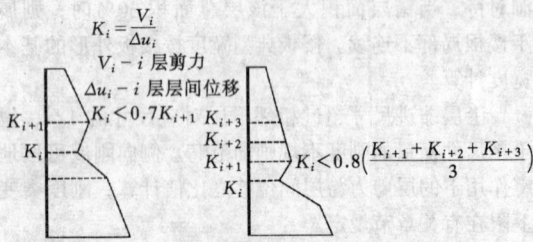

图 3.4.2-4 沿竖向的侧向刚度不规则
（有柔软层）

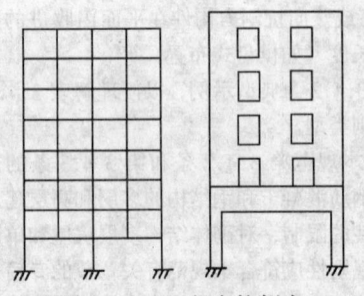

图 3.4.2-5 竖向抗侧力构件不连续示例

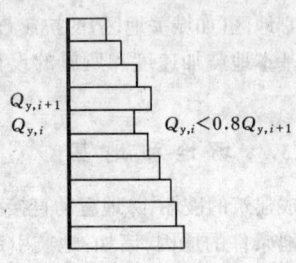

图 3.4.2-6 竖向抗侧力结构屈服抗剪强度非均匀化（有薄弱层）

的条件限制而不设防震缝，此时，应按第3.4.3条的规定进行抗震分析并采取加强延性的构造措施。防震缝宽度的规定，见本规范各有关章节并要便于施工。

3.5 结构体系

3.5.1 抗震结构体系要通过综合分析，采用合理而经济的结构类型。结构的地震反应同场地的特性有密切关系，场地的地面运动特性又同地震震源机制、震级大小、震中的远近有关；建筑的重要性、装修的水准对结构的侧向变形大小有所限制，从而对结构选型提出要求；结构的选型又受结构材料和施工条件的制约以及经济条件的许可等。这是一个综合的技术经济问题，应周密加以考虑。

3.5.2、3.5.3 抗震结构体系要求受力明确、传力合理且传力路线不间断，使结构的抗震分析更符合结构在地震时的实际表现，对提高结构的抗震性能十分有利，是结构选型与布置结构抗侧力体系时首先考虑的因素之一。本次修订，将结构体系的要求分为强制性和非强制性两类。

多道抗震防线指的是：

第一，一个抗震结构体系，应由若干个延性较好的分体系组成，并由延性较好的结构构件连接起来协同工作，如框架-抗震墙体系是由延性框架和抗震墙二个系统组成；双肢或多肢抗震墙体系由若干个单肢墙分系统组成。

第二，抗震结构体系应有最大可能数量的内部、外部赘余度，有意识地建立起一系列分布的屈服区，以使结构能吸收和耗散大量的地震能量，一旦破坏也易于修复。

抗震薄弱层（部位）的概念，也是抗震设计中的重要概念，包括：

1 结构在强烈地震下不存在强度安全储备，构件的实际承载力分析（而不是承载力设计值的分析）是判断薄弱层（部位）的基础；

2 要使楼层（部位）的实际承载力和设计计算的弹性受力之比在总体上保持一个相对均匀的变化，一旦楼层（或部位）的这个比例有突变时，会由于塑性内力重分布导致塑性变形的集中；

3 要防止在局部上加强而忽视整个结构各部位刚度、强度的协调；

4 在抗震设计中有意识、有目的地控制薄弱层(部位)，使之有足够的变形能力又不使薄弱层发生转移，这是提高结构总体抗震性能的有效手段。

本次修订，增加了结构两个主轴方向的动力特性(周期和振型)相近的抗震概念。

3.5.4 本条对各种不同材料的构件提出了改善其变形能力的原则和途径：

1 无筋砌体本身是脆性材料，只能利用约束条件(圈梁、构造柱、组合柱等来分割、包围)使砌体发生裂缝后不致崩塌和散落，地震时不致丧失对重力荷载的承载能力；

2 钢筋混凝土构件抗震性能与砌体相比是比较好的，但如处理不当，也会造成不可修复的脆性破坏。这种破坏包括：混凝土压碎、构件剪切破坏、钢筋锚固部分拉脱(粘结破坏)，应力求避免；

3 钢结构杆件的压屈破坏(杆件失去稳定)或局部失稳也是一种脆性破坏，应予以防止；

4 本次修订增加了对预应力混凝土结构构件的要求。

3.5.5 本条指出了主体结构构件之间的连接应遵守的原则；通过连接的承载力来发挥各构件的承载力、变形能力，从而获得整个结构良好的抗震能力。

本次修订增加了对预应力混凝土及钢结构构件的连接要求。

3.5.6 本条支撑系统指屋盖支撑。支撑系统的不完善，往往导致屋盖系统失稳倒塌，使厂房发生灾难性的震害，因此在支撑系统布置上应特别注意保证屋盖系统的整体稳定性。

3.6 结 构 分 析

3.6.1 多遇地震作用下的内力和变形分析是本规范对结构地震反应、截面承载力验算和变形验算最基本的要求。按本规范第1.0.1条的规定，建筑物当遭受低于本地区抗震设防烈度的多遇地震影响时，一般不受损坏或不需修理可继续使用。与此相应，结构在多遇地震作用下的反应分析的方法，截面抗震验算(按照国家标准《建筑结构可靠度设计统一标准》GB50068的基本要求)，以及层间弹性位移的验算，都是以线弹性理论为基础。因此本条规定，当建筑结构进行多遇地震作用下的内力和变形分析时，可假定结构与构件处于弹性工作状态。

3.6.2 按本规范第1.0.1条的规定：当建筑物遭受高于本地区抗震设防烈度的预估的罕遇地震影响时，不致倒塌或发生危及生命的严重破坏，这也是本规范的基本要求。特别是建筑物的体型和抗侧力系统复杂时，将在结构的薄弱部位发生应力集中和弹塑性变形集中，严重时会导致重大的破坏甚至有倒塌的危险，因此本规范提出了检验结构抗震薄弱部位采用弹塑性(即非线性)分析方法的要求。

考虑到非线性分析的难度较大，规范只限于对特别不规则并具有明显薄弱部位可能导致重大地震破坏，特别是有严重的变形集中可能导致地震倒塌的结构，应按本规范第5章具体规定进行罕遇地震作用下的弹塑性变形分析。

本规范推荐了二种非线性分析方法：静力的非线性分析(推覆分析)和动力的非线性分析(弹塑性时程分析)。

静力的非线性分析是：沿结构高度施加按一定形式分布的模拟地震作用的等效侧力，并从小到大逐步增加侧力的强度，使结构由弹性工作状态逐步进入弹塑性工作状态，最终达到并超过规定的弹塑性位移。这是目前较为实用的简化的弹塑性分析技术，比动力非线性分析节省计算工作量，但也有一定的使用局限性和适用性，对计算结果需要工程经验判断。动力非线性分析，即弹塑性时程分析，是较为严格的分析方法，需要较好的计算机软件和很好的工程经验判断才能得到有用的结果，是难度较大的一种方法。规范还允许采用简化的弹塑性分析技术，如本规范第5章规定的钢筋混凝土框架等的弹塑性分析简化方法。

3.6.3 本条规定，框架结构和框架-抗震墙(支撑)结构在重力附加弯矩 M_a 与初始弯矩 M_0 之比符合下式条件下，应考虑几何非线性，即重力二阶效应的影响。

$$\theta_i = \frac{M_a}{M_0} = \frac{\Sigma G_i \cdot \Delta u_i}{V_i h_i} > 0.1 \quad (3.6.3)$$

式中 θ_i——稳定系数；

ΣG_i——i 层以上全部重力荷载计算值；

Δu_i——第 i 层楼层质心处的弹性或弹塑性层间位移；

V_i——第 i 层地震剪力计算值；

h_i——第 i 层楼层高度。

上式规定是考虑重力二阶效应影响的下限，其上限则受弹性层间位移角限值控制。对混凝土结构，墙体弹性位移角限值较小，上述稳定系数一般均在0.1以下，可不考虑弹性阶段重力二阶效应影响；框架结构位移角限值较大，计算侧移需考虑刚度折减。

当在弹性分析时，作为简化方法，二阶效应的内力增大系数可取 $1/(1-\theta)$。

当在弹塑性分析时，宜采用考虑所有受轴向力的结构和构件的几何刚度的计算机程序进行重力二阶效应分析，亦可采用其他简化分析方法。

混凝土柱考虑多遇地震作用产生的重力二阶效应的内力时，不应与混凝土规范承载力计算时考虑的重力二阶效应重复。

砌体及混凝土墙结构可不考虑重力二阶效应。

3.6.4 刚性、半刚性、柔性横隔板分别指在平面内不考虑变形、考虑变形、不考虑刚度的楼、屋盖。

3.6.6 本条规定主要依据《建筑工程设计文件编制深度规定》，要求使用计算机进行结构抗震分析时，应对软件的功能有切实的了解，计算模型的选取必须符合结构的实际工作情况，计算软件的技术条件应符合本规范及有关强制性标准的规定，设计时应对所有计算结果进行判别，确认其合理有效后方可在设计中应用。

复杂结构应是计算模型复杂的结构，对不同的力学模型还应使用不同的计算机程序。

3.7 非结构构件

非结构构件包括建筑非结构构件和建筑附属机电设备的支架等。建筑非结构构件在地震中的破坏允许大于结构构件，其抗震设防目标要低于本规范第1.0.1条的规定。非结构构件的地震破坏会影响安全和使用功能，需引起重视，应进行抗震设计。

建筑非结构构件一般指下列三类：①附属结构构件，如：女儿墙、高低跨封墙、雨篷等；②装饰物，如：贴面、顶棚、悬吊重物等；③围护墙和隔墙。处理好非结构构件和主体结构的关系，可防止附加灾害，减少损失。在第3.7.3条所列的非结构构件主要指在人流出入口、通道及重要设备附近的附属结构构件，其破坏往往伤人或砸坏设备，因此要求加强与主体结构的可靠锚固，在其他位置可以放宽要求。

砌体填充墙与框架或单层厂房柱的连接，影响整个结构的动力性能和抗震能力。两者之间的连接处理不同时，影响也不同。本次修订，建议两者之间采用柔性连接或彼此脱开，可只考虑填充墙的重量而不计其刚度和强度的影响。砌体填充墙的不合理设置，例如：框架或厂房，柱间的填充墙不到顶，或房屋外墙在混凝土柱间局部高度砌墙，使这些柱子处于短柱状态，许多震害表明，这些短柱破坏很多，应予注意。

本次修订增加了对幕墙、附属机械、电气设备系统支座和连接等需符合地震时对使用功能的要求。

3.8 隔震和消能减震设计

3.8.1 建筑结构采用隔震和消能减震设计是一种新技术，应考虑使用功能的要求、隔震与消能减震的效果、长期工作性能，以及经济性等问题。现阶段，这种新技术主要用于对使用功能有特别要求和高烈度地区的建筑，即用于投资方愿意通过增加投资来提高安全要求的建筑。

3.8.2 本条对建筑结构隔震设计和消能减震设计的设防目标提出了原则要求。按本规范第12章规定进行隔震设计，还不能做到在设防烈度下上部结构不受损坏或主体结构处于弹性工作阶段的要求，但与非隔震或非消能减震建筑相比，应有所提高，大体上是：当遭受多遇地震影响时，将基本不受损坏和影响使用功能；当遭受设防烈度的地震影响时，不需修理仍可继续使用；当遭受高于本地区设防烈度的罕遇地震影响时，将不发生危及生命安全和丧失使用功能的破坏。

3.9 结构材料与施工

3.9.1 抗震结构在材料选用、施工程序特别是材料代用上有其特殊的要求，主要是指减少材料的脆性和贯彻原设计意图。

3.9.2、3.9.3 本规范对结构材料的要求分为强制性和非强制性两种。

对钢筋混凝土结构中的混凝土强度等级有所限制，这是因为高强度混凝土具有脆性性质，且随强度等级提高而增加，在抗震设计中应考虑此因素，故规定9度时不宜超过C60；8度时不宜超过C70。

本条还要求，对一、二级抗震等级的框架结构，规定其普通纵向受力钢筋的抗拉强度实测值与屈服强度实测值的比值不应小于1.25，这是为了保证当构件某个部位出现塑性铰以后，塑性铰处有足够的转动能力与耗能能力；同时还规定了屈服强度实测值与标准值的比值，否则本规范为实现强柱弱梁，强剪弱弯所规定的内力调整将难以奏效。

钢结构中用的钢材，应保证抗拉强度、屈服度、冲击韧性合格及硫、磷和碳含量的限制值。高层钢结构的钢材，可按黑色冶金工业标准《高层建筑结构用钢板》YB4104—2000选用。抗拉强度是实际上决定结构安全储备的关键，伸长率反映钢材能承受残余变形量的程度及塑性变形能力，钢材的屈服强度不宜过高，同时要求有明显的屈服台阶，伸长率应大于20%，以保证构件具有足够的塑性变形能力，冲击韧性是抗震结构的要求。当采用国外钢材时，亦应符合我国国家标准的要求。

国家标准《碳素结构钢》GB700中，Q235钢分为A、B、C、D四个等级，其中A级钢不要求任何冲击试验值，并只在用户要求时才进行冷弯试验，且不保证焊接要求的含碳量，故不建议采用。国家标准《低合金高强度结构钢》GB/T1591中，Q345钢分为A、B、C、D、E五个等级，其中A级钢不保证冲击韧性要求和延性性能的基本要求，故亦不建议采用。

3.9.4 混凝土结构施工中，往往因缺乏设计规定的钢筋型号（规格）而采用另外型号（规格）的钢筋代替，此时应注意替代后的纵向钢筋的总承载力设计值不应高于原设计的纵向钢筋总承载力设计值，以免造成薄弱部位的转移，以及构件在有影响的部位发生混凝土的脆性破坏（混凝土压碎、剪切破坏等）。

本次修订还要求，除按照上述等承载力原则换算外，应注意由于钢筋的强度和直径改变会影响正常使用阶段的挠度和裂缝宽度，同时还应满足最小配筋率和钢筋间距等构造要求。

3.9.5 厚度较大的钢板在轧制过程中存在各向异性，由于在焊缝附近常形成约束，焊接时容易引起层状撕裂。国家标准《厚度方向性能钢板》GB5313将厚度方向的断面收缩率分为Z15、Z25、Z35三个等级，并规定了试件取材方法和试件尺寸等要求。本条规定钢结构采用的钢材，当钢材板厚大于或等于40mm时，至少应符合Z15级规定的受拉试件截面收缩率。

3.9.6 为确保砌体抗震墙与构造柱、底层框架柱的连接，以提高抗侧力砌体墙的变形能力，要求施工时先砌墙后浇注。

3.10 建筑物地震反应观测系统

3.10.1 本规范初次提出了在建筑物内设置建筑物地震反应观测系统的要求。建筑物地震反应观测是发展地震工程和工程抗震科学的必要手段，我国过去限于基建资金，发展不快，这次在规范中予以规定，以促进其发展。

4 场地、地基和基础

4.1 场 地

4.1.1 有利、不利和危险地段的划分，基本沿用历次规范的规定。本条中地形、地貌和岩土特性的影响是综合在一起加以评价的，这是因为由不同岩土构成的同样地形条件的地震影响是不同的。本条中只列出了有利、不利和危险地段的划分，其他地段可视为可进行建设的一般场地。

关于局部地形条件的影响，从国内几次大地震的宏观调查资料来看，岩质地形与非岩质地形有所不同。在云南通海地震的大量宏观调查中，表明非岩质地形对烈度的影响比岩质地形的影响更为明显。如通海和东川的许多岩石地基上很陡的山坡，震害也未见有明显的加重。因此对于岩石地基的陡坡、陡坎等，本规范未列为不利的地段。但对于岩石地基的高度达数十米的条状突出的山脊和高耸孤立的山丘，由于鞭鞘效应明显，振动有所加大，烈度仍有增高的趋势。因此本规范均将其列为不利的地形条件。

应该指出：有些资料中曾提出过有利和不利于抗震的地貌部位。本规范在编制过程中曾对抗震不利的地貌部位实例进行了分析，认为：地貌是研究不同地表形态形成的原因，其中包括组成不同地形的物质(即岩性)。也就是说地貌部位的影响意味着地表形态和岩性二者共同作用的结果，将场地土的影响包括进去了。但通过一些震害实例说明：当处于平坦的冲积平原和古河道不同地貌部位时，地表形态是基本相同的，造成古河道上房屋震害加重的原因主要是地基土质条件很差。因此本规范将地貌条件分别在地形条件与场地土中加以考虑，不再提出地貌部位这个概念。

4.1.2～4.1.6 89规范中的场地分类，是在尽量保持抗震规范延续性的基础上，进一步考虑了覆盖层厚度的影响，从而形成了以平均剪切波速和覆盖层厚度作为评定指标的双参数分类方法。为了在保障安全的条件下尽可能减少设防投资，在保持技术上合理的前提下适当扩大了Ⅱ类场地的范围。另外，由于我国规范中Ⅰ、Ⅱ类场地的T_g值与国外抗震规范相比是偏小的，因此有意识地将Ⅰ类场地的范围划得比较小。

建筑抗震设计规范中的上述场地分类方法得到了我国工程界的普遍认同。但在使用过程中也提出了一些问题和意见。主要的意见是此分类方案呈阶梯状跳跃变化，在边界线上下不大容易掌握，特别是在覆盖层厚度为80m、平均剪切波速为140m/s的特定情况下，覆盖层厚度或平均剪切波速稍有变化，则场地类别有可能从Ⅳ类突变到Ⅱ类场地，地震作用的取值差异甚大。这主要是有意识扩大Ⅱ类场地造成的。为了解决场地类别的突变问题，可以通过对相应的特征周期进行插入计算来解决。本次修订主要有：

1 关于场地覆盖层厚度的定义，补充了当地下某一下卧土层的剪切波速大于或等于400m/s且不小于相邻的上层土的剪切波速的2.5倍时，覆盖层厚度可按地面至该下卧层顶面的距离取值的规定。需要注意的是，这一规定只适用于当下卧层硬土层顶面的埋深大于5m时的情况。

2 土层剪切波速的平均采用更富有物理意义的等效剪切波速的公式计算，即：

$$v_{se} = d_0/t$$

式中，d_0为场地评定用的计算深度，取覆盖层厚度和20m两者中的较小值，t为剪切波在地表与计算深度之间传播的时间。

3 Ⅲ类场地的范围稍有扩大，避免了Ⅱ类至Ⅳ类的跳跃。

4 当等效剪切波速v_{se}≤140m/s时，Ⅱ类和Ⅲ类场地的分界线从9m改为15m，在这一区间内适当扩大了Ⅱ类场地的范围。

5 为了保持与89规范的延续性以及与其他有关规范的协调，作为一种补充手段，当有充分依据时，允许使用插入方法确定边界线附近(指相差15%的范围)的T_g值。图4.1.6给出了一种连续化插入方案，可将原有场地分类及修订方案进行比较。该图在场地覆盖层厚度d_{ov}和等效剪切波速v_{se}平面上按本次修订的场地分类方法用等步长和按线性规则改变步长的方案进行连续化插入，相邻等值线的T_g值均相差0.01s。

高层建筑的场地类别问题是工程界关心的问题。按理论及实测，一般土层中的加速度随距地面深度而渐减，日本规范规定地下20m时的土中加速度为地面加速度的1/2～2/3，中间深度则插入。我国亦有对高层建筑修正场地类别(由高层建筑基底起算)或折减地震力建议。因高层建筑埋深常达10m以上，

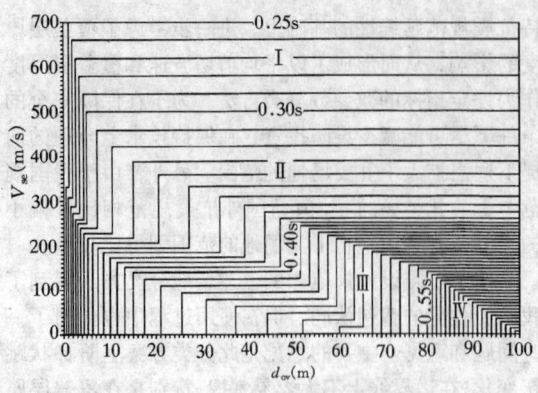

图 4.1.6 在 d_{ov}-V_{se} 平面上的 T_g 等值线图
（用于设计特征周期一区，图中相邻 T_g
等值线的差值均为 0.01s）

与浅基础相比，有利之处是：基底地震输入小了；埋深大抗摇摆好，但因目前尚未能总结出实用规律，暂不列入规范，高层建筑的场地类别仍按浅基础考虑。

本条中规定的场地分类方法主要适用于剪切波速随深度呈递增趋势的一般场地，对于有较厚软夹层的场地土层，由于其对短周期地震动具有抑制作用，可以根据分析结果适当调整场地类别和设计地震动参数。

4.1.7 断裂对工程影响的评价问题，长期以来，不同学科之间存在着不同看法。经过近些年来的不断研究与交流，认为需要考虑断裂影响，这主要是指地震时老断裂重新错动直通地表，在地面产生位错，对建在位错带上的建筑，其破坏是不易用工程措施加以避免的。因此规范中划为危险地段应予避开。至于地震强度，一般在确定抗震设防烈度时已给予考虑。

在活动断裂时间下限方面已取得了一致意见：即对一般的建筑工程只考虑 1.0 万年（全新世）以来活动过的断裂，在此地质时期以前的活动断裂可不予考虑。对于核电、水电等工程则应考虑 10 万年以来（晚更新世）活动过的断裂，晚更新世以前活动过的断裂亦可不予考虑。

另外一个较为一致的看法是，在地震烈度小于 8 度的地区，可不考虑断裂对工程的错动影响，因为多次国内外地震中的破坏现象均说明，在小于 8 度的地震区，地面一般不产生断裂错动。

目前尚有分歧的是关于隐伏断裂的评价问题，在基岩以上覆盖土层多厚，是什么土层，地面建筑就可以不考虑下部断裂的错动影响。根据我国近年来的地震宏观地表位错考察，学者看法不够一致。有人认为 30m 厚土层就可以不考虑，有些学者认为是 50m，还有人提出用基岩位错量大小来衡量，如土层厚度是基岩位错量的 25~30 倍以上就可不考虑等等。唐山地震震中区的地裂缝，经有关单位详细工作证明，不是沿地下岩石错动直通地表的构造断裂形成的，而是由于地面振动，表面应力形成的表层地裂。这种裂缝仅分布在地面以下 3m 左右，下部土层并未断开（挖探井证实），在采煤巷道中也未发现错动，对有一定深度基础的建筑物影响不大。

为了对问题更深入的研究，由北京市勘察设计研究院在建设部抗震办公室申请立项，开展了发震断裂上覆土层厚度对工程影响的专项研究。此项研究主要采用大型离心机模拟实验，可将缩小的模型通过提高加速度的办法达到与原型应力状况相同的状态；为了模拟断裂错动，专门加工了模拟断裂突然错动的装置，可实现垂直与水平二种错动，其位错量大小是根据国内外历次地震不同震级条件下位错量统计分析结果确定的；上覆土层则按不同岩性、不同厚度分为数种情况。实验时的位错量为 1.0~4.0m，基本上包括了 8 度、9 度情况下的位错量；当离心机提高加速度达到与原型应力条件相同时，下部基岩突然错动，观察上部土层破裂高度，以便确定安全厚度。根据实验结果，考虑一定的安全储备和模拟实验与地震时震动特性的差异，安全系数取为 3，据此提出了 8 度、9 度地区上覆土层安全厚度的界限值。应当说这是初步的，可能有些因素尚未考虑。但毕竟是第一次以模拟实验为基础的定量提法，跟以往的分析和宏观经验是相近的，有一定的可信度。

本次修订中根据搜集到的国内外地震断裂破裂宽度的资料提出了避让距离，这是宏观的分析结果，随着地震资料的不断积累将会得到补充与完善。

4.1.8 本条考虑局部突出地形对地震动参数的放大作用，主要依据宏观震害调查的结果和对不同地形条件和岩土构成的形体所进行的二维地震反应分析结果。所谓局部突出地形主要是指山包、山梁和悬崖、陡坎等，情况比较复杂，对各种可能出现的情况的地震动参数的放大作用都做出具体的规定是很困难的。从宏观震害经验和地震反应分析结果所反映的总趋势，大致可以归纳为以下几点：①高突地形距离基准面的高度愈大，高处的反应愈强烈；②离陡坎和边坡顶部边缘的距离愈大，反应相对减小；③从岩土构成方面看，在同样地形条件下，土质结构的反应比岩质结构大；④高突地形顶面愈开阔，远离边缘的中心部位的反应是明显减小的；⑤边坡愈陡，其顶部的放大效应相应加大。

基于以上变化趋势，以突出地形的高差 H，坡降角度的正切 H/L 以及场址距突出地形边缘的相对距离 L_1/H 为参数，归纳出各种地形的地震力放大作用如下：

$$\lambda = 1 + \xi\alpha \quad (4.1.8)$$

式中 λ——局部突出地形顶部的地震影响系数的放大系数；

α——局部突出地形地震动参数的增大幅度，按表 4.1.8 采用；

ξ——附加调整系数,与建筑场地离突出台地边缘的距离 L_1 与相对高差 H 的比值有关。当 $L_1/H<2.5$ 时, ξ 可取为1.0;当 $2.5 \leqslant L_1/H<5$ 时, ξ 可取为0.6;当 $L_1/H \geqslant 5$ 时, ξ 可取为0.3。L、L_1 均应按距离场地的最近点考虑。

表4.1.8 局部突出地形地震影响系数的增大幅度

突出地形的高度 H (m)	非岩质地层	$H<5$	$5 \leqslant H<15$	$15 \leqslant H<25$	$H \geqslant 25$
	岩质地层	$H<20$	$20 \leqslant H<40$	$40 \leqslant H<60$	$H \geqslant 60$
局部突出台地边缘的侧向平均坡降 (H/L)	$H/L<0.3$	0	0.1	0.2	0.3
	$0.3 \leqslant H/L<0.6$	0.1	0.2	0.3	0.4
	$0.6 \leqslant H/L<1.0$	0.2	0.3	0.4	0.5
	$H/L \geqslant 1.0$	0.3	0.4	0.5	0.6

条文中规定的最大增大幅度0.6是根据分析结果和综合判断给出的。本条的规定对各种地形,包括山包、山梁、悬崖、陡坡都可以应用。

4.2 天然地基和基础

4.2.1 我国多次强烈地震的震害经验表明,在遭受破坏的建筑中,因地基失效导致的破坏较上部结构惯性力的破坏为少,这些地基主要由饱和松砂、软弱粘性土和成因岩性状态严重不均匀的土层组成。大量的一般的天然地基都具有较好的抗震性能。因此89规范规定了天然地基可以不验算的范围。本次修订中将可不进行天然地基和基础抗震验算的框架房屋的层数和高度作了更明确的规定。

4.2.2 在天然地基抗震验算中,对地基土承载力特征值调整系数的规定,主要参考国内外资料和相关规范的规定,考虑了地基土在有限次循环动力作用下强度一般较静强度提高和在地震作用下结构可靠度容许有一定程度降低这两个因素。

在本次修订中,增加了对黄土地基的承载力调整系数的规定,此规定主要根据国内动、静强度对比试验结果。静强度是在预湿与固结不排水条件下进行的。破坏标准是:对软化型土取峰值强度,对硬化型土取应变为15%的对应强度,由此求得黄土静抗剪强度指标 C_s、φ_s 值。

动强度试验参数是:均压固结取双幅应变5%,偏压固结取总应变为10%;等效循环数按7、7.5及8级地震分别对应12、20及30次循环。取等价循环数所对应的动应力 σ_d,绘制强度包线,得到动抗剪强度指标 C_d 及 φ_d。

动静强度比为:

$$\frac{\tau_d}{\tau_s} = \frac{C_d + \sigma_d \mathrm{tg}\varphi_d}{C_s + \sigma_s \mathrm{tg}\varphi_s}$$

近似认为动静强度比等于动、静承载力之比,则可求得承载力调整系数:

$$\zeta_a = \frac{R_d}{R_s} \cong \left(\frac{\tau_d}{K_d}\right) \bigg/ \left(\frac{\tau_s}{K_s}\right) = \frac{\tau_d}{\tau_s} \cdot \frac{K_s}{K_d} = \zeta$$

式中 K_d、K_s——分别为动、静承载力安全系数;
R_d、R_s——分别为动、静极限承载力。

试验结果见表4.2.2,此试验大多考虑地基土处于偏压固结状态,实际的应力水平也不太大,故采用偏压固结、正应力100~300kPa、震级7~8级条件下的调整系数平均值为宜。本条据上述试验,对坚硬黄土取 $\zeta=1.3$,对可塑黄土取1.1,对流塑黄土取1.0。

表4.2.2 ζ_a 的平均值

名称	西安黄土				兰州黄土		洛川黄土	
含水量 W	饱和状态		20%		饱和		饱和状态	
固结比 K_c	1.0	2.0	1.0	1.5	1.0	1.5	1.0	2.0
ζ_a的平均值	0.608	1.271	0.607	1.415	0.378	0.721	1.14	1.438

注:固结比为轴压力 σ_1 与压力 σ_3 的比值。

4.2.4 地基基础的抗震验算,一般采用所谓"拟静力法",此法假定地震作用如同静力,然后在这种条件下验算地基和基础的承载力和稳定性。所列的公式主要是参考相关规范的规定提出的,压力的计算应采用地震作用效应标准组合,即各作用分项系数均取1.0的组合。

4.3 液化土和软土地基

4.3.1 本条规定主要依据液化场地的震害调查结果。许多资料表明在6度区液化对房屋结构所造成的震害是比较轻的,因此本条规定除对液化沉陷敏感的乙类建筑外,6度区的一般建筑可不考虑液化影响。当然,6度的甲类建筑的液化问题也需要专门研究。

关于黄土的液化可能性及其危害在我国的历史地震中虽不乏报导,但缺乏较详细的评价资料,在建国以后的多次地震中,黄土液化现象很少见到,对黄土的液化判别尚缺乏经验,但值得重视。近年来的国内外震害与研究还表明,砾石在一定条件下也会液化,但是由于黄土与砾石液化研究资料还不够充分,暂不列入规范,有待进一步研究。

4.3.2 本条是有关液化判别和处理的强制性条文。

4.3.3 89规范初判的提法是根据建国以来历次地震对液化与非液化场地的实际考察、测试分析结果得出来的。从地貌单元来讲这些地震现场主要为河流冲洪积形成的地层,没有包括黄土分布区及其他沉积类型。如唐山地震震中区(路北区)为滦河二级阶地,地层年代为晚更新世(Q_3)地层,对地震烈度10度区考察,钻探测试表明,地下水位为3~4m 表层为3.0m 左右的粘性土,其即为饱和砂层,在10度情况下没有发生液化,而在一级阶地及高河漫滩等地分布的地质年代较新的地层,地震烈度虽然只有7度和8度却也发生了大面积液化,其他震区的河流冲积地层在地质年代较老的地层中也未发现液化实例。国外学者Youd和Perkins的研究结果表明：饱和松散的水力冲填土差不多总会液化，而且全新世的无粘性土沉积层对液化也是很敏感的，更新世沉积层发生液化的情况很罕见，前更新世沉积层发生液化则更是罕见。这些结论是根据1975年以前世界范围的地震液化资料给出的，并已被1978年日本的两次大地震以及1977年罗马尼亚地震液化现象所证实。

89规范颁发后，在执行中不断有单位和学者提出液化初步判别中第1款在有些地区不适合。从举出的实例来看，多为高烈度区（10度以上）黄土高原的黄土状土，很多是古地震从描述等方面判定为液化的，没有现代地震液化与否的实际数据。有些例子是用现行公式判别的结果。

根据诸多现代地震液化资料分析认为，89规范中有关地质年代的判断条文除高烈度区中的黄土液化外都能适用，为慎重起见，将此款的适用范围改为局限于7、8度区。

4.3.4 89规范关于地基液化判别方法，在地震区工程项目地基勘察中已广泛应用。但随着高层及超高层建筑的不断发展，基础埋深越来越大。高大的建筑采用桩基和深基础，要求判别液化的深度也相应加大，89规范中判别深度为15m，已不能满足这些工程的需要，深层液化判别问题已提到日程上来。

由于15m以下深层液化资料较少，从实际液化与非液化资料中进行统计分析尚不具备条件。在50年代以来的历次地震中，尤其是唐山地震，液化资料均在15m以上，图4.3.4中15m下的曲线是根据统计得到的经验公式外推得到的结果。国外虽有零星深层液化资料，但也不太确切。根据唐山地震资料及美国H.B.Seed教授资料进行分析的结果，其液化临界值沿深度变化均为非线性变化。为了解决15m以下液化判别，我们对唐山地震砂土液化研究资料、美国H.B.Seed教授研究资料和我国铁路工程抗震设计规范中的远震液化判别方法与89规范判别方法的液化临界值（N_{cr}）沿深度的变化情况，以8度区为例做了对比，见图4.3.4。

从图4.3.4可以明显看出：在设计特征周期一区（或89规范的近震情况，$N_0=10$），深度为12m以上时，临界锤击数较接近，相差不大；深度15～20m范围内，铁路抗震规范方法比H.B.Seed资料要大1.2～1.5击，89规范由于是线性延伸，比铁路抗震规范方法要大1.8～8.4击，是偏于保守的。经过比较分析，本次修订考虑到本规范判别方法的延续性及广大工程技术人员熟悉程度，仍采用线性判别方法。建议15～20m深度范围内仍按15m深度处的N_{cr}值进行判别，这样处理与非线性判别方法也较为接近。目前铁路抗震规范判别液化时N_0值为7度、8度、9度时分别取8、12、16，因此铁路抗震规范仍比本规范修订后的N_{cr}值在15m～20m范围内要大2.2～2.5击；如假定铁路抗震规范N_0值8度取10，则比本规范修订后的N_{cr}值小1.4～1.8击。经过全面分析对比后，认为这样调整方案既简便又与其他方法接近。

考虑到大量的多层建筑基础埋深较浅，一律要求将液化判别深度加深到20m有些保守，也增加了不必要的工作量，因此，本次修订只要求将基础埋深大于5m的深基础和桩基工程的判别深度加深至20m。

4.3.5 本条提供了一个简化的预估液化危害的方法，可对场地的喷水冒砂程度、一般浅基础建筑的可能损坏，做粗略的预估，以便为采取工程措施提供依据。

1 液化指数表达式的特点是：为使液化指数为无量纲参数，权函数w具有量纲m^{-1}；权函数沿深度分布为梯形，其图形面积，判别深度15m时为100，判别深度20m时为125。

2 液化等级的名称为轻微、中等、严重三级；各级的液化指数（判别深度15m）、地面喷水冒砂情况以及对建筑危害程度的描述见表4.3.5，系根据我国百余个液化震害资料得出的。

4.3.6 抗液化措施是对液化地基的综合治理，89规范已说明要注意以下几点：

1 倾斜场地的土层液化往往带来大面积土体滑动，造成严重后果，而水平场地土层液化的后果一般只造成建筑的不均匀下沉和倾斜，本条的规定不适用于坡度大于10°的倾斜场地和液化土层严重不均的情况；

2 液化等级属于轻微者，除甲、乙类建筑由于其重要性需确保安全外，一般不作特殊处理，因为这类场地可能不发生喷水冒砂，即使发生也不致造成建筑的严重震害；

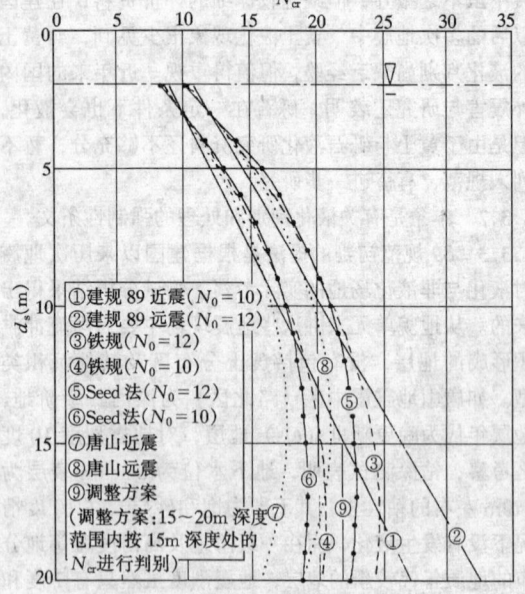

图4.3.4 液化临界值随深度变化比较
（以8度区为例）

表 4.3.5　液化等级和对建筑物的相应危害程度

液化等级	液化指数(15m)	地面喷水冒砂情况	对建筑的危害情况
轻微	<5	地面无喷水冒砂，或仅在洼地、河边有零星的喷水冒砂点	危害性小，一般不至引起明显的震害
中等	5～15	喷水冒砂可能性大，从轻微到严重均有，多数属中等	危害性较大，可造成不均匀沉陷和开裂，有时不均匀沉陷可能达到200mm
严重	>15	一般喷水冒砂都很严重，地面变形很明显	危害性大，不均匀沉陷可能大于200mm，高重心结构可能产生不容许的倾斜

3　对于液化等级属于中等的场地，尽量多考虑采用较易实施的基础与上部结构处理的构造措施，不一定要加固处理液化土层；

4　在液化层深厚的情况下，消除部分液化沉陷的措施，即处理深度不一定达到液化下界而残留部分未经处理的液化层，从我国目前的技术、经济发展水平上看是较合适的。

本次修订的主要内容如下：

1　89 规范中不允许液化地基作持力层的规定有些偏严，本次修订改为不宜将未加处理的液化土层作为天然地基的持力层。因为：理论分析与振动台试验均已证明液化的主要危害来自基础外侧，液化持力层范围内位于基础直下方的部位其实最难液化，由于最先液化区域对基础直下方未液化部分的影响，使之失去侧边土压力支持。在外侧易液化区的影响得到控制的情况下，轻微液化的土层是可以作为基础的持力层的，例如：

（1）海城地震中营口宾馆筏基以液化土层为持力层，震后无震害，基础下液化层厚度为 4.2m，为筏基宽度的 1/3 左右，液化土层的标贯锤击数 $N=2\sim5$，烈度为 7 度。在此情况下基础外侧液化对地基中间部分的影响很小。

（2）日本阪神地震中有数座建筑位于液化严重的六甲人工岛上，地基未加处理而未遭液化危害的工程实录（见松尾雅夫等人论文，载"基础工"1996 年 11 期，P54）：

1）仓库二栋，平面均为 36m×24m，设计中采用了补偿式基础，即使仓库满载时的基底压力也只是与移去的土自重相当。地基为欠固结的可液化砂砾，震后有震陷，但建筑物无损，据认为无震害的原因是：液化后的减震效果使输入基底的地震作用削弱；补偿式筏式基础防止了表层土喷砂冒水；良好的基础刚度使不均匀沉降减小；采用了吊车轨道调平，地脚螺栓加长等构造措施以减少不均匀沉降的影响。

2）平面为 116.8m×54.5m 的仓库建在六甲人工岛厚 15m 的可液化土上，设计时预期建成后欠固结的粘土下卧层尚可能产生 1.1～1.4m 的沉降。为防止不均匀沉降及液化，设计中采用了三方面的措施：补偿式基础＋基础下 2m 深度内以水泥土加固液化层＋防止不均匀沉降的构造措施。地震使该房屋产生震陷，但情况良好。

（3）震害调查与有限元分析显示，当基础宽度与液化层厚之比大于 3 时，则液化震陷不超过液化层厚的 1%，不致引起结构严重破坏。

因此，将轻微和中等液化的土层作为持力层不是绝对不允许，但应经过严密的论证。

2　液化的危害主要来自震陷，特别是不均匀震陷。震陷量主要决定于土层的液化程度和上部结构的荷载。由于液化指数不能反映上部结构的荷载影响，因此有趋势直接采用震陷量来评价液化的危害程度。例如，对 4 层以下的民用建筑，当精细计算的平均震陷值 $S_E<5cm$ 时，可不采取抗液化措施，当 $S_E=5\sim15cm$ 时，可优先考虑采取结构和基础的构造措施，当 $S_E>15cm$ 时需要进行地基处理，基本消除液化震陷；在同样震陷量下，乙类建筑应该采取较丙类建筑更高的抗液化措施。

本次修订过程中开展了估计液化震陷量的研究，依据实测震陷、振动台试验以及有限元法对一系列典型液化地基计算得出的震陷变化规律，发现震陷量取决于液化土的密度（或承载力）、基底压力、基底宽度、液化层底面和顶面的位置和地震震级等因素，曾提出估计砂土与粉土液化平均震陷量的经验方法如下：

砂土　$$S_E = \frac{0.44}{B}\xi S_0 (d_1^2 - d_2^2) (0.01p)^{0.6} \left(\frac{1-D_r}{0.5}\right)^{1.5} \quad (4.3.6\text{-}1)$$

粉土　$$S_E = \frac{0.44}{B}\xi k S_0 (d_1^2 - d_2^2) (0.01p)^{0.6} \quad (4.3.6\text{-}2)$$

式中　S_E——液化震陷量平均值；液化层为多层时，先按各层次分别计算后再相加；

B——基础宽度（m）；对住房等密集型基础取建筑平面宽度；当 $B \leq 0.44d_1$ 时，取 $B=0.44d_1$；

S_0——经验系数，对 7、8、9 度分别取 0.05、0.15 及 0.3；

d_1——由地面算起的液化深度（m）；

d_2——由地面算起的上覆非液化土层深度（m）。液化层为持力层取 $d_2=0$；

p——宽度为 B 的基础底面地震作用效应标准组合的压力（kPa）；

D_r——砂土相对密度（%），可依据标贯锤击数 N 取 $D_r = \left(\dfrac{N}{0.23\sigma'_v + 16}\right)^{0.5}$；

k——与粉土承载力有关的经验系数，当承载力特征值不大于 80kPa 时，取 0.30，当不小于 300kPa 时取 0.08，其余可内插取值；

ξ——修正系数，直接位于基础下的非液化厚度满足第 4.3.3 条第 3 款对上覆非液化土层厚度 d_u 的要求，$\xi = 0$；无非液化层，$\xi = 1$；中间情况内插确定。

采用以上经验方法计算得到的震陷值，与日本的实测震陷值基本符合；但与国内资料的符合程度较差，主要的原因可能是：国内资料中实测震陷值常常是相对值，如相对于车间某个柱子或相对于室外地面的震陷；地质剖面则往往是附近的，而不是针对所考察的基础的；有的震陷值（如天津上古林的场地）含有震前沉降及软土震陷；不明确沉降值是最大沉降或平均沉降。

鉴于震陷量的评价方法目前还不够成熟，因此本条只是给出了必要时可以根据液化震陷量的评价结果适当调整抗液化措施的原则规定。

4.3.7～4.3.9 在这几条中规定了消除液化震陷和减轻液化影响的具体措施，这些措施都是在震害调查和分析判断的基础上提出来的。

采用振冲加固或挤密碎石桩加固后构成了复合地基。此时，如桩间土的实测标贯值仍低于本规范第 4.3.4 条规定的临界值，不能简单判为液化。许多文献或工程实践均已指出振冲碎石桩或挤密碎石桩有挤密、排水和增大桩身刚度等多重作用，而实测的桩间土标贯值不能反映排水的作用。因此，89 规范要求加固后的桩间土的标贯值应大于临界标贯值是偏保守的。

近几年的研究成果与工程实践中，已提出了一些考虑桩身强度与排水效应的方法，以及根据桩的面积置换率和桩土应力比适当降低复合地基桩间土液化判别的临界标贯值的经验方法，故本次修订将"桩间土的实测标贯值不应小于临界标贯锤击数"的要求，改为"不宜"。

4.3.10 本条规定了有可能发生侧扩或流动时滑动土体的最危险范围并要求采取土体抗滑和结构抗裂措施。

1 液化侧扩地段的宽度来自海城地震、唐山地震及日本阪神地震对液化侧扩区的大量调查。根据对阪神地震的调查，在距水线 50m 范围内，水平位移及竖向位移均很大；在 50～150m 范围内，水平地面位移仍较显著；大于 150m 以后水平位移趋于减小，基本不构成震害。上述调查结果与我国海城、唐山地震后的调查结果基本一致；海河故道、滦运河、新滦河、陡河岸波滑坍范围约距水线 100～150m，辽河、黄河等则可达 500m。

2 侧向流动土体对结构的侧向推力，根据阪神地震后对受害结构的反算结果得到：1）非液化上覆土层施加于结构的侧压相当于被动土压力，破坏土楔的运动方向是土楔向上滑而楔后土体向下，与被动土压发生时的运动方向一致；2）液化层中的侧压相当于竖向总压的 1/3；3）桩基承受侧压的面积相当于垂直于流动方向桩排的宽度。

3 减小地裂对结构影响的措施包括：1）将建筑的主轴沿平行河流放置；2）使建筑的长高比小于 3；3）采用筏基或箱基，基础板内应根据需要加配抗拉裂钢筋，筏基内的抗弯钢筋可兼作抗拉裂钢筋，抗拉裂钢筋可由中部向基础边缘逐段减少。当土体产生引张裂缝并流向河心或海岸线时，基础底面的极限摩阻力形成对基础的撕拉力，理论上，其最大值等于建筑物重力荷载之半乘以土与基础间的摩擦系数，实际上常因基础底面与土有部分脱离接触而减少。

4.3.11 关于软土震陷，由于缺乏资料，各国都还未列入抗震规范。但从唐山地震中的破坏实例分析，软土震陷确是造成震害的重要原因，实有明确抗御措施之必要。

我国《构筑物抗震设计规范》根据唐山地震经验，规定 7 度区不考虑软土震陷；8 度区 f_{ak} 大于 100kPa，9 度区 f_{ak} 大于 120kPa 的土亦可不考虑。但上述规定有以下不足：

（1）缺少系统的震陷试验研究资料；

（2）震陷实录局限于津塘 8、9 地区，7 度区是未知的空白；不少 7 度区的软土比津塘地区（唐山地震时为 8、9 度区）要差，津塘地区的多层建筑在 8、9 度地震时产生了 15～30cm 的震陷，比它们差的土在 7 度时是否会产生大于 5cm 的震陷？初步认为对 7 度区 $f_k < 70$kPa 的软土还是应该考虑震陷的可能性并宜采用室内动三轴试验和 H.B.Seed 简化方法加以判定。

（3）对 8、9 度规定的 f_{ak} 值偏于保守。根据天津实际震陷资料并考虑地震的偶发性及所需的设防费用，暂时规定软土震陷量小于 5cm 者可不采取措施，则 8 度区 $f_{ak} > 90$kPa 及 9 度区 $f_{ak} > 100$kPa 的软土均可不考虑震陷的影响。

对自重湿陷性黄土或黄土状土，研究表明具有震陷性。若孔隙比大于 0.8，当含水量在缩限（指固体与半固体的界限）与 25% 之间时，应该根据需要评估其震陷量。对含水量在 25% 以上的黄土或黄土状土的震陷量可按一般软土评估。关于软土及黄土的可能震陷目前已有了一些研究成果可以参考。例如，当建筑基础底面以下非软土层厚度符合表 4.3.11 中的要求时，可不采取消除软土地基的震陷影响措施。

表 4.3.11　基础底面以下非软土层厚度

烈　　度	基础底面以下非软土层厚度（m）
7	$\geq 0.5b$ 且 ≥ 3
8	$\geq b$ 且 ≥ 5
9	$\geq 1.5b$ 且 ≥ 8

注：b 为基础底面宽度（m）。

4.4　桩　　基

4.4.1　根据桩基抗震性能一般比同类结构的天然地基要好的宏观经验，继续保留89规范关于桩基不验算范围的规定。

4.4.2　桩基抗震验算方法是新增加的，其基本内容已与构筑物抗震设计规范和建筑桩基技术规范等协调。

关于地下室外墙侧的被动土压与桩共同承担地震水平力问题，我国这方面的情况比较混乱，大致有以下做法：假定由桩承担全部地震水平力；假定由地下室外的土承担全部水平力；由桩、土分担水平力（或由经验公式求出分担比，用 m 法求土抗力或由有限元法计算）。目前看来，桩完全不承担地震水平力的假定偏于不安全，因为从日本的资料来看，桩基的震害是相当多的，因此这种做法不宜采用；由桩承受全部地震力的假定又过于保守。日本 1984 年发布的"建筑基础抗震设计规程"提出下列估算桩所承担的地震剪力的公式：

$$V = 0.2V_0 \sqrt{H/\sqrt[3]{d_\mathrm{f}}}$$

上述公式主要根据是对地上 3～10 层、地下 1～4 层、平面 14m×14m 的塔楼所作的一系列试算结果。在这些计算中假定抗地震水平的因素有桩、前方的被动土抗力、侧面土的摩擦力三部分。土性质为标贯值 $N=10\sim20$，q（单轴压强）为 $0.5\sim1.0\mathrm{kg/cm^2}$（粘土）。土的摩擦抗力与水平位移成以下弹塑性关系；位移 $\leq 1\mathrm{cm}$ 时抗力呈线性变化，当位移 $>1\mathrm{cm}$ 时抗力保持不变。被动土抗力最大值取朗金被动土压，达到最大值之前土抗力与水平位移呈线性关系。由于背景材料只包括高度 45m 以下的建筑，对 45m 以上的建筑没有相应的计算资料。但从计算结果的发展趋势推断，对更高的建筑其值估计不超过 0.9，因而桩负担的地震力宜在 $(0.3\sim0.9)V_0$ 之间取值。

关于不计桩基承台底面与土的摩阻力为抗地震水平力的组成部分问题：主要是因为这部分摩阻力不可靠：软弱粘性土有震陷问题，一般粘性土也可能因桩身摩擦力产生的桩间土在附加应力下的压缩使土与承台脱空；欠固结土有固结下沉问题；非液化的砂砾则有震密问题等。实践中不乏有静载下桩台与土脱空的报导，地震情况下震后桩台与土脱空的报导也屡见不鲜。此外，计算摩阻力亦很困难，因为解答此问题须明确桩基在竖向荷载作用下的桩、土荷载分担比。出于上述考虑，为安全计，本条规定不应考虑承台与土的摩擦阻抗。

对于目前大力推广应用的疏桩基础，如果桩的设计承载力按桩极限荷载取用则可以考虑承台与土间的摩阻力。因为此时承台与土不会脱空，且桩、土的竖向荷载分担比也比较明确。

4.4.3　本条中规定的液化土中桩的抗震验算原则和方法主要考虑了以下情况：

1　不计承台旁的土抗力或地坪的分担作用是出于安全考虑，作为安全储备，因目前对液化土中桩的地震作用与土中液化进程的关系尚未弄清。

2　根据地震反应分析与振动台试验，地面加速度最大时刻出现在液化土的孔压比为小于 1（常为 0.5～0.6）时，此时土尚未充分液化，只是刚度比未液化时下降很多，因之建议对液化土的刚度作折减。折减系数的取值与构筑物抗震设计规范基本一致。

3　液化土中孔隙水压力的消散往往需要较长的时间。地震后土中孔压不会排泄消散完毕，往往于震后才出现喷砂冒水，这一过程通常持续几小时甚至一二天，其间常有沿桩与基础四周排水现象，这说明此时桩身摩阻力已大减，从而出现竖向承载力不足和缓慢的沉降，因此应按静力荷载组合校核桩身的强度与承载力。

式 (4.4.3) 的主要根据是工程实践中总结出来的打桩前后土性变化规律，并已在许多工程实例中得到验证。

4.4.5　本条在保证桩基安全方面是相当关键的。桩基理论分析已经证明，地震作用下的桩基在软、硬土层交界面处最易受到剪、弯损害。阪神地震后许多桩基的实际考查也证实了这一点，但在采用 m 法的桩身内力计算方法中却无法反映，目前除考虑桩土相互作用的地震反应分析可以较好地反映桩身受力情况外，还没有简便实用的计算方法保证桩在地震作用下的安全，因此必须采取有效的构造措施。本条的要点在于保证软土或液化土层附近桩身的抗弯和抗剪能力。

5　地震作用和结构抗震验算

5.1　一　般　规　定

5.1.1　抗震设计时，结构所承受的"地震力"实际上是由于地震地面运动引起的动态作用，包括地震加速度、速度和动位移的作用，按照国家标准《建筑结构设计术语和符号标准》GB/T50083 的规定，属于间接作用，不可称为"荷载"，应称"地震作用"。

89规范对结构应考虑的地震作用方向有以下规定：

1　考虑到地震可能来自任意方向，为此要求有斜交抗侧力构件的结构，应考虑对各构件的最不利方向的水平地震作用，一般即与该构件平行的方向。

2　不对称不均匀的结构是"不规则结构"的一

种，同一建筑单元同一平面内质量、刚度布置不对称，或虽在本层平面内对称，但沿高度分布不对称的结构。需考虑扭转影响的结构，具有明显的不规则性。

3 研究表明，对于较高的高层建筑，其竖向地震作用产生的轴力在结构上部是不可忽略的，故要求9度区高层建筑需考虑竖向地震作用。

本次修订，基本保留89规范的内容，所做的改进如下：

1 某一方向水平地震作用主要由该方向抗侧力构件承担，如该构件带有翼缘、翼墙等，尚应包括翼缘、翼墙的抗侧力作用；

2 参照混凝土高层规程的规定，明确交角大于15°时，应考虑斜向地震作用；

3 扭转计算改为"考虑双向地震作用下的扭转影响"。

关于大跨度和长悬臂结构，根据我国大陆和台湾地震的经验，9度和9度以上时，跨度大于18m的屋架、1.5m以上的悬挑阳台和走廊等震害严重甚至倒塌；8度时，跨度大于24m的屋架、2m以上的悬挑阳台和走廊等震害严重。

5.1.2 不同的结构采用不同的分析方法在各国抗震规范中均有体现，底部剪力法和振型分解反应谱法仍是基本方法，时程分析法作为补充计算方法，对特别不规则（参照表3.4.2规定）、特别重要的和较高的高层建筑才要求采用。

进行时程分析时，鉴于各条地震波输入进行时程分析的结果不同，本条规定根据小样本容量下的计算结果来估计地震效应值。通过大量地震加速度记录输入不同结构类型进行时程分析结果的统计分析，若选用不少于二条实际记录和一条人工模拟的加速度时程曲线作为输入，计算的平均地震效应值不小于大样本容量平均值的保证率在85%以上，而且一般也不会偏大很多。所谓"在统计意义上相符"指的是，其平均地震影响系数曲线与振型分解反应谱法所用的地震影响系数曲线相比，在各个周期点上相差不大于20%。计算结果的平均底部剪力一般不会小于振型分解反应谱法计算结果的80%。每条地震波输入的计算结果不会小于65%。

正确选择输入的地震加速度时程曲线，要满足地震动三要素的要求，即频谱特性、有效峰值和持续时间均要符合规定。

频谱特性可用地震影响系数曲线表征，依据所处的场地类别和设计地震分组确定。

加速度有效峰值按规范表5.1.2-2中所列地震加速度最大值采用，即以地震影响系数最大值除以放大系数（约2.25）得到。当结构采用三维空间模型等需要双向（二个水平向）或三向（二个水平和一个竖向）地震波输入时，其加速度最大值通常按1（水平1）:0.85（水平2）:0.65（竖向）的比例调整。选用

的实际加速度记录，可以是同一组的三个分量，也可以是不同组的记录，但每条记录均应满足"在统计意义上相符"的要求；人工模拟的加速度时程曲线，也按上述要求生成。

输入的地震加速度时程曲线的持续时间，不论实际的强震记录还是人工模拟波形，一般为结构基本周期的5～10倍。

5.1.3 按现行国家标准《建筑结构可靠度设计统一标准》的原则规定，地震发生时恒荷载与其他重力荷载可能的遇合结果总称为"抗震设计的重力荷载代表值 G_E"，即永久荷载标准值与有关可变荷载组合值之和。组合值系数基本上沿用78规范的取值，考虑到藏书库等活荷载在地震时遇合的概率较大，故按等效楼面均布荷载计算活荷载时，其组合值系数为0.8。

表中硬钩吊车的组合值系数，只适用于一般情况，吊重较大时需按实际情况取值。

5.1.4、5.1.5 弹性反应谱理论仍是现阶段抗震设计的最基本理论，规范所采用的设计反应谱以地震影响系数曲线的形式给出。

89规范的地震影响系数的特点是：

1 同样烈度、同样场地条件的反应谱形状，随着震源机制、震级大小、震中距远近等的变化，有较大的差别，影响因素很多。在继续保留烈度概念的基础上，把形成6～8度地震影响的地震，按震源远近分为设计近震和设计远震。远震水平反应曲线比近震向右移，体现了远震的反应谱特征。于是，按场地条件和震源远近，调整了地震影响系数的特征周期 T_g。

2 在 $T \leq 0.1s$ 的范围内，各类场地的地震影响系数一律采用同样的斜线，使之符合 $T=0$ 时（刚体）动力不放大的规律；在 $T \geq T_g$ 时，各曲线的递减指数为非整数；曲线下限仍按78规范取为 $0.2\alpha_{max}$；$T > 3s$ 时，地震影响系数专门研究。

3 按二阶段设计要求，在截面承载力验算时的设计地震作用，取众值烈度下结构按完全弹性分析的数值，据此调整了本规范相应的地震影响系数，其取值与按78规范各结构影响系数 C 折减的平均值大致相当。

本次修订有如下重要改进：

1 地震影响系数的周期范围延长至6s。根据地震学研究和强震观测资料统计分析，在周期6s范围内，有可能给出比较可靠的数据，也基本满足了国内绝大多数高层建筑和长周期结构的抗震设计需要。对于周期大于6s的结构，地震影响系数仍专门研究。

2 理论上，设计反应谱存在二个下降段，即：速度控制段和位移控制段，在加速度反应谱中，前者衰减指数为1，后者衰减指数为2。设计反应谱是用来预估建筑结构在其设计基准期内可能经受的地震作用，通常根据大量实际地震记录的反应谱进行统计并结合工

经验判断加以规定。为保持规范的延续性，地震影响系数在 $T\leqslant 5T_g$ 范围内与89规范相同，在 $T>5T_g$ 的范围，把89规范的下平台改为倾斜下降段，不同场地类别的最小值不同，较符合实际反应谱的统计规律。在 $T=6T_g$ 附近，新的地震影响系数值比89规范约增加15%，其余范围取值的变动更小。

3 为了与我国地震动参数区划图接轨，89规范的设计近震和设计远震改为设计地震分组。地震影响系数的特征周期 T_g，即设计特征周期，不仅与场地类别有关，而且还与设计地震分组有关，可更好地反映震级大小、震中距和场地条件的影响。

4 为了适当调整和提高结构的抗震安全度，Ⅰ、Ⅱ、Ⅲ类场地的设计特征周期值较89规范的值约增大了0.05s。同理，罕遇地震作用时，设计特征周期 T_g 值也适当延长。这样处理比较符合近年来得到的大量地震加速度资料的统计结果。与89规范相比，安全度有一定提高。

5 考虑到不同结构类型建筑的抗震设计需要，提供了不同阻尼比（0.01~0.20）地震影响系数曲线相对于标准的地震影响系数（阻尼比为0.05）的修正方法。根据实际强震记录的统计分析结果，这种修正可分二段进行：在反应谱平台段（$\alpha=\alpha_{\max}$），修正幅度最大；在反应谱上升段（$T<T_g$）和下降段（$T>T_g$），修正幅度变小；在曲线两端（0s和6s），不同阻尼比下的 α 系数趋向接近。表达式为：

上升段：$[0.45+10(\eta_2-0.45)T]\alpha_{\max}$
水平段：$\eta_2\alpha_{\max}$
曲线下降段：$(T_g/T)^\gamma\eta_2\alpha_{\max}$
倾斜下降段：$[0.2^\gamma\eta_2-\eta_1(T-5T_g)]\alpha_{\max}$

对应于不同阻尼比计算地震影响系数的调整系数如下，条文中规定，当 η_2 小于0.55时取0.55；当 η_1 小于0.0时取0.0。

地震影响系数

ζ	η_2	γ	η_1
0.01	1.52	0.97	0.025
0.02	1.32	0.95	0.024
0.05	1.00	0.90	0.020
0.10	0.78	0.85	0.014
0.20	0.63	0.80	0.001
0.30	0.56	0.78	0.000

6 现阶段仍采用抗震设防烈度所对应的水平地震影响系数最大值 $\alpha_{\max}$，多遇地震烈度和罕遇地震烈度分别对应于50年设计基准期内超越概率为63%和2%~3%的地震烈度，也就是通常所说的小震烈度和大震烈度。为了与中国地震动参数区划图接口，表5.1.4中的 $\alpha_{\max}$ 除沿用89规范6、7、8、9度所对应的设计基本加速度值外，特于7~8度、8~9度之间各增加一档，用括号内的数字表示，分别对应于设计基本地震加速度为0.15g和0.30g。

5.1.6 在强烈地震下，结构和构件并不存在最大承载能力极限状态的可靠度。从根本上说，抗震验算应该是弹塑性变形能力极限状态的验算。研究表明，地震作用下结构和构件的变形和其最大承载能力有密切的联系，但因结构的不同而异。本次修订继续保持89规范关于不同的结构应采取不同验算方法的规定。

1 当地震作用在结构设计中基本上不起控制作用时，例如6度区的大多数建筑，以及被地震经验所证明者，可不做抗震验算，只需满足有关抗震构造要求。但"较高的高层建筑（以后各章同）"，诸如高于40m的钢筋混凝土框架、高于60m的其他钢筋混凝土民用房屋和类似的工业厂房，以及高层钢结构房屋，其基本周期可能大于Ⅳ类场地的设计特征周期 T_g，则6度的地震作用值可能大于同一建筑在7度Ⅱ类场地下的取值，此时仍须进行抗震验算。

2 对于大部分结构，包括6度设防的上述较高的高层建筑，可以将设防烈度地震下的变形验算，转换为以众值烈度下按弹性分析获得的地震作用效应（内力）作为额定统计指标，进行承载力极限状态的验证，即只需满足第一阶段的设计要求，就可具有与78规范相同的抗震承载力的可靠度，保持规范的延续性。

3 我国历次大地震的经验表明，发生高于基本烈度的地震是可能的，设计时考虑"大震不倒"是必要的，规范增加了对薄弱层进行罕遇地震下变形验算，即满足第二阶段设计的要求。89规范仅对框架、填充墙框架、高大单层厂房等（这些结构，由于存在明显的薄弱层，在唐山地震中倒塌较多）及特殊要求的建筑做了要求，本次修订增加了其他结构，如各类钢筋混凝土结构、钢结构、采用隔震和消能减震技术的结构，进行第二阶段设计的要求。

5.2 水平地震作用计算

5.2.1 底部剪力法视多质点体系为等效单质点系。根据大量的计算分析，89规范做了如下规定，本次修订未做修改：

1 引入等效质量系数0.85，它反映了多质点系底部剪力值与对应单质点系（质量等于多质点系总质量，周期等于多质点系基本周期）剪力值的差异。

2 地震作用沿高度倒三角形分布，在周期较长时顶部误差可达25%，故引入依赖于结构周期和场地类别的顶点附加集中地震力予以调整。单层厂房沿高度分布在第9章中已另有规定，故本条不重复调整（取 $\delta_n=0$）。对内框架房屋，根据震害的总结，并考虑到现有计算模型的不精确，建议取 $\delta_n=0.2$。

5.2.2 对于振型分解法，由于时程分析法亦可利用振型分解法进行计算，故加上"反应谱"以示区别。为使高柔建筑的分析精度有所改进，其组合的振型个数适当增加。振型个数一般可以取振型参与质量达到总质量90%所需的振型数。

5.2.3 地震扭转反应是一个极其复杂的问题，一般情况，宜采用较规则的结构体型，以避免扭转效应。体型复杂的建筑结构，即使楼层"计算刚心"和质心重合，往往仍然存在明显的扭转反应，因此，89规范规定，考虑结构扭转效应时，一般只能取各楼层质心为相对坐标原点，按多维振型分解法计算，其振型效应彼此耦连，组合用完全二次型方根法，可以由计算机运算。

89规范修订过程中，提出了许多简化计算方法，例如，扭转效应系数法，表示扭转时某榀侧力构件按平动分析的层剪力效应的增大，物理概念明确，而数值依赖于各类结构大量算例的统计。对低于40m的框架结构，当各层的质心和"计算刚心"接近于两串轴线时，根据上千个算例的分析，若偏心参数 ε 满足 $0.1 < \varepsilon < 0.3$，则边榀框架的扭转效应增大系数 $\eta = 0.65 + 4.5\varepsilon$。偏心参数的计算公式是 $\varepsilon = e_y S_y / (K_\phi / K_x)$，其中，$e_y$、$S_y$ 分别为 i 层刚心和 i 层边榀框架距 i 层以上总质心的距离（y 方向），K_x、K_ϕ 分别为 i 层平动刚度和绕质心的扭刚度。其他类型结构，如单层厂房也有相应的扭转效应系数。对单层结构，多用基于刚心和质心概念的动力偏心距法估算。这些简化方法各有一定的适用范围，故规范要求在确有依据时才可用来近似估计。

本次修订的主要改进如下：

1 即使对于平面规则的建筑结构，国外的多数抗震设计规范也考虑由于施工、使用等原因所产生的偶然偏心引起的地震扭转效应及地震地面运动扭转分量的影响。本次修订要求，规则结构不考虑扭转耦联计算时，应采用增大边榀结构地震内力的简化处理方法。

2 增加考虑双向水平地震作用下的地震效应组合。根据强震观测记录的统计分析，二个水平方向地震加速度的最大值不相等，二者之比约为 1：0.85；而且两个方向的最大值不一定发生在同一时刻，因此采用平方和开方计算二个方向地震作用效应的组合。条文中的地震作用效应，系指两个正交方向地震作用在每个构件的同一局部坐标方向的地震作用效应，如 x 方向地震作用下在局部坐标 x_i 向的弯矩 M_{xx} 和 y 方向地震作用下在局部坐标 x_i 方向的弯矩 M_{xy}；按不利情况考虑时，则取上述组合的最大弯矩与对应的剪力，或上述组合的最大剪力与对应的弯矩，或上述组合的最大轴力与对应的弯矩等等。

3 扭转刚度较小的结构，例如某些核心筒-外稀柱框架结构或类似的结构，第一振型周期为 T_θ，或满足 $T_\theta > 0.7 T_{x1}$，或 $T_\theta > 0.7 T_{y1}$，对较高的高层建筑，$0.7 T_\theta > T_{x2}$，或 $0.7 T_\theta > T_{y2}$，均应考虑地震扭转效应。但如果考虑扭转影响的地震作用效应小于考虑偶然偏心引起的地震效应时，应取后者以策安全。但二者不叠加计算。

4 增加了不同阻尼比时耦联系数的计算方法，以供高层钢结构等使用。

5.2.4 对于顶层带有空旷大房间或轻钢结构的房屋，不宜视为突出屋面的小屋并采用底部剪力法乘以增大系数的办法计算地震作用效应，而应视为结构体系一部分，用振型分解法等计算。

5.2.5 由于地震影响系数在长周期段下降较快，对于基本周期大于3.5s的结构，由此计算所得的水平地震作用下的结构效应可能太小。而对于长周期结构，地震动态作用中的地面运动速度和位移可能对结构的破坏具有更大影响，但是规范所采用的振型分解反应谱法尚无法对此作出估计。出于结构安全的考虑，增加了对各楼层水平地震剪力最小值的要求，规定了不同烈度下的剪力系数，结构水平地震作用效应应据此进行相应调整。

扭转效应明显与否一般可由考虑耦联的振型分解反应谱法分析结果判断，例如前三个振型中，二个水平方向的振型参与系数为同一个量级，即存在明显的扭转效应。对于扭转效应明显或基本周期小于3.5s的结构，剪力系数取 $0.2\alpha_{max}$，保证足够的抗震安全度。对于存在竖向不规则的结构，突变部位的薄弱楼层，尚应按本规范第3.4.3条的规定，再乘以1.15的系数。

本条规定不考虑阻尼比的不同，是最低要求，各类结构，包括隔震和消能减震结构均需一律遵守。

5.2.7 由于地基和结构动力相互作用的影响，按刚性地基分析的水平地震作用在一定范围内有明显的折减。考虑到我国的地震作用取值与国外相比还较小，故仅在必要时才利用这一折减。研究表明，水平地震作用的折减系数主要与场地条件、结构自振周期、上部结构和地基的阻尼特性等因素有关，柔性地基上的建筑结构的折减系数随结构周期的增大而减小，结构越刚，水平地震作用的折减量越大。89规范在统计分析基础上建议，框架结构折减10%，抗震墙结构折减15%～20%。研究表明，折减量与上部结构的刚度有关，同样高度的框架结构，其刚度明显小于抗震墙结构，水平地震作用的折减量也减小，当地震作用很小时不宜再考虑水平地震作用的折减。据此规定了可考虑地基与结构动力相互作用的结构自振周期的范围和折减量。

研究表明，对于高宽比较大的高层建筑，考虑地基与结构动力相互作用后水平地震作用的折减系数并非各楼层均为同一常数，由于高振型的影响，结构上部几层的水平地震作用一般不宜折减。大量计算分析表明，折减系数沿楼层高度的变化较符合抛物线型分布，本条提供了建筑顶部和底部的折减系数的计算公式。对于中间楼层，为了简化，采用按高度线性插值方法计算折减系数。

5.3 竖向地震作用计算

5.3.1 高层建筑的竖向地震作用计算，是89规范增加的规定。根据输入竖向地震加速度波的时程反应分析发现，高层建筑由竖向地震引起的轴向力在结构的上部明显大于底部，是不可忽视的。作为简化方法，原则上与水平地震作用的底部剪力法类似，结构竖向振动的基本周期较短，总竖向地震作用可表示为竖向地震影响系数最大值和等效总重力荷载代表值的乘积，沿高度分布按第一振型考虑，也采用倒三角形分布，在楼层平面内的分布，则按构件所承受的重力荷载代表值分配，只是等效质量系数取0.75。

根据台湾921大地震的经验，本次修订要求，高层建筑楼层的竖向地震作用效应，应乘以增大系数1.5，使结构总竖向地震作用标准值，8、9度分别略大于重力荷载代表值的10%和20%。

隔震设计时，由于隔震垫不隔离竖向地震作用，与隔震后结构的水平地震作用相比，竖向地震作用往往不可忽视，计算方法在本规范第12章具体规定。

5.3.2 用反应谱法、时程分析法等进行结构竖向地震反应的计算分析研究表明，对平板型网架和大跨度屋架各主要杆件，竖向地震内力和重力荷载下的内力之比值，彼此相差一般不太大，此比值随烈度和场地条件而异，且当周期大于设计特征周期时，随跨度的增大，比值反而有所下降，由于在目前常用的跨度范围内，这个下降还不很大，为了简化，略去跨度的影响。

5.3.3 对长悬臂等大跨度结构的竖向地震作用计算，本次修订未修改，仍采用78规范的静力法。

5.4 截面抗震验算

本节基本同89规范，仅按《建筑结构可靠度设计统一标准》的修订，对符号表达做了修改，并补充了钢结构的 γ_{RE}。

5.4.1 在设防烈度的地震作用下，结构构件承载力的可靠指标 ρ 是负值，难于按《统一标准》分析，本规范第一阶段的抗震设计取相当于众值烈度下的弹性地震作用作为额定指标，此时的设计表达式可按《统一标准》处理。

1 地震作用分项系数的确定

在众值烈度下的地震作用，应视为可变作用而不是偶然作用。这样，根据《统一标准》中确定直接作用（荷载）分项系数的方法，通过综合比较，本规范对水平地震作用，确定 $\gamma_{Eh}=1.2$，至于竖向地震作用分项系数，则参照水平地震作用，也取 $\gamma_{EV}=1.3$。当竖向与水平地震作用同时考虑时，根据加速度峰值记录和反应谱的分析，二者的组合比为1:0.4，故此时 $\gamma_{Eh}=1.3$，$\gamma_{EV}=0.4\times1.3\approx0.5$。

此外，按照《统一标准》的规定，当重力荷载对结构构件承载力有利时，取 $\gamma_G=1.0$。

2 抗震验算中作用组合值系数的确定

本规范在计算地震作用时，已经考虑了地震作用与各种重力荷载（恒荷载与活荷载、雪荷载等）的组合问题，在第5.1.3条中规定了一组组合值系数，形成了抗震设计的重力荷载代表值，本规范继续沿用78规范在验算和计算地震作用时（除吊车悬吊重力外）对重力荷载均采用相同的组合值系数的规定，可简化计算，并避免有两种不同的组合值系数。因此，本条中仅出现风荷载的组合值系数，并按《统一标准》的方法，将78规范的取值予以转换得到。这里，所谓风荷载起控制作用，指风荷载和地震作用产生的总剪力和倾覆力矩相当的情况。

3 地震作用标准值的效应

规范的作用效应组合是建立在弹性分析叠加原理基础上的，考虑到抗震计算模型的简化和塑性内力分布与弹性内力分布的差异等因素，本条中还规定，对地震作用效应，当本规范各章有规定时尚应乘以相应的效应调整系数 η，如突出屋面小建筑、天窗架、高低跨厂房交接处的柱子、框架柱，底层框架-抗震墙结构的柱子、梁端和抗震墙底部加强部位的剪力等的增大系数。

4 关于重要性系数

根据地震作用的特点、抗震设计的现状，以及抗震重要性分类与《统一标准》中安全等级的差异，重要性系数对抗震设计的实际意义不大，本规范对建筑重要性的处理仍采用抗震措施的改变来实现，不考虑此项系数。

5.4.2 结构在设防烈度下的抗震验算根本上应该是弹塑性变形验算，但为减少验算工作量并符合设计习惯，对大部分结构，将变形验算转换为众值烈度地震作用下构件承载能力验算的形式来表现。按照《统一标准》的原则，89规范与78规范在众值烈度下有基本相同的可靠指标，本次修订略有提高。基于此前提，在确定地震作用分项系数的同时，则可得到与抗力标准值 R_k 相应的最优抗力分项系数，并进一步转换为抗震的抗力函数（即抗震承载力设计值 R_{dE}）使抗力分项系数取1.0或不出现。本规范砌体结构的截面抗震验算，就是这样处理的。

现阶段大部分结构构件截面抗震验算时，采用了各有关规范的承载力设计值 R_d，因此，抗震设计的抗力分项系数，就相应地变为承载力设计值的抗震调整系数 γ_{RE}，即 $\gamma_{RE}=R_d/R_{dE}$ 或 $R_{dE}=R_d/\gamma_{RE}$。还需注意，地震作用下结构的弹塑性变形直接依赖于结构实际的屈服强度（承载力），本节的承载力是设计值，不可误为标准值来进行本章第5节要求的弹塑性变形验算。

5.5 抗震变形验算

5.5.1 根据本规范所提出的抗震设防三个水准的要

求，采用二阶段设计方法来实现，即：在多遇地震作用下，建筑主体结构不受损坏，非结构构件（包括围护墙、隔墙、幕墙、内外装修等）没有过重破坏并导致人员伤亡，保证建筑的正常使用功能；在罕遇地震作用下，建筑主体结构遭受破坏或严重破坏但不倒塌。根据各国规范的规定、震害经验和实验研究结果及工程实例分析，当前采用层间位移角作为衡量结构变形能力从而判别是否满足建筑功能要求的指标是合理的。

本次修订，扩大了弹性变形验算的范围。对各类钢筋混凝土结构和钢结构要求进行多遇地震作用下的弹性变形验算，实现第一水准下的设防要求。弹性变形验算属于正常使用极限状态的验算，各作用分项系数均取 1.0。钢筋混凝土结构构件的刚度，一般可取弹性刚度；当计算的变形较大时，宜适当考虑截面开裂的刚度折减，如取 $0.85E_cI_0$。

第一阶段设计，变形验算以弹性层间位移角表示。不同结构类型给出弹性层间位移角限值范围，主要依据国内外大量的试验研究和有限元分析的结果，以钢筋混凝土构件（框架柱、抗震墙等）开裂时的层间位移角作为多遇地震下结构弹性层间位移角限值。

计算时，一般不扣除由于结构平面不对称引起的扭转效应和重力 $P-\Delta$ 效应所产生的水平相对位移；高度超过150m或 $H/B>6$ 的高层建筑，可以扣除结构整体弯曲所产生的楼层水平绝对位移值，因为以弯曲变形为主的高层建筑结构，这部分位移在计算的层间位移中占有相当的比例，加以扣除比较合理。如未扣除时，位移角限值可有所放宽。

框架结构试验结果表明，对于开裂层间位移角，不开洞填充墙框架为1/2500，开洞填充墙框架为1/926；有限元分析结果表明，不带填充墙时为1/800，不开洞填充墙时为1/2000。不再区分有填充墙和无填充墙，均按89规范的1/550采用，并仍按构件截面弹性刚度计算。

对于框架-抗震墙结构的抗震墙，其开裂层间位移角：试验结果为 1/3300～1/1100，有限元分析结果为 1/4000～1/2500，取二者的平均值约为 1/3000～1/1600。统计了我国近十年来建成的124幢钢筋混凝土框-墙、框-筒、抗震墙、筒结构高层建筑的结构抗震计算结果，在多遇地震作用下的最大弹性层间位移均小于 1/800，其中85%小于 1/1200。因此对框-墙、板柱-墙、框-筒结构的弹性位移角限值范围为 1/800；对抗震墙和筒中筒结构层间弹性位移角限值范围为 1/1000，与现行的混凝土高层规程相当；对框支层要求较严，取 1/1000。

钢结构在弹性阶段的层间位移角限值，日本建筑法施行令定为层高的 1/200。参照美国加州规范（1988）对基本自振周期大于0.7s的结构的规定，取 1/300。

5.5.2 震害经验表明，如果建筑结构中存在薄弱层或薄弱部位，在强烈地震作用下，由于结构薄弱部位产生了弹塑性变形，结构构件严重破坏甚至引起结构倒塌；属于乙类建筑的生命线工程中的关键部位在强烈地震作用下一旦遭受破坏将带来严重后果，或产生次生灾害或对救灾、恢复重建及生产、生活造成很大影响。除了89规范所规定的高大的单层工业厂房的横向排架、楼层屈服强度系数小于0.5的框架结构、底部框架砖房等之外，板柱-抗震墙及结构体系不规则的某些高层建筑结构和乙类建筑也要求进行罕遇地震作用下的抗震变形验算。采用隔震和消能减震技术的建筑结构，对隔震和消能减震部件应有位移限制要求，在罕遇地震作用下隔震和消能减震部件应能起到降低地震效应和保护主体结构的作用，因此要求进行抗震变形验算。但考虑到弹塑性变形计算的复杂性和缺乏实用计算软件，对不同的建筑结构提出不同的要求。

5.5.3 对建筑结构在罕遇地震作用下薄弱层（部位）弹塑性变形计算，12层以下且层刚度无突变的框架结构及单层钢筋混凝土柱厂房可采用规范的简化方法计算；较为精确的结构弹塑性分析方法，可以是三维的静力弹塑性（如push-over方法）或弹塑性时程分析方法；有时尚可采用塑性内力重分布的分析方法等。

5.5.4 钢筋混凝土框架结构及高大单层钢筋混凝土柱厂房等结构，在大地震中往往受到严重破坏甚至倒塌。实际震害分析及实验研究表明，除了这些结构刚度相对较小而变形较大外，更主要的是存在承载力验算所没有发现的薄弱部位——其承载力本身虽满足设计地震作用下抗震承载力的要求，却比相邻部位要弱得多。对于单层厂房，这种破坏多发生在8度Ⅲ、Ⅳ类场地和9度区，破坏部位是上柱，因为上柱的承载力一般相对较小且其下端的支承条件不如下柱。对于底部框架-抗震墙结构，则底部是明显的薄弱部位。

目前各国规范的变形估计公式有三种：一是按假想的完全弹性体计算；二是将额定的地震作用下的弹性变形乘以放大系数，即 $\Delta u_p = \eta_p \Delta u_e$；三是按时程分析法等专门程序计算。其中采用第二种的最多，本次修订继续保持89规范所采用的方法。

1 89规范修订过程中，根据数千个1～15层剪切型结构采用理想弹塑性恢复力模型进行弹塑性时程分析的计算结果，获得如下统计规律：

1) 多层结构存在"塑性变形集中"的薄弱层是一种普遍现象，其位置，对屈服强度系数 ξ_y 分布均匀的结构多在底层，分布不均匀结构则在 ξ_y 最小处和相对较小处，单层厂房往往在上柱。

2) 多层剪切型结构薄弱层的弹塑性变形与弹性变形之间有相对稳定的关系：

对于屈服强度系数 ξ_y 均匀的多层结构，其最大的层间弹塑性变形增大系数 η_p 可按层数和 ξ_y 的差异用表格形式给出；对于 ξ_y 不均匀的结构，其情况复杂，在弹性刚度沿高度变化较平缓时，可近似用均匀结构的 η_p 适当放大取值；对其他情况，一般需要用静力弹塑性分析、弹塑性时程分析法或内力重分布法等予以估计。

2 本规范的设计反应谱是在大量单质点系的弹性反应分析基础上统计得到的"平均值"，弹塑性变形增大系数也在统计平均意义下有一定的可靠性。当然，还应注意简化方法都有其适用范围。

此外，如采用延性系数来表示多层结构的层间变形，可用 $\mu = \eta_p / \xi_y$ 计算。

3 计算结构楼层或构件的屈服强度系数时，实际承载力应取截面的实际配筋和材料强度标准值计算，钢筋混凝土梁柱的正截面受弯实际承载力公式如下：

梁： $M_{byk}^a = f_{yk} A_{sb}^a (h_0 - a'_s)$

柱：轴向力满足 $N_G / (f_{ck} b_c h_c) \leqslant 0.5$ 时，
$M_{cyk}^a = f_{yk} A_{sc}^a (h_0 - a'_s) + 0.5 N_G h_c (1 - N_G / f_{ck} b_c h_c)$

式中 N_G 为对应于重力荷载代表值的柱轴压力（分项系数取 1.0）。

注：上角 a 表示"实际的"。

4 本次修订过程中，对不超过 20 层的钢框架和框架-支撑结构的薄弱层层间弹塑性位移的简化计算公式开展了研究。利用 DRAIN—2D 程序对三跨的平面钢框架和中跨为交叉支撑的三跨钢结构进行了不同层数钢结构的弹塑性地震反应分析。主要计算参数如下：结构周期，框架取 0.1N（层数），支撑框架取 0.09N；恢复力模型，框架取屈服后刚度为弹性刚度 0.02 的不退化双线性模型，支撑框架的恢复力模型同时考虑了压屈后的强度退化和刚度退化；楼层屈服剪力，框架的一般层约为底层的 0.7，支撑框架的一般层约为底层的 0.9；底层的屈服强度系数为 0.7～0.3；在支撑框架中，支撑承担的地震剪力为总地震剪力的 75%，框架部分承担 25%；地震波取 80 条天然波。

根据计算结果的统计分析发现：①纯框架结构的弹塑性位移反应与弹性位移反应差不多，弹塑性位移增大系数接近 1；②随着屈服强度系数的减小，弹塑性位移增大系数增大；③楼层屈服强度系数较小时，由于支撑的屈曲失效效应，支撑框架的弹塑性位移增大系数大于框架结构。

以下是 15 层和 20 层钢结构的弹塑性增大系数的统计数值（平均值加一倍方差）：

屈服强度系数	15层框架	20层框架	15层支撑框架	20层支撑框架
0.50	1.15	1.20	1.05	1.15
0.40	1.20	1.30	1.15	1.25
0.30	1.30	1.50	1.65	1.90

上述统计值与 89 规范对剪切型结构的统计值有一定的差异，可能与钢结构基本周期较长、弯曲变形所占比重较大，采用杆系模型的楼层屈服强度系数计算，以及钢结构恢复力模型的屈服后刚度取为初始刚度的 0.02 而不是理想弹塑性恢复力模型等有关。

5.5.5 在罕遇地震作用下，结构要进入弹塑性变形状态。根据震害经验、试验研究和计算分析结果，提出以构件（梁、柱、墙）和节点达到极限变形时的层极限位移角作为罕遇地震作用下结构弹塑性层间位移角限值的依据。

国内外许多研究结果表明，不同结构类型的不同结构构件的弹塑性变形能力是不同的，钢筋混凝土结构的弹塑性变形主要由构件关键受力区的弯曲变形、剪切变形和节点区受拉钢筋的滑移变形等三部分非线性变形组成。影响结构层间极限位移角的因素很多，包括：梁柱的相对强弱关系，配箍率、轴压比、剪跨比、混凝土强度等级、配筋率等，其中轴压比和配箍率是最主要的因素。

钢筋混凝土框架结构的层间位移是楼层梁、柱、节点弹塑性变形的综合结果，美国对 36 个梁-柱组合试件试验结果表明，极限侧移角的分布为 1/27～1/8，我国对数十榀填充墙框架的试验结果表明，不开洞填充墙和开洞填充墙框架的极限侧移角平均分别为 1/30 和 1/38。本条规定框架和板柱-框架的位移角限值为 1/50 是留有安全储备的。

由于底部框架砖房沿竖向存在刚度突变，因此对框架部分适当从严；同时，考虑到底部框架一般均带一定数量的抗震墙，故类比框架-抗震墙结构，取位移角限值为 1/100。

钢筋混凝土结构在罕遇地震作用下，抗震墙要比框架柱先进入弹塑性状态，而且最终破坏也相对集中在抗震墙单元。日本对 176 个带边框柱抗震墙的试验研究表明，抗震墙的极限位移角的分布为 1/333～1/125，国内对 11 个带边框低矮抗震墙试验所得到的极限位移角分布为 1/192～1/112。在上述试验研究的基础上，取 1/120 作为抗震墙和筒中筒结构的弹塑性层间位移角限值。考虑到框架-抗震墙结构、板柱-抗震墙和框架-核心筒结构中大部分水平地震作用由抗震墙承担，弹塑性层间位移角限值可比框架结构的框架柱严，但比抗震墙和筒中筒结构要松，故取 1/100。高层钢结构具有较高的变形能力，美国 ATC3—06 规定，II 类地区危险性的建筑（容纳人数较多），层间最大位移角限值为 1/67；美国 AISC《房屋钢结构抗震规定》（1997）中规定，与小震相比，大震时的位移角放大系数，对双重抗侧力体系中的框架-中心支撑结构取 5，对框架-偏心支撑结构，取 4。如果弹性位移角限值为 1/300，则对应的弹塑性位移角限值分别大于 1/60 和 1/75。考虑到钢结构具有较好的延性，弹塑性层间位移角限值适当放宽至 1/50。

鉴于甲类建筑在抗震安全性上的特殊要求，其层间位移角限值应专门研究确定。

6 多层和高层钢筋混凝土房屋

6.1 一般规定

6.1.1 本章适用范围，除了89规范已有的框架结构、框架-抗震墙结构和抗震墙（包括有一、二层框支墙的抗震墙）结构外，增加了筒体结构和板柱-抗震墙结构。

对采用钢筋混凝土材料的高层建筑，从安全和经济诸方面综合考虑，其适用高度应有限制。框架结构、框架-抗震墙结构和抗震墙结构的最大适用高度仍按89规范采用。筒体结构包括框架-核心筒和筒中筒结构，在高层建筑中应用较多。框架-核心筒存在抗扭不利及加强层刚度突变问题，其适用高度略低于筒中筒。板柱体系有利于节约建筑空间及平面布置的灵活性，但板柱节点较弱，不利于抗震。1988年墨西哥地震充分说明板柱结构的弱点。本规范对板柱结构的应用范围限于板柱-抗震墙体系，对节点构造有较严格的要求。框架-核心筒结构中，带有一部分仅承受竖向荷载的无梁楼盖时，不作为板柱-抗震墙结构。

不规则或Ⅳ类场地的结构，其最大适用高度一般降低20%左右。

当钢筋混凝土结构的房屋高度超过最大适用高度时，应通过专门研究，采取有效加强措施，必要时需采用型钢混凝土结构等，并按建设部部长令的有关规定上报审批。

6.1.2，6.1.3 钢筋混凝土结构的抗震措施，包括内力调整和抗震构造措施，不仅要按建筑抗震设防类别区别对待，而且要按抗震等级划分，是因为同样烈度下不同结构体系、不同高度有不同的抗震要求。例如：次要抗侧力构件的抗震要求可低于主要抗侧力构件；较高的房屋地震反应大，位移延性的要求也较高，墙肢底部塑性铰区的曲率延性要求也较高。场地不同时抗震构造措施也有区别，如Ⅰ类场地的所有建筑及Ⅳ类场地较高的高层建筑。

本章条文中，"×级框架"包括框架结构、框架-抗震墙结构、框支层和框架-核心筒结构、板柱-抗震墙结构中的框架，"×级框架结构"仅对框架结构的框架而言，"×级抗震墙"包括抗震墙结构、框架-抗震墙结构、筒体结构和板柱-抗震墙结构中的抗震墙。

本次修订，淡化了高度对抗震等级的影响，6度至8度均采用同样的高度分界，使同样高度的房屋，抗震设防烈度不同时有不同的抗震等级。对8度设防的框架和框架-抗震墙结构，抗震等级的高度分界较89规范略有降低，适当扩大一、二级范围。

当框架-抗震墙结构有足够的抗震墙时，其框架部分是次要抗侧力构件，可按框架-抗震墙结构中的框架确定抗震等级。89规范要求抗震墙底部承受的地震倾覆力矩不小于结构底部总地震倾覆力矩的50%。为了便于操作，本次修订改为在基本振型地震作用下，框架承受的地震倾覆力矩小于结构总地震倾覆力矩的50%时，其框架部分的抗震等级按框架-抗震墙结构的规定划分。

框架承受的地震倾覆力矩可按下式计算：

$$M_c = \sum_{i=1}^{n} \sum_{j=1}^{m} V_{ij} h_i$$

式中 M_c——框架-抗震墙结构在基本振型地震作用下框架部分承受的地震倾覆力矩；

n——结构层数；

m——框架i层的柱根数；

V_{ij}——第i层j根框架柱的计算地震剪力；

h_i——第i层层高。

裙房与主楼相连，裙房屋面部位的主楼上下各一层受刚度与承载力突变影响较大，抗震措施需要适当加强。裙房与主楼之间设防震缝，在大震作用下可能发生碰撞，也需要采取加强措施。

带地下室的多层和高层建筑，当地下室结构的刚度和受剪承载力比上部楼层相对较大时（参见第6.1.14条），地下室顶板可视作嵌固部位，在地震作用下的屈服部位将发生在地上楼层，同时将影响到地下一层。地面以下地震响应虽然逐渐减小，但地下一层的抗震等级不能降低，根据具体情况，地下二层的抗震等级可按三级或更低等级。

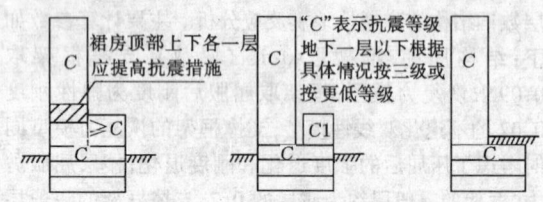

图 6.1.3 裙房和地下室的抗震等级

6.1.4 震害表明，本条规定的防震缝宽度，在强烈地震下相邻结构仍可能局部碰撞而损坏，但宽度过大会给立面处理造成困难。因此，高层建筑宜选用合理的建筑结构方案而不设置防震缝，同时采用合适的计算方法和有效的措施，以消除不设防震缝带来的不利影响。

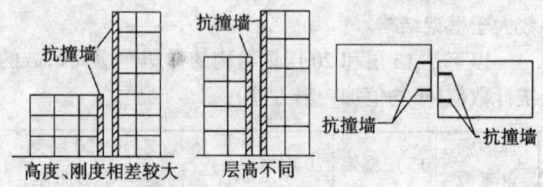

图 6.1.4 抗撞墙示意图

防震缝可以结合沉降缝要求贯通到地基，当无沉降问题时也可以从基础或地下室以上贯通。当有多层地下室形成大底盘,上部结构为带裙房的单塔或多塔结构时,可将裙房用防震缝自地下室以上分隔,地下室顶板应有良好的整体性和刚度,能将上部结构地震作用分布到地下室结构。

8、9度框架结构房屋防震缝两侧结构高度、刚度或层高相差较大时,可在防震缝两侧房屋的尽端沿全高设置垂直于防震缝的抗撞墙,以减少防震缝两侧碰撞时的破坏。

6.1.5 梁中线与柱中线之间、柱中线与抗震墙中线之间有较大偏心距时,在地震作用下可能导致核芯区受剪面积不足,对柱带来不利的扭转效应。当偏心距超过1/4柱宽时,应进行具体分析并采取有效措施,如采用水平加腋梁及加强柱的箍筋等。

6.1.6 楼、屋盖平面内的变形,将影响楼层水平地震作用在各抗侧力构件之间的分配。为使楼、屋盖具有传递水平地震作用的刚度,从78规范起,就提出了不同烈度下抗震墙之间不同楼、屋盖类型的长宽比限值。超过该限值时,需考虑楼、屋盖平面内变形对楼层水平地震作用分配的影响。

6.1.8 在框架-抗震墙结构中,抗震墙是主要抗侧力构件,竖向布置应连续,墙中不宜开设大洞口,防止刚度突变或承载力削弱。抗震墙的连梁作为第一道防线,应具备一定耗能能力,连梁截面宜具有适当的刚度和承载能力。89规范判别连梁的强弱采用约束弯矩比值法,取地震作用下楼层墙肢截面总弯矩是否大于该楼层及以上各层连梁总约束弯矩的5倍为界。为了便于操作,本次修订改用跨高比和截面高度的规定。

6.1.9 较长的抗震墙,要开设洞口分成较均匀的若干墙段,使各墙段的高宽比大于2,避免剪切破坏,提高变形能力。

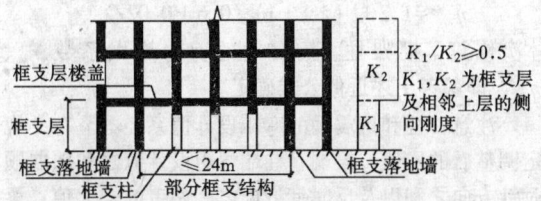

图 6.1.9 框支结构示意图

部分框支抗震墙属于抗震不利的结构体系,本规范的抗震措施限于框支层不超过两层。

6.1.10 抗震墙的底部加强部位包括底部塑性铰范围及其上部的一定范围,其目的是在此范围内采取增加边缘构件箍筋和墙体横向钢筋等必要的抗震加强措施,避免脆性的剪切破坏,改善整个结构的抗震性能。89规范的底部加强部位考虑了墙肢高度和长度,由于墙肢长度不同,将导致加强部位不一致。为了简化抗震构造,本次修订改为只考虑高度因素。当墙肢总高度小于50m时,参考欧洲规范,取墙肢总高度

的1/6,相当于2层的高度;当墙肢总高度大于50m时,取墙肢总高度的1/8;当墙肢总高度大于150m时,《高层建筑混凝土结构设计规程》要求取总高度的1/10。为了相互衔接,增加一项不超过15m的规定。

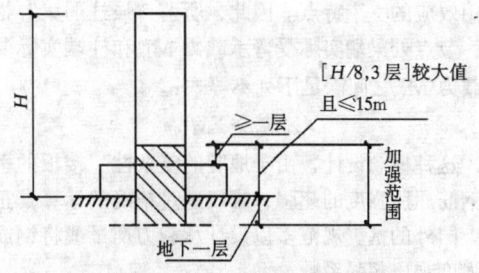

图 6.1.10 抗震墙底部加强部位

带有大底盘的高层抗震墙(包括筒体)结构,抗震墙(筒体)墙肢的底部加强部位可取地下室顶板以上 $H/8$,加强范围应向下延伸到地下一层,在大底盘顶板以上至少包括一层。裙房与主楼相连时,加强范围也宜高出裙房至少一层。

6.1.12 当地基土较弱,基础刚度和整体性较差,在地震作用下抗震墙基础将产生较大的转动,从而降低了抗震墙的抗侧力刚度,对内力和位移都将产生不利影响。

6.1.14 地下室顶板作为上部结构的嵌固部位时,地下室层数不宜小于2层,应能将上部结构的地震剪力传递到全部地下室结构。地下室顶板不宜有较大洞口。地下室结构应能承受上部结构屈服超强及地下室本身的地震作用,为此近似考虑地下室结构的侧向刚度与上部结构侧向刚度之比不宜小于2,地下室柱截面每一侧的纵向钢筋面积,除满足计算要求外,不应小于地上一层对应柱每侧纵筋面积的1.1倍。当进行方案设计时,侧向刚度比可用下列剪切刚度比 γ 估计。

$$\gamma = \frac{G_0 A_0 h_0}{G_1 A_1 h_1} \quad (6.1.14-1)$$

$$[A_0, A_1] = A_w + 0.12 A_c \quad (6.1.14-2)$$

式中 G_0,G_1——地下室及地上一层的混凝土剪变模量;

A_0,A_1——地下室及地上一层的折算受剪面积;

A_w——在计算方向上,抗震墙全部有效面积;

A_c——全部柱截面面积;

h_0,h_1——地下室及地上一层的层高。

6.2 计算要点

6.2.2 框架结构的变形能力与框架的破坏机制密切相关。试验研究表明,梁先屈服,可使整个框架有较

大的内力重分布和能量消耗能力，极限层间位移增大，抗震性能较好。

在强震作用下结构构件不存在强度储备，梁端实际达到的弯矩与其受弯承载力是相等的，柱端实际达到的弯矩也与其偏压下的受弯承载力相等。这是地震作用效应的一个特点。因此，所谓"强柱弱梁"指的是：节点处梁端实际受弯承载力 M_{by}^a 和柱端实际受弯承载力 M_{cy}^a 之间满足下列不等式：

$$\Sigma M_{cy}^a > \Sigma M_{by}^a$$

这种概念设计，由于地震的复杂性、楼板的影响和钢筋屈服强度的超强，难以通过精确的计算真正实现。国外的抗震规范多以设计承载力衡量或将钢筋抗拉强度乘以超强系数。

本规范的规定只在一定程度上减缓柱端的屈服。一般采用增大柱端弯矩设计值的方法。在梁端实配钢筋不超过计算配筋10%的前提下，将承载力不等式转为内力设计值的关系式，并使不同抗震等级的柱端弯矩设计值有不同程度的差异。

对于一级，89规范除了用增大系数的方法外，还提出了采用梁端实配钢筋面积和材料强度标准值计算的抗震受弯承载力所对应的弯矩值来提高的方法。这里，抗震承载力即本规范5章的 $R_E = R/\gamma_{RE}$，此时必须将抗震承载力验算公式取等号转换为对应的内力，即 $S = R/\gamma_{RE}$。当计算梁端抗震承载力时，若计入楼板的钢筋，且材料强度标准值考虑一定的超强系数，则可提高框架结构"强柱弱梁"的程度。89规范规定，一级的增大系数可根据工程经验估计节点左右梁端顺时针或反时针方向受拉钢筋的实际截面面积与计算面积的比值 λ_s，取 $1.1\lambda_s$ 作为弯矩增大系数 η_c 的近似估计。其值可参考 λ_s 的可能变化范围确定。

本次修订提高了强柱弱梁的弯矩增大系数 η_c，9度时及一级框架结构仍考虑框架梁的实际受弯承载力；其他情况，弯矩增大系数 η_c 考虑了一定的超配钢筋和钢筋超强。

当框架底部若干层的柱反弯点不在楼层内时，说明该若干层的框架梁相对较弱，为避免在竖向荷载和地震共同作用下变形集中，压屈失稳，柱端弯矩也应乘以增大系数。

对于轴压比小于0.15的柱，包括顶层柱在内，因其具有与梁相近的变形能力，可不满足上述要求；对框支柱，在第6.2.10条另有规定，此处不予重复。

由于地震是往复作用，两个方向的弯矩设计值均要满足要求。当柱子考虑顺时针方向之和时，梁考虑反时针方向之和；反之亦然。

6.2.3 框架结构的底层柱柱底过早出现塑性屈服，将影响整个结构的变形能力。底层柱下端乘以弯矩增大系数是为了避免框架结构柱脚过早屈服。对框架-抗震墙结构的框架，其主要抗侧力构件为抗震墙，对其框架部分的底层柱底，可不作要求。

6.2.4、6.2.5、6.2.8 防止梁、柱和抗震墙底部在弯曲屈服前出现剪切破坏是抗震概念设计的要求，它意味着构件的受剪承载力要大于构件弯曲时实际达到的剪力，即按实际配筋面积和材料强度标准值计算的承载力之间满足下列不等式：

$$V_{bu} > (M_{bc}^l + M_{bu}^r)/l_{bo} + V_{Gb}$$
$$V_{cu} > (M_{cu}^b + M_{cu}^t)/H_{cn}$$
$$V_{wu} > (M_{wu}^b - M_{wu}^t)/H_{wn}$$

规范在超配钢筋不超过计算配筋10%的前提下，将承载力不等式转为内力设计表达式，仍采用不同的剪力增大系数，使"强剪弱弯"的程度有所差别。该系数同样考虑了材料实际强度和钢筋实际面积这两个因素的影响，对柱和墙还考虑了轴向力的影响，并简化计算。

一级的剪力增大系数，需从上述不等式中导出。直接取实配钢筋面积 A_s^a 与计算实配钢筋面积 A_s^c 之比 λ_s 的1.1倍，是 η_v 最简单的近似，对梁和节点的"强剪"能满足工程的要求，对柱和墙偏于保守。89规范在条文说明中给出较为复杂的近似计算公式如下：

$$\eta_{vc} \approx \frac{1.1\lambda_s + 0.58\lambda_N(1-0.56\lambda_N)(f_c/f_y\rho_t)}{1.1 + 0.58\lambda_N(1-0.75\lambda_N)(f_c/f_y\rho_t)}$$

$$\eta_{vw} \approx \frac{1.1\lambda_{sw} + 0.58\lambda_N(1-0.56\lambda_N\zeta)(f_c/f_y\rho_{tw})}{1.1 + 0.58\lambda_N(1-0.75\lambda_N\zeta)(f_c/f_y\rho_{tw})}$$

式中，λ_N 为轴压比，λ_{sw} 为墙体实际受拉钢筋（分布筋和集中筋）截面面积与计算面积之比，ζ 为考虑墙体边缘构件影响的系数，ρ_{tw} 为墙体受拉钢筋配筋率。

当柱 $\lambda_s \leq 1.8$、$\lambda_N \geq 0.2$ 且 $\rho_t = 0.5\% \sim 2.5\%$，墙 $\lambda_{sw} \leq 1.8$、$\lambda_N \leq 0.3$ 且 $\rho_{tw} = 0.4\% \sim 1.2\%$ 时，通过数百个算例的统计分析，能满足工程要求的剪力增大系数 η_v 的进一步简化计算公式如下：

$$\eta_{vc} \approx 0.15 + 0.7[\lambda_s + 1/(2.5-\lambda_N)]$$
$$\eta_{vw} \approx 1.2 + (\lambda_{sw}-1)(0.6+0.02/\lambda_N)$$

本次修订，框架柱、抗震墙的剪力增大系数 η_{vc}、η_{vw}，即参考上述近似公式确定。

注意：柱和抗震墙的弯矩设计值系经本节有关规定调整后的取值；梁端、柱端弯矩设计值之和须取顺时针方向之和以及反时针方向之和两者的较大值；梁端纵向受拉钢筋也按顺时针及反时针方向考虑。

6.2.7 对一级抗震墙规定调整各截面的组合弯矩设计值，目的是通过配筋方式迫使塑性铰区位于墙肢的底部加强部位。89规范要求底部加强部位以上的组合弯矩设计值按线性变化，对于较高的房屋，会导致弯矩取值过大。为简化设计，本次修订改为：底部加强部位的弯矩设计值均取墙底部截面的组合弯矩设计值，底部加强部位以上，均采用各墙肢截面的组合弯矩设计值乘以增大系数。

底部加强部位的纵向钢筋宜延伸到相邻上层的顶板处，以满足锚固要求并保证加强部位以上墙肢截面的受弯承载力不低于加强部位顶截面的受弯承载力。

双肢抗震墙的某个墙肢一旦出现全截面受拉开裂,则其刚度退化严重,大部分地震作用将转移到受压墙肢,因此,受压肢需适当增加弯矩和剪力。注意到地震是往复的作用,实际上双肢墙的每个墙肢,都可能要按增大后的内力配筋。

6.2.9 框架柱和抗震墙的剪跨比可按图6.2.9及公式进行计算。

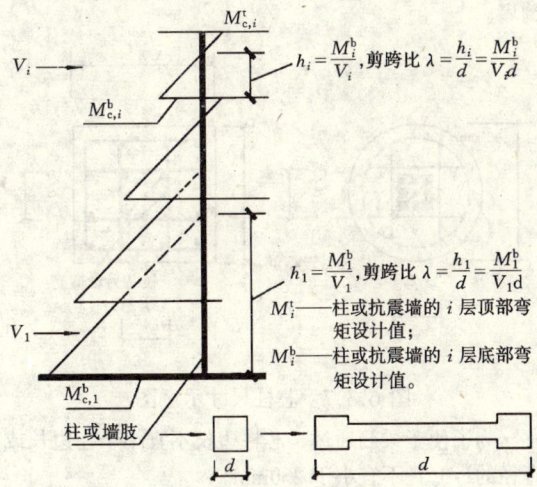

图 6.2.9 剪跨比计算简图

6.2.11 框支结构落地墙,在转换层以下的部位是保证框支结构抗震性能的关键部位,这部位的剪力传递还存在矮墙效应。为了保证抗震墙在大震时的受剪承载力,只考虑有拉筋约束部分的混凝土受剪承载力。

无地下室的单层框支结构的落地墙,特别是联肢或双肢墙,当考虑不利荷载组合出现偏心受拉时,为了防止墙与基础交接处产生滑移,除满足本规范(6.2.14)公式的要求外,宜按总剪力的30%设置45°交叉防滑斜筋,斜筋可按单排设在墙截面中部并应满足锚固要求。

6.2.13 本条规定了在结构整体分析中的内力调整:

1 框架-抗震墙结构在强烈地震中,墙体开裂而刚度退化,引起框架和抗震墙之间塑性内力重分布,需调整框架部分承担的地震剪力。调整后,框架部分各层的剪力设计值均相同。其取值既体现了多道抗震设防的原则,又考虑了当前的经济条件。

此项规定不适用于部分框架柱不到顶,使上部框架柱数量较少的楼层。

2 抗震墙连梁内力由风荷载控制时,连梁刚度不宜折减。地震作用控制时,抗震墙的连梁考虑刚度折减后,如部分连梁尚不能满足剪压比限值,可按剪压比要求降低连梁剪力设计值及弯矩,并相应调整抗震墙的墙肢内力。

3 对翼墙有效宽度,89规范规定不大于抗震墙总高度的1/10,这一规定低估了有效长度,特别是对于较低房屋,本次修订,参考UBC97的有关规定,

改为抗震墙总高度的15%。

6.2.14 抗震墙的水平施工缝处,由于混凝土结合不良,可能形成抗震薄弱部位。故规定一级抗震墙要进行水平施工缝处的受剪承载力验算。

验算公式依据于试验资料,忽略了混凝土的作用,但考虑轴向压力的摩擦作用和轴向拉力的不利影响,穿过施工缝处的钢筋处于复合受力状态,其强度采用0.6的折减系数。还需注意,在轴向力设计值计算中,重力荷载的分项系数,受压时为有利,取1.0;受拉时取1.2。

6.2.15 节点核芯区是保证框架承载力和延性的关键部位,为避免三级到二级承载力的突然变化,三级框架高度接近二级框架高度下限时,明显不规则或场地、地基条件不利时,可采用二级并进行节点核芯区受剪承载力的验算。

本次修订,增加了梁宽大于柱宽的框架和圆柱框架的节点核芯区验算方法。梁宽大于柱宽时,按柱宽范围内外分别计算。圆柱的计算公式依据国外资料和国内试验结果提出:

$$V_j \leqslant \frac{1}{\gamma_{RE}} \left(1.5\eta_j f_t A_j + 0.05\eta_j \frac{N}{D^2} A_j + 1.57 f_{yv} A_{sh} \frac{h_{b0} - a_s'}{s} \right)$$

上式中 A_j 为圆柱截面面积,A_{sh} 为核芯区环形箍筋的单根截面面积。去掉 γ_{RE} 及 η_j 附加系数,上式可写为:

$$V_j \leqslant 1.5 f_t A_j + 0.05 \frac{N}{D^2} A_j + 1.57 f_{yv} A_{sh} \frac{h_{b0} - a_s'}{s}$$

上式中最后一项系参考 ACI Structural Journal Jan - Feb.1989 Priestley and Paulay 的文章:Seismic strength of Circular Reinforced Concrete Columns.

圆形截面柱受剪,环形箍筋所承受的剪力可用下式表达:

$$V_s = \frac{\pi A_{sh} f_{yv} D'}{2s} = 1.57 f_{yv} A_{sh} \frac{D'}{s}$$

$$\approx 1.57 f_{yv} A_{sh} \frac{h_{b0} - a_s'}{s}$$

式中 A_{sh}——环形箍筋单肢截面面积;
D'——纵向钢筋所在圆周的直径;
h_{b0}——框架梁截面有效高度;
s——环形箍筋间距。

根据重庆建筑大学2000年完成的4个圆柱梁柱节点试验,对比了计算和试验的节点核芯区受剪承载力,计算值与试验之比约为85%,说明此计算公式的可靠性有一定保证。

6.3 框架结构抗震构造要求

6.3.2 为了避免或减小扭转的不利影响,宽扁梁框架的梁柱中线宜重合,并应采用整体现浇楼盖。为了使宽扁梁端部在柱外的纵向钢筋有足够的锚固,应在

两个主轴方向都设置宽扁梁。

6.3.3~6.3.5 梁的变形能力主要取决于梁端的塑性转动量，而梁的塑性转动量与截面混凝土受压区相对高度有关。当相对受压区高度为0.25至0.35范围时，梁的位移延性系数可到达3~4。计算梁端受拉钢筋时宜考虑梁端受压钢筋的作用，计算梁端受压区高度时宜按梁端截面实际受拉和受压钢筋面积进行计算。

梁端底面和顶面纵向钢筋的比值，同样对梁的变形能力有较大影响。梁底面的钢筋可增加负弯矩时的塑性转动能力，还能防止在地震中梁底出现正弯矩时过早屈服或破坏过重，从而影响承载力和变形能力的正常发挥。

根据试验和震害经验，随着剪跨比的不同，梁端的破坏主要集中于1.5~2.0倍梁高的长度范围内，当箍筋间距小于$6d~8d$（d为纵筋直径）时，混凝土压溃前受压钢筋一般不致压屈，延性较好。因此规定了箍筋加密范围，限制了箍筋最大肢距；当纵向受拉钢筋的配筋率超过2%时，箍筋的要求相应提高。

6.3.7 限制框架柱的轴压比主要为了保证框架结构的延性要求。抗震设计时，除了预计不可能进入屈服的柱外，通常希望柱子处于大偏心受压的弯曲破坏状态。由于柱轴压比直接影响柱的截面设计，本次修订仍以89规范的限值为依据，根据不同情况进行适当调整，同时控制轴压比最大值。在框架-抗震墙、板柱-抗震墙及筒体结构中，框架属于第二道防线，其中框架的柱与框架结构的柱相比，所承受的地震作用也相对较低，为此可以适当增大轴压比限值。利用箍筋对柱加强约束可以提高柱的混凝土抗压强度，从而降低轴压比要求。早在1928年美国F.E.Richart通过试验提出混凝土在三向受压状态下的抗压强度表达式，从而得出混凝土柱在箍筋约束条件下的混凝土抗压强度。

我国清华大学研究成果和日本AIJ钢筋混凝土房屋设计指南都提出考虑箍筋提高混凝土强度作用时，复合箍筋肢距不宜大于200mm，箍筋间距不宜大于100mm，箍筋直径不宜小于φ10mm的构造要求。参考美国ACI资料，考虑螺旋箍筋提高混凝土强度作用时，箍筋直径不宜小于φ10mm，净螺距不宜大于75mm。考虑便于施工，采用螺旋间距不大于100mm，箍筋直径不小于φ12mm。矩形截面柱采用连续矩形复合螺旋箍是一种非常有效的提高延性措施，这已被西安建筑科技大学的试验研究所证实。根据日本川铁株式会社1998年发表的试验报告，相同柱截面、相同配筋、配箍率、箍距及箍筋肢距，采用连续复合螺旋箍比一般复合箍可提高柱的极限变形角25%。采用连续复合矩形螺旋箍可按圆形复合螺旋箍对待。用上述方法提高柱的轴压比后，应按增大的轴压比由表6.3.12确定配箍量，且沿柱全高采用

相同的配箍特征值。

试验研究和工程经验都证明在矩形或圆形截面柱内设置矩形芯柱，不但可以提高柱的受压承载力，还可以提高柱的变形能力。在压、弯、剪作用下，当柱出现弯、剪裂缝，在大变形情况下芯柱可以有效地减小柱的压缩，保持柱的外形和截面承载力，特别对于承受高轴压的短柱，更有利于提高变形能力，延缓倒塌。

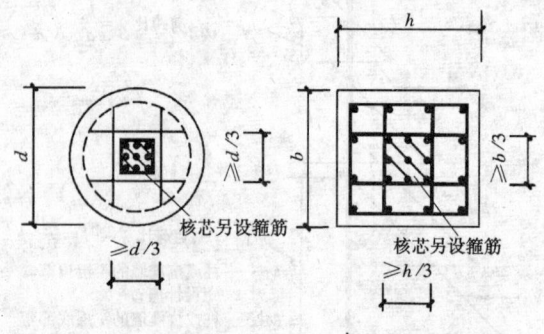

图6.3.7 芯柱尺寸示意图

为了便于梁筋通过，芯柱边长不宜小于柱边长或直径的1/3，且不宜小于250mm。

6.3.8 试验表明，柱的屈服位移角主要受纵向受拉钢筋配筋率支配，并大致随拉筋配筋率的增大呈线性增大。89规范的柱截面最小总配筋率比78规范有所提高，但仍偏低，很多情况小于非抗震配筋率，本次修订再次适当调整。

当柱子在地震作用组合时处于全截面受拉状态，规定柱纵筋总截面面积计算值增加25%，是为了避免柱的受拉纵筋屈服后再受压时，由于包兴格效应，导致纵筋压屈。

6.3.9~6.3.12 柱箍筋的约束作用，与柱轴压比、配箍量、箍筋形式、箍筋肢距，以及混凝土强度与箍筋强度的比值等因素有关。

89规范的体积配箍率，是在配箍特征值基础上，对箍筋屈服强度和混凝土轴心抗压强度的关系做了一定简化得到的，仅适用于混凝土强度在C35以下和HPB235级钢箍筋。本次修订直接给出配箍特征值，能够经济合理地反映箍筋对混凝土的约束作用。为了避免配箍率过小还规定了最小体积配箍率。

箍筋类别参见图6.3.12：

6.3.13 考虑到柱子在层高范围内剪力不变及可能的扭转影响，为避免柱子非加密区的受剪能力突然降低很多，导致柱子中段破坏，对非加密区的最小箍筋量也做了规定。

6.3.14 为使框架的梁柱纵向钢筋有可靠的锚固条件，框架梁柱节点核芯区的混凝土要具有良好的约束。考虑到核芯区内箍筋的作用与柱端有所不同，其构造要求与柱端有所区别。

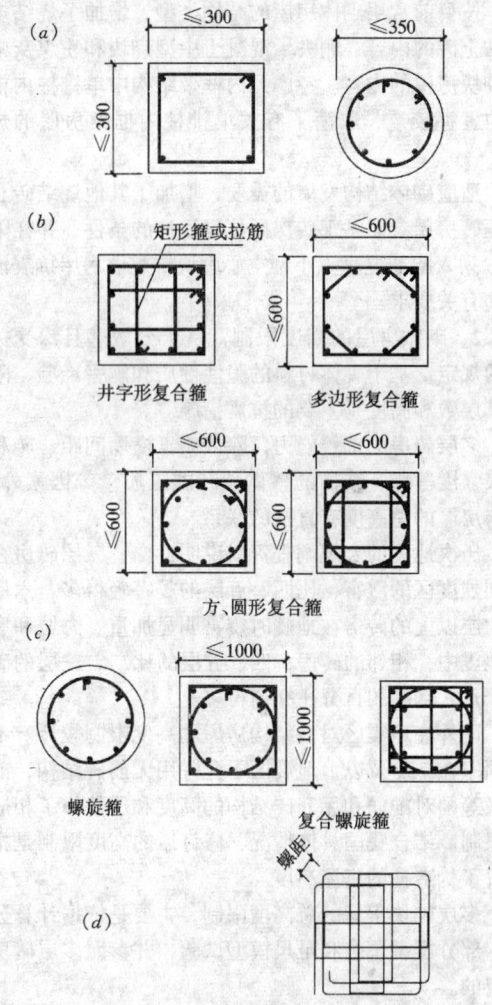

图 6.3.12 各类箍筋示意图
(a)普通箍;(b)复合箍;(c)螺旋箍;
(d)连续复合螺旋箍(用于矩形截面柱)

6.4 抗震墙结构构造措施

6.4.1 试验表明,有约束边缘构件的矩形截面抗震墙与无约束边缘构件的矩形截面抗震墙相比,极限承载力约提高40%,极限层间位移角约增加一倍,对地震能量的消耗能力增大20%左右,且有利于墙板的稳定。对一、二级抗震墙底部加强部位,当无端柱或翼墙时,墙厚需适当增加。

6.4.3 为控制墙板因温度收缩或剪力引起的裂缝宽度,二、三、四级抗震墙一般部位分布钢筋的配筋率,比89规范有所增加,与加强部位相同。

6.4.4~6.4.8 抗震墙的塑性变形能力,除了与纵向配筋等有关外,还与截面形状、截面相对受压区高度或轴压比、墙两端的约束范围、约束范围内配箍特征值有关。当截面相对受压区高度或轴压比较小时,即使不设约束边缘构件,抗震墙也具有较好的延性和耗能能力。当截面相对受压区高度或轴压比超过一定值时,

就需设较大范围的约束边缘构件,配置较多的箍筋,即使如此,抗震墙不一定具有良好的延性,因此本次修订对设置有抗震墙的各类结构提出了一、二级抗震墙在重力荷载下的轴压比限值。

对于一般抗震墙结构、部分框支抗震墙结构等的开洞抗震墙,以及核心筒和内筒中开洞的抗震墙,地震作用下连梁首先屈服破坏,然后墙肢的底部钢筋屈服、混凝土压碎。因此,规定了一、二级抗震墙的底部加强部位的轴压比超过一定值时,墙的两端及洞口两侧应设置约束边缘构件,使底部加强部位有良好的延性和耗能能力;考虑到底部加强部位以上相邻层的抗震墙,其轴压比可能仍较大,为此,将约束边缘构件向上延伸一层。其他情况,墙的两端及洞口两侧可仅设置构造边缘构件。

为了发挥约束边缘构件的作用,国外规范对约束边缘构件的箍筋设置还作了下列规定:箍筋的长边不大于短边的3倍,且相邻两个箍筋应至少相互搭接1/3长边的距离。

6.4.9 当墙肢长度小于墙厚的三倍时,要求按柱设计,对三级的墙肢也应控制轴压比。

6.4.10 试验表明,配置斜向交叉钢筋的连梁具有更好的抗剪性能。跨高比小于2的连梁,难以满足强剪弱弯的要求。配置斜向交叉钢筋作为改善连梁抗剪性能的构造措施,不计入受剪承载力。

6.5 框架-抗震墙结构抗震构造措施

本节针对框架-抗震墙结构不同于抗震墙结构的特点,补充了作为主要抗侧力构件的抗震墙的一些规定:

抗震墙是框架-抗震墙结构中起第一道防线的主要抗侧力构件,对墙板厚度、最小配筋率和端柱设置等做了较严的规定,以提高其变形和耗能能力。

门洞边的端柱,受力复杂且轴压比大,适当增加其箍筋构造要求。

6.6 板柱-抗震墙结构抗震设计要求

本规范的规定仅限于设置抗震墙的板柱体系。主要规定如下:

按柱纵筋直径16倍控制板厚是为了保证板柱节点的抗弯刚度。

按多道设防的原则,要求板柱结构中的抗震墙承担全部地震作用。

为了防止无柱帽板柱结构的柱边开裂以后楼板脱落,穿过柱截面板底两个方向钢筋的受拉承载力应满足该层柱承担的重力荷载代表值的轴压力设计值。

无柱帽平板在柱上板带中按本规范要求设置构造暗梁时,不可把平板作为有边梁的双向板进行设计。

6.7 筒体结构抗震设计要求

框架-核心筒结构的核心筒、筒中筒结构的内筒,

都是由抗震墙组成的,也都是结构的主要抗侧力竖向构件,其抗震构造措施应符合本章第6.4节和第6.5节的规定,包括墙体的厚度、分布钢筋的配筋率、轴压比限值、边缘构件和连梁配置斜交叉暗柱的要求等,以使筒体有良好的抗震性能。

筒体的连梁,跨高比一般较小,墙肢的整体作用较强。因此,筒体角部的抗震构造措施应予以加强,约束边缘构件宜沿全高设置;约束边缘构件沿墙肢的长度适当增大,不小于墙肢截面高度的1/4;在底部加强部位,在约束边缘构件范围内均应采用箍筋;在底部加强部位以上的一般部位,按本规范图6.4.7中L形墙的规定取箍筋约束范围。

框架-核心筒结构的核心筒与周边框架之间采用梁板结构时,各层梁对核心筒有适当的约束,可不设加强层,梁与核心筒连接应避开核心筒的连梁。当楼层采用平板结构且核心筒较柔,在地震作用下不能满足变形要求,或筒体由于受弯产生拉力时,宜设置加强层,其部位应结合建筑功能设置。为了避免加强层周边框架柱在地震作用下由于强梁带来的不利影响,加强层与周边框架不宜刚性连接。9度时不应采用加强层。核心筒的轴向压缩及外框架的竖向温度变形对加强层产生很大的附加内力,在加强层与周边框架柱之间采取必要的后浇连接及有效的外保温措施是必要的。

筒体结构的外筒设计时,可采取提高延性的下列措施:

1 外筒为梁柱式框架或框筒时,宜用非结构幕墙,当采用钢筋混凝土裙墙时,可在裙墙与柱连接处设置受剪控制缝。

2 外筒为壁式筒体时,在裙墙与窗间墙连接处设置受剪控制缝,外筒按联肢抗震墙设计;三级的壁式筒体可按壁式框架设计,但壁式框架柱除满足计算要求外,尚需满足条文第6.4.8条的构造要求;支承大梁的壁式筒体在大梁支座宜设置壁柱,一级时,由壁柱承担大梁传来的全部轴力,但验算轴压比时仍取全部截面。

3 受剪控制缝的构造如下图:

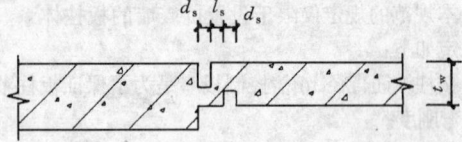

缝宽 d_s 大于 5mm;两缝间距 l_s 大于 50mm。

图 6.7.2 外筒裙墙受剪控制缝构造

7 多层砌体房屋和底部框架、内框架房屋

7.1 一 般 规 定

7.1.1 本次修订,将89规范的多层砌体房屋与底层框架、内框架砖房合并为一章。

按目前常用砌体房屋的结构类型,增加了烧结多孔粘土砖的内容,删去了混凝土中型砌块和粉煤灰中型砌块房屋的内容。考虑到内框架结构中单排柱内框架的震害较重,取消了有关单排柱内框架房屋的规定。

适应砌体结构发展的需要,增加了其他烧结砖和蒸压砖房屋参照粘土砖房屋抗震设计的条件,并在附录F列入配筋混凝土小型空心砌块抗震墙房屋抗震设计的有关要求。

7.1.2 砌体房屋的高度限制,是十分敏感且深受关注的规定。基于砌体材料的脆性性质和震害经验,限制其层数和高度是主要的抗震措施。

多层砖房的抗震能力,除依赖于横墙间距、砖和砂浆强度等级、结构的整体性和施工质量等因素外,还与房屋的总高度有直接的联系。

历次地震的宏观调查资料说明:二、三层砖房在不同烈度区的震害,比四、五层的震害轻得多,六层及六层以上的砖房在地震时震害明显加重。海城和唐山地震中,相邻的砖房,四、五层的比二、三层的破坏严重,倒塌的百分比亦高得多。

国外在地震区对砖结构房屋的高度限制较严。不少国家在7度及以上地震区不允许采用无筋砖结构,前苏联等国对配筋和无筋砖结构的高度和层数作了相应的限制。结合我国具体情况,修订后的高度限制是指设置了构造柱的房屋高度。

多层砌块房屋的总高度限制,主要是依据计算分析、部分震害调查和足尺模型试验,并参照多层砖房确定的。

对各层横墙间距均接近规范最大间距的砌体房屋,其总高尚应比医院、教学楼再适当降低。

本次修订对高度限制的主要变动如下:

1 调整了限制的规定。层数为整数,限制应严格遵守;总高度按有效数字取整控制,当室内外高差大于0.6m时,限值有所松动。

2 半地下室的计算高度按其嵌固条件区别对待,并增加斜屋面的计算高度按阁楼层设置情况区别对待的规定。

3 按照国家关于墙体改革和控制粘土砖使用范围的政策,并考虑到居住建筑使用要求的发展趋势,采用烧结普通粘土砖的多层砖房的层数和高度,均不再增加。还需注意,按照国家关于办公建筑和住宅建筑的强制性标准的要求,超过规定的层数和高度时,必须设置电梯,采用砌体结构也必须遵守有关规定。

4 烧结多孔粘土砖房屋的高度和层数,在行业标准 JGJ 68—90 规程的基础上,根据墙厚略为调整。

5 混凝土小型空心砌块房屋作为墙体改革的方向之一,根据小砌块生产技术发展的情况,其高度和层数的限制,参照行业标准 JGJ/T 14—95 规程的规定,按本次修订的要求采取加强措施后,基本上可与

烧结普通粘土砖房有同样的层数和高度。

6 底层框架房屋的总高度和底框的层数，吸收了经鉴定的主要研究成果，按本次修订采取一系列措施后，底部框架可有两层，总层数和总高度，7、8度时可与普通砌体房屋相当。注意到台湾921大地震中上刚下柔的房屋成片倒塌，对9度设防，本规范规定部分框支的混凝土结构不应采用，底框砖房也需专门研究。

7 明确了横墙较少的多层砌体房屋的定义，并专门提供了横墙较少的住宅不降低总层数和总高度时所需采取的计算方法和抗震措施。

7.1.4 若考虑砌体房屋的整体弯曲验算，目前的方法即使在7度时，超过三层就不满足要求，与大量的地震宏观调查结果不符。实际上，多层砌体房屋一般可以不做整体弯曲验算，但为了保证房屋的稳定性，限制了其高宽比。

7.1.5 多层砌体房屋的横向地震力主要由横墙承担，不仅横墙须具有足够的承载力，而且楼盖须具有传递地震力给横墙的水平刚度，本条规定是为了满足楼盖对传递水平地震力所需的刚度要求。

对于多层砖房，沿用了78规范的规定；对砌块房屋则参照多层砖房给出，且不宜采用木楼屋盖。

纵墙承重的房屋，横墙间距同样应满足本条规定。

7.1.6 砌体房屋局部尺寸的限制，在于防止因这些部位的失效，而造成整栋结构的破坏甚至倒塌，本条系根据地震区的宏观调查资料分析规定的，如采用另增设构造柱等措施，可适当放宽。

7.1.7 本条沿用89规范的规定，是对本规范3章关于建筑结构规则布置的补充。

1 根据邢台、东川、阳江、乌鲁木齐、海城及唐山大地震调查统计，纵墙承重的结构布置方案，因横向支承较少，纵墙较易受弯曲破坏而导致倒塌，为此，要优先采用横墙承重的结构布置方案。

2 纵横墙均匀对称布置，可使各墙垛受力基本相同，避免薄弱部位的破坏。

3 震害调查表明，不设防震缝造成的房屋破坏，一般多只是局部的，在7度和8度地区，一些平面较复杂的一、二层房屋，其震害与平面规则的同类房屋相比，并无明显的差别，同时，考虑到设置防震缝所耗的投资较多，所以89规范对设置防震缝的要求比过去有所放宽。

4 楼梯间墙体缺少各层楼板的侧向支承，有时还因为楼梯踏步削弱楼梯间的墙体，尤其是楼梯间顶层，墙体有一层半楼层的高度，震害加重。因此，在建筑布置时尽量不设在尽端，或对尽端开间采取特殊措施。

5 在墙体内设置烟道、风道、垃圾道等洞口，大多因留洞而减薄了墙体的厚度，往往仅剩120mm，

由于墙体刚度变化和应力集中，一旦遇到地震则首先破坏，为此要求这些部位的墙体不应削弱，或采取在砌体中加配筋、预制管道构件等加强措施。

7.1.8 本次修订，允许底部框架房屋的总层数和高度与普通的多层砌体房屋相当。相应的要求是：严格控制相邻层侧移刚度，合理布置上下楼层的墙体，加强托墙梁和过渡楼层的墙体，并提高了底部框架的抗震等级。对底部的抗震墙，一般要求采用钢筋混凝土墙，缩小了6、7度时采用砖抗震墙的范围，并规定底层砖抗震墙的专门构造。

7.1.9 参照抗震设计手册，增加了多排柱内框架房屋布置的规定。

7.1.10 底部框架-抗震墙房屋和多层多排柱内框架房屋的钢筋混凝土结构部分，其抗震要求原则上均应符合本规范6章的要求。考虑到底部框架-抗震墙房屋高度较低，底部的钢筋混凝土抗震墙应按低矮墙或开竖缝墙设计，其抗震等级可比钢筋混凝土抗震墙结构的框支层有所放宽。

7.2 计算要点

7.2.1 砌体房屋层数不多，刚度沿高度分布一般比较均匀，并以剪切变形为主，因此可采用底部剪力法计算。

自承重墙体（如横墙承重方案中的纵墙等），如按常规方法做抗侧力验算，往往比承重墙还要厚，但抗震安全性的要求可以考虑降低，为此，利用γ_{RE}适当调整。

底部框架—抗震墙房屋属于上刚下柔结构，层数不多，仍可采用底部剪力法简化计算，但应考虑一系列的地震作用效应调整，使之较符合实际。

内框架房屋的震害表现为上部重下部轻的特点，试验也证实其上部的动力反应较大。因此，采用底部剪力法简化计算时，顶层需附加20%总地震作用的集中地震作用。其余80%仍按倒三角形分布。

7.2.2 根据一般的经验，抗震设计时，只需对纵、横向的不利墙段进行截面验算，不利墙段为①承担地震作用较大的墙段；②竖向压应力较小的墙段；③局部截面较小的墙段。

7.2.3 在楼层各墙段间进行地震剪力的分配和截面验算时，根据层间墙段的不同高宽比（一般墙段和门窗洞边的小墙段，高宽比按本条"注"的方法分别计算），分别按剪切或弯剪变形同时考虑，较符合实际情况。

本次修订明确，砌体的墙段按门窗洞口划分，新增小开口墙等效刚度的计算方法。

7.2.4，7.2.5 底部框架—抗震墙房屋是我国现阶段经济条件下特有的一种结构。大地震的震害表明，底层框架砖房在地震时，底层将发生变形集中，出现过大的侧移而严重破坏，甚至坍塌。近十多年来，各地

进行了许多试验研究和分析计算，对这类结构有进一步的认识，本次修订，放宽了89规范的高度限制，当采取相应措施后底部框架可有两层。但总体上仍需持谨慎的态度。其抗震计算上需注意：

1 继续保持89规范对底部框架—抗震墙房屋地震作用效应调整的要求。按第二层与底层侧移刚度的比例相应地增大底层的地震剪力，比例越大，增加越多，以减少底层的薄弱程度；底层框架砖房，二层以上全部为砖墙承重结构，仅底层为框架-抗震墙结构，水平地震剪力要根据对应的单层的框架—抗震墙结构中各构件的侧移刚度比例，并考虑塑性内力重分布来分配；作用于房屋二层以上的各楼层水平地震力对底层引起的倾覆力矩，将使底层抗震墙产生附加弯矩，并使底层框架柱产生附加轴力。倾覆力矩引起构件变形的性质与水平剪力不同，本次修订，考虑实际运算的可操作性，近似地将倾覆力矩在底层框架和抗震墙之间按它们的侧移刚度比例分配。

2 增加了底部两层框架—抗震墙的地震作用效应调整规定。

3 新增了底部框架房屋托墙梁在抗震设计中的组合弯矩计算方法。

考虑到大震时墙体严重开裂，托墙梁与非抗震的墙梁受力状态有所差异，当按静力的方法考虑有框架柱落地的托梁与上部墙体组合作用时，若计算系数不变会导致不安全，应调整计算参数。作为简化计算，偏于安全，在托墙梁上部各层墙体不开洞和跨中1/3范围内开一个洞口的情况，也可采用折减荷载的方法：托墙梁弯矩计算时，由重力荷载代表值产生的弯矩，四层以下全部计入组合，四层以上可有所折减，取不小于四层的数值计入组合；对托墙梁剪力计算时，由重力荷载产生的剪力不折减。

7.2.6 多排柱内框架房屋的内力调整，继续保持89规范的规定。

内框架房屋的抗侧力构件有砖墙及钢筋混凝土柱与砖柱组合的混合框架两类构件。砖墙弹性极限变形较小，在水平力作用下，随着墙面裂缝的发展，侧移刚度迅速降低；框架则具有相当大的延性，在较大变形情况下侧移刚度才开始下降，而且下降的速度较缓。

混合框架各种柱子承担的地震剪力公式，是考虑楼盖水平变形、高阶空间振型及砖墙刚度退化的影响，对不同横墙间距、不同层数的大量算例进行统计得到的。

7.2.7 砌体材料抗震强度设计值的计算，继续保持89规范的规定。

地震作用下砌体材料的强度指标，因不同于静力，宜单独给出。其中砖砌体强度是按震害调查资料综合估算并参照部分试验给出的，砌块砌体强度则依据试验。为了方便，当前仍继续沿用静力指标。但是，强度设计值和标准值的关系则是针对抗震设计的特点按《统一标准》可靠度分析得到的，并采用调整静强度设计值的形式。

当前砌体结构抗剪承载力的计算，有两种半理论半经验的方法——主拉和剪摩。在砂浆等级 ≥M2.5 且在 $1<\sigma_0/f_V \leq 4$ 时，两种方法结果相近。本规范采用正应力影响系数的统一表达形式。

对砖砌体，此系数继续沿用78规范的方法，采用在震害统计基础上的主拉公式得到，以保持规范的延续性：

$$\zeta_N = \frac{1}{1.2}\sqrt{1+0.45\sigma_0/f_V} \quad (7.2.7\text{-}1)$$

对于混凝土小砌块砌体，其 f_V 较低，σ_0/f_V 相对大，两种方法差异也大，震害经验又较少，根据试验资料，正应力影响系数由剪摩公式得到：

$$\zeta_N = \begin{cases} 1+0.25\sigma_0/f_V & (\sigma_0/f_V \leq 5) \\ 2.25+0.17(\sigma_0/f_V-5) & (\sigma_0/f_V > 5) \end{cases}$$
$$(7.2.7\text{-}2)$$

7.2.8 本次修订，部分修改了设置构造柱墙段抗震承载力验算方法：

一般情况下，构造柱仍不以显式计入受剪承载力计算中，抗震承载力验算的公式与89规范完全相同。

当构造柱的截面和配筋满足一定要求后，必要时可采用显式计入墙段中部位置处构造柱对抗震承载力的提高作用。现行构造柱规程、地方规程和有关的资料，对计入构造柱承载力的计算方法有三种：其一，换算截面法，根据混凝土和砌体的弹性模量比折算，刚度和承载力均按同一比例换算，并忽略钢筋的作用；其二，并联叠加法，构造柱和砌体分别计算刚度和承载力，再将二者相加，构造柱的受剪承载力分别考虑了混凝土和钢筋的承载力，砌体的受剪承载力还考虑了小间距构造柱的约束提高作用；其三，混合法，构造柱混凝土的承载力以换算截面并入砌体截面计算受剪承载力，钢筋的作用单独计算后再叠加。在三种方法中，对承载力抗震调整系数 γ_{RE} 的取值各有不同。由于不同的方法均根据试验成果引入不同的经验修正系数，使计算结果彼此相差不大，但计算基本假定和概念在理论上不够理想。

本次修订，收集了国内许多单位所进行的一系列两端设置、中间设置1~3根及开洞砖墙体并有不同截面、不同配筋、不同材料强度的试验成果，通过累计百余个试验结果的统计分析，结合混凝土构件抗剪计算方法，提出了新的抗震承载力简化计算公式。此简化公式的主要特点是：

（1）墙段两端的构造柱对承载力的影响，仍按89规范仅采用承载力抗震调整系数 γ_{RE} 反映其约束作用，忽略构造柱对墙段刚度的影响，仍按门窗洞口划分墙段，使之与现行国家标准的方法有延续性；

（2）引入中部构造柱参与工作及构造柱间距不大

于 2.8m 的墙体约束修正系数;

(3) 构造柱的承载力分别考虑了混凝土和钢筋的抗剪作用,但不能随意加大混凝土的截面和钢筋的用量,还根据修订中的混凝土规范,对混凝土的受剪承载力改用抗拉强度表示。

(4) 该公式是简化方法,计算的结果与试验结果相比偏于保守,在必要时才可利用。横墙较少房屋及外纵墙的墙段计入其中部构造柱参与工作,抗震验算问题有所改善。

7.2.9 砖砌体横向配筋的抗剪验算公式是根据试验资料得到的。本次修订调整了钢筋的效应系数,由定值 0.15 改为随墙段高宽比在 0.07~0.15 之间变化,并明确水平配筋的适用范围是 0.07%~0.17%。

7.2.10 混凝土小砌块的验算公式,系根据小砌块设计施工规程的基础资料,无芯柱时取 $\gamma_{RE}=1.0$ 和 $\zeta_c=0.0$,有芯柱时取 $\gamma_{RE}=0.9$,按《统一标准》的原则要求分析得到的。本次修订,按混凝土规范修订的要求,芯柱受剪承载力的表达式中,将混凝土抗压强度设计值改为混凝土抗拉强度设计值,系数的取值,由 0.03 相应换为 0.3。

7.2.11 底层框架-抗震墙房屋中采用砖砌体作为抗震墙时,砖墙和框架成为组合的抗侧力构件,直接引用 89 规范在试验和震害调查基础上提出的抗侧力砖填充墙的承载力计算方法。由砖抗震墙-周边框架所承担的地震作用,将通过周边框架向下传递,故底层砖抗震墙周边的框架柱还需考虑砖墙的附加轴向力和附加剪力。

7.3 多层粘土砖房屋抗震构造措施

7.3.1,7.3.2 钢筋混凝土构造柱在多层砖砌体结构中的应用,根据唐山地震的经验和大量试验研究,得到了比较一致的结论,即:①构造柱能够提高砌体的受剪承载力 10%~30%左右,提高幅度与墙体高宽比、竖向压力和开洞情况有关;②构造柱主要是对砌体起约束作用,使之有较高的变形能力;③构造柱应当设置在震害较重、连接构造比较薄弱和易于应力集中的部位。

本次修订继续保持 89 规范的规定,根据房屋的用途、结构部位、烈度和承担地震作用的大小来设置构造柱。并增加了内外墙交接处间距 15m(大致是单元式住宅楼的分隔墙与外墙交接处)设置构造柱的要求;调整了 6 度设防时八层砖房的构造柱设置要求;当房屋高度接近本规范表 7.1.2 的总高度和层数限值时,增加了纵、横墙中构造柱间距的要求。对较长的纵、横墙需有构造柱来加强墙体的约束和抗倒塌能力。

由于钢筋混凝土构造柱的作用主要在于对墙体的约束,构造上截面不必很大,但须与各层纵横墙的圈梁或现浇楼板连接,才能发挥约束作用。

为保证钢筋混凝土构造柱的施工质量,构造柱须有外露面。一般利用马牙槎外露即可。

7.3.3,7.3.4 圈梁能增强房屋的整体性,提高房屋的抗震能力,是抗震的有效措施,本次修订,取消了 89 规范对砖配筋圈梁的有关规定,6、7 度时,圈梁由隔层设置改为每层设置。

现浇楼板允许不设圈梁,楼板内须有足够的钢筋(沿墙体周边加强配筋)伸入构造柱内并满足锚固要求。

圈梁的截面和配筋等构造要求,与 89 规范保持一致。

7.3.5,7.3.6 砌体房屋楼、屋盖的抗震构造要求,包括楼板搁置长度,楼板与圈梁、墙体的拉结,屋架(梁)与墙、柱的锚固、拉结等等,是保证楼、屋盖与墙体整体性的重要措施。基本沿用了 89 规范的规定。

7.3.7 由于砌体材料的特性,较大的房间在地震中会加重破坏程度,需要局部加强墙体的连接构造要求。

7.3.8 历次地震震害表明,楼梯间由于比较空旷常常破坏严重,必须采取一系列有效措施,本条的规定也基本上保持 89 规范的要求。

突出屋顶的楼、电梯间,地震中受到较大的地震作用,因此在构造措施上也应当特别加强。

7.3.9 坡屋顶与平屋顶相比,震害有明显差别。硬山搁檩的做法不利于抗震。屋架的支撑应保证屋架的纵向稳定。出入口处要加强屋盖构件的连接和锚固,以防脱落伤人。

7.3.10 砌体结构中的过梁应采用钢筋混凝土过梁,条件不具备时至少采用配筋过梁,不得采用无筋过梁。

7.3.11 预制的悬挑构件,特别是较大跨度时,需要加强与现浇构件的连接,以增强稳定性。

7.3.13 房屋的同一独立单元中,基础底面最好处于同一标高,否则易因地面运动传递到基础不同标高处而造成震害。如有困难时,则应设基础圈梁并放坡逐步过渡,不宜有高差上的过大突变。

对于软弱地基上的房屋,按本规范第 3 章的原则,应在外墙及所有承重墙下设置基础圈梁,以增强抵抗不均匀沉陷和加强房屋基础部分的整体性。

7.3.14 本条是新增加的条文。对于横墙间距大于 4.2m 的房间超过楼层总面积 40%且房屋总高度和层数接近本章表 7.1.2 规定限值的粘土砖住宅,其抗震设计方法大致包括以下方面:

(1) 墙体的布置和开洞大小不妨碍纵横墙的整体连接的要求;

(2) 楼、屋盖结构采用现浇钢筋混凝土板等加强整体性的构造要求;

(3) 增设满足截面和配筋要求的钢筋混凝土构造柱并控制其间距,在房屋底层和顶层沿楼层半高处设

置现浇钢筋混凝土带,并增大配筋数量,以形成约束砌体墙段的要求;

(4) 按本章第7.2.7条2款计入墙段中部钢筋混凝土构造柱的承载力。

7.4 多层砌块房屋抗震构造措施

7.4.1,7.4.2 为了增加混凝土小型空心砌块砌体房屋的整体性和延性,提高其抗震能力,结合空心砌块的特点,规定了在墙体的适当部位设置钢筋混凝土芯柱的构造措施。这些芯柱设置要求均比砖房构造柱设置严格,且芯柱与墙体的连接要采用钢筋网片。

芯柱伸入室外地面下500mm,地下部分为砖砌体时,可采用类似于构造柱的方法。

本次修订,芯柱的设置数量略有增加,并补充规定,在外墙转角、内外墙交接处等部位,可采用钢筋混凝土构造柱替代芯柱。

7.4.3 本条是新增加的,规定了替代芯柱的构造柱的基本要求,与砖房的构造柱规定大致相同。小砌块墙体在马牙槎部位浇灌混凝土后,需形成无插筋的芯柱。

试验表明,在墙体交接处用构造柱代替芯柱,可较大程度地提高对砌块砌体的约束能力,也为施工带来方便。

7.4.4 考虑到砌块的竖缝高,砂浆不易饱满且墙体受剪承载力低于粘土砖砌体,适当提高砌块砌体房屋的圈梁设置要求。

7.4.5 砌块房屋墙体交接处、墙体与构造柱、芯柱的连接,均要设钢筋网片,保证连接的有效性。

7.4.6 根据振动台模拟试验的结果,作为砌块房屋的层数和高度增加的加强措施之一,在房屋的底层和顶层,沿楼层半高处增设一道通长的现浇钢筋混凝土带,以增强结构抗震的整体性。

7.4.7 砌块砌体房屋楼盖、屋盖、楼梯间、门窗过梁和基础等的抗震构造要求,则基本上与多层砖房相同。

7.5 底部框架房屋抗震构造措施

7.5.1,7.5.2 总体上看,底部框架砖房比多层砖房抗震性能稍弱,因此构造柱的设置要求更严格。本次修订,考虑到过渡层刚度变化和应力集中,增加了过渡层构造柱设置的专门要求,包括截面、配筋和锚固等要求。

7.5.3 底层框架-抗震墙房屋的底层与上部各层的抗侧力结构体系不同,为使楼盖具有传递水平地震力的刚度,要求底层顶板为现浇或装配整体式的钢筋混凝土板。

底层框架-抗震墙和多层内框架房屋的整体性较差,层高较高,又比较空旷,为了增强结构的整体性,要求各装配式楼盖处均设置钢筋混凝土圈梁。现浇楼盖与构造柱的连接要求,同多层砖房。

7.5.4 底部框架的托墙梁是其重要的受力构件,根据有关试验资料和工程经验,对其构造做了较多的规定。

7.5.5 底部框架房屋中的钢筋混凝土抗震墙,是底部的主要抗侧力构件,而且往往为低矮抗震墙。对其构造上提出了具体的要求,以加强抗震能力。

7.5.6 对6、7度时底层仍采用粘土砖抗震墙的底部框架房屋,补充了砖抗震墙的构造要求,确实加强砖抗震墙的抗震能力,并在使用中不致随意拆除更换。

7.5.7 针对底部框架房屋在结构上的特殊性,提出了有别于一般多层房屋的材料强度等级要求。

7.6 多层内框架房屋构造措施

多层内框架结构的震害,主要和首先发生在抗震横墙上,其次发生在外纵墙上,故专门规定了外纵墙的抗震措施。

本节保留了89规范第7.3节中的有关规定,主要修改是:按外墙砖柱应有组合砖柱的要求对个别规定作了调整;增加了楼梯间休息板梁支承部位设置构造柱的要求。

附录F 配筋混凝土小砌块抗震墙房屋抗震设计要求

1 配筋混凝土小砌块抗震墙的分布钢筋仅需混凝土抗震墙的一半就有一定的延性,但其地震力大于框架结构且变形能力不如框架结构。从安全、经济诸方面综合考虑,本规范的规定仅适用于房屋高度不超过表F.1.1的配筋混凝土小砌块房屋。当经过专门研究,有可靠技术依据,采取必要的加强措施后,房屋高度可适当增加。

2 配筋混凝土小砌块房屋高宽比限制在一定范围内时,有利于房屋的稳定性,减少房屋发生整体弯曲破坏的可能性,一般可不做整体弯曲验算。

3 参照钢筋混凝土房屋的抗震设计要求,也根据抗震设防分类、烈度和房屋高度等划分不同的抗震等级。

4 根据本规范第3.4节的规则性要求,提出配筋混凝土小砌块房屋平面和竖向布置简单、规则、抗震墙拉通对直的要求。为提高变形能力,要求墙段不宜过长。

5 选用合理的结构布置,采取有效的结构措施,保证结构整体性,避免扭转等不利因素,可以不设置防震缝。当房屋各部分高差较大,建筑结构不规则等需要设置防震缝时,为减少强烈地震下相邻结构局部碰撞造成破坏,防震缝必须保证一定的宽度。此时,缝宽可按两侧较低房屋的高度计算。

6 配筋混凝土小砌块房屋的抗震计算分析,包括整体分析、内力调整和截面验算方法,大多参照钢筋混凝土结构的规定,并针对砌体结构的特点做了修正。其中:

配筋混凝土小砌块墙体截面剪应力控制和受剪承载力，基本形式与混凝土墙体相同，仅需把混凝土抗压、抗拉强度设计值改为"灌芯小砌块砌体"的抗压、抗剪强度。

配筋混凝土小砌块墙体截面受剪承载力由砌体、竖向力和水平分布筋三者共同承担，为使水平分布钢筋不致过小，要求水平分布筋应承担一半以上的水平剪力。

7 配筋混凝土小砌块抗震墙的连梁，宜采用钢筋混凝土连梁。

8 多层和高层钢结构房屋

8.1 一般规定

8.1.1 混凝土核心筒—钢框架混合结构，在美国主要用于非抗震区，且认为不宜大于150m。在日本，1992年建了两幢，其高度分别为78m和107m，结合这两项工程开展了一些研究，但并未推广。据报导，日本规定今后采用这类体系要经建筑中心评定和建设大臣批准，至今尚未出现第三幢。

我国自80年代在不设防的上海希尔顿酒店采用混合结构以来，应用较多，但对其抗震性能和合理高度尚缺乏研究。由于这种体系主要由混凝土核心筒承担地震作用，钢框架和混凝土筒的侧向刚度差异较大，国内对其抗震性能尚未进行系统的研究，故本次修订，不列入混凝土核心筒—钢框架结构。

本章主要适用于民用建筑，多层工业建筑不同于民用建筑的部分，由附录G予以规定。

本章不适用于上层为钢结构下层为钢筋混凝土结构的混合型多层结构。用冷弯薄壁型钢作主要承重结构的房屋，构件截面较小，自重较轻，可不执行本章的规定。

8.1.2 国外70年代及以前建造的高层钢结构，高宽比较大的，如纽约世界贸易中心双塔，为6.6，其他建筑很少超过此值。注意到美国东部的地震烈度很小，《高层民用建筑钢结构技术规程》据此对高宽比作了规定。本规范考虑到市场经济发展的现实，在合理的前提下比高层钢结构规程适当放宽高宽比要求。

8.1.5 本章对钢结构房屋的抗震措施，一般以12层为界区分。凡未注明的规定，则各种高度的钢结构房屋均要遵守。

8.1.6 不超过12层的钢结构房屋宜优先采用交叉支撑，它可按拉杆设计，较经济。若采用受压支撑，其长细比及板件宽厚比应符合有关规定。

大量研究表明，偏心支撑具有弹性阶段刚度接近中心支撑框架，弹塑性阶段的延性和消能能力接近延性框架的特点，是一种良好的抗震结构。常用的偏心支撑形式如图8.1.6所示。

偏心支撑框架的设计原则是强柱、强支撑和弱消能梁段，即在大震时消能梁段屈服形成塑性铰，且具有稳定的滞回性能，即使消能梁段进入应变硬化阶段，支撑斜杆、柱和其余梁段仍保持弹性。因此，每根斜杆只能在一端与消能梁段连接，若两端均与消能梁段相连，则可能一端的消能梁段屈服，另一端消能梁段不屈服，使偏心支撑的承载力和消能能力降低。

8.1.9 支撑桁架沿竖向连续布置，可使层间刚度变化较均匀。支撑桁架需延伸到地下室，不可因建筑方面的要求而在地下室移动位置。支撑在地下室是否改为混凝土抗震墙形式，与是否设置钢骨混凝土结构层有关，设置钢骨混凝土结构层时用混凝土墙较协调。该抗震墙是否由钢支撑外包混凝土构成还是采用混凝土墙，由设计确定。

日本在高层钢结构的下部(地下室)设钢骨混凝土结构层，目的是使内力传递平稳，保证柱脚的嵌固性，增加建筑底部刚性、整体性和抗倾覆稳定性。而美国无此要求，故本规范对此不作规定。

多层钢结构与高层钢结构不同，根据工程情况可设或不设置地下室。当设置地下室时，房屋一般较高，钢框架柱宜延伸至地下一层。

8.1.10 钢结构的基础埋置深度，参照高层混凝土结构的规定和上海的工程经验确定。

8.2 计算要点

8.2.1 钢结构构件按地震组合内力设计值进行抗震验算时，钢材的各种强度设计值需除以本规范规定的承载力抗震调整系数 γ_{RE}，以体现钢材动静强度和抗震设计于非抗震设计上可靠指标的不同。国外采用许用应力设计的规范中，考虑地震组合时钢材的强度通常规定提高1/3或30%，与本规范 γ_{RE} 的作用类似。

8.2.2 多层和高层钢结构房屋的阻尼比，实测表明小于钢筋混凝土结构，本规范对多于12层拟取0.02，对不超过12层拟取0.035，对单层仍取0.05。采用该阻尼比后，地震影响系数均按本规范5章的规定采用，不再采用高层钢结构规程的规定。

8.2.3 本条规定了钢结构内力和变形分析的一些原则要求。

箱形截面柱节点域变形较小，其对框架位移的影响可略去不计。

国外规范规定，框架-支撑结构等双重抗侧力体系，框架部分应按25%的结构底部剪力进行设计。这一规定体现了多道设防的原则，抗震分析时可通过框架部分的楼层剪力调整系数来实现，也可采用删去支撑的框架进行计算实现。

为使偏心支撑框架仅在消能梁段屈服，支撑斜杆、柱和非消能梁段的内力设计值应根据消能梁段屈服时的内力确定并考虑消能梁段的实际有效超强系数，再根据各构件的承载力抗震调整系数，确定了斜杆、柱和非消能梁段保持弹性所需的承载力。

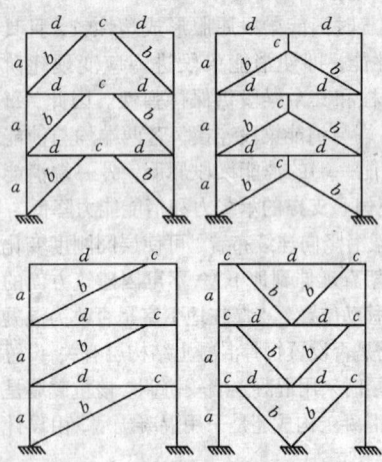

图 8.1.6 偏心支撑示意图
（a—柱；b—支撑；c—消能梁段；d—其他梁段）

偏心支撑主要用于高烈度，故仅对 8 度和 9 度时的内力调整系数作出规定。

本款消能梁段的受剪承载力按本规范第 8.2.7 条确定，即 V_l 或 V_{lc}，需取剪切屈服和弯曲屈服二者的较小值：

当 $N \leqslant 0.15Af$ 时，取 $V_l = 0.58A_w f_{ay}$ 和 $V_l = 2M_{lp}/a$ 的较小值；

当 $N > 0.15Af$ 时，取

$$V_{lc} = 0.58A_w f_{ay} \sqrt{1-[N/(Af)]^2}$$

和 $V_{lc} = 2.36M_{lp}[1-N/(Af)]/a$ 的较小值。

支撑轴向力、框架柱的弯矩和轴向力同跨框架梁的弯矩、剪力和轴向力的设计值，需先乘以消能梁段受剪承载力与剪力设计值的比值（V_l/V 或 V_{lc}/V，小于 1.0 时取 1.0），再乘以本款规定考虑钢材实际超强的增大系数。该增大系数依据国产钢材给出，当采用进口钢材时，需适当提高。

8.2.5 强柱弱梁是抗震设计的基本要求，本条强柱系数 η 是为了提高柱的承载力。

由于钢结构塑性设计时（GBJ 17—88 第 9.2.3 条），压弯构件本身已含有 1.15 的增强系数，因此，若系数 η 取得过大，将使柱的钢材用量增加过多，不利于推广钢结构，故本规范规定 6、7 度时取 1.0，8 度时 1.05，9 度时取 1.15。

研究表明，节点域既不能太厚，也不能太薄，太厚了使节点域不能发挥其耗能作用，太薄了将使框架的侧向位移太大；规范采用折减系数 ψ 来设计。日本的研究表明，取节点域的屈服承载力为该节点梁的总屈服承载力的 0.7 倍是适合的。本规范为了避免 7 度时普遍加厚节点域，在 7 度时取 0.6，但不满足本条 3 款的规定时，仍需按第 8.3.5 条的方法加厚。

按本条规定，在大震时节点域首先屈服，其次才是梁出现塑性铰。

不需验算强柱弱梁的条件，是参考 AISC 的 1992 年和 1997 年抗震设计规程中的有关规定，并考虑我国情况规定的。所谓 2 倍地震力作用下保持稳定，即地震作用加大一倍后的组合轴向力设计值 N_1，满足 $N_1 < \varphi f A_c$ 的柱。

节点域稳定性计算公式，参考高层钢结构规程、冶金部抗震规程和上海市抗震规程取值（1/90）。节点域强度计算公式右侧的 4/3，是考虑左侧省去了剪力引起的剪应力项以及考虑节点域在周边构件影响下承载力的提高。

8.2.6 支撑斜杆在反复拉压荷载作用下承载力要降低，适用于支撑屈曲前的情况。

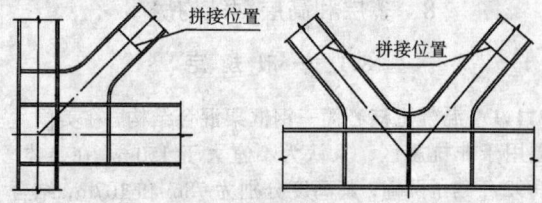

图 8.2.6 支撑端部刚接构造示意图

当人字支撑的腹杆在大震下受压屈曲后，其承载力将下降，导致横梁在支撑连接处出现向下的不平衡集中力，可能引起横梁破坏和楼板下陷，并在横梁两端出现塑性铰；此不平衡集中力取受拉支撑的竖向分量减去受压支撑屈曲压力竖向分量的 30%。V 形支撑的情况类似，仅当斜杆失稳时楼板不是下陷而是向上隆起；不平衡力方向相反。

8.2.7 偏心支撑框架的设计计算，主要参考 AISC 于 1997 年颁布的《钢结构房屋抗震规程》并根据我国情况作了适当调整。

当消能梁段的轴力设计值不超过 $0.15Af$ 时，按 AISC 规定，忽略轴力影响，消能梁段的受剪承载力取腹板屈服时的剪力和梁段两端形成塑性铰时的剪力两者的较小值。本规范根据我国钢结构设计规范关于钢材拉、压、弯强度设计值与屈服强度的关系，取承载力抗震调整系数为 1.0，计算结果与 AISC 相当；当轴力设计值超过 $0.15Af$ 时，则降低梁段的受剪承载力，以保证该梁段具有稳定的滞回性能。

为使支撑斜杆承受消能梁段的梁端弯矩，支撑与梁段的连接应设计成刚接。

8.2.8 本条按强连接弱构件的原则规定，按地震组合内力(不是构件截面乘强度设计值)计算时体现在 γ_{RE} 的不同，按承载力验算即构件达到屈服（流限）时连接不受破坏。由于 γ_{RE} 的取值对构件低于连接，仅对连接的极限承载力进行验算，可能在弹性阶段就出现螺栓连接滑移，因此，连接的弹性设计是十分重要的。

1 梁与柱连接极限受弯承载力的计算系数 1.2，是考虑钢材实际屈服强度对其标准值的提高。各国钢材的情况不同，取值也有所不同。美国 AISC—97 抗震规定和日本 1998 年钢结构极限状态设计规范对该系数作了调整，有的提高，有的降低，不同牌号钢材也不相同，与各自钢材的情况有关。我国1998年对Q235和Q345（16Mn）的抗力分项系数进行了调查，并按国家标准规定的钢材厚度等级划分新规定进行了统计，其结果与过去对3号钢和16Mn的统计很接近，故仍采用原来的1.2。

极限受剪承载力的计算系数1.2，仅考虑了钢材实际屈服强度对标准值的提高，并另外考虑了该跨内荷载的剪力效应。

连接计算时，弯矩由翼缘承受和剪力由腹板承受的近似方法计算。梁上下翼缘全熔透坡口焊缝的极限受弯承载力 M_u，取梁的一个翼缘的截面面积 A_f、厚度 t_f、梁截面高度 h 和构件母材的抗拉强度最小值 f_u 按下式计算：

$$M_u = A_f (h - t_f) f_u$$

角焊缝的强度高于母材的抗剪强度，参考日本1998年规范，梁腹板连接的极限受剪承载力 V_u，取不高于母材的极限抗剪强度和角焊缝的有效受剪面积 A_f^w 按下式计算：

$$V_u = 0.58 A_f^w f_u$$

2 支撑与框架的连接及支撑的拼接，需采用螺栓连接。连接在支撑轴线方向的极限承载力应不小于支撑净截面屈服承载力的1.2倍。

3 梁、柱构件拼接处，除少数情况外，在大震时都将进入塑性区，故拼接按承受构件全截面屈服时的内力设计。梁的拼接，考虑构件运输，通常位于距节点不远处，在大震时将进入塑性，其连接承载力要求与梁端连接类似。梁拼接的极限剪力取拼接截面腹板屈服时的剪力乘1.3。

4 工字形截面(绕强轴)和箱形截面有轴力时的塑性受弯承载力，按GBJ 17—88 的规定采用。工字形截面(绕弱轴)有轴力时的塑性受弯承载力，参考日本《钢结构塑性设计指南》的规定采用。

5 对接焊缝的极限强度高于母材的抗拉强度，计算时取其等于母材的抗拉强度最小值。角焊缝的极限抗剪强度也高于母材的极限抗剪强度，参考日本规定，梁腹板连接的角焊缝极限受剪承载力 V_u，取母材的极限抗剪强度乘角焊缝的有效受剪面积。

6 高强度螺栓的极限抗剪强度，根据原哈尔滨建筑工程学院的试验结果，螺栓剪切破坏强度与抗拉强度之比大于0.59，本规范偏于安全地取0.58。螺栓连接的极限承压强度，GBJ 17—88 修订时曾做过大量试验，螺栓连接的端距取 $2d$，就是考虑 $f_{cu} = 1.5 f_u$ 得出的。因此，连接的极限承压强度取 $f_{cu}^b = 1.5 f_u$，以便与相关标准相协调。对螺栓受剪和钢板承压得出的承载力，应取二者的较小值。

8.3 钢框架结构的抗震构造措施

8.3.1 框架柱的长细比关系到钢结构的整体稳定，研究表明，钢结构高度很大时，轴向力大，竖向地震对框架柱的影响很大，本规范的数值参考国外标准，对6、7度时适当放宽。

8.3.2 框架梁柱板件宽厚比的规定，是以结构符合强柱弱梁为前提，考虑柱仅在后期出现少量塑性，不需要很高的转动能力，综合考虑美国和日本的规定制定的。当不能做到强柱弱梁，即不满足规范 8.2.5—1 要求时，表8.3.2-2 中工字形柱翼缘悬伸部分的 11 和 10 应分别改为 10 和 9，工字形柱腹板的 43 应分别改为 40(7度)和36(8、9度)。

8.3.4 本条规定了梁柱连接的构造要求。

梁与柱刚性连接的两种方法，在工程中应用都很多。通过与柱焊接的梁悬臂段进行连接的方式对结构制作要求较高，可根据具体情况选用。

震害表明，梁翼缘对应位置的柱加劲肋规定与梁翼缘等厚是十分必要的。6度时加劲肋厚度可适当减小，但应通过承载力计算确定，且不得小于梁翼缘厚度的一半。

当梁腹板的截面模量较大时，腹板将承受部分弯矩。美国规定翼缘截面模量小于全截面模量70%时要考虑腹板受弯。本规范要求此时将腹板的连接适当加强。

美国加州1994年诺斯里奇地震和日本1995年阪神地震，钢框架梁柱节点受严重破坏，但两国的节点构造不同，破坏特点和所采取的改进措施也不完全相同。

（1）美国通常采用工字形柱，日本主要采用箱形柱；

（2）在梁翼缘对应位置的柱加劲肋厚度，美国按传递设计内力设计，一般为梁翼缘厚度之半，而日本要比梁翼缘厚一个等级；

（3）梁端腹板的下翼缘切角，美国采用矩形，高度较小，使下翼缘焊缝在施焊时实际上要中断，并使探伤操作困难，致使梁下翼缘焊缝出现了较大缺陷，日本梁端下翼缘切角接近三角形，高度稍大，允许施焊时焊条通过，虽然施焊仍不很方便，但情况要好些；

（4）对于梁腹板与连接板的连接，美国除螺栓外，当梁翼缘的塑性截面模量小于梁全截面塑性截面模量的70%时，在连接板的角部要用焊缝连接，日本只用螺栓连接，但规定应按保有耐力计算，且不少于2～3排。

这两种不同构造所遭受破坏的主要区别是，日本的节点震害仅出现在梁端，柱无损伤，而美国的节点震害是梁柱均遭受破坏。

震后，日本仅对梁端构造作了改进，并消除焊接衬板引起的缺口效应；美国除采取措施消除焊接衬板的缺口效应外，主要致力于采取措施将塑性铰外移。

我国高层钢结构，初期由日本设计的较多，现行高钢规程的节点构造基本上参考了日本的规定，表现为:普遍采用箱形柱,梁翼缘与柱的加劲肋等厚。因此,节点的改进主要参考日本1996年《钢结构工程技术指南——工场制作篇》中的"新技术和新工法"的规定。其中,梁腹板上下端的扇形切角采用了日本的规定:

（1）腹板角部设置半径为35mm的扇形切角,与梁翼缘连接处作成半径10~15mm的圆弧,其端部与梁翼缘的全熔透焊缝应隔开10mm以上;

（2）下翼缘焊接衬板的反面与柱翼缘或壁板相连处,应采用角焊缝连接;角焊缝应沿衬板全长焊接,焊脚尺寸宜取6mm。

美日两国都发现梁翼缘焊缝的焊接衬板边缘缺口效应的危害,并采取了对策。根据我国的情况,梁上翼缘有楼板加强,并施焊条件较好,震害较少,不做处理;仅规定对梁下翼缘的焊接衬板边缘施焊。也可采用割除衬板,然后清根补焊的方法,但国外实践表明,此法费用较高。此外参考美国规定,给出了腹板设双排螺栓的必要条件。

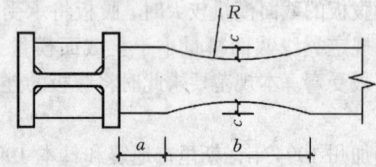

图8.3.4 骨形连接

将塑性铰外移的措施可采取梁-柱骨形连接,如图8.3.4所示。该法是在距梁端一定距离处,将翼缘两侧做月牙切削,形成薄弱截面,使强烈地震时梁的塑性铰自柱面外移,从而避免脆性破坏。月牙形切削的切削面应刨光,起点可位于距梁端约150mm,宜对上下翼缘均进行切削。切削后的梁翼缘截面不宜大于原截面面积的90%,应能承受按弹性设计的多遇地震下的组合内力。其节点延性可得到充分保证,能产生较大转角。建议8度Ⅲ、Ⅳ类场地和9度时采用。

美国加州1994年诺斯里奇地震中,梁与柱铰接点破坏较多,建议适当加强。

8.3.5 当节点域的体积不满足第8.2.5条有关规定时,参考日本规定和美国AISC钢结构抗震规程1997年版的规定,提出了加厚节点域和贴焊补强板的加强措施:

（1）对焊接组合柱,宜加厚节点板,将柱腹板在节点域范围更换为较厚板件。加厚板件应伸出柱横向加劲肋之外各150mm,并采用对接焊缝与柱腹板相连;

（2）对轧制H型柱,可贴焊补强板加强。补强板上下边缘可不伸过横向加劲肋或伸过柱横向加劲肋之外各150mm。当补强板不伸过横向加劲肋时,加劲肋应与柱腹板焊接,补强板与加劲肋之间的角焊缝应能传递补强板所分担的剪力,且厚度不小于5mm;

当补强板伸过加劲肋时,加劲肋仅与补强板焊接,此焊缝应能将加劲肋传来的力传递给补强板,补强板的厚度及其焊缝应按传递该力的要求设计。补强板侧边可采用角焊缝与柱翼缘相连,其板面尚应采用塞焊与柱腹板连成整体。塞焊点之间的距离,不应大于相连板件中较薄板件厚度的$21\sqrt{235/f_y}$倍。

8.3.6 罕遇地震下,框架节点将进入塑性区,保证结构在塑性区的整体性是很必要的。参考国外关于高层钢结构的设计要求,提出相应规定。

8.3.8 外包式柱脚在日本阪神地震中性能欠佳,故不宜在8、9度时采用。

8.4 钢框架-中心支撑结构的抗震措施

本节规定了中心支撑框架的构造要求。

8.4.2 支撑杆件的宽厚比和径厚比要求,本规范综合参考了美国1994年诺斯里奇地震、日本1995年阪神地震后发表的资料及其他研究成果拟定。支撑采用节点板连接时,应注意该节点板的稳定。

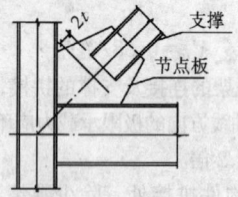

图8.4.3 支撑端部节点板构造示意图

8.4.3 美国规定,强震区的支撑框架结构中,梁与柱连接不应采用铰接。考虑到双重抗侧力体系对高层建筑抗震很重要,且梁与柱铰接将使结构位移增大,故规定7度及以上不应铰接。

支撑与节点板嵌固点保留一个小距离,可使节点板在大震时产生平面外屈曲,从而减轻对支撑的破坏,这是AISC—97（补充）的规定,如图8.4.3所示。

8.5 钢框架-偏心支撑结构的抗震措施

本节规定了保证消能梁段发挥作用的一系列构造要求。

8.5.1 为使消能梁段有良好的延性和消能能力,其钢材应采用Q235或Q345。

板件宽厚比,参考AISC规定作了适当调整。当梁上翼缘与楼板固定但不能表明其下翼缘侧向固定时,仍需置侧向支撑。

8.5.3 为使消能梁段在反复荷载下具有良好的滞回性能,需采取合适的构造加强对腹板的约束:

1 支撑斜杆轴力的水平分量成为消能梁段的轴向力,当此轴向力较大时,除降低此梁段的受剪承载力外,还需减少该梁段的长度,以保证它具有良好的滞回性能。

2 由于腹板上贴焊的补强板不能进入弹塑性变形,因此不能采用补强板;腹板上开洞也会影响其弹塑性变形能力。

3 消能梁段与支撑斜杆的连接处,需设置与腹板等高的加劲肋,以传递梁段的剪力并防止连梁腹板屈曲。

4 消能梁段腹板的中间加劲肋,需按梁段的长度区别对待,较短时为剪切屈服型,加劲肋间距小些;较长时为弯曲屈服型,需在距端部1.5倍的翼缘宽度处配置加劲肋;中等长度时需同时满足剪切屈服型和弯曲屈服型的要求。

偏心支撑的斜杆中心线与梁中心线的交点,一般在消能梁段的端部,也允许在消能梁段内(图8.5.3),此时将产生与消能梁段端部弯矩方向相反的的附加弯矩,从而减少消能梁段和支撑杆的弯矩,对抗震有利;但交点不应在消能梁段以外,因此时将增大支撑和消能梁段的弯矩,于抗震不利。

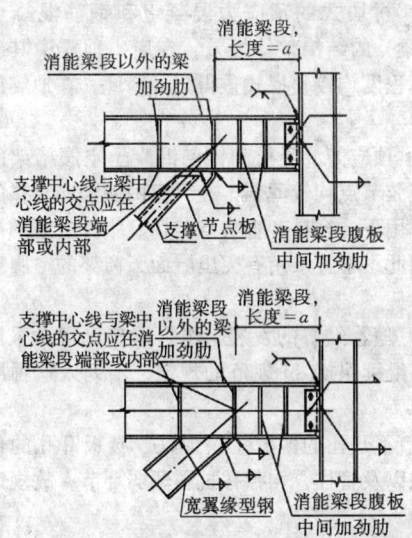

图8.5.3 偏心支撑构造

8.5.5 消能梁段两端设置翼缘的侧向隔撑,是为了承受平面外扭转。

8.5.6 与消能梁段处于同一跨内的框架梁,同样承受轴力和弯矩,为保持其稳定,也需设置翼缘的侧向隔撑。

附录G 多层钢结构厂房的抗震设计要求

多层钢结构厂的抗震设计,在不少方面与多层钢结构民用建筑是相同的,而后者又与高层钢结构的抗震设计有很多共同之处。本附录给出仅用于多层厂房的规定。

1 多层厂房宜优先采用交叉支撑,支撑布置在荷载较大的柱间,有利于荷载直接传递,上下贯通有利于结构刚度沿高度变化均匀。

2 设备或料斗(包括下料的主要管道)穿过楼层时,若分层支承,不但各层楼层梁的挠度难以同步,使各层结构传力不明确,同时在地震作用下,由于层间位移会给设备、料斗产生附加效应,严重的可能损坏旋转设备,因此同一台设备一般不能采用分层支承的方式。装料后的设备或料斗重心接近楼层的支承点,是力求降低穿过楼层布置的设备或料斗的地震作用对支承结构的附加影响。

3 采用钢铺板时,钢铺板应与钢梁有可靠连接。

4 厂房楼层检修、安装荷载代表值行业性强,大的可达$45kN/m^2$,但属短期荷载,检修结束后的楼面仅有少量替换下来的零件和操作荷载。这类荷载在地震时遇合的概率较低,按实际情况采用较为合适。

楼层堆积荷载要考虑运输通道等因素。

设备、料斗和保温材料的重力荷载,可不乘动力系数。

5 震害调查表明,设备或料斗的支承结构的破坏,将危及下层的设备和人身安全,所以直接支承设备和料斗的结构必须考虑地震作用。设备与料斗的水平地震作用的标准值F_s,设备对支承结构产生的地震作用参照美国《建筑抗震设计暂行条例》(1978)的规定给出。实测与计算表明,楼层加速度反应比输入的地面加速度大,且在同一座建筑内高部位的反应要大于低部位的反应,所以置于楼层的设备底部水平地震作用相应地要增大。当不用动力分析时,以λ值来反应楼层F_s值变化的近似规律。

6 多层厂房的纵向柱间支撑对提高厂房的纵向抗震能力很重要,给出了纵向支撑的设计要求。

7 适应厂房屋盖开洞的情况,规定了楼层水平支撑设计要求,系根据近年国内外工程设计经验提出的。水平支撑的作用,主要是传递水平地震作用和风荷载,控制柱的计算长度和保证结构构件安装时的稳定。

9 单层工业厂房

9.1 单层钢筋混凝土柱厂房

(Ⅰ)一 般 规 定

9.1.1 根据震害经验,厂房结构布置应注意的问题是:

1 历次地震的震害表明,不等高多跨厂房有高振型反应,不等长多跨厂房有扭转效应,破坏较重,均对抗震不利,故多跨厂房宜采用等高和等长。

2 唐山地震的震害表明,单层厂房的毗邻建筑任意布置是不利的,在厂房纵墙与山墙交汇的角部是不允许布置的。在地震作用下,防震缝处排架柱的侧移量大,当有毗邻建筑时,相互碰撞或变位受约束的情况严重;唐山地震中有不少倒塌、严重破坏等加重震害的震例,因此,在防震缝附近不宜布置毗邻建筑。

3 大柱网厂房和其他不设柱间支撑的厂房,在地震作用下侧移量较设置柱间支撑的厂房大,防震缝的宽度需适当加大。

4 地震作用下,相邻两个独立的主厂房的振动变形可能不同步协调,与之相连接的过渡跨的屋盖常倒塌破坏;为此过渡跨至少应有一侧采用防震缝与主厂房脱开。

5 上吊车的铁梯,晚间停放吊车时,增大该处排架侧移刚度,加大地震反应,特别是多跨厂房各跨上吊车的铁梯集中在同一横向轴线时,会导致震害破坏,应避免。

6 工作平台或刚性内隔墙与厂房主体结构连接时,改变了主体结构的工作性状,加大地震反应,导致应力集中,可能造成短柱效应,不仅影响排架柱,还可能涉及柱顶的连接和相邻的屋盖结构,计算和加强措施均较困难,故以脱开为佳。

7 不同形式的结构,振动特性不同,材料强度不同,侧移刚度不同。在地震作用下,往往由于荷载、位移、强度的不均衡,而造成结构破坏。山墙承重和中间有横墙承重的单层钢筋混凝土柱厂房和端砖壁承重的天窗架,在唐山地震中均有较重破坏,为此,厂房的一个结构单元内,不宜采用不同的结构形式。

8 两侧为嵌砌墙,中柱列设柱间支撑;一侧为外贴墙或嵌砌墙,另一侧为开敞;一侧为嵌砌墙,另一侧为外贴墙等各柱列纵向刚度严重不均匀的厂房,由于各柱列的地震作用分配不均匀,变形不协调,常导致柱列和屋盖的纵向破坏,在7度区就有这种震害反映,在8度和大于8度区,破坏就更普遍且严重,不少厂房柱倒屋塌,在设计中应予以避免。

9.1.2 根据震害经验,天窗架的设置应注意下列问题:

1 突出屋面的天窗架对厂房的抗震带来很不利的影响,因此,宜采用突出屋面较小的避风型天窗。采用下沉式天窗的屋盖有良好的抗震性能,唐山地震中甚至经受了10度地震的考验,不仅是8度区,有条件时均可采用。

2 第二开间起开设天窗,将使端开间每块屋面板与屋架无法焊接或焊连的可靠性大大降低而导致地震时掉落,同时也大大降低屋面纵向水平刚度。所以,如果山墙能够开窗,或者采光要求不太高时,天窗从第三开间起设置。

天窗架从厂房单元端第三柱间开始设置,虽增强屋面纵向水平刚度,但对建筑通风、采光不利,考虑到6度和7度区的地震作用效应较小,且很少有屋盖破坏的震例,本次修订改为:对6度和7度区不做此要求。

3 历次地震经验表明,不仅是天窗屋盖和端壁板,就是天窗侧板也宜采用轻型板材。

9.1.3 根据震害经验,厂房屋盖结构的设置应注意下列问题:

1 轻型大型屋面板无檩屋盖和钢筋混凝土有檩屋盖的抗震性能好,经过8~10度强烈地震考验,有条件时可采用。

2 唐山地震震害统计分析表明,屋盖的震害破坏程度与屋盖承重结构的型式密切相关,根据8~11度地震的震害调查统计发现:梯形屋架屋盖共调查91跨,全部或大部倒塌41跨,部分或局部倒塌11跨,共计52跨,占56.7%。拱形屋架屋盖共调查151跨:全部或大部倒塌13跨,部分或局部倒塌16跨,共计29跨,占19.2%。屋面梁屋盖共调查168跨:全部或大部倒塌11跨,部分或局部倒塌17跨,共计28跨,占16.7%。

另外,采用下沉式屋架的屋盖,经8~10度强烈地震的考验,没有破坏的震例。为此,提出厂房宜采用低重心的屋盖承重结构。

3 拼块式的预应力混凝土和钢筋混凝土屋架(屋面梁)的结构整体性差,在唐山地震中其破坏率和破坏程度均较整榀式重得多。因此,在地震区不宜采用。

4 预应力混凝土和钢筋混凝土空腹桁架的腹杆及其上弦节点均较薄弱,在天窗两侧竖向支撑的附加地震作用下,容易产生节点破坏、腹杆折断的严重破坏,因此,不宜采用有突出屋面天窗架的空腹桁架屋盖。

5 随着经济的发展,组合屋架已很少采用,本次修订继续保持89规范的规定,不列入这种屋架的规定。

9.1.4 不开孔的薄壁工字形柱、腹板开孔的普通工字形柱以及管柱,均存在抗震薄弱环节,故规定不宜采用。

(Ⅱ)计算要点

9.1.7、9.1.8 对厂房的纵横向抗震分析,本次修订明确规定,一般情况下,采用多质点空间结构分析方法;当符合附录H的条件时可采用平面排架简化方法,但计算所得的排架地震内力应考虑各种效应调整。附录H的调整系数有以下特点:

1 适用于7~8度柱顶标高不超过15m且砖墙刚度较大等情况的厂房,9度时砖墙开裂严重,空间工作影响明显减弱,一般不考虑调整。

2 计算地震作用时,采用经过调整的排架计算周期。

3 调整系数采用了考虑屋盖平面内剪切刚度、扭转和砖墙开裂后刚度下降影响的空间模型,用振型分解法进行分析,取不同屋盖类型、各种山墙间距、各种厂房跨度、高度和单元长度,得出了统计规律,给出了较为合理的调整系数。因排架计算周期偏长,地震作用偏小,当山墙间距较大或仅一端有山墙时,按排架分析的地震内力需要增大而不是减小。对一端山墙的厂房,所考虑的排架一般指无山墙端的第二榀,而不是端榀。

4 研究发现,对不等高厂房高低跨交接处支承低跨屋盖牛腿以上的中柱截面,其地震作用效应的调整系数随高、低跨屋盖重力的比值是线性下降,要由公式计算。公式中的空间工作影响系数与其他各截面(包括上述中柱的下柱截面)的作用效应调整系数含义不同,分别列于不同的表格,要避免混淆。

5 唐山地震中,吊车桥架造成了厂房局部的严重破坏。为此,把吊车桥架作为移动质点,进行了大量的多质点空间结构分析,并与平面排架简化分析比较,得出其放大系数。使用时,只乘以吊车桥架重力荷载在吊车梁顶标高处产生的地震作用,而不乘以截面的总地震作用。

历次地震,特别是海城、唐山地震,厂房沿纵向发生破坏的例子很多,而且中柱列的破坏普遍比边柱列严重得多。在计算分析和震害总结的基础上,规范提出了厂房纵向抗震计算原则和简化方法。

钢筋混凝土屋盖厂房的纵向抗震计算,要考虑围护墙有效刚度、强度和屋盖的变形,采用空间分析模型。附录J的实用计算方法,仅适用于柱顶标高不超过15m且有纵向砖围护墙的等高厂房,是选取多种简化方法与空间分析计算结果比较而得到的。其中,要用经验公式计算基本周期。考虑到随着烈度的提高,厂房纵向侧移加大,围护墙开裂加重,刚度降低明显,故一般情况,围护墙的有效刚度折减系数,在7、8、9度时可近似取0.6、0.4和0.2。不等高和纵向不对称厂房,还需考虑厂房扭转的影响,现阶段尚无合适的简化方法。

9.1.9,9.1.10 地震震害表明,没有考虑抗震设防的一般钢筋混凝土天窗架,其横向受损并不明显,而纵向破坏却相当普遍。计算分析表明,常用的钢筋混凝土带斜腹杆的天窗架,横向刚度很大,基本上随屋盖平移,可以直接采用底部剪力法的计算结果,但纵向则要按跨数和位置调整。

有斜撑杆的三铰拱式钢天窗架的横向刚度也较厂房屋盖的横向刚度大很多,也是基本上随屋盖平移,故其横向抗震计算方法可与混凝土天窗架一样采用底部剪力法。由于钢天窗架的强度和延性优于混凝土天窗架,且可靠度高,故当跨度大于9m或9度时,钢天窗架的地震作用效应不必乘以增大系数1.5。

本次修订,明确关于突出屋面天窗架简化计算的适用范围为有斜杆的三铰拱式天窗架,避免与其他桁架式天窗架混淆。

9.1.11 关于大柱网厂房的双向水平地震作用,89规范规定取一个主轴方向100%加上相应垂直方向的30%的不利组合,相当于两个方向的地震作用效应完全相同时按第5.2节规定计算的结果,因此是一种略偏安全的简化方法。为避免与第5.2节的规定不协调,不再专门列出。

位移引起的附加弯矩,即"P-Δ"效应,按本规范第3.6节的规定计算。

9.1.12 不等高厂房支承低跨屋盖的柱牛腿在地震作用下开裂较多,甚至牛腿面预埋板向外位移破坏。在重力荷载和水平地震作用下的柱牛腿纵向水平受拉钢筋的计算公式,第一项为承受重力荷载纵向钢筋的计算,第二项为承受水平拉力纵向钢筋的计算。

9.1.13 震害和试验研究表明:交叉支撑杆件的最大长细比小于200时,斜拉杆和斜压杆在支撑桁架中是共同工作的。支撑中的最大作用相当于单压杆的临界状态值。据此,在规范的附录J中规定了柱间支撑的设计原则和简化方法:

1 支撑侧移的计算:按剪切构件考虑,支撑任一点的侧移等于该点以下各节间相对侧移值的叠加。它可用以确定厂房纵向柱列的侧移刚度及上、下支撑地震作用的分配。

2 支撑斜杆抗震验算:试验结果发现,支撑的水平承载力,相当于拉杆承载力与压杆承载力乘以折减系数之和的水平分量。此折减系数由条文中的"压杆卸载系数",可以线性内插,亦可直接用下列公式确定斜拉杆的净截面A_n:

$$A_n \geqslant \gamma_{RE} l_i V_{bi} / [(1+\psi_c \varphi_i) s_c f_{at}]$$

3 唐山地震中,单层钢筋混凝土柱厂房的柱间支撑虽有一定数量的破坏,但这些厂房大多数未考虑抗震设防的。据计算分析,抗震验算的柱间支撑斜杆内力大于非抗震设计时的内力几倍。

4 柱间支撑与柱的连接节点在地震反复荷载作用下承受拉弯剪和压弯剪,试验表明其承载力比单调荷载作用下有所降低;在抗震安全性综合分析基础上,提出了确定预埋板钢筋截面面积的计算公式,适用于符合本规范第9.1.28条5款构造规定的情况

5 补充了柱间支撑节点预埋件采用角钢时的验算方法。

9.1.14 唐山地震震害表明:8度和9度区,不少抗风柱的上柱和下柱根部开裂、折断,导致山尖墙倒塌,严重的抗风柱连同山墙全部向外倾倒。抗风柱虽非单层厂房的主要承重构件,但它却是厂房纵向抗震中的重要构件,对保证厂房的纵向抗震安全,具有不可忽视的作用,补充规定8、9度时需进行平面外的截面抗震验算。

9.1.15 当抗风柱与屋架下弦相连接时,虽然此类厂房均在厂房两端第一开间设置下弦横向支撑,但当厂房遭到地震作用时,高大山墙引起的纵向水平地震作用具有较大的数值,由于阶形抗风柱的下柱刚度远大于上柱刚度,大部分水平地震作用将通过下柱的上端连接传至屋架下弦,但屋架下弦支撑的强度和刚度往

往不能满足要求，从而导致屋架下弦支撑杆件压曲。1966年邢台地震6度区、1975年海城地震8度区均出现过这种震害。故要求进行相应的抗震验算。

9.1.16 当工作平台、刚性内隔墙与厂房主体结构相连时，将提高排架的侧移刚度，改变其动力特性，加大地震作用，还可能造成应力和变形集中，加重厂房的震害。唐山地震中由此造成排架柱折断或屋盖倒塌，其严重程度因具体条件而异，很难作出统一规定。因此，抗震计算时，需采用符合实际的结构计算简图，并采取相应的措施。

9.1.17 震害表明，上弦有小立柱的拱形和折线形屋架及上弦节间长和节间矢高较大的屋架，在地震作用下屋架上弦将产生附加扭矩，导致屋架上弦破坏。为此，8、9度在这种情况下需进行截面抗扭验算。

(Ⅲ) 构 造 措 施

9.1.18 本节所指有檩屋盖，主要是波形瓦（包括石棉瓦及槽瓦）屋盖。这类屋盖只要设置保证整体刚度的支撑体系，屋面瓦与檩条间以及檩条与屋架间有牢固的拉结，一般均具有一定的抗震能力，甚至在唐山10度地震区也基本完好地保存下来。但是，如果屋面瓦与檩条或檩条与屋架拉结不牢，在7度地震区也会出现严重震害，海城地震和唐山地震中均有这种例子。

89规范对有檩屋盖的规定，系针对钢筋混凝土体系而言。本次修订，增加了对钢结构有檩体系的要求。

9.1.19 无檩屋盖指的是各类不用檩条的钢筋混凝土屋面板与屋架（梁）组成的屋盖。屋盖的各构件相互间联成整体是厂房抗震的重要保证，这是根据唐山、海城震害经验提出的总要求。鉴于我国目前仍大量采用钢筋混凝土大型屋面板，故重点对大型屋面板与屋架（梁）焊连的屋盖体系作了具体规定。

这些规定中，屋面板和屋架（梁）可靠焊连是第一道防线，为保证焊连强度，要求屋面板端头底面预埋板和屋架端部顶面预埋件均应加强锚固；相邻屋面板吊钩或四角顶面预埋铁件间的焊连是第二道防线；当制作非标准屋面板时，也应采取相应的措施。

设置屋盖支撑是保证屋盖整体性的重要抗震措施，沿用了89规范的规定。

根据震害经验，8度区天窗跨度等于或大于9m和9度区天窗架宜设置上弦横向支撑。

9.1.20 在进一步总结唐山地震经验的基础上，对屋盖支撑布置的规定作适当的补充。

9.1.21 唐山地震震害表明，采用刚性焊连构造时，天窗立柱普遍在下档和侧板连接处出现开裂和破坏，甚至倒塌，刚性连接仅在支撑很强的情况下才是可行的措施，故规定一般单层厂房宜用螺栓连接。

9.1.22 屋架端竖杆和第一节间上弦杆，静力分析中常作为非受力杆件而采用构造配筋，截面受弯、受剪承载力不足，需适当加强。对折线型屋架为调整屋面坡度而在端节间上弦顶面设置的小立柱，也要适当增大配筋和加密箍筋。以提高其拉弯剪能力。

9.1.23 根据震害经验，排架柱的抗震构造，增加了箍筋肢距的要求，并提高了角柱柱头的箍筋构造要求。

1 柱子在变位受约束的部位容易出现剪切破坏，要增加箍筋。变位受约束的部位包括：设有柱间支撑的部位、嵌砌内隔墙、侧边贴建披屋、靠山墙的角柱、平台连接处等。

2 唐山地震震害表明：当排架柱的变位受平台、刚性横隔墙等约束，其影响的严重程度和部位，因约束条件而异，有的仅在约束部位的柱身出现裂缝；有的造成屋架上弦折断、屋盖坍落（如天津拖拉机厂冲压车间）；有的导致柱头和连接破坏屋盖倒塌（如天津第一机床厂铸工车间配砂间）。必须区别情况从设计计算和构造上采取相应的有效措施，不能统一采用局部加强排架柱的箍筋，如高低跨柱的上柱的剪跨比较小时就应全高加密箍筋，并加强柱头与屋架的连接。

3 为了保证排架柱箍筋加密区的延性和抗剪强度，除箍筋的最小直径和最大间距外，增加对箍筋最大肢距的要求。

4 在地震作用下，排架柱的柱头由于构造上的原因，不是完全的铰接，而是处于压弯剪的复杂受力状态，在高烈度地区，这种情况更为严重。唐山地震中高烈度地区的排架柱头破坏较重，加密区的箍筋直径需适当加大。

5 厂房角柱的柱头处于双向地震作用，侧向变形受约束和压弯剪的复杂受力状态，其抗震强度和延性较中间排架柱头弱得多，唐山地震中，6度区就有角柱顶开裂的破坏；8度和大于8度时，震害就更多，严重的柱子折断，端屋架榻落，为此，厂房角柱的柱头加密箍筋宜提高一度配置。

9.1.24 对抗风柱，除了提出验算要求外，还提出纵筋和箍筋的构造规定。

唐山地震中，抗风柱的柱头和上、下柱的根部都有产生裂缝、甚至折断的震害，另外，柱肩产生劈裂的情况也不少。为此，柱头和上、下柱根部需加强箍筋的配置，并在柱肩处设置纵向受拉钢筋，以提高其抗震能力。

9.1.25 大柱网厂房的抗震性能是唐山地震中发现的新问题，其震害特征是：①柱根出现对角破坏，混凝土酥碎剥落，纵筋压曲，说明主要是纵、横两个方向或斜向地震作用的影响，柱根的强度和延性不足；②中柱的破坏率和破坏程度均大于边柱，说明与柱的轴压比有关。

89规范对大柱网厂房的抗震验算作了规定，本次修订，进一步补充了轴压比和相应的箍筋构造要求。其中的轴压比限值，考虑到柱子承受双向压弯剪和 P-Δ 效应的影响，受力复杂，参照了钢筋混凝土框支柱的要求，以保证延性；大柱网厂房柱仅承受屋盖（包括屋面、屋架、托架、悬挂吊车）和柱的自重，尚不致因控制轴压比而给设计带来困难。

9.1.26 柱间支撑的抗震构造，比89规范改进如下：①支撑杆件的长细比限值随烈度和场地类别而变化；②进一步明确了支撑柱子连接节点的位置和相应的构造；③增加了关于交叉支撑节点板及其连接的构造要求。

柱间支撑是单层钢筋混凝土柱厂房的纵向主要抗侧力构件，当厂房单元较长或8度Ⅲ、Ⅳ类场地和9度时，纵向地震作用效应较大，设置一道下柱支撑不能满足要求时，可设置两道下柱支撑，但应注意：两道下柱支撑宜设置在厂房单元中间三分之一区段内，不宜设置在厂房单元的两端，以避免温度应力过大；在满足工艺条件的前提下，两者靠近设置时，温度应力小；在厂房单元中部三分之一区段内，适当拉开设置则有利于缩短地震作用的传递路线，设计中可根据具体情况确定。

交叉式柱间支撑的侧移刚度大，对保证单层钢筋混凝土柱厂房在纵向地震作用下的稳定性有良好的效果，但在与下柱连接的节点处理时，会遇到一些困难。

9.1.28 本条规定厂房各构件连接节点的要求，具体贯彻了本规范第3.5节的原则规定，包括屋架与柱的连接，柱顶锚件；抗风柱、牛腿（柱肩）、柱与柱间支撑连接处的预埋件：

1 柱顶与屋架采用钢板铰，在前苏联的地震中经受了考验，效果较好，建议在9度时采用。

2 为加强柱牛腿（柱肩）预埋板的锚固，要把相当于承受水平拉力的纵向钢筋（即本节第9.1.12条中的第2项）与预埋板焊连。

3 在设置柱间支撑的截面处（包括柱顶、柱底等），为加强锚固，发挥支撑的作用，提出了节点预埋件采用角钢加端板锚固的要求，埋板与锚件的焊接，通常用埋弧焊或开锥形孔塞焊。

4 抗风柱的柱顶与屋架上弦的连接节点，要具有传递纵向水平地震力的承载力和延性。抗风柱顶与屋架（屋面梁）上弦可靠连接，不仅保证抗风柱的强度和稳定，同时也保证山墙产生的纵向地震作用的可靠传递，但连接点必须在上弦横向支撑与屋架的连接点，否则将使屋架上弦产生附加的节间平面外弯矩。由于现在的预应力混凝土和钢筋混凝土屋架，一般均不符合抗风柱布置间距的要求，故补充规定以引起注意，当遇到这样情况时，可以采用在屋架横向支撑中加设次腹杆或型钢横梁，使抗风柱顶的水平力传递至上弦横向支撑的节点。

9.2 单层钢结构厂房

（Ⅰ）一般规定

9.2.1 钢结构的抗震性能一般比较好，未设防的钢结构厂房，地震中损坏不重，主要承重结构一般无损坏。

但是，1978年日本宫城县地震中，有5栋钢结构建筑倒塌，1976年唐山机车车辆厂等的钢结构厂房破坏甚至倒塌，因此，普通型钢的钢结构厂房仍需进行抗震设计。

轻型钢结构厂房的自重轻，钢材的截面特性与普通型钢不同，本次修订未纳入。

9.2.3 本条规定了厂房结构体系的要求：

1 多跨厂房的横向刚度较大，不要求各跨屋架均与柱刚接。采用门式刚架、悬臂柱等体系的结构在实际工程中也不少见。对厂房纵向的布置要求，本条规定与单层钢结构厂房的实际情况是一致的。

2 厚度较大无法进行螺栓连接的构件，需采用对接焊缝等强连接，并遵守厚板的焊接工艺，确保焊接质量。

3 实践表明，屋架上弦杆与柱连接处出现塑性铰的传统做法，往往引起过大变形，导致房屋出现功能障碍，故规定了此处连接板不应出现塑性铰。当横梁为实腹梁时，则应符合抗震连接的一般要求。

4 钢骨架的最大应力区在地震时可能产生塑性铰，导致构件失去整体和局部稳定，故在最大应力区不能设置焊接接头。为保证节点具有足够的承载能力，还规定了节点在构件全截面屈服时不发生破坏的要求。

（Ⅱ）计算要点

9.2.4 根据单层厂房的实际情况，对抗震计算模型分别作了规定。

9.2.5 厂房排架抗震分析时，要根据围护墙的类型和墙与柱的连接方式来决定其质量与刚度的取值原则，使计算较合理。

9.2.6 单层钢结构厂房的横向抗震计算，大体上与钢筋混凝土柱厂房相同，但因围护墙类型较多，故分别对待。参照钢筋混凝土柱厂房做简化计算时，地震弯矩和剪力的调整系数未做规定。

9.2.7 等高多跨钢结构厂房的纵向抗震计算，与钢筋混凝土厂房不同，主要由于厂房的围护墙与柱是柔性连接或不妨碍柱子侧移，各纵向柱列变位基本相同。因此，对无檩屋盖可按柱列刚度分配；对有檩屋盖可按柱列承受重力荷载代表值比例分配和按单柱列计算，再取二者的较大值。

9.2.8 本条对屋盖支撑设计作了规定。主要是连接承载力的要求和腹杆设计的要求。

对于按长细比决定截面的支撑构件，其与弦杆的连接可不要求等强连接，只要不小于构件的内力即可；屋盖竖向支撑承受的作用力包括屋盖自重产生的地震力，还要将其传给主框架，杆件截面需由计算确定。

（Ⅲ）抗震构造措施

9.2.11 钢结构设计的习用规定，长细比限值与柱的轴压比无关，但与材料的屈服强度有关。修改后的表示方式与《钢结构设计规范》中的表示方式是一致的。

9.2.12 单层厂房柱、梁的板件宽厚比，应较静力弹性设计为严。本条参考了冶金部门的设计规定，它来自试算和工程经验分析。其中，考虑到梁可能出现塑性铰，按《钢结构设计规范》中关于塑性设计的要求控制。圆钢管的径厚比来自日本资料。

9.2.13 能传递柱全截面屈服承载力的柱脚，可采用如下形式：

（1）埋入式柱脚，埋深的近似计算公式，来自日本早期的设计规定和英国钢结构设计手册；

（2）外包式柱脚；

（3）外露式柱脚，底板与基础顶面间用无收缩砂浆进行二次灌浆，剪力较大时需设置抗剪键。

9.2.14 设置柱间支撑要兼顾减小温度应力的要求。

在厂房中部设置上下柱间支撑，仅适用于有吊车的厂房，其目的是避免吊车梁等纵向构件的温度应力；温度区间长度较大时，需在中部设置两道柱间支撑。上柱支撑按受拉配置，其截面一般较小，设在两端对纵向构件胀缩影响不大，无论烈度大小均需设置。

无吊车厂房纵向构件截面较小，柱间支撑不一定必需设在中部。

此外，89规范关于焊缝严禁立体交叉的规定，属于非抗震设计的基本要求，本次修订不再专门列出。

9.3 单层砖柱厂房

（Ⅰ）一般规定

9.3.1 本次修订明确本节适用范围为烧结普通粘土砖砌体。

在历次大地震中，变截面砖柱的上柱震害严重又不易修复，故规定砖柱厂房的适用范围为等高的中小型工业厂房。超出此范围的砖柱厂房，要采取比本节规定更有效的措施。

9.3.2 针对中小型工业厂房的特点，对钢筋混凝土无檩屋盖的砖柱厂房，要求设置防震缝。对钢、木等有檩屋盖的砖柱厂房，则明确可不设防震缝。

防震缝处需设置双柱或双墙，以保证结构的整体稳定性和刚性。

9.3.3 本次修订规定，屋盖设置天窗时，天窗不应通到端开间，以免过多削弱屋盖的整体性。天窗采用端砖壁时，地震中较多严重破坏，甚至倒塌，不应采用。

9.3.4 厂房的结构选型应注意：

1 历次大地震中，均有相当数量不配筋的无阶形柱的单层砖柱厂房，经受8度地震仍基本完好或轻微损坏。分析认为，当砖柱厂房山墙的间距、开洞率和高宽比均符合砌体结构静力计算的"刚性方案"条件且山墙的厚度不小于240mm时，即：

（1）厂房两端均设有承重山墙且山墙和横墙间距，对钢筋混凝土无檩屋盖不大于32m，对钢筋混凝土有檩屋盖、轻型屋盖和有密铺望板的木屋盖不大于20m；

（2）山墙或横墙上洞口的水平截面面积不应超过山墙或横墙截面面积的50%；

（3）山墙和横墙的长度不小于其高度。

不配筋的砖排架柱仍可满足8度的抗震承载力要求。仅从承载力方面，8度地震时可不配筋；但历次的震害表明，当遭遇9度地震时，不配筋的砖柱大多数倒塌，按照"大震不倒"的设计原则，本次修订仍保留78规范、89规范关于8度设防时应设置"组合砖柱"的规定。同时进一步明确，多跨厂房在8度Ⅲ、Ⅳ类场地和9度设防时，中柱宜采用钢筋混凝土柱，仅边柱可略放宽为采用组合砖柱。

2 震害表明，单层砖柱厂房的纵向也要有足够的强度和刚度，单靠独立砖柱是不够的，象钢筋混凝土柱厂房那样设置交叉支撑也不妥，因为支撑吸引来的地震剪力很大，将会剪断砖柱。比较经济有效的办法是，在柱间砌筑与柱整体连接的纵向砖墙并设置砖墙基础，以代替柱间支撑加强厂房的纵向抗震能力。

8度Ⅲ、Ⅳ类场地且采用钢筋混凝土屋盖时，由于纵向水平地震作用较大，不能单靠屋盖中的一般纵向构件传递，所以要求在无上述抗震墙的砖柱顶部处设压杆（或用满足压杆构造的圈梁、天沟或檩条等代替）。

3 强调隔墙与抗震墙合并设置，目的在于充分利用墙体的功能，并避免非承重墙对柱及屋架与柱连接点的不利影响。当不能合并设置时，隔墙要采用轻质材料。

单层砖柱厂房的纵向隔墙与横向内隔墙一样，也宜做成抗震墙，否则会导致主体结构的破坏，独立的纵向、横向内隔墙，受震后容易倒塌，需采取保证其平面外稳定性的措施。

（Ⅱ）计算要点

9.3.5 本次修订增加了7度Ⅰ、Ⅱ类场地柱高不超过6.6m时，可不进行纵向抗震验算的条件。

9.3.6，9.3.7 在本节适用范围内的砖柱厂房，纵、横向抗震计算原则与钢筋混凝土柱厂房基本相同，故可参照本章第9.1节所提供的方法进行计算。其中，纵向简化计算的附录J不适用，而屋盖为钢筋混凝土或密铺望板的瓦木屋盖时，横向平面排架计算同样按附录H考虑厂房的空间作用影响。理由如下：

根据现行国家标准《砌体结构设计规范》的规定：密铺望板瓦木屋盖与钢筋混凝土有檩屋盖属于同一种屋盖类型，静力计算中，符合刚弹性方案的条件时（20m～48m）均可考虑空间工作，但89抗震规范规定：钢筋混凝土有檩屋盖可以考虑空间工作，而密铺望板的瓦木屋盖不可以考虑空间工作，二者不协调。

1 历次地震，特别是辽南地震和唐山地震中，不少密铺望板瓦木屋盖单层砖柱厂房反映了明显的空间工作特性。

2 根据王光远教授《建筑结构的振动》的分析结论，不仅仅钢筋混凝土无檩屋盖和有檩屋盖（大波瓦、槽瓦）厂房，就是石棉瓦和粘土瓦屋盖厂房在地震作用下，也有明显的空间工作。

3 从具有木望板的瓦木屋盖单层砖柱厂房的实测可以看出：实测厂房的基本周期均比按排架计算周期为短，同时其横向振型与钢筋混凝土屋盖的振型基本一致。

4 山墙间距小于24m时，其空间工作更明显，且排架柱的剪力和弯矩的折减有更大的趋势，而单层砖柱厂房山、楼墙间距小于24m的情况，在工程建设中也是常见的。

5 根据以上分析，对单层砖柱厂房的空间工作问题作如下修订：

（1）7度和8度时，符合砌体结构刚弹性方案（20m～48m）的密铺望板瓦木屋盖单层砖柱厂房与钢筋混凝土有檩屋盖单层砖柱厂房一样，也可考虑地震作用下的空间工作。

（2）附录K"砖柱考虑空间工作的调整系数"中的"两端山墙间距"改为"山墙、承重（抗震）横墙的间距"；并将＜24m分为24m、18m、12m。

（3）单层砖柱厂房考虑空间工作的条件与单层钢筋混凝土柱厂房不同，在附录K中加以区别和修正。

9.3.9 砖柱的抗震验算，在现行国家标准《砌体结构设计规范》的基础上，按可靠度分析，同样引入承载力调整系数后进行验算。

（Ⅲ）构造措施

9.3.10 砖柱厂房一般多采用瓦木屋盖，89规范关于木屋盖的规定是合理的，基本上未作改动。

木屋盖的支撑布置中，如端开间下弦水平系杆与山墙连接，地震后容易将山墙顶坏，故不宜采用。

木天窗架需加强与屋架的连接，防止受震后倾倒。

9.3.11 檩条与山墙连接不好，地震时将使支承处的砌体错动，甚至造成山尖墙倒塌，檩条伸出山墙的出山屋面有利于加强檩条与山墙的连接，对抗震有利，可以采用。

9.3.13 震害调查发现，预制圈梁的抗震性能较差，故规定在屋架底部标高处设置现浇钢筋混凝土圈梁。为加强圈梁的功能，规定圈梁的截面高度不应小于180mm；宽度习惯上与砖墙同宽。

9.3.14 震害还表明，山墙是砖柱厂房抗震的薄弱部位之一，外倾、局部倒塌较多；甚至有全部倒塌的。为此，要求采用卧梁加强锚拉的措施。

9.3.15 屋架（屋面梁）与柱顶或墙顶的圈梁锚固的修订如下：

1 震害表明：屋架（屋面梁）和柱子可用螺栓连接，也可采用焊接连接。

2 对垫块的厚度和配筋作了具体规定。垫块厚度太薄或配筋太少时，本身可能局部承压破坏，且埋件锚固不足。

3 9度时屋盖的地震作用及位移较大；圈梁与垫块相连的部位要受到较大的扭转作用，故其箍筋适当加密。

9.3.16 根据设计需要，本次修订规定了砖柱的抗震要求。

9.3.17 钢筋混凝土屋盖单层砖柱厂房，在横向水平地震作用下，由于空间工作的因素，山墙、横墙将负担较大的水平地震剪力，为了减轻山墙、横墙的剪切破坏，保证房屋的空间工作，对山墙、横墙的开洞面积加以限制，8度时宜在山墙、横墙的两端，9度时尚应在高大门洞两侧设置构造柱。

9.3.18 采用钢筋混凝土无檩屋盖等刚性屋盖的单层砖柱厂房，地震时砖墙往往在屋盖处圈梁底面下一至四皮砖范围内出现周围水平裂缝。为此，对于高烈度地区刚性屋盖的单层砖柱厂房，在砖墙顶部沿墙长每隔1m左右埋设一根$\phi 8$竖向钢筋，并插入顶部圈梁内，以防止柱周围水平裂缝，甚至墙体错动破坏的产生。

此外，本次修订取消了双曲砖拱屋盖的有关内容。

10 单层空旷房屋

10.1 一般规定

单层空旷房屋是一组不同类型的结构组成的建筑，包含有单层的观众厅和多层的前后左右的附属用房。无侧厅的食堂，可参照第9章设计。

观众厅与前后厅之间、观众厅与两侧厅之间一般不设缝，而震害较轻；个别房屋在观众厅与侧厅处留缝，反而破坏较重。因此，在单层空旷房屋中的观众厅与侧厅、前后厅之间可不设防震缝，但根据第3章的要求，布置要对称，避免扭转，并按本章采取措施，使整组建筑形成相互支持和有良好联系的空间结构体系。

本次修订，根据震害分析，进一步明确各部分之间应加强连接而不设置防震缝。

大厅人员密集，抗震要求较高，故观众厅有挑台，或房屋高、跨度大，或烈度高，要采用钢筋混凝土框架式门式刚架结构等。本次修订为提高其抗震安全性，适当增加了采用钢筋混凝土结构的范畴。对前厅、大厅、舞台等的连接部位及受力集中的部位，也需采取加强措施或采用钢筋混凝土构件。

本章主要规定了单层空旷房屋大厅抗震设计中有别于单层厂房的要求，对屋盖选型、构造、非承重隔墙及各种结构类型的附属房屋的要求，见各有关章节。

10.2 计算要点

单层空旷房屋的平面和体型均较复杂，按目前分析水平，尚难进行整体计算分析。为了简化，可将整个房屋划为若干个部分，分别进行计算，然后从构造上和荷载的局部影响上加以考虑，互相协调。例如，通过周期的经验修正，使各部分的计算周期趋于一致；横向抗震分析时，考虑附属房屋的结构类型及其与大厅的连接方式，选用排架、框排架或排架－抗震墙的计算简图，条件合适时亦可考虑空间工作的影响，交接处的柱子要考虑高振型的影响；纵向抗震分析时，考虑屋盖的类型和前后厅等影响，选用单柱列或空间协同分析模型。

根据宏观震害调查，单层空旷房屋中，舞台后山墙等高大山墙的壁柱，要进行出平面的抗震验算，验算要求参考第9章。

本次修订，修改了关于空旷房屋自振周期计算的规定，改为直接取地震影响系数最大值计算地震作用。

10.3 抗震构造措施

单层空旷房屋的主要抗震构造措施如下：

1 6、7度时，中、小型单层空旷房屋的大厅，无筋的纵墙壁柱虽可满足承载力的设计要求，但考虑到大厅使用上的重要性，仍要求采用配筋砖柱或组合砖柱。

2 前厅与大厅、大厅与舞台之间的墙体是单层空旷房屋的主要抗侧力构件，承担横向地震作用。因此，应根据抗震设防烈度及房屋的跨度、高度等因素，设置一定数量的抗震墙。与此同时，还应加强墙上的大梁及其连接的构造措施。

舞台口梁为悬梁，上部支承有舞台上的屋架，受力复杂，而且舞台口两侧墙体为一端自由的高大悬墙，在舞台口处不能形成一个门架式的抗震横墙，在地震作用下破坏较多。因此，舞台口墙要加强与大厅屋盖体系的拉结，用钢筋混凝土立柱和水平圈梁来加强自身的整体性和稳定性。9度时不要采用舞台口砌体悬梁。

3 大厅四周的墙体一般较高，需增设多道水平围梁来加强整体性和稳定性，特别是墙顶标高处的圈梁更为重要。

4 大厅与两侧的附属房屋之间一般不设防震缝，其交接处受力较大，故要加强相互间的连接，以增强房屋的整体性。

5 二层悬挑式挑台不但荷载大，而且悬挑跨度也较大，需要进行专门的抗震设计计算分析。

本次修订，增加了钢筋混凝土柱按抗震等级二级进行设计的要求，增加了关于大厅和前厅相连横墙的构造要求。增加了部分横墙采用钢筋混凝土抗震墙并按二级抗震等级设计的要求。

11 土、木、石结构房屋

11.1 村镇生土房屋

本节内容未做修订。89规范对生土建筑作了分类，并就其适用范围以及设计施工方面的注意事项作了一般性规定。因地区特点、建筑习惯的不同和名称的不统一，分类不可能全面。灰土墙承重房屋目前在我国仍有建造，故列入有关要求。

生土房屋的层数，因其抗震能力有限，仅以一、二层为宜。

11.1.3 各类生土房屋，由于材料强度较低，在平立面布置上更要求简单，一般每开间均要有抗震横墙，不采用外廊为砖柱、石柱承重，或四角用砖柱、石柱承重的作法，也不要将大梁搁置在土墙上。房屋立面要避免错层、突变，同一栋房屋的高度和层数必须相同。这些措施都是为了避免在房屋各部分出现应力集中。

11.1.4 生土房屋的屋面采用轻质材料，可减轻地震作用；提倡用双坡和弧形屋面，可降低山墙高度，增加其稳定性；单坡屋面山墙过高，平屋面防水有问题，不宜采用。

由于是土墙，一切支承点均应有垫板或圈梁。檩条要满搭在墙上或椽子上，端檩要出檐，以使外墙受荷均匀，增加接触面积。

11.1.5～11.1.7 对生土房屋中的墙体砌筑的要求，大致同砌体结构，即内外墙交接处要采取简易又有效的拉结措施，土坯要卧砌。

土坯的土质和成型方法，决定了土坯的好坏并最终决定土墙的强度，应予以重视。

生土房屋的地基要求务实，并设置防潮层以防止生土墙体酥落。

11.1.8 为加强灰土墙房屋的整体性，要求设置圈梁。圈梁可用配筋砖带或木圈梁。

11.1.9 提高土拱房的抗震性能，主要是拱脚的稳定、拱圈的牢固和整体性。若一侧为崖体一侧为人工土墙，会因软硬不同导致破坏。

11.1.10 土窑洞有一定的抗震能力，在宏观震害调查时看到，土体稳定、土质密实、坡度较平缓的土窑洞在7度区有较完好的例子。因此，对土窑洞来说，首先要选择良好的建筑场地，应避开易产生滑坡、山崩的地段。

崖窑前不要接砌土坯或其他材料的前脸，否则前脸部分将极易遭到破坏。

有些地区习惯开挖层窑，一般来说比较危险，如需要时应注意间隔足够的距离，避免一旦土体破坏时发生连锁反应，造成大面积坍塌。

11.2 木结构房屋

本节主要是依据1981年道孚6.9级地震的经验。

11.2.1 本节所规定的木结构房屋，不适用于木柱与屋架（梁）铰接的房屋。因其柱子上、下端均为铰接，是不稳定的结构体系。

11.2.3 木柱房屋限高二层，是为了避免木柱有接头。震害表明，木柱无接头的旧房损坏较轻，而新建的有接头的房屋却倒塌。

11.2.4 四柱三跨木排架指的是中间有一个较大的主跨，两侧各有一个较小边跨的结构，是大跨空旷木柱房屋较为经济合理的方案。

震害表明，15～18m宽的木柱房屋，若仅用单跨，破坏严重，甚至倒塌；而采用四柱三跨的结构形式，甚至出现地裂缝，主跨也安然无恙。

11.2.5 木结构房屋无承重山墙，故本规范第9.3节规定的房屋两端第二开间设置屋盖支撑的要求需向外移到端开间。

11.2.6～11.2.8 木柱与屋架（梁）设置斜撑，目的控制横向侧移和加强整体性，穿斗木构架房屋整体性较好，有相当的抗倒力和变形能力，故可不必采用斜撑来限制侧移，但平面外的稳定性还需采用纵向支撑来加强。

震害表明，木柱与木屋架的斜撑若用夹板形式，通过螺栓与屋架下弦节点和上弦处紧密连结，则基本完好，而斜撑连接于下弦任意部位时，往往倒塌或严重破坏。

为保证排架的稳定性，加强柱脚和基础的锚固是十分必要的，可采用拉结铁件与螺栓连结的方式。

11.2.11 本条是新增的，提出了关于木构件截面尺寸、开榫、接头等的构造要求。

11.2.12 砌体围护墙不应把木柱完全包裹，目的是消除下列不利因素：

1 木柱不通风，极易腐蚀，且难于检查木柱的变质；

2 地震时木柱变形大，不能共同工作，反而把砌体推坏，造成砌体倒塌伤人。

11.3 石结构房屋

11.3.1、11.3.2 多层石房震害经验不多，唐山地区多数是二层，少数三、四层，而昭通地区大部分是二、三层，仅泉州石结构古塔高达48.24m，经过1604年8级地震（泉州烈度为8度）的考验至今犹存。

多层石房高度限值相对于砖房是较小的，这是考虑到石块加工不平整，性能差别很大，且目前石结构的经验还不足。使用"不宜"，可理解为通过试验或有其他依据时，可适当增减。

11.3.6 从宏观震害和实验情况来看，石墙体的破坏特征和砖结构相近，石墙体的抗剪承载力验算可与多层砌体结构采用同样的方法。但其承载力设计值应由试验确定。

11.3.7 石结构房屋的构造柱设置要求，系参照89规范混凝土中型砌块房屋对芯柱的设置要求规定的，而构造柱的配筋构造等要求，需参照多层粘土砖房的规定。

本次修订提高了7度时石结构房屋构造柱设置的要求。

11.3.8 洞口是石墙体的薄弱环节，因此需对其洞口的面积加以限制。

11.3.9 多层石房每层设置钢筋混凝土圈梁，能够提高其抗震能力，减轻震害，例如，唐山地震中，10度区有5栋设置了圈梁的二层石房，震后基本完好，或仅轻微破坏。

与多层砖房相比，石墙体房屋圈梁的截面加大，配筋略有增加，因为石墙体材料重量较大。在每开间及每道墙上，均设置现浇圈梁是为了加强墙体间的连接和整体性。

11.3.10 石墙在交接处用条石无垫片砌筑，并设置拉结钢筋网片，是根据石墙体材料的特点，为加强房屋整体性而采取的措施。

12 隔震和消能减震设计

12.1 一般规定

12.1.1 隔震和消能减震是建筑结构减轻地震灾害的新技术。

隔震体系通过延长结构的自振周期能够减少结构的水平地震作用，已被国外强震记录所证实。国内外的大量试验和工程经验表明：隔震一般可使结构的水平地震加速度反应降低60%左右，从而消除或有效地减轻结构和非结构的地震损坏，提高建筑物及其内部设施和人员的地震安全性，增加了震后建筑物继续使用的功能。

采用消能减震的方案，通过消能器增加结构阻尼来减少结构在风作用下的位移是公认的事实，对减少结构水平和竖向的地震反应也是有效的。

适应我国经济发展的需要，有条件地利用隔震和消能减震来减轻建筑结构的地震灾害，是完全可能的。本章主要吸收国内外研究成果中较成熟的内容，目前仅列入橡胶隔震支座的隔震技术和关于消能减震设计的基本要求。

12.1.2 隔震技术和消能减震技术的主要使用范围，是可增加投资来提高抗震安全的建筑，除了重要机关、医院等地震时不能中断使用的建筑外，一般建筑经方案比较和论证后，也可采用。进行方案比较时，需对建筑的抗震设防分类、抗震设防烈度、场地条件、使用功能及建筑、结构的方案，从安全和经济两方面进行综合分析对比，论证其合理性和可行性。

12.1.3 现阶段对隔震技术的采用，按照积极稳妥推广的方针，首先在使用有特殊要求和8、9度地区的多层砌体、混凝土框架和抗震墙房屋中运用。论证隔震设计的可行性时需注意：

1 隔震技术对低层和多层建筑比较合适。日本和美国的经验表明，不隔震时基本周期小于1.0s的建筑结构效果最佳；对于高层建筑效果不大。此时，建筑结构基本周期的估计，普通的砌体房屋可取0.4s，钢筋混凝土框架取 $T_1=0.075H^{3/4}$，钢筋混凝土抗震墙结构取 $T_1=0.05H^{3/4}$。

2 根据橡胶隔震支座抗拉性能差的特点，需限制非地震作用的水平荷载，结构的变形特点需符合剪切变形为主的要求，即满足本规范第5.1.2条规定的高度不超过40m可采用底部剪力法计算的结构，以利于结构的整体稳定性。对高宽比大的结构，需进行整体倾覆验算，防止支座压屈或出现拉应力。

3 国外对隔震工程的许多考察发现：硬土场地较适合于隔震房屋；软弱场地滤掉了地震波的中高频分量，延长结构的周期将增大而不是减小其地震反应，墨西哥地震就是一个典型的例子。日本的隔震标准草案规定，隔震房屋只适用于一、二类场地。我国大部分地区（第一组）Ⅰ、Ⅱ、Ⅲ类场地的设计特征周期均较小，故除Ⅳ类场地外均可建造隔震房屋。

4 隔震层防火措施和穿越隔震层的配管、配线，有与其特性相关的专门要求。

12.1.4 消能减震房屋最基本的特点是：

1 消能装置可同时减少结构的水平和竖向的地震作用，适用范围较广，结构类型和高度均不受限制；

2 消能装置应使结构具有足够的附加阻尼，以满足罕遇地震下预期的结构位移要求；

3 由于消能装置不改变结构的基本形式，除消能部件和相关部件外的结构设计仍可按本规范各章对相应结构类型的要求执行。这样，消能减震房屋的抗震构造，与普通房屋相比不降低，其抗震安全性可有明显的提高。

12.1.5 隔震支座、阻尼器和消能减震部件在长期使用过程中需要检查和维护。因此，其安装位置应便于维护人员接近和操作。

为了确保隔震和消能减震的效果，隔震支座、阻尼器和消能减震部件的性能参数应严格检验。

12.2 房屋隔震设计要点

12.2.1 本规范对隔震的基本要求是：通过隔震层的大变形来减少其上部结构的地震作用，从而减少地震破坏。隔震设计需解决的主要问题是：隔震层位置的确定，隔震垫的数量、规格和布置，隔震支座平均压应力验算，隔震层在罕遇地震下的承载力和变形控制，隔震层不隔离竖向地震作用的影响，上部结构的水平向减震系数及其与隔震层的连接构造等。

隔震层的位置需布置在第一层以下。当位于第一层及以上时，隔震体系的特点与普通隔震结构可有较大差异，隔震层以下的结构设计计算也更复杂，需作专门研究。

为便于我国设计人员掌握隔震设计方法，本章提出了"水平向减震系数"的概念。按减震系数进行设计，隔震层以上结构的水平地震作用和抗震验算，构件承载力大致留有0.5度的安全储备。因此，对于丙类建筑，相应的构造要求也可有所降低。但必须注意，结构所受的地震作用，既有水平向也有竖向，目前的橡胶隔震支座只具有隔离水平地震的功能，对竖向地震没有隔震效果，隔震后结构的竖向地震力可能大于水平地震力，应予以重视并做相应的验算，采取适当的措施。

12.2.2 本条规定了隔震体系的计算模型，且一般要求采用时程分析法进行设计计算。在附录L中提供了简化计算方法。

12.2.3、12.2.4 规定了隔震层设计的基本要求。

1 关于橡胶隔震支座的平均压应力和最大拉应力限值。

（1）根据Haring弹性理论，按稳定要求，以压缩荷载下叠层橡胶水平刚度为零的压应力作为屈曲应力 σ_{cr}，该屈曲应力取决于橡胶的硬度、钢板厚度与橡胶厚度的比值、第一形状参数 s_1（有效直径与中央孔洞直径之差 $D-D_0$ 与橡胶层4倍厚度 $4t_r$ 之比）和第二形状参数 s_2（有效直径 D 与橡胶层总厚度 nt_r 之比）等。

通常，隔震支座中间钢板厚度是单层橡胶厚度的一半，取比值为0.5。对硬度为30～60共七种橡胶，以及 $s_1=11$、13、15、17、19、20 和 $s_2=3$、4、5、6、7，累计210种组合进行了计算。结果表明：满足 $s_1 \geq 15$ 和 $s_2 \geq 5$ 且橡胶硬度不小于40时，最小的屈曲应力值为34.0MPa。

将橡胶支座在地震下发生剪切变形后上下钢板投影的重叠部分作为有效受压面积，以该有效受压面积得到的平均应力达到最小屈曲应力作为控制橡胶支座稳定的条件，取容许剪切变形为 $0.55D$（D 为支座有效直径），则可得本条规定的丙类建筑的平均压应力限值

$$\sigma_{max} = 0.45\sigma_{cr} = 15.0\text{MPa}$$

对 $s_2 < 5$ 且橡胶硬度不小于40的支座，当 $s_2=4$，

σ_{max} = 12.0MPa；当 s_2 = 3， σ_{max} = 9.0MPa。因此规定，当 s_2 < 5 时，平均压应力限值需予以降低。

(2) 规定隔震支座不出现拉应力，主要考虑下列三个因素：

1) 橡胶受拉后内部有损伤，降低了支座的弹性性能；

2) 隔震支座出现拉应力，意味着上部结构存在倾覆危险；

3) 橡胶隔震支座在拉伸应力下滞回特性的实物试验尚不充分。

2 关于隔震层水平刚度和等效粘滞阻尼比的计算方法，系根据振动方程的复阻尼理论得到的。其实部为水平刚度，虚部为等效粘滞阻尼比。

还需注意，橡胶材料是非线性弹性体，橡胶隔震支座的有效刚度与振动周期有关，动静刚度的差别甚大。因此，为了保证隔震的有效性，至少需要取相应于隔振体系基本周期的动刚度进行计算，隔震支座的产品应提供有关的性能参数。

12.2.5 隔震后，隔震层以上结构的水平地震作用需乘以水平向减震系数。隔震层以上结构的水平地震作用，仅有该结构对应于减震系数的水平地震作用的70%。结构的层间剪力代表了水平地震作用取值及其分布，可用来识别结构的水平向减震系数。

考虑到隔震层不能隔离结构的竖向地震作用，隔震结构的竖向地震力可能大于其水平地震力，竖向地震的影响不可忽略，故至少要求 9 度时和 8 度水平向减震系数为 0.25 时应进行竖向地震作用验算。

12.2.8 为了保证隔震层能够整体协调工作，隔震层顶部应设置平面内刚度足够大的梁板体系。当采用装配整体式钢筋混凝土板时，为使纵横梁体系能传递竖向荷载并协调横向剪力在每个隔震支座的分配，支座上方的纵横梁体系应为现浇。为增大隔震层顶部梁板的平面内刚度，需加大梁的截面尺寸和配筋。

隔震支座附近的梁、柱受力状态复杂，地震时还会受到冲剪，应加密箍筋，必要时配置网状钢筋。

考虑到隔震层对竖向地震作用没有隔振效果，上部结构的抗震构造措施应保留与竖向抗力有关的要求。

12.2.9 上部结构的底部剪力通过隔震支座传给基础结构。因此，上部结构与隔震支座的连接件、隔震支座与基础的连接件应具有传递上部结构最大底部剪力的能力。

12.3 房屋消能减震设计要点

12.3.1 本规范对消能减震的基本要求是：通过消能器的设置来控制预期的结构变形，从而使主体结构构件在罕遇地震下不发生严重破坏。消能减震设计需解决的主要问题是：消能器和消能部件的选型，消能部件在结构中的分布和数量，消能器附加给结构的阻尼比估算，消能减震体系在罕遇地震下的位移计算，以及消能部件与主体结构的连接构造和其附加的作用等等。

罕遇地震下预期结构位移的控制值，取决于使用要求，本规范第 5.5 节的限值是针对非消能减震结构"大震不倒"的规定。采用消能减震技术后，结构位移的控制应明显小于第 5.5 节的规定。

消能器的类型甚多，按 ATC—33.03 的划分，主要分为位移相关型、速度相关型和其他类型。金属屈服型和摩擦型属于位移相关型，当位移达到预定的起动限才能发挥消能作用，有些摩擦型消能器的性能有时不够稳定。粘滞型和粘弹性型属于速度相关型。消能器的性能主要用恢复力模型表示，应通过试验确定，并需根据结构预期位移控制等因素合理选用。位移要求愈严，附加阻尼愈大，消能部件的要求愈高。

12.3.2 消能部件的布置需经分析确定。设置在结构的两个主轴方向，可使两方向均有附加阻尼和刚度；设置于结构变形较大的部位，可更好发挥消耗地震能量的作用。

12.3.3 消能减震设计计算的基本内容是：预估结构的位移，并与未采用消能减震结构的位移相比，求出所需的附加阻尼，选择消能部件的数量、布置和所能提供的阻尼大小，设计相应的消能部件，然后对消能减震体系进行整体分析，确认其是否满足位移控制要求。

消能减震结构的计算方法，与消能部件的类型、数量、布置及所提供的阻尼大小有关。理论上，大阻尼比的阻尼矩阵不满足振型分解的正交性条件，需直接采用恢复力模型进行非线性静力分析或非线性时程分析计算。从实用的角度，ATC-33 建议适当简化，特别是主体结构基本控制在弹性工作范围内时，可采用线性计算方法估计。

12.3.4 采用底部剪力法或振型分解反应谱法计算消能减震结构时，需要通过强行解耦，然后计算消能减震结构的自振周期、振型和阻尼比。此时，消能部件附加给结构的阻尼，参照 ATC-33，用消能部件本身在地震下变形所吸收的能量与设置消能器后结构总地震变形能的比值来表征。

消能减震结构的总刚度取为结构刚度和消能部件刚度之和，消能减震结构的阻尼比按下列公式近似估算：

$$\zeta_j = \zeta_{sj} + \zeta_{cj}$$

$$\zeta_{cj} = \frac{T_j}{4\pi M_j}\Phi_j^T C_c \Phi_j$$

式中　ζ_j、ζ_{sj}、ζ_{cj}——分别为消能减震结构的 j 振型阻尼比、原结构的 j 振型阻尼比和消能器附加的 j 振型阻尼比；

T_j、Φ_j、M_j——分别为消能减震结构第 j 自振周期、振型和广义质量；

C_c——消能器产生的结构附加阻尼矩阵。

国内外的一些研究表明,当消能部件较均匀分布且阻尼比不大于0.20时,强行解耦与精确解的误差,大多数可控制在5%以内。

附录L 结构隔震设计简化计算和砌体结构隔震措施

1 对于剪切型结构,可根据基本周期和规范的地震影响系数曲线估计其隔震和不隔震的水平地震作用。此时,分别考虑结构基本周期不大于设计特征周期和大于设计特征周期两种情况,在每一种情况中又以5倍特征周期为界加以区分。

(1) 不隔震结构的基本周期不大于设计特征周期T_g的情况:

设,隔震结构的地震影响系数为α,不隔震结构的地震影响系数为α',则

对隔震结构,整个体系的基本周期为T_1,当不大于$5T_g$时地震影响系数

$$\alpha = \eta_2 (T_g/T_1)^\gamma \alpha_{max} \quad (L.1.1-1)$$

不隔震结构的基本周期小于或等于设计特征周期时,地震影响系数

$$\alpha' = \alpha_{max} \quad (L.1.1-2)$$

式中 α_{max}——阻尼比0.05的不隔震结构的水平地震影响系数最大值;

$\eta_2、\gamma$——分别为与阻尼比有关的最大值调整系数和曲线下降段衰减指数,见第5.1节条文说明。

按照减震系数的定义,若水平减震系数为ψ,则隔震后结构的总水平地震作用为不隔震结构总水平地震作用的ψ倍乘以70%,即

$$\alpha \leq 0.7\psi\alpha'$$

于是 $\psi \geq (1/0.7) \eta_2 (T_g/T_1)^\gamma$

近似取 $\psi = \sqrt{2} \eta_2 (T_g/T_1)^\gamma \quad (L.1.1-3)$

当隔震后结构基本周期$T_1 > 5T_g$时,地震影响系数为倾斜下降段且要求不小于$0.2\alpha_{max}$,确定水平向减震系数需专门研究,往往不易实现。例如要使水平向减震系数为0.25,需有:

$$T_1/T_g = 5 + (\eta_2 0.2^\gamma - 0.175) / (\eta_1 T_g)$$

对Ⅱ类场地$T_g = 0.35s$,阻尼比0.05和0.10,相应的T_1分别为4.7s和2.9s。

但此时 $\alpha = 0.175\alpha_{max}$,不满足$\alpha \geq 0.2\alpha_{max}$的要求。

(2) 结构基本周期大于设计特征周期的情况:

不隔震结构的基本周期T_0大于设计特征周期T_g时,地震影响系数为

$$\alpha' = (T_g/T_0)^{0.9} \alpha_{max} \quad (L.1.1-4)$$

为使隔震结构的水平向减震系数达到ψ,需有

$$\psi = \sqrt{2} \eta_2 (T_g/T_1)^\gamma (T_0/T_g)^{0.9} \quad (L.1.1-5)$$

当隔震后结构基本周期$T_1 > 5T_g$时,也需专门研究。

注意,若在$T_0 \leq T_g$时,取$T_0 = T_g$,则式(L.1.1-5)可转化为式(L.1.1-3),意味着也适用于结构基本周期不大于设计特征周期的情况。

多层砌体结构的自振周期较短,对多层砌体结构及与其基本周期相当的结构,本规范按不隔震时基本周期不大于0.4s考虑。于是,在上述公式中引入"不隔震结构的计算周期T_0"表示不隔震的基本周期,并规定多层砌体取0.4s和设计特征周期二者的较大值,其他结构取计算基本周期和设计特征周期的较大值,即得到规范条文中的公式:砌体结构用式(L.1.1-3)表达;与砌体周期相当的结构用式(L.1.1-5)表达。

2 本条提出的隔震层扭转影响系数是简化计算。在隔震层顶板为刚性的假定下,由几何关系,第i支座的水平位移可写为:

$$u_i = \sqrt{(u_c + u_{ti}\sin\alpha_i)^2 + (u_{ti}\cos\alpha_i)^2}$$
$$= \sqrt{u_c^2 + 2u_c u_{ti}\sin\alpha_i + u_{ti}^2}$$

略去高阶量,可得:

$$u_i = \beta_i u_c$$
$$\beta_i = 1 + (u_{ti}/u_c) \sin\alpha_i$$

另一方面,在水平地震下i支座的附加位移可根据楼层的扭转角与支座至隔震层刚度中心的距离得到,

$$\frac{u_{ti}}{u_c} = \frac{k_h}{\Sigma k_j r_j^2} r_i e$$

$$\beta_i = 1 + \frac{k_h}{\Sigma k_j r_j^2} r_i e \sin\alpha_i$$

如果将隔震层平移刚度和扭转刚度用隔震层平面的几何尺寸表述,并设隔震层平面为矩形且隔震支座均匀布置,可得

$$k_h \propto ab$$
$$\Sigma k_j r_j^2 \propto ab (a^2 + b^2) /12$$

于是 $\beta_i = 1 + 12e s_i / (a^2 + b^2)$

对于同时考虑双向水平地震作用的扭转影响的情况,由于隔震层在两个水平方向的刚度和阻尼特性相同,若两方向隔震层顶部的水平力近似认为相等,均取为F_{Ek},可有地震扭矩

$$M_{tx} = F_{Ek}e_y, \quad M_{ty} = F_{Ek}e_x$$

同时作用的地震扭矩取下列二者的较大值:

$$M_t = \sqrt{M_{tx}^2 + (0.85M_{ty})^2} \text{ 和 } M_t = \sqrt{M_{ty}^2 + (0.85M_{tx})^2}$$

记为 $M_{tx} = F_{Ek}e$

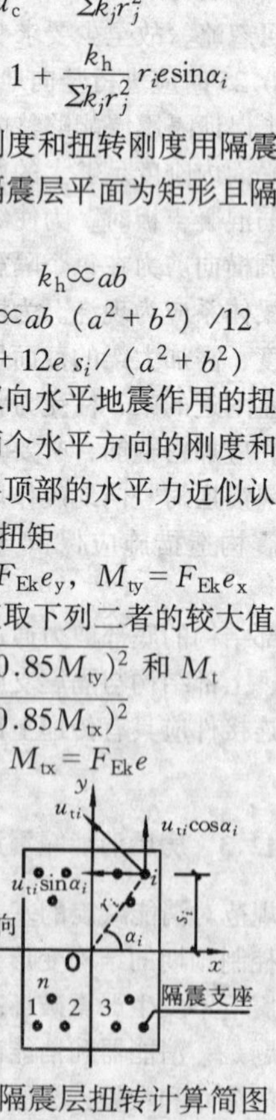

图L.2 隔震层扭转计算简图

其中，偏心距 e 为下列二式的较大值：

$$e = \sqrt{e_x^2 + (0.85e_y)^2} \text{ 和 } e = \sqrt{e_y^2 + (0.85e_x)^2}$$

考虑到施工的误差，地震剪力的偏心距 e 宜入偶然偏心距的影响，与本规范第 5.2 节的规定相同，隔震层也采用限制扭转影响系数最小值的方法处理。

3 对于砌体结构，其竖向抗震验算可简化为墙体抗震承载力验算时在墙体的平均正应力 σ_0 计入竖向地震应力的不利影响。

4 考虑到隔震层对竖向地震作用没有隔振效果，上部砌体结构的构造应保留与竖向抗力有关的要求。对砌体结构的局部尺寸、圈梁配筋和构造柱、芯柱的最大间距作了原则规定。

13 非结构构件

13.1 一般规定

13.1.1 非结构的抗震设计所涉及的设计领域较多，本章主要涉及与主体结构设计有关的内容，即非结构构件与主体结构的连接件及其锚固的设计。

非结构构件（如墙板、幕墙、广告牌、机电设备等）自身的抗震，系以其不受损坏为前提的，本章不直接涉及这方面的内容。

本章所列的建筑附属设备，不包括工业建筑中的生产设备和相关设施。

13.1.2 非结构构件的抗震设防目标列于本规范第 3.7 节。与主体结构三水准设防目标相协调，容许建筑非结构构件的损坏程度略大于主体结构，但不得危及生命。

建筑非结构构件和建筑附属机电设备支架的抗震设防分类，各国的抗震规范、标准有不同的规定（参见附表），本规范大致分为高、中、低三个层次：

高要求时，外观可能损坏而不影响使用功能和防火能力，安全玻璃可能裂缝，可经受相连结构构件出现 1.4 倍以上设计挠度的变形，即功能系数取 ≥1.4；

中等要求时，使用功能基本正常或可很快恢复，耐火时间减少 1/4，强化玻璃破碎，其他玻璃无下落，可经受相连结构构件出现设计挠度的变形，功能系数取 1.0；

一般要求时，多数构件基本处于原位，但系可能损坏，需修理才能恢复功能，耐火时间明显降低，容许玻璃破碎下落，只能经受相连结构构件出现 0.6 倍设计挠度的变形，功能系数取 0.6。

世界各国的抗震规范、规定中，要求对非结构的地震作用进行计算的有 60%，而仅有 28% 对非结构的构造做出规定。考虑到我国设计人员的习惯，首先要求采取抗震措施，对于抗震计算的范围由相关标准规定，一般情况下，除了本规范第 5 章有明确规定的非结构构件，如出屋面女儿墙、长悬臂构件（雨篷等）外，尽量减少非结构构件地震作用计算和构件抗震验算的范围。例如，需要进行抗震验算的非结构构件大致如下：

1 7~9 度时，基本上为脆性材料制作的幕墙及各类幕墙的连接；

2 8、9 度时，悬挂重物的支座及其连接、出屋面广告牌和类似构件的锚固；

3 高层建筑上重型商标、标志、信号等的支架；

4 8、9 度时，乙类建筑的文物陈列柜的支座及其连接；

5 7~9 度时，电梯提升设备的锚固件、高层建筑上的电梯构件及其锚固；

6 7~9 度时，建筑附属设备自重超过 1.8kN 或其体系自振周期大于 0.1s 的设备支架、基座及其锚固。

13.1.3 很多情况下，同一部位有多个非结构构件，如出入口通道可包括非承重墙体、悬吊顶棚、应急照明和出入信号四个非结构构件；电气转换开关可能安装在非承重隔墙上等。当抗震设防要求不同的非结构构件连接在一起时，要求低的构件也需按较高的要求设计，以确保较高设防要求的构件能满足规定。

13.2 基本计算要求

13.2.1 本条明确了结构专业所需考虑的非结构构件的影响，包括如何在结构设计中计入相关的重力、刚度、承载力和必要的相互作用。结构构件设计时仅计入支承非结构部位的集中作用并验算连接件的锚固。

13.2.2 非结构构件的地震作用，除了自身质量产生的惯性力外，还有支座间相对位移产生的附加作用，二者需同时组合计算。

非结构构件的地震作用，除了本规范第 5 章规定的长悬臂构件外，只考虑水平方向。其基本的计算方法是对应于"地面反应谱"的"楼面谱"，即反映支承非结构构件的主体结构体系自身动力特性、非结构构件所在楼层位置和支点数量、结构和非结构阻尼特性对地面地震运动的放大作用；当非结构构件的质量较大时或非结构体系的自振特性与主结构体系的某一振型的振动特性相近时，非结构体系还将与主结构体系的地震反应产生相互影响。一般情况下，可采用简化方法，即等效侧力法计算；同时计入支座间相对位移产生的附加内力。对刚性连接于楼盖上的设备，当与楼层并为一个质点参与整个结构的计算分析时，也不必另外用楼面谱进行其地震作用计算。

13.2.3 非结构构件的抗震计算，最早见于 ATC—3，采用了静力法。

等效侧力法在第一代楼面谱（以建筑的楼面运动作为地震输入，将非结构构件作为单自由度系统，将其最大反应的均值作为楼面谱，不考虑非结构构件对楼层的反作用）基础上做了简化。各国抗震规范的非结构构件的等效侧力法，一般由设计加速度、功能

(或重要)系数、构件类别系数、位置系数、动力放大系数和构件重力六个因素所决定。

设计加速度一般取相当于设防烈度的地面运动加速度，与本规范各章协调，这里仍取多遇地震对应的加速度。

功能系数，UBC97分1.5和1.0两档，欧洲规范分1.5、1.4、1.2、1.0和0.8五档，日本取1.0，2/3，1/2三档。我国由有关的非结构设计标准按设防类别和使用要求确定，一般分为三档，取≥1.4、1.0和0.6。

构件类别系数，美国早期的ATC—3分0.6、0.9、1.5、2.0、3.0五档，UBC97称反应修正系数，无延性材料或采用粘结剂的锚固为1.0，其余分为2/3、1/3、1/4三档，欧洲规范分1.0和1/2两档。我国由有关非结构标准确定，一般分0.6、0.9、1.0和1.2四档。

部分非结构构件的功能系数和类别系数参见表13.2.3。

表13.2.3-1 建筑非结构构件的类别系数和功能系数

构件、部件名称	类别系数	功能系数 乙类建筑	功能系数 丙类建筑
非承重外墙：			
围护墙	0.9	1.4	1.0
玻璃幕墙等	0.9	1.4	1.4
连接：			
墙体连接件	1.0	1.4	1.0
饰面连接件	1.0	1.0	0.6
防火顶棚连接件	0.9	1.0	1.0
非防火顶棚连接件	0.6	1.0	0.6
附属构件：			
标志或广告牌等	1.2	1.0	1.0
高于2.4m储物柜支架：			
货架(柜)文件柜	0.6	0.6	0.6
文物柜	1.0	1.4	1.0

表13.2.3-2 建筑附属设备构件的类别系数和功能系数

构件、部件所属系统	类别系数	功能系数 乙类	功能系数 丙类
应急电源的主控系统、发电机、冷冻机等	1.0	1.4	1.4
电梯的支承结构、导轨、支架、轿箱导向构件等	1.0	1.0	1.0
悬挂式或摇摆式灯具	0.9	1.0	0.6
其他灯具	0.6	1.0	0.6
柜式设备支座	0.6	1.0	0.6
水箱、冷却塔支座	1.2	1.0	1.0
锅炉、压力容器支座	1.0	1.0	1.0
公用天线支座	1.2	1.0	1.0

位置系数，一般沿高度为线性分布，顶点的取值，UBC97为4.0，欧洲规范为2.0，日本取3.3。根据强震观测记录的分析，对多层和一般的高层建筑，顶部的加速度约为底层的二倍；当结构有明显的扭转效应或高宽比较大时，房屋顶部和底部的加速度比例大于2.0。因此，凡采用时程分析法补充计算的建筑结构，此比值应依据时程分析法相应调整。

状态系数，取决于非结构体系的自振周期，UBC97在不同场地条件下，以周期1s时的动力放大系数为基础再乘以2.5和1.0两档，欧洲规范要求计算非结构体系的自振周期T_a，取值为$3/[1+(1-T_a/T_1)^2]$，日本取1.0，1.5和2.0三档。本规范不要求计算体系的周期，简化为两种极端情况，1.0适用于非结构的体系自振周期不大于0.06s等体系刚度较大的情况，其余按T_a接近于T_1的情况取值。当计算非结构体系的自振周期时，则可按$2/[1+(1-T_a/T_1)^2]$采用。

由此得到的地震作用系数（取位置、状态和构件类别三个系数的乘积）的取值范围，与主体结构体系相比，UBC97按场地为0.7~4.0倍（若以硬土条件下结构周期1.0s为1.0，则为0.5~5.6倍），欧洲规范为0.75~6.0倍（若以以硬土条件下结构周期1.0s为1.0，则为1.2~10倍）。我国一般为0.6~4.8倍（若以T_g=0.4s，结构周期1.0s为1.0，则为1.3~11倍）。

13.2.4 非结构构件支座间相对位移的取值，凡需验算层间位移者，除有关标准的规定外，一般按本规范规定的位移限值采用。

对建筑非结构构件，其变形能力相差较大。砌体材料构成的非结构构件，由于变形能力较差而限制在要求高的场所使用，国外的规范也只有构造要求而不要求进行抗震计算；金属幕墙和高级装修材料具有较大的变形能力，国外通常由生产厂家按主体结构设计的变形要求提供相应的材料，而不是由材料决定结构的变形要求；对玻璃幕墙，《建筑幕墙》标准中已规定其平面内变形分为五个等级，最大1/100，最小1/400。

对设备支架，支座间相对位移的取值与使用要求有直接联系。例如，要求在设防烈度地震下保持使用功能（如管道不破碎等），取设防烈度下的变形，即功能系数可取2~3，相应的变形限值取多遇地震的3~4倍；要求在罕遇地震下不造成次生灾害，则取罕遇地震下的变形限值。

13.2.5 要求进行楼面谱计算的非结构构件，主要是建筑附属设备，如巨大的高位水箱、出屋面的大型塔架等。采用第二代楼面谱计算可反映非结构构件对所在建筑结构的反作用，不仅导致结构本身地震反应的变化，固定在其上的非结构的地震反应也明显不同。

计算楼面谱的基本方法是随机振动法和时程分析法，当非结构构件的材料与结构体系相同时，可直接利用一般的时程分析软件得到；当非结构构件的质量较大，或材料阻尼特性明显不同，或在不同楼层上有支点，需采用第二代楼面谱的方法进行验算。此时，可考虑非结构与主体结构的相互作用，包括"吸振效应"，计算结果更加可靠。采用时程分析法和随机振动法计算楼面谱需有专门的计算软件。

13.3 建筑非结构构件的基本抗震措施

89规范各章中有关建筑非结构构件的构造要求如下：

1 砌体房屋中，后砌隔墙、楼梯间砖砌栏板的规定；

2 多层钢筋混凝土房屋中，围护墙和隔墙材料、砖填充墙布置和连接的规定；

3 单层钢筋混凝土柱厂房中，天窗端壁板、围护墙、高低跨封墙和纵横跨悬墙的材料和布置的规定，砌体隔墙和围护墙、墙梁、大型墙板等与排架柱、抗风柱的连接构造要求；

4 单层砖柱厂房中，隔墙的选型和连接构造规定；

5 单层钢结构厂房中，围护墙选型和连接要求。

本节将上述规定加以合并整理，形成建筑非结构构件材料、选型、布置和锚固的基本抗震要求。还补充了吊车走道板、天沟板、端屋架与山墙间的填充小屋面板，天窗端壁板和天窗侧板下的填充砌体等非结构件与支承结构可靠连接的规定。

玻璃幕墙已有专门的规程，预制墙板、顶棚及女儿墙、雨篷等附属构件的规定，也由专门的非结构抗震设计规程加以规定。

13.4 附属机电设备支架的基本抗震措施

本规范仅规定对附属机电设备支架的基本要求。并参照美国UBC规范的规定，给出了可不作抗震设防要求的一些小型设备和小直径的管道。

建筑附属机电设备的种类繁多，参照美国UBC97规范，要求自重超过1.8kN（400磅）或自振周期大于0.1s时，要进行抗震计算。计算自振周期时，一般采用单质点模型。对于支承条件复杂的机电设备，其计算模型应符合相关设备标准的要求。

中华人民共和国国家标准

混凝土结构设计规范

Code for design of concrete structures

GB 50010—2002

主编部门：中华人民共和国建设部
批准部门：中华人民共和国建设部
施行日期：２００２年４月１日

关于发布国家标准
《混凝土结构设计规范》的通知

建标［2002］47 号

根据我部《关于印发〈一九九七年工程建设标准制订、修订计划〉的通知》（建标［1997］108 号）的要求，由建设部会同有关部门共同修订的《混凝土结构设计规范》，经有关部门会审，批准为国家标准，编号为 GB 50010—2002，自 2002 年 4 月 1 日起施行。其中，3.1.8、3.2.1、4.1.3、4.1.4、4.2.2、4.2.3、6.1.1、9.2.1、9.5.1、10.9.3、10.9.8、11.1.2、11.1.4、11.3.1、11.3.6、11.4.12、11.7.11 为强制性条文，必须严格执行。原《混凝土结构设计规范》GBJ 10—89 于 2002 年 12 月 31 日废止。

本规范由建设部负责管理和对强制性条文的解释，中国建筑科学研究院负责具体技术内容的解释，建设部标准定额研究所组织中国建筑工业出版社出版发行。

中华人民共和国建设部
2002 年 2 月 20 日

前　　言

本标准是根据建设部建标［1997］108 号文的要求，由中国建筑科学研究院会同有关的高等院校及科研、设计、企业单位共同修订而成。

在修订过程中，规范修订组开展了各类专题研究，进行了广泛的调查分析，总结了近年来我国混凝土结构设计的实践经验，与相关的标准规范进行了协调，与国际先进的标准规范进行了比较和借鉴。在此基础上以多种方式广泛征求了全国有关单位的意见并进行了试设计，对主要问题进行了反复修改，最后经审查定稿。

本规范主要规定的内容有：混凝土结构基本设计规定、材料、结构分析、承载力极限状态计算及正常使用极限状态验算、构造及构件、结构构件抗震设计及有关的附录。

本规范将来可能需要进行局部修订，有关局部修订的信息和条文内容将刊登在《工程建设标准化》杂志上。

本规范以黑体字标志的条文为强制性条文，必须严格执行。

为提高规范的质量，请各单位在执行本规范过程中，结合工程实践，认真总结经验，并将意见和建议寄交北京市北三环东路 30 号中国建筑科学研究院国家标准《混凝土结构设计规范》管理组（邮编：100013，E-mail：code-ibs-cabr@263.net.cn）。

本标准主编单位：中国建筑科学研究院

参加单位：清华大学、天津大学、重庆建筑大学、湖南大学、东南大学、河海大学、大连理工大学、哈尔滨建筑大学、西安建筑科技大学、建设部建筑设计院、北京市建筑设计研究院、首都工程有限公司、中国轻工业北京设计院、铁道部专业设计院、交通部水运规划设计院、西北水电勘测设计院、冶金材料行业协会预应力委员会。

本规范主要起草人：

李明顺　徐有邻
白生翔　白绍良　孙慧中　沙志国　吴学敏
陈　健　胡德炘　程懋堃　王振东　王振华
过镇海　庄崖屏　朱　龙　邹银生　宋玉普
沈聚敏　邱小坛　吴佩刚　周　氐　姜维山
陶学康　康谷贻　蓝宗建　干　城　夏琪俐

目 次

1 总则 ·· 4—4
2 术语、符号 ··· 4—4
　2.1 术语 ··· 4—4
　2.2 符号 ··· 4—4
3 基本设计规定 ·· 4—6
　3.1 一般规定 ··· 4—6
　3.2 承载能力极限状态计算规定 ············· 4—7
　3.3 正常使用极限状态验算规定 ············· 4—7
　3.4 耐久性规定 ······································ 4—8
4 材料 ·· 4—9
　4.1 混凝土 ·· 4—9
　4.2 钢筋 ··· 4—9
5 结构分析 ·· 4—11
　5.1 基本原则 ··· 4—11
　5.2 线弹性分析方法 ······························· 4—11
　5.3 其他分析方法 ··································· 4—12
6 预应力混凝土结构构件计算
　 要求 ·· 4—12
　6.1 一般规定 ··· 4—12
　6.2 预应力损失值计算 ···························· 4—15
7 承载能力极限状态计算 ························· 4—17
　7.1 正截面承载力计算的一般规定 ········· 4—17
　7.2 正截面受弯承载力计算 ···················· 4—18
　7.3 正截面受压承载力计算 ···················· 4—20
　7.4 正截面受拉承载力计算 ···················· 4—25
　7.5 斜截面承载力计算 ···························· 4—26
　7.6 扭曲截面承载力计算 ························ 4—29
　7.7 受冲切承载力计算 ···························· 4—32
　7.8 局部受压承载力计算 ························ 4—34
　7.9 疲劳验算 ··· 4—35
8 正常使用极限状态验算 ························· 4—37
　8.1 裂缝控制验算 ··································· 4—37
　8.2 受弯构件挠度验算 ···························· 4—41
9 构造规定 ·· 4—42
　9.1 伸缩缝 ·· 4—42
　9.2 混凝土保护层 ··································· 4—42
　9.3 钢筋的锚固 ······································ 4—43
　9.4 钢筋的连接 ······································ 4—44
　9.5 纵向受力钢筋的最小配筋率 ············· 4—45
　9.6 预应力混凝土构件的构造规定 ········· 4—45
10 结构构件的基本规定 ··························· 4—47
　10.1 板 ··· 4—47
　10.2 梁 ··· 4—48
　10.3 柱 ··· 4—51
　10.4 梁柱节点 ······································· 4—51
　10.5 墙 ··· 4—52
　10.6 叠合式受弯构件 ····························· 4—54
　10.7 深受弯构件 ···································· 4—56
　10.8 牛腿 ·· 4—58
　10.9 预埋件及吊环 ································ 4—59
　10.10 预制构件的连接 ··························· 4—60
11 混凝土结构构件抗震设计 ···················· 4—61
　11.1 一般规定 ······································· 4—61
　11.2 材料 ·· 4—62
　11.3 框架梁 ·· 4—62
　11.4 框架柱及框支柱 ····························· 4—64
　11.5 铰接排架柱 ···································· 4—67
　11.6 框架梁柱节点及预埋件 ·················· 4—67
　11.7 剪力墙 ·· 4—69
　11.8 预应力混凝土结构构件 ·················· 4—72
附录 A 素混凝土结构构件计算 ················ 4—73
附录 B 钢筋的公称截面面积、计算
　　　截面面积及理论重量 ················ 4—74
附录 C 混凝土的多轴强度和本构
　　　关系 ·· 4—75
附录 D 后张预应力钢筋常用束形
　　　的预应力损失 ····························· 4—77
附录 E 与时间相关的预应力
　　　损失 ·· 4—78
附录 F 任意截面构件正截面承载力
　　　计算 ·· 4—79
附录 G 板柱节点计算用等效集中
　　　反力设计值 ································ 4—80
本规范用词用语说明 ································ 4—82
条文说明 ·· 4—83

1 总则

1.0.1 为了在混凝土结构设计中贯彻执行国家的技术经济政策，做到技术先进、安全适用、经济合理、确保质量，制订本规范。

1.0.2 本规范适用于房屋和一般构筑物的钢筋混凝土、预应力混凝土以及素混凝土承重结构的设计。本规范不适用于轻骨料混凝土及其他特种混凝土结构的设计。

1.0.3 混凝土结构的设计，除应符合本规范外，尚应符合国家现行有关强制性标准的规定。

2 术语、符号

2.1 术语

2.1.1 混凝土结构 concrete structure
　　以混凝土为主制成的结构，包括素混凝土结构、钢筋混凝土结构和预应力混凝土结构等。

2.1.2 素混凝土结构 plain concrete structure
　　由无筋或不配置受力钢筋的混凝土制成的结构。

2.1.3 钢筋混凝土结构 reinforced concrete structure
　　由配置受力的普通钢筋、钢筋网或钢筋骨架的混凝土制成的结构。

2.1.4 预应力混凝土结构 prestressed concrete structure
　　由配置受力的预应力钢筋通过张拉或其他方法建立预加应力的混凝土制成的结构。

2.1.5 先张法预应力混凝土结构 pretensioned prestressed concrete structure
　　在台座上张拉预应力钢筋后浇筑混凝土，并通过粘结力传递而建立预加应力的混凝土结构。

2.1.6 后张法预应力混凝土结构 post-tensioned prestressed concrete structure
　　在混凝土达到规定强度后，通过张拉预应力钢筋并在结构上锚固而建立预加应力的混凝土结构。

2.1.7 现浇混凝土结构 cast-in-situ concrete structure
　　在现场支模并整体浇筑而成的结构。

2.1.8 装配式混凝土结构 prefabricated concrete structure
　　由预制混凝土构件或部件通过焊接、螺栓连接等方式装配而成的混凝土结构。

2.1.9 装配整体式混凝土结构 assembled monolithic concrete structure
　　由预制混凝土构件或部件通过钢筋、连接件或施加预应力加以连接并现场浇筑混凝土而形成整体的结构。

2.1.10 框架结构 frame structure
　　由梁和柱以刚接或铰接相连接而构成承重体系的结构。

2.1.11 剪力墙结构 shearwall structure
　　由剪力墙组成的承受竖向和水平作用的结构。

2.1.12 框架-剪力墙结构 frame-shearwall structure
　　由剪力墙和框架共同承受竖向和水平作用的结构。

2.1.13 深受弯构件 deep flexural member
　　跨高比小于5的受弯构件。

2.1.14 深梁 deep beam
　　跨高比不大于2的单跨梁和跨高比不大于2.5的多跨连续梁。

2.1.15 普通钢筋 ordinary steel bar
　　用于混凝土结构构件中的各种非预应力钢筋的总称。

2.1.16 预应力钢筋 prestressing tendon
　　用于混凝土结构构件中施加预应力的钢筋、钢丝和钢绞线的总称。

2.1.17 可靠度 degree of reliability
　　结构在规定的时间内，在规定的条件下，完成预定功能的概率。

2.1.18 安全等级 safety class
　　根据破坏后果的严重程度划分的结构或结构构件的等级。

2.1.19 设计使用年限 design working life
　　设计规定的结构或结构构件不需进行大修即可按其预定目的使用的时期。

2.1.20 荷载效应 load effect
　　由荷载引起的结构或结构构件的反应，例如内力、变形和裂缝等。

2.1.21 荷载效应组合 load effect combination
　　按极限状态设计时，为保证结构的可靠性而对同时出现的各种荷载效应设计值规定的组合。

2.1.22 基本组合 fundamental combination
　　承载能力极限状态计算时，永久荷载和可变荷载的组合。

2.1.23 标准组合 characteristic combination
　　正常使用极限状态验算时，对可变荷载采用标准值、组合值为荷载代表值的组合。

2.1.24 准永久组合 quasi-permanent combination
　　正常使用极限状态验算时，对可变荷载采用准永久值为荷载代表值的组合。

2.2 符号

2.2.1 材料性能
　　E_c——混凝土弹性模量；
　　E_c^f——混凝土疲劳变形模量；

E_s——钢筋弹性模量；
$C20$——表示立方体强度标准值为 $20N/mm^2$ 的混凝土强度等级；
f'_{cu}——边长为 150mm 的施工阶段混凝土立方体抗压强度；
$f_{cu,k}$——边长为 150mm 的混凝土立方体抗压强度标准值；
f_{ck}、f_c——混凝土轴心抗压强度标准值、设计值；
f_{tk}、f_t——混凝土轴心抗拉强度标准值、设计值；
f'_{ck}、f'_{tk}——施工阶段的混凝土轴心抗压、轴心抗拉强度标准值；
f_{yk}、f_{ptk}——普通钢筋、预应力钢筋强度标准值；
f_y、f'_y——普通钢筋的抗拉、抗压强度设计值；
f_{py}、f'_{py}——预应力钢筋的抗拉、抗压强度设计值；

2.2.2 作用、作用效应及承载力

N——轴向力设计值；
N_k、N_q——按荷载效应的标准组合、准永久组合计算的轴向力值；
N_p——后张法构件预应力钢筋及非预应力钢筋的合力；
N_{p0}——混凝土法向预应力等于零时预应力钢筋及非预应力钢筋的合力；
N_{u0}——构件的截面轴心受压或轴心受拉承载力设计值；
N_{ux}、N_{uy}——轴向力作用于 x 轴、y 轴的偏心受压或偏心受拉承载力设计值；
M——弯矩设计值；
M_k、M_q——按荷载效应的标准组合、准永久组合计算的弯矩值；
M_u——构件的正截面受弯承载力设计值；
M_{cr}——受弯构件的正截面开裂弯矩值；
T——扭矩设计值；
V——剪力设计值；
V_{cs}——构件斜截面上混凝土和箍筋的受剪承载力设计值；
F_l——局部荷载设计值或集中反力设计值；
σ_{ck}、σ_{cq}——荷载效应的标准组合、准永久组合下抗裂验算边缘的混凝土法向应力；
σ_{pc}——由预加力产生的混凝土法向应力；
σ_{tp}、σ_{cp}——混凝土中的主拉应力、主压应力；
$\sigma^f_{c,max}$、$\sigma^f_{c,min}$——疲劳验算时受拉区或受压区边缘纤维混凝土的最大应力、最小应力；
σ_s、σ_p——正截面承载力计算中纵向普通钢筋、预应力钢筋的应力；
σ_{sk}——按荷载效应的标准组合计算的纵向受拉钢筋应力或等效应力；
σ_{con}——预应力钢筋张拉控制应力；
σ_{p0}——预应力钢筋合力点处混凝土法向应力等于零时的预应力钢筋应力；
σ_{pe}——预应力钢筋的有效预应力；
σ_l、σ'_l——受拉区、受压区预应力钢筋在相应阶段的预应力损失值；
τ——混凝土的剪应力；
w_{max}——按荷载效应的标准组合并考虑长期作用影响计算的最大裂缝宽度。

2.2.3 几何参数

a、a'——纵向受拉钢筋合力点、纵向受压钢筋合力点至截面近边的距离；
a_s、a'_s——纵向非预应力受拉钢筋合力点、纵向非预应力受压钢筋合力点至截面近边的距离；
a_p、a'_p——受拉区纵向预应力钢筋合力点、受压区纵向预应力钢筋合力点至截面近边的距离；
b——矩形截面宽度，T 形、I 形截面的腹板宽度；
b_f、b'_f——T 形或 I 形截面受拉区、受压区的翼缘宽度；
d——钢筋直径或圆形截面的直径；
c——混凝土保护层厚度；
e、e'——轴向力作用点至纵向受拉钢筋合力点、纵向受压钢筋合力点的距离；
e_0——轴向力对截面重心的偏心距；
e_a——附加偏心距；
e_i——初始偏心距；
h——截面高度；
h_0——截面有效高度；
h_f、h'_f——T 形或 I 形截面受拉区、受压区的翼缘高度；
i——截面的回转半径；
r_c——曲率半径；
l_a——纵向受拉钢筋的锚固长度；
l_0——梁板的计算跨度或柱的计算长度；
s——沿构件轴线方向上横向钢筋的间距、螺旋筋的间距或箍筋的间距；
x——混凝土受压区高度；
y_0、y_n——换算截面重心、净截面重心至所计算纤维的距离；
z——纵向受拉钢筋合力至混凝土受压区合力点之间的距离；
A——构件截面面积；

4—5

A_0——构件换算截面面积；
A_n——构件净截面面积；
A_s、A_s'——受拉区、受压区纵向非预应力钢筋的截面面积；
A_p、A_p'——受拉区、受压区纵向预应力钢筋的截面面积；
A_{sv1}、A_{st1}——在受剪、受扭计算中单肢箍筋的截面面积；
A_{stl}——受扭计算中取用的全部受扭纵向非预应力钢筋的截面面积；
A_{sv}、A_{sh}——同一截面内各肢竖向、水平箍筋或分布钢筋的全部截面面积；
A_{sb}、A_{pb}——同一弯起平面内非预应力、预应力弯起钢筋的截面面积；
A_l——混凝土局部受压面积；
A_{cor}——钢筋网、螺旋筋或箍筋内表面范围内的混凝土核心面积；
B——受弯构件的截面刚度；
W——截面受拉边缘的弹性抵抗矩；
W_0——换算截面受拉边缘的弹性抵抗矩；
W_n——净截面受拉边缘的弹性抵抗矩；
W_t——截面受扭塑性抵抗矩；
I——截面惯性矩；
I_0——换算截面惯性矩；
I_n——净截面惯性矩。

2.2.4 计算系数及其他

α_1——受压区混凝土矩形应力图的应力值与混凝土轴心抗压强度设计值的比值；
α_E——钢筋弹性模量与混凝土弹性模量的比值；
β_c——混凝土强度影响系数；
β_1——矩形应力图受压区高度与中和轴高度（中和轴到受压区边缘的距离）的比值；
β_l——局部受压时的混凝土强度提高系数；
γ——混凝土构件的截面抵抗矩塑性影响系数；
η——偏心受压构件考虑二阶弯矩影响的轴向力偏心距增大系数；
λ——计算截面的剪跨比；
μ——摩擦系数；
ρ——纵向受力钢筋的配筋率；
ρ_{sv}、ρ_{sh}——竖向箍筋、水平箍筋或竖向分布钢筋、水平分布钢筋的配筋率；
ρ_v——间接钢筋或箍筋的体积配筋率；
φ——轴心受压构件的稳定系数；
θ——考虑荷载长期作用对挠度增大的影响系数；
ψ——裂缝间纵向受拉钢筋应变不均匀系数。

3 基本设计规定

3.1 一般规定

3.1.1 本规范采用以概率理论为基础的极限状态设计法，以可靠指标度量结构构件的可靠度，采用分项系数的设计表达式进行设计。

3.1.2 整个结构或结构的一部分超过某一特定状态就不能满足设计规定的某一功能要求，此特定状态称为该功能的极限状态。极限状态分为以下两类：

1 承载能力极限状态：结构或结构构件达到最大承载力、出现疲劳破坏或不适于继续承载的变形；

2 正常使用极限状态：结构或结构构件达到正常使用或耐久性能的某项规定限值。

3.1.3 结构构件应根据承载能力极限状态及正常使用极限状态的要求，分别按下列规定进行计算和验算：

1 承载力及稳定：所有结构构件均应进行承载力（包括失稳）计算；在必要时尚应进行结构的倾覆、滑移及漂浮验算；

有抗震设防要求的结构尚应进行结构构件抗震的承载力验算；

2 疲劳：直接承受吊车的构件应进行疲劳验算；但直接承受安装或检修用吊车的构件，根据使用情况和设计经验可不作疲劳验算；

3 变形：对使用上需要控制变形值的结构构件，应进行变形验算；

4 抗裂及裂缝宽度：对使用上要求不出现裂缝的构件，应进行混凝土拉应力验算；对使用上允许出现裂缝的构件，应进行裂缝宽度验算；对叠合式受弯构件，尚应进行纵向钢筋拉应力验算。

3.1.4 结构及结构构件的承载力（包括失稳）计算和倾覆、滑移及漂浮验算，均应采用荷载设计值；疲劳、变形、抗裂及裂缝宽度验算，均应采用相应的荷载代表值；直接承受吊车的结构构件，在计算承载力及验算疲劳、抗裂时，应考虑吊车荷载的动力系数。

预制构件尚应按制作、运输及安装时相应的荷载值进行施工阶段的验算。预制构件吊装的验算，应将构件自重乘以动力系数，动力系数可取 1.5，但可根据构件吊装时的受力情况适当增减。

对现浇结构，必要时应进行施工阶段的验算。

当结构构件进行抗震设计时，地震作用及其他荷载值均应按现行国家标准《建筑抗震设计规范》GB50011 的规定确定。

3.1.5 钢筋混凝土及预应力混凝土结构构件受力钢筋的配筋率应符合本规范第 9 章、第 10 章有关最小配筋率的规定。

素混凝土结构构件应按本规范附录 A 的规定进行计算。

3.1.6 结构应具有整体稳定性，结构的局部破坏不应导致大范围倒塌。

3.1.7 在设计使用年限内，结构和结构构件在正常维护条件下应能保持其使用功能，而不需进行大修加固。设计使用年限应按现行国家标准《建筑结构可靠度设计统一标准》GB50068 确定。若建设单位提出更高要求，也可按建设单位的要求确定。

3.1.8 未经技术鉴定或设计许可，不得改变结构的用途和使用环境。

3.2 承载能力极限状态计算规定

3.2.1 根据建筑结构破坏后果的严重程度，建筑结构划分为三个安全等级。设计时应根据具体情况，按照表 3.2.1 的规定选用相应的安全等级。

表 3.2.1　建筑结构的安全等级

安全等级	破坏后果	建筑物类型
一级	很严重	重要的建筑物
二级	严重	一般的建筑物
三级	不严重	次要的建筑物

注：对有特殊要求的建筑物，其安全等级应根据具体情况另行确定。

3.2.2 建筑物中各类结构构件的安全等级，宜与整个结构的安全等级相同，对其中部分结构构件的安全等级，可根据其重要程度适当调整，但不得低于三级。

3.2.3 对于承载能力极限状态，结构构件应按荷载效应的基本组合或偶然组合，采用下列极限状态设计表达式：

$$\gamma_0 S \leqslant R \quad (3.2.3\text{-}1)$$

$$R = R(f_c, f_s, a_k, \cdots\cdots) \quad (3.2.3\text{-}2)$$

式中　γ_0——重要性系数：对安全等级为一级或设计使用年限为 100 年及以上的结构构件，不应小于 1.1；对安全等级为二级或设计使用年限为 50 年的结构构件，不应小于 1.0；对安全等级为三级或设计使用年限为 5 年及以下的结构构件，不应小于 0.9；在抗震设计中，不考虑结构构件的重要性系数；

S——承载能力极限状态的荷载效应组合的设计值，按现行国家标准《建筑结构荷载规范》GB50009 和现行国家标准《建筑抗震设计规范》GB50011 的规定进行计算；

R——结构构件的承载力设计值；在抗震设计时，应除以承载力抗震调整系数 γ_{RE}；

$R(\cdot)$——结构构件的承载力函数；

f_c、f_s——混凝土、钢筋的强度设计值；

a_k——几何参数的标准值；当几何参数的变异性对结构性能有明显的不利影响时，可另增减一个附加值。

公式（3.2.3-1）中的 $\gamma_0 S$，在本规范各章中用内力设计值（N、M、V、T 等）表示；对预应力混凝土结构，尚应按本规范第 6.1.1 条的规定考虑预应力效应。

3.3 正常使用极限状态验算规定

3.3.1 对于正常使用极限状态，结构构件应分别按荷载效应的标准组合、准永久组合或标准组合并考虑长期作用影响，采用下列极限状态设计表达式：

$$S \leqslant C \quad (3.3.1)$$

式中　S——正常使用极限状态的荷载效应组合值；
　　　C——结构构件达到正常使用要求所规定的变形、裂缝宽度和应力等的限值。

荷载效应的标准组合和准永久组合应按现行国家标准《建筑结构荷载规范》GB50009 的规定进行计算。

3.3.2 受弯构件的最大挠度应按荷载效应的标准组合并考虑荷载长期作用影响进行计算，其计算值不应超过表 3.3.2 规定的挠度限值。

表 3.3.2　受弯构件的挠度限值

构件类型	挠度限值
吊车梁：手动吊车	$l_0/500$
电动吊车	$l_0/600$
屋盖、楼盖及楼梯构件：	
当 $l_0 < 7\text{m}$ 时	$l_0/200$（$l_0/250$）
当 $7\text{m} \leqslant l_0 \leqslant 9\text{m}$ 时	$l_0/250$（$l_0/300$）
当 $l_0 > 9\text{m}$ 时	$l_0/300$（$l_0/400$）

注：1　表中 l_0 为构件的计算跨度；
　　2　表中括号内的数值适用于使用上对挠度有较高要求的构件；
　　3　如果构件制作时预先起拱，且使用上也允许，则在验算挠度时，可将计算所得的挠度值减去起拱值；对预应力混凝土构件，尚可减去预加力所产生的反拱值；
　　4　计算悬臂构件的挠度限值时，其计算跨度 l_0 按实际悬臂长度的 2 倍取用。

3.3.3 结构构件正截面的裂缝控制等级分为三级。裂缝控制等级的划分应符合下列规定：

一级——严格要求不出现裂缝的构件，按荷载效应标准组合计算时，构件受拉边缘混凝土不应产生拉应力；

二级——一般要求不出现裂缝的构件，按荷载效应标准组合计算时，构件受拉边缘混凝土拉应力不应大于混凝土轴心抗拉强度标准值；按荷载效应准永久组合计算时，构件受拉边缘混凝土不宜产生拉应力，当有可靠经验时可适当放松；

三级——允许出现裂缝的构件，按荷载效应标准组合并考虑长期作用影响计算时，构件的最大裂缝宽度不应超过表 3.3.4 规定的最大裂缝宽度限值。

3.3.4 结构构件应根据结构类别和本规范表3.4.1规定的环境类别，按表3.3.4的规定选用不同的裂缝控制等级及最大裂缝宽度限值 $w_{\lim}$。

表3.3.4　结构构件的裂缝控制等级及最大裂缝宽度限值

环境类别	钢筋混凝土结构		预应力混凝土结构	
	裂缝控制等级	$w_{\lim}$ (mm)	裂缝控制等级	$w_{\lim}$ (mm)
一	三	0.3 (0.4)	三	0.2
二	三	0.2	二	—
三	三	0.2	一	—

注：1　表中的规定适用于采用热轧钢筋的钢筋混凝土构件和采用预应力钢丝、钢绞线及热处理钢筋的预应力混凝土构件；当采用其他类别的钢丝或钢筋时，其裂缝控制要求可按专门标准确定；
  2　对处于年平均相对湿度小于60%地区一类环境下的受弯构件，其最大裂缝宽度限值可采用括号内的数值；
  3　在一类环境下，对钢筋混凝土屋架、托架及需作疲劳验算的吊车梁，其最大裂缝宽度限值应取为0.2mm；对钢筋混凝土屋面梁和托梁，其最大裂缝宽度限值应取为0.3mm；
  4　在一类环境下，对预应力混凝土屋面梁、托梁、屋架、托架、屋面板和楼板，应按二级裂缝控制等级进行验算；在一类和二类环境下，对需作疲劳验算的预应力混凝土吊车梁，应按一级裂缝控制等级进行验算；
  5　表中规定的预应力混凝土构件的裂缝控制等级和最大裂缝宽度限值仅适用于正截面的验算；预应力混凝土构件的斜截面裂缝控制验算应符合本规范第8章的要求；
  6　对于烟囱、筒仓和处于液体压力下的结构构件，其裂缝控制要求应符合专门标准的有关规定；
  7　对于处于四、五类环境下的结构构件，其裂缝控制要求应符合专门标准的有关规定；
  8　表中的最大裂缝宽度限值用于验算荷载作用引起的最大裂缝宽度。

3.4　耐久性规定

3.4.1 混凝土结构的耐久性应根据表3.4.1的环境类别和设计使用年限进行设计。

表3.4.1　混凝土结构的环境类别

环境类别		条件
一		室内正常环境
二	a	室内潮湿环境；非严寒和非寒冷地区的露天环境、与无侵蚀性的水或土壤直接接触的环境
	b	严寒和寒冷地区的露天环境、与无侵蚀性的水或土壤直接接触的环境
三		使用除冰盐的环境；严寒和寒冷地区冬季水位变动的环境；滨海室外环境
四		海水环境
五		受人为或自然的侵蚀性物质影响的环境

注：严寒和寒冷地区的划分应符合国家现行标准《民用建筑热工设计规程》JGJ 24的规定。

3.4.2 一类、二类和三类环境中，设计使用年限为50年的结构混凝土应符合表3.4.2的规定。

表3.4.2　结构混凝土耐久性的基本要求

环境类别	最大水灰比	最小水泥用量 (kg/m³)	最低混凝土强度等级	最大氯离子含量 (%)	最大碱含量 (kg/m³)
一	0.65	225	C20	1.0	不限制
二 a	0.60	250	C25	0.3	3.0
二 b	0.55	275	C30	0.2	3.0
三	0.50	300	C30	0.1	3.0

注：1　氯离子含量系指其占水泥用量的百分率；
  2　预应力构件混凝土中的最大氯离子含量为0.06%，最小水泥用量为300kg/m³；最低混凝土强度等级应按表中规定提高两个等级；
  3　素混凝土构件的最小水泥用量不应少于表中数值减25 kg/m³；
  4　当混凝土中加入活性掺合料或能提高耐久性的外加剂时，可适当降低最小水泥用量；
  5　当有可靠工程经验时，处于一类和二类环境中的最低混凝土强度等级可降低一个等级；
  6　当使用非碱活性骨料时，对混凝土中的碱含量可不作限制。

3.4.3 一类环境中，设计使用年限为100年的结构混凝土应符合下列规定：

1　钢筋混凝土结构的最低混凝土强度等级为C30；预应力混凝土结构的最低混凝土强度等级为C40；

2　混凝土中的最大氯离子含量为0.06%；

3　宜使用非碱活性骨料；当使用碱活性骨料时，混凝土中的最大碱含量为3.0kg/m³；

4　混凝土保护层厚度应按本规范表9.2.1的规定增加40%；当采用有效的表面防护措施时，混凝土保护层厚度可适当减少；

5　在使用过程中，应定期维护。

3.4.4 二类和三类环境中，设计使用年限为100年的混凝土结构，应采取专门有效措施。

3.4.5 严寒及寒冷地区的潮湿环境中，结构混凝土应满足抗冻要求，混凝土抗冻等级应符合有关标准的要求。

3.4.6 有抗渗要求的混凝土结构，混凝土的抗渗等级应符合有关标准的要求。

3.4.7 三类环境中的结构构件，其受力钢筋宜采用环氧树脂涂层带肋钢筋；对预应力钢筋、锚具及连接器，应采取专门防护措施。

3.4.8 四类和五类环境中的混凝土结构，其耐久性要求应符合有关标准的规定。

对临时性混凝土结构，可不考虑混凝土的耐久性要求。

4 材 料

4.1 混 凝 土

4.1.1 混凝土强度等级应按立方体抗压强度标准值确定。立方体抗压强度标准值系指按照标准方法制作养护的边长为150mm的立方体试件,在28d龄期用标准试验方法测得的具有95%保证率的抗压强度。

4.1.2 钢筋混凝土结构的混凝土强度等级不应低于C15;当采用HRB335级钢筋时,混凝土强度等级不宜低于C20;当采用HRB400和RRB400级钢筋以及承受重复荷载的构件,混凝土强度等级不得低于C20。

预应力混凝土结构的混凝土强度等级不应低于C30;当采用钢绞线、钢丝、热处理钢筋作预应力钢筋时,混凝土强度等级不宜低于C40。

注:当采用山砂混凝土及高炉矿渣混凝土时,尚应符合专门标准的规定。

4.1.3 混凝土轴心抗压、轴心抗拉强度标准值 f_{ck}、f_{tk} 应按表4.1.3采用。

表4.1.3 混凝土强度标准值(N/mm²)

强度种类	混凝土强度等级						
	C15	C20	C25	C30	C35	C40	C45
f_{ck}	10.0	13.4	16.7	20.1	23.4	26.8	29.6
f_{tk}	1.27	1.54	1.78	2.01	2.20	2.39	2.51
强度种类	混凝土强度等级						
	C50	C55	C60	C65	C70	C75	C80
f_{ck}	32.4	35.5	38.5	41.5	44.5	47.4	50.2
f_{tk}	2.64	2.74	2.85	2.93	2.99	3.05	3.11

4.1.4 混凝土轴心抗压、轴心抗拉强度设计值 f_c、f_t 应按表4.1.4采用。

表4.1.4 混凝土强度设计值(N/mm²)

强度种类	混凝土强度等级						
	C15	C20	C25	C30	C35	C40	C45
f_c	7.2	9.6	11.9	14.3	16.7	19.1	21.1
f_t	0.91	1.10	1.27	1.43	1.57	1.71	1.80
强度种类	混凝土强度等级						
	C50	C55	C60	C65	C70	C75	C80
f_c	23.1	25.3	27.5	29.7	31.8	33.8	35.9
f_t	1.89	1.96	2.04	2.09	2.14	2.18	2.22

注:1 计算现浇钢筋混凝土轴心受压及偏心受压构件时,如截面的长边或直径小于300mm,则表中混凝土的强度设计值应乘以系数0.8;当构件质量(如混凝土成型、截面和轴线尺寸等)确有保证时,可不受此限制;

2 离心混凝土的强度设计值应按专门标准取用。

4.1.5 混凝土受压或受拉的弹性模量 E_c 应按表4.1.5采用。

表4.1.5 混凝土弹性模量($\times 10^4$N/mm²)

混凝土强度等级	C15	C20	C25	C30	C35	C40	C45
E_c	2.20	2.55	2.80	3.00	3.15	3.25	3.35
混凝土强度等级	C50	C55	C60	C65	C70	C75	C80
E_c	3.45	3.55	3.60	3.65	3.70	3.75	3.80

4.1.6 混凝土轴心抗压、轴心抗拉疲劳强度设计值 f_c^f、f_t^f 应按表4.1.4中的混凝土强度设计值乘以相应的疲劳强度修正系数 γ_ρ 确定。修正系数 γ_ρ 应根据不同的疲劳应力比值 ρ_c^f 按表4.1.6采用。

混凝土疲劳应力比值 ρ_c^f 应按下列公式计算:

$$\rho_c^f = \frac{\sigma_{c,min}^f}{\sigma_{c,max}^f} \quad (4.1.6)$$

式中 $\sigma_{c,min}^f$、$\sigma_{c,max}^f$——构件疲劳验算时,截面同一纤维上的混凝土最小应力、最大应力。

表4.1.6 混凝土疲劳强度修正系数

ρ_c^f	$\rho_c^f<0.2$	$0.2\leq\rho_c^f<0.3$	$0.3\leq\rho_c^f<0.4$	$0.4\leq\rho_c^f<0.5$	$\rho_c^f\geq0.5$
γ_ρ	0.74	0.80	0.86	0.93	1.0

当采用蒸气养护时,养护温度不宜超过60℃;超过时,计算需要的混凝土强度设计值应提高20%。

4.1.7 混凝土疲劳变形模量 E_c^f 应按表4.1.7采用。

表4.1.7 混凝土疲劳变形模量($\times 10^4$N/mm²)

混凝土强度等级	C20	C25	C30	C35	C40	C45	C50
E_c^f	1.1	1.2	1.3	1.4	1.5	1.55	1.6
混凝土强度等级	C55	C60	C65	C70	C75	C80	
E_c^f	1.65	1.7	1.75	1.8	1.85	1.9	

4.1.8 当温度在0℃到100℃范围内时,混凝土线膨胀系数 α_c 可采用 1×10^{-5}/℃。

混凝土泊松比 ν_c 可采用0.2。

混凝土剪变模量 G_c 可按表4.1.5中混凝土弹性模量的0.4倍采用。

4.2 钢 筋

4.2.1 钢筋混凝土结构及预应力混凝土结构的钢筋,应按下列规定选用:

1 普通钢筋宜采用HRB400级和HRB335级钢筋,也可采用HPB235级和RRB400级钢筋;

2 预应力钢筋宜采用预应力钢绞线、钢丝,也可采用热处理钢筋。

注:1 普通钢筋系指用于钢筋混凝土结构中的钢筋和预应力混凝土结构中的非预应力钢筋;

2 HRB400级和HRB335级钢筋系指现行国家标准

《钢筋混凝土用热轧带肋钢筋》GB1499 中的 HRB400 和 HRB335 钢筋；HPB235 级钢筋系指现行国家标准《钢筋混凝土用热轧光圆钢筋》GB13013 中的 Q235 钢筋；RRB400 级钢筋系指现行国家标准《钢筋混凝土用余热处理钢筋》GB13014 中的 KL400 钢筋；

3 预应力钢丝系指现行国家标准《预应力混凝土用钢丝》GB/T 5223 中的光面、螺旋肋和三面刻痕的消除应力的钢丝；

4 当采用本条未列出但符合强度和伸长率要求的冷加工钢筋及其他钢筋时，应符合专门标准的规定。

4.2.2 钢筋的强度标准值应具有不小于 95% 的保证率。

热轧钢筋的强度标准值系根据屈服强度确定，用 f_{yk} 表示。预应力钢绞线、钢丝和热处理钢筋的强度标准值系根据极限抗拉强度确定，用 f_{ptk} 表示。

普通钢筋的强度标准值应按表 4.2.2-1 采用；预应力钢筋的强度标准值应按表 4.2.2-2 采用。

各种直径钢筋、钢绞线和钢丝的公称截面面积、计算截面面积及理论重量应按附录 B 采用。

表 4.2.2-1 普通钢筋强度标准值（N/mm²）

种类		符号	d（mm）	f_{yk}
热轧钢筋	HPB235（Q235）	Φ	8～20	235
	HRB335（20MnSi）	Φ	6～50	335
	HRB400（20MnSiV、20MnSiNb、20MnTi）	Φ	6～50	400
	RRB400（K20MnSi）	ΦR	8～40	400

注：1 热轧钢筋直径 d 系指公称直径；
2 当采用直径大于 40mm 的钢筋时，应有可靠的工程经验。

表 4.2.2-2 预应力钢筋强度标准值（N/mm²）

种类		符号	d(mm)	f_{ptk}
钢绞线	1×3	ΦS	8.6、10.8	1860、1720、1570
			12.9	1720、1570
	1×7		9.5、11.1、12.7	1860
			15.2	1860、1720
消除应力钢丝	光面 螺旋肋	ΦP ΦH	4、5	1770、1670、1570
			6	1670、1570
			7、8、9	1570
	刻痕	ΦI	5、7	1570
热处理钢筋	40Si2Mn 48Si2Mn 45Si2Cr	ΦHT	8.2 10	1470

注：1 钢绞线直径 d 系指钢绞线外接圆直径，即现行国家标准《预应力混凝土用钢绞线》GB/T 5224 中的公称直径 D_g；钢丝和热处理钢筋的直径 d 均指公称直径；
2 消除应力光面钢丝直径 d 为 4～9mm，消除应力螺旋肋钢丝直径 d 为 4～8mm。

4.2.3 普通钢筋的抗拉强度设计值 f_y 及抗压强度设计值 f'_y 应按表 4.2.3-1 采用；预应力钢筋的抗拉强度设计值 f_{py} 及抗压强度设计值 f'_{py} 应按表 4.2.3-2 采用。

当构件中配有不同种类的钢筋时，每种钢筋应采用各自的强度设计值。

表 4.2.3-1 普通钢筋强度设计值（N/mm²）

种类		符号	f_y	f'_y
热轧钢筋	HPB235（Q235）	Φ	210	210
	HRB335（20MnSi）	Φ	300	300
	HRB400（20MnSiV、20MnSiNb、20MnTi）	Φ	360	360
	RRB400（K20MnSi）	ΦR	360	360

注：在钢筋混凝土结构中，轴心受拉和小偏心受拉构件的钢筋抗拉强度设计值大于 300N/mm² 时，仍应按 300N/mm² 取用。

表 4.2.3-2 预应力钢筋强度设计值（N/mm²）

种类		符号	f_{ptk}	f_{py}	f'_{py}
钢绞线	1×3	ΦS	1860	1320	390
			1720	1220	
			1570	1110	
	1×7		1860	1320	390
			1720	1220	
消除应力钢丝	光面 螺旋肋	ΦP ΦH	1770	1250	410
			1670	1180	
			1570	1110	
	刻痕	ΦI	1570	1110	410
热处理钢筋	40Si2Mn 48Si2Mn 45Si2Cr	ΦHT	1470	1040	400

注：当预应力钢绞线、钢丝的强度标准值不符合表 4.2.2-2 的规定时，其强度设计值应进行换算。

4.2.4 钢筋弹性模量 E_s 应按表 4.2.4 采用。

表 4.2.4 钢筋弹性模量（×10⁵N/mm²）

种类	E_s
HPB 235 级钢筋	2.1
HRB 335 级钢筋、HRB 400 级钢筋、RRB 400 级钢筋、热处理钢筋	2.0
消除应力钢丝（光面钢丝、螺旋肋钢丝、刻痕钢丝）	2.05
钢绞线	1.95

注：必要时钢绞线可采用实测的弹性模量。

4.2.5 普通钢筋和预应力钢筋的疲劳应力幅限值 Δf_y^f 和 Δf_{py}^f 应由钢筋疲劳应力比值 ρ_s^f、ρ_p^f 分别按表

4.2.5-1及表4.2.5-2采用。

普通钢筋疲劳应力比值 ρ_s^f 应按下列公式计算：

$$\rho_s^f = \frac{\sigma_{s,min}^f}{\sigma_{s,max}^f} \quad (4.2.5\text{-}1)$$

式中 $\sigma_{s,min}^f$、$\sigma_{s,max}^f$——构件疲劳验算时，同一层钢筋的最小应力、最大应力。

预应力钢筋疲劳应力比值 ρ_p^f 应按下列公式计算：

$$\rho_p^f = \frac{\sigma_{p,min}^f}{\sigma_{p,max}^f} \quad (4.2.5\text{-}2)$$

式中 $\sigma_{p,min}^f$、$\sigma_{p,max}^f$——构件疲劳验算时，同一层预应力钢筋的最小应力、最大应力。

表4.2.5-1 普通钢筋疲劳应力幅限值（N/mm²）

疲劳应力比值	Δf_y^f		
	HPB 235级钢筋	HRB 335级钢筋	HRB 400级钢筋
$-1.0 \leq \rho_s^f < -0.6$	160		
$-0.6 \leq \rho_s^f < -0.4$	155		
$-0.4 \leq \rho_s^f < 0$	150		
$0 \leq \rho_s^f < 0.1$	145	165	165
$0.1 \leq \rho_s^f < 0.2$	140	155	155
$0.2 \leq \rho_s^f < 0.3$	130	150	150
$0.3 \leq \rho_s^f < 0.4$	120	135	145
$0.4 \leq \rho_s^f < 0.5$	105	125	130
$0.5 \leq \rho_s^f < 0.6$		105	115
$0.6 \leq \rho_s^f < 0.7$		85	95
$0.7 \leq \rho_s^f < 0.8$		65	70
$0.8 \leq \rho_s^f < 0.9$		40	45

注：1 当纵向受拉钢筋采用闪光接触对焊接头时，其接头处钢筋疲劳应力幅限值应按表中数值乘以系数0.8取用；
    2 RRB400级钢筋应经试验验证后，方可用于需作疲劳验算的构件。

表4.2.5-2 预应力钢筋疲劳应力幅限值（N/mm²）

种 类		Δf_{py}^f	
		$0.7 \leq \rho_p^f < 0.8$	$0.8 \leq \rho_p^f < 0.9$
消除应力钢丝	光面 $f_{ptk}=1770、1670$	210	140
	光面 $f_{ptk}=1570$	200	130
	刻痕 $f_{ptk}=1570$	180	120
钢绞线		120	105

注：1 当 $\rho_p^f \geq 0.9$ 时，可不作钢筋疲劳验算；
    2 当有充分依据时，可对表中规定的疲劳应力幅限值作适当调整。

5 结构分析

5.1 基本原则

5.1.1 结构按承载能力极限状态计算和按正常使用极限状态验算时，应按国家现行有关标准规定的作用（荷载）对结构的整体进行作用（荷载）效应分析；必要时，尚应对结构中受力状况特殊的部分进行更详细的结构分析。

5.1.2 当结构在施工和使用期的不同阶段有多种受力状况时，应分别进行结构分析，并确定其最不利的作用效应组合。

结构可能遭遇火灾、爆炸、撞击等偶然作用时，尚应按国家现行有关标准的要求进行相应的结构分析。

5.1.3 结构分析所需的各种几何尺寸，以及所采用的计算图形、边界条件、作用的取值与组合、材料性能的计算指标、初始应力和变形状况等，应符合结构的实际工作状况，并应具有相应的构造保证措施。

结构分析中所采用的各种简化和近似假定，应有理论或试验的依据，或经工程实践验证。计算结果的准确程度应符合工程设计的要求。

5.1.4 结构分析应符合下列要求：
    1 应满足力学平衡条件；
    2 应在不同程度上符合变形协调条件，包括节点和边界的约束条件；
    3 应采用合理的材料或构件单元的本构关系。

5.1.5 结构分析时，宜根据结构类型、构件布置、材料性能和受力特点等选择下列方法：
    ——线弹性分析方法；
    ——考虑塑性内力重分布的分析方法；
    ——塑性极限分析方法；
    ——非线性分析方法；
    ——试验分析方法。

5.1.6 结构分析所采用的电算程序应经考核和验证，其技术条件应符合本规范和有关标准的要求。

对电算结果，应经判断和校核；在确认其合理有效后，方可用于工程设计。

5.2 线弹性分析方法

5.2.1 线弹性分析方法可用于混凝土结构的承载能力极限状态及正常使用极限状态的作用效应分析。

5.2.2 杆系结构宜按空间体系进行结构整体分析，并宜考虑杆件的弯曲、轴向、剪切和扭转变形对结构内力的影响。

当符合下列条件时，可作相应简化：
    1 体形规则的空间杆系结构，可沿柱列或墙轴线分解为不同方向的平面结构分别进行分析，但宜考虑平面结构的空间协同工作；

2 杆件的轴向、剪切和扭转变形对结构内力的影响不大时，可不计及；

3 结构或杆件的变形对其内力的二阶效应影响不大时，可不计及。

5.2.3 杆系结构的计算图形宜按下列方法确定：

1 杆件的轴线宜取截面几何中心的连线；

2 现浇结构和装配整体式结构的梁柱节点、柱与基础连接处等可作为刚接；梁、板与其支承构件非整体浇筑时，可作为铰接；

3 杆件的计算跨度或计算高度宜按其两端支承长度的中心距或净距确定，并根据支承节点的连接刚度或支承反力的位置加以修正；

4 杆件间连接部分的刚度远大于杆件中间截面的刚度时，可作为刚域插入计算图形。

5.2.4 杆系结构中杆件的截面刚度应按下列方法确定：

1 混凝土的弹性模量应按本规范表4.1.5采用；

2 截面惯性矩可按匀质的混凝土全截面计算；

3 T形截面杆件的截面惯性矩宜考虑翼缘的有效宽度进行计算，也可由截面矩形部分面积的惯性矩作修正后确定；

4 端部加腋的杆件，应考虑其刚度变化对结构分析的影响；

5 不同受力状态杆件的截面刚度，宜考虑混凝土开裂、徐变等因素的影响予以折减。

5.2.5 杆系结构宜采用解析法、有限元法或差分法等分析方法。对体形规则的结构，可根据其受力特点和作用的种类采用有效的简化分析方法。

5.2.6 对与支承构件整体浇筑的梁端，可取支座或节点边缘截面的内力值进行设计。

5.2.7 各种双向板按承载能力极限状态计算和按正常使用极限状态验算时，均可采用线弹性方法进行作用效应分析。

5.2.8 非杆系的二维或三维结构可采用弹性理论分析、有限元分析或试验方法确定其弹性应力分布，根据主拉应力图形的面积确定所需的配筋量和布置，并按多轴应力状态验算混凝土的强度。混凝土的多轴强度和破坏准则可按附录C的规定计算。

结构按承载能力极限状态计算时，其荷载和材料性能指标可取为设计值；按正常使用极限状态验算时，其荷载和材料性能指标可取为标准值。

5.3 其他分析方法

5.3.1 房屋建筑中的钢筋混凝土连续梁和连续单向板，宜采用考虑塑性内力重分布的分析方法，其内力值可由弯矩调幅法确定。

框架、框架-剪力墙结构以及双向板等，经过弹性分析求得内力后，也可对支座或节点弯矩进行调幅，并确定相应的跨中弯矩。

按考虑塑性内力重分布的分析方法设计的结构和构件，尚应满足正常使用极限状态的要求或采取有效的构造措施。

对于直接承受动力荷载的构件，以及要求不出现裂缝或处于侵蚀环境等情况下的结构，不应采用考虑塑性内力重分布的分析方法。

5.3.2 承受均布荷载的周边支承的双向矩形板，可采用塑性铰线法或条带法等塑性极限分析方法进行承载能力极限状态设计，同时应满足正常使用极限状态的要求。

5.3.3 承受均布荷载的板柱体系，根据结构布置和荷载的特点，可采用弯矩系数法或等代框架法计算承载能力极限状态的内力设计值。

5.3.4 特别重要的或受力状况特殊的大型杆系结构和二维、三维结构，必要时尚应对结构的整体或其部分进行受力全过程的非线性分析。

结构的非线性分析宜遵循下列原则：

1 结构形状、尺寸和边界条件，以及所用材料的强度等级和主要配筋量等应预先设定；

2 材料的性能指标宜取平均值；

3 材料的、截面的、构件的或各种计算单元的非线性本构关系宜通过试验测定；也可采用经验证的数学模型，其参数值应经过标定或有可靠的依据。混凝土的单轴应力-应变关系、多轴强度和破坏准则也可按附录C采用；

4 宜计入结构的几何非线性对作用效应的不利影响；

5 承载能力极限状态计算时应取作用效应的基本组合，并应根据结构构件的受力特点和破坏形态作相应的修正；正常使用极限状态验算时可取作用效应的标准组合和准永久组合。

5.3.5 对体形复杂或受力状况特殊的结构或其部分，可采用试验方法对结构的正常使用极限状态和承载能力极限状态进行分析或复核。

5.3.6 当结构所处环境的温度和湿度发生变化，以及混凝土的收缩和徐变等因素在结构中产生的作用效应可能危及结构的安全或正常使用时，应进行专门的结构分析。

6 预应力混凝土结构构件计算要求

6.1 一般规定

6.1.1 预应力混凝土结构构件，除应根据使用条件进行承载力计算及变形、抗裂、裂缝宽度和应力验算外，尚应按具体情况对制作、运输及安装等施工阶段进行验算。

当预应力作为荷载效应考虑时，其设计值在本规范有关章节计算公式中给出。对承载能力极限状态，当预应力效应对结构有利时，预应力分项系数应取1.0；不利时应取1.2。对正常使用极限状态，预应力分项系数应取1.0。

6.1.2 当通过对一部分纵向钢筋施加预应力已能使构件符合裂缝控制要求时，承载力计算所需的其余纵向钢筋可采用非预应力钢筋。非预应力钢筋宜采用HRB400级、HRB335级钢筋，也可采用RRB400级钢筋。

6.1.3 预应力钢筋的张拉控制应力值 σ_{con} 不宜超过表6.1.3规定的张拉控制应力限值，且不应小于 $0.4f_{ptk}$。

当符合下列情况之一时，表6.1.3中的张拉控制应力限值可提高 $0.05f_{ptk}$：

1 要求提高构件在施工阶段的抗裂性能而在使用阶段受压区内设置的预应力钢筋；

2 要求部分抵消由于应力松弛、摩擦、钢筋分批张拉以及预应力钢筋与张拉台座之间的温差等因素产生的预应力损失。

表 6.1.3　张拉控制应力限值

钢筋种类	张拉方法	
	先张法	后张法
消除应力钢丝、钢绞线	$0.75f_{ptk}$	$0.75f_{ptk}$
热处理钢筋	$0.70f_{ptk}$	$0.65f_{ptk}$

6.1.4 施加预应力时，所需的混凝土立方体抗压强度应经计算确定，但不宜低于设计混凝土强度等级值的75%。

6.1.5 由预加力产生的混凝土法向应力及相应阶段预应力钢筋的应力，可分别按下列公式计算：

1 先张法构件

由预加力产生的混凝土法向应力

$$\sigma_{pc} = \frac{N_{p0}}{A_0} \pm \frac{N_{p0}e_{p0}}{I_0}y_0 \quad (6.1.5\text{-}1)$$

相应阶段预应力钢筋的有效预应力

$$\sigma_{pe} = \sigma_{con} - \sigma_l - \alpha_E \sigma_{pc} \quad (6.1.5\text{-}2)$$

预应力钢筋合力点处混凝土法向应力等于零时的预应力钢筋应力

$$\sigma_{p0} = \sigma_{con} - \sigma_l \quad (6.1.5\text{-}3)$$

2 后张法构件

由预加力产生的混凝土法向应力

$$\sigma_{pc} = \frac{N_p}{A_n} \pm \frac{N_p e_{pn}}{I_n}y_n \pm \frac{M_2}{I_n}y_n \quad (6.1.5\text{-}4)$$

相应阶段预应力钢筋的有效预应力

$$\sigma_{pe} = \sigma_{con} - \sigma_l \quad (6.1.5\text{-}5)$$

预应力钢筋合力点处混凝土法向应力等于零时的预应力钢筋应力

$$\sigma_{p0} = \sigma_{con} - \sigma_l + \alpha_E \sigma_{pc} \quad (6.1.5\text{-}6)$$

式中　A_n——净截面面积，即扣除孔道、凹槽等削弱部分以外的混凝土全部截面面积及纵向非预应力钢筋截面面积换算成混凝土的截面面积之和；对由不同混凝土强度等级组成的截面，应根据混凝土弹性模量比值换算成同一混凝土强度等级的截面面积；

　　　　A_0——换算截面面积；包括净截面面积以及全部纵向预应力钢筋截面面积换算成混凝土的截面面积；

　　　I_0, I_n——换算截面惯性矩、净截面惯性矩；

　　e_{p0}, e_{pn}——换算截面重心、净截面重心至预应力钢筋及非预应力钢筋合力点的距离，按本规范第6.1.6条的规定计算；

　　　y_0, y_n——换算截面重心、净截面重心至所计算纤维处的距离；

　　　　σ_l——相应阶段的预应力损失值，按本规范第6.2.1条至6.2.7条的规定计算；

　　　　α_E——钢筋弹性模量与混凝土弹性模量的比值：$\alpha_E = E_s/E_c$，此处，E_s 按本规范表4.2.4采用，E_c 按本规范表4.1.5采用；

　　N_{p0}, N_p——先张法构件、后张法构件的预应力钢筋及非预应力钢筋的合力，按本规范第6.1.6条计算；

　　　　M_2——由预加力 N_p 在后张法预应力混凝土超静定结构中产生的次弯矩，按本规范第6.1.7条的规定计算。

注：1　在公式 (6.1.5-1)、(6.1.5-4) 中，右边第二、第三项与第一项的应力方向相同时取加号，相反时取减号；公式 (6.1.5-2)、(6.1.5-6) 适用于 σ_{pc} 为压应力的情况，当 σ_{pc} 为拉应力时，应以负值代入；

　　2　在设计中宜采取措施避免或减少柱和墙等约束构件对梁、板预应力效果的不利影响。

6.1.6 预应力钢筋及非预应力钢筋的合力以及合力点的偏心距（图6.1.6）宜按下列公式计算：

1 先张法构件

$$N_{p0} = \sigma_{p0}A_p + \sigma'_{p0}A'_p - \sigma_{l5}A_s - \sigma'_{l5}A'_s \quad (6.1.6\text{-}1)$$

$$e_{p0} = \frac{\sigma_{p0}A_p y_p - \sigma'_{p0}A'_p y'_p - \sigma_{l5}A_s y_s + \sigma'_{l5}A'_s y'_s}{\sigma_{p0}A_p + \sigma'_{p0}A'_p - \sigma_{l5}A_s - \sigma'_{l5}A'_s} \quad (6.1.6\text{-}2)$$

2 后张法构件

$$N_p = \sigma_{pe}A_p + \sigma'_{pe}A'_p - \sigma_{l5}A_s - \sigma'_{l5}A'_s$$
(6.1.6-3)

$$e_{pn} = \frac{\sigma_{pe}A_p y_{pn} - \sigma'_{pe}A'_p y'_{pn} - \sigma_{l5}A_s y_{sn} + \sigma'_{l5}A'_s y'_{sn}}{\sigma_{pe}A_p + \sigma'_{pe}A'_p - \sigma_{l5}A_s - \sigma'_{l5}A'_s}$$
(6.1.6-4)

式中 σ_{p0}、σ'_{p0}——受拉区、受压区预应力钢筋合力点处混凝土法向应力等于零时的预应力钢筋应力；

σ_{pe}、σ'_{pe}——受拉区、受压区预应力钢筋的有效预应力；

A_p、A'_p——受拉区、受压区纵向预应力钢筋的截面面积；

A_s、A'_s——受拉区、受压区纵向非预应力钢筋的截面面积；

y_p、y'_p——受拉区、受压区预应力合力点至换算截面重心的距离；

y_s、y'_s——受拉区、受压区非预应力钢筋重心至换算截面重心的距离；

σ_{l5}、σ'_{l5}——受拉区、受压区预应力钢筋在各自合力点处混凝土收缩和徐变引起的预应力损失值，按本规范第 6.2.5 条的规定计算；

y_{pn}、y'_{pn}——受拉区、受压区预应力合力点至净截面重心的距离；

y_{sn}、y'_{sn}——受拉区、受压区非预应力钢筋重心至净截面重心的距离。

注：当公式 (6.1.6-1) 至公式 (6.1.6-4) 中的 $A'_p = 0$ 时，可取式中 $\sigma'_{l5} = 0$。

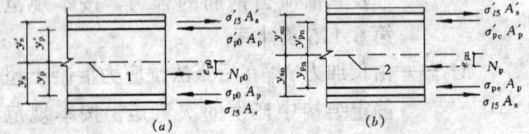

图 6.1.6 预应力钢筋及非预应力钢筋合力位置
(a) 先张法构件；(b) 后张法构件
1—换算截面重心轴；2—净截面重心轴

6.1.7 后张法预应力混凝土超静定结构，在进行正截面受弯承载力计算及抗裂验算时，在弯矩设计值中次弯矩应参与组合；在进行斜截面受剪承载力计算及抗裂验算时，在剪力设计值中次剪力应参与组合。

次弯矩、次剪力及其参与组合的计算应符合下列规定：

1 按弹性分析计算时，次弯矩 M_2 宜按下列公式计算：

$$M_2 = M_r - M_1$$
(6.1.7-1)

$$M_1 = N_p e_{pn}$$
(6.1.7-2)

式中 N_p——预应力钢筋及非预应力钢筋的合力，按本规范公式 (6.1.6-3) 计算；

e_{pn}——净截面重心至预应力钢筋及非预应力钢筋合力点的距离，按本规范公式 (6.1.6-4) 计算；

M_1——预加力 N_p 对净截面重心偏心引起的弯矩值；

M_r——由预加力 N_p 的等效荷载在结构构件截面上产生的弯矩值。

次剪力宜根据构件各截面次弯矩的分布按结构力学方法计算。

2 在对截面进行受弯及受剪承载力计算时，当参与组合的次弯矩、次剪力对结构不利时，预应力分项系数应取 1.2；有利时应取 1.0。

3 在对截面进行受弯及受剪的抗裂验算时，参与组合的次弯矩和次剪力的预应力分项系数应取 1.0。

6.1.8 对后张法预应力混凝土框架梁及连续梁，在满足本规范第 9.5 节纵向受力钢筋最小配筋率的条件下，当截面相对受压区高度 $\xi \leq 0.3$ 时，可考虑内力重分布，支座截面弯矩可按 10% 调幅，并应满足正常使用极限状态验算要求；当 $\xi > 0.3$ 时，不应考虑内力重分布。此处，ξ 应按本规范第 7 章的规定计算。

6.1.9 先张法构件预应力钢筋的预应力传递长度 l_{tr} 应按下列公式计算：

$$l_{tr} = \alpha \frac{\sigma_{pe}}{f'_{tk}} d$$
(6.1.9)

式中 σ_{pe}——放张时预应力钢筋的有效预应力；

d——预应力钢筋的公称直径，按本规范附录 B 采用；

α——预应力钢筋的外形系数，按本规范表 9.3.1 采用；

f'_{tk}——与放张时混凝土立方体抗压强度 f'_{cu} 相应的轴心抗拉强度标准值，按本规范表 4.1.3 以线性内插法确定。

当采用骤然放松预应力钢筋的施工工艺时，l_{tr} 的起点应从距构件末端 $0.25l_{tr}$ 处开始计算。

6.1.10 计算先张法预应力混凝土构件端部锚固区的正截面和斜截面受弯承载力时，锚固长度范围内的预应力钢筋抗拉强度设计值在锚固起点处应取为零，在锚固终点处应取为 f_{py}，两点之间可按线性内插法确定。预应力钢筋的锚固长度 l_a 应按本规范第 9.3.1 条确定。

6.1.11 预应力混凝土结构构件的施工阶段，除应进行承载能力极限状态验算外，对预拉区不允许出现裂缝的构件或预压时全截面受压的构件，在预加力、自重及施工荷载（必要时应考虑动力系数）作用下，其截面边缘的混凝土法向应力尚应符合下列规定（图

6.1.11):

$$\sigma_{ct} \leq f'_{tk} \quad (6.1.11-1)$$
$$\sigma_{cc} \leq 0.8 f'_{ck} \quad (6.1.11-2)$$

截面边缘的混凝土法向应力可按下列公式计算：

$$\sigma_{cc} \text{ 或 } \sigma_{ct} = \sigma_{pc} + \frac{N_k}{A_0} \pm \frac{M_k}{W_0} \quad (6.1.11-3)$$

式中 σ_{cc}、σ_{ct}——相应施工阶段计算截面边缘纤维的混凝土压应力、拉应力；

f'_{tk}、f'_{ck}——与各施工阶段混凝土立方体抗压强度 f'_{cu} 相应的抗拉强度标准值、抗压强度标准值，按本规范表 4.1.3 以线性内插法确定；

N_k、M_k——构件自重及施工荷载的标准组合在计算截面产生的轴向力值、弯矩值；

W_0——验算边缘的换算截面弹性抵抗矩。

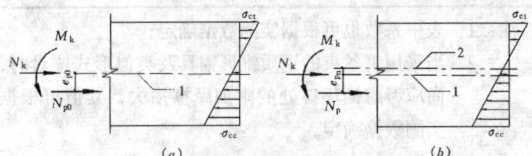

图 6.1.11 预应力混凝土构件施工阶段验算
(a) 先张法构件；(b) 后张法构件
1—换算截面重心轴；2—净截面重心轴

注：1 预拉区系指施加预应力时形成的截面拉应力区；
2 公式 (6.1.11-3) 中，当 σ_{pc} 为压应力时，取正值；当 σ_{pc} 为拉应力时，取负值；当 N_k 为轴向压力时，取正值，当 N_k 为轴向拉力时，取负值；当 M_k 产生的边缘纤维应力为压应力时式中符号取加号，拉应力时式中符号取减号。

6.1.12 预应力混凝土结构构件的施工阶段，除应进行承载能力极限状态验算外，对预拉区允许出现裂缝而在预拉区不配置纵向预应力钢筋的构件，其截面边缘的混凝土法向应力应符合下列规定：

$$\sigma_{ct} \leq 2 f'_{tk} \quad (6.1.12-1)$$
$$\sigma_{cc} \leq 0.8 f'_{ck} \quad (6.1.12-2)$$

此处 σ_{ct}、σ_{cc} 仍按本规范第 6.1.11 条的规定计算。

6.1.13 预应力混凝土结构构件预拉区纵向钢筋的配筋应符合下列要求：

1 施工阶段预拉区不允许出现裂缝的构件，预拉区纵向钢筋的配筋率 $(A'_s + A'_p)/A$ 不应小于 0.2%，对后张法构件不应计入 A'_p，其中，A 为构件截面面积；

2 施工阶段预拉区允许出现裂缝而在预拉区不配置纵向预应力钢筋的构件，当 $\sigma_{ct} = 2 f'_{tk}$ 时，预拉区纵向钢筋的配筋率 A'_s/A 不应小于 0.4%；当 $f'_{tk} < \sigma_{ct} < 2 f'_{tk}$ 时，则在 0.2% 和 0.4% 之间按线性内插法确定；

3 预拉区的纵向非预应力钢筋的直径不宜大于 14mm，并应沿构件预拉区的外边缘均匀配置。

注：施工阶段预拉区不允许出现裂缝的板类构件，预拉区纵向钢筋的配筋可根据具体情况按实践经验确定。

6.1.14 对先张法和后张法预应力混凝土结构构件，在承载力和裂缝宽度计算中，所用的混凝土法向预应力等于零时的预应力钢筋及非预应力钢筋合力 N_{p0} 及相应的合力点的偏心距 e_{p0}，均应按本规范公式 (6.1.6-1) 及 (6.1.6-2) 计算，此时，先张法和后张法构件预应力钢筋的应力 σ_{p0}、σ'_{p0} 均应按本规范第 6.1.5 条的规定计算。

6.2 预应力损失值计算

6.2.1 预应力钢筋中的预应力损失值可按表 6.2.1 的规定计算。

当计算求得的预应力总损失值小于下列数值时，应按下列数值取用：

先张法构件　100N/mm²；
后张法构件　80N/mm²。

表 6.2.1　预应力损失值 (N/mm²)

引起损失的因素		符号	先张法构件	后张法构件
张拉端锚具变形和钢筋内缩		σ_{l1}	按本规范第 6.2.2 条的规定计算	按本规范第 6.2.2 条和 6.2.3 条的规定计算
预应力钢筋的摩擦	与孔道壁之间的摩擦	σ_{l2}	—	按本规范第 6.2.4 条的规定计算
	在转向装置处的摩擦		按实际情况确定	
混凝土加热养护时，受张拉的钢筋与承受拉力的设备之间的温差		σ_{l3}	$2\Delta t$	—
预应力钢筋的应力松弛		σ_{l4}	预应力钢丝、钢绞线 普通松弛 $0.4\psi\left(\dfrac{\sigma_{con}}{f_{ptk}} - 0.5\right)\sigma_{con}$ 此处，一次张拉 $\psi=1$，超张拉 $\psi=0.9$ 低松弛 当 $\sigma_{con} \leq 0.7 f_{ptk}$ 时 $0.125\left(\dfrac{\sigma_{con}}{f_{ptk}} - 0.5\right)\sigma_{con}$ 当 $0.7 f_{ptk} < \sigma_{con} \leq 0.8 f_{ptk}$ 时 $0.2\left(\dfrac{\sigma_{con}}{f_{ptk}} - 0.575\right)\sigma_{con}$ 热处理钢筋 一次张拉　$0.05\sigma_{con}$ 超张拉　　$0.035\sigma_{con}$	

续表

引起损失的因素	符号	先张法构件	后张法构件
混凝土的收缩和徐变	σ_{l5}	按本规范第6.2.5条的规定计算	
用螺旋式预应力钢筋作配筋的环形构件，当直径$d\leqslant3m$时，由于混凝土的局部挤压	σ_{l6}	—	30

注：1 表中Δt为混凝土加热养护时，受张拉的预应力钢筋与承受拉力的设备之间的温差（℃）；
  2 表中超张拉的张拉程序为从应力为零开始张拉至$1.03\sigma_{con}$；或从应力为零开始张拉至$1.05\sigma_{con}$，持荷2min后，卸载至σ_{con}；
  3 当$\sigma_{con}/f_{ptk}\leqslant0.5$时，预应力钢筋的应力松弛损失值可取为零。

6.2.2 预应力直线钢筋由于锚具变形和预应力钢筋内缩引起的预应力损失值σ_{l1}可按下列公式计算：

$$\sigma_{l1}=\frac{a}{l}E_s \quad (6.2.2)$$

式中 a——张拉端锚具变形和钢筋内缩值(mm)，可按表6.2.2采用；
  l——张拉端至锚固端之间的距离(mm)。

表6.2.2 锚具变形和钢筋内缩值a（mm）

锚具类别		a
支承式锚具（钢丝束镦头锚具等）	螺帽缝隙	1
	每块后加垫板的缝隙	1
锥塞式锚具（钢丝束的钢质锥形锚具等）		5
夹片式锚具	有顶压时	5
	无顶压时	6~8

注：1 表中的锚具变形和钢筋内缩值也可根据实测数据确定；
  2 其他类型的锚具变形和钢筋内缩值应根据实测数据确定。

块体拼成的结构，其预应力损失尚应计及块体间填缝的预压变形。当采用混凝土或砂浆为填缝材料时，每条填缝的预压变形值可取为1mm。

6.2.3 后张法构件预应力曲线钢筋或折线钢筋由于锚具变形和预应力钢筋内缩引起的预应力损失值σ_{l1}，应根据预应力曲线钢筋或折线钢筋与孔道壁之间反向摩擦影响长度l_f范围内的预应力钢筋变形值等于锚具变形和钢筋内缩值的条件确定，反向摩擦系数可按本规范表6.2.4中的数值采用。

常用束形的后张预应力钢筋在反向摩擦影响长度l_f范围内的预应力损失值σ_{l1}可按本规范附录D计算。

6.2.4 预应力钢筋与孔道壁之间的摩擦引起的预应力损失值σ_{l2}（图6.2.4），宜按下列公式计算：

$$\sigma_{l2}=\sigma_{con}\left(1-\frac{1}{e^{\kappa x+\mu\theta}}\right) \quad (6.2.4-1)$$

当$(\kappa x+\mu\theta)\leqslant0.2$时，$\sigma_{l2}$可按下列近似公式计算：

$$\sigma_{l2}=(\kappa x+\mu\theta)\sigma_{con} \quad (6.2.4-2)$$

式中 x——张拉端至计算截面的孔道长度（m），可近似取该段孔道在纵轴上的投影长度；
  θ——张拉端至计算截面曲线孔道部分切线的夹角（rad）；
  κ——考虑孔道每米长度局部偏差的摩擦系数，按表6.2.4采用；
  μ——预应力钢筋与孔道壁之间的摩擦系数，按表6.2.4采用。

表6.2.4 摩擦系数

孔道成型方式	κ	μ
预埋金属波纹管	0.0015	0.25
预埋钢管	0.0010	0.30
橡胶管或钢管抽芯成型	0.0014	0.55

注：1 表中系数也可根据实测数据确定；
  2 当采用钢丝束的钢质锥形锚具及类似形式锚具时，尚应考虑锚环口处的附加摩擦损失，其值可根据实测数据确定。

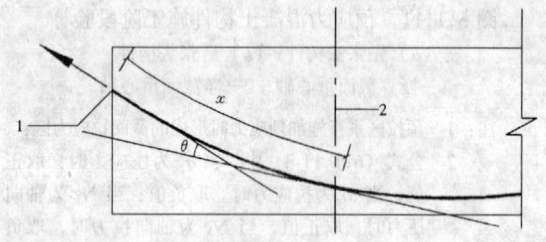

图6.2.4 预应力摩擦损失计算
1—张拉端；2—计算截面

6.2.5 混凝土收缩、徐变引起受拉区和受压区纵向预应力钢筋的预应力损失值σ_{l5}、σ_{l5}'可按下列方法确定：

1 对一般情况
先张法构件

$$\sigma_{l5}=\frac{45+280\dfrac{\sigma_{pc}}{f_{cu}'}}{1+15\rho} \quad (6.2.5-1)$$

$$\sigma_{l5}'=\frac{45+280\dfrac{\sigma_{pc}'}{f_{cu}'}}{1+15\rho'} \quad (6.2.5-2)$$

后张法构件

$$\sigma_{l5}=\frac{35+280\dfrac{\sigma_{pc}}{f_{cu}'}}{1+15\rho} \quad (6.2.5-3)$$

$$\sigma_{l5}'=\frac{35+280\dfrac{\sigma_{pc}'}{f_{cu}'}}{1+15\rho'} \quad (6.2.5-4)$$

式中 σ_{pc}、σ'_{pc}——在受拉区、受压区预应力钢筋合力点处的混凝土法向压应力；

f'_{cu}——施加预应力时的混凝土立方体抗压强度；

ρ、ρ'——受拉区、受压区预应力钢筋和非预应力钢筋的配筋率：对先张法构件，$\rho=(A_p+A_s)/A_0$，$\rho'=(A'_p+A'_s)/A_0$；对后张法构件，$\rho=(A_p+A_s)/A_n$，$\rho'=(A'_p+A'_s)/A_n$；对于对称配置预应力钢筋和非预应力钢筋的构件，配筋率 ρ、ρ' 应按钢筋总截面面积的一半计算。

在受拉区、受压区预应力钢筋合力点处的混凝土法向压应力 σ_{pc}、σ'_{pc} 应按本规范第 6.1.5 条及第 6.1.6 条的规定计算。此时，预应力损失值仅考虑混凝土预压前(第一批)的损失，其非预应力钢筋中的应力 σ_{l5}、σ'_{l5} 值应取为零；σ_{pc}、σ'_{pc} 值不得大于 $0.5f'_{cu}$；当 σ'_{pc} 为拉应力时，公式(6.2.5-2)、(6.2.5-4)中的 σ'_{pc} 应取为零。计算混凝土法向应力 σ_{pc}、σ'_{pc} 时，可根据构件制作情况考虑自重的影响。

当结构处于年平均相对湿度低于 40% 的环境下，σ_{l5} 及 σ'_{l5} 值应增加 30%。

2 对重要的结构构件，当需要考虑与时间相关的混凝土收缩、徐变及钢筋应力松弛预应力损失值时，可按本规范附录 E 进行计算。

注：当采用泵送混凝土时，宜根据实际情况考虑混凝土收缩、徐变引起预应力损失值的增大。

6.2.6 后张法构件的预应力钢筋采用分批张拉时，应考虑后批张拉钢筋所产生的混凝土弹性压缩(或伸长)对先批张拉钢筋的影响，将先批张拉钢筋的张拉控制应力值 σ_{con} 增加（或减小）$\alpha_E\sigma_{pci}$。此处，σ_{pci} 为后批张拉钢筋在先批张拉钢筋重心处产生的混凝土法向应力。

6.2.7 预应力构件在各阶段的预应力损失值宜按表 6.2.7 的规定进行组合。

表 6.2.7 各阶段预应力损失值的组合

预应力损失值的组合	先张法构件	后张法构件
混凝土预压前（第一批）的损失	$\sigma_{l1}+\sigma_{l2}+\sigma_{l3}+\sigma_{l4}$	$\sigma_{l1}+\sigma_{l2}$
混凝土预压后（第二批）的损失	σ_{l5}	$\sigma_{l4}+\sigma_{l5}+\sigma_{l6}$

注：先张法构件由于钢筋应力松弛引起的损失值 σ_{l4} 在第一批和第二批损失中所占的比例，如需区分，可根据实际情况确定。

7 承载能力极限状态计算

7.1 正截面承载力计算的一般规定

7.1.1 本章第 7.1 节至第 7.4 节规定的正截面承载能力极限状态计算，适用于钢筋混凝土和预应力混凝土受弯构件、受压构件和受拉构件。

对跨高比小于 5 的钢筋混凝土深受弯构件，其承载力应按本规范第 10 章第 10.7 节的规定进行计算。

7.1.2 正截面承载力应按下列基本假定进行计算：

1 截面应变保持平面；

2 不考虑混凝土的抗拉强度；

3 混凝土受压的应力与应变关系曲线按下列规定取用：

当 $\varepsilon_c \leqslant \varepsilon_0$ 时

$$\sigma_c = f_c\left[1-\left(1-\frac{\varepsilon_c}{\varepsilon_0}\right)^n\right] \quad (7.1.2\text{-}1)$$

当 $\varepsilon_0 < \varepsilon_c \leqslant \varepsilon_{cu}$ 时

$$\sigma_c = f_c \quad (7.1.2\text{-}2)$$

$$n = 2 - \frac{1}{60}(f_{cu,k}-50) \quad (7.1.2\text{-}3)$$

$$\varepsilon_0 = 0.002 + 0.5(f_{cu,k}-50)\times 10^{-5} \quad (7.1.2\text{-}4)$$

$$\varepsilon_{cu} = 0.0033 - (f_{cu,k}-50)\times 10^{-5} \quad (7.1.2\text{-}5)$$

式中 σ_c——混凝土压应变为 ε_c 时的混凝土应力；

f_c——混凝土轴心抗压强度设计值，按本规范表 4.1.4 采用；

ε_0——混凝土压应力刚达到 f_c 时的混凝土压应变，当计算的 ε_0 值小于 0.002 时，取为 0.002；

ε_{cu}——正截面的混凝土极限压应变，当处于非均匀受压时，按公式（7.1.2-5）计算，如计算的 ε_{cu} 值大于 0.0033，取为 0.0033；当处于轴心受压时取为 ε_0；

$f_{cu,k}$——混凝土立方体抗压强度标准值，按本规范第 4.1.1 条确定；

n——系数，当计算的 n 值大于 2.0 时，取为 2.0。

4 纵向钢筋的应力取等于钢筋应变与其弹性模量的乘积，但其绝对值不应大于其相应的强度设计值。纵向受拉钢筋的极限应变取为 0.01。

7.1.3 受弯构件、偏心受力构件正截面受压区混凝土的应力图形可简化为等效的矩形应力图。

矩形应力图的受压区高度 x 可取等于按截面应变保持平面的假定所确定的中和轴高度乘以系数 β_1。当混凝土强度等级不超过 C50 时，β_1 取为 0.8，当混凝土强度等级为 C80 时，β_1 取为 0.74，其间按线性内插法确定。

矩形应力图的应力值取为混凝土轴心抗压强度设计值 f_c 乘以系数 α_1。当混凝土强度等级不超过 C50 时，α_1 取为 1.0，当混凝土强度等级为 C80 时，α_1 取为 0.94，其间按线性内插法确定。

7.1.4 纵向受拉钢筋屈服与受压区混凝土破坏同时

发生时的相对界限受压区高度 ξ_b 应按下列公式计算：

1 钢筋混凝土构件

有屈服点钢筋

$$\xi_b = \frac{\beta_1}{1 + \frac{f_y}{E_s \varepsilon_{cu}}} \quad (7.1.4-1)$$

无屈服点钢筋

$$\xi_b = \frac{\beta_1}{1 + \frac{0.002}{\varepsilon_{cu}} + \frac{f_y}{E_s \varepsilon_{cu}}} \quad (7.1.4-2)$$

2 预应力混凝土构件

$$\xi_b = \frac{\beta_1}{1 + \frac{0.002}{\varepsilon_{cu}} + \frac{f_{py} - \sigma_{p0}}{E_s \varepsilon_{cu}}} \quad (7.1.4-3)$$

式中 ξ_b ——相对界限受压区高度：$\xi_b = x_b / h_0$；

x_b ——界限受压区高度；

h_0 ——截面有效高度：纵向受拉钢筋合力点至截面受压边缘的距离；

f_y ——普通钢筋抗拉强度设计值，按本规范表 4.2.3-1 采用；

f_{py} ——预应力钢筋抗拉强度设计值，按本规范表 4.2.3-2 采用；

E_s ——钢筋弹性模量，按本规范表 4.2.4 采用；

σ_{p0} ——受拉区纵向预应力钢筋合力点处混凝土法向应力等于零时的预应力钢筋应力，按本规范公式(6.1.5-3)或公式(6.1.5-6)计算；

ε_{cu} ——非均匀受压时的混凝土极限压应变，按本规范公式（7.1.2-5）计算；

β_1 ——系数，按本规范第 7.1.3 条的规定计算。

注：当截面受拉区内配置有不同种类或不同预应力值的钢筋时，受弯构件的相对界限受压区高度应分别计算，并取其较小值。

7.1.5 纵向钢筋应力应按下列规定确定：

1 纵向钢筋应力宜按下列公式计算：

普通钢筋

$$\sigma_{si} = E_s \varepsilon_{cu} \left(\frac{\beta_1 h_{0i}}{x} - 1 \right) \quad (7.1.5-1)$$

预应力钢筋

$$\sigma_{pi} = E_s \varepsilon_{cu} \left(\frac{\beta_1 h_{0i}}{x} - 1 \right) + \sigma_{p0i} \quad (7.1.5-2)$$

2 纵向钢筋应力也可按下列近似公式计算：

普通钢筋

$$\sigma_{si} = \frac{f_y}{\xi_b - \beta_1} \left(\frac{x}{h_{0i}} - \beta_1 \right) \quad (7.1.5-3)$$

预应力钢筋

$$\sigma_{pi} = \frac{f_{py} - \sigma_{p0i}}{\xi_b - \beta_1} \left(\frac{x}{h_{0i}} - \beta_1 \right) + \sigma_{p0i} \quad (7.1.5-4)$$

3 按公式（7.1.5-1）至公式（7.1.5-4）计算的纵向钢筋应力应符合下列条件：

$$-f_y' \leqslant \sigma_{si} \leqslant f_y \quad (7.1.5-5)$$

$$\sigma_{p0i} - f_{py}' \leqslant \sigma_{pi} \leqslant f_{py} \quad (7.1.5-6)$$

当计算的 σ_{si} 为拉应力且其值大于 f_y 时，取 $\sigma_{si} = f_y$；当 σ_{si} 为压应力且其绝对值大于 f_y' 时，取 $\sigma_{si} = -f_y'$。当计算的 σ_{pi} 为拉应力且其值大于 f_{py} 时，取 $\sigma_{pi} = f_{py}$；当 σ_{pi} 为压应力且其绝对值大于 ($\sigma_{p0i} - f_{py}'$) 的绝对值时，取 $\sigma_{pi} = \sigma_{p0i} - f_{py}'$。

式中 h_{0i} ——第 i 层纵向钢筋截面重心至截面受压边缘的距离；

x ——等效矩形应力图形的混凝土受压区高度；

σ_{si}、σ_{pi} ——第 i 层纵向普通钢筋、预应力钢筋的应力，正值代表拉应力，负值代表压应力；

f_y'、f_{py}' ——纵向普通钢筋、预应力钢筋的抗压强度设计值，按本规范表 4.2.3-1、表 4.2.3-2 确定；

σ_{p0i} ——第 i 层纵向预应力钢筋截面重心处混凝土法向应力等于零时的预应力钢筋应力，按本规范公式（6.1.5-3）或公式（6.1.5-6）计算。

7.1.6 对任意截面构件的正截面承载力，可按本规范附录 F 的方法计算。

7.2 正截面受弯承载力计算

7.2.1 矩形截面或翼缘位于受拉边的倒 T 形截面受弯构件，其正截面受弯承载力应符合下列规定（图 7.2.1）：

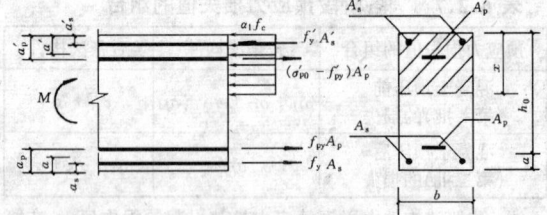

图 7.2.1 矩形截面受弯构件正截面受弯承载力计算

$$M \leqslant \alpha_1 f_c b x \left(h_0 - \frac{x}{2} \right) + f_y' A_s' (h_0 - a_s') - (\sigma_{p0}' - f_{py}') A_p' (h_0 - a_p') \quad (7.2.1-1)$$

混凝土受压区高度应按下列公式确定：

$$\alpha_1 f_c bx = f_y A_s - f'_y A'_s + f_{py} A_p$$
$$+ (\sigma'_{p0} - f'_{py}) A'_p \quad (7.2.1\text{-}2)$$

混凝土受压区高度尚应符合下列条件：
$$x \leq \xi_b h_0 \quad (7.2.1\text{-}3)$$
$$x \geq 2a' \quad (7.2.1\text{-}4)$$

式中 M——弯矩设计值；

α_1——系数，按本规范第7.1.3条的规定计算；

f_c——混凝土轴心抗压强度设计值，按本规范表4.1.4采用；

A_s、A'_s——受拉区、受压区纵向普通钢筋的截面面积；

A_p、A'_p——受拉区、受压区纵向预应力钢筋的截面面积；

σ'_{p0}——受压区纵向预应力钢筋合力点处混凝土法向应力等于零时的预应力钢筋应力；

b——矩形截面的宽度或倒T形截面的腹板宽度；

h_0——截面有效高度；

a'_s、a'_p——受压区纵向普通钢筋合力点、预应力钢筋合力点至截面受压边缘的距离；

a'——受压区全部纵向钢筋合力点至截面受压边缘的距离，当受压区未配置纵向预应力钢筋或受压区纵向预应力钢筋应力 $(\sigma'_{p0} - f'_{py})$ 为拉应力时，公式(7.2.1-4)中的 a' 用 a'_s 代替。

7.2.2 翼缘位于受压区的T形、I形截面受弯构件（图7.2.2），其正截面受弯承载力应分别符合下列规定：

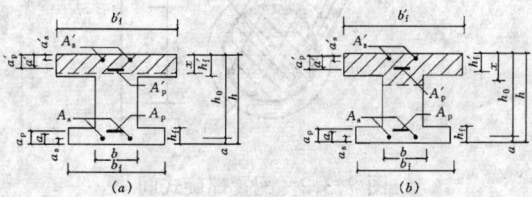

图7.2.2 I形截面受弯构件受压区高度位置
(a) $x \leq h'_f$; (b) $x > h'_f$

1 当满足下列条件时
$$f_y A_s + f_{py} A_p \leq \alpha_1 f_c b'_f h'_f + f'_y A'_s$$
$$- (\sigma'_{p0} - f'_{py}) A'_p$$
$$(7.2.2\text{-}1)$$

应按宽度为 b'_f 的矩形截面计算；

2 当不满足公式(7.2.2-1)的条件时
$$M \leq \alpha_1 f_c bx \left(h_0 - \frac{x}{2}\right) + \alpha_1 f_c (b'_f - b) h'_f$$
$$\left(h_0 - \frac{h'_f}{2}\right) + f'_y A'_s (h_0 - a'_s)$$
$$- (\sigma'_{p0} - f'_{py}) A'_p (h_0 - a'_p) \quad (7.2.2\text{-}2)$$

混凝土受压区高度应按下列公式确定：
$$\alpha_1 f_c [bx + (b'_f - b) h'_f] = f_y A_s - f'_y A'_s + f_{py} A_p$$
$$+ (\sigma'_{p0} - f'_{py}) A'_p$$
$$(7.2.2\text{-}3)$$

式中 h'_f——T形、I形截面受压区的翼缘高度；

b'_f——T形、I形截面受压区的翼缘计算宽度，按本规范第7.2.3条的规定确定。

按上述公式计算T形、I形截面受弯构件时，混凝土受压区高度仍应符合本规范公式(7.2.1-3)和公式(7.2.1-4)的要求。

7.2.3 T形、I形及倒L形截面受弯构件位于受压区的翼缘计算宽度 b'_f 应按表7.2.3所列情况中的最小值取用。

表7.2.3 T形、I形及倒L形截面受弯构件翼缘计算宽度 b'_f

	情 况	T形、I形截面		倒L形截面
		肋形梁、肋形板	独立梁	肋形梁、肋形板
1	按计算跨度 l_0 考虑	$l_0/3$	$l_0/3$	$l_0/6$
2	按梁（纵肋）净距 s_n 考虑	$b+s_n$	—	$b+s_n/2$
3	按翼缘高度 h'_f 考虑 $h'_f/h_0 \geq 0.1$	—	$b+12h'_f$	—
	$0.1 > h'_f/h_0 \geq 0.05$	$b+12h'_f$	$b+6h'_f$	$b+5h'_f$
	$h'_f/h_0 < 0.05$	$b+12h'_f$	b	$b+5h'_f$

注：1 表中 b 为腹板宽度；
2 如肋形梁在梁跨内设有间距小于纵肋间距的横肋时，则可不遵守表列情况3的规定；
3 对加腋的T形、I形和倒L形截面，当受压区加腋的高度 $h_h \geq h'_f$ 且加腋的宽度 $b_h \leq 3h_h$ 时，其翼缘计算宽度可按表列情况3的规定分别增加 $2b_h$（T形、I形截面）和 b_h（倒L形截面）；
4 独立梁受压区的翼缘板在荷载作用下经验算沿纵肋方向可能产生裂缝时，其计算宽度应取腹板宽度 b。

7.2.4 受弯构件正截面受弯承载力的计算，应符合本规范公式(7.2.1-3)的要求。当由构造要求或按正常使用极限状态验算要求配置的纵向受拉钢筋截面面积大于受弯承载力要求的配筋面积时，按本规范公式(7.2.1-2)或公式(7.2.2-3)计算的混凝土受压区高度 x，可仅计入受弯承载力条件所需的纵向受拉钢筋截面面积。

7.2.5 当计算中不计入纵向普通受压钢筋时，应满足本规范公式(7.2.1-4)的条件；当不满足此条件时，正截面受弯承载力应符合下列规定：

$$M \leq f_{py}A_p(h-a_p-a'_s) + f_yA_s(h-a_s-a'_s) + (\sigma'_{p0}-f'_{py})A'_p(a'_p-a'_s) \quad (7.2.5)$$

式中 a_s、a_p——受拉区纵向普通钢筋、预应力钢筋至受拉边缘的距离。

7.2.6 环形和圆形截面受弯构件的正截面受弯承载力，应按本规范第7.3.7条和第7.3.8条的规定计算。但在计算时，应在公式（7.3.7-1）、公式（7.3.7-3）和公式（7.3.8-1）中取等号，并取轴向力设计值 $N=0$；同时，应将公式（7.3.7-2）、公式（7.3.7-4）和公式（7.3.8-2）中 $N\eta e_i$ 以弯矩设计值 M 代替。

7.3 正截面受压承载力计算

7.3.1 钢筋混凝土轴心受压构件，当配置的箍筋符合本规范第10.3节的规定时，其正截面受压承载力应符合下列规定（图7.3.1）：

$$N \leq 0.9\varphi(f_cA + f'_yA'_s) \quad (7.3.1)$$

式中 N——轴向压力设计值；
φ——钢筋混凝土构件的稳定系数，按表7.3.1采用；
f_c——混凝土轴心抗压强度设计值，按本规范表4.1.4采用；
A——构件截面面积；
A'_s——全部纵向钢筋的截面面积。

当纵向钢筋配筋率大于3%时，公式（7.3.1）中的 A 应改用 $(A-A'_s)$ 代替。

表 7.3.1　筋混凝土轴心受压构件的稳定系数

l_0/b	≤8	10	12	14	16	18	20	22	24	26	28
l_0/d	≤7	8.5	10.5	12	14	15.5	17	19	21	22.5	24
l_0/i	≤28	35	42	48	55	62	69	76	83	90	97
φ	1.00	0.98	0.95	0.92	0.87	0.81	0.75	0.70	0.65	0.60	0.56
l_0/b	30	32	34	36	38	40	42	44	46	48	50
l_0/d	26	28	29.5	31	33	34.5	36.5	38	40	41.5	43
l_0/i	104	111	118	125	132	139	146	153	160	167	174
φ	0.52	0.48	0.44	0.40	0.36	0.32	0.29	0.26	0.23	0.21	0.19

注：表中 l_0 为构件的计算长度，对钢筋混凝土柱可按本规范第7.3.11条的规定取用；b 为矩形截面的短边尺寸；d 为圆形截面的直径；i 为截面的最小回转半径。

7.3.2 钢筋混凝土轴心受压构件，当配置的螺旋式或焊接环式间接钢筋符合本规范第10.3节的规定时，其正截面受压承载力应符合下列规定（图7.3.2）：

$$N \leq 0.9(f_cA_{cor} + f'_yA'_s + 2\alpha f_{y}A'_{ss0}) \quad (7.3.2-1)$$

$$A_{ss0} = \frac{\pi d_{cor}A_{ss1}}{s} \quad (7.3.2-2)$$

式中 f_y——间接钢筋的抗拉强度设计值；
A_{cor}——构件的核心截面面积：间接钢筋内表面范围内的混凝土面积；
A_{ss0}——螺旋式或焊接环式间接钢筋的换算截面面积；

d_{cor}——构件的核心截面直径：间接钢筋内表面之间的距离；
A_{ss1}——螺旋式或焊接环式单根间接钢筋的截面面积；
s——间接钢筋沿构件轴线方向的间距；
α——间接钢筋对混凝土约束的折减系数：当混凝土强度等级不超过C50时，取1.0，当混凝土强度等级为C80时，取0.85，其间按线性内插法确定。

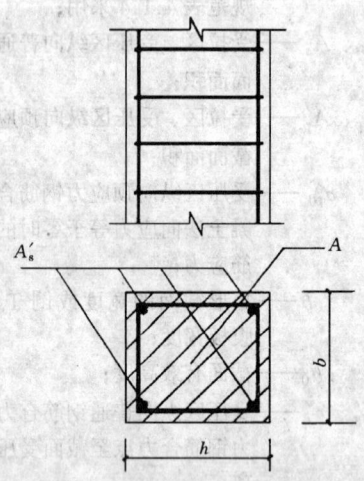

图 7.3.1　配置箍筋的钢筋混凝土轴心受压构件

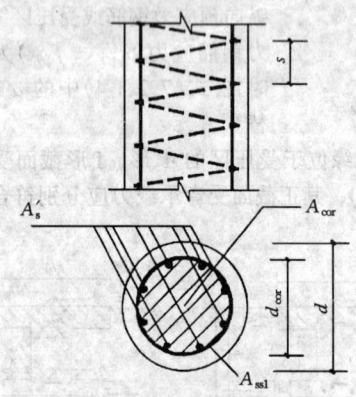

图 7.3.2　配置螺旋式间接钢筋的钢筋混凝土轴心受压构件

注：1　按公式（7.3.2-1）算得的构件受压承载力设计值不应大于按本规范公式（7.3.1）算得的构件受压承载力设计值的1.5倍；

2　当遇到下列任意一种情况时，不应计入间接钢筋的影响，而应按本规范第7.3.1条的规定进行计算：

1）当 $l_0/d>12$ 时；

2）当按公式（7.3.2-1）算得的受压承载力小于按本规范公式（7.3.1）算得的受压承载力

时；

3) 当间接钢筋的换算截面面积 A_{ss0} 小于纵向钢筋的全部截面面积的25%时。

7.3.3 在偏心受压构件的正截面承载力计算中，应计入轴向压力在偏心方向存在的附加偏心距 e_a，其值应取20mm和偏心方向截面最大尺寸的1/30两者中的较大值。

7.3.4 矩形截面偏心受压构件正截面受压承载力应符合下列规定（图7.3.4）：

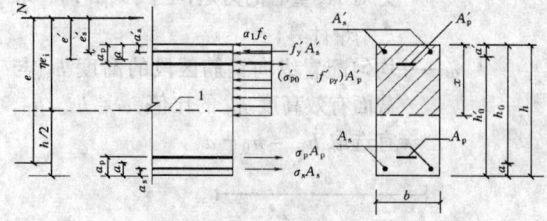

图7.3.4 矩形截面偏心受压构件正截面
受压承载力计算
1—截面重心轴

$$N \leqslant \alpha_1 f_c bx + f'_y A'_s - \sigma_s A_s - (\sigma'_{p0} - f'_{py})A'_p - \sigma_p A_p$$
(7.3.4-1)

$$Ne \leqslant \alpha_1 f_c bx\left(h_0 - \frac{x}{2}\right) + f'_y A'_s (h_0 - a'_s) - (\sigma'_{p0} - f'_{py})A'_p(h_0 - a'_p)$$
(7.3.4-2)

$$e = \eta e_i + \frac{h}{2} - a \quad (7.3.4\text{-}3)$$

$$e_i = e_0 + e_a \quad (7.3.4\text{-}4)$$

式中 e——轴向压力作用点至纵向普通受拉钢筋和预应力受拉钢筋的合力点的距离；

η——偏心受压构件考虑二阶弯矩影响的轴向压力偏心距增大系数，按本规范第7.3.10条的规定计算；

σ_s、σ_p——受拉或受压较小边的纵向普通钢筋、预应力钢筋的应力；

e_i——初始偏心距；

a——纵向普通受拉钢筋和预应力受拉钢筋的合力点至截面近边缘的距离；

e_0——轴向压力对截面重心的偏心距：$e_0 = M/N$；

e_a——附加偏心距，按本规范第7.3.3条确定。

在按上述规定计算时，尚应符合下列要求：

1 钢筋的应力 σ_s、σ_p 可按下列情况计算：

1) 当 $\xi \leqslant \xi_b$ 时为大偏心受压构件，取 $\sigma_s = f_y$ 及 $\sigma_p = f_{py}$，此处，ξ 为相对受压区高度，$\xi = x/h_0$；

2) 当 $\xi > \xi_b$ 时为小偏心受压构件，σ_s、σ_p 按本规范第7.1.5条的规定进行计算。

2 当计算中计入纵向普通受压钢筋时，受压区高度应满足本规范公式（7.2.1-4）的条件；当不满足此条件时，其正截面受压承载力可按本规范第7.2.5条的规定进行计算，此时，应将本规范公式（7.2.5）中的 M 以 Ne'_s 代替，此处，e'_s 为轴向压力作用点至受压区纵向普通钢筋合力点的距离；在计算中应计入偏心距增大系数，初始偏心距应按公式（7.3.4-4）确定。

3 矩形截面非对称配筋的小偏心受压构件，当 $N > f_c bh$ 时，尚应按下列公式进行验算：

$$Ne' \leqslant f_c bh\left(h'_0 - \frac{h}{2}\right) + f'_y A_s(h'_0 - a_s) - (\sigma_{p0} - f'_{py})A_p(h'_0 - a_p)$$
(7.3.4-5)

$$e' = \frac{h}{2} - a' - (e_0 - e_a) \quad (7.3.4\text{-}6)$$

式中 e'——轴向压力作用点至受压区纵向普通钢筋和预应力钢筋的合力点的距离；

h'_0——纵向受压钢筋合力点至截面远边的距离。

4 矩形截面对称配筋（$A'_s = A_s$）的钢筋混凝土小偏心受压构件，也可按下列近似公式计算纵向钢筋截面面积：

$$A'_s = \frac{Ne - \xi(1 - 0.5\xi)\alpha_1 f_c bh_0^2}{f'_y (h_0 - a'_s)}$$
(7.3.4-7)

此处，相对受压区高度 ξ 可按下列公式计算：

$$\xi = \frac{N - \xi_b \alpha_1 f_c bh_0}{\dfrac{Ne - 0.43\alpha_1 f_c bh_0^2}{(\beta_1 - \xi_b)(h_0 - a'_s)} + \alpha_1 f_c bh_0} + \xi_b$$
(7.3.4-8)

7.3.5 I形截面偏心受压构件的受压翼缘计算宽度 b'_f 应按本规范第7.2.3条确定，其正截面受压承载力应符合下列规定：

1 当受压区高度 $x \leqslant h'_f$ 时，应按宽度为受压翼缘计算宽度 b'_f 的矩形截面计算。

2 当受压区高度 $x > h'_f$ 时（图7.3.5），应符合下列规定：

$$N \leqslant \alpha_1 f_c [bx + (b'_f - b)h'_f] + f'_y A'_s - \sigma_s A_s - (\sigma'_{p0} - f'_{py})A'_p - \sigma_p A_p$$
(7.3.5-1)

$$Ne \leqslant \alpha_1 f_c \left[bx\left(h_0 - \frac{x}{2}\right) + (b'_f - b)h'_f\right. \left.\left(h_0 - \frac{h'_f}{2}\right)\right] + f'_y A'_s(h_0 - a'_s)$$

$$-(\sigma'_{p0}-f'_{py})A'_p(h'_0-a'_p)$$
(7.3.5-2)

公式中的钢筋应力 σ_s、σ_p 以及是否考虑纵向普通受压钢筋的作用，均应按本规范第7.3.4条的有关规定确定。

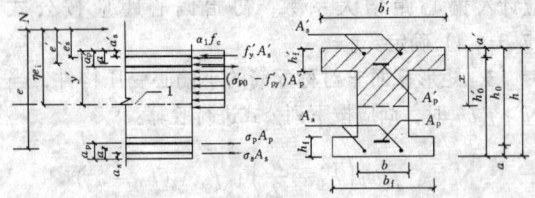

图 7.3.5 I形截面偏心受压构
件正截面受压承载力计算
1—截面重心轴

3 当 $x>(h-h_f)$ 时，其正截面受压承载力计算应计入受压较小边翼缘受压部分的作用，此时，受压较小边翼缘计算宽度 b_f 应按本规范第7.2.3条确定。

4 对采用非对称配筋的小偏心受压构件，当 $N>f_cA$ 时，尚应按下列公式进行验算：

$$Ne' \leqslant f_c\left[bh\left(h'_0-\frac{h}{2}\right)+(b_f-b)h_f\left(h'_0-\frac{h_f}{2}\right)\right.$$
$$\left.+(b'_f-b)h'_f\left(\frac{h'_f}{2}-a'\right)\right]+f'_yA_s(h'_0$$
$$-a_s)-(\sigma_{p0}-f_{py})A_p(h'_0-a_p)$$
(7.3.5-3)

$$e'=y'-a'-(e_0-e_a) \quad (7.3.5-4)$$

式中 y'——截面重心至离轴向压力较近一侧受压边的距离，当截面对称时，取 $y'=h/2$。

注：对仅在离轴向压力较近一侧有翼缘的T形截面，可取 $b_f=b$；对仅在离轴向压力较远一侧有翼缘的倒T形截面，可取 $b'_f=b$。

7.3.6 沿截面腹部均匀配置纵向钢筋的矩形、T形或I形截面钢筋混凝土偏心受压构件（图7.3.6），其正截面受压承载力宜符合下列规定：

$$N \leqslant \alpha_1 f_c[\xi bh_0+(b'_f-b)h'_f]$$
$$+f'_yA'_s-\sigma_sA_s+N_{sw} \quad (7.3.6-1)$$

$$Ne \leqslant \alpha_1 f_c\left[\xi(1-0.5\xi)bh_0^2\right.$$
$$\left.+(b'_f-b)h'_f\left(h_0-\frac{h'_f}{2}\right)\right]$$
$$+f'_yA'_s(h_0-a'_s)+M_{sw} \quad (7.3.6-2)$$

$$N_{sw}=\left(1+\frac{\xi-\beta_1}{0.5\beta_1\omega}\right)f_{yw}A_{sw} \quad (7.3.6-3)$$

$$M_{sw}=\left[0.5-\left(\frac{\xi-\beta_1}{\beta_1\omega}\right)^2\right]f_{yw}A_{sw}h_{sw}$$
(7.3.6-4)

式中 A_{sw}——沿截面腹部均匀配置的全部纵向钢筋截面面积；

f_{yw}——沿截面腹部均匀配置的纵向钢筋强度设计值，按本规范表4.2.3-1采用；

N_{sw}——沿截面腹部均匀配置的纵向钢筋所承担的轴向压力，当 $\xi>\beta_1$ 时，取 $\xi=\beta_1$ 计算；

M_{sw}——沿截面腹部均匀配置的纵向钢筋的内力对 A_s 重心的力矩，当 $\xi>\beta_1$ 时，取 $\xi=\beta_1$ 计算；

ω——均匀配置纵向钢筋区段的高度 h_{sw} 与截面有效高度 h_0 的比值，$\omega=h_{sw}/h_0$，宜选取 $h_{sw}=h_0-a'_s$。

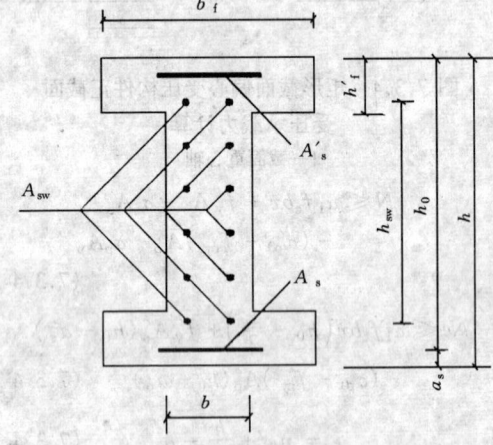

图 7.3.6 沿截面腹部均匀配筋的I形截面

受拉边或受压较小边钢筋 A_s 中的应力 σ_s 以及在计算中是否考虑受压钢筋和受压较小边翼缘受压部分的作用，应按本规范第7.3.4条和第7.3.5条的有关规定确定。

注：本条适用于截面腹部均匀配置纵向钢筋的数量每侧不少于4根的情况。

7.3.7 沿周边均匀配置纵向钢筋的环形截面偏心受压构件（图7.3.7），其正截面受压承载力宜符合下列规定：

1 钢筋混凝土构件

$$N \leqslant \alpha\alpha_1 f_cA+(\alpha-\alpha_t)f_yA_s \quad (7.3.7-1)$$

$$N\eta e_i \leqslant \alpha_1 f_cA(r_1+r_2)\frac{\sin\pi\alpha}{2\pi}$$
$$+f_yA_sr_s\frac{(\sin\pi\alpha+\sin\pi\alpha_t)}{\pi} \quad (7.3.7-2)$$

2 预应力混凝土构件

$$N \leqslant \alpha\alpha_1 f_cA-\sigma_{p0}A_p+\alpha f'_{py}A_p$$
$$-\alpha_t(f_{py}-\sigma_{p0})A_p \quad (7.3.7-3)$$

$$N\eta e_i \leqslant \alpha_1 f_cA(r_1+r_2)\frac{\sin\pi\alpha}{2\pi}$$
$$+f'_{py}A_pr_p\frac{\sin\pi\alpha}{\pi}+(f_{py}-\sigma_{p0})A_pr_p\frac{\sin\pi\alpha_t}{\pi}$$
(7.3.7-4)

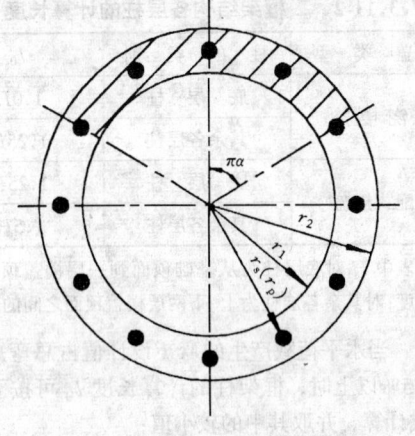

图 7.3.7 沿周边均匀配筋的环形截面

在上述各公式中的系数和偏心距,应按下列公式计算:

$$\alpha_t = 1 - 1.5\alpha \quad (7.3.7\text{-}5)$$

$$e_i = e_0 + e_a \quad (7.3.7\text{-}6)$$

式中 A——环形截面面积;

A_s——全部纵向普通钢筋的截面面积;

A_p——全部纵向预应力钢筋的截面面积;

r_1、r_2——环形截面的内、外半径;

r_s——纵向普通钢筋重心所在圆周的半径;

r_p——纵向预应力钢筋重心所在圆周的半径;

e_0——轴向压力对截面重心的偏心距;

e_a——附加偏心距,按本规范第 7.3.3 条确定;

α——受压区混凝土截面面积与全截面面积的比值;

α_t——纵向受拉钢筋截面面积与全部纵向钢筋截面面积的比值,当 $\alpha > 2/3$ 时,取 $\alpha_t = 0$。

3 当 $\alpha < \arccos\left(\dfrac{2r_2}{r_1+r_2}\right)/\pi$ 时,环形截面偏心受压构件可按本规范第 7.3.8 条规定的圆形截面偏心受压构件正截面受压承载力公式计算。

注:本条适用于截面内纵向钢筋数量不少于 6 根且 $r_1/r_2 \geqslant 0.5$ 的情况。

7.3.8 沿周边均匀配置纵向钢筋的圆形截面钢筋混凝土偏心受压构件(图 7.3.8),其正截面受压承载力宜符合下列规定:

$$N \leqslant \alpha\alpha_1 f_c A\left(1 - \dfrac{\sin2\pi\alpha}{2\pi\alpha}\right) + (\alpha - \alpha_t)f_y A_s$$
$$(7.3.8\text{-}1)$$

$$N\eta e_i \leqslant \dfrac{2}{3}\alpha_1 f_c Ar \dfrac{\sin^3\pi\alpha}{\pi}$$
$$+ f_y A_s r_s \dfrac{\sin\pi\alpha + \sin\pi\alpha_t}{\pi} \quad (7.3.8\text{-}2)$$

$$\alpha_t = 1.25 - 2\alpha \quad (7.3.8\text{-}3)$$

$$e_i = e_0 + e_a \quad (7.3.8\text{-}4)$$

式中 A——圆形截面面积;

A_s——全部纵向钢筋的截面面积;

r——圆形截面的半径;

r_s——纵向钢筋重心所在圆周的半径;

e_0——轴向压力对截面重心的偏心距;

e_a——附加偏心距,按本规范第 7.3.3 条确定;

α——对应于受压区混凝土截面面积的圆心角(rad)与 2π 的比值;

α_t——纵向受拉钢筋截面面积与全部纵向钢筋截面面积的比值,当 $\alpha > 0.625$ 时,取 $\alpha_t = 0$。

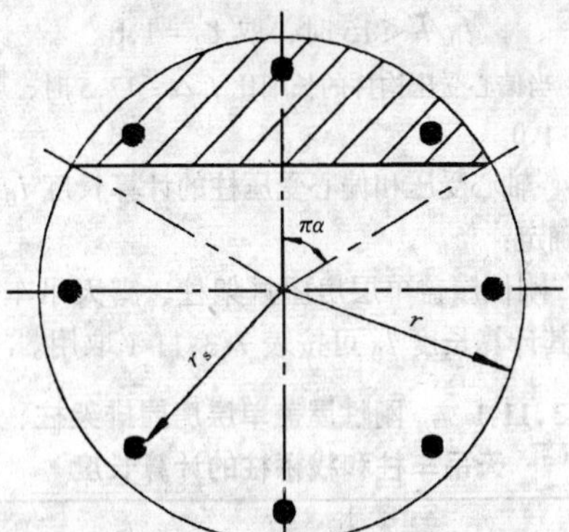

图 7.3.8 沿周边均匀配筋的圆形截面

注:本条适用于截面内纵向钢筋数量不少于 6 根的情况。

7.3.9 各类混凝土结构中的偏心受压构件,均应在其正截面受压承载力计算中考虑结构侧移和构件挠曲引起的附加内力。

在确定偏心受压构件的内力设计值时,可近似考虑二阶弯矩对轴向压力偏心距的影响,将轴向压力对截面重心的初始偏心距 e_i 乘以本规范第 7.3.10 条规定的偏心距增大系数 η;也可根据本规范第 7.3.12 条规定的构件修正抗弯刚度,用考虑二阶效应的弹性分析方法,直接计算出结构构件各控制截面包括弯矩设计值在内的内力设计值,并按相应的内力设计值进行各构件的截面设计。

7.3.10 对矩形、T形、I形、环形和圆形截面偏心受压构件,其偏心距增大系数可按下列公式计算:

$$\eta = 1 + \dfrac{1}{1400e_i/h_0}\left(\dfrac{l_0}{h}\right)^2 \zeta_1 \zeta_2$$
$$(7.3.10\text{-}1)$$

$$\zeta_1 = \dfrac{0.5 f_c A}{N} \quad (7.3.10\text{-}2)$$

$$\zeta_2 = 1.15 - 0.01 \dfrac{l_0}{h} \quad (7.3.10\text{-}3)$$

式中 l_0——构件的计算长度,按本规范第7.3.11条确定;

h——截面高度;其中,对环形截面,取外直径;对圆形截面,取直径;

h_0——截面有效高度;其中,对环形截面,取 $h_0 = r_2 + r_s$;对圆形截面,取 $h_0 = r + r_s$;此处,r、r_2 和 r_s 按本规范第7.3.7条和第7.3.8条的规定取用;

ζ_1——偏心受压构件的截面曲率修正系数,当 $\zeta_1 > 1.0$ 时,取 $\zeta_1 = 1.0$;

A——构件的截面面积;对T形、I形截面,均取 $A = bh + 2(b'_f - b)h'_f$;

ζ_2——构件长细比对截面曲率的影响系数,当 $l_0/h < 15$ 时,取 $\zeta_2 = 1.0$。

注:当偏心受压构件的长细比 $l_0/i \leqslant 17.5$ 时,可取 $\eta = 1.0$。

7.3.11 轴心受压和偏心受压柱的计算长度 l_0 可按下列规定确定:

1 刚性屋盖单层房屋排架柱、露天吊车柱和栈桥柱,其计算长度 l_0 可按表7.3.11-1取用。

表7.3.11-1 刚性屋盖单层房屋排架柱、露天吊车柱和栈桥柱的计算长度

柱 的 类 别		排架方向 l_0	垂直排架方向	
			有柱间支撑	无柱间支撑
无吊车房屋柱	单 跨	1.5H	1.0H	1.2H
	两跨及多跨	1.25H	1.0H	1.2H
有吊车房屋柱	上 柱	$2.0H_u$	$1.25H_u$	$1.5H_u$
	下 柱	$1.0H_l$	$0.8H_l$	$1.0H_l$
露天吊车柱和栈桥柱		$2.0H_l$	$1.0H_l$	—

注:1 表中 H 为从基础顶面算起的柱子全高;H_l 为从基础顶面至装配式吊车梁底面或现浇式吊车梁顶面的柱子下部高度;H_u 为从装配式吊车梁底面或从现浇式吊车梁顶面算起的柱子上部高度;

2 表中有吊车房屋排架柱的计算长度,当计算中不考虑吊车荷载时,可按无吊车房屋柱的计算长度采用,但上柱的计算长度仍可按有吊车房屋采用;

3 表中有吊车房屋排架柱的上柱在排架方向的计算长度,仅适用于 $H_u/H_l \geqslant 0.3$ 的情况;当 $H_u/H_l < 0.3$ 时,计算长度宜采用 $2.5H_u$。

2 一般多层房屋中梁柱为刚接的框架结构,各层柱的计算长度 l_0 可按表7.3.11-2取用。

表7.3.11-2 框架结构各层柱的计算长度

楼盖类型	柱的类别	l_0
现浇楼盖	底层柱	1.0H
	其余各层柱	1.25H
装配式楼盖	底层柱	1.25H
	其余各层柱	1.5H

注:表中 H 对底层柱为从基础顶面到一层楼盖顶面的高度;对其余各层柱为上、下两层楼盖顶面之间的高度。

3 当水平荷载产生的弯矩设计值占总弯矩设计值的75%以上时,框架柱的计算长度 l_0 可按下列两个公式计算,并取其中的较小值:

$$l_0 = [1 + 0.15(\psi_u + \psi_l)]H \quad (7.3.11-1)$$
$$l_0 = (2 + 0.2\psi_{\min})H \quad (7.3.11-2)$$

式中 ψ_u、ψ_l——柱的上端、下端节点处交汇的各柱线刚度之和与交汇的各梁线刚度之和的比值;

$\psi_{\min}$——比值 ψ_u、ψ_l 中的较小值;

H——柱的高度,按表7.3.11-2的注采用。

7.3.12 当采用考虑二阶效应的弹性分析方法时,宜在结构分析中对构件的弹性抗弯刚度 E_cI 乘以下列折减系数:对梁,取0.4;对柱,取0.6;对剪力墙及核心筒壁,取0.45。此时,在按本规范第7.3节进行正截面受压承载力计算的有关公式中,ηe_i 均应以 $(M/N + e_a)$ 代替,此处,M、N 为按考虑二阶效应的弹性分析方法直接计算求得的弯矩设计值和相应的轴向力设计值。

注:当验算表明剪力墙或核心筒底部正截面不开裂时,其刚度折减系数可取0.7。

7.3.13 偏心受压构件除应计算弯矩作用平面的受压承载力外,尚应按轴心受压构件验算垂直于弯矩作用平面的受压承载力,此时,可不计入弯矩的作用,但应考虑稳定系数 φ 的影响。

7.3.14 对截面具有两个互相垂直的对称轴的钢筋混凝土双向偏心受压构件(图7.3.14),其正截面受压承载力可选用下列两种方法之一进行计算:

1 按本规范附录F的方法计算,此时,附录F公式(F.0.1-7)和公式(F.0.1-8)中的 M_x、M_y 应分别用 $N\eta_x e_{ix}$、$N\eta_y e_{iy}$ 代替,其中,初始偏心距应按下列公式计算:

$$e_{ix} = e_{0x} + e_{ax} \quad (7.3.14-1)$$
$$e_{iy} = e_{0y} + e_{ay} \quad (7.3.14-2)$$

式中 e_{0x}、e_{0y}——轴向压力对通过截面重心的 y 轴、x 轴的偏心距:$e_{0x} = M_{0x}/N$、$e_{0y} = M_{0y}/N$;

M_{0x}、M_{0y}——未考虑附加弯矩时轴向压力在 x 轴、y 轴方向的弯矩设计值;

e_{ax}、e_{ay}——x 轴、y 轴方向上的附加偏心距，按本规范第 7.3.3 条的规定确定；

η_x、η_y——x 轴、y 轴方向上的偏心距增大系数，按本规范第 7.3.10 条的规定确定。

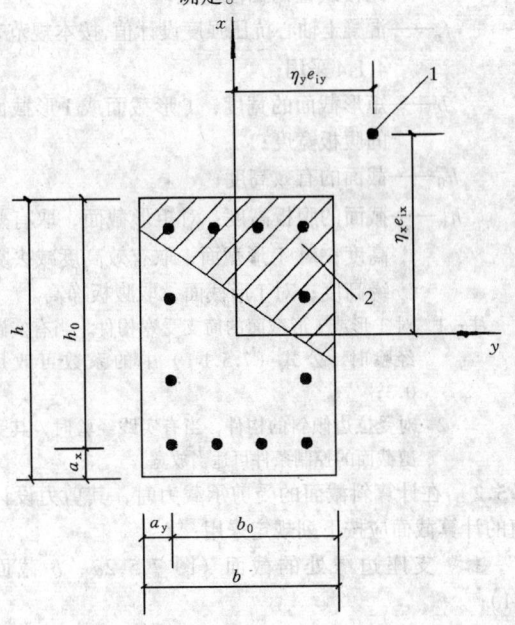

图 7.3.14 双向偏心受压构件截面
1—轴向压力作用点；2—受压区

2 按下列近似公式计算：

$$N \leqslant \frac{1}{\dfrac{1}{N_{ux}} + \dfrac{1}{N_{uy}} - \dfrac{1}{N_{u0}}} \quad (7.3.14\text{-}3)$$

式中 N_{u0}——构件的截面轴心受压承载力设计值；

N_{ux}——轴向压力作用于 x 轴并考虑相应的计算偏心距 $\eta_x e_{ix}$ 后，按全部纵向钢筋计算的构件偏心受压承载力设计值，此处，η_x 应按本规范第 7.3.10 条的规定计算；

N_{uy}——轴向压力作用于 y 轴并考虑相应的计算偏心距 $\eta_y e_{iy}$ 后，按全部纵向钢筋计算的构件偏心受压承载力设计值，此处，η_y 应按本规范第 7.3.10 条的规定计算。

构件的截面轴心受压承载力设计值 N_{u0}，可按本规范公式 (7.3.1) 计算，但应取等号，将 N 以 N_{u0} 代替，且不考虑稳定系数 φ 及系数 0.9。

构件的偏心受压承载力设计值 N_{ux}，可按下列情况计算：

1) 当纵向钢筋沿截面两对边配置时，N_{ux} 可按本规范第 7.3.4 条或第 7.3.5 条的规定进行计算，但应取等号，将 N 以 N_{ux} 代替。

2) 当纵向钢筋沿截面腹部均匀配置时，N_{ux} 可按本规范第 7.3.6 条的规定进行计算，但应取等号，将 N 以 N_{ux} 代替。

构件的偏心受压承载力设计值 N_{uy} 可采用与 N_{ux} 相同的方法计算。

7.4 正截面受拉承载力计算

7.4.1 轴心受拉构件的正截面受拉承载力应符合下列规定：

$$N \leqslant f_y A_s + f_{py} A_p \quad (7.4.1)$$

式中 N——轴向拉力设计值；

A_s、A_p——纵向普通钢筋、预应力钢筋的全部截面面积。

7.4.2 矩形截面偏心受拉构件的正截面受拉承载力应符合下列规定：

1 小偏心受拉构件

当轴向拉力作用在钢筋 A_s 与 A_p 的合力点和 A'_s 与 A'_p 的合力点之间时（图 7.4.2a）：

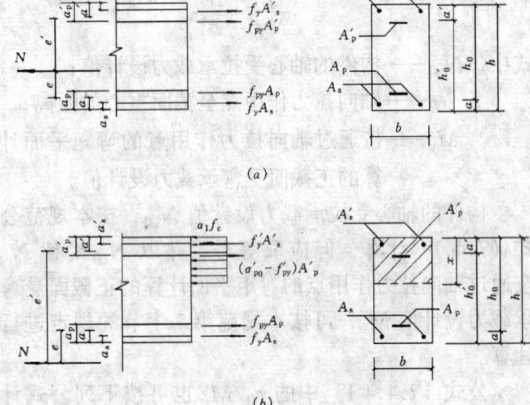

图 7.4.2 矩形截面偏心受拉构件
正截面受拉承载力计算
(a) 小偏心受拉构件；(b) 大偏心受拉构件

$$Ne \leqslant f_y A'_s (h_0 - a'_s) + f_{py} A'_p (h_0 - a'_p)$$
$$(7.4.2\text{-}1)$$

$$Ne' \leqslant f_y A_s (h'_0 - a_s) + f_{py} A_p (h'_0 - a_p)$$
$$(7.4.2\text{-}2)$$

2 大偏心受拉构件

当轴向拉力不作用在钢筋 A_s 与 A_p 的合力点和 A'_s 与 A'_p 的合力点之间时（图 7.4.2b）：

$$N \leqslant f_y A_s + f_{py} A_p - f'_y A'_s$$
$$+ (\sigma'_{p0} - f'_{py}) A'_p - \alpha_1 f_c bx \quad (7.4.2\text{-}3)$$

$$Ne \leqslant \alpha_1 f_c bx \left(h_0 - \frac{x}{2}\right) + f'_y A'_s (h_0 - a'_s)$$
$$- (\sigma'_{p0} - f'_{py}) A'_p (h_0 - a'_p) \quad (7.4.2\text{-}4)$$

此时，混凝土受压区的高度应满足本规范公式

(7.2.1-3)的要求。当计算中计入纵向普通受压钢筋时,尚应满足本规范公式（7.2.1-4）的条件;当不满足时,可按公式（7.4.2-2）计算。

3 对称配筋的矩形截面偏心受拉构件,不论大、小偏心受拉情况,均可按公式（7.4.2-2）计算。

7.4.3 沿截面腹部均匀配置纵向钢筋的矩形、T形或I形截面钢筋混凝土偏心受拉构件,其正截面受拉承载力应符合本规范公式（7.4.4-1）的规定,式中正截面受弯承载力设计值 M_u 可按本规范公式（7.3.6-1）和公式（7.3.6-2）进行计算,但应取等号,同时应分别取 $N=0$ 以及以 M_u 代替 Ne。

沿周边均匀配置纵向钢筋的环形和圆形截面偏心受拉构件,其正截面受拉承载力应符合本规范公式（7.4.4-1）的规定,式中的正截面受弯承载力设计值 M_u 可按本规范第7.2.6条的规定进行计算,但应取等号,并以 M_u 代替 $N\eta e_i$。

7.4.4 对称配筋的矩形截面钢筋混凝土双向偏心受拉构件,其正截面受拉承载力应符合下列规定：

$$N \leqslant \frac{1}{\dfrac{1}{N_{u0}}+\dfrac{e_0}{M_u}} \quad (7.4.4-1)$$

式中 N_{u0}——构件的轴心受拉承载力设计值;
e_0——轴向拉力作用点至截面重心的距离;
M_u——按通过轴向拉力作用点的弯矩平面计算的正截面受弯承载力设计值。

构件的轴心受拉承载力设计值 N_{u0},按本规范公式（7.4.1）计算,但应取等号,并以 N_{u0} 代替 N。按通过轴向拉力作用点的弯矩平面计算的正截面受弯承载力设计值 M_u,可按本规范第7.1节的规定进行计算。

公式（7.4.4-1）中的 e_0/M_u 也可按下列公式计算:

$$\frac{e_0}{M_u}=\sqrt{\left(\frac{e_{0x}}{M_{ux}}\right)^2+\left(\frac{e_{0y}}{M_{uy}}\right)^2} \quad (7.4.4-2)$$

式中 e_{0x}、e_{0y}——轴向拉力对通过截面重心的 y 轴、x 轴的偏心距;
M_{ux}、M_{uy}—— x 轴、y 轴方向的正截面受弯承载力设计值,按本规范第7.2节的规定计算。

7.5 斜截面承载力计算

7.5.1 矩形、T形和I形截面的受弯构件,其受剪截面应符合下列条件：

当 $h_w/b \leqslant 4$ 时

$$V \leqslant 0.25\beta_c f_c b h_0 \quad (7.5.1-1)$$

当 $h_w/b \geqslant 6$ 时

$$V \leqslant 0.2\beta_c f_c b h_0 \quad (7.5.1-2)$$

当 $4 < h_w/b < 6$ 时,按线性内插法确定。

式中 V——构件斜截面上的最大剪力设计值;
β_c——混凝土强度影响系数；当混凝土强度等级不超过C50时,取 $\beta_c=1.0$;当混凝土强度等级为C80时,取 $\beta_c=0.8$;其间按线性内插法确定;
f_c——混凝土轴心抗压强度设计值,按本规范表4.1.4采用;
b——矩形截面的宽度,T形截面或I形截面的腹板宽度;
h_0——截面的有效高度;
h_w——截面的腹板高度:对矩形截面,取有效高度;对T形截面,取有效高度减去翼缘高度;对I形截面,取腹板净高。

注：1 对T形或I形截面的简支受弯构件,当有实践经验时,公式（7.5.1-1）中的系数可改用0.3；
2 对受拉边倾斜的构件,当有实践经验时,其受剪截面的控制条件可适当放宽。

7.5.2 在计算斜截面的受剪承载力时,其剪力设计值的计算截面应按下列规定采用：

1 支座边缘处的截面（图7.5.2a、b 截面1-1）;

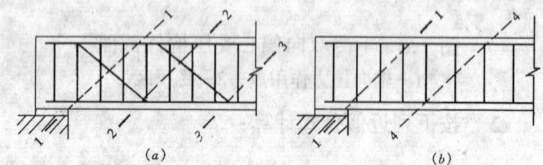

图7.5.2 斜截面受剪承载力
剪力设计值的计算截面
（a）弯起钢筋；（b）箍筋
1-1支座边缘处的斜截面；2-2、3-3
受拉区弯起钢筋弯起点的斜截面；4-4 箍筋截面
面积或间距改变处的斜截面

2 受拉区弯起钢筋弯起点处的截面（图7.5.2a截面2-2、3-3）;

3 箍筋截面面积或间距改变处的截面（图7.5.2b截面4-4）;

4 腹板宽度改变处的截面。

注：1 对受拉边倾斜的受弯构件,尚应包括梁的高度开始变化处、集中荷载作用处和其他不利的截面;
2 箍筋的间距以及弯起钢筋前一排（对支座而言）的弯起点至后一排的弯终点的距离,应符合本规范第10.2.10条和第10.2.8条的构造要求。

7.5.3 不配置箍筋和弯起钢筋的一般板类受弯构件,其斜截面的受剪承载力应符合下列规定：

$$V \leqslant 0.7\beta_h f_t b h_0 \quad (7.5.3-1)$$

$$\beta_h = \left(\frac{800}{h_0}\right)^{1/4} \quad (7.5.3-2)$$

式中 V——构件斜截面上的最大剪力设计值;

β_h——截面高度影响系数:当 $h_0<800\text{mm}$ 时,取 $h_0=800\text{mm}$;当 $h_0>2000\text{mm}$ 时,取 $h_0=2000\text{mm}$;

f_t——混凝土轴心抗拉强度设计值,按本规范表 4.1.4 采用。

7.5.4 矩形、T形和I形截面的一般受弯构件,当仅配置箍筋时,其斜截面的受剪承载力应符合下列规定:

$$V \leqslant V_{cs} + V_p \quad (7.5.4-1)$$

$$V_{cs} = 0.7 f_t b h_0 + 1.25 f_{yv} \frac{A_{sv}}{s} h_0 \quad (7.5.4-2)$$

$$V_p = 0.05 N_{p0} \quad (7.5.4-3)$$

式中 V——构件斜截面上的最大剪力设计值;

V_{cs}——构件斜截面上混凝土和箍筋的受剪承载力设计值;

V_p——由预加力所提高的构件受剪承载力设计值;

A_{sv}——配置在同一截面内箍筋各肢的全部截面面积: $A_{sv}=nA_{sv1}$,此处,n 为在同一截面内箍筋的肢数,A_{sv1} 为单肢箍筋的截面面积;

s——沿构件长度方向的箍筋间距;

f_{yv}——箍筋抗拉强度设计值,按本规范表 4.2.3-1 中的 f_y 值采用;

N_{p0}——计算截面上混凝土法向预应力等于零时的纵向预应力钢筋及非预应力钢筋的合力,按本规范第 6.1.14 条计算;当 $N_{p0}>0.3 f_c A_0$ 时,取 $N_{p0}=0.3 f_c A_0$,此处,A_0 为构件的换算截面面积。

对集中荷载作用下(包括作用有多种荷载,其中集中荷载对支座截面或节点边缘所产生的剪力值占总剪力值的 75% 以上的情况)的独立梁,当按公式(7.5.4-1)计算时,应将公式(7.5.4-2)改为下列公式:

$$V_{cs} = \frac{1.75}{\lambda + 1} f_t b h_0 + f_{yv} \frac{A_{sv}}{s} h_0 \quad (7.5.4-4)$$

式中 λ——计算截面的剪跨比,可取 $\lambda=a/h_0$,a 为集中荷载作用点至支座或节点边缘的距离;当 $\lambda<1.5$ 时,取 $\lambda=1.5$,当 $\lambda>3$ 时,取 $\lambda=3$;集中荷载作用点至支座之间的箍筋,应均匀配置。

注:1 对合力 N_{p0} 引起的截面弯矩与外弯矩方向相同的情况,以及预应力混凝土连续梁和允许出现裂缝的预应力混凝土简支梁,均应取 $V_p=0$;

2 对先张法预应力混凝土构件,在计算合力 N_{p0} 时,应按本规范第 6.1.9 条和第 8.1.8 条的规定考虑预应力钢筋传递长度的影响。

7.5.5 矩形、T形和I形截面的受弯构件,当配置箍筋和弯起钢筋时,其斜截面的受剪承载力应符合下列规定:

$$V \leqslant V_{cs} + V_p + 0.8 f_y A_{sb} \sin\alpha_s + 0.8 f_{py} A_{pb} \sin\alpha_p \quad (7.5.5)$$

式中 V——配置弯起钢筋处的剪力设计值,按本规范第 7.5.6 条的规定取用;

V_p——由预加力所提高的构件的受剪承载力设计值,按本规范公式(7.5.4-3)计算,但计算合力 N_{p0} 时不考虑预应力弯起钢筋的作用;

A_{sb}、A_{pb}——同一弯起平面内的非预应力弯起钢筋、预应力弯起钢筋的截面面积;

α_s、α_p——斜截面上非预应力弯起钢筋、预应力弯起钢筋的切线与构件纵向轴线的夹角。

7.5.6 计算弯起钢筋时,其剪力设计值可按下列规定取用(图 7.5.2a):

1 计算第一排(对支座而言)弯起钢筋时,取支座边缘处的剪力值;

2 计算以后的每一排弯起钢筋时,取前一排(对支座而言)弯起钢筋弯起点处的剪力值。

7.5.7 矩形、T形和I形截面的一般受弯构件,当符合下列公式的要求时:

$$V \leqslant 0.7 f_t b h_0 + 0.05 N_{p0} \quad (7.5.7-1)$$

集中荷载作用下的独立梁,当符合下列公式的要求时:

$$V \leqslant \frac{1.75}{\lambda + 1} f_t b h_0 + 0.05 N_{p0} \quad (7.5.7-2)$$

均可不进行斜截面的受剪承载力计算,而仅需根据本规范第 10.2.9 条、第 10.2.10 条和第 10.2.11 条的有关规定,按构造要求配置箍筋。

7.5.8 受拉边倾斜的矩形、T形和I形截面的受弯构件,其斜截面受剪承载力应符合下列规定(图 7.5.8):

$$V \leqslant V_{cs} + V_{sp} + 0.8 f_y A_{sb} \sin\alpha_s \quad (7.5.8-1)$$

$$V_{sp} = \frac{M - 0.8(\sum f_{yv} A_{sv} z_{sv} + \sum f_y A_{sb} z_{sb})}{z + c\tan\beta} \tan\beta \quad (7.5.8-2)$$

式中 V——构件斜截面上的最大剪力设计值;

M——构件斜截面受压区末端的弯矩设计值;

V_{cs}——构件斜截面上混凝土和箍筋的受剪承载力设计值,按本规范公式(7.5.4-2)或公式(7.5.4-4)计算,其中,h_0 取斜截面受拉区始端的垂直截面有效高度;

V_{sp}——构件截面上受拉边倾斜的纵向非预应力和预应力受拉钢筋合力的设计值在垂直方向的投影;对钢筋混凝土受弯构件,其值不应大于 $f_y A_s \sin\beta$;对预应力混凝土受弯构件,其值不应大于 $(f_{py}A_p + f_y A_s)\sin\beta$,且不应小于 $\sigma_{pe} A_p \sin\beta$;

z_{sv}——同一截面内箍筋的合力至斜截面受压区合力点的距离;

z_{sb}——同一弯起平面内的弯起钢筋的合力至斜截面受压区合力点的距离;

z——斜截面受拉区始端处纵向受拉钢筋合力的水平分力至斜截面受压区合力点的距离,可近似取 $z = 0.9h_0$;

β——斜截面受拉区始端处倾斜的纵向受拉钢筋的倾角;

c——斜截面的水平投影长度,可近似取 $c = h_0$。

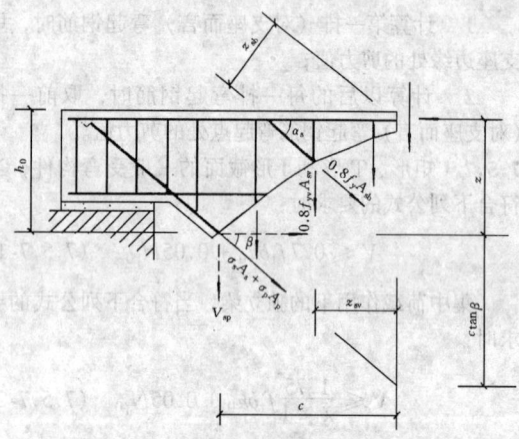

图 7.5.8 受拉边倾斜的受弯构件斜截面受剪承载力计算

注:在梁截面高度开始变化处,斜截面的受剪承载力应按等截面高度梁和变截面高度梁的有关公式分别计算,并应按其中不利者配置箍筋和弯起钢筋。

7.5.9 受弯构件斜截面的受弯承载力应符合下列规定(图7.5.9):

$$M \leq (f_y A_s + f_{py} A_p)z + \sum f_y A_{sb} z_{sb} + \sum f_{py} A_{pb} z_{pb} + \sum f_{yv} A_{sv} z_{sv} \quad (7.5.9-1)$$

此时,斜截面的水平投影长度 c 可按下列条件确定:

$$V = \sum f_y A_{sb} \sin\alpha_s + \sum f_{py} A_{pb} \sin\alpha_p + \sum f_{yv} A_{sv} \quad (7.5.9-2)$$

式中 V——斜截面受压区末端的剪力设计值;

z——纵向非预应力和预应力受拉钢筋的合力至受压区合力点的距离,可近似取 $z = 0.9h_0$;

z_{sb}、z_{pb}——同一弯起平面内的非预应力弯起钢筋、预应力弯起钢筋的合力至斜截面受压区合力点的距离;

z_{sv}——同一斜截面上箍筋的合力至斜截面受压区合力点的距离。

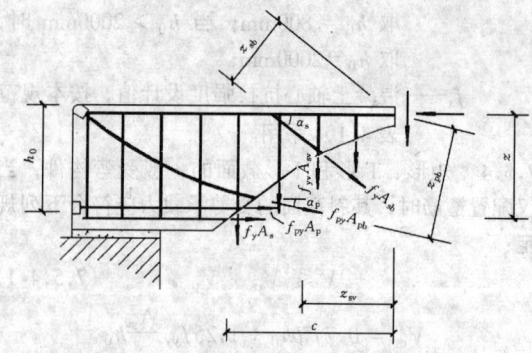

图 7.5.9 受弯构件斜截面受弯承载力计算

在计算先张法预应力混凝土构件端部锚固区的斜截面受弯承载力时,公式中的 f_{py} 应按下列规定确定:锚固区内的纵向预应力钢筋抗拉强度设计值在锚固起点处应取为零,在锚固终点处应取为 f_{py},在两点之间可按线性内插法确定。此时,纵向预应力钢筋的锚固长度 l_a 应按本规范第 9.3.1 条确定。

7.5.10 受弯构件中配置的纵向钢筋和箍筋,当符合本规范第 9.3.1 条至第 9.3.3 条、第 10.2.2 条至第 10.2.4 条、第 10.2.7 条和第 10.2.10 条规定的构造要求时,可不进行构件斜截面的受弯承载力计算。

7.5.11 矩形、T形和I形截面的钢筋混凝土偏心受压构件和偏心受拉构件,其受剪截面应符合本规范第 7.5.1 条的规定。

7.5.12 矩形、T形和I形截面的钢筋混凝土偏心受压构件,其斜截面受剪承载力应符合下列规定:

$$V \leq \frac{1.75}{\lambda + 1} f_t b h_0 + f_{yv} \frac{A_{sv}}{s} h_0 + 0.07N \quad (7.5.12)$$

式中 λ——偏心受压构件计算截面的剪跨比;

N——与剪力设计值 V 相应的轴向压力设计值,当 $N > 0.3 f_c A$ 时,取 $N = 0.3 f_c A$,此处,A 为构件的截面面积。

计算截面的剪跨比应按下列规定取用:

1 对各类结构的框架柱,宜取 $\lambda = M/(Vh_0)$;对框架结构中的框架柱,当其反弯点在层高范围内时,可取 $\lambda = H_n/(2h_0)$;当 $\lambda < 1$ 时,取 $\lambda = 1$;当 $\lambda > 3$ 时,取 $\lambda = 3$;此处,M 为计算截面上与剪力设计值 V 相应的弯矩设计值,H_n 为柱净高。

2 对其他偏心受压构件,当承受均布荷载时,取 $\lambda = 1.5$;当承受符合本规范第 7.5.4 条规定的集中荷载时,取 $\lambda = a/h_0$,当 $\lambda < 1.5$ 时,取 $\lambda = 1.5$;当 $\lambda > 3$ 时,取 $\lambda = 3$;此处,a 为集中荷载至支座或节点边缘的距离。

7.5.13 矩形、T形和I形截面的钢筋混凝土偏心受压构件,当符合下列公式的要求时:

$$V \leqslant \frac{1.75}{\lambda+1}f_t bh_0 + 0.07N \quad (7.5.13)$$

可不进行斜截面受剪承载力计算，而仅需根据本规范第10.3.2条的规定，按构造要求配置箍筋。式中剪跨比和轴向压力设计值应按本规范第7.5.12条确定。

7.5.14 矩形、T形和I形截面的钢筋混凝土偏心受拉构件，其斜截面受剪承载力应符合下列规定：

$$V \leqslant \frac{1.75}{\lambda+1}f_t bh_0 + f_{yv}\frac{A_{sv}}{s}h_0 - 0.2N$$

$$(7.5.14)$$

式中 N——与剪力设计值 V 相应的轴向拉力设计值；

λ——计算截面的剪跨比，按本规范第7.5.12条确定。

当公式（7.5.14）右边的计算值小于 $f_{yv}\dfrac{A_{sv}}{s}h_0$ 时，应取等于 $f_{yv}\dfrac{A_{sv}}{s}h_0$，且 $f_{yv}\dfrac{A_{sv}}{s}h_0$ 值不得小于 $0.36f_t bh_0$。

7.5.15 圆形截面的钢筋混凝土受弯构件和偏心受压构件，其斜截面受剪承载力可按本规范第7.5.1至第7.5.13条计算，此时，上述条文公式中的截面宽度 b 和截面有效高度 h_0 应分别以 $1.76r$ 和 $1.6r$ 代替，此处，r 为圆形截面的半径。

7.5.16 矩形截面双向受剪的钢筋混凝土框架柱，其受剪截面应符合下列条件：

$$V_x \leqslant 0.25\beta_c f_c bh_0 \cos\theta \quad (7.5.16\text{-}1)$$

$$V_y \leqslant 0.25\beta_c f_c hb_0 \sin\theta \quad (7.5.16\text{-}2)$$

式中 V_x——x 轴方向的剪力设计值，对应的截面有效高度为 h_0，截面宽度为 b；

V_y——y 轴方向的剪力设计值，对应的截面有效高度为 b_0，截面宽度为 h；

θ——斜向剪力设计值 V 的作用方向与 x 轴的夹角，$\theta = \arctan(V_y/V_x)$。

7.5.17 矩形截面双向受剪的钢筋混凝土框架柱，其斜截面受剪承载力应符合下列规定：

$$V_x \leqslant \frac{V_{ux}}{\sqrt{1+\left(\dfrac{V_{ux}\tan\theta}{V_{uy}}\right)^2}} \quad (7.5.17\text{-}1)$$

$$V_y \leqslant \frac{V_{uy}}{\sqrt{1+\left(\dfrac{V_{uy}}{V_{ux}\tan\theta}\right)^2}} \quad (7.5.17\text{-}2)$$

在 x 轴、y 轴方向的斜截面受剪承载力设计值 V_{ux}、V_{uy} 应按下列公式计算：

$$V_{ux} = \frac{1.75}{\lambda_x+1}f_t bh_0 + f_{yv}\frac{A_{svx}}{s}h_0 + 0.07N$$

$$(7.5.17\text{-}3)$$

$$V_{uy} = \frac{1.75}{\lambda_y+1}f_t hb_0 + f_{yv}\frac{A_{svy}}{s}b_0 + 0.07N$$

$$(7.5.17\text{-}4)$$

式中 λ_x、λ_y——框架柱的计算剪跨比，按本规范7.5.12条的规定确定；

A_{svx}、A_{svy}——配置在同一截面内平行于 x 轴、y 轴的箍筋各肢截面面积的总和；

N——与斜向剪力设计值 V 相应的轴向压力设计值，当 $N>0.3f_c A$ 时，取 $N=0.3f_c A$，此处，A 为构件的截面面积。

在设计截面时，可在公式（7.5.17-1）、公式（7.5.17-2）中近似取 $V_{ux}/V_{uy}=1$ 后直接进行计算。

7.5.18 矩形截面双向受剪的钢筋混凝土框架柱，当符合下列要求时：

$$V_x \leqslant \left(\frac{1.75}{\lambda_x+1}f_t bh_0 + 0.07N\right)\cos\theta$$

$$(7.5.18\text{-}1)$$

$$V_y \leqslant \left(\frac{1.75}{\lambda_y+1}f_t hb_0 + 0.07N\right)\sin\theta$$

$$(7.5.18\text{-}2)$$

可不进行斜截面受剪承载力计算，而仅需根据本规范第10.3.2条的规定，按构造要求配置箍筋。

7.6 扭曲截面承载力计算

7.6.1 在弯矩、剪力和扭矩共同作用下，对 $h_w/b \leqslant 6$ 的矩形、T形、I形截面和 $h_w/t_w \leqslant 6$ 的箱形截面构件（图7.6.1），其截面应符合下列条件：

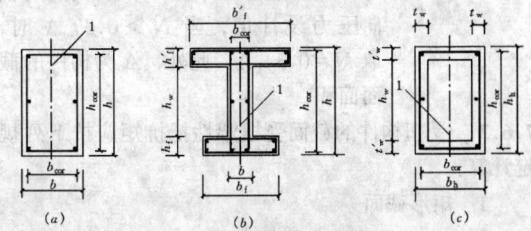

图 7.6.1 受扭构件截面
（a）矩形截面；（b）T形、I形截面；
（c）箱形截面（$t_w \leqslant t'_w$）
1—弯矩、剪力作用平面

当 h_w/b（或 h_w/t_w）$\leqslant 4$ 时

$$\frac{V}{bh_0} + \frac{T}{0.8W_t} \leqslant 0.25\beta_c f_c \quad (7.6.1\text{-}1)$$

当 h_w/b（或 h_w/t_w）$=6$ 时

$$\frac{V}{bh_0} + \frac{T}{0.8W_t} \leqslant 0.2\beta_c f_c \quad (7.6.1\text{-}2)$$

当 $4<h_w/b$（或 h_w/t_w）<6 时，按线性内插法确定。

式中 T——扭矩设计值；

　　b——矩形截面的宽度，T形或I形截面的腹板宽度，箱形截面的侧壁总厚度$2t_w$；

　　h_0——截面的有效高度；

　　W_t——受扭构件的截面受扭塑性抵抗矩，按本规范第7.6.3条的规定计算；

　　h_w——截面的腹板高度：对矩形截面，取有效高度h_0；对T形截面，取有效高度减去翼缘高度；对I形和箱形截面，取腹板净高；

　　t_w——箱形截面壁厚，其值不应小于$b_h/7$，此处，b_h为箱形截面的宽度。

注：当h_w/b（或h_w/t_w）>6时，受扭构件的截面尺寸条件及扭曲截面承载力计算应符合专门规定。

7.6.2 在弯矩、剪力和扭矩共同作用下的构件（图7.6.1），当符合下列公式的要求时：

$$\frac{V}{bh_0} + \frac{T}{W_t} \leqslant 0.7f_t + 0.05\frac{N_{p0}}{bh_0} \quad (7.6.2\text{-}1)$$

或

$$\frac{V}{bh_0} + \frac{T}{W_t} \leqslant 0.7f_t + 0.07\frac{N}{bh_0} \quad (7.6.2\text{-}2)$$

均可不进行构件受剪扭承载力计算，仅需根据本规范第10.2.5条、第10.2.11条和第10.2.12条的规定，按构造要求配置纵向钢筋和箍筋。

式中 N_{p0}——计算截面上混凝土法向预应力等于零时的纵向预应力钢筋及非预应力钢筋的合力，按本规范第6.1.14条的规定计算，当$N_{p0}>0.3f_cA_0$时，取$N_{p0}=0.3f_cA_0$，此处，A_0为构件的换算截面面积；

　　N——与剪力、扭矩设计值V、T相应的轴向压力设计值，当$N>0.3f_cA$时，取$N=0.3f_cA$，此处，A为构件的截面面积。

7.6.3 受扭构件的截面受扭塑性抵抗矩应按下列规定计算：

1 矩形截面

$$W_t = \frac{b^2}{6}(3h - b) \quad (7.6.3\text{-}1)$$

式中 b、h——矩形截面的短边尺寸、长边尺寸。

2 T形和I形截面

$$W_t = W_{tw} + W'_{tf} + W_{tf} \quad (7.6.3\text{-}2)$$

对腹板、受压翼缘及受拉翼缘部分的矩形截面受扭塑性抵抗矩W_{tw}、W'_{tf}和W_{tf}应按下列规定计算：

1） 腹板

$$W_{tw} = \frac{b^2}{6}(3h - b) \quad (7.6.3\text{-}3)$$

2） 受压翼缘

$$W'_{tf} = \frac{h'^2_f}{2}(b'_f - b) \quad (7.6.3\text{-}4)$$

3） 受拉翼缘

$$W_{tf} = \frac{h^2_f}{2}(b_f - b) \quad (7.6.3\text{-}5)$$

式中 b、h——腹板宽度、截面高度；

　　b'_f、b_f——截面受压区、受拉区的翼缘宽度；

　　h'_f、h_f——截面受压区、受拉区的翼缘高度。

计算时取用的翼缘宽度尚应符合$b'_f \leqslant b + 6h'_f$及$b_f \leqslant b + 6h_f$的规定。

3 箱形截面

$$W_t = \frac{b^2_h}{6}(3h_h - b_h) - \frac{(b_h - 2t_w)^2}{6}$$
$$[3h_w - (b_h - 2t_w)] \quad (7.6.3\text{-}6)$$

式中 b_h、h_h——箱形截面的短边尺寸、长边尺寸。

7.6.4 矩形截面纯扭构件的受扭承载力应符合下列规定：

$$T \leqslant 0.35f_tW_t + 1.2\sqrt{\zeta}f_{yv}\frac{A_{st1}A_{cor}}{s} \quad (7.6.4\text{-}1)$$

$$\zeta = \frac{f_yA_{stl}s}{f_{yv}A_{st1}u_{cor}} \quad (7.6.4\text{-}2)$$

对钢筋混凝土纯扭构件，其ζ值应符合$0.6 \leqslant \zeta \leqslant 1.7$的要求，当$\zeta > 1.7$时，取$\zeta = 1.7$。

对偏心距$e_{p0} \leqslant h/6$的预应力混凝土纯扭构件，当符合$\zeta \geqslant 1.7$时，可在公式（7.6.4-1）的右边增加预加力影响项$0.05\frac{N_{p0}}{A_0}W_t$，此处，$N_{p0}$的取值应符合本规范第7.6.2条的规定；在公式（7.6.4-1）中取$\zeta = 1.7$。

式中 ζ——受扭的纵向钢筋与箍筋的配筋强度比值；

　　A_{stl}——受扭计算中取对称布置的全部纵向非预应力钢筋截面面积；

　　A_{st1}——受扭计算中沿截面周边配置的箍筋单肢截面面积；

　　f_{yv}——受扭箍筋的抗拉强度设计值，按本规范表4.2.3-1中的f_y值采用；

　　f_y——受扭纵向钢筋的抗拉强度设计值，按本规范表4.2.3-1采用；

　　A_{cor}——截面核心部分的面积：$A_{cor} = b_{cor}h_{cor}$，此处，b_{cor}、h_{cor}为箍筋内表面范围内截面核心部分的短边、长边尺寸；

　　u_{cor}——截面核心部分的周长：$u_{cor} = 2(b_{cor} + h_{cor})$。

注：当$\zeta < 1.7$或$e_{p0} > h/6$时，不应考虑预加力影响项，而应按钢筋混凝土纯扭构件计算。

7.6.5 T形和I形截面纯扭构件，可将其截面划分为几个矩形截面，分别按本规范第7.6.4条进行受扭承载力计算。

每个矩形截面的扭矩设计值应按下列规定计算：

1 腹板

$$T_\mathrm{w} = \frac{W_\mathrm{tw}}{W_\mathrm{t}} T \quad (7.6.5\text{-}1)$$

2 受压翼缘

$$T'_\mathrm{f} = \frac{W'_\mathrm{tf}}{W_\mathrm{t}} T \quad (7.6.5\text{-}2)$$

3 受拉翼缘

$$T_\mathrm{f} = \frac{W_\mathrm{tf}}{W_\mathrm{t}} T \quad (7.6.5\text{-}3)$$

式中 T——构件截面所承受的扭矩设计值；

T_w——腹板所承受的扭矩设计值；

T'_f、T_f——受压翼缘、受拉翼缘所承受的扭矩设计值。

7.6.6 箱形截面钢筋混凝土纯扭构件的受扭承载力应符合下列规定：

$$T \leqslant 0.35\alpha_\mathrm{h} f_\mathrm{t} W_\mathrm{t} + 1.2\sqrt{\zeta} f_\mathrm{yv} \frac{A_\mathrm{st1} A_\mathrm{cor}}{s} \quad (7.6.6)$$

式中 α_h——箱形截面壁厚影响系数：$\alpha_\mathrm{h} = 2.5t_\mathrm{w}/b_\mathrm{h}$，当 $\alpha_\mathrm{h} > 1.0$ 时，取 $\alpha_\mathrm{h} = 1.0$。

此处，ζ 值应按本规范公式（7.6.4-2）计算，且应符合 $0.6 \leqslant \zeta \leqslant 1.7$ 的要求，当 $\zeta > 1.7$ 时，取 $\zeta = 1.7$。

7.6.7 在轴向压力和扭矩共同作用下的矩形截面钢筋混凝土构件，其受扭承载力应符合下列规定：

$$T \leqslant 0.35 f_\mathrm{t} W_\mathrm{t} + 1.2\sqrt{\zeta} f_\mathrm{yv} \frac{A_\mathrm{st1} A_\mathrm{cor}}{s} + 0.07 \frac{N}{A} W_\mathrm{t} \quad (7.6.7)$$

式中 N——与扭矩设计值 T 相应的轴向压力设计值，当 $N > 0.3 f_\mathrm{c} A$ 时，取 $N = 0.3 f_\mathrm{c} A$；

A——构件截面面积。

此处，ζ 值应按本规范第 7.6.4 条的规定确定。

7.6.8 在剪力和扭矩共同作用下的矩形截面剪扭构件，其受剪扭承载力应符合下列规定：

1 一般剪扭构件

1）受剪承载力

$$V \leqslant (1.5 - \beta_\mathrm{t})(0.7 f_\mathrm{t} b h_0 + 0.05 N_\mathrm{p0})$$
$$+ 1.25 f_\mathrm{yv} \frac{A_\mathrm{sv}}{s} h_0 \quad (7.6.8\text{-}1)$$

$$\beta_\mathrm{t} = \frac{1.5}{1 + 0.5 \frac{VW_\mathrm{t}}{Tbh_0}} \quad (7.6.8\text{-}2)$$

式中 A_sv——受剪承载力所需的箍筋截面面积；

β_t——一般剪扭构件混凝土受扭承载力降低系数：当 $\beta_\mathrm{t} < 0.5$ 时，取 $\beta_\mathrm{t} = 0.5$；当 $\beta_\mathrm{t} > 1$ 时，取 $\beta_\mathrm{t} = 1$。

2）受扭承载力

$$T \leqslant \beta_\mathrm{t} \left(0.35 f_\mathrm{t} + 0.05 \frac{N_\mathrm{p0}}{A_0} \right) W_\mathrm{t}$$
$$+ 1.2\sqrt{\zeta} f_\mathrm{yv} \frac{A_\mathrm{st1} A_\mathrm{cor}}{s} \quad (7.6.8\text{-}3)$$

此处，ζ 值应按本规范第 7.6.4 条的规定确定。

2 集中荷载作用下的独立剪扭构件

1）受剪承载力

$$V \leqslant (1.5 - \beta_\mathrm{t}) \left(\frac{1.75}{\lambda + 1} f_\mathrm{t} b h_0 + 0.05 N_\mathrm{p0} \right)$$
$$+ f_\mathrm{yv} \frac{A_\mathrm{sv}}{s} h_0 \quad (7.6.8\text{-}4)$$

$$\beta_\mathrm{t} = \frac{1.5}{1 + 0.2(\lambda + 1) \frac{VW_\mathrm{t}}{Tbh_0}} \quad (7.6.8\text{-}5)$$

式中 λ——计算截面的剪跨比，按本规范第 7.5.4 条的规定取用；

β_t——集中荷载作用下剪扭构件混凝土受扭承载力降低系数：当 $\beta_\mathrm{t} < 0.5$ 时，取 0.5；当 $\beta_\mathrm{t} > 1$ 时，取 $\beta_\mathrm{t} = 1$。

2）受扭承载力

受扭承载力仍应按公式（7.6.8-3）计算，但式中的 β_t 应按公式（7.6.8-5）计算。

7.6.9 T 形和 I 形截面剪扭构件的受剪扭承载力应按下列规定计算：

1 剪扭构件的受剪承载力，按本规范公式（7.6.8-1）与（7.6.8-2）或公式（7.6.8-4）与（7.6.8-5）进行计算，但计算时应将 T 及 W_t 分别以 T_w 及 W_tw 代替；

2 剪扭构件的受剪承载力，可根据本规范第 7.6.5 条的规定划分为几个矩形截面分别进行计算；腹板可按本规范公式（7.6.8-3）、公式（7.6.8-2）或公式（7.6.8-3）、公式（7.6.8-5）进行计算，但计算时应将 T 及 W_t 分别以 T_w 及 W_tw 代替；受压翼缘及受拉翼缘可按本规范第 7.6.4 条纯扭构件的规定进行计算，但计算时应将 T 及 W_t 分别以 T'_f 及 W'_tf 或 T_f 及 W_tf 代替。

7.6.10 箱形截面钢筋混凝土剪扭构件的受剪扭承载力应符合下列规定：

1 一般剪扭构件

1）受剪承载力

$$V \leqslant 0.7(1.5 - \beta_\mathrm{t}) f_\mathrm{t} b h_0 + 1.25 f_\mathrm{yv} \frac{A_\mathrm{sv}}{s} h_0 \quad (7.6.10\text{-}1)$$

2）受扭承载力

$$T \leqslant 0.35 \alpha_\mathrm{h} \beta_\mathrm{t} f_\mathrm{t} W_\mathrm{t} + 1.2\sqrt{\zeta} f_\mathrm{yv} \frac{A_\mathrm{st1} A_\mathrm{cor}}{s} \quad (7.6.10\text{-}2)$$

以上两个公式中的 β_t 值应按本规范公式（7.6.8-2）计算，但式中的 W_t 应以 $\alpha_\mathrm{h} W_\mathrm{t}$ 代替；α_h 值和 ζ 值应按本规范第 7.6.6 条的规定确定。

2 集中荷载作用下的独立剪扭构件

1）受剪承载力

$$V \leqslant (1.5-\beta_t)\frac{1.75}{\lambda+1}f_t bh_0 + f_{yv}\frac{A_{sv}}{s}h_0$$

(7.6.10-3)

式中的 β_t 值应按本规范公式（7.6.8-5）计算，但式中的 W_t 应以 $\alpha_h W_t$ 代替。

2）受扭承载力

受扭承载力仍应按公式（7.6.10-2）计算，但式中的 β_t 值应按本规范公式（7.6.8-5）计算，但式中的 W_t 应以 $\alpha_h W_t$ 代替。

7.6.11 在弯矩、剪力和扭矩共同作用下的矩形、T形、I形和箱形截面的弯剪扭构件，可按下列规定进行承载力计算：

1 当 $V \leqslant 0.35 f_t bh_0$ 或 $V \leqslant 0.875 f_t bh_0/(\lambda+1)$ 时，可仅按受弯构件的正截面受弯承载力和纯扭构件的受扭承载力分别进行计算；

2 当 $T \leqslant 0.175 f_t W_t$ 或 $T \leqslant 0.175\alpha_h f_t W_t$ 时，可仅按受弯构件的正截面受弯承载力和斜截面受剪承载力分别进行计算。

7.6.12 矩形、T形、I形和箱形截面弯剪扭构件，其纵向钢筋截面面积应分别按受弯构件的正截面受弯承载力和受扭构件的受扭承载力计算确定，并应配置在相应的位置；箍筋截面面积应分别按剪扭构件的受剪承载力和受扭承载力计算确定，并应配置在相应的位置。

7.6.13 在轴向压力、弯矩、剪力和扭矩共同作用下的钢筋混凝土矩形截面框架柱，其受剪扭承载力应符合下列规定：

1 受剪承载力

$$V \leqslant (1.5-\beta_t)\left(\frac{1.75}{\lambda+1}f_t bh_0 + 0.07N\right) + f_{yv}\frac{A_{sv}}{s}h_0$$

(7.6.13-1)

2 受扭承载力

$$T \leqslant \beta_t\left(0.35 f_t + 0.07\frac{N}{A}\right)W_t + 1.2\sqrt{\zeta}f_{yv}\frac{A_{stl}A_{cor}}{s}$$

(7.6.13-2)

式中 λ——计算截面的剪跨比，按本规范第 7.5.12 条确定。

以上两个公式中的 β_t 值应按本规范公式（7.6.8-5）计算，ζ 值应按本规范第 7.6.4 条的规定确定。

7.6.14 在轴向压力、弯矩、剪力和扭矩共同作用下的钢筋混凝土矩形截面框架柱，当 $T \leqslant (0.175 f_t + 0.035 N/A)W_t$ 时，可仅按偏心受压构件的正截面受压承载力和框架柱斜截面受剪承载力分别进行计算。

7.6.15 在轴向压力、弯矩、剪力和扭矩共同作用下的钢筋混凝土矩形截面框架柱，其纵向钢筋截面面积应分别按偏心受压构件的正截面受压承载力和剪扭构件的受扭承载力计算确定，并应配置在相应的位置；箍筋截面面积应分别按剪扭构件的受剪承载力和受扭承载力计算确定，并应配置在相应的位置。

7.6.16 对属于协调扭转的钢筋混凝土结构构件，受相邻构件约束的支承梁的扭矩宜考虑内力重分布。

考虑内力重分布后的支承梁，应按剪扭构件进行承载力计算，配置的纵向钢筋和箍筋尚应符合本规范第 10.2.5 条、第 10.2.11 条和第 10.2.12 条的规定。

注：当有充分依据时，也可采用其他设计方法。

7.7 受冲切承载力计算

7.7.1 在局部荷载或集中反力作用下不配置箍筋或弯起钢筋的板，其受冲切承载力应符合下列规定（图 7.7.1）：

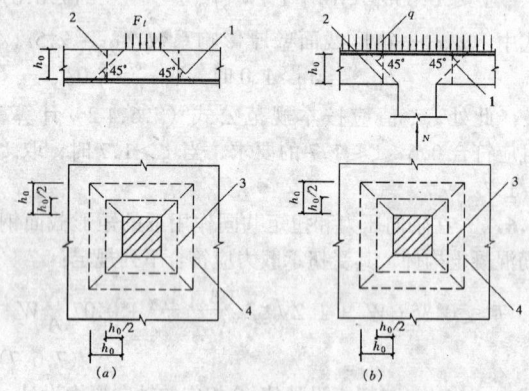

图 7.7.1 板受冲切承载力计算
(a) 局部荷载作用下；(b) 集中反力作用下
1—冲切破坏锥体的斜截面；2—临界截面；
3—临界截面的周长；4—冲切破坏锥体的底面线

$$F_l \leqslant (0.7\beta_h f_t + 0.15\sigma_{pc,m})\eta u_m h_0$$

(7.7.1-1)

公式（7.7.1-1）中的系数 η，应按下列两个公式计算，并取其中较小值：

$$\eta_1 = 0.4 + \frac{1.2}{\beta_s}$$ (7.7.1-2)

$$\eta_2 = 0.5 + \frac{\alpha_s h_0}{4 u_m}$$ (7.7.1-3)

式中 F_l——局部荷载设计值或集中反力设计值；对板柱结构的节点，取柱所承受的轴向压力设计值的层间差值减去冲切破坏锥体范围内板所承受的荷载设计值；当有不平衡弯矩时，应按本规范第 7.7.5 条的规定确定；

β_h——截面高度影响系数：当 $h \leqslant 800$mm 时，取 $\beta_h = 1.0$；当 $h \geqslant 2000$mm 时，取 $\beta_h = 0.9$，其间按线性内插法取用；

f_t——混凝土轴心抗拉强度设计值;

$\sigma_{pc,m}$——临界截面周长上两个方向混凝土有效预压应力按长度的加权平均值,其值宜控制在 1.0~3.5N/mm² 范围内;

u_m——临界截面的周长:距离局部荷载或集中反力作用面积周边 $h_0/2$ 处板垂直截面的最不利周长;

h_0——截面有效高度,取两个配筋方向的截面有效高度的平均值;

η_1——局部荷载或集中反力作用面积形状的影响系数;

η_2——临界截面周长与板截面有效高度之比的影响系数;

β_s——局部荷载或集中反力作用面积为矩形时的长边与短边尺寸的比值, β_s 不宜大于 4;当 $\beta_s<2$ 时,取 $\beta_s=2$;当面积为圆形时,取 $\beta_s=2$;

α_s——板柱结构中柱类型的影响系数:对中柱,取 $\alpha_s=40$;对边柱,取 $\alpha_s=30$;对角柱,取 $\alpha_s=20$。

7.7.2 当板开有孔洞且孔洞至局部荷载或集中反力作用面积边缘的距离不大于 $6h_0$ 时,受冲切承载力计算中取用的临界截面周长 u_m,应扣除局部荷载或集中反力作用面积中心至开洞外边画出两条切线之间所包含的长度(图 7.7.2)。

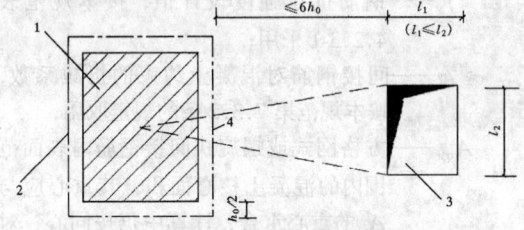

图 7.7.2 邻近孔洞时的临界截面周长
1—局部荷载或集中反力作用面;2—临界截面周长;
3—孔洞;4—应扣除的长度

注:当图中 $l_1>l_2$ 时,孔洞边长 l_2 用 $\sqrt{l_1l_2}$ 代替。

7.7.3 在局部荷载或集中反力作用下,当受冲切承载力不满足本规范第 7.7.1 条的要求且板厚受到限制时,可配置箍筋或弯起钢筋。此时,受冲切截面应符合下列条件:

$$F_l \leqslant 1.05 f_t \eta u_m h_0 \quad (7.7.3-1)$$

配置箍筋或弯起钢筋的板,其受冲切承载力应符合下列规定:

1 当配置箍筋时

$$F_l \leqslant (0.35f_t + 0.15\sigma_{pc,m})\eta u_m h_0 + 0.8 f_{yv} A_{svu}$$
$$(7.7.3-2)$$

2 当配置弯起钢筋时

$$F_l \leqslant (0.35f_t + 0.15\sigma_{pc,m})\eta u_m h_0 + 0.8 f_y A_{sbu}\sin\alpha$$
$$(7.7.3-3)$$

式中 A_{svu}——与呈 45°冲切破坏锥体斜截面相交的全部箍筋截面面积;

A_{sbu}——与呈 45°冲切破坏锥体斜截面相交的全部弯起钢筋截面面积;

α——弯起钢筋与板底面的夹角。

板中配置的抗冲切箍筋或弯起钢筋,应符合本规范第 10.1.10 条的构造规定。

对配置抗冲切钢筋的冲切破坏锥体以外的截面,尚应按本规范第 7.7.1 条的要求进行受冲切承载力计算,此时,u_m 应取配置抗冲切钢筋的冲切破坏锥体以外 $0.5h_0$ 处的最不利周长。

注:当有可靠依据时,也可配置其他有效形式的抗冲切钢筋(如工字钢、槽钢、抗剪锚栓和扁钢 U 形箍等)。

7.7.4 对矩形截面柱的阶形基础,在柱与基础交接处以及基础变阶处的受冲切承载力应符合下列规定(图 7.7.4):

$$F_l \leqslant 0.7\beta_h f_t b_m h_0 \quad (7.7.4-1)$$

$$F_l = p_s A \quad (7.7.4-2)$$

$$b_m = \frac{b_t + b_b}{2} \quad (7.7.4-3)$$

式中 h_0——柱与基础交接处或基础变阶处的截面有效高度,取两个配筋方向的截面有效高度的平均值;

p_s——按荷载效应基本组合计算并考虑结构重要性系数的基础底面地基反力设计值(可扣除基础自重及其上的土重),当基础偏心受力时,可取用最大的地基反力设计值;

A——考虑冲切荷载时取用的多边形面积(图 7.7.4 中的阴影面积 ABCDEF);

b_t——冲切破坏锥体最不利一侧斜截面的上边长:当计算柱与基础交接处的受冲切承载力时,取柱宽;当计算基础变阶处的受冲切承载力时,取上阶宽;

b_b——柱与基础交接处或基础变阶处的冲切破坏锥体最不利一侧斜截面的下边长,$b_b = b_t + 2h_0$。

7.7.5 板柱结构在竖向荷载、水平荷载作用下,当考虑板柱节点临界截面上的剪应力传递不平衡弯矩、并按本规范第 7.7.1 条或第 7.7.3 条进行受冲切承载力计算时,其集中反力设计值 F_l 应以等效集中反力设计值 $F_{l,eq}$ 代替,$F_{l,eq}$ 可按本规范附录 G 的规定计

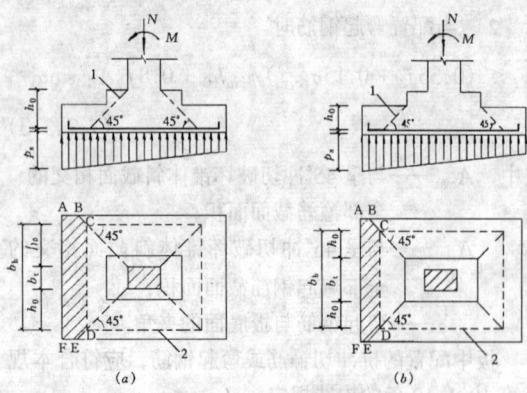

图7.7.4 计算阶形基础的受冲切承载力截面位置

(a)柱与基础交接处;(b)基础变阶处
1—冲切破坏锥体最不利一侧的斜截面;
2—冲切破坏锥体的底面线

算。

7.8 局部受压承载力计算

7.8.1 配置间接钢筋的混凝土结构构件,其局部受压区的截面尺寸应符合下列要求:

$$F_l \leqslant 1.35\beta_c\beta_l f_c A_{ln} \quad (7.8.1-1)$$

$$\beta_l = \sqrt{\frac{A_b}{A_l}} \quad (7.8.1-2)$$

式中 F_l——局部受压面上作用的局部荷载或局部压力设计值;对后张法预应力混凝土构件中的锚头局压区的压力设计值,应取1.2倍张拉控制力;

f_c——混凝土轴心抗压强度设计值;在后张法预应力混凝土构件的张拉阶段验算中,应根据相应阶段的混凝土立方体抗压强度f'_{cu}值按本规范表4.1.4的规定以线性内插法确定;

β_c——混凝土强度影响系数,按本规范第7.5.1条的规定取用;

β_l——混凝土局部受压时的强度提高系数;

A_l——混凝土局部受压面积;

A_{ln}——混凝土局部受压净面积;对后张法构件,应在混凝土局部受压面积中扣除孔道、凹槽部分的面积;

A_b——局部受压的计算底面积,按本规范第7.8.2条确定。

7.8.2 局部受压的计算底面积A_b,可由局部受压面积与计算底面积按同心、对称的原则确定;对常用情况,可按图7.8.2取用。

7.8.3 当配置方格网式或螺旋式间接钢筋且其核心面积$A_{cor} \geqslant A_l$时(图7.8.3),局部受压承载力应符合下列规定:

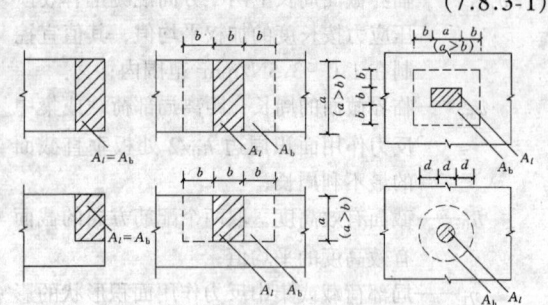

$$F_l \leqslant 0.9(\beta_c\beta_l f_c + 2\alpha\rho_v\beta_{cor}f_y)A_{ln}$$
$$(7.8.3-1)$$

图7.8.2 局部受压的计算底面积

当为方格网式配筋时(图7.8.3a),其体积配筋率ρ_v应按下列公式计算:

$$\rho_v = \frac{n_1 A_{s1} l_1 + n_2 A_{s2} l_2}{A_{cor} s} \quad (7.8.3-2)$$

此时,钢筋网两个方向上单位长度内钢筋截面面积的比值不宜大于1.5。

当为螺旋式配筋时(图7.8.3b),其体积配筋率ρ_v应按下列公式计算:

$$\rho_v = \frac{4A_{ss1}}{d_{cor}s} \quad (7.8.3-3)$$

式中 β_{cor}——配置间接钢筋的局部受压承载力提高系数,仍按本规范公式(7.8.1-2)计算,但A_b以A_{cor}代替,当$A_{cor} > A_b$时,应取$A_{cor} = A_b$;

f_y——钢筋抗拉强度设计值,按本规范表4.2.3-1采用;

α——间接钢筋对混凝土约束的折减系数,按本规范第7.3.2条的规定取用;

A_{cor}——方格网式或螺旋式间接钢筋内表面范围内的混凝土核心面积,其重心应与A_l的重心重合,计算中仍按同心、对称的原则取值;

ρ_v——间接钢筋的体积配筋率(核心面积A_{cor}范围内单位混凝土体积所含间接钢筋的体积);

n_1、A_{s1}——方格网沿l_1方向的钢筋根数、单根钢筋的截面面积;

n_2、A_{s2}——方格网沿l_2方向的钢筋根数、单根钢筋的截面面积;

A_{ss1}——单根螺旋式间接钢筋的截面面积;

d_{cor}——螺旋式间接钢筋内表面范围内的混凝土截面直径;

s——方格网式或螺旋式间接钢筋的间距,宜取30~80mm。

间接钢筋应配置在图7.8.3所规定的高度h范围内,对方格网式钢筋,不应少于4片;对螺旋式钢筋,不应少于4圈。对柱接头,h尚不应小于$15d$,

d 为柱的纵向钢筋直径。

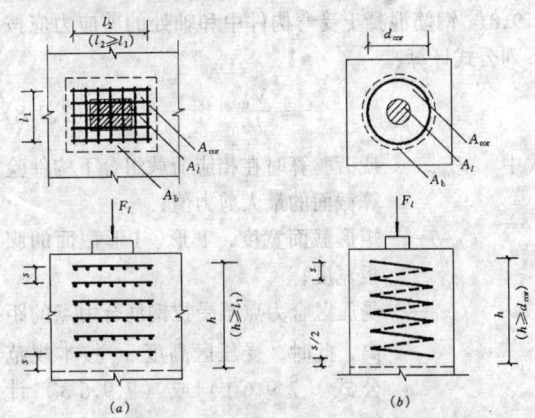

图 7.8.3 局部受压区的间接钢筋
(a) 方格网式配筋；(b) 螺旋式配筋

7.9 疲 劳 验 算

7.9.1 需作疲劳验算的受弯构件，其正截面疲劳应力应按下列基本假定进行计算：

1 截面应变保持平面；
2 受压区混凝土的法向应力图形取为三角形；
3 对钢筋混凝土构件，不考虑受拉区混凝土的抗拉强度，拉力全部由纵向钢筋承受；对要求不出现裂缝的预应力混凝土构件，受拉区混凝土的法向应力图形取为三角形；
4 采用换算截面计算。

7.9.2 在疲劳验算中，荷载应取用标准值；对吊车荷载应乘以动力系数，吊车荷载的动力系数应按现行国家标准《建筑结构荷载规范》GB50009 的规定取用。对跨度不大于 12m 的吊车梁，可取用一台最大吊车荷载。

7.9.3 钢筋混凝土受弯构件疲劳验算时，应计算下列部位的应力：

1 正截面受压区边缘纤维的混凝土应力和纵向受拉钢筋的应力幅；
2 截面中和轴处混凝土的剪应力和箍筋的应力幅。

注：纵向受压钢筋可不进行疲劳验算。

7.9.4 钢筋混凝土受弯构件正截面的疲劳应力应符合下列要求：

$$\sigma_{c,max}^f \leqslant f_c^f \quad (7.9.4\text{-}1)$$

$$\Delta \sigma_{si}^f \leqslant \Delta f_y^f \quad (7.9.4\text{-}2)$$

式中 $\sigma_{c,max}^f$——疲劳验算时截面受压区边缘纤维的混凝土压应力，按本规范公式 (7.9.5-1) 计算；

$\Delta \sigma_{si}^f$——疲劳验算时截面受拉区第 i 层纵向钢筋的应力幅，按本规范公式 (7.9.5-2) 计算；

f_c^f——混凝土轴心抗压疲劳强度设计值，按本规范第 4.1.6 条确定；

Δf_y^f——钢筋的疲劳应力幅限值，按本规范表 4.2.5-1 采用。

注：当纵向受拉钢筋为同一钢种时，可仅验算最外层钢筋的应力幅。

7.9.5 钢筋混凝土受弯构件正截面的混凝土压应力和钢筋的应力幅应按下列公式计算：

1 受压区边缘纤维的混凝土应力

$$\sigma_{c,max}^f = \frac{M_{max}^f x_0}{I_0^f} \quad (7.9.5\text{-}1)$$

2 纵向受拉钢筋的应力幅

$$\Delta \sigma_{si}^f = \sigma_{si,max}^f - \sigma_{si,min}^f \quad (7.9.5\text{-}2)$$

$$\sigma_{si,min}^f = \alpha_E^f \frac{M_{min}^f (h_{0i} - x_0)}{I_0^f} \quad (7.9.5\text{-}3)$$

$$\sigma_{si,max}^f = \alpha_E^f \frac{M_{max}^f (h_{0i} - x_0)}{I_0^f} \quad (7.9.5\text{-}4)$$

式中 M_{max}^f、M_{min}^f——疲劳验算时同一截面上在相应荷载组合下产生的最大弯矩值、最小弯矩值；

$\sigma_{si,min}^f$、$\sigma_{si,max}^f$——由弯矩 M_{min}^f、M_{max}^f 引起相应截面受拉区第 i 层纵向钢筋的应力；

α_E^f——钢筋的弹性模量与混凝土疲劳变形模量的比值：$\alpha_E^f = E_s / E_c^f$；

I_0^f——疲劳验算时相应于弯矩 M_{max}^f 与 M_{min}^f 为相同方向时的换算截面惯性矩；

x_0——疲劳验算时相应于弯矩 M_{max}^f 与 M_{min}^f 为相同方向时的换算截面受压区高度；

h_{0i}——相应于弯矩 M_{max}^f 与 M_{min}^f 为相同方向时的截面受压区边缘至受拉区第 i 层纵向钢筋截面重心的距离。

当弯矩 M_{min}^f 与弯矩 M_{max}^f 的方向相反时，公式 (7.9.5-3) 中 h_{0i}、x_0 和 I_0^f 应以截面相反位置的 h_{0i}'、x_0' 和 $I_0^{f'}$ 代替。

7.9.6 钢筋混凝土受弯构件疲劳验算时，换算截面的受压区高度 x_0、x_0' 和惯性矩 I_0^f、$I_0^{f'}$ 应按下列公式计算：

1 矩形及翼缘位于受拉区的 T 形截面

$$\frac{bx_0^2}{2} + \alpha_E^f A_s'(x_0 - a_s') - \alpha_E^f A_s(h_0 - x_0) = 0 \quad (7.9.6\text{-}1)$$

$$I_0^f = \frac{bx_0^3}{3} + \alpha_E^f A_s'(x_0 - a_s')^2 + \alpha_E^f A_s(h_0 - x_0)^2 \quad (7.9.6\text{-}2)$$

2 I形及翼缘位于受压区的T形截面
  1) 当 $x_0 > h'_f$ 时（图7.9.6）

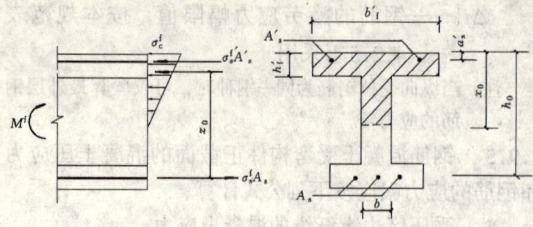

图7.9.6 钢筋混凝土受弯构件正截面疲劳应力计算

$$\frac{b'_f x_0^2}{2} - \frac{(b'_f - b)(x_0 - h'_f)^2}{2} + \alpha_E^f A'_s(x_0 - a'_s) - \alpha_E^f A_s(h_0 - x_0) = 0 \quad (7.9.6\text{-}3)$$

$$I_0^f = \frac{b'_f x_0^3}{3} - \frac{(b'_f - b)(x_0 - h'_f)^3}{3} + \alpha_E^f A'_s(x_0 - a'_s)^2 + \alpha_E^f A_s(h_0 - x_0)^2 \quad (7.9.6\text{-}4)$$

  2) 当 $x_0 \leq h'_f$ 时，按宽度为 b'_f 的矩形截面计算。

3 对 x'_0、$I_0^{f'}$ 的计算，仍可采用上述 x_0、I_0^f 的相应公式；当弯矩 M_{min}^f 与 M_{max}^f 的方向相反时，与 x'_0、x_0 相应的受压区位置分别在该截面的下侧和上侧；当弯矩 M_{min}^f 与 M_{max}^f 的方向相同时，可取 $x'_0 = x_0$，$I_0^{f'} = I_0^f$。

注：1 当纵向受拉钢筋沿截面高度分多层布置时，上述公式中的 A_s 及 h_0 应分别按分层的 A_{si} 及 h_{0i} 进行计算。
2 纵向受压钢筋的应力应符合 $\alpha_E^f \sigma_c^f \leq f'_y$ 的条件；当 $\alpha_E^f \sigma_c^f > f'_y$ 时，本条各公式中 $\alpha_E^f A'_s$ 应以 $f'_y A'_s / \sigma_c^f$ 代替，此处，f'_y 为纵向钢筋的抗压强度设计值，σ_c^f 为纵向受压钢筋合力点处的混凝土应力。

7.9.7 钢筋混凝土受弯构件斜截面的疲劳验算及剪力的分配应符合下列规定：

1 截面中和轴处的剪应力，当符合下列条件时：

$$\tau^f \leq 0.6 f_t^f \quad (7.9.7\text{-}1)$$

该区段的剪力全部由混凝土承受，此时，箍筋可按构造要求配置。

式中 τ^f——截面中和轴处的剪应力，按本规范第7.9.8条计算；
f_t^f——混凝土轴心抗拉疲劳强度设计值，按规范第4.1.6条确定。

2 截面中和轴处的剪应力不符合公式(7.9.7-1)的区段，其剪力应由箍筋和混凝土共同承受。此时，箍筋的应力幅 $\Delta \sigma_{sv}^f$ 应符合下列规定：

$$\Delta \sigma_{sv}^f \leq \Delta f_{yv}^f \quad (7.9.7\text{-}2)$$

式中 $\Delta \sigma_{sv}^f$——箍筋的应力幅，按本规范公式(7.9.9-1)计算；
Δf_{yv}^f——箍筋的疲劳应力幅限值，按本规范表4.2.5-1中的 Δf_{yv}^f 采用。

7.9.8 钢筋混凝土受弯构件中和轴处的剪应力应按下列公式计算：

$$\tau^f = \frac{V_{max}^f}{b z_0} \quad (7.9.8)$$

式中 V_{max}^f——疲劳验算时在相应荷载组合下构件验算截面的最大剪力值；
b——矩形截面宽度，T形、I形截面的腹板宽度；
z_0——受压区合力点至受拉钢筋合力点的距离，此时，受压区高度 x_0 按本规范公式（7.9.6-1）或（7.9.6-3）计算。

7.9.9 钢筋混凝土受弯构件斜截面上箍筋的应力幅应按下列公式计算：

$$\Delta \sigma_{sv}^f = \frac{(\Delta V_{max}^f - 0.1 \eta f_t^f b h_0) s}{A_{sv} z_0} \quad (7.9.9\text{-}1)$$

$$\Delta V_{max}^f = V_{max}^f - V_{min}^f \quad (7.9.9\text{-}2)$$

$$\eta = \Delta V_{max}^f / V_{max}^f \quad (7.9.9\text{-}3)$$

式中 ΔV_{max}^f——疲劳验算时构件验算截面的最大剪力幅值；
V_{min}^f——疲劳验算时在相应荷载组合下构件验算截面的最小剪力值；
η——最大剪力幅相对值；
s——箍筋的间距；
A_{sv}——配置在同一截面内箍筋各肢的全部截面面积。

7.9.10 预应力混凝土受弯构件疲劳验算时，应计算下列部位的应力：

1 正截面受拉和受压区边缘纤维的混凝土应力及受拉区纵向预应力钢筋、非预应力钢筋的应力幅；

2 截面重心及截面宽度剧烈改变处的混凝土主拉应力。

注：受压区纵向预应力钢筋可不进行疲劳验算。

7.9.11 预应力混凝土受弯构件正截面的疲劳应力应符合下列规定：

1 受拉区或受压区边缘纤维的混凝土应力
  1) 当为压应力时

$$\sigma_{cc,max}^f \leq f_c^f \quad (7.9.11\text{-}1)$$

  2) 当为拉应力时

$$\sigma_{ct,max}^f \leq f_t^f \quad (7.9.11\text{-}2)$$

2 受拉区纵向预应力钢筋的应力幅

$$\Delta \sigma_p^f \leq \Delta f_{py}^f \quad (7.9.11\text{-}3)$$

3 受拉区纵向非预应力钢筋的应力幅

$$\Delta \sigma_s^f \leq \Delta f_y^f \quad (7.9.11\text{-}4)$$

式中 $\sigma_{cc,max}^f$ ——受拉区或受压区边缘纤维混凝土的最大压应力（取绝对值），按本规范公式（7.9.12-1）或公式（7.9.12-2）计算确定；

$\sigma_{ct,max}^f$ ——受拉区或受压区边缘纤维混凝土的最大拉应力，按本规范公式（7.9.12-1）或公式（7.9.12-2）计算确定；

$\Delta\sigma_p^f$ ——受拉区纵向预应力钢筋的应力幅，按本规范公式（7.9.12-3）计算；

Δf_{py}^f ——预应力钢筋疲劳应力幅限值，按本规范表4.2.5-2采用；

$\Delta\sigma_s^f$ ——受拉区纵向非预应力钢筋的应力幅，按本规范公式（7.9.12-6）计算；

Δf_y^f ——非预应力钢筋疲劳应力幅限值，按本规范表4.2.5-1采用。

注：当受拉区纵向预应力钢筋、非预应力钢筋各为同一钢种时，可仅各验算最外层钢筋的应力幅。

7.9.12 对要求不出现裂缝的预应力混凝土受弯构件，其正截面的混凝土、纵向预应力钢筋和非预应力钢筋的最小、最大应力和应力幅应按下列公式计算：

1 受拉区或受压区边缘纤维的混凝土应力

$$\sigma_{c,min}^f \text{ 或 } \sigma_{c,max}^f = \sigma_{pc} + \frac{M_{min}^f}{I_0} y_0 \quad (7.9.12\text{-}1)$$

$$\sigma_{c,max}^f \text{ 或 } \sigma_{c,min}^f = \sigma_{pc} + \frac{M_{max}^f}{I_0} y_0 \quad (7.9.12\text{-}2)$$

2 受拉区纵向预应力钢筋的应力及应力幅

$$\Delta\sigma_p^f = \sigma_{p,max}^f - \sigma_{p,min}^f \quad (7.9.12\text{-}3)$$

$$\sigma_{p,min}^f = \sigma_{pe} + \alpha_{pE} \frac{M_{min}^f}{I_0} y_{0p} \quad (7.9.12\text{-}4)$$

$$\sigma_{p,max}^f = \sigma_{pe} + \alpha_{pE} \frac{M_{max}^f}{I_0} y_{0p} \quad (7.9.12\text{-}5)$$

3 受拉区纵向非预应力钢筋的应力及应力幅

$$\Delta\sigma_s^f = \sigma_{s,max}^f - \sigma_{s,min}^f \quad (7.9.12\text{-}6)$$

$$\sigma_{s,min}^f = \sigma_{se} + \alpha_E \frac{M_{min}^f}{I_0} y_{0s} \quad (7.9.12\text{-}7)$$

$$\sigma_{s,max}^f = \sigma_{se} + \alpha_E \frac{M_{max}^f}{I_0} y_{0s} \quad (7.9.12\text{-}8)$$

式中 $\sigma_{c,min}^f$、$\sigma_{c,max}^f$ ——疲劳验算时受拉区或受压区边缘纤维混凝土的最小、最大应力，最小、最大应力以其绝对值进行判别；

σ_{pc} ——扣除全部预应力损失后，由预加力在受拉区或受压区边缘纤维处产生的混凝土法向应力，按本规范公式（6.1.5-1）或公式（6.1.5-4）计算；

M_{max}^f、M_{min}^f ——疲劳验算时同一截面上在相应荷载组合下产生的最大、最小弯矩值；

α_{pE} ——预应力钢筋弹性模量与混凝土弹性模量的比值：$\alpha_{pE} = E_s/E_c$；

I_0 ——换算截面的惯性矩；

y_0 ——受拉区边缘或受压区边缘至换算截面重心的距离；

$\sigma_{p,min}^f$、$\sigma_{p,max}^f$ ——疲劳验算时所计算的受拉区一层预应力钢筋的最小、最大应力；

$\Delta\sigma_p^f$ ——疲劳验算时所计算的受拉区一层预应力钢筋的应力幅；

σ_{pe} ——扣除全部预应力损失后所计算的受拉区一层预应力钢筋的有效预应力，按本规范公式（6.1.5-2）或公式（6.1.5-5）计算；

y_{0s}、y_{0p} ——所计算的受拉区一层非预应力钢筋、预应力钢筋截面重心至换算截面重心的距离；

$\sigma_{s,min}^f$、$\sigma_{s,max}^f$ ——疲劳验算时所计算的受拉区一层非预应力钢筋的最小、最大应力；

$\Delta\sigma_s^f$ ——疲劳验算时所计算的受拉区一层非预应力钢筋的应力幅；

σ_{se} ——消压弯矩 M_{p0} 作用下所计算的受拉区一层非预应力钢筋中产生的应力；此处，M_{p0} 为受拉区一层非预应力钢筋截面重心处的混凝土法向预应力等于零时的相应弯矩值。

注：公式（7.9.12-1）、（7.9.12-2）中的 σ_{pc}、$(M_{min}^f/I_0)y_0$、$(M_{max}^f/I_0)y_0$，当为拉应力时以正值代入；当为压应力时以负值代入；公式（7.9.12-7）、（7.9.12-8）中的 σ_{se} 以负值代入。

7.9.13 预应力混凝土受弯构件斜截面混凝土的主拉应力应符合下列规定：

$$\sigma_{tp}^f \leq f_t^f \quad (7.9.13)$$

式中 σ_{tp}^f ——预应力混凝土受弯构件斜截面疲劳验算纤维处的混凝土主拉应力，按本规范第8.1.6条的公式计算（对吊车荷载，尚应计入动力系数）。

8 正常使用极限状态验算

8.1 裂缝控制验算

8.1.1 钢筋混凝土和预应力混凝土构件，应根据本规范第3.3.4条的规定，按所处环境类别和结构类别确定相应的裂缝控制等级及最大裂缝宽度限值，并按下列规定进行受拉边缘应力或正截面裂缝宽度验算：

1 一级——严格要求不出现裂缝的构件

在荷载效应的标准组合下应符合下列规定：

$$\sigma_{ck} - \sigma_{pc} \leqslant 0 \quad (8.1.1-1)$$

2 二级——一般要求不出现裂缝的构件

在荷载效应的标准组合下应符合下列规定：

$$\sigma_{ck} - \sigma_{pc} \leqslant f_{tk} \quad (8.1.1-2)$$

在荷载效应的准永久组合下宜符合下列规定：

$$\sigma_{cq} - \sigma_{pc} \leqslant 0 \quad (8.1.1-3)$$

3 三级——允许出现裂缝的构件

按荷载效应的标准组合并考虑长期作用影响计算的最大裂缝宽度，应符合下列规定：

$$w_{max} \leqslant w_{lim} \quad (8.1.1-4)$$

式中 σ_{ck}、σ_{cq}——荷载效应的标准组合、准永久组合下抗裂验算边缘的混凝土法向应力；

σ_{pc}——扣除全部预应力损失后在抗裂验算边缘混凝土的预压应力，按本规范公式（6.1.5-1）或公式（6.1.5-4）计算；

f_{tk}——混凝土轴心抗拉强度标准值，按本规范表4.1.3采用；

w_{max}——按荷载效应的标准组合并考虑长期作用影响计算的最大裂缝宽度，按本规范第8.1.2条计算；

w_{lim}——最大裂缝宽度限值，按本规范第3.3.4条采用。

注：对受弯和大偏心受压的预应力混凝土构件，其预拉区在施工阶段出现裂缝的区段，公式（8.1.1-1）至公式（8.1.1-3）中的 σ_{pc} 应乘以系数0.9。

8.1.2 在矩形、T形、倒T形和I形截面的钢筋混凝土受拉、受弯和偏心受压构件及预应力混凝土轴心受拉和受弯构件中，按荷载效应的标准组合并考虑长期作用影响的最大裂缝宽度（mm）可按下列公式计算：

$$w_{max} = \alpha_{cr} \psi \frac{\sigma_{sk}}{E_s}\left(1.9c + 0.08\frac{d_{eq}}{\rho_{te}}\right)$$

$$(8.1.2-1)$$

$$\psi = 1.1 - 0.65\frac{f_{tk}}{\rho_{te}\sigma_{sk}} \quad (8.1.2-2)$$

$$d_{eq} = \frac{\sum n_i d_i^2}{\sum n_i \nu_i d_i} \quad (8.1.2-3)$$

$$\rho_{te} = \frac{A_s + A_p}{A_{te}} \quad (8.1.2-4)$$

式中 α_{cr}——构件受力特征系数，按表8.1.2-1采用；

ψ——裂缝间纵向受拉钢筋应变不均匀系数：当 $\psi < 0.2$ 时，取 $\psi = 0.2$；当 $\psi > 1$ 时，取 $\psi = 1$；对直接承受重复荷载的构件，取 $\psi = 1$；

σ_{sk}——按荷载效应的标准组合计算的钢筋混凝土构件纵向受拉钢筋的应力或预应力混凝土构件纵向受拉钢筋的等效应力，按本规范第8.1.3条计算；

E_s——钢筋弹性模量，按本规范表4.2.4采用；

c——最外层纵向受拉钢筋外边缘至受拉区底边的距离（mm）；当 $c < 20$ 时，取 $c = 20$；当 $c > 65$ 时，取 $c = 65$；

ρ_{te}——按有效受拉混凝土截面面积计算的纵向受拉钢筋配筋率；在最大裂缝宽度计算中，当 $\rho_{te} < 0.01$ 时，取 $\rho_{te} = 0.01$；

A_{te}——有效受拉混凝土截面面积；对轴心受拉构件，取构件截面面积；对受弯、偏心受压和偏心受拉构件，取 $A_{te} = 0.5bh + (b_f - b)h_f$，此处，$b_f$、$h_f$ 为受拉翼缘的宽度、高度；

A_s——受拉区纵向非预应力钢筋截面面积；

A_p——受拉区纵向预应力钢筋截面面积；

d_{eq}——受拉区纵向钢筋的等效直径（mm）；

d_i——受拉区第 i 种纵向钢筋的公称直径（mm）；

n_i——受拉区第 i 种纵向钢筋的根数；

ν_i——受拉区第 i 种纵向钢筋的相对粘结特性系数，按表8.1.2-2采用。

注：1 对承受吊车荷载但不需作疲劳验算的受弯构件，可将计算求得的最大裂缝宽度乘以系数0.85；

2 对 $e_0/h_0 \leqslant 0.55$ 的偏心受压构件，可不验算裂缝宽度。

表8.1.2-1   构件受力特征系数

类 型	α_{cr}	
	钢筋混凝土构件	预应力混凝土构件
受弯、偏心受压	2.1	1.7
偏 心 受 拉	2.4	—
轴 心 受 拉	2.7	2.2

表8.1.2-2 钢筋的相对粘结特性系数

钢筋类别	非预应力钢筋		先张法预应力钢筋			后张法预应力钢筋		
	光面钢筋	带肋钢筋	带肋钢筋	螺旋肋钢丝	刻痕钢丝、钢绞线	带肋钢筋	钢绞线	光面钢丝
ν_i	0.7	1.0	1.0	0.8	0.6	0.8	0.5	0.4

注：对环氧树脂涂层带肋钢筋，其相对粘结特性系数应按表中系数的0.8倍取用。

8.1.3 在荷载效应的标准组合下，钢筋混凝土构件受拉区纵向钢筋的应力或预应力混凝土构件受拉区纵向钢筋的等效应力可按下列公式计算：

1 钢筋混凝土构件受拉区纵向钢筋的应力

1）轴心受拉构件

$$\sigma_{sk} = \frac{N_k}{A_s} \quad (8.1.3\text{-}1)$$

2）偏心受拉构件

$$\sigma_{sk} = \frac{N_k e'}{A_s(h_0 - a'_s)} \quad (8.1.3\text{-}2)$$

3）受弯构件

$$\sigma_{sk} = \frac{M_k}{0.87 h_0 A_s} \quad (8.1.3\text{-}3)$$

4）偏心受压构件

$$\sigma_{sk} = \frac{N_k(e-z)}{A_s z} \quad (8.1.3\text{-}4)$$

$$z = \left[0.87 - 0.12(1-\gamma'_f)\left(\frac{h_0}{e}\right)^2\right]h_0 \quad (8.1.3\text{-}5)$$

$$e = \eta_s e_0 + y_s \quad (8.1.3\text{-}6)$$

$$\gamma'_f = \frac{(b'_f - b)h'_f}{bh_0} \quad (8.1.3\text{-}7)$$

$$\eta_s = 1 + \frac{1}{4000 e_0/h_0}\left(\frac{l_0}{h}\right)^2 \quad (8.1.3\text{-}8)$$

式中 A_s——受拉区纵向钢筋截面面积：对轴心受拉构件，取全部纵向钢筋截面面积；对偏心受拉构件，取受拉较大边的纵向钢筋截面面积；对受弯、偏心受压构件，取受拉区纵向钢筋截面面积；

e'——轴向拉力作用点至受压区或受拉较小边纵向钢筋合力点的距离；

e——轴向压力作用点至纵向受拉钢筋合力点的距离；

z——纵向受拉钢筋合力点至截面受压区合力点的距离，且不大于$0.87h_0$；

η_s——使用阶段的轴向压力偏心距增大系数，当$l_0/h \leqslant 14$时，取$\eta_s = 1.0$；

y_s——截面重心至纵向受拉钢筋合力点的距离；

γ'_f——受压翼缘截面面积与腹板有效截面面积的比值；

b'_f、h'_f——受压区翼缘的宽度、高度；在公式（8.1.3-7）中，当$h'_f > 0.2h_0$时，取$h'_f = 0.2h_0$；

N_k、M_k——按荷载效应的标准组合计算的轴向力值、弯矩值。

2 预应力混凝土构件受拉区纵向钢筋的等效应力

1）轴心受拉构件

$$\sigma_{sk} = \frac{N_k - N_{p0}}{A_p + A_s} \quad (8.1.3\text{-}9)$$

2）受弯构件

$$\sigma_{sk} = \frac{M_k \pm M_2 - N_{p0}(z - e_p)}{(A_p + A_s)z} \quad (8.1.3\text{-}10)$$

$$e = e_p + \frac{M_k \pm M_2}{N_{p0}} \quad (8.1.3\text{-}11)$$

式中 A_p——受拉区纵向预应力钢筋截面面积：对轴心受拉构件，取全部纵向预应力钢筋截面面积；对受弯构件，取受拉区纵向预应力钢筋截面面积；

z——受拉区纵向非预应力钢筋和预应力钢筋合力点至截面受压区合力点的距离，按公式（8.1.3-5）计算，其中e按公式（8.1.3-11）计算；

e_p——混凝土法向预应力等于零时全部纵向预应力和非预应力钢筋的合力N_{p0}的作用点至受拉区纵向预应力和非预应力钢筋合力点的距离；

M_2——后张法预应力混凝土超静定结构构件中的次弯矩，按本规范第6.1.7条的规定确定。

注：在公式（8.1.3-10）、（8.1.3-11）中，当M_2与M_k的作用方向相同时，取加号；当M_2与M_k的作用方向相反时，取减号。

8.1.4 在荷载效应的标准组合和准永久组合下，抗裂验算边缘混凝土的法向应力应按下列公式计算：

1 轴心受拉构件

$$\sigma_{ck} = \frac{N_k}{A_0} \quad (8.1.4\text{-}1)$$

$$\sigma_{cq} = \frac{N_q}{A_0} \quad (8.1.4\text{-}2)$$

2 受弯构件

$$\sigma_{ck} = \frac{M_k}{W_0} \quad (8.1.4\text{-}3)$$

$$\sigma_{cq} = \frac{M_q}{W_0} \quad (8.1.4-4)$$

3 偏心受拉和偏心受压构件

$$\sigma_{ck} = \frac{M_k}{W_0} \pm \frac{N_k}{A_0} \quad (8.1.4-5)$$

$$\sigma_{cq} = \frac{M_q}{W_0} \pm \frac{N_q}{A_0} \quad (8.1.4-6)$$

式中 N_q、M_q——按荷载效应的准永久组合计算的轴向力值、弯矩值；
A_0——构件换算截面面积；
W_0——构件换算截面受拉边缘的弹性抵抗矩。

注：在公式（8.1.4-5）、（8.1.4-6）中右边项，当轴向力为拉力时取加号，为压力时取减号。

8.1.5 预应力混凝土受弯构件应分别对截面上的混凝土主拉应力和主压应力进行验算：

1 混凝土主拉应力

1）一级——严格要求不出现裂缝的构件，应符合下列规定：

$$\sigma_{tp} \leqslant 0.85 f_{tk} \quad (8.1.5-1)$$

2）二级——一般要求不出现裂缝的构件，应符合下列规定：

$$\sigma_{tp} \leqslant 0.95 f_{tk} \quad (8.1.5-2)$$

2 混凝土主压应力

对严格要求和一般要求不出现裂缝的构件，均应符合下列规定：

$$\sigma_{cp} \leqslant 0.6 f_{ck} \quad (8.1.5-3)$$

式中 σ_{tp}、σ_{cp}——混凝土的主拉应力、主压应力，按本规范第 8.1.6 条确定。

此时，应选择跨度内不利位置的截面，对该截面的换算截面重心处和截面宽度剧烈改变处进行验算。

注：对允许出现裂缝的吊车梁，在静力计算中应符合公式（8.1.5-2）和公式（8.1.5-3）的规定。

8.1.6 混凝土主拉应力和主压应力应按下列公式计算：

$$\left.\begin{array}{l}\sigma_{tp}\\\sigma_{cp}\end{array}\right\} = \frac{\sigma_x + \sigma_y}{2} \pm \sqrt{\left(\frac{\sigma_x - \sigma_y}{2}\right)^2 + \tau^2}$$
$$(8.1.6-1)$$

$$\sigma_x = \sigma_{pc} + \frac{M_k y_0}{I_0} \quad (8.1.6-2)$$

$$\tau = \frac{(V_k - \Sigma \sigma_{pe} A_{pb} \sin\alpha_p) S_0}{I_0 b} \quad (8.1.6-3)$$

式中 σ_x——由预加力和弯矩值 M_k 在计算纤维处产生的混凝土法向应力；
σ_y——由集中荷载标准值 F_k 产生的混凝土竖向压应力；
τ——由剪力值 V_k 和预应力弯起钢筋的预加力在计算纤维处产生的混凝土剪应力；当计算截面上有扭矩作用时，尚应计入扭矩引起的剪应力；对后张法预应力混凝土超静定结构构件，在计算剪应力时，尚应计入预加力引起的次剪力；
σ_{pc}——扣除全部预应力损失后，在计算纤维处由预加力产生的混凝土法向应力，按本规范公式（6.1.5-1）或（6.1.5-4）计算；
y_0——换算截面重心至计算纤维处的距离；
I_0——换算截面惯性矩；
V_k——按荷载效应的标准组合计算的剪力值；
S_0——计算纤维以上部分的换算截面面积对构件换算截面重心的面积矩；
σ_{pe}——预应力弯起钢筋的有效预应力；
A_{pb}——计算截面上同一弯起平面内的预应力弯起钢筋的截面面积；
α_p——计算截面上预应力弯起钢筋的切线与构件纵向轴线的夹角。

注：公式（8.1.6-1）、（8.1.6-2）中的 σ_x、σ_y、σ_{pc} 和 $M_k y_0 / I_0$，当为拉应力时，以正值代入；当为压应力时，以负值代入；

8.1.7 对预应力混凝土吊车梁，在集中力作用点两侧各 $0.6h$ 的长度范围内，由集中荷载标准值 F_k 产生的混凝土竖向压应力和剪应力的简化分布，可按图 8.1.7 确定，其应力的最大值可按下列公式计算：

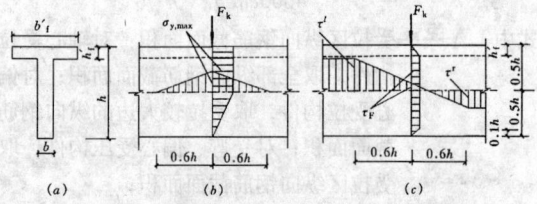

图 8.1.7 预应力混凝土吊车梁集中力作用点附近的应力分布
（a）截面；（b）竖向压应力 σ_y 分布；
（c）剪应力 τ 分布

$$\sigma_{y,max} = \frac{0.6 F_k}{bh} \quad (8.1.7-1)$$

$$\tau_F = \frac{\tau^l - \tau^r}{2} \quad (8.1.7-2)$$

$$\tau^l = \frac{V_k^l S_0}{I_0 b} \quad (8.1.7-3)$$

$$\tau^r = \frac{V_k^r S_0}{I_0 b} \quad (8.1.7-4)$$

式中 τ^l、τ^r——位于集中荷载标准值 F_k 作用点左侧、右侧 $0.6h$ 处截面上的剪应力；

τ_F——集中荷载标准值 F_k 作用截面上的剪应力；

V_k^l、V_k^r——集中荷载标准值 F_k 作用点左侧、右侧截面上的剪力标准值。

8.1.8 对先张法预应力混凝土构件端部进行正截面、斜截面抗裂验算时，应考虑预应力钢筋在其预应力传递长度 l_{tr} 范围内实际应力值的变化。预应力钢筋的实际应力按线性规律增大，在构件端部取为零，在其预应力传递长度的末端取有效预应力值 σ_{pe}（图 8.1.8），预应力钢筋的预应力传递长度 l_{tr} 应按本规范第 6.1.9 条确定。

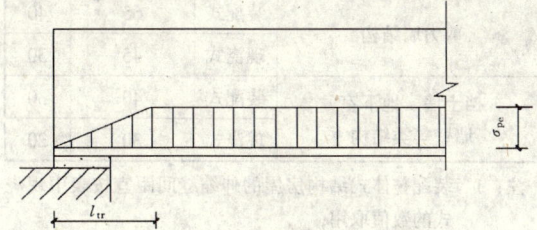

图 8.1.8 预应力传递长度范围内有效预应力值的变化

8.2 受弯构件挠度验算

8.2.1 钢筋混凝土和预应力混凝土受弯构件在正常使用极限状态下的挠度，可根据构件的刚度用结构力学方法计算。

在等截面构件中，可假定各同号弯矩区段内的刚度相等，并取用该区段内最大弯矩处的刚度。当计算跨度内的支座截面刚度不大于跨中截面刚度的两倍或不小于跨中截面刚度的二分之一时，该跨也可按等刚度构件进行计算，其构件刚度可取跨中最大弯矩截面的刚度。

受弯构件的挠度应按荷载效应标准组合并考虑荷载长期作用影响的刚度 B 进行计算，所求得的挠度计算值不应超过本规范表 3.3.2 规定的限值。

8.2.2 矩形、T 形、倒 T 形和 I 形截面受弯构件的刚度 B，可按下列公式计算：

$$B = \frac{M_k}{M_q(\theta - 1) + M_k} B_s \quad (8.2.2)$$

式中 M_k——按荷载效应的标准组合计算的弯矩，取计算区段内的最大弯矩值；

M_q——按荷载效应的准永久组合计算的弯矩，取计算区段内的最大弯矩值；

B_s——荷载效应的标准组合作用下受弯构件的短期刚度，按本规范第 8.2.3 条的公式计算；

θ——考虑荷载长期作用对挠度增大的影响系数，按本规范第 8.2.5 条取用。

8.2.3 在荷载效应的标准组合作用下，受弯构件的短期刚度 B_s 可按下列公式计算：

1 钢筋混凝土受弯构件

$$B_s = \frac{E_s A_s h_0^2}{1.15\psi + 0.2 + \dfrac{6\alpha_E \rho}{1 + 3.5\gamma_f}}$$

$$(8.2.3-1)$$

2 预应力混凝土受弯构件

1) 要求不出现裂缝的构件

$$B_s = 0.85 E_c I_0 \quad (8.2.3-2)$$

2) 允许出现裂缝的构件

$$B_s = \frac{0.85 E_c I_0}{\kappa_{cr} + (1 - \kappa_{cr})\omega} \quad (8.2.3-3)$$

$$\kappa_{cr} = \frac{M_{cr}}{M_k} \quad (8.2.3-4)$$

$$\omega = \left(1.0 + \frac{0.21}{\alpha_E \rho}\right)(1 + 0.45\gamma_f) - 0.7$$

$$(8.2.3-5)$$

$$M_{cr} = (\sigma_{pc} + \gamma f_{tk}) W_0 \quad (8.2.3-6)$$

$$\gamma_f = \frac{(b_f - b) h_f}{b h_0} \quad (8.2.3-7)$$

式中 ψ——裂缝间纵向受拉钢筋应变不均匀系数，按本规范第 8.1.2 条确定；

α_E——钢筋弹性模量与混凝土弹性模量的比值：$\alpha_E = E_s/E_c$；

ρ——纵向受拉钢筋配筋率；对钢筋混凝土受弯构件，取 $\rho = A_s/(bh_0)$；对预应力混凝土受弯构件，取 $\rho = (A_p + A_s)/(bh_0)$；

I_0——换算截面惯性矩；

γ_f——受拉翼缘截面面积与腹板有效截面面积的比值；

b_f、h_f——受拉区翼缘的宽度、高度；

κ_{cr}——预应力混凝土受弯构件正截面的开裂弯矩 M_{cr} 与弯矩 M_k 的比值，当 $\kappa_{cr} > 1.0$ 时，取 $\kappa_{cr} = 1.0$；

σ_{pc}——扣除全部预应力损失后，由预加力在抗裂验算边缘产生的混凝土预压应力；

γ——混凝土构件的截面抵抗矩塑性影响系数，按本规范第 8.2.4 条确定。

注：对预压时预拉区出现裂缝的构件，B_s 应降低 10%。

8.2.4 混凝土构件的截面抵抗矩塑性影响系数 γ 可按下列公式计算：

$$\gamma = \left(0.7 + \frac{120}{h}\right)\gamma_m \quad (8.2.4)$$

式中 γ_m——混凝土构件的截面抵抗矩塑性影响系数基本值,可按正截面应变保持平面的假定,并取受拉区混凝土应力图形为梯形、受拉边缘混凝土极限拉应变为 $2f_{tk}/E_c$ 确定;对常用的截面形状,γ_m 值可按表 8.2.4 取用;

h——截面高度(mm):当 $h < 400$ 时,取 $h = 400$;当 $h > 1600$ 时,取 $h = 1600$;对圆形、环形截面,取 $h = 2r$,此处,r 为圆形截面半径或环形截面的外环半径。

表 8.2.4 截面抵抗矩塑性影响系数基本值 γ_m

项次	1	2	3		4		5
截面形状	矩形截面	翼缘位于受压区的T形截面	对称I形截面或箱形截面		翼缘位于受拉区的倒T形截面		圆形和环形截面
			$b_f/b \leq 2$,h_f/h 为任意值	$b_f/b > 2$,$h_f/h < 0.2$	$b_f/b \leq 2$,h_f/h 为任意值	$b_f/b > 2$,$h_f/h < 0.2$	
γ_m	1.55	1.50	1.45	1.35	1.50	1.40	$1.6 - 0.24r_1/r$

注:1 对 $b'_f > b_f$ 的I形截面,可按项次 2 与项次 3 之间的数值采用;对 $b'_f < b_f$ 的I形截面,可按项次 3 与项次 4 之间的数值采用;

2 对于箱形截面,b 系指各肋宽度的总和;

3 r_1 为环形截面的内半径,对圆形截面取 r_1 为零。

8.2.5 考虑荷载长期作用对挠度增大的影响系数 θ 可按下列规定取用:

1 钢筋混凝土受弯构件

当 $\rho' = 0$ 时,取 $\theta = 2.0$;当 $\rho' = \rho$ 时,取 $\theta = 1.6$;当 ρ' 为中间数值时,θ 按线性内插法取用。此处,$\rho' = A'_s/(bh_0)$,$\rho = A_s/(bh_0)$。

对翼缘位于受拉区的倒 T 形截面,θ 应增加 20%。

2 预应力混凝土受弯构件,取 $\theta = 2.0$。

8.2.6 预应力混凝土受弯构件在使用阶段的预加力反拱值,可用结构力学方法按刚度 E_cI_0 进行计算,并应考虑预压应力长期作用的影响,将计算求得的预加力反拱值乘以增大系数 2.0;在计算中,预应力钢筋的应力应扣除全部预应力损失。

注:1 对重要的或特殊的预应力混凝土受弯构件的长期反拱值,可根据专门的试验分析确定或采用合理的收缩、徐变计算方法经分析确定;

2 对恒载较小的构件,应考虑反拱过大对使用的不利影响。

9 构 造 规 定

9.1 伸 缩 缝

9.1.1 钢筋混凝土结构伸缩缝的最大间距宜符合表 9.1.1 的规定。

表 9.1.1 钢筋混凝土结构伸缩缝最大间距(m)

结构类别		室内或土中	露天
排架结构	装配式	100	70
框架结构	装配式	75	50
	现浇式	55	35
剪力墙结构	装配式	65	40
	现浇式	45	30
挡土墙、地下室墙壁等类结构	装配式	40	30
	现浇式	30	20

注:1 装配整体式结构房屋的伸缩缝间距宜按表中现浇式的数值取用;

2 框架-剪力墙结构或框架-核心筒结构房屋的伸缩缝间距可根据结构的具体布置情况取表中框架结构与剪力墙结构之间的数值;

3 当屋面无保温或隔热措施时,框架结构、剪力墙结构的伸缩缝间距宜按表中露天栏的数值取用;

4 现浇挑檐、雨罩等外露结构的伸缩缝间距不宜大于 12m。

9.1.2 对下列情况,本规范表 9.1.1 中的伸缩缝最大间距宜适当减小:

1 柱高(从基础顶面算起)低于 8m 的排架结构;

2 屋面无保温或隔热措施的排架结构;

3 位于气候干燥地区、夏季炎热且暴雨频繁地区的结构或经常处于高温作用下的结构;

4 采用滑模类施工工艺的剪力墙结构;

5 材料收缩较大、室内结构因施工外露时间较长等。

9.1.3 对下列情况,如有充分依据和可靠措施,本规范表 9.1.1 中的伸缩缝最大间距可适当增大:

1 混凝土浇筑采用后浇带分段施工;

2 采用专门的预加应力措施;

3 采取能减小混凝土温度变化或收缩的措施。

当增大伸缩缝间距时,尚应考虑温度变化和混凝土收缩对结构的影响。

9.1.4 具有独立基础的排架、框架结构,当设置伸缩缝时,其双柱基础可不断开。

9.2 混凝土保护层

9.2.1 纵向受力的普通钢筋及预应力钢筋,其混凝土保护层厚度（钢筋外边缘至混凝土表面的距离）不应小于钢筋的公称直径，且应符合表 9.2.1 的规定。

表 9.2.1　　纵向受力钢筋的混凝土保护层最小厚度（mm）

环境类别	板、墙、壳			梁			柱		
	≤C20	C25~C45	≥C50	≤C20	C25~C45	≥C50	≤C20	C25~C45	≥C50
一	20	15	15	30	25	25	30	30	30
二 a	—	20	20	—	30	30	—	30	30
二 b	—	25	20	—	35	30	—	35	30
三	—	30	25	—	40	35	—	40	35

注：基础中纵向受力钢筋的混凝土保护层厚度不应小于 40mm；当无垫层时不应小于 70mm。

9.2.2 处于一类环境且由工厂生产的预制构件，当混凝土强度等级不低于 C20 时，其保护层厚度可按本规范表 9.2.1 中规定减少 5mm，但预应力钢筋的保护层厚度不应小于 15mm；处于二类环境且由工厂生产的预制构件，当表面采取有效保护措施时，保护层厚度可按本规范表 9.2.1 中一类环境数值取用。

预制钢筋混凝土受弯构件钢筋端头的保护层厚度不应小于 10mm；预制肋形板主肋钢筋的保护层厚度应按梁的数值取用。

9.2.3 板、墙、壳中分布钢筋的保护层厚度不应小于本规范表 9.2.1 中相应数值减 10mm，且不应小于 10mm；梁、柱中箍筋和构造钢筋的保护层厚度不应小于 15mm。

9.2.4 当梁、柱中纵向受力钢筋的混凝土保护层厚度大于 40mm 时，应对保护层采取有效的防裂构造措施。

处于二、三类环境中的悬臂板，其上表面应采取有效的保护措施。

9.2.5 对有防火要求的建筑物，其混凝土保护层厚度尚应符合国家现行有关标准的要求。

处于四、五类环境中的建筑物，其混凝土保护层厚度尚应符合国家现行有关标准的要求。

9.3　钢筋的锚固

9.3.1 当计算中充分利用钢筋的抗拉强度时，受拉钢筋的锚固长度应按下列公式计算：

普通钢筋

$$l_a = \alpha \frac{f_y}{f_t} d \quad (9.3.1-1)$$

预应力钢筋

$$l_a = \alpha \frac{f_{py}}{f_t} d \quad (9.3.1-2)$$

式中　l_a——受拉钢筋的锚固长度；
　　f_y、f_{py}——普通钢筋、预应力钢筋的抗拉强度设计值，按本规范表 4.2.3-1、4.2.3-2 采用；
　　f_t——混凝土轴心抗拉强度设计值，按本规范表 4.1.4 采用；当混凝土强度等级高于 C40 时，按 C40 取值；
　　d——钢筋的公称直径；
　　α——钢筋的外形系数，按表 9.3.1 取用。

表 9.3.1　　钢筋的外形系数

钢筋类型	光面钢筋	带肋钢筋	刻痕钢丝	螺旋肋钢丝	三股钢绞线	七股钢绞线
α	0.16	0.14	0.19	0.13	0.16	0.17

注：光面钢筋系指 HPB235 级钢筋，其末端应做 180°弯钩，弯后平直段长度不应小于 $3d$，但作受压钢筋时可不做弯钩；带肋钢筋系指 HRB335 级、HRB400 级钢筋及 RRB400 级余热处理钢筋。

当符合下列条件时，计算的锚固长度应进行修正：

1 当 HRB335、HRB400 和 RRB400 级钢筋的直径大于 25mm 时，其锚固长度应乘以修正系数 1.1；

2 HRB335、HRB400 和 RRB400 级的环氧树脂涂层钢筋，其锚固长度应乘以修正系数 1.25；

3 当钢筋在混凝土施工过程中易受扰动（如滑模施工）时，其锚固长度应乘以修正系数 1.1；

4 当 HRB335、HRB400 和 RRB400 级钢筋在锚固区的混凝土保护层厚度大于钢筋直径的 3 倍且配有箍筋时，其锚固长度可乘以修正系数 0.8；

5 除构造需要的锚固长度外，当纵向受力钢筋的实际配筋面积大于其设计计算面积时，如有充分依据和可靠措施，其锚固长度可乘以设计计算面积与实际配筋面积的比值。但对有抗震设防要求及直接承受动力荷载的结构构件，不得采用此项修正。

6 当采用骤然放松预应力钢筋的施工工艺时，先张法预应力钢筋的锚固长度应从距构件末端 $0.25 l_{tr}$ 处开始计算，此处 l_{tr} 为预应力传递长度，按本规范第 6.1.9 条确定。

经上述修正后的锚固长度不应小于按公式 (9.3.1-1)、(9.3.1-2) 计算锚固长度的 0.7 倍，且不应小于 250mm。

9.3.2 当 HRB335 级、HRB400 级和 RRB400 级纵向受拉钢筋末端采用机械锚固措施时，包括附加锚固端头在内的锚固长度可取为按本规范公式 (9.3.1-1) 计算的锚固长度的 0.7 倍。

机械锚固的形式及构造要求宜按图 9.3.2 采用。采用机械锚固措施时，锚固长度范围内的箍筋不应少于 3 个，其直径不应小于纵向钢筋直径的 0.25 倍，其间距不应大于纵向钢筋直径的 5 倍。当纵向钢筋的混凝土保护层厚度不小于钢筋公称直径的 5 倍时，可不配置上述箍筋。

9.3.3 当计算中充分利用纵向钢筋的抗压强度时，其锚固长度不应小于本规范第 9.3.1 条规定的受拉锚固长度的0.7倍。

9.3.4 对承受重复荷载的预制构件，应将纵向非预应力受拉钢筋末端焊接在钢板或角钢上，钢板或角钢应可靠地锚固在混凝土中。钢板或角钢的尺寸应按计算确定，其厚度不宜小于10mm。

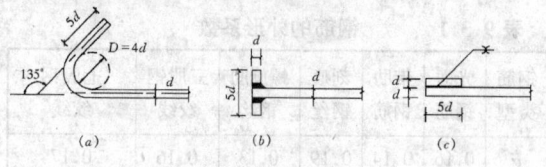

图9.3.2 钢筋机械锚固的
形式及构造要求
(a) 末端带135°弯钩；(b) 末端与钢板
穿孔塞焊；(c) 末端与短钢筋双面贴焊

9.4 钢筋的连接

9.4.1 钢筋的连接可分为两类：绑扎搭接；机械连接或焊接。机械连接接头和焊接接头的类型及质量应符合国家现行有关标准的规定。

受力钢筋的接头宜设置在受力较小处。在同一根钢筋上宜少设接头。

9.4.2 轴心受拉及小偏心受拉杆件（如桁架和拱的拉杆）的纵向受力钢筋不得采用绑扎搭接接头。

当受拉钢筋的直径 $d>28$mm 及受压钢筋的直径 $d>32$mm 时，不宜采用绑扎搭接接头。

9.4.3 同一构件中相邻纵向受力钢筋的绑扎搭接接头宜相互错开。

钢筋绑扎搭接接头连接区段的长度为1.3倍搭接长度，凡搭接接头中点位于该连接区段长度内的搭接接头均属于同一连接区段。同一连接区段内纵向钢筋搭接接头面积百分率为该区段内有搭接接头的纵向受力钢筋截面面积与全部纵向受力钢筋截面面积的比值（图9.4.3）。

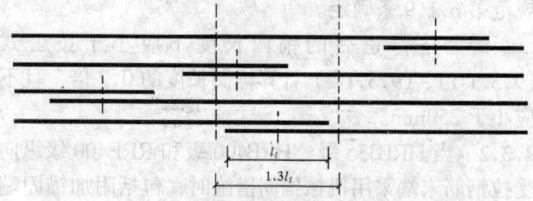

图9.4.3 同一连接区段内的纵
向受拉钢筋绑扎搭接接头
注：图中所示同一连接区段内的搭接接
头钢筋为两根，当钢筋直径相同时，
钢筋搭接接头面积百分率为50%。

位于同一连接区段内的受拉钢筋搭接接头面积百分率：对梁类、板类及墙类构件，不宜大于25%；对柱类构件，不宜大于50%。当工程中确有必要增大受拉钢筋搭接接头面积百分率时，对梁类构件，不应大于50%；对板类、墙类及柱类构件，可根据实际情况放宽。

纵向受拉钢筋绑扎搭接接头的搭接长度应根据位于同一连接区段内的钢筋搭接接头面积百分率按下列公式计算：

$$l_l = \zeta l_a \tag{9.4.3}$$

式中 l_l——纵向受拉钢筋的搭接长度；
l_a——纵向受拉钢筋的锚固长度，按本规范第9.3.1条确定；
ζ——纵向受拉钢筋搭接长度修正系数，按表9.4.3取用。

在任何情况下，纵向受拉钢筋绑扎搭接接头的搭接长度均不应小于300mm。

表9.4.3 纵向受拉钢筋搭接长度修正系数

纵向钢筋搭接接头面积百分率（%）	≤25	50	100
ζ	1.2	1.4	1.6

9.4.4 构件中的纵向受压钢筋，当采用搭接连接时，其受压搭接长度不应小于本规范第9.4.3条纵向受拉钢筋搭接长度的0.7倍，且在任何情况下不应小于200mm。

9.4.5 在纵向受力钢筋搭接长度范围内应配置箍筋，其直径不应小于搭接钢筋较大直径的0.25倍。当钢筋受拉时，箍筋间距不应大于搭接钢筋较小直径的5倍，且不应大于100mm；当钢筋受压时，箍筋间距不应大于搭接钢筋较小直径的10倍，且不应大于200mm。当受压钢筋直径 $d>25$mm 时，尚应在搭接接头两个端面外100mm范围内各设置两个箍筋。

9.4.6 纵向受力钢筋机械连接接头宜相互错开。钢筋机械连接接头连接区段的长度为35d（d为纵向受力钢筋的较大直径），凡接头中点位于该连接区段长度内的机械连接接头均属于同一连接区段。

在受力较大处设置机械连接接头时，位于同一连接区段内的纵向受拉钢筋接头面积百分率不宜大于50%。纵向受压钢筋的接头面积百分率可不受限制。

9.4.7 直接承受动力荷载的结构构件中的机械连接接头，除应满足设计要求的抗疲劳性能外，位于同一连接区段内的纵向受力钢筋接头面积百分率不应大于50%。

9.4.8 机械连接接头连接件的混凝土保护层厚度宜满足纵向受力钢筋最小保护层厚度的要求。连接件之间的横向净间距不宜小于25mm。

9.4.9 纵向受力钢筋的焊接接头应相互错开。钢筋焊接接头连接区段的长度为35d（d为纵向受力钢筋的较大直径）且不小于500mm，凡接头中点位于该连接区段长度内的焊接接头均属于同一连接区段。

位于同一连接区段内纵向受力钢筋的焊接接头面积百分率，对纵向受拉钢筋接头，不应大于50%。

纵向受压钢筋的接头面积百分率可不受限制。

注：1 装配式构件连接处的纵向受力钢筋焊接接头可不受以上限制；
2 承受均布荷载作用的屋面板、楼板、檩条等简支受弯构件，如在受拉区内配置的纵向受力钢筋少于3根时，可在跨度两端各四分之一跨度范围内设置一个焊接接头。

9.4.10 需进行疲劳验算的构件，其纵向受拉钢筋不得采用绑扎搭接接头，也不宜采用焊接接头，且严禁在钢筋上焊有任何附件（端部锚固除外）。

当直接承受吊车荷载的钢筋混凝土吊车梁、屋面梁及屋架下弦的纵向受拉钢筋必须采用焊接接头时，应符合下列规定：

1 必须采用闪光接触对焊，并去掉接头的毛刺及卷边；
2 同一连接区段内纵向受拉钢筋焊接接头面积百分率不应大于25%，此时，焊接接头连接区段的长度应取为45d（d为纵向受力钢筋的较大直径）；
3 疲劳验算时，应按本规范第4.2.5条的规定，对焊接接头处的疲劳应力幅限值进行折减。

9.5 纵向受力钢筋的最小配筋率

9.5.1 钢筋混凝土结构构件中纵向受力钢筋的配筋百分率不应小于表9.5.1规定的数值。

表9.5.1 钢筋混凝土结构构件中
纵向受力钢筋的最小配筋百分率（%）

受力类型		最小配筋百分率
受压构件	全部纵向钢筋	0.6
	一侧纵向钢筋	0.2
受弯构件、偏心受拉、轴心受拉构件一侧的受拉钢筋		0.2和$45f_t/f_y$中的较大值

注：1 受压构件全部纵向钢筋最小配筋百分率，当采用HRB400级、RRB400级钢筋时，应按表中规定减小0.1；当混凝土强度等级为C60及以上时，应按表中规定增大0.1；
2 偏心受拉构件中的受压钢筋，应按受压构件一侧纵向钢筋考虑；
3 受压构件的全部纵向钢筋和一侧纵向钢筋的配筋率以及轴心受拉构件和小偏心受拉构件一侧受拉钢筋的配筋率应按构件的全截面面积计算；受弯构件、大偏心受拉构件一侧受拉钢筋的配筋率应按全截面面积扣除受压翼缘面积$(b'_f-b)h'_f$后的截面面积计算；
4 当钢筋沿构件截面周边布置时，"一侧纵向钢筋"系指沿受力方向两个对边中的一边布置的纵向钢筋。

9.5.2 对卧置于地基上的混凝土板，板中受拉钢筋的最小配筋率可适当降低，但不应小于0.15%。

9.5.3 预应力混凝土受弯构件中的纵向受拉钢筋配筋率应符合下列要求：

$$M_u \geqslant M_{cr} \quad (9.5.3)$$

式中 M_u——构件的正截面受弯承载力设计值，按本规范公式（7.2.1-1）、（7.2.2-2）或公式（7.2.5）计算，但应取等号，并将M以M_u代替；

M_{cr}——构件的正截面开裂弯矩值，按本规范公式(8.2.3-6)计算。

9.6 预应力混凝土构件的构造规定

9.6.1 当先张法预应力钢丝按单根方式配筋困难时，可采用相同直径钢丝并筋的配筋方式。并筋的等效直径，对双并筋应取为单筋直径的1.4倍，对三并筋应取为单筋直径的1.7倍。

并筋的保护层厚度、锚固长度、预应力传递长度及正常使用极限状态验算均应按等效直径考虑。

注：当预应力钢绞线、热处理钢筋采用并筋方式时，应有可靠的构造措施。

9.6.2 先张法预应力钢筋之间的净间距应根据浇筑混凝土、施加预应力及钢筋锚固等要求确定。预应力钢筋之间的净间距不应小于其公称直径或等效直径的1.5倍，且应符合下列规定：对热处理钢筋及钢丝，不应小于15mm；对三股钢绞线，不应小于20mm；对七股钢绞线，不应小于25mm。

9.6.3 对先张法预应力混凝土构件，预应力钢筋端部周围的混凝土应采取下列加强措施：

1 对单根配置的预应力钢筋，其端部宜设置长度不小于150mm且不少于4圈的螺旋筋；当有可靠经验时，亦可利用支座垫板上的插筋代替螺旋筋，但插筋数量不应少于4根，其长度不宜小于120mm；
2 对分散布置的多根预应力钢筋，在构件端部10d（d为预应力钢筋的公称直径）范围内应设置3~5片与预应力钢筋垂直的钢筋网；
3 对采用预应力钢丝配筋的薄板，在板端100mm范围内应适当加密横向钢筋。

9.6.4 对槽形板类构件，应在构件端部100mm范围内沿构件板面设置附加横向钢筋，其数量不应少于2根。

对预制肋形板，宜设置加强其整体性和横向刚度的横肋。端横肋的受力钢筋应弯入纵肋内。当采用先张长线法生产有端横肋的预应力混凝土肋形板时，应在设计和制作上采取防止放张预应力时端横肋产生裂缝的有效措施。

9.6.5 在预应力混凝土屋面梁、吊车梁等构件靠近支座的斜向主拉应力较大部位，宜将一部分预应力钢筋弯起。

9.6.6 对预应力钢筋在构件端部全部弯起的受弯构件或直线配筋的先张法构件，当构件端部与下部支承结构焊接时，应考虑混凝土收缩、徐变及温度变化所产生的不利影响，宜在构件端部可能产生裂缝的部位设置足够的非预应力纵向构造钢筋。

9.6.7 后张法预应力钢筋所用锚具的形式和质量应符合国家现行有关标准的规定。

9.6.8 后张法预应力钢丝束、钢绞线束的预留孔道应符合下列规定：

　　1 对预制构件，孔道之间的水平净间距不宜小于50mm；孔道至构件边缘的净间距不宜小于30mm，且不宜小于孔道直径的一半；

　　2 在框架梁中，预留孔道在竖直方向的净间距不应小于孔道外径，水平方向的净间距不应小于1.5倍孔道外径；从孔壁算起的混凝土保护层厚度，梁底不宜小于50mm，梁侧不宜小于40mm；

　　3 预留孔道的内径应比预应力钢丝束或钢绞线束外径及需穿过孔道的连接器外径大10～15mm；

　　4 在构件两端及跨中应设置灌浆孔或排气孔，其孔距不宜大于12m；

　　5 凡制作时需要预先起拱的构件，预留孔道宜随构件同时起拱。

9.6.9 对后张法预应力混凝土构件的端部锚固区，应按下列规定配置间接钢筋：

　　1 应按本规范第7.8节的规定进行局部受压承载力计算，并配置间接钢筋，其体积配筋率不应小于0.5%；

　　2 在局部受压间接钢筋配置区以外，在构件端部长度 l 不小于 $3e$（e 为截面重心线上部或下部预应力钢筋的合力点至邻近边缘的距离）但不大于 $1.2h$（h 为构件端部截面高度）、高度为 $2e$ 的附加配筋区范围内，应均匀配置附加箍筋或网片，其体积配筋率不应小于0.5%（图9.6.9）。

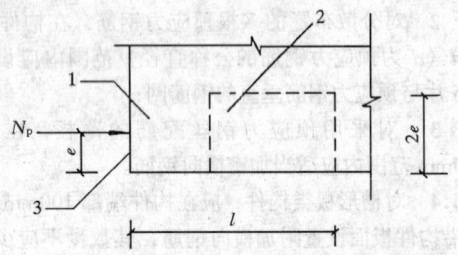

图9.6.9 防止沿孔道劈裂的配筋范围
1—局部受压间接钢筋配置区；2—附加配筋区；3—构件端面

9.6.10 在后张法预应力混凝土构件端部宜按下列规定布置钢筋：

　　1 宜将一部分预应力钢筋在靠近支座处弯起，弯起的预应力钢筋宜沿构件端部均匀布置；

　　2 当构件端部预应力钢筋需集中布置在截面下部或集中布置在上部和下部时，应在构件端部 $0.2h$（h 为构件端部截面高度）范围内设置附加竖向焊接钢筋网、封闭式箍筋或其他形式的构造钢筋；

　　3 附加竖向钢筋宜采用带肋钢筋，其截面面积应符合下列要求：

当 $e \leqslant 0.1h$ 时

$$A_{sv} \geqslant 0.3 \frac{N_p}{f_y} \quad (9.6.10-1)$$

当 $0.1h < e \leqslant 0.2h$ 时

$$A_{sv} \geqslant 0.15 \frac{N_p}{f_y} \quad (9.6.10-2)$$

当 $e > 0.2h$ 时，可根据实际情况适当配置构造钢筋。

式中 N_p——作用在构件端部截面重心线上部或下部预应力钢筋的合力，可按本规范第6章的有关规定进行计算，但应乘以预应力分项系数1.2，此时，仅考虑混凝土预压前的预应力损失值；

　　　e——截面重心线上部或下部预应力钢筋的合力点至截面近边缘的距离；

　　　f_y——附加竖向钢筋的抗拉强度设计值，按本规范表4.2.3-1采用。

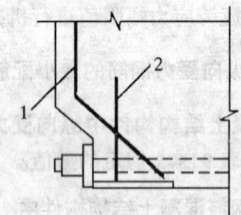

图9.6.11 端部
凹进处构造配筋
1—折线构造钢筋；
2—竖向构造钢筋

当端部截面上部和下部均有预应力钢筋时，附加竖向钢筋的总截面面积应按上部和下部的预应力合力分别计算的数值叠加后采用。

9.6.11 当构件在端部有局部凹进时，应增设折线构造钢筋（图9.6.11）或其他有效的构造钢筋。

9.6.12 当对后张法预应力混凝土构件端部有特殊要求时，可通过有限元分析方法进行设计。

9.6.13 后张法预应力混凝土构件中，曲线预应力钢丝束、钢绞线束的曲率半径不宜小于4m；对折线配筋的构件，在预应力钢筋弯折处的曲率半径可适当减小。

9.6.14 在后张法预应力混凝土构件的预拉区和预压区中，应设置纵向非预应力构造钢筋；在预应力钢筋弯折处，应加密箍筋或沿弯折处内侧设置钢筋网片。

9.6.15 构件端部尺寸应考虑锚具的布置、张拉设备的尺寸和局部受压的要求，必要时应适当加大。

在预应力钢筋锚具下及张拉设备的支承处，应设置预埋钢垫板并按本规范第9.6.9条及第9.6.10条的规定设置间接钢筋和附加构造钢筋。

对外露金属锚具，应采取可靠的防锈措施。

10 结构构件的基本规定

10.1 板

10.1.1 现浇钢筋混凝土板的厚度不应小于表10.1.1规定的数值。

表 10.1.1 现浇钢筋混凝土板的最小厚度（mm）

板的类别		最小厚度
单向板	屋面板	60
	民用建筑楼板	60
	工业建筑楼板	70
	行车道下的楼板	80
双向板		80
密肋板	肋间距小于或等于700mm	40
	肋间距大于700mm	50
悬臂板	板的悬臂长度小于或等于500mm	60
	板的悬臂长度大于500mm	80
无梁楼板		150

10.1.2 混凝土板应按下列原则进行计算：
    1 两对边支承的板应按单向板计算；
    2 四边支承的板应按下列规定计算：
        1）当长边与短边长度之比小于或等于2.0时，应按双向板计算；
        2）当长边与短边长度之比大于2.0，但小于3.0时，宜按双向板计算；当按沿短边方向受力的单向板计算时，应沿长边方向布置足够数量的构造钢筋；
        3）当长边与短边长度之比大于或等于3.0时，可按沿短边方向受力的单向板计算。

10.1.3 当多跨单向板、多跨双向板采用分离式配筋时，跨中正弯矩筋宜全部伸入支座；支座负弯矩筋向跨内的延伸长度应覆盖负弯矩图并满足钢筋锚固的要求。

10.1.4 板中受力钢筋的间距，当板厚 $h \leqslant 150mm$ 时，不宜大于200mm；当板厚 $h > 150mm$ 时，不宜大于 $1.5h$，且不宜大于250mm。

10.1.5 简支板或连续板下部纵向受力钢筋伸入支座的锚固长度不应小于 $5d$，d 为下部纵向受力钢筋的直径。当连续板内温度、收缩应力较大时，伸入支座的锚固长度宜适当增加。

10.1.6 当现浇板的受力钢筋与梁平行时，应沿梁长度方向配置间距不大于200mm且与梁垂直的上部构造钢筋，其直径不宜小于8mm，且单位长度内的总截面面积不宜小于板中单位宽度内受力钢筋截面面积的三分之一。该构造钢筋伸入板内的长度从梁边算起每边不宜小于板计算跨度 l_0 的四分之一（图10.1.6）。

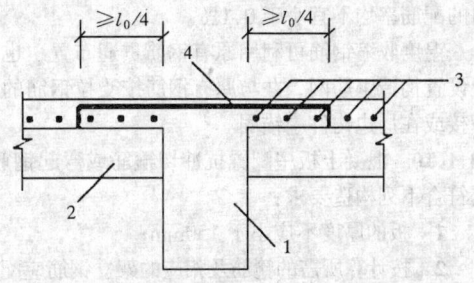

图 10.1.6 现浇板中与梁垂直的构造钢筋
1—主梁；2—次梁；
3—板的受力钢筋；4—上部构造钢筋

10.1.7 对与支承结构整体浇筑或嵌固在承重砌体墙内的现浇混凝土板，应沿支承周边配置上部构造钢筋，其直径不宜小于8mm，间距不宜大于200mm，并应符合下列规定：

    1 现浇楼盖周边与混凝土梁或混凝土墙整体浇筑的单向板或双向板，应在板边上部设置垂直于板边的构造钢筋，其截面面积不宜小于板跨中相应方向纵向钢筋截面面积的三分之一；该钢筋自梁边或墙边伸入板内的长度，在单向板中不宜小于受力方向板计算跨度的五分之一，在双向板中不宜小于板短跨方向计算跨度的四分之一；在板角处该钢筋应沿两个垂直方向布置或按放射状布置；当柱角或墙的阳角突出到板内且尺寸较大时，亦应沿柱边或墙阳角边布置构造钢筋，该构造钢筋伸入板内的长度应从柱边或墙边算起。上述上部构造钢筋应按受拉钢筋锚固在梁内、墙内或柱内。

    2 嵌固在砌体墙内的现浇混凝土板，其上部与板边垂直的构造钢筋伸入板内的长度，从墙边算起不宜小于板短边跨度的七分之一；在两边嵌固于墙内的板角部分，应配置双向上部构造钢筋，该钢筋伸入板内的长度从墙边算起不宜小于板短边跨度的四分之一；沿板的受力方向配置的上部构造钢筋，其截面面积不宜小于该方向跨中受力钢筋截面面积的三分之一；沿非受力方向配置的上部构造钢筋，可根据经验适当减少。

10.1.8 当按单向板设计时，除沿受力方向布置受力钢筋外，尚应在垂直受力方向布置分布钢筋。单位长度上分布钢筋的截面面积不宜小于单位宽度上受力钢筋截面面积的15%，且不宜小于该方向板截面面积的0.15%；分布钢筋的间距不宜大于250mm，直径不宜小于6mm；对集中荷载较大的情况，分布钢筋的截面面积应适当增加，其间距不宜大于200mm。

    注：当有实践经验或可靠措施时，预制单向板的分布钢筋可不受本条限制。

10.1.9 在温度、收缩应力较大的现浇板区域内，钢筋间距宜取为150~200mm，并应在板的未配筋表面布置温度收缩钢筋。板的上、下表面沿纵、横两个方向的配筋率均不宜小于0.1%。

温度收缩钢筋可利用原有钢筋贯通布置，也可另行设置构造钢筋网，并与原有钢筋按受拉钢筋的要求搭接或在周边构件中锚固。

10.1.10 混凝土板中配置抗冲切箍筋或弯起钢筋时，应符合下列构造要求：

1 板的厚度不应小于150mm；

2 按计算所需的箍筋及相应的架立钢筋应配置在与45°冲切破坏锥面相交的范围内，且从集中荷载作用面或柱截面边缘向外的分布长度不应小于$1.5h_0$（图10.1.10a）；箍筋应做成封闭式，直径不应小于6mm，间距不应大于$h_0/3$；

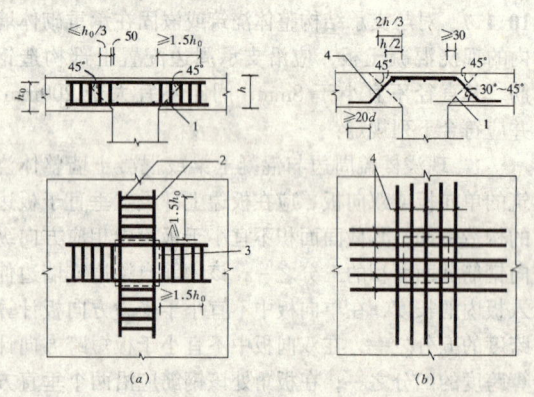

图10.1.10 板中抗冲切钢筋布置
（a）用箍筋作抗冲切钢筋；
（b）用弯起钢筋作抗冲切钢筋
注：图中尺寸单位 mm。
1—冲切破坏锥面；2—架立钢筋；
3—箍筋；4—弯起钢筋

3 按计算所需弯起钢筋的弯起角度可根据板的厚度在30°~45°之间选取；弯起钢筋的倾斜段应与冲切破坏锥面相交（图10.1.10b），其交点应在集中荷载作用面或柱截面边缘以外$(1/2~2/3)h$的范围内。弯起钢筋直径不宜小于12mm，且每一方向不宜少于3根。

10.1.11 对卧置于地基上的基础筏板，当板的厚度$h \geq 2m$时，除应沿板的上、下表面布置纵、横方向的钢筋外，尚宜沿板厚度方向间距不超过1m设置与板面平行的构造钢筋网片，其直径不宜小于12mm，纵横方向的间距不宜大于200mm。

10.1.12 当板中采用钢筋焊接网片配筋时，应符合国家现行有关标准的规定。

10.2 梁

10.2.1 钢筋混凝土梁纵向受力钢筋的直径，当梁高$h \geq 300$mm时，不应小于10mm；当梁高$h < 300$mm时，不应小于8mm。梁上部纵向钢筋水平方向的净间距（钢筋外边缘之间的最小距离）不应小于30mm和$1.5d$（d为钢筋的最大直径）；下部纵向钢筋水平

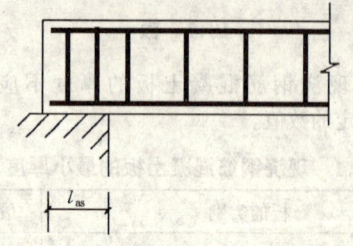

图10.2.2 纵向受力钢筋
伸入梁简支支座的锚固

方向的净间距不应小于25mm和d。梁的下部纵向钢筋配置多于两层时，两层以上钢筋水平方向的中距应比下面两层的中距增大一倍。各层钢筋之间的净间距不应小于25mm和d。

伸入梁支座范围内的纵向受力钢筋根数，当梁宽$b \geq 100$mm时，不宜少于两根；当梁宽$b < 100$mm时，可为一根。

10.2.2 钢筋混凝土简支梁和连续梁简支端的下部纵向受力钢筋，其伸入梁支座范围内的锚固长度l_{as}（图10.2.2）应符合下列规定：

1 当$V \leq 0.7f_t bh_0$时

$$l_{as} \geq 5d$$

2 当$V > 0.7f_t bh_0$时

带肋钢筋　　　　$l_{as} \geq 12d$
光面钢筋　　　　$l_{as} \geq 15d$

此处，d为纵向受力钢筋的直径。

如纵向受力钢筋伸入梁支座范围内的锚固长度不符合上述要求时，应采取在钢筋上加焊锚固钢板或将钢筋端部焊接在梁端预埋件上等有效锚固措施。

支承在砌体结构上的钢筋混凝土独立梁，在纵向受力钢筋的锚固长度l_{as}范围内应配置不少于两个箍筋，其直径不宜小于纵向受力钢筋最大直径的0.25倍，间距不宜大于纵向受力钢筋最小直径的10倍；当采取机械锚固措施时，箍筋间距尚不宜大于纵向受力钢筋最小直径的5倍。

注：对混凝土强度等级为C25及以下的简支梁和连续梁的简支端，当距支座边1.5h范围内作用有集中荷载，且$V > 0.7f_t bh_0$时，对带肋钢筋宜采取附加锚固措施，或取锚固长度$l_{as} \geq 15d$。

10.2.3 钢筋混凝土梁支座截面负弯矩纵向受拉钢筋不宜在受拉区截断。当必须截断时，应符合以下规定：

1 当$V \leq 0.7f_t bh_0$时，应延伸至按正截面受弯承载力计算不需要该钢筋的截面以外不小于$20d$处截断，且从该钢筋强度充分利用截面伸出的长度不应小于$1.2l_a$；

2 当 $V>0.7f_tbh_0$ 时，应延伸至按正截面受弯承载力计算不需要该钢筋的截面以外不小于 h_0 且不小于 $20d$ 处截断，且从该钢筋强度充分利用截面伸出的长度不应小于 $1.2l_a+h_0$。

3 若按上述规定确定的截断点仍位于负弯矩受拉区内，则应延伸至按正截面受弯承载力计算不需要该钢筋的截面以外不小于 $1.3h_0$ 且不小于 $20d$ 处截断，且从该钢筋强度充分利用截面伸出的延伸长度不应小于 $1.2l_a+1.7h_0$。

10.2.4 在钢筋混凝土悬臂梁中，应有不少于两根上部钢筋伸至悬臂梁外端，并向下弯折不小于 $12d$；其余钢筋不应在梁的上部截断，而应按本规范第 10.2.8 条规定的弯起点位置向下弯折，并按本规范第 10.2.7 条的规定在梁的下边锚固。

10.2.5 梁内受扭纵向钢筋的配筋率 ρ_{tl} 应符合下列规定：

$$\rho_{tl}\geqslant 0.6\sqrt{\frac{T}{Vb}}\frac{f_t}{f_y} \qquad (10.2.5)$$

当 $T/(Vb)>2.0$ 时，取 $T/(Vb)=2.0$。

式中 ρ_{tl}——受扭纵向钢筋的配筋率：$\rho_{tl}=\dfrac{A_{stl}}{bh}$；

b——受剪的截面宽度，按本规范第 7.6.1 条的规定取用；

A_{stl}——沿截面周边布置的受扭纵向钢筋总截面面积。

沿截面周边布置的受扭纵向钢筋的间距不应大于 200mm 和梁截面短边长度；除应在梁截面四角设置受扭纵向钢筋外，其余受扭纵向钢筋宜沿截面周边均匀对称布置。受扭纵向钢筋应按受拉钢筋锚固在支座内。

在弯剪扭构件中，配置在截面弯曲受拉边的纵向受力钢筋，其截面面积不应小于按本规范第 9.5.1 条规定的受弯构件受拉钢筋最小配筋率计算出的钢筋截面面积与按本条受扭纵向钢筋配筋率计算并分配到弯曲受拉边的钢筋截面面积之和。

对箱形截面构件，本条中的 b 均应以 b_h 代替。

10.2.6 当梁端实际受到部分约束但按简支计算时，应在支座区上部设置纵向构造钢筋，其截面面积不应小于梁跨中下部纵向受力钢筋计算所需截面面积的四分之一，且不应少于两根；该纵向构造钢筋自支座边缘向跨内伸出的长度不应小于 $0.2l_0$，此处，l_0 为该跨的计算跨度。

10.2.7 在混凝土梁中，宜采用箍筋作为承受剪力的钢筋。

当采用弯起钢筋时，其弯起角宜取 45°或 60°；在弯起钢筋的弯终点外应留有平行于梁轴线方向的锚固长度，在受拉区不应小于 $20d$，在受压区不应小于 $10d$，此处，d 为弯起钢筋的直径；梁底层钢筋中的角部钢筋不应弯起，顶层钢筋中的角部钢筋不应弯下。

10.2.8 在混凝土梁的受拉区中，弯起钢筋的弯起点可设在按正截面受弯承载力计算不需要该钢筋的截面之前，但弯起钢筋与梁中心线的交点应位于不需要该钢筋的截面之外（图 10.2.8）；同时，弯起点与按计算充分利用该钢筋的截面之间的距离不应小于 $h_0/2$。

当按计算需要设置弯起钢筋时，前一排（对支座而言）的弯起点至后一排的弯终点的距离不应大于本规范表 10.2.10 中 $V>0.7f_tbh_0+0.05N_{p0}$ 一栏规定的箍筋最大间距。

弯起钢筋不应采用浮筋。

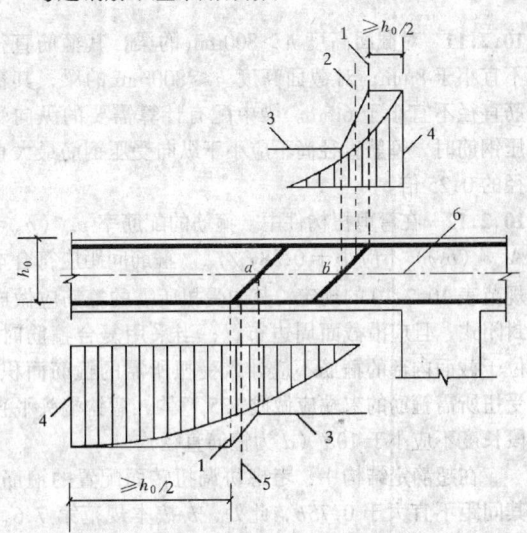

图 10.2.8 弯起钢筋弯起点与弯矩图的关系
1—在受拉区中的弯起截面；2—按计算不需要钢筋"b"的截面；3—正截面受弯承载力图；4—按计算充分利用钢筋"a"或"b"强度的截面；5—按计算不需要钢筋"a"的截面；6—梁中心线

10.2.9 按计算不需要箍筋的梁，当截面高度 $h>300$mm 时，应沿梁全长设置箍筋；当截面高度 $h=150\sim300$mm 时，可仅在构件端部各四分之一跨度范围内设置箍筋；但当在构件中部二分之一跨度范围内有集中荷载作用时，则应沿梁全长设置箍筋；当截面高度 $h<150$mm 时，可不设箍筋。

10.2.10 梁中箍筋的间距应符合下列规定：

1 梁中箍筋的最大间距宜符合表 10.2.10 的规定，当 $V>0.7f_tbh_0+0.05N_{p0}$ 时，箍筋的配筋率 ρ_{sv}（$\rho_{sv}=A_{sv}/(bs)$）尚不应小于 $0.24f_t/f_{yv}$；

2 当梁中配有按计算需要的纵向受压钢筋时，箍筋应做成封闭式；此时，箍筋的间距不应大于 $15d$（d 为纵向受压钢筋的最小直径），同时不应大于 400mm；当一层内的纵向受压钢筋多于 5 根且直径大于 18mm 时，箍筋间距不应大于 $10d$；当梁的宽度大于 400mm 且一层内的纵向受压钢筋多于 3 根时，或当梁的宽度不大于 400mm 但一层内的纵向受压钢筋多于 4 根时，应设置复合箍筋；

3 梁中纵向受力钢筋搭接长度范围内的箍筋间距应符合本规范第9.4.5条的规定。

表10.2.10　　梁中箍筋的最大间距（mm）

梁高 h	$V>0.7f_tbh_0$ $+0.05N_{p0}$	$V\leqslant 0.7f_tbh_0$ $+0.05N_{p0}$
$150<h\leqslant 300$	150	200
$300<h\leqslant 500$	200	300
$500<h\leqslant 800$	250	350
$h>800$	300	400

10.2.11 对截面高度 $h>800$mm的梁，其箍筋直径不宜小于8mm；对截面高度 $h\leqslant 800$mm的梁，其箍筋直径不宜小于6mm。梁中配有计算需要的纵向受压钢筋时，箍筋直径尚不应小于纵向受压钢筋最大直径的0.25倍。

10.2.12 在弯剪扭构件中，箍筋的配筋率 ρ_{sv}（$\rho_{sv}=A_{sv}/(bs)$）不应小于 $0.28f_t/f_{yv}$。箍筋间距应符合本规范表10.2.10的规定，其中受扭所需的箍筋应做成封闭式，且应沿截面周边布置；当采用复合箍筋时，位于截面内部的箍筋不应计入受扭所需的箍筋面积；受扭所需箍筋的末端应做成135°弯钩，弯钩端头平直段长度不应小于 $10d$（d 为箍筋直径）。

在超静定结构中，考虑协调扭转而配置的箍筋，其间距不宜大于 $0.75b$，此处，b 按本规范第7.6.1条的规定取用。

对箱形截面构件，本条中的 b 均应以 b_h 代替。

10.2.13 位于梁下部或梁截面高度范围内的集中荷载，应全部由附加横向钢筋（箍筋、吊筋）承担，附加横向钢筋宜采用箍筋。箍筋应布置在长度为 s 的范围内，此处，$s=2h_1+3b$（图10.2.13）。当采用吊筋时，其弯起段应伸至梁上边缘，且末端水平段长度不应小于本规范第10.2.7条的规定。

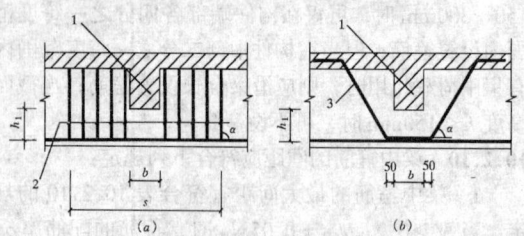

图10.2.13　梁截面高度范围内有
集中荷载作用时附加横向钢筋的布置
（a）附加箍筋；（b）附加吊筋
注：图中尺寸单位 mm。
1—传递集中荷载的位置；2—附加箍筋；3—附加吊筋

附加横向钢筋所需的总截面面积应符合下列规定：

$$A_{sv}\geqslant \frac{F}{f_{yv}\sin\alpha} \quad (10.2.13)$$

式中　A_{sv}——承受集中荷载所需的附加横向钢筋总截面面积；当采用附加吊筋时，A_{sv}应为左、右弯起段截面面积之和；
　　　F——作用在梁的下部或梁截面高度范围内的集中荷载设计值；
　　　α——附加横向钢筋与梁轴线间的夹角。

10.2.14 当构件的内折角处于受拉区时，应增设箍筋（图10.2.14）。该箍筋应能承受未在受压区锚固的纵向受拉钢筋的合力，且在任何情况下不应小于全部纵向钢筋合力的35%。由箍筋承受的纵向受拉钢筋的合力可按下列公式计算：

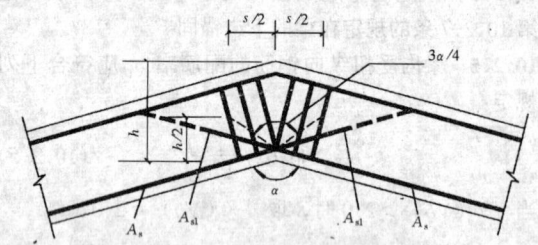

图10.2.14　钢筋混凝土梁内折角处配筋

1 未在受压区锚固的纵向受拉钢筋的合力为：

$$N_{s1}=2f_yA_{s1}\cos\frac{\alpha}{2} \quad (10.2.14\text{-}1)$$

2 全部纵向受拉钢筋合力的35%为：

$$N_{s2}=0.7f_yA_s\cos\frac{\alpha}{2} \quad (10.2.14\text{-}2)$$

式中　A_s——全部纵向受拉钢筋的截面面积；
　　　A_{s1}——未在受压区锚固的纵向受拉钢筋的截面面积；
　　　α——构件的内折角。

按上述条件求得的箍筋应设置在长度 s 范围内，此处，$s=h\tan(3\alpha/8)$。

10.2.15 梁内架立钢筋的直径，当梁的跨度小于4m时，不宜小于8mm；当梁的跨度为4～6m时，不宜小于10mm；当梁的跨度大于6m时，不宜小于12mm。

10.2.16 当梁的腹板高度 $h_w\geqslant 450$mm时，在梁的两个侧面应沿高度配置纵向构造钢筋，每侧纵向构造钢筋（不包括梁上、下部受力钢筋及架立钢筋）的截面面积不应小于腹板截面面积 bh_w 的0.1%，且其间距不宜大于200mm。此处，腹板高度 h_w 按本规范第7.5.1条的规定取用。

10.2.17 对钢筋混凝土薄腹梁或需作疲劳验算的钢筋混凝土梁，应在下部二分之一梁高的腹板内沿两侧配置直径为8～14mm、间距为100～150mm的纵向构造钢筋，并应按下密上疏的方式布置。在上部二分之一梁高的腹板内，纵向构造钢筋可按本规范第10.2.16条的规定配置。

10.3 柱

10.3.1 柱中纵向受力钢筋应符合下列规定：

1 纵向受力钢筋的直径不宜小于 12mm，全部纵向钢筋的配筋率不宜大于 5%；圆柱中纵向钢筋宜沿周边均匀布置，根数不宜少于 8 根，且不应少于 6 根；

2 当偏心受压柱的截面高度 $h \geqslant 600mm$ 时，在柱的侧面上应设置直径为 10~16mm 的纵向构造钢筋，并相应设置复合箍筋或拉筋；

3 柱中纵向受力钢筋的净间距不应小于 50mm；对水平浇筑的预制柱，其纵向钢筋的最小净间距可按本规范第 10.2.1 条关于梁的有关规定取用；

4 在偏心受压柱中，垂直于弯矩作用平面的侧面上的纵向受力钢筋以及轴心受压柱中各边的纵向受力钢筋，其中距不宜大于 300mm。

10.3.2 柱中箍筋应符合下列规定：

1 柱及其他受压构件中的周边箍筋应做成封闭式；对圆柱中的箍筋，搭接长度不应小于本规范第 9.3.1 条规定的锚固长度，且末端应做成 135°弯钩，弯钩末端平直段长度不应小于箍筋直径的 5 倍；

2 箍筋间距不应大于 400mm 及构件截面的短边尺寸，且不应大于 $15d$，d 为纵向受力钢筋的最小直径；

3 箍筋直径不应小于 $d/4$，且不应小于 6mm，d 为纵向钢筋的最大直径；

4 当柱中全部纵向受力钢筋的配筋率大于 3% 时，箍筋直径不应小于 8mm，间距不应大于纵向受力钢筋最小直径的 10 倍，且不应大于 200mm；箍筋末端应做成 135°弯钩且弯钩末端平直段长度不应小于箍筋直径的 10 倍；箍筋也可焊成封闭环式；

5 当柱截面短边尺寸大于 400mm 且各边纵向钢筋多于 3 根时，或当柱截面短边尺寸不大于 400mm 但各边纵向钢筋多于 4 根时，应设置复合箍筋；

6 柱中纵向受力钢筋搭接长度范围内的箍筋间距应符合本规范第 9.4.5 条的规定。

10.3.3 在配有螺旋式或焊接环式间接钢筋的柱中，如计算中考虑间接钢筋的作用，则间接钢筋的间距不应大于 80mm 及 $d_{cor}/5$（d_{cor} 为按间接钢筋内表面确定的核心截面直径），且不宜小于 40mm；间接钢筋的直径应符合本规范第 10.3.2 条的规定。

10.3.4 I 形截面柱的翼缘厚度不宜小于 120mm，腹板厚度不宜小于 100mm。当腹板开孔时，宜在孔洞周边每边设置 2~3 根直径不小于 8mm 的加强钢筋，每个方向加强钢筋的截面面积不宜小于该方向被截断钢筋的截面面积。

10.3.5 腹板开孔的 I 形截面柱，当孔的横向尺寸小于柱截面高度的一半、孔的竖向尺寸小于相邻两孔之间的净间距时，柱的刚度可按实腹 I 形截面柱计算，但在计算承载力时应扣除孔洞的削弱部分。当开孔尺寸超过上述规定时，柱的刚度和承载力应按双肢柱计算。

10.4 梁柱节点

10.4.1 框架梁上部纵向钢筋伸入中间层端节点的锚固长度，当采用直线锚固形式时，不应小于 l_a，且伸过柱中心线不宜小于 $5d$，d 为梁上部纵向钢筋的直径。当柱截面尺寸不足时，梁上部纵向钢筋应伸至节点对边并向下弯折，其包含弯弧段在内的水平投影长度不应小于 $0.4l_a$，包含弯弧段在内的竖直投影长度应取为 $15d$（图 10.4.1），l_a 为本规范第 9.3.1 条规定的受拉钢筋锚固长度。

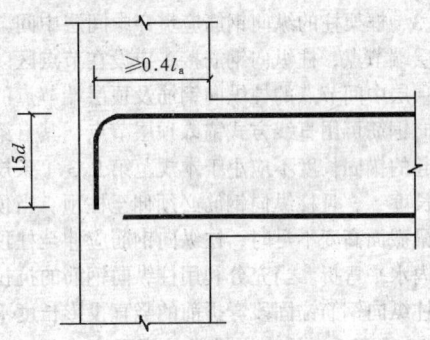

图 10.4.1 梁上部纵向钢筋
在框架中间层端节点内的锚固

框架梁下部纵向钢筋在端节点处的锚固要求与本规范第 10.4.2 条中间节点处梁下部纵向钢筋的锚固要求相同。

10.4.2 框架梁或连续梁的上部纵向钢筋应贯穿中间节点或中间支座范围（图 10.4.2），该钢筋自节点或支座边缘伸向跨中的截断位置应符合本规范第 10.2.3 条的规定。

框架梁或连续梁下部纵向钢筋在中间节点或中间支座处应满足下列锚固要求：

1 当计算中不利用该钢筋的强度时，其伸入节点或支座的锚固长度应符合本规范第 10.2.2 条中 $V > 0.7f_tbh_0$ 时的规定；

2 当计算中充分利用钢筋的抗拉强度时，下部纵向钢筋应锚固在节点或支座内。此时，可采用直线锚固形式（图 10.4.2a），钢筋的锚固长度不应小于本规范第 9.3.1 条确定的受拉钢筋锚固长度 l_a；下部纵向钢筋也可采用带 90°弯折的锚固形式（图 10.4.2b）。其中，竖直段应向上弯折，锚固端的水平投影长度及竖直投影长度不应小于本规范第 10.4.1 条对端节点处梁上部钢筋带 90°弯折锚固的规定；下部纵向钢筋也可伸过节点或支座范围，并在梁中弯矩较小处设置搭接接头（图 10.4.2c）。

3 当计算中充分利用钢筋的抗压强度时，下部纵向钢筋应按受压钢筋锚固在中间节点或中间支座内，此时，其直线锚固长度不应小于$0.7l_a$；下部纵向钢筋也可伸过节点或支座范围，并在梁中弯矩较小处设置搭接接头。

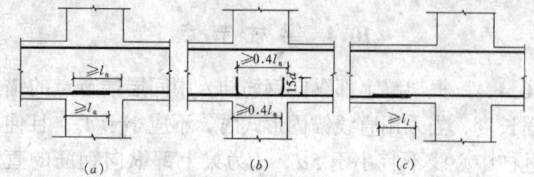

图 10.4.2 梁下部纵向钢筋在中间节点或中间支座范围的锚固与搭接
（a）节点中的直线锚固；（b）节点中的弯折锚固；（c）节点或支座范围外的搭接

10.4.3 框架柱的纵向钢筋应贯穿中间层中间节点和中间层端节点，柱纵向钢筋接头应设在节点区以外。

顶层中间节点的柱纵向钢筋及顶层端节点的内侧柱纵向钢筋可用直线方式锚入顶层节点，其自梁底标高算起的锚固长度不应小于本规范第9.3.1条规定的锚固长度l_a，且柱纵向钢筋必须伸至柱顶。当顶层节点处梁截面高度不足时，柱纵向钢筋应伸至柱顶并向节点内水平弯折。当充分利用柱纵向钢筋的抗拉强度时，柱纵向钢筋锚固段弯折前的竖直投影长度不应小于$0.5l_a$，弯折后的水平投影长度不宜小于$12d$。当柱顶有现浇板且板厚不小于80mm、混凝土强度等级不低于C20时，柱纵向钢筋也可向外弯折，弯折后的水平投影长度不宜小于$12d$。此处，d为纵向钢筋的直径。

10.4.4 框架顶层端节点处，可将柱外侧纵向钢筋的相应部分弯入梁内作梁上部纵向钢筋使用，也可将梁上部纵向钢筋与柱外侧纵向钢筋在顶层端节点及其附近部位搭接。搭接可采用下列方式：

1 搭接接头可沿顶层端节点外侧及梁端顶部布置（图10.4.4a），搭接长度不应小于$1.5l_a$，其中，伸入梁内的外侧柱纵向钢筋截面面积不宜小于外侧柱纵向钢筋全部截面面积的65%；梁宽范围以外的外侧柱纵向钢筋宜沿节点顶部伸至柱内边，当柱纵向钢筋位于柱顶第一层时，至柱内边后宜向下弯折不小于$8d$后截断；当柱纵向钢筋位于柱顶第二层时，可不向下弯折。当有现浇板且板厚不小于80mm、混凝土强度等级不低于C20时，梁宽范围以外的外侧柱纵向钢筋可伸入现浇板内，其长度与伸入梁内的柱纵向钢筋相同。当外侧柱纵向钢筋配筋率大于1.2%时，伸入梁内的柱纵向钢筋应满足以上规定，且宜分两批截断，其截断点之间的距离不宜小于$20d$。梁上部纵向钢筋应伸至节点外侧并向下弯至梁下边缘高度后截断。此处，d为柱外侧纵向钢筋的直径。

2 搭接接头也可沿柱顶外侧布置（图10.4.4b），此时，搭接长度竖直段不应小于$1.7l_a$。当梁上部纵向钢筋的配筋率大于1.2%时，弯入柱外侧的梁上部纵向钢筋应满足以上规定的搭接长度，且宜分两批截断，其截断点之间的距离不宜小于$20d$，d为梁上部纵向钢筋的直径。柱外侧纵向钢筋伸至柱顶后宜向节点内水平弯折，弯折段的水平投影长度不宜小于$12d$，d为柱外侧纵向钢筋的直径。

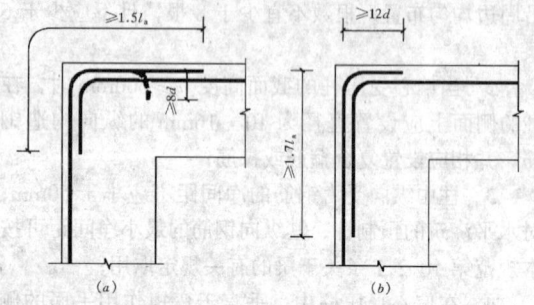

图 10.4.4 梁上部纵向钢筋与柱外侧纵向钢筋在顶层端节点的搭接
（a）位于节点外侧和梁端顶部的弯折搭接接头；
（b）位于柱顶部外侧的直线搭接接头

10.4.5 框架顶层端节点处梁上部纵向钢筋的截面面积A_s应符合下列规定：

$$A_s \leqslant \frac{0.35\beta_c f_c b_b h_0}{f_y} \quad (10.4.5)$$

式中 b_b——梁腹板宽度；
h_0——梁截面有效高度。

梁上部纵向钢筋与柱外侧纵向钢筋在节点角部的弯弧内半径，当钢筋直径$d \leqslant 25$mm时，不宜小于$6d$；当钢筋直径$d > 25$mm时，不宜小于$8d$。

10.4.6 在框架节点内应设置水平箍筋，箍筋应符合本规范第10.3.2条对柱中箍筋的构造规定，但间距不宜大于250mm。对四边均有梁与之相连的中间节点，节点内可只设置沿周边的矩形箍筋。当顶层端节点内设有梁上部纵向钢筋和柱外侧纵向钢筋的搭接接头时，节点内水平箍筋应符合本规范第9.4.5条的规定。

10.5 墙

10.5.1 当构件截面的长边（长度）大于其短边（厚度）的4倍时，宜按墙的要求进行设计。

墙的混凝土强度等级不宜低于C20。

10.5.2 钢筋混凝土剪力墙的厚度不应小于140mm；对剪力墙结构，墙的厚度尚不应小于楼层高度的1/25；对框架—剪力墙结构，墙的厚度尚不宜小于楼层高度的1/20。

当采用预制楼板时，墙的厚度尚应考虑预制板在墙上的搁置长度以及墙内竖向钢筋贯通的要求。

10.5.3 在平行于墙面的水平荷载和竖向荷载作用下，钢筋混凝土剪力墙宜根据结构分析所得的内力和本规范第7.3节、第7.4节的有关规定，分别按偏心受压或偏心受拉进行正截面承载力计算，并按本规范第10.5.4～10.5.6条的规定进行斜截面受剪承载力计算。在集中荷载作用处，尚应按本规范第7.8节进行局部受压承载力计算。

在承载力计算中，剪力墙的翼缘计算宽度可取剪力墙的间距、门窗洞间翼墙的宽度、剪力墙厚度加两侧各6倍翼墙厚度、剪力墙墙肢总高度的1/10四者中的最小值。

10.5.4 钢筋混凝土剪力墙的受剪截面应符合下列条件：

$$V \leqslant 0.25\beta_c f_c bh \quad (10.5.4)$$

式中 V——剪力设计值；

β_c——混凝土强度影响系数，按本规范第7.5.1条确定；

b——矩形截面的宽度或T形、I形截面的腹板宽度（墙的厚度）；

h——截面高度（墙的长度）。

10.5.5 钢筋混凝土剪力墙在偏心受压时的斜截面受剪承载力应符合下列规定：

$$V \leqslant \frac{1}{\lambda - 0.5}\left(0.5f_t bh_0 + 0.13N\frac{A_w}{A}\right) + f_{yv}\frac{A_{sh}}{s_v}h_0$$
$$(10.5.5)$$

式中 N——与剪力设计值 V 相应的轴向压力设计值，当 $N > 0.2f_c bh$ 时，取 $N = 0.2f_c bh$；

A——剪力墙的截面面积，其中，翼缘的有效面积可按本规范第10.5.3条规定的翼缘计算宽度确定；

A_w——T形、I形截面剪力墙腹板的截面面积，对矩形截面剪力墙，取 $A_w = A$；

A_{sh}——配置在同一水平截面内的水平分布钢筋的全部截面面积；

s_v——水平分布钢筋的竖向间距；

λ——计算截面的剪跨比：$\lambda = M/(Vh_0)$；当 $\lambda < 1.5$ 时，取 $\lambda = 1.5$，当 $\lambda > 2.2$ 时，取 $\lambda = 2.2$；此处，M 为与剪力设计值 V 相应的弯矩设计值；当计算截面与墙底之间的距离小于 $h_0/2$ 时，λ 应按距墙底 $h_0/2$ 处的弯矩值与剪力值计算。

当剪力设计值 V 不大于公式（10.5.5）中右边第一项时，水平分布钢筋应按本规范第10.5.10至第10.5.12条的构造要求配置。

10.5.6 钢筋混凝土剪力墙在偏心受拉时的斜截面受剪承载力应符合下列规定：

$$V \leqslant \frac{1}{\lambda - 0.5}\left(0.5f_t bh_0 - 0.13N\frac{A_w}{A}\right) + f_{yv}\frac{A_{sh}}{s_v}h_0$$
$$(10.5.6)$$

当上式右边的计算值小于 $f_{yv}\dfrac{A_{sh}}{s_v}h_0$ 时，取等于 $f_{yv}\dfrac{A_{sh}}{s_v}h_0$。

式中 N——与剪力设计值 V 相应的轴向拉力设计值；

λ——计算截面的剪跨比，按本规范第10.5.5条取用。

10.5.7 钢筋混凝土剪力墙中的洞口连梁，其正截面受弯承载力可按本规范第7.2节计算。

剪力墙洞口连梁的受剪截面应符合本规范第7.5.1条的规定。当跨高比 $l_n/h > 2.5$ 时，其斜截面受剪承载力宜符合下列规定：

$$V \leqslant 0.7f_t bh_0 + f_{yv}\frac{A_{sv}}{s}h_0 \quad (10.5.7)$$

注：对跨高比 $l_n/h \leqslant 2.5$ 的洞口连梁，其受剪截面控制条件、斜截面受剪承载力计算方法和配筋构造要求可按专门规定确定。

10.5.8 剪力墙墙肢两端应配置竖向受力钢筋，并与墙内的竖向分布钢筋共同用于墙的正截面受弯承载力计算。每端的竖向受力钢筋不宜少于4根直径为12mm的钢筋或2根直径为16mm的钢筋；沿该竖向钢筋方向宜配置直径不小于6mm、间距为250mm的拉筋。

剪力墙洞口上、下两边的水平纵向钢筋除应满足洞口连梁正截面受弯承载力要求外，尚不应少于2根直径不小于12mm的钢筋；钢筋截面面积分别不宜小于洞口截断的水平分布钢筋总截面面积的一半。纵向钢筋自洞口边伸入墙内的长度不应小于本规范第9.3.1条规定的受拉钢筋锚固长度。

10.5.9 钢筋混凝土剪力墙的水平和竖向分布钢筋的配筋率 ρ_{sh}（$\rho_{sh} = \dfrac{A_{sh}}{bs_v}$，$s_v$ 为水平分布钢筋的间距）和 ρ_{sv}（$\rho_{sv} = \dfrac{A_{sv}}{bs_h}$，$s_h$ 为竖向分布钢筋的间距）不应小于0.2%。结构中重要部位的剪力墙，其水平和竖向分布钢筋的配筋率宜适当提高。

剪力墙中温度、收缩应力较大的部位，水平分布钢筋的配筋率宜适当提高。

10.5.10 钢筋混凝土剪力墙水平及竖向分布钢筋的直径不应小于8mm，间距不应大于300mm。

10.5.11 厚度大于160mm的剪力墙应配置双排分布钢筋网；结构中重要部位的剪力墙，当其厚度不大于160mm时，也宜配置双排分布钢筋网。

双排分布钢筋网应沿墙的两个侧面布置，且应采用拉筋连系；拉筋直径不宜小于6mm，间距不宜大于600mm。

10.5.12 剪力墙水平分布钢筋应伸至墙端，并向内水平弯折10d后截断，其中d为水平分布钢筋直径。

当剪力墙端部有翼墙或转角墙时，内墙两侧的水平分布钢筋和外墙内侧的水平分布钢筋应伸至翼墙或转角墙外边，并分别向两侧水平弯折后截断，其水平弯折长度不宜小于15d。在转角墙处，外墙外侧的水平分布钢筋应在墙端外角处弯入翼墙，并与翼墙外侧水平分布钢筋搭接。搭接长度应符合本规范第10.5.13条的规定。

带边框的剪力墙，其水平和竖向分布钢筋宜分别贯穿柱、梁或锚固在柱、梁内。

10.5.13 剪力墙水平分布钢筋的搭接长度不应小于$1.2l_a$。同排水平分布钢筋的搭接接头之间以及上、下相邻水平分布钢筋的搭接接头之间沿水平方向的净间距不宜小于500mm。

剪力墙竖向分布钢筋可在同一高度搭接，搭接长度不应小于$1.2l_a$。

10.5.14 剪力墙洞口连梁应沿全长配置箍筋，箍筋直径不宜小于6mm，间距不宜大于150mm。

在顶层洞口连梁纵向钢筋伸入墙内的锚固长度范围内，应设置间距不大于150mm的箍筋，箍筋直径宜与该连梁跨内箍筋直径相同。同时，门窗洞边的竖向钢筋应按受拉钢筋锚固在顶层连梁高度范围内。

10.5.15 当墙中采用焊接钢筋网片配筋时，应符合国家现行有关标准的规定。

10.6 叠合式受弯构件

10.6.1 施工阶段不加支撑的叠合式受弯构件，应对叠合构件及其预制构件部分分别进行计算；预制构件部分应按本规范第7章和第8章对受弯构件的规定计算；叠合构件应按本规范第10.6.2条至10.6.13条计算。

施工阶段设有可靠支撑的叠合式受弯构件，可按普通受弯构件计算，但叠合构件斜截面受剪承载力和叠合面受剪承载力应按本规范第10.6.4条和第10.6.5条计算。当$h_1/h<0.4$时，应在施工阶段设置可靠支撑，此处，h_1为预制构件的截面高度，h为叠合构件的截面高度。

10.6.2 施工阶段不加支撑的叠合式受弯构件，其内力应分别按下列两个阶段计算：

  1 第一阶段 后浇的叠合层混凝土未达到强度设计值之前的阶段。荷载由预制构件承担，预制构件按简支构件计算；荷载包括预制构件自重、预制楼板自重、叠合层自重以及本阶段的施工活荷载。

  2 第二阶段 叠合层混凝土达到设计规定的强度值之后的阶段。叠合构件按整体结构计算；荷载考虑下列两种情况并取较大值：

    1）施工阶段 计入叠合构件自重、预制楼板自重、面层、吊顶等自重以及本阶段的施工活荷载；

    2）使用阶段 计入叠合构件自重、预制楼板自重、面层、吊顶等自重以及使用阶段的可变荷载。

10.6.3 预制构件和叠合构件的正截面受弯承载力应按本规范第7.2.1条或第7.2.2条计算，其中，弯矩设计值应按下列规定取用：

预制构件
$$M_1 = M_{1G} + M_{1Q} \quad (10.6.3-1)$$

叠合构件的正弯矩区段
$$M = M_{1G} + M_{2G} + M_{2Q} \quad (10.6.3-2)$$

叠合构件的负弯矩区段
$$M = M_{2G} + M_{2Q} \quad (10.6.3-3)$$

式中 M_{1G}——预制构件自重、预制楼板自重和叠合层自重在计算截面产生的弯矩设计值；

    M_{2G}——第二阶段面层、吊顶等自重在计算截面产生的弯矩设计值；

    M_{1Q}——第一阶段施工活荷载在计算截面产生的弯矩设计值；

    M_{2Q}——第二阶段可变荷载在计算截面产生的弯矩设计值，取本阶段施工活荷载和使用阶段可变荷载在计算截面产生的弯矩设计值中的较大值。

在计算中，正弯矩区段的混凝土强度等级，按叠合层取用；负弯矩区段的混凝土强度等级，按计算截面受压区的实际情况取用。

10.6.4 预制构件和叠合构件的斜截面受剪承载力，应按本规范第7.5节的有关规定进行计算，其中，剪力设计值应按下列规定取用：

预制构件
$$V_1 = V_{1G} + V_{1Q} \quad (10.6.4-1)$$

叠合构件
$$V = V_{1G} + V_{2G} + V_{2Q} \quad (10.6.4-2)$$

式中 V_{1G}——预制构件自重、预制楼板自重和叠合层自重在计算截面产生的剪力设计值；

    V_{2G}——第二阶段面层、吊顶等自重在计算截面产生的剪力设计值；

    V_{1Q}——第一阶段施工活荷载在计算截面产生的剪力设计值；

    V_{2Q}——第二阶段可变荷载在计算截面产生的剪力设计值，取本阶段施工活荷载和使用阶段可变荷载在计算截面产生的剪力设计值中的较大值。

在计算中，叠合构件斜截面上混凝土和箍筋的受剪承载力设计值V_{cs}应取叠合层和预制构件中较低的混凝土强度等级进行计算，且不低于预制构件的受剪承载力设计值；对预应力混凝土叠合构件，不考虑预应力对受剪承载力的有利影响，取$V_p=0$。

10.6.5 当叠合梁符合本规范第10.2.10条、第10.2.11条和第10.6.14条的各项构造要求时，其叠合面的受剪承载力应符合下列规定：

$$V \leqslant 1.2f_\text{t}bh_0 + 0.85f_\text{yv}\frac{A_\text{sv}}{s}h_0$$
(10.6.5-1)

此处，混凝土的抗拉强度设计值 f_t 取叠合层和预制构件中的较低值。

对不配箍筋的叠合板，当符合本规范第10.6.15条的构造规定时，其叠合面的受剪强度应符合下列公式的要求：

$$\frac{V}{bh_0} \leqslant 0.4 \quad (\text{N/mm}^2) \quad (10.6.5-2)$$

10.6.6 预应力混凝土叠合式受弯构件，其预制构件和叠合构件应进行正截面抗裂验算。此时，在荷载效应的标准组合下，抗裂验算边缘混凝土的拉应力不应大于预制构件的混凝土抗拉强度标准值 f_tk。抗裂验算边缘混凝土的法向应力应按下列公式计算：

预制构件
$$\sigma_\text{ck} = \frac{M_{1\text{k}}}{W_{01}} \quad (10.6.6\text{-}1)$$

叠合构件
$$\sigma_\text{ck} = \frac{M_{1\text{Gk}}}{W_{01}} + \frac{M_{2\text{k}}}{W_0} \quad (10.6.6\text{-}2)$$

式中 $M_{1\text{Gk}}$——预制构件自重、预制楼板自重和叠合层自重标准值在计算截面产生的弯矩值；

$M_{1\text{k}}$——第一阶段荷载效应标准组合下在计算截面的弯矩值，取 $M_{1\text{k}} = M_{1\text{Gk}} + M_{1\text{Qk}}$，此处，$M_{1\text{Qk}}$ 为第一阶段施工活荷载标准值在计算截面产生的弯矩值；

$M_{2\text{k}}$——第二阶段荷载效应标准组合下在计算截面上的弯矩值，取 $M_{2\text{k}} = M_{2\text{Gk}} + M_{2\text{Qk}}$，此处 $M_{2\text{Gk}}$ 为面层、吊顶等自重标准值在计算截面产生的弯矩值；$M_{2\text{Qk}}$ 为使用阶段可变荷载标准值在计算截面产生的弯矩值；

W_{01}——预制构件换算截面受拉边缘的弹性抵抗矩；

W_0——叠合构件换算截面受拉边缘的弹性抵抗矩，此时，叠合层的混凝土截面面积应按弹性模量比换算成预制构件混凝土的截面面积。

10.6.7 预应力混凝土叠合构件，应按本规范第8.1.5条的规定进行斜截面抗裂验算；混凝土的主拉应力及主压应力应考虑叠合构件受力特点，并按本规范第8.1.6条的规定计算。

10.6.8 钢筋混凝土叠合式受弯构件在荷载效应的标准组合下，其纵向受拉钢筋的应力应符合下列规定：

$$\sigma_\text{sk} \leqslant 0.9f_\text{y} \quad (10.6.8\text{-}1)$$
$$\sigma_\text{sk} = \sigma_\text{s1k} + \sigma_\text{s2k} \quad (10.6.8\text{-}2)$$

在弯矩 $M_{1\text{Gk}}$ 作用下，预制构件纵向受拉钢筋的应力 σ_s1k 可按下列公式计算：

$$\sigma_\text{s1k} = \frac{M_{1\text{Gk}}}{0.87A_\text{s}h_{01}} \quad (10.6.8\text{-}3)$$

式中 h_{01}——预制构件截面有效高度。

在弯矩 $M_{2\text{k}}$ 作用下，叠合构件纵向受拉钢筋中的应力增量 σ_s2k 可按下列公式计算：

$$\sigma_\text{s2k} = \frac{0.5\left(1 + \frac{h_1}{h}\right)M_{2\text{k}}}{0.87A_\text{s}h_0} \quad (10.6.8\text{-}4)$$

当 $M_{1\text{Gk}} < 0.35M_{1\text{u}}$ 时，公式（10.6.8-4）中的 $0.5\left(1+\frac{h_1}{h}\right)$ 值应取等于1.0；此处，$M_{1\text{u}}$ 为预制构件正截面受弯承载力设计值，应按本规范第7.2.1条计算，但式中应取等号，并以 $M_{1\text{u}}$ 代替 M。

10.6.9 钢筋混凝土叠合构件应验算裂缝宽度，按荷载效应的标准组合并考虑长期作用影响所计算的最大裂缝宽度 w_max 不应超过本规范表3.3.4规定的最大裂缝宽度限值。

按荷载效应的标准组合并考虑长期作用影响的最大裂缝宽度 w_max 可按下列公式计算：

$$w_\text{max} = 2.2\frac{\psi(\sigma_\text{s1k} + \sigma_\text{s2k})}{E_\text{s}}\left(1.9c + 0.8\frac{d_\text{eq}}{\rho_\text{te1}}\right)$$
(10.6.9-1)

$$\psi = 1.1 - \frac{0.65f_\text{tk1}}{\rho_\text{te1}\sigma_\text{s1k} + \rho_\text{te}\sigma_\text{s2k}} \quad (10.6.9\text{-}2)$$

式中 d_eq——受拉区纵向钢筋的等效直径，按本规范第8.1.2条的规定计算；

ρ_te1、ρ_te——按预制构件、叠合构件的有效受拉混凝土截面面积计算的纵向受拉钢筋配筋率，按本规范第8.1.2条计算；

f_tk1——预制构件的混凝土抗拉强度标准值，按本规范表4.1.3采用。

10.6.10 叠合构件应按本规范第8.2.1条的规定进行正常使用极限状态下的挠度验算，其中，叠合式受弯构件按荷载效应标准组合并考虑荷载长期作用影响的刚度可按下列公式计算：

$$B = \frac{M_\text{k}}{\left(\frac{B_\text{s2}}{B_\text{s1}} - 1\right)M_{1\text{Gk}} + (\theta - 1)M_\text{q} + M_\text{k}}B_\text{s2}$$
(10.6.10-1)

$$M_\text{k} = M_{1\text{Gk}} + M_{2\text{k}} \quad (10.6.10\text{-}2)$$
$$M_\text{q} = M_{1\text{Gk}} + M_{2\text{Gk}} + \psi_\text{q}M_{2\text{Qk}}$$
(10.6.10-3)

式中 θ——考虑荷载长期作用对挠度增大的影响系数，按本规范第8.2.5条采用；

M_k——叠合构件按荷载效应的标准组合计算的弯矩值；

M_q——叠合构件按荷载效应的准永久组合计算的弯矩值；

B_{s1}——预制构件的短期刚度,按本规范第10.6.11条取用;

B_{s2}——叠合构件第二阶段的短期刚度,按本规范第10.6.11条取用;

ψ_q——第二阶段可变荷载的准永久值系数。

10.6.11 荷载效应标准组合下叠合式受弯构件正弯矩区段内的短期刚度,可按下列规定计算:

1 钢筋混凝土叠合构件

1) 预制构件的短期刚度 B_{s1} 可按本规范公式(8.2.3-1)计算;

2) 叠合构件第二阶段的短期刚度可按下列公式计算:

$$B_{s2} = \frac{E_s A_s h_0^2}{0.7 + 0.6\dfrac{h_1}{h} + \dfrac{4.5\alpha_E \rho}{1+3.5\gamma'_f}}$$

(10.6.11-1)

式中 α_E——钢筋弹性模量与叠合层混凝土弹性模量的比值:$\alpha_E = E_s/E_{c2}$。

2 预应力混凝土叠合构件

1) 预制构件的短期刚度 B_{s1} 可按本规范公式(8.2.3-2)计算;

2) 叠合构件第二阶段的短期刚度可按下列公式计算:

$$B_{s2} = 0.7 E_{c1} I_0 \quad (10.6.11-2)$$

式中 E_{c1}——预制构件的混凝土弹性模量;

I_0——叠合构件换算截面的惯性矩,此时,叠合层的混凝土截面面积应按弹性模量比换算成预制构件混凝土的截面面积。

10.6.12 荷载效应标准组合下叠合式受弯构件负弯矩区段内第二阶段的短期刚度 B_{s2} 可按本规范公式(8.2.3-1)计算,其中,弹性模量的比值取 $\alpha_E = E_s/E_{c1}$。

10.6.13 预应力混凝土叠合构件在使用阶段的预应力反拱值可用结构力学方法按预制构件的刚度进行计算。在计算中,预应力钢筋的应力应扣除全部预应力损失;考虑预应力长期作用影响,可将计算所得的预应力反拱值乘以增大系数1.75。

10.6.14 叠合梁除应符合普通梁的构造要求外,尚应符合下列规定:

1 预制梁的箍筋应全部伸入叠合层,且各肢伸入叠合层的直线段长度不宜小于 $10d$(d 为箍筋直径);

2 在承受静力荷载为主的叠合梁中,预制构件的叠合面可采用凹凸不小于6mm的自然粗糙面;

3 叠合层混凝土的厚度不宜小于100mm,叠合层的混凝土强度等级不应低于C20。

10.6.15 叠合板的预制板表面应做成凹凸不小于4mm的人工粗糙面。叠合层的混凝土强度等级不应低于C20。承受较大荷载的叠合板,宜在预制板内设置伸入叠合层的构造钢筋。

10.7 深受弯构件

10.7.1 $l_0/h < 5.0$ 的简支钢筋混凝土单跨梁或多跨连续梁宜按深受弯构件进行设计。其中,$l_0/h \leq 2$ 的简支钢筋混凝土单跨梁和 $l_0/h \leq 2.5$ 的简支钢筋混凝土多跨连续梁称为深梁,深梁除应符合深受弯构件的一般规定外,尚应符合本规范第10.7.6条到第10.7.13条的规定。此处,h 为梁截面高度;l_0 为梁的计算跨度,可取支座中心线之间的距离和 $1.15l_n$(l_n 为梁的净跨)两者中的较小值。

10.7.2 简支钢筋混凝土单跨深梁可采用由一般方法计算的内力进行截面设计;钢筋混凝土多跨连续深梁应采用由二维弹性分析求得的内力进行截面设计。

10.7.3 钢筋混凝土深受弯构件的正截面受弯承载力应符合下列规定:

$$M \leq f_y A_s z \quad (10.7.3-1)$$
$$z = \alpha_d (h_0 - 0.5x) \quad (10.7.3-2)$$
$$\alpha_d = 0.80 + 0.04 \frac{l_0}{h} \quad (10.7.3-3)$$

当 $l_0 < h$ 时,取内力臂 $z = 0.6 l_0$。

式中 x——截面受压区高度,按本规范公式(7.2.1-2)计算;当 $x < 0.2 h_0$ 时,取 $x = 0.2 h_0$;

h_0——截面有效高度:$h_0 = h - a_s$,其中 h 为截面高度;当 $l_0/h \leq 2$ 时,跨中截面 a_s 取 $0.1h$,支座截面 a_s 取 $0.2h$;当 $l_0/h > 2$ 时,a_s 按受拉区纵向钢筋截面重心至受拉边缘的实际距离取用。

10.7.4 钢筋混凝土深受弯构件的受剪截面应符合下列条件:

当 $h_w/b \leq 4$ 时

$$V \leq \frac{1}{60}(10 + l_0/h)\beta_c f_c b h_0 \quad (10.7.4-1)$$

当 $h_w/b \geq 6$ 时

$$V \leq \frac{1}{60}(7 + l_0/h)\beta_c f_c b h_0 \quad (10.7.4-2)$$

当 $4 < h_w/b < 6$ 时,按线性内插法取用。

式中 V——构件斜截面上的最大剪力设计值;

l_0——计算跨度,当 $l_0 < 2h$ 时,取 $l_0 = 2h$;

b——矩形截面的宽度以及T形、I形截面的腹板厚度;

h、h_0——截面高度、截面有效高度;

h_w——截面的腹板高度:对矩形截面,取有效高度 h_0;对T形截面,取有效高度减去翼缘高度;对I形截面,取腹板净高;

β_c——混凝土强度影响系数,按本规范第

7.5.1条的规定取用。

10.7.5 矩形、T形和I形截面的深受弯构件,在均布荷载作用下,当配有竖向分布钢筋和水平分布钢筋时,其斜截面的受剪承载力应符合下列规定:

$$V \leqslant 0.7 \frac{(8-l_0/h)}{3} f_t b h_0 + 1.25 \frac{(l_0/h-2)}{3} f_{yv} \frac{A_{sv}}{s_h} h_0 + \frac{(5-l_0/h)}{6} f_{yh} \frac{A_{sh}}{s_v} h_0 \quad (10.7.5-1)$$

对集中荷载作用下的深受弯构件(包括作用有多种荷载,且其中集中荷载对支座截面所产生的剪力值占总剪力值的75%以上的情况),其斜截面的受剪承载力应符合下列规定:

$$V \leqslant \frac{1.75}{\lambda+1} f_t b h_0 + \frac{(l_0/h-2)}{3} f_{yv} \frac{A_{sv}}{s_h} h_0 + \frac{(5-l_0/h)}{6} f_{yh} \frac{A_{sh}}{s_v} h_0 \quad (10.7.5-2)$$

式中 λ——计算剪跨比:当 $l_0/h \leqslant 2.0$ 时,取 $\lambda = 0.25$;当 $2.0 < l_0/h < 5.0$ 时,取 $\lambda = a/h_0$,其中,a 为集中荷载到深受弯构件支座的水平距离;λ 的上限值为 $(0.92l_0/h-1.58)$,下限值为 $(0.42l_0/h-0.58)$;

l_0/h——跨高比,当 $l_0/h < 2.0$ 时,取 $l_0/h = 2.0$。

10.7.6 一般要求不出现斜裂缝的钢筋混凝土深梁,应符合下列条件:

$$V_k \leqslant 0.5 f_{tk} b h_0 \quad (10.7.6)$$

式中 V_k——按荷载效应的标准组合计算的剪力值。

此时可不进行斜截面受剪承载力计算,但应按本规范第10.7.11条、第10.7.13条的规定配置分布钢筋。

10.7.7 钢筋混凝土深梁在承受支座反力的作用部位以及集中荷载作用部位,应按本规范第7.8节的规定进行局部受压承载力计算。

10.7.8 深梁的截面宽度不应小于140mm。当 $l_0/h \geqslant 1$ 时,h/b 不宜大于25;当 $l_0/h < 1$ 时,l_0/b 不宜大于25。深梁的混凝土强度等级不应低于C20。当深梁支承在钢筋混凝土柱上时,宜将柱伸至深梁顶。深梁顶部应与楼板等水平构件可靠连接。

10.7.9 钢筋混凝土深梁的纵向受拉钢筋宜采用较小的直径,且宜按下列规定布置:

1 单跨深梁和连续深梁的下部纵向钢筋宜均匀布置在梁下边缘以上 $0.2h$ 的范围内(图10.7.9-1及图10.7.9-2)。

2 连续深梁中间支座截面的纵向受拉钢筋宜按图10.7.9-3规定的高度范围和配筋比例均匀布置在相应高度范围内。对于 $l_0/h \leqslant 1.0$ 的连续深梁,在中间支座底面以上 $0.2l_0$ 到 $0.6l_0$ 高度范围内的纵向受拉钢筋配筋率尚不宜小于0.5%。水平分布钢筋可用作支座部位的上部纵向受拉钢筋,不足部分可由附加水平钢筋补足,附加水平钢筋自支座向跨中延伸的长度不宜小于 $0.4l_0$(图10.7.9-2)。

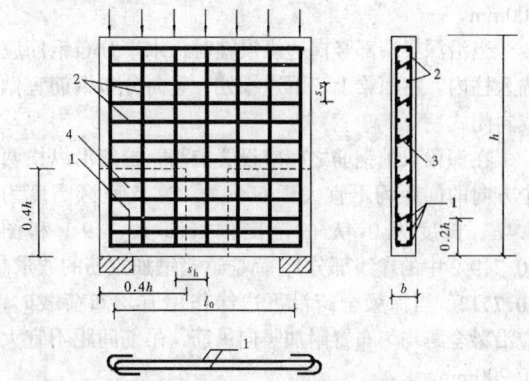

图10.7.9-1 单跨深梁的钢筋配置
1—下部纵向受拉钢筋及其弯折锚固;2—水平及竖向分布钢筋;3—拉筋;4—拉筋加密区

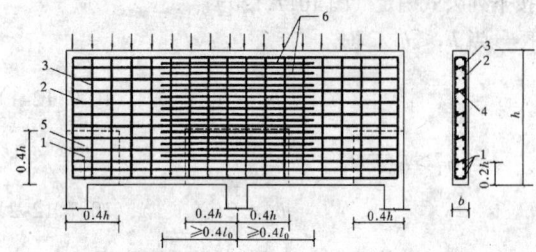

图10.7.9-2 连续深梁的钢筋配置
1—下部纵向受拉钢筋;2—水平分布钢筋;3—竖向分布钢筋;4—拉筋;5—拉筋加密区;6—支座截面上部的附加水平钢筋

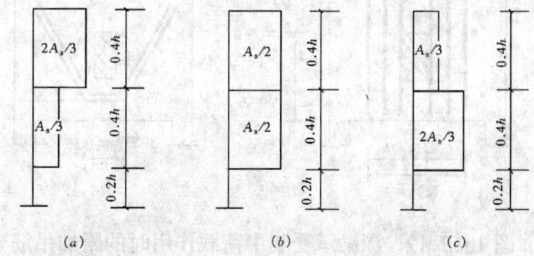

图10.7.9-3 连续深梁中间支座截面纵向受拉钢筋在不同高度范围内的分配比例
(a) $1.5 < l_0/h \leqslant 2.5$;(b) $1 < l_0/h \leqslant 1.5$;(c) $l_0/h \leqslant 1$

10.7.10 深梁的下部纵向受拉钢筋应全部伸入支座,不应在跨中弯起或截断。在简支单跨深梁支座及连续深梁梁端的简支支座处,纵向受拉钢筋应沿水平方向弯折锚固(图10.7.9-1),其锚固长度应按本规范第9.3.1条规定的受拉钢筋锚固长度 l_a 乘以系数1.1采用;当不能满足上述锚固长度要求时,应采取在钢筋上加焊锚固钢板或将钢筋末端焊成封闭式等有效的锚固措施。连续深梁的下部纵向受拉钢筋应全部伸过中间支座的中心线,其自支座边缘算起的锚固长度不应小于l_a。

10.7.11 深梁应配置双排钢筋网，水平和竖向分布钢筋的直径均不应小于8mm，其间距不应大于200mm。

当沿深梁端部竖向边缘设柱时，水平分布钢筋应锚入柱内。在深梁上、下边缘处，竖向分布钢筋宜做成封闭式。

在深梁双排钢筋之间应设置拉筋，拉筋沿纵横两个方向的间距均不宜大于600mm，在支座区高度为$0.4h$、长度为$0.4h$的范围内（图10.7.9-1和图10.7.9-2中的虚线部分），尚应适当增加拉筋的数量。

10.7.12 当深梁全跨沿下边缘作用有均布荷载时，应沿梁全跨均匀布置附加竖向吊筋，吊筋间距不宜大于200mm。

当有集中荷载作用于深梁下部3/4高度范围内时，该集中荷载应全部由附加吊筋承受，吊筋应采用竖向吊筋或斜向吊筋。竖向吊筋的水平分布长度s应按下列公式确定（图10.7.12a）：

当$h_1 \leqslant h_b/2$时

$$s = b_b + h_b \quad (10.7.12\text{-}1)$$

当$h_1 > h_b/2$时

$$s = b_b + 2h_1 \quad (10.7.12\text{-}2)$$

式中 b_b——传递集中荷载构件的截面宽度；
h_b——传递集中荷载构件的截面高度；
h_1——从深梁下边缘到传递集中荷载构件底边的高度。

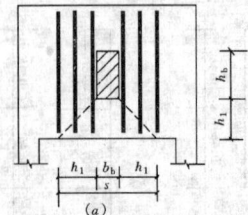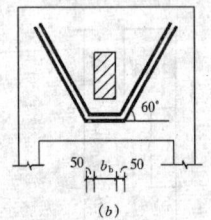

图10.7.12 深梁承受集中荷载作用时的附加吊筋
(a)竖向吊筋；(b)斜向吊筋
注：图中尺寸按mm计。

竖向吊筋应沿梁两侧布置，并从梁底伸到梁顶，在梁顶和梁底应做成封闭式。

附加吊筋总截面面积A_{sv}应按本规范公式（10.2.13）进行计算，但吊筋的设计强度f_{yv}应乘以承载力计算附加系数0.8。

10.7.13 深梁的纵向受拉钢筋配筋率ρ（$\rho = \dfrac{A_s}{bh}$）、水平分布钢筋配筋率ρ_{sh}（$\rho_{sh} = \dfrac{A_{sh}}{bs_v}$，$s_v$为水平分布钢筋的间距）和竖向分布钢筋配筋率$\rho_{sv}$（$\rho_{sv} = \dfrac{A_{sv}}{bs_h}$，$s_h$为竖向分布钢筋的间距）不宜小于表10.7.13规定的数值。

表10.7.13 深梁中钢筋的最小配筋百分率（%）

钢筋种类	纵向受拉钢筋	水平分布钢筋	竖向分布钢筋
HPB235	0.25	0.25	0.20
HRB335、HRB400、RRB400	0.20	0.20	0.15

注：当集中荷载作用于连续深梁上部1/4高度范围内且$l_0/h > 1.5$时，竖向分布钢筋最小配筋百分率应增加0.05。

10.7.14 除深梁以外的深受弯构件，其纵向受力钢筋、箍筋及纵向构造钢筋的构造规定与一般梁相同，但其截面下部二分之一高度范围内和中间支座截面上部二分之一高度范围内布置的纵向构造钢筋宜较一般梁适当加强。

10.8 牛 腿

10.8.1 柱牛腿（当$a \leqslant h_0$时）的截面尺寸应符合下列要求（图10.8.1）：

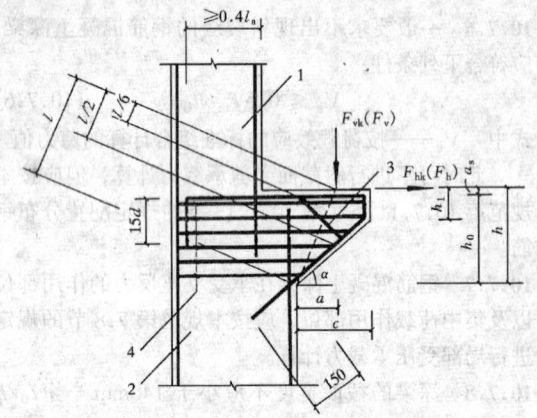

图10.8.1 牛腿的外形及钢筋配置
注：图中尺寸单位为mm。
1—上柱；2—下柱；3—弯起钢筋；4—水平箍筋

1 牛腿的裂缝控制要求

$$F_{vk} \leqslant \beta \left(1 - 0.5\dfrac{F_{hk}}{F_{vk}}\right) \dfrac{f_{tk}bh_0}{0.5 + \dfrac{a}{h_0}} \quad (10.8.1)$$

式中 F_{vk}——作用于牛腿顶部按荷载效应标准组合计算的竖向力值；
F_{hk}——作用于牛腿顶部按荷载效应标准组合计算的水平拉力值；
β——裂缝控制系数：对支承吊车梁的牛腿，取0.65；对其他牛腿，取0.80；

a——竖向力的作用点至下柱边缘的水平距离，此时应考虑安装偏差20mm；当考虑20mm安装偏差后的竖向力作用点仍位于下柱截面以内时，取$a=0$；

b——牛腿宽度；

h_0——牛腿与下柱交接处的垂直截面有效高度：$h_0=h_1-a_s+c\cdot\tan\alpha$，当$\alpha>45°$时，取$\alpha=45°$，$c$为下柱边缘到牛腿外边缘的水平长度。

2 牛腿的外边缘高度h_1不应小于$h/3$，且不应小于200mm。

3 在牛腿顶面的受压面上，由竖向力F_{vk}所引起的局部压应力不应超过$0.75f_c$。

10.8.2 在牛腿中，由承受竖向力所需的受拉钢筋截面面积和承受水平拉力所需的锚筋截面面积所组成的纵向受力钢筋的总截面面积，应符合下列规定：

$$A_s\geq\frac{F_va}{0.85f_yh_0}+1.2\frac{F_h}{f_y} \quad (10.8.2)$$

此处，当$a<0.3h_0$时，取$a=0.3h_0$。

式中 F_v——作用在牛腿顶部的竖向力设计值；

F_h——作用在牛腿顶部的水平拉力设计值。

10.8.3 沿牛腿顶部配置的纵向受力钢筋，宜采用HRB335级或HRB400级钢筋。全部纵向受力钢筋及弯起钢筋宜沿牛腿外边缘向下伸入下柱内150mm后截断（图10.8.1）。纵向受力钢筋及弯起钢筋伸入上柱的锚固长度，当采用直线锚固时不应小于本规范第9.3.1条规定的受拉钢筋锚固长度l_a；当上柱尺寸不足时，钢筋的锚固应符合本规范第10.4.1条梁上部钢筋在框架中间层端节点中带90°弯折的锚固规定。此时，锚固长度应从上柱内边算起。

承受竖向力所需的纵向受力钢筋的配筋率，按牛腿有效截面计算不应小于0.2%及$0.45f_t/f_y$，也不宜大于0.6%，钢筋数量不宜少于4根，直径不宜小于12mm。

当牛腿设于上柱柱顶时，宜将牛腿对边的柱外侧纵向受力钢筋沿柱顶水平弯入牛腿，作为牛腿纵向受拉钢筋使用；当牛腿顶面纵向受拉钢筋与牛腿对边的柱外侧纵向钢筋分开配置时，牛腿顶面纵向受拉钢筋应弯入柱外侧，并应符合本规范第10.4.4条有关搭接的规定（图10.4.4b）。

10.8.4 牛腿应设置水平箍筋，水平箍筋的直径宜为6~12mm，间距宜为100~150mm，且在上部$2h_0/3$范围内的水平箍筋总截面面积不宜小于承受竖向力的受拉钢筋截面面积的二分之一。

当牛腿的剪跨比$a/h_0\geq 0.3$时，宜设置弯起钢筋。弯起钢筋宜采用HRB335级或HRB400级钢筋，并宜使其与集中荷载作用点到牛腿斜边下端点连线的交点位于牛腿上部$l/6$至$l/2$之间的范围内，l为该连线的长度（图10.8.1），其截面面积不宜小于承受竖向力的受拉钢筋截面面积的二分之一，根数不宜少于2根，直径不宜小于12mm。纵向受拉钢筋不得兼作弯起钢筋。

10.9 预埋件及吊环

10.9.1 由锚板和对称配置的直锚筋所组成的受力预埋件，其锚筋的总截面面积A_s应符合下列规定（图10.9.1）：

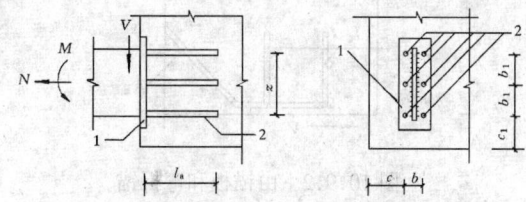

图10.9.1 由锚板和直锚筋组成的预埋件
1—锚板；2—直锚筋

1 当有剪力、法向拉力和弯矩共同作用时，应按下列两个公式计算，并取其中的较大值：

$$A_s\geq\frac{V}{\alpha_r\alpha_vf_y}+\frac{N}{0.8\alpha_bf_y}+\frac{M}{1.3\alpha_r\alpha_bf_yz}$$
$$(10.9.1-1)$$

$$A_s\geq\frac{N}{0.8\alpha_bf_y}+\frac{M}{0.4\alpha_r\alpha_bf_yz}$$
$$(10.9.1-2)$$

2 当有剪力、法向压力和弯矩共同作用时，应按下列两个公式计算，并取其中的较大值：

$$A_s\geq\frac{V-0.3N}{\alpha_r\alpha_vf_y}+\frac{M-0.4Nz}{1.3\alpha_r\alpha_bf_yz}$$
$$(10.9.1-3)$$

$$A_s\geq\frac{M-0.4Nz}{0.4\alpha_r\alpha_bf_yz} \quad (10.9.1-4)$$

当$M<0.4Nz$时，取$M=0.4Nz$。

上述公式中的系数α_v、α_b应按下列公式计算：

$$\alpha_v=(4.0-0.08d)\sqrt{\frac{f_c}{f_y}} \quad (10.9.1-5)$$

当$\alpha_v>0.7$时，取$\alpha_v=0.7$。

$$\alpha_b=0.6+0.25\frac{t}{d} \quad (10.9.1-6)$$

当采取防止锚板弯曲变形的措施时，可取$\alpha_b=1.0$。

式中 f_y——锚筋的抗拉强度设计值，按本规范表4.2.3-1采用，但不应大于300N/mm²；

V——剪力设计值；

N——法向拉力或法向压力设计值，法向压力设计值不应大于$0.5f_cA$，此处，A为锚板的面积；

M——弯矩设计值；

α_r——锚筋层数的影响系数；当锚筋按等间距布置时：两层取1.0；三层取0.9；四层取0.85；

α_v——锚筋的受剪承载力系数；
d——锚筋直径；
α_b——锚板的弯曲变形折减系数；
t——锚板厚度；
z——沿剪力作用方向最外层锚筋中心线之间的距离。

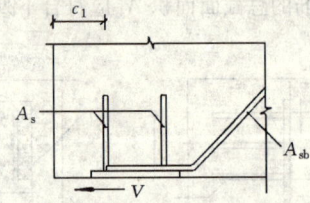

图 10.9.2 由锚板和弯折锚筋及直锚筋组成的预埋件

10.9.2 由锚板和对称配置的弯折锚筋及直锚筋共同承受剪力的预埋件（图 10.9.2），其弯折锚筋的截面面积 A_{sb} 应符合下列规定：

$$A_{sb} \geq 1.4 \frac{V}{f_y} - 1.25\alpha_v A_s \quad (10.9.2)$$

式中系数 α_v 按本规范第 10.9.1 条取用。当直锚筋按构造要求设置时，取 $A_s=0$。

注：弯折锚筋与钢板之间的夹角不宜小于 15°，也不宜大于 45°。

10.9.3 受力预埋件的锚筋应采用 HPB235 级、HRB335 级或 HRB400 级钢筋，严禁采用冷加工钢筋。

10.9.4 预埋件的受力直锚筋不宜少于 4 根，且不宜多于 4 层；其直径不宜小于 8mm，且不宜大于 25mm。受剪预埋件的直锚筋可采用 2 根。

预埋件的锚筋应位于构件的外层主筋内侧。

10.9.5 受力预埋件的锚板宜采用 Q235 级钢。直锚筋与锚板应采用 T 形焊。当锚筋直径不大于 20mm 时，宜采用压力埋弧焊；当锚筋直径大于 20mm 时，宜采用穿孔塞焊。当采用手工焊时，焊缝高度不宜小于 6mm 和 $0.5d$（HPB235 级钢筋）或 $0.6d$（HRB335 级、HRB400 级钢筋），d 为锚筋直径。

10.9.6 锚板厚度宜大于锚筋直径的 0.6 倍。受拉和受弯预埋件的锚板厚度尚宜大于 $b/8$，b 为锚筋的间距（图 10.9.1）。锚筋中心至锚板边缘的距离不应小于 $2d$ 和 20mm。

对受拉和受弯预埋件，其锚筋的间距 b、b_1 和锚筋至构件边缘的距离 c、c_1，均不应小于 $3d$ 和 45mm（图 10.9.1）。

对受剪预埋件，其锚筋的间距 b 及 b_1 不应大于 300mm，且 b_1 不应小于 $6d$ 和 70mm；锚筋至构件边缘的距离 c_1 不应小于 $6d$ 和 70mm，b、c 不应小于 $3d$ 和 45mm（图 10.9.1）。

10.9.7 受拉直锚筋和弯折锚筋的锚固长度不应小于本规范第 9.3.1 条规定的受拉钢筋锚固长度；当锚筋采用 HPB235 级钢筋时，尚应符合本规范表 9.3.1 注中关于弯钩的规定。当无法满足锚固长度的要求时，应采取其他有效的锚固措施。

受剪和受压直锚筋的锚固长度不应小于 $15d$，d 为锚筋的直径。

10.9.8 预制构件的吊环应采用 HPB235 级钢筋制作，严禁使用冷加工钢筋。吊环埋入混凝土的深度不应小于 $30d$，并应焊接或绑扎在钢筋骨架上。在构件的自重标准值作用下，每个吊环按 2 个截面计算的吊环应力不应大于 $50N/mm^2$；当在一个构件上设有 4 个吊环时，设计时应仅取 3 个吊环进行计算。

10.10 预制构件的连接

10.10.1 预制构件连接接头的形式应根据结构的受力性能和施工条件进行设计，且应构造简单、传力直接。

对能够传递弯矩及其他内力的刚性接头，设计时应使接头部位的截面刚度与邻近接头的预制构件的刚度相接近。

10.10.2 当柱与柱、梁与柱、梁与梁之间的接头按刚性设计时，钢筋宜采用机械连接的或焊接连接的装配整体式接头。装配式结构在安装过程中应考虑施工和使用过程中的温差和混凝土收缩等不利影响，宜较现浇结构适当增加构造配筋，并应避免由构件局部削弱所引起的应力集中。当钢筋采用焊接接头时，还应注意焊接程序并选择合理的构造形式，以减少焊接应力的影响。当接头的构造和施工措施能保证连接接头传力性能要求时，装配整体式接头的钢筋也可采用其他的连接方法。

10.10.3 装配整体式接头的设计应满足施工阶段和使用阶段的承载力、稳定性和变形的要求。

10.10.4 当柱采用装配式榫式接头时，接头附近区段内截面的承载力宜为该截面计算所需承载力的 1.3～1.5 倍（均按轴心受压承载力计算）。此时，可采取在接头及其附近区段的混凝土内加设横向钢筋网、提高后浇混凝土强度等级和设置附加纵向钢筋等措施。

10.10.5 在装配整体式节点处，柱的纵向钢筋应贯穿节点，梁的纵向钢筋应按本规范第 10.4.1 条的规定在节点内锚固。

10.10.6 计算时考虑传递内力的装配式构件接头，其灌筑接缝的细石混凝土强度等级不宜低于 C30，并应采取措施减少灌缝混凝土的收缩。梁与柱之间的接缝宽度不宜小于 80mm。计算时不考虑传递内力的构件接头，应采用不低于 C20 的细石混凝土灌筑。

10.10.7 单层房屋或高度不大于 20m 的多层房屋，其装配式楼盖的预制板、屋面板的板侧边宜做成双齿边或其他能够传递剪力的形式。板间的拼缝应采用不低于 C20 的细石混凝土灌筑，缝的上口宽度不宜小于

30mm。对要求传递水平荷载的装配式楼盖、屋盖以及高度大于20m多层房屋的装配式楼盖、屋盖，应采取提高其整体性的措施。

11 混凝土结构构件抗震设计

11.1 一 般 规 定

11.1.1 有抗震设防要求的混凝土结构构件，除应符合本规范第1章至第10章的要求外，尚应根据现行国家标准《建筑抗震设计规范》GB50011规定的抗震设计原则，按本章的规定进行结构构件的抗震设计。

11.1.2 结构的抗震验算，应符合下列规定：

1 6度设防烈度时的建筑（建造于Ⅳ类场地上较高的高层建筑除外），应允许不进行截面抗震验算，但应符合有关的抗震措施要求；

2 6度设防烈度时建造于Ⅳ类场地上较高的高层建筑，7度和7度以上的建筑结构，应进行多遇地震作用下的截面抗震验算。

11.1.3 现浇钢筋混凝土房屋适用的最大高度应符合表11.1.3的要求。对平面和竖向均不规则的结构或Ⅳ类场地上的结构，房屋适用的最大高度应适当降低。

表11.1.3 现浇钢筋混凝土房屋适用的最大高度（m）

结构体系		设防烈度			
		6	7	8	9
框架结构		60	55	45	25
框架-剪力墙结构		130	120	100	50
剪力墙结构	全部落地剪力墙结构	140	120	100	60
	部分框支剪力墙结构	120	100	80	不应采用
筒体结构	框架-核心筒结构	150	130	100	70
	筒中筒结构	180	150	120	80

注：1 房屋高度指室外地面到主要屋面板板顶的高度（不考虑局部突出屋顶部分）；
2 框架-核心筒结构指周边稀柱框架与核心筒组成的结构；
3 部分框支剪力墙结构指首层或底部两层为框架和落地剪力墙组成的框支剪力墙结构；
4 甲类建筑应按本地区的设防烈度提高一度确定房屋最大高度，9度设防烈度时应专门研究；乙、丙类建筑应按本地区的设防烈度确定房屋最大高度；
5 超过表内高度的房屋结构，应按有关标准进行设计，采取有效的加强措施。

11.1.4 混凝土结构构件的抗震设计，应根据设防烈度、结构类型、房屋高度，按表11.1.4采用不同的抗震等级，并应符合相应的计算要求和抗震构造措施。

表11.1.4 混凝土结构的抗震等级

结构体系与类型		设 防 烈 度						
		6		7		8		9
框架结构	高度（m）	≤30	>30	≤30	>30	≤30	>30	≤25
	框架	四	三	三	二	二	一	一
	剧场、体育馆等大跨度公共建筑	三		二		一		一
框架-剪力墙结构	高度（m）	≤60	>60	≤60	>60	≤60	>60	≤50
	框架	四	三	三	二	二	一	一
	剪力墙	三	三	二	二	一	一	一
剪力墙结构	高度（m）	≤80	>80	≤80	>80	≤80	>80	≤60
	剪力墙	四	三	三	二	二	一	一
部分框支剪力墙结构	框支层框架	三		二		一		不应采用
	剪力墙	三	三	三	二	二	一	不应采用
筒体结构	框架-核心筒结构 框架	三		二		一		一
	核心筒	二		二		一		一
	筒中筒结构 内筒	三		二		一		一
	外筒	三		二		一		一
单层厂房结构	铰接排架	四		三		二		一

注：1 丙类建筑应按本地区的设防烈度直接由本表确定抗震等级；其他设防类别的建筑，应按现行国家标准《建筑抗震设计规范》GB50011的规定调整设防烈度后，再按本表确定抗震等级；

2 建筑场地为Ⅰ类时，除6度设防烈度外，应允许按本地区设防烈度降低一度所对应的抗震等级采取抗震构造措施，但相应的计算要求不应降低；

3 框架—剪力墙结构，当按基本振型计算地震作用时，若框架部分承受的地震倾覆力矩大于结构总地震倾覆力矩的50%，框架部分应按表中框架结构相应的抗震等级设计；

4 部分框支剪力墙结构中，剪力墙加强部位以上的一般部位，应按剪力墙结构中的剪力墙确定其抗震等级。

11.1.5 部分框支剪力墙结构的剪力墙，其底部加强部位的高度，可取框支层加框支层以上两层的高度和落地剪力墙总高度的1/8中的较大值，但不大于15m；其他结构的剪力墙，其底部加强部位的高度，可取墙肢总高度的1/8和底部两层高度中的较大值，但不大于15m。

11.1.6 考虑地震作用组合的混凝土结构构件，其截面承载力应除以承载力抗震调整系数 γ_{RE}，承载力抗震调整系数 γ_{RE} 应按表11.1.6采用。

当仅考虑竖向地震作用组合时，各类结构构件均

4—61

应取 $\gamma_{RE}=1.0$。

表 11.1.6　承载力抗震调整系数

结构构件类别	正截面承载力计算			斜截面承载力计算	局部受压承载力计算
	受弯构件	偏心受压柱	偏心受拉构件	剪力墙	各类构件及框架节点	
γ_{RE}	0.75	0.8	0.85	0.85	0.85	1.0

注：1. 轴压比小于0.15的偏心受压柱的承载力抗震调整系数应取 $\gamma_{RE}=0.75$。

　　2. 预埋件锚筋截面计算的承载力抗震调整系数应取 $\gamma_{RE}=1.0$。

11.1.7 有抗震设防要求的混凝土结构构件，其纵向受力钢筋的锚固和连接接头除应符合本规范第9.3节和第9.4节的有关规定外，尚应符合下列要求：

1 纵向受拉钢筋的抗震锚固长度 l_{aE} 应按下列公式计算：

一、二级抗震等级

$$l_{aE} = 1.15 l_a \quad (11.1.7\text{-}1)$$

三级抗震等级

$$l_{aE} = 1.05 l_a \quad (11.1.7\text{-}2)$$

四级抗震等级

$$l_{aE} = l_a \quad (11.1.7\text{-}3)$$

式中　l_a——纵向受拉钢筋的锚固长度，按本规范第9.3.1条确定。

2 当采用搭接接头时，纵向受拉钢筋的抗震搭接长度 l_{lE} 应按下列公式计算：

$$l_{lE} = \zeta l_{aE} \quad (11.1.7\text{-}4)$$

式中　ζ——纵向受拉钢筋搭接长度修正系数，按本规范第9.4.3条确定。

3 钢筋混凝土结构构件的纵向受力钢筋的连接可分为两类：绑扎搭接；机械连接或焊接。宜按不同情况选用合适的连接方式；

4 纵向受力钢筋连接接头的位置宜避开梁端、柱端箍筋加密区；当无法避开时，应采用满足等强度要求的高质量机械连接接头，且钢筋接头面积百分率不应超过50%；

11.1.8 箍筋的末端应做成135°弯钩，弯钩端头平直段长度不应小于箍筋直径的10倍；在纵向受力钢筋搭接长度范围内的箍筋，其直径不应小于搭接钢筋较大直径的0.25倍，其间距不应大于搭接钢筋较小直径的5倍，且不应大于100mm。

11.2　材　料

11.2.1 有抗震设防要求的混凝土结构的混凝土强度等级应符合下列要求：

1 设防烈度为9度时，混凝土强度等级不宜超过C60；设防烈度为8度时，混凝土强度等级不宜超过C70；

2 框支梁、框支柱以及一级抗震等级的框架梁、柱、节点，混凝土强度等级不应低于C30；其他各类结构构件，混凝土强度等级不应低于C20。

11.2.2 结构构件中的普通纵向受力钢筋宜选用HRB400、HRB335级钢筋；箍筋宜选用HRB335、HRB400、HPB235级钢筋。在施工中，当需要以强度等级较高的钢筋代替原设计中的纵向受力钢筋时，应按钢筋受拉承载力设计值相等的原则进行代换，并应满足正常使用极限状态和抗震构造措施的要求。

11.2.3 按一、二级抗震等级设计的各类框架中的纵向受力钢筋，当采用普通钢筋时，其检验所得的强度实测值应符合下列要求：

1 钢筋的抗拉强度实测值与屈服强度实测值的比值不应小于1.25；

2 钢筋的屈服强度实测值与强度标准值的比值不应大于1.3。

11.3　框　架　梁

11.3.1 考虑地震作用组合的框架梁，其正截面抗震受弯承载力应按本规范第7.2节的规定计算，但在受弯承载力计算公式右边应除以相应的承载力抗震调整系数 γ_{RE}。

在计算中，计入纵向受压钢筋的梁端混凝土受压区高度应符合下列要求：

一级抗震等级

$$x \leqslant 0.25 h_0 \quad (11.3.1\text{-}1)$$

二、三级抗震等级

$$x \leqslant 0.35 h_0 \quad (11.3.1\text{-}2)$$

且梁端纵向受拉钢筋的配筋率不应大于2.5%。

11.3.2 考虑地震作用组合的框架梁端剪力设计值 V_b 应按下列规定计算：

1 9度设防烈度的各类框架和一级抗震等级的框架结构

$$V_b = 1.1 \frac{(M_{bua}^l + M_{bua}^r)}{l_n} + V_{Gb}$$

$$(11.3.2\text{-}1)$$

且不小于按公式（11.3.2-2）求得的 V_b 值。

2 其他情况

一级抗震等级

$$V_b = 1.3 \frac{(M_b^l + M_b^r)}{l_n} + V_{Gb}$$

$$(11.3.2\text{-}2)$$

二级抗震等级

$$V_b = 1.2 \frac{(M_b^l + M_b^r)}{l_n} + V_{Gb}$$

$$(11.3.2\text{-}3)$$

三级抗震等级

$$V_b = 1.1 \frac{(M_b^l + M_b^r)}{l_n} + V_{Gb}$$

$$(11.3.2\text{-}4)$$

四级抗震等级，取地震作用组合下的剪力设计值。

式中 M^l_{bua}、M^r_{bua}——框架梁左、右端按实配钢筋截面面积、材料强度标准值，且考虑承载力抗震调整系数的正截面抗震受弯承载力所对应的弯矩值；

M^l_b、M^r_b——考虑地震作用组合的框架梁左、右端弯矩设计值；

V_{Gb}——考虑地震作用组合时的重力荷载代表值产生的剪力设计值，可按简支梁计算确定；

l_n——梁的净跨。

在公式（11.3.2-1）中，M^l_{bua} 与 M^r_{bua} 之和，应分别按顺时针和逆时针方向进行计算，并取其较大值。每端的 M_{bua} 值可按本规范第 7.2 节中有关公式计算，但在计算中应将材料强度设计值以强度标准值代替，并取实配的纵向钢筋截面面积，不等式改为等式，并在等式右边除以梁的正截面承载力抗震调整系数。

公式（11.3.2-2）至公式（11.3.2-4）中，M^l_b 与 M^r_b 之和，应分别按顺时针方向和逆时针方向进行计算，并取其较大值。对一级抗震等级，当两端弯矩均为负弯矩时，绝对值较小的弯矩值应取零。

11.3.3 考虑地震作用组合的框架梁，当跨高比 $l_0/h>2.5$ 时，其受剪截面应符合下列条件：

$$V_b \leq \frac{1}{\gamma_{RE}}(0.20\beta_c f_c b h_0) \quad (11.3.3)$$

式中 β_c——混凝土强度影响系数：当混凝土强度等级不超过 C50 时，取 $\beta_c=1.0$；当混凝土强度等级为 C80 时，取 $\beta_c=0.8$；其间按线性内插法确定。

11.3.4 考虑地震作用组合的矩形、T 形和 I 形截面的框架梁，其斜截面受剪承载力应符合下列规定：

1 一般框架梁

$$V_b \leq \frac{1}{\gamma_{RE}}\left[0.42 f_t b h_0 + 1.25 f_{yv}\frac{A_{sv}}{s}h_0\right]$$

$$(11.3.4-1)$$

2 集中荷载作用下（包括有多种荷载，其中集中荷载对节点边缘产生的剪力值占总剪力值的 75% 以上的情况）的框架梁

$$V_b \leq \frac{1}{\gamma_{RE}}\left[\frac{1.05}{\lambda+1} f_t b h_0 + f_{yv}\frac{A_{sv}}{s}h_0\right]$$

$$(11.3.4-2)$$

式中 λ——计算截面的剪跨比，可取 $\lambda=a/h_0$，a 为集中荷载作用点至节点边缘的距离；当 $\lambda<1.5$ 时，取 $\lambda=1.5$；当 $\lambda>3$ 时，取 $\lambda=3$。

11.3.5 框架梁截面尺寸宜符合下列要求：

1 截面宽度不宜小于 200mm；

2 截面高度与宽度的比值不宜大于 4；

3 净跨与截面高度的比值不宜小于 4。

11.3.6 框架梁的钢筋配置应符合下列规定：

1 纵向受拉钢筋的配筋率不应小于表 11.3.6-1 规定的数值；

表 11.3.6-1 　　　框架梁纵向受拉钢筋的最小配筋百分率（%）

抗震等级	梁中位置	
	支座	跨中
一级	0.4 和 $80f_t/f_y$ 中的较大值	0.3 和 $65f_t/f_y$ 中的较大值
二级	0.3 和 $65f_t/f_y$ 中的较大值	0.25 和 $55f_t/f_y$ 中的较大值
三、四级	0.25 和 $55f_t/f_y$ 中的较大值	0.2 和 $45f_t/f_y$ 中的较大值

2 框架梁梁端截面的底部和顶部纵向受力钢筋截面面积的比值，除按计算确定外，一级抗震等级不应小于 0.5；二、三级抗震等级不应小于 0.3；

3 梁端箍筋的加密区长度、箍筋最大间距和箍筋最小直径，应按表 11.3.6-2 采用；当梁端纵向受拉钢筋配筋率大于 2% 时，表中箍筋最小直径应增大 2mm。

表 11.3.6-2 框架梁梁端箍筋加密区的构造要求

抗震等级	加密区长度（mm）	箍筋最大间距（mm）	箍筋最小直径（mm）
一级	$2h$ 和 500 中的较大值	纵向钢筋直径的 6 倍，梁高的 1/4 和 100 中的最小值	10
二级	1.5h 和 500 中的较大值	纵向钢筋直径的 8 倍，梁高的 1/4 和 100 中的最小值	8
三级		纵向钢筋直径的 8 倍，梁高的 1/4 和 150 中的最小值	8
四级		纵向钢筋直径的 8 倍，梁高的 1/4 和 150 中的最小值	6

注：表中 h 为截面高度。

11.3.7 沿梁全长顶面和底面至少应各配置两根通长的纵向钢筋，对一、二级抗震等级，钢筋直径不应小于 14mm，且分别不应少于梁两端顶面和底面纵向受力钢筋中较大截面面积的 1/4；对三、四级抗震等级，钢筋直径不应小于 12mm。

11.3.8 梁箍筋加密区长度内的箍筋肢距：一级抗震等级，不宜大于 200mm 和 20 倍箍筋直径的较大值；二、三级抗震等级，不宜大于 250mm 和 20 倍箍筋直径的较大值；四级抗震等级，不宜大于 300mm。

11.3.9 梁端设置的第一个箍筋应距框架节点边缘不大于 50mm。非加密区的箍筋间距不宜大于加密区箍筋间距的 2 倍。沿梁全长箍筋的配筋率 ρ_{sv} 应符合下列规定：

一级抗震等级 $\rho_{sv} \geqslant 0.30 \dfrac{f_t}{f_{yv}}$ (11.3.9-1)

二级抗震等级 $\rho_{sv} \geqslant 0.28 \dfrac{f_t}{f_{yv}}$ (11.3.9-2)

三、四级抗震等级 $\rho_{sv} \geqslant 0.26 \dfrac{f_t}{f_{yv}}$ (11.3.9-3)

11.4 框架柱及框支柱

11.4.1 考虑地震作用组合的框架柱和框支柱，其抗震正截面承载力应按本规范第7章的规定计算，但在承载力计算公式的右边，均应除以相应的正截面承载力抗震调整系数 γ_{RE}。

11.4.2 考虑地震作用组合的框架柱，其节点上、下端和框支柱的中间层节点上、下端的截面内力设计值应按下列公式计算：

1 节点上、下柱端的弯矩设计值

1）9度设防烈度的各类框架和一级抗震等级的框架结构

$$\Sigma M_c = 1.2 \Sigma M_{bua} \quad (11.4.2\text{-}1)$$

且不应小于按公式（11.4.2-2）求得的 ΣM_c 值。

2）其他情况

一级抗震等级

$$\Sigma M_c = 1.4 \Sigma M_b \quad (11.4.2\text{-}2)$$

二级抗震等级

$$\Sigma M_c = 1.2 \Sigma M_b \quad (11.4.2\text{-}3)$$

三级抗震等级

$$\Sigma M_c = 1.1 \Sigma M_b \quad (11.4.2\text{-}4)$$

四级抗震等级，柱端弯矩设计值取地震作用组合下的弯矩设计值。

式中 ΣM_c——考虑地震作用组合的节点上、下柱端的弯矩设计值之和；柱端弯矩设计值的确定，在一般情况下，可将公式（11.4.2-1）至公式（11.4.2-4）计算的弯矩之和，按上、下柱端弹性分析所得的考虑地震作用组合的弯矩比进行分配；

ΣM_{bua}——同一节点左、右梁端按顺时针和逆时针方向采用实配钢筋截面面积和材料强度标准值，且考虑承载力抗震调整系数计算的正截面抗震受弯承载力所对应的弯矩值之和的较大值；其中梁端的 M_{bua} 应按本规范第11.3.2条的有关规定计算；

ΣM_b——同一节点左、右梁端，按顺时针和逆时针方向计算的两端考虑地震作用组合的弯矩设计值之和的较大值；一级抗震等级，当两端弯矩均为负弯矩时，绝对值较小的弯矩值应取零。

当反弯点不在柱的层高范围内时，一、二、三级抗震等级的框架柱端弯矩设计值应按考虑地震作用组合的弯矩设计值分别直接乘以系数1.4、1.2、1.1确定；框架顶层柱、轴压比小于0.15的柱，柱端弯矩设计值可取地震作用组合下的弯矩设计值。

2 节点上、下柱端的轴向力设计值，应取地震作用组合下各自的轴向力设计值。

11.4.3 考虑地震作用组合的框架结构底层柱下端截面和框支柱的顶层柱上端和底层柱下端截面的弯矩设计值，对一、二、三级抗震等级应按考虑地震作用组合的弯矩设计值分别乘以系数1.5、1.25和1.15确定。底层柱纵向钢筋宜按柱上、下端的不利情况配置。

注：底层指无地下室的基础以上或地下室以上的首层。

11.4.4 考虑地震作用组合的框架柱、框支柱的剪力设计值 V_c 应按下列公式计算：

1 9度设防烈度的各类框架和一级抗震等级的框架结构

$$V_c = 1.2 \dfrac{(M_{cua}^t + M_{cua}^b)}{H_n} \quad (11.4.4\text{-}1)$$

且不应小于按公式（11.4.4-2）求得的 V_c 值。

2 其他情况

一级抗震等级

$$V_c = 1.4 \dfrac{(M_c^t + M_c^b)}{H_n} \quad (11.4.4\text{-}2)$$

二级抗震等级

$$V_c = 1.2 \dfrac{(M_c^t + M_c^b)}{H_n} \quad (11.4.4\text{-}3)$$

三级抗震等级

$$V_c = 1.1 \dfrac{(M_c^t + M_c^b)}{H_n} \quad (11.4.4\text{-}4)$$

四级抗震等级，取地震作用组合下的剪力设计值。

式中 M_{cua}^t、M_{cua}^b——框架柱上、下端按实配钢筋截面面积和材料强度标准值，且考虑承载力抗震调整系数计算的正截面抗震受弯承载力所对应的弯矩值；

M_c^t、M_c^b——考虑地震作用组合，且经调整后的框架柱上、下端弯矩设计值；

H_n——柱的净高。

在公式（11.4.4-1）中，M_{cua}^t 与 M_{cua}^b 之和应分别按顺时针和逆时针方向进行计算，并取其较大值。M_{cua}^t 和 M_{cua}^b 的值可按本规范11.4.1条的规定进行计算，但在计算中应将材料的强度设计值以强度标准值代替，并取实配的纵向钢筋截面面积，不等式改为等式，并在等式右边除以相应的承载力抗震调整系数；此时，N 可取重力荷载代表值产生的轴向压力设计值。

在公式(11.4.4-2)至公式(11.4.4-4)中，$\sum M_c$ 与 $\sum M_b$ 之和应分别按顺时针和逆时针方向进行计算，并取其较大值。M_c^t、M_c^b 的取值应符合本规范第11.4.2条和第11.4.3条的规定。

11.4.5 框支柱中线宜与框支梁重合。当框支柱的数目多于10根时，框支柱承受的地震剪力之和不应小于该楼层地震剪力的20%；当不多于10根时，每根柱承受的地震剪力不应小于该楼层地震剪力的2%。

11.4.6 一、二级抗震等级的框支柱，由地震作用引起的附加轴力应分别乘以增大系数1.5、1.2；计算轴压比时，可不考虑增大系数。

11.4.7 一、二、三级抗震等级的框架角柱，其弯矩、剪力设计值应按本规范第11.4.2条至第11.4.4条经调整后的弯矩、剪力设计值乘以不小于1.1的增大系数。

11.4.8 考虑地震作用组合的框架柱和框支柱的受剪截面应符合下列条件：

剪跨比 $\lambda > 2$ 的框架柱

$$V_c \leqslant \frac{1}{\gamma_{RE}}(0.2\beta_c f_c bh_0) \quad (11.4.8\text{-}1)$$

框支柱和剪跨比 $\lambda \leqslant 2$ 的框架柱

$$V_c \leqslant \frac{1}{\gamma_{RE}}(0.15\beta_c f_c bh_0) \quad (11.4.8\text{-}2)$$

11.4.9 考虑地震作用组合的框架柱和框支柱的斜截面抗震受剪承载力应符合下列规定：

$$V_c \leqslant \frac{1}{\gamma_{RE}}\left[\frac{1.05}{\lambda+1}f_t bh_0 + f_{yv}\frac{A_{sv}}{s}h_0 + 0.056N\right]$$

$$(11.4.9)$$

式中 λ——框架柱和框支柱的计算剪跨比，取 $\lambda = M/(Vh_0)$；此处，M 宜取柱上、下端考虑地震作用组合的弯矩设计值的较大值，V 取与 M 对应的剪力设计值，h_0 为柱截面有效高度；当框架结构中的框架柱的反弯点在柱层高范围内时，可取 $\lambda = H_n/(2h_0)$，此处，H_n 为柱净高；当 $\lambda < 1.0$ 时，取 $\lambda = 1.0$；当 $\lambda > 3.0$ 时，取 $\lambda = 3.0$；

N——考虑地震作用组合的框架柱和框支柱轴向压力设计值，当 $N > 0.3f_c A$ 时，取 $N = 0.3f_c A$。

11.4.10 当考虑地震作用组合的框架柱和框支柱出现拉力时，其斜截面抗震受剪承载力应符合下列规定：

$$V_c \leqslant \frac{1}{\gamma_{RE}}\left[\frac{1.05}{\lambda+1}f_t bh_0 + f_{yv}\frac{A_{sv}}{s}h_0 - 0.2N\right]$$

$$(11.4.10)$$

当上式右边括号内的计算值小于 $f_{yv}\frac{A_{sv}}{s}h_0$ 时，取等于 $f_{yv}\frac{A_{sv}}{s}h_0$，且 $f_{yv}\frac{A_{sv}}{s}h_0$ 值不应小于 $0.36f_t bh_0$。

式中 N——考虑地震作用组合的框架柱轴向拉力设计值。

11.4.11 框架柱的截面尺寸宜符合下列要求：

1 柱的截面宽度和高度均不宜小于300mm；圆柱的截面直径不宜小于350mm；

2 柱的剪跨比宜大于2；

3 柱截面高度与宽度的比值不宜大于3。

11.4.12 框架柱和框支柱的钢筋配置，应符合下列要求：

1 框架柱和框支柱中全部纵向受力钢筋的配筋百分率不应小于表11.4.12-1规定的数值，同时，每一侧的配筋百分率不应小于0.2；对Ⅳ类场地上较高的高层建筑，最小配筋百分率应按表中数值增加0.1采用；

表11.4.12-1 柱全部纵向受力钢筋最小配筋百分率（%）

柱 类 型	抗 震 等 级			
	一级	二级	三级	四级
框架中柱、边柱	1.0	0.8	0.7	0.6
框架角柱、框支柱	1.2	1.0	0.9	0.8

注：柱全部纵向受力钢筋最小配筋百分率，当采用HRB400级钢筋时，应按表中数值减小0.1；当混凝土强度等级为C60及以上时，应按表中数值增加0.1。

2 框架柱和框支柱上、下两端箍筋应加密，加密区的箍筋最大间距和箍筋最小直径应符合表11.4.12-2的规定；

表11.4.12-2 柱端箍筋加密区的构造要求

抗震等级	箍筋最大间距（mm）	箍筋最小直径（mm）
一级	纵向钢筋直径的6倍和100中的较小值	10
二级	纵向钢筋直径的8倍和100中的较小值	8
三级	纵向钢筋直径的8倍和150（柱根100）中的较小值	8
四级	纵向钢筋直径的8倍和150（柱根100）中的较小值	6（柱根8）

注：底层柱的柱根系指地下室的顶面或无地下室情况的基础顶面；柱加密区长度应取不小于该层柱净高的1/3；当有刚性地面时，除柱端箍筋加密区外尚应在刚性地面上、下各500mm的高度范围内加密箍筋。

3 框支柱和剪跨比 $\lambda \leqslant 2$ 的框架柱应在柱全高范围内加密箍筋，且箍筋间距不应大于100mm；

4 二级抗震等级的框架柱，当箍筋直径不小于10mm、肢距不大于200mm时，除柱根外，箍筋间距应允许采用150mm；三级抗震等级框架柱的截面尺寸不大于400mm时，箍筋最小直径应允许采用

6mm；四级抗震等级框架柱剪跨比不大于2时，箍筋直径不应小于8mm。

11.4.13 框架柱和框支柱中全部纵向受力钢筋配筋率不应大于5%。柱的纵向钢筋宜对称配置。截面尺寸大于400mm的柱，纵向钢筋的间距不宜大于200mm。当按一级抗震等级设计，且柱的剪跨比$\lambda \leqslant 2$时，柱每侧纵向钢筋的配筋率不宜大于1.2%。

11.4.14 框架柱的箍筋加密区长度，应取柱截面长边尺寸（或圆形截面直径）、柱净高的1/6和500mm中的最大值。一、二级抗震等级的角柱应沿柱全高加密箍筋。

11.4.15 柱箍筋加密区内的箍筋肢距：一级抗震等级不宜大于200mm；二、三级抗震等级不宜大于250mm和20倍箍筋直径中的较小值；四级抗震等级不宜大于300mm。此外，每隔一根纵向钢筋宜在两个方向有箍筋或拉筋约束；当采用拉筋时，拉筋宜紧靠纵向钢筋并勾住封闭箍筋。

11.4.16 一、二、三级抗震等级的各类结构的框架柱和框支柱，其轴压比$N/(f_c A)$不宜大于表11.4.16规定的限值。对Ⅳ类场地上较高的高层建筑，柱轴压比限值应适当减小。

表 11.4.16　　　框架柱轴压比限值

结构体系	抗震等级		
	一级	二级	三级
框架结构	0.7	0.8	0.9
框架-剪力墙结构、筒体结构	0.75	0.85	0.95
部分框支剪力墙结构	0.6	0.7	—

注：1 轴压比$N/(f_c A)$指考虑地震作用组合的框架柱和框支柱轴向压力设计值N与柱全截面面积A和混凝土轴心抗压强度设计值f_c乘积之比值；对不进行地震作用计算的结构，取无地震作用组合的轴力设计值；
2 当混凝土强度等级为C65~C70时，轴压比限值宜按表中数值减小0.05；混凝土强度等级为C75~C80时，轴压比限值宜按表中数值减小0.10；
3 剪跨比$\lambda \leqslant 2$的柱，其轴压比限值应按表中数值减小0.05；对剪跨比$\lambda < 1.5$的柱，轴压比限值应专门研究并采取特殊构造措施；
4 沿柱全高采用井字复合箍，且箍筋间距不大于100mm、肢距不大于200mm、直径不小于12mm，或沿柱全高采用复合螺旋箍，且螺距不大于100mm、肢距不大于200mm、直径不小于12mm，或沿柱全高采用连续复合矩形螺旋箍，且螺距不大于80mm、肢距不大于200mm、直径不小于10mm时，轴压比限值均可按表中数值增加0.10；上述三种箍筋的配箍特征值λ_v均应按增大的轴压比由表11.4.17确定；
5 当柱截面中部设置有附加纵向钢筋形成的芯柱，且附加纵向钢筋的总面积不少于柱截面面积的0.8%时，其轴压比限值可按表中数值增加0.05。此项措施与注4的措施同时采用时，轴压比限值可按表中数值增加0.15，但箍筋特征值λ_v仍可按轴压比增加0.10的要求确定；
6 柱经采用上述加强措施后，其最终的轴压比限值不应大于1.05。

11.4.17 柱箍筋加密区箍筋的体积配筋率应符合下列规定：

1 柱箍筋加密区箍筋的体积配筋率，应符合下列规定：

$$\rho_v \geqslant \lambda_v \frac{f_c}{f_{yv}} \quad (11.4.17)$$

式中 ρ_v——柱箍筋加密区的体积配筋率，按本规范第7.8.3条的规定计算，计算中应扣除重叠部分的箍筋体积；
f_c——混凝土轴心抗压强度设计值；当强度等级低于C35时，按C35取值；
f_{yv}——箍筋及拉筋抗拉强度设计值；
λ_v——最小配箍特征值，按表11.4.17采用。

表 11.4.17　柱箍筋加密区的箍筋最小配箍特征值 λ_v

抗震等级	箍筋型式	轴压比								
		≤0.3	0.4	0.5	0.6	0.7	0.8	0.9	1.0	1.05
一级	普通箍、复合箍	0.10	0.11	0.13	0.15	0.17	0.20	0.23	—	—
	螺旋箍、复合或连续复合矩形螺旋箍	0.08	0.09	0.11	0.13	0.15	0.18	0.21	—	—
二级	普通箍、复合箍	0.08	0.09	0.11	0.13	0.15	0.17	0.19	0.22	0.24
	螺旋箍、复合或连续复合矩形螺旋箍	0.06	0.07	0.09	0.11	0.13	0.15	0.17	0.20	0.22
三级	普通箍、复合箍	0.06	0.07	0.09	0.11	0.13	0.15	0.17	0.20	0.22
	螺旋箍、复合或连续复合矩形螺旋箍	0.05	0.06	0.07	0.09	0.11	0.13	0.15	0.18	0.20

注：1 普通箍指单个矩形箍筋或单个圆形箍筋；螺旋箍指单个螺旋箍筋；复合箍指由矩形、多边形、圆形箍筋或拉筋组成的箍筋；复合螺旋箍指由螺旋箍与矩形、多边形、圆形箍筋或拉筋组成的箍筋；连续复合矩形螺旋箍指全部螺旋箍为同一根钢筋加工成的箍筋；
2 在计算复合螺旋箍的体积配筋率时，其中非螺旋箍筋的体积应乘以换算系数0.8；
3 对一、二、三、四级抗震等级的柱，其箍筋加密区的箍筋体积配筋率分别不应小于0.8%、0.6%、0.4%和0.4%；
4 混凝土强度等级高于C60时，箍筋宜采用复合箍、复合螺旋箍或连续复合矩形螺旋箍；当轴压比不大于0.6时，其加密区的最小配箍特征值宜按表中数值增加0.02；当轴压比大于0.6时，宜按表中数值增加0.03。

2 框支柱宜采用复合螺旋箍或井字复合箍，其最小配箍特征值应按表11.4.17中的数值增加0.02取用，且体积配筋率不应小于1.5%；

3 当剪跨比$\lambda \leqslant 2$时，一、二、三级抗震等级的柱宜采用复合螺旋箍或井字复合箍，其箍筋体积配筋率不应小于1.2%；9度设防烈度时，不应小于1.5%。

11.4.18 在柱箍筋加密区外，箍筋的体积配筋率不宜小于加密区配筋率的一半；对一、二级抗震等级，箍筋间距不应大于$10d$；对三、四级抗震等级，箍筋间距不应大于$15d$，此处，d为纵向钢筋直径。

11.5 铰接排架柱

11.5.1 铰接排架柱的纵向受力钢筋和箍筋,应按地震作用组合下的弯矩设计值及剪力设计值,并根据本规范第11.4节的规定计算确定,其构造应符合本规范第9章、第10章、第11.1节、第11.2节及本节的有关规定。

11.5.2 有抗震设防要求的铰接排架柱,其箍筋加密区应符合下列规定:

1 箍筋加密区长度

  1) 对柱顶区段,取柱顶以下500mm,且不小于柱顶截面高度;
  2) 对吊车梁区段,取上柱根部至吊车梁顶面以上300mm;
  3) 对柱根区段,取基础顶面至室内地坪以上500mm;
  4) 对牛腿区段,取牛腿全高;
  5) 对柱间支撑与柱连接的节点和柱变位受约束的部位,取节点上、下各300mm。

2 箍筋加密区内的箍筋最大间距为100mm;箍筋的直径应符合表11.5.2的规定。

表11.5.2 铰接排架柱箍筋加密区的箍筋最小直径(mm)

加密区区段	抗震等级和场地类别					
	一级 各类场地	二级 Ⅲ、Ⅳ类场地	二级 Ⅰ、Ⅱ类场地	三级 Ⅲ、Ⅳ类场地	三级 Ⅰ、Ⅱ类场地	四级 各类场地
一般柱顶、柱根区段	8(10)	8(10)	8	8	6	6
角柱柱顶	10	10	10	10	8	8
吊车梁、牛腿区段有支撑的柱根区段	10	10	8	8	8	8
有支撑的柱顶区段柱变位受约束的部位	10	10	10	10	8	8

注:表中括号内数值用于柱根。

11.5.3 当铰接排架侧向受约束且约束点至柱顶的长度 l 不大于柱截面在该方向边长的两倍(排架平面:$l \leq 2h$;垂直排架平面:$l \leq 2b$)时,柱顶预埋钢板和柱顶箍筋加密区的构造尚应符合下列要求:

1 柱顶预埋钢板沿排架平面方向的长度,宜取柱顶的截面高度 h,但在任何情况下不得小于 $h/2$ 及300mm;

2 柱顶轴向力排架平面内的偏心距 e_0 在 $h/6 \sim h/4$ 范围内时,柱顶箍筋加密区的箍筋体积配筋率:一级抗震等级不宜小于1.2%;二级抗震等级不宜小于1.0%;三、四级抗震等级不宜小于0.8%。

11.5.4 在地震作用组合的竖向力和水平拉力作用下,支承不等高厂房低跨屋面梁、屋架等屋盖结构的柱牛腿,除应按本规范第10章的规定进行计算和配筋外,尚应符合下列要求:

1 承受水平拉力的锚筋:一级抗震等级不应少于2根直径为16mm的钢筋;二级抗震等级不应少于2根直径为14mm的钢筋;三、四级抗震等级不应少于2根直径为12mm的钢筋;

2 牛腿中的纵向受拉钢筋和锚筋的锚固措施及锚固长度应符合本规范第10.8节的规定,但其中的受拉钢筋锚固长度 l_a 应以 l_{aE} 代替。

3 牛腿水平箍筋最小直径为8mm,最大间距为100mm。

11.6 框架梁柱节点及预埋件

11.6.1 一、二级抗震等级的框架应进行节点核心区抗震受剪承载力计算。三、四级抗震等级的框架节点核心区可不进行计算,但应符合抗震构造措施的要求。框支层中间层节点的抗震受剪承载力计算方法及抗震构造措施与框架中间层节点相同。

11.6.2 框架梁柱节点核心区考虑抗震等级的剪力设计值 V_j,应按下列规定计算:

1 9度设防烈度的各类框架和一级抗震等级的框架结构

  1) 顶层中间节点和端节点

$$V_j = 1.15 \frac{(M_{bua}^l + M_{bua}^r)}{h_{b0} - a_s'} \quad (11.6.2-1)$$

且不应小于按公式(11.6.2-3)求得的 V_j 值;

  2) 其他层中间节点和端节点

$$V_j = 1.15 \frac{(M_{bua}^l + M_{bua}^r)}{h_{b0} - a_s'} \left(1 - \frac{h_{b0} - a_s'}{H_c - h_b}\right) \quad (11.6.2-2)$$

且不应小于按公式(11.6.2-4)求得的 V_j 值;

2 其他情况

  1) 一级抗震等级

顶层中间节点和端节点

$$V_j = 1.35 \frac{(M_b^l + M_b^r)}{h_{b0} - a_s'} \quad (11.6.2-3)$$

其他层中间节点和端节点

$$V_j = 1.35 \frac{(M_b^l + M_b^r)}{h_{b0} - a_s'} \left(1 - \frac{h_{b0} - a_s'}{H_c - h_b}\right) \quad (11.6.2-4)$$

  2) 二级抗震等级

顶层中间节点和端节点

$$V_j = 1.2 \frac{(M_b^l + M_b^r)}{h_{b0} - a_s'} \quad (11.6.2-5)$$

其他层中间节点和端节点

$$V_j = 1.2 \frac{(M_b^l + M_b^r)}{h_{b0} - a_s'} \left(1 - \frac{h_{b0} - a_s'}{H_c - h_b}\right)$$

(11.6.2-6)

式中 M_{bua}^l、M_{bua}^r——框架节点左、右两侧的梁端按实配钢筋截面面积、材料强度标准值，且考虑承载力抗震调整系数的正截面抗震受弯承载力所对应的弯矩值；

M_b^l、M_b^r——考虑地震作用组合的框架节点左、右两侧的梁端弯矩设计值；

h_{b0}、h_b——梁的截面有效高度、截面高度，当节点两侧梁高不相同时，取其平均值；

H_c——节点上柱和下柱反弯点之间的距离；

a_s'——梁纵向受压钢筋合力点至截面近边的距离。

公式 (11.6.2-1)、公式 (11.6.2-2) 中的 ($M_{bua}^l + M_{bua}^r$)，以及公式 (11.6.2-3) 至公式 (11.6.2-6) 中的 ($M_b^l + M_b^r$)，均应按本规范第 11.3.2 条的规定采用。

11.6.3 框架梁柱节点核心区受剪的水平截面应符合下列条件：

$$V_j \leq \frac{1}{\gamma_{RE}} (0.3 \eta_j \beta_c f_c b_j h_j) \quad (11.6.3)$$

式中 h_j——框架节点核心区的截面高度，可取验算方向的柱截面高度，即 $h_j = h_c$；

b_j——框架节点核心区的截面有效验算宽度，当 $b_b \geq b_c/2$ 时，可取 $b_j = b_c$；当 $b_b < b_c/2$ 时，可取 ($b_b + 0.5 h_c$) 和 b_c 中的较小值。当梁与柱的中线不重合，且偏心距 $e_0 \leq b_c/4$ 时，可取 ($0.5b_b + 0.5 b_c + 0.25h_c - e_0$)、($b_b + 0.5h_c$) 和 b_c 三者中的最小值；此处，b_b 为验算方向梁截面宽度，b_c 为该侧柱截面宽度。

η_j——正交梁对节点的约束影响系数：当楼板为现浇、梁柱中线重合、四侧各梁截面宽度不小于该侧柱截面宽度的 1/2，且正交方向梁高度不小于较高框架梁高度的 3/4 时，可取 $\eta_j = 1.5$，对 9 度设防烈度，宜取 $\eta_j = 1.25$；当不满足上述约束条件时，应取 $\eta_j = 1.0$。

11.6.4 框架梁柱节点的抗震受剪承载力，应符合下列规定：

1 9 度设防烈度

$$V_j \leq \frac{1}{\gamma_{RE}} \left[0.9 \eta_j f_t b_j h_j + f_{yv} A_{svj} \frac{h_{b0} - a_s'}{s}\right]$$

(11.6.4-1)

2 其他情况

$$V_j \leq \frac{1}{\gamma_{RE}} \left[1.1 \eta_j f_t b_j h_j + 0.05 \eta_j N \frac{b_j}{b_c} + f_{yv} A_{svj} \frac{h_{b0} - a_s'}{s}\right]$$

(11.6.4-2)

式中 N——对应于考虑地震作用组合剪力设计值的节点上柱底部的轴向力设计值：当 N 为压力时，取轴向压力设计值的较小值，且当 $N > 0.5 f_c b_c h_c$ 时，取 $N = 0.5 f_c b_c h_c$；当 N 为拉力时，取 $N = 0$；

A_{svj}——核心区有效验算宽度范围内同一截面验算方向箍筋各肢的全部截面面积；

h_{b0}——梁截面有效高度，节点两侧梁截面高度不等时取平均值。

11.6.5 圆柱框架的梁柱节点，当梁中线与柱中线重合时，受剪的水平截面应符合下列条件：

$$V_j \leq \frac{1}{\gamma_{RE}} (0.3 \eta_j \beta_c f_c A_j) \quad (11.6.5)$$

式中 A_j——节点核心区有效截面面积：当梁宽 $b_b \geq 0.5D$ 时，取 $A_j = 0.8D^2$；当 $0.4D \leq b_b < 0.5D$ 时，取 $A_j = 0.8D (b_b + 0.5D)$；

D——圆柱截面直径；

b_b——梁的截面宽度；

η_j——正交梁对节点的约束影响系数，按本规范第 11.6.3 条取用。

11.6.6 圆柱框架的梁柱节点，当梁中线与柱中线重合时，其抗震受剪承载力应符合下列规定：

1 9 度设防烈度

$$V_j \leq \frac{1}{\gamma_{RE}} \left(1.2 \eta_j f_t A_j + 1.57 f_{yv} A_{sh} \frac{h_{b0} - a_s'}{s} + f_{yv} A_{svj} \frac{h_{b0} - a_s'}{s}\right)$$

(11.6.6-1)

2 其他情况

$$V_j \leq \frac{1}{\gamma_{RE}} \left(1.5 \eta_j f_t A_j + 0.05 \eta_j \frac{N}{D^2} A_j + 1.57 f_{yv} A_{sh} \frac{h_{b0} - a_s'}{s} + f_{yv} A_{svj} \frac{h_{b0} - a_s'}{s}\right)$$

(11.6.6-2)

式中 h_{b0}——梁截面有效高度；

A_{sh}——单根圆形箍筋的截面面积；

A_{svj}——同一截面验算方向的拉筋和非圆形箍筋各肢的全部截面面积。

11.6.7 框架梁和框架柱的纵向受力钢筋在框架节点区的锚固和搭接应符合下列要求：

1 框架中间层的中间节点处，框架梁的上部纵向钢筋应贯穿中间节点；对一、二级抗震等级，梁的下部纵向钢筋伸入中间节点的锚固长度不应小于l_{aE}，且伸过中心线不应小于$5d$（图11.6.7a）。梁内贯穿中柱的每根纵向钢筋直径，对一、二级抗震等级，不宜大于柱在该方向截面尺寸的1/20；对圆柱截面，不宜大于纵向钢筋所在位置柱截面弦长的1/20。

2 框架中间层的端节点处，当框架梁上部纵向钢筋用直线锚固方式锚入端节点时，其锚固长度除不应小于l_{aE}外，尚应伸过柱中心线不小于$5d$，此处，d为梁上部纵向钢筋的直径。当水平直线段锚固长度不足时，梁上部纵向钢筋应伸至柱外边并向下弯折。弯折前的水平投影长度不应小于$0.4l_{aE}$，弯折后的竖直投影长度取$15d$（图11.6.7b）。梁下部纵向钢筋在中间层端节点中的锚固措施与梁上部纵向钢筋相同，但竖直段应向上弯入节点。

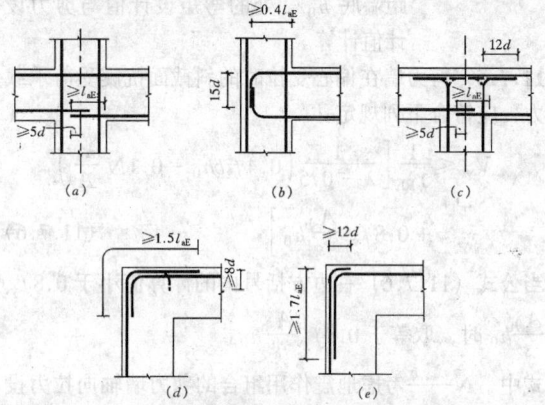

图11.6.7 框架梁和框架柱的纵向受力
钢筋在节点区的锚固和搭接
(a)中间层中间节点；(b)中间层端节点；(c)顶层
中间节点；(d)顶层端节点(一)；(e)顶层端节点(二)

3 框架顶层中间节点处，柱纵向钢筋应伸至柱顶。当采用直线锚固方式时，其自梁底边算起的锚固长度应不小于l_{aE}，当直线段锚固长度不足时，该纵向钢筋伸到柱顶后可向内弯折，弯折前的锚固段竖直投影长度不应小于$0.5l_{aE}$，弯折后的水平投影长度不应小于$12d$；当楼盖为现浇混凝土，且板的混凝土强度不低于C20、板厚不小于80mm时，也可向外弯折，弯折后的水平投影长度取$12d$（图11.6.7c）。对一、二级抗震等级，贯穿顶层中间节点的梁上部纵向钢筋的直径，不宜大于柱在该方向截面尺寸的1/25。梁下部纵向钢筋在顶层中间节点中的锚固措施与梁下部纵向钢筋在中间层中间节点处的锚固措施相同。

4 框架顶层端节点处，柱外侧纵向钢筋可沿节点外边和梁上边与梁上部纵向钢筋搭接连接（图11.6.7d），搭接长度不应小于$1.5l_{aE}$，且伸入梁内的柱外侧纵向钢筋截面面积不应少于柱外侧全部柱纵向钢筋截面面积的65%，其中不能伸入梁内的外侧柱纵向钢筋，宜沿柱顶伸至柱内边；当该柱筋位于顶部第一层时，伸至柱内边后，宜向下弯折不小于$8d$后截断；当该柱筋位于顶部第二层时，可伸至柱内边后截断；此处，d为外侧柱纵向钢筋直径；当有现浇板时，且现浇板混凝土强度等级不低于C20、板厚不小于80mm时，梁宽范围外的柱纵向钢筋可伸入板内，其伸入长度与伸入梁内的柱纵向钢筋相同。梁上部纵向钢筋应伸至柱外边并向下弯折到梁底标高。当柱外侧纵向钢筋配筋率大于1.2%时，伸入梁内的柱纵向钢筋应满足以上规定，且宜分两批截断，其截断点之间的距离不宜小于$20d$。d为梁上部纵向钢筋的直径。

当梁、柱配筋率较高时，顶层端节点处的梁上部纵向钢筋和柱外侧纵向钢筋的搭接连接也可沿柱外边设置（图11.6.7e），搭接长度不应小于$1.7l_{aE}$，其中，柱外侧纵向钢筋应伸至柱顶，并向内弯折，弯折段的水平投影长度不宜小于$12d$。

梁上部纵向钢筋及柱外侧纵向钢筋在顶层端节点上角处的弯弧内半径，当钢筋直径$d\leqslant25$mm时，不宜小于$6d$；当钢筋直径$d>25$mm时，不宜小于$8d$。当梁上部纵向钢筋配筋率大于1.2%时，弯入柱外侧的梁上部纵向钢筋除应满足以上搭接长度外，且宜分两批截断，其截断点之间的距离不宜小于$20d$，d为梁上部纵向钢筋直径。

梁下部纵向钢筋在顶层端节点中的锚固措施与中间层端节点处梁上部纵向钢筋的锚固措施相同。柱内侧纵向钢筋在顶层端节点中的锚固措施与顶层中间节点处柱纵向钢筋的锚固措施相同。当柱为对称配筋时，柱内侧纵向钢筋在顶层端节点中的锚固要求可适当放宽，但柱内侧纵向钢筋应伸至柱顶。

5 柱纵向钢筋不应在中间各层节点内截断。

11.6.8 框架节点核心区箍筋的最大间距、最小直径宜按本规范表11.4.12-2采用。对一、二、三级抗震等级的框架节点核心区，配箍特征值λ_v分别不宜小于0.12、0.10和0.08，且其箍筋体积配筋率分别不宜小于0.6%、0.5%和0.4%。框架柱的剪跨比$\lambda\leqslant2$的框架节点核心区配箍特征值不宜小于核心区上、下柱端配箍特征值中的较大值。

11.6.9 考虑地震作用组合的预埋件，直锚钢筋截面面积可按本规范第10章规定计算，但实配的锚筋截面面积应比计算值增大25%，且应相应调整锚板厚度。锚筋的锚固长度应按本规范第10章的规定采用；当不能满足时，应采取有效措施。在靠近锚板处，宜设置一根直径不小于10mm的封闭箍筋。

铰接排架柱柱顶顶埋件直锚钢筋应符合下列要求：当为一级抗震等级时，取4根直径16mm的直锚筋；当为二级抗震等级时，取4根直径14mm的直锚筋。

11.7 剪力墙

11.7.1 考虑地震作用组合的剪力墙，其正截面抗震承载力应按本规范第7章和第10.5.3条的规定计算，但在其正截面承载力计算公式的右边,应除以相应的承载力抗震调整系数 γ_{RE}。

11.7.2 剪力墙各墙肢截面考虑地震作用组合的弯矩设计值:对一级抗震等级剪力墙的底部加强部位及以上一层,应按墙肢底部截面考虑地震作用组合弯矩设计值采用,其他部位可采用考虑地震作用组合弯矩设计值乘以增大系数1.2。

11.7.3 考虑地震作用组合的剪力墙的剪力设计值 V_w 应按下列规定计算:

1 底部加强部位

1)9度设防烈度

$$V_w = 1.1 \frac{M_{wua}}{M} V \quad (11.7.3\text{-}1)$$

且不应小于按公式(11.7.3-2)求得的剪力设计值 V_w

2)其他情况

一级抗震等级

$$V_w = 1.6V \quad (11.7.3\text{-}2)$$

二级抗震等级

$$V_w = 1.4V \quad (11.7.3\text{-}3)$$

三级抗震等级

$$V_w = 1.2V \quad (11.7.3\text{-}4)$$

四级抗震等级取地震作用组合下的剪力设计值

2 其他部位

$$V_w = V \quad (11.7.3\text{-}5)$$

式中 M_{wua}——剪力墙底部截面按实配钢筋截面面积、材料强度标准值且考虑承载力抗震调整系数计算的正截面抗震受弯承载力所对应的弯矩值;有翼墙时应计入墙两侧各一倍翼墙厚度范围内的纵向钢筋;

M——考虑地震作用组合的剪力墙底部截面的弯矩设计值;

V——考虑地震作用组合的剪力墙的剪力设计值。

公式(11.7.3-1)中,M_{wua} 值可按本规范第7.3.6条的规定,采用本规范第11.4.4条有关计算框架柱端 M_{cua} 值的相同方法确定,但其 γ_{RE} 值应取剪力墙的正截面承载力抗震调整系数。

11.7.4 考虑地震作用组合的剪力墙的受剪截面应符合下列条件:

当剪跨比 $\lambda > 2.5$ 时

$$V_w \leqslant \frac{1}{\gamma_{RE}}(0.2\beta_c f_c b h_0) \quad (11.7.4\text{-}1)$$

当剪跨比 $\lambda \leqslant 2.5$ 时

$$V_w \leqslant \frac{1}{\gamma_{RE}}(0.15\beta_c f_c b h_0) \quad (11.7.4\text{-}2)$$

11.7.5 考虑地震作用组合的剪力墙在偏心受压时的斜截面抗震受剪承载力,应符合下列规定:

$$V_w \leqslant \frac{1}{\gamma_{RE}} \left[\frac{1}{\lambda - 0.5} \left(0.4 f_t b h_0 + 0.1 N \frac{A_w}{A} \right) + 0.8 f_{yv} \frac{A_{sh}}{s} h_0 \right] \quad (11.7.5)$$

式中 N——考虑地震作用组合的剪力墙轴向压力设计值中的较小值;当 $N > 0.2 f_c b h$ 时,取 $N = 0.2 f_c b h$;

λ——计算截面处的剪跨比 $\lambda = M/(Vh_0)$;当 $\lambda < 1.5$ 时,取 $\lambda = 1.5$;当 $\lambda > 2.2$ 时,取 $\lambda = 2.2$;此处,M 为与剪力设计值 V 对应的弯矩设计值;当计算截面与墙底之间的距离小于 $h_0/2$ 时,λ 应按距墙底 $h_0/2$ 处的弯矩设计值与剪力设计值计算。

11.7.6 剪力墙在偏心受拉时的斜截面抗震受剪承载力,应符合下列规定:

$$V_w \leqslant \frac{1}{\gamma_{RE}} \left[\frac{1}{\lambda - 0.5} \left(0.4 f_t b h_0 - 0.1 N \frac{A_w}{A} \right) + 0.8 f_{yv} \frac{A_{sh}}{s} h_0 \right] \quad (11.7.6)$$

当公式(11.7.6)右边方括号内的计算值小于 $0.8 f_{yv} \frac{A_{sh}}{s} h_0$ 时,取等于 $0.8 f_{yv} \frac{A_{sh}}{s} h_0$。

式中 N——考虑地震作用组合的剪力墙轴向拉力设计值中的较大值。

11.7.7 一级抗震等级的剪力墙,其水平施工缝处的受剪承载力应符合下列规定:

当施工缝承受轴向压力时

$$V_w \leqslant \frac{1}{\gamma_{RE}}(0.6 f_y A_s + 0.8N)$$

$$(11.7.7\text{-}1)$$

当施工缝承受轴向拉力时

$$V_w \leqslant \frac{1}{\gamma_{RE}}(0.6 f_y A_s - 0.8N)$$

$$(11.7.7\text{-}2)$$

式中 N——考虑地震作用组合的水平施工缝处的轴向力设计值;

A_s——剪力墙水平施工缝处全部竖向钢筋截面面积,包括竖向分布钢筋、附加竖向插筋以及边缘构件(不包括两侧翼墙)纵向钢筋的总截面面积。

11.7.8 剪力墙洞口连梁的承载力应符合下列规定:

1 连梁的正截面抗震受弯承载力应按本规范第7.2节的规定计算,但在公式的右边应除以相应的承载力抗震调整系数 γ_{RE};

2 跨高比 $l_0/h > 2.5$ 的连梁

1) 连梁的受剪截面应符合下列条件：

$$V_{wb} \leqslant \frac{1}{\gamma_{RE}}(0.2f_c\beta_c bh_0) \quad (11.7.8\text{-}1)$$

2) 剪力墙连梁的斜截面抗震受剪承载力应符合下列规定：

$$V_{wb} \leqslant \frac{1}{\gamma_{RE}}\left(0.42f_t bh_0 + f_{yv}\frac{A_{sv}}{s}h_0\right)$$

$$(11.7.8\text{-}2)$$

式中 V_{wb}——连梁的剪力设计值，按本规范第11.3.2条对框架梁的规定计算。

注：对跨高比 $l_0/h \leqslant 2.5$ 的连梁，其抗震受剪截面控制条件、斜截面抗震受剪承载力计算应按专门标准确定；

3 对一、二级抗震等级各类结构中的剪力墙连梁，当跨高比 $l_0/h \leqslant 2.0$，且连梁截面宽度不小于200mm时，除普通箍筋外，宜另设斜向交叉构造钢筋；

4 对一、二级抗震等级筒体结构内筒及核心筒连梁，当其跨高比不大于2且截面宽度不小于400mm时，宜采用斜向交叉暗柱配筋，全部剪力均由暗柱纵向钢筋承担，并应按框架梁构造要求设置箍筋。

11.7.9 剪力墙的厚度应符合下列规定：

1 剪力墙结构

一、二级抗震等级的剪力墙厚度，不应小于160mm，且不应小于层高的1/20；底部加强部位的墙厚，不宜小于200mm，且不宜小于层高的1/16；当墙端无端柱或翼墙时，墙厚不宜小于层高的1/12。对三、四级抗震等级，不应小于140mm，且不应小于层高的1/25。

2 框架-剪力墙结构及筒体结构

剪力墙的厚度不应小于160mm，且不应小于层高的1/20，其底部加强部位的墙厚，不应小于200mm，且不应小于层高的1/16。筒体底部加强部位及其以上一层不应改变墙体厚度。

11.7.10 剪力墙厚度大于140mm时，其竖向和水平分布钢筋应采用双排钢筋；双排分布钢筋间拉筋的间距不应大于600mm，且直径不应小于6mm。在底部加强部位，边缘构件以外的墙体中，拉筋间距应适当加密。

11.7.11 剪力墙的水平和竖向分布钢筋的配置，应符合下列规定：

1 一、二、三级抗震等级的剪力墙的水平和竖向分布钢筋配筋率均不应小于0.25%；四级抗震等级剪力墙不应小于0.2%，分布钢筋间距不应大于300mm；其直径不应小于8mm；

2 部分框支剪力墙结构的剪力墙底部加强部位，水平和竖向分布钢筋配筋率不应小于0.3%，钢筋间距不应大于200mm。

11.7.12 剪力墙水平和竖向分布钢筋的直径不宜大于墙厚的1/10。

11.7.13 一、二级抗震等级的剪力墙底部加强部位在重力荷载代表值作用下，墙肢的轴压比 $N/(f_c A)$ 不宜超过表11.7.13的限值。

表11.7.13 墙肢轴压比限值

抗震等级（设防烈度）	一级（9度）	一级（8度）	二级
轴压比限值	0.4	0.5	0.6

注：剪力墙墙肢轴压比 $N/(f_c A)$ 中的 A 为墙肢截面面积。

11.7.14 剪力墙两端及洞口两侧应设置边缘构件，并应符合下列要求：

1 一、二级抗震等级的剪力墙结构和框架-剪力墙结构中的剪力墙，在重力荷载代表值作用下，当墙肢底截面轴压比大于表11.7.14规定时，其底部加强部位及其以上一层墙肢应按本规范11.7.15条的规定设置约束边缘构件；当小于表11.7.14规定时，宜按本规范第11.7.16条的规定设置构造边缘构件。

表11.7.14 剪力墙设置构造边缘构件的最大轴压比

抗震等级（设防烈度）	一级（9度）	一级（8度）	二级
轴压比	0.1	0.2	0.3

2 部分框支剪力墙结构中，一、二级抗震等级落地剪力墙的底部加强部位以及以上一层的墙肢，剪力墙的两端应按本规范第11.7.15条的规定设置符合约束边缘构件要求的翼墙或端柱，且洞口两侧应设置约束边缘构件；不落地的剪力墙，应在底部加强部位及以上一层剪力墙的墙肢两端设置约束边缘构件；

3 一、二级抗震等级的剪力墙结构和框架-剪力墙结构中的一般部位剪力墙以及三、四级抗震等级剪力墙结构和框架-剪力墙结构中的剪力墙，应按本规范11.7.16条设置构造边缘构件；

4 框架-核心筒结构的核心筒、筒中筒结构的内筒，除应符合本条第1款和第3款的要求外，一、二级抗震等级筒体角部的边缘构件应按下列要求加强：底部加强部位，约束边缘构件沿墙肢的长度应取墙肢截面高度的1/4，且约束边缘构件范围内应全部采用箍筋；底部加强部位以上的全高范围内宜按本规范图11.7.15的转角墙设置约束边缘构件，约束边缘构件沿墙肢的长度仍取墙肢截面高度的1/4。

11.7.15 剪力墙端部设置的约束边缘构件（暗柱、端柱、翼墙和转角墙）应符合下列要求（图11.7.15）：

1 约束边缘构件沿墙肢的长度 l_c 及配箍特征值 λ_v 宜满足表11.7.15的要求，箍筋的配置范围及相应的配箍特征值 λ_v 和 $\lambda_v/2$ 的区域如图11.7.15所示，

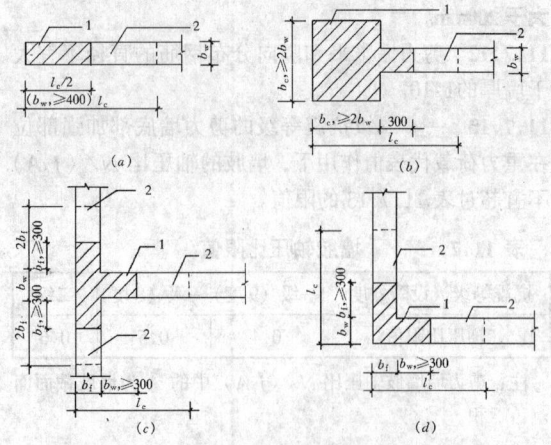

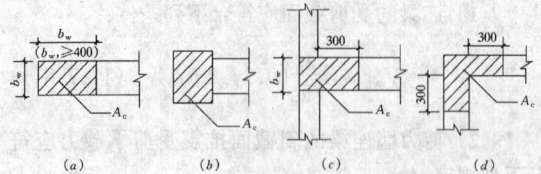

图11.7.16 剪力墙的构造边缘构件
(a)暗柱；(b)端柱；(c)翼墙；(d)转角墙
注：图中尺寸单位为mm。

图11.7.15 剪力墙的约束边缘构件
注：图中尺寸单位为mm。
(a)暗柱；(b)端柱；(c)翼墙；(d)转角墙
1—配箍特征值为λ_v的区域；2—配箍特征值为$\lambda_v/2$的区域

其体积配筋率ρ_v应按下式计算：

$$\rho_v = \lambda_v \frac{f_c}{f_{yv}} \quad (11.7.15)$$

式中 λ_v——配箍特征值，对图11.7.15中$\lambda_v/2$的区域，可计入拉筋。

2 一、二级抗震等级剪力墙约束边缘构件的纵向钢筋的截面面积，对暗柱，分别不应小于约束边缘构件沿墙肢长度l_c和墙厚b_w乘积的1.2%、1.0%；对端柱、翼墙和转角墙分别不应小于图11.7.15中阴影部分面积的1.2%、1.0%；

表11.7.15 约束边缘构件沿墙肢的长度l_c及其配箍特征值λ_v

抗震等级(设防烈度)	一级(9度)	一级(8度)	二级
λ_v	0.2	0.2	0.2
l_c(mm) 暗柱	$0.25h_w$、$1.5b_w$、450中的最大值	$0.2h_w$、$1.5b_w$、450中的最大值	$0.2h_w$、$1.5b_w$、450中的最大值
l_c(mm) 端柱、翼墙或转角墙	$0.2h_w$、$1.5b_w$、450中的最大值	$0.15h_w$、$1.5b_w$、450中的最大值	$0.15h_w$、$1.5b_w$、450中的最大值

注：1 翼墙长度小于其厚度3倍时，视为无翼墙剪力墙；端柱截面边长小于墙厚2倍时，视为无端柱剪力墙；
2 约束边缘构件沿墙肢长度l_c除满足表11.7.15的要求外，当有端柱、翼墙或转角墙时，尚不应小于翼墙厚度或端柱沿墙肢方向截面高度加300mm；
3 约束边缘构件的箍筋或拉筋沿竖向的间距，对一级抗震等级不宜大于100mm，对二级抗震等级不宜大于150mm；
4 h_w为剪力墙墙肢的长度。

11.7.16 剪力墙端部设置的构造边缘构件（暗柱、端柱、翼墙和转角墙）的范围，应按图11.7.16采用，构造边缘构件的纵向钢筋除应满足计算要求外，尚应符合表11.7.16的要求。

表11.7.16 构造边缘构件的构造配筋要求

抗震等级	底部加强部位 纵向钢筋最小配筋量	底部加强部位 箍筋、拉筋 最小直径(mm)	底部加强部位 箍筋、拉筋 沿竖向最大间距(mm)	其他部位 纵向钢筋最小配筋量	其他部位 箍筋、拉筋 最小直径(mm)	其他部位 箍筋、拉筋 沿竖向最大间距(mm)
一	$0.01A_c$和6根直径为16mm的钢筋中的较大值	8	100	$0.008A_c$和6根直径为14mm的钢筋中的较大值	8	150
二	$0.008A_c$和6根直径为14mm的钢筋中的较大值	8	150	$0.006A_c$和6根直径为12mm的钢筋中的较大值	8	200
三	$0.005A_c$和4根直径为12mm的钢筋中的较大值	6	150	$0.004A_c$和4根直径为12mm的钢筋中的较大值	6	200
四	$0.005A_c$和4根直径为12mm的钢筋中的较大值	6	200	$0.004A_c$和4根直径为12mm的钢筋中的较大值	6	250

注：1 A_c为图11.7.16中所示的阴影面积；
2 对其他部位，拉筋的水平间距不应大于纵向钢筋间距的2倍，转角处宜设置箍筋；
3 当端柱承受集中荷载时，应满足框架柱配筋要求。

11.7.17 框架-剪力墙结构中的剪力墙应符合下列构造要求：

1 剪力墙周边应设置端柱和梁作为边框，端柱截面尺寸宜与同层框架柱相同，且应满足框架柱的要求；当墙周边仅有柱而无梁时，应设置暗梁，其高度可取2倍墙厚；

2 剪力墙开洞时，应在洞口两侧配置边缘构件，且洞口上、下边缘宜配置构造纵向钢筋。

11.8 预应力混凝土结构构件

11.8.1 预应力混凝土结构可用于抗震设防烈度6度、7度、8度区，当9度区需采用预应力混凝土结构时，应有充分依据，并采取可靠措施。

11.8.2 框架梁宜采用后张有粘结预应力钢筋和非预应力钢筋的混合配置方式。

11.8.3 对后张有粘结预应力混凝土框架梁，其考虑受压钢筋的梁端受压区高度应符合下列要求：

一级抗震等级

$$x \leq 0.25h_0 \quad (11.8.3-1)$$

二、三级抗震等级
$$x \leqslant 0.35h_0 \quad (11.8.3\text{-}2)$$

且纵向受拉钢筋按非预应力钢筋抗拉强度设计值折算的配筋率不应大于 2.5%（HRB400 级钢筋）或 3.0%（HRB335 级钢筋）。

11.8.4 对后张有粘结预应力混凝土框架梁，其梁端的配筋强度比宜符合下列要求：

一级抗震等级
$$\frac{f_{py}A_p}{f_{py}A_p + f_yA_s} \leqslant 0.55 \quad (11.8.4\text{-}1)$$

二、三级抗震等级
$$\frac{f_{py}A_p}{f_{py}A_p + f_yA_s} \leqslant 0.75 \quad (11.8.4\text{-}2)$$

11.8.5 在后张有粘结预应力混凝土框架梁的端截面中，底面和顶面纵向非预应力钢筋截面面积的比值，除按计算确定外，对一、二、三级抗震等级均不应小于 1.0；且纵向受压非预应力钢筋的配筋率不应小于 0.2%。

附录 A 素混凝土结构构件计算

A.1 一般规定

A.1.1 素混凝土构件主要用于受压构件。素混凝土受弯构件仅允许用于卧置在地基上的情况以及不承受活荷载的情况。

A.1.2 素混凝土结构构件应进行正截面承载力计算；对承受局部荷载的部位尚应进行局部受压承载力计算。

A.1.3 素混凝土墙和柱的计算长度 l_0 可按下列规定采用：

1 两端支承在刚性的横向结构上时，取 $l_0 = H$；
2 具有弹性移动支座时，取 $l_0 = 1.25H \sim 1.50H$；
3 对自由独立的墙和柱，取 $l_0 = 2H$。

此处，H 为墙或柱的高度，以层高计。

A.1.4 素混凝土结构伸缩缝的最大间距，可按表 A.1.4 的规定采用。

整片的素混凝土墙壁式结构，其伸缩缝宜做成贯通式，将基础断开。

表 A.1.4 素混凝土结构伸缩缝最大间距（m）

结构类型	室内或土中	露天
装配式结构	40	30
现浇结构（配有构造钢筋）	30	20
现浇结构（未配构造钢筋）	20	10

A.2 受压构件

A.2.1 素混凝土受压构件，当按受压承载力计算时，不考虑受拉区混凝土的工作，并假定受压区的法向应力图形为矩形，其应力值取素混凝土的轴心抗压强度设计值，此时，轴向力作用点与受压区混凝土合力点相重合。

素混凝土受压构件的受压承载力应符合下列规定：

1 对称于弯矩作用平面的截面
$$N \leqslant \varphi f_{cc} A_c' \quad (A.2.1\text{-}1)$$

受压区高度 x 应按下列条件确定：
$$e_c = e_0 \quad (A.2.1\text{-}2)$$

此时，轴向力作用点至截面重心的距离 e_0 尚应符合下列要求：
$$e_0 \leqslant 0.9 y_0' \quad (A.2.1\text{-}3)$$

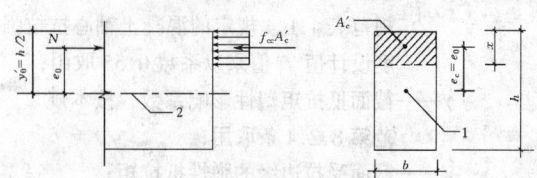

图 A.2.1 矩形截面的素混凝土受压构件受压承载力计算
1—截面重心；2—截面重心轴

2 矩形截面（图 A.2.1）
$$N \leqslant \varphi f_{cc} b(h - 2e_0) \quad (A.2.1\text{-}4)$$

式中 N——轴向压力设计值；
φ——素混凝土构件的稳定系数，按表 A.2.1 采用；
f_{cc}——素混凝土的轴心抗压强度设计值，按本规范表 4.1.4 规定的混凝土轴心抗压强度设计值 f_c 值乘以系数 0.85 取用；
A_c'——混凝土受压区的面积；
e_c——受压区混凝土的合力点至截面重心的距离；
y_0'——截面重心至受压区边缘的距离；
b——截面宽度；
h——截面高度。

当按公式（A.2.1-1）或公式（A.2.1-4）计算时，对 $e_0 \geqslant 0.45 y_0'$ 的受压构件，应在混凝土受拉区配置构造钢筋。其配筋率不应少于构件截面面积的 0.05%。但符合本规范公式（A.2.2-1）或（A.2.2-2）的条件时，可不配置此项构造钢筋。

表 A.2.1　素混凝土构件的稳定系数 φ

l_0/b	<4	4	6	8	10	12	14	16	18	20	22	24	26	28	30
l_0/i	<14	14	21	28	35	42	49	56	63	70	76	83	90	97	104
φ	1.00	0.98	0.96	0.91	0.86	0.82	0.77	0.72	0.68	0.63	0.59	0.55	0.51	0.47	0.44

注：在计算 l_0/b 时，b 的取值：对偏心受压构件，取弯矩作用平面的截面高度；对轴心受压构件，取截面短边尺寸。

A.2.2 对不允许开裂的素混凝土受压构件（如处于液体压力下的受压构件、女儿墙等），当 $e_0 \geqslant 0.45y'_0$ 时，其受压承载力应按下列公式计算：

1 对称于弯矩作用平面的截面

$$N \leqslant \varphi \frac{\gamma f_{ct} A}{\frac{e_0 A}{W} - 1} \quad (A.2.2-1)$$

2 矩形截面

$$N \leqslant \varphi \frac{\gamma f_{ct} bh}{\frac{6e_0}{h} - 1} \quad (A.2.2-2)$$

式中　f_{ct}——素混凝土轴心抗拉强度设计值，按本规范表 4.1.4 规定的混凝土轴心抗拉强度设计值 f_t 值乘以系数 0.55 取用；
　　　γ——截面抵抗矩塑性影响系数，按本规范第 8.2.4 条取用；
　　　W——截面受拉边缘的弹性抵抗矩；
　　　A——截面面积。

A.2.3 素混凝土偏心受压构件，除应计算弯矩作用平面的受压承载力外，尚应按轴心受压构件验算垂直于弯矩作用平面的受压承载力。此时，不考虑弯矩作用，但应考虑稳定系数 φ 的影响。

A.3　受弯构件

A.3.1 素混凝土受弯构件的受弯承载力应符合下列规定：

1 对称于弯矩作用平面的截面

$$M \leqslant \gamma f_{ct} W \quad (A.3.1-1)$$

2 矩形截面

$$M \leqslant \frac{\gamma f_{ct} bh^2}{6} \quad (A.3.1-2)$$

式中　M——弯矩设计值。

A.4　局部构造钢筋

A.4.1 素混凝土结构在下列部位应配置局部构造钢筋：
　　1　结构截面尺寸急剧变化处；
　　2　墙壁高度变化处（在不小于 1m 范围内配置）；
　　3　混凝土墙壁中洞口周围。
　　注：在配置局部构造钢筋后，伸缩缝的间距仍应按本规范表 A.1.4 中未配构造钢筋的现浇结构采用。

A.5　局部受压

A.5.1 素混凝土构件的局部受压承载力应符合下列规定：

1 局部受压面上仅有局部荷载作用

$$F_l \leqslant \omega \beta_l f_{cc} A_l \quad (A.5.1-1)$$

2 局部受压面上尚有非局部荷载作用

$$F_l \leqslant \omega \beta_l (f_{cc} - \sigma) A_l \quad (A.5.1-2)$$

式中　F_l——局部受压面上作用的局部荷载或局部压力设计值；
　　　A_l——局部受压面积；
　　　ω——荷载分布的影响系数：当局部受压面上的荷载为均匀分布时，取 $\omega=1$；当局部荷载为非均匀分布时（如梁、过梁等的端部支承面），取 $\omega=0.75$；
　　　σ——非局部荷载设计值产生的混凝土压应力；
　　　β_l——混凝土局部受压时的强度提高系数，按本规范公式 (7.8.1-2) 计算。

附录 B　钢筋的公称截面面积、计算截面面积及理论重量

表 B.1　钢筋的计算截面面积及理论重量

公称直径 (mm)	不同根数钢筋的计算截面面积 (mm²)									单根钢筋理论重量 (kg/m)
	1	2	3	4	5	6	7	8	9	
6	28.3	57	85	113	142	170	198	226	255	0.222
6.5	33.2	66	100	133	166	199	232	265	299	0.260
8	50.3	101	151	201	252	302	352	402	453	0.395
8.2	52.8	106	158	211	264	317	370	423	475	0.432
10	78.5	157	236	314	393	471	550	628	707	0.617
12	113.1	226	339	452	565	678	791	904	1017	0.888
14	153.9	308	461	615	769	923	1077	1231	1385	1.21
16	201.1	402	603	804	1005	1206	1407	1608	1809	1.58
18	254.5	509	763	1017	1272	1527	1781	2036	2290	2.00
20	314.2	628	942	1256	1570	1884	2199	2513	2827	2.47
22	380.1	760	1140	1520	1900	2281	2661	3041	3421	2.98
25	490.9	982	1473	1964	2454	2945	3436	3927	4418	3.85
28	615.8	1232	1847	2463	3079	3695	4310	4926	5542	4.83
32	804.2	1609	2413	3217	4021	4826	5630	6434	7238	6.31
36	1017.9	2036	3054	4072	5089	6107	7125	8143	9161	7.99
40	1256.6	2513	3770	5027	6283	7540	8796	10053	11310	9.87
50	1964	3928	5892	7856	9820	11784	13748	15712	17676	15.42

注：表中直径 $d=8.2$mm 的计算截面面积及理论重量仅适用于有纵肋的热处理钢筋。

表 B.2　钢绞线公称直径、公称截面面积及理论重量

种类	公称直径 (mm)	公称截面面积 (mm²)	理论重量 (kg/m)
1×3	8.6	37.4	0.295
	10.8	59.3	0.465
	12.9	85.4	0.671
1×7 标准型	9.5	54.8	0.432
	11.1	74.2	0.580
	12.7	98.7	0.774
	15.2	139	1.101

表 B.3　钢丝公称直径、公称截面面积及理论重量

公称直径 (mm)	公称截面面积 (mm²)	理论重量 (kg/m)
4.0	12.57	0.099
5.0	19.63	0.154
6.0	28.27	0.222
7.0	38.48	0.302
8.0	50.26	0.394
9.0	63.62	0.499

附录 C　混凝土的多轴强度和本构关系

C.1　总　则

C.1.1　混凝土的多轴强度和本构关系可采用下列方法确定：

1 制作试件并通过试验测定；

2 选择合理形式的数学模型，由试验标定其中所需的参数值；

3 采用经过试验验证或工程经验证明可行的数学模型。

C.1.2　本附录中所给出的各种数学模型适用于下述条件：混凝土强度等级 C20～C80；混凝土质量密度 2200～2400kg/m³；正常温度、湿度环境；正常加载速度。

C.1.3　本附录中，混凝土的应力-应变曲线和多轴强度均按相对值 σ/f_c^*、$\varepsilon/\varepsilon_c$、$\sigma/f_t^*$、$\varepsilon/\varepsilon_t$、$f_3/f_c^*$ 和 f_1/f_c^* 等给出。其中，分母为混凝土的单轴强度（f_c^* 或 f_t^*）和相应的峰值应变（ε_c 或 ε_t）。

根据结构分析方法和极限状态验算的需要，单轴强度（f_c^* 或 f_t^*）可分别取为标准值（f_{ck} 或 f_{tk}）、设计值（f_c 或 f_t）或平均值（f_{cm} 或 f_{tm}）。其中，平均值应按下列公式计算：

$$f_{cm} = f_{ck}/(1-1.645\delta_c) \quad (C.1.3\text{-}1)$$

$$f_{tm} = f_{tk}/(1-1.645\delta_t) \quad (C.1.3\text{-}2)$$

式中　δ_c、δ_t——混凝土抗压强度、抗拉强度的变异系数，宜根据试验统计确定。

C.2　单轴应力-应变关系

C.2.1　混凝土单轴受压的应力-应变曲线方程可按下列公式确定（图 C.2.1）：

当 $x \leqslant 1$ 时

$$y = \alpha_a x + (3-2\alpha_a)x^2 + (\alpha_a - 2)x^3 \quad (C.2.1\text{-}1)$$

当 $x > 1$ 时

$$y = \frac{x}{\alpha_d(x-1)^2 + x} \quad (C.2.1\text{-}2)$$

$$x = \frac{\varepsilon}{\varepsilon_c} \quad (C.2.1\text{-}3)$$

$$y = \frac{\sigma}{f_c^*} \quad (C.2.1\text{-}4)$$

式中　α_a、α_d——单轴受压应力-应变曲线上升段、下降段的参数值，按表 C.2.1 采用；

　　　f_c^*——混凝土的单轴抗压强度（f_{ck}、f_c 或 f_{cm}）；

　　　ε_c——与 f_c^* 相应的混凝土峰值压应变，按表 C.2.1 采用。

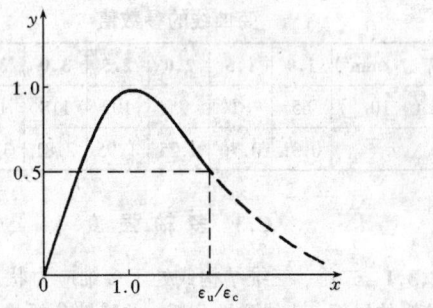

图 C.2.1　单轴受压的应力-应变曲线

表 C.2.1　混凝土单轴受压应力-应变曲线的参数值

f_c^* (N/mm²)	15	20	25	30	35	40	45	50	55	60
ε_c (×10⁻⁶)	1370	1470	1560	1640	1720	1790	1850	1920	1980	2030
α_a	2.21	2.15	2.09	2.03	1.96	1.90	1.84	1.78	1.71	1.65
α_d	0.41	0.74	1.06	1.36	1.65	1.94	2.21	2.48	2.74	3.00
$\varepsilon_u/\varepsilon_c$	4.2	3.0	2.6	2.3	2.1	2.0	1.9	1.9	1.8	1.8

注：ε_u 为应力-应变曲线下降段上应力等于 $0.5 f_c^*$ 时的混凝土压应变。

C.2.2　混凝土单轴受拉的应力-应变曲线方程可按下列公式确定（图 C.2.2）：

当 $x \leqslant 1$ 时

$$y = 1.2x - 0.2x^6 \quad (C.2.2\text{-}1)$$

当 $x > 1$ 时

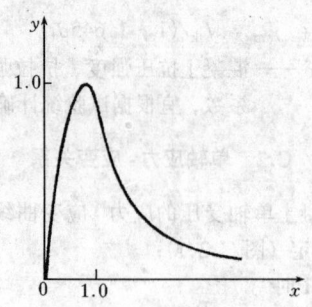

图 C.2.2 单轴受拉的应力-应变曲线

$$y = \frac{x}{\alpha_t(x-1)^{1.7} + x} \quad (C.2.2-2)$$

$$x = \frac{\varepsilon}{\varepsilon_t} \quad (C.2.2-3)$$

$$y = \frac{\sigma}{f_t^*} \quad (C.2.2-4)$$

式中 α_t——单轴受拉应力-应变曲线下降段的参数值，按表 C.2.2 取用；

f_t^*——混凝土的单轴抗拉强度（f_{tk}、f_t 或 f_{tm}）；

ε_t——与 f_t^* 相应的混凝土峰值拉应变，按表 C.2.2 取用。

表 C.2.2 混凝土单轴受拉应力-应变曲线的参数值

f_t^*(N/mm²)	1.0	1.5	2.0	2.5	3.0	3.5	4.0
$\varepsilon_t(\times 10^{-6})$	65	81	95	107	118	128	137
α_t	0.31	0.70	1.25	1.95	2.81	3.82	5.00

C.3 多轴强度

C.3.1 二维、三维结构或处于多维应力状态的杆系结构的局部，由线弹性分析、非线性分析或试验方法求得应力分布和混凝土主应力值 σ_i 后，混凝土多轴强度验算应符合下列要求：

$$|\sigma_i| \leqslant |f_i| \quad (i=1,2,3) \quad (C.3.1)$$

式中 σ_i——混凝土主应力值：受拉为正，受压为负，且 $\sigma_1 \geqslant \sigma_2 \geqslant \sigma_3$；

f_i——混凝土多轴强度：受拉为正，受压为负，且 $f_1 \geqslant f_2 \geqslant f_3$，宜按第 C.3.2 至 C.3.4 条的混凝土多轴强度相对值（f_i/f_t^* 或 f_i/f_c^*）计算。

C.3.2 在二轴（压-压、拉-压、拉-拉）应力状态下，混凝土的二轴强度可按图 C.3.2 所示的包络图确定。

C.3.3 在三轴受压（压-压-压）应力状态下，混凝土的抗压强度（f_3）可根据应力比 σ_1/σ_3 按图 C.3.3 插值确定，其最高强度值不宜超过 $5f_c^*$。

C.3.4 在三轴拉-压（拉-拉-压、拉-压-压）应力状态下，混凝土的多轴强度可不计 σ_2 的影响，按二轴拉-压强度取值（图 C.3.2）。

在三轴受拉（拉-拉-拉）应力状态下，混凝土的抗拉强度（f_1）可取 $0.9f_t^*$。

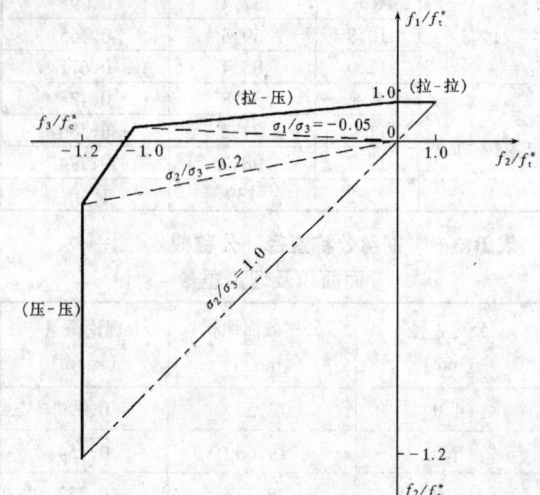

图 C.3.2 混凝土的二轴强度包络图

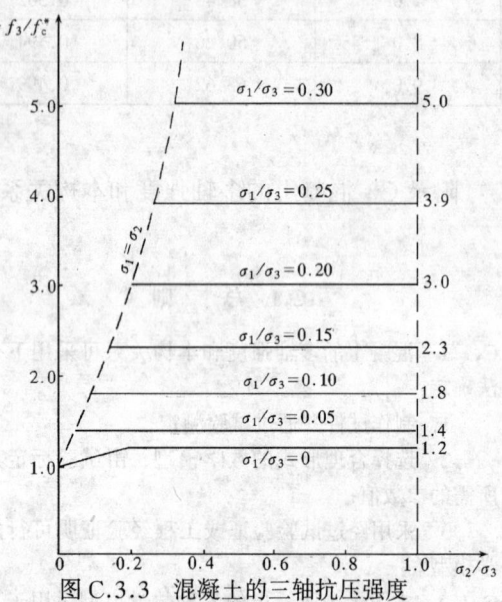

图 C.3.3 混凝土的三轴抗压强度

C.4 破坏准则和本构模型

C.4.1 混凝土在多轴应力状态下的破坏准则可采用下列一般方程表达：

$$\frac{\tau_{oct}}{f_c^*} = a\left(\frac{b - \sigma_{oct}/f_c^*}{c - \sigma_{oct}/f_c^*}\right)^d \quad (C.4.1-1)$$

$$c = c_t\left(\cos\frac{3}{2}\theta\right)^{1.5} + c_c\left(\sin\frac{3}{2}\theta\right)^2 \quad (C.4.1-2)$$

$$\sigma_{oct} = \frac{f_1 + f_2 + f_3}{3} \quad (C.4.1-3)$$

$$\tau_{oct}=\frac{1}{3}\sqrt{(f_1-f_2)^2+(f_2-f_3)^2+(f_3-f_1)^2}$$
(C.4.1-4)

$$\theta = \arccos\frac{2f_1-f_2-f_3}{3\sqrt{2}\tau_{oct}} \quad (C.4.1-5)$$

式中 σ_{oct}——按混凝土多轴强度计算的八面体正应力；
τ_{oct}——按混凝土多轴强度计算的八面体剪应力；
a、b、d、c_t、c_c——参数值，宜由试验标定；无试验依据时可按下列数值取用：$a=6.9638$，$b=0.09$，$d=0.9297$，$c_t=12.2445$，$c_c=7.3319$。

C.4.2 混凝土的本构关系可采用非线弹性的正交异性模型，也可采用经过验证的其他本构模型。

附录 D 后张预应力钢筋常用束形的预应力损失

D.0.1 抛物线形预应力钢筋可近似按圆弧形曲线预应力钢筋考虑。当其对应的圆心角 $\theta \leqslant 30°$ 时（图 D.0.1），由于锚具变形和钢筋内缩，在反向摩擦影响长度 l_f 范围内的预应力损失值 σ_{l1} 可按下列公式计算：

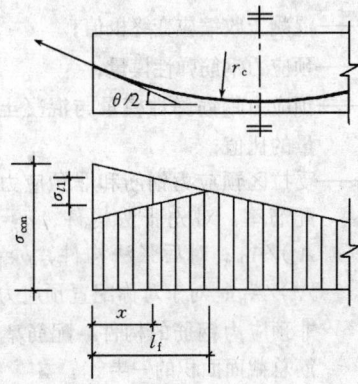

图 D.0.1 圆弧形曲线预应力钢筋的预应力损失 σ_{l1}

$$\sigma_{l1}=2\sigma_{con}l_f\left(\frac{\mu}{r_c}+\kappa\right)\left(1-\frac{x}{l_f}\right)$$
(D.0.1-1)

反向摩擦影响长度 l_f (m) 可按下列公式计算：

$$l_f=\sqrt{\frac{aE_s}{1000\sigma_{con}(\mu/r_c+\kappa)}} \quad (D.0.1-2)$$

式中 r_c——圆弧形曲线预应力钢筋的曲率半径 (m)；
μ——预应力钢筋与孔道壁之间的摩擦系数，按本规范表 6.2.4 采用；
κ——考虑孔道每米长度局部偏差的摩擦系数，按本规范表 6.2.4 采用；
x——张拉端至计算截面的距离 (m)；
a——张拉端锚具变形和钢筋内缩值 (mm)，按本规范表 6.2.2 采用；
E_s——预应力钢筋弹性模量。

D.0.2 端部为直线（直线长度为 l_0），而后由两条圆弧形曲线（圆弧对应的圆心角 $\theta \leqslant 30°$）组成的预应力钢筋（图 D.0.2），由于锚具变形和钢筋内缩，在反向摩擦影响长度 l_f 范围内的预应力损失值 σ_{l1} 可按下列公式计算：

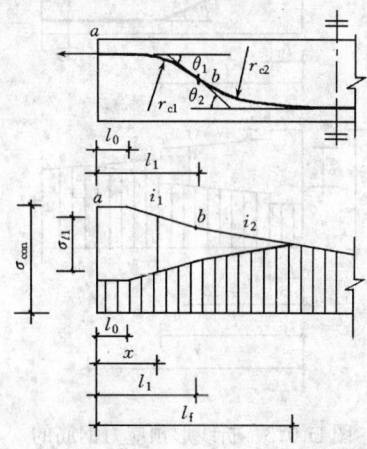

图 D.0.2 两条圆弧形曲线组成的预应力钢筋的预应力损失 σ_{l1}

当 $x \leqslant l_0$ 时

$$\sigma_{l1}=2i_1(l_1-l_0)+2i_2(l_f-l_1)$$
(D.0.2-1)

当 $l_0 < x \leqslant l_1$ 时

$$\sigma_{l1}=2i_1(l_1-x)+2i_2(l_f-l_1)$$
(D.0.2-2)

当 $l_1 < x \leqslant l_f$ 时

$$\sigma_{l1}=2i_2(l_f-x) \quad (D.0.2-3)$$

反向摩擦影响长度 l_f (m) 可按下列公式计算：

$$l_f=\sqrt{\frac{aE_s}{1000i_2}-\frac{i_1(l_1^2-l_0^2)}{i_2}+l_1^2}$$
(D.0.2-4)

$$i_1=\sigma_a(\kappa+\mu/r_{c1}) \quad (D.0.2-5)$$

$$i_2 = \sigma_b(\kappa + \mu/r_{c2}) \quad (D.0.2-6)$$

式中 l_1——预应力钢筋张拉端起点至反弯点的水平投影长度；

i_1、i_2——第一、二段圆弧形曲线预应力钢筋中应力近似直线变化的斜率；

r_{c1}、r_{c2}——第一、二段圆弧形曲线预应力钢筋的曲率半径；

σ_a、σ_b——预应力钢筋在 a、b 点的应力。

D.0.3 当折线形预应力钢筋的锚固损失消失于折点 c 之外时（图 D.0.3），由于锚具变形和钢筋内缩，在反向摩擦影响长度 l_f 范围内的预应力损失值 σ_{l1} 可按下列公式计算：

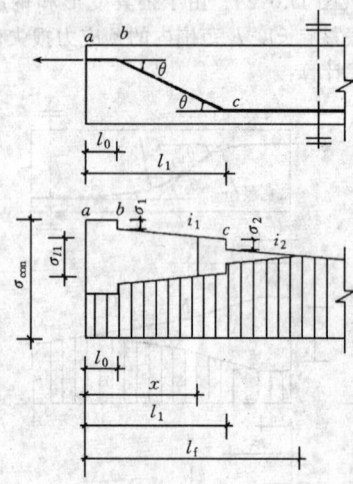

图 D.0.3 折线形预应力钢筋的预应力损失 σ_{l1}

当 $x \leqslant l_0$ 时

$$\sigma_{l1} = 2\sigma_1 + 2i_1(l_1 - l_0) + 2\sigma_2 + 2i_2(l_f - l_1)$$
$$(D.0.3-1)$$

当 $l_0 < x \leqslant l_1$ 时

$$\sigma_{l1} = 2i_1(l_1 - x) + 2\sigma_2 + 2i_2(l_f - l_1)$$
$$(D.0.3-2)$$

当 $l_1 < x \leqslant l_f$ 时

$$\sigma_{l1} = 2i_2(l_f - x) \quad (D.0.3-3)$$

反向摩擦影响长度 l_f（m）可按下列公式计算：

$$l_f = \sqrt{\frac{aE_s}{1000 i_2} - \frac{i_1(l_1-l_0)^2 + 2i_1 l_0(l_1-l_0) + 2\sigma_1 l_0 + 2\sigma_2 l_1}{i_2} + l_1^2}$$
$$(D.0.3-4)$$

$$i_1 = \sigma_{con}(1-\mu\theta)\kappa \quad (D.0.3-5)$$

$$i_2 = \sigma_{con}[1 - \kappa(l_1 - l_0)]$$
$$(1-\mu\theta)^2 \kappa \quad (D.0.3-6)$$

$$\sigma_1 = \sigma_{con}\mu\theta \quad (D.0.3-7)$$

$$\sigma_2 = \sigma_{con}[1 - \kappa(l_1 - l_0)]$$
$$(1-\mu\theta)\mu\theta \quad (D.0.3-8)$$

式中 i_1——预应力钢筋在 bc 段中应力近似直线变化的斜率；

i_2——预应力钢筋在折点 c 以外应力近似直线变化的斜率；

l_1——张拉端起点至预应力钢筋折点 c 的水平投影长度。

附录 E 与时间相关的预应力损失

E.0.1 混凝土收缩和徐变引起预应力钢筋的预应力损失终极值可按下列规定计算：

1 受拉区纵向预应力钢筋应力损失终极值 σ_{l5}

$$\sigma_{l5} = \frac{0.9\alpha_p \sigma_{pc}\varphi_\infty + E_s\varepsilon_\infty}{1+15\rho} \quad (E.0.1-1)$$

式中 σ_{pc}——受拉区预应力钢筋合力点处由预加力（扣除相应阶段预应力损失）和梁自重产生的混凝土法向压应力，其值不得大于 $0.5f'_{cu}$；对简支梁可取跨中截面与四分之一跨度处截面的平均值；对连续梁和框架可取若干有代表性截面的平均值；

φ_∞——混凝土徐变系数终极值；

ε_∞——混凝土收缩应变终极值；

E_s——预应力钢筋弹性模量；

α_p——预应力钢筋弹性模量与混凝土弹性模量的比值；

ρ——受拉区预应力钢筋和非预应力钢筋的配筋率：对先张法构件，$\rho = (A_p + A_s)/A_0$；对后张法构件，$\rho = (A_p + A_s)/A_n$；对于对称配置预应力钢筋和非预应力钢筋的构件，配筋率 ρ 取钢筋总截面面积的一半。

当无可靠资料时，φ_∞、ε_∞ 值可按表 E.0.1 采用。如结构处于年平均相对湿度低于 40% 的环境下，表列数值应增加30%。

表 E.0.1 混凝土收缩应变和徐变系数终极值

终极值	收缩应变终极值 ε_∞ (×10^{-4})				徐变系数终极值 φ_∞			
理论厚度$\frac{2A}{u}$ (mm)	100	200	300	≥600	100	200	300	≥600

续表

终极值	收缩应变终极值 ε_∞ ($\times 10^{-4}$)				徐变系数终极值 φ_∞			
预加力时的混凝土龄期(d)	3	2.50	2.00	1.70	1.10	3.0	2.5	2.3	2.0
	7	2.30	1.90	1.60	1.10	2.6	2.2	2.0	1.8
	10	2.17	1.86	1.60	1.10	2.4	2.1	1.9	1.7
	14	2.00	1.80	1.60	1.10	2.2	1.9	1.7	1.5
	28	1.70	1.60	1.50	1.10	1.8	1.5	1.4	1.2
	≥60	1.40	1.40	1.30	1.00	1.2	1.1	1.0	1.0

注：1 预加力时的混凝土龄期，对先张法构件可取 3~7d，对后张法构件可取 7~28d；
2 A 为构件截面面积，u 为该截面与大气接触的周边长度；
3 当实际构件的理论厚度和预加力时的混凝土龄期为表列数值的中间值时，可按线性内插法确定。

2 受压区纵向预应力钢筋应力损失终极值 σ'_{l5}

$$\sigma'_{l5} = \frac{0.9\alpha_p \sigma'_{pc} \varphi_\infty + E_s \varepsilon_\infty}{1 + 15\rho'} \quad (E.0.1\text{-}2)$$

式中 σ'_{pc}——受压区预应力钢筋合力点处由预加力（扣除相应阶段预应力损失）和梁自重产生的混凝土法向压应力，其值不得大于 $0.5f'_{cu}$，当 σ'_{pc} 为拉应力时，取 $\sigma'_{pc} = 0$；

ρ'——受压区预应力钢筋和非预应力钢筋的配筋率：对先张法构件，$\rho' = (A'_p + A'_s)/A_0$；对后张法构件，$\rho' = (A'_p + A'_s)/A_n$。

注：对受压区配置预应力钢筋 A'_p 及非预应力钢筋 A'_s 的构件，在计算公式（E.0.1-1）、(E.0.1-2) 中的 σ_{pc} 及 σ'_{pc} 时，应按截面全部预加力进行计算。

E.0.2 考虑时间影响的混凝土收缩和徐变引起的预应力损失值，可由本附录 E.0.1 条计算的预应力损失终极值 σ_{l5}、σ'_{l5} 乘以表 E.0.2 中相应的系数确定。

考虑时间影响的预应力钢筋应力松弛引起的预应力损失值，可由本规范第 6.2.1 条计算的预应力损失值 σ_{l4} 乘以表 E.0.2 中相应的系数确定。

表 E.0.2 随时间变化的预应力损失系数

时间(d)	松弛损失系数	收缩徐变损失系数
2	0.50	—
10	0.77	0.33
20	0.88	0.37
30	0.95	0.40
40	1.00	0.43
60		0.50
90		0.60
180		0.75
365		0.85
1095		1.00

附录 F 任意截面构件正截面承载力计算

F.0.1 任意截面的钢筋混凝土和预应力混凝土构件，其正截面承载力可按下列方法计算：

1 将截面划分为有限多个混凝土单元、纵向普通钢筋单元和预应力钢筋单元（图 F.0.1a），并近似取单元内的应变和应力为均匀分布，其合力点在单元重心处；

2 各单元的应变按本规范第 7.1.2 条的截面应变保持平面的假定由下列公式确定（图 F.0.1b）：

$$\varepsilon_{ci} = \phi_u[(x_{ci}\sin\theta + y_{ci}\cos\theta) - r] \quad (F.0.1\text{-}1)$$

$$\varepsilon_{sj} = -\phi_u[(x_{sj}\sin\theta + y_{sj}\cos\theta) - r] \quad (F.0.1\text{-}2)$$

$$\varepsilon_{pk} = -\phi_u[(x_{pk}\sin\theta + y_{pk}\cos\theta) - r] + \varepsilon_{p0k} \quad (F.0.1\text{-}3)$$

3 截面达到承载能力极限状态时的极限转角 ϕ_u 应按下列两种情况确定：

1）当截面受压区外边缘的混凝土压应变 ε_c 达到混凝土极限压应变 ε_{cu} 且受拉区最外排钢筋的应变 ε_{sl} 小于 0.01 时，应按下列公式计算：

$$\phi_u = \frac{\varepsilon_{cu}}{x_n} \quad (F.0.1\text{-}4)$$

2）当截面受拉区最外排钢筋的应变 ε_{sl} 达到 0.01 且受压区外边缘的混凝土压应变 ε_c 小于混凝土极限压应变 ε_{cu} 时，应按下列公式计算：

$$\phi_u = \frac{0.01}{h_{01} - x_n} \quad (F.0.1\text{-}5)$$

4 混凝土单元的压应力和普通钢筋单元、预应力钢筋单元的应力应按本规范第 7.1.2 条的基本假定确定；

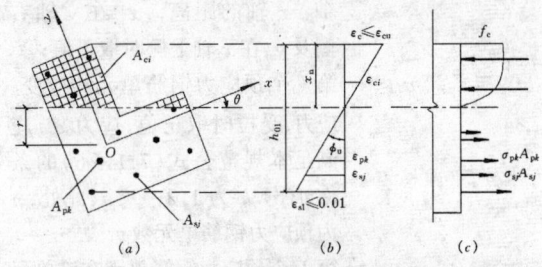

图 F.0.1 任意截面构件正截面承载力计算
(a) 截面、配筋及其单元划分；
(b) 应变分布；(c) 应力分布

5 构件正截面承载力应按下列公式计算（图 F.0.1）：

$$N \leqslant \sum_{i=1}^{l} \sigma_{ci}A_{ci} - \sum_{j=1}^{m} \sigma_{sj}A_{sj} - \sum_{k=1}^{n} \sigma_{pk}A_{pk}$$
(F.0.1-6)

$$M_x \leqslant \sum_{i=1}^{l} \sigma_{ci}A_{ci}x_{ci} - \sum_{j=1}^{m} \sigma_{sj}A_{sj}x_{sj} - \sum_{k=1}^{n} \sigma_{pk}A_{pk}x_{pk}$$
(F.0.1-7)

$$M_y \leqslant \sum_{i=1}^{l} \sigma_{ci}A_{ci}y_{ci} - \sum_{j=1}^{m} \sigma_{sj}A_{sj}y_{sj} - \sum_{k=1}^{n} \sigma_{pk}A_{pk}y_{pk}$$
(F.0.1-8)

式中 N——轴向力设计值，当为压力时取正值，当为拉力时取负值；

M_x、M_y——考虑结构侧移、构件挠曲和附加偏心距引起的附加弯矩后，在截面 x 轴、y 轴方向的弯矩设计值；由压力产生的偏心在 x 轴的上侧时 M_y 取正值，由压力产生的偏心在 y 轴的右侧时 M_x 取正值；

ε_{ci}、σ_{ci}——第 i 个混凝土单元的应变、应力，受压时取正值，受拉时取应力 $\sigma_{ci}=0$；序号 i 为 1，2，…，l，此处，l 为混凝土单元数；

A_{ci}——第 i 个混凝土单元面积；

x_{ci}、y_{ci}——第 i 个混凝土单元重心到 y 轴、x 轴的距离，x_{ci} 在 y 轴右侧及 y_{ci} 在 x 轴上侧时取正值；

ε_{sj}、σ_{sj}——第 j 个普通钢筋单元的应变、应力，受拉时取正值，应力 σ_{si} 应满足本规范公式（7.1.5-5）的条件；序号 j 为 1，2，…，m，此处，m 为普通钢筋单元数；

A_{sj}——第 j 个普通钢筋单元面积；

x_{sj}、y_{sj}——第 j 个普通钢筋单元重心到 y 轴、x 轴的距离，x_{sj} 在 y 轴右侧及 y_{sj} 在 x 轴上侧时取正值；

ε_{pk}、σ_{pk}——第 k 个预应力钢筋单元的应变、应力，受拉时取正值，应力 σ_{pk} 应满足本规范公式（7.1.5-6）的条件，序号 k 为 1，2，…，n，此处，n 为预应力钢筋单元数；

ε_{p0k}——第 k 个预应力钢筋单元在该单元重心处混凝土法向应力等于零时的应变，其值取 σ_{p0k} 除以预应力钢筋的弹性模量，当受拉时取正值；σ_{p0k} 按本规范公式（6.1.5-3）或公式（6.1.5-6）计算；

A_{pk}——第 k 个预应力钢筋单元面积；

x_{pk}、y_{pk}——第 k 个预应力钢筋单元重心到 y 轴、x 轴的距离，x_{pk} 在 y 轴右侧及 y_{pk} 在 x 轴上侧时取正值；

x、y——以截面重心为原点的直角坐标轴；

r——截面重心至中和轴的距离；

h_{01}——截面受压区外边缘至受拉区最外排普通钢筋之间垂直于中和轴的距离；

θ——x 轴与中和轴的夹角，顺时针方向取正值；

x_n——中和轴至受压区最外侧边缘的距离。

F.0.2 在确定中和轴位置时，应要求双向受弯构件的内、外弯矩作用平面相重合；应要求双向偏心受力构件的轴向力作用点、混凝土和受压钢筋的合力点以及受拉钢筋的合力点在同一条直线上。当不符合以上条件时，尚应考虑扭转的影响。

附录 G 板柱节点计算用等效集中反力设计值

G.0.1 在竖向荷载、水平荷载作用下的板柱节点，其受冲切承载力计算中所用的等效集中反力设计值 $F_{l,eq}$ 可按下列情况确定：

1 传递单向不平衡弯矩的板柱节点

当不平衡弯矩作用平面与柱矩形截面两个轴线之一相重合时，可按下列两种情况进行计算：

1）由节点受剪传递的单向不平衡弯矩 $\alpha_0 M_{unb}$，当其作用的方向指向图 G.0.1 的 AB 边时，等效集中反力设计值可按下列公式计算：

$$F_{l,eq} = F_l + \frac{\alpha_0 M_{unb} a_{AB}}{I_c} u_m h_0 \quad (G.0.1-1)$$

$$M_{unb} = M_{unb,c} - F_l e_g \quad (G.0.1-2)$$

2）由节点受剪传递的单向不平衡弯矩 $\alpha_0 M_{unb}$，当其作用的方向指向图 G.0.1 的 CD 边时，等效集中反力设计值可按下列公式计算：

$$F_{l,eq} = F_l + \frac{\alpha_0 M_{unb} a_{CD}}{I_c} u_m h_0 \quad (G.0.1-3)$$

$$M_{unb} = M_{unb,c} + F_l e_g \quad (G.0.1-4)$$

式中 F_l——在竖向荷载、水平荷载作用下，柱所承受的轴向压力设计值的层间差值减去冲切破坏锥体范围内板所承受的荷载设计值；

α_0——计算系数，按本规范第 G.0.2 条计算；

M_{unb}——竖向荷载、水平荷载对轴线 2（图 G.0.1）产生的不平衡弯矩设计值；

$M_{unb,c}$——竖向荷载、水平荷载对轴线1（图G.0.1）产生的不平衡弯矩设计值；

$a_{AB}、a_{CD}$——轴线2至AB、CD边缘的距离；

I_c——按临界截面计算的类似极惯性矩，按本规范第G.0.2条计算；

e_g——在弯矩作用平面内轴线1至轴线2的距离，按本规范第G.0.2条计算；对中柱截面和弯矩作用平面平行于自由边的边柱截面，$e_g=0$。

$\alpha_{0x}、\alpha_{0y}$——x轴、y轴的计算系数，按本规范第G.0.2条和第G.0.3条确定；

$I_{cx}、I_{cy}$——对x轴、y轴按临界截面计算的类似极惯性矩，按本规范第G.0.2条和第G.0.3条确定；

$a_x、a_y$——最大剪应力τ_{max}作用点至x轴、y轴的距离。

3 当考虑不同的荷载组合时，应取其中的较大值作为板柱节点受冲切承载力计算用的等效集中反力设计值。

G.0.2 板柱节点考虑受剪传递单向不平衡弯矩的受冲切承载力计算中，与等效集中反力设计值$F_{l,eq}$有关的参数和本附录图G.0.1中所示的几何尺寸，可按下列公式计算：

1 中柱处临界截面的类似极惯性矩、几何尺寸及计算系数可按下列公式计算（图G.0.1a）：

$$I_c = \frac{h_0 a_t^3}{6} + 2h_0 a_m \left(\frac{a_t}{2}\right)^2 \quad (G.0.2-1)$$

$$a_{AB} = a_{CD} = \frac{a_t}{2} \quad (G.0.2-2)$$

$$e_g = 0 \quad (G.0.2-3)$$

$$\alpha_0 = 1 - \frac{1}{1 + \frac{2}{3}\sqrt{\frac{h_c + h_0}{b_c + h_0}}} \quad (G.0.2-4)$$

2 边柱处临界截面的类似极惯性矩、几何尺寸及计算系数可按下列公式计算：

1) 弯矩作用平面垂直于自由边（图G.0.1b）

$$I_c = \frac{h_0 a_t^3}{6} + h_0 a_m a_{AB}^2 + 2h_0 a_t \left(\frac{a_t}{2} - a_{AB}\right)^2$$

$$(G.0.2-5)$$

$$a_{AB} = \frac{a_t^2}{a_m + 2a_t} \quad (G.0.2-6)$$

$$a_{CD} = a_t - a_{AB} \quad (G.0.2-7)$$

$$e_g = a_{CD} - \frac{h_c}{2} \quad (G.0.2-8)$$

$$\alpha_0 = 1 - \frac{1}{1 + \frac{2}{3}\sqrt{\frac{h_c + h_0/2}{b_c + h_0}}} \quad (G.0.2-9)$$

2) 弯矩作用平面平行于自由边（图G.0.1c）

$$I_c = \frac{h_0 a_t^3}{12} + 2h_0 a_m \left(\frac{a_t}{2}\right)^2 \quad (G.0.2-10)$$

$$a_{AB} = a_{CD} = \frac{a_t}{2} \quad (G.0.2-11)$$

$$e_g = 0 \quad (G.0.2-12)$$

$$\alpha_0 = 1 - \frac{1}{1 + \frac{2}{3}\sqrt{\frac{h_c + h_0}{b_c + h_0/2}}}$$

$$(G.0.2-13)$$

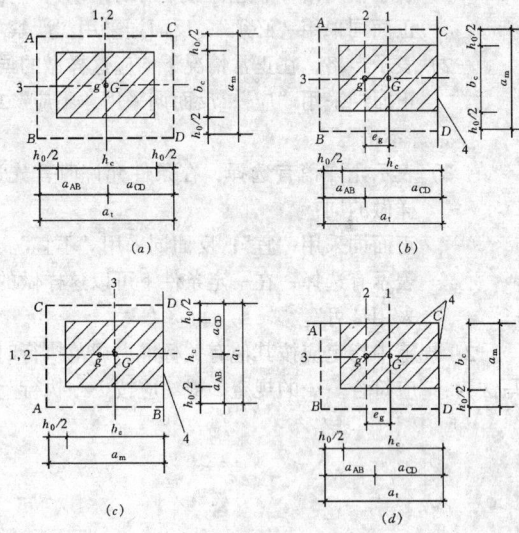

图G.0.1 矩形柱及受冲切承载力计算的几何参数

(a)中柱截面；(b)边柱截面（弯矩作用平面垂直于自由边）；(c)边柱截面（弯矩作用平面平行于自由边）；(d)角柱截面

1—通过柱截面重心G的轴线；2—通过临界截面周长重心g的轴线；3—不平衡弯矩作用平面；4—自由边

2 传递双向不平衡弯矩的板柱节点

当节点受剪传递的两个方向不平衡弯矩为$\alpha_{0x}M_{unb,x}、\alpha_{0y}M_{unb,y}$时，等效集中反力设计值可按下列公式计算：

$$F_{l,eq} = F_l + \tau_{unb,max} u_m h_0 \quad (G.0.1-5)$$

$$\tau_{unb,max} = \frac{\alpha_{0x}M_{unb,x}a_x}{I_{cx}} + \frac{\alpha_{0y}M_{unb,y}a_y}{I_{cy}}$$

$$(G.0.1-6)$$

式中 $\tau_{unb,max}$——双向不平衡弯矩在临界截面上产生的最大剪应力设计值；

$M_{unb,x}、M_{unb,y}$——竖向荷载、水平荷载引起对临界截面周长重心处x轴、y轴方向的不平衡弯矩设计值，可按公式（G.0.1-2）或公式（G.0.1-4）同样的方法确定；

3 角柱处临界截面的类似极惯性矩、几何尺寸及计算系数可按下列公式计算（图G.0.1d）：

$$I_c = \frac{h_0 a_t^3}{12} + h_0 a_m a_{AB}^2 + h_0 a_t \left(\frac{a_t}{2} - a_{AB}\right)^2$$
(G.0.2-14)

$$a_{AB} = \frac{a_t^2}{2(a_m + a_t)} \quad (G.0.2\text{-}15)$$

$$a_{CD} = a_t - a_{AB} \quad (G.0.2\text{-}16)$$

$$e_g = a_{CD} - \frac{h_c}{2} \quad (G.0.2\text{-}17)$$

$$\alpha_0 = 1 - \frac{1}{1 + \frac{2}{3}\sqrt{\frac{h_c + h_0/2}{b_c + h_0/2}}}$$
(G.0.2-18)

G.0.3 在按本附录公式（G.0.1-5）、公式（G.0.1-6）进行板柱节点考虑传递双向不平衡弯矩的受冲切承载力计算中，如将本附录第 G.0.2 条的规定视作 x 轴（或 y 轴）的类似极惯性矩、几何尺寸及计算系数，则与其相应的 y 轴（或 x 轴）的类似极惯性矩、几何尺寸及计算系数，可将前述的 x 轴（或 y 轴）的相应参数进行置换确定。

G.0.4 当边柱、角柱部位有悬臂板时，临界截面周长可计算至垂直于自由边的板端处，按此计算的临界截面周长应与按中柱计算的临界截面周长相比较，并取两者中的较小值。在此基础上，应按本规范第 G.0.2 条和第 G.0.3 条的原则，确定板柱节点考虑受剪传递不平衡弯矩的受冲切承载力计算所用等效集中反力设计值 $F_{l,eq}$ 的有关参数。

本规范用词用语说明

1 为了便于在执行本规范条文时区别对待，对要求严格程度不同的用词说明如下：

  1) 表示很严格，非这样做不可的用词：
     正面词采用"必须"；反面词采用"严禁"。
  2) 表示严格，在正常情况下均应这样做的词：
     正面词采用"应"；反面词采用"不应"或"不得"。
  3) 表示允许稍有选择，在条件允许时首先这样做的词：
     正面词采用"宜"；反面词采用"不宜"。
     表示有选择，在一定条件下可以这样做的，采用"可"。

2 规范中指定应按其他有关标准、规范执行时，写法为："应符合……的规定"或"应按……执行"。

中华人民共和国国家标准

混凝土结构设计规范

GB 50010—2002

条 文 说 明

目　次

1 总则 …………………………… 4—85
2 术语、符号 …………………… 4—85
3 基本设计规定 ………………… 4—85
4 材料 …………………………… 4—87
5 结构分析 ……………………… 4—89
6 预应力混凝土结构构件计算要求 ………
　……………………………………… 4—91
7 承载能力极限状态计算 ……… 4—92
8 正常使用极限状态验算 ……… 4—103
9 构造规定 ……………………… 4—105
10 结构构件的基本规定 ………… 4—108
11 混凝土结构构件抗震设计 …… 4—115

附录 A　素混凝土结构构件计算 …… 4—122
附录 B　钢筋的公称截面面积、计算截面面积及理论重量 ……… 4—122
附录 C　混凝土的多轴强度和本构关系 ……………………………… 4—122
附录 D　后张预应力钢筋常用束形的预应力损失 ………………… 4—123
附录 E　与时间相关的预应力损失 …… 4123
附录 F　任意截面构件正截面承载力计算 ……………………… 4—124
附录 G　板柱节点计算用等效集中反力设计值 ……………… 4—124

1 总则

1.0.1～1.0.3 为实现房屋、铁路、公路、港口和水利水电工程混凝土结构共性技术问题设计方法的统一，本次修订组的组成包括了各行业的混凝土结构专家，以求相互沟通，使本规范的共性技术问题能为各行业规范认可。实现各行业共性技术问题设计方法统一是必要的，但它是一个过程，本次修订是向这一目标迈出的第一步。根据建设部标准定额司的指示，现阶段各行业混凝土结构设计规范仍保持相对的完整性，以利于平稳过渡。

当结构受力的情况、材料性能等基本条件与本规范的编制依据有出入时，则需根据具体情况，通过专门试验或分析加以解决。

应当指出，对无粘结预应力混凝土结构，其材料及正截面受弯承载力及裂缝宽度计算等均与有粘结预应力混凝土结构有所不同。这些内容由专门规程作出规定。对采用陶粒、浮石、煤矸石等为骨料的混凝土结构，应按有关标准进行设计。

设计下列结构时，尚应符合专门标准的有关规定：

1 修建在湿陷性黄土、膨胀土地区或地下采掘区等的结构；

2 结构表面温度高于100℃或有生产热源且结构表面温度经常高于60℃的结构；

3 需作振动计算的结构。

2 术语、符号

2.1 术语

术语是本规范新增的内容，主要是根据现行国家标准《工程结构设计基本术语和通用符号》GBJ132、《建筑结构设计术语和符号标准》GB/T50083、《建筑结构可靠度设计统一标准》GB50068、《建筑结构荷载规范》GB50009等给出的。

2.2 符号

符号主要是根据《混凝土结构设计规范》GBJ10—89（以下简称原规范）规定的。有些符号因术语的改动而作了相应的修改，例如，本规范将长期效应组合改称为准永久组合，所以原规范符号 N_l 相应改为本规范符号 N_q。

3 基本设计规定

3.1 一般规定

3.1.1 本规范按现行国家标准《建筑结构可靠度设计统一标准》GB 50068采用荷载分项系数、材料性能分项系数（为了简便，直接以材料强度设计值表达）、结构重要性系数进行设计。

本规范中的荷载分项系数应按现行国家标准《建筑结构荷载规范》GB 50009的规定取用。

3.1.2 对极限状态的分类，系根据现行国家标准《建筑结构可靠度设计统一标准》GB 50068的规定确定。

3.1.3～3.1.5 对结构构件的计算和验算要求，与原规范基本相同。增加了漂浮验算，对疲劳验算修改较大。

《建筑结构荷载规范》GBJ 9—87中的吊车，分为轻级、中级、重级和超重级工作制。现荷载规范修订组根据国家标准《起重机设计规范》GB 3811中吊车的利用等级U和载荷状态Q，将吊车分为A1～A8八个工作级别，将原荷载规范的四级工作制改为八级工作级别，本规范作了相应的修订。

原规范中有关疲劳问题，包括轻级、中级和重级工作制吊车，不包括超重级工作制吊车。本规范中所述吊车，仍未包括超重级工作制吊车。当设计直接承受超重级工作制吊车的吊车梁时，建议根据工程经验采用钢结构。

在具有荷载效应谱和混凝土及钢筋应力谱的情况下，可按专门标准的有关规定进行疲劳验算。

3.1.6 当结构发生局部破坏时，如不引发大范围倒塌，即认为结构具有整体稳定性。结构的延性、荷载传力途径的多重性以及结构体系的超静定性，均能加强结构的整体稳定性。设置竖直方向和水平方向通长的钢筋系杆将整个结构连系成一个整体，是提供结构整体稳定性的方法之一。另一方面，按特定的局部破坏状态的荷载组合进行设计，也是保证结构整体稳定性的措施之一。

当偶然事件产生特大的荷载时，要求按荷载效应的偶然组合进行设计（见第3.2.3条）以保持结构的完整无缺，往往经济上代价太高，有时甚至不现实。此时，可采用允许局部爆炸或撞击引起结构发生局部破坏，但整个结构不发生连续倒塌的原则进行设计。

3.1.7 各类建筑结构的设计使用年限是不应统一的，应按《建筑结构可靠度设计统一标准》的规定取用，相应的荷载设计值及耐久性措施均应根据设计使用年限确定。

3.1.8 结构改变用途和使用环境将影响其结构性能及耐久性，因此必须经技术鉴定或设计许可。

3.2 承载能力极限状态计算规定

3.2.1 关于本规范表3.2.1建筑结构安全等级选用问题，设计部门可根据工程实际情况和设计传统习惯选用。大多数建筑物的安全等级均属二级。

3.2.2 由于《建筑结构荷载规范》GB 50009中新增

的由永久荷载效应控制的组合，使承受恒载为主的结构构件的安全度有所提高，并且本规范取消了原规范混凝土弯曲抗压强度 f_{cm}，统一取用抗压强度 f_c，使以混凝土受压为主的结构构件的安全度有所提高，所以取消了原规范对屋架、托架、承受恒载为主的柱安全等级应提高一级的规定。

工程实践表明，由于混凝土结构在施工阶段容易发生质量问题，因此取消了原规范对施工阶段预制构件安全等级可降低一级的规定。

3.2.3 符号 S 在《建筑结构荷载规范》GB 50009 中为荷载效应组合的设计值；在《建筑抗震设计规范》GB 50011 中为地震作用效应与其他荷载效应的基本组合，又称结构构件内力组合的设计值。

当几何参数的变异性对结构性能有明显影响时，需考虑其不利影响。例如，薄板的截面有效高度的变异性对薄板正截面承载力有明显影响，在计算截面有效高度时宜考虑施工允许偏差带来的不利影响。

3.3 正常使用极限状态验算规定

3.3.1 对正常使用极限状态，原规范规定按荷载的持久性采用两种组合，即荷载的短期效应组合和长期效应组合。本规范根据《建筑结构可靠度设计统一标准》GB50068 的规定，将荷载的短期效应组合、长期效应组合改称为荷载效应的标准组合、准永久组合。在标准组合中，含有起控制作用的一个可变荷载标准值效应；在准永久组合中，含有可变荷载准永久值效应。这就使荷载效应组合的名称与荷载代表值的名称相对应。

对构件裂缝宽度、构件刚度的计算，本规范采用按荷载效应标准组合并考虑长期作用影响进行计算，与原规范的含义相同。

3.3.2 表 3.3.2 中关于受弯构件挠度的限值保持原规范的规定。悬臂构件是工程实践中容易发生事故的构件，设计时对其挠度需从严掌握。

3.3.3～3.3.4 本规范将裂缝控制等级划分为一级、二级和三级。等级是对裂缝控制严格程度而言的，设计人员需根据具体情况选用不同的等级。关于构件裂缝控制等级的划分，国际上一般都根据结构的功能要求、环境条件对钢筋的腐蚀影响、钢筋种类对腐蚀的敏感性和荷载作用的时间等因素来考虑。本规范在裂缝控制等级的划分上考虑了以上因素。

1 本规范在具体划分裂缝控制等级和确定有关限值时，主要参考了下列资料：(1) 1974 年混凝土结构设计规范及原规范有关规定的历史背景；(2) 工程实践经验及国内常用构件的实际设计抗裂度和裂缝宽度的调查统计结果；(3) 耐久性专题研究组对国内典型地区工程调查的结果，长期暴露试验与快速试验的结果；(4) 国外规范的有关规定。

2 对于采用热轧钢筋配筋的混凝土结构构件的裂缝宽度限值的确定，考虑了现行国内外规范的有关规定，并参考了耐久性专题研究组对裂缝的调查结果。

室内正常环境条件下钢筋混凝土构件最大裂缝剖形观察结果表明，不论其裂缝宽度大小、使用时间长短、地区湿度高低，凡钢筋上不出现结露或水膜，则其裂缝处钢筋基本上未发现明显的锈蚀现象；国外的一些工程调查结果也表明了同样的观点。

对钢筋混凝土屋架、托架、主要屋面承重构件，根据以往的工程经验，裂缝宽度限值宜从严控制。

对钢筋混凝土吊车梁的裂缝宽度限值，原规范对重级和中级工作制吊车分别规定为 0.2 和 0.3mm，现在重级和中级的名称已被取消，所以对需作疲劳验算的吊车梁，统一规定为 0.2mm。

对处于露天或室内潮湿环境条件下的钢筋混凝土构件，剖形观察结果表明，裂缝处钢筋都有不同程度的表皮锈蚀，而当裂缝宽度小于或等于 0.2mm 时，裂缝处钢筋上只有轻微的表皮锈蚀。根据上述情况，并参考国内外有关资料，规定最大裂缝宽度限值采用 0.2mm。

对使用除冰盐的环境，考虑到锈蚀试验及工程实践表明，钢筋混凝土结构构件的受力垂直裂缝宽度，对耐久性的影响不是太大，故仍允许存在受力裂缝。参考国内外有关规范，规定最大裂缝宽度限值为 0.2mm。

3 在原规范中，对采用预应力钢丝、钢绞线及热处理钢筋的预应力混凝土构件，考虑到钢丝直径较小和热处理钢筋对锈蚀比较敏感，一旦出现裂缝，会严重影响结构耐久性，故规定在室内正常环境下采用二级裂缝控制，在露天环境下采用一级裂缝控制。鉴于这方面的规定偏严，故在 1993 年原规范的局部修订中提出：各类预应力混凝土构件，在有可靠工程经验的前提下，对抗裂要求可作适当放宽。

4 根据工程实际设计和使用经验，主要是最近十多年来现浇后张法预应力框架和楼盖结构在我国的大量推广应用的经验，并参考国内外有关规范的规定；同时，还考虑了部分预应力混凝土构件的发展趋势，本次修订对预应力混凝土结构的裂缝控制，着重于考虑环境条件对钢筋腐蚀的影响，并考虑结构的功能要求以及荷载作用时间等因素作出规定。同时，取消了原规范的混凝土拉应力限制系数和受拉区混凝土塑性影响系数，以尽可能简化计算。对原规范室内正常环境下的一般构件，从二级裂缝控制等级放松为三级(楼板、屋面板仍为二级)；对原规范露天环境下的构件，从一级裂缝控制等级放松为二级(吊车梁仍为一级)；对原规范未涉及的三类环境下的构件，新增加规定为一级裂缝控制等级。

3.4 耐久性规定

3.4.1 本条规定了混凝土结构耐久性设计的基本原则，按环境类别和设计使用年限进行设计。表 3.4.1 列出的环境类别与 CEB 模式规范 MC-90 基本相同。表中二类环境 a 与 b 的主要差别在于有无冰冻。三类环境中的使用除冰盐环境是指北方城市依靠喷洒盐水除冰化雪的立交桥及类似环境，滨海室外环境是指在海水浪溅区之外，但其前面没有建筑物遮挡的混凝土结构。四类和五类环境的详细划分和耐久性设计方法由《港口工程技术规范》及《工业建筑防腐蚀设计规范》GB 50046 等标准解决。

关于严寒和寒冷地区的定义，《民用建筑热工设计规程》JGJ 24—86 规定如下：

严寒地区：累年最冷月平均温度低于或等于 -10℃的地区。

寒冷地区：累年最冷月平均温度高于 -10℃、低于或等于 0℃的地区。

累年系指近期 30 年，不足 30 年的取实际年数，但不得少于 10 年。各地可根据当地气象台站的气象参数确定所属气候区域，也可根据《建筑气象参数标准》提供的参数确定所属气候区域。

3.4.2 本条对一类、二类和三类环境中，设计使用年限为 50 年的混凝土结构的混凝土作出了规定。

表 3.4.2 中水泥用量为下限值，适宜的水泥用量应根据施工情况确定。混凝土中碱含量的计算方法参见《混凝土碱含量限值标准》CECS53∶93 的规定。

3.4.3 本条对于设计使用年限为 100 年且处于一类环境中的混凝土结构作了专门的规定。

根据国内混凝土结构耐久性状态的调查，一类环境设计使用年限为 50 年基本可以得到保证。但国内一类环境实际使用年数超过 100 年的混凝土结构极少。耐久性调查发现，实际使用年数在 70~80 年一类环境中的混凝土构件基本完好，这些构件的混凝土立方体抗压强度在 15N/mm² 左右，保护层厚度 15~20mm。因此，对混凝土中氯离子含量加以限制；适当提高混凝土的强度等级和保护层厚度；特别是规定需定期进行维护，一类环境中的混凝土结构设计使用年限 100 年可得到保证。

3.4.4 二、三类环境的情况比较复杂，要求在设计中：限制混凝土的水灰比；适当提高混凝土的强度等级；保证混凝土抗冻性能；提高混凝土抗渗透能力；使用环氧涂层钢筋；构造上注意避免积水；构件表面增加防护层使构件不直接承受环境作用等，都是可采取的措施，特别是规定维修的年限或局部更换，都可以延长主体结构的实际使用年数。

3.4.5~3.4.6 混凝土的抗冻性能和抗渗性能试验方法、等级划分及配合比限制按有关的规范标准执行。混凝土抗渗和抗冻的设计可参考《水工混凝土结构设计规范》DL/T 5057 及《地下工程防水技术规范》GB 50108 的规定。

3.4.7 环氧树脂涂层钢筋是采用静电喷涂环氧树脂粉末工艺，在钢筋表面形成一定厚度的环氧树脂防腐涂层。这种涂层可将钢筋与其周围混凝土隔开，使侵蚀性介质（如氯离子等）不直接接触钢筋表面，从而避免钢筋受到腐蚀。

鉴于建设部已颁布行业标准《环氧树脂涂层钢筋》JG 3042，该产品在工程中应用也已取得了一定的使用经验，故本次修订增加了环氧树脂涂层钢筋应用的规定。

4 材 料

4.1 混 凝 土

4.1.1 混凝土强度等级的确定原则为：混凝土强度总体分布的平均值减去 1.645 倍标准差（保证率 95%）。混凝土强度等级由立方体抗压强度标准值确定，立方体抗压强度标准值是本规范混凝土各种力学指标的基本代表值。

4.1.2 本条对混凝土结构的最低混凝土强度等级作了规定。基础垫层的混凝土强度等级可采用 C10。

4.1.3~4.1.4 我国建筑工程实际应用的混凝土平均强度等级和钢筋的平均强度等级，均低于发达国家。我国结构安全度总体上比国际水平低，但材料用量并不少，其原因在于国际上较高的安全度是靠较高强度的材料实现的。为扭转这种情况，本规范在混凝土方面新增加了有关高强混凝土的内容。

1 混凝土抗压强度

本规范将原规范的弯曲抗压强度 f_{cmk}、f_{cm} 取消。

棱柱强度与立方强度之比值 α_{c1} 对普通混凝土为 0.76，对高强混凝土则大于 0.76。本规范对 C50 及以下取 $\alpha_{c1}=0.76$，对 C80 取 $\alpha_{c1}=0.82$，中间按线性规律变化。

本规范对 C40 以上混凝土考虑脆性折减系数 α_{c2}，对 C40 取 $\alpha_{c2}=1.0$，对 C80 取 $\alpha_{c2}=0.87$，中间按线性规律变化。

考虑到结构中混凝土强度与试件混凝土强度之间的差异，根据以往的经验，并结合试验数据分析，以及参考其他国家的有关规定，对试件混凝土强度修正系数取为 0.88。

本规范的轴心抗压强度标准值与设计值分别按下式计算：

$$f_{ck}=0.88\alpha_{c1}\alpha_{c2}f_{cu,k}$$
$$f_c=f_{ck}/\gamma_c=f_{ck}/1.4$$

本规范的 f_c 是在下列四项前提下确定的：

1) 按荷载规范规定，新增由永久荷载效应控制的组合；

2）取消原规范对屋架、托架，以及对承受恒载为主的轴压、小偏压柱安全等级提高一级的规定；

3）保留附加偏心距 e_a 的规定；

4）混凝土材料分项系数 γ_c 取为 1.4。

2 混凝土抗拉强度

本规范的轴心抗拉强度标准值与设计值分别按下式计算：

$$f_{tk}=0.88\times 0.395 f_{cu,k}^{0.55}(1-1.645\delta)^{0.45}\times \alpha_{c2}$$

$$f_t=f_{tk}/\gamma_c=f_{tk}/1.4$$

式中，系数 0.395 和指数 0.55 是根据原规范确定抗拉强度的试验数据再加上我国近年来对高强混凝土研究的试验数据，统一进行分析后得出的。

基于 1979～1980 年对全国十个省、市、自治区的混凝土强度的统计调查结果，以及对 C60 以上混凝土的估计判断，本规范对混凝土立方体强度采用的变异系数如下表：

$f_{cu,k}$	C15	C20	C25	C30	C35	C40	C45	C50	C55	C60~C80
δ	0.21	0.18	0.16	0.14	0.13	0.12	0.12	0.11	0.11	0.10

4.1.5 根据高强混凝土专题研究结果，高强混凝土弹性模量仍可采用原规范计算公式。本规范的混凝土弹性模量按下式计算：

$$E_c=\frac{10^5}{2.2+\frac{34.7}{f_{cu,k}}}\quad (N/mm^2)$$

式中 $f_{cu,k}$ 以混凝土强度等级值（按 N/mm^2 计）代入，可求得与立方体抗压强度标准值相对应的弹性模量。

4.1.6 本规范取消了弯曲抗压强度 f_{cm}，所以混凝土的疲劳抗压强度修正系数 γ_ρ 相应提高 10%。但考虑到原规范混凝土疲劳强度修正系数 γ_ρ 是由考虑将《钢筋混凝土结构设计规范》TJ10—74 中的疲劳强度设计值 $\gamma_\rho R_f$ 改为 $\gamma_\rho f_t$，且 $R_f/f_t\approx 1.5$，又考虑到《建筑结构荷载规范》GBJ9—87 的吊车动力系数比荷载规范 TJ9—74 约降低 7%这些因素。因此原规范中的 γ_ρ 比设计规范 TJ10—74 提高 40%，即按 $R_f/(f_t\times 1.07)=1.4$ 进行调整。这仅适用于混凝土抗拉疲劳强度，而抗压疲劳强度的修正系数也提高到 1.4 倍是不合适的。另外考虑到在正常配筋情况下，混凝土的抗压疲劳强度一般不起控制作用。所以综合考虑上述因素，为便于设计，没有分别给出混凝土抗压和抗拉强度的疲劳强度修正系数，而仍按原规范规定取用 γ_ρ 值。

国内疲劳专题研究及国外对高强度混凝土的疲劳强度的试验结果表明，高强混凝土的疲劳强度折减系数与普通混凝土的疲劳强度折减系数无明显差别，所以本规范将普通混凝土的疲劳强度修正系数扩大应用于高强混凝土，且与试验结果符合较好。根据疲劳专题研究的试验结果，本规范增列了高强混凝土的疲劳变形模量。

疲劳指标（包括混凝土疲劳强度设计值、混凝土疲劳变形模量和钢筋疲劳应力幅限值）是指等幅疲劳二百万次的指标，不包括变幅疲劳。

4.2 钢　筋

4.2.1 本规范在钢筋方面提倡用 HRB400 级（即新Ⅲ级）钢筋作为我国钢筋混凝土结构的主力钢筋；用高强的预应力钢绞线、钢丝作为我国预应力混凝土结构的主力钢筋，推进在我国工程实践中提升钢筋的强度等级。

原规范颁布实施以来，混凝土结构用钢筋、钢丝、钢绞线的品种和性能有了进一步的发展，研制开发成功了一批钢筋新品种，对原有钢筋标准进行修订。主要变动有：以屈服点为 400 N/mm^2 的钢筋替代原屈服点为 370N/mm^2 的钢筋；调整了预应力混凝土用钢丝、钢绞线的品种和性能。

本规范所依据的钢筋标准

项　次	钢 筋 种 类	标 准 代 号
1	热轧钢筋	GB1499—98
		GB13013—91
		GB13014—91
2	预应力钢丝	GB/T5223—95
3	预应力钢绞线	GB/T5224—95
4	热处理钢筋	GB4463—84

表中所列预应力钢丝包括了原规范中的消除应力的光面碳素钢丝及新列入的螺旋肋钢丝及三面刻痕钢丝。

近年来，我国强度高、性能好的预应力钢筋（钢丝、钢绞线）已可充分供应，故冷拔低碳钢丝和冷拉钢筋不再列入本规范，冷轧带肋钢筋和冷轧扭钢筋亦因已有专门规程而不再列入本规范。不列入本规范不是不允许使用这些钢筋，而是使用冷拔低碳钢丝、冷轧带肋钢筋、冷轧扭钢筋和焊接钢筋网时，应符合专门规程《冷拔钢丝预应力混凝土构件设计与施工规程》JGJ19、《冷轧带肋钢筋混凝土结构技术规程》JGJ95、《冷轧扭钢筋混凝土构件技术规程》JGJ115 和《钢筋焊接网混凝土结构技术规程》JGJ/T114 的规定。使用冷拉钢筋时，其冷拉后的钢筋强度采用原规范（1996 局部修订）的规定。

4.2.2 根据 4.2.1 说明中列出的钢筋标准，对钢筋种类，规格和强度标准值相应作了修改。

4.2.3 HPB235 级钢筋、HRB400 级钢筋的设计值按

原规范取用。HRB 335级钢筋的强度设计值改为300N/m²，使这三个级别钢筋的材料分项系数 γ_s 取值相一致，都取为1.10。

对预应力用钢丝、钢绞线和热处理钢筋，原规范取用 $0.8\sigma_b$（σ_b 为钢筋国家标准的极限抗拉强度）作为条件屈服点，本规范改为 $0.85\sigma_b$，以与钢筋的国家标准相一致。钢筋材料分项系数 γ_s 取用1.2。例如 $f_{ptk}=1770\text{N/mm}^2$ 的预应力钢丝，强度设计值 $f_{py}=1770\times0.85/1.2=1253\text{N/mm}^2$，取整为 1250N/mm^2，较原规范（1996局部修订）的 1200N/mm^2 提高约4%。

4.2.5 根据国内外的疲劳试验的资料表明：影响钢筋疲劳强度的主要因素为钢筋疲劳应力幅，即 $\sigma_{max}^f - \sigma_{min}^f$，所以本规范根据原规范的钢筋疲劳强度设计值，给出考虑应力比的钢筋疲劳应力幅限值。

钢绞线的疲劳应力幅限值是这次新增加的内容，主要参考了我国《铁路桥涵钢筋混凝土和预应力混凝土结构设计规范》TB 10002.3-99。该规范中规定的疲劳应力幅限值为 140N/mm^2，其试验依据为 $f_{ptk}=1860\text{N/mm}^2$ 的高强钢绞线，考虑到本规范中钢绞线强度还有 $f_{ptk}=1570\text{N/mm}^2$ 的等级以及预应力钢筋在曲线管道中等因素的影响，故采用偏安全的表中的限值。

普通钢筋疲劳应力幅限值表4.2.5-1中的空缺，是因为尚缺乏有关的试验数据。

5 结 构 分 析

本章为新增内容，弥补了我国历来混凝土结构设计规范中结构分析内容方面的不足。所列条款反映了我国混凝土结构的设计现状、工程经验和试验研究等方面所取得的进展，同时也参考了国外标准规范的相关内容。

本规范只列入了结构分析的基本原则和各种分析方法的应用条件。各种结构分析方法的具体内容在有关标准中有更详尽的规定时，可遵照执行。

5.1 基 本 原 则

5.1.1 在所有的情况下均应对结构的整体进行分析。结构中的重要部位、形状突变部位以及内力和变形有异常变化的部分（例如较大孔洞周围、节点及其附近、支座和集中荷载附近等），必要时应另作更详细的局部分析。

对结构的两种极限状态进行结构分析时，应采取相应的荷载组合。

5.1.2 结构在不同的工作阶段，例如预制构件的制作、运输和安装阶段，结构的施工期、检修期和使用期等，以及出现偶然事故的情况下，都可能出现多种不利的受力状况，应分别进行结构分析，并确定其可能最不利的作用效应组合。

5.1.3 结构分析应以结构的实际工作状况和受力条件为依据。结构分析的结果应有相应的构造措施作保证。例如：固定端和刚节点的承受弯矩能力和对变形的限制；塑性铰的充分转动能力；适筋截面的配筋率或压区相对高度的限制等。

结构分析方法应有可靠的依据和足够的计算准确程度。

5.1.4 所有结构分析方法的建立都基于三类基本方程，即力学平衡方程、变形协调（几何）条件和本构（物理）关系。其中力学平衡条件必须满足；变形协调条件对有些方法不能严格符合，但应在不同程度上予以满足；本构关系则需合理地选用。

5.1.5 现有的结构分析方法可归纳为五类。各类方法的主要特点和应用范围如下：

1 线弹性分析方法是最基本和最成熟的结构分析方法，也是其他分析方法的基础和特例。它适用于分析一切形式的结构和验算结构的两种极限状态。至今，国内外的大部分混凝土结构的设计仍基于此方法。

结构内力的线弹性分析和截面承载力的极限状态设计相结合，实用上简易可行。按此设计的结构，其承载力一般偏于安全。少数结构因混凝土开裂部分的刚度减小而发生内力重分布，可能影响其他部分的开裂和变形状况。

考虑到混凝土结构开裂后的刚度减小，对梁、柱构件分别取用不等的折减刚度值，但各构件（截面）刚度不随荷载效应的大小而变化，则结构的内力和变形仍可采用线弹性方法进行分析。

2 考虑塑性内力重分布的分析方法设计超静定混凝土结构，具有充分发挥结构潜力、节约材料、简化设计和方便施工等优点。

3 塑性极限分析方法又称塑性分析法或极限平衡法。此法在我国主要用于周边有梁或墙支承的双向板设计。工程设计和施工实践经验证明，按此法进行计算和构造设计简便易行，可保证安全。

4 非线性分析方法以钢筋混凝土的实际力学性能为依据，引入相应的非线性本构关系后，可准确地分析结构受力全过程的各种荷载效应，而且可以解决一切体形和受力复杂的结构分析问题。这是一种先进的分析方法，已经在国内外一些重要结构的设计中采用，并不同程度地纳入国外的一些主要设计规范。但这种分析方法比较复杂，计算工作量大，各种非线性本构关系尚不够完善和统一，至今应用范围仍然有限，主要用于重大结构工程如水坝、核电站结构等的分析和地震下的结构分析。

5 结构或其部分的体形不规则和受力状态复杂，又无恰当的简化分析方法时，可采用试验分析方法。例如剪力墙及其孔洞周围，框架和桁架的主要节点，构件的疲劳，平面应变状态的水坝等。

5.1.6 结构设计中采用电算分析的日益增多，商业的和自编的电算程序都必须保证其运算的可靠性。而且，每一项电算的结果都应作必要的判断和校核。

5.2 线弹性分析方法

5.2.2 由长度大于3倍截面高度的构件所组成的结构，可按杆系结构进行分析。

这里所列的简化假设是多年工程经验证实可行的。有些情况下需另作考虑，例如有些空间结构体系不能或不宜于分解为平面结构分析，高层建筑结构不能忽略轴力、剪力产生的杆件变形对结构内力的影响，细长和柔性的结构或杆件要考虑二阶效应等。

5.2.3 计算图形宜根据结构的实际形状、构件的受力和变形状况、构件间的连接和支承条件以及各种构造措施等，作合理的简化。例如，支座或柱底的固定端应有相应的构造和配筋作保证；有地下室的建筑底层柱，其固定端的位置还取决于底板（梁）的刚度；节点连接构造的整体性决定其按刚接或铰接考虑等。

5.2.4 按构件全截面计算截面惯性矩时，既不计钢筋的换算面积，也不扣除预应力钢筋孔道等的面积。

T形截面梁的惯性矩值按截面矩形部分面积的惯性矩进行修正，比给定翼缘有效宽度进行计算更为简捷。

计算框架在使用阶段的侧移时，构件刚度折减系数的取值参见《钢筋混凝土连续梁和框架考虑内力重分布设计规程》CECS 51:93。

5.2.5 电算程序一般按准确分析方法编制，简化分析方法适合于手算。

5.2.7 各种结构体系和不同支承条件、荷载状况的双向板都可采用线弹性方法分析。结构体系布置规则的双向板，按周边支承板和板柱体系两种情况，分别采用第5.3.2条和第5.3.3条所列方法进行计算，更为简捷方便。

5.2.8 二维和三维结构通过力学分析或模型试验可获得内部应力分布，但不是截面内力（弯矩、轴力、剪力、扭矩），其承载能力极限状态宜由受拉区配设钢筋和受压区验算混凝土多轴强度作保证。前者参见《水工混凝土结构设计规范》DL/T 5057，但一般不考虑混凝土的抗拉强度，后者见本规范附录C。结构的线弹性应力分析与配筋的极限状态计算相结合，其承载力设计结果偏于安全。

5.3 其他分析方法

5.3.1 弯矩调幅法是钢筋混凝土结构考虑塑性内力重分布分析方法中的一种。该方法计算简便，已在我国广为应用多年。弯矩调幅法的原则、方法和设计参数等参见《钢筋混凝土连续梁和框架考虑内力重分布设计规程》CECS 51:93，但应注意应用这种方法的限制条件。

5.3.2 周边有梁或墙支承的钢筋混凝土双向板，可采用塑性铰线法（极限分析的上限解）进行分析，根据板的极限平衡基本方程和两方向单位极限弯矩的比值，依次计算各区格板的弯矩值或者直接利用相应的计算图表确定弯矩值。条带法是极限分析的下限解，已知荷载即可根据平衡条件确定板的弯矩设计值，按此法设计总是偏于安全的。

5.3.3 结构布置规则的板柱体系可直接采用弯矩系数法计算柱上板带和跨中板带的各支座和跨中截面的弯矩值。当结构布置不规则时，可将计算图形取为平面等代框架进行分析，再按柱上板带和跨中板带分配各支座和跨中截面的弯矩值。

5.3.4 杆系（一维）结构和二、三维结构的非线性分析可根据结构的类型和形状，要求的计算精度等，选择分析方法。应根据情况采用不同的离散尺度；确定相应的本构关系，如一点的应力－应变关系、杆件截面的弯矩－曲率关系、杆件的内力－变形关系、不同形状有限单元的本构关系等，并以此为基础推导基本方程和确定计算过程。

进行结构非线性分析时，其各部尺寸和材料性能指标必须预先设定。若采用的混凝土和钢筋的材料性能指标（如强度、弹性模量、峰值应变和屈服应变），或者二者的性能比与实际结构中的相应值有差别时，受力全过程的计算结果，包括结构的应力分布、变形、破坏形态和极限荷载等都会产生不同程度的偏差。

在确定混凝土和钢筋的材料本构关系和强度、变形值时，宜事先进行试验测定。无试验条件时，可采用经过验证的数学模型（如附录C），其参数值应经过标定或有可靠依据。材料的强度和特征变形值宜取平均值，可按附录C的公式计算或表列值采用。

与材料性能指标的取值相适应，当验算结构的承载能力极限状态时，应将荷载效应的基本组合设计值乘以修正系数，其数值根据结构或构件的受力特点和破坏形态确定，但不宜小于下值：

受拉钢筋控制破坏（如轴拉、受弯、
  偏拉、大偏压等）   1.4；
受压混凝土或斜截面控制破坏（如轴
  压、小偏压、受剪、受扭等）1.9。

验算正常使用极限状态时，可取荷载效应的标准组合，一般不作修正。

结构分析中的应力、应变、曲率、变形、裂缝间距和宽度等都可取为一定长度或面积范围内的平均值，以简化计算。混凝土受拉开裂后，在确定构件的变形（曲率）和刚度时，宜考虑混凝土的受拉刚化效应。

结构非线性分析的电算程序，除了严格进行理论考证外，还应有一定的试验验证。

5.3.5 混凝土结构的试验应经专门的设计。对试件的形状、尺寸和数量，材料的品种和性能指标，支承和边界条件，加载的方式、数值和过程，量测项目和测点布置等作出周密考虑，以确保试验结果的有效和准确。

在结构的试验过程中，对量测并记录的各种数据和现象应及时整理和判断。试验结束后应进行分析和计算以确定试件的各项性能指标值和所需的设计参数值，并对试验的准确度作出估计，引出合理的结论。

5.3.6 混凝土的温度－湿度变形和收缩、徐变等因素主要影响结构的正常使用极限状态和耐久性，对结构承载能力极限状态的影响较小，必要时需加分析和验算。温度应力分析参见《水工混凝土结构设计规范》DL/T 5057。

6 预应力混凝土结构构件计算要求

6.1 一般规定

6.1.1 预应力混凝土构件对于承载能力极限状态下的荷载效应基本组合及对于正常使用极限状态下荷载效应的标准组合（原规范的短期效应组合）和准永久组合（长期效应组合），是根据《建筑结构荷载规范》GB 50009 的有关规定并加入了预应力效应项而确定的。预应力效应设计值将在本规范有关章节计算公式中具体给出。预应力效应包括预加力产生的次弯矩、次剪力。在承载能力极限状态下，预应力作用分项系数应按预应力作用的有利或不利，分别取 1.0 或 1.2。当不利时，如后张法预应力混凝土构件锚头局压区的张拉控制力，预应力作用分项系数应取 1.2。在正常使用极限状态下，预应力作用分项系数通常取 1.0。以上保留了原规范的规定，并注意了与国外有关规范的协调。

对承载能力极限状态，当预应力效应列为公式左端项参与荷载效应组合时，根据工程经验，对参与组合的预应力效应项，通常取结构重要性系数 $\gamma_0 = 1.0$。

6.1.2 本条采用了配置预应力钢筋及非预应力普通钢筋的混合配筋设计方法，以及部分预应力混凝土的设计原理。

6.1.3 后张法预应力钢筋的张拉控制应力值 σ_{con} 的限值对消除应力钢丝、钢绞线比原规范提高了 $0.05f_{ptk}$。原因是张拉过程中的高应力在预应力锚固后降低很快，以及这类钢筋的材质较稳定，因而一般不会引起预应力钢筋在张拉过程中拉断的事故。目前国内已有不少单位采用比原规范限值高的 σ_{con}。国外一些规范，如美国 ACI 318 规范的 σ_{con} 限值也较高。所以为了提高预应力钢筋的经济效益，σ_{con} 的限值可适当提高。但是 σ_{con} 增大后会增加预应力损失值，因此合适的张拉控制应力值应根据构件的具体情况确定。

6.1.5 在后张法预应力混凝土超静定结构中存在支座等多余约束。当预加力对超静定梁引起的结构变形受到支座约束时，将产生支座反力，并由该反力产生次弯矩 M_2，使预应力钢筋的轴线与压力线不一致。因此，在计算由预加力在截面中产生的混凝土法向应力时，应考虑该次弯矩 M_2 的影响。

约束构件如柱子或墙对梁、板预应力效果的不利影响，宜在设计中采取适当措施予以解决。

6.1.6 当预应力混凝土构件配置非预应力钢筋时，由于混凝土收缩和徐变的影响，会在这些非预应力钢筋中产生内力。这些内力减少了受压区混凝土的法向预压应力，使构件的抗裂性能降低，因而计算时应考虑这种影响。为简化计算，假定非预应力钢筋的应力取等于混凝土收缩和徐变引起的预应力损失值。但严格地说，这种简化计算当预应力钢筋和非预应力钢筋重心位置不重合时是有一定误差的。

6.1.7~6.1.8 通常对预应力钢筋由于布置上几何偏心引起的内弯矩 $N_p e_{pn}$ 以 M_1 表示，由该弯矩对连续梁引起的支座反力称为次反力，由次反力对梁引起的弯矩称为次弯矩 M_2。在预应力混凝土超静定梁中，由预加力对任一截面引起的总弯矩 M_r 为内弯矩 M_1 与次弯矩 M_2 之和，即 $M_r = M_1 + M_2$。

国内外学者对预应力混凝土连续梁的试验研究表明，对预应力混凝土超静定结构，在进行正截面和斜截面抗裂验算时，应计入预应力次弯矩、次剪力对截面内力的影响，次弯矩和次剪力的预应力分项系数取 1.0。在正截面抗裂验算中，为计及次弯矩的作用，可近似取预加力（扣除相应阶段预应力损失后并考虑非预应力钢筋影响）的等效荷载在结构截面引起的总弯矩进行计算。在进行正截面受弯承载力计算时，在弯矩设计值中次弯矩应参与组合；在进行斜截面受剪承载力计算时，在剪力设计值中次剪力应参与组合。当参与组合的次弯矩、次剪力对结构不利时，预应力分项系数取 1.2；对结构有利时取 1.0。

近些年来，国内开展了后张法预应力混凝土连续梁内力重分布的试验研究，并探讨次弯矩存在对内力重分布的影响。这些试验规律为制定本条款提供了依据。

据上述试验研究及有关文献的分析和建议，对存在次弯矩的后张法预应力混凝土超静定结构，其弯矩重分布规律可描述为：$(1-\beta)M_d + \alpha M_2 \leqslant M_u$，其中，$\alpha$ 为次弯矩消失系数。

直接弯矩的调幅系数定义为：$\beta = 1 - M_a/M_d$，此处，M_a 为调整后的弯矩值，M_d 为按弹性分析算得的荷载弯矩设计值；它的变化幅度是：$0 \leqslant \beta \leqslant \beta_{max}$，此处，$\beta_{max}$ 为最大调幅系数。次弯矩随结构构件刚度改变和塑性铰转动而逐步消失，它的变化幅度是：$0 \leqslant \alpha \leqslant 1.0$，且当 $\beta=0$ 时，取 $\alpha=1.0$；当 $\beta=\beta_{max}$ 时，可取 α 接近为0。且 β 可取其正值或负值，当取 β 为正值时，表示支座处的直接弯矩向跨中调幅；当取 β 为负值时，表示跨中的直接弯矩向支座处调幅。在上述试验结果与分析研究的基础上，规定对预应力混凝土框架梁及连续梁在重力荷载作用下，当受压区高度 $x \leqslant 0.30h_0$ 时，可允许有限量的弯矩重分配，其调幅值最大不得超过10%；同时可考虑次弯矩对截面内力的影响，但总调幅值不宜超过20%。

6.1.9 对刻痕钢丝、螺旋肋钢丝、三股和七股钢绞线的预应力传递长度，均在原规范规定的预应力传递长度的基础上，根据试验研究结果作了调整，并采用公式由其有效预应力值计算预应力传递长度。预应力钢筋传递长度的外形系数取决于与锚固有关的钢筋的外形。

6.1.11~6.1.13 为确保预应力混凝土结构在施工阶段的安全，明确规定了在施工阶段应进行承载能力极限状态验算。对截面边缘的混凝土法向应力的限值条件，是根据国内外相关规范校准并吸取国内的工程设计经验而得的。其中，对混凝土法向应力的限值，均按与各施工阶段混凝土抗压强度 f'_{cu} 相应的抗拉强度及抗压强度标准值表示。

对预拉区纵向钢筋的配筋率取值，原则上与本规范第9.5.1条的最小配筋率相一致。

6.1.14 对先张法及后张法预应力混凝土构件的受剪承载力、受扭承载力及裂缝宽度计算，均需用到混凝土法向预应力为零时的预应力钢筋合力 N_{p0}，故此作了规定。

6.2 预应力损失值计算

6.2.1 预应力混凝土用钢丝、钢绞线的应力松弛试验表明，应力松弛损失值与钢丝的初始应力值和极限强度有关。表中给出的普通松弛和低松弛预应力钢丝、钢绞线的松弛损失值计算公式，是按钢筋标准GB/T 5223及GB/T 5224中规定的数值综合成统一的公式，以便于应用。当 $\sigma_{con}/f_{ptk} \leqslant 0.5$ 时，实际的松弛损失值已很小，为简化计算取松弛损失值为零。热处理钢筋的应力松弛损失值，根据现有的少量试验资料看，取规范规定的松弛损失值是偏于安全的，待今后进行系统试验后可再作更为精确的规定。

6.2.2 锚固阶段张拉端预应力筋的内缩量允许值，原规范对带螺帽的锚具、钢丝束的镦头锚具、钢丝束的钢质锥形锚具、JM12锚具及单根冷拔低碳钢丝的锥形锚夹具作了规定，但不能包括所有的锚具。现根据锚固原理的不同，将锚具分为支承式、锥塞式和夹片式三类，对每类作出规定。

在原规范中，未给出QM、XM、OVM等群锚的锚具变形和钢筋内缩值。而这些锚具及JM锚具均属于夹片式锚具，故本次修订按有顶压或无顶压分别给出了该类锚具的规定值。

6.2.4 预应力钢筋与孔道壁之间的摩擦引起的预应力损失，包括沿孔道长度上局部位置偏移和曲线弯道摩擦影响两部分。在计算公式中，x 值是从张拉端至计算截面的孔道长度，但在实际工程中，构件的高度和长度相比常很小，为简化计算，可近似取该段孔道在纵轴上的投影长度代替孔道长度；θ 值应取从张拉端至计算截面的长度上预应力钢筋弯起角（以弧度计）之和。

研究表明，孔道局部偏差的摩擦系数 κ 值与下列因素有关：预应力钢筋的表面形状；孔道成型的质量状况；预应力钢筋接头的外形；预应力钢筋与孔壁的接触程度（孔道的尺寸，预应力钢筋与孔壁之间的间隙数值和预应力钢筋在孔道中的偏心距数值情况）等。在曲线预应力钢筋摩擦损失中，预应力钢筋与曲线弯道之间摩擦引起的损失是控制因素。

根据国内的试验研究资料及多项工程的实测数据，并参考国外规范的规定，补充了预埋金属波纹管、预埋钢管孔道的摩擦影响系数。当有可靠的试验数据时，本规范表6.2.4所列系数值可根据实测数据确定。

6.2.5 根据国内对混凝土收缩、徐变的试验研究表明，应考虑预应力钢筋和非预应力钢筋配筋率对 σ_{l5} 值的影响，其影响可通过构件的总配筋率 ρ（$\rho=\rho_p+\rho_s$）反映。在公式（6.2.5-1）至（6.2.5-4）中，分别给出先张法和后张法两类构件受拉区及受压区预应力钢筋处的混凝土收缩和徐变引起的预应力损失。公式中反映了上述各项因素的影响，此计算方法比仅按预应力钢筋合力点处的混凝土法向预应力计算预应力损失的方法更为合理。本次修订考虑到现浇后张预应力混凝土施加预应力的时间比28d龄期有所提前等因素，对上述收缩和徐变计算公式中的有关项在数值上作了调整。调整的依据为：预加力时混凝土龄期，先张法取7d，后张法取14d；理论厚度均取200mm；预加力后至使用荷载作用前延续的时间取1年，并与附录E计算结果进行校核得出。同时，删去了原规范中构件从施加应力时起至承受外荷载的时间对混凝土收缩和徐变损失值影响的系数 β 的计算公式。

7 承载能力极限状态计算

7.1 正截面承载力计算的一般规定

7.1.1 明确指出了本章第7.1节至7.4节的适用条件，同时，指出了深受弯构件应按本规范第10.7节的规定计算。

7.1.2~7.1.3 对正截面承载力计算方法的基本假定作了具体规定：

1 平截面假定

试验表明,在纵向受拉钢筋的应力达到屈服强度之前及达到的瞬间,截面的平均应变基本符合平截面假定。因此,按照平截面假定建立判别纵向受拉钢筋是否屈服的界限条件和确定屈服之前钢筋的应力 σ_s 是合理的。平截面假定作为计算手段,即使钢筋已达屈服,甚至进入强化段时,也还是可行的,计算值与试验值符合较好。

引用平截面假定可以将各种类型截面(包括周边配筋截面)在单向或双向受力情况下的正截面承载力计算贯穿起来,提高了计算方法的逻辑性和条理性,使计算公式具有明确的物理概念。引用平截面假定为利用电算进行全过程分析及非线性分析提供了必不可少的变形条件。

世界上一些主要国家的有关规范,均采用了平截面假定。

2 混凝土的应力-应变曲线

随着混凝土强度的提高,混凝土受压时应力-应变曲线将逐渐变化,其上升将逐渐趋向线性变化,且对应于峰值应力的应变稍有提高;下降段趋于变陡,极限应变有所减少。为了综合反映低、中强度混凝土和高强混凝土的特性,在原规范的应力-应变曲线的基础上作了修改补充,并参照国外有关规范的规定,本规范采用了如下的表达形式:

上升段 $\sigma_c = f_c \left[1 - \left(1 - \dfrac{\varepsilon_c}{\varepsilon_0}\right)^n\right]$
$(\varepsilon_c \leqslant \varepsilon_0)$

下降段 $\sigma_c = f_c$ $(\varepsilon_0 < \varepsilon_c \leqslant \varepsilon_{cu})$

根据国内中低强混凝土和高强混凝土偏心受压短柱的试验结果,在条文中给出了有关参数:n、ε_0、ε_{cu},它们与试验结果较为接近。考虑到与国际规范接轨和与国内规范统一,同时顾及适当提高正截面承载力计算的可靠度,本规范取消了弯曲抗压强度 f_{cm},峰值应力 σ_0 取轴心抗压强度 f_c。

在承载力计算中,可采用合适的压应力图形,只要在承载力计算上能与可靠的试验结果基本符合。为简化计算,本规范采用了等效矩形压应力图形,此时,矩形应力图的应力取 f_c 乘以系数 α_1,矩形应力图的高度可取等于按平截面假定所确定的中和轴高度 x_n 乘以系数 β_1。对中低强混凝土,当 $n=2$,$\varepsilon_0=0.002$,$\varepsilon_{cu}=0.0033$ 时,$\alpha_1=0.969$,$\beta_1=0.824$;为简化计算,取 $\alpha_1=1.0$,$\beta_1=0.8$。对高强混凝土,用随混凝土强度提高而逐渐降低的系数 α_1、β_1 值来反映高强混凝土的特点,这种处理方法能适应混凝土强度进一步提高的要求,也是多数国家规范采用的处理方法。上述的简化计算与试验结果对比大体接近。应当指出,将上述简化计算的规定用于三角形截面、圆形截面的受压区,会带来一定的误差。

3 对纵向受拉钢筋的极限拉应变规定为 0.01,作为构件达到承载能力极限状态的标志之一。对有物理屈服点的钢筋,它相当于钢筋应变进入了屈服台阶;对无屈服点的钢筋,设计所用的强度是以条件屈服点为依据的,极限拉应变的规定是限制钢筋的强化强度,同时,它也表示设计采用的钢筋,其均匀伸长率不得小于 0.01,以保证结构构件具有必要的延性。对预应力混凝土结构构件,其极限拉应变应从混凝土消压时的预应力钢筋应力 σ_{p0} 处开始算起。

对非均匀受压构件,混凝土的极限压应变达到 ε_{cu} 或者受拉钢筋的极限拉应变达到 0.01,即这两个极限应变中只要具备其中一个,即标志构件达到了承载能力极限状态。

7.1.4 构件达到界限破坏是指正截面上受拉钢筋屈服与受压区混凝土破坏同时发生时的破坏状态。对应于这一破坏状态,受压边混凝土应变达到 ε_{cu};对配置有屈服点钢筋的钢筋混凝土构件,纵向受拉钢筋的应变取 f_y/E_s。界限受压区高度 x_b 与界限中和轴高度 x_{nb} 的比值为 β_1,根据平截面假定,可得截面相对界限受压区高度 ξ_b 的公式 (7.1.4-1)。

对配置无屈服点钢筋的钢筋混凝土构件或预应力混凝土构件,根据条件屈服点的定义,应考虑 0.2% 的残余应变,普通钢筋应变取 $(f_y/E_s+0.002)$、预应力钢筋应变取 $[(f_{py}-\sigma_{p0})/E_s+0.002]$。根据平截面假定,可得公式 (7.1.4-2) 和公式 (7.1.4-3)。

无屈服点的普通钢筋通常是指细规格的带肋钢筋,无屈服点的特性主要取决于钢筋的轧制和调直等工艺。

7.1.5 钢筋应力 σ_s 的计算公式,是以混凝土达到极限压应变 ε_{cu} 作为构件达到承载能力极限状态标志而给出的。

按平截面假定可写出截面任意位置处的普通钢筋应力 σ_{si} 的计算公式 (7.1.5-1) 和预应力钢筋应力 σ_{pi} 的计算公式 (7.1.5-2)。

为了简化计算,根据我国大量的试验资料及计算分析表明,小偏心受压情况下实测受拉边或受压较小边的钢筋应力 σ_s 与 ξ 接近直线关系。考虑到 $\xi=\xi_b$ 及 $\xi=\beta_1$ 作为界限条件,取 σ_s 与 ξ 之间为线性关系,就可得到公式 (7.1.5-3)、(7.1.5-4)。

按上述线性关系式,在求解正截面承载力时,一般情况下为二次方程。

分析表明,当用 β_1 代替原规范公式中的系数 0.8 后,计算钢筋应力的近似公式,对高强混凝土引起的误差与普通混凝土大致相当。

7.2 正截面受弯承载力计算

7.2.1~7.2.6 基本保留了原规范规定的实用计算方法。根据本规范第 7.1 节的规定,将原规范取用的混凝土弯曲抗压强度设计值 f_{cm} 统一改为混凝土轴心抗压强度设计值 f_c 乘以系数 α_1。

7.3 正截面受压承载力计算

7.3.1 基本保留了原规范的规定。为保持与偏心受压构件正截面承载力计算具有相近的可靠度，在正文公式 (7.3.1) 右端乘以系数 0.9。

当需用公式计算 φ 值时，对矩形截面也可近似用 $\varphi = \left[1+0.002\left(\dfrac{l_0}{b}-8\right)^2\right]^{-1}$ 代替查表取值。当 l_0/b 不超过 40 时，公式计算值与表列数值误差不致超过 3.5%。对任意截面可取 $b=\sqrt{12}i$，对圆形截面可取 $b=\sqrt{3}d/2$。

7.3.2 基本保留了原规范的规定，并根据国内外的试验结果，当混凝土强度等级大于 C50 时，间接钢筋对混凝土的约束作用将会降低，为此，在 $50\text{N}/\text{mm}^2 < f_{cu,k} \leqslant 80\text{N}/\text{mm}^2$ 范围内，给出折减系数 α 值。基于与第 7.3.1 条相同的理由，在公式 (7.3.2-1) 右端乘以系数 0.9。

7.3.3 由于工程中实际存在着荷载作用位置的不定性、混凝土质量的不均匀性及施工的偏差等因素，都可能产生附加偏心距。很多国家的规范中都有关于附加偏心距的具体规定，因此参照国外规范的经验，规定了附加偏心距 e_a 的绝对值与相对值的要求，并取其较大值用于计算。

7.3.4 矩形截面偏心受压构件

1 对非对称配筋的小偏心受压构件，当偏心距很小时，为了防止 A_s 产生受压破坏，尚应按公式 (7.3.4-5) 进行验算，此处，不考虑偏心距增大系数，并引进了初始偏心距 $e_i = e_0 - e_a$，这是考虑了不利方向的附加偏心距。计算表明，只有当 $N > f_c bh$ 时，钢筋 A_s 的配筋率才有可能大于最小配筋率的规定。

2 对称配筋小偏心受压的钢筋混凝土构件近似计算方法

当应用偏心受压构件的基本公式 (7.3.4-1)、(7.3.4-2) 及公式 (7.1.5-1) 求解对称配筋小偏心受压构件承载力时，将出现 ξ 的三次方程。第 7.3.4 条第 4 款的简化公式是取 $\xi\left(1-\dfrac{1}{2}\xi\right)\dfrac{\xi_b-\xi}{\xi_b-\beta_1} \approx 0.43 \dfrac{\xi_b-\xi}{\xi_b-\beta_1}$，使求解 ξ 的方程降为一次方程，便于直接求得小偏压构件所需的配筋面积。把原规范的系数 0.45 改为 0.43 是为了使公式也能适用于高强混凝土。

同理，上述简化方法也可扩展用于 T 形和 I 形截面的构件。

7.3.5 在原规范相应条文的基础上，给出了 I 形截面偏心受压构件正截面受压承载力计算公式，对 T 形、倒 T 形截面则可按条文注的规定进行计算；同时，对非对称配筋的小偏心受压构件，给出了验算公式及其适用的近似条件。

7.3.6 沿截面腹部均匀配置纵向钢筋（沿截面腹部配置等直径、等间距的纵向受力钢筋）的矩形、T 形或 I 形截面偏心受压构件，其正截面承载力可根据第 7.1.2 条中一般计算方法的基本假定列出平衡方程进行计算。但由于计算公式较繁，不便于设计应用。为此，作了必要的简化，给出了公式 (7.3.6-1) 至公式 (7.3.6-4)。

根据第 7.1.2 条的基本假定，均匀配筋的钢筋应变到达屈服的纤维距中和轴的距离为 $\beta h_0/\beta_1$，此处，$\beta = f_{yw}/(E_s\varepsilon_{cu})$。分析表明，对常用的钢筋 β 值变化幅度不大，而且对均匀配筋的内力影响很小。因此，将按平截面假定写出的均匀配筋内力 N_{sw}、M_{sw} 的表达式分别用直线及二次曲线近似拟合，即给出公式 (7.3.6-3)、公式 (7.3.6-4) 两个简化公式。

计算分析表明，在两对边集中配筋与腹部均匀配筋呈一定比例的条件下，本条的简化计算与精确计算的结果相比误差不大，并可使计算工作量得到很大简化。

7.3.7～7.3.8 环形及圆形截面偏心受压构件正截面承载力计算。

均匀配筋的环形、圆形截面的偏心受压构件，其正截面承载力计算可采用第 7.1.2 条的基本假定列出平衡方程进行计算，但计算过于繁琐，不便于设计应用。公式 (7.3.7-1) 至公式 (7.3.7-6) 及公式 (7.3.8-1) 至公式 (7.3.8-4) 是将沿截面梯形应力分布的受压及受拉钢筋应力简化为等效矩形应力图，其相对钢筋面积分别为 α 及 α_t，在计算时，不需判断大小偏心情况，简化公式与精确计算的结果相比误差不大。对环形截面，当 α 较小时实际受压区为环内弓形面积，简化公式可能会低估了截面承载力，此时可按圆形截面公式计算。

7.3.9 二阶效应泛指在产生了层间位移和挠曲变形的结构构件中由轴向压力引起的附加内力。以框架结构为例，在有侧移框架中，二阶效应主要是指竖向荷载在产生了侧移的框架中引起的附加内力，通常称为 $P-\Delta$ 效应。在这类框架的各个柱段中，$P-\Delta$ 效应将增大柱端控制截面中的弯矩；在无侧移框架中，二阶效应是指轴向压力在产生了挠曲变形的柱段中引起的附加内力，通常称为 $P-\delta$ 效应，它有可能增大柱段中部的弯矩，但除底层柱底外，一般不增大柱端控制截面的弯矩。由于我国工程中的各类结构通常按有侧移假定设计，故本规范第 7.3.9 条至第 7.3.12 条主要涉及有侧移假定下的二阶效应问题。对于工程中个别情况下出现的无侧移情况，仍可按第 7.3.10 条的规定对其二阶效应进行计算。

二阶效应计算本属结构分析的内容。但因在考虑二阶效应的结构分析中需描述各杆件的挠曲变形状态，在未能形成适用于工程设计的考虑二阶效应的结构内力分析方法之前,只能采用近似方法在偏心受压构件的截面承载力设计中考虑二阶弯矩的不利影响。原规范在偏心受压构件的截面设计中,采用由标准偏心受压柱(两端铰支等偏心距的压杆)求得的偏心距增大系数 η 与结构柱段计算长度 l_0 相结合来估算二阶弯矩的方法就属于这类近似方法,这一方法也称 η-l_0 方法。随着计算机技术的发展,利用结构分析的弹性杆系有限元法,再以构件在所考虑极限状态下的经过折减的弹性刚度近似代替其初始弹性刚度,使之能反映承载能力极限状态下钢筋混凝土结构变形的特点,可以较精确计算出包含二阶内力在内的结构各杆件内力,且可克服采用 η-l_0 法时在相当一部分情况下存在的不准确性。这种方法在本规范中称为考虑二阶效应的弹性分析方法。用这种方法求得在各类荷载组合下的最不利内力值后,可直接用于各构件的截面设计,而不需在截面设计中另行考虑二阶效应问题。

修订后的二阶效应条文(第 7.3.9 条至第 7.3.12 条)与原规范的主要区别是,从只推荐 η-l_0 近似法过渡到同时给出 η-l_0 近似法和较准确的考虑二阶效应的弹性分析法,以供设计选用。

7.3.10 本条对偏心受压构件承载力设计中采用 η-l_0 近似法考虑二阶效应影响时的有关计算内容作出了规定。

在 η-l_0 近似法中,η 定义为标准偏心受压柱高度中点截面的偏心距增大系数,其含义为:

$$\eta = \frac{M + \Delta M}{M} = \frac{M/N + \Delta M/N}{M/N} = \frac{e_0 + a_f}{e_0} = 1 + \frac{a_f}{e_0}$$

其中 M 为不考虑二阶弯矩的柱高中点弯矩,即标准偏心受压柱的轴压力 N 与柱端偏心距 e_0 的乘积; ΔM 是轴向压力在挠曲变形柱的高度中点产生的附加弯矩,即轴压力 N 与柱高度中点侧向挠度 a_f 的乘积。

结构各柱段的计算长度 l_0 则是与所计算的结构柱段实际受力状态相对应的等效标准柱长度。或者说,用一根长度为 l_0 且轴向压力、杆端偏心距和截面特征与所考虑的结构柱段控制截面完全相同的标准柱计算出的 η,应能反映所考虑柱段控制截面中 $(M + \Delta M)$ 与 M 的实际比值。因此,计算长度 l_0 相当于一个等效长度。

本条的偏心距增大系数继续沿用原规范的计算公式。该公式反映了与偏心受压构件达到其最大轴向压力时的"极限曲率"所对应的偏心距增大系数,其基本表达式为:

$$\eta = 1 + \frac{1}{e_i}\left(\frac{l_0^2}{\beta r_c}\right)\zeta_1 \zeta_2$$

式中,e_i 为初始偏心距,它已由本规范第 7.3.4 条作出了规定; $\left(\frac{l_0^2}{\beta r_c}\right)\zeta_1 \zeta_2$ 为与构件极限曲率对应的侧向挠度;其中,β 为与柱挠曲线形状有关的系数,对两端铰支柱,试验挠曲线基本上符合正弦曲线,故可取

$\beta = \pi^2 \approx 10$。

分析结果表明,对于偏心距不同的大偏心受压构件,"极限曲率" $\frac{1}{r_c}$ 均可近似取为:

$$\frac{1}{r_c} = \frac{\phi \varepsilon_{cu} + \varepsilon_y}{h_0}$$

其中,ε_{cu} 和 ε_y 分别为截面受压边缘混凝土的极限压应变和受拉钢筋的屈服应变。为了与原规范保持一致,取 $\varepsilon_{cu} = 0.0033$,$\varepsilon_y$ 则取与 HRB335 级钢筋抗拉强度标准值对应的应变,此应变值介于 HPB235 级和 HRB400 级钢筋的应变值之间,为简化计算,对钢种不再作出区别规定。上式中的 ϕ 为徐变系数。需要指出的是,在实际工程中,一般有侧移框架的侧向位移是由短期作用的风荷载或地震作用引起的,故在二阶弯矩中不需要考虑水平荷载长期作用使侧移增大的不利影响,即取 $\phi = 1.0$;只有当框架侧移是由静水压力或土压力等长期作用的水平荷载引起时,方应考虑大于 1.0 的徐变系数 ϕ。为了简化计算,修订后的条文不分水平荷载作用时间长短,仍按原规范规定,偏安全地统一取 $\phi = 1.25$。将以上数值代入上述 $1/r_c$ 表达式,并取 $\beta = 10$ 和 $h/h_0 = 1.1$ 后,即可由前面给出的 η 基本表达式得到规范公式 (7.3.10-1) 的实用表达式。

对小偏心受压构件,其纵向受拉钢筋的应力达不到屈服强度,且受压区边缘混凝土的应变值可达到或小于 ε_{cu},为此,引进了截面曲率修正系数 ζ_1,参考国外规范和试验分析结果,原则上可采用下列表达式:

$$\zeta_1 = \frac{N_b}{N}$$

此处,N_b 为受压区高度 $x = x_b$ 时的构件界限受压承载力设计值;为了实用起见,本规范近似取 $N_b = 0.5 f_c A$,就可得出公式 (7.3.10-2)。

此外,为考虑构件长细比对截面曲率的影响,引入修正系数 ζ_2,根据试验结果的分析,给出了公式 (7.3.10-3)。

值得指出,公式 (7.3.10-1) 对 $l_0/h \leqslant 30$ 时,与试验结果符合较好;当 $l_0/h > 30$ 时,因控制截面的应变值减小,钢筋和混凝土达不到各自的强度设计值,属于细长柱,破坏时接近弹性失稳,采用公式 (7.3.10-1) 计算,其误差较大;建议采用模型柱法或其他可靠方法计算。

本条的公式曾用国内大量的矩形截面偏心受压构件的试验验证是合适的;对 I 形、T 形截面构件,该公式的计算结果略偏安全;对圆形截面构件,国外已通过模型柱法计算,论证了它也是适用的;对预应力混凝土偏心受压构件,在一般情况下是偏于安全的。

原规范曾规定,当构件长细比 l_0/h(或 l_0/d) $\leqslant 8$ 时,可不考虑二阶效应的影响,即取 $\eta = 1.0$。本

次修订，根据与有关规范的协调，参考国外有关规范的做法，并结合我国规范对 l_0 取值的特点，将不考虑二阶效应的界限条件修改为 l_0/h（或 l_0/d）≤5.0，广义的界限条件取 l_0/i≤17.5，以适应不同的截面形状。经验算表明，当满足这个条件时，构件截面中由二阶效应引起的附加弯矩平均不会超过截面一阶弯矩的 5%。

7.3.11 原规范对排架柱计算长度的规定引自 1974 年的规范（TJ10—74），其计算长度值是在当时的弹性分析和工程经验基础上确定的。从多年使用情况看，所规定的计算长度值还是可行的。近年对排架柱计算长度取值未做过更精确的校核工作，故本条表 7.3.11-1 继续沿用原规范的规定。

国内外近年来对框架结构中二阶效应规律的分析研究表明，由竖向荷载在发生侧移的框架中引起的 P-Δ 效应只增大由水平荷载在柱端控制截面中引起的一阶弯矩 M_h，原则上不增大由竖向荷载在该截面中引起的一阶弯矩 M_v。因此，框架柱端控制截面中考虑了二阶效应后的总弯矩应表示为：

$$M = M_v + \eta_s M_h$$

式中的 η_s 为反映二阶效应增大 M_h 幅度的弯矩增大系数，它所采用的计算长度原则上可以取用由无侧向支点且竖向荷载作用在梁柱节点上的框架在其失稳临界状态下挠曲线反弯点之间的距离，其近似表达式即为本条公式（7.3.11-1）和公式（7.3.11-2），并取两式中的较小值。但原规范所用的传统 η-l_0 法则是用 η 同时增大水平荷载弯矩和竖向荷载弯矩，即

$$M = \eta(M_v + M_h)$$

这表明，要使所求的总弯矩相同，η 就必然要取为小于 η_s，与 η 对应的 l_0 也就必然小于与 η_s 对应的由公式（7.3.11-1）和公式（7.3.11-2）表达的 l_0。

验算结果表明，当 M_v 与 M_h 的比值为工程中常用多层框架结构中的比例，且框架各节点处的柱梁线刚度比（在节点处交汇的各柱段线刚度之和与交汇的各梁段线刚度之和的比值）为工程中常用的多层框架中常见比值时，用原规范第 7.3.1 条第一款第 1 项给出的一般有侧移框架柱计算长度简化取值方案计算出的 η 和 $M=\eta(M_v+M_h)$ 所求得的总弯矩，与只用 η_s 增大 M_h 时所求得的总弯矩差异不大。因此，为了简化设计，仍继续取用原规范的有侧移框架的计算长度，也就是本条表 7.3.11-2 的计算长度 l_0 来计算 η，而且仍然采用以 η 统乘（M_v+M_h）的方法确定总弯矩。这一做法虽然概念不很准确，但计算简便，而且省去了由于 η_s 只对应于 $\eta_s M_h$ 所引起的截面曲率增量必须按 M_v 与 M_h 的比例来调整偏心距增大系数的烦琐步骤。但是当 M_v 与 M_h 的比值明显小于或明显大于在确定表 7.3.11-2 的计算长度时所考虑的工程常用的 M_v 与 M_h 的比值时，这种计算总弯矩的方法必然带来过大误差；当 M_v 与 M_h 之比偏小时，误差是偏不安全的。因此，在本条计算长度取值规定中给出第 3 项规定，要求在这种情况下取用公式（7.3.11-1）和公式（7.3.11-2）中的较小值作为计算长度的取值依据，以消除 M_v 与 M_h 比值过小时使用表 7.3.11-2 的计算长度所带来的不安全性。

由于我国钢筋混凝土多层、高层房屋结构在设计中通常均按有侧移假定进行结构分析，故取消了原规范第 7.3.1 条第 2 款第 2 项中对侧向刚度相对较大结构取用更小计算长度的规定，这也是因为这项规定从理论上说是不严密的。

由于规范仍采用 η 统乘（M_v+M_h）的做法是不尽合理的，而且在确定 l_0 取值时未考虑柱梁线刚度比的影响，因此采用 η-l_0 法在有些情况下会导致较大的误差。除去前述的在 M_v 相对较小时可以通过改用公式（7.3.11-1）和公式（7.3.11-2）确定计算长度 l_0 来减小 η-l_0 法在这种情况下导致的不安全性之外，本条的 η-l_0 近似法还将在下列情况下产生较明显的误差：

1 因本条表 7.3.11-2 中的计算长度 l_0 取值仅大致适用于一般多层框架常用截面尺寸的情况，当柱梁线刚度比过大或过小时，都会使 l_0 取值不符合实际情况。其中，当柱梁线刚度比过大时，使用 η-l_0 法是偏于不安全的。

2 由于 η-l_0 法中的 η 是按各柱控制截面分别计算的，未考虑满足同层各柱侧移相等的基本条件，因此在框架各跨跨度不等、荷载不等而导致各柱列竖向荷载之间的比例与常规情况有较大差异时，采用 η-l_0 法亦将导致较大误差。

3 在复式框架等复杂框架结构中采用 η-l_0 法亦将在部分构件截面中导致较大误差。

4 在框架-剪力墙结构或框架-核心筒结构中，由于框架部分的层间位移沿高度的分布规律已不同于一般规则框架结构，故采用 η-l_0 法亦可能导致较大误差。验算表明，与较精确分析结构相比，用 η-l_0 法求得的柱端控制截面总弯矩在部分截面中误差可能会达到 25% 以上。

在以上这些误差较大的情况下，采用本规范第 7.3.12 条规定的考虑二阶效应的弹性分析法将是显著减小误差的有效办法。

7.3.12 考虑二阶效应的弹性分析法是近年来美国、加拿大等国规范推荐的一种精度和效率较高的考虑二阶效应的方法。这种考虑了几何非线性的杆系有限元法是一种理论上严密的分析方法，由它获得的各杆件控制截面最不利内力可直接用于截面设计，而不再需要通过偏心距增大系数 η 来增大相应截面的初始偏心距 e_i，但是在截面设计中仍要另外考虑本规范第 7.3.3 条规定的附加偏心距 e_a。

由于第 7.3.9 条规定的两种考虑二阶效应的方法

均从属于承载能力极限状态，故在考虑二阶效应的弹性分析法中对结构构件应取用与该极限状态相对应的刚度。考虑到钢筋混凝土结构各类构件不同截面中刚度变化规律的复杂性，本方法对所有的框架梁（包括剪力墙洞口连梁）、所有的框架柱、所有的剪力墙肢均分别取用统一的刚度折减系数对其弹性刚度进行折减（弹性刚度中的截面惯性矩仍按不考虑钢筋的混凝土毛截面计算）。对不同类型构件取用不同的刚度折减系数，是为了反映不同类型构件在承载能力极限状态下的不同刚度折减水平。刚度折减系数的确定原则是，使结构在不同的荷载组合方式下用折减刚度的弹性分析求得的各层层间位移值及其沿高度的分布规律与按非线性有限元分析法所得结果相当；同时，用这两种方法求得的各构件内力也应相近。这就保证了这种方法既能反映结构在承载力极限状态下的实际内力分布规律，又能反映结构在该极限状态下的变形规律和二阶效应规律。

由于剪力墙肢在底部截面开裂前和开裂后刚度变化较大，而实际工程中的剪力墙肢在承载能力极限状态下有可能开裂，也有可能不开裂，为了避免每次设计必须验算剪力墙是否开裂，在条文中统一按已开裂剪力墙给出刚度折减系数（取接近开裂后刚度的综合估计值），这样处理从总体上偏于安全。同时在本条注中说明，如验算表明剪力墙肢不开裂，则可改取条注中较大的折减后刚度。

7.3.14 本条对对称双向偏心受压构件正截面承载力的计算作了规定：

1 当按本规范附录F的一般方法计算时，本条规定了分别按 x、y 轴计算 e_i 和 η 的公式；有可靠试验依据时，也可采用更合理的其他公式计算。

2 给出了双向偏心受压的倪克勤（N.V.Nikitin）公式，并指明了两种配筋形式的计算原则。

7.4 正截面受拉承载力计算

7.4.1～7.4.4 保留了原规范的相应条文。

对沿截面高度或周边均匀配置的矩形、T形或I形截面以及环形和圆形截面，其正截面承载力基本符合 $\frac{N}{N_{u0}} + \frac{M}{M_u} = 1$ 的变化规律，且略偏于安全；此公式改写后即为公式（7.4.4-1），试验表明，它也适用于对称配筋矩形截面钢筋混凝土双向偏心受拉构件。公式（7.4.4-2）是原规范在条文说明中提出的公式。

7.5 斜截面承载力计算

7.5.1 本规范对受剪截面限制条件仍采用原规范的表达形式，考虑了高强混凝土的特点，引入随混凝土强度提高对受剪截面限制值降低的折减系数 β_c。规定受弯构件的截面限制条件，其目的首先是防止发生斜压破坏（或腹板压坏），其次是限制在使用阶段的斜裂缝宽度，同时也是斜截面受剪破坏的最大配箍率条件。

本规范给出了划分普通构件与薄腹构件截面限制条件的界限，以及两个截面限制条件的过渡办法。

7.5.2 本条所指的剪力设计值的计算截面，在一般情况下是较易发生斜截面破坏的位置，它与箍筋和弯起钢筋的布置有关。

7.5.3～7.5.4 由于混凝土受弯构件受剪破坏的影响因素众多，破坏形态复杂，对混凝土构件受剪机理的认识尚不足，至今未能像正截面承载力计算一样建立一套较完整的理论体系。国外各主要规范及国内各行业规范中斜截面承载力计算方法各异，计算模式也不尽相同。

原规范斜截面计算方法形式简单、使用方便，但在斜截面受剪承载力计算中，还存在着如下的问题：首先，混凝土强度设计指标采用 f_c 对高强混凝土构件计算偏不安全，将其改用混凝土抗拉强度 f_t 为主要参数，就可适应从低强到高强混凝土构件受剪承载力的变化；其次，还宜考虑纵向受拉钢筋配筋率、截面高度尺寸效应等因素的影响；此外，原规范公式对连续构件计算取值偏高。

针对上述问题，通过对试验资料的分析以及对剪力传递机理的进一步研究，并考虑到本规范的箍筋抗拉强度设计值提高到 360N/mm^2 的特点，在原规范计算方法的基础上，对混凝土受弯构件斜截面受剪承载力计算方法作了调整，适当地提高了可靠度。

下面对第7.5.3～7.5.4条中进行修订的内容作具体说明：

1 无腹筋受弯构件斜截面承载力计算公式

1）根据收集到大量的均布荷载作用下无腹筋简支浅梁、无腹筋简支短梁、无腹筋简支深梁以及无腹筋连续浅梁的试验数据以支座处的剪力值为依据进行分析，可得到承受均布荷载为主的无腹筋一般受弯构件受剪承载力 V_c 偏下值的计算公式如下：

$$V_c = 0.7 \beta_h \beta_\rho \beta_t f_t b h_0$$

2）试验表明，剪跨比对集中荷载作用下无腹筋梁受剪承载力的影响明显。根据收集到在集中荷载作用下的无腹筋简支浅梁、无腹筋简支短梁、无腹筋简支深梁以及无腹筋连续浅梁、无腹筋连续深梁的众多试验数据，考虑影响无腹筋梁受剪承载力的混凝土抗拉强度 f_t、剪跨比 a/h_0、纵向受拉配筋率 ρ 和截面高度尺寸效应等主要因素后，对原规范的公式作了调整，提出受剪承载力 V_c 偏下值的计算公式如下：

$$V_c = \frac{1.75}{\lambda+1}\beta_h\beta_\rho f_t b h_0$$

式中剪跨比的适用范围扩大为：$0.25 \leqslant \lambda \leqslant 3.0$，以适应浅梁和深梁的不同要求。在受弯构件中采用计算截面剪跨比 $\lambda = \frac{a}{h_0}$ 而未采用广义剪跨比 $\lambda = \frac{M}{Vh_0}$，主要是考虑计算方便、且偏于安全。对跨高比不小于5的受弯构件，其适用范围为 $1.5 \leqslant \lambda \leqslant 3.0$。

3）综合国内外的试验结果和规范规定，对不配置箍筋和弯起钢筋的钢筋混凝土板的受剪承载力计算中，合理地反映了截面尺寸效应的影响。在第7.5.3条的公式中用系数 $\beta_h = (800/h_0)^{\frac{1}{4}}$ 来表示；同时给出了截面高度的适用范围，当截面有效高度超过2000mm后，其受剪承载力还将会有所降低，但对此试验研究尚不充分，未能作出进一步规定。

对第7.5.3条中的一般板类受弯构件，主要指受均布荷载作用下的单向板和双向板需按单向板计算的构件。试验研究表明，对较厚的钢筋混凝土板，除沿板的上、下表面按计算或构造配置双向钢筋网之外，如按本规范第10.1.11条的规定，在板厚中间部位配置双向钢筋网，将会较好地改善其受剪承载性能。

4）根据试验分析，纵向受拉钢筋的配筋率 ρ 对无腹筋梁受剪承载力 V_c 的影响可用系数 $\beta_\rho = (0.7 + 20\rho)$ 来表示；通常在 ρ 大于1.5%时，纵向受拉钢筋的配筋率 ρ 对无腹筋梁受剪承载力的影响才较为明显，所以，在公式中未纳入系数 β_ρ。

5）这里应当说明，以上虽然分析了无腹筋梁受剪承载力的计算公式，但并不表示设计的梁不需配置箍筋。考虑到剪切破坏有明显的脆性，特别是斜拉破坏，斜裂缝一旦出现梁即告剪坏，单靠混凝土承受剪力是不安全的。除了截面高度不大于150mm的梁外，一般梁即使满足 $V \leqslant V_c$ 的要求，仍应按构造要求配置箍筋。

2 仅配有箍筋的钢筋混凝土受弯构件的受剪承载力

对仅配有箍筋的钢筋混凝土受弯构件，其斜截面受剪承载力 V_{cs} 计算公式仍采用原规范两项相加的形式表示：

$$V_{cs} = V_c + V_s$$

式中 V_c——混凝土项受剪承载力；
V_s——箍筋项受剪承载力。

由于配置箍筋的构件，混凝土项受剪承载力受截面高度的影响减弱，故在采用无腹筋受弯构件的受剪承载力计算公式 V_c 项时不再考虑 β_h 的影响；为适当提高可靠度，经综合试验分析，并考虑了 f_{yv} 取值可提高到360N/mm² 以及在正常使用极限状态下控制斜裂缝宽度的要求，箍筋项受剪承载力 V_s 的系数较原规范的公式降低了约20%，这项调整对集中荷载作用下的受弯构件，它既考虑了简支梁的计算，也顾及了连续梁的计算；同时，V_s 的系数不是表述斜裂缝水平投影长度大小的参数，而是表示在配有箍筋的条件下，计算受剪承载力可以提高的程度。

3 预应力混凝土受弯构件的受剪承载力

试验研究表明，预应力对构件的受剪承载力起有利作用，这主要是预压应力能阻滞斜裂缝的出现和开展，增加了混凝土剪压区高度，从而提高了混凝土剪压区所承担的剪力。

根据试验分析，预应力混凝土梁受剪承载力的提高主要与预加力的大小及其作用点的位置有关。此外，试验还表明，预加力对梁受剪承载力的提高作用应给予限制。

预应力混凝土梁受剪承载力的计算，可在非预应力梁计算公式的基础上，加上一项施加预应力所提高的受剪承载力设计值 $V_p = 0.05N_{p0}$，且当 $N_{p0} > 0.3f_cA_0$ 时，只取 $N_{p0} = 0.3f_cA_0$，以达到限制的目的。同时，它仅适用于预应力混凝土简支梁，且只有当 N_{p0} 对梁产生的弯矩与外弯矩相反时才予以考虑。对于预应力混凝土连续梁，尚未作深入研究；此外，对允许出现裂缝的预应力混凝土简支梁，考虑到构件达到承载力时，预应力可能消失，在未有充分试验依据之前，暂不考虑预应力的有利作用。

4 公式适用范围

本规范公式（7.5.4-2）适用于矩形、T形和I形截面简支梁、连续梁和约束梁等一般受弯构件；公式（7.5.4-4）适用于集中荷载作用下（包括作用有多种荷载，其中集中荷载对支座边缘截面或节点边缘所产生的剪力值大于总剪力值的75%的情况）的矩形、T形和I形截面的独立梁，而不再仅限于原规范规定的矩形截面独立梁，故本规范公式较原规范公式的适用范围有所扩大。这里所指的独立梁为不与楼板整体浇筑的梁。应当指出，当框架结构承受水平荷载（如风荷载等）时，由其产生的框架独立梁剪力值也归属于集中荷载作用产生的剪力值。

应当指出，在本规范中，凡采用"集中荷载作用下"的用词时，均表示包括作用有多种荷载，其中集中荷载对支座截面或节点边缘所产生的剪力值占总剪力值的75%以上的情况。

7.5.5~7.5.6 试验表明，与破坏斜截面相交的非预应力弯起钢筋和预应力弯起钢筋可以提高斜截面受剪承载力，因此，除垂直于构件轴线的箍筋外，弯起钢筋也可以作为构件的抗剪钢筋。公式（7.5.5）给出了箍筋和弯起钢筋并用时，斜截面受剪承载力的计算公式。考虑到弯起钢筋与破坏斜截面相交位置的不定性，其应力可能达不到屈服强度，在公式（7.5.5）

中引入了弯起钢筋应力不均匀系数0.8。

由于每根弯起钢筋只能承受一定范围内的剪力，当按第7.5.6条的规定确定剪力设计值并按公式(7.5.5)计算弯起钢筋时，其构造应符合本规范第10.2.8条的规定。

7.5.7 试验表明，箍筋能抑制斜裂缝的发展，在不配置箍筋的梁中，斜裂缝突然形成可能导致脆性的斜拉破坏。因此，本规范规定当剪力设计值小于无腹筋梁的受剪承载力时，要求按本规范第10.2节的有关规定配置最小用量的箍筋；这些箍筋还能提高构件抵抗超载和承受由于变形所引起应力的能力。

7.5.8 受拉边倾斜的受弯构件，其受剪破坏的形态与等高度的受弯构件相类同；但在受剪破坏时，其倾斜受拉钢筋的应力可能发挥得比较高，它在受剪承载力值中将占有相当的比例。根据试验结果的分析，提出了公式(7.5.8-2)，并与等高度的受弯构件受剪承载力公式相匹配，给出了公式(7.5.8-1)。

7.5.9～7.5.10 受弯构件斜截面的受弯承载力计算是在受拉区纵向受力钢筋达到屈服强度的前提下给出的，此时，在公式(7.5.9-1)中所需的斜截面水平投影长度c，可由公式(7.5.9-2)确定。

当遵守本规范第9～10章的相关规定时，即可满足第7.5.9条的计算要求，因此可不进行斜截面受弯承载力计算。

7.5.11～7.5.14 试验研究表明，轴向压力对构件的受剪承载力起有利作用，这主要是轴向压力能阻滞斜裂缝的出现和开展，增加了混凝土剪压区高度，从而提高混凝土所承担的剪力。在轴压比的限值内，斜截面水平投影长度与相同参数的无轴压力梁相比基本不变，故对箍筋所承担的剪力没有明显的影响。

轴向压力对受剪承载力的有利作用也是有限度的，当轴压比$N/(f_cbh)=0.3\sim0.5$时，受剪承载力达到最大值；若再增加轴向压力，将导致受剪承载力的降低，并转变为带有斜裂缝的正截面小偏心受压破坏，因此应对轴向压力的受剪承载力提高范围予以限制。

基于上述考虑，通过对偏压构件、框架柱试验资料的分析，对矩形截面的钢筋混凝土偏心构件的斜截面受剪承载力计算，可在集中荷载作用下的矩形截面独立梁计算公式的基础上，加一项轴向压力所提高的受剪承载力设计值：$V_N=0.07N$，且当$N>0.3f_cA$时，只能取$N=0.3f_cA$，此项取值相当于试验结果的偏下值。

对承受轴向压力的框架结构的框架柱，由于柱两端受到约束，当反弯点在层高范围内时，其计算截面的剪跨比可近似取$\lambda=H_n/(2h_0)$，而对其他各类结构的框架柱宜取$\lambda=M/Vh_0$。

偏心受拉构件的受力特点是：在轴向拉力作用下，构件上可能产生横贯全截面的初始垂直裂缝；施加横向荷载后，构件顶部裂缝闭合而底部裂缝加宽，且斜裂缝可能直接穿过初始垂直裂缝向上发展，也可能沿初始垂直裂缝延伸再斜向发展。斜裂缝呈现宽度较大，倾角也大，斜裂缝末端剪压区高度减小，甚至没有剪压区，从而它的受剪承载力要比受弯构件的受剪承载力有明显的降低，根据试验结果并从稳妥考虑，减一项轴向拉力所降低的受剪承载力设计值：$V_N=0.2N$。此外，对其总的受剪承载力设计值的下限值和箍筋的最小配筋特征值作了规定。

对矩形截面钢筋混凝土偏心受压和偏心受拉构件受剪要求的截面限制条件，取与第7.5.1条的规定相同，这较原规范的规定略为加严。

偏心受力构件斜截面受剪承载力计算公式与原规范公式比较，只对原规范计算公式中的混凝土项作了改变，并将适用范围由矩形截面扩大到T形和I形截面，且箍筋项的系数取为1.0。本规范偏心受压构件受剪承载力计算公式(7.5.12)及偏心受拉构件受剪承载力计算公式(7.5.14)与试验数据的比较，计算值也是取试验结果的偏下值。

7.5.15 在分析了国内外一定数量圆形截面受弯构件试验数据的基础上，借鉴国外规范的相关规定，提出了采用等惯性矩原则确定等效截面宽度和等效截面高度的取值方法，从而对圆形截面受弯和偏心受压构件，可直接采用配置垂直箍筋的矩形截面受弯和偏心受压构件的受剪承载力计算公式进行计算。

7.5.16～7.5.18 试验表明，矩形截面钢筋混凝土柱在斜向水平荷载作用下的抗剪性能与在单向水平荷载作用下的受剪性能存在着明显的差别，根据国外的研究资料以及国内配置周边箍筋试件的试验结果分析表明，受剪承载力大致服从椭圆规律：

$$\left(\frac{V_x}{V_{ux}}\right)^2+\left(\frac{V_y}{V_{uy}}\right)^2=1$$

本规范第7.5.17条的公式(7.5.17-1)和公式(7.5.17-2)，实质上就是由上面的椭圆方程式转化成在形式上与单向偏心受压构件受剪承载力计算公式相当的设计表达式。在复核截面时，可直接按公式进行验算；在进行截面设计时，可近似选取公式(7.5.17-1)和公式(7.5.17-2)中的V_{ux}/V_{uy}比值等于1.0，而后再进行箍筋截面面积的计算。设计时宜采用封闭箍筋，必要时也可配置单肢箍筋。当复合封闭箍筋相重叠部分的箍筋长度小于截面周边箍筋长边或短边长度时，不应将该箍筋较短方向上的箍筋截面面积计入A_{svx}或A_{svy}中。

第7.5.16条和第7.5.18条同样采用了以椭圆规律的受剪承载力方程式为基础并与单向偏心受压构件受剪的截面要求相衔接的表达式。

7.6 扭曲截面承载力计算

7.6.1～7.6.2 扭曲截面承载力计算的截面限制条

件是以 $h_w/b \leqslant 6$ 的试验为依据的。公式（7.6.1-1）、公式（7.6.1-2）的规定是为了保证构件在破坏时混凝土不首先被压碎。包括高强混凝土构件在内的超配筋纯扭构件试验研究表明，原规范相应公式的安全度略低，为此，在公式（7.6.1-1）、（7.6.1-2）中的纯扭构件截面限制条件取用 $T = (0.16 \sim 0.2)f_c W_t$；当 $T=0$ 的条件下，公式（7.6.1-1）、公式（7.6.1-2）可与本规范第 7.5.1 条的公式相协调。

在原规范规定的基础上，给出了公式（7.6.2-1）、公式（7.6.2-2），其中增加了箱形截面构件截面限制条件以及按构造要求配置纵向钢筋和箍筋的条件等有关内容。

7.6.3 本条对常用的 T 形、I 形和箱形截面受扭塑性抵抗矩的计算方法作了具体规定。

T 形、I 形截面划分成矩形截面的方法是：先按截面总高度确定腹板截面，然后再划分受压翼缘和受拉翼缘。

本条提供的截面受扭塑性抵抗矩公式是近似的，主要是为了方便受扭承载力的计算。

7.6.4 公式（7.6.4-1）是根据试验统计分析后，取用试验数据的偏下值给出的。经对高强混凝土纯扭构件的试验验证，该公式仍然适用。

试验表明，当 ζ 值在 0.5～2.0 范围内，钢筋混凝土受扭构件破坏时其纵筋和箍筋基本能达到屈服强度。为稳妥起见，取限制条件为：$0.6 \leqslant \zeta \leqslant 1.7$。当 $\zeta > 1.7$ 时；取 $\zeta = 1.7$；当 $\zeta = 1.2$ 左右时为钢筋达到屈服的最佳值。因截面内力平衡的需要，对不对称配置纵向钢筋截面面积的情况，在计算中只取对称布置的纵向钢筋截面面积。

预应力混凝土纯扭构件的试验表明，预应力提高受扭承载力的前提是纵向钢筋不能屈服，当预加力产生的混凝土法向压应力不超过规定的限值时，纯扭构件受扭承载力可提高 $0.08\dfrac{N_{p0}}{A_0}W_t$。考虑到实际上应力分布不均匀性等不利影响，在条文中取提高值为 $0.05\dfrac{N_{p0}}{A_0}W_t$，且仅限于偏心距 $e_{p0} \leqslant h/6$ 的情况；在计算 ζ 时，不考虑预应力钢筋的作用。

试验还表明，预应力对承载力的有利作用，应有所限制，因此当 $N_{p0} > 0.3 f_c A_0$ 时，应取 $N_{p0} = 0.3 f_c A_0$。

7.6.6 对纯扭作用的箱形截面构件，试验表明，一定壁厚箱形截面的受扭承载力与实心截面是类同的。在公式（7.6.6）中的混凝土项受扭承载力与实心截面的取法相同，即取箱形截面开裂扭矩的 50%，此外，尚应乘以箱形截面壁厚的影响系数 $\alpha_h = 2.5 t_w/b_h$；钢筋项受扭承载力取与实心矩形截面相同。通过国内外试验结果比较，公式（7.6.6）的取值是稳妥的。

7.6.7 试验研究表明，轴向压力对纵筋应变的影响十分显著；由于轴向压力能使混凝土较好地参加工作，同时又能改善混凝土的咬合作用和纵向钢筋的销栓作用，因而提高了构件的受扭承载力。在本条公式中考虑了这一有利因素，它对受扭承载力的提高值偏安全地取为 $0.07NW_t/A$。

试验表明，当轴向压力大于 $0.65 f_c A$ 时，构件受扭承载力将会逐步下降，因此，在条文中对轴向压力的上限值作了稳妥的规定。

7.6.8 无腹筋剪扭构件试验表明，无量纲剪扭承载力的相关关系可取四分之一圆的规律；对有腹筋剪扭构件，假设混凝土部分对剪扭承载力的贡献与无腹筋剪扭构件一样，也可取四分之一圆的规律。

本条公式适用于钢筋混凝土和预应力混凝土剪扭构件，它是根据有腹筋构件的剪扭承载力为四分之一圆的相关曲线作为校准线，采用混凝土部分相关、钢筋部分不相关的近似拟合公式，此时，可找到剪扭构件混凝土受扭承载力降低系数 β_t，其值略大于无腹筋构件的试验结果，采用此 β_t 值后与有腹筋构件的四分之一圆相关曲线较为接近。

经分析表明，在计算预应力混凝土构件的 β_t 时，可近似取与非预应力构件相同的计算公式，而不考虑预应力合力 N_{p0} 的影响。

7.6.9 本条规定了 T 形和 I 形截面剪扭构件承载力计算方法。腹板部分要承受全部剪力和分配给腹板的扭矩，这样的规定可与受弯构件的受剪承载力计算相协调；翼缘仅承受所分配的扭矩，但翼缘中配置的箍筋应贯穿整个翼缘。

7.6.10 根据钢筋混凝土箱形截面纯扭构件受扭承载力计算公式（7.6.6）并借助第 7.6.8 条剪扭构件的相同方法，可导出公式（7.6.10-1）至公式（7.6.10-3），经与箱形截面试件的试验结果比较，所提供的方法是相当稳妥的。

7.6.11 对弯剪扭构件，当 $V \leqslant 0.35 f_t b h_0$ 或 $V \leqslant 0.875 f_t b h_0/(\lambda + 1)$ 时，剪力对构件承载力的影响可不予考虑，此时，构件的配筋由正截面受弯承载力和受扭承载力的计算确定；同理，$T \leqslant 0.175 f_t W_t$ 或 $T \leqslant 0.175 \alpha_h f_t W_t$ 时，扭矩对构件承载力的影响可不予考虑，此时，构件的配筋由正截面受弯承载力和斜截面受剪承载力的计算确定。

7.6.12 分析表明，按照本条规定的配筋方法，其受弯承载力、受剪承载力与受扭承载力之间具有相关关系，且与试验的结果大致相符。

7.6.13～7.6.15 在钢筋混凝土矩形截面框架柱受剪扭承载力计算中，考虑了轴向压力的有利作用。经分析表明，在 β_t 计算公式中可不考虑轴向压力的影响，仍可按公式（7.6.8-5）进行计算。

当 $T \leqslant (0.175 f_t + 0.035 N/A) W_t$ 时，可忽略扭矩对框架柱承载力的影响。

7.6.16 钢筋混凝土结构的扭转，应区分两种不同的类型：

1 平衡扭转：由平衡条件引起的扭转，其扭矩在梁内不会产生内力重分布。

2 协调扭转：由于相邻构件的弯曲转动受到支承梁的约束，在支承梁内引起的扭转，其扭矩会由于支承梁的开裂产生内力重分布而减小，条文给出了宜考虑内力重分布影响的原则要求。

由试验可知，对独立的支承梁，当取扭矩调幅不超过40%时，按承载力计算满足要求且钢筋的构造符合本规范第10.2.5条和第10.2.12条的规定时，相应的裂缝宽度可满足规范规定的要求。

为了简化计算，国外一些规范常取扭转刚度为零，即取扭矩为零的方法进行配筋。此时，为了保证支承构件有足够的延性和控制裂缝的宽度，就必须至少配置相当于开裂扭矩所需的构造钢筋。

7.7 受冲切承载力计算

7.7.1~7.7.2 原规范的受冲切承载力计算公式，形式简单，计算方便，但与国外规范进行对比，在多数情况下略显保守，且考虑因素不够全面。根据不配置箍筋或弯起钢筋的钢筋混凝土板试验资料的分析，参考国内外有关规范的合理内容，本规范在保留原规范公式形式的基础上，对原规范作了以下几个方面的修订和补充：

1 把原规范公式中的系数0.6提高到0.7

对大量的国内外不配置箍筋或弯起钢筋的钢筋混凝土板及基础的试验数据所进行的可靠度分析表明，按公式（7.7.1）计算的效果均比原规范公式有所改进，即将原规范公式中混凝土项的系数0.6提高到0.7以后，本规范受冲切承载力公式的可靠指标比原规范有所降低，但仍满足规定的目标可靠指标的要求。

2 对截面高度尺寸效应作了补充

对于厚板来说，本规范补充了截面高度尺寸效应对受冲切承载力的影响。为此，在公式（7.7.1）中引入了截面高度影响系数 β_h，以考虑这种不利的影响。

3 补充了预应力混凝土板受冲切承载力的计算

试验研究表明，双向预应力对板柱节点的冲切承载力起有利作用，这主要是由于预应力的存在阻滞了斜裂缝的出现和开展，增加了混凝土剪压区的高度。本规范公式（7.7.1）主要是参考美国ACI318规范和我国《无粘结预应力混凝土结构技术规程》的作法，对预应力混凝土板受冲切承载力的计算作了规定。与国内外试验数据进行比较表明，公式（7.7.1）的取值是偏于安全的。

对单向预应力混凝土板，由于缺少试验数据，暂不考虑预应力的有利作用。

4 参考美国ACI318等有关规范的规定，给出了公式（7.7.1-2）、公式（7.7.1-3）两个调整系数 η_1、η_2。对矩形形状的加载面积边长之比作了限制，因为边长之比大于2后，受冲切承载力有所降低，为此，引进了调整系数 η_1。同时，基于稳妥的考虑，对加载面积边长之比作了不宜大于4的必要限制。此外，当临界截面相对周长 u_m/h_0 过大时，同样会引起对受冲切承载力的降低。有必要指出，公式（7.7.1-2）是在美国ACI规范的取值基础上略作调整后给出的。公式（7.7.1-1）的系数 η 只能取 η_1、η_2 中的较小值，以确保安全。

5 考虑了板中开孔的影响

为满足建筑功能的要求，有时要在柱边附近设置垂直的孔洞，板中开孔会减小冲切的最不利周长，从而降低板的受冲切承载力。在参考了国外规范的基础上给出了本条规定。

应该指出，对非矩形截面柱（异形截面柱）的临界截面周长，宜选取周长 u_m 的形状要呈凸形折线，其折角不能大于180°，由此可得到最小的周长，此时在局部周长区段离柱边的距离允许大于 $h_0/2$。

本节中所指的临界截面是为了简明表述而设定的截面，它是冲切最不利的破坏锥体底面线与顶面线之间的平均周长 u_m 处板的垂直截面：对等厚板为垂直于板中心平面的截面；对变高度板为垂直于板受拉面的截面。

7.7.3 当混凝土板的厚度不足以保证受冲切承载力时，可配置抗冲切钢筋。试验表明，配有抗冲切钢筋的钢筋混凝土板，其破坏形态和受力特性与有腹筋梁相类似，当抗冲切钢筋的数量达到一定程度时，板的受冲切承载力几乎不再增加。为了使抗冲切箍筋或弯起钢筋能够充分发挥作用，本规范规定了板的受冲切截面限制条件公式（7.7.3-1），相当于配置抗冲切钢筋后的冲切承载力不大于不配置抗冲切钢筋的混凝土板抗冲切承载力的1.5倍；同时，这实际上也是对抗冲切箍筋或弯起钢筋数量的限制，以避免其不能充分发挥作用和使用阶段在局部荷载附近的斜裂缝过大。由试验结果比较可知，本规范对配置抗冲切钢筋板的受冲切承载力计算公式的取值偏于安全。

试验表明，在冲切荷载作用下，钢筋混凝土板斜裂缝形成的方式与梁基本相同，大约在试验极限荷载的65%左右出现斜裂缝。在配有抗冲切钢筋的钢筋混凝土板中，由于斜向开裂的结果，使混凝土项的受冲切能力有所降低。与原规范相同，公式（7.7.3-2）和（7.7.3-3）中混凝土项的抗冲切承载力取为不配置抗冲切钢筋板极限承载力的一半。

7.7.4 阶形基础的冲切破坏可能会在柱与基础交接处或基础变阶处发生，这与阶形基础的形状、尺寸有关，因此在本条中作出了计算规定。对于阶形基础受冲切承载力计算公式中也引进了第7.7.1条的截面高

度影响系数 β_h。在确定基础的 F_l 时，取用最大的地基反力，这样做是偏于安全的。

7.7.5 对板柱节点存在不平衡弯矩时的受冲切承载力计算，由于板柱节点传递不平衡弯矩时，其受力特性及破坏形态更为复杂。为安全起见，借鉴美国ACI318规范和我国的《无粘结预应力混凝土结构技术规程》的规定，在本条中提出了原则规定，在附录G给出具体规定。

7.8 局部受压承载力计算

7.8.1 本条对配置间接钢筋的混凝土结构构件局部受压区截面尺寸规定了限制条件，因为：

1 试验表明，当局压区配筋过多时，局压板底面下的混凝土会产生过大的下沉变形；当符合公式（7.8.1-1）时，可限制下沉变形不致过大。为适当提高可靠度，将右边抗力项乘以系数 0.9，式中系数 1.35 系由原规范公式中的系数 1.5 乘以 0.9 而给出。

2 为了反映混凝土强度等级提高对局部受压的影响，引入了混凝土强度影响系数 β_c。

3 在计算混凝土局部受压时的强度提高系数 β_l（也包括本规范第 7.8.3 条的 β_{cor}）时，不应扣除孔道面积，经试验校核，此种计算方法比较合适。

4 在预应力锚头下的局部受压承载力的计算中，按本规范第 6.1.1 条的规定，当预应力作为荷载效应且对结构不利时，其荷载效应的分项系数取为 1.2。

7.8.2 计算底面积 A_b 的取值采用了"同心、对称"的原则。要求计算底面积 A_b 与局压面积 A_l 具有相同的重心位置，并呈对称；沿 A_l 各边向外扩大的有效距离不超过受压板短边尺寸 b（对圆形承压板，可沿周围扩大一倍 d），此法便于记忆。

对各类型垫板的局压试件的试验表明，试验值与计算值符合较好，且偏于安全。试验还表明，当构件处于边角局压时，β_l 值在 1.0 上下波动且离散性较大，考虑使用简便、形式统一和保证安全（温度、混凝土的收缩、水平力对边角局压承载力的影响较大），取边角局压时的 $\beta_l=1.0$ 是适当的。

7.8.3 对配置方格网式或螺旋式的间接钢筋的局部受压承载力计算，试验表明，它可由混凝土项承载力和间接钢筋项承载力之和组成。间接钢筋项承载力与其体积配筋率有关；且随混凝土强度等级的提高，该项承载力有降低的趋势，为了反映这个特性，公式中引入了系数 α。为便于使用且保证安全，系数 α 与本规范第 7.3.2 条的取值相同。基于与本规范第 7.8.1 条同样的理由，在公式（7.8.3-1）也考虑了系数 0.9。

本条还规定了 $A_{cor}>A_b$ 时，在计算中只能取 $A_{cor}=A_l$ 的要求。此规定用以保证充分发挥间接钢筋的作用，且能确保安全。

为避免长、短两个方向配筋相差过大而导致钢筋不能充分发挥强度，对公式（7.8.3-2）规定了配筋量的限制条件。

7.9 疲劳验算

7.9.1 保留了原规范的基本假定，它为试验所证实，并作为第 7.9.5 条和第 7.9.12 条建立钢筋混凝土和预应力混凝土受弯构件正截面承载力疲劳应力公式的依据。

7.9.2 本条是根据本规范第 3.1.4 条和吊车出现在跨度不大于 12m 的吊车梁上的可能情况而作出的规定。

7.9.3 本条明确规定，钢筋混凝土受弯构件正截面和斜截面疲劳验算中起控制的部位需作相应的应力或应力幅计算。

7.9.4 国内外试验研究表明，影响钢筋疲劳强度的主要因素为应力幅，即 $(\sigma_{\max}-\sigma_{\min})$，所以在本节中涉及钢筋的疲劳应力时均按应力幅计算。

7.9.5～7.9.6 按照第 7.9.1 条的基本假定，具体给出了钢筋混凝土受弯构件正截面疲劳验算中所需的截面特征值及其相应的应力和应力幅公式。

7.9.7～7.9.9 钢筋混凝土受弯构件斜截面的疲劳验算分为两种情况：第一种情况，当按公式（7.9.8）计算的剪应力 τ^f 符合公式（7.9.7-1）时，表示截面混凝土可全部承担，仅需按构造配置箍筋；第二种情况，当剪应力 τ^f 不符合公式（7.9.7-1）时，该区段的剪应力应由混凝土和垂直箍筋共同承担。试验表明，受压区混凝土所承担的剪应力 τ_c^f 值，与荷载值大小、剪跨比、配筋率等因素有关，在公式（7.9.9-1）中取 $\tau_c^f=0.1f_t^f$ 是较稳妥的。

对上述两种情况，按照我国以往的经验，对 $(\tau^f-\tau_c^f)$ 部分的剪应力应由垂直箍筋和弯起钢筋共同承担。但国内的试验表明，同时配有垂直箍筋和弯起钢筋的斜截面疲劳破坏，都是弯起钢筋首先疲劳断裂；按照 45°桁架模型和开裂截面的应变协调关系，可得到密排弯起钢筋应力 σ_{sb} 与垂直箍筋应力 σ_{sv} 之间的关系式：

$$\sigma_{sb}=\sigma_{sv}(\sin\alpha+\cos\alpha)^2$$

此处，α 为弯起钢筋的弯起角。显然，由上式可得 $\sigma_{sb}>\sigma_{sv}$ 的结论。

为了防止配置少量弯起钢筋而引起其疲劳破坏，由此导致垂直箍筋所能承担的剪力大幅度降低，本规范不提倡采用弯起钢筋作为抗疲劳的抗剪钢筋（密排斜向箍筋除外），所以在第 7.9.9 条仅提供配有垂直箍筋的应力幅计算公式。

7.9.10～7.9.12 基本保留了原规范对要求不出现裂缝的预应力混凝土受弯构件的疲劳强度验算方法，对非预应力钢筋和预应力钢筋，则改用应力幅的验算方法。由于本规范第 3.3.4 条规定需进行疲劳验算的预应力混凝土吊车梁应按不出现裂缝的要求设计，故本规范删去了原规范中对允许出现裂缝的预应力混凝土受弯构件的疲劳强度验算公式。

按条文公式计算的混凝土应力 $\sigma_{c,min}^f$ 和 $\sigma_{c,max}^f$，是指在截面同一纤维计算点处一次循环过程中的最小应力和最大应力，其最小、最大以其绝对值进行判别，且拉应力为正、压应力为负；在计算 $\rho_c^f = \sigma_{c,min}^f / \sigma_{c,max}^f$ 中，应注意应力的正负号及最大、最小应力的取值。

8 正常使用极限状态验算

8.1 裂缝控制验算

8.1.1 根据本规范第 3.3.4 条的规定，具体给出了钢筋混凝土和预应力混凝土构件裂缝控制的验算公式。

有必要指出，按概率统计的观点，符合公式（8.1.1-2）情况下，并不意味着构件绝对不会出现裂缝；同样，符合公式（8.1.1-4）的情况下，构件由荷载作用而产生的最大裂缝宽度大于最大裂缝限值大致会有 5% 的可能性。

8.1.2 本规范最大裂缝宽度的基本公式仍采用原规范的公式：

$$w_{max} = \tau_l \tau_s \alpha_c \psi \frac{\sigma_{sk}}{E_s} l_{cr}$$

对各类受力构件的平均裂缝间距的试验数据进行了统计分析，当混凝土保护层厚度 c 不大于 65mm 时，对配置带肋钢筋混凝土构件的平均裂缝间距可按下列公式计算：

$$l_{cr} = \beta \left(1.9c + 0.08 \frac{d}{\rho_{te}}\right)$$

此处，对轴心受拉构件，取 $\beta = 1.1$；对其他受力构件，均取 $\beta = 1$。

当配置不同钢种、不同直径的钢筋时，式中 d 应改为等效直径 d_{eq}，可按正文公式（8.1.2-3）进行计算确定，其中考虑了钢筋混凝土和预应力混凝土构件配置不同的钢种，钢筋表面形状以及预应力钢筋采用先张法或后张法（灌浆）等不同的施工工艺，它们与混凝土之间的粘结性能有所不同，这种差异将通过等效直径予以反映。为此，对钢筋混凝土用钢筋，根据国内有关试验资料；对预应力钢筋，参照欧洲混凝土桥规范 ENV 1992—2（1996）的规定，给出了正文表 8.1.2-2 的钢筋相对粘结特性系数。对有粘结的预应力钢筋 d_i 的取值，可按照 $d_i = 4A_p/u_p$ 求得，其中 u_p 本应取为预应力钢筋与混凝土的实际接触周长；分析表明，按照上述方法求得的 d_i 值与按预应力钢筋的公称直径进行计算，两者较为接近。为简化起见，对 d_i 统一取用公称直径。对环氧树脂涂层钢筋的相对粘结特性系数是根据试验结果确定的。

根据试验规律，给出受弯构件裂缝间纵向受拉钢筋应变不均匀系数的基本公式：

$$\psi = \omega_1 \left(1 - \frac{M_{cr}}{M_k}\right)$$

作为规范简化公式的基础，并扩展应用到其他构件。式中系数 ω_1 与钢筋和混凝土的握裹力有一定关系，对光圆钢筋，ω_1 则较接近 1.1。根据偏拉、偏压构件的试验资料，以及为了与轴心受拉构件的计算公式相协调，将 ω_1 统一为 1.1。同时，为了简化计算，并便于与偏心受力构件的计算相协调，将上式展开并作一定的简化，就可得到以钢筋应力 σ_{sk} 为主要参数的公式（8.1.2-2）。

反映裂缝间混凝土伸长对裂缝宽度影响的系数 α_c，根据试验资料分析，统一取 $\alpha_c = 0.85$。

短期裂缝宽度的扩大系数 τ_s，根据试验数据分析，对受弯构件和偏心受压构件，取 $\tau_s = 1.66$；对偏心受拉和轴心受拉构件，取 $\tau_s = 1.9$。扩大系数 τ_s 的取值的保证率约为 95%。

根据试验结果，给出了考虑长期作用影响的扩大系数 $\tau_l = 1.5$。

试验表明，对偏心受压构件，当 $e_0/h_0 \leq 0.55$ 时，裂缝宽度较小，均能符合要求，故规定不必验算。

在计算平均裂缝间距 l_{cr} 和 ψ 时引进了按有效受拉混凝土面积计算的纵向受拉配筋率 ρ_{te}，其有效受拉混凝土面积取 $A_{te} = 0.5bh + (b_f - b)h_f$，由此可达到 ψ 公式的简化，并能适用于受弯、偏心受拉和偏心受压构件。经试验结果校准，尚能符合各类受力情况。

鉴于对配筋率较小情况下的构件裂缝宽度等的试验资料较少，采取当 $\rho_{te} < 0.01$ 时，取 $\rho_{te} = 0.01$ 的办法，限制计算最大裂缝宽度的使用范围，以减少对最大裂缝宽度计算值偏小的情况。

必须指出，当混凝土保护层厚度较大时，虽然裂缝宽度计算值也较大，但较大的混凝土保护层厚度对防止钢筋锈蚀是有利的。因此，对混凝土保护层厚度较大的构件，当在外观的要求上允许时，可根据实践经验，对本规范表 3.3.4 中所规定的裂缝宽度允许值作适当放大。

对沿截面上下或周边均匀配置纵向钢筋的构件裂缝宽度计算，研究尚不充分，本规范未作明确规定。但必须指出，在荷载的标准组合下，这类构件的受拉钢筋应力很高，甚至可能超过钢筋抗拉强度设计值。为此，当按公式（8.1.2-1）计算时，关于钢筋应力 σ_{sk} 及 A_{te} 的取用原则等应按更合理的方法计算。

8.1.3 本条给出的钢筋混凝土构件的纵向受拉钢筋应力和预应力混凝土构件的纵向受拉钢筋等效应力，均是指在荷载效应的标准组合下构件裂缝截面上产生的钢筋应力，下面按受力性质分别说明：

1 对钢筋混凝土轴心受拉和受弯构件，钢筋应力 σ_{sk} 仍按原规范的方法计算。受弯构件裂缝截面的内力臂系数，仍取 $\eta_b=0.87$。

2 对钢筋混凝土偏心受拉构件，其钢筋应力计算公式（8.1.3-2）是由外力与截面内力对受压区钢筋合力点取矩确定，此即表示不管轴向力作用在 A_s 和 A'_s 之间或之外，均近似取内力臂 $z=h_0-a'_s$。

3 对预应力混凝土构件的纵向受拉钢筋等效应力，是指在该钢筋合力点处混凝土预压应力抵消后钢筋中的应力增量，可视它为等效于钢筋混凝土构件中的钢筋应力 σ_{sk}。

预应力混凝土轴心受拉构件的纵向受拉钢筋等效应力的计算公式（8.1.3-9）就是基于上述的假定给出的。

4 对钢筋混凝土偏压构件和预应力混凝土受弯构件，其纵向受拉钢筋的应力和等效应力可根据相同的概念给出。此时，可把预应力及非预应力钢筋的合力 N_{p0} 作为压力与弯矩值 M_k 一起作用于截面上，这样，预应力混凝土受弯构件就等效于钢筋混凝土偏心受压构件。对后张法预应力混凝土超静定结构中的次弯矩 M_2 的影响，与本规范第 6.1.7 条相协调，在公式（8.1.3-10）、（8.1.3-11）中作了反映。

对裂缝截面的纵向受拉钢筋应力和等效应力，由建立内、外力对受压区合力取矩的平衡条件，可得公式（8.1.3-4）和公式（8.1.3-10）。

纵向受拉钢筋合力点至受压区合力点之间的距离 $z=\eta h_0$，可近似按第 7 章第 7.1 节的基本假定确定。考虑到计算的复杂性，通过计算分析，可采用下列内力臂系数的拟合公式：

$$\eta = \eta_b - (\eta_b - \eta_0)\left(\frac{M_0}{M_e}\right)^2$$

式中 η_b——钢筋混凝土受弯构件在使用阶段的裂缝截面内力臂系数；

η_0——纵向受拉钢筋截面重心处混凝土应力为零时的截面内力臂系数；

M_0——受拉钢筋截面重心处混凝土应力为零时的消压弯矩：对偏压构件，取 $M_0=N_k\eta_0 h_0$；对预应力混凝土受弯构件，取 $M_0=N_{p0}(\eta_0 h_0-e_p)$；

M_e——外力对受拉钢筋合力点的力矩：对偏压构件，取 $M_e=N_k e$；对预应力混凝土受弯构件，取 $M_e=M_k+N_{p0}e_p$ 或 $M_e=N_{p0}e$。

上述公式可进一步改写为：

$$\eta = \eta_b - \alpha\left(\frac{h_0}{e}\right)^2$$

通过分析，适当考虑了混凝土的塑性影响，并经有关构件的试验结果校核后，本规范给出了以上述拟合公式为基础的简化公式（8.1.3-5）。当然，本规范不排斥采用更精确的方法计算预应力受弯构件的内力臂 z。

对钢筋混凝土偏心受压构件，当 $l_0/h > 14$ 时，试验表明应考虑构件挠曲对轴向力偏心距的影响，近似取第 7 章第 7.3.10 条确定承载力计算用的曲率的 1/2.85，且不考虑附加偏心距，由此可得公式（8.1.3-8）。

8.1.4 在抗裂验算中，边缘混凝土的法向应力计算公式是按弹性应力给出的。

8.1.5 从裂缝控制要求对预应力混凝土受弯构件的斜截面混凝土主拉应力进行验算，是为了避免斜裂缝的出现，同时按裂缝等级不同予以区别对待；对混凝土主压应力的验算，是为了避免过大的压应力导致混凝土抗拉强度过大地降低和裂缝过早地出现。

8.1.6～8.1.7 在第 8.1.6 条提供了混凝土主拉应力和主压应力的计算方法。在 8.1.7 条提供了考虑集中荷载产生的混凝土竖向压应力及对剪应力分布影响的实用方法，这是依据弹性理论分析加以简化并经试验验证后给出的。

8.1.8 对先张法预应力混凝土构件端部预应力传递长度范围内进行正截面、斜截面抗裂验算时，采用本条对预应力传递长度范围内有效预应力 σ_{pe} 按近似的线性变化规律的假定后，可利于简化计算。

8.2 受弯构件挠度验算

8.2.1 在正常使用极限状态下混凝土受弯构件的挠度，主要取决于构件的刚度。规范假定在同号弯矩区段内的刚度相等，并取该区段内最大弯矩处所对应的刚度；对于允许出现裂缝的构件，它就是该区段内的最小刚度，这样做是偏于安全的。当支座截面刚度与跨中截面刚度之比在规范规定的范围内时，采用等刚度计算构件挠度，其误差不致超过 5%。

8.2.2 在受弯构件短期刚度 B_s 基础上，仅考虑荷载效应准永久组合的长期作用对挠度增大的影响，由此给出公式（8.2.2）。

8.2.3 本条提供的钢筋混凝土和预应力混凝土受弯构件的短期刚度是在理论与试验相结合的基础上提出的。

1 钢筋混凝土受弯构件的短期刚度

截面刚度与曲率的理论关系式为：

$$\frac{M_k}{B_s} = \frac{\varepsilon_{sm}+\varepsilon_{cm}}{h_0}$$

式中 ε_{sm}——纵向受拉钢筋的平均应变；

ε_{cm}——截面受压区边缘混凝土的平均应变。

根据裂缝截面受拉钢筋和受压区边缘混凝土各自的应变与相应的平均应变，可建立下列关系：

$$\varepsilon_{sm} = \psi \frac{M_k}{E_s A_s \eta h_0}$$

$$\varepsilon_{cm} = \frac{M_k}{\zeta E_c b h_0^2}$$

将上述平均应变代入前式,即可得短期刚度的基本公式:

$$B_s = \frac{E_s A_s h_0^2}{\frac{\psi}{\eta} + \frac{\alpha_E \rho}{\zeta}}$$

公式中的系数由试验分析确定:

1) 系数 ψ,采用与裂缝宽度计算相同的公式,当 $\psi < 0.2$ 时,取 $\psi = 0.2$,这将能更好地符合试验结果。

2) 根据试验资料回归,系数 $\alpha_E \rho / \zeta$ 可按下列公式计算:

$$\frac{\alpha_E \rho}{\xi} = 0.2 + \frac{6\alpha_E \rho}{1 + 3.5\gamma_f}$$

对力臂系数 η,近似取 $\eta = 0.87$。

将上述系数与表达式代入上述 B_s 公式,即得公式(8.2.3-1)。

2 预应力混凝土受弯构件的短期刚度

1) 不出现裂缝构件的短期刚度,统一取 $0.85 E_c I_0$,在取值上较稳妥。

2) 允许出现裂缝构件的短期刚度

对使用阶段已出现裂缝的预应力混凝土受弯构件,假定弯矩与曲率(或弯矩与挠度)曲线是由双折直线组成,双折线的交点位于开裂弯矩 M_{cr} 处,则可求得短期刚度的基本公式为:

$$B_s = \frac{E_c I_0}{\frac{1}{\beta_{0.4}} + \frac{\frac{M_{cr}}{M_k} - 0.4}{0.6}\left(\frac{1}{\beta_{cr}} - \frac{1}{\beta_{0.4}}\right)}$$

式中 $\beta_{0.4}$ 和 β_{cr} 分别为 $\frac{M_{cr}}{M_k} = 0.4$ 和 1.0 时的刚度降低系数。对 β_{cr},取 $\beta_{cr} = 0.85$;对 $\frac{1}{\beta_{0.4}}$,根据试验资料分析,取拟合的近似值,可得:

$$\frac{1}{\beta_{0.4}} = \left(0.8 + \frac{0.15}{\alpha_E \rho}\right)(1 + 0.45\gamma_f)$$

将 β_{cr} 和 $\frac{1}{\beta_{0.4}}$ 代入上述公式 B_s,并经适当调整后即得本规范公式(8.2.3-3)。

8.2.4 对混凝土截面抵抗矩塑性影响系数 γ 值略作了调整,本条与原规范的基本假定不同仅在本条取受拉区混凝土应力图形为梯形而不是矩形,其他均相同。为了简化计算,参照水工结构行业规范的规定并作校准后,给出了常用截面形状的 γ 近似值,以供查用。

8.2.5~8.2.6 钢筋混凝土受弯构件考虑荷载长期作用对挠度增大的影响系数 θ 是根据国内一些单位长期试验结果并参考国外规范的规定而给出。

预应力混凝土受弯构件在使用阶段的反拱计算中,短期反拱值的计算以及考虑预加力长期作用对反拱增大的影响系数仍保留原规范取为2.0的规定。由于它未能反映混凝土收缩、徐变损失以及配筋率等因素的影响,因此,对长期反拱值,如有专门的试验分析或根据收缩、徐变理论进行计算分析,则可不遵守条文的规定。

9 构造规定

9.1 伸缩缝

9.1.1 根据多年的工程实践经验,未发现表9.1.1的伸缩缝最大间距规定对混凝土结构的承载力和裂缝开展有明显不利影响,故伸缩缝最大间距按原规范未作改动。但根据调研,近年来混凝土强度等级有所提高,流动性加大,混凝土凝固过程具有快硬、早强、发热量大的特点,混凝土体积收缩呈增大趋势,因此对伸缩缝间距的要求由原规范的"可"改为"宜"。

本次修订对原规范的表注作了以下修改:

1 增加了表注1关于装配整体式结构房屋和表注2关于框架-剪力墙结构和框架-核心筒结构房屋伸缩缝间距的规定。

2 为防止温度裂缝,表注4新增加了对露天挑檐、雨罩等外露结构的伸缩缝间距的要求。

9.1.2 本条列出了温度变化和混凝土收缩对结构产生更不利影响的几种情况,提出了需要在表9.1.1规定基础上适当减小伸缩缝间距的要求。

9.1.3 本条为新增内容,指出允许适当增大伸缩缝最大间距的情况、条件和应注意的问题。

在结构施工阶段采取防裂措施是国内外通用的减小混凝土收缩不利影响的有效方法。我国常用的做法是设置后浇带。根据工程实践经验,通常后浇带的间距不大于30m;浇灌混凝土的间隔时间通常在两个月以上。这里所指的后浇带是将结构构件混凝土全部临时断开的做法。还应注意,合理设置有效的后浇带,并有可靠经验时,可适当增大伸缩缝间距,但不能用后浇带代替伸缩缝。

对结构施加相应的预应力可以减小因温度变化和混凝土收缩而在混凝土中产生的拉应力,以减小或消除混凝土开裂的可能性。本条所指的"预加应力措施"是指专门用于抵消温度、收缩应力的预加应力措施。

本条中的其他措施是指:加强屋盖保温隔热措施,以减小结构温度变形;加强结构的薄弱环节,以提高其抗裂性能;对现浇结构,在施工中切实加强养护以减小收缩变形;采用可靠的滑动措施,以减小约束结构变形的摩擦阻力；合理选择材料以减少混凝土的收缩等。

此外，对墙体还可采用设置控制缝以调节伸缩缝间距的措施。控制缝是在建筑物的线脚、饰条、凹角等处通过预埋板条等方法引导收缩裂缝出现，并用建筑构造处理从外观上加以遮掩，并做好防渗、防水处理的一种做法。其间距一般在10m左右，根据建筑处理设置。对设有控制缝的墙体，伸缩缝间距可适当加大。

本条还特别强调"当增大伸缩缝间距时，尚应考虑温度变化和混凝土收缩对结构的影响"。这是因为温度变化和混凝土收缩这类间接作用引起的变形和位移对于超静定混凝土结构可能引起很大的约束应力，导致结构构件开裂，甚至使结构的受力形态发生变化。设计者不能简单地采取某些措施就草率地增大伸缩缝间距，而应通过有效的分析或计算慎重考虑各种不利因素对结构内力和裂缝的影响，确定合理的伸缩缝间距。

对本条中的"充分依据"，不应仅理解为"已经有了少量未发现问题的工程实例"，而是指对各种有利和不利因素的影响方式和程度作出有科学依据的分析和判断，并由此确定伸缩缝间距的增减。

9.1.4 本条规定，为设置伸缩缝而形成的双柱，因基础受温度收缩影响很小，故其独立基础可以不设缝。工程实践证明这种做法是可行的。

9.2 混凝土保护层

9.2.1 保护层厚度的规定是为了满足结构构件的耐久性要求和对受力钢筋有效锚固的要求。本条对保护层厚度给出了更明确的定义。混凝土保护层厚度的规定比原规范略有增加。

考虑耐久性要求，本条对处于环境类别为一、二、三类的混凝土结构规定了保护层最小厚度。与原规范比较作了以下改动：

1 一类及二a类环境分别与原规范中"室内正常环境"及"露天及室内高湿度环境"相近；考虑冻融及轻度腐蚀环境的影响，增加了二b类环境及三类环境。

2 表中保护层厚度的数值是参考我国的工程经验以及耐久性要求规定的，要求比原规范稍严；表中相应的混凝土强度等级范围有所扩大。

3 注中增加了基础保护层厚度的规定，这是根据长期工程实践经验确定的。对处于有侵蚀性介质作用环境中的基础，其保护层厚度应符合有关标准的规定。

9.2.2 本条对预制构件中钢筋保护层厚度的规定与原规范相同，多年工程实践证明是可行的。

9.2.3 板、墙、壳中的分布钢筋以及梁、柱中的箍筋及构造钢筋的保护层厚度规定基本同原规范，但根据环境条件稍有加严。构造钢筋是指不考虑受力的架立筋、分布筋、连系筋等。工程实践证明，本条规定对保证结构耐久性是有效的。

9.2.4 对梁、柱中纵向受力钢筋保护层厚度大于40mm的情况，提出应采取有效的防裂构造措施。通常是在混凝土保护层中离构件表面一定距离处全面增配由细钢筋制成的构造钢筋网片。此外，增加了在处于露天环境中悬臂板的上表面采取保护措施的要求，这是由于该处受力钢筋因混凝土开裂更易受腐蚀而提出的。

9.2.5 环境类别为四、五类的情况属非共性问题，港口工程中的这类情况应符合《港口工程混凝土和钢筋混凝土结构设计规范》JTJ 267的有关规定，工业建筑中的这类情况应符合《工业建筑防腐蚀设计规范》GB 50046的有关规定。

为了满足建筑防火要求，保护层厚度还应满足《建筑防火规范》GBJ 16和《高层民用建筑设计防火规范》GB50045的要求。

9.3 钢筋的锚固

9.3.1 原规范锚固设计采用查表方法，按以$5d$为间隔取整的方式取值，不能较准确地反映锚固条件变化对锚固强度的影响，且难与国际惯例协调。我国钢筋强度不断提高，外形日趋多样化，结构形式的多样性也使锚固条件有了很大的变化，用表格的方式已很难确切表达。根据近年来系统试验研究及可靠度分析的结果并参考国外标准，规范给出了以简单计算确定锚固长度的方法。应用时，由计算所得基本锚固长度l_a应乘以对应于不同锚固条件的修正系数加以修正，且不小于规定的最小锚固长度。

基本锚固长度l_a取决于钢筋强度f_y及混凝土抗拉强度f_t，并与钢筋外形有关，外形影响反映于外形系数α中。公式（9.3.1-1）为计算锚固长度的通式，其中分母项反映了混凝土的粘结锚固强度的影响，用混凝土的抗拉强度表示；但混凝土强度等级高于C40时，仍按C40考虑，以控制高强混凝土中锚固长度不致过短。表9.3.1中不同钢筋的外形系数α是经对各类钢筋进行系统粘结锚固试验研究及可靠度分析得出的。

为反映带肋钢筋直径较大时相对肋高减小对锚固作用降低的影响，直径大于25mm的粗直径钢筋的锚固长度应适度加大，乘以修正系数1.1。

为反映环氧树脂涂层钢筋表面状态对锚固的不利影响，其锚固长度应乘以修正系数1.25，这是根据试验分析结果并参考国外标准的有关规定确定的。

施工扰动对锚固的不利影响反映于施工扰动的影响系数中，与原规范数值相当，取1.1。

带肋钢筋常因外围混凝土的纵向劈裂而削弱锚作用。当混凝土保护层厚度或钢筋间距较大时，握裹作用加强，锚固长度可适当减短。经试验研究及可靠度分析，并根据工程实践经验，当保护层厚度大于锚固钢筋直径的3倍且有箍筋约束时，适当减小锚固长度是可行的，此时锚固长度可乘以修正系数0.8。

配筋设计时，实际配筋面积往往因构造原因而大于计算值，故钢筋实际应力小于强度设计值。因此，当有确实把握时，受力钢筋的锚固长度可以缩短，其数值与配筋余量的大小成比例。国外规范也采取同样的方法。但其适用范围有一定限制，即不得用于抗震设计及直接承受动力荷载的构件中。

当采用骤然放松预应力钢筋的施工工艺时，其锚固长度起点应考虑端部受损的可能性，内移 $0.25l_{tr}$。

上述各项修正系数可以连乘，但出于构造要求，修正后的受拉钢筋锚固长度不能小于最低限度（最小锚固长度），其数值在任何情况下不应小于按公式（9.3.1）计算值的0.7倍及250mm。

9.3.2 机械锚固是减少锚固长度的有效方式。根据试验研究及我国施工习惯，推荐了三种机械锚固形式：加弯钩、焊锚板及贴焊锚筋。机械锚固的总锚固长度修正系数0.7是由试验及可靠度分析确定的，与国外规范的有关取值相当且偏于安全。为了对机械锚固区混凝土提供约束，以维持其锚固能力，增加了对锚固区配箍直径、间距及数量的构造要求。保护层厚度很大时锚固约束作用较强，故可对配箍不作要求。

9.3.3 柱及桁架上弦等构件中受压钢筋也存在锚固问题。受压钢筋的锚固长度为相应受拉锚固长度的0.7倍，这是根据试验研究及可靠度分析并参考国外规范确定的。

9.3.4 根据长期工程实践经验规定了承受重复荷载预制构件中钢筋的锚固措施。

9.4 钢筋的连接

9.4.1 由于钢筋通过连接接头传力的性能总不如整根钢筋，故设置钢筋连接的原则为：接头应设置在受力较小处；同一根钢筋上应少设接头。为了反映技术进步，对原规范的内容进行了补充，增加了机械连接接头。机械连接接头的类型和质量控制要求见《钢筋机械连接通用技术规程》JGJ 107，焊接连接接头的种类和质量控制要求见《钢筋焊接规程》JGJ 18。

9.4.2 根据工程经验及接头性质，本条限定了钢筋绑扎搭接接头的应用范围：受拉构件不应采用绑扎搭接接头，大直径钢筋不宜采用绑扎搭接接头。

9.4.3 用图及文字明确给出了属于同一连接区段钢筋绑扎搭接接头的定义。这比原规范"同一截面的搭接接头"的提法更为准确。搭接钢筋接头中心间距不大于1.3倍搭接长度，或搭接钢筋端部距离不大于0.3倍搭接长度时，均属位于同一连接区段的搭接接头。搭接钢筋错开布置时，接头端面位置应保持一定间距。首尾相接式的布置会在相接处引起应力集中和局部裂缝，应予以避免。条文对梁、板、墙、柱类构件的受拉钢筋搭接接头面积百分率提出了控制条件。粗、细钢筋搭接时，按粗钢筋截面积计算接头面积百分率，按细钢筋直径计算搭接长度。

本条还规定了受拉钢筋绑扎搭接接头搭接长度的计算方法，其中反映了接头面积百分率的影响。这是根据有关的试验研究及可靠度分析，并参考国外有关规范的做法确定的。搭接长度随接头面积百分率的提高而增大，是因为搭接接头受力后，相互搭接的两根钢筋将产生相对滑移，且搭接长度越小，滑移越大。为了使接头充分受力的同时，刚度不致过差，就需要相应增大搭接长度。本规定解决了原规范对搭接接头面积百分率规定过严的缺陷，对接头面积百分率较大的情况，采用加大搭接长度的方法处理，便于设计和施工。

9.4.4 受压钢筋的搭接长度规定为受拉钢筋的0.7倍，解决了梁受压区及柱中受压钢筋的搭接问题。这一规定沿用了原规范的做法。

9.4.5 搭接接头区域的配箍构造措施对保证搭接传力至关重要。本条在原规范条文的基础上，增加了对搭接连接区段箍筋直径的要求。此外提出了在粗钢筋受压搭接接头端部须增加配箍的要求，以防止局部挤压裂缝，这是根据试验研究结果和工程经验提出的。

9.4.6 本条规定了机械连接的连接区段长度为 $35d$。同时规定了其应用的原则：接头宜互相错开并避开受力较大部位。由于在受力最大处受拉钢筋传力的重要性，机械连接接头在该处的接头面积百分率不宜大于50%。

9.4.7 本条给出了机械连接接头用于承受疲劳荷载构件时的应用范围及设计原则。

9.4.8 本条为机械连接接头保护层厚度及钢筋间距的要求。由于机械连接套筒直径加大，对保护层厚度及间距的要求作了适当放宽，由一般对钢筋要求的"应"改为对套筒的"宜"。

9.4.9 本条给出了焊接接头连接区段的定义。接头面积百分率的要求同原规范，工程实践证明这些规定是可行的。

9.4.10 本条提出承受疲劳荷载吊车梁等有关构件中受力钢筋焊接的要求，与原规范的有关内容相同，工程实践证明是可行的。

9.5 纵向受力钢筋的最小配筋率

9.5.1 我国建筑结构混凝土构件的最小配筋率较长时间沿用原苏联60年代规范的规定。其中，各类构件受拉钢筋最小配筋率的规定与其他国家相比明显偏低，远未达到受拉区混凝土开裂后受拉钢筋不致立即屈服的水平。原规范虽曾对受拉钢筋最小配筋率作了小幅度提高，但未能从根本上改变最小配筋率偏低的状况。

本次修订规范适当提高了受弯构件、偏心受拉构件和轴心受拉构件的受拉钢筋最小配筋率，并采用了配筋特征值（f_t/f_y）相关的表达形式，即最小配筋率随混凝土强度等级的提高而相应增大，随钢筋受拉强度的提高而降低；同时规定了受拉钢筋最小配筋率的取值下限。

规定受压构件最小配筋率的目的是改善其脆性特征，避免混凝土突然压溃，并使受压构件具有必要的刚度和抗偶然偏心作用的能力。本次修订规范对受压构件纵向钢筋最小配筋率只作了小幅度上调，即受压构件一侧纵筋最小配筋率保持 0.2% 不变，只将受压构件全部纵向钢筋最小配筋率由 0.4% 上调至 0.6%。对受压构件最小配筋率未采用特征值的表达方式，但考虑到强度等级偏高时混凝土脆性特征更为明显，故规定当混凝土强度等级为 C60 及以上时，最小配筋率上调 0.1%；当纵筋使用 HRB400 级和 RRB400 级钢筋时，最小配筋率下调 0.1%。应注意的是，这种调整只针对截面全部纵向钢筋，受压构件一侧纵向钢筋的最小配筋率仍保持不小于 0.2% 的要求。

9.5.2 卧置于地基上的钢筋混凝土厚板，其配筋量多由最小配筋率控制。根据实际受力情况，最小配筋率可适当降低，但规定了最低限值 0.15%。

9.5.3 本条规定了预应力构件中各类预应力受力钢筋的最小配筋率。其基本思路为"截面开裂后受拉预应力筋不致立即失效"的原则，目的是为了使试件具有起码的延性性质，避免无预兆的脆性破坏。

9.6 预应力混凝土构件的构造规定

9.6.1 当先张法预应力构件中的预应力钢丝采用单根配置有困难时，可采用并筋的配筋形式。并筋为国外混凝土结构中常见的配筋形式，一般用于配筋密集区域布筋困难的情况。并筋对锚固及预应力传递性能的影响由等效直径反映。并筋的等效直径取与其截面积相等的圆截面的直径：对双并筋为 $\sqrt{2}d$；对三并筋为 $\sqrt{3}d$，其中 d 为单根钢丝的直径；取整后近似为 1.4 倍及 1.7 倍单根钢丝直径，即 $1.4d$ 及 $1.7d$。并筋的保护层厚度、钢筋间距、锚固长度、预应力传递长度、挠度和裂缝宽度验算等均按等效直径考虑。上述简化处理结果与国外标准、规范的数值相当，且计算更为简便。

根据我国的工程实践，预应力钢丝并筋不宜超过 3 根。对热处理钢筋及钢绞线因工程经验不多，需并筋时应采取可靠的措施，如加配螺旋筋或采用缓慢放张预应力的工艺等。

9.6.2 根据先张法预应力钢筋的锚固及预应力传递性能，提出了配筋净间距的要求，其数值是根据试验研究及工程经验确定的。

9.6.3 先张法预应力传递长度范围内局部挤压造成的环向拉应力容易导致构件端部混凝土出现劈裂裂缝。因此端部应采取构造措施，以保证自锚端的局部承载力。本条单根预应力钢筋包括单根钢绞线或单根并筋束所提出的措施为长期工程经验和试验研究结果的总结。

9.6.4～9.6.6 为防止预应力构件端部及预拉区的裂缝，根据多年工程实践经验及原规范的执行情况，这几条对各种预制构件（槽板、肋形板、屋面梁、吊车梁等）提出了配置防裂钢筋的措施。

9.6.7 预应力锚具应根据《预应力筋用锚具、夹具和连接器》GB/T 14370 标准的有关规定选用，并满足相应的质量要求。

9.6.8 为防止后张法预应力构件在施工阶段受力后发生沿孔道的裂缝和破坏，对后张法预制构件及框架梁等提出了相应构造措施。其中规定的控制数值及构造措施为我国多年工程经验的总结。

9.6.9～9.6.10 后张法预应力混凝土构件端部锚固区和构件截面中部在施工张拉后常会出现纵向水平裂缝。为了控制这些裂缝的开展，在试验研究的基础上，在条文中作出了加强配筋的具体规定。其中，要求合理布置预应力钢筋，尽量使锚具沿构件端部均匀布置，以减少横向拉力。当难于做到均匀布置时，为防止端面出现宽度过大的裂缝，根据理论分析和试验结果，提出了限制裂缝的竖向附加钢筋截面面积的计算公式以及相应的构造措施。原规范限定附加钢筋仅用光面钢筋，本次修订允许采用强度较高的热轧带肋钢筋，对计算公式中的钢筋强度设计值及系数作了相应的调整。

9.6.11 为保证端面有局部凹进的后张法预应力混凝土构件端部锚固区的强度和裂缝控制性能，根据试验和工程经验，规定了增设折线构造钢筋的防裂措施。

9.6.12 本条指出了用有限元分析方法作为解决特殊构件端部设计的途径。

9.6.13 曲线预应力布筋的曲率半径不宜小于 4m，是根据工程经验给出的。

9.6.14～9.6.15 对后张法预应力构件的预拉区、预压区、预应力转折处、端面预埋钢板及外露锚具等，根据局部挤压，施工工艺及耐久性的要求，提出了相应的构造措施。

10 结构构件的基本规定

10.1 板

10.1.1 本条给出的只是从构造角度要求的现浇板的最小厚度。现浇板的合理厚度应在符合承载力极限状态和正常使用极限状态要求的前提下，按经济合理的原则选定，并考虑防火、防爆等要求，但不应小于表 10.1.1 的规定。

10.1.2 分析结果表明，四边支承板长短边长度比大于等于3.0时，板可按沿短边方向受力的单向板计算；此时，沿长边方向配置本规范第10.1.8条规定的分布钢筋已经足够。当长短边长度比在2～3之间时，板虽仍可按沿短边方向受力的单向板计算，但沿长边方向按分布钢筋配置尚不足以承担该方向弯矩，应适度增大配筋量。当长短边长度比小于等于2时，应按双向板计算和配筋。

10.1.3 单向板和双向板可采用分离式配筋或弯起式配筋。分离式配筋因施工方便，已成为工程中主要采用的配筋方式。本条给出了分离式配筋的构造原则。

10.1.4 本条根据工程经验规定了在一般情况下板中受力钢筋的间距。

10.1.5 本条规定了支座处钢筋的锚固长度。条文强调了当连续板内温度、收缩应力较大时，宜适当加长板下纵向钢筋伸入支座的长度。

10.1.6 本条根据工程经验规定了梁板交界处构造钢筋的配置方法。

10.1.7 本条规定了当现浇板周边支承在钢筋混凝土梁上、墙上或嵌固在承重砌体墙内时，板边构造钢筋的配置方法。当有截面较大的柱或墙的阳角突出到板内时，亦应沿突出在板内的柱周边和阳角墙边按同样规定设置板边构造钢筋，否则板可能沿柱边或阳角墙边开裂。本条目的是为了控制沿板周边或角部的负弯矩裂缝。

10.1.8 考虑到现浇板中存在温度、收缩应力，根据工程经验将分布钢筋与受力钢筋截面面积之比由原规范的10%提高到15%，增加了分布钢筋截面面积不小于板截面面积0.15%的规定，将分布钢筋的最大间距由300mm减为250mm，增加了分布钢筋直径不宜小于6mm的要求。同时提请设计者注意，对集中荷载较大的情况，应当增加分布钢筋用量。

10.1.9 近年来，现浇板的裂缝问题比较严重。重要原因是混凝土收缩和温度变化在现浇楼板内引起的约束拉应力。设置温度收缩钢筋有助于减少这类裂缝。鉴于受力钢筋和分布钢筋也可以起到一定的抵抗温度、收缩应力的作用，故主要应在未配钢筋的部位或配筋数量不足的部位沿两个正交方向（特别是温度、收缩应力的主要作用方向）布置温度收缩钢筋。板中温度、收缩应力目前尚不易准确计算。本条根据工程经验给出了配置温度收缩钢筋的原则和最低数量规定。如有计算温度、收缩应力的可靠经验，计算结果亦可作为确定附加钢筋用量的参考。

本规范第10.1.5条、第10.1.7条、第10.1.8条和本条的规定所形成的板的综合构造措施，目的都是为了减少现浇混凝土板因温度、收缩而开裂的可能性。

10.1.10 国内外试验研究结果表明，在与板的冲切破坏面相交的部位配置弯起钢筋或箍筋，能提高板的抗冲切承载力。本条构造规定的目的是为了保证弯起钢筋和箍筋能充分发挥强度。

10.1.11 在混凝土厚板中沿厚度方向以一定间隔配置平行于板面的钢筋网片，不仅可减少大体积混凝土温度收缩的影响，而且有利于提高构件的抗剪承载力。

10.1.12 本次修订规范未列入有关焊接骨架和焊接网的规定。当使用焊接网时，应符合《钢筋焊接网混凝土结构技术规程》JGJ/T 114的有关规定。

10.2 梁

10.2.1 绑扎骨架梁的配筋构造规定基本同原规范，工程实践证明是有效的。

10.2.2 对混合结构房屋中支承在砖墙、砖柱混凝土垫块上的钢筋混凝土梁简支支座或预制钢筋混凝土梁的简支支座，给出了在支座处锚固长度的要求及在支座范围内配置箍筋的规定。

10.2.3 在连续梁和框架梁的跨内，支座负弯矩受拉钢筋在向跨内延伸时，可根据弯矩图在适当部位截断。当梁端作用剪力较大时，在支座负弯矩钢筋的延伸区段范围内将形成由负弯矩引起的垂直裂缝和斜裂缝，并可能在斜裂缝区前端沿该钢筋形成劈裂裂缝，使纵拉应力由于斜弯作用和粘结退化而增大，并使钢筋受拉范围相应向跨中扩展。国内外试验研究结果表明，为了使负弯矩钢筋的截断不影响它在各截面中发挥所需的抗弯能力，应通过两个条件控制负弯矩筋的截断点。第一个控制条件（即从不需要该批钢筋的截面伸出的长度）是使该批钢筋截断后，继续前伸的钢筋能保证过截断点的斜截面具有足够的受弯承载力；第二个控制条件（即从充分利用截面向前伸出的长度）是使负弯矩钢筋在梁顶部的特定锚固条件下具有必要的锚固长度。根据近期对分批截断负弯矩纵向钢筋情况下钢筋延伸区段受力状态的实测结果，对原规范规定作了局部调整。

当梁端作用剪力较小（$V \leqslant 0.7 f_t b h_0$）时，控制钢筋截断点位置的两个条件仍按原规范取用。

当梁端作用剪力较大（$V > 0.7 f_t b h_0$），且负弯矩区相对长度不大时，原规范给出的第二控制条件可继续使用；第一控制条件在原规范从不需要该钢筋截面伸出长度不小于$20d$的基础上，增加了同时不小于h_0的要求。

若负弯矩区相对长度较大，按以上二条件确定的截断点仍位于与支座最大负弯矩对应的负弯矩受拉区内时，延伸长度应进一步增大。增大后的延伸长度分别为从充分利用截面伸出的长度及从不需要该批钢筋的截面伸出的长度两者中的较大值。

10.2.4 试验表明，在作用剪力较大的悬臂梁内，因梁全长受负弯矩作用，临界斜裂缝的倾角明显偏小，因此不宜截断负弯矩钢筋。此时，负弯矩钢筋可以按弯矩图分批向下弯折，但必须有不少于两根钢筋伸至梁端，并向下弯折锚固。

10.2.5 受扭纵筋最小配筋率的规定是以纯扭构件受扭承载力计算公式（7.6.4-1）和剪扭条件下不需进行承载力计算而仅按构造配筋的控制条件为基础拟合给出的。本条还给出了受扭纵向钢筋沿截面周边的布置原则和在支座处的锚固要求。对箱形截面构件，偏安全地采用了与实心截面构件相同的构造要求。

10.2.6 本条根据工程经验给出了在按简支计算，但实际受有部分约束的梁端上部配置纵向钢筋的构造规定。

10.2.7~10.2.8 原规范中有关弯起钢筋弯起点或弯终点位置、角度、锚固长度等构造要求是有效的，故维持不变。

10.2.9 对按计算不需要配置箍筋的梁的构造配箍要求作出了规定。本条维持原规范的规定不变。

10.2.10 与本规范第 7.5 节对斜截面受剪承载力计算公式的调整（适度调高抗剪箍筋用量）相适应，梁中受剪箍筋的最小配筋率亦较原规范适度增大。

10.2.11 本条规定了梁中箍筋直径的要求。

10.2.12 与本规范第 10.2.10 条对受剪箍筋最小配筋率的适度提高相呼应，剪扭箍筋的最小配筋率也适度调高。对箱形截面构件，偏安全地采用了与实心截面构件相同的构造要求。

10.2.13 当集中荷载在梁高范围内或梁下部传入时，为防止集中荷载影响区下部混凝土拉脱并弥补间接加载导致的梁斜截面受剪承载力的降低，应在集中荷载影响区 s 范围内加设附加横向钢筋。在设计中，不允许用布置在集中荷载影响区内的受剪箍筋代替附加横向钢筋。此外，当传入集中力的次梁宽度 b 过大时，宜适当减小由 $3b+2h_1$ 所确定的附加横向钢筋布置宽度。当次梁与主梁高度差 h_1 过小时，宜适当增大附加横向钢筋的布置宽度。当主梁、次梁均承担有由上部墙、柱传来的竖向荷载时，附加横向钢筋宜在本条规定的基础上适当增大。

当梁下部作用有均布荷载时，可参照本规范第 10.7.12 条确定深梁悬吊钢筋的方法确定附加悬吊钢筋的数量。

当有两个沿梁长度方向相互距离较小的集中荷载作用于梁高范围内时，可能形成一个总的拉脱效应和一个总的拉脱破坏面。偏安全的做法是，在不减少两个集中荷载之间应配附加钢筋数量的同时，分别适当增大两个集中荷载作用点以外的附加横向钢筋数量。

本次修订还对原规范规定作了以下补充：

1 当采用弯起钢筋作附加钢筋时，明确规定公式中的 A_{sv} 应为左右弯起段截面面积之和。

2 弯起式附加钢筋的弯起段应伸至梁上边缘，且其尾部应按本规范第 10.2.7 条的规定设置水平锚固段。

10.2.14 对受拉区有内折角的梁的构造规定作了局部调整，将原规范"未伸入受压区的纵向受拉钢筋"改为"未在受压区锚固的纵向受拉钢筋"。这里所指的"在受压区锚固"应是根据钢筋在受压区的锚固方式（直线锚固或带弯折锚固）分别按本规范第 9.3.1 条或 10.4.1 条确定其锚固长度。受压区高度则可取为按计算确定的实际受压区高度。

10.2.15 对梁架立筋的直径作出了规定，这是由工程经验确定的，与原规范相同。

10.2.16 当梁的截面尺寸较大时，有可能在梁侧面产生垂直于梁轴线的收缩裂缝。为此，应在梁两侧沿梁长度方向布置纵向构造钢筋。此次修订规范针对工程中使用大截面尺寸现浇混凝土梁日益增多的情况，根据工程经验对纵向构造钢筋的最大间距和最小配筋率给出了较原规范更为严格的规定。纵向构造钢筋的最小配筋率按扣除了受压及受拉翼缘的梁腹板截面面积确定。

10.2.17 本条对薄腹梁及需作疲劳验算的梁规定了加强下部纵向钢筋的构造措施，与原规范相同。

10.3 柱

10.3.1 本条增加了圆柱纵向钢筋最低根数和圆柱纵向钢筋宜沿截面周边均匀布置的规定。

10.3.2 当柱全部纵向钢筋的配筋率大于 3% 时，箍筋建议采用与抗震柱中箍筋末端相同的做法（135°弯钩，弯钩末端平直段长度不小于 $10d$）或采用焊接封闭环式箍筋；但对焊接封闭环式箍筋，应避免在施工现场焊接而伤及受力钢筋，宜采用闪光接触对焊等可靠的焊接方法，以确保焊接质量。

10.3.3 当采用螺旋箍时，考虑其间接作用，对相应的构造措施作出了规定。具体规定同原规范。

10.3.4 增大了I形截面柱翼缘和腹板的最小厚度。当腹板开孔时，对孔边附加钢筋最小截面面积作了规定。

10.3.5 对腹板开孔的I型截面柱根据开孔大小给出了不同的设计计算原则，与原规范相同。

10.4 梁柱节点

10.4.1 在框架中间层端节点处，根据柱截面高度和钢筋直径，梁上部纵向钢筋可采用直线锚固或端部带 90°弯折段的锚固方式。当柱截面不足以设置直线锚固段，而采用带 90°弯折段的锚固方式时，强调梁筋应伸到柱对边再向下弯折。试验研究表明，这种锚固端的锚固能力由水平段的粘结能力和弯弧与垂直段的弯折锚固作用所组成。在承受静力荷载为主的情况下，水平段的粘结能力起主导作用。国内外试验结果表明，当水平段投影长度不小于 $0.4l_a$，垂直段投影长度为 $15d$ 时，已能可靠保证梁筋的锚固强度和刚度，故取消了要满足总锚长不小于受拉锚固长度的要求。

在原规范的1992年局部修订内容中，曾允许当在90°弯弧内侧设置横向短钢筋时，可将水平投影长度减小15%。但近期试验表明，该横向短钢筋在弯弧段钢筋未明显变形的一般受力情况下并不起作用，故本规范不再采用这种在90°弯弧内侧设置横向短钢筋以减小水平锚固段长度的做法。

当框架中间层端节点有悬臂梁外伸，且悬臂顶面与框架梁顶面处在同一标高时，可将需要用作悬臂梁负弯矩钢筋使用的部分框架梁钢筋直接伸入悬臂梁内，其余框架梁钢筋仍按10.4.1条的规定锚固在端节点内。当在其他标高处有悬臂梁或短悬臂（牛腿）自框架柱伸出时，悬臂梁或短悬臂（牛腿）的负弯矩钢筋亦应按框架梁上部钢筋在中间层端节点处的锚固规定锚入框架柱内，即水平段投影长度不小于$0.4l_a$，弯后竖直段投影长度取$15d$。

10.4.2 中间层中间节点和中间层端节点处的下部梁筋，以及顶层中间节点和顶层端节点处的下部梁筋，其在相应节点中的锚固要求仍基本沿用原规范有关梁纵向钢筋在不同受力情况下的规定。当梁下部钢筋根数较多，且分别从两侧锚入中间节点时，将造成节点下部钢筋拥挤，故增加了中间节点下部梁筋贯穿节点，并在节点以外梁弯矩较小处搭接的做法。

当中间层中间节点左、右跨梁的上表面不在同一标高时，左、右跨梁的上部钢筋可分别按第10.4.1条的规定锚固在节点内。

当中间层中间节点左、右梁端上部钢筋用量相差较大时，除左、右数量相同的部分贯穿节点外，多余的梁筋亦可按第10.4.1条的规定锚固在节点内。

10.4.3 伸入顶层中间节点的全部柱筋及伸入顶层端节点的内侧柱筋应可靠锚固在节点内。同时强调柱筋应伸至柱顶。当顶层节点高度不足以容下柱筋直线锚固长度时，柱筋可在柱顶向节点内弯折，或在有现浇板时向节点外弯折。当充分利用柱筋的受拉强度时，试验表明，其锚固条件不如水平钢筋，因此弯折前柱筋锚固段的竖向投影长度不应小于$0.5l_a$，弯折后的水平投影长度不宜小于$12d$，以保证可靠受力。

10.4.4 在承受以静力荷载为主的框架中，顶层端节点处的梁、柱端均主要受负弯矩作用，相当于一段90°的折梁。当梁上部钢筋和柱外侧钢筋数量匹配时，可将柱外侧处于梁截面宽度内的纵向钢筋直接弯入梁上部，作梁负弯矩钢筋使用。亦可使梁上部钢筋与柱外侧钢筋在顶层端节点附近搭接。规范推荐了两种搭接方案。其中设在节点外侧和梁端顶面的带90°弯折搭接做法（规范图10.4.4a）适用于梁上部钢筋和柱外侧钢筋数量不致过多的民用或公共建筑框架，其优点是梁上部钢筋不伸入柱内，有利于在梁底标高设置柱混凝土施工缝。但当梁上部和柱外侧钢筋数量过多时，该方案将造成节点顶部钢筋拥挤，不利于自上而下浇注混凝土。此时，宜改用梁、柱筋直线搭接，接头位于柱顶部外侧的搭接做法（规范图10.4.4b）。

在顶层端节点处不允许采用柱筋伸至柱顶，将梁上部钢筋按本规范第10.4.1条的规定锚入节点的做法，因这种做法无法保证梁、柱筋在节点区的搭接传力，使梁、柱端无法发挥出所需的正截面受弯承载力。

10.4.5 试验表明，当梁上部和柱外侧钢筋配筋率过高时，将引起顶层端节点核心区混凝土的斜压破坏，故应通过本条规定对相应的配筋率作出限制。

试验表明，当梁上部钢筋和柱外侧钢筋在顶层端节点外上角的弯弧半径过小时，弯弧下的混凝土可能发生局部受压破坏，故对钢筋的弯弧半径最小值做了相应规定。

10.4.6 非抗震框架梁柱节点配置水平箍筋的构造规定是根据我国工程经验并参考国外有关规范给出的。当节点四边有梁时，由于除四角以外的节点周边柱纵向钢筋不存在过早压屈的危险，故可不设复合箍筋。

10.5 墙

10.5.1 本条规定截面长度大于其厚度4倍的构件方按"墙"进行截面设计和考虑配筋构造；否则应按柱进行截面设计和考虑配筋构造。本条规定是根据工程经验并参照国外有关规范给出的。

10.5.2～10.5.7 原规范的这部分规定，其中包括剪力墙最小厚度、剪力墙截面设计规定和剪力墙洞口连梁的截面设计规定都是参照《钢筋混凝土高层建筑结构设计与施工规程》JGJ 3—79根据试验结果作出的规定，并吸取国内设计经验制订的，本次修订未作变动。因仍缺乏足够的跨高比不大于2.5的洞口连梁的试验研究结果，其受剪承载力计算公式、受剪截面限制条件及配筋构造等均只能继续空缺，在注中作了说明。

10.5.8 本条规定了墙两端纵向钢筋及沿该纵向钢筋设置拉筋的构造要求，还给出了洞口上、下纵向钢筋的最低配置数量和锚固要求。

10.5.9～10.5.11 这里规定的剪力墙水平和竖向分布钢筋最小配筋率仅为按构造要求配置的最小配筋率。对以下两种情况宜分别适度提高剪力墙分布钢筋的配筋率：

1 结构重要部位的剪力墙 主要指框架-剪力墙结构中的剪力墙和框架-核心筒结构中的核心筒墙体，宜根据工程经验适度提高墙体分布钢筋的配筋率。

2 温度、收缩应力 这是造成墙体开裂的主要原因。对于温度、收缩应力可能较大的剪力墙或剪力墙的某些部位，应根据工程经验提高墙体分布钢筋，特别是水平分布钢筋的配筋率。

本条还对水平和竖向分布钢筋的直径、间距和配筋方式等作出了具体规定。

10.5.12 对剪力墙水平分布钢筋在墙端和墙角翼墙内的锚固或搭接做出了规定。具体做法和要求是根据工程经验和有关试验结果确定的。

10.5.13～10.5.14 本条给出了剪力墙水平和竖向分布钢筋搭接连接的方法和对剪力墙洞口连梁的构造规定。

10.5.15 当采用钢筋焊接网片配筋时，应符合现行标准《钢筋焊接网混凝土结构技术规程》JGJ/T 114 的有关规定。

10.6 叠合式受弯构件

10.6.1 叠合式受弯构件主要用于装配整体式结构。依施工和受力特点的不同可分为在施工阶段加设可靠支撑的叠合式受弯构件（亦称"一阶段受力叠合构件"）和在施工阶段不设支撑的叠合式受弯构件（亦称"二阶段受力叠合构件"）两类。

一阶段受力叠合构件除应按叠合式受弯构件进行斜截面受剪承载力和叠合面受剪承载力计算和使其叠合面符合本节第 10.6.14 条和第 10.6.15 条的构造要求外，其余设计内容与一般受弯构件相同。二阶段受力叠合构件则应按本规范第 10.6.2 条到第 10.6.15 条的规定进行设计。

预制构件高度与叠合构件高度之比 $h_1/h<0.4$ 的二阶段受力叠合构件，受力性能和经济效果均较差，不建议采用。

10.6.2 本条给出了"二阶段受力叠合式受弯构件"在叠合层混凝土达到设计强度前的第一阶段和达到设计强度后的第二阶段所应考虑的荷载。在第二阶段，因为叠合层混凝土达到设计强度后仍可能存在施工活载，且其产生的荷载效应可能大于使用阶段可变荷载产生的荷载效应，故应按这两种荷载效应中的较大值进行设计。

10.6.3 本条给出了预制构件和叠合构件的正截面受弯承载力计算方法。当预制构件高度与叠合构件高度之比 h_1/h 较小时，预制构件正截面受弯承载力计算中可能出现 $\xi>\xi_b$ 的情况，此时纵向受拉钢筋的 f_y、f_{py} 应用 σ_s、σ_p 代替。σ_s、σ_p 应按本规范第 7.1.5 条计算，也可取 $\xi=\xi_b$ 进行计算。

10.6.4 由于二阶段受力叠合梁的斜截面受剪承载力试验研究尚不够充分，本规范规定叠合梁斜截面受剪承载力仍按普通钢筋混凝土梁受剪承载力公式计算。在预应力混凝土叠合梁中，因预应力效应只影响预制构件，故在斜截面受剪承载力计算中暂不考虑预应力的有利影响。在受剪承载力计算中，混凝土强度偏安全地取预制梁与叠合层中的较低者；同时，受剪承载力应不低于预制梁的受剪承载力。

10.6.5 叠合构件叠合面有可能先于斜截面达到其受剪承载能力极限状态。叠合面受剪承载力计算公式是以剪摩擦传力模型为基础，根据叠合构件试验结果和剪摩擦试件试验结果给出的。叠合式受弯构件的箍筋应按斜截面受剪承载力计算和叠合面受剪承载力计算得出的较大值配置。

不配筋叠合面的受剪承载力离散性较大，故本规范用于这类叠合面的受剪承载力计算公式暂不与混凝土强度等级挂钩，这与国外规范的处理手法类似。

10.6.6～10.6.7 考虑到叠合式受弯构件经受施工阶段和使用阶段的不同受力状态，本次修订适度提高了预应力混凝土叠合式受弯构件的抗裂要求，即规定应分别对预制构件和叠合构件进行抗裂验算，要求其抗裂验算边缘的混凝土应力不大于预制构件的混凝土抗拉强度标准值。由于预制构件和叠合层可能选用强度等级不同的混凝土，故在正截面抗裂验算和斜截面抗裂验算中应按折算截面确定叠合后构件的弹性抵抗矩、惯性矩和面积矩。

10.6.8 由于叠合构件在施工阶段先以截面高度小的预制构件承担该阶段全部荷载，使得受拉钢筋中的应力比假定用叠合构件全截面承担同样荷载时大。这一现象通常称为"受拉钢筋应力超前"。当叠合层混凝土达到强度从而形成叠合构件后，整个截面在使用阶段荷载作用下除去在受拉钢筋中产生应力增量和在受压区混凝土中首次产生压应力外，还会由于抵消预制构件受压区原有的压应力而在该部位形成附加拉力。该附加拉力虽然会在一定程度上减小受拉钢筋中的应力超前现象，但仍将使叠合构件与同样截面普通受弯构件相比钢筋拉应力及曲率偏大，并有可能使受拉钢筋在弯矩标准值 $M_k=M_{1Gk}+M_{2k}$ 作用下过早达到屈服。这种情况在设计中应予以防止。为此，根据试验结果给出了公式（10.6.8-1）的受拉钢筋应力控制条件。该条件属叠合式受弯构件正常使用极限状态的附加验算条件。该验算条件与裂缝宽度控制条件和变形控制条件不能相互取代。

10.6.9 以普通钢筋混凝土受弯构件裂缝宽度计算公式为基础，结合二阶段受力叠合式受弯构件的特点，经局部调整，提出了用于钢筋混凝土叠合式受弯构件的裂缝宽度计算公式。其中考虑到若第一阶段预制构件所受荷载相对较小，受拉区受弯裂缝在第一阶段不一定出齐；在随后由叠合截面承受 M_{2k} 时，由于叠合截面的 ρ_{te} 相对偏小，有可能使最终的裂缝间距偏大。因此当计算叠合式受弯构件的裂缝间距时，应对裂缝间距乘以扩大系数 1.05。这相当于将本规范公式（8.1.2-1）中的 α_{cr} 由普通钢筋混凝土梁的 2.1 增大到 2.2。此外，还要用 $\rho_{te1}\sigma_{s1k}+\rho_{te}\sigma_{s2k}$ 取代普通钢筋混凝土梁 ψ 计算公式中的 $\rho_{te}\sigma_{sk}$，以近似考虑叠合构件二阶段受力特点。

10.6.10 叠合式受弯构件的挠度应采用公式（10.6.10-1）给出的考虑了二阶段受力特征的当量刚度 B、按荷载效应标准组合并考虑荷载长期作用影响进行计算。当量刚度 B 的公式是在假定荷载对挠度的长期影响均发生在受力第二阶段的前提下，根据第一阶段和第二阶段的弯矩曲率关系导出的。

10.6.11~10.6.13 钢筋混凝土二阶段受力叠合式受弯构件第二阶段短期刚度，是在一般钢筋混凝土受弯构件短期刚度计算公式的基础上，考虑了二阶段受力对叠合截面的受压区混凝土应力形成的滞后效应后经简化得出的。对要求不出现裂缝的预应力混凝土二阶段受力叠合式受弯构件，第二阶段短期刚度公式中的系数 0.7 是根据试验结果确定的。

给出了负弯矩区段内的第二阶段短期刚度以及使用阶段预应力反拱值的计算原则。

10.6.14~10.6.15 叠合式受弯构件的叠合面受剪承载力是通过叠合面的骨料咬合效应和穿过叠合面的箍筋在叠合面产生滑动后对叠合面形成的张紧力来保证的。为此，要求预制构件上表面混凝土振捣后不经抹平而形成自然粗糙面，且应选择骨料粒径，以形成本条规定的凹凸程度。在配有横向钢筋的叠合面处，应通过箍筋伸入叠合层的长度以及叠合层混凝土的必要厚度和强度等级保证箍筋有效地锚固在叠合层混凝土内。

10.7 深受弯构件

10.7.1 根据分析及试验结果，国内外均将 $l_0/h \leqslant 2.0$ 的简支梁和 $l_0/h \leqslant 2.5$ 的连续梁视为深梁，并对其截面设计方法和配筋构造给出了专门规定。近期试验结果表明，l_0/h 大于深梁但小于 5.0 的梁（国内习惯称为"短梁"），其受力特点也与 $l_0/h \geqslant 5.0$ 的一般梁有一定区别，它相当于深梁与一般梁之间的过渡状态，也需要对其截面设计方法作出不同于深梁和一般梁的专门规定。

本条将 $l_0/h < 5.0$ 的受弯构件统称为"深受弯构件"，其中包括深梁和"短梁"。在本节各条中，凡冠有"深受弯构件"的条文，均同时适用于深梁和"短梁"，而冠有"深梁"的条文则不适用于"短梁"。

在本规范第 10.7.3 条至第 10.7.5 条中，为了简化计算，在计算公式中一律取深梁与"短梁"的界限为 $l_0/h = 2.0$。第 10.7.1 条规定的 $l_0/h \leqslant 2.0$ 的简支梁和 $l_0/h \leqslant 2.5$ 的连续梁为深梁的定义只在第 10.7.2 条选择内力分析方法时和在第 10.7.6 条到第 10.7.13 条中界定深梁时使用。

10.7.2 简支深梁的内力计算与一般梁相同，连续深梁的内力值及其沿跨度的分布规律与一般连续梁不同，其跨中正弯矩比一般连续梁偏大，支座负弯矩偏小，且随跨高比和跨数而变化。在工程设计中，连续深梁的内力应由二维弹性分析确定，且不宜考虑内力重分布。具体内力值可采用弹性有限元方法或查根据二维弹性分析结果制作的连续深梁内力表确定。

10.7.3 深受弯构件的正截面受弯承载力计算采用内力臂表达式，该式在 $l_0/h = 5.0$ 时能与一般梁计算公式衔接。试验表明，水平分布筋对受剪承载力的贡献约占 10%~30%。在正截面计算公式中忽略了这部分钢筋的作用。这样处理偏安全。

10.7.4 本条给出了适用于 $l_0/h < 5.0$ 的全部深受弯构件的受剪截面控制条件。该条件在 $l_0/h = 5$ 时与一般受弯构件受剪截面控制条件相衔接。

10.7.5 在深受弯构件受剪承载力计算公式中，混凝土项反映了随 l_0/h 的减小，剪切破坏模式由剪压型向斜压型过渡，且混凝土项在受剪承载力中所占的比重不断增大的变化规律。而竖向分布筋和水平分布筋项则分别反映了从 $l_0/h = 5.0$ 时只有竖向分布筋（箍筋）参与受剪，过渡到 l_0/h 较小时只有水平分布筋能发挥有限受剪作用的变化规律。在 $l_0/h = 5.0$ 时，该式与一般梁受剪承载力计算公式相衔接。

在主要承受集中荷载的深受弯构件的受剪承载力计算公式中，含有跨高比 l_0/h 和计算剪跨比 λ 两个参数。对于 $l_0/h \leqslant 2.0$ 的深梁，统一取 $\lambda = 0.25$。但在 $l_0/h \geqslant 5.0$ 的一般受弯构件中剪跨比上、下限值分别为 3.0 和 1.5。为了使深梁、短梁、一般梁的受剪承载力计算公式连续过渡，本条给出了深受弯构件在 $2.0 < l_0/h < 5.0$ 时，λ 的上、下限值的线性过渡规律。

应注意的是，由于深梁中水平及竖向分布钢筋对受剪承载力的作用有限，当深梁受剪承载力不足时，应主要通过调整截面尺寸或提高混凝土强度等级来满足受剪承载力要求。

10.7.6 试验表明，随着跨高比的减小，深梁斜截面抗裂能力有一定提高。为了简化计算，本条防止深梁出现斜裂缝的验算条件是按试验结果偏下限给出的，与修订前的规定相比作了合理的放宽。当满足本条公式（10.7.6）的要求时，可不再按本规范第 10.7.5 条进行受剪承载力计算。

10.7.7 深梁支座的支承面和深梁顶集中荷载作用面的混凝土都有发生局部受压破坏的可能性，应进行局部受压承载力验算，在必要时还应配置间接钢筋。按本规范第 10.7.8 条的规定，将支承深梁的柱伸到深梁顶能有效降低深梁支座传力面发生局部受压破坏的可能性。

10.7.8 为了保证深梁出平面稳定性，本条对深梁的高厚比（h/b）或跨厚比（l_0/b）作了限制。此外，简支深梁在顶部、连续深梁在顶部和底部应尽可能与其他水平刚度较大的构件（如楼盖）相连接，以进一步加强其出平面稳定性。

10.7.9 在弹性受力阶段，连续深梁支座截面中的正应力分布规律随深梁的跨高比变化。当 $l_0/h > 1.5$ 时，受压区约在梁底以上 0.2h 的高度范围内，再向上为拉应力区，最大拉应力位于梁顶；随着 l_0/h 的减小，最大拉应力下移；到 $l_0/h = 1.0$ 时，较大拉应

力位于从梁底算起 $0.2h$ 到 $0.6h$ 的范围内，梁顶拉应力相对偏小。达到承载力极限状态时，支座截面因开裂导致的应力重分布使深梁支座截面上部钢筋拉力增大。本条图 10.7.9-3 给出的支座截面负弯矩受拉钢筋沿截面高度的分区布置规定，比较符合正常使用极限状态支座截面的受力特点。水平钢筋数量的这种分区布置规定，虽未充分反映承载力极限状态下的受力特点，但更有利于正常使用极限状态下支座截面的裂缝控制，同时也不影响深梁在承载力极限状态下的安全性。本条保留了原规范对从梁底算起 $0.2h$ 到 $0.6h$ 范围内水平钢筋最低用量的控制条件，以减少支座截面在这一高度范围内过早开裂的可能性。

10.7.10 深梁在垂直裂缝以及斜裂缝出现后将形成拉杆拱传力机制，此时下部受拉钢筋直到支座附近仍拉力较大，应在支座中妥善锚固。鉴于在"拱肋"压力的协同作用下，钢筋锚固端的竖向弯钩很可能引起深梁支座区沿深梁中面的劈裂，故钢筋锚固端的弯折建议改为平放，并按弯折 180°的方式锚固。

10.7.11 试验表明，当仅配有两层钢筋网，而网与网之间未设拉筋时，由于钢筋网在深梁出平面方向的变形未受到专门约束，当拉杆拱拱肋内斜向压力较大时，有可能发生沿深梁中面劈开的侧向劈裂型斜压破坏。故应在双排钢筋网之间配置拉筋。而且，在本规范第 10.7.9 条图 10.7.9-1 和图 10.7.9-2 深梁支座附近由虚线标示的范围内应适当增配拉筋。

10.7.12 深梁下部作用有集中荷载或均布荷载时，吊筋的受拉能力不宜充分利用，其目的是为了控制悬吊作用引起的裂缝宽度。当作用在深梁下部的集中荷载的计算剪跨比 $\lambda>0.7$ 时，按本条规定设置的吊筋和按本规范第 10.7.13 条规定设置的竖向分布钢筋仍不能完全防止斜拉型剪切破坏的发生，故应在剪跨内适度增大竖向分布钢筋数量。

10.7.13 深梁的水平和竖向分布钢筋对受剪承载力所起的作用虽然有限，但能限制斜裂缝的开展。当分布钢筋采用较小直径和较小间距时，这种作用就越发明显。此外，分布钢筋对控制深梁中温度、收缩裂缝的出现也起作用。本条给出的分布钢筋最小配筋率是构造要求的最低数量，设计者应根据具体情况合理选择分布筋的配置数量。

10.7.14 本条给出了对介于深梁和浅梁之间的"短梁"的一般性构造规定。

10.8 牛 腿

10.8.1 牛腿（短悬臂）的受力特征可以用由顶部水平纵向受力钢筋形成的拉杆和牛腿内的混凝土斜压杆组成的简单桁架模型描述。竖向荷载将由水平拉杆拉力和斜压杆压力承担；作用在牛腿顶部向外的水平拉力则由水平拉杆承担。

因牛腿中要求不致因斜压杆压力较大而出现平行于斜压杆方向的斜裂缝，故牛腿截面尺寸通常以不出现斜裂缝为条件，即由本条公式（10.8.1）控制，并通过公式中的 β 系数考虑不同使用条件对牛腿的不同抗裂要求。公式中的 $(1-0.5F_{hk}/F_{vk})$ 项是按牛腿在竖向力和水平拉力共同作用下斜裂缝宽度不超过 0.1mm 为条件确定的。

符合公式（10.8.1）要求的牛腿不需再作受剪承载力验算，这是因为通过在 $a/h_0<0.3$ 时取 $a/h_0=0.3$，以及控制牛腿上部水平钢筋的最小配筋率，已能保证牛腿具有足够的受剪承载力。

在公式（10.8.1）中还对沿下柱边的牛腿截面有效高度 h_0 作了限制，这是考虑到当 α 大于 45°时，牛腿的实际有效高度不会随 α 的增大而进一步增大。

10.8.2 本条规定了承受竖向力的受拉钢筋截面面积及承受水平力的锚固钢筋截面面积的计算方法，同原规范。

10.8.3 与原规范相比，本条更明确规定了牛腿上部纵向受拉钢筋伸入柱内的锚固要求，以及当牛腿设在柱顶时，为了保证牛腿顶面受拉钢筋与柱外侧纵向钢筋的可靠传力而应采取的构造措施。

10.8.4 牛腿中配置水平箍筋，特别是在牛腿上部配置一定数量的水平箍筋，能有效减少在该部位过早出现斜裂缝的可能性。在牛腿内设置一定数量的弯起钢筋是我国工程界的传统做法。但试验表明，它对提高牛腿的受剪承载力和减少斜向开裂的可能性都不起明显作用；此次修订规范决定仍保留在牛腿中按构造布置弯起钢筋的做法，但适度减少了弯起钢筋的数量。

10.9 预埋件及吊环

10.9.1 预埋件的锚筋计算公式及构造要求，经工程实践证明是有效的，本次修订未作改动。

承受剪力的预埋件，其受剪承载力与混凝土强度等级、锚筋抗拉强度、锚筋截面面积和直径等有关。在保证锚筋锚固长度和锚筋到构件边缘合理距离的前提下，根据试验结果提出了确定锚筋截面面积的半理论半经验公式。其中通过系数 α_r 考虑了锚筋排数的影响；通过系数 α_v 考虑了锚筋直径以及混凝土抗压强度与锚筋抗拉强度比值 f_c/f_y 的影响。承受法向拉力的预埋件，其钢板一般都将产生弯曲变形。这时，锚筋不仅承受拉力，还承受钢板弯曲变形引起的剪力，使锚筋处于复合受力状态。通过折减系数 α_b 考虑了锚板弯曲变形的影响。

承受拉力和剪力以及拉力和弯矩的预埋件，根据试验结果，锚筋承载力均可按线性相关关系处理。

只承受剪力和弯矩的预埋件，根据试验结果，当 $V/V_{u0}>0.7$ 时，取剪弯承载力线性相关；当 $V/V_{u0} \leqslant 0.7$ 时，可按受剪承载力与受弯承载力不相关处理。其中 V_{u0} 为预埋件单独受剪时的承载力。

承受剪力、压力和弯矩的预埋件，其锚筋截面面积计算公式偏于安全。由于当 $N<0.5f_cA$ 时，可近似取 $M-0.4Nz=0$ 作为压剪承载力和压弯剪承载力计算的界限条件，故本条相应计算公式即以 $N\leqslant 0.5f_cA$ 为前提条件。本条公式（10.9.1-3）不等式右侧第一项中的系数 0.3 反映了压力对预埋件抗剪能力的影响程度。与试验结果相比，其取值偏于安全。

承受剪力、法向拉力和弯矩的预埋件，其锚筋截面面积计算公式中拉力项的抗力均乘了折减系数 0.8，这是考虑到预埋件的重要性和受力复杂性，而对承受拉力这种更不利的受力状态采取的提高安全储备的措施。

10.9.2 当预埋件由对称于受力方向布置的直锚筋和弯折锚筋共同承受剪力时，所需弯折锚筋的截面面积可由下式计算：

$$A_{sb} \geqslant (1.1V - \alpha_v f_y A_s)/0.8 f_y$$

上式意味着从作用剪力中减去由直锚筋承担的剪力即为需要由弯折锚筋承担的剪力。上式经调整后即为本条公式（10.9.2）。根据国外有关规范和国内对钢与混凝土组合结构中弯折锚筋的试验结果，弯折锚筋的角度对受剪承载力影响不大。考虑到工程中的一般做法，在本条注中给出了弯折锚筋的角度宜取为 15°到 45°。在这一弯折角度范围内，可按上式计算锚筋截面面积，而不需对锚筋抗拉强度作进一步折减。上式中乘在作用剪力项上的系数 1.1 是直锚筋与弯折锚筋共同工作时的不均匀系数 0.9 的倒数。预埋件也可以只设弯折钢筋来承担剪力，此时可不设或只按构造设置直锚筋，并在计算公式中取 $A_s=0$。

10.9.3~10.9.6 针对常用的预埋件形式，根据工程经验给出了预埋件的构造要求。这些构造规定也是建立预埋件锚筋截面面积计算公式的基本前提。

10.9.7 对于同时承受拉力、剪力和弯矩作用的预埋件，当其锚筋的锚固长度按本规范第 9.3.1 条的受拉锚固长度设置确有困难时，允许采用其他有效锚固措施。当采用较小的锚固长度时，可将本规范第 10.9.1 条公式（10.9.1-1）和公式（10.9.1-2）不等式右端 N、M 项分母中的 f_y 改用 $\alpha_a f_y$ 代替，其中 α_a 为锚固折减系数（取实际锚固长度与本规范第 9.3.1 条规定的受拉钢筋锚固长度的比值），其值不应小于 0.5，且锚固长度不得小于本条规定的受剪和受压直锚筋的锚固长度 $15d$。但此方法不得用于直接承受动力作用或地震作用的预埋件。

10.9.8 确定吊环钢筋所需面积时，钢筋的抗拉强度设计值应乘以折减系数。在折减系数中考虑的因素有：构件自重荷载分项系数取为 1.2，吸附作用引起的超载系数取为 1.2，钢筋弯折后的应力集中对强度的折减系数取为 1.4，动力系数取为 1.5，钢丝绳角度对吊环承载力的影响系数取为 1.4，于是，当取 HPB235 级钢筋的抗拉强度设计值为 $f_y=210\text{N/mm}^2$ 时，吊环钢筋实际取用的允许应力值为：$210/(1.2\times 1.2\times 1.4\times 1.5\times 1.4)=210/4.23\approx 50\text{N/mm}^2$。

10.10 预制构件的连接

10.10.1~10.10.6 根据我国工程经验给出了预制构件连接接头的原则性规定。多年来的工程实践证明，这些构造措施是有效的，故仍按原规范规定采用。其中装配整体式接头处的钢筋连接宜采用传力比较可靠的机械连接形式。而当采用焊接连接形式时，应考虑焊接应力对接头的不利影响。

10.10.7 根据试验研究及工程实践经验，并参考了国外类似结构的成功设计方法，提出了增强预制装配式楼盖整体性的配套措施。这些措施包括：在板侧边形式中淘汰斜平边和单齿边而改用双齿边或其他能够有效传递剪力的形式；板间拼缝灌筑材料淘汰水泥砂浆而采用强度不低于 C20 的细石混凝土；适当加大拼缝宽度并采用微膨胀混凝土灌缝；在拼缝内配置构造钢筋；板端伸出锚固钢筋与周边支承结构实现可靠连接或锚固；在板面上增设现浇层并铺设钢筋网片以增加板与周边构件及互相之间的连接等。采取这些措施后，预制装配式楼盖的整体性可以得到显著加强。

11 混凝土结构构件抗震设计

11.1 一 般 规 定

11.1.1 我国是多地震国家，需对建筑结构考虑抗震设防的地域较广。混凝土结构是我国建筑结构中应用最广的结构类型，应充分重视其抗震设计。

本规范第 11 章主要对用于抗震设防烈度 6 度~9 度地区的混凝土结构主要构件类型的抗震承载力计算和抗震构造措施做出规定，其中包括钢筋混凝土结构中的框架梁、框架柱、梁柱节点、剪力墙、单层房屋排架柱以及预应力混凝土梁。在进行钢筋混凝土结构的抗震设计时，尚应遵守现行国家标准《建筑抗震设计规范》GB50011 的有关规定。

11.1.2 《建筑抗震设计规范》规定，对抗震设防烈度为 6 度的建筑结构，只需满足抗震措施要求，不需进行结构抗震验算。但对于 6 度设防烈度Ⅳ类场地上的较高的高层建筑，其地震影响系数有可能高于同一结构在 7 度设防烈度Ⅱ类场地条件下的地震影响系数，因此要求对这类条件下的建筑结构仍应进行结构抗震验算和构件的抗震承载力计算。为此，在本章各类结构构件的抗震承载力计算规定中考虑了这种情况的需要。

11.1.3 本次修订给出了不同抗震设防烈度下现浇钢筋混凝土房屋最大适用高度的规定。所规定的房屋高度限值是当该结构的抗震设计符合《建筑抗震设计规范》GB50011 的有关规定，且结构构件承载力计算及构造措施符合本章要求时房屋允许达到的最大高度。当所设计的房屋高度超过本条规定时，其设计方法应符合有关标准的规定或经专门研究确定。

11.1.4 根据设防烈度、结构类型和房屋高度将各类抗震建筑结构划分为一级、二级、三级、四级四个抗震等级。根据抗震等级不同，对不同类型结构中的各类构件提出了相应的抗震性能要求，其中主要是延性要求，同时也考虑了耗能能力的要求。一级抗震等级的要求最严，四级抗震等级的要求最轻。各抗震等级所提要求的差异主要体现在"强柱弱梁"措施中柱和剪力墙弯矩增大系数的取值和确定方法的不同、"强剪弱弯"措施中梁、柱、墙及节点中剪力增大措施的不同以及保证各类结构构件延性和塑性耗能能力构造措施的不同。

不同抗震等级的具体要求是根据我国和国外历年来的地震灾害经验、研究成果和工程经验，并参考国外有关规范制定的。

本次修订在现浇钢筋混凝土结构的抗震等级表中增加了筒体结构的抗震等级规定。

11.1.5 本条对各种结构体系中的剪力墙，以及部分框支剪力墙结构中落地剪力墙底部加强部位的高度做出了规定。为简化规定，其中只考虑了高度因素。规范除规定底部加强部位的高度可取墙肢总高度的1/8外，考虑到层数较少的结构，其加强部位的高度不宜过小，因此，对各种结构体系中的剪力墙，还规定需不小于底部两层的高度。对部分框支剪力墙结构的落地剪力墙还需满足加强部位高度不小于框支层加框支层以上两层高度的要求。另外，考虑到高层建筑的特点，还增加了底部加强部位的高度不超过15m的规定。

11.1.6 表11.1.6中各类构件的承载力抗震调整系数是根据《建筑抗震设计规范》GB50011的规定给出的。表中各类构件的承载力抗震调整系数是在该规范采用的常遇地震下的地震作用取值和地震作用分项系数取值的前提下，使考虑常遇地震作用组合的各类构件承载力具有适宜的安全性水准而采取的对抗力项进行必要调整的措施。

11.1.7 在较强地震作用过程中，梁、柱端截面和剪力墙肢底部截面中的纵向受力钢筋可能处于交替拉、压的状态下。根据试验结果，这时钢筋与其周围混凝土的粘结锚固性能将比单调受拉时不利。因此，根据不同的抗震等级给出了增大钢筋受拉锚固长度的规定。受拉钢筋搭接长度也相应增大。

由于梁、柱端和剪力墙肢底部截面可能出现塑性铰的部位纵向受力钢筋在屈服后可能产生很大的塑性变形，且拉、压屈服可能交替出现，加之塑性铰区受力比较复杂，在强震下可能形成一定损伤，因此建议钢筋的各类连接接头应尽量避开构件端部的箍筋加密区。当出于工程原因不能避开时，仅允许采用机械连接接头，且应对该接头提出严格质量要求，同时规定在同一连接区段内有接头钢筋的截面面积不应大于全部钢筋截面面积的50%。

11.1.8 对箍筋末端弯钩的构造要求，是保证箍筋对混凝土核心起到有效约束作用的必要条件。

11.2 材　　料

11.2.1 根据混凝土的基本材料性能，提出构件抗震要求的最高和最低混凝土强度等级的限制条件，以保证构件在地震力作用下有必要的承载力和延性。近年来国内对高强混凝土完成了较多的试验研究，也积累了一定的工程经验。基于高强度混凝土的脆性性质，对地震高烈度区高强混凝土的应用应有所限制。

11.2.2 结构构件中纵向受力钢筋的变形性能直接影响结构构件在地震力作用下的延性。本条规定有抗震设防要求的框架梁、框架柱、剪力墙等结构构件的纵向受力钢筋宜选用HRB400级、HRB335级热轧钢筋；箍筋宜选用HRB335级、HRB400级、HPB235级热轧钢筋。

11.2.3 按一、二级抗震等级设计的各类框架，当采用普通钢筋配筋时，要求按纵向受力钢筋检验所得的强度实测值确定的强屈比不应小于1.25，目的是使结构某个部位出现塑性铰以后有足够的转动能力；同时，要求钢筋屈服强度实测值与钢筋的强度标准值的比值不应大于1.3，不然，"强柱弱梁"、"强剪弱弯"的设计要求不易保证。

11.3 框　架　梁

11.3.1 试验资料表明，在低周反复荷载作用下，框架梁的正截面受弯承载力与一次加载的正截面受弯承载力相近，因此，地震作用组合的正截面受弯承载力可按静力公式除以相应的承载力抗震调整系数计算。

设计框架梁时，控制混凝土受压区高度的目的是控制梁端塑性铰区有较大的塑性转动能力，以保证框架梁有足够的曲率延性。根据国内的试验结果和参考国外经验，当相对受压区高度控制在0.25至0.35时，梁的位移延性系数可达到3~4。在确定混凝土受压区高度时，可把截面内的受压钢筋计算在内。

11.3.2 框架结构设计中，应力求做到在罕遇地震作用下的框架中形成以梁端塑性铰为主的塑性耗能机构。这就需要尽可能避免梁端塑性铰区在充分塑性转动之前发生脆性剪切破坏。为此，对框架梁提出了"强剪弱弯"的设计概念。

为了实现以上要求，首先是在剪力设计值的确定中，考虑了梁端弯矩的增大。同时，对9度设防烈度的各类框架和一级抗震等级的框架结构，还考虑了工程设计中梁端纵向受拉钢筋有超配的可能，要求梁左、右端取用实配钢筋截面面积和强度标准值。考虑承载力抗震调整系数的受弯承载力值所对应的弯矩值

M_{bua}则可按下式计算：

$$M_{\text{bua}} = \frac{M_{\text{buk}}}{\gamma_{\text{RE}}} \approx \frac{1}{\gamma_{\text{RE}}} f_{\text{yk}} A_s^a (h_0 - a_s')$$

其他抗震等级框架梁剪力设计值的确定，则直接取用梁端考虑地震作用组合的弯矩设计值的平衡剪力值，并乘以不同的增大系数。

11.3.3 矩形、T形和I形截面框架梁，其受剪要求的截面控制条件是在静力受剪要求的基础上，考虑反复荷载作用的不利影响确定的。在截面控制条件中还对较高强度的混凝土考虑了混凝土强度影响系数。

11.3.4 国内外低周反复荷载作用下钢筋混凝土连续梁和悬臂梁受剪承载力试验表明，低周反复荷载作用使梁的斜截面受剪承载力降低，其主要原因是混凝土剪压区剪切强度降低，以及斜裂缝间混凝土咬合力及纵向钢筋暗销力的降低。箍筋项承载力降低不明显。为此，仍以截面总受剪承载力试验值的下包线作为计算公式的取值标准，其中将混凝土项取为非抗震情况下混凝土受剪承载力的60%，而箍筋项则不考虑反复荷载作用的降低。同时，为便于设计应用，对各抗震等级均取用相同的抗震受剪承载力计算公式。

11.3.5 为了保证框架梁对框架节点的约束作用，框架梁的截面宽度不宜过小。为了减少在非线性反应时，框架梁发生侧向失稳的危险，对梁的截面高宽比作了限制。

考虑到净跨与梁高的比值小于4的梁，适应较大塑性变形的能力较差，因此，对框架梁的跨高比作了限制。

11.3.6 本次规范修订，对非抗震设计的受弯构件提高了纵向受拉钢筋最小配筋率的取值，并引入了与混凝土抗拉强度设计值和钢筋抗拉强度设计值相关的特征值参数（f_t/f_y）。由此，抗震设计按纵向受拉钢筋在梁中的不同位置和不同抗震等级，给出了相对于非抗震设计留有不同裕度的纵向受拉钢筋最小配筋率的规定。

在梁端箍筋加密区内，下部纵向钢筋不宜过少，下部和上部钢筋的截面面积应符合一定的比例。这是考虑由于地震作用的随机性，在较强地震下梁端可能出现较大的正弯矩，该正弯矩可能明显大于考虑常遇地震作用的梁端组合正弯矩。若梁端下部纵向钢筋配置过少，将可能发生下部钢筋的过早屈服甚至拉断。提高梁端下部纵向钢筋的数量，也有助于改善梁端塑性铰区在负弯矩作用下的延性性能。本条规定的梁端下部钢筋的最小配置比例是根据我国试验结果及设计经验并参考国外规范规定确定的。

框架梁的抗震设计除应满足计算要求外，梁端塑性铰区箍筋的构造要求极其重要。本规范对梁端箍筋加密区长度、箍筋最大间距和箍筋最小直径的要求作了规定，其目的是从构造上对框架梁塑性铰区的受压混凝土提供约束，并约束纵向受压钢筋，防止它在保护层混凝土剥落后过早压屈，以保证梁端具有足够的塑性铰转动能力。

11.3.7～11.3.9 沿梁全长需配置一定数量的通长钢筋是考虑框架梁在地震作用过程中反弯点位置可能变化。这里"通长"的含义是保证梁各个部位的这部分钢筋都能发挥其受拉承载力。

考虑到梁端箍筋过密，难于施工，本次规范修订对梁箍筋加密区长度内的箍筋肢距规定作了适当放松，且考虑了箍筋直径与肢距的相关性。

沿梁全长箍筋的配筋率 ρ_{sv}，在原规范1993年局部修订中解释为"承受地震作用为主的框架梁，应满足配筋率 ρ_{sv} 的规定"。考虑到此规定在概念上不太明确，本次规范修订规定沿梁全长箍筋的配筋率 ρ_{sv} 应符合规范要求，其值在非抗震设计要求基础上适当增加。

11.4 框架柱及框支柱

11.4.1 考虑地震作用的框架柱，与框架梁在正截面计算上采用相同的处理方法，即其正截面偏心受压、偏心受拉承载力计算方法与不考虑地震作用的框架柱相同，但在计算公式右边均应除以承载力抗震调整系数。

11.4.2 由于框架柱受轴向压力作用，其延性通常比梁的延性小，如果不采取"强柱弱梁"的措施，柱端不仅可能提前出现塑性铰，而且有可能塑性转动过大，甚至形成同层各柱上、下端同时出现塑性铰的"柱铰机构"，从而危及结构承受竖向荷载的能力。因此，在框架柱的设计中，有目的地增大柱端弯矩设计值，降低柱屈服的可能性，是保证框架抗震安全性的关键措施。

考虑到原规范给出的柱弯矩增大措施偏弱，本次修订适度提高了各类抗震等级的柱弯矩增大系数。但因8度设防烈度框架柱未按梁端实际配筋截面面积确定 M_{bua} 和柱端调整后的弯矩，而是用考虑地震作用梁端弯矩设计值直接乘以增大系数的方法确定调整后的柱端弯矩，因此，当梁端出于构造原因实际配筋数量比计算需要超出较多时，实现"强柱弱梁"的柱弯矩增大系数应取用进一步适当增大的数值。

考虑到高层建筑底部柱的弯矩设计值的反弯点可能不在柱的层高范围内，柱端弯矩设计值可直接按考虑地震作用组合的弯矩设计值乘以增大系数确定。

11.4.3 为了推迟框架结构底层柱下端截面、框支柱顶层柱上端和底层柱下端截面出现塑性铰，在设计中，对此部位柱的弯矩设计值采用直接乘以增大系数的方法，以增大其正截面承载力。

11.4.4 由于按我国设计规范规定的柱弯矩增大措施，只能适度推迟柱端塑性铰的出现，而不能避免出现柱端塑性铰，因此，对柱端也应提出"强剪弱弯"要求，以保证在柱端塑性铰达到预期的塑性转动之前，柱端塑性铰区不出现剪切破坏。对9度设防烈度的各类框架和一级抗震等级的框架结构，考虑了柱端纵向钢筋的实配情况和材料强度标准值，要求柱上、下端取用考虑承载力抗震调整系数的正截面抗震受弯承载力值所对应的弯矩值 M_{cua}，$M_{cua} = \frac{1}{\gamma_{RE}} M_{cuk}$。$M_{cuk}$ 为柱的正截面受弯承载力标准值，取实配钢筋截面面积和材料强度标准值并按第7章的有关公式计算。

对称配筋矩形截面大偏心受压柱柱端考虑承载力抗震调整系数的正截面受弯承载力值 M_{cua}，可按下列公式计算：

由 $\Sigma x=0$ 的条件，得出

$$N = \frac{1}{\gamma_{RE}} \alpha_1 f_c bx$$

由 $\Sigma M=0$ 的条件，得出

$$Ne = N[\eta_i + 0.5(h_0 - a'_s)]$$

$$= \frac{1}{\gamma_{RE}}[\alpha_1 f_{ck} bx(h_0 - 0.5x) + f'_{yk} A^a_s(h_0 - a'_s)]$$

以上二式消除 x，并取 $h = h_0 + a_s$，$a_s = a'_s$，可得

$$M_{cua} = \frac{1}{\gamma_{RE}}\left[0.5\gamma_{RE} Nh\left(1 - \frac{\gamma_{RE} N}{\alpha_1 f_{ck} bh}\right) + f'_{yk} A^a_s(h_0 - a'_s)\right]$$

式中 N——考虑地震作用组合的柱轴向压力设计值；
f_{ck}——混凝土轴心受压强度标准值；
f'_{yk}——普通受压钢筋强度标准值；
A^a_s——普通受压钢筋实配截面面积。

对其他配筋形式或截面形状的框架柱，其 M_{cua} 值可参照上述方法确定。

11.4.5~11.4.6 为保证框支柱能承受一定量的地震剪力，规定了框支柱承受的最小地震剪力应满足的条件。同时对一、二级抗震等级的框支柱，规定由地震作用引起的附加轴力应乘以增大系数，以保证框支柱的受压承载力。

11.4.7 对框架角柱，考虑到在历次强震中其震害相对较重，加之，角柱还受有扭转、双向剪切等不利影响，在设计中，其弯矩、剪力设计值应取经调整后的弯矩、剪力设计值乘以不小于1.1的增大系数。

11.4.8 本条规定了框架柱的受剪承载力上限值，也就是从受剪的要求提出了截面尺寸的限制条件，它是在非抗震受剪要求基础上考虑反复荷载影响得出的。

11.4.9 国内有关反复荷载作用下偏压柱塑性铰区的受剪承载力试验表明，反复加载使构件的受剪承载力比单调加载降低约10%~30%，这主要是由于混凝土受剪承载力降低所致。为此，按框架梁相同的处理原则，给出了混凝土项抗震受剪承载力相当于非抗震情况下混凝土受剪承载力的60%，而箍筋项受剪承载力与非震情况相比不予降低的考虑地震作用组合的框架柱受剪承载力计算公式。

11.4.10 框架柱出现拉力时，斜截面承载力计算中，考虑了拉力的不利作用。

11.4.11 从抗震性能考虑，给出了框架柱合理的截面尺寸限制条件。

11.4.12 框架柱纵向钢筋最小配筋率是工程设计中较重要的控制指标。此次修订适当提高了框架柱纵向受力钢筋最小配筋率的取值。同时，考虑到高强混凝土对柱抗震性能的不利影响，规范规定对高于C60的混凝土，最小配筋百分率应提高0.1；对HRB400级钢筋，最小配筋百分率应降低0.1。但为防止每侧的配筋过少，故要求每侧钢筋配筋百分率不小于0.2。

为了提高柱端塑性铰区的延性、对混凝土提供约束、防止纵向钢筋压屈和保证受剪承载力，对柱上、下端箍筋加密区的箍筋最大间距、箍筋最小直径做出了规定。

11.4.13 为防止纵筋配置过多，对框架柱的全部纵向受力钢筋的最大配筋率根据工程经验做出了规定。

柱净高与截面高度的比值为3~4的短柱试验表明，此类框架柱易发生粘结型剪切破坏和对角斜拉型剪切破坏。为减少这种脆性破坏，柱中纵向钢筋的配筋率不宜过大。因此，对一级抗震等级，且剪跨比不大于2的框架柱，规定其每侧的纵向受拉钢筋配筋率不大于1.2%。对其他抗震等级虽未作此规定，但也宜适当控制。

11.4.14~11.4.15 框架柱端箍筋加密区的长度，是根据试验及震害所获得的柱端塑性铰区的长度适当增大后确定的，在此范围内箍筋需加密。同时，对箍筋肢距也做出了规定，以提高塑性铰区箍筋对混凝土的约束作用。

11.4.16 国内外的试验研究表明，受压构件的位移延性随轴压比增加而减小。为了满足不同结构类型的框架柱、框支柱在地震作用组合下位移延性的要求，本章规定了不同结构体系的柱轴压比限值要求。

在结构设计中，轴压比直接影响柱截面尺寸。本次修订以原规范的限值为依据，根据不同结构体系进行适当调整。考虑到框架-剪力墙结构、筒体结构，主要依靠剪力墙和内筒承受水平地震作用，因此，作为第二道防线的框架，反映延性要求的轴压比可适度放宽；而框支剪力墙结构中的框支柱则必须提高延性要求，其轴压比应加严。

近年来，国内外的试验研究表明，通过增加柱的配箍率、采用复合箍筋、螺旋箍筋、连续复合矩形螺旋箍筋以及在截面中设置矩形核心柱，都能增加柱的位移延性。这是因为配置复合箍筋、螺旋箍筋、连续复合矩形螺旋箍筋加强了箍筋对混凝土的约束作用，提高了柱核心混凝土的抗压强度，增大了其极限压应变，从而改善了柱的延性和耗能能力。而柱截面中设

置矩形核心柱不仅增加了柱的受压承载力,也可提高柱的变形能力,且有利于在大变形情况下防止倒塌,在某种程度上类似于型钢混凝土结构中型钢的作用。为此,本次规范修订考虑了这些改善柱延性的有效措施,在原则上不降低柱的延性要求的基础上,对柱轴压比限值适当给予放宽。但其箍筋加密区的最小体积配筋率,应满足放宽后轴压比的箍筋配筋率要求。

对6度设防烈度的一般建筑,规范允许不进行截面抗震验算,其轴压比计算中的轴向力,可取无地震作用组合的轴力设计值;对于6度设防烈度,建造于IV类场地上较高的的高层建筑,在进行柱的抗震设计时,轴压比计算则应采用考虑地震作用组合的轴向力设计值。

11.4.17 为增加柱端加密区箍筋对混凝土的约束作用,对其最小体积配筋率做出了规定。本次规范修订给出了柱轴压比在 0.3~1.05 范围内的箍筋最小配箍特征值再按下式,即 $\rho_v = \lambda_v f_c / f_{yv}$,计算箍筋的最小体积配筋率,以考虑不同强度等级的混凝土和不同等级钢筋的影响。

11.4.18 本条规定了框架柱箍筋非加密区的箍筋配置要求。

11.5 铰接排架柱

11.5.1~11.5.2 国内的地震震害调查表明,单层厂房屋架或屋面梁与柱连接的柱顶和高低跨厂房交接处柱牛腿损坏较多,阶形柱上柱的震害往往发生在上下柱变截面处(上柱根部)和与吊车梁上翼缘连接的部位。为了避免排架柱在上述区段内产生剪切破坏并使排架柱在形成塑性铰后有足够的延性,在这些区段内的箍筋应加密。按此构造配箍后,铰接排架柱在一般情况下可不进行抗震受剪承载力计算。

根据排架结构的受力特点,对排架结构不需要考虑"强柱弱梁"措施和"强剪弱弯"措施。对设有工作平台等特殊情况,剪跨比较小的铰接排架柱,斜截面受剪承载力可能起控制作用。此时,可按本规范公式(11.4.9)进行抗震受剪承载力计算。

11.5.3 震害调查表明,排架柱头损坏最多的是侧向变形受到限制的柱,如靠近生活间或披屋的柱、或有横隔墙的柱。这种情况改变了柱的侧移刚度,使柱头处于短柱的受力状态。由于该柱的侧移刚度大于相邻各柱,当受水平地震作用的屋盖发生整体水平位移时,该柱实际上承受了比相邻各柱大得多的水平剪力,使柱顶产生剪切破坏。对屋架与柱顶连接节点进行的抗震性能试验结果表明,不同的柱顶连接型式仅对节点的延性产生影响,不影响柱头本身的受剪承载力;柱顶预埋钢板的大小及其在柱顶的位置对柱头的水平承载力有一定影响。当柱顶预埋钢板长度与柱截面高度相等时,水平受剪承载力大约是柱顶预埋钢板长度为柱截面高度一半时的1.65倍。故在条文中规定了对柱顶预埋钢板长度和直锚筋的要求。试验结果还表明,沿水平剪力方向的轴向力偏心距对受剪承载力亦有影响,要求不得大于 $h/4$。当 $h/6 \leqslant e_0 \leqslant h/4$ 时,一般要求柱头配置四肢箍,并按不同的抗震等级,规定不同的体积配箍率,以此来满足受剪承载力要求。

11.5.4 不等高厂房支承低跨屋盖的柱牛腿(柱肩梁)亦是震害较重的部位之一,最常见的是支承低跨的牛腿被拉裂。试验结果与工程实践均证明,为了改善牛腿和肩梁抵抗水平地震作用的能力,可在其顶面钢垫板下设水平锚筋,直接承受并传递水平力,这是一种比较好的构造措施。承受竖向力所需的纵向受拉钢筋和承受水平拉力的水平锚筋的截面面积,仍按公式(10.8.2)计算;其锚固长度及锚固构造可按本规范第10.8节的规定取用,但应以受拉钢筋抗震锚固长度 l_{aE} 代替 l_a。

11.6 框架梁柱节点及预埋件

11.6.1~11.6.2 地震震害分析表明,不同烈度地震作用下,钢筋混凝土框架节点的破坏程度不同。对于未按抗震要求进行设计的节点,在7度地震作用下,破坏较少;在8度地震作用下,部分节点尤其是角柱节点发生程度不同的破坏;在9度以上地震作用下,多数框架节点震害严重。因此,对节点应提出不同的抗震受剪承载力要求以使其适应与其相连接的梁端和柱端塑性铰区的塑性转动要求。条文规定,对一、二级抗震等级的框架节点必须进行抗震受剪承载力计算,而三、四级抗震等级的框架节点按照规定配置构造箍筋,不再进行抗震受剪承载力计算。

对于纵横向框架共同交汇的节点,可以按各自方向分别进行节点计算。

地震作用对节点产生的剪力与框架的延性及耗能程度有关。对于延性要求很严格的9度设防烈度的各类框架以及一级抗震等级的框架结构,考虑到节点侧边梁端已出现塑性铰,节点的剪力应完全由梁端实际的屈服弯矩所决定,在其剪力设计值的计算中梁端弯矩应取实际的抗震受弯承载力所对应的弯矩值。

11.6.3~11.6.6 规定节点截面限制条件,是为了防止节点截面太小,核心区混凝土承受过大的斜压应力,致使节点混凝土首先被压碎而破坏。

框架节点的抗震受剪承载力由混凝土斜压杆和水平箍筋两部分受剪承载力组成。

依据试验,节点核心区内混凝土斜压杆截面面积虽然可随柱端轴力的增加而稍有增加,使得在节点剪力较小时,柱轴压力的增大对节点抗震性能起一定有利作用;但当节点剪力较大时,因核心区混凝土斜向压应力已经较高,轴压力的增大反而会对节点抗震性能产生不利影响。本次修订综合考虑上述因素后,适度降低了轴压力的有利作用。

节点在两个正交方向有梁时,增加了对核心区混凝土的约束，因而提高了节点的受剪承载力。但若两个方向的梁截面较小，则其约束影响就不明显。因此，规定在两个正交方向有梁，梁的宽度、高度都能满足一定要求且有现浇板时，才可考虑梁与现浇板对节点的约束影响，并对节点的抗震受剪能力乘以大于 1.0 的约束系数。对于梁截面较小或只有一个方向有直交梁的中间节点以及边节点、角节点均不考虑梁对节点的约束影响。

根据国外资料，对圆柱截面框架节点提出了抗震受剪承载力计算方法。

11.6.7 本条对抗震框架节点的配筋构造规定作了如下修改和补充：

1 近期国内足尺节点试验表明，当非弹性变形较大时，仍不能避免梁端的钢筋屈服区向节点内渗透，贯穿节点的梁筋粘结退化与滑移加剧，从而使框架刚度和耗能性能进一步退化。这一结论与国外试验结果相符。为此，要求贯穿节点的每根梁筋直径不宜大于柱截面高度的1/20。同时补充了圆柱节点纵筋直径与贯穿长度比值的限制条件。

2 原规范对伸入框架中间层端节点的梁上部钢筋建议当水平锚固长度不足时，可以在90°弯弧内侧加设横向短粗钢筋。经近期国内试验证明，这种钢筋只能在水平锚固段发生较大粘结滑移时方能发挥部分作用，故取消。另经国内近期试验证实，水平锚固长度取为 $0.4l_{aE}$ 能够满足对抗震锚固端的承载力和刚度要求，故将水平锚固长度由不小于 $0.45l_{aE}$ 改为不小于 $0.4l_{aE}$。

3 在顶层中间节点处，塑性铰亦允许且极有可能出在柱端（因顶层中间柱上端轴压力小而弯矩相对较大）。故根据近期国内试验结果给出了柱筋在顶层中间节点处的锚固规定，要求柱纵向钢筋宜伸到柱顶，当采用直线锚固方式时，自梁底算起，满足 l_{aE} 要求；当直线锚固长度不足时，要求柱纵向钢筋伸至柱顶，且满足 $0.5l_{aE}$ 要求后可向内弯折 $12d$；当楼板为现浇混凝土，且混凝土强度等级不低于C20，板厚不小于 80mm 时，可向外弯折 $12d$。

经近期国内顶层中间节点试验证明，贯穿顶层中间节点的上部梁筋较之贯穿中间层中间节点的上部梁筋更易发生粘结退化和滑移，在地震引起的结构非弹性变形较大时，将明显降低节点区的耗能能力。为此采用比中间层中间节点更严的限制钢筋直径的办法。

4 根据国内足尺顶层端节点抗震性能试验结果，给出了对顶层端节点的相应构造措施。当梁上部纵向钢筋与柱外侧纵向钢筋在节点处搭接时，提出两种做法供工程设计应用。一种做法是将梁上部钢筋伸到节点外边，向下弯折到梁下边缘，同时将不少于外侧柱筋的65%的柱筋伸到柱顶并水平伸入梁上边缘。从梁下边缘经节点外边到梁内的折线搭接长度不应小于 $1.5l_{aE}$。此处为钢筋100%搭接，其搭接长度之所以

较小，是因为梁柱搭接钢筋在搭接长度内均有 90°弯折，这种弯折对搭接传力的有效性发挥了较重要作用。采用这种搭接做法时，节点处的负弯矩塑性铰将出在柱端。这种搭接做法梁筋不伸入柱内，有利于施工。另一种做法是将外侧柱筋伸到柱顶，并向内水平弯折不小于 $12d$，梁上部纵筋伸到节点外边向下弯折，与柱外侧钢筋形成足够的直线搭接长度后截断。试验证明，此处直线搭接长度应取为不小于 $1.7l_{aE}$。这一方案的优点是，柱顶水平纵向钢筋数量较少（只有梁筋），便于自上向下浇注混凝土。顶层端节点内侧柱筋和下部梁筋在节点中的锚固做法与顶层中间节点处相同。另外，需要强调的是，在顶层端节点处不能采用如同上部梁筋在中间层端节点处的锚固做法，因为这种做法不能满足顶层端节点处抗震受弯承载力的要求。

11.6.8 本条对节点核心区的箍筋最大间距和箍筋最小直径以及节点箍筋的配箍特征值和最小配筋率做了规定，其目的是从构造上保证在地震和竖向荷载作用下节点核心区剪压比偏低时为节点核心区提供必要的约束，以及在未预计的不利情况使节点保持基本抗剪能力。

11.6.9 预埋件反复荷载作用试验表明，弯剪、拉剪、压剪情况下锚筋的受剪承载力降低的平均值在20%左右。对预埋件，规定取 $\gamma_{RE}=1.0$，故考虑地震作用组合的预埋件的锚筋截面积应比本规范第10章的计算值增大25%。构造上要求在靠近锚板的锚筋周围设置一根直径不小于 10mm 的封闭箍筋，以起到约束端部混凝土、提高受剪承载力的作用。

11.7 剪 力 墙

11.7.1 剪力墙结构的试验研究表明：反复荷载作用下大偏心受压剪力墙的正截面受压承载力与单调荷载作用下的正截面受压承载力比较接近，因此，考虑地震作用组合的剪力墙，其正截面抗震承载力和局部受压承载力仍按本规范第7章有关公式计算，但应除以相应的承载力抗震调整系数。

11.7.2 规范规定对一级抗震等级剪力墙墙肢截面组合弯矩设计值应进行调整，其目的是通过配筋迫使塑性铰区位于墙肢的底部。以往要求底部加强部位以上的剪力墙肢截面组合弯矩设计值按线性变化。这种做法对于较高的房屋会导致一部分剪力墙截面的弯矩值增加过多。为简化设计，本次修订规定，底部加强部位及以上一层的弯矩设计值均取墙底部截面的组合弯矩设计值，其他部位均采用墙肢截面组合弯矩设计值乘以增大系数1.2。

11.7.3 基于剪力墙"强剪弱弯"的要求，底部加强部位的剪力设计值应予以增大。9度设防烈度，除考虑弯矩增大系数外，并取墙底部出现塑性铰时受弯承载力所对应的弯矩值 M_{wua} 与弯矩设计值的比值来增

大剪力设计值。对不同抗震等级的非9度设防烈度的情况，底部加强部位的剪力设计值，取地震作用组合的剪力设计值 V 乘以不同的增大系数。

11.7.4 剪力墙的受剪承载力应该有一个上限值。国内外剪力墙承载力试验表明，剪跨比 λ 大于2.5时，大部分墙的受剪承载力上限接近于 $0.25 f_c b h_0$，在反复荷载作用下，考虑受剪承载力上限下降20%。

11.7.5 通过剪力墙的反复和单调加载受剪承载力对比试验表明，反复加载的受剪承载力比单调加载降低15%~20%。因此，将非抗震受剪承载力计算公式乘以降低系数0.8，作为抗震设计中偏心受压剪力墙的斜截面受剪承载力计算公式。鉴于对高轴压力作用下的受剪承载力缺乏试验研究，公式中对轴压力的有利作用给予必要的限制，即当 $N>0.2 f_c b h$ 时，取 $N=0.2 f_c b h$。

11.7.6 偏心受拉剪力墙的抗震受剪承载力未进行试验，根据受力特性，参照偏心受压剪力墙的受剪承载力计算公式，给出了偏心受拉剪力墙的抗震承载力计算公式。

11.7.7 水平施工缝处的竖向钢筋配置数量需满足受剪要求。根据水平缝剪摩擦理论，及对剪力墙施工缝滑移问题的试验研究，参照国外有关规范的规定提出本条要求。

11.7.8 多肢剪力墙的承载力和延性与洞口连梁的承载力和延性有很大关系。为了避免连梁产生受剪破坏后导致剪力墙延性降低，规定跨高比大于2.5的连系梁，除应满足正截面承载力要求外，还必须满足抗震受剪承载力的要求。对跨高比不大于2.5的连系梁，因目前试验研究成果不够充分，其计算和构造要求可暂按专门标准采用。

试验表明，在剪力墙洞口连梁中配置斜向交叉钢筋对提高连梁的抗震性能效果较为明显。对一、二级抗震等级的筒体结构，当连梁跨高比不大于2.0，而连梁截面宽度不小于400mm时，宜设置斜向交叉暗柱配筋，全部剪力由暗柱承担；而对一、二级抗震等级的一般剪力墙，当连梁跨高比不大于2.0时，也可配置斜向交叉构造钢筋，以改善连梁的抗剪性能。

11.7.9 为保证剪力墙的承载力和侧向稳定要求，给出了各种结构体系的剪力墙厚度的规定。

端部无端柱或翼墙的剪力墙相对于端部有端柱或翼墙的剪力墙在正截面受力性能、变形能力以及侧向稳定上减弱很多，试验表明，极限位移将减小一半，耗能能力降低20%左右，因此，此次修订适度加大了一、二级抗震等级墙端无端柱或翼墙的剪力墙底部加强部位的墙厚，规定不小于层高的1/12。

11.7.10 为了提高剪力墙侧向稳定和受弯承载力，规定剪力墙厚度大于140mm时，应采用双排钢筋。

11.7.11 根据试验研究和设计经验，并参考国外有关规范的规定，按不同的结构体系和不同的抗震等级规定了水平和竖向分布钢筋最小配筋率的限值。本次修订，适度增大了剪力墙分布钢筋的最小配筋率。对框架-剪力墙结构取0.25%。

11.7.12~11.7.16 试验表明，剪力墙在周期反复荷载作用下的塑性变形能力，与截面纵向钢筋的配筋、端部边缘构件范围、端部边缘构件内纵向钢筋及箍筋的配置，以及截面形状、截面轴压比大小等因素有关，而墙肢的轴压比则是更重要的影响因素。当轴压比较小时，即使在墙端部不设约束边缘构件，剪力墙也具有较好的延性和耗能能力；而当轴压比超过一定值时，不设约束边缘构件的剪力墙，其延性和耗能能力降低。因此，对一、二级抗震等级的各种结构体系中的剪力墙，在塑性铰可能出现的底部加强部位，规定了重力荷载代表值作用下的墙肢轴压比限值。

为了保证剪力墙肢底部塑性铰区的延性性能以及耗能能力，规定了一、二级抗震等级下，当剪力墙底部可能出现塑性铰的区域内轴压比较大时，应通过约束边缘构件为墙肢两端的混凝土提供足够的约束。而墙肢的其他部位及三、四级抗震等级的剪力墙肢，则可通过构造边缘构件对墙肢两端混凝土提供适度约束。

由于内筒或核心筒的角部在地震斜向作用下处在更为不利的受力状态，其四角的约束边缘构件的尺寸应比一般墙肢更大，箍筋所提供的约束也应更强。

11.7.17 框架-剪力墙结构中的带边框剪力墙是该类结构中的主要抗侧力构件，它承受着大部分地震作用。为保证其延性和承载力，对边框柱和边框梁的截面尺寸作了规定。并给出了墙身洞口周边的构造措施。

11.8 预应力混凝土结构构件

11.8.1 原规范中未曾提及地震区使用预应力混凝土结构问题。随着近年来对预应力结构抗震性能的研究，以及对震害的调查证明，预应力混凝土结构只要设计得当，仍可获得较好的抗震性能。采用部分预应力混凝土；选择合理的预应力强度比和构造；重视概念设计；有保证延性的措施；精心施工，预应力混凝土结构就可以在地震区使用。因此，此次修订增加了抗震预应力结构构件的设计内容，规定预应力混凝土结构可用于设防烈度为6度、7度、8度地区。考虑到9度设防烈度地区，地震反应强烈，对预应力结构使用应慎重对待。故当9度地震区需要采用预应力混凝土结构时，应专门研究，采取保证结构具有必要延性的有效措施。

11.8.2 框架梁是框架结构的主要承重构件，应保证其必要的承载力和延性。同时，试验表明，在预应力混凝土框架梁中采用配置一定数量非预应力钢筋的混合配筋方式，对改善裂缝分布，提高承载力和延性的作用是明显的。为此规定地震区的框架梁，宜采用后张有粘结预应力，且应配置一定数量的非预应力钢筋。

11.8.3 为保证预应力混凝土框架梁在抗震设计中的延性要求，根据试验研究结果，应对梁的混凝土截面相对受压区高度 x 和纵向受拉钢筋配筋率作一定的限制。纵向受拉钢筋配筋率限值的规定是根据 HRB400 级钢筋的抗拉强度设计值折算得出的；当采用 HRB335 级钢筋时，其限值可放松到 3.0%。

11.8.4 预应力强度比对框架梁的抗震性能有重要影响，对其选择要结合工程具体条件，全面考虑使用阶段和抗震性能两方面要求。从使用阶段看，该比值大一些好；从抗震角度，其值不宜过大。研究表明：采用中等预应力强度比（0.5～0.7），梁的抗震性能与使用性能较为协调。因此，建议对一级抗震等级，该比值不大于 0.55，二、三级抗震等级不大于 0.75。本条要求是在相对受压区高度、配箍率、非预应力筋面积 A_s、A_s' 等得到满足的情况下得出的。

11.8.5 梁端箍筋加密区内，梁端下部纵向非预应力钢筋和上部非预应力钢筋的截面面积应符合一定的比例，其理由同非预应力抗震框架。规范对预应力混凝土框架梁端下部非预应力钢筋和上部非预应力钢筋的面积比限值的规定，是参考了已有的试验研究和本规范有关钢筋混凝土框架梁的规定，经综合分析后确定的。

附录 A 素混凝土结构构件计算

本附录的内容与原规范附录二基本相同，但对素混凝土轴心抗压和轴心抗拉强度设计值作了修改。

原规范钢筋混凝土偏心受压构件正截面承载力计算中用 f_{cm}，本规范改用 f_c；原规范钢筋混凝土轴心受压构件正截面承载力计算中用 f_c，本规范也用 f_c 且在计算公式中乘系数 0.9；这些修改提高了钢筋混凝土结构的安全度。素混凝土结构的安全度也作了相应提高，原规范 f_{cc} 取 0.95 f_c，本规范 f_{cc} 取 0.85 f_c 等修改，使素混凝土结构与钢筋混凝土结构的安全度的提高幅度相当。

附录 B 钢筋的公称截面面积、计算截面面积及理论重量

本附录根据现行国家标准增加了预应力钢绞线和钢丝方面的内容。

附录 C 混凝土的多轴强度和本构关系

本附录为新增内容，专用于混凝土结构的非线性分析和二维、三维结构的承载力验算。所给的计算方程和参数值，以我国的试验研究成果为依据，也与国外的试验结果相符合。

C.1 总 则

C.1.1 由于混凝土材料的地方性、现场进行配制，以及其强度和变形性能的离散性较大，确定其强度和本构关系的方法宜按本条所列先后作为优选次序。

C.1.2 混凝土的强度和本构关系都是基于正常环境下的短期试验结果。若结构混凝土的材料种类、环境和受力条件等与标准试验条件相差悬殊，例如采用轻混凝土或重混凝土、全级配或大骨料的大体积混凝土、龄期变化、高温、截面非均匀受力、荷载长期持续、快速加载或冲击荷载作用等情况，混凝土的强度和本构关系都将发生不同程度的变化。应自行试验测定或参考有关文献做相应的修正。

C.1.3 采用线弹性方法进行分析的结构，在验算承载能力极限状态或正常使用极限状态时，混凝土的强度和变形指标可按本规范第 5.2.8 条取值。

在结构的非线性分析中，为了保证计算的准确性，混凝土的强度和变形指标宜取为实测值或平均值，详见本规范第 5.3.4 条和相应的条文说明。

C.2 单轴应力-应变关系

本节的内容主要用于杆系结构的非线性分析，也可作为混凝土多轴本构关系中的等效单轴应力-应变关系。

C.2.1 混凝土单轴受压应力-应变曲线分作上升段和下降段，二者在峰点连续。理论曲线的几何特征与试验曲线的完全符合。两段曲线方程中各有一个参数，可适合不同强度等级混凝土的曲线形状变化。

曲线的参数值，即峰值压应变（ε_c）、上升段和下降段参数（α_a、α_d）、下降段应变（ε_u）等都随混凝土的单轴抗压强度值（f_c^*，N/mm²）而变化，计算式如下：

$$\varepsilon_c = (700 + 172\sqrt{f_c^*}) \times 10^{-6}$$

$$\alpha_a = 2.4 - 0.0125 f_c^*$$

$$\alpha_d = 0.157 f_c^{*0.785} - 0.905$$

$$\frac{\varepsilon_u}{\varepsilon_c} = \frac{1}{2\alpha_d}(1 + 2\alpha_d + \sqrt{1 + 4\alpha_d})$$

结构中的混凝土常受到横向和纵向应变梯度、箍筋约束作用、纵筋联系变形等因素的影响，其应力-

应变关系与混凝土棱柱体轴心受压试验结果有差别，可根据构件或结构的力学性能试验结果对混凝土的抗压强度和峰值应变值以及曲线形状（α_a、α_d）作适当修正。

C.2.2 混凝土单轴受拉应力-应变曲线也分上升段和下降段给出。峰值拉应变（ε_t）和下降段参数（α_t）的计算式如下：

$$\varepsilon_t = f_t^{*0.54} \times 65 \times 10^{-6}$$

$$\alpha_t = 0.312 f_t^{*2}$$

式中 f_t^* 为混凝土的单轴抗拉强度（N/mm²）。

C.3 多轴强度

C.3.1 混凝土的多轴强度（f_i, $i=1\sim3$）按其与单轴强度（f_c^* 或 f_t^*）的比值给出，单轴强度的取值见本规范第 C.1.3 条。

结构按线弹性或非线性方法分析的结果，均可采用本规范公式（C.3.1）进行验算。

C.3.2 混凝土的二轴强度包络图确定为简单的折线形，取值比试验结果偏低，可保证安全。包络图的压-压区和拉-拉区与 Tasuji-Slate-Nilson 准则相同，拉-压区的强度稍作调整，与 Kupfer-Gerstle 准则相近。

C.3.3 混凝土三轴抗压强度（f_3，图 C.3.3）的取值显著低于试验值，且略低于一些国外设计规范所规定的值，又有最高强度（$5f_c^*$）的限制，用于承载力验算可确保结构安全。

为了简化计算，三轴抗压强度未计及中间主应力（σ_2）的影响。如需更充分地利用混凝土的三轴抗压强度，可按本规范第 C.4.1 条所列破坏准则另行计算。

混凝土的三轴抗压强度也可按下列公式计算：

$$\frac{-f_3}{f_c^*} = 1.2 + 33\left(\frac{\sigma_1}{\sigma_3}\right)^{1.8}$$

C.3.4 混凝土的三轴拉-拉-压和拉-压-压强度受中间主应力（σ_2）的影响不大（<10%），可按二轴拉-压强度（$\sigma_2=0$）、即本规范图 C.3.2 的拉—压区计算。

混凝土的三轴受拉应力状态在实际结构中罕见，试验数据也极少，取 $f_1=0.9f_t^*$ 约为试验平均值。

C.4 破坏准则和本构模型

C.4.1 所列混凝土破坏准则（本规范公式 C.4.1）的几何特征与试验包络曲面一致，建议的参数值系依据国内外的、全应力范围内大量试验数据所标定。对于特定的混凝土材料、或者结构的应力范围较窄时，可根据混凝土的多轴强度试验值或给定的特征强度值用迭代法另行计算其中的参数值、以提高计算的准确度。

此混凝土破坏准则计算式为一超越方程，难有显式解，可用计算机计算多轴强度。

C.4.2 混凝土的非线性本构模型见诸文献者种类多样、概念和形式迥异、简繁程度悬殊、计算结果的差别不小，难以求得统一。至今，各国的设计规范中、惟有 CEB—FIP MC90 模式规范给出了具体的混凝土本构模型，即 Ottosen（三维）和 Darwin-Pecknold（二维）模型，二者均属非线弹性类模型。此类模型比较简明实用，但有一定局限性，在某些应力范围内有一定误差。

本条文原则上建议采用非线弹性的正交异性类本构模型，其优点是以试验结果为依据、概念简明、符合混凝土的材性和受力特点。其他本构模型可由设计和分析人员研究选用。

附录 D 后张预应力钢筋常用束形的预应力损失

后张法构件的曲线预应力钢筋放张时，由于锚具变形和钢筋内缩引起的预应力损失值，必须考虑曲线预应力钢筋受到曲线孔道上反摩擦力的阻止，按变形协调原理，取张拉端锚具的变形和预应力钢筋内缩值等于反摩擦力引起的钢筋变形值，求出预应力损失值 σ_{l1} 的范围和数值。在不同条件下，同一根曲线预应力钢筋不同位置处的 σ_{l1} 各不相同。在原规范中，仅对常用的圆弧形曲线预应力钢筋给出了计算公式。该公式在推导时，假定正向摩擦与反向摩擦系数相等，并且未考虑在预应力钢筋张拉端有一直线段的情况。

本次修订增补了预应力钢筋在端部为直线、直线长度等于 l_0 而后由两条圆弧形曲线组成的曲线筋及折线筋的预应力损失 σ_{l1} 的计算公式。该计算公式适用于忽略长度 l_0 中摩擦损失影响的情况。

附录 E 与时间相关的预应力损失

考虑预加力时的龄期、理论厚度等多因素影响的混凝土收缩、徐变引起的预应力损失计算方法，是参考"部分预应力混凝土结构设计建议"的计算方法，并经过与本规范公式（6.2.5-1）至（6.2.5-4）计算结果分析比较后给出的。所采用的方法考虑了非预应力钢筋对混凝土收缩、徐变所引起预应力损失的影响，考虑预应力钢筋松弛对徐变损失计算值的影响，将徐变损失项按 0.9 折减。考虑预加力时的龄期、理论厚度影响的混凝土收缩应变和徐变系数终极值，以及松弛损失和收缩、徐变中间值系数取自《铁路桥涵钢筋混凝土和预应力混凝土结构设计规范》TB10002.3。一般适用于水泥用量为 400~500kg/m³、水灰比为 0.34~0.42、周围空气相对湿度为 60%~

80%的情况。在年平均相对湿度低于40%的条件下使用的结构，收缩应变和徐变系数终极值应增加30%。当无可靠资料时，混凝土收缩应变和徐变系数终极值可按表E.0.1采用。对坍落度大的泵送混凝土，或周围空气相对湿度为40%～60%的情况，宜根据实际情况考虑混凝土收缩和徐变引起预应力损失值增大的影响，或采用其他可靠数据。

对受压区配置预应力钢筋 A'_p 及非预应力钢筋 A'_s 的构件，可近似地按公式（E.0.1-1）计算，此时，取 $A'_p=A'_s=0$；σ'_{l5} 则按公式（E.0.1-2）求出。在计算公式（E.0.1-1）、（E.0.1-2）中的 σ_{pc} 及 σ'_{pc} 时，应采用全部预加力值。本附录E所列混凝土收缩和徐变引起的预应力损失计算方法，供需要考虑施加预应力时混凝土龄期、理论厚度影响，以及需要计算松弛及收缩、徐变损失随时间变化中间值的重要工程设计使用。

附录F 任意截面构件正截面承载力计算

本附录给出了任意截面任意配筋的构件正截面承载力计算的一般公式。

随着计算机的普遍使用，对任意截面、外力和配筋的构件，正截面承载力的一般计算方法，可按第7.1.2条的基本假定，用数值积分通过反复迭代进行计算。在计算各单元的应变时，通常应通过混凝土极限压应变为 ε_{cu} 的受压区顶点作一与中和轴平行的直线；在另一种情况下，尚应通过最外排纵向受拉钢筋极限拉应变0.01为顶点作一与中和轴平行的直线，然后再作一与中和轴垂直的直线，以此直线作为基准线按平截面假定确定各单元的应变及相应的应力。

在建立公式时，为使公式形式简单，坐标原点取在截面重心处；在具体进行计算或编制计算程序时，可根据计算的需要，选择合适的坐标系。

附录G 板柱节点计算用等效集中反力设计值

G.0.1 在垂直荷载、水平荷载作用下，板柱结构节点传递不平衡弯矩时，其等效集中反力设计值由两部分组成：

1 由柱所承受的轴向压力设计值减去冲切破坏锥体范围内板所承受的荷载设计值，即 F_l；

2 由节点受剪传递不平衡弯矩而在临界截面上产生的最大剪应力经折算而得的附加集中反力设计值，即 $\tau_{max}u_mh_0$。

本条的公式（G.0.1-1）、公式（G.0.1-3）、公式（G.0.1-5）就是根据上述方法给出的。

竖向荷载、水平荷载对图G.0.1中的轴线2产生的不平衡弯矩，取等于竖向荷载、水平荷载产生的对轴线1的不平衡弯矩与 F_le_g 之代数和，此处 e_g 是轴线1与轴线2的距离。本条的公式（G.0.1-2）、公式（G.0.1-4）就是按此原则给出的；在应用上述公式中应注意两个弯矩的作用方向，当两者相同时，应取加号，当两者相反时，应取减号。

G.0.2～G.0.3 条文中提供了图G.0.1所示的中柱、边柱和角柱处临界截面的几何参数计算公式。这些参数是按《无粘结预应力混凝土结构技术规程》的规定给出的，其中类似惯性矩的计算公式中，忽略了 h_0^3 项的影响，即在公式(G.0.2-1)、公式(G.0.2-5)中略去了 $\alpha_t h_0^3/6$ 项；在公式(G.0.2-10)、公式(G.0.2-14)中略去了 $\alpha_t h_0^3/12$ 项，这表示忽略了临界截面上水平剪应力的作用，对通常的板柱结构的板厚而言，这样近似处理是可以的。

G.0.4 当边柱、角柱部位有悬臂板时，在受冲切承载力计算中，可能是取边柱、角柱的临界截面周长，也可能是如中柱的冲切破坏而形成的临界截面周长，应通过计算比较，以取其不利者作为设计计算的依据。

中华人民共和国国家标准

砌体结构设计规范

Code for design of masonry structures

GB 50003—2001

主编部门：中华人民共和国建设部
批准部门：中华人民共和国建设部
施行日期：2002年3月1日

关于发布国家标准
《砌体结构设计规范》的通知

建标〔2002〕9号

根据我部《关于印发1998年工程建设标准制订、修订计划（第一批）的通知》（建标〔1998〕94号）的要求，由建设部会同有关部门共同修订的《砌体结构设计规范》，经有关部门会审，批准为国家标准，编号为GB 50003—2001，自2002年3月1日起施行。其中，3.1.1、3.2.1、3.2.2、3.2.3、5.1.1、5.2.4、5.2.5、6.1.1、6.2.1、6.2.2、6.2.8、6.2.10、6.2.11、7.1.2、7.1.3、7.3.2、7.3.12、7.4.1、7.4.6、8.2.8、9.2.2、9.4.3、10.1.8、10.4.11、10.4.12、10.4.14、10.4.19、10.5.5、10.5.6为强制性条文，必须严格执行。原《砌体结构设计规范》GBJ 3—88于2002年12月31日废止。

本规范由建设部负责管理和对强制性条文的解释，中国建筑东北设计研究院负责具体技术内容的解释，建设部标准定额研究所组织中国建筑工业出版社出版发行。

中华人民共和国建设部
2002年1月10日

前　言

本规范是根据建设部《关于印发1998年工程建设标准制订、修订计划（第一批）的通知》（建标〔1998〕94号）的要求，由中国建筑东北设计研究院会同有关的设计、研究和教学单位，对《砌体结构设计规范》GBJ 3—88进行全面修订而成的。

在修订过程中，规范编制组开展了专题研究，进行了比较广泛的调查研究，总结了近年来新型砌体材料结构的科研成果和工程经验，考虑了我国的经济条件和工程实践，并在全国范围内广泛征求了有关单位的意见，经反复讨论、修改、充实和试设计，最后由建设部标准定额司组织审查定稿。

本次修订后共有10章5个附录，主要修订内容列举如下：

1. 砌体材料：引入了近年来新型砌体材料，如蒸压灰砂砖、蒸压粉煤灰砖、轻集料混凝土砌块及混凝土小型空心砌块灌孔砌体的计算指标；

2. 根据《建筑结构可靠度设计统一标准》GB 50068补充了以重力荷载效应为主的组合表达式和对砌体结构的可靠度作了适当的调整；

3. 根据国际标准《配筋砌体结构设计规范》ISO 9652—3和国家标准《砌体工程施工质量验收规范》GB 50203，引进了与砌体结构可靠度有关的砌体施工质量控制等级；

4. 调整了无筋砌体受压构件的偏心距取值；增加了无筋砌体构件双向偏心受压的计算方法；

5. 补充了刚性垫块上局部受压的计算及跨度≥9m的梁在支座处约束弯矩的分析方法；

6. 修改了砌体沿通缝受剪构件的计算方法；

7. 根据适当提高砌体结构可靠度、耐久性的原则，提高了砌体材料的最低强度等级；

8. 根据建筑节能要求，增加了砌体夹芯墙的构造措施；

9. 根据住房商品化的要求，较大地加强了砌体结构房屋的抗裂措施，特别是对新型墙材砌体结构的防裂、抗裂构造措施；

10. 补充了连续墙梁、框支墙梁的设计方法；

11. 补充了砖砌体和混凝土构造柱组合墙的设计方法；

12. 增加了配筋砌块砌体剪力墙结构的设计方法；

13. 根据需要增加了砌体结构构件的抗震设计；

14. 取消了原标准中的中型砌块、空斗墙、筒拱等内容。

本规范将来可能需要进行局部修订，有关局部修订的信息和条文内容将刊登在《工程建设标准化》杂志上。

本规范以黑体字标志的条文为强制性条文，必须严格执行。

为了提高规范质量，请各单位在执行本规范的过程中，注意总结经验，积累资料，随时将有关意见和建议寄给中国建筑东北设计研究院（沈阳市光荣街65号，邮编110003，E-mail:yuanzf@mail.sy.ln.cn），以供今后修订时参考。

本规范主编单位：中国建筑东北设计研究院

本规范参编单位：湖南大学、哈尔滨建筑大学、浙江大学、同济大学、机械工业部设计研究院、西安建筑科技大学、重庆建筑科学研究院、郑州工业大学、重庆建筑大学、北京市建筑设计研究院、四川省建筑科学研究院、云南省建筑技术发展中心、长沙交通学院、广州市民用建筑科研设计院、沈阳建筑工程学院、中国建筑西南设计研究院、陕西省建筑科学研究院、合肥工业大学、深圳艺蓁工程设计有限公司、长沙中盛建筑勘察设计有限公司等

本规范主要起草人：苑振芳　施楚贤　唐岱新　严家熺　龚绍熙　徐　建　胡秋谷　王庆霖　周炳章　林文修　刘立新　骆万康　梁兴文　侯汝欣　刘　斌　何建罡　吴明舜　张　英　谢丽丽　梁建国　金伟良　杨伟军　李　翔　王凤来　刘　明　姜洪斌　何振文　雷　波　吴存修　肖亚明　张宝印　李　罡　李建辉

目　次

1 总则 …………………………………………… 5—5
2 术语和符号 …………………………………… 5—5
　2.1 主要术语 …………………………………… 5—5
　2.2 主要符号 …………………………………… 5—6
3 材料 …………………………………………… 5—8
　3.1 材料强度等级 ……………………………… 5—8
　3.2 砌体的计算指标 …………………………… 5—8
4 基本设计规定 ………………………………… 5—10
　4.1 设计原则 …………………………………… 5—10
　4.2 房屋的静力计算规定 ……………………… 5—11
5 无筋砌体构件 ………………………………… 5—12
　5.1 受压构件 …………………………………… 5—12
　5.2 局部受压 …………………………………… 5—13
　5.3 轴心受拉构件 ……………………………… 5—15
　5.4 受弯构件 …………………………………… 5—15
　5.5 受剪构件 …………………………………… 5—15
6 构造要求 ……………………………………… 5—16
　6.1 墙、柱的允许高厚比 ……………………… 5—16
　6.2 一般构造要求 ……………………………… 5—16
　6.3 防止或减轻墙体开裂的主要
　　　措施 ………………………………………… 5—18
7 圈梁、过梁、墙梁及挑梁 …………………… 5—19
　7.1 圈梁 ………………………………………… 5—19
　7.2 过梁 ………………………………………… 5—19
　7.3 墙梁 ………………………………………… 5—20
　7.4 挑梁 ………………………………………… 5—22
8 配筋砖砌体构件 ……………………………… 5—24
　8.1 网状配筋砖砌体构件 ……………………… 5—24
　8.2 组合砖砌体构件 …………………………… 5—24
　　Ⅰ 砖砌体和钢筋混凝土面层或钢筋砂浆
　　　面层的组合砌体构件 …………………… 5—24
　　Ⅱ 砖砌体和钢筋混凝土构造柱
　　　组合墙 …………………………………… 5—26
9 配筋砌块砌体构件 …………………………… 5—26
　9.1 一般规定 …………………………………… 5—26
　9.2 正截面受压承载力计算 …………………… 5—26
　9.3 斜截面受剪承载力计算 …………………… 5—28
　9.4 配筋砌块砌体剪力墙构造规定 …………… 5—29
　　Ⅰ 钢筋 ……………………………………… 5—29
　　Ⅱ 配筋砌块砌体剪力墙、连梁 …………… 5—29
　　Ⅲ 配筋砌块砌体柱 ………………………… 5—30
10 砌体结构构件抗震设计 ……………………… 5—31
　10.1 一般规定 ………………………………… 5—31
　10.2 无筋砌体构件 …………………………… 5—32
　10.3 配筋砖砌体构件 ………………………… 5—32
　10.4 配筋砌块砌体剪力墙 …………………… 5—33
　　Ⅰ 承载力计算 ……………………………… 5—33
　　Ⅱ 构造措施 ………………………………… 5—34
　10.5 墙梁 ……………………………………… 5—35
附录 A 石材的规格尺寸及其强度等
　　　级的确定方法 …………………………… 5—36
附录 B 各类砌体强度平均值的计算
　　　公式和强度标准值 ……………………… 5—36
附录 C 刚弹性方案房屋的静力计算
　　　方法 ……………………………………… 5—38
附录 D 影响系数 φ 和 φ_n ………………………… 5—38
附录 E 本规范用词说明 ……………………… 5—40
条文说明 ……………………………………… 5—41

1 总则

1.0.1 为了贯彻执行国家的技术经济政策，坚持因地制宜，就地取材的原则，合理选用结构方案和建筑材料，做到技术先进、经济合理、安全适用、确保质量，制订本规范。

1.0.2 本规范适用于建筑工程的下列砌体的结构设计，特殊条件下或有特殊要求的应按专门规定进行设计。

　　1　砖砌体，包括烧结普通砖、烧结多孔砖、蒸压灰砂砖、蒸压粉煤灰砖无筋和配筋砌体；

　　2　砌块砌体，包括混凝土、轻骨料混凝土砌块无筋和配筋砌体；

　　3　石砌体，包括各种料石和毛石砌体。

1.0.3 本规范根据现行国家标准《建筑结构可靠度设计统一标准》GB 50068 规定的原则制订。设计术语和符号按照现行国家标准《建筑结构设计术语和符号标准》GB/T 50083 的规定采用。

1.0.4 按本规范设计时，荷载应按现行国家标准《建筑结构荷载规范》GB 50009 的规定执行；材料和施工的质量应符合现行国家标准《混凝土结构设计规范》GB 50010、《砌体工程施工质量验收规范》GB 50203、《混凝土结构工程施工质量验收规范》GB 50204 的要求；结构抗震设计尚应符合现行国家标准《建筑抗震设计规范》GB 50011 的规定。

1.0.5 砌体结构设计，除应符合本规范要求外，尚应符合现行国家有关标准、规范的规定。

2 术语和符号

2.1 主要术语

2.1.1 砌体结构 masonry structure

由块体和砂浆砌筑而成的墙、柱作为建筑物主要受力构件的结构。是砖砌体、砌块砌体和石砌体结构的统称。

2.1.2 配筋砌体结构 reinforced masonry structure

由配置钢筋的砌体作为建筑物主要受力构件的结构。是网状配筋砌体柱、水平配筋砌体墙、砖砌体和钢筋混凝土面层或钢筋砂浆面层组合砌体柱（墙）、砖砌体和钢筋混凝土构造柱组合墙和配筋砌块砌体剪力墙结构的统称。

2.1.3 配筋砌块砌体剪力墙结构 reinforced concrete masonry shear wall structure

由承受竖向和水平作用的配筋砌块砌体剪力墙和混凝土楼、屋盖所组成的房屋建筑结构。

2.1.4 烧结普通砖 fired common brick

由粘土、页岩、煤矸石或粉煤灰为主要原料，经过焙烧而成的实心或孔洞率不大于规定值且外形尺寸符合规定的砖。分烧结粘土砖、烧结页岩砖、烧结煤矸石砖、烧结粉煤灰砖等。

2.1.5 烧结多孔砖 fired perforated brick

以粘土、页岩、煤矸石或粉煤灰为主要原料，经焙烧而成、孔洞率不小于25%，孔的尺寸小而数量多，主要用于承重部位的砖。简称多孔砖。目前多孔砖分为P型砖和M型砖。

2.1.6 蒸压灰砂砖 autoclaved sand-lime brick

以石灰和砂为主要原料，经坯料制备、压制成型、蒸压养护而成的实心砖。简称灰砂砖。

2.1.7 蒸压粉煤灰砖 autoclaved flyash-lime brick

以粉煤灰、石灰为主要原料，掺加适量石膏和集料，经坯料制备、压制成型、高压蒸汽养护而成的实心砖。简称粉煤灰砖。

2.1.8 混凝土小型空心砌块 concrete small hollow block

由普通混凝土或轻骨料混凝土制成，主规格尺寸为390mm×190mm×190mm、空心率在25%～50%的空心砌块。简称混凝土砌块或砌块。

2.1.9 混凝土砌块砌筑砂浆 mortar for concrete small hollow block

由水泥、砂、水以及根据需要掺入的掺和料和外加剂等组分，按一定比例，采用机械拌和制成，专门用于砌筑混凝土砌块的砌筑砂浆。简称砌块专用砂浆。

2.1.10 混凝土砌块灌孔混凝土 grout for concrete small hollow block

由水泥、集料、水以及根据需要掺入的掺和料和外加剂等组分，按一定比例，采用机械搅拌后，用于浇注混凝土砌块砌体芯柱或其他需要填实部位孔洞的混凝土。简称砌块灌孔混凝土。

2.1.11 带壁柱墙 pilastered wall

沿墙长度方向隔一定距离将墙体局部加厚形成墙面带垛的加劲墙体。

2.1.12 刚性横墙 rigid transverse wall

在砌体结构中刚度和承载能力均符合规定要求的横墙。又称横向稳定结构。

2.1.13 夹心墙 cavity wall filled with insulation

墙体中预留的连续空腔内填充保温或隔热材料，并在墙的内叶和外叶之间用防锈的金属拉结件连接形成的墙体。

2.1.14 混凝土构造柱 structural concrete column

在多层砌体房屋墙体的规定部位，按构造配筋，并按先砌墙后浇灌混凝土柱的施工顺序制成的混凝土柱。通常称为混凝土构造柱，简称构造柱。

2.1.15 圈梁 ring beam

在房屋的檐口、窗顶、楼层、吊车梁顶或基础顶面标高处，沿砌体墙水平方向设置封闭状的按构造配筋的混凝土梁式构件。

2.1.16 墙梁 wall beam

由钢筋混凝土托梁和梁上计算高度范围内的砌体墙组成的组合构件。包括简支墙梁、连续墙梁和框支墙梁。

2.1.17 挑梁 cantilever beam

嵌固在砌体中的悬挑式钢筋混凝土梁。一般指房屋中的阳台挑梁、雨篷挑梁或外廊挑梁。

2.1.18 设计使用年限 design working life

设计规定的时期。在此期间结构或结构构件只需进行正常的维护便可按其预定的目的使用，而不需进行大修加固。

2.1.19 房屋静力计算方案 static analysis scheme of building

根据房屋的空间工作性能确定的结构静力计算简图。房屋的静力计算方案包括刚性方案、刚弹性方案和弹性方案。

2.1.20 刚性方案 rigid analysis scheme

按楼盖、屋盖作为水平不动铰支座对墙、柱进行静力计算的方案。

2.1.21 刚弹性方案 rigid-elastic analysis scheme

按楼盖、屋盖与墙、柱为铰接，考虑空间工作的排架或框架对墙、柱进行静力计算的方案。

2.1.22 弹性方案 elastic analysis scheme

按楼盖、屋盖与墙、柱为铰接，不考虑空间工作的平面排架或框架对墙、柱进行静力计算的方案。

2.1.23 上柔下刚多层房屋 upper flexible and lower rigid complex multistorey building

在结构计算中，顶层不符合刚性方案要求，而下面各层符合刚性方案要求的多层房屋。

2.1.24 屋盖、楼盖类别 types of roof or floor structure

根据屋盖、楼盖的结构构造及其相应的刚度对屋盖、楼盖的分类。根据常用结构，可把屋盖、楼盖划分为三类，而认为每一类屋盖和楼盖中的水平刚度大致相同。

2.1.25 砌体墙、柱高厚比 ratio of hight to sectional thickness of wall or column

砌体墙、柱的计算高度与规定厚度的比值。规定厚度对墙取墙厚，对柱取对应的边长，对带壁柱墙取截面的折算厚度。

2.1.26 梁端有效支承长度 effective support length of beam end

梁端在砌体或刚性垫块界面上压应力沿梁跨方向的分布长度。

2.1.27 计算倾覆点 calculating overturning point

验算挑梁抗倾覆时，根据规定所取的转动中心。

2.1.28 伸缩缝 expansion and contraction joint

将建筑物分割成两个或若干个独立单元，彼此能自由伸缩的竖向缝。通常有双墙伸缩缝、双柱伸缩缝等。

2.1.29 控制缝 control joint

设置在墙体应力比较集中或墙的垂直灰缝相一致的部位，并允许墙身自由变形和对外力有足够抵抗能力的构造缝。

2.1.30 施工质量控制等级 category of construction quality control

根据施工现场的质保体系、砂浆和混凝土的强度、砌筑工人技术等级综合水平划分的砌体施工质量控制级别。

2.2 主要符号

2.2.1 材料性能

MU——块体的强度等级；

M——砂浆的强度等级；

Mb——混凝土砌块砌筑砂浆的强度等级；

C——混凝土的强度等级；

Cb——混凝土砌块灌孔混凝土的强度等级；

f_1——块体的抗压强度等级值或平均值；

f_2——砂浆的抗压强度平均值；

f、f_k——砌体的抗压强度设计值、标准值；

f_g——单排孔且对孔砌筑的混凝土砌块灌孔砌体抗压强度设计值（简称灌孔砌体抗压强度设计值）；

f_{vg}——单排孔且对孔砌筑的混凝土砌块灌孔砌体抗剪强度设计值（简称灌孔砌体抗剪强度设计值）；

f_t、$f_{t,k}$——砌体的轴心抗拉强度设计值、标准值；

f_{tm}、$f_{tm,k}$——砌体的弯曲抗拉强度设计值、标准值；

f_v、$f_{v,k}$——砌体的抗剪强度设计值、标准值；

f_{VE}——砌体沿阶梯形截面破坏的抗震抗剪强度设计值；

f_n——网状配筋砖砌体的抗压强度设计值；

f_y、f'_y——钢筋的抗拉、抗压强度设计值；

f_c——混凝土的轴心抗压强度设计值；

E——砌体的弹性模量；

E_C——混凝土的弹性模量；

G——砌体的剪变模量。

2.2.2 作用和作用效应

N——轴向力设计值；

N_l——局部受压面积上的轴向力设计值、梁端支承压力；

N_0——上部轴向力设计值；

N_t——轴心拉力设计值；

M——弯矩设计值；

M_r——挑梁的抗倾覆力矩设计值;
M_{ov}——挑梁的倾覆力矩设计值;
V——剪力设计值;
F_1——托梁顶面上的集中荷载设计值;
Q_1——托梁顶面上的均布荷载设计值;
Q_2——墙梁顶面上的均布荷载设计值;
σ_0——水平截面平均压应力。

2.2.3 几何参数

A——截面面积;
A_b——垫块面积;
A_C——混凝土构造柱的截面面积;
A_l——局部受压面积;
A_n——墙体净截面面积;
A_0——影响局部抗压强度的计算面积;
A_S、A'_S——受拉、受压钢筋的截面面积;
a——边长、梁端实际支承长度、距离;
a_i——洞口边至墙梁最近支座中心的距离;
a_0——梁端有效支承长度;
a_s、a'_s——纵向受拉、受压钢筋重心至截面近边的距离;
b——截面宽度、边长;
b_c——混凝土构造柱沿墙长方向的宽度;
b_f——带壁柱墙的计算截面翼缘宽度、翼墙计算宽度;
b'_f——T形、倒L形截面受压区的翼缘计算宽度;
b_s——在相邻横墙、窗间墙之间或壁柱间的距离范围内的门窗洞口宽度;
c、d——距离;
e——轴向力的偏心距;
H——墙体高度、构件高度;
H_i——层高;
H_0——构件的计算高度、墙梁跨中截面的计算高度;
h——墙厚、矩形截面较小边长、矩形截面的轴向力偏心方向的边长、截面高度;
h_b——托梁高度;
h_0——截面有效高度、垫梁折算高度;
h_T——T形截面的折算厚度;
h_W——墙体高度、墙梁墙体计算截面高度;
l——构造柱的间距;
l_0——梁的计算跨度;
l_n——梁的净跨度;
I——截面惯性矩;
i——截面的回转半径;
s——间距、截面面积矩;
x_0——计算倾覆点到墙外边缘的距离;
u_{max}——最大水平位移;
W——截面抵抗矩;
y——截面重心到轴向力所在偏心方向截面边缘的距离;
z——内力臂。

2.2.4 计算系数

α——砌块砌体中灌孔混凝土面积和砌体毛面积的比值、修正系数、系数;
α_M——考虑墙梁组合作用的托梁弯矩系数;
β——构件的高厚比;
$[\beta]$——墙、柱的允许高厚比;
β_V——考虑墙梁组合作用的托梁剪力系数;
γ——砌体局部抗压强度提高系数;
γ_a——调整系数;
γ_f——结构构件材料性能分项系数;
γ_0——结构重要性系数;
γ_{RE}——承载力抗震调整系数;
δ——混凝土砌块的孔洞率、系数;
ζ——托梁支座上部砌体局压系数;
ζ_c——芯柱参与工作系数;
ζ_s——钢筋参与工作系数;
η_i——房屋空间性能影响系数;
η_c——墙体约束修正系数;
η_N——考虑墙梁组合作用的托梁跨中轴力系数;
λ——计算截面的剪跨比;
μ——修正系数、剪压复合受力影响系数;
μ_1——自承重墙允许高厚比的修正系数;
μ_2——有门窗洞口墙允许高厚比的修正系数;
μ_c——设构造柱墙体允许高厚比提高系数;
ξ——截面受压区相对高度、系数;
ξ_b——受压区相对高度的界限值;
ξ_1——翼墙或构造柱对墙梁墙体受剪承载力影响系数;
ξ_2——洞口对墙梁墙体受剪承载力影响系数;
ρ——混凝土砌块砌体的灌孔率、配筋率;
ρ_s——按层间墙体竖向截面计算的水平钢筋面积率;
ϕ——承载力的影响系数、系数;
ϕ_n——网状配筋砖砌体构件的承载力的影响系数;
ϕ_0——轴心受压构件的稳定系数;
ϕ_{com}——组合砖砌体构件的稳定系数;
ψ——折减系数;
ψ_M——洞口对托梁弯矩的影响系数。

3 材 料

3.1 材料强度等级

3.1.1 块体和砂浆的强度等级，应按下列规定采用：

1 烧结普通砖、烧结多孔砖等的强度等级：MU30、MU25、MU20、MU15和MU10；

2 蒸压灰砂砖、蒸压粉煤灰砖的强度等级：MU25、MU20、MU15和MU10；

3 砌块的强度等级：MU20、MU15、MU10、MU7.5和MU5；

4 石材的强度等级：MU100、MU80、MU60、MU50、MU40、MU30和MU20；

5 砂浆的强度等级：M15、M10、M7.5、M5和M2.5。

注：1 石材的规格、尺寸及其强度等级可按本规范附录A的方法确定；
    2 确定蒸压粉煤灰砖和掺有粉煤灰15%以上的混凝土砌块的强度等级时，其抗压强度应乘以自然碳化系数，当无自然碳化系数时，可取人工碳化系数的1.15倍；
    3 确定砂浆强度等级时应采用同类块体为砂浆强度试块底模。

3.2 砌体的计算指标

3.2.1 龄期为28d的以毛截面计算的各类砌体抗压强度设计值，当施工质量控制等级为B级时，应根据块体和砂浆的强度等级分别按下列规定采用：

1 烧结普通砖和烧结多孔砖砌体的抗压强度设计值，应按表3.2.1-1采用。

2 蒸压灰砂砖和蒸压粉煤灰砖砌体的抗压强度设计值，应按表3.2.1-2采用。

表3.2.1-1 烧结普通砖和烧结多孔砖砌体的抗压强度设计值（MPa）

砖强度等级	砂浆强度等级					砂浆强度
	M15	M10	M7.5	M5	M2.5	0
MU30	3.94	3.27	2.93	2.59	2.26	1.15
MU25	3.60	2.98	2.68	2.37	2.06	1.05
MU20	3.22	2.67	2.39	2.12	1.84	0.94
MU15	2.79	2.31	2.07	1.83	1.60	0.82
MU10	—	1.89	1.69	1.50	1.30	0.67

表3.2.1-2 蒸压灰砂砖和蒸压粉煤灰砖砌体的抗压强度设计值（MPa）

砖强度等级	砂浆强度等级				砂浆强度
	M15	M10	M7.5	M5	0
MU25	3.60	2.98	2.68	2.37	1.05
MU20	3.22	2.67	2.39	2.12	0.94
MU15	2.79	2.31	2.07	1.83	0.82
MU10	—	1.89	1.69	1.50	0.67

3 单排孔混凝土和轻骨料混凝土砌块砌体的抗压强度设计值，应按表3.2.1-3采用。

表3.2.1-3 单排孔混凝土和轻骨料混凝土砌块砌体的抗压强度设计值（MPa）

砌块强度等级	砂浆强度等级				砂浆强度
	Mb15	Mb10	Mb7.5	Mb5	0
MU20	5.68	4.95	4.44	3.94	2.33
MU15	4.61	4.02	3.61	3.20	1.89
MU10	—	2.79	2.50	2.22	1.31
MU7.5	—	—	1.93	1.71	1.01
MU5	—	—	—	1.19	0.70

注：1 对错孔砌筑的砌体，应按表中数值乘以0.8；
    2 对独立柱或厚度为双排组砌的砌块砌体，应按表中数值乘以0.7；
    3 对T形截面砌体，应按表中数值乘以0.85；
    4 表中轻骨料混凝土砌块为煤矸石和水泥煤渣混凝土砌块。

4 单排孔混凝土砌块对孔砌筑时，灌孔砌体的抗压强度设计值f_g，应按下列公式计算：

$$f_g = f + 0.6\alpha f_c \quad (3.2.1-1)$$
$$\alpha = \delta\rho \quad (3.2.1-2)$$

式中 f_g——灌孔砌体的抗压强度设计值，并不应大于未灌孔砌体抗压强度设计值的2倍；

f——未灌孔砌体的抗压强度设计值，应按表3.2.1-3采用；

f_c——灌孔混凝土的轴心抗压强度设计值；

α——砌块砌体中灌孔混凝土面积和砌体毛面积的比值；

δ——混凝土砌块的孔洞率；

ρ——混凝土砌块砌体的灌孔率，系截面灌孔混凝土面积和截面孔洞面积的比值，ρ不应小于33%。

砌块砌体的灌孔混凝土强度等级不应低于Cb20，也不宜低于两倍的块体强度等级。

注：灌孔混凝土的强度等级Cb××等同于对应的混凝土强度等级C××的强度指标。

5 孔洞率不大于35%的双排孔或多排孔轻骨料混凝土砌块砌体的抗压强度设计值，应按表3.2.1-5采用。

6 块体高度为180～350mm的毛料石砌体的抗压强度设计值，应按表3.2.1-6采用。

表3.2.1-5 轻骨料混凝土砌块砌体的抗压强度设计值（MPa）

砌块强度等级	砂浆强度等级			砂浆强度
	Mb10	Mb7.5	Mb5	0
MU10	3.08	2.76	2.45	1.44
MU7.5	—	2.13	1.88	1.12
MU5	—	—	1.31	0.78

注：1 表中的砌块为火山渣、浮石和陶粒轻骨料混凝土砌块；
　　2 对厚度方向为双排组砌的轻骨料混凝土砌块砌体的抗压强度设计值，应按表中数值乘以0.8。

表3.2.1-6 毛料石砌体的抗压强度设计值（MPa）

毛料石强度等级	砂浆强度等级			砂浆强度
	M7.5	M5	M2.5	0
MU100	5.42	4.80	4.18	2.13
MU80	4.85	4.29	3.73	1.91
MU60	4.20	3.71	3.23	1.65
MU50	3.83	3.39	2.95	1.51
MU40	3.43	3.04	2.64	1.35
MU30	2.97	2.63	2.29	1.17
MU20	2.42	2.15	1.87	0.95

注：对下列各类料石砌体，应按表中数值分别乘以系数：
　　细料石砌体　　1.5
　　半细料石砌体　1.3
　　粗料石砌体　　1.2
　　干砌勾缝石砌体　0.8

7 毛石砌体的抗压强度设计值，应按表3.2.1-7采用。

表3.2.1-7 毛石砌体的抗压强度设计值（MPa）

毛石强度等级	砂浆强度等级			砂浆强度
	M7.5	M5	M2.5	0
MU100	1.27	1.12	0.98	0.34
MU80	1.13	1.00	0.87	0.30
MU60	0.98	0.87	0.76	0.26
MU50	0.90	0.80	0.69	0.23
MU40	0.80	0.71	0.62	0.21
MU30	0.69	0.61	0.53	0.18
MU20	0.56	0.51	0.44	0.15

3.2.2 龄期为28d的以毛截面计算的各类砌体的轴心抗拉强度设计值、弯曲抗拉强度设计值和抗剪强度设计值，当施工质量控制等级为B级时，应按表3.2.2采用。

表3.2.2 沿砌体灰缝截面破坏时砌体的轴心抗拉强度设计值、弯曲抗拉强度设计值和抗剪强度设计值（MPa）

强度类别	破坏特征及砌体种类	砂浆强度等级			
		≥M10	M7.5	M5	M2.5
轴心抗拉	沿齿缝 烧结普通砖、烧结多孔砖	0.19	0.16	0.13	0.09
	蒸压灰砂砖，蒸压粉煤灰砖	0.12	0.10	0.08	0.06
	混凝土砌块	0.09	0.08	0.07	—
	毛石	0.08	0.07	0.06	0.04
弯曲抗拉	沿齿缝 烧结普通砖、烧结多孔砖	0.33	0.29	0.23	0.17
	蒸压灰砂砖，蒸压粉煤灰砖	0.24	0.20	0.16	0.12
	混凝土砌块	0.11	0.09	0.08	—
	毛石	0.13	0.11	0.09	0.07
	沿通缝 烧结普通砖、烧结多孔砖	0.17	0.14	0.11	0.08
	蒸压灰砂砖，蒸压粉煤灰砖	0.12	0.10	0.08	0.06
	混凝土砌块	0.08	0.06	0.05	—
抗剪	烧结普通砖、烧结多孔砖	0.17	0.14	0.11	0.08
	蒸压灰砂砖、蒸压粉煤灰砖	0.12	0.10	0.08	0.06
	混凝土和轻骨料混凝土砌块	0.09	0.08	0.06	—
	毛石	0.21	0.19	0.16	0.11

注：1 对于用形状规则的块体砌筑的砌体，当搭接长度与块体高度的比值小于1时，其轴心抗拉强度设计值f_t和弯曲抗拉强度设计值f_{tm}应按表中数值乘以搭接长度与块体高度比值后采用；
　　2 对孔洞率不大于35%的双排孔或多排孔轻骨料混凝土砌块砌体的抗剪强度设计值，可按表中混凝土砌块砌体抗剪强度设计值乘以1.1；
　　3 对蒸压灰砂砖、蒸压粉煤灰砖砌体，当有可靠的试验数据时，表中强度设计值，允许作适当调整；
　　4 对烧结页岩砖、烧结煤矸石砖、烧结粉煤灰砖砌体，当有可靠的试验数据时，表中强度设计值，允许作适当调整。

单排孔混凝土砌块对孔砌筑时，灌孔砌体的抗剪强度设计值 f_{vg}，应按下列公式计算：

$$f_{vg}=0.2f_g^{0.55} \quad (3.2.2)$$

式中 f_g——灌孔砌体的抗压强度设计值（MPa）。

3.2.3 下列情况的各类砌体，其砌体强度设计值应乘以调整系数 γ_a：

1 有吊车房屋砌体、跨度不小于9m的梁下烧结普通砖砌体、跨度不小于7.5m的梁下烧结多孔砖、蒸压灰砂砖、蒸压粉煤灰砖砌体，混凝土和轻骨料混凝土砌块砌体，γ_a 为0.9；

2 对无筋砌体构件，其截面面积小于 $0.3m^2$ 时，γ_a 为其截面面积加0.7。对配筋砌体构件，当其中砌体截面面积小于 $0.2m^2$ 时，γ_a 为其截面面积加0.8。构件截面面积以 m^2 计；

3 当砌体用水泥砂浆砌筑时，对第3.2.1条各表中的数值，γ_a 为0.9。对第3.2.2条表3.2.2中数值，γ_a 为0.8；对配筋砌体构件，当其中的砌体采用水泥砂浆砌筑时，仅对砌体的强度设计值乘以调整系数 γ_a；

4 当施工质量控制等级为C级时，γ_a 为0.89；

5 当验算施工中房屋的构件时，γ_a 为1.1。

注：配筋砌体不允许采用C级。

3.2.4 施工阶段砂浆尚未硬化的新砌砌体的强度和稳定性，可按砂浆强度为零进行验算。

对于冬期施工采用掺盐砂浆法施工的砌体，砂浆强度等级按常温施工的强度等级提高一级时，砌体强度和稳定性可不验算。

注：配筋砌体不得用掺盐砂浆施工。

3.2.5 砌体的弹性模量、线膨胀系数、收缩系数和摩擦系数可分别按表3.2.5-1～表3.2.5-3采用。砌体的剪变模量可按砌体弹性模量的0.4倍采用。

1 砌体的弹性模量，可按表3.2.5-1采用。

表3.2.5-1　砌体的弹性模量（MPa）

砌体种类	砂浆强度等级			
	≥M10	M7.5	M5	M2.5
烧结普通砖、烧结多孔砖砌体	1600f	1600f	1600f	1390f
蒸压灰砂砖、蒸压粉煤灰砖砌体	1060f	1060f	1060f	960f
混凝土砌块砌体	1700f	1600f	1500f	—
粗料石、毛料石、毛石砌体	7300	5650	4000	2250
细料石、半细料石砌体	22000	17000	12000	6750

注：轻骨料混凝土砌块砌体的弹性模量，可按表中混凝土砌块砌体的弹性模量采用。

单排孔且对孔砌筑的混凝土砌块灌孔砌体的弹性模量，应按下列公式计算：

$$E=1700f_g \quad (3.2.5-1)$$

式中 f_g——灌孔砌体的抗压强度设计值。

2 砌体的线膨胀系数和收缩率，可按表3.2.5-2采用。

表3.2.5-2　砌体的线膨胀系数和收缩率

砌体类别	线膨胀系数 $10^{-6}/℃$	收缩率 mm/m
烧结粘土砖砌体	5	-0.1
蒸压灰砂砖、蒸压粉煤灰砖砌体	8	-0.2
混凝土砌块砌体	10	-0.2
轻骨料混凝土砌块砌体	10	-0.3
料石和毛石砌体	8	—

注：表中的收缩率系由达到收缩允许标准的块体砌筑28d的砌体收缩率，当地方有可靠的砌体收缩试验数据时，亦可采用当地的试验数据。

3 砌体的摩擦系数，可按表3.2.5-3采用。

表3.2.5-3　摩擦系数

材料类别	摩擦面情况	
	干燥的	潮湿的
砌体沿砌体或混凝土滑动	0.70	0.60
木材沿砌体滑动	0.60	0.50
钢沿砌体滑动	0.45	0.35
砌体沿砂或卵石滑动	0.60	0.50
砌体沿粉土滑动	0.55	0.40
砌体沿粘性土滑动	0.50	0.30

4 基本设计规定

4.1 设 计 原 则

4.1.1 本规范采用以概率理论为基础的极限状态设计方法，以可靠指标度量结构构件的可靠度，采用分项系数的设计表达式进行计算。

4.1.2 砌体结构应按承载能力极限状态设计，并满足正常使用极限状态的要求。

注：根据砌体结构的特点，砌体结构正常使用极限状态的要求，一般情况下可由相应的构造措施保证。

4.1.3 砌体结构和结构构件在设计使用年限内，在正常维护下，必须保持适合使用，而不需大修加固。设计使用年限可按国家标准《建筑结构可靠度设计统一标准》确定。

4.1.4 根据建筑结构破坏可能产生的后果（危及人的生命、造成经济损失、产生社会影响等）的严重性，建筑结构应按表4.1.4划分为三个安全等级，设计时应根据具体情况适当选用。

表 4.1.4　建筑结构的安全等级

安全等级	破坏后果	建筑物类型
一级	很严重	重要的房屋
二级	严重	一般的房屋
三级	不严重	次要的房屋

注：1 对于特殊的建筑物，其安全等级可根据具体情况另行确定；
　　2 对地震区的砌体结构设计，应按现行国家标准《建筑抗震设防分类标准》GB 50223 根据建筑物重要性区分建筑物类别。

4.1.5 砌体结构按承载能力极限状态设计时，应按下列公式中最不利组合进行计算：

$$\gamma_0 \left(1.2 S_{Gk} + 1.4 S_{Q1k} + \sum_{i=2}^{n} \gamma_{Qi} \psi_{ci} S_{Qik}\right) \leqslant R(f, a_k \cdots)$$
(4.1.5-1)

$$\gamma_0 \left(1.35 S_{Gk} + 1.4 \sum_{i=1}^{n} \psi_{ci} S_{Qik}\right) \leqslant R(f, a_k \cdots)$$
(4.1.5-2)

式中　γ_0——结构重要性系数。对安全等级为一级或设计使用年限为 50 年以上的结构构件，不应小于 1.1；对安全等级为二级或设计使用年限为 50 年的结构构件，不应小于 1.0；对安全等级为三级或设计使用年限为 1～5 年的结构构件，不应小于 0.9；
　　S_{Gk}——永久荷载标准值的效应；
　　S_{Q1k}——在基本组合中起控制作用的一个可变荷载标准值的效应；
　　S_{Qik}——第 i 个可变荷载标准值的效应；
　　$R(\cdot)$——结构构件的抗力函数；
　　γ_{Qi}——第 i 个可变荷载的分项系数；
　　ψ_{ci}——第 i 个可变荷载的组合值系数。一般情况下应取 0.7；对书库、档案库、储藏室或通风机房、电梯机房应取 0.9；
　　f——砌体的强度设计值，$f = f_k/\gamma_f$；
　　f_k——砌体的强度标准值，$f_k = f_m - 1.645\sigma_f$；
　　γ_f——砌体结构的材料性能分项系数，一般情况下，宜按施工控制等级为 B 级考虑，取 $\gamma_f = 1.6$；当为 C 级时，取 $\gamma_f = 1.8$；
　　f_m——砌体的强度平均值；
　　σ_f——砌体强度的标准差；
　　a_k——几何参数标准值。

注：1 当楼面活荷载标准值大于 4kN/m² 时，式中系数 1.4 应为 1.3；
　　2 施工质量控制等级划分要求应符合《砌体工程施工质量验收规范》GB 50203 的规定。

4.1.6 当砌体结构作为一个刚体，需验算整体稳定性时，例如倾覆、滑移、漂浮等，应按下式验算：

$$\gamma_0 \left(1.2 S_{G2k} + 1.4 S_{Q1k} + \sum_{i=2}^{n} S_{Qik}\right) \leqslant 0.8 S_{G1k}$$
(4.1.6)

式中　S_{G1k}——起有利作用的永久荷载标准值的效应；
　　S_{G2k}——起不利作用的永久荷载标准值的效应。

4.2　房屋的静力计算规定

4.2.1 房屋的静力计算，根据房屋的空间工作性能分为刚性方案、刚弹性方案和弹性方案。设计时，可按表 4.2.1 确定静力计算方案。

表 4.2.1　房屋的静力计算方案

	屋盖或楼盖类别	刚性方案	刚弹性方案	弹性方案
1	整体式、装配整体和装配式无檩体系钢筋混凝土屋盖或钢筋混凝土楼盖	$s<32$	$32 \leqslant s \leqslant 72$	$s>72$
2	装配式有檩体系钢筋混凝土屋盖、轻钢屋盖和有密铺望板的木屋盖或木楼盖	$s<20$	$20 \leqslant s \leqslant 48$	$s>48$
3	瓦材屋面的木屋盖和轻钢屋盖	$s<16$	$16 \leqslant s \leqslant 36$	$s>36$

注：1 表中 s 为房屋横墙间距，其长度单位为 m；
　　2 当屋盖、楼盖类别不同或横墙间距不同时，可按第 4.2.7 条的规定确定房屋的静力计算方案；
　　3 对无山墙或伸缩缝处无横墙的房屋，应按弹性方案考虑。

4.2.2 刚性和刚弹性方案房屋的横墙应符合下列要求：

1 横墙中开有洞口时，洞口的水平截面面积不应超过横墙截面面积的 50%；

2 横墙的厚度不宜小于 180mm；

3 单层房屋的横墙长度不宜小于其高度，多层房屋的横墙长度不宜小于 $H/2$（H 为横墙总高度）。

注：1 当横墙不能同时符合上述要求时，应对横墙的刚度进行验算。如其最大水平位移值 $u_{max} \leqslant \dfrac{H}{4000}$ 时，仍可视作刚性或刚弹性方案房屋的横墙；
　　2 凡符合注 1 刚度要求的一段横墙或其他结构构件（如框架等），也可视作刚性或刚弹性方案房屋的横墙。

4.2.3 弹性方案房屋的静力计算，可按屋架或大梁与墙（柱）为铰接的、不考虑空间工作的平面排架或框架计算。

4.2.4 刚弹性方案房屋的静力计算，可按屋架、大梁与墙（柱）铰接并考虑空间工作的平面排架或框架计算。房屋各层的空间性能影响系数，可按表4.2.4采用，其计算方法应按附录C的规定采用。

表4.2.4　房屋各层的空间性能影响系数 η_i

屋盖或楼盖类别	横墙间距s（m）														
	16	20	24	28	32	36	40	44	48	52	56	60	64	68	72
1	—	—	—	—	0.33	0.39	0.45	0.50	0.55	0.60	0.64	0.68	0.71	0.74	0.77
2	—	0.35	0.45	0.54	0.61	0.68	0.73	0.78	0.82	—	—	—	—	—	—
3	0.37	0.49	0.60	0.68	0.75	0.81	—	—	—	—	—	—	—	—	—

注：i 取 1～n，n 为房屋的层数。

4.2.5 刚性方案房屋的静力计算，可按下列规定进行：

1 单层房屋：在荷载作用下，墙、柱可视为上端不动铰支承于屋盖，下端嵌固于基础的竖向构件；

2 多层房屋：在竖向荷载作用下，墙、柱在每层高度范围内，可近似地视作两端铰支的竖向构件；在水平荷载作用下，墙、柱可视作竖向连续梁；

3 对本层的竖向荷载，应考虑对墙、柱的实际偏心影响，当梁支承于墙上时，梁端支承压力 N_l 到墙内边的距离，应取梁端有效支承长度 a_0 的0.4倍（图4.2.5）。由上面楼层传来的荷载 N_u，可视作作用于上一楼层的墙、柱的截面重心处；

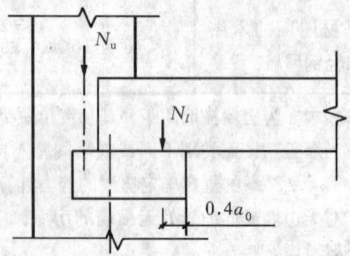

图4.2.5　梁端支承压力位置

4 对于梁跨度大于9m的墙承重的多层房屋，除按上述方法计算墙体承载力外，宜再按梁两端固结计算梁端弯矩，再将其乘以修正系数 γ 后，按墙体线性刚度分到上层墙底部和下层墙顶部，修正系数 γ 可按下式计算：

$$\gamma = 0.2\sqrt{\frac{a}{h}} \quad (4.2.5)$$

式中　a——梁端实际支承长度；

h——支承墙体的墙厚，当上下墙厚不同时取下部墙厚，当有壁柱时取 h_T。

4.2.6 当刚性方案多层房屋的外墙符合下列要求时，静力计算可不考虑风荷载的影响：

1 洞口水平截面面积不超过全截面面积的2/3；

2 层高和总高不超过表4.2.6的规定；

3 屋面自重不小于 $0.8kN/m^2$。

当必须考虑风荷载时，风荷载引起的弯矩 M，可按下式计算：

$$M = \frac{wH_i^2}{12} \quad (4.2.6)$$

式中　w——沿楼层高均布风荷载设计值（kN/m）；

H_i——层高（m）。

表4.2.6　外墙不考虑风荷载影响时的最大高度

基本风压值（kN/m^2）	层　高（m）	总　高（m）
0.4	4.0	28
0.5	4.0	24
0.6	4.0	18
0.7	3.5	18

注：对于多层砌块房屋190mm厚的外墙，当层高不大于2.8m，总高不大于19.6m，基本风压不大于 $0.7kN/m^2$ 时可不考虑风荷载的影响。

4.2.7 计算上柔下刚多层房屋时，顶层可按单层房屋计算，其空间性能影响系数可根据屋盖类别按表4.2.4采用。

4.2.8 带壁柱墙的计算截面翼缘宽度 b_f，可按下列规定采用：

1 多层房屋，当有门窗洞口时，可取窗间墙宽度；当无门窗洞口时，每侧翼墙宽度可取壁柱高度的1/3；

2 单层房屋，可取壁柱宽加2/3墙高，但不大于窗间墙宽度和相邻壁柱间距离；

3 计算带壁柱墙的条形基础时，可取相邻壁柱间的距离。

4.2.9 当转角墙段角部受竖向集中荷载时，计算截面的长度可从角点算起，每侧宜取层高的1/3。当上述墙体范围内有门窗洞口时，则计算截面取至洞边，但不宜大于层高的1/3。当上层的竖向集中荷载传至本层时，可按均布荷载计算，此时转角墙段可按角形截面偏心受压构件进行承载力验算。

5　无筋砌体构件

5.1　受压构件

5.1.1 受压构件的承载力应按下式计算：

$$N \leqslant \varphi f A \quad (5.1.1)$$

式中　N——轴向力设计值；

φ——高厚比 β 和轴向力的偏心距 e 对受压构件承载力的影响系数，可按本规范附录D的规定采用；

f——砌体的抗压强度设计值,应按本规范第 3.2.1 条采用;

A——截面面积,对各类砌体均应按毛截面计算;对带壁柱墙,其翼缘宽度可按本规范第 4.2.8 条采用。

注:对矩形截面构件,当轴向力偏心方向的截面边长大于另一方向的边长时,除按偏心受压计算外,还应对较小边长方向,按轴心受压进行验算。

5.1.2 计算影响系数 φ 或查 φ 表时,构件高厚比 β 应按下列公式确定:

对矩形截面 $\quad \beta = \gamma_\beta \dfrac{H_0}{h}$ (5.1.2-1)

对 T 形截面 $\quad \beta = \gamma_\beta \dfrac{H_0}{h_T}$ (5.1.2-2)

式中 γ_β——不同砌体材料构件的高厚比修正系数,按表 5.1.2 采用;

H_0——受压构件的计算高度,按表 5.1.3 确定;

h——矩形截面轴向力偏心方向的边长,当轴心受压时为截面较小边长;

h_T——T 形截面的折算厚度,可近似按 $3.5i$ 计算;

i——截面回转半径。

表 5.1.2 高厚比修正系数 γ_β

砌体材料类别	γ_β
烧结普通砖、烧结多孔砖	1.0
混凝土及轻骨料混凝土砌块	1.1
蒸压灰砂砖、蒸压粉煤灰砖、细料石、半细料石	1.2
粗料石、毛石	1.5

注:对灌孔混凝土砌块,γ_β 取 1.0。

5.1.3 受压构件的计算高度 H_0,应根据房屋类别和构件支承条件等按表 5.1.3 采用。表中的构件高度 H 应按下列规定采用:

1 在房屋底层,为楼板顶点到构件下端支点的距离。下端支点的位置,可取在基础顶面。当埋置较深且有刚性地坪时,可取室外地面下 500mm 处;

2 在房屋其他层次,为楼板或其他水平支点间的距离;

3 对于无壁柱的山墙,可取层高加山墙尖高度的 1/2;对于带壁柱的山墙可取壁柱处的山墙高度。

表 5.1.3 受压构件的计算高度 H_0

房屋类别			柱		带壁柱墙或周边拉结的墙		
			排架方向	垂直排架方向	$s>2H$	$2H\geqslant s>H$	$s\leqslant H$
有吊车的单层房屋	变截面柱上段	弹性方案	$2.5H_u$	$1.25H_u$	$2.5H_u$		
		刚性、刚弹性方案	$2.0H_u$	$1.25H_u$	$2.0H_u$		
	变截面柱下段		$1.0H_l$	$0.8H_l$	$1.0H_l$		
无吊车的单层和多层房屋	单跨	弹性方案	$1.5H$	$1.0H$	$1.5H$		
		刚弹性方案	$1.2H$	$1.0H$	$1.2H$		
	多跨	弹性方案	$1.25H$	$1.0H$	$1.25H$		
		刚弹性方案	$1.10H$	$1.0H$	$1.1H$		
	刚性方案		$1.0H$	$1.0H$	$1.0H$	$0.4s+0.2H$	$0.6s$

注:**1** 表中 H_u 为变截面柱的上段高度;H_l 为变截面柱的下段高度。

2 对于上端为自由端的构件,$H_0=2H$;

3 独立砖柱,当无柱间支撑时,柱在垂直排架方向的 H_0 应按表中数值乘以 1.25 后采用;

4 s—房屋横墙间距;

5 自承重墙的计算高度应根据周边支承或拉接条件确定。

5.1.4 对有吊车的房屋,当荷载组合不考虑吊车作用时,变截面柱上段的计算高度可按表 5.1.3 规定采用;变截面柱下段的计算高度可按下列规定采用:

1 当 $H_u/H\leqslant 1/3$ 时,取无吊车房屋的 H_0;

2 当 $1/3<H_u/H<1/2$ 时,取无吊车房屋的 H_0 乘以修正系数 μ。

$$\mu = 1.3 - 0.3 I_u/I_l$$

I_u 为变截面柱上段的惯性矩,I_l 为变截面柱下段的惯性矩;

3 当 $H_u/H\geqslant 1/2$ 时,取无吊车房屋的 H_0。但在确定 β 值时,应采用上柱截面。

注:本条规定也适用于无吊车房屋的变截面柱。

5.1.5 轴向力的偏心距 e 按内力设计值计算,并不应超过 $0.6y$。y 为截面重心到轴向力所在偏心方向截面边缘的距离。

5.2 局部受压

5.2.1 砌体截面中受局部均匀压力时的承载力应按下式计算:

$$N_l \leqslant \gamma f A_l \quad (5.2.1)$$

式中 N_l——局部受压面积上的轴向力设计值;

γ——砌体局部抗压强度提高系数;

f——砌体的抗压强度设计值,可不考虑强度调整系数 γ_a 的影响;

A_l——局部受压面积。

5.2.2 砌体局部抗压强度提高系数 γ,应符合下列规定:

1 γ 可按下式计算:

$$\gamma = 1 + 0.35\sqrt{\dfrac{A_0}{A_l}-1} \quad (5.2.2)$$

式中 A_0——影响砌体局部抗压强度的计算面积。

2 计算所得 γ 值,尚应符合下列规定:

1) 在图 5.2.2a 的情况下,$\gamma \leqslant 2.5$;

2) 在图 5.2.2b 的情况下,$\gamma \leqslant 2.0$;

3) 在图5.2.2c的情况下，γ≤1.5；
4) 在图5.2.2d的情况下，γ≤1.25；
5) 对多孔砖砌体和按本规范第6.2.13条的要求灌孔的砌块砌体，在1）、2）、3）款的情况下，尚应符合γ≤1.5。未灌孔混凝土砌块砌体，γ=1.0。

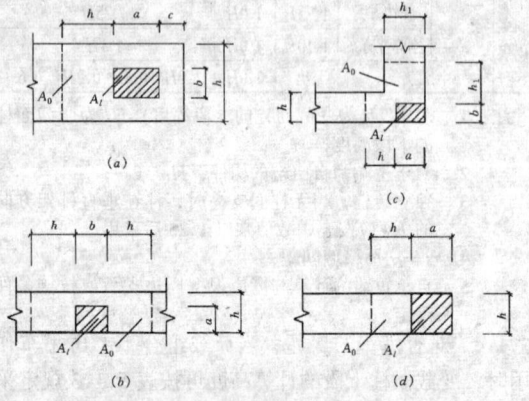

图5.2.2 影响局部抗压强度的面积 A_0

5.2.3 影响砌体局部抗压强度的计算面积可按下列规定采用：

1 在图5.2.2a的情况下，$A_0 = (a+c+h)h$

2 在图5.2.2b的情况下，$A_0 = (b+2h)h$

3 在图5.2.2c的情况下，$A_0 = (a+h)h + (b+h_1-h)h_1$

4 在图5.2.2d的情况下，$A_0 = (a+h)h$

式中 a、b——矩形局部受压面积 A_l 的边长；
h、h_1——墙厚或柱的较小边长，墙厚；
c——矩形局部受压面积的外边缘至构件边缘的较小距离，当大于 h 时，应取为 h。

5.2.4 梁端支承处砌体的局部受压承载力应按下列公式计算：

$$\psi N_0 + N_l \leqslant \eta\gamma f A_l \quad (5.2.4-1)$$

$$\psi = 1.5 - 0.5\frac{A_0}{A_l} \quad (5.2.4-2)$$

$$N_0 = \sigma_0 A_l \quad (5.2.4-3)$$

$$A_l = a_0 b \quad (5.2.4-4)$$

$$a_0 = 10\sqrt{\frac{h_c}{f}} \quad (5.2.4-5)$$

式中 ψ——上部荷载的折减系数，当 A_0/A_l 大于等于3时，应取 ψ 等于0；
N_0——局部受压面积内上部轴向力设计值（N）；
N_l——梁端支承压力设计值（N）；
σ_0——上部平均压应力设计值（N/mm²）；
η——梁端底面压应力图形的完整系数，可取0.7，对于过梁和墙梁可取1.0；
a_0——梁端有效支承长度（mm），当 a_0 大于 a 时，应取 a_0 等于 a；
a——梁端实际支承长度（mm）；
b——梁的截面宽度（mm）；
h_c——梁的截面高度（mm）；
f——砌体的抗压强度设计值（MPa）。

5.2.5 在梁端设有刚性垫块的砌体局部受压应符合下列规定：

1 刚性垫块下的砌体局部受压承载力应按下列公式计算：

$$N_0 + N_l \leqslant \varphi\gamma_1 f A_b \quad (5.2.5-1)$$

$$N_0 = \sigma_0 A_b \quad (5.2.5-2)$$

$$A_b = a_b b_b \quad (5.2.5-3)$$

式中 N_0——垫块面积 A_b 内上部轴向力设计值（N）；
φ——垫块上 N_0 及 N_l 合力的影响系数，应采用5.1.1当 β 小于等于3时的 φ 值；
γ_1——垫块外砌体面积的有利影响系数，γ_1 应为 0.8γ，但不小于1.0。γ 为砌体局部抗压强度提高系数，按公式（5.2.2）以 A_b 代替 A_l 计算得出；
A_b——垫块面积（mm²）；
a_b——垫块伸入墙内的长度（mm）；
b_b——垫块的宽度（mm）。

2 刚性垫块的构造应符合下列规定：
1) 刚性垫块的高度不宜小于180mm，自梁边算起的垫块挑出长度不宜大于垫块高度 t_b；
2) 在带壁柱墙的壁柱内设刚性垫块时（图5.2.5），其计算面积应取壁柱范围内的面积，而不应计算翼缘部分，同时壁柱上垫块伸入翼墙内的长度不应小于120mm；
3) 当现浇垫块与梁端整体浇筑时，垫块可在梁高范围内设置。

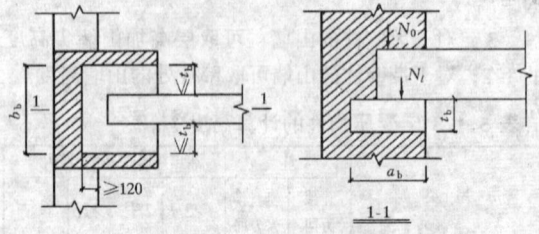

图5.2.5 壁柱上设有垫块时梁端局部受压

3 梁端设有刚性垫块时，梁端有效支承长度 a_0 应按下式确定：

$$a_0 = \delta_1 \sqrt{\frac{h}{f}} \quad (5.2.5\text{-}4)$$

式中 δ_1——刚性垫块的影响系数,可按表5.2.5采用。

垫块上 N_l 作用点的位置可取 $0.4a_0$ 处。

表 5.2.5 系数 δ_1 值表

σ_0/f	0	0.2	0.4	0.6	0.8
δ_1	5.4	5.7	6.0	6.9	7.8

注：表中其间的数值可采用插入法求得。

5.2.6 梁下设有长度大于 πh_0 的垫梁下的砌体局部受压承载力应按下列公式计算：

$$N_0 + N_l \leq 2.4\delta_2 f b_b h_0 \quad (5.2.6\text{-}1)$$
$$N_0 = \pi b_b h_0 \sigma_0 / 2 \quad (5.2.6\text{-}2)$$
$$h_0 = 2\sqrt[3]{\frac{E_b I_b}{Eh}} \quad (5.2.6\text{-}3)$$

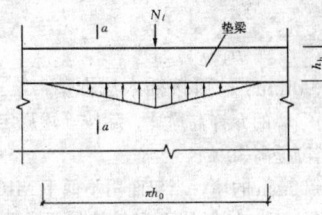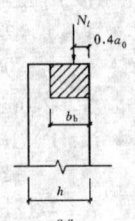

图 5.2.6 垫梁局部受压

式中 N_0——垫梁上部轴向力设计值(N);
b_b——垫梁在墙厚方向的宽度(mm);
δ_2——当荷载沿墙厚方向均匀分布时 δ_2 取1.0,不均匀时 δ_2 可取0.8;
h_0——垫梁折算高度(mm);
E_b、I_b——分别为垫梁的混凝土弹性模量和截面惯性矩;
h_b——垫梁的高度(mm);
E——砌体的弹性模量;
h——墙厚(mm)。

垫梁上梁端有效支承长度 a_0 可按公式(5.2.5-4)计算。

5.3 轴心受拉构件

5.3.1 轴心受拉构件的承载力应按下式计算：
$$N_t \leq f_t A \quad (5.3.1)$$
式中 N_t——轴心拉力设计值;
f_t——砌体的轴心抗拉强度设计值,应按表3.2.2采用。

5.4 受弯构件

5.4.1 受弯构件的承载力应按下式计算：
$$M \leq f_{tm} W \quad (5.4.1)$$

式中 M——弯矩设计值;
f_{tm}——砌体弯曲抗拉强度设计值,应按表3.2.2采用;
W——截面抵抗矩。

5.4.2 受弯构件的受剪承载力,应按下列公式计算：
$$V \leq f_v b z \quad (5.4.2\text{-}1)$$
$$z = I/S \quad (5.4.2\text{-}2)$$

式中 V——剪力设计值;
f_v——砌体的抗剪强度设计值,应按表3.2.2采用;
b——截面宽度;
z——内力臂,当截面为矩形时取 z 等于 $2h/3$;
I——截面惯性矩;
S——截面面积矩;
h——截面高度。

5.5 受剪构件

5.5.1 沿通缝或沿阶梯形截面破坏时受剪构件的承载力应按下列公式计算：
$$V \leq (f_v + \alpha\mu\sigma_0)A \quad (5.5.1\text{-}1)$$

当 $\gamma_G = 1.2$ 时 $\mu = 0.26 - 0.082\dfrac{\sigma_0}{f}$ (5.5.1-2)

当 $\gamma_G = 1.35$ 时 $\mu = 0.23 - 0.065\dfrac{\sigma_0}{f}$ (5.5.1-3)

式中 V——截面剪力设计值;
A——水平截面面积。当有孔洞时,取净截面面积;
f_v——砌体抗剪强度设计值,对灌孔的混凝土砌块砌体取 f_{vG};
α——修正系数。
当 $\gamma_G = 1.2$ 时,砖砌体取0.60,混凝土砌块砌体取0.64;
当 $\gamma_G = 1.35$ 时,砖砌体取0.64,混凝土砌块砌体取0.66;
μ——剪压复合受力影响系数,α 与 μ 的乘积可查表5.5.1;
σ_0——永久荷载设计值产生的水平截面平均压应力;
f——砌体的抗压强度设计值;
σ_0/f——轴压比,且不大于0.8。

表 5.5.1 当 $\gamma_G = 1.2$ 及 $\gamma_G = 1.35$ 时 $\alpha\mu$ 值

γ_G	σ_0/f	0.1	0.2	0.3	0.4	0.5	0.6	0.7	0.8
1.2	砖砌体	0.15	0.15	0.14	0.14	0.13	0.13	0.12	0.12
	砌块砌体	0.16	0.16	0.15	0.15	0.14	0.13	0.13	0.12
1.35	砖砌体	0.14	0.14	0.13	0.13	0.13	0.12	0.12	0.11
	砌块砌体	0.15	0.14	0.14	0.13	0.13	0.12	0.12	0.12

6 构造要求

6.1 墙、柱的允许高厚比

6.1.1 墙、柱的高厚比应按下式验算：

$$\beta = \frac{H_0}{h} \leq \mu_1 \mu_2 [\beta] \qquad (6.1.1)$$

式中 H_0——墙、柱的计算高度，应按第5.1.3条采用；

h——墙厚或矩形柱与 H_0 相对应的边长；

μ_1——自承重墙允许高厚比的修正系数；

μ_2——有门窗洞口墙允许高厚比的修正系数；

$[\beta]$——墙、柱的允许高厚比，应按表6.1.1采用。

注：1 当与墙连接的相邻两横墙间的距离 $s \leq \mu_1 \mu_2 [\beta] h$ 时，墙的高度可不受本条限制；

2 变截面柱的高厚比可按上、下截面分别验算，其计算高度可按第5.1.4条的规定采用。验算上柱的高厚比时，墙、柱的允许高厚比可按表6.1.1的数值乘以1.3后采用。

表6.1.1 墙、柱的允许高厚比 $[\beta]$ 值

砂浆强度等级	墙	柱
M2.5	22	15
M5.0	24	16
≥M7.5	26	17

注：1 毛石墙、柱允许高厚比应按表中数值降低20%；

2 组合砖砌体构件的允许高厚比，可按表中数值提高20%，但不得大于28；

3 验算施工阶段砂浆尚未硬化的新砌砌体高厚比时，允许高厚比对墙取14，对柱取11。

6.1.2 带壁柱墙和带构造柱墙的高厚比验算，应按下列规定进行：

1 按公式（6.1.1）验算带壁柱墙的高厚比，此时公式中 h 应改用带壁柱墙截面的折算厚度 h_T，在确定截面回转半径时，墙截面的翼缘宽度，可按第4.2.8条的规定采用；当确定带壁柱墙的计算高度 H_0 时，s 应取相邻横墙间的距离。

2 当构造柱截面宽度不小于墙厚时，可按公式（6.1.1）验算带构造柱墙的高厚比，此时公式中 h 取墙厚；当确定墙的计算高度时，s 应取相邻横墙间的距离；墙的允许高厚比 $[\beta]$ 可乘以提高系数 μ_c：

$$\mu_c = 1 + \gamma \frac{b_c}{l} \qquad (6.1.2)$$

式中 γ——系数。对细料石、半细料石砌体，$\gamma=0$；对混凝土砌块、粗料石、毛料石及毛石

砌体，$\gamma=1.0$；其他砌体，$\gamma=1.5$；

b_c——构造柱沿墙长方向的宽度；

l——构造柱的间距。

当 $b_c/l > 0.25$ 时取 $b_c/l = 0.25$，当 $b_c/l < 0.05$ 时取 $b_c/l = 0$。

注：考虑构造柱有利作用的高厚比验算不适用于施工阶段。

3 按公式（6.1.1）验算壁柱间墙或构造柱间墙的高厚比，此时 s 应取相邻壁柱间或相邻构造柱间的距离。设有钢筋混凝土圈梁的带壁柱墙或带构造柱墙，当 $b/s \geq 1/30$ 时，圈梁可视作壁柱间墙或构造柱间墙的不动铰支点（b 为圈梁宽度）。如不允许增加圈梁宽度，可按墙体平面外等刚度原则增加圈梁高度，以满足壁柱间墙或构造柱间墙不动铰支点的要求。

6.1.3 厚度 $h \leq 240mm$ 的自承重墙，允许高厚比修正系数 μ_1 应按下列规定采用：

1 $h = 240mm$ $\mu_1 = 1.2$

2 $h = 90mm$ $\mu_1 = 1.5$

3 $240mm > h > 90mm$ μ_1 可按插入法取值。

注：1 上端为自由端墙的允许高厚比，除按上述规定提高外，尚可提高30%；

2 对厚度小于90mm的墙，当双面用不低于M10的水泥砂浆抹面，包括抹面层的墙厚不小于90mm时，可按墙厚等于90mm验算高厚比。

6.1.4 对有门窗洞口的墙，允许高厚比修正系数 μ_2 应按下式计算：

$$\mu_2 = 1 - 0.4 \frac{b_s}{s} \qquad (6.1.4)$$

式中 b_s——在宽度 s 范围内的门窗洞口总宽度；

s——相邻窗间墙或壁柱之间的距离。

当按公式（6.1.4）算得 μ_2 的值小于0.7时，应采用0.7。当洞口高度等于或小于墙高的1/5时，可取 μ_2 等于1.0。

6.2 一般构造要求

6.2.1 五层及五层以上房屋的墙，以及受振动或层高大于6m的墙、柱所用材料的最低强度等级，应符合下列要求：

1 砖采用MU10；

2 砌块采用MU7.5；

3 石材采用MU30；

4 砂浆采用M5。

注：对安全等级为一级或设计使用年限大于50年的房屋，墙、柱所用材料的最低强度等级应至少提高一级。

6.2.2 地面以下或防潮层以下的砌体、潮湿房间的墙，所用材料的最低强度等级应符合表6.2.2的要求。

表 6.2.2 地面以下或防潮层以下的
砌体、潮湿房间墙所用材料的最低强度等级

基土的潮湿程度	烧结普通砖、蒸压灰砂砖		混凝土砌块	石材	水泥砂浆
	严寒地区	一般地区			
稍潮湿的	MU10	MU10	MU7.5	MU30	M5
很潮湿的	MU15	MU10	MU7.5	MU30	M7.5
含水饱和的	MU20	MU15	MU10	MU40	M10

注：1 在冻胀地区，地面以下或防潮层以下的砌体，不宜采用多孔砖，如采用时，其孔洞应用水泥砂浆灌实。当采用混凝土砌块砌体时，其孔洞应采用强度等级不低于 Cb20 的混凝土灌实；
2 对安全等级为一级或设计使用年限大于 50 年的房屋，表中材料强度等级应至少提高一级。

6.2.3 承重的独立砖柱截面尺寸不应小于 240mm×370mm。毛石墙的厚度不宜小于 350mm，毛料石柱较小边长不宜小于 400mm。

注：当有振动荷载时，墙、柱不宜采用毛石砌体。

6.2.4 跨度大于 6m 的屋架和跨度大于下列数值的梁，应在支承处砌体上设置混凝土或钢筋混凝土垫块；当墙中设有圈梁时，垫块与圈梁宜浇成整体。
1 对砖砌体为 4.8m；
2 对砌块和料石砌体为 4.2m；
3 对毛石砌体为 3.9m。

6.2.5 当梁跨度大于或等于下列数值时，其支承处宜加设壁柱，或采取其他加强措施：
1 对 240mm 厚的砖墙为 6m，对 180mm 厚的砖墙为 4.8m；
2 对砌块、料石墙为 4.8m。

6.2.6 预制钢筋混凝土板的支承长度，在墙上不宜小于 100mm；在钢筋混凝土圈梁上不宜小于 80mm；当利用板端伸出钢筋拉结和混凝土灌缝时，其支承长度可为 40mm，但板端缝宽不小于 80mm，灌缝混凝土不宜低于 C20。

6.2.7 支承在墙、柱上的吊车梁、屋架及跨度大于或等于下列数值的预制梁的端部，应采用锚固件与墙、柱上的垫块锚固：
1 对砖砌体为 9m；
2 对砌块和料石砌体为 7.2m。

6.2.8 填充墙、隔墙应分别采取措施与周边构件可靠连接。

6.2.9 山墙处的壁柱宜砌至山墙顶部，屋面构件应与山墙可靠拉结。

6.2.10 砌块砌体应分皮错缝搭砌，上下皮搭砌长度不得小于 90mm。当搭砌长度不满足上述要求时，应在水平灰缝内设置不少于 2φ4 的焊接钢筋网片（横向钢筋的间距不宜大于 200mm），网片每端均应超过该垂直缝，其长度不得小于 300mm。

6.2.11 砌块墙与后砌隔墙交接处，应沿墙高每 400mm 在水平灰缝内设置不少于 2φ4、横筋间距不大于 200mm 的焊接钢筋网片（图 6.2.11）。

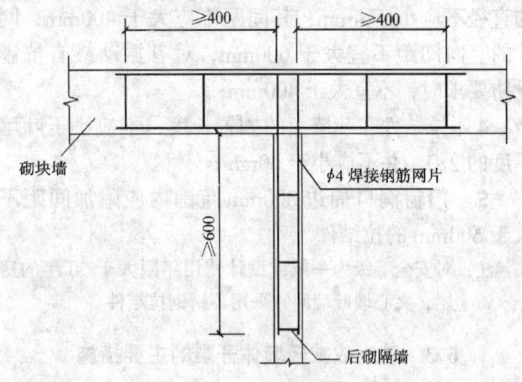

图 6.2.11 砌块墙与后砌隔墙交接处钢筋网片

6.2.12 混凝土砌块房屋，宜将纵横墙交接处、距墙中心线每边不小于 300mm 范围内的孔洞，采用不低于 Cb20 灌孔混凝土灌实，灌实高度应为墙身全高。

6.2.13 混凝土砌块墙体的下列部位，如未设圈梁或混凝土垫块，应采用不低于 Cb20 灌孔混凝土将孔洞灌实：
1 搁栅、檩条和钢筋混凝土楼板的支承面下，高度不应小于 200mm 的砌体；
2 屋架、梁等构件的支承面下，高度不应小于 600mm，长度不应小于 600mm 的砌体；
3 挑梁支承面下，距墙中心线每边不应小于 300mm，高度不应小于 600mm 的砌体。

6.2.14 在砌体中留槽洞及埋设管道时，应遵守下列规定：
1 不应在截面长边小于 500mm 的承重墙体、独立柱内埋设管线；
2 不宜在墙体中穿行暗线或预留、开凿沟槽，无法避免时应采取必要的措施或按削弱后的截面验算墙体的承载力。

注：对受力较小或未灌孔的砌块砌体，允许在墙体的竖向孔洞中设置管线。

6.2.15 夹心墙应符合下列规定：
1 混凝土砌块的强度等级不应低于 MU10；
2 夹心墙的夹层厚度不宜大于 100mm；
3 夹心墙外叶墙的最大横向支承间距不宜大于 9m。

6.2.16 夹心墙叶墙间的连接应符合下列规定：
1 叶墙应用经防腐处理的拉结件或钢筋网片连接；
2 当采用环形拉结件时，钢筋直径不应小于 4mm，当为 Z 形拉结件时，钢筋直径不应小于 6mm。拉结件应沿竖向梅花型布置，拉结件的水平和竖向最大间距分别不宜大于 800mm 和 600mm；对有振动或

有抗震设防要求时,其水平和竖向最大间距分别不宜大于800mm和400mm;

3 当采用钢筋网片作拉结件时,网片横向钢筋的直径不应小于4mm,其间距不应大于400mm;网片的竖向间距不宜大于600mm,对有振动或有抗震设防要求时,不宜大于400mm;

4 拉结件在叶墙上的搁置长度,不应小于叶墙厚度的2/3,并不应小于60mm;

5 门窗洞口周边300mm范围内应附加间距不大于600mm的拉结件。

注:对安全等级为一级或设计使用年限大于50年的房屋,夹心墙叶墙间宜采用不锈钢拉结件。

6.3 防止或减轻墙体开裂的主要措施

6.3.1 为了防止或减轻房屋在正常使用条件下,由温差和砌体干缩引起的墙体竖向裂缝,应在墙体中设置伸缩缝。伸缩缝应设在因温度和收缩变形可能引起应力集中、砌体产生裂缝可能性最大的地方。伸缩缝的间距可按表6.3.1采用。

表6.3.1 砌体房屋伸缩缝的最大间距(m)

屋盖或楼盖类别		间距
整体式或装配整体式钢筋混凝土结构	有保温层或隔热层的屋盖、楼盖	50
	无保温层或隔热层的屋盖	40
装配式无檩体系钢筋混凝土结构	有保温层或隔热层的屋盖、楼盖	60
	无保温层或隔热层的屋盖	50
装配式有檩体系钢筋混凝土结构	有保温层或隔热层的屋盖	75
	无保温层或隔热层的屋盖	60
瓦材屋盖、木屋盖或楼盖、轻钢屋盖		100

注:
1 对烧结普通砖、多孔砖、配筋砌块砌体房屋取表中数值;对石砌体、蒸压灰砂砖、蒸压粉煤灰砖和混凝土砌块房屋取表中数值乘以0.8的系数。当有实践经验并采取有效措施时,可不遵守本表规定;
2 在钢筋混凝土屋面上挂瓦的屋盖应按钢筋混凝土屋盖采用;
3 按本表设置的墙体伸缩缝,一般不能同时防止由于钢筋混凝土屋盖的温度变形和砌体干缩变形引起的墙体局部裂缝;
4 层高大于5m的烧结普通砖、多孔砖、配筋砌块砌体结构单层房屋,其伸缩缝间距可按表中数值乘以1.3;
5 温差较大且变化频繁地区和严寒地区不采暖的房屋及构筑物墙体的伸缩缝的最大间距,应按表中数值予以适当减小;
6 墙体的伸缩缝应与结构的其他变形缝相重合,在进行立面处理时,必须保证缝隙的伸缩作用。

6.3.2 为了防止或减轻房屋顶层墙体的裂缝,可根据情况采取下列措施:

1 屋面应设置保温、隔热层;

2 屋面保温(隔热)层或屋面刚性面层及砂浆找平层应设置分隔缝,分隔缝间距不宜大于6m,并与女儿墙隔开,其缝宽不小于30mm;

3 采用装配式有檩体系钢筋混凝土屋盖和瓦材屋盖;

4 在钢筋混凝土屋面板与墙体圈梁的接触面处设置水平滑动层,滑动层可采用两层油毡夹滑石粉或橡胶片等;对于长纵墙,可只在其两端的2~3个开间内设置,对于横墙可只在其两端各l/4范围内设置(l为横墙长度);

5 顶层屋面板下设置现浇钢筋混凝土圈梁,并沿内外墙拉通,房屋两端圈梁下的墙体内宜适当设置水平钢筋;

6 顶层挑梁末端下墙体灰缝内设置3道焊接钢筋网片(纵向钢筋不宜少于2φ4,横筋间距不宜大于200mm)或2φ6钢筋,钢筋网片或钢筋应自挑梁末端伸入两边墙体不小于1m(图6.3.2);

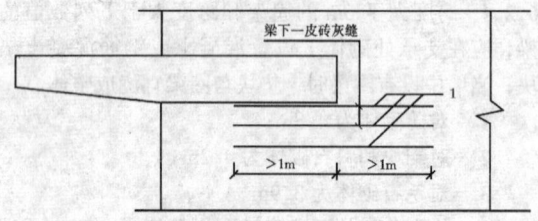

图6.3.2 顶层挑梁末端钢筋网片或钢筋
1—2φ4钢筋网片或2φ6钢筋

7 顶层墙体有门窗等洞口时,在过梁上的水平灰缝内设置2~3道焊接钢筋网片或2φ6钢筋,并应伸入过梁两端墙内不小于600mm;

8 顶层及女儿墙砂浆强度等级不低于M5;

9 女儿墙应设置构造柱,构造柱间距不宜大于4m,构造柱应伸至女儿墙顶并与现浇钢筋混凝土压顶整浇在一起;

10 房屋顶层端部墙体内适当增设构造柱。

6.3.3 为防止或减轻房屋底层墙体裂缝,可根据情况采取下列措施:

1 增大基础圈梁的刚度;

2 在底层的窗台下墙体灰缝内设置3道焊接钢筋网片或2φ6钢筋,并伸入两边窗间墙内不小于600mm;

3 采用钢筋混凝土窗台板,窗台板嵌入窗间墙内不小于600mm。

6.3.4 墙体转角处和纵横墙交接处宜沿竖向每隔400~500mm设拉结钢筋,其数量为每120mm墙厚不少于1φ6或焊接钢筋网片,埋入长度从墙的转角或交接处算起,每边不小于600mm。

6.3.5 对灰砂砖、粉煤灰砖、混凝土砌块或其他非烧结砖，宜在各层门、窗过梁上方的水平灰缝内及窗台下第一和第二道水平灰缝内设置焊接钢筋网片或$2\phi6$钢筋，焊接钢筋网片或钢筋应伸入两边窗间墙内不小于600mm。

当灰砂砖、粉煤灰砖、混凝土砌块或其他非烧结砖实体墙长大于5m时，宜在每层墙高度中部设置2～3道焊接钢筋网片或$3\phi6$的通长水平钢筋，竖向间距宜为500mm。

6.3.6 为防止或减轻混凝土砌块房屋顶层两端和底层第一、第二开间门窗洞处的裂缝，可采用下列措施：

1 在门窗洞口两侧不少于一个孔洞中设置不小于$1\phi12$钢筋，钢筋应在楼层圈梁或基础锚固，并采用不低于Cb20灌孔混凝土灌实；

2 在门窗洞口两边的墙体的水平灰缝中，设置长度不小于900mm、竖向间距为400mm的$2\phi4$焊接钢筋网片；

3 在顶层和底层设置通长钢筋混凝土窗台梁，窗台梁的高度宜为块高的模数，纵筋不少于$4\phi10$、箍筋$\phi6@200$，Cb20混凝土。

6.3.7 当房屋刚度较大时，可在窗台下或窗台角处墙体内设置竖向控制缝。在墙体高度或厚度突然变化处也宜设置竖向控制缝，或采取其他可靠的防裂措施。竖向控制缝的构造和嵌缝材料应能满足墙体平面外传力和防护的要求。

6.3.8 灰砂砖、粉煤灰砖砌体宜采用粘结性好的砂浆砌筑，混凝土砌块砌体应采用砌块专用砂浆砌筑。

6.3.9 对防裂要求较高的墙体，可根据情况采取专门措施。

7 圈梁、过梁、墙梁及挑梁

7.1 圈 梁

7.1.1 为增强房屋的整体刚度，防止由于地基的不均匀沉降或较大振动荷载等对房屋引起的不利影响，可按本节规定，在墙中设置现浇钢筋混凝土圈梁。

7.1.2 车间、仓库、食堂等空旷的单层房屋应按下列规定设置圈梁：

1 砖砌体房屋，檐口标高为5～8m时，应在檐口标高处设置圈梁一道，檐口标高大于8m时，应增加设置数量；

2 砌块及料石砌体房屋，檐口标高为4～5m时，应在檐口标高处设置圈梁一道，檐口标高大于5m时，应增加设置数量。

对有吊车或较大振动设备的单层工业房屋，除在檐口或窗顶标高处设置现浇钢筋混凝土圈梁外，尚应增加设置数量。

7.1.3 宿舍、办公楼等多层砌体民用房屋，且层数为3～4层时，应在檐口标高处设置圈梁一道。当层数超过4层时，应在所有纵横墙上隔层设置。

多层砌体工业房屋，应每层设置现浇钢筋混凝土圈梁。

设置墙梁的多层砌体房屋应在托梁、墙梁顶面和檐口标高处设置现浇钢筋混凝土圈梁，其他楼层处应在所有纵横墙上每层设置。

7.1.4 建筑在软弱地基或不均匀地基上的砌体房屋，除按本节规定设置圈梁外，尚应符合现行国家标准《建筑地基基础设计规范》GB 50007 的有关规定。

7.1.5 圈梁应符合下列构造要求：

1 圈梁宜连续地设在同一水平面上，并形成封闭状；当圈梁被门窗洞口截断时，应在洞口上部增设相同截面的附加圈梁。附加圈梁与圈梁的搭接长度不应小于其中到中垂直间距的二倍，且不得小于1m；

2 纵横墙交接处的圈梁应有可靠的连接。刚弹性和弹性方案房屋，圈梁应与屋架、大梁等构件可靠连接；

3 钢筋混凝土圈梁的宽度宜与墙厚相同，当墙厚$h \geqslant 240mm$时，其宽度不宜小于$2h/3$。圈梁高度不应小于120mm。纵向钢筋不应少于$4\phi10$，绑扎接头的搭接长度按受拉钢筋考虑，箍筋间距不应大于300mm；

4 圈梁兼作过梁时，过梁部分的钢筋应按计算用量另行增配。

7.1.6 采用现浇钢筋混凝土楼（屋）盖的多层砌体结构房屋，当层数超过5层时，除在檐口标高处设置一道圈梁外，可隔层设置圈梁，并与楼（屋）面板一起现浇。未设置圈梁的楼面板嵌入墙内的长度不应小于120mm，并沿墙长配置不少于$2\phi10$的纵向钢筋。

7.2 过 梁

7.2.1 砖砌过梁的跨度，不应超过下列规定：

钢筋砖过梁为1.5m；

砖砌平拱为1.2m。

对有较大振动荷载或可能产生不均匀沉降的房屋，应采用钢筋混凝土过梁。

7.2.2 过梁的荷载，应按下列规定采用：

1 梁、板荷载

对砖和小型砌块砌体，当梁、板下的墙体高度$h_w < l_n$时（l_n为过梁的净跨），应计入梁、板传来的荷载。当梁、板下的墙体高度$h_w \geqslant l_n$时，可不考虑梁、板荷载。

2 墙体荷载

1）对砖砌体，当过梁上的墙体高度$h_w < l_n/3$时，应按墙体的均布自重采用。当墙体高度$h_w \geqslant l_n/3$时，应按高度为$l_n/3$墙体的均布自重采用；

2）对混凝土砌块砌体，当过梁上的墙体高度$h_w < l_n/2$时，应按墙体的均布自重采用。

当墙体高度 $h_w \geqslant l_n/2$ 时,应按高度为 $l_n/2$ 墙体的均布自重采用。

7.2.3 过梁的计算,宜符合下列规定:

1 砖砌平拱

砖砌平拱受弯和受剪承载力,可按第5.4.1条和5.4.2条的公式并采用沿齿缝截面的弯曲抗拉强度或抗剪强度设计值进行计算;

2 钢筋砖过梁

1)受弯承载力可按下式计算:
$$M \leqslant 0.85 h_0 f_y A_s \qquad (7.2.3)$$

式中 M——按简支梁计算的跨中弯矩设计值;
f_y——钢筋的抗拉强度设计值;
A_s——受拉钢筋的截面面积;
h_0——过梁截面的有效高度,$h_0 = h - a_s$;
a_s——受拉钢筋重心至截面下边缘的距离;
h——过梁的截面计算高度,取过梁底面以上的墙体高度,但不大于 $l_n/3$;当考虑梁、板传来的荷载时,则按梁、板下的高度采用。

2)受剪承载力可按第5.4.2条计算;

3)钢筋混凝土过梁,应按钢筋混凝土受弯构件计算。验算过梁下砌体局部受压承载力时,可不考虑上层荷载的影响。

7.2.4 砖砌过梁的构造要求应符合下列规定:

1 砖砌过梁截面计算高度内的砂浆不宜低于M5;

2 砖砌平拱用竖砖砌筑部分的高度不应小于240mm;

3 钢筋砖过梁底面砂浆层处的钢筋,其直径不应小于5mm,间距不宜大于120mm,钢筋伸入支座砌体内的长度不宜小于240mm,砂浆层的厚度不宜小于30mm。

7.3 墙 梁

7.3.1 墙梁包括简支墙梁、连续墙梁和框支墙梁。可划分为承重墙梁和自承重墙梁。

7.3.2 采用烧结普通砖和烧结多孔砖砌体和配筋砌体的墙梁设计应符合表7.3.2的规定。墙梁计算高度范围内每跨允许设置一个洞口;洞口边至支座中心的距离 a_i,距边支座不应小于 $0.15l_{0i}$,距中支座不应小于 $0.07l_{0i}$。对多层房屋的墙梁,各层洞口宜设置在相同位置,并宜上、下对齐。

表 7.3.2 墙梁的一般规定

墙梁类别	墙体总高度(m)	跨度(m)	墙高 h_w/l_{0i}	托梁高 h_b/l_{0i}	洞宽 b_h/l_{0i}	洞高 h_h
承重墙梁	≤18	≤9	≥0.4	≥1/10	≤0.3	≤$5h_w/6$ 且 $h_w - h_h$ ≥0.4m

续表

墙梁类别	墙体总高度(m)	跨度(m)	墙高 h_w/l_{0i}	托梁高 h_b/l_{0i}	洞宽 b_h/l_{0i}	洞高 h_h
自承重墙梁	≤18	≤12	≥1/3	≥1/15	≤0.8	

注:1 采用混凝土小型砌块砌体的墙梁可参照使用;
2 墙体总高度指托梁顶面到檐口的高度,带阁楼的坡屋面应算至山尖墙1/2高度处;
3 对自承重墙梁,洞口至边支座中心的距离不宜小于 $0.1l_{0i}$,门窗洞上口至墙顶的距离不应小于0.5m;
4 h_w——墙体计算高度,按本规范第7.3.3条取用;
h_b——托梁截面高度;
l_{0i}——墙梁计算跨度,按本规范第7.3.3条取用;
b_h——洞口宽度;
h_h——洞口高度,对窗洞取洞顶至托梁顶面距离。

7.3.3 墙梁的计算简图应按图7.3.3采用。各计算参数应按下列规定取用:

1)墙梁计算跨度 l_0(l_{0i}),对简支墙梁和连续墙梁取 $1.1l_n$($1.1l_{ni}$)或 l_c(l_{ci})两者的较小值;l_n(l_{ni})为净跨,l_c(l_{ci})为支座中心线距离。对框支墙梁,取框架柱中心线间的距离 l_c(l_{ci});

2)墙体计算高度 h_w,取托梁顶面上一层墙体高度,当 $h_w > l_0$ 时,取 $h_w = l_0$(对连续墙梁和多跨框支墙梁,l_0 取各跨的平均值);

3)墙梁跨中截面计算高度 H_0,取 $H_0 = h_w + 0.5h_b$;

4)翼墙计算宽度 b_f,取窗间墙宽度或横墙间距的2/3,且每边不大于3.5h(h 为墙体厚度)和 $l_0/6$;

5)框架柱计算高度 H_c,取 $H_c = H_{cn} + 0.5h_b$;H_{cn} 为框架柱的净高,取基础顶面至托梁底面的距离。

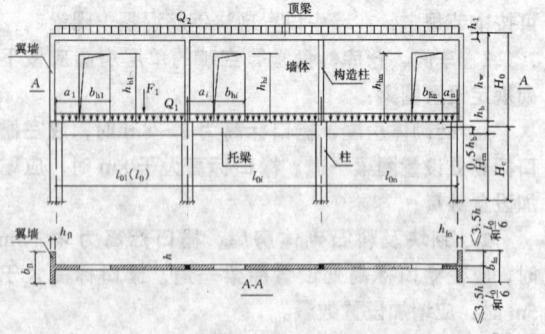

图 7.3.3 墙梁的计算简图

7.3.4 墙梁的计算荷载,应按下列规定采用:

1 使用阶段墙梁上的荷载

1)承重墙梁

(1) 托梁顶面的荷载设计值 Q_1、F_1，取托梁自重及本层楼盖的恒荷载和活荷载；

(2) 墙梁顶面的荷载设计值 Q_2，取托梁以上各层墙体自重，以及墙梁顶面以上各层楼（屋）盖的恒荷载和活荷载；集中荷载可沿作用的跨度近似化为均布荷载。

3) 自承重墙梁

墙梁顶面的荷载设计值 Q_2，取托梁自重及托梁以上墙体自重。

2 施工阶段托梁上的荷载

1) 托梁自重及本层楼盖的恒荷载；

2) 本层楼盖的施工荷载；

3) 墙体自重，可取高度为 $\frac{l_{0max}}{3}$ 的墙体自重，开洞时尚应按洞顶以下实际分布的墙体自重复核；l_{0max} 为各计算跨度的最大值。

7.3.5 墙梁应分别进行托梁使用阶段正截面承载力和斜截面受剪承载力计算、墙体受剪承载力和托梁支座上部砌体局部受压承载力计算，以及施工阶段托梁承载力验算。自承重墙梁可不验算墙体受剪承载力和砌体局部受压承载力。

7.3.6 墙梁的托梁正截面承载力应按下列规定计算：

1 托梁跨中截面应按钢筋混凝土偏心受拉构件计算，其弯矩 M_{bi} 及轴心拉力 N_{bti} 可按下列公式计算：

$$M_{bi} = M_{1i} + \alpha_M M_{2i} \quad (7.3.6-1)$$

$$N_{bti} = \eta_N \frac{M_{2i}}{H_0} \quad (7.3.6-2)$$

对简支墙梁，

$$\alpha_M = \psi_M \left(1.7 \frac{h_b}{l_0} - 0.03\right) \quad (7.3.6-3)$$

$$\psi_M = 4.5 - 10 \frac{a}{l_0} \quad (7.3.6-4)$$

$$\eta_N = 0.44 + 2.1 \frac{h_w}{l_0} \quad (7.3.6-5)$$

对连续墙梁和框支墙梁，

$$\alpha_M = \psi_N \left(2.7 \frac{h_b}{l_{0i}} - 0.08\right) \quad (7.3.6-6)$$

$$\psi_M = 3.8 - 8 \frac{a_i}{l_{0i}} \quad (7.3.6-7)$$

$$\eta_N = 0.8 + 2.6 \frac{h_w}{l_{0i}} \quad (7.3.6-8)$$

式中 M_{1i}——荷载设计值 Q_1、F_1 作用下的简支梁跨中弯矩或按连续梁或框架分析的托梁各跨跨中最大弯矩；

M_{2i}——荷载设计值 Q_2 作用下的简支梁跨中弯矩或按连续梁或框架分析的托梁各跨跨中弯矩中的最大值；

α_M——考虑墙梁组合作用的托梁跨中弯矩系数，可按公式（7.3.6-3）或（7.3.6-6）计算，但对自承重简支墙梁应乘以 0.8；当公式（7.3.6-3）中的 $\frac{h_b}{l_0} > \frac{1}{6}$ 时，取 $\frac{h_b}{l_0} = \frac{1}{6}$；当公式（7.3.6-6）中的 $\frac{h_b}{l_{0i}} > \frac{1}{7}$ 时，取 $\frac{h_b}{l_{0i}} = \frac{1}{7}$；

η_N——考虑墙梁组合作用的托梁跨中轴力系数，可按公式（7.3.6-5）或（7.3.6-8）计算，但对自承重简支墙梁应乘以 0.8；式中，当 $\frac{h_w}{l_{0i}} > 1$ 时，取 $\frac{h_w}{l_{0i}} = 1$；

ψ_M——洞口对托梁弯矩的影响系数，对无洞口墙梁取 1.0，对有洞口墙梁可按公式（7.3.6-4）或（7.3.6-7）计算；

a_i——洞口边至墙梁最近支座的距离，当 $a_i > 0.35 l_{0i}$ 时，取 $a_i = 0.35 l_{0i}$。

2 托梁支座截面应按钢筋混凝土受弯构件计算，其弯矩 M_{bj} 可按下列公式计算：

$$M_{bj} = M_{1j} + \alpha_M M_{2j} \quad (7.3.6-9)$$

$$\alpha_M = 0.75 - \frac{a_i}{l_{0i}} \quad (7.3.6-10)$$

式中 M_{1j}——荷载设计值 Q_1、F_1 作用下按连续梁或框架分析的托梁支座弯矩；

M_{2j}——荷载设计值 Q_2 作用下按连续梁或框架分析的托梁支座弯矩；

α_M——考虑组合作用的托梁支座弯矩系数，无洞口墙梁取 0.4，有洞口墙梁可按公式（7.3.6-10）计算，当支座两边的墙体均有洞口时，a_i 取较小值。

7.3.7 对在墙梁顶面荷载 Q_2 作用下的多跨框支墙梁的框支柱，当边柱的轴力不利时，应乘以修正系数 1.2。

7.3.8 墙梁的托梁斜截面受剪承载力应按钢筋混凝土受弯构件计算，其剪力 V_{bj} 可按下式计算：

$$V_{bj} = V_{1j} + \beta_V V_{2j} \quad (7.3.8)$$

式中 V_{1j}——荷载设计值 Q_1、F_1 作用下按连续梁或框架分析的托梁支座边剪力或简支梁支座边剪力；

V_{2j}——荷载设计值 Q_2 作用下按连续梁或框架分析的托梁支座边剪力或简支梁支座边剪力；

β_V——考虑组合作用的托梁剪力系数，无洞口墙梁边支座取 0.6，中支座取 0.7；有洞口墙梁边支座取 0.7，中支座取 0.8。对自承重墙梁，无洞口时取 0.45，有洞口时取 0.5。

7.3.9 墙梁的墙体受剪承载力，应按下列公式计算：

$$V_2 \leqslant \xi_1 \xi_2 \left(0.2 + \frac{h_b}{l_{0i}} + \frac{h_t}{l_{0i}}\right) fhh_w \quad (7.3.9)$$

式中 V_2——在荷载设计值 Q_2 作用下墙梁支座边剪力的最大值;

ξ_1——翼墙或构造柱影响系数,对单层墙梁取 1.0,对多层墙梁,当 $\frac{b_f}{h}=3$ 时取 1.3,当 $\frac{b_f}{h}=7$ 或设置构造柱时取 1.5,当 $3<\frac{b_f}{h}<7$ 时,按线性插入取值;

ξ_2——洞口影响系数,无洞口墙梁取 1.0,多层有洞口墙梁取 0.9,单层有洞口墙梁取 0.6;

h_t——墙梁顶面圈梁截面高度。

7.3.10 托梁支座上部砌体局部受压承载力应按下列公式计算:

$$Q_2 \leqslant \zeta fh \quad (7.3.10-1)$$

$$\zeta = 0.25 + 0.08 \frac{b_f}{h} \quad (7.3.10-2)$$

式中 ζ——局压系数,当 $\zeta>0.81$ 时,取 $\zeta=0.81$。

当 $b_f/h \geqslant 5$ 或墙梁支座处设置上、下贯通的落地构造柱时可不验算局部受压承载力。

7.3.11 托梁应按混凝土受弯构件进行施工阶段的受弯、受剪承载力验算,作用在托梁上的荷载可按第 7.3.4 条的规定采用。

7.3.12 墙梁除应符合本规范和现行国家标准《混凝土结构设计规范》GB 50010 的有关构造规定外,尚应符合下列构造要求:

1 材料
  1) 托梁的混凝土强度等级不应低于 C30;
  2) 纵向钢筋宜采用 HRB335、HRB400 或 RRB400 级钢筋;
  3) 承重墙梁的块体强度等级不应低于 MU10,计算高度范围内墙体的砂浆强度等级不应低于 M10。

2 墙体
  1) 框支墙梁的上部砌体房屋,以及设有承重的简支墙梁或连续墙梁的房屋,应满足刚性方案房屋的要求;
  2) 墙梁的计算高度范围内的墙体厚度,对砖砌体不应小于 240mm,对混凝土小型砌块砌体不应小于 190mm;
  3) 墙梁洞口上方应设置混凝土过梁,其支承长度不应小于 240mm;洞口范围内不应施加集中荷载;
  4) 承重墙梁的支座处应设置落地翼墙,翼墙厚度,对砖砌体不应小于 240mm,对混凝土砌块砌体不应小于 190mm,翼墙宽度不应小于墙梁墙体厚度的 3 倍,并与墙梁墙体同时砌筑。当不能设置翼墙时,应设置落地且上、下贯通的构造柱;
  5) 当墙梁墙体在靠近支座 $\frac{1}{3}$ 跨度范围内开洞时,支座处应设置落地且上、下贯通的构造柱,并应与每层圈梁连接;
  6) 墙梁计算高度范围内的墙体,每天可砌高度不应超过 1.5m,否则,应加设临时支撑。

3 托梁
  1) 有墙梁的房屋的托梁两边各一个开间及相邻开间处应采用现浇混凝土楼盖,楼板厚度不宜小于 120mm,当楼板厚度大于 150mm 时,宜采用双层双向钢筋网,楼板上应少开洞,洞口尺寸大于 800mm 时应设洞边梁;
  2) 托梁每跨底部的纵向受力钢筋应通长设置,不得在跨中段弯起或截断。钢筋接长应采用机械连接或焊接;
  3) 墙梁的托梁跨中截面纵向受力钢筋总配筋率不应小于 0.6%;
  4) 托梁距边支座边 $l_0/4$ 范围内,上部纵向钢筋面积不应小于跨中下部纵向钢筋面积的 1/3。连续墙梁或多跨框支墙梁的托梁中支座上部附加纵向钢筋从支座边算起每边延伸不少于 $l_0/4$;
  5) 承重墙梁的托梁在砌体墙、柱上的支承长度不应小于 350mm。纵向受力钢筋伸入支座应符合受拉钢筋的锚固要求;
  6) 当托梁高度 $h_b \geqslant 500$mm 时,应沿梁高设置通长水平腰筋,直径不应小于 12mm,间距不应大于 200mm;
  7) 墙梁偏开洞口的宽度及两侧各一个梁高 h_b 范围内直至靠近洞口的支座边的托梁箍筋直径不宜小于 8mm,间距不应大于 100mm(图 7.3.12)。

7.4 挑 梁

7.4.1 砌体墙中钢筋混凝土挑梁的抗倾覆应按下式验算:

$$M_{ov} \leqslant M_r \quad (7.4.1)$$

式中 M_{ov}——挑梁的荷载设计值对计算倾覆点产生的倾覆力矩;

M_r——挑梁的抗倾覆力矩设计值,可按第 7.4.3 条的规定计算。

7.4.2 挑梁计算倾覆点至墙外边缘的距离可按下列

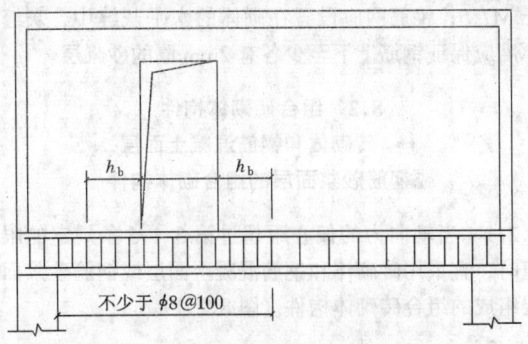

图7.3.12 偏开洞时托梁箍筋加密区

规定采用：

1 当 $l_1 \geqslant 2.2h_b$ 时

$$x_0 = 0.3h_b \quad (7.4.2\text{-}1)$$

且不大于 $0.13l_1$。

2 当 $l_1 < 2.2h_b$ 时

$$x_0 = 0.13l_1 \quad (7.4.2\text{-}2)$$

式中 l_1——挑梁埋入砌体墙中的长度（mm）；
x_0——计算倾覆点至墙外边缘的距离（mm）；
h_b——挑梁的截面高度（mm）。

注：当挑梁下有构造柱时，计算倾覆点至墙外边缘的距离可取 $0.5x_0$。

7.4.3 挑梁的抗倾覆力矩设计值可按下式计算：

$$M_r = 0.8G_r(l_2 - x_0) \quad (7.4.3)$$

式中 G_r——挑梁的抗倾覆荷载，为挑梁尾端上部45°扩展角的阴影范围（其水平长度为 l_3）内本层的砌体与楼面恒荷载标准值之和（图7.4.3）；
l_2——G_r 作用点至墙外边缘的距离。

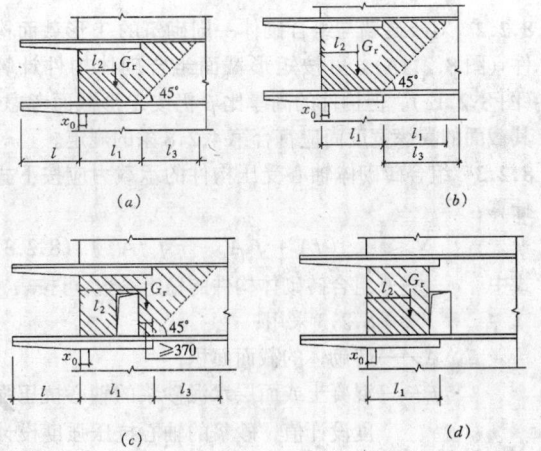

图7.4.3 挑梁的抗倾覆荷载
(a) $l_3 \leqslant l_1$ 时；(b) $l_3 > l_1$ 时；
(c) 洞在 l_1 之内；(d) 洞在 l_1 之外

7.4.4 挑梁下砌体的局部受压承载力，可按下式验算（图7.4.4）：

$$N_l \leqslant \eta\gamma fA_l \quad (7.4.4)$$

式中 N_l——挑梁下的支承压力，可取 $N_l = 2R$，R 为挑梁的倾覆荷载设计值；
η——梁端底面压应力图形的完整系数，可取0.7；
γ——砌体局部抗压强度提高系数，对图7.4.4a 可取1.25；对图7.4.4b 可取1.5；
A_l——挑梁下砌体局部受压面积，可取 $A_l = 1.2bh_b$，b 为挑梁的截面宽度，h_b 为挑梁的截面高度。

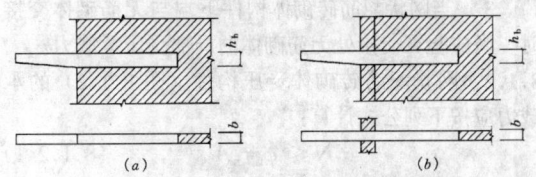

图7.4.4 挑梁下砌体局部受压
(a) 挑梁支承在一字墙；(b) 挑梁支承在丁字墙

7.4.5 挑梁的最大弯矩设计值 M_{max} 与最大剪力设计值 V_{max}，可按下列公式计算：

$$M_{max} = M_{0v} \quad (7.4.5\text{-}1)$$

$$V_{max} = V_0 \quad (7.4.5\text{-}2)$$

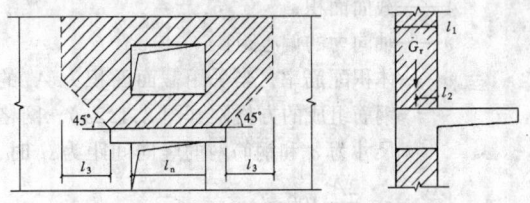

图7.4.7 雨篷的抗倾覆荷载

式中 V_0——挑梁的荷载设计值在挑梁墙外边缘处截面产生的剪力。

7.4.6 挑梁设计除应符合现行国家标准《混凝土结构设计规范》GB50010 的有关规定外，尚应满足下列要求：

1 纵向受力钢筋至少应有1/2的钢筋面积伸入梁尾端，且不少于 $2\phi12$。其余钢筋伸入支座的长度不应小于 $2l_1/3$；

2 挑梁埋入砌体长度 l_1 与挑出长度 l 之比宜大于1.2；当挑梁上无砌体时，l_1 与 l 之比宜大于2。

7.4.7 雨篷等悬挑构件可按第7.4.1条～7.4.3条进行抗倾覆验算，其抗倾覆荷载 G_r 可按图7.4.7采用，图中 G_r 距墙外边缘的距离为 $l_2 = l_1/2$，$l_3 = l_n/2$。

8 配筋砖砌体构件

8.1 网状配筋砖砌体构件

8.1.1 网状配筋砖砌体受压构件应符合下列规定：

1 偏心距超过截面核心范围，对于矩形截面即 $e/h>0.17$ 时或偏心距虽未超过截面核心范围，但构件的高厚比 $\beta>16$ 时，不宜采用网状配筋砖砌体构件；

2 对矩形截面构件，当轴向力偏心方向的截面边长大于另一方向的边长时，除按偏心受压计算外，还应对较小边长方向按轴心受压进行验算；

3 当网状配筋砖砌体构件下端与无筋砌体交接时，尚应验算交接处无筋砌体的局部受压承载力。

8.1.2 网状配筋砖砌体受压构件（图 8.1.2）的承载力应按下列公式计算：

$$N \leqslant \varphi_n f_n A \quad (8.1.2\text{-}1)$$

$$f_n = f + 2\left(1 - \frac{2e}{y}\right)\frac{\rho}{100}f_y \quad (8.1.2\text{-}2)$$

$$\rho = (V_S/V)100 \quad (8.1.2\text{-}3)$$

式中 N——轴向力设计值；

φ_n——高厚比和配筋率以及轴向力的偏心距对网状配筋砖砌体受压构件承载力的影响系数，可按附录 D.0.2 的规定采用；

f_n——网状配筋砖砌体的抗压强度设计值；

A——截面面积；

e——轴向力的偏心距；

ρ——体积配筋率，当采用截面面积为 A_s 的钢筋组成的方格网（图 8.1.2a），网格尺寸为 a 和钢筋网的竖向间距为 s_n 时，

$\rho = \dfrac{2A_s}{as_n}100$；

V_s、V——分别为钢筋和砌体的体积；

f_y——钢筋的抗拉强度设计值，当 f_y 大于 320MPa 时，仍采用 320MPa。

注：当采用连弯钢筋网（图 8.1.2b）时，网的钢筋方向应互相垂直，沿砌体高度交错设置。s_n 取同一方向网的间距。

8.1.3 网状配筋砖砌体构件的构造应符合下列规定：

1 网状配筋砖砌体中的体积配筋率，不应小于 0.1%，并不应大于 1%；

2 采用钢筋网时，钢筋的直径宜采用 3~4mm；当采用连弯钢筋网时，钢筋的直径不应大于 8mm；

3 钢筋网中钢筋的间距，不应大于 120mm，并不应小于 30mm；

4 钢筋网的竖向间距，不应大于五皮砖，并不应大于 400mm；

5 网状配筋砖砌体所用的砂浆强度等级不应低于 M7.5；钢筋网应设置在砌体的水平灰缝中，灰缝厚度应保证钢筋上下至少各有 2mm 厚的砂浆层。

8.2 组合砖砌体构件

Ⅰ 砖砌体和钢筋混凝土面层或钢筋砂浆面层的组合砌体构件

8.2.1 当轴向力的偏心距超过第 5.1.5 条规定的限值时，宜采用砖砌体和钢筋混凝土面层或钢筋砂浆面层组成的组合砖砌体构件（图 8.2.1）。

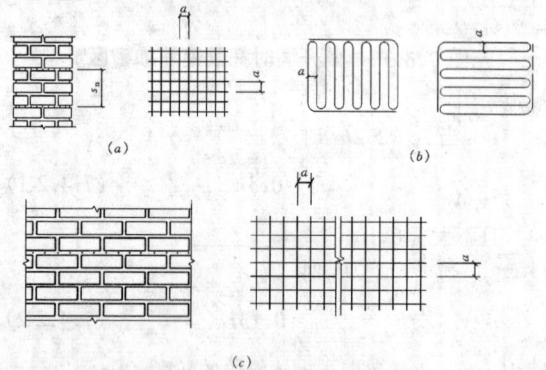

图 8.1.2 网状配筋砌体
(a) 用方格网配筋的砖柱；(b) 连弯钢筋网；
(c) 用方格网配筋的砖墙

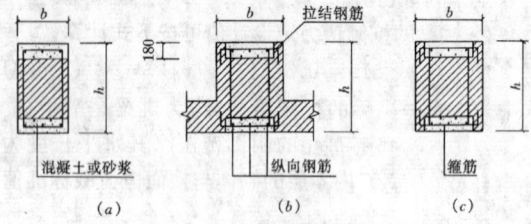

图 8.2.1 组合砖砌体构件截面

8.2.2 对于砖墙与组合砌体一同砌筑的 T 形截面构件（图 8.2.1b），可按矩形截面组合砌体构件计算（图 8.2.1c）。但构件的高厚比 β 仍按 T 形截面考虑，其截面的翼缘宽度尚应符合第 4.2.8 条的规定。

8.2.3 组合砖砌体轴心受压构件的承载力应按下式计算：

$$N \leqslant \varphi_{com}(fA + f_cA_c + \eta_s f'_y A'_s) \quad (8.2.3)$$

式中 φ_{com}——组合砖砌体构件的稳定系数，可按表 8.2.3 采用；

A——砖砌体的截面面积；

f_c——混凝土或面层水泥砂浆的轴心抗压强度设计值，砂浆的轴心抗压强度设计值可取为同强度等级混凝土的轴心抗压强度设计值的 70%，当砂浆为 M15 时，取 5.2MPa；当砂浆为 M10 时，取 3.5MPa；当砂浆为 M7.5 时，取 2.6MPa；

A_c——混凝土或砂浆面层的截面面积;

η_s——受压钢筋的强度系数,当为混凝土面层时,可取1.0;当为砂浆面层时可取0.9;

f'_y——钢筋的抗压强度设计值;

A'_s——受压钢筋的截面面积。

表8.2.3　组合砖砌体构件的稳定系数 φ_{com}

高厚比 β	配筋率 ρ(%)					
	0	0.2	0.4	0.6	0.8	≥1.0
8	0.91	0.93	0.95	0.97	0.99	1.00
10	0.87	0.90	0.92	0.94	0.96	0.98
12	0.82	0.85	0.88	0.91	0.93	0.95
14	0.77	0.80	0.83	0.86	0.89	0.92
16	0.72	0.75	0.78	0.81	0.84	0.87
18	0.67	0.70	0.73	0.76	0.79	0.81
20	0.62	0.65	0.68	0.71	0.73	0.75
22	0.58	0.61	0.64	0.66	0.68	0.70
24	0.54	0.57	0.59	0.61	0.63	0.65
26	0.50	0.52	0.54	0.56	0.58	0.60
28	0.46	0.48	0.50	0.52	0.54	0.56

注:组合砖砌体构件截面的配筋率 $\rho = A'_s/bh$。

8.2.4 组合砖砌体偏心受压构件的承载力应按下列公式计算:

$$N \leqslant fA' + f_c A'_c + \eta_s f'_y A'_s - \sigma_s A_s \quad (8.2.4\text{-}1)$$

或

$$Ne_N \leqslant fS_s + f_c S_{c,s} + \eta_s f'_y A'_s (h_0 - a'_s) \quad (8.2.4\text{-}2)$$

此时受压区的高度 x 可按下列公式确定:

$$fS_N + f_c S_{c,N} + \eta_s f'_y A'_s e'_N - \sigma_s A_s e_N = 0 \quad (8.2.4\text{-}3)$$

$$e_N = e + e_a + (h/2 - a_s) \quad (8.2.4\text{-}4)$$

$$e'_N = e + e_a - (h/2 - a'_s) \quad (8.2.4\text{-}5)$$

$$e_a = \frac{\beta^2 h}{2200}(1 - 0.022\beta) \quad (8.2.4\text{-}6)$$

式中 σ_s——钢筋 A_s 的应力;

A_s——距轴向力 N 较远侧钢筋的截面面积;

A'——砖砌体受压部分的面积;

A'_c——混凝土或砂浆面层受压部分的面积;

S_s——砖砌体受压部分的面积对钢筋 A_s 重心的面积矩;

$S_{c,s}$——混凝土或砂浆面层受压部分的面积对钢筋 A_s 重心的面积矩;

S_N——砖砌体受压部分的面积对轴向力 N 作用点的面积矩;

$S_{c,N}$——混凝土或砂浆面层受压部分的面积对轴向力 N 作用点的面积矩;

e_N, e'_N——分别为钢筋 A_s 和 A'_s 重心至轴向力 N 作用点的距离(图8.2.4);

e——轴向力的初始偏心距,按荷载设计值计算,当 e 小于 $0.05h$ 时,应取 e 等于 $0.05h$;

e_a——组合砖砌体构件在轴向力作用下的附加偏心距;

h_0——组合砖砌体构件截面的有效高度,取 $h_0 = h - a_s$;

a_s, a'_s——分别为钢筋 A_s 和 A'_s 重心至截面较近边的距离。

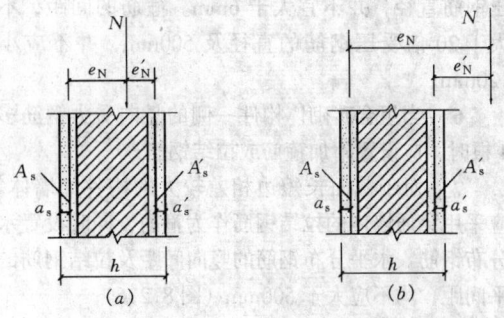

图8.2.4　组合砖砌体偏心受压构件
(a) 小偏心受压;(b) 大偏心受压

8.2.5 组合砖砌体钢筋 A_s 的应力(单位为MPa,正值为拉应力,负值为压应力)应按下列规定计算:

小偏心受压时,即 $\xi > \xi_b$

$$\sigma_s = 650 - 800\xi \quad (8.2.5\text{-}1)$$

$$-f'_y \leqslant \sigma_s \leqslant f_y \quad (8.2.5\text{-}2)$$

大偏心受压时,即 $\xi \leqslant \xi_b$

$$\sigma_s = f_y \quad (8.2.5\text{-}3)$$

$$\xi = x/h_0 \quad (8.2.5\text{-}4)$$

式中 ξ——组合砖砌体构件截面的相对受压区高度;

f_y——钢筋的抗拉强度设计值。

组合砖砌体构件受压区相对高度的界限值 ξ_b,对于HPB235级钢筋,应取0.55;对于HRB335级钢筋,应取0.425。

8.2.6 组合砖砌体构件的构造应符合下列规定:

1 面层混凝土强度等级宜采用C20。面层水泥砂浆强度等级不宜低于M10。砌筑砂浆的强度等级不宜低于M7.5;

2 竖向受力钢筋的混凝土保护层厚度,不应小于表8.2.6中的规定。竖向受力钢筋距砖砌体表面的距离不应小于5mm;

表8.2.6　混凝土保护层最小厚度(mm)

构件类别 环境条件	室内正常环境	露天或室内潮湿环境
墙	15	25
柱	25	35

注:当面层为水泥砂浆时,对于柱,保护层厚度可减小5mm。

3 砂浆面层的厚度，可采用30～45mm。当面层厚度大于45mm时，其面层宜采用混凝土；

4 竖向受力钢筋宜采用HPB235级钢筋，对于混凝土面层，亦可采用HRB335级钢筋。受压钢筋一侧的配筋率，对砂浆面层，不宜小于0.1%，对混凝土面层，不宜小于0.2%。受拉钢筋的配筋率，不应小于0.1%。竖向受力钢筋的直径，不应小于8mm，钢筋的净间距，不应小于30mm；

5 箍筋的直径，不宜小于4mm及0.2倍的受压钢筋直径，并不宜大于6mm。箍筋的间距，不应大于20倍受压钢筋的直径及500mm，并不应小于120mm；

6 当组合砖砌体构件一侧的竖向受力钢筋多于4根时，应设置附加箍筋或拉结钢筋；

7 对于截面长短边相差较大的构件如墙体等，应采用穿通墙体的拉结钢筋作为箍筋，同时设置水平分布钢筋。水平分布钢筋的竖向间距及拉结钢筋的水平间距，均不应大于500mm（图8.2.6）；

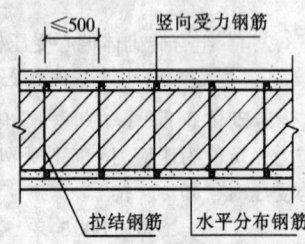

图8.2.6 混凝土或砂浆面层组合墙

8 组合砖砌体构件的顶部及底部，以及牛腿部位，必须设置钢筋混凝土垫块。竖向受力钢筋伸入垫块的长度，必须满足锚固要求。

Ⅱ 砖砌体和钢筋混凝土构造柱组合墙

8.2.7 砖砌体和钢筋混凝土构造柱组成的组合砖墙（图8.2.7）的轴心受压承载力应按下列公式计算：

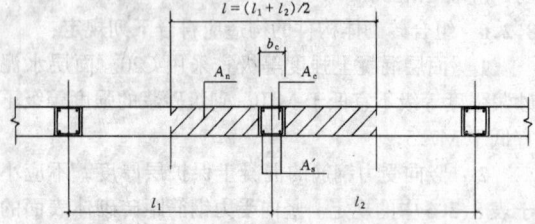

图8.2.7 砖砌体和构造柱组合墙截面

$$N \leqslant \varphi_{com}[fA_n + \eta(f_cA_c + f'_yA'_s)] \quad (8.2.7\text{-}1)$$

$$\eta = \left[\dfrac{1}{\dfrac{l}{b_c}-3}\right]^{\frac{1}{4}} \quad (8.2.7\text{-}2)$$

式中 φ_{com}——组合砖墙的稳定系数，可按表8.2.3采用；

η——强度系数，当l/b_c小于4时取l/b_c等于4；

l——沿墙长方向构造柱的间距；

b_c——沿墙长方向构造柱的宽度；

A_n——砖砌体的净截面面积；

A_c——构造柱的截面面积。

8.2.8 组合砖墙的材料和构造应符合下列规定：

1 砂浆的强度等级不应低于M5，构造柱的混凝土强度等级不宜低于C20；

2 柱内竖向受力钢筋的混凝土保护层厚度，应符合表8.2.6的规定；

3 构造柱的截面尺寸不宜小于240mm×240mm，其厚度不应小于墙厚，边柱、角柱的截面宽度宜适当加大。柱内竖向受力钢筋，对于中柱，不宜少于4φ12；对于边柱、角柱，不宜少于4φ14。构造柱的竖向受力钢筋的直径也不宜大于16mm。其箍筋，一般部位宜采用φ6、间距200mm，楼层上下500mm范围内宜采用φ6、间距100mm。构造柱的竖向受力钢筋应在基础梁和楼层圈梁中锚固，并应符合受拉钢筋的锚固要求；

4 组合砖墙砌体结构房屋，应在纵横墙交接处、墙端部和较大洞口的洞边设置构造柱，其间距不宜大于4m。各层洞口宜设置在相应位置，并宜上下对齐；

5 组合砖墙砌体结构房屋应在基础顶面、有组合墙的楼层处设置现浇钢筋混凝土圈梁。圈梁的截面高度不宜小于240mm；纵向钢筋不宜小于4φ12，纵向钢筋应伸入构造柱内，并应符合受拉钢筋的锚固要求；圈梁的箍筋宜采用φ6、间距200mm；

6 砖砌体与构造柱的连接处应砌成马牙槎，并应沿墙高每隔500mm设2φ6拉结钢筋，且每边伸入墙内不宜小于600mm；

7 组合砖墙的施工程序应为先砌墙后浇混凝土构造柱。

9 配筋砌块砌体构件

9.1 一 般 规 定

9.1.1 配筋砌块砌体剪力墙结构的内力与位移，可按弹性方法计算。应根据结构分析所得的内力，分别按轴心受压、偏心受压或偏心受拉构件进行正截面承载力和斜截面承载力计算，并应根据结构分析所得的位移进行变形验算。

9.2 正截面受压承载力计算

9.2.1 配筋砌块砌体构件正截面承载力应按下列基本假定进行计算：

1 截面应变保持平面；

2 竖向钢筋与其毗邻的砌体、灌孔混凝土的应变相同；

3 不考虑砌体、灌孔混凝土的抗拉强度；

4 根据材料选择砌体、灌孔混凝土的极限压应变，且不应大于0.003；

5 根据材料选择钢筋的极限拉应变，且不应大于0.01。

9.2.2 轴心受压配筋砌块砌体剪力墙、柱，当配有箍筋或水平分布钢筋时，其正截面受压承载力应按下列公式计算：

$$N \leqslant \varphi_{0g}(f_g A + 0.8 f'_y A'_s) \quad (9.2.2-1)$$

$$\varphi_{0g} = \frac{1}{1 + 0.001\beta^2} \quad (9.2.2-2)$$

式中 N——轴向力设计值；

f_g——灌孔砌体的抗压强度设计值，应按第3.2.1条第4款采用；

f'_y——钢筋的抗压强度设计值；

A——构件的毛截面面积；

A'_s——全部竖向钢筋的截面面积；

φ_{0g}——轴心受压构件的稳定系数；

β——构件的高厚比。

注：1 无箍筋或水平分布钢筋时，仍可按式9.2.2计算，但应使$f'_y A'_s = 0$；

2 配筋砌块砌体构件的计算高度H_0可取层高。

9.2.3 配筋砌块砌体剪力墙，当竖向钢筋仅配在中间时，其平面外偏心受压承载力可按式（5.1.1）进行计算，但应采用灌孔砌体的抗压强度设计值。

9.2.4 矩形截面偏心受压配筋砌块砌体剪力墙正截面承载力计算，应符合下列规定：

1 大小偏心受压界限

当$x \leqslant \xi_b h_0$时，为大偏心受压；

当$x > \xi_b h_0$时，为小偏心受压。

式中 ξ_b——界限相对受压区高度，对HPB235级钢筋取ξ_b等于0.60，对HRB335级钢筋取ξ_b等于0.53；

x——截面受压区高度；

h_0——截面有效高度。

2 大偏心受压时应按下列公式计算（图9.2.4）：

$$N \leqslant f_g bx + f'_y A'_s - f_y A_s - \Sigma f_{si} A_{si}$$

$$(9.2.4-1)$$

$$Ne_N \leqslant f_g bx(h_0 - x/2) + f'_y A'_s(h_0 - a'_s) - \Sigma f_{si} S_{si}$$

$$(9.2.4-2)$$

式中 N——轴向力设计值；

f_g——灌孔砌体的抗压强度设计值；

f_y, f'_y——竖向受拉、受压主筋的强度设计值；

b——截面宽度；

f_{si}——竖向分布钢筋的抗拉强度设计值；

A_s, A'_s——竖向受拉、受压主筋的截面面积；

A_{si}——单根竖向分布钢筋的截面面积；

S_{si}——第i根竖向分布钢筋对竖向受拉主筋的面积矩；

e_N——轴向力作用点到竖向受拉主筋合力点之间的距离，可按第8.2.4条的规定计算。

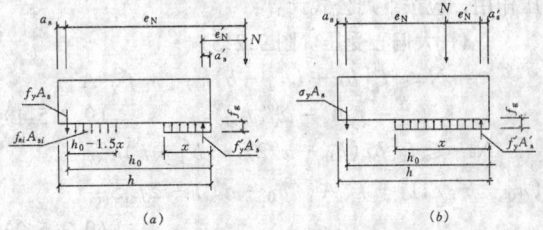

图9.2.4 矩形截面偏心受压正截面承载力计算简图

(a) 大偏心受压；(b) 小偏心受压

当受压区高度$x < 2a'_s$时，其正截面承载力可按下式计算：

$$Ne'_N \leqslant f_y A_s (h_0 - a'_s) \quad (9.2.4-3)$$

式中 e'_N——轴向力作用点到竖向受压主筋合力点之间的距离，可按第8.2.4条的规定计算。

3 小偏心受压时应按下列公式计算（图9.2.4）：

$$N \leqslant f_g bx + f'_y A'_s - \sigma_s A_s \quad (9.2.4-4)$$

$$Ne_N \leqslant f_g bx(h_0 - x/2) + f'_y A'_s(h_0 - a'_s) \quad (9.2.4-5)$$

$$\sigma_s = \frac{f_y}{\xi_b - 0.8}\left(\frac{x}{h_0} - 0.8\right) \quad (9.2.4-6)$$

注：当受压区竖向受压主筋无箍筋或无水平钢筋约束时，可不考虑竖向受压主筋的作用，即取$f'_y A'_s = 0$。

矩形截面对称配筋砌块砌体剪力墙小偏心受压时，也可近似按下式计算钢筋截面面积：

$$A_s = A'_s = \frac{Ne_N - \xi(1 - 0.5\xi)f_g bh_0^2}{f'_y(h_0 - a'_s)}$$

$$(9.2.4-7)$$

此处，相对受压区高度可按下式计算：

$$\xi = \frac{x}{h_0} = \frac{N - \xi_b f_g bh_0}{\frac{Ne_N - 0.43 f_g bh_0^2}{(0.8 - \xi_b)(h_0 - a'_s)} + f_g bh_0} + \xi_b$$

$$(9.2.4-8)$$

注：小偏心受压计算中未考虑竖向分布钢筋的作用。

9.2.5 T形、倒L形截面偏心受压构件，当翼缘和腹板的相交处采用错缝搭接砌筑和同时设置中距不大于1.2m的配筋带（截面高度≥60mm，钢筋不少于

2φ12）时，可考虑翼缘的共同工作，翼缘的计算宽度应按表9.2.5中的最小值采用，其正截面受压承载力应按下列规定计算：

1 当受压区高度$x \leqslant h'_f$时，应按宽度为b'_f的矩形截面计算；

2 当受压区高度$x > h'_f$时，则应考虑腹板的受压作用，应按下列公式计算：

1) 大偏心受压（图9.2.5）

$$N \leqslant f_g[bx + (b'_f - b)h'_f] + f'_y A'_s - f_y A_s - \Sigma f_{si} A_{si} \quad (9.2.5-1)$$

$$Ne_N \leqslant f_g[bx(h_0 - x/2) + (b'_f - b)h'_f(h_0 - h'_f/2)] + f'_y A'_s(h_0 - a'_s) - \Sigma f_{si} S_{si} \quad (9.2.5-2)$$

式中 b'_f——T形或倒L形截面受压区的翼缘计算宽度；

h'_f——T形或倒L形截面受压区的翼缘高度。

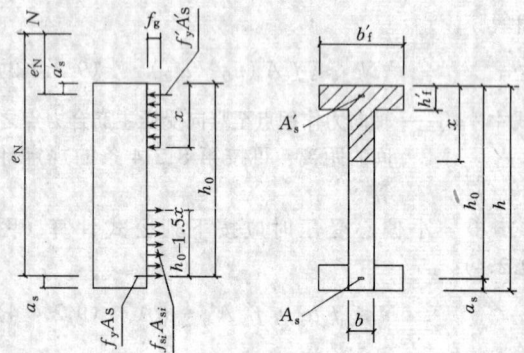

图9.2.5 T形截面偏心受压正截面承载力计算简图

2) 小偏心受压

$$N \leqslant f_g[bx + (b'_f - b)h'_f] + f'_y A'_s - \sigma_s A_s \quad (9.2.5-3)$$

$$Ne_N \leqslant f_g[bx(h_0 - x/2) + (b'_f - b)h'_f(h_0 - h'_f/2)] + f'_y A'_s(h_0 - a'_s) \quad (9.2.5-4)$$

表9.2.5 T形、倒L形截面偏心受压构件翼缘计算宽度 b'_f

考虑情况	T形截面	倒L形截面
按构件计算高度H_0考虑	$H_0/3$	$H_0/6$
按腹板间距L考虑	L	$L/2$
按翼缘厚度h'_f考虑	$b + 12h'_f$	$b + 6h'_f$
按翼缘的实际宽度b'_f考虑	b'_f	b'_f

注：构件的计算高度H_0可取层高。

9.3 斜截面受剪承载力计算

9.3.1 偏心受压和偏心受拉配筋砌块砌体剪力墙，其斜截面受剪承载力应根据下列情况进行计算：

1 剪力墙的截面应满足下列要求：

$$V \leqslant 0.25 f_g bh \quad (9.3.1-1)$$

式中 V——剪力墙的剪力设计值；

b——剪力墙截面宽度或T形、倒L形截面腹板宽度；

h——剪力墙的截面高度。

2 剪力墙在偏心受压时的斜截面受剪承载力应按下列公式计算：

$$V \leqslant \frac{1}{\lambda - 0.5}\left(0.6 f_{vg} bh_0 + 0.12 N \frac{A_w}{A}\right) + 0.9 f_{yh} \frac{A_{sh}}{s} h_0 \quad (9.3.1-2)$$

$$\lambda = M/Vh_0 \quad (9.3.1-3)$$

式中 f_{vg}——灌孔砌体抗剪强度设计值，应按第3.2.2条的规定采用；

M、N、V——计算截面的弯矩、轴向力和剪力设计值，当$N > 0.25 f_g bh$时取$N = 0.25 f_g bh$；

A——剪力墙的截面面积，其中翼缘的有效面积，可按表9.2.5的规定确定；

A_w——T形或倒L形截面腹板的截面面积，对矩形截面取A_w等于A；

λ——计算截面的剪跨比，当λ小于1.5时取1.5，当λ大于等于2.2时取2.2；

h_0——剪力墙截面的有效高度；

A_{sh}——配置在同一截面内的水平分布钢筋的全部截面面积；

s——水平分布钢筋的竖向间距；

f_{yh}——水平钢筋的抗拉强度设计值。

3 剪力墙在偏心受拉时的斜截面受剪承载力应按下式计算：

$$V \leqslant \frac{1}{\lambda - 0.5}\left(0.6 f_{vg} bh_0 - 0.22 N \frac{A_w}{A}\right) + 0.9 f_{yh} \frac{A_{sh}}{s} h_0 \quad (9.3.1-4)$$

9.3.2 配筋砌块砌体剪力墙连梁的斜截面受剪承载力，应符合下列规定：

1 当连梁采用钢筋混凝土时，连梁的承载力应按现行国家标准《混凝土结构设计规范》GB50010的有关规定进行计算；

2 当连梁采用配筋砌块砌体时，应符合下列规定：

1) 连梁的截面应符合下列要求：

$$V_b \leqslant 0.25 f_g bh_0 \quad (9.3.2-1)$$

2) 连梁的斜截面受剪承载力应按下式计算：

$$V_b \leqslant 0.8 f_{vg} bh_0 + f_{yv} \frac{A_{sv}}{s} h_0 \quad (9.3.2-2)$$

式中 V_b——连梁的剪力设计值；

b——连梁的截面宽度；

h_0——连梁的截面有效高度；

A_{sv}——配置在同一截面内箍筋各肢的全部截面面积；

f_{yv}——箍筋的抗拉强度设计值；

s——沿构件长度方向箍筋的间距。

注：连梁的正截面受弯承载力应按现行国家标准《混凝土结构设计规范》GB50010受弯构件的有关规定进行计算，当采用配筋砌块砌体时，应采用其相应的计算参数和指标。

9.4 配筋砌块砌体剪力墙构造规定

Ⅰ 钢 筋

9.4.1 钢筋的规格应符合下列规定：

　　1 钢筋的直径不宜大于25mm，当设置在灰缝中时不应小于4mm；

　　2 配置在孔洞或空腔中的钢筋面积不应大于孔洞或空腔面积的6%。

9.4.2 钢筋的设置应符合下列规定：

　　1 设置在灰缝中钢筋的直径不宜大于灰缝厚度的1/2；

　　2 两平行钢筋间的净距不应小于25mm；

　　3 柱和壁柱中的竖向钢筋的净距不宜小于40mm（包括接头处钢筋间的净距）。

9.4.3 钢筋在灌孔混凝土中的锚固应符合下列规定：

　　1 当计算中充分利用竖向受拉钢筋强度时，其锚固长度 L_a，对HRB335级钢筋不宜小于30d；对HRB400和RRB400级钢筋不宜小于35d；在任何情况下钢筋（包括钢丝）锚固长度不应小于300mm；

　　2 竖向受拉钢筋不宜在受拉区截断。如必须截断时，应延伸至按正截面受弯承载力计算不需要该钢筋的截面以外，延伸的长度不应小于20d；

　　3 竖向受压钢筋在跨中截断时，必须伸至按计算不需要该钢筋的截面以外，延伸的长度不应小于20d；对绑扎骨架中末端无弯钩的钢筋，不应小于25d；

　　4 钢筋骨架中的受力光面钢筋，应在钢筋末端作弯钩，在焊接骨架、焊接网以及轴心受压构件中，可不作弯钩；绑扎骨架中的受力变形钢筋，在钢筋的末端可不作弯钩。

9.4.4 钢筋的接头应符合下列规定：

钢筋的直径大于22mm时宜采用机械连接接头，接头的质量应符合有关标准、规范的规定；其他直径的钢筋可采用搭接接头，并应符合下列要求：

　　1 钢筋的接头位置宜设置在受力较小处；

　　2 受拉钢筋的搭接接头长度不应小于1.1L_a，受压钢筋的搭接接头长度不应小于0.7L_a，但不应小于300mm；

　　3 当相邻接头钢筋的间距不大于75mm时，其搭接长度应为1.2L_a。当钢筋间的接头错开20d时，搭接长度可不增加。

9.4.5 水平受力钢筋（网片）的锚固和搭接长度应符合下列规定：

　　1 在凹槽砌块混凝土带中钢筋的锚固长度不宜小于30d，且其水平或垂直弯折段的长度不宜小于15d和200mm；钢筋的搭接长度不宜小于35d；

　　2 在砌体水平灰缝中，钢筋的锚固长度不宜小于50d，且其水平或垂直弯折段的长度不宜小于20d和150mm；钢筋的搭接长度不宜小于55d；

　　3 在隔皮或错缝搭接的灰缝中为50d+2h，d为灰缝受力钢筋的直径；h为水平灰缝的间距。

9.4.6 钢筋的最小保护层厚度应符合下列要求：

　　1 灰缝中钢筋外露砂浆保护层不宜小于15mm；

　　2 位于砌块孔槽中的钢筋保护层，在室内正常环境不宜小于20mm；在室外或潮湿环境不宜小于30mm。

注：对安全等级为一级或设计使用年限大于50年的配筋砌体结构构件，钢筋的保护层应比本条规定的厚度至少增加5mm，或采用经防腐处理的钢筋、抗渗混凝土砌块等措施。

Ⅱ 配筋砌块砌体剪力墙、连梁

9.4.7 配筋砌块砌体剪力墙、连梁的砌体材料强度等级应符合下列规定：

　　1 砌块不应低于MU10；

　　2 砌筑砂浆不应低于Mb7.5；

　　3 灌孔混凝土不应低于Cb20。

注：对安全等级为一级或设计使用年限大于50年的配筋砌块砌体房屋，所用材料的最低强度等级应至少提高一级。

9.4.8 配筋砌块砌体剪力墙厚度、连梁截面宽度不应小于190mm。

9.4.9 配筋砌块砌体剪力墙的构造配筋应符合下列规定：

　　1 应在墙的转角、端部和孔洞的两侧配置竖向连续的钢筋，钢筋直径不宜小于12mm；

　　2 应在洞口的底部和顶部设置不小于2ϕ10的水平钢筋，其伸入墙内的长度不宜小于35d和400mm；

　　3 应在楼（屋）盖的所有纵横墙处设置现浇钢筋混凝土圈梁，圈梁的宽度和高度宜等于墙厚和块高，圈梁主筋不应少于4ϕ10，圈梁的混凝土强度等级不宜低于同层混凝土块体强度等级的2倍，或该层灌孔混凝土的强度等级，也不应低于C20；

　　4 剪力墙其他部位的竖向和水平钢筋的间距不应大于墙长、墙高之半，也不应大于1200mm。对局部灌孔的砌体，竖向钢筋的间距不应大于600mm；

　　5 剪力墙沿竖向和水平方向的构造钢筋配筋率均不宜小于0.07%。

9.4.10 按壁式框架设计的配筋砌块窗间墙除应符合第9.4.7条~9.4.9条规定外，尚应符合下列规定：

　　1 窗间墙的截面应符合下列要求：

　　　　1） 墙宽不应小于800mm，也不宜大于

2400mm；

2) 墙净高与墙宽之比不宜大于5。

2 窗间墙中的竖向钢筋应符合下列要求：

1) 每片窗间墙中沿全高不应少于4根钢筋；

2) 沿墙的全截面应配置足够的抗弯钢筋；

3) 窗间墙的竖向钢筋的含钢率不宜小于0.2%，也不宜大于0.8%。

3 窗间墙中的水平分布钢筋应符合下列要求：

1) 水平分布钢筋应在墙端部纵筋处弯180°标准钩，或等效的措施；

2) 水平分布钢筋的间距：在距梁边1倍墙宽范围内不应大于1/4墙宽，其余部位不应大于1/2墙宽；

3) 水平分布钢筋的配筋率不宜小于0.15%。

9.4.11 配筋砌块砌体剪力墙应按下列情况设置边缘构件：

1 当利用剪力墙端的砌体时，应符合下列规定：

1) 在距墙端至少3倍墙厚范围内的孔中设置不小于$\phi 12$通长竖向钢筋；

2) 当剪力墙端部的设计压应力大于$0.8f_g$时，除按1)的规定设置竖向钢筋外，尚应设置间距不大于200mm、直径不小于6mm的水平钢筋（钢箍），该水平钢筋宜设置在灌孔混凝土中。

2 当在剪力墙墙端设置混凝土柱时，应符合下列规定：

1) 柱的截面宽度宜等于墙厚，柱的截面长度宜为1~2倍的墙厚，并不应小于200mm；

2) 柱的混凝土强度等级不宜低于该墙体块体强度等级的2倍，或该墙体灌孔混凝土的强度等级，也不应低于C20；

3) 柱的竖向钢筋不宜小于$4\phi 12$，箍筋宜为$\phi 6$、间距200mm；

4) 墙体中的水平钢筋应在柱中锚固，并应满足钢筋的锚固要求；

5) 柱的施工顺序宜为先砌砌块墙体，后浇捣混凝土。

9.4.12 配筋砌块砌体剪力墙中当连梁采用钢筋混凝土时，连梁混凝土的强度等级不宜低于同层墙体块体强度等级的2倍，或同层墙体灌孔混凝土的强度等级，也不应低于C20；其他构造尚应符合现行国家标准《混凝土结构设计规范》GB 50010的有关规定要求。

9.4.13 配筋砌块砌体剪力墙中当连梁采用配筋砌块砌体时，连梁应符合下列规定：

1 连梁的截面应符合下列要求：

1) 连梁的高度不应小于两皮砌块的高度和400mm；

2) 连梁应采用H型砌块或凹槽砌块组砌，孔洞应全部浇灌混凝土。

2 连梁的水平钢筋宜符合下列要求：

1) 连梁上、下水平受力钢筋宜对称、通长设置，在灌孔砌体内的锚固长度不应小于$35d$和400mm；

2) 连梁水平受力钢筋的含钢率不宜小于0.2%，也不宜大于0.8%。

3 连梁的箍筋应符合下列要求：

1) 箍筋的直径不应小于6mm；

2) 箍筋的间距不宜大于1/2梁高和600mm；

3) 在距支座等于梁高范围内的箍筋间距不大于1/4梁高，距支座表面第一根箍筋的间距不应大于100mm；

4) 箍筋的面积配筋率不宜小于0.15%；

5) 箍筋宜为封闭式，双肢箍末端弯钩为135°；单肢箍末端的弯钩为180°，或弯90°加12倍箍筋直径的延长段。

Ⅲ 配筋砌块砌体柱

9.4.14 配筋砌块砌体柱（图9.4.14）除应符合第9.4.7条的要求外，尚应符合下列规定：

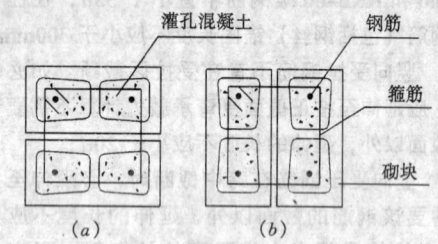

图9.4.14 配筋砌块砌体柱截面示意
(a) 下皮；(b) 上皮

1 柱截面边长不宜小于400mm，柱高度与截面短边之比不宜大于30；

2 柱的纵向钢筋的直径不宜小于12mm，数量不应少于4根，全部纵向受力钢筋的配筋率不宜小于0.2%；

3 柱中箍筋的设置应根据下列情况确定：

1) 当纵向钢筋的配筋率大于0.25%，且柱承受的轴向力大于受压承载力设计值的25%时，柱应设箍筋；当配筋率≤0.25%时，或柱承受的轴向力小于受压承载力设计值的25%时，柱中可不设置箍筋；

2) 箍筋直径不宜小于6mm；

3) 箍筋的间距不应大于16倍的纵向钢筋直径、48倍箍筋直径及柱截面短边尺寸中较小者；

4) 箍筋应封闭，端部应弯钩；

5) 箍筋应设置在灰缝或灌孔混凝土中。

10 砌体结构构件抗震设计

10.1 一般规定

10.1.1 地震区的砌体结构构件,除应符合第1章至第9章的要求外,尚应按本章的规定进行抗震设计。

10.1.2 按本章规定的配筋砌块砌体剪力墙结构构件抗震设计的适用的房屋最大高度不宜超过表10.1.2的规定。

表10.1.2 配筋砌块砌体剪力墙房屋适用的最大高度(m)

最小墙厚	6度	7度	8度
190mm	54	45	30

注:1 房屋高度指室外地面至檐口的高度;
2 房屋的高度超过表内高度时,应根据专门的研究,采取有效的加强措施。

10.1.3 配筋砌块砌体剪力墙和墙梁的抗震设计应根据设防烈度和房屋高度,采用表10.1.3规定的结构抗震等级,并应符合相应的计算和构造要求。

表10.1.3 抗震等级的划分

结构类型		设防烈度					
		6		7		8	
配筋砌块砌体剪力墙	高度(m)	≤24	>24	≤24	>24	≤24	>24
	抗震等级	四	三	三	二	二	一
框支墙梁	底层框架	三		二		一	
	剪力墙	三		二		一	

注:1 对于四级抗震等级,除本章规定外,均按非抗震设计采用;
2 接近或等于高度分界时,可结合房屋不规则程度及场地、地基条件确定抗震等级;
3 当配筋砌体剪力墙结构为底部大空间时,其抗震等级宜按表中规定适当提高一级。

10.1.4 配筋砌块砌体剪力墙结构应进行多遇地震作用下的抗震变形验算,其楼层内最大的层间弹性位移角不宜超过1/1000。

10.1.5 考虑地震作用组合的砌体结构构件,其截面承载力应除以承载力抗震调整系数γ_{RE},承载力抗震调整系数应按表10.1.5采用。

表10.1.5 承载力抗震调整系数

结构构件类别	受力状态	γ_{RE}
无筋、网状配筋和水平配筋砖砌体剪力墙	受剪	1.0
两端均设构造柱、芯柱的砌体剪力墙	受剪	0.9
组合砖墙、配筋砌块砌体剪力墙	偏心受压、受拉和受剪	0.85

续表

结构构件类别	受力状态	γ_{RE}
自承重墙	受剪	0.75
无筋砖柱	偏心受压	0.9
组合砖柱	偏心受压	0.85

注:本章的剪力墙即为现行国家标准《建筑抗震设计规范》GB 50011中的抗震墙。

10.1.6 地震区的混凝土砌块、石砌体结构构件的材料,应符合下列规定:

1 混凝土砌块砌筑砂浆的强度等级不应低于Mb5.0;配筋砌块砌体剪力墙中砌筑砂浆的强度等级不应低于Mb10;

2 料石的强度等级不应低于MU30,砌筑砂浆的强度等级不应低于M5。

10.1.7 考虑地震作用组合的配筋砌体结构构件,其配置的受力钢筋的锚固和接头,除应符合本规范第9章的要求外,尚应符合下列要求:

1 竖向钢筋或纵向钢筋的最小锚固长度l_{ae},应按下列规定采用:

一、二级抗震等级 $l_{ae}=1.15l_a$ (10.1.7-1)
三级抗震等级 $l_{ae}=1.05l_a$ (10.1.7-2)
四级抗震等级 $l_{ae}=1.0l_a$ (10.1.7-3)

式中 l_a——受拉钢筋的锚固长度,应按第9.4.3条的规定确定。

2 钢筋搭接接头,对一、二级抗震等级不小于$1.2l_a+5d$;对三、四级不小于$1.2l_a$。

10.1.8 蒸压灰砂砖、蒸压粉煤灰砖砌体结构房屋应符合下列规定:

1 房屋的层数与构造柱的设置位置应符合表10.1.8的要求。构造柱的截面及配筋等构造要求,应符合现行国家标准《建筑抗震设计规范》GB 50011的规定;

表10.1.8 蒸压灰砂砖、蒸压粉煤灰砖房屋构造柱设置要求

房屋层数			设置部位
6度	7度	8度	
四~五	三~四	二~三	外墙四角、楼(电)梯间四角,较大洞口两侧、大房间内外墙交接处。
六	五	四	外墙四角、楼(电)梯间四角,较大洞口两侧、大房间内外墙交接处,山墙与内纵墙交接处,隔开间横墙(轴线)与外纵墙交接处。

续表

房屋层数			设置部位
6度	7度	8度	
七	六	五	外墙四角、楼（电）梯间四角，较大洞口两侧、大房间内外墙交接处，各内墙（轴线）与外墙交接处；8度时，内纵墙与横墙（轴线）交接处。
八	七	六	较大洞口两侧，所有纵横墙交接处，且构造柱间距不宜大于4.8m。

注：房屋的层高不宜超过3m。

2 当6度8层、7度7层和8度6层时，应在所有楼（屋）盖处的纵横墙上设置混凝土圈梁，圈梁的截面尺寸不应小于240mm×180mm，圈梁主筋不应少于4φ12，箍筋φ6、间距200mm。其他情况下圈梁的设置和构造要求应符合现行国家标准《建筑抗震设计规范》GB 50011规定。

10.1.9 结构构件抗震设计时，地震作用应按现行国家标准《建筑抗震设计规范》GB50011的规定计算。

10.1.10 砌体结构构件进行抗震设计时，房屋的总高度和层数、高宽比、结构体系、抗震横墙的间距、局部尺寸的限值、防震缝设置及结构构造措施，除本章规定者外均应符合现行国家标准《建筑抗震设计规范》GB 50011的要求。

10.2 无筋砌体构件

10.2.1 烧结普通砖、烧结多孔砖、蒸压灰砂砖、蒸压粉煤灰砖墙体和石墙体的截面抗震承载力应按下式验算：

$$V \leqslant \frac{f_{VE}A}{\gamma_{RE}} \quad (10.2.1)$$

式中 V——考虑地震作用组合的墙体剪力设计值；
f_{VE}——砌体沿阶梯形截面破坏的抗震抗剪强度设计值；
A——墙体横截面面积；
γ_{RE}——承载力抗震调整系数。

10.2.2 混凝土砌块墙体的截面抗震承载力应按下式验算：

$$V \leqslant \frac{1}{\gamma_{RE}}[f_{VE}A + (0.3f_t A_c + 0.05f_y A_s)\zeta_c] \quad (10.2.2)$$

式中 f_t——灌孔混凝土的轴心抗拉强度设计值，应按现行国家标准《混凝土结构设计规范》GB 50010采用；
A_c——灌孔混凝土或芯柱截面总面积；
f_y——芯柱钢筋的抗拉强度设计值；
A_s——芯柱钢筋截面总面积；
ζ_c——芯柱参与工作系数，可按表10.2.2采用。

注：当同时设置芯柱和构造柱时，构造柱截面可作为芯柱截面。构造柱钢筋可作为芯柱钢筋。

表10.2.2 芯柱参与工作系数

灌孔率ρ	ρ<0.15	0.15≤ρ<0.25	0.25≤ρ<0.5	ρ≥0.5
ζ_c	0	1.0	1.10	1.15

注：灌孔率指芯柱根数（含构造柱和填实孔洞数）与孔洞总数之比。

10.2.3 各类砌体沿阶梯形截面破坏的抗震抗剪强度设计值应按下式计算：

$$f_{VE} = \zeta_N f_V \quad (10.2.3)$$

式中 f_{VE}——砌体沿阶梯形截面破坏的抗震抗剪强度设计值；
f_V——砌体抗剪强度设计值；
ζ_N——砌体抗震抗剪强度的正应力影响系数，应按表10.2.3采用。

表10.2.3 砌体强度的正应力影响系数

砌体类别	σ_0/f_V							
	0.0	1.0	3.0	5.0	7.0	10.0	15.0	20.0
普通砖、多孔砖	0.80	1.00	1.28	1.50	1.70	1.95	2.32	
混凝土砌块		1.25	1.75	2.25	2.60	3.10	3.95	4.80

注：σ_0为对应于重力荷载代表值的砌体截面平均压应力。

10.2.4 考虑地震作用组合的无筋砖砌体受压构件，其抗震承载力应按本规范第5章的规定计算，但其抗力应除以承载力抗震调整系数，承载力抗震调整系数应按表10.1.5采用。

10.3 配筋砖砌体构件

10.3.1 网状配筋或水平配筋烧结普通砖、烧结多孔砖墙的截面抗震承载力应按下式验算：

$$V \leqslant \frac{1}{\gamma_{RE}}(f_{VE} + \zeta_s f_y \rho_s)A \quad (10.3.1)$$

式中 V——考虑地震作用组合的墙体剪力设计值；
γ_{RE}——承载力抗震调整系数；
ζ_s——钢筋参与工作系数，可按表10.3.1采用；
f_y——钢筋的抗拉强度设计值；
ρ_s——按层间墙体竖向截面计算的水平钢筋面积配筋率，应不小于0.07%且不宜大于0.17%。

表10.3.1 钢筋参与工作系数 ζ_s

墙体高宽比	0.4	0.6	0.8	1.0	1.2
ξ_s	0.10	0.12	0.14	0.15	0.12

10.3.2 砖砌体和钢筋混凝土构造柱组合墙的截面抗震承载力应按下式计算：

$$V \leq \frac{1}{\gamma_{RE}}(\eta_c f_{VE}(A - A_c) + \zeta f_t A_c + 0.08 f_y A_s)$$

(10.3.2)

式中 A_c——中部构造柱的截面面积（对横墙和内纵墙，$A_c > 0.15A$ 时，取 $0.15A$；对外纵墙，$A_c > 0.25A$ 时，取 $0.25A$）；

f_t——中部构造柱的混凝土抗拉强度设计值，应按现行国家标准《混凝土结构设计规范》GB 50010 采用；

A_s——中部构造柱的纵向钢筋截面总面积（配筋率不小于 0.6%，大于 1.4% 时取 1.4%）；

ζ——中部构造柱参与工作系数；居中设一根时取 0.5，多于一根时取 0.4；

η_c——墙体约束修正系数；一般情况取 1.0，构造柱间距不大于 2.8m 时取 1.1。

10.3.3 组合砖柱的抗震承载力，应按本规范第 8 章的规定计算，承载力抗震调整系数应按表 10.1.5 采用。

10.3.4 水平配筋砖墙的材料和构造应符合下列要求：

1 砂浆的强度等级不应低于 M7.5；水平钢筋宜采用 HPB235、HRB335 钢筋；

2 水平钢筋的配筋率不应小于 0.07%，且不宜大于 0.17%；水平分布钢筋间距不应大于 400mm；

3 水平钢筋端部伸入垂直墙体中的锚固长度不宜小于 300mm，伸入构造柱的锚固长度不宜小于 180mm。

10.3.5 组合砖墙的材料和构造，除应符合第 8.2.8 条的要求外，尚应符合下列要求：

1 构造柱的混凝土强度等级不应低于 C20；

2 构造柱的纵向钢筋，对中柱不应少于 4φ12，对边柱、角柱不应少于 4φ14；

3 砖砌体与构造柱的拉结钢筋每边伸入墙内不宜小于 1m。

10.4 配筋砌块砌体剪力墙
I 承载力计算

10.4.1 考虑地震作用组合的配筋砌块砌体剪力墙的正截面承载力应按第 9 章的规定计算，但其抗力应除以承载力抗震调整系数。

10.4.2 配筋砌块砌体剪力墙承载力计算时，底部加强部位的截面组合剪力设计值 V_w，应按下列规定调整：

一级抗震等级 $V_w = 1.6V$ (10.4.2-1)

二级抗震等级 $V_w = 1.4V$ (10.4.2-2)

三级抗震等级 $V_w = 1.2V$ (10.4.2-3)

四级抗震等级 $V_w = 1.0V$ (10.4.2-4)

式中 V——考虑地震作用组合的剪力墙计算截面的剪力设计值。

10.4.3 配筋砌块砌体剪力墙的截面应符合下列要求：

1 当剪跨比大于 2 时

$$V_w \leq \frac{1}{\gamma_{RE}} 0.2 f_g bh$$ (10.4.3-1)

2 当剪跨比小于或等于 2 时

$$V_w \leq \frac{1}{\gamma_{RE}} 0.15 f_g bh$$ (10.4.3-2)

10.4.4 偏心受压配筋砌块砌体剪力墙，其斜截面受剪承载力应按下列公式计算：

$$V_W \leq \frac{1}{\gamma_{RE}} \left[\frac{1}{\lambda - 0.5} \left(0.48 f_{vg} bh_0 + 0.10N \frac{A_w}{A} \right) + 0.72 f_{yh} \frac{A_{sh}}{s} h_0 \right]$$ (10.4.4-1)

$$\lambda = \frac{M}{Vh_0}$$ (10.4.4-2)

式中 f_{vg}——灌孔砌体的抗剪强度设计值，可按本规范第 3.2.2 条的规定采用；

M——考虑地震作用组合的剪力墙计算截面的弯矩设计值；

V——考虑地震作用组合的剪力墙计算截面的剪力设计值；

N——考虑地震作用组合的剪力墙计算截面的轴向力设计值，当 $N > 0.2 f_g bh$ 时，取 $N = 0.2 f_g bh$；

A——剪力墙的截面面积，其中翼缘的有效面积，可按第 9.2.5 条的规定计算；

A_w——T 形或 I 字形截面剪力墙腹板的截面面积，对于矩形截面取 $A_w = A$；

λ——计算截面的剪跨比，当 $\lambda \leq 1.5$ 时，取 $\lambda = 1.5$；当 $\lambda \geq 2.2$ 时，取 $\lambda = 2.2$；

A_{sh}——配置在同一截面内的水平分布钢筋的全部截面面积；

f_{yh}——水平钢筋的抗拉强度设计值；

f_g——灌孔砌体的抗压强度设计值；

s——水平分布钢筋的竖向间距；

γ_{RE}——承载力抗震调整系数。

10.4.5 偏心受拉配筋砌块砌体剪力墙，其斜截面受剪承载力应按下式计算：

$$V_W \leq \frac{1}{\gamma_{RE}} \left[\frac{1}{\lambda - 0.5} \left(0.48 f_{vg} bh_0 - 0.17N \frac{A_w}{A} \right) + 0.72 f_{yh} \frac{A_{sh}}{s} h_0 \right]$$ (10.4.5)

注：当 $0.48 f_{vg} bh_0 - 0.17N \frac{A_w}{A} < 0$ 时，取 $0.48 f_{vg} bh_0 - 0.17N \frac{A_w}{A} = 0$。

10.4.6 配筋砌块砌体剪力墙连梁的正截面受弯承载力可按现行国家标准《混凝土结构设计规范》GB50010受弯构件的有关规定进行计算；当采用配筋砌块砌体连梁时，应采用相应的计算参数和指标；连梁的正截面承载力应除以相应的承载力抗震调整系数。

10.4.7 配筋砌块砌体剪力墙连梁的剪力设计值，抗震等级一、二、三级时应按下列公式调整，四级时可不调整：

$$V_b = \eta_v \frac{M_b^l + M_b^r}{l_n} + V_{Gb} \quad (10.4.7)$$

式中 V_b——连梁的剪力设计值；

η_v——剪力增大系数，一级时取1.3；二级时取1.2；三级时取1.1；

M_b^l、M_b^r——分别为梁左、右端考虑地震作用组合的弯矩设计值；

V_{Gb}——在重力荷载代表值作用下，按简支梁计算的截面剪力设计值；

l_n——连梁净跨。

10.4.8 配筋砌块砌体剪力墙连梁的截面应符合下列要求：

1 当跨高比大于2.5时

$$V_b \leq \frac{1}{\gamma_{RE}}(0.2f_g bh_0) \quad (10.4.8-1)$$

2 当跨高比小于或等于2.5时

$$V_b \leq \frac{1}{\gamma_{RE}}(0.15f_g bh_0) \quad (10.4.8-2)$$

10.4.9 配筋砌块砌体剪力墙连梁的斜截面受剪承载力应按下列公式计算：

1 当跨高比大于2.5时

$$V_b \leq \frac{1}{\gamma_{RE}}\left(0.64f_{vg}bh_0 + 0.8f_{yv}\frac{A_{sv}}{s}h_0\right) \quad (10.4.9-1)$$

2 当跨高比小于或等于2.5时

$$V_b \leq \frac{1}{\gamma_{RE}}\left(0.56f_{vg}bh_0 + 0.7f_{yv}\frac{A_{sv}}{s}h_0\right) \quad (10.4.9-2)$$

式中 A_{sv}——配置在同一截面内的箍筋各肢的全部截面面积；

f_{yv}——箍筋的抗拉强度设计值。

注：当连梁跨高比大于2.5时，宜采用混凝土连梁。

Ⅱ 构造措施

10.4.10 配筋砌块砌体剪力墙的厚度，一级抗震等级剪力墙不应小于层高的1/20，二、三、四级剪力墙不应小于层高的1/25，且不应小于190mm。

10.4.11 配筋砌块砌体剪力墙的水平和竖向分布钢筋应符合表10.4.11-1和10.4.11-2的要求；剪力墙底部加强区的高度不小于房屋高度的1/6，且不小于两层的高度。

表10.4.11-1 剪力墙水平分布钢筋的配筋构造

抗震等级	最小配筋率（%）		最大间距（mm）	最小直径（mm）
	一般部位	加强部位		
一级	0.13	0.13	400	φ8
二级	0.11	0.13	600	φ8
三级	0.11	0.11	600	φ6
四级	0.07	0.10	600	φ6

表10.4.11-2 剪力墙竖向分布钢筋的配筋构造

抗震等级	最小配筋率（%）		最大间距（mm）	最小直径（mm）
	一般部位	加强部位		
一级	0.13	0.13	400	φ12
二级	0.11	0.13	600	φ12
三级	0.11	0.11	600	φ12
四级	0.07	0.10	600	φ12

10.4.12 配筋砌块砌体剪力墙边缘构件的设置，除应符合第9.4.11条的规定外，当剪力墙的压应力大于$0.5f_g$时，其构造配筋应符合表10.4.12的规定。

表10.4.12 剪力墙边缘构件构造配筋

抗震等级	底部加强区	其他部位	箍筋或拉筋直径和间距
一级	3φ20（4φ16）	3φ18（4φ16）	φ8@200
二级	3φ18（4φ16）	3φ16（4φ14）	φ8@200
三级	3φ14（4φ12）	3φ14（4φ12）	φ6@200
四级	3φ12（4φ12）	3φ12（4φ12）	φ6@200

注：表中括号中数字为混凝土柱时的配筋。

10.4.13 配筋砌块砌体剪力墙的布置，应符合下列要求：

1 平面形状宜简单、规则，凹凸不宜过大；竖向布置宜规则、均匀，避免有过大的外挑和内收；

2 纵横方向的剪力墙宜拉通对齐；较长的剪力墙可用楼板或弱连梁分为若干个独立的墙段，每个独立墙段的总高度与长度之比不宜小于2；

3 剪力墙的门窗洞口宜上下对齐，成列布置；

4 剪力墙小墙肢的截面高度不宜小于3倍墙厚，也不应小于600mm，小墙肢的配筋应符合表10.4.12的要求，一级剪力墙小墙肢的轴压比不宜大于0.5，二、三级剪力墙的轴压比不宜大于0.6；

5 单肢剪力墙和由弱连梁连接的剪力墙，宜满足在重力荷载作用下，墙体平均轴压比$N/f_g A_w$不大于0.5的要求。

10.4.14 配筋砌块砌体剪力墙的水平分布钢筋（网片）宜沿墙长连续设置，其锚固或搭接要求除应符合第9.4.5条的规定外，尚应符合下列规定：

1 水平分布钢筋可绕端部主筋弯180度弯钩，

弯钩端部直段长度不宜小于 $12d$；该钢筋亦可垂直弯入端部灌孔混凝土中锚固，其弯折段长度，对一、二级抗震等级不应小于 $250mm$；

对三、四级抗震等级，不应小于 $200mm$；

2 当采用焊接网片作为剪力墙水平钢筋时，应在钢筋网片的弯折端部加焊两根直径与抗剪钢筋相同的横向钢筋，弯入灌孔混凝土的长度不应小于 $150mm$。

10.4.15 配筋砌块砌体剪力墙连梁的构造，当采用混凝土连梁时，应符合第 9.4.12 条的规定和现行国家标准《混凝土结构设计规范》GB50010 中有关地震区连梁的构造要求；当采用配筋砌块砌体连梁时，除应符合第 9.4.13 条的规定外，尚应符合下列要求：

1 连梁上下水平钢筋锚入墙体内的长度，一、二级抗震等级不应小于 $1.1l_a$，三、四级抗震等级不应小于 l_a，且不应小于 $600mm$；

2 连梁的箍筋应沿梁长布置，并应符合表 10.4.15 的要求；

表 10.4.15 连梁箍筋的构造要求

抗震等级	箍筋加密区			箍筋非加密区	
	长度	箍筋间距 (mm)	直径	间距 (mm)	直径
一级	$2h$	100	$\phi10$	200	$\phi10$
二级	$1.5h$	200	$\phi8$	200	$\phi8$
三级	$1.5h$	200	$\phi8$	200	$\phi8$
四级	$1.5h$	200	$\phi8$	200	$\phi8$

注：h 为连梁截面高度；加密区长度不小于 $600mm$。

3 在顶层连梁伸入墙体的钢筋长度范围内，应设置间距不大于 $200mm$ 的构造箍筋，箍筋直径应与连梁的箍筋直径相同；

4 跨高比小于 2.5 的连梁，在自梁底以上 $200mm$ 和梁顶以下 $200mm$ 范围内，每隔 $200mm$ 增设水平分布钢筋，当一级抗震等级时，不小于 $2\phi12$，二~四级抗震等级时为 $2\phi10$，水平分布钢筋伸入墙内的长度不小于 $30d$ 和 $300mm$。

5 连梁不宜开洞。当需要开洞时，应在跨中梁高 1/3 处预埋外径不大于 $200mm$ 的钢套管，洞口上下的有效高度不应小于 1/3 梁高，且不应小于 $200mm$，洞口处应配补强钢筋并在洞周边浇注灌孔混凝土，被洞口削弱的截面应进行受剪承载力验算。

10.4.16 配筋砌块砌体柱的构造除应符合第 9.4.14 条的规定外，尚应符合下列要求：

1 纵向钢筋直径不应小于 $12mm$，全部纵向钢筋的配筋率不应小于 0.4%；

2 箍筋直径不应小于 $6mm$，且不应小于纵向钢筋直径的 1/4；箍筋的间距，应符合下列要求：

    1）地震作用产生轴向力的柱，箍筋间距不宜大于 $200mm$；

    2）地震作用不产生轴向力的柱，在柱顶和柱底的 1/6 柱高、柱截面长边尺寸和 $450mm$ 三者较大值范围内，箍筋间距不宜大于 $200mm$；其他部位不宜大于 16 倍纵向钢筋直径、48 倍箍筋直径和柱截面短边尺寸三者较小值。

3 箍筋或拉结钢筋端部的弯钩不应小于 135°。

10.4.17 夹心墙的自承重叶墙的横向支承间距，宜符合下列规定：

1 8、9 度时不宜大于 3m；

2 7 度时不宜大于 6m；

3 6 度时不宜大于 9m。

10.4.18 配筋砌块砌体剪力墙房屋的楼、屋盖宜采用现浇钢筋混凝土结构；抗震等级为四级时，也可采用装配整体式钢筋混凝土楼盖。

10.4.19 配筋砌块砌体剪力墙房屋的楼、屋盖处，应按下列规定设置钢筋混凝土圈梁：

1 圈梁混凝土强度等级不宜小于砌块强度等级的 2 倍，或该层灌孔混凝土的强度等级，但不应低于 C20；

2 圈梁的宽度宜为墙厚，高度不宜小于 $200mm$；纵向钢筋直径不应小于墙中水平分布钢筋的直径，且不宜小于 $4\phi12$；箍筋直径不应小于 $\phi6$，间距不大于 $200mm$。

10.4.20 配筋砌块砌体剪力墙房屋的基础与剪力墙结合处的受力钢筋，当房屋高度超过 50m 或一级抗震等级时宜采用机械连接或焊接，其他情况可采用搭接。当采用搭接时，一、二级抗震等级时搭接长度不宜小于 $50d$，三、四级抗震等级时不宜小于 $40d$（d 受力钢筋直径）。

10.5 墙 梁

10.5.1 底层设置抗震墙的框支墙梁房屋的层数和高度应符合现行国家标准《建筑抗震设计规范》GB 50011 中第 7.1.2 条和 7.1.3 条的要求。

10.5.2 框支墙梁房屋的底层应沿纵向和横向设置一定数量的抗震墙，且应均匀对称布置或基本均匀对称布置。其间距不应超过现行国家标准《建筑抗震设计规范》GB 50011 中表 7.1.5 的要求。6、7 度且总层数不超过五层的框支墙梁房屋，允许采用嵌砌于框架之间的砌体抗震墙，其余情况应采用混凝土抗震墙。框支墙梁房屋的纵横两个方向，第二层与底层侧向刚度的比值，6、7 度时不应大于 2.5，8 度时不应大于 2.0，且均不应小于 1.0。

10.5.3 框支墙梁上层承重墙应沿纵、横两个方向按底部框架和抗震墙的轴线布置，宜上、下对齐，分布均匀，使各层刚度中心接近质量中心。应在墙体中的框架柱上方和纵横墙交接处设置混凝土构造柱，其截面和配筋应符合现行国家标准《建筑抗震设计规范》GB50011的要求。框支墙梁的托梁处应采用现浇混凝土楼盖，其楼板厚度不应小于120mm。应在托梁和上一层墙体顶面标高处均设置现浇混凝土圈梁。其余各层楼盖可采用装配整体式楼盖，也应沿纵横承重墙设置现浇混凝土圈梁。

10.5.4 框支墙梁房屋的抗震计算，可采用底部剪力法。底层的纵向和横向地震剪力设计值均应乘以增大系数，其值允许根据第二层与底层侧向刚度比值的大小在1.2~1.5范围内选用。底层的纵向和横向地震剪力设计值应全部由该方向的抗震墙承担，并按各抗震墙侧向刚度比例分配。

10.5.5 底部框架柱承担的地震剪力设计值，可按各抗侧力构件有效刚度比例分配确定；有效侧向刚度的取值，框架不折减，混凝土抗震墙可乘以折减系数**0.3**，砌体抗震墙可乘以折减系数**0.2**。框架柱应计入地震倾覆力矩引起的附加轴力，此时框支墙梁可视为刚体。底部各构件承受的地震倾覆力矩，可近似按底层抗震墙和框架的侧向刚度比例分配确定。

10.5.6 由重力荷载代表值产生的框支墙梁内力应按本规范第7.3节的有关规定计算。重力荷载代表值应按现行国家标准《建筑抗震设计规范》GB50011中第5.1.3条的有关规定计算。但托梁弯矩系数 α_M、剪力系数 β_V 应予增大；增大系数当抗震等级为一级时，取为**1.10**，当抗震等级为二级时，取为**1.05**，当抗震等级为三级时，取为**1.0**。

10.5.7 计算底部框架地震剪力产生的柱端弯矩时可取柱的反弯点距柱底为0.55倍柱高。

10.5.8 框支墙梁上部计算高度范围内墙体的截面抗震承载力，应按第10.2节、10.3节的规定计算，但在公式右边应乘以降低系数0.9。

10.5.9 框支墙梁的框架柱、抗震墙和托梁的混凝土强度等级不应低于C30，托梁上一层墙体的砂浆强度等级不应低于M10，其余墙体的砂浆强度等级不应低于M5。

10.5.10 框支墙梁的托梁应符合下列构造要求：

1 托梁的截面宽度不应小于300mm，截面高度不应小于跨度的1/10，净跨不宜小于截面高度的4倍；当墙体在梁端附近有洞口时，梁截面高度不宜小于跨度的1/8，且不宜大于跨度的1/6；

2 托梁每跨底部纵向钢筋应通长设置，不得在跨中弯起或截断，伸入支座锚固长度不应小于受拉钢筋最小锚固长度 l_{aE}，且伸过中心线不应小于 $5d$；钢筋应采用机械连接或焊接接头，不得采用搭接接头；托梁上部纵向钢筋应贯穿中间节点，其在端节点的弯折锚固水平投影长度不应小于 $0.4l_{aE}$，垂直投影长度不应小于15d；

3 托梁截面受压区高度应符合的要求，对一级抗震等级 $x \leqslant 0.25h_0$，对二、三级抗震等级 x $\leqslant 0.35h_0$；受拉钢筋配筋率均不应大于2.5%；

4 托梁箍筋直径不应小于8mm，间距不应大于200mm；梁端1.5倍梁高且不小于1/5净跨范围内及上部墙体偏开洞口区段及洞口两侧各一个梁高，且不小于500mm范围内，箍筋间距不应大于100mm。

5 托梁沿梁高应设置不小于 $2\phi14mm$ 的通长腰筋，间距不应大于200mm。

10.5.11 底部混凝土框架柱、剪力墙和梁、柱节点的构造措施尚应符合现行国家标准《建筑抗震设计规范》GB50011和《混凝土结构设计规范》GB50010的有关规定。

附录A 石材的规格尺寸及其强度等级的确定方法

A.1 石材按其加工后的外形规则程度，可分为料石和毛石。

A.1.1 料石

1 细料石：通过细加工，外表规则，叠砌面凹入深度不应大于10mm，截面的宽度、高度不宜小于200mm，且不宜小于长度的1/4。

2 半细料石：规格尺寸同上，但叠砌面凹入深度不应大于15mm。

3 粗料石：规格尺寸同上，但叠砌面凹入深度不应大于20mm。

4 毛料石：外形大致方正，一般不加工或仅稍加修整，高度不应小于200mm，叠砌面凹入深度不应大于25mm。

A.1.2 毛石

形状不规则，中部厚度不应小于200mm。

A.2 石材的强度等级，可用边长为70mm的立方体试块的抗压强度表示。抗压强度取三个试件破坏强度的平均值。试件也可采用表A.2所列边长尺寸的立方体，但应对其试验结果乘以相应的换算系数后方可作为石材的强度等级。

表 A.2 石材强度等级的换算系数

立方体边长 (mm)	200	150	100	70	50
换算系数	1.43	1.28	1.14	1	0.86

A.3 石砌体中的石材应选用无明显风化的天然石材。

附录B 各类砌体强度平均值的计算公式和强度标准值

B.1 各类砌体强度平均值的计算公式

表 B.1.1 轴心抗压强度平均值 f_m (MPa)

砌体种类	$f_m = k_1 f_1^\alpha (1+0.07f_2) k_2$		
	k_1	α	k_2
烧结普通砖、烧结多孔砖、蒸压灰砂砖、蒸压粉煤灰砖	0.78	0.5	当 $f_2 < 1$ 时,$k_2 = 0.6 + 0.4f_2$
混凝土砌块	0.46	0.9	当 $f_2 = 0$ 时,$k_2 = 0.8$
毛料石	0.79	0.5	当 $f_2 < 1$ 时,$k_2 = 0.6 + 0.4f_2$
毛石	0.22	0.5	当 $f_2 < 2.5$ 时,$k_2 = 0.4 + 0.24f_2$

注:
1. k_2 在表列条件以外时均等于 1。
2. 式中 f_1 为块体(砖、石、砌块)的抗压强度等级值或平均值;f_2 为砂浆抗压强度平均值。单位均以 MPa 计;
3. 混凝土砌块砌体的轴心抗压强度平均值,当 $f_2 > 10$ MPa 时,应乘系数 $1.1-0.01f_2$,MU20 的砌体应乘系数 0.95,且满足 $f_1 \geqslant f_2$,$f_1 \leqslant 20$ MPa。

表 B.1.2 轴心抗拉强度平均值 $f_{t,m}$、弯曲抗拉强度平均值 $f_{tm,m}$ 和抗剪强度平均值 $f_{v,m}$ (MPa)

砌体种类	$f_{t,m} = k_3 \sqrt{f_2}$	$f_{tm,m} = k_4 \sqrt{f_2}$		$f_{v,m} = k_5 \sqrt{f_2}$
	k_3	k_4		k_5
		沿齿缝	沿通缝	
烧结普通砖、烧结多孔砖	0.141	0.250	0.125	0.125
蒸压灰砂砖、蒸压粉煤灰砖	0.09	0.18	0.09	0.09
混凝土砌块	0.069	0.081	0.056	0.069
毛石	0.075	0.113	—	0.188

B.2 各类砌体的强度标准值

表 B.2.1 砖砌体的抗压强度标准值 f_k (MPa)

砖强度等级	砂浆强度等级					砂浆强度 0
	M15	M10	M7.5	M5	M2.5	
MU30	6.30	5.23	4.69	4.15	3.61	1.84
MU25	5.75	4.77	4.28	3.79	3.30	1.68
MU20	5.15	4.27	3.83	3.39	2.95	1.50
MU15	4.46	3.70	3.32	2.94	2.56	1.30
MU10	3.64	3.02	2.71	2.40	2.09	1.07

表 B.2.2 混凝土砌块砌体的抗压强度标准值 f_k (MPa)

砌块强度等级	砂浆强度等级				砂浆强度 0
	M15	M10	M7.5	M5	
MU20	9.08	7.93	7.11	6.30	3.73
MU15	7.38	6.44	5.78	5.12	3.03
MU10	—	4.47	4.01	3.55	2.10
MU7.5	—	—	3.10	2.74	1.62
MU5	—	—	—	1.90	1.13

表 B.2.3 毛料石砌体的抗压强度标准值 f_k (MPa)

料石强度等级	砂浆强度等级			砂浆强度 0
	M7.5	M5	M2.5	
MU100	8.67	7.68	6.68	3.41
MU80	7.76	6.87	5.98	3.05
MU60	6.72	5.95	5.18	2.64
MU50	6.13	5.43	4.72	2.41
MU40	5.49	4.86	4.23	2.16
MU30	4.75	4.20	3.66	1.87
MU20	3.88	3.43	2.99	1.53

表 B.2.4 毛石砌体的抗压强度标准值 f_k (MPa)

毛石强度等级	砂浆强度等级			砂浆强度 0
	M7.5	M5	M2.5	
MU100	2.03	1.80	1.56	0.53
MU80	1.82	1.61	1.40	0.48
MU60	1.57	1.39	1.21	0.41
MU50	1.44	1.27	1.11	0.38
MU40	1.28	1.14	0.99	0.34
MU30	1.11	0.98	0.86	0.29
MU20	0.91	0.80	0.70	0.24

表 B.2.5 沿砌体灰缝截面破坏时的轴心抗拉强度标准值 $f_{t,k}$、弯曲抗拉强度标准值 $f_{tm,k}$ 和抗剪强度标准值 $f_{v,k}$ (MPa)

强度类别	破坏特征	砌体种类	砂浆强度等级			
			$\geqslant$M10	M7.5	M5	M2.5
轴心抗拉	沿齿缝	烧结普通砖、烧结多孔砖	0.30	0.26	0.21	0.15
		蒸压灰砂砖、蒸压粉煤灰砖	0.19	0.16	0.13	—
		混凝土砌块	0.15	0.13	0.10	—
		毛石	0.14	0.12	0.10	0.07

续表

强度类别	破坏特征	砌体种类	砂浆强度等级 ≥M10	M7.5	M5	M2.5
弯曲抗拉	沿齿缝	烧结普通砖、烧结多孔砖	0.53	0.46	0.38	0.27
		蒸压灰砂砖、蒸压粉煤灰砖	0.38	0.32	0.26	—
		混凝土砌块	0.17	0.15	0.12	—
		毛石	0.20	0.18	0.14	0.10
	沿通缝	烧结普通砖、烧结多孔砖	0.27	0.23	0.19	0.13
		蒸压灰砂砖、蒸压粉煤灰砖	0.19	0.16	0.13	—
		混凝土砌块	0.12	0.10	0.08	—
抗剪		烧结普通砖、烧结多孔砖	0.27	0.23	0.19	0.13
		蒸压灰砂砖、蒸压粉煤灰砖	0.19	0.16	0.13	—
		混凝土砌块	0.15	0.13	0.10	—
		毛石	0.34	0.29	0.24	0.17

附录C 刚弹性方案房屋的静力计算方法

在水平荷载（风荷载）作用下，刚弹性方案房屋墙、柱内力分析可按如下两步进行，然后将两步结果叠加，即得最后内力：

1 在平面计算简图中，各层横梁与柱连接处加水平铰支杆，计算其在水平荷载（风荷载）作用下无侧移时的内力与各支杆反力 R_i（图Ca）。

2 考虑房屋的空间作用，将各支杆反力 R_i 乘以由表4.2.4查得的相应空间性能影响系数 η_i，并反向施加于节点上，计算其内力（图Cb）。

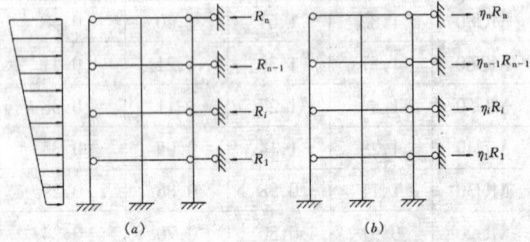

图C 刚弹性方案房屋的静力计算简图

附录D 影响系数 φ 和 φ_n

D.0.1 无筋砌体矩形截面单向偏心受压构件（图D.0.1）承载力的影响系数 φ，可按表D.0.1-1至表D.0.1-3采用或按下列公式计算：

当 $\beta \leq 3$ 时

$$\varphi = \frac{1}{1 + 12\left(\dfrac{e}{h}\right)^2} \quad (D.0.1-1)$$

当 $\beta > 3$ 时

$$\varphi = \frac{1}{1 + 12\left[\dfrac{e}{h} + \sqrt{\dfrac{1}{12}\left(\dfrac{1}{\varphi_0} - 1\right)}\right]^2} \quad (D.0.1-2)$$

$$\varphi_0 = \frac{1}{1 + \alpha\beta^2} \quad (D.0.1-3)$$

式中 e——轴向力的偏心距；
h——矩形截面的轴向力偏心方向的边长；
φ_0——轴心受压构件的稳定系数；
α——与砂浆强度等级有关的系数，当砂浆强度等级大于或等于M5时，α 等于0.0015；当砂浆强度等级等于M2.5时，α 等于0.002；当砂浆强度等级 f_2 等于0时，α 等于0.009；
β——构件的高厚比。

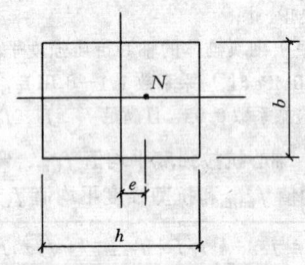

图D.0.1 单向偏心受压

计算T形截面受压构件的 φ 时，应以折算厚度 h_T 代替公式(D.0.1-2)中的 h。$h_T = 3.5i$，i 为T形截面的回转半径。

D.0.2 网状配筋砖砌体矩形截面单向偏心受压构件承载力的影响系数 φ_n，可按表D.0.2采用或按下列公式计算：

$$\varphi_n = \frac{1}{1 + 12\left[\dfrac{e}{h} + \sqrt{\dfrac{1}{12}\left(\dfrac{1}{\varphi_{0n}} - 1\right)}\right]^2} \quad (D.0.2-1)$$

$$\varphi_{0n} = \frac{1}{1 + \dfrac{1 + 3\rho}{667}\beta^2} \quad (D.0.2-2)$$

式中 φ_{0n}——网状配筋砖砌体受压构件的稳定系数；
ρ——配筋率（体积比）。

D.0.3 无筋砌体矩形截面双向偏心受压构件（图D.0.2）承载力的影响系数，可按下列公式计算：

$$\varphi = \frac{1}{1 + 12\left[\left(\dfrac{e_b + e_{ib}}{b}\right)^2 + \left(\dfrac{e_h + e_{ih}}{h}\right)^2\right]} \quad (D.0.3-1)$$

$$e_{ib} = \frac{b}{\sqrt{12}}\sqrt{\dfrac{1}{\varphi_0} - 1}\left[\dfrac{\dfrac{e_b}{b}}{\dfrac{e_b}{b} + \dfrac{e_h}{h}}\right] \quad (D.0.3-2)$$

$$e_{ih} = \frac{h}{\sqrt{12}} \sqrt{\frac{1}{\varphi_0} - 1} \left(\frac{\frac{e_h}{h}}{\frac{e_b}{b} + \frac{e_h}{h}} \right)$$

(D.0.3-3)

式中 e_b、e_h——轴向力在截面重心 x 轴、y 轴方向的偏心距,e_b、e_h 宜分别不大于 $0.5x$ 和 $0.5y$;

x、y——自截面重心沿 x 轴、y 轴至轴向力所在偏心方向截面边缘的距离;

e_{ib}、e_{ih}——轴向力在截面重心 x 轴、y 轴方向的附加偏心距;

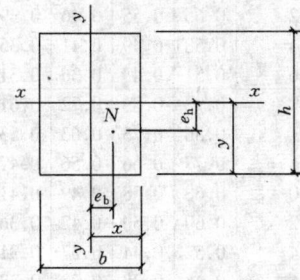

图 D.0.2 双向偏心受压

当一个方向的偏心率(e_b/b 或 e_h/h)不大于另一个方向的偏心率的 5% 时,可简化按另一个方向的单向偏心受压,按本规范第 D.0.1 条的规定确定承载力的影响系数。

表 D.0.1-1 影响系数 φ(砂浆强度等级≥M5)

β	$\frac{e}{h}$ 或 $\frac{e}{h_T}$					
	0	0.025	0.05	0.075	0.1	0.125	0.15
≤3	1	0.99	0.97	0.94	0.89	0.84	0.79
4	0.98	0.95	0.90	0.85	0.80	0.74	0.69
6	0.95	0.91	0.86	0.81	0.75	0.69	0.64
8	0.91	0.86	0.81	0.76	0.70	0.64	0.59
10	0.87	0.82	0.76	0.71	0.65	0.60	0.55
12	0.82	0.77	0.71	0.66	0.60	0.55	0.51
14	0.77	0.72	0.66	0.61	0.56	0.51	0.47
16	0.72	0.67	0.61	0.56	0.52	0.47	0.44
18	0.67	0.62	0.57	0.52	0.48	0.44	0.40
20	0.62	0.57	0.53	0.48	0.44	0.40	0.37
22	0.58	0.53	0.49	0.45	0.41	0.38	0.35
24	0.54	0.49	0.45	0.41	0.38	0.35	0.32
26	0.50	0.46	0.42	0.38	0.35	0.33	0.30
28	0.46	0.42	0.39	0.36	0.33	0.30	0.28
30	0.42	0.39	0.36	0.33	0.31	0.28	0.26

续表

β	$\frac{e}{h}$ 或 $\frac{e}{h_T}$					
	0.175	0.2	0.225	0.25	0.275	0.3
≤3	0.73	0.68	0.62	0.57	0.52	0.48
4	0.64	0.58	0.53	0.49	0.45	0.41
6	0.59	0.54	0.49	0.45	0.42	0.38
8	0.54	0.50	0.46	0.42	0.39	0.36
10	0.50	0.46	0.42	0.39	0.36	0.33
12	0.47	0.43	0.39	0.36	0.33	0.31
14	0.43	0.40	0.36	0.34	0.31	0.29
16	0.40	0.37	0.34	0.31	0.29	0.27
18	0.37	0.34	0.31	0.29	0.27	0.25
20	0.34	0.32	0.29	0.27	0.25	0.23
22	0.32	0.30	0.27	0.25	0.24	0.22
24	0.30	0.28	0.26	0.24	0.22	0.21
26	0.28	0.26	0.24	0.22	0.21	0.19
28	0.26	0.24	0.22	0.21	0.19	0.18
30	0.24	0.22	0.21	0.20	0.18	0.17

表 D.0.1-2 影响系数 φ(砂浆强度等级 M2.5)

β	$\frac{e}{h}$ 或 $\frac{e}{h_T}$					
	0	0.025	0.05	0.075	0.1	0.125	0.15
≤3	1	0.99	0.97	0.94	0.89	0.84	0.79
4	0.97	0.94	0.89	0.84	0.78	0.73	0.67
6	0.93	0.89	0.84	0.78	0.73	0.67	0.62
8	0.89	0.84	0.78	0.72	0.67	0.62	0.57
10	0.83	0.78	0.72	0.67	0.61	0.56	0.52
12	0.78	0.72	0.67	0.61	0.56	0.52	0.47
14	0.72	0.66	0.61	0.56	0.51	0.47	0.43
16	0.66	0.61	0.56	0.51	0.47	0.43	0.40
18	0.61	0.56	0.51	0.47	0.43	0.40	0.36
20	0.56	0.51	0.47	0.43	0.39	0.36	0.33
22	0.51	0.47	0.43	0.39	0.36	0.33	0.31
24	0.46	0.43	0.39	0.36	0.33	0.31	0.28
26	0.42	0.39	0.36	0.33	0.31	0.28	0.26
28	0.39	0.36	0.33	0.30	0.28	0.26	0.24
30	0.36	0.33	0.30	0.28	0.26	0.24	0.22

β	$\frac{e}{h}$ 或 $\frac{e}{h_T}$					
	0.175	0.2	0.225	0.25	0.275	0.3
≤3	0.73	0.68	0.62	0.57	0.52	0.48
4	0.62	0.57	0.52	0.48	0.44	0.40
6	0.57	0.52	0.48	0.44	0.40	0.37
8	0.52	0.48	0.44	0.40	0.37	0.34
10	0.47	0.43	0.40	0.37	0.34	0.31
12	0.43	0.40	0.37	0.34	0.31	0.29
14	0.40	0.36	0.34	0.31	0.29	0.27
16	0.36	0.34	0.31	0.29	0.26	0.25
18	0.33	0.31	0.29	0.26	0.24	0.23
20	0.31	0.28	0.26	0.24	0.23	0.21

续表

β	$\frac{e}{h}$ 或 $\frac{e}{h_T}$					
	0.175	0.2	0.225	0.25	0.275	0.3
22	0.28	0.26	0.24	0.23	0.21	0.20
24	0.26	0.24	0.23	0.21	0.20	0.18
26	0.24	0.22	0.21	0.20	0.18	0.17
28	0.22	0.21	0.20	0.18	0.17	0.16
30	0.21	0.20	0.18	0.17	0.16	0.15

表 D.0.1-3　影响系数 φ（砂浆强度 0）

β	$\frac{e}{h}$ 或 $\frac{e}{h_T}$						
	0	0.025	0.05	0.075	0.1	0.125	0.15
≤3	1	0.99	0.97	0.94	0.89	0.84	0.79
4	0.87	0.82	0.77	0.71	0.66	0.60	0.55
6	0.76	0.70	0.65	0.59	0.54	0.50	0.46
8	0.63	0.58	0.54	0.49	0.45	0.41	0.38
10	0.53	0.48	0.44	0.41	0.37	0.34	0.32
12	0.44	0.40	0.37	0.34	0.31	0.29	0.27
14	0.36	0.33	0.31	0.28	0.26	0.24	0.23
16	0.30	0.28	0.26	0.24	0.22	0.21	0.19
18	0.26	0.24	0.22	0.21	0.19	0.18	0.17
20	0.22	0.20	0.19	0.18	0.17	0.16	0.15
22	0.19	0.18	0.16	0.15	0.14	0.14	0.13
24	0.16	0.15	0.14	0.13	0.13	0.12	0.11
26	0.14	0.13	0.13	0.12	0.11	0.11	0.10
28	0.12	0.12	0.11	0.11	0.10	0.10	0.09
30	0.11	0.10	0.10	0.09	0.09	0.09	0.08

β	$\frac{e}{h}$ 或 $\frac{e}{h_T}$					
	0.175	0.2	0.225	0.25	0.275	0.3
≤3	0.73	0.68	0.62	0.57	0.52	0.48
4	0.51	0.46	0.43	0.39	0.36	0.33
6	0.42	0.39	0.36	0.33	0.30	0.28
8	0.35	0.32	0.30	0.28	0.25	0.24
10	0.29	0.27	0.25	0.23	0.22	0.20
12	0.25	0.23	0.21	0.20	0.19	0.17
14	0.21	0.20	0.18	0.17	0.16	0.15
16	0.18	0.17	0.16	0.15	0.14	0.13
18	0.16	0.15	0.14	0.13	0.12	0.12
20	0.14	0.13	0.12	0.12	0.11	0.10
22	0.12	0.12	0.11	0.10	0.10	0.09
24	0.11	0.10	0.10	0.09	0.09	0.08
26	0.10	0.09	0.09	0.08	0.08	0.07
28	0.09	0.08	0.08	0.08	0.07	0.07
30	0.08	0.07	0.07	0.07	0.07	0.06

表 D.0.2　影响系数 φ_n

ρ	β	e/h				
		0	0.05	0.10	0.15	0.17
0.1	4	0.97	0.89	0.78	0.67	0.63
	6	0.93	0.84	0.73	0.62	0.58
	8	0.89	0.78	0.67	0.57	0.53
	10	0.84	0.72	0.62	0.52	0.48
	12	0.78	0.67	0.56	0.48	0.44
	14	0.72	0.61	0.52	0.44	0.41
	16	0.67	0.56	0.47	0.40	0.37

续表

ρ	β	e/h				
		0	0.05	0.10	0.15	0.17
0.3	4	0.96	0.87	0.76	0.65	0.61
	6	0.91	0.80	0.69	0.59	0.55
	8	0.84	0.74	0.62	0.53	0.49
	10	0.78	0.67	0.56	0.47	0.44
	12	0.71	0.60	0.51	0.43	0.40
	14	0.64	0.54	0.46	0.38	0.36
	16	0.58	0.49	0.41	0.35	0.32
0.5	4	0.94	0.85	0.74	0.63	0.59
	6	0.88	0.77	0.66	0.56	0.52
	8	0.81	0.69	0.59	0.50	0.46
	10	0.73	0.62	0.52	0.44	0.41
	12	0.65	0.55	0.46	0.39	0.36
	14	0.58	0.49	0.41	0.35	0.32
	16	0.51	0.43	0.36	0.31	0.29
0.7	4	0.93	0.83	0.72	0.61	0.57
	6	0.86	0.75	0.63	0.53	0.50
	8	0.77	0.66	0.56	0.47	0.43
	10	0.68	0.58	0.49	0.41	0.38
	12	0.60	0.50	0.42	0.36	0.33
	14	0.52	0.44	0.37	0.31	0.30
	16	0.46	0.38	0.33	0.28	0.26
0.9	4	0.92	0.82	0.71	0.60	0.56
	6	0.83	0.72	0.61	0.52	0.48
	8	0.73	0.63	0.53	0.45	0.42
	10	0.64	0.54	0.46	0.38	0.36
	12	0.55	0.47	0.39	0.33	0.31
	14	0.48	0.40	0.34	0.29	0.27
	16	0.41	0.35	0.30	0.25	0.24
1.0	4	0.91	0.81	0.70	0.59	0.55
	6	0.82	0.71	0.60	0.51	0.47
	8	0.72	0.61	0.52	0.43	0.41
	10	0.62	0.53	0.44	0.37	0.35
	12	0.54	0.45	0.38	0.32	0.30
	14	0.46	0.39	0.33	0.28	0.26
	16	0.39	0.34	0.28	0.24	0.23

附录 E　本规范用词说明

为便于在执行本规范条文时区别对待，对要求严格程度不同的用词说明如下：

E.0.1　表示很严格，非这样做不可的用词

正面词采用"必须"，反面词采用"严禁"；

E.0.2　表示严格，在正常情况下均应这样做的用词

正面词采用"应"，反面词采用"不应"或"不得"；

E.0.3　表示允许稍有选择，在条件许可时首先应这样做的用词

正面词采用"宜"，反面词采用"不宜"；

表示有选择，在一定条件下可以这样做的，采用"可"。

中华人民共和国国家标准

砌体结构设计规范

Code for design of masonry structures

GB 50003—2001

条 文 说 明

目　　次

1 总则 …………………………………… 5—43
3 材料 …………………………………… 5—43
　3.1 材料强度等级 ………………………… 5—43
　3.2 砌体的计算指标 ……………………… 5—43
4 基本设计规定 ………………………… 5—45
　4.1 设计原则 ……………………………… 5—45
　4.2 房屋的静力计算规定 ………………… 5—45
5 无筋砌体构件 ………………………… 5—46
　5.1 受压构件 ……………………………… 5—46
　5.2 局部受压 ……………………………… 5—46
　5.5 受剪构件 ……………………………… 5—47
6 构造要求 ……………………………… 5—47
　6.1 墙、柱的允许高厚比 ………………… 5—47
　6.2 一般构造要求 ………………………… 5—47
　6.3 防止或减轻墙体开裂的主要措施 …… 5—48
7 圈梁、过梁、墙梁及挑梁 …………… 5—49
　7.1 圈梁 …………………………………… 5—49
　7.2 过梁 …………………………………… 5—49
　7.3 墙梁 …………………………………… 5—49
　7.4 挑梁 …………………………………… 5—51
8 配筋砖砌体构件 ……………………… 5—51
9 配筋砌块砌体构件 …………………… 5—51
　9.4 配筋砌块砌体剪力墙构造规定 ……… 5—53
　　Ⅰ 钢筋 ………………………………… 5—53
　　Ⅱ 配筋砌块砌体剪力墙、连梁 ……… 5—53
　　Ⅲ 配筋砌块砌体柱 …………………… 5—54
10 砌体结构构件抗震设计 ……………… 5—54
　10.1 一般规定 …………………………… 5—54
　10.2 无筋砌体构件 ……………………… 5—55
　10.3 配筋砖砌体构件 …………………… 5—55
　10.4 配筋砌块砌体剪力墙 ……………… 5—55
　10.5 墙梁 ………………………………… 5—56

1 总 则

1.0.1～1.0.2 本规范的修编仍根据国家有关政策，特别是墙改节能政策，并结合砌体结构的特点，砌体结构类别和应用范围较原规范（GBJ3—88）有所扩大，增加的主要内容有：

1 组合砖墙，配筋砌块砌体剪力墙结构；
2 地震区的无筋和配筋砌体结构构件设计。

应当指出，为确保砌块结构，特别是配筋砌块砌体剪力墙结构的工程质量、整体受力性能，应采用高粘结、工作性能好和强度较高的专用砂浆及高流态、低收缩和高强度的专用灌孔混凝土。我国为此起草了《混凝土小型空心砌块砌筑砂浆》（JC860—2000）和《混凝土小型空心砌块灌孔混凝土》（JC861—2000）国家建材行业标准。

1.0.3～1.0.4 由于本规范较大地扩充了砌体材料类别和其相应的结构体系，因而列出了尚需同时参照执行的有关标准规范，包括施工及验收规范。

3 材 料

3.1 材料强度等级

本条文根据建材标准 GB13544～13545—2000 将承重粘土空心砖改为烧结多孔砖。烧结多孔砖是以粘土、页岩、煤矸石为主要原料，经焙烧而成的承重多孔砖。根据 GB/T 5101—1998 烧结普通砖标准，取消了 MU7.5 强度等级。

对硅酸盐类砖中应用较多的蒸压灰砂砖和蒸压粉煤灰砖列出了强度等级。根据建材指标，蒸压灰砂砖、蒸压粉煤灰砖不得用于长期受热 200℃ 以上、受急冷急热和有酸性介质侵蚀的建筑部位，MU15 和 MU15 以上的蒸压灰砂砖可用于基础及其他建筑部位，蒸压粉煤灰砖用于基础或用于受冻融和干湿交替作用的建筑部位必须使用一等砖。

为适应砌块建筑发展，增加了 MU20 的混凝土砌块强度等级，承重砌块取消了 MU3.5 的强度等级。

根据《混凝土小型空心砌块砌筑砂浆和灌孔混凝土》JC860/861—2000 国家建材行业标准，引入了砌块专用砂浆（Mb）和专用灌孔混凝土（Cb）。

根据石材的应用情况，取消石材 MU15 和 MU10 的强度等级。

砂浆强度等级作了调整，取消了低强度等级砂浆。

3.2 砌体的计算指标

根据《建筑结构可靠度设计统一标准》可靠度调整的要求，本规范将 γ_f 由 1.5 调整为 1.6 后，砌体的强度指标比 GBJ 3—88 相应降低 1.5/1.6。施工质量控制等级 B 级相当于 $\gamma_f=1.6$。关于施工质量控制等级的内容和解释参见本规范第 4.1.5 条及相应条文说明。

3.2.1 本条文增加了蒸压灰砂砖、蒸压粉煤灰砖和轻骨料混凝土砌块砌体的抗压强度指标，并对单排孔且孔对孔砌筑的混凝土砌块砌体灌孔后的强度作了修订。取消了一砖厚砖空斗砌体和混凝土中型砌块砌体的计算指标。

1 本条文说明可参照 GBJ 3—88 条文说明，仅 γ_f 由 1.5 调整为 1.6。

2 蒸压灰砂砖砌体强度指标系根据湖南大学、重庆市建筑科学研究院和长沙市城建科研所的蒸压灰砂砖砌体抗压强度试验资料，以及《蒸压灰砂砖砌体结构设计与施工规程》CECS 20：90 的抗压强度指标确定的。根据试验统计，蒸压灰砂砖砌体抗压强度试验值 f' 和烧结普通砖砌体强度平均值公式 f_m 的比值（f'/f_m）为 0.99，变异系数为 0.205。本次修订将蒸压灰砂砖砌体的抗压强度指标取用烧结普通砖砌体的抗压强度指标。

蒸压粉煤灰砖砌体强度指标依据四川省建筑科学研究院的蒸压粉煤灰砖砌体抗压强度试验资料，并参考有关单位的试验资料，粉煤灰砖砌体的抗压强度相当或略高于烧结普通砖砌体的抗压强度。本次修订将蒸压粉煤灰砖的抗压强度指标取用烧结普通砖砌体的抗压强度指标。本次修订未列入蒸养粉煤灰砖砌体。

应该指出，蒸压灰砂砖砌体和蒸压粉煤灰砖砌体的抗压强度指标系采用同类砖为砂浆强度试块底模时的抗压强度指标。当采用粘土砖底模时砂浆强度会提高，相应的砌体强度达不到规范的强度指标，砌体抗压强度约降低 10% 左右。

3 随着砌块建筑的发展，本次修订，补充收集了近年来混凝土砌块砌体抗压强度试验数据，比 GBJ 3—88 有较大的增加，共 116 组 818 个试件，遍及四川、贵州、广西、广东、河南、安徽、浙江、福建八省。本次修订，按以上试验数据采用 GBJ 3—88 强度平均值公式拟合，当材料强度 $f_1 \geqslant 20\text{MPa}$，$f_2 \geqslant 15\text{MPa}$ 时，以及当砂浆强度高于砌块强度时，GBJ 3—88 强度平均值公式的计算值偏高，应用 GBJ 3—88 强度平均值公式在该范围不安全，表明在该范围 GBJ 3—88 强度平均值公式不能应用。当删除了这些试验数据后按 94 组统计，抗压强度试验值 f' 和抗压强度平均值公式的计算值 f_m 的比值为 1.121，变异系数为 0.225。为适应砌块建筑的发展，本次修订增加了 MU20 强度等级。根据现有高强砌块砌体的试验资料，在该范围其砌体抗压强度试验值仍较强度平均值公式的计算值偏低。本次修订采用降低砂浆强度对 GBJ3—88 抗压强度平均值公式进行修正，修正后的砌体抗压强度平均值公式为：

$$f_m = 0.46 f_1^{0.9} (1+0.07f_2)$$
$$(1.1-0.01f_2) \quad (f_2>10\text{MPa})$$

对MU20的砌体适当降低了强度值。

本次修订增加了单排孔且孔对孔砌筑轻骨料混凝土砌块砌体的抗压强度设计值。修正后的抗压强度平均值公式的适用范围为：块体强度等级≤MU20、且≥砂浆强度等级。本次修订收集了15组195个水泥煤渣混凝土砌块砌体的抗压强度试验值，主要是四川、福建和安徽三省的试验数据。试验值 f' 和平均值公式计算值的比值为1.229，变异系数为0.267，f'/f_m 比值较混凝土砌块砌体的高，但变异系数较大。根据可靠度分析，该类轻骨料混凝土砌块砌体的抗压强度指标可取用混凝土砌块砌体的抗压强度指标，其他轻骨料单排孔且孔对孔砌筑的砌块砌体强度指标应根据试验确定。

4 对单排孔且孔对孔砌筑的混凝土砌块灌孔砌体，建立了较为合理的抗压强度计算方法。GBJ 3—88灌孔砌体抗压强度提高系数 ϕ_1 按下式计算：

$$\phi_1 = \frac{0.8}{1-\delta} \leq 1.5 \quad (1)$$

该式规定了最低灌孔混凝土强度等级为C15，且计算方便。本次修订收集了广西、贵州、河南、四川、广东共20组82个试件的试验数据和近期湖南大学4组18个试件以及哈尔滨建筑大学4组24个试件的试验数据，试验数据反映GBJ3—88 的 ϕ_1 值偏低，且未考虑不同灌孔混凝土强度对 ϕ_1 的影响，根据湖南大学等单位的研究成果，本次修订经研究采用下式计算：

$$f_{gm} = f_m + 0.63\alpha f_{cu,m} \quad (\rho \geq 33\%) \quad (2)$$
$$f_g = f + 0.6\alpha f_c \quad (3)$$

同时为了保证灌孔混凝土在砌块孔洞内的密实，灌孔混凝土应采用高流动性、低收缩的细石混凝土。由于试验采用的块体强度、灌孔混凝土强度，一般在MU10~MU20、C10~C30范围，同时少量试验表明高强度灌孔混凝土砌体达不到公式（2）的 f_{gm}，经对试验数据综合分析，本次修订对灌实砌体强度提高系数作了限制 $f_g/f \leq 2$。同时根据试验试件的灌孔率（ρ）均大于33%，因此对公式灌孔率适用范围作了规定。灌孔混凝土强度等级规定不应低于Cb20。灌孔混凝土性能应符合《混凝土小型空心砌块灌孔混凝土》JC861—2000 的规定。

5 多排孔轻骨料混凝土砌块在我国寒冷地区应用较多，特别是我国吉林和黑龙江地区已开始推广应用，这类砌块材料目前有火山渣混凝土、浮石混凝土和陶粒混凝土，多排孔砌块主要考虑节能要求，排数有二排、三排和四排，孔洞率较小，砌块规格各地不一致，块体强度等级较低，一般不超过MU10，为了多排孔轻骨料混凝土砌块建筑的推广应用，《混凝土砌块建筑技术规程》JGJ/T 14—95 列入了轻骨料混凝土砌块建筑的设计和施工规定。本次修订应用了JGJ/T 14—95收集的砌体强度试验数据。

本次修订应用的试验资料为吉林、黑龙江两省火山渣、浮石、陶粒混凝土砌块砌体强度试验数据48组243个试件，其中多排孔单砌砌体试件共17组109个试件，多排孔组砌砌体21组70个试件，单排孔砌体10组64个试件。多排孔单砌砌体强度试验值 f' 和公式平均值 f_m 比值为1.615，变异系数为0.104。多排孔组砌砌体强度试验值 f' 和公式平均值 f_m 比值为1.003，变异系数为0.202。从统计参数分析，多排孔单砌强度较高，组砌后明显降低，考虑多排孔砌块砌体强度和单排孔砌块砌体强度有差别，同时偏于安全考虑，本次修订对孔洞率不大于35%的双排孔或多排孔轻骨料混凝土砌块砌体的抗压强度设计值，按单排孔混凝土砌块砌体强度设计值乘以1.1采用。对组砌的砌体的抗压强度设计值乘以0.8采用。

6~7 除毛料石砌体和毛石砌体的抗压强度设计值比GBJ 3—88作了适当降低外，条文未作修改。

8 关于施工控制等级的内容和解释参见本规范第4.1.5条及相应条文说明。

3.2.2 本条文增加了蒸压灰砂砖、蒸压粉煤灰砖以及孔洞率不大于35%的双排孔或多排孔轻集料混凝土砌块砌体的抗剪强度。

蒸压灰砂砖砌体抗剪强度系根据湖南大学、重庆市建筑科学研究院和长沙市城建科研所的通缝抗剪强度试验资料，以及《蒸压灰砂砖砌体结构设计与施工规程》CECS 20:90 的抗剪强度指标确定的。灰砂砖砌体的抗剪强度各地区的试验数据有差异，主要原因是各地区生产的灰砂砖所用砂的细度和生产工艺不同，以及采用的试验方法和砂浆试块采用的底模砖不同引起。本次修订以双剪试验方法和以灰砂砖作砂浆试块底模的试验数据为依据，并考虑了灰砂砖砌体通缝抗剪强度的变异。根据试验资料，蒸压灰砂砖砌体的抗剪强度设计值较烧结普通砖砌体的抗剪强度有较大的降低。本次修订蒸压灰砂砖砌体的抗剪强度取砖砌体抗剪强度的0.70倍。

蒸压粉煤灰砖砌体抗剪强度取值依据四川省建筑科学研究院的研究报告，其抗剪强度较烧结普通砖砌体的抗剪强度有较大降低，本次修订，蒸压粉煤灰砖砌体抗剪强度设计值取烧结普通砖砌体抗剪强度的0.70倍。

轻骨料混凝土砌块砌体的抗剪强度指标系根据黑龙江、吉林等地区抗剪强度试验资料，共收集16组89个试验数据，试验值 f' 和混凝土砌块抗剪强度平均值 $f_{v,m}$ 的比值为1.41。本次修订对于孔洞率小于或等于35%的双排孔或多排孔砌块砌体的抗剪强度按混凝土砌块砌体抗剪强度乘以1.1采用。

单排孔且孔对孔砌筑混凝土砌块灌孔砌体的通缝抗剪强度是本次修订中增加的内容，主要依据湖南大学36个试件和辽宁建科院66个试件的试验资料，试件采用了不同的灌孔率、砂浆强度和砌块强度，通过分析，灌孔后通缝抗剪强度和灌孔率、灌孔砌体的抗压强度有关，回归分析的抗剪强度平均值公式为：

$$f_{vg,m} = 0.32 f_{g,m}^{0.55}$$

试验值 $f'_{v,m}$ 和公式值 $f_{vg,m}$ 的比值为1.061，变异系数为0.235。

灌孔后的抗剪强度设计值公式为：$f_{vg} = 0.208 f_g^{0.55}$，取 $f_{vg} = 0.20 f_g^{0.55}$。

3.2.3 本条修订对跨度不小于7.5m的梁下混凝土砌块、蒸压灰砂砖、蒸压粉煤灰砖砌体强度乘 γ_a 修正，γ_a 为0.9。对于多孔砖砌体，考虑到极限状态后，破坏现象严重，且残余承载力小于烧结普通砖砌体，也作了同样的规定。本条对用水泥砂浆砌筑的砌体的 γ_a，根据试验由0.85、0.75调整为0.9和0.8。另外，对配筋砌体强度调整系数 γ_a 也作了明确规定。对施工质量控制等级为C级时，γ_a 取0.89，0.89为B级和C级 γ_f 的比值。

3.2.4 本条增加了配筋砌体不得用掺盐砂浆施工的规定。

3.2.5 本条对单排孔对孔砌筑的混凝土砌块灌孔砌体弹性模量作了补充，采用以灌孔砌体强度值，按式3.2.5-1 计算灌孔砌体的弹性模量。

对于灌孔砌体弹性模量，广西建筑科学研究院、四川省建筑科学研究院和湖南大学进行了试验研究，灌孔砌体的应力-应变关系符合对数规律，湖南大学等单位的研究表明，由于芯柱混凝土参与工作，砂浆强度等级不同时，水平灰缝砂浆的变形对该砌体变形的影响不明显，故均取 $E = 1700 f_g$。本次修订的灌孔砌体弹性模量取值与试验值相比偏低。

本条增加了砌体的收缩率，因国内砌体收缩试验数据少。本次修订主要参考了块体的收缩、国内已有的试验数据，并参考了ISO/TC 179/SCI 的规定，经分析确定的。砌体的收缩与块体的上墙含水率、砌体的施工方法等有密切关系。如当地有可靠的砌体收缩率的试验数据，亦可采用当地试验数据。

4 基本设计规定

4.1 设计原则

4.1.1～4.1.5 根据《建筑结构可靠度设计统一标准》GB 50068，结构设计仍采用概率极限状态设计原则和分项系数表达的计算方法。本次修订，根据我国国情适当提高了建筑结构的可靠度水准；明确了结构和结构构件的设计使用年限的含意、确定和选择；并根据建设部关于适当提高结构安全度的指示，在第4.1.5条作了几个重要改变：

1 砌体结构材料性能分项系数 γ_f 从原来的1.5提高到1.6；

2 针对以自重为主的结构构件，永久荷载的分项系数增加了1.35的组合，以改进自重为主构件可靠度偏低的情况；

3 引入了"施工质量控制等级"的概念。

我国长期以来，设计规范的安全度未和施工技术、施工管理水平等挂钩。而实际上它们对结构的安全度影响很大，因此，为保证规范规定的安全度，有必要考虑这种影响。发达国家在设计规范中明确地提出了这方面的规定，如欧共体规范、国际标准。我国在学习国外先进管理经验的基础上，并结合我国的实际情况，首先在《砌体工程施工及验收规范》(GB 50203—98) 中规定了砌体施工质量控制等级。它根据施工现场的质保体系、砂浆和混凝土的强度、砌筑工人技术等级方面的综合水平划为A、B、C三个等级。但因当时砌体规范尚未修订，它无从与现行规范相对应，故其规定的A、B、C三个等级，只能与建筑物的重要性程度相对应，这容易引起误解。而实际的内涵是在不同的施工控制水平下，砌体结构的安全度不应该降低，它反映了施工技术、管理水平和材料消耗水平的关系。因此，新修订的《砌体规范》引入了施工质量控制等级的概念，考虑到一些具体情况，砌体规范只规定了B级和C级施工控制等级。当采用C级时，砌体强度设计值应乘第3.2.3条的 γ_a，$\gamma_a = 0.89$；当采用A级施工控制等级时，可将表中砌体强度设计值提高5%。施工控制等级的选择主要根据设计和建设单位商定，并在工程设计图中明确设计采用的施工控制等级。

在本规范报批期间，《砌体工程施工及验收规范》GB 50203—98 已完成其修编稿，并更名为《砌体工程施工质量验收规范》GB 50203，预计于2001年批准。该规范中的施工质量控制等级则与《砌体规范》中的施工质量控制等级完全具有对应的关系。

因此《砌体规范》中的A、B、C三个施工质量控制等级应按《砌体工程施工质量验收规范》GB50203 中对应的等级要求进行施工质量控制。

但是考虑到我国目前的施工质量水平，对一般多层房屋宜按B级控制，对配筋砌体剪力墙高层建筑，设计时宜选用B级的砌体强度指标，而在施工时宜采用A级的施工质量控制等级。这样做是有意提高这种结构体系的安全储备。

4.1.6 在验算整体稳定性时，永久荷载效应与可变荷载效应符号相反。而前者对结构起有利作用。因此，若永久荷载分项系数仍取同号效应时相同的值，则将影响构件的可靠度。为了保证砌体结构和结构构件具有必要的可靠度，故当永久荷载对整体稳定有利时，取 $\gamma_G = 0.8$。

4.2 房屋的静力计算规定

本节除下列条文作了相应的修改外，其余条文均同原规范的相应部分，不再赘述。

1 4.2.5第3款将梁端支承力的位置由原规范的两种情况，即屋面梁和楼盖梁简化为一种。计算表明，因屋盖梁下砌体承受的荷载一般较楼盖梁小，承载力裕度较大，当采用楼盖梁的支承长度后，对其承载力影响很小。这样做以简化设计计算。

2 4.2.5新增第4款，即对于梁跨度大于9m的墙承重的多层房屋，应考虑梁端约束弯矩影响的计算。

试验表明上部荷载对梁端的约束随局压应力的增大呈下降趋势，在砌体局压临破坏时约束基本消失。但在使用阶段对于跨度比较大的梁，其约束弯矩对墙体受力影响应予考虑。根据三维有限元分析，$a/h=0.75$，$l=5.4m$，上部荷载$\sigma_0/f_m=0.1、0.2、0.3、0.4$时，梁端约束弯矩与按框架分析的梁端弯矩的比值分别为0.28、0.377、0.449、0.511。为了设计方便，将其替换为梁约束弯矩与梁固端弯矩的比值K，分别为8.3%、12.2%、16.6%、21.4%。为此拟合成公式（4.2.5）予以反映。

本方法也适用于上下墙厚不同的情况。

3 取消了原规范第3.2.8条上刚下柔多层房屋的静力计算方案及原附录的计算方法。这是考虑到这种结构存在着显著的刚度突变，在构造处理不当或偶发事件中存在着整体失效的可能性。况且通过适当的结构布置，如增加横墙，可成为符合刚性方案的结构，既经济又安全的砌体结构静力方案。

4 4.2.6根据表4.2.6所列条件（墙厚240mm）验算表明，由风荷载引起的应力仅占竖向荷载的5%以下，可不考虑风荷载影响。并补充了墙厚为190mm时的砌块房屋的外墙的情况，如表4.2.6的注。

5 无筋砌体构件

5.1 受压构件

5.1.1、5.1.5 无筋砌体受压构件承载力的计算，在保留原规范公式具有的一系列特点的基础上作了如下修改：

1 原规范规定轴向力的偏心距按荷载标准值计算，与建筑结构设计统一标准的规定不符，使用上也不方便。新规范规定在承载力计算时，轴向力的偏心距按荷载设计值计算。在常用荷载情况下，直接采用其设计值代替标准值计算偏心距，由此引起承载力的降低不超过6%；

2 原规范承载力影响系数φ的公式，是基于$e/h>0.3$时计算值与试验结果的符合程度较差而引入修正系数$\left[1+6\dfrac{e}{h}\left(\dfrac{e}{h}-0.2\right)\right]$。新规范要求$e\leqslant 0.6y$，因而在承载力影响系数$\varphi$的公式中删去了上述修正系数，不仅符合试验结果，且使φ的计算得到简化。

综合上述1和2的影响，新规范受压构件承载力与原规范的承载力基本接近，略有下调；

3 增加了双向偏心受压构件承载力的计算方法。计算公式按附加偏心距分析方法建立，与单向偏心受压构件承载力的计算公式相衔接，并与试验结果吻合较好。湖南大学48根短柱和30根长柱的双向偏心受压试验表明，试验值与本方法计算值的平均比值，对于短柱为1.236，长柱为1.329，其变异系数分别为0.103和0.163。而试验值与前苏联规范计算值的平均比值，对于短柱为1.439，对于长柱为1.478，其变异系数分别为0.163和0.225。此外，试验表明，当$e_b>0.3b$和$e_h>0.3h$时，随着荷载的增加，砌体内水平裂缝和竖向裂缝几乎同时产生，甚至水平裂缝较竖向裂缝出现早，因而设计双向偏心受压构件时，对偏心距的限值较单向偏心受压时偏心距的限值规定得小些是必要的。分析还表明，当一个方向的偏心率（如e_b/b）不大于另一个方向的偏心率（如e_h/h）的5%时，可简化按另一方向的单向偏心受压（如e_h/h）计算，其承载力的误差小于5%。

5.1.2～5.1.4 同原规范的相应条文，未作修改。

5.2 局 部 受 压

本节除下列条文作了部分修改或补充外，其余条文均同原规范的相应部分，不再赘述。

5.2.4 关于梁端有效支承长度a_0的计算公式，原规范提供了$a_0=38\sqrt{\dfrac{N_l}{bf\mathrm{tg}\theta}}$，和简化公式$a_0=10\sqrt{\dfrac{h_c}{f}}$，如果前式中$\mathrm{tg}\theta$取1/78，则也成了近似公式，而且$\mathrm{tg}\theta$取为定值后反而与试验结果有较大误差。考虑到两个公式计算结果不一样，容易在工程应用上引起争端，为此规范明确只列后一个公式。这在常用跨度梁情况下与精确公式误差约在15%左右，不致影响局部受压安全度。

5.2.5 补充了刚性垫块上表面梁端有效支承长度的计算公式。原规范修订时因未做这方面的工作，所以没有明确规定，一般均以梁与砌体接触时的a_0值代替，这与实际情况显然是有差别的。试验和有限元分析表明，垫块上表面a_0较小，这对于垫块下局压承载力计算影响不是很大（有垫块时局压应力大为减小），但可能对其下的墙体受力不利，增大了荷载偏心距，因此有必要补充垫块上表面梁端有效支承长度a_0计算方法。根据试验结果，考虑与现浇垫块局部承载力相协调，并经分析简化也采用公式（5.2.4-5）的形式，只是系数另外作了具体规定。

对于采用与梁端现浇成整体的刚性垫块与预制刚性垫块下局压有些区别，但为简化计算，也可按后者计算。

5.2.6 柔性垫梁局压计算，原规范只考虑局压荷载对垫梁是均匀的中心作用的情况，如果梁搁置在圈梁上则存在出平面不均匀的局部受压情况，而且这是大多数的受力状态。经过计算分析补充了柔性垫梁不均匀局压情况，给出 $\delta_2 = 0.8$ 的修正系数。

此时 a_0 可近似按刚性垫块情况计算。

5.3、5.4 同原规范条文

5.5 受剪构件

5.5.1 根据试验和分析，砌体沿通缝受剪构件承载力可采用复合受力影响系数的剪摩理论公式进行计算。

1 公式（5.5.1-1）～（5.5.1-3）适用于烧结的普通砖、多孔砖、蒸压的灰砂砖和粉煤灰砖以及混凝土砌块等多种砌体构件水平抗剪计算。该式系由重庆建筑大学在试验研究基础上对包括各类砌体的国内19项试验数据进行统计分析的结果。此外，因砌体竖缝抗剪强度很低，可将阶梯形截面近似按其水平投影的水平截面来计算。

2 公式（5.5.1）的模式系基于剪压复合受力相关性的两次静力试验，包括 M2.5、M5.0、M7.5 和 M10 等四种砂浆与 MU10 页岩砖共 231 个数据统计回归而得。此相关性亦为动力试验所证实。研究结果表明：砌体抗剪强度并非如摩尔和库仑两种理论随 σ_0/f_m 的增大而持续增大，而是在 $\sigma_0/f_m = 0 \sim 0.6$ 区间增长逐步减慢；而当 $\sigma_0/f_m > 0.6$ 后，抗剪强度迅速下降，以致 $\sigma_0/f_m = 1.0$ 时为零。整个过程包括了剪摩、剪压和斜压等三个破坏阶段与破坏形态。当按剪摩公式形式表达时，其摩擦系数 μ 非定值而为斜直线方程，并适用于 $\sigma_0/f_m = 0 \sim 0.8$ 的近似范围。

3 根据国内 19 份不同试验共 120 个数据的统计分析，实测抗剪承载力与按有关公式计算值之比值的平均值为 0.960，标准差为 0.220，具有 95% 保证率的统计值为 0.598（≈0.6）。又取 $\gamma_f = 1.6$ 而得出（5.5.1）公式系列。

4 式中修正系数 a 系通过对常用的砖砌体和混凝土空心砌块砌体，当用于四种不同开间及楼（屋）盖结构方案时可能导致的最不利承重墙，采用（5.5.1）公式与原砌体结构设计规范和抗震设计规范公式抗剪强度之比较分析而得出的，并根据 $\gamma_G = 1.2$ 和 1.35 两种荷载组合以及不同砌体类别而取用不同的 a 值。引入 a 系数意在考虑试验与工程实验的差异，统计数据有限以及与现行两本规范衔接过渡，从而保持大致相当的可靠度水准。

5 简化公式中 σ_0 定义为永久荷载设计值引起的水平截面压应力。根据不同的荷载组合而有与 $\gamma_G = 1.2$ 和 1.35 相应的（5.5.1-2）及（5.5.1-3）等不同 μ 值计算公式。同时尚列出关于 $\sigma\mu$ 值的计算表格（表 5.5.1），以备查用。

6 公式与表格的适用范围为 $\sigma_0/f = 0 \sim 0.8$，较试验结果之 σ_0/f_m（$=0 \sim 0.8$）、甚至 σ_0/f_k 更偏于安全（后两者 σ_0 实为 σ_{0k}，且 f_m 及 f_k 均大于 f）

6 构造要求

6.1 墙、柱的允许高厚比

6.1.1 本条取消了原规范注①，因该项计算高度在表 5.1.3 中已有规定。其余同原规范条文。

6.1.2 墙中设钢筋混凝土构造柱时可提高墙体使用阶段的稳定性和刚度，本次修编提出了设构造柱墙在使用阶段的允许高厚比提高系数 μ_c，μ_c 的计算公式是在对设构造柱的各种砖墙、砌块墙和石砌墙的整体稳定性和刚度进行分析后提出的偏下限公式。为与组合砖墙承载力计算相协调，规定 $b_c/l > 0.25$（即 $l/b_c < 4$）时取 $l/b_c = 4$；当 $b_c/l < 0.05$（即 $l/b_c > 20$）时，取 $b_c/l = 0$。表明构造柱间距过大，对提高墙体稳定性和刚度作用已很小。

由于在施工过程中大多是先砌筑墙体后浇注构造柱，应注意采取措施保证设构造柱墙在施工阶段的稳定性。

6.1.3 本条注 2 系新增加的内容，用厚度小于 90mm 的砖或块材砌筑的隔墙，当双面用较高强度的砂浆粉刷时，工程实践表明，其稳定性满足使用要求。

6.1.4 同原规范相应条文。

6.2 一般构造要求

6.2.1、6.2.2 从房屋的耐久性出发，对其中一些材料的最低强度等级较原规范进一步提高了要求。如第 6.2.1 条将砌块由 MU5 提高到 MU7.5，石材由 MU20 提高到 MU30，砂浆由 M2.5 提高到 M5。对安全等级为一级或设计使用年限大于 50 年的房屋，根据其对材料的耐久性要求更高作出的规定。

6.2.3、6.2.4 同原规范相应条文。

6.2.5 补充了梁下砌体墙厚为 180mm 时的梁的跨度，其余同原规范相应条文。

6.2.6 根据各地工程实践经验（特别是砌块房屋的实践经验），对预制钢筋混凝土板支承在墙上，与支承在钢筋混凝土圈梁上的最小长度加以区别对待。利用板端预留钢筋和在板缝内浇灌混凝土形成的支座整体性更好，因而其支承长度可以适当减少，许多地方的标通图采用了这种构造。

6.2.7 同原规范相应条文关于梁下不同材料支承墙体时的规定。

6.2.8、6.2.9 对原规范相应条文作了局部修改。如第 6.2.9 条中强调了屋面构件与山墙的拉结。

6.2.10 本规范取消了中型砌块，其余均同原规范相应条文。

6.2.11 本条根据工程实践将砌块墙与后砌隔墙交接处的拉结钢筋片的构造具体化，并加密了该网片沿墙高设置的间距（400mm）。

6.2.12 为增强混凝土砌块房屋的整体性和抗裂能力和工程实践经验提出了本规定。为保证灌实质量，要求其坍落度为160～200mm的专用灌孔混凝土（Cb）。

6.2.13 除将挑梁下支承砌块墙体灌实混凝土的高度由原规范的400mm改为600mm外，其余同原规范相应条文。

6.2.14 在砌体中留槽及埋设管道对砌体的承载力影响较大，故本条规定了有关要求。

6.2.15、6.2.16 为适应我国建筑节能要求，作为高效节能墙体的多叶墙，即夹芯墙的设计亟待完善。我国的一些科研单位，如中国建筑科学研究院、哈尔滨建筑大学等先后作了一定数量的夹芯墙静力和伪静力试验（包括钢筋拉结和丁砖拉结的两种构造方案），并提出了相应的构造措施和计算方法。试验表明，在竖向荷载作用下，连接件能协调内、外叶墙的变形，为内叶墙提供了一定的支持作用，提高了内叶墙的承载力和增加了叶墙的稳定性。在往复荷载作用下，钢筋拉结件能在大变形情况下防止外叶墙失稳破坏，使内外叶墙变形协调，共同工作。因此钢筋拉结件对防止已开裂墙体在地震作用下不致脱落倒塌有重要作用。另外两种连接方案对比试验表明，采用钢筋拉结件的夹芯墙片，不仅破坏较轻，并且其变形能力和承载能力的发挥也较充分。

夹心墙中的钢筋拉结件的防腐处理，是确保夹芯墙耐久性的重要措施，国外一般采用重镀锌或不锈钢拉结件，我国一般采用防锈涂料，也有用镀锌的。从更耐久角度应用不锈钢最保险。因此对安全等级为一级或设计使用年限大于50年的房屋，提出了第6.2.16条的注。

这两条是根据我国的试验并参照国外规范的有关规定制定的。

6.3 防止或减轻墙体开裂的主要措施

6.3.1 为防止或减轻砌体房屋因长度过大由于温差和砌体干缩引起墙体竖向整体裂缝，规定了伸缩缝的最大间距。本次修编时考虑了石砌体、灰砂砖、混凝土砌块和烧结砖等砌体材料性能的差异，根据国内外有关资料和工程实践经验对上述砌体伸缩缝的最大间距予以折减。此外，由于砌体房屋墙体裂缝成因的复杂性，根据目前的技术经济水平，尚不能完全防止和杜绝由于钢筋混凝土屋盖的温度变形和砌体干缩变形引起的墙体局部裂缝。合理地选择和应用本节提出的这些措施，可以做到使砌体房屋墙体的裂缝的产生和发展达到可接受的程度。

6.3.2、6.3.3 为了防止或减轻由于钢筋混凝土屋盖的温度变化和砌体干缩变形以及其他原因引起的墙体裂缝，本次修编将国内外比较成熟的一些措施列出，使用者可根据自己的具体情况选用。

防止或减轻墙体裂缝的措施尚在不断总结和深化，故不限于所列方法。当有实践经验时，也可采用其他措施。

6.3.4 墙体转角处和纵横墙交接处既能增强结构的空间刚度，又成为墙体变形的约束部位，增加一定的拉结钢筋或网片，对防止墙体温度或干缩变形引起的墙体开裂和整体性有一定作用。本条是根据工程实践提出的。

6.3.5 本条主要是考虑到蒸压灰砂砖、混凝土砌块和其他非烧结砖砌体的干缩变形较大，当实体墙长超过5m时，往往在墙体中部出现两端小、中间大的竖向收缩裂缝，为防止或减轻这类裂缝的出现，而提出的一条措施。

6.3.6 本条是根据混凝土砌块房屋在这些部位易出现裂缝，并参照一些工程设计经验和标通图，提出的有关措施。

6.3.7 关于控制缝的概念主要引自欧、美规范和工程实践。它主要针对高收缩率砌体材料，如非烧结砖和混凝土砌块，其干缩率为0.2～0.4mm/m，是烧结砖的2～3倍。因此按对待烧结砌体结构的温度区段和抗裂措施是远远不够的。因此在本规范6.3节的不少条的措施是针对这个问题的，但还是不够的。按照欧美规范，如英国规范规定，对粘土砖砌体的控制间距为10～15m，对混凝土砌块和硅酸盐砖（本规范指的是蒸压灰砂砖、粉煤灰砖等）砌体一般不应大于6m；美国混凝土协会（ACI）规定，无筋砌体的最大控制间距为12～18m，配筋砌体的控制缝间距不超过30m。这远远超过我国砌体规范温度区段的间距。这也是按本规范的温度区段和有关抗裂构造措施不能消除在砌体房屋中裂缝的一个重要原因。控制缝的引入是个新概念，有个认识过程，它是根据砌体材料的干缩特性，把较长的砌体房屋的墙体划分成若干个较小的区段，使砌体因温度、干缩变形引起的应力或裂缝很小，而达到可以控制的地步，故称控制缝（control joint）。控制缝为单墙设缝，不同我国普遍采用的双墙温度缝。该缝沿墙长方向能自己伸缩，而在墙体出平面则能承受一定的水平力。因此该缝材料还对防水密封有一定要求。关于在房屋纵墙上，按本条规定设缝的理论分析是这样的：房屋墙体刚度变化、高度变化均会引起变形突变，正是裂缝的多发处，而在这些位置设置控制缝就解决了这个问题，但随之提出的问题是，留控制缝后对砌体房屋的整体刚度有何影响，特别是对房屋的抗震影响如何，是个值得关注的问题。为此本规范的参编单位之一的哈尔滨工业大学对一般七层砌体住宅，在顶层按10m左右在纵墙的门或窗洞部位设置控制缝进行了抗震分析,其结论是:控制缝引起的墙体刚度降低很小,至少在低烈度区,如≤7度情况下,是安全可靠的。控制缝在我国因系新作法,在实施上需结合工程情况设置控制缝和适合的嵌缝材料。这方面的材料可参见《现代砌体结构—全国砌体结构学术会议论文集》,中国建筑工业出版社 2000,ISBN 7-112-04487-1。

6.3.8 蒸压灰砂砖、混凝土砌块和其他非烧结砖砌筑时采用传统的砌筑粘土砖的混合砂浆,从实践经验看是不适当的。国外均有适合各种材料自身特性的砂浆。我国已编制了《混凝土小型空心砌块砌筑砂浆》标准。粘结性能好的砂浆不但能提高块材与砂浆之间的粘结强度,改善砌体的力学特性,而且还能减少墙体的裂缝。

7 圈梁、过梁、墙梁及挑梁

7.1 圈 梁

7.1.1~7.1.5 根据近年来工程反馈信息和住房商品化对房屋质量要求的不断提高,加强了多层砌体房屋圈梁的设置和构造。这有助于提高砌体房屋的整体性、抗震和抗倒塌能力。考虑到钢筋砖圈梁在工程中应用很少,本节取消有关规定。

7.1.6 由于预制混凝土楼、屋盖普遍存在裂缝,许多地区采用了现浇混凝土楼板,为此增加本条的规定。

7.2 过 梁

7.2.1 本条及相关条文仍保留钢筋砖过梁和砖砌平拱的规定。但对工程应用范围作了更严格的限制。

7.2.3 砌有一定高度墙体的钢筋混凝土过梁按受弯构件计算严格说是不合理的。试验表明过梁也是偏拉构件。过梁与墙梁并无明确分界定义,主要差别在于过梁支承于平行的墙体上,且支承长度较长;一般跨度较小,承受的梁板荷载较小。当过梁跨度较大或承受较大梁板荷载时,应按墙梁设计。

7.3 墙 梁

7.3.1 考虑墙体与托梁组合作用的墙梁设计方法是原规范根据我国工程实践需要和科研成果增加的内容,但主要包括简支墙梁,并对单跨框支墙梁设计作了简单规定。本规范根据近年来科研成果和工程经验,将墙梁设计方法进一步应用于连续墙梁和框支墙梁。到目前为止,各有关单位已进行 258 个(无洞 159 个、有洞 99 个)简支墙梁、21 个连续墙梁和 28 个框支墙梁试件的试验研究和近 2000 个构件的有限元分析及两栋设置墙梁的多层房屋的实测。考虑墙梁组合作用可使墙梁设计更加安全可靠、经济合理。

7.3.2 本条规定墙梁设计应满足的条件。关于墙体总高度、墙梁跨度的规定,主要根据工程经验。$\frac{h_w}{l_{0i}} \geq 0.4 \left(\frac{1}{3}\right)$ 的规定是为了避免墙体发生斜拉破坏。托梁是墙梁的关键构件,限制 $\frac{h_b}{l_{0i}}$ 不致过小不仅从承载力方面考虑,而且较大的托梁刚度对改善墙体抗剪性能和托梁支座上部砌体局部受压性能也是有利的,对承重墙梁改为 $\frac{h_b}{l_{0i}} \geq \frac{1}{10}$。但随着 $\frac{h_b}{l_{0i}}$ 的增大,竖向荷载向跨中分布,而不是向支座集聚,不利于组合作用充分发挥,因此,不应采用过大的 $\frac{h_b}{l_{0i}}$。洞宽和洞高限制是为了保证墙体整体性并根据试验情况作出的。偏开洞口对墙梁组合作用发挥是极不利的,洞口外墙肢过小,极易剪坏或被推出破坏,限制洞距 a_i 及采取相应构造措施非常重要。对边支座改为 $a_i \geq 0.15 l_{0i}$;增加中支座 $a_i \geq 0.07 l_{0i}$ 的规定。此外,国内、外均进行过混凝土砌块砌体和轻质混凝土砌块砌体墙梁试验,表明其受力性能与砖砌体墙梁相似。故采用混凝土砌块砌体墙梁可参照使用。而大开间墙梁模型拟动力试验和深梁试验表明,对称开两个洞的墙梁和偏开一个洞的墙梁受力性能类似。对多层房屋的纵向连续墙梁每跨对称开两个窗洞时也可参照使用。

7.3.3 本条给出与第 7.3.1 条相应的计算简图。计算跨度取值系根据墙梁为组合深梁,其支座应力分布比较均匀而确定的。墙体计算高度仅取一层层高是偏于安全的,分析表明,当 $h_w > l_0$ 时,主要是 $h_w = l_0$ 范围内的墙体参与组合作用。H_0 取值基于轴拉力作用于托梁中心,h_f 限值系根据试验和弹性分析并偏于安全确定的。

7.3.4 本条分别给出使用阶段和施工阶段的计算荷载取值。承重墙梁在托梁顶面荷载作用下不考虑组合作用,仅在墙梁顶面荷载作用下考虑组合作用。有限元分析及 2 个两层带翼墙的墙梁试验表明,当 $\frac{b_f}{l_0} = 0.13 \sim 0.3$ 时,在墙梁顶面已有 30%~50%上部楼面荷载传至翼墙。墙梁支座处的落地混凝土构造柱同样可以分担 35%~65%的楼面荷载。但本条不再考虑上部楼面荷载的折减,仅在墙体受剪和局压计算中考虑翼墙的有利作用,以提高墙梁的可靠度,并简化计算,1~3 跨 7 层框支墙梁的有限元分析表明,墙梁顶面以上各层集中力可按作用的跨度近似化为均布荷载(一般不超过该层该跨荷载的 30%),再按本节方法计算墙梁承载力是安全可靠的。

7.3.5 试验表明,墙梁在顶面荷载作用下主要发生三种破坏形态,即:由于跨中或洞口边缘处纵向钢筋屈服,以及由于支座上部纵向钢筋屈服而产生的正截面破坏;墙体或托梁斜截面剪切破坏以及托梁支座上部砌体局部受压破坏。为保证墙梁安全可靠地工作,必须进行本条规定的各项承载力计算。计算分析表明，自承重墙梁可满足墙体受剪承载力和砌体局部受压承载力的要求，无需验算。

7.3.6 试验和有限元分析表明，在墙梁顶面荷载作用下，无洞口简支墙梁正截面破坏发生在跨中截面，托梁处于小偏心受拉状态；有洞口简支墙梁正截面破坏发生在洞口内边缘截面，托梁处于大偏心受拉状态。原规范基于试验结果给出考虑墙梁组合作用，托梁按混凝土偏心受拉构件计算的设计方法及相应公式。其中，内力臂系数 γ 基于 56 个无洞口墙梁试验，采用与混凝土深梁类似的形式，$\gamma = 0.1 (4.5 + l_0/H_0)$，计算值与试验值比值的平均值 $\mu = 0.885$，变异系数 $\delta = 0.176$，具有一定的安全储备。但原规范方法过于繁琐。本规范在无洞口和有洞口简支墙梁有限元分析的基础上，直接给出托梁弯矩和轴力计算公式。既保持考虑墙梁组合作用，托梁按混凝土偏心受拉构件设计的合理模式，又简化了计算，并提高了可靠度。托梁弯矩系数 α_M 计算值与有限元值之比：对无洞口墙梁 $\mu = 1.644$，$\delta = 0.101$；对有洞口墙梁 $\mu = 2.705$，$\delta = 0.381$；与原规范值之比，对无洞口墙梁 $\mu = 1.376$，$\delta = 0.156$；对有洞口墙梁 $\mu = 0.972$，$\delta = 0.18$。托梁轴力系数 η_N 计算值与有限元值之比，$\mu = 1.146$，$\delta = 0.023$；对有洞口墙梁，$\mu = 1.153$，$\delta = 0.262$；与原规范值之比，对无洞口墙梁 $\mu = 1.149$，$\delta = 0.093$；对有洞口墙梁 $\mu = 1.564$，$\delta = 0.237$。对于直接作用在托梁顶面的荷载 Q_1、F_1 将由托梁单独承受而不考虑墙梁组合作用，这是偏于安全的。

连续墙梁是本规范新增加的内容，是在 21 个连续墙梁试验基础上，根据 2 跨、3 跨、4 跨和 5 跨等跨无洞口和有洞口连续墙梁有限元分析提出的。对于跨中截面，直接给出托梁弯矩和轴拉力计算公式，按混凝土偏心受拉构件设计，与简支墙梁托梁的计算模式一致。对于支座截面，有限元分析表明其为大偏心受压构件，忽略轴压力按受弯构件计算是偏于安全的。弯矩系数 α_M 是考虑各种因素在通常工程应用的范围变化并取最大值，其安全储备是较大的。在托梁顶面荷载 Q_1、F_1 作用下，以及在墙梁顶面荷载 Q_2 作用下均采用一般结构力学方法分析连续托梁内力，计算较简便。

原规范规定单跨框支墙梁近似按简支墙梁计算，计算框架柱时考虑墙梁顶面荷载引起的附加弯矩 $M_c = q_2 l_0^2/60$，这一规定过于简单。本规范在 9 个单跨框支墙梁试验基础上，根据单跨无洞口和有洞口框支墙梁有限元分析，对托梁跨中截面直接给出弯矩和轴拉力公式，并按混凝土偏心受拉构件计算，也与简支墙梁托梁计算模式一致。框支墙梁在托梁顶面荷载 Q_1、F_1 和墙梁顶面荷载 Q_2 作用下分别采用一般结构力学方法分析框架内力，计算较简便。原规范未包括多跨框支墙梁设计条文。本规范在 19 个双跨框支墙梁试验基础上，根据 2 跨、3 跨和 4 跨无洞口和有洞口框支墙梁有限元分析，对托梁跨中截面也直接给出弯矩和轴拉力按混凝土偏心受拉构件计算，与单跨框支墙梁协调一致。托梁支座截面也按受弯构件计算。

为简化计算，连续墙梁和框支墙梁采用统一的 α_M 和 η_N 表达式。边跨跨中 α_M 计算值与有限元值之比，对连续墙梁，无洞口时，$\mu = 1.251$，$\delta = 0.095$，有洞口时，$\mu = 1.302$，$\delta = 0.198$；对框支墙梁，无洞口时，$\mu = 2.1$，$\delta = 0.182$，有洞口时，$\mu = 1.615$，$\delta = 0.252$。η_N 计算值与有限元值之比，对连续墙梁，无洞口时，$\mu = 1.129$，$\delta = 0.039$，有洞口时，$\mu = 1.269$，$\delta = 0.181$；对框支墙梁，无洞口时，$\mu = 1.047$，$\delta = 0.181$，有洞口时，$\mu = 0.997$，$\delta = 0.135$。中支座 α_M 计算值与有限元值之比，对连续墙梁，无洞口时，$\mu = 1.715$，$\delta = 0.245$，有洞口时，$\mu = 1.826$，$\delta = 0.332$；对框支墙梁，无洞口时，$\mu = 2.017$，$\delta = 0.251$，有洞口时，$\mu = 1.844$，$\delta = 0.295$。

7.3.7 有限元分析表明，多跨框支墙梁存在边柱之间的大拱效应，使边柱轴压力增大，中柱轴压力减少，故在墙梁顶面荷载 Q_2 作用下当边柱轴压力增大不利时应乘以 1.2 的修正系数。框架柱的弯矩计算不考虑墙梁组合作用。

7.3.8 试验表明，墙梁发生剪切破坏时，一般情况下墙体先于托梁进入极限状态而剪坏。当托梁混凝土强度较低，箍筋较少时，或墙体采用构造框架约束砌体的情况下托梁可能稍后剪坏。故托梁与墙体应分别计算受剪承载力。原规范对托梁受剪承载力计算规定过于烦琐，而 Q_2 作用下剪力 V_2 折减过多，使可靠度偏低。本规范规定托梁受剪承载力统一按受弯构件计算。剪力系数 β_V 按不同情况取值且有较大提高。因而提高了可靠度，且简化了计算。简支墙梁 β_V 计算值与有限元值之比，对无洞口墙梁 $\mu = 1.102$，$\delta = 0.078$；对有洞口墙梁 $\mu = 1.397$，$\delta = 0.123$；与原规范计算值之比，对无洞口墙梁 $\mu = 1.5$，$\delta = 0$，对有洞口墙梁 $\mu = 1.558$，$\delta = 0.226$。β_V 计算值与有限元值之比，对连续墙梁边支座，无洞口时 $\mu = 1.254$，$\delta = 0.135$，有洞口时 $\mu = 1.404$、$\delta = 0.159$；中支座，无洞口时 $\mu = 1.094$、$\delta = 0.062$，有洞口时 $\mu = 1.098$、$\delta = 0.162$。对框支墙梁边支座，无洞口时 $\mu = 1.693$，$\delta = 0.131$，有洞口时 $\mu = 2.011$，$\delta = 0.31$；中支座，无洞口时 $\mu = 1.588$、$\delta = 0.093$，有洞口时 $\mu = 1.659$、$\delta = 0.187$

7.3.9 试验表明：墙梁的墙体剪切破坏发生于 $h_w/l_0 < 0.75 \sim 0.80$，托梁较强，砌体相对较弱的情况下。当 $h_w/l_0 < 0.35 \sim 0.40$ 时发生承载力较低的斜拉破坏，否则，将发生斜压破坏。原规范根据砌体在复

合应力状态下的剪切强度，经理论分析得出墙体受剪承载力公式并进行试验验证。并按正交设计方法找出影响显著的因素 h_b/l_0 和 a/l_0；根据试验资料回归分析，给出 $V_2 \leqslant \xi_2 (0.2+h_b/l_0) hh_wf$。计算值与47个简支无洞口墙梁试验结果比较，$\mu=1.062$，$\delta=0.141$；与33个简支有洞口墙梁试验结果比较，$\mu=0.966$，$\delta=0.155$。工程实践表明，由于此式给出的承载力较低，往往成为墙梁设计中的控制指标。试验表明，墙梁顶面圈梁（称为顶梁）如同放在砌体上的弹性地基梁，能将楼层荷载部分传至支座，并和托梁一起约束墙体横向变形，延缓和阻滞斜裂缝开展，提高墙体受剪承载力。本规范根据7个设置顶梁的连续墙梁剪切破坏试验结果，给出考虑顶梁作用的墙体受剪承载力公式(7.3.9)，计算值与试验值之比，$\mu=0.844$，$\delta=0.084$。工程实践表明，墙梁顶面以上集中荷载占各层荷载比值不大，且经各层传递至墙梁顶面已趋均匀，故本规范取消系数 ξ_3，将墙梁顶面以上各层集中荷载均除以跨度近似化为均布荷载计算。由于翼墙或构造柱的存在，使多层墙梁楼盖荷载向翼墙或构造柱卸荷而减少墙体剪力，改善墙体受剪性能，故采用翼墙影响系数 ξ_1。为了简化计算，单层墙梁洞口影响系数 ξ_2 不再采用公式表达，和多层墙梁一样给出定值。

7.3.10 试验表明，当 $h_w/l_0>0.75\sim0.80$，且无翼墙，砌体强度较低时，易发生托梁支座上方因竖向正应力集中而引起的砌体局部受压破坏。为保证砌体局部受压承载力，应满足 $\sigma_{ymax}h \leqslant \gamma hf$（$\sigma_{ymax}$ 为最大竖向压应力，γ 为局压强度提高系数）。令 $C=\sigma_{ymax}h/Q_2$ 称为应力集中系数，则上式变为 $Q_2 \leqslant \gamma fh/C$。令 $\zeta=\gamma/C$，称为局压系数，即得到本规范 (7.3.10-1) 式。根据16个发生局压破坏的无翼墙墙梁试验结果，$\zeta=0.31\sim0.414$；若取 $\gamma=1.5$，$C=4$，则 $\zeta=0.37$。翼墙的存在，使应力集中减少，局部受压有较大改善；当 $b_f/h=2\sim5$ 时，$C=1.33\sim2.38$，$\zeta=0.475\sim0.747$。则根据试验结果确定本规范 (7.3.10-2) 式。近年来采用构造框架约束砌体的墙梁试验和有限元分析表明，构造柱对减少应力集中，改善局部受压的作用更明显，应力集中系数可降至1.6左右。计算分析表明，当 $b_f/h \geqslant 5$ 或设构造柱时，可不验算砌体局部受压承载力。

7.3.11 墙梁是在托梁上砌筑砌体墙形成的。除应限制计算高度范围内墙体每天的可砌高度，严格进行施工质量控制外，尚应进行托梁在施工荷载作用下的承载力验算，以确保施工安全。

7.3.12 为保证托梁与上部墙体共同工作，保证墙梁组合作用的正常发挥，本条对墙梁基本构造要求作了相应的规定。

7.4 挑 梁

本节第7.4.2条中对原规范计算倾覆点，针对 $l_1 \geqslant 2.2h_b$ 时的两个公式，经分析采用近似公式（$x_0=0.3h_b$），与弹性地基梁公式（$x_0=0.25\sqrt[4]{h_b^3}$）相比，当 $h_b=250mm\sim500mm$ 时，$\mu=1.051$，$\delta=0.064$；并对挑梁下设有构造柱时的计算倾覆点位置作了规定（取 $0.5x_0$），其余条文说明均同原规范。

8 配筋砖砌体构件

本章规定了二类配筋砌体构件的设计方法。第一类为网状配筋砖砌体构件，即原规范相应的条文内容。第二类为组合砖砌体构件，又分为砖砌体和钢筋混凝土面层或钢筋砂浆面层组成的组合砖砌体构件，也即原规范相应的条文内容；砖砌体和钢筋混凝土构造柱组成的组合砖墙。砖砌体和钢筋混凝土柱组合砖墙是新增加的内容。

8.2.7 在荷载作用下，由于构造柱和砖墙的刚度不同，以及内力重分布的结果，构造柱分担墙体上的荷载。此外，构造柱与圈梁形成"弱框架"，砌体受到约束，也提高了墙体的承载力。设置构造柱砖墙与组合砖砌体构件有类似之处，湖南大学的试验研究表明，可采用组合砖砌体轴心受压构件承载力的计算公式，但引入强度系数以反映前者与后者的差别。

8.2.8 有限元分析和试验结果表明，设有构造柱的砖墙中，边柱处于偏心受压状态，设计时宜适当增大边柱截面及增大配筋。如可采用 $240mm \times 370mm$，配 $4\phi14$ 钢筋。

在影响设置构造柱砖墙承载力的诸多因素中，柱间距的影响最为显著。理论分析和试验表明，对于中间柱，它对柱每侧砌体的影响长度约为1.2m；对于边柱，其影响长度约为1m。构造柱间距为2m左右时，柱的作用得到充分发挥。构造柱间距大于4m时，它对墙体受压承载力的影响很小。

为了保证构造柱与圈梁形成一种"弱框架"，对砖墙产生较大的约束，因而本条对钢筋混凝土圈梁的设置作了较为严格的规定。

9 配筋砌块砌体构件

9.1.1 本条规定了配筋砌块剪力墙结构内力及位移分析的基本原则。

9.2.2 由于配筋灌孔砌体的稳定性不同于一般砌体的稳定性，根据欧拉公式和灌心砌体受压应力—应变关系，考虑简化并与一般砌体的稳定系数相一致，给出公式9.2.2-2。该公式也与试验结果拟合较好。

9.2.3 按我国目前混凝土砌块标准，砌块的厚度为190mm，标准块最大孔洞率为46%，孔洞尺寸 $120mm \times 120mm$ 的情况下，孔洞中只能设置一根钢筋。因此配筋砌块砌体墙在平面外的受压承载力，按无筋砌体构件受压承载力的计算模式是一种简化处理。

9.2.1、9.2.4 国外的研究和工程实践表明，配筋砌块砌体的力学性能与钢筋混凝土的性能非常相近，特别在正截面承载力的设计中，配筋砌体采用了与钢筋混凝土完全相同的基本假定和计算模式。如国际标准《配筋砌体设计规范》，《欧共体配筋砌体结构统一规则》EC6 和美国建筑统一法规（UBC）—《砌体规范》均对此作了明确的规定。我国哈尔滨建筑大学、湖南大学、同济大学等的试验也验证了这种理论的适用性。但是在确定灌孔砌体的极限压应变时，采用了我国自己的试验数据。

9.2.5 表 9.2.5 中翼缘计算宽度取值引自国际标准《配筋砌体设计规范》，它和钢筋混凝土 T 形及倒 L 形受弯构件位于受压区的翼缘计算宽度的规定和钢筋混凝土剪力墙有效翼缘宽度的规定非常接近。但保证翼缘和腹板共同工作的构造是不同的。对钢筋混凝土结构，翼墙和腹板是由整浇的钢筋混凝土进行连接的；对配筋砌块砌体，翼墙和腹板是通过在交接处块体的相互咬砌、连接钢筋（或连接铁件），或配筋带进行连接的，通过这些连接构造，以保证承受腹板和翼墙共同工作时产生的剪力。

9.3.1 试验表明，配筋灌孔砌块砌体剪力墙的抗剪受力性能，与非灌实砌块砌体墙有较大的区别：由于灌孔混凝土的强度较高，砂浆的强度对墙体抗剪承载力的影响较少，这种墙体的抗剪性能更接近于钢筋混凝土剪力墙。

配筋砌块砌体剪力墙的抗剪承载力除材料强度外，主要与垂直正应力、墙体的高宽比或剪跨比，水平和垂直配筋率等因素有关：

1 正应力 σ_0，也即轴压比对抗剪承载力的影响，在轴压比不大的情况下，墙体的抗剪能力、变形能力随 σ_0 的增加而增加。湖南大学的试验表明，当 σ_0 从 1.1MPa 提高到 3.95MPa 时，极限抗剪承载力提高了 65%，但当 $\sigma_0 > 0.75 f_m$ 时，墙体的破坏形态转为斜压破坏，σ_0 的增加反而使墙体的承载力有所降低。因此应对墙体的轴压比加以限制。国际标准《配筋砌体设计规范》规定，$\sigma_0 = N/bh_0 \not> 0.4f$，或 $N \not> 0.4bhf$。本条根据我国试验，控制正应力对承载力的贡献不大于 $0.12N$，这是偏于安全的，而美国规范为 $0.25N$。

2 剪力墙的高宽比或剪跨比（λ）对其抗剪承载力有很大的影响。这种影响主要反映在不同的应力状态和破坏形态，小剪跨比试件，如 $\lambda \leq 1$，则趋于剪切破坏，而 $\lambda > 1$，则趋于弯曲破坏，剪切破坏的墙体的抗侧承载力远大于弯曲破坏墙体的抗侧承载力。

关于两种破坏形式的界限剪跨比（λ），尚与正应力 σ_0 有关。目前收集到的国内外试验资料中，大剪跨比试验数据较少。根据哈尔滨建筑大学所作的 7 个墙片数据认为 $\lambda = 1.6$ 可作为两种破坏形式的界限值。根据我国沈阳建工学院、湖南大学、哈尔滨建筑大学、同济大学等试验数据，统计分析提出的反映剪跨比影响的关系式，其中的砌体抗剪强度，是在综合考虑混凝土砌块、砂浆和混凝土注芯率基础上，用砌体的抗压强度的函数（$\sqrt{f_g}$）表征的。这和无筋砌体的抗剪模式相似。国际标准和美国规范也均采用这种模式。

3 配筋砌块砌体剪力墙中的钢筋提高了墙体的变形能力和抗剪能力。其中水平钢筋（网）在通过斜截面上直接受拉抗剪，但它在墙体开裂前几乎不受力，墙体开裂直至达到极限荷载时所有水平钢筋均参与受力并达到屈服。而竖向钢筋主要通过销栓作用抗剪，极限荷载时该钢筋达不到屈服，墙体破坏时部分竖向钢筋可屈服。据试验和国外有关文献，竖向钢筋的抗剪贡献为 $0.24 f_{yv} A_{sv}$，本公式未直接反映竖向钢筋的贡献，而是通过综合考虑正应力的影响，以无筋砌体部分承载力的调整给出的。根据 41 片墙体的试验结果：

$$V_{g,m} = \frac{1.5}{\lambda + 0.5}(0.143\sqrt{f_{g,m}} + 0.246 N_k)$$
$$+ f_{yh,m}\frac{A_{sh}}{s}h_0 \quad (1)$$

$$V_g = \frac{1.5}{\lambda + 0.5}\left(0.13\sqrt{f_g} bh_0 + 0.12 N\frac{A_w}{A}\right)$$
$$+ 0.9 f_{yh}\frac{A_{sh}}{s}h_0 \quad (2)$$

试验值与按上式计算值的平均比值为 1.188，其变异系数为 0.220。现取偏下限值，即将上式乘 0.9，并根据设定的配筋砌体剪力墙的可靠度要求，得到上列的计算公式。

上列公式较好地反映了配筋砌块砌体剪力墙抗剪承载力主要因素。从砌体规范本身来讲是较理想的系统表达式。但考虑到我国规范体系的理论模式的一致性要求，经与《混凝土结构设计规范》GB50010 和《建筑抗震设计规范》GB50011 协调，最终将上列公式改写成具有钢筋混凝土剪力墙的模式，但又反映砌体特点的计算表达式。这些特点包括：

1 砌块灌孔砌体只能采用抗剪强度 f_{vg}，而不能像混凝土那样采用抗拉强度 f_t。

2 试验表明水平钢筋的贡献是有限的，特别是在较大剪跨比的情况下更是如此。因此根据试验并参照国际标准，对该项的承载力进行了降低。

3 轴向力或正应力对抗剪承载力的影响项，砌体规范根据试验和计算分析，对偏压和偏拉采用了不同的系数：偏压为 +0.12，偏拉为 -0.22。我们认为钢筋混凝土规范对两者不加区别是欠妥的。

现将上式中由抗压强度模式表达的方式改为抗剪强度模式的转换过程进行说明，以帮助了解该公式的形成过程：

①由 $f_{vg}=0.208f_g^{0.55}$ 则有 $f_g^{0.55}=\dfrac{1}{0.208}f_{vg}$；

②根据公式模式的一致性要求及公式中砌体项采用 $\sqrt{f_g}$ 时，对高强砌体材料偏低的情况，也将 $\sqrt{f_g}$ 调为 $f_g^{0.55}$；

③将 $f_g^{0.55}=\dfrac{1}{0.208}f_{vg}$ 代入公式（2）中，则得到砌体项的数值 $\dfrac{0.13}{0.208}f_{vg}=0.625f_{vg}$，取 $0.6f_{vg}$；

④根据计算，将式（2）中的剪跨比影响系数，由 $\dfrac{1.5}{\lambda+0.5}$ 改为 $\dfrac{1}{\lambda-0.5}$，则完成了如公式（9.3.1-2）的全部转换。

9.3.2 主要参照国际标准《配筋砌体设计规范》、《钢筋混凝土高层建筑结构设计与施工规程》和配筋混凝土砌块砌体剪力墙的试验数据制定的。

配筋砌块砌体连梁，当跨高比较小时，如小于2.5，即所谓"深梁"的范围，而此时的受力更像小剪跨比的剪力墙，只不过 σ_0 的影响很小；当跨高比大于2.5时，即所谓"浅梁"的范围，而此时受力则更像大剪跨比的剪力墙。因此剪力墙的连梁除满足正截面承载力要求外，还必须满足受剪承载力要求，以避免连梁产生受剪破坏后导致剪力墙的延性降低。

对连梁截面的控制要求，是基于这种构件的受剪承载力应该具有一个上限值，根据我国的试验，并参照混凝土结构的设计原则，取为 $0.25f_gbh_0$。在这种情况下能保证连梁的承载能力发挥和变形处在可控的工作状态之内。

另外，考虑到连梁受力较大、配筋较多时，配筋砌块砌体连梁的布筋和施工要求较高，此时只要按材料的等强原则，也可将连梁部分设计成混凝土的，国内的一些试点工程也是这样作的，虽然在施工程序上增加一定的模板工作量，但工程质量是可保证的。故本条增加了这种选择。

9.4 配筋砌块砌体剪力墙构造规定

I 钢 筋

9.4.1～9.4.6 从配筋砌块砌体对钢筋的要求看，和钢筋混凝土结构对钢筋的要求有很多相同之处，但又有其特点，如钢筋的规格要受到孔洞和灰缝的限制；钢筋的接头宜采用搭接或非接触搭接接头，以便于先砌墙后插筋、就位绑扎和浇灌混凝土的施工工艺；钢筋的混凝土保护层厚度不考虑砌体块体壁厚的有利影响等。

对于钢筋在砌体灌孔混凝土中锚固的可靠性，人们比较关注，为此我国沈阳建筑工程学院和北京建筑工程学院作了专门锚固试验，表明，位于灌孔混凝土中的钢筋，不论位置是否对中，均能在远小于规定的锚固长度内达到屈服。这是因为灌孔混凝土中的钢筋处在周边有砌块壁形成约束条件下的混凝土所致，这比钢筋在一般混凝土中的锚固条件要好。国际标准《配筋砌体设计规范》ISO9652—3 中有砌块约束的混凝土内的钢筋锚固粘结强度比无砌块约束（不在块体孔内）的数值（混凝土强度等级为 C10～C25 情况下），对光面钢筋高出 85%～20%；对变形钢筋高出 140%～64%。

试验发现对于配置在水平灰缝中的受力钢筋，其握裹条件较灌孔混凝土中的钢筋要差一些，因此在保证足够的砂浆保护层的条件下，其搭接长度较其他条件下要长。灰缝中砂浆的最小保护层要求，是基于在正常条件下，钢筋不会锈蚀和保证需要的握裹力发挥而确定的。在灌孔混凝土中钢筋的保护层，基本同普通混凝土中的钢筋保护层要求，但它的条件要更好些，因为有一层砌块外壳的保护，国外规范规定抗渗砌块的钢筋保护层可以减少。

根据安全等级为一级或设计使用年限大于50年的房屋，对耐久性的要求更高的原则，提出了第9.4.6条的注（含第9.4.7条）。

9.4.7 根据配筋砌块剪力墙用于中高层结构需要较多层更高的材料等级作的规定。

II 配筋砌块砌体剪力墙、连梁

9.4.8 这是根据承重混凝土砌块的最小厚度规格尺寸和承重墙支承长度确定的。最通常采用的配筋砌块砌体墙的厚度为 190mm。

9.4.9 这是配筋砌块砌体剪力墙的最低构造钢筋要求。它加强了孔洞的削弱部位和墙体的周边，规定了水平及竖向钢筋的间距和构造配筋率。

剪力墙的配筋比较均匀，其隐含的构造含钢率约为 0.05%～0.06%。据国外规范的背景材料，该构造配筋率有两个作用：一是限制砌体干缩裂缝，二是能保证剪力墙具有一定的延性，一般在非地震设防地区的剪力墙结构应满足这种要求。对局部灌孔砌体，为保证水平配筋带（国外叫系梁）混凝土的浇注密实，提出坚筋间距不大于 600mm，这是来自我国的工程实践。

9.4.10 本条参照美国建筑统一法规——《砌体规范》的内容。和钢筋混凝土剪力墙一样，配筋砌块砌体剪力墙随着墙中洞口的增大，变成一种由抗侧力构件（柱）与水平构件（梁）组成的体系。随窗间墙与连接构件的变化，该体系近似于壁式框架结构体系。试验证明，砌体壁式框架是抵抗剪力与弯矩的理想结构。如比例合适、构造合理，此种结构具有良好的延性。这种体系必须按强柱弱梁的概念进行设计。

对于按壁式框架设计和构造，混凝土砌块剪力墙（肢），必须孔洞全部灌注混凝土，施工时需进行严格的监理。

9.4.11 配筋砌块砌体剪力墙的边缘构件，即剪力墙的暗柱，要求在该区设置一定数量的竖向构造钢筋和横向箍筋或等效的约束件，以提高剪力墙的整体抗弯

能力和延性。美国规范规定，只有在墙端的应力大于 $0.4f'_m$，同时其破坏模式为弯曲形的条件下才应设置。该规范未给出弯曲破坏的标准。但规定了一个"塑性铰区"，即从剪力墙底部到等于墙长的高度范围，即我国混凝土剪力墙结构底部加强区的范围。

根据我国哈尔滨建筑大学、湖南大学作的剪跨比大于1的试验表明，当 $\lambda=2.67$ 时呈现明显的弯曲破坏特征，$\lambda=2.18$ 时，其破坏形态有一定程度的剪切破坏成分，$\lambda=1.6$ 时，出现明显的X裂缝，仍为压区破坏，剪切破坏成分呈得十分明显，属弯剪型破坏，可将 $\lambda=1.6$ 作为弯曲破坏的界限剪跨比。据此本条将 $\lambda=2$ 作为弯曲破坏对应的剪跨比。其中的 $0.4f'_{g,m}$ 换算为我国的设计值约为 $0.8f_g$。

关于边缘构件构造配筋，美国规范未规定具体数字，但其条文说明借用混凝土剪力墙边缘构件的概念，只是对边缘构件的设置原则仍有不同观点。本条是根据工程实践和参照我国有关规范的有关要求，及砌块剪力墙的特点给出的。

另外，在保证等强设计的原则，并在砌块砌筑、混凝土浇注质量保证的情况下，给出了砌块砌体剪力墙端采用混凝土柱为边缘构件的方案。这种方案虽然在施工程序上增加模板工序，但能集中设置竖向钢筋，水平钢筋的锚固也易解决。

9.4.12 本条和第9.3.2条相对应，规定了当采用混凝土连梁时的有关技术要求。

9.4.13 本条是参照美国规范和混凝土砌块的特点以及我国的工程实践制定的。

混凝土砌块砌体剪力墙连梁由H型砌块或凹槽砌块组砌（当采用钢筋混凝土与配筋砌块组合连梁时可不受此限制），并应全部浇注混凝土，是确保其整体性和受力性能的关键。

Ⅲ 配筋砌块砌体柱

9.4.14 本条主要根据国际标准《配筋砌体设计规范》ISO 9652—3制定的。

采用配筋混凝土砌块砌体柱或壁柱，当轴向荷载较小时，可仅在孔洞配置竖向钢筋，而不需配置箍筋，具有施工方便、节省模板的优点，在国外应用很普遍，而当荷载较大时，则按照钢筋混凝土柱类似的方式设置构造箍筋。从其构造规定看，这种柱是预制装配整体式钢筋混凝土柱，适用于荷载不太大砌块墙（柱）的建筑，尤其是清水墙砌块建筑。

10 砌体结构构件抗震设计

10.1 一般规定

10.1.2、10.1.3 国外的研究、工程实践和震害表明，配筋混凝土砌块剪力墙结构是具有强度高、延性好、抗震性能好的结构体系，是"预制装配整体式的混凝土剪力墙结构"，其受力性能和现浇混凝土剪力墙结构很相似。如美国抗震规范把配筋混凝土砌块剪力墙结构和配筋混凝土剪力墙结构划分为同样的适用范围。

我国自20世纪80年代以来所进行的较大数量的试验研究、工程实践也完全验证了这种结构体系的上述性能。

本规范在确定该体系的高度限值时，还对限定范围内的建筑、试点建筑进行计算分析，包括弹塑性分析、技术经济分析等。这样，在规定的限值范围内，可以做到使建筑具有足够的强度和规范需要的变形能力。而且这种高度更能体现配筋砌块砌体结构施工和经济优势，填补了砌体结构和混凝土剪力墙结构间的一个中高层的空缺。另外考虑到配筋砌体对配套材料和施工质量的要求较高和我国工程实践相对较少，高度限值较国外规范控制严得多，不足钢筋混凝土剪力墙结构高度限值的一半，而对高烈度规定了更严的适用范围。它比钢筋混凝土框架房屋的高度范围还低，这应该说在初期推广是合适的。但是这仅为适用范围，在有进行研究和加强构造措施的条件下，表10.1.2中限值可以提高，因为和国外相比其发展潜力还很大。

结构的四个抗震等级的划分，是基于不同烈度及相同烈度下不同的结构类型、不同的高度有不同的抗震要求，是从对结构的抗震性能，包括考虑结构构件的延性和耗能能力，在抗震要求上分很严格、严格、较严格、一般四个级别。

配筋砌块砌体剪力墙和配筋混凝土剪力墙房屋一样，其抗震设计，对不同的高度有不同的抗震要求，如较高的房屋地震反应大、延性要求也较高，即相应的构造措施也较强。本条是参照建筑抗震设计规范和配筋砌体高层结构的特点划分抗震等级的。

10.1.4 作为中高层、高层配筋砌块砌体剪力墙结构应和钢筋混凝土剪力墙结构一样需对地震作用下的变形进行验算，参照钢筋混凝土剪力墙结构和配筋砌体材料结构的特点，规定了层间弹性位移角的限值。

10.1.5 本条根据建筑抗震设计规范对砌体结构构件的承载力抗震调整系数作了规定。

10.1.6 由于本次修订规范普遍对砌体材料的强度等级作了上调，以利砌体建筑向轻质高强发展。砌体结构构件抗震设计对材料的最低强度等级要求，也应随之提高。

10.1.7 这是参照钢筋混凝土结构并结合配筋砌体的特点，提出的受力钢筋的锚固和接头要求。配筋砌体与钢筋混凝土二者在这方面的要求很相似。根据我国的试验研究，在配筋砌体灌孔混凝土中的钢筋锚固和搭接，远远小于本条规定的长度就能达到屈服或流限，不比在混凝土中锚固差，一种解释是位于砌块灌孔混凝土中的钢筋的锚固受到的周围材料的约束更大些。

10.1.8 蒸压灰砂砖、粉煤灰砖砌体，其抗剪强度是粘土砖砌体的0.7倍低，我国曾对其进行过很多试验，曾专门编制了《蒸压灰砂砖砌体结构设计与施工规定》CECS20：90。四川建科院曾对蒸压粉煤灰砖砌体结构作过系统试验，这二类砌体性能类似。但其抗震构造措施与粘土砖砌体基本相同。考虑到其抗剪强度较低，在确定其适用高度时控制得严于烧结砖砌体房屋。

10.2 无筋砌体构件

本节见《建筑抗震设计规范》GB50011第7.2节的有关条文说明。

10.3 配筋砖砌体构件

10.3.1 见《建筑抗震设计规范》GB50011第7.2节的有关条文说明。

10.3.2 对于砖砌体和钢筋混凝土构造柱组合墙，截面抗震承载力的计算公式有多种，但计算结果有的差别较大，主要原因是这些方法所考虑的截面抗震承载力影响因素不同，且有的方法在概念上不尽合理，如砌体受压弹性模量低的组合墙的抗震承载力反而比砌体受压弹性模量高的要大。本条采用的公式考虑了砌体受混凝土柱的约束、作用于墙体上的垂直压应力、构造柱混凝土和纵向钢筋参与受力等影响因素，较为全面，公式形式合理，概念清楚。14片组合墙的抗侧承载力试验值与公式的计算值比较，其平均比值为1.333，变异系数为0.186，偏于安全。经协调最终采用了与《建筑抗震设计规范》GB50011相同的公式。

10.4 配筋砌块砌体剪力墙

10.4.2 为保证配筋砌块砌体剪力墙强剪弱弯的要求，在底部加强区（$H/6$及两层）范围内，规定了按抗震等级划分的剪力增幅。为简化且偏于安全对一级抗震 V_W 取为 $1.6V$，二级抗震取 $1.4V$，三级为 $1.2V$，四级为 $1.0V$。而美国 UBC 规范均为 $1.5V$。

10.4.3、10.4.4 配筋砌块砌体剪力墙反复加载的受剪承载力比单调加载有所降低，其降低幅度和钢筋混凝土剪力墙很接近。因此，将静力承载力乘以降低系数0.8，作为抗震设计中偏心受压时剪力墙的斜截面受剪承载力计算公式。根据湖南大学等单位不同轴压比（或不同的正应力）的墙片试验表明，限制正应力对砌体的抗侧能力的贡献在适合的范围是合适的。如国际标准《配筋砌体设计规范》ISO 9652—3，限制 $N \leq 0.4 fbh$，美国规范为 $0.25N$，我国混凝土规范为 $0.2f_c bh$。本规范从偏于安全亦取 $0.2f_g bh$。

10.4.5 钢筋混凝土剪力墙在偏心受压和偏心受拉时斜截面承载力计算公式中 N 项取用了相同系数，我们认为欠妥。此时 N 虽为作用效应，但属抗力项，当 N 为拉力时应偏于安全取小。根据可靠度要求，配筋砌块剪力墙偏心受拉时斜截面受剪承载力取用了与偏心受压不同的形式。

10.4.7 配筋砌块剪力墙的连梁的设计原则是作为剪力墙结构的第一道防线，即连梁破坏应先于剪力墙，而对连梁本身则要求其斜截面的抗剪能力高于正截面的抗弯能力，以体现"强剪弱弯"的要求。对配筋砌块连梁，试算和试设计表明，对高烈度区和对较高的抗震等级（一、二级）情况下，连梁超筋的情况比较多，而对砌块连梁在孔中配置钢筋的数量又受到限制。在这种情况下，一是减小连梁的截面高度（应在满足弹塑性变形要求的情况下），二是连梁设计成混凝土的。本条是参照建筑抗震设计规范和砌块剪力墙房屋的特点规定的剪力调整幅度。

10.4.8 剪力墙的连梁的受力状况，类似于两端固定但同时存在支座有竖向和水平位移的梁的受力，也类似层间剪力墙的受力，其截面控制条件类同剪力墙。

10.4.9 多肢配筋砌块砌体剪力墙的承载力和延性与连梁的承载力和延性有很大关系。为了避免连梁产生受剪破坏后导致剪力墙延性降低，本条规定跨高比大于2.5的连梁，必须满足受剪承载力要求。对跨高比小于2.5的连梁，已属混凝土深梁。在第10.4.7条已作了说明，在较高烈度和一级抗震等级出现超筋的情况下，宜采取措施，使连梁的截面高度减小，来满足连梁的破坏先于与其连接的剪力墙，否则应对其承载力进行折减。考虑到当连梁跨高比大于2.5时，相对截面高度较小，局部采用混凝土连梁对砌块建筑的施工工作量增加不多，只要按等强设计原则，其受力仍能得到保证，也易于设计人员的接受。故给出了本条的注。

10.4.10 根据目前国家产品标准，混凝土砌块的厚度为190mm。

10.4.11 本条是在参照国内外配筋砌块砌体剪力墙试验研究和经验的基础上规定的。美国 UBC 砌体部分和美国抗震规范规定，对不同的地震设防烈度，有不同的最小含钢率要求。如在7度以内，要求在墙的端部、顶部和底部，以及洞口的四周配置竖向和水平构造钢筋，钢筋的间距不应大于3m。该构造钢筋的面积为 $130mm^2$，约一根 $\phi 12 - \phi 14$ 钢筋，经折算其隐含的构造含钢率约为0.06%；而对 ≥ 8 度时，剪力墙应在竖向和水平方向均匀设置钢筋，每个方向钢筋的间距不应大于该方向长度的1/3和1.20m，最小钢筋面积不应小于0.07%，两个方向最小含钢率之和也不应小于0.2%。根据美国规范条文解释，这种最小含钢率是剪力墙最小的延性和抗裂要求。

为什么配筋混凝土砌块砌体剪力墙的最小构造含

钢率比混凝土剪力墙的小呢，根据背景解释：钢筋混凝土要求相当大的最小含钢率，因为它在塑性状态浇注，在水化过程中产生显著的收缩。而在砌体施工时，作为主要部分的块体，尺寸稳定，仅在砌体中加入了塑性的砂浆和灌孔混凝土。因此在砌体墙中可收缩的材料要比混凝土中少得多。这个最小含钢率要求，已被规定为混凝土的一半。但在美国加利福尼亚建筑师办公室要求则高于这个数字，它规定，总的最小含钢率不小于0.3%，任一方向不小于0.1%（加利福尼亚是美国高烈度区和地震活跃区）。根据我国进行的较大数量的不同含钢率（竖向和水平）的伪静力墙片试验表明，配筋能明显提高墙体在水平反复荷载作用下的变形能力。也就是说在本条规定的这种最小含钢率情况下，墙体具有一定的延性，裂缝出现后不会立即发生剪坏倒塌。本规范仅在抗震等级为四级时将 μ_{min} 定为 0.07%，其余均 $\geqslant$ 0.1%，比美国规范要高一些，也约为我国混凝土规范最小含钢率的一半以上。

10.4.12、10.4.13 配筋砌块砌体剪力墙的布置，其基本原则同混凝土剪力墙。本条中约束区，即混凝土剪力墙的暗柱，竖向配筋是根据砌块孔洞，并参照混凝土剪力墙的暗柱配筋给出的。美国 UBC 和我国建筑抗震设计规范，虽规定了约束区的横向钢筋的构造要求，但对约束区内的竖向钢筋的构造配筋量未作规定。我国哈尔滨建筑大学、湖南大学等单位，对较大剪跨比配筋砌块墙片试验表明，端部集中配筋对提高构件的抗弯能力和延性作用很明显。通过试点工程，这种约束区的构造配筋率有相当的覆盖面。这种含钢率也考虑能在约 120mm×120mm 孔洞中放得下：对含钢率为 0.4%、0.6%、0.8%，相应的钢筋直径为：$3\phi14$、$3\phi18$、$3\phi20$，而约束箍筋的间距只能在砌块灰缝或带凹槽的系梁块中设置，其间距只能最小为 200mm。对更大的钢筋直径并考虑到钢筋在孔洞中的接头和墙体中水平钢筋，很容易造成浇灌混凝土的困难。当采用 290mm 厚的混凝土空心砌块时，这个问题就可解决了，但这种砌块的重量过大，施工砌筑有一定难度，故我国目前的砌块系列也在 190mm 范围以内。另外，考虑到更大的适应性，增加了混凝土柱作边缘构件的方案。

10.4.14 本条是根据国内外试验研究成果和经验提出的。砌块砌体剪力墙的水平钢筋，当采用围绕墙端竖向钢筋 180°加 12d 延长段锚固时，对施工造成较大的难度，而一般作法是将该水平钢筋在末端弯钩锚固于灌孔混凝土中，弯入长度为 200mm，在试验中发现这样的弯折锚固长度已能保证该水平钢筋达到屈服。因此，考虑不同的抗震等级和施工因素，给出该锚固长度规定。对焊接网片，一般钢筋直径较细均在 $\phi5$ 以下，加上较密的横向钢筋锚固较好，在末端弯折并锚入混凝土后更增加网片的锚固作用。

10.4.15 本条是根据国内外试验研究成果和经验，并参照钢筋混凝土剪力墙连梁的构造要求和砌块的特点给出的。配筋混凝土砌块砌体剪力墙的连梁，从施工程序考虑，一般采用凹槽或 H 型砌块砌筑，砌筑时按要求设置水平构造钢筋，而横向钢筋或箍筋则需砌到楼层高度和达到一定强度后方能在孔中设置。这是和钢筋混凝土剪力墙连梁不同之点。

10.4.16 配筋砌块砌体柱的构造要求基本同钢筋混凝土柱。它是预制装配整体式钢筋混凝土柱。先以砌块作模板，砌筑时按要求在灰缝中或孔槽边缘设置水平箍筋，砌至层高待达一定强度后，设置竖向钢筋和浇灌混凝土，由于受块型影响，横向钢筋间距、直径受到一定的限制，因此这种柱一般用于受力较小的构件。

10.4.17 这是为进一步确保内外叶墙在地震区的整体性和共同工作而作的规定。

10.4.18 配筋砌块砌体剪力墙房屋与钢筋混凝土剪力墙房屋一样均要求楼、屋盖有足够的刚度和整体性。

10.4.19 在墙体和楼盖的过渡层或结合层处，设置钢筋混凝土圈梁可进一步增加这种结构的整体性，同时该圈梁也可作为建筑竖向尺寸调整的手段。

10.4.20 配筋砌块砌体剪力墙竖向受力钢筋的焊接接头到现在仍是个难题。主要是由施工程序造成的，要先砌墙或柱，后插钢筋，并在底部清扫孔中焊接，由于狭小的空间，只能局部点焊，满足不了受力要求，因此目前大部采用搭接。可否采用工具式接头，由于也要在孔洞中进行，尚未实践过。此条宜采用机械连接或焊接是一种很高的要求，鼓励设计与施工者去实践。

10.5 墙 梁

10.5.1 支承简支墙梁和连续墙梁的砌体墙、柱抗震性能较差，不宜用于按抗震设计的墙梁结构，但支承在砌体墙、柱上的简支墙梁或连续墙梁可用于按抗震设计的多层房屋的局部部位。采用框支墙梁的多层房屋（简称框支墙梁房屋），在重力荷载作用下沿纵向可近似按连续墙梁计算。

国家地震局工程力学研究所、中国建筑科学研究院抗震所、同济大学、西安建筑科技大学、大连理工大学、哈尔滨建筑大学等进行了 30 余个框支墙梁墙片拟静力试验和 8 个框支墙梁房屋模型的震动台和拟动力试验。22 个框支墙梁拟静力试验表明，在水平低周反复荷载作用下，墙梁墙体的斜裂缝走向和竖向荷载下斜裂缝走向基本一致，即水平作用并不影响竖向荷载按组合拱体系的传力，或影响很小。在恒定竖向荷载下再施加水平低周反复荷载，托梁端部将形成塑性铰，墙体沿交叉阶梯斜裂缝剪坏（包括部分构造柱剪坏）；框支墙梁只要不倒塌，仍能继续承担较大的竖向荷载（试验中继续加荷到恒定竖向荷载的 1.4～2.3 倍），说明即使框支墙梁发生水平剪切破坏后仍具有一定的墙梁组合作用。设置抗震墙的框支墙梁房屋模型振动台试验表明，地震破坏为底层抗震墙的剪切或弯曲破坏，框架柱大偏压破坏和上层构造框架约束墙体的剪切破坏。水平地震作用使托梁增加的附加应力很小，未发现显著的新裂缝，框支墙梁房屋能满足抗震设防三水准的要求。因此，框支墙梁的抗震性能是可靠的，可用于抗震设计；底层框架——抗震墙上层为砌体墙的多层房屋抗震设计中，竖向荷载作用下考虑墙梁组合作用也是完全可行的。

框支墙梁房屋的抗震结构体系和布置，抗震计算原则和主要抗震措施均与抗震规范关于底层框架——抗震墙多层砌体房屋抗震设计的有关规定一致。本节对框支墙梁的抗震设计作一些补充规定。本条关于框支墙梁房屋的层数和高度限值与抗震规范一致。

10.5.2 震害表明，框支墙梁房屋（即抗震规范所指的底层框架砖房）由于上刚下柔和头重脚轻，对抗震不利而产生地震破坏。沿纵向和横向均匀、对称布置一定数量的抗震墙就从抗震体系上大大改善了框支墙梁的抗震性能。本条关于抗震墙的设置规定，以及第二层与底层侧向刚度比的限值与抗震规范一致。底层设置一定数量抗震墙的框支墙梁房屋模型振动台试验表明，其抗震性能不仅不比同样层数的多层房屋低，甚至还要好些。

10.5.3 本条进一步明确对上层墙体布置的要求。同时对托梁上一层墙体中构造柱设置提出更高要求，以提高框支墙梁抗震性能并改善墙体受剪和局部受压性能，更有利于竖向荷载传递。对托梁上一层墙体的上、下层楼盖处圈梁设置提出更高要求，以提高框支墙梁抗震性能和墙体抗剪能力。

10.5.4 底层设置抗震墙，使框支墙梁房屋质量和刚度沿高度分布比较均匀，且以剪切变形为主，可采用底部剪力法进行抗震计算。这已为框支墙梁模型振动台试验证实。底层地震作用效应的调整，并全部由该方向抗震墙承担与抗震规范的规定一致。

10.5.5 本条规定的框架柱地震剪力和附加轴力确定的方法与抗震规范的有关规定一致。

10.5.6 计算重力荷载代表值引起的框支墙梁内力应考虑墙梁组合作用，按本规范第 7.3 节的规定计算。并与地震剪力引起的框支墙梁内力组合进行抗震承载力计算。重力荷载代表值则应按现行国家标准《建筑抗震设计规范》GB50011 中第 5.1.3 条的有关规定计算，即取全部重力荷载不另行折减。本条考虑水平地震作用使墙体裂缝对墙梁在竖向荷载作用下组合作用的影响，当抗震等级为一、二级时，适当增大托梁弯矩系数 α_M 和剪力系数 β_V。这是一个使框支墙梁抗震设计与非抗震设计协调一致的，可靠合理，且便于操作的方法。

10.5.7 墙梁刚度即使考虑裂缝，也比框架柱刚度大得多，在水平地震剪力作用下框架柱反弯点应位于距柱底（1/2～2/3）且接近 1/2 倍柱高。根据有限元分析及试验结果，取反弯点距柱底 $0.55H_s$ 是合理的。如底层柱按框架分析取反弯点，则反弯点可能取高了，使框架柱上端截面弯矩算小了，因而偏于不安全。

10.5.8 试验表明，由于墙梁组合作用，重力荷载产生的墙梁墙体中正应力 σ_0 比计算值小，导致墙体水平截面抗震抗剪承载力的降低，比落地墙低 10% 左右。故采用公式（10.3.2）或（10.2.2）计算时，公式右边应乘以降低系数 0.9。

10.5.9～10.5.11 对框支墙梁抗震构造提出要求。在满足抗震规范和混凝土结构规范构造规定条件下，根据框支墙梁抗震试验和工程实践经验作一些补充规定。

中华人民共和国国家标准

建筑地基基础设计规范

Code for design of building foundation

GB 50007—2002

主编部门：中华人民共和国建设部
批准部门：中华人民共和国建设部
施行日期：２００２年４月１日

关于发布国家标准《建筑地基基础设计规范》的通知

建标〔2002〕46号

根据我部《关于印发〈一九九七年工程建设标准制订、修订计划〉的通知》（建标〔1997〕108号）的要求，由建设部会同有关部门共同修订的《建筑地基基础设计规范》，经有关部门会审，批准为国家标准，编号为GB50007—2002，自2002年4月1日起施行。其中，3.0.2、3.0.4、5.1.3、5.3.1、5.3.4、5.3.10、6.1.1、6.3.1、6.4.1、7.2.7、7.2.8、8.2.7、8.4.5、8.4.7、8.4.9、8.4.13、8.5.9、8.5.10、8.5.18、8.5.19、9.1.3、9.1.6、9.2.8、10.1.1、10.1.6、10.1.8、10.2.9为强制性条文，必须严格执行。原《建筑地基基础设计规范》GBJ7—89于2002年12月31日废止。

本规范由建设部负责管理和对强制性条文的解释，中国建筑科学研究院负责具体技术内容的解释，建设部标准定额研究所组织中国建筑工业出版社出版发行。

中华人民共和国建设部
2002年2月20日

前　　言

本规范是根据建设部建标〔1997〕108号文的要求，由中国建筑科学研究院会同有关的设计、勘察、施工、研究和教学单位对《建筑地基基础设计规范》GBJ 7—89进行修订而成。

修订过程中，开展了专题研究，调查总结了近年来国内地基基础工程的工程实践经验，采纳了该领域新的科研成果，并以各种方式在全国范围内广泛征求了有关设计、勘察、施工、科研、教学单位的意见，经反复讨论、修改和试设计，最后经审查定稿。

本次修订后共有10章22个附录。主要修订内容是：明确了地基基础设计中承载力极限状态和正常使用极限状态的使用范围和计算方法；强调按变形控制设计的原则，满足建筑物使用功能的要求；细化岩石分类和地基土的冻胀分类；增加有限压缩层地基变形和回弹变形计算方法；增加岩石边坡支护设计方法；增加复合地基设计方法；增加高层建筑筏形基础设计方法；增加桩基础沉降计算方法；增加基坑工程设计方法；增加地基基础检测与监测内容。取消了壳体基础设计的规定。

本规范将来可能需要进行局部修订，有关局部修订的信息和条文内容将刊登在《工程建设标准化》杂志上。

本规范以黑体字标志的条文为强制性条文，必须严格执行。

本规范的具体解释由中国建筑科学研究院地基基础研究所负责。在执行过程中，请各单位结合工程实践，认真总结经验，并将意见和建议寄交北京市北三环东路30号中国建筑科学研究院国家标准《建筑地基基础设计规范》管理组（邮编：100013，E-mail：tyjcabr@sina.com.cn）。

本规范的主编单位：中国建筑科学研究院

参编单位：北京市勘察设计研究院，建设部综合勘察设计研究院，北京市建筑设计研究院，建设部建筑设计院，上海建筑设计研究院，广西建筑综合设计研究院，云南省设计院，辽宁省建筑设计研究院，中南建筑设计院，湖北省建筑科学研究院，福建省建筑科学研究院，陕西省建筑科学研究院，甘肃省建筑科学研究院，广州市建筑科学研究院，四川省建筑科学研究院，黑龙江省寒地建研院，天津大学，同济大学，浙江大学，重庆建筑大学，太原理工大学，广东省基础工程公司。

主要起草人：黄熙龄　滕延京　王铁宏（以下按姓氏笔画排列）

王公山　王惠昌　白晓红　汪国烈　吴学敏
杨　敏　周光孔　周经文　林立岩　罗宇生
陈如桂　钟　亮　顾晓鲁　顾宝和　侯光瑜
袁炳麟　袁内镇　唐杰康　黄求顺　龚一鸣
裴　捷　潘凯云　潘秋元

目 次

1 总则 ... 6—4
2 术语和符号 ... 6—4
  2.1 术语 ... 6—4
  2.2 主要符号 ... 6—4
3 基本规定 ... 6—5
4 地基岩土的分类及工程特性指标 ... 6—7
  4.1 岩土的分类 ... 6—7
  4.2 工程特性指标 ... 6—8
5 地基计算 ... 6—8
  5.1 基础埋置深度 ... 6—8
  5.2 承载力计算 ... 6—10
  5.3 变形计算 ... 6—12
  5.4 稳定性计算 ... 6—13
6 山区地基 ... 6—14
  6.1 一般规定 ... 6—14
  6.2 土岩组合地基 ... 6—14
  6.3 压实填土地基 ... 6—14
  6.4 滑坡防治 ... 6—15
  6.5 岩溶与土洞 ... 6—16
  6.6 土质边坡与重力式挡墙 ... 6—17
  6.7 岩石边坡与岩石锚杆挡墙 ... 6—19
7 软弱地基 ... 6—20
  7.1 一般规定 ... 6—20
  7.2 利用与处理 ... 6—20
  7.3 建筑措施 ... 6—20
  7.4 结构措施 ... 6—21
  7.5 大面积地面荷载 ... 6—21
8 基础 ... 6—22
  8.1 无筋扩展基础 ... 6—22
  8.2 扩展基础 ... 6—22
  8.3 柱下条形基础 ... 6—25
  8.4 高层建筑筏形基础 ... 6—26
  8.5 桩基础 ... 6—29
  8.6 岩石锚杆基础 ... 6—33
9 基坑工程 ... 6—34
  9.1 一般规定 ... 6—34
  9.2 设计计算 ... 6—34
  9.3 地下连续墙与逆作法 ... 6—35
10 检验与监测 ... 6—36
  10.1 检验 ... 6—36
  10.2 监测 ... 6—36
附录 A 岩石坚硬程度及岩体完整程度的划分 ... 6—37
附录 B 碎石土野外鉴别 ... 6—37
附录 C 浅层平板载荷试验要点 ... 6—38
附录 D 深层平板载荷试验要点 ... 6—38
附录 E 抗剪强度指标 c、φ 标准值 ... 6—39
附录 F 中国季节性冻土标准冻深线图 ... 插页
附录 G 地基土的冻胀性分类及建筑基底允许残留冻土层最大厚度 ... 6—39
附录 H 岩基载荷试验要点 ... 6—40
附录 J 岩石单轴抗压强度试验要点 ... 6—40
附录 K 附加应力系数 α、平均附加应力系数 $\bar{\alpha}$ ... 6—40
附录 L 挡土墙主动土压力系数 k_a ... 6—46
附录 M 岩石锚杆抗拔试验要点 ... 6—48
附录 N 大面积地面荷载作用下地基附加沉降量计算 ... 6—48
附录 P 冲切临界截面周长及极惯性矩计算公式 ... 6—49
附录 Q 单桩竖向静载荷试验要点 ... 6—49
附录 R 桩基础最终沉降量计算 ... 6—50
附录 S 阶梯形承台及锥形承台斜截面受剪的截面宽度 ... 6—51
附录 T 桩式、墙式悬臂支护结构计算要点 ... 6—52
附录 U 桩式、墙式锚撑支护结构计算要点 ... 6—52
附录 V 基坑底抗隆起稳定性验算 ... 6—53
附录 W 基坑底抗渗流稳定性验算 ... 6—53
附录 X 土层锚杆试验要点 ... 6—53
用词和用语说明 ... 6—54
条文说明 ... 6—55

1 总则

1.0.1 为了在地基基础设计中贯彻执行国家的技术经济政策，做到安全适用、技术先进、经济合理、确保质量、保护环境，制定本规范。

1.0.2 地基基础设计，必须坚持因地制宜、就地取材、保护环境和节约资源的原则；根据岩土工程勘察资料，综合考虑结构类型、材料情况与施工条件等因素，精心设计。

1.0.3 本规范适用于工业与民用建筑（包括构筑物）的地基基础设计。对于湿陷性黄土、多年冻土、膨胀土以及在地震和机械振动荷载作用下的地基基础设计，尚应符合现行有关标准、规范的规定。

1.0.4 采用本规范设计时，荷载取值应符合现行国家标准《建筑结构荷载规范》GB 50009 的规定；基础的计算尚应符合现行国家标准《混凝土结构设计规范》GB 50010 和《砌体结构设计规范》GB 50003 的规定。当基础处于侵蚀性环境或受温度影响时，尚应符合国家现行的有关强制性规范的规定，采取相应的防护措施。

2 术语和符号

2.1 术语

2.1.1 地基 subgrade, foundation soils
为支承基础的土体或岩体。

2.1.2 基础 foundation
将结构所承受的各种作用传递到地基上的结构组成部分。

2.1.3 地基承载力特征值 characteristic value of subgrade bearing capacity
指由载荷试验测定的地基土压力变形曲线线性变形段内规定的变形所对应的压力值，其最大值为比例界限值。

2.1.4 重力密度（重度）gravity density, unit weight
单位体积岩土所承受的重力，为岩土的密度与重力加速度的乘积。

2.1.5 岩体结构面 rock discontinuity structural plane
岩体内开裂的和易开裂的面。如层面、节理、断层、片理等。又称不连续构造面。

2.1.6 标准冻深 standard frost penetration
在地面平坦、裸露、城市之外的空旷场地中不少于10年的实测最大冻深的平均值。

2.1.7 地基变形允许值 allowable subsoil deformation
为保证建筑物正常使用而确定的变形控制值。

2.1.8 土岩组合地基 soil-rock composite subgrade
在建筑地基（或被沉降缝分隔区段的建筑地基）的主要受力层范围内，有下卧基岩表面坡度较大的地基；或石芽密布并有出露的地基；或大块孤石或个别石芽出露的地基。

2.1.9 地基处理 ground treatment
指为提高地基土的承载力，改善其变形性质或渗透性质而采取的人工方法。

2.1.10 复合地基 composite subgrade, composite foundation
部分土体被增强或被置换，而形成的由地基土和增强体共同承担荷载的人工地基。

2.1.11 扩展基础 spread foundation
将上部结构传来的荷载，通过向侧边扩展成一定底面积，使作用在基底的压应力等于或小于地基土的允许承载力，而基础内部的应力应同时满足材料本身的强度要求，这种起到压力扩散作用的基础称为扩展基础。

2.1.12 无筋扩展基础 non-reinforced spread foundation
由砖、毛石、混凝土或毛石混凝土、灰土和三合土等材料组成的，且不需配置钢筋的墙下条形基础或柱下独立基础。

2.1.13 桩基础 pile foundation
由设置于岩土中的桩和联接于桩顶端的承台组成的基础。

2.1.14 支挡结构 retaining structure
使岩土边坡保持稳定、控制位移而建造的结构物。

2.2 主要符号

A——基础底面面积；
a——压缩系数；
b——基础底面宽度（最小边长）；或力矩作用方向的基础底面边长；
c——粘聚力；
d——基础埋置深度，桩身直径；
E_a——主动土压力；
E_s——土的压缩模量；
e——孔隙比；
F——基础顶面竖向力；
f_a——修正后的地基承载力特征值；
f_{ak}——地基承载力特征值；
f_{rk}——岩石饱和单轴抗压强度标准值；
G——恒载；
H_0——基础高度；
H_f——自基础底面算起的建筑物高度；
H_g——自室外地面算起的建筑物高度；
L——房屋长度或沉降缝分隔的单元长度；
l——基础底面长度；
M——作用于基础底面的力矩或截面的弯矩；

p——基础底面处平均压力;
p_0——基础底面处平均附加压力;
Q_k——相应于荷载效应标准组合时,桩基中单桩所受竖向力;
q_{pa}——桩端土的承载力特征值;
q_{sa}——桩周土的摩擦力特征值;
R_a——单桩竖向承载力特征值;
s——沉降量;
u——周边长度;
w——土的含水量;
w_L——液限;
w_p——塑限;
z_0——标准冻深;
z_n——地基沉降计算深度;
$\bar{\alpha}$——平均附加应力系数;
β——边坡对水平面的坡角;
γ——土的重力密度,简称土的重度;
δ——填土与挡土墙墙背的摩擦角;
δ_r——填土与稳定岩石坡面间的摩擦角;
θ——地基的压力扩散角;
μ——土与挡土墙基底间的摩擦系数;
ν——泊松比;
φ——内摩擦角;
η_b——基础宽度的承载力修正系数;
η_d——基础埋深的承载力修正系数;
ψ_s——沉降计算经验系数。

3 基 本 规 定

3.0.1 根据地基复杂程度、建筑物规模和功能特征以及由于地基问题可能造成建筑物破坏或影响正常使用的程度,将地基基础设计分为三个设计等级,设计时应根据具体情况,按表3.0.1选用。

表 3.0.1　　地基基础设计等级

设计等级	建筑和地基类型
甲级	重要的工业与民用建筑物 30层以上的高层建筑 体型复杂,层数相差超过10层的高低层连成一体建筑物 大面积的多层地下建筑物(如地下车库、商场、运动场等) 对地基变形有特殊要求的建筑物 复杂地质条件下的坡上建筑物(包括高边坡) 对原有工程影响较大的新建建筑物 场地和地基条件复杂的一般建筑物 位于复杂地质条件及软土地区的二层及二层以上地下室的基坑工程
乙级	除甲级、丙级以外的工业与民用建筑物
丙级	场地和地基条件简单、荷载分布均匀的七层及七层以下民用建筑及一般工业建筑物;次要的轻型建筑物

3.0.2 根据建筑物地基基础设计等级及长期荷载作用下地基变形对上部结构的影响程度,地基基础设计应符合下列规定:
  1 所有建筑物的地基计算均应满足承载力计算的有关规定;
  2 设计等级为甲级、乙级的建筑物,均应按地基变形设计;
  3 表3.0.2所列范围内设计等级为丙级的建筑物可不作变形验算,如有下列情况之一时,仍应作变形验算:

表 3.0.2　　可不作地基变形计算设计等级为丙级的建筑物范围

地基主要受力层情况	地基承载力特征值 f_{ak}（kPa）		60≤f_{ak}<80	80≤f_{ak}<100	100≤f_{ak}<130	130≤f_{ak}<160	160≤f_{ak}<200	200≤f_{ak}<300
	各土层坡度（%）		≤5	≤5	≤10	≤10	≤10	≤10
建筑类型	砌体承重结构、框架结构（层数）		≤5	≤5	≤5	≤6	≤6	≤7
	单层排架结构（6m柱距）	单跨 吊车额定起重量（t）	5~10	10~15	15~20	20~30	30~50	50~100
		单跨 厂房跨度（m）	≤12	≤18	≤24	≤30	≤30	≤30
		多跨 吊车额定起重量（t）	3~5	5~10	10~15	15~20	20~30	30~75
		多跨 厂房跨度（m）	≤12	≤18	≤24	≤30	≤30	≤30
	烟囱	高度（m）	≤30	≤40	≤50		≤75	≤100
	水塔	高度（m）	≤15	≤20	≤30	≤30	≤30	
		容积（m³）	≤50~100	50~100	100~200	200~300	300~500	500~1000

注: **1** 地基主要受力层系指条形基础底面下深度为$3b$（b为基础底面宽度）,独立基础下为$1.5b$,且厚度均不小于5m的范围(二层以下一般的民用建筑除外);
　　2 地基主要受力层中如有承载力特征值小于130kPa的土层时,表中砌体承重结构的设计,应符合本规范第七章的有关要求;
　　3 表中砌体承重结构和框架结构均指民用建筑,对于工业建筑可按厂房高度、荷载情况折合成与其相当的民用建筑层数;
　　4 表中吊车额定起重量、烟囱高度和水塔容积的数值系指最大值。

　　1)地基承载力特征值小于130kPa,且体型复杂的建筑;
　　2)在基础上及其附近有地面堆载或相邻基础荷载差异较大,可能引起地基产生过大的不均匀沉降时;
　　3)软弱地基上的建筑物存在偏心荷载时;

4）相邻建筑距离过近，可能发生倾斜时；
5）地基内有厚度较大或厚薄不均的填土，其自重固结未完成时。
4 对经常受水平荷载作用的高层建筑、高耸结构和挡土墙等，以及建造在斜坡上或边坡附近的建筑物和构筑物，尚应验算其稳定性；
5 基坑工程应进行稳定性验算；
6 当地下水埋藏较浅，建筑地下室或地下构筑物存在上浮问题时，尚应进行抗浮验算。

3.0.3 地基基础设计前应进行岩土工程勘察，并应符合下列规定：
1 岩土工程勘察报告应提供下列资料：
1）有无影响建筑场地稳定性的不良地质条件及其危害程度；
2）建筑物范围内的地层结构及其均匀性，以及各岩土层的物理力学性质；
3）地下水埋藏情况、类型和水位变化幅度及规律，以及对建筑材料的腐蚀性；
4）在抗震设防区应划分场地土类型和场地类别，并对饱和砂土及粉土进行液化判别；
5）对可供采用的地基基础设计方案进行论证分析，提出经济合理的设计方案建议；提供与设计要求相对应的地基承载力及变形计算参数，并对设计与施工应注意的问题提出建议；
6）当工程需要时，尚应提供：
(1) 深基坑开挖的边坡稳定计算和支护设计所需的岩土技术参数，论证其对周围已有建筑物和地下设施的影响；
(2) 基坑施工降水的有关技术参数及施工降水方法的建议；
(3) 提供用于计算地下水浮力的设计水位。

2 地基评价宜采用钻探取样、室内土工试验、触探、并结合其它原位测试方法进行。设计等级为甲级的建筑物应提供载荷试验指标、抗剪强度指标、变形参数指标和触探资料；设计等级为乙级的建筑物应提供抗剪强度指标、变形参数指标和触探资料；设计等级为丙级的建筑物应提供触探及必要的钻探和土工试验资料。

3 建筑物地基均应进行施工验槽。如地基条件与原勘察报告不符时，应进行施工勘察。

3.0.4 地基基础设计时，所采用的荷载效应最不利组合与相应的抗力限值应按下列规定：
1 **按地基承载力确定基础底面积及埋深或按单桩承载力确定桩数时，传至基础或承台底面上的荷载效应应按正常使用极限状态下荷载效应的标准组合。相应的抗力应采用地基承载力特征值或单桩承载力特征值。**
2 计算地基变形时，传至基础底面上的荷载效应应按正常使用极限状态下荷载效应的准永久组合，不应计入风荷载和地震作用。相应的限值应为地基变形允许值。
3 计算挡土墙土压力、地基或斜坡稳定及滑坡推力时，荷载效应应按承载能力极限状态下荷载效应的基本组合，但其分项系数均为1.0。
4 在确定基础或桩台高度、支挡结构截面、计算基础或支挡结构内力、确定配筋和验算材料强度时，上部结构传来的荷载效应组合和相应的基底反力，应按承载能力极限状态下荷载效应的基本组合，采用相应的分项系数。
当需要验算基础裂缝宽度时，应按正常使用极限状态荷载效应标准组合。
5 **基础设计安全等级、结构设计使用年限、结构重要性系数应按有关规范的规定采用，但结构重要性系数 γ_0 不应小于1.0。**

3.0.5 正常使用极限状态下，荷载效应的标准组合值 S_k 应用下式表示：

$$S_k = S_{Gk} + S_{Q1k} + \psi_{c2} S_{Q2k} + \cdots\cdots + \psi_{cn} S_{Qnk}$$
(3.0.5-1)

式中 S_{Gk}——按永久荷载标准值 G_k 计算的荷载效应值；
S_{Qik}——按可变荷载标准值 Q_{ik} 计算的荷载效应值；
ψ_{ci}——可变荷载 Q_i 的组合值系数，按现行《建筑结构荷载规范》GB 50009 的规定取值。

荷载效应的准永久组合值 S_k 应用下式表示：

$$S_k = S_{Gk} + \psi_{q1} S_{Q1k} + \psi_{q2} S_{Q2k} + \cdots\cdots + \psi_{qn} S_{Qnk}$$
(3.0.5-2)

式中 ψ_{qi}——准永久值系数，按现行《建筑结构荷载规范》GB 50009 的规定取值。

承载能力极限状态下，由可变荷载效应控制的基本组合设计值 S，应用下式表达：

$$S = \gamma_G S_{Gk} + \gamma_{Q1} S_{Q1k} + \gamma_{Q2} \psi_{c2} S_{Q2k} + \cdots\cdots + \gamma_{Qn} \psi_{cn} S_{Qnk}$$
(3.0.5-3)

式中 γ_G——永久荷载的分项系数，按现行《建筑结构荷载规范》GB 50009 的规定取值；
γ_{Qi}——第 i 个可变荷载的分项系数，按现行《建筑结构荷载规范》GB 50009 的规定取值。

对由永久荷载效应控制的基本组合，也可采用简化规则，荷载效应基本组合的设计值 S 按下式确定：

$$S = 1.35 S_k \leqslant R \quad (3.0.5\text{-}4)$$

式中 R——结构构件抗力的设计值,按有关建筑结构设计规范的规定确定;

S_k——荷载效应的标准组合值。

4 地基岩土的分类及工程特性指标

4.1 岩土的分类

4.1.1 作为建筑地基的岩土,可分为岩石、碎石土、砂土、粉土、粘性土和人工填土。

4.1.2 岩石应为颗粒间牢固联结,呈整体或具有节理裂隙的岩体。作为建筑物地基,除应确定岩石的地质名称外,尚应按 4.1.3~4.1.4 条划分其坚硬程度和完整程度。

4.1.3 岩石的坚硬程度应根据岩块的饱和单轴抗压强度 f_{rk} 按表 4.1.3 分为坚硬岩、较硬岩、较软岩、软岩和极软岩。当缺乏饱和单轴抗压强度资料或不能进行该项试验时,可在现场通过观察定性划分,划分标准可按本规范附录 A.0.1 执行。岩石的风化程度可分为未风化、微风化、中风化、强风化和全风化。

表 4.1.3 岩石坚硬程度的划分

坚硬程度类别	坚硬岩	较硬岩	较软岩	软岩	极软岩
饱和单轴抗压强度标准值 f_{rk} (MPa)	$f_{rk}>60$	$60 \geqslant f_{rk} > 30$	$30 \geqslant f_{rk} > 15$	$15 \geqslant f_{rk} > 5$	$f_{rk} \leqslant 5$

4.1.4 岩体完整程度应按表 4.1.4 划分为完整、较完整、较破碎、破碎和极破碎。当缺乏试验数据时可按本规范附录 A.0.2 执行。

表 4.1.4 岩体完整程度划分

完整程度等级	完整	较完整	较破碎	破碎	极破碎
完整性指数	>0.75	0.75~0.55	0.55~0.35	0.35~0.15	<0.15

注:完整性指数为岩体纵波波速与岩块纵波波速之比的平方。选定岩体、岩块测定波速时应有代表性。

4.1.5 碎石土为粒径大于 2mm 的颗粒含量超过全重 50% 的土。碎石土可按表 4.1.5 分为漂石、块石、卵石、碎石、圆砾和角砾。

表 4.1.5 碎石土的分类

土的名称	颗粒形状	粒组含量
漂石块石	圆形及亚圆形为主 棱角形为主	粒径大于 200mm 的颗粒含量超过全重 50%
卵石碎石	圆形及亚圆形为主 棱角形为主	粒径大于 20mm 的颗粒含量超过全重 50%
圆砾角砾	圆形及亚圆形为主 棱角形为主	粒径大于 2mm 的颗粒含量超过全重 50%

注:分类时应根据粒组含量栏从上到下以最先符合者确定。

4.1.6 碎石土的密实度,可按表 4.1.6 分为松散、稍密、中密、密实。

表 4.1.6 碎石土的密实度

重型圆锥动力触探锤击数 $N_{63.5}$	密实度	重型圆锥动力触探锤击数 $N_{63.5}$	密实度
$N_{63.5} \leqslant 5$	松散	$10 < N_{63.5} \leqslant 20$	中密
$5 < N_{63.5} \leqslant 10$	稍密	$N_{63.5} > 20$	密实

注:1. 本表适用于平均粒径小于等于 50mm 且最大粒径不超过 100mm 的卵石、碎石、圆砾、角砾。对于平均粒径大于 50mm 或最大粒径大于 100mm 的碎石土,可按本规范附录 B 鉴别其密实度;
2. 表内 $N_{63.5}$ 为经综合修正后的平均值。

4.1.7 砂土为粒径大于 2mm 的颗粒含量不超过全重 50%、粒径大于 0.075mm 的颗粒超过全重 50% 的土。砂土可按表 4.1.7 分为砾砂、粗砂、中砂、细砂和粉砂。

表 4.1.7 砂土的分类

土的名称	粒组含量
砾砂	粒径大于 2mm 的颗粒含量占全重 25%~50%
粗砂	粒径大于 0.5mm 的颗粒含量超过全重 50%
中砂	粒径大于 0.25mm 的颗粒含量超过全重 50%
细砂	粒径大于 0.075mm 的颗粒含量超过全重 85%
粉砂	粒径大于 0.075mm 的颗粒含量超过全重 50%

注:分类时应根据粒组含量栏从上到下以最先符合者确定。

4.1.8 砂土的密实度,可按表 4.1.8 分为松散、稍密、中密、密实。

表 4.1.8 砂土的密实度

标准贯入试验锤击数 N	密实度
$N \leqslant 10$	松散
$10 < N \leqslant 15$	稍密
$15 < N \leqslant 30$	中密
$N > 30$	密实

注:当用静力触探探头阻力判定砂土的密实度时,可根据当地经验确定。

4.1.9 粘性土为塑性指数 I_p 大于 10 的土,可按表 4.1.9 分为粘土、粉质粘土。

表 4.1.9 粘性土的分类

塑性指数 I_p	土的名称
$I_p > 17$	粘土
$10 < I_p \leq 17$	粉质粘土

注:塑性指数由相应于 76g 圆锥体沉入土样中深度为 10mm 时测定的液限计算而得。

4.1.10 粘性土的状态,可按表 4.1.10 分为坚硬、硬塑、可塑、软塑、流塑。

表 4.1.10 粘性土的状态

液性指数 I_L	状态	液性指数 I_L	状态
$I_L \leq 0$	坚硬	$0.75 < I_L \leq 1$	软塑
$0 < I_L \leq 0.25$	硬塑	$I_L > 1$	流塑
$0.25 < I_L \leq 0.75$	可塑		

注:当用静力触探探头阻力或标准贯入试验锤击数判定粘性土的状态时,可根据当地经验确定。

4.1.11 粉土为介于砂土与粘性土之间,塑性指数 $I_p \leq 10$ 且粒径大于 0.075mm 的颗粒含量不超过全重 50%的土。

4.1.12 淤泥为在静水或缓慢的流水环境中沉积,并经生物化学作用形成,其天然含水量大于液限、天然孔隙比大于或等于 1.5 的粘性土。当天然含水量大于液限而天然孔隙比小于 1.5 但大于或等于 1.0 的粘性土或粉土为淤泥质土。

4.1.13 红粘土为碳酸盐岩系的岩石经红土化作用形成的高塑性粘土。其液限一般大于 50。红粘土经再搬运后仍保留其基本特征,其液限大于 45 的土为次生红粘土。

4.1.14 人工填土根据其组成和成因,可分为素填土、压实填土、杂填土、冲填土。

素填土为由碎石土、砂土、粉土、粘性土等组成的填土。经过压实或夯实的素填土为压实填土。杂填土为含有建筑垃圾、工业废料、生活垃圾等杂物的填土。冲填土为由水力冲填泥砂形成的填土。

4.1.15 膨胀土为土中粘粒成分主要由亲水性矿物组成,同时具有显著的吸水膨胀和失水收缩特性,其自由膨胀率大于或等于 40%的粘性土。

4.1.16 湿陷性土为浸水后产生附加沉降,其湿陷系数大于或等于 0.015 的土。

4.2 工程特性指标

4.2.1 土的工程特性指标应包括强度指标、压缩性指标以及静力触探探头阻力,标准贯入试验锤击数、载荷试验承载力等其他特性指标。

4.2.2 地基土工程特性指标的代表值应分别为标准值、平均值及特征值。抗剪强度指标应取标准值,压缩性指标应取平均值,载荷试验承载力应取特征值。

4.2.3 载荷试验包括浅层平板载荷试验和深层平板载荷试验。浅层平板载荷试验适用于浅层地基,深层平板载荷试验适用于深层地基。两种载荷试验的试验要求应分别符合本规范附录 C、D 的规定。

4.2.4 土的抗剪强度指标,可采用原状土室内剪切试验、无侧限抗压强度试验、现场剪切试验、十字板剪切试验等方法测定。当采用室内剪切试验确定时,应选择三轴压缩试验中的不固结不排水试验。经过预压固结的地基可采用固结不排水试验。每层土的试验数量不得少于六组。室内试验抗剪强度指标 c_k、φ_k,可按本规范附录 E 确定。

在验算坡体的稳定性时,对于已有剪切破裂面或其它软弱结构面的抗剪强度,应进行野外大型剪切试验。

4.2.5 土的压缩性指标可采用原状土室内压缩试验、原位浅层或深层平板载荷试验、旁压试验确定。

当采用室内压缩试验确定压缩模量时,试验所施加的最大压力应超过土自重压力与预计的附加压力之和,试验成果用 $e \sim p$ 曲线表示。当考虑土的应力历史进行沉降计算时,应进行高压固结试验,确定先期固结压力、压缩指数,试验成果用 $e \sim \lg p$ 曲线表示。为确定回弹指数,应在估计的先期固结压力之后进行一次卸荷,再继续加荷至预定的最后一级压力。

地基土的压缩性可按 p_1 为 100kPa,p_2 为 200kPa 时相对应的压缩系数值 a_{1-2} 划分为低、中、高压缩性,并应按以下规定进行评价:

1 当 $a_{1-2} < 0.1 \text{MPa}^{-1}$ 时,为低压缩性土;

2 当 $0.1 \text{MPa}^{-1} \leq a_{1-2} < 0.5 \text{MPa}^{-1}$ 时,为中压缩性土;

3 当 $a_{1-2} \geq 0.5 \text{MPa}^{-1}$ 时,为高压缩性土。

当考虑深基坑开挖卸荷和再加荷时,应进行回弹再压缩试验,其压力的施加应与实际的加卸荷状况一致。

5 地基计算

5.1 基础埋置深度

5.1.1 基础的埋置深度,应按下列条件确定:

1 建筑物的用途,有无地下室、设备基础和地下设施,基础的型式和构造;

2 作用在地基上的荷载大小和性质;

3 工程地质和水文地质条件;

4 相邻建筑物的基础埋深;

5 地基土冻胀和融陷的影响。

5.1.2 在满足地基稳定和变形要求的前提下,基础宜浅埋，当上层地基的承载力大于下层土时，宜利用上层土作持力层。除岩石地基外，基础埋深不宜小于0.5m。

5.1.3 **高层建筑筏形和箱形基础的埋置深度应满足地基承载力、变形和稳定性要求。**在抗震设防区，除岩石地基外，天然地基上的箱形和筏形基础其埋置深度不宜小于建筑物高度的1/15；桩箱或桩筏基础的埋置深度（不计桩长）不宜小于建筑物高度的1/18～1/20。**位于岩石地基上的高层建筑，其基础埋深应满足抗滑要求。**

5.1.4 基础宜埋置在地下水位以上，当必须埋在地下水位以下时，应采取地基土在施工时不受扰动的措施。

当基础埋置在易风化的岩层上，施工时应在基坑开挖后立即铺筑垫层。

5.1.5 当存在相邻建筑物时，新建建筑物的基础埋深不宜大于原有建筑基础。当埋深大于原有建筑基础时，两基础间应保持一定净距，其数值应根据原有建筑荷载大小、基础形式和土质情况确定。当上述要求不能满足时，应采取分段施工，设临时加固支撑，打板桩，地下连续墙等施工措施，或加固原有建筑物地基。

5.1.6 确定基础埋深应考虑地基的冻胀性。地基的冻胀性类别应根据冻土层的平均冻胀率η的大小，按本规范附录G.0.1查取。

5.1.7 季节性冻土地基的设计冻深z_d应按下式计算：

$$z_d = z_0 \cdot \psi_{zs} \cdot \psi_{zw} \cdot \psi_{ze} \qquad (5.1.7)$$

式中 z_d——设计冻深。若当地有多年实测资料时，也可：$z_d = h' - \Delta z$，h'和Δz分别为实测冻土层厚度和地表冻胀量；

z_0——标准冻深。系采用在地表平坦、裸露、城市之外的空旷场地中不少于10年实测最大冻深的平均值。当无实测资料时，按本规范附录F采用；

ψ_{zs}——土的类别对冻深的影响系数，按表5.1.7-1；

ψ_{zw}——土的冻胀性对冻深的影响系数，按表5.1.7-2；

ψ_{ze}——环境对冻深的影响系数，按表5.1.7-3。

表5.1.7-1　土的类别对冻深的影响系数

土的类别	影响系数 ψ_{zs}	土的类别	影响系数 ψ_{zs}
粘性土	1.00	中、粗、砾砂	1.30
细砂、粉砂、粉土	1.20	碎石土	1.40

表5.1.7-2　土的冻胀性对冻深的影响系数

冻胀性	影响系数 ψ_{zw}	冻胀性	影响系数 ψ_{zw}
不冻胀	1.00	强冻胀	0.85
弱冻胀	0.95	特强冻胀	0.80
冻胀	0.90		

表5.1.7-3　环境对冻深的影响系数

周围环境	影响系数 ψ_{ze}	周围环境	影响系数 ψ_{ze}
村、镇、旷野	1.00	城市市区	0.90
城市近郊	0.95		

注：环境影响系数一项，当城市市区人口为20～50万时，按城市近郊取值；当城市市区人口大于50万小于或等于100万时，按城市市区取值；当城市市区人口超过100万时，按城市市区取值，5km以内的郊区应按城市近郊取值。

5.1.8 当建筑基础底面之下允许有一定厚度的冻土层，可用下式计算基础的最小埋深：

$$d_{\min} = z_d - h_{\max} \qquad (5.1.8)$$

式中 $h_{\max}$——基础底面下允许残留冻土层的最大厚度，按本规范附录G.0.2查取。

当有充分依据时，基底下允许残留冻土层厚度也可根据当地经验确定。

5.1.9 在冻胀、强冻胀、特强冻胀地基上，应采用下列防冻害措施：

1 对在地下水位以上的基础，基础侧面应回填非冻胀性的中砂或粗砂，其厚度不应小于10cm。对地下水位以下的基础，可采用桩基础、自锚式基础（冻土层下有扩大板或扩底短桩）或采取其他有效措施。

2 宜选择地势高、地下水位低、地表排水良好的建筑场地。对低洼场地，宜在建筑四周向外一倍冻深距离范围内，使室外地坪至少高出自然地面300～500mm。

3 防止雨水、地表水、生产废水、生活污水浸入建筑地基，应设置排水设施。在山区应设截水沟或在建筑物下设置暗沟，以排走地表水和潜水流。

4 在强冻胀性和特强冻胀性地基上，其基础结构应设置钢筋混凝土圈梁和基础梁，并控制上部建筑的长高比，增强房屋的整体刚度。

5 当独立基础联系梁下或桩基础承台下有冻土时，应在梁或承台下留有相当于该土层冻胀量的空隙，以防止因土的冻胀将梁或承台拱裂。

6 外门斗、室外台阶和散水坡等部位宜与主体结构断开，散水坡分段不宜超过1.5m，坡度不宜小于3%，其下宜填入非冻胀性材料。

7 对跨年度施工的建筑，入冬前应对地基采取相应的防护措施；按采暖设计的建筑物，当冬季不能正常采暖，也应对地基采取保温措施。

5.2 承载力计算

5.2.1 基础底面的压力，应符合下式要求：

当轴心荷载作用时

$$p_k \leqslant f_a \qquad (5.2.1-1)$$

式中 p_k——相应于荷载效应标准组合时，基础底面处的平均压力值；

f_a——修正后的地基承载力特征值。

当偏心荷载作用时，除符合式（5.2.1-1）要求外，尚应符合下式要求：

$$p_{kmax} \leqslant 1.2 f_a \qquad (5.2.1-2)$$

式中 p_{kmax}——相应于荷载效应标准组合时，基础底面边缘的最大压力值。

5.2.2 基础底面的压力，可按下列公式确定：

1 当轴心荷载作用时

$$p_k = \frac{F_k + G_k}{A} \qquad (5.2.2-1)$$

式中 F_k——相应于荷载效应标准组合时，上部结构传至基础顶面的竖向力值；

G_k——基础自重和基础上的土重；

A——基础底面面积。

2 当偏心荷载作用时

$$p_{kmax} = \frac{F_k + G_k}{A} + \frac{M_k}{W} \qquad (5.2.2-2)$$

$$p_{kmin} = \frac{F_k + G_k}{A} - \frac{M_k}{W} \qquad (5.2.2-3)$$

式中 M_k——相应于荷载效应标准组合时，作用于基础底面的力矩值；

W——基础底面的抵抗矩；

p_{kmin}——相应于荷载效应标准组合时，基础底面边缘的最小压力值。

当偏心距 $e > b/6$ 时（图 5.2.2），p_{kmax} 应按下式计算：

$$p_{kmax} = \frac{2(F_k + G_k)}{3la} \qquad (5.2.2-4)$$

式中 l——垂直于力矩作用方向的基础底面边长；

a——合力作用点至基础底面最大压力边缘的距离。

5.2.3 地基承载力特征值可由载荷试验或其它原位测试、公式计算、并结合工程实践经验等方法综合确定。

5.2.4 当基础宽度大于 3m 或埋置深度大于 0.5m 时，从载荷试验或其它原位测试、经验值等方法确定的地基承载力特征值，尚应按下式修正：

$$f_a = f_{ak} + \eta_b \gamma (b-3) + \eta_d \gamma_m (d-0.5) \qquad (5.2.4)$$

式中 f_a——修正后的地基承载力特征值；

f_{ak}——地基承载力特征值，按本规范第 5.2.3 条的原则确定；

η_b、η_d——基础宽度和埋深的地基承载力修正系数，按基底下土的类别查表 5.2.4 取值；

γ——基础底面以下土的重度，地下水位以下取浮重度；

b——基础底面宽度（m），当基宽小于 3m 按 3m 取值，大于 6m 按 6m 取值；

γ_m——基础底面以上土的加权平均重度，地下水位以下取浮重度；

d——基础埋置深度（m），一般自室外地面标高算起。在填方整平地区，可自填土地面标高算起，但填土在上部结构施工后完成时，应从天然地面标高算起。对于地下室，如采用箱形基础或筏基时，基础埋置深度自室外地面标高算起；当采用独立基础或条形基础时，应从室内地面标高算起。

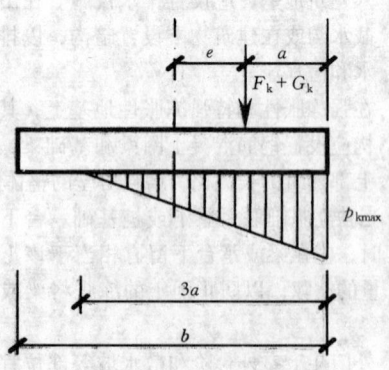

图 5.2.2 偏心荷载（$e > b/6$）下基底压力计算示意
b—力矩作用方向基础底面边长

表 5.2.4　　承载力修正系数

土 的 类 别		η_b	η_d
淤泥和淤泥质土		0	1.0
人工填土 e 或 I_L 大于等于 0.85 的粘性土		0	1.0
红粘土	含水比 $a_w > 0.8$	0	1.2
	含水比 $a_w \leqslant 0.8$	0.15	1.4
大面积压实填土	压实系数大于 0.95、粘粒含量 $\rho_c \geqslant 10\%$ 的粉土	0	1.5
	最大干密度大于 2.1t/m³ 的级配砂石		2.0
粉 土	粘粒含量 $\rho_c \geqslant 10\%$ 的粉土	0.3	1.5
	粘粒含量 $\rho_c < 10\%$ 的粉土	0.5	2.0

续表

土 的 类 别	η_b	η_d
e 及 I_L 均小于 0.85 的粘性土	0.3	1.6
粉砂、细砂（不包括很湿与饱和时的稍密状态）	2.0	3.0
中砂、粗砂、砾砂和碎石土	3.0	4.4

注：1 强风化和全风化的岩石，可参照所风化成的相应土类取值，其他状态下的岩石不修正；
  2 地基承载力特征值按本规范附录D深层平板载荷试验确定时 η_d 取0。

5.2.5 当偏心距 e 小于或等于 0.033 倍基础底面宽度时，根据土的抗剪强度指标确定地基承载力特征值可按下式计算，并应满足变形要求：

$$f_a = M_b \gamma b + M_d \gamma_m d + M_c c_k \quad (5.2.5)$$

式中 f_a——由土的抗剪强度指标确定的地基承载力特征值；
M_b、M_d、M_c——承载力系数，按表5.2.5确定；
b——基础底面宽度，大于6m时按6m取值，对于砂土小于3m时按3m取值；
c_k——基底下一倍短边宽深度内土的粘聚力标准值。

表5.2.5 承载力系数 M_b、M_d、M_c

土的内摩擦角标准值 φ_k（°）	M_b	M_d	M_c
0	0	1.00	3.14
2	0.03	1.12	3.32
4	0.06	1.25	3.51
6	0.10	1.39	3.71
8	0.14	1.55	3.93
10	0.18	1.73	4.17
12	0.23	1.94	4.42
14	0.29	2.17	4.69
16	0.36	2.43	5.00
18	0.43	2.72	5.31
20	0.51	3.06	5.66
22	0.61	3.44	6.04
24	0.80	3.87	6.45
26	1.10	4.37	6.90
28	1.40	4.93	7.40
30	1.90	5.59	7.95
32	2.60	6.35	8.55
34	3.40	7.21	9.22
36	4.20	8.25	9.97
38	5.00	9.44	10.80
40	5.80	10.84	11.73

注：φ_k——基底下一倍短边宽深度内土的内摩擦角标准值。

5.2.6 岩石地基承载力特征值，可按本规范附录H岩基载荷试验方法确定。对完整、较完整和较破碎的岩石地基承载力特征值，可根据室内饱和单轴抗压强度按下式计算：

$$f_a = \psi_r \cdot f_{rk} \quad (5.2.6)$$

式中 f_a——岩石地基承载力特征值（kPa）；
f_{rk}——岩石饱和单轴抗压强度标准值（kPa），可按本规范附录J确定；
ψ_r——折减系数。根据岩体完整程度以及结构面的间距、宽度、产状和组合，由地区经验确定。无经验时，对完整岩体可取0.5；对较完整岩体可取0.2～0.5；对较破碎岩体可取0.1～0.2。

注：1 上述折减系数值未考虑施工因素及建筑物使用后风化作用的继续；
  2 对于粘土质岩，在确保施工期及使用期不致遭水浸泡时，也可采用天然湿度的试样，不进行饱和处理。

对破碎、极破碎的岩石地基承载力特征值，可根据地区经验取值，无地区经验时，可根据平板载荷试验确定。

5.2.7 当地基受力层范围内有软弱下卧层时，应按下式验算：

$$p_z + p_{cz} \leqslant f_{az} \quad (5.2.7-1)$$

式中 p_z——相应于荷载效应标准组合时，软弱下卧层顶面处的附加压力值；
p_{cz}——软弱下卧层顶面处土的自重压力值；
f_{az}——软弱下卧层顶面处经深度修正后地基承载力特征值。

对条形基础和矩形基础，式（5.2.7-1）中的 p_z 值可按下列公式简化计算：

条形基础

$$p_z = \frac{b(p_k - p_c)}{b + 2z\tan\theta} \quad (5.2.7-2)$$

矩形基础

$$p_z = \frac{lb(p_k - p_c)}{(b + 2z\tan\theta)(l + 2z\tan\theta)} \quad (5.2.7-3)$$

式中 b——矩形基础或条形基础底边的宽度；
l——矩形基础底边的长度；
p_c——基础底面处土的自重压力值；
z——基础底面至软弱下卧层顶面的距离；
θ——地基压力扩散线与垂直线的夹角，可按表5.2.7采用。

表5.2.7 地基压力扩散角 θ

E_{s1}/E_{s2}	z/b	
	0.25	0.50
3	6°	23°
5	10°	25°
10	20°	30°

注：1 E_{s1} 为上层土压缩模量；E_{s2} 为下层土压缩模量；
  2 $z/b<0.25$ 时取 $\theta=0°$，必要时，宜由试验确定；
    $z/b>0.50$ 时 θ 值不变。

5.2.8 对于沉降已经稳定的建筑或经过预压的地基，可适当提高地基承载力。

5.3 变形计算

5.3.1 建筑物的地基变形计算值，不应大于地基变形允许值。

5.3.2 地基变形特征可分为沉降量、沉降差、倾斜、局部倾斜。

5.3.3 在计算地基变形时，应符合下列规定：
   1 由于建筑地基不均匀、荷载差异很大、体型复杂等因素引起的地基变形，对于砌体承重结构应由局部倾斜值控制；对于框架结构和单层排架结构应由相邻柱基的沉降差控制；对于多层或高层建筑和高耸结构应由倾斜值控制；必要时尚应控制平均沉降量。
   2 在必要情况下，需要分别预估建筑物在施工期间和使用期间的地基变形值，以便预留建筑物有关部分之间的净空，选择连接方法和施工顺序。一般多层建筑物在施工期间完成的沉降量，对于砂土可认为其最终沉降量已完成80%以上，对于其它低压缩性土可认为已完成最终沉降量的50%～80%，对于中压缩性土可认为已完成20%～50%，对于高压缩性土可认为已完成5%～20%。

5.3.4 建筑物的地基变形允许值，按表5.3.4规定采用。对表中未包括的建筑物，其地基变形允许值应根据上部结构对地基变形的适应能力和使用上的要求确定。

表5.3.4 建筑物的地基变形允许值

变形特征	地基土类别	
	中、低压缩性土	高压缩性土
砌体承重结构基础的局部倾斜	0.002	0.003
工业与民用建筑相邻柱基的沉降差		
(1) 框架结构	$0.002l$	$0.003l$
(2) 砌体墙填充的边排柱	$0.0007l$	$0.001l$
(3) 当基础不均匀沉降时不产生附加应力的结构	$0.005l$	$0.005l$
单层排架结构（柱距为6m）柱基的沉降量（mm）	(120)	200
桥式吊车轨面的倾斜（按不调整轨道考虑）		
纵向	0.004	
横向	0.003	
多层和高层建筑的整体倾斜 $H_g \leq 24$	0.004	
$24 < H_g \leq 60$	0.003	
$60 < H_g \leq 100$	0.0025	
$H_g > 100$	0.002	

续表

变形特征	地基土类别	
	中、低压缩性土	高压缩性土
体型简单的高层建筑基础的平均沉降量（mm）	200	
高耸结构基础的倾斜 $H_g \leq 20$	0.008	
$20 < H_g \leq 50$	0.006	
$50 < H_g \leq 100$	0.005	
$100 < H_g \leq 150$	0.004	
$150 < H_g \leq 200$	0.003	
$200 < H_g \leq 250$	0.002	
高耸结构基础的沉降量（mm） $H_g \leq 100$	400	
$100 < H_g \leq 200$	300	
$200 < H_g \leq 250$	200	

注：1 本表数值为建筑物地基实际最终变形允许值；
  2 有括号者仅适用于中压缩性土；
  3 l 为相邻柱基的中心距离（mm）；H_g 为自室外地面起算的建筑物高度（m）；
  4 倾斜指基础倾斜方向两端点的沉降差与其距离的比值；
  5 局部倾斜指砌体承重结构沿纵向6～10m内基础两点的沉降差与其距离的比值。

5.3.5 计算地基变形时，地基内的应力分布，可采用各向同性均质线性变形体理论。其最终变形量可按下式计算：

$$s = \psi_s s' = \psi_s \sum_{i=1}^{n} \frac{p_0}{E_{si}} (z_i \bar{\alpha}_i - z_{i-1} \bar{\alpha}_{i-1})$$

(5.3.5)

式中 s——地基最终变形量（mm）；
  s'——按分层总和法计算出的地基变形量；
  ψ_s——沉降计算经验系数，根据地区沉降观测资料及经验确定，无地区经验时可采用表5.3.5的数值。
  n——地基变形计算深度范围内所划分的土层数（图5.3.5）；
  p_0——对应于荷载效应准永久组合时的基础底面处的附加压力（kPa）；
  E_{si}——基础底面下第 i 层土的压缩模量（MPa），应取土的自重压力至土的自重压力与附加压力之和的压力段计算；
  z_i、z_{i-1}——基础底面至第 i 层土、第 $i-1$ 层土底面的距离（m）；
  $\bar{\alpha}_i$、$\bar{\alpha}_{i-1}$——基础底面计算点至第 i 层土、第 $i-1$ 层土底面范围内平均附加应力系数，可按本规范附录K采用。

表 5.3.5 沉降计算经验系数 ψ_s

基底附加压力	$\overline{E}_s$ (MPa)	2.5	4.0	7.0	15.0	20.0
$p_0 \geq f_{ak}$		1.4	1.3	1.0	0.4	0.2
$p_0 \leq 0.75 f_{ak}$		1.1	1.0	0.7	0.4	0.2

注：$\overline{E}_s$ 为变形计算深度范围内压缩模量的当量值，应按下式计算：

$$\overline{E}_s = \frac{\Sigma A_i}{\Sigma \frac{A_i}{E_{si}}}$$

式中 A_i——第 i 层土附加应力系数沿土层厚度的积分值。

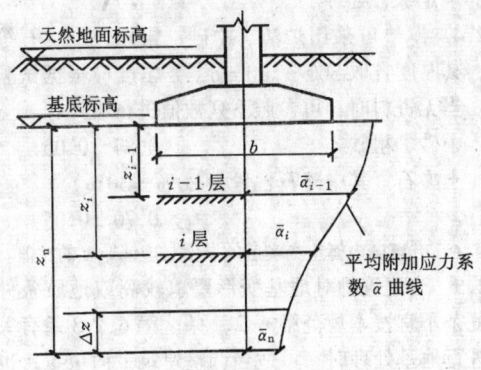

图 5.3.5 基础沉降计算的分层示意

5.3.6 地基变形计算深度 z_n （图 5.3.5），应符合下式要求：

$$\Delta s'_n \leq 0.025 \sum_{i=1}^n \Delta s'_i \quad (5.3.6)$$

式中 $\Delta s'_i$——在计算深度范围内，第 i 层土的计算变形值；
$\Delta s'_n$——在由计算深度向上取厚度为 Δz 的土层计算变形值，Δz 见图 5.3.5 并按表 5.3.6 确定。

如确定的计算深度下部仍有较软土层时，应继续计算。

表 5.3.6 Δz

b (m)	$b \leq 2$	$2 < b \leq 4$	$4 < b \leq 8$	$8 < b$
Δz (m)	0.3	0.6	0.8	1.0

5.3.7 当无相邻荷载影响，基础宽度在 1～30m 范围内时，基础中点的地基变形计算深度也可按下列简化公式计算：

$$z_n = b(2.5 - 0.4 \ln b) \quad (5.3.7)$$

式中 b——基础宽度（m）。

在计算深度范围内存在基岩时，z_n 可取至基岩表面；当存在较厚的坚硬粘性土层，其孔隙比小于 0.5、压缩模量大于 50MPa，或存在较厚的密实砂卵石层，其压缩模量大于 80MPa 时，z_n 可取至该层土表面。

5.3.8 计算地基变形时，应考虑相邻荷载的影响，其值可按应力叠加原理，采用角点法计算。

5.3.9 当建筑物地下室基础埋置较深时，需要考虑开挖基坑地基土的回弹，该部分回弹变形量可按下式计算：

$$s_c = \psi_c \sum_{i=1}^n \frac{p_c}{E_{ci}}(z_i \overline{\alpha}_i - z_{i-1} \overline{\alpha}_{i-1}) \quad (5.3.9)$$

式中 s_c——地基的回弹变形量；
ψ_c——考虑回弹影响的沉降计算经验系数，ψ_c 取 1.0；
p_c——基坑底面以上土的自重压力（kPa），地下水位以下应扣除浮力；
E_{ci}——土的回弹模量，按《土工试验方法标准》GB/T50123-1999 确定。

5.3.10 在同一整体大面积基础上建有多栋高层和低层建筑，应该按照上部结构、基础与地基的共同作用进行变形计算。

5.4 稳定性计算

5.4.1 地基稳定性可采用圆弧滑动面法进行验算。最危险的滑动面上诸力对滑动中心所产生的抗滑力矩与滑动力矩应符合下式要求：

$$M_R/M_S \geq 1.2 \quad (5.4.1)$$

式中 M_S——滑动力矩；
M_R——抗滑力矩。

5.4.2 位于稳定土坡坡顶上的建筑，当垂直于坡顶边缘线的基础底面边长小于或等于 3m 时，其基础底面外边缘线至坡顶的水平距离（图 5.4.2）应符合下式要求，但不得小于 2.5m：

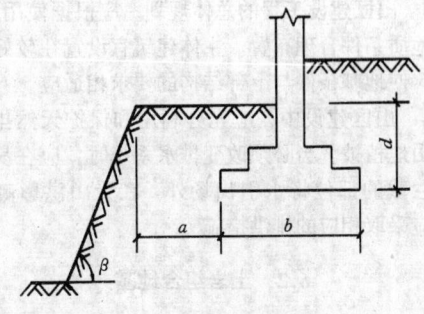

图 5.4.2 基础底面外边缘线至坡顶的水平距离示意

条形基础

$$a \geq 3.5b - \frac{d}{\tan \beta} \quad (5.4.2-1)$$

矩形基础

$$a \geq 2.5b - \frac{d}{\tan \beta} \quad (5.4.2-2)$$

式中 a——基础底面外边缘线至坡顶的水平距离；
b——垂直于坡顶边缘线的基础底面边长；
d——基础埋置深度；
β——边坡坡角。

当基础底面外边缘线至坡顶的水平距离不满足式 (5.4.2-1)、(5.4.2-2) 的要求时，可根据基底平均压力按公式 (5.4.1) 确定基础距坡顶边缘的距离和基础埋深。

当边坡坡角大于45°、坡高大于8m时，尚应按式 (5.4.1) 验算坡体稳定性。

6 山区地基

6.1 一般规定

6.1.1 山区（包括丘陵地带）地基的设计，应考虑下列因素：
1 建设场区内，在自然条件下，有无滑坡现象，有无断层破碎带；
2 施工过程中，因挖方、填方、堆载和卸载等对山坡稳定性的影响；
3 建筑地基的不均匀性；
4 岩溶、土洞的发育程度；
5 出现崩塌、泥石流等不良地质现象的可能性；
6 地面水、地下水对建筑地基和建设场区的影响。

6.1.2 在山区建设时应对场区作出必要的工程地质和水文地质评价。对建筑物有潜在威胁或直接危害的大滑坡、泥石流、崩塌以及岩溶、土洞强烈发育地段，不宜选作建设场地。当因特殊需要必须使用这类场地时，应采取可靠的整治措施。

6.1.3 山区建设工程的总体规划，应根据使用要求、地形地质条件合理布置。主体建筑宜设置在较好的地基上，使地基条件与上部结构的要求相适应。

6.1.4 山区建设中，应充分利用和保护天然排水系统和山地植被。当必须改变排水系统时，应在易于导流或拦截的部位将水引出场外。在受山洪影响的地段，应采取相应的排洪措施。

6.2 土岩组合地基

6.2.1 建筑地基（或被沉降缝分隔区段的建筑地基）的主要受力层范围内，如遇下列情况之一者，属于土岩组合地基：
1 下卧基岩表面坡度较大的地基；
2 石芽密布并有出露的地基；
3 大块孤石或个别石芽出露的地基。

6.2.2 对于石芽密布并有出露的地基，当石芽间距小于2m，其间为硬塑或坚硬状态的红粘土时，对于房屋为六层和六层以下的砌体承重结构、三层和三层以下的框架结构或具有15t和15t以下吊车的单层排架结构，其基底压力小于200kPa，可不作地基处理。

如不能满足上述要求时，可利用经检验稳定性可靠的石芽作支墩式基础，也可在石芽出露部位作褥垫。当石芽间有较厚的软弱土层时，可用碎石、土夹石等进行置换。

6.2.3 对于大块孤石或个别石芽出露的地基，当土层的承载力特征值大于150kPa、房屋为单层排架结构或一、二层砌体承重结构时，宜在基础与岩石接触的部位采用褥垫进行处理。对于多层砌体承重结构，应根据土质情况，结合本规范第6.2.5条、第6.2.6条的规定综合处理。

6.2.4 褥垫可采用炉渣、中砂、粗砂、土夹石等材料，其厚度宜取300~500mm，夯填度应根据试验确定。当无资料时，可参照下列数值进行设计：

中砂、粗砂　　　　　　　　0.87±0.05；
土夹石（其中碎石含量为20%~30%）
　　　　　　　　　　　　　0.70±0.05。

注：夯填度为褥垫夯实后的厚度与虚铺厚度的比值。

6.2.5 当建筑物对地基变形要求较高或地质条件比较复杂不宜按本规范第6.2.2条、第6.2.3条有关规定进行地基处理时，可适当调整建筑平面位置，也可采用桩基或梁、拱跨越等处理措施。

6.2.6 在地基压缩性相差较大的部位，宜结合建筑平面形状、荷载条件设置沉降缝。沉降缝宽度宜取30~50mm，在特殊情况下可适当加宽。

6.3 压实填土地基

6.3.1 压实填土包括分层压实和分层夯实的填土。当利用压实填土作为建筑工程的地基持力层时，在平整场地前，应根据结构类型、填料性能和现场条件等，对拟压实的填土提出质量要求。未经检验查明以及不符合质量要求的压实填土，均不得作为建筑工程的地基持力层。

6.3.2 压实填土的填料，应符合下列规定：
1 级配良好的砂土或碎石土；
2 性能稳定的工业废料；
3 以砾石、卵石或块石作填料时，分层夯实时其最大粒径不宜大于400mm；分层压实时其最大粒径不宜大于200mm；
4 以粉质粘土、粉土作填料时，其含水量宜为最优含水量，可采用击实试验确定；
5 挖高填低或开山填沟的土料和石料，应符合设计要求；
6 不得使用淤泥、耕土、冻土、膨胀性土以及有机质含量大于5%的土。

6.3.3 压实填土的施工，应符合下列规定：
1 铺填料前，应清除或处理场地内填土层底面以下的耕土和软弱土层；

2 分层填料的厚度、分层压实的遍数，应根据所选用的压实设备，并通过试验确定。

3 在雨季、冬季进行压实填土施工时，应采取防雨、防冻措施，防止填料（粉质粘土、粉土）受雨水淋湿或冻结，并应采取措施防止出现"橡皮"土；

4 压实填土的施工缝各层应错开搭接，在施工缝的搭接处，应适当增加压实遍数；

5 压实填土施工结束后，宜及时进行基础施工。

6.3.4 压实填土的质量以压实系数 λ_c 控制，并应根据结构类型和压实填土所在部位按表6.3.4的数值确定。

表 6.3.4 压实填土的质量控制

结构类型	填土部位	压实系数 λ_c	控制含水量（%）
砌体承重结构和框架结构	在地基主要受力层范围内	≥0.97	$w_{op}±2$
	在地基主要受力层范围以下	≥0.95	
排架结构	在地基主要受力层范围内	≥0.96	
	在地基主要受力层范围以下	≥0.94	

注：1 压实系数 λ_c 为压实填土的控制干密度 ρ_d 与最大干密度 ρ_{dmax} 的比值，w_{op} 为最优含水量。
   2 地坪垫层以下及基础底面标高以上的压实填土，压实系数不应小于0.94。

6.3.5 压实填土的最大干密度和最优含水量，宜采用击实试验确定，当无试验资料时，最大干密度可按下式计算：

$$\rho_{dmax} = \eta \frac{\rho_w d_s}{1+0.01 w_{op} d_s} \quad (6.3.5)$$

式中 ρ_{dmax}——分层压实填土的最大干密度；
    η——经验系数，粉质粘土取0.96，粉土取0.97；
    ρ_w——水的密度；
    d_s——土粒相对密度（比重）；
    w_{op}——填料的最优含水量。

当填料为碎石或卵石时，其最大干密度可取2.0～2.2t/m³。

6.3.6 压实填土的边坡允许值，应根据其厚度、填料性质等因素，按表6.3.6的数值确定。

6.3.7 设置在斜坡上的压实填土，应验算其稳定性。当天然地面坡度大于0.20时，应采取防止压实填土可能沿坡面滑动的措施，并应避免雨水沿斜坡排泄。

6.3.8 当压实填土阻碍原地表水畅通排泄时，应根据地形修筑雨水截水沟，或设置其它排水设施。设置在压实填土区的上、下水管道，应采取防渗、防漏措施。

6.3.9 压实填土地基承载力特征值，应根据现场原位测试（静载荷试验、静力触探等）结果确定。其下卧层顶面的承载力特征值应满足本规范5.2.7条的要求。

表 6.3.6 压实填土的边坡允许值

填料类别	压实系数 λ_c	边坡允许值（高宽比） 填土厚度 H (m)			
		H≤5	5<H≤10	10<H≤15	15<H≤20
碎石、卵石	0.94～0.97	1:1.25	1:1.50	1:1.75	1:2.00
砂夹石（其中碎石、卵石占全重30%～50%）	0.94～0.97	1:1.25	1:1.50	1:1.75	1:2.00
土夹石（其中碎石、卵石占全重30%～50%）	0.94～0.97	1:1.25	1:1.50	1:1.75	1:2.00
粉质粘土、粘粒含量 ρ_c≥10%的粉土	0.94～0.97	1:1.50	1:1.75	1:2.00	1:2.25

注：当压实填土厚度大于20m时，可设计成台阶进行压实填土的施工。

6.4 滑坡防治

6.4.1 在建设场区内，由于施工或其他因素的影响有可能形成滑坡的地段，必须采取可靠的预防措施，防止产生滑坡。对具有发展趋势并威胁建筑物安全使用的滑坡，应及早整治，防止滑坡继续发展。

6.4.2 必须根据工程地质、水文地质条件以及施工影响等因素，认真分析滑坡可能发生或发展的主要原因，可采取下列防治滑坡的处理措施：

1 排水：应设置排水沟以防止地面水浸入滑坡地段，必要时尚应采取防渗措施。在地下水影响较大的情况下，应根据地质条件，设置地下排水工程；

2 支挡：根据滑坡推力的大小、方向及作用点，可选用重力式抗滑挡墙、阻滑桩及其他抗滑结构。抗滑挡墙的基底及阻滑桩的桩端应埋置于滑动面以下的稳定土（岩）层中。必要时，应验算墙顶以上的土（岩）体从墙顶滑出的可能性；

3 卸载：在保证卸载区上方及两侧岩土稳定的情况下，可在滑体主动区卸载，但不得在滑体被动区卸载；

4 反压：在滑体的阻滑区段增加竖向荷载以提高滑体的阻滑安全系数。

6.4.3 滑坡推力应按下列规定进行计算：

1 当滑体有多层滑动面（带）时，应取推力最大的滑动面（带）确定滑坡推力；
2 选择平行于滑动方向的几个具有代表性的断面进行计算。计算断面一般不得少于2个，其中应有一个是滑动主轴断面。根据不同断面的推力设计相应的抗滑结构；
3 当滑动面为折线形时，滑坡推力可按下式计算（图6.4.3）：

$$F_n = F_{n-1}\psi + \gamma_t G_{nt} - G_{nn}\tan\varphi_n - c_n l_n \quad (6.4.3-1)$$

$$\psi = \cos(\beta_{n-1} - \beta_n) - \sin(\beta_{n-1} - \beta_n)\tan\varphi_n \quad (6.4.3-2)$$

式中 F_n、F_{n-1} —— 第 n 块、第 $n-1$ 块滑体的剩余下滑力；
ψ —— 传递系数；
γ_t —— 滑坡推力安全系数；
G_{nt}、G_{nn} —— 第 n 块滑体自重沿滑动面、垂直滑动面的分力；
φ_n —— 第 n 块滑体沿滑动面土的内摩擦角标准值；
c_n —— 第 n 块滑体沿滑动面土的粘聚力标准值；
l_n —— 第 n 块滑体沿滑动面的长度。

4 滑坡推力作用点，可取在滑体厚度的二分之一处；
5 滑坡推力安全系数，应根据滑坡现状及其对工程的影响等因素确定，对地基基础设计等级为甲级的建筑物宜取1.25，设计等级为乙级的建筑物宜取1.15，设计等级为丙级的建筑物宜取1.05；
6 根据土（岩）的性质和当地经验，可采用试验和滑坡反算相结合的方法，合理地确定滑动面上的抗剪强度。

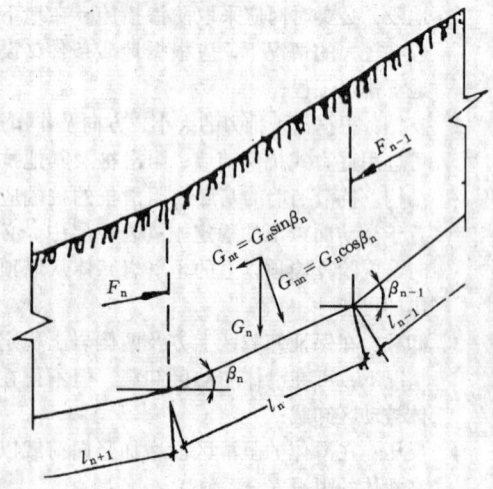

图6.4.3 滑坡推力计算示意

6.5 岩溶与土洞

6.5.1 在碳酸盐类岩石地区，当有溶洞、溶蚀裂隙、土洞等现象存在时，应考虑其对地基稳定性的影响。

6.5.2 在岩溶地区，当基础底面以下的土层厚度大于三倍独立基础底宽，或大于六倍条形基础底宽，且在使用期间不具备形成土洞的条件时，可不考虑岩溶对地基稳定性的影响，并可按本规范第五章有关规定进行地基计算。

6.5.3 基础位于微风化硬质岩石表面时，对于宽度小于1m的竖向溶蚀裂隙和落水洞近旁地段，可不考虑其对地基稳定性的影响。当在岩体中存在倾斜软弱结构面时，应按本规范公式（5.4.1）进行地基稳定性验算。

6.5.4 当溶洞顶板与基础底面之间的土层厚度小于本规范第6.5.2条规定的要求时，应根据洞体大小、顶板形状、岩体结构及强度、洞内充填情况以及岩溶水活动等因素进行洞体稳定性分析。当地质条件符合下列情况之一时，可不考虑溶洞对地基稳定性的影响，但必须按本章第二节设计。

1 溶洞被密实的沉积物填满，其承载力超过150kPa，且无被水冲蚀的可能性；
2 洞体较小，基础尺寸大于洞的平面尺寸，并有足够的支承长度；
3 微风化的硬质岩石中，洞体顶板厚度接近或大于洞跨。

6.5.5 对岩溶水通道堵塞或涌水，有可能造成场地暂时性淹没的地段，或经工程地质评价属于不稳定的岩溶地基，未经处理不宜作建筑地基。

6.5.6 对地基稳定性有影响的岩溶洞隙，应根据其位置、大小、埋深、围岩稳定性和水文地质条件综合分析，因地制宜采取下列处理措施：

1 对洞口较小的洞隙，宜采用镶补、嵌塞与跨盖等方法处理；
2 对洞口较大的洞隙，宜采用梁、板和拱等结构跨越。跨越结构应有可靠的支承面。梁式结构在岩石上的支承长度应大于梁高1.5倍，也可采用浆砌块石等堵塞措施；
3 对于围岩不稳定、风化裂隙破碎的岩体，可采用灌浆加固和清爆填塞等措施；
4 对规模较大的洞隙，可采用洞底支撑或调整柱距等方法处理。

6.5.7 有地下水强烈地活动于岩土交界面的岩溶地区，应考虑由地下水作用所形成的土洞对建筑地基的影响，预估地下水位在使用期间变化的可能性。总图布置前，勘察单位应提出场地土洞发育程度的分区资料。施工时，应沿基槽认真查明基础下土洞的分布位置。

6.5.8 在地下水位高于基岩表面的岩溶地区，应考虑由人工降低地下水引起土洞或地表塌陷的可能性。

塌陷区的范围及方向可根据水文地质条件和抽水试验的观测结果综合分析确定。在塌陷范围内不允许采用天然地基。在已有建筑物附近抽水时，应考虑降水的影响。

6.5.9 由地表水形成的土洞或塌陷地段，应采取地表截流、防渗或堵漏等措施。应根据土洞埋深，分别选用挖填、灌砂等方法进行处理。

由地下水形成的塌陷及浅埋土洞，应清除软土，抛填块石作反滤层，面层用粘土夯填；深埋土洞宜用砂、砾石或细石混凝土灌填。在上述处理的同时，尚应采用梁、板或拱跨越。对重要的建筑物，可采用桩基处理。

6.6 土质边坡与重力式挡墙

6.6.1 边坡设计应符合下列原则：

1 边坡设计应保护和整治边坡环境，边坡水系应因势利导，设置排水设施。对于稳定的边坡，应采取保护及营造植被的防护措施。

2 建筑物的布局应依山就势，防止大挖大填。场地平整时，应采取确保周边建筑物安全的施工顺序和工作方法。由于平整场地而出现的新边坡，应及时进行支挡或构造防护。

3 边坡工程的设计前，应进行详细的工程地质勘察，并应对边坡的稳定性作出准确的评价；对周围环境的危害性作出预测；对岩石边坡的结构面调查清楚，指出主要结构面的所在位置；提供边坡设计所需要的各项参数。

4 边坡的支挡结构应进行排水设计。对于可以向坡外排水的支挡结构，应在支挡结构上设置排水孔。排水孔应沿着横竖两个方向设置，其间距宜取 2～3m，排水孔外斜坡度宜为 5％，孔眼尺寸不宜小于 100mm。支挡结构后面应做好滤水层，必要时应作排水暗沟。支挡结构后面有山坡时，应在坡脚处设置截水沟。对于不能向坡外排水的边坡，应在支挡结构后面设置排水暗沟。

5 支挡结构后面的填土，应选择透水性强的填料。当采用粘性土作填料时，宜掺入适量的碎石。在季节性冻土地区，应选择炉渣、碎石、粗砂等非冻胀性填料。

6.6.2 在山坡整体稳定的条件下，土质边坡的开挖应符合下列规定：

1 边坡的坡度允许值，应根据当地经验，参照同类土层的稳定坡度确定。当土质良好且均匀、无不良地质现象、地下水不丰富时，可按表 6.6.2 确定。

2 土质边坡开挖时，应采取排水措施，边坡的顶部应设置截水沟。在任何情况下不允许在坡脚及坡面上积水。

表 6.6.2 土质边坡坡度允许值

土的类别	密实度或状态	坡度允许值（高宽比）	
		坡高在 5m 以内	坡高为 5～10m
碎石土	密实	1:0.35～1:0.50	1:0.50～1:0.75
	中密	1:0.50～1:0.75	1:0.75～1:1.00
	稍密	1:0.75～1:1.00	1:1.00～1:1.25
粘性土	坚硬	1:0.75～1:1.00	1:1.00～1:1.25
	硬塑	1:1.00～1:1.25	1:1.25～1:1.50

注：1 表中碎石土的充填物为坚硬或硬塑状态的粘性土；
2 对于砂土或充填物为砂土的碎石土，其边坡坡度允许值均按自然休止角确定。

3 边坡开挖时，应由上往下开挖，依次进行。弃土应分散处理，不得将弃土堆置在坡顶及坡面上。当必须在坡顶或坡面上设置弃土转运站时，应进行坡体稳定性验算，严格控制堆栈的土方量。

4 边坡开挖后，应立即对边坡进行防护处理。

6.6.3 边坡支挡结构土压力计算应符合下列规定：

1 计算支挡结构的土压力时，可按主动土压力计算；

2 边坡工程主动土压力应按下式进行计算：

$$E_a = \psi_c \frac{1}{2} \gamma h^2 k_a \qquad (6.6.3\text{-}1)$$

式中 E_a——主动土压力；
ψ_c——主动土压力增大系数，土坡高度小于 5m 时宜取 1.0；高度为 5～8m 时宜取 1.1；高度大于 8m 时宜取 1.2；
γ——填土的重度；
h——挡土结构的高度；
k_a——主动土压力系数，按本规范附录 L 确定。

当填土为无粘性土时，主动土压力系数可按库伦土压力理论确定。当支挡结构满足朗肯条件时，主动土压力系数可按朗肯土压力理论确定。粘性土或粉土的主动土压力也可采用楔体试算法图解求得。

3 当支挡结构后缘有较陡峻的稳定岩石坡面，岩坡的坡角 $\theta > (45° + \varphi/2)$ 时（图 6.6.3），应按有限范围填土计算土压力，取岩石坡面为破裂面。根据稳定岩石坡面与填土间的摩擦角按下式计算主动土压

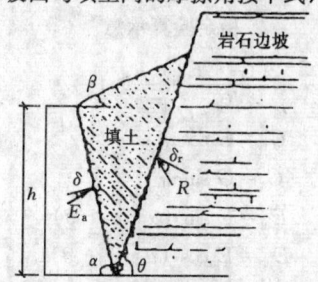

图 6.6.3 有限填土土压力
计算示意

力系数：

$$k_a = \frac{\sin(\alpha+\theta)\sin(\alpha+\beta)\sin(\theta-\delta_r)}{\sin^2\alpha\sin(\theta-\beta)\sin(\alpha-\delta+\theta-\delta_r)}$$
(6.6.3-2)

式中 θ——稳定岩石坡面的倾角；

δ_r——稳定岩石坡面与填土间的摩擦角，根据试验确定。当无试验资料时，可取 $\delta_r = 0.33\varphi_k$，φ_k 为填土的内摩擦角标准值。

6.6.4 重力式挡土墙构造应符合下列要求：

1 重力式挡土墙适用于高度小于 6m、地层稳定、开挖土石方时不会危及相邻建筑物安全的地段。

2 重力式挡土墙可在基底设置逆坡。对于土质地基，基底逆坡坡度不宜大于 1:10；对于岩质地基，基底逆坡坡度不宜大于 1:5。

3 块石挡土墙的墙顶宽度不宜小于 400mm；混凝土挡土墙的墙顶宽度不宜小于 200mm。

4 重力式挡墙的基础埋置深度，应根据地基承载力、水流冲刷、岩石裂隙发育及风化程度等因素进行确定。在特强冻胀、强冻胀地区应考虑冻胀的影响。在土质地基中，基础埋置深度不宜小于 0.5m；在软质岩地基中，基础埋置深度不宜小于 0.3m。

5 重力式挡土墙应每间隔 10~20m 设置一道伸缩缝。当地基有变化时宜加设沉降缝。在挡土结构的拐角处，应采取加强的构造措施。

6.6.5 挡土墙的稳定性验算应符合下列要求（图 6.6.5-1）：

1 抗滑移稳定性应按下式验算：

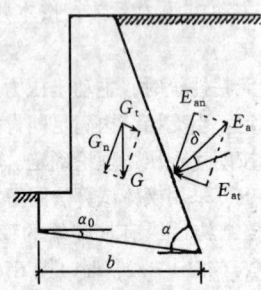

图 6.6.5-1 挡土墙抗滑
稳定验算示意

$$\frac{(G_n+E_{an})\mu}{E_{at}-G_t} \geq 1.3$$
(6.6.5-1)

$G_n = G\cos\alpha_0$

$G_t = G\sin\alpha_0$

$E_{at} = E_a\sin(\alpha-\alpha_0-\delta)$

$E_{an} = E_a\cos(\alpha-\alpha_0-\delta)$

式中 G——挡土墙每延米自重；

α_0——挡土墙基底的倾角；

α——挡土墙墙背的倾角；

δ——土对挡土墙墙背的摩擦角，可按表 6.6.5-1 选用；

μ——土对挡土墙基底的摩擦系数，由试验确定，也可按表 6.6.5-2 选用。

表 6.6.5-1 土对挡土墙墙背的摩擦角 δ

挡土墙情况	摩擦角 δ
墙背平滑，排水不良	$(0~0.33)\varphi_k$
墙背粗糙，排水良好	$(0.33~0.50)\varphi_k$
墙背很粗糙，排水良好	$(0.50~0.67)\varphi_k$
墙背与填土间不可能滑动	$(0.67~1.00)\varphi_k$

注：φ_k 为墙背填土的内摩擦角标准值。

表 6.6.5-2 土对挡土墙基底的摩擦系数 μ

土 的 类 别		摩擦系数 μ
粘性土	可塑	0.25~0.30
	硬塑	0.30~0.35
	坚硬	0.35~0.45
粉土		0.30~0.40
中砂、粗砂、砾砂		0.40~0.50
碎石土		0.40~0.60
软质岩		0.40~0.60
表面粗糙的硬质岩		0.65~0.75

注：1 对易风化的软质岩和塑性指数 I_p 大于 22 的粘性土，基底摩擦系数应通过试验确定。

2 对碎石土，可根据其密实程度、填充物状况、风化程度等确定。

2 抗倾覆稳定性应按下式验算（图 6.6.5-2）：

$$\frac{Gx_0+E_{az}x_f}{E_{ax}z_f} \geq 1.6$$
(6.6.5-2)

$E_{ax} = E_a\sin(\alpha-\delta)$

$E_{az} = E_a\cos(\alpha-\delta)$

$x_f = b - z\cot\alpha$

$z_f = z - b\tan\alpha_0$

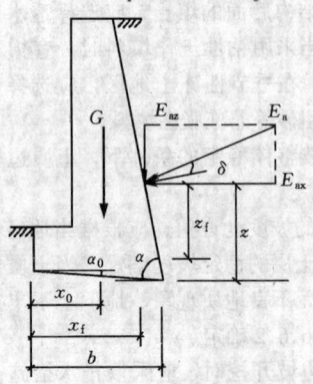

图 6.6.5-2 挡土墙抗倾覆
稳定验算示意

式中　z——土压力作用点离墙踵的高度；
　　　x_0——挡土墙重心离墙趾的水平距离；
　　　b——基底的水平投影宽度。

3 整体滑动稳定性验算：可采用圆弧滑动面法。

4 地基承载力验算，除应符合本规范第5.2节的规定外，基底合力的偏心距不应大于0.25倍基础的宽度。

6.7 岩石边坡与岩石锚杆挡墙

6.7.1 在岩石边坡整体稳定的条件下，岩石边坡的开挖坡度允许值，应根据当地经验按工程类比的原则，参照本地区已有稳定边坡的坡度值加以确定。

6.7.2 当整体稳定的软质岩边坡高度小于12m，硬质岩边坡高度小于15m时，边坡开挖时可进行构造处理（图6.7.2-1，图6.7.2-2）。

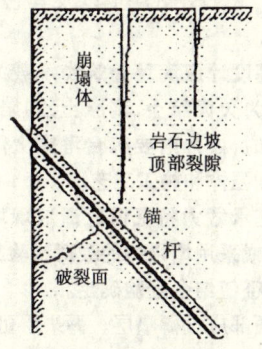

图6.7.2-1　边坡顶部支护

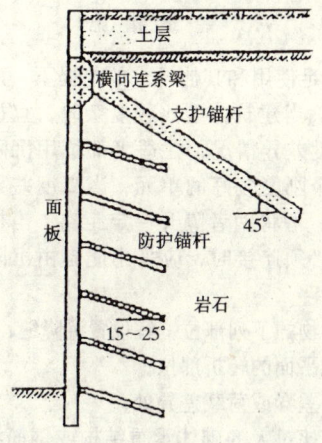

图6.7.2-2　整体稳定边坡支护

6.7.3 对单结构面外倾边坡作用在支挡结构上的横推力，可根据楔体平衡法进行计算，并应考虑结构面填充物的性质及其浸水后的变化。具有两组或多组结构面的交线倾向于临空面的边坡，可采用棱形体分割法计算棱体的下滑力。

6.7.4 岩石锚杆挡土结构设计，应符合下列规定：（图6.7.4）

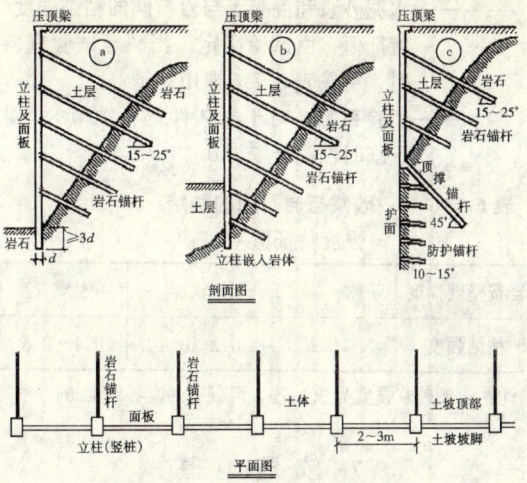

图6.7.4　锚杆体系支挡结构

1 岩石锚杆挡土结构的荷载，宜采用主动土压力乘以1.1～1.2的增大系数。

2 挡板计算时，其荷载的取值可考虑支承挡板的两立柱间土体的卸荷拱作用。

3 立柱端部应嵌入稳定岩层内，并应根据端部的实际情况假定为固定支承或铰支承，当立柱插入岩层中的深度大于3倍立柱长边时，可按固定支承计算。

4 岩石锚杆应与立柱牢固连接，并应验算连接处立柱的抗剪切强度。

6.7.5 岩石锚杆应符合下列构造要求：

1 岩石锚杆由锚固段和非锚固段组成。锚固段应嵌入稳定的基岩中，嵌入基岩深度应大于40倍锚杆主筋的直径，且不得小于3倍锚杆的直径，混凝土强度等级不应低于C25、水泥砂浆强度不应低于25MPa。非锚固段的主筋必须进行防护处理，可采用混凝土或水泥砂浆包裹。

2 作支护用的岩石锚杆，锚杆直径不宜小于100mm；作防护用的锚杆，其直径可小于100mm，但不应小于50mm。

3 岩石锚杆的间距，不应小于锚杆直径的6倍。

4 岩石锚杆与水平面的夹角宜为15°～25°。

6.7.6 岩石锚杆锚固段的抗拔承载力，应按照本规范附录M的试验方法经现场原位试验确定。对于永久性锚杆的初步设计或对于临时性锚杆的施工阶段设计，可按下式计算：

$$R_t = \xi f u_r h_r \quad (6.7.6)$$

式中　R_t——锚杆抗拔承载力特征值；
　　　u_r——锚杆的周长；
　　　h_r——锚杆锚固段嵌入岩层中的有效锚固长度，按地区经验确定；

f——水泥砂浆和混凝土与岩石间的粘结强度特征值,由试验确定,当缺乏试验资料时,可按表 6.7.6 取用;

ξ——经验系数,对于永久性锚杆取 0.8,对于临时性锚杆取 1.0。

表 6.7.6　砂浆与岩石间的粘结强度特征值(MPa)

岩石坚硬程度	软岩	较软岩	硬质岩
粘结强度	<0.2	0.2~0.4	0.4~0.6

注:水泥砂浆强度为 30MPa,混凝土强度等级 C30。

7 软弱地基

7.1 一般规定

7.1.1 软弱地基系指主要由淤泥、淤泥质土、冲填土、杂填土或其他高压缩性土层构成的地基。在建筑地基的局部范围内有高压缩性土层时,应按局部软弱土层考虑。

7.1.2 勘察时,应查明软弱土层的均匀性、组成、分布范围和土质情况。冲填土尚应了解排水固结条件。杂填土应查明堆积历史,明确自重下稳定性、湿陷性等基本因素。

7.1.3 设计时,应考虑上部结构和地基的共同作用。对建筑体型、荷载情况、结构类型和地质条件进行综合分析,确定合理的建筑措施、结构措施和地基处理方法。

7.1.4 施工时,应注意对淤泥和淤泥质土基槽底面的保护,减少扰动。荷载差异较大的建筑物,宜先建重、高部分,后建轻、低部分。

7.1.5 活荷载较大的构筑物或构筑物群(如料仓、油罐等),使用初期应根据沉降情况控制加载速率,掌握加载间隔时间,或调整活荷载分布,避免过大倾斜。

7.2 利用与处理

7.2.1 利用软弱土层作为持力层时,可按下列规定:
1 淤泥和淤泥质土,宜利用其上覆较好土层作为持力层,当上覆土层较薄,应采取避免施工时对淤泥和淤泥质土扰动的措施;
2 冲填土、建筑垃圾和性能稳定的工业废料,当均匀性和密实度较好时,均可利用作为持力层;
3 对于有机质含量较多的生活垃圾和对基础有侵蚀性的工业废料等杂填土,未经处理不宜作为持力层。

7.2.2 局部软弱土层以及暗塘、暗沟等,可采用基础梁、换土、桩基或其他方法处理。

7.2.3 当地基承载力或变形不能满足设计要求时,地基处理可选用机械压(夯)实、堆载预压、塑料排水带或砂井真空预压、换填垫层或复合地基等方法。处理后的地基承载力应通过试验确定。

7.2.4 机械压实包括重锤夯实、强夯、振动压实等方法,可用于处理由建筑垃圾或工业废料组成的杂填土地基,处理有效深度应通过试验确定。

7.2.5 堆载预压可用于处理较厚淤泥和淤泥质土地基。预压荷载宜大于设计荷载,预压时间应根据建筑物的要求以及地基固结情况决定,并应考虑堆载大小和速率对堆载效果和周围建筑物的影响。

采用塑料排水带或砂井进行堆载预压和真空预压时,应在塑料排水带或砂井顶部作排水砂垫层。

7.2.6 换填垫层可用于软弱地基的浅层处理。垫层材料可采用中砂、粗砂、砾砂,角(圆)砾、碎(卵)石、矿渣、灰土、粘性土以及其它性能稳定、无侵蚀性的材料。

7.2.7 复合地基设计应满足建筑物承载力和变形要求。对于地基土为欠固结土、膨胀土、湿陷性黄土、可液化土等特殊土时,设计时要综合考虑土体的特殊性质,选用适当的增强体和施工工艺。

7.2.8 复合地基承载力特征值应通过现场复合地基载荷试验确定,或采用增强体的载荷试验结果和其周边土的承载力特征值结合经验确定。

7.2.9 增强体顶部应设褥垫层。褥垫层可采用中砂、粗砂、砾砂、碎石、卵石等散体材料。碎石、卵石宜掺入 20%~30%的砂。

7.3 建筑措施

7.3.1 在满足使用和其他要求的前提下,建筑体型应力求简单。当建筑体型比较复杂时,宜根据其平面形状和高度差异情况,在适当部位用沉降缝将其划分成若干个刚度较好的单元;当高度差异或荷载差异较大时,可将两者隔开一定距离,当拉开距离后的两单元必须连接时,应采用能自由沉降的连接构造。

7.3.2 建筑物的下列部位,宜设置沉降缝:
1 建筑平面的转折部位;
2 高度差异或荷载差异处;
3 长高比过大的砌体承重结构或钢筋混凝土框架结构的适当部位;
4 地基土的压缩性有显著差异处;
5 建筑结构或基础类型不同处;
6 分期建造房屋的交界处。

沉降缝应有足够的宽度,缝宽可按表 7.3.2 选用。

7.3.3 相邻建筑物基础间的净距,可按表 7.3.3 选用。

表 7.3.2　房屋沉降缝的宽度

房屋层数	沉降缝宽度（mm）
二～三	50～80
四～五	80～120
五层以上	不小于120

表 7.3.3　相邻建筑物基础间的净距（m）

影响建筑的预估平均沉降量 s（mm）	被影响建筑的长高比 $2.0 \leqslant \dfrac{L}{H_f} < 3.0$	$3.0 \leqslant \dfrac{L}{H_f} < 5.0$
70～150	2～3	3～6
160～250	3～6	6～9
260～400	6～9	9～12
>400	9～12	≥12

注：1　表中 L 为建筑物长度或沉降缝分隔的单元长度（m）；H_f 为自基础底面标高算起的建筑物高度（m）；
　　2　当被影响建筑的长高比为 $1.5 < L/H_f < 2.0$ 时，其间净距可适当缩小。

7.3.4　相邻高耸结构或对倾斜要求严格的构筑物的外墙间隔距离，应根据倾斜允许值计算确定。

7.3.5　建筑物各组成部分的标高，应根据可能产生的不均匀沉降采取下列相应措施：

1　室内地坪和地下设施的标高，应根据预估沉降量予以提高。建筑物各部分（或设备之间）有联系时，可将沉降较大者标高提高；

2　建筑物与设备之间，应留有净空。当建筑物有管道穿过时，应预留孔洞，或采用柔性管道接头等。

7.4　结构措施

7.4.1　为减少建筑物沉降和不均匀沉降，可采用下列措施：

1　选用轻型结构，减轻墙体自重，采用架空地板代替室内填土；

2　设置地下室或半地下室，采用覆土少、自重轻的基础型式；

3　调整各部分的荷载分布、基础宽度或埋置深度；

4　对不均匀沉降要求严格的建筑物，可选用较小的基底压力。

7.4.2　对于建筑体型复杂、荷载差异较大的框架结构，可采用箱基、桩基、筏基等加强基础整体刚度，减少不均匀沉降。

7.4.3　对于砌体承重结构的房屋，宜采用下列措施增强整体刚度和强度：

1　对于三层和三层以上的房屋，其长高比 L/H_f 宜小于或等于 2.5；当房屋的长高比为 $2.5 < L/H_f \leqslant 3.0$ 时，宜做到纵墙不转折或少转折，并应控制其内横墙间距或增强基础刚度和强度。当房屋的预估最大沉降量小于或等于 120mm 时，其长高比可不受限制；

2　墙体内宜设置钢筋混凝土圈梁或钢筋砖圈梁；

3　在墙体上开洞时，宜在开洞部位配筋或采用构造柱及圈梁加强。

7.4.4　圈梁应按下列要求设置：

1　在多层房屋的基础和顶层处宜各设置一道，其他各层可隔层设置，必要时也可层层设置。单层工业厂房、仓库，可结合基础梁、连系梁、过梁等酌情设置。

2　圈梁应设置在外墙、内纵墙和主要内横墙上，并宜在平面内连成封闭系统。

7.5　大面积地面荷载

7.5.1　在建筑范围内具有地面荷载的单层工业厂房、露天车间和单层仓库的设计，应考虑由于地面荷载所产生的地基不均匀变形及其对上部结构的不利影响。当有条件时，宜利用堆载预压过的建筑场地。

注：地面荷载系指生产堆料、工业设备等地面堆载和天然地面上的大面积填土荷载。

7.5.2　地面堆载应均衡，并应根据使用要求、堆载特点、结构类型和地质条件确定允许堆载量和范围，堆载量不应超过地基承载力特征值。

堆载不宜压在基础上。大面积的填土，宜在基础施工前三个月完成。

7.5.3　厂房和仓库的结构设计，可适当提高柱、墙的抗弯能力，增强房屋的刚度。对于中、小型仓库，宜采用静定结构。

7.5.4　对于在使用过程中允许调整吊车轨道的单层钢筋混凝土工业厂房和露天车间的天然地基设计，除应遵守本规范第五章有关规定外，尚应符合下式要求：

$$s'_g \leqslant [s'_g] \quad (7.5.4)$$

式中　s'_g——由地面荷载引起柱基内侧边缘中点的地基附加沉降量计算值，可按本规范附录N计算；

$[s'_g]$——由地面荷载引起柱基内侧边缘中点的地基附加沉降允许值，可按表 7.5.4 采用。

表 7.5.4　地基附加沉降量允许值 $[s'_g]$（mm）

b \ a	6	10	20	30	40	50	60	70
1	40	45	50	55	55			
2	45	50	55	60	60			
3	50	55	60	65	70	75		
4	55	60	65	70	75	80	85	90
5	65	70	75	80	85	90	95	100

注：表中 a 为地面荷载的纵向长度（m）；b 为车间跨度方向基础底面边长（m）。

7.5.5 按本规范第7.5.4条设计时,应考虑在使用过程中垫高或移动吊车轨道和吊车梁的可能性。应增大吊车顶面与屋架下弦间的净空和吊车边缘与上柱边缘间的净距,当地基土平均压缩模量 E_s 为3MPa左右,地面平均荷载大于25kPa时,净空宜大于300mm,净距宜大于200mm。并应按吊车轨道可能移动的幅度,加宽钢筋混凝土吊车梁腹部及配置抗扭钢筋。

7.5.6 具有地面荷载的建筑地基遇到下列情况之一时,宜采用桩基:
1 不符合本规范第7.5.4条要求;
2 车间内设有起重量30t以上、工作级别大于A5的吊车;
3 基底下软弱土层较薄,采用桩基较经济者。

8 基 础

8.1 无筋扩展基础

8.1.1 无筋扩展基础系指由砖、毛石、混凝土或毛石混凝土、灰土和三合土等材料组成的墙下条形基础或柱下独立基础。无筋扩展基础适用于多层民用建筑和轻型厂房。

8.1.2 基础高度,应符合下式要求(图8.1.2)

$$H_0 \geqslant \frac{b-b_0}{2\tan\alpha} \quad (8.1.2)$$

式中 b——基础底面宽度;
b_0——基础顶面的墙体宽度或柱脚宽度;
H_0——基础高度;
b_2——基础台阶宽度;
$\tan\alpha$——基础台阶宽高比 $b_2:H_0$,其允许值可按表8.1.2选用。

8.1.3 采用无筋扩展基础的钢筋混凝土柱,其柱脚高度 h_1 不得小于 b_1(图8.1.2),并不应小于300mm且不小于20d(d为柱中的纵向受力钢筋的最大直径)。当柱纵向钢筋在柱脚内的竖向锚固长度不满足锚固要求时,可沿水平方向弯折,弯折后的水平锚固长度不应小于10d也不应大于20d。

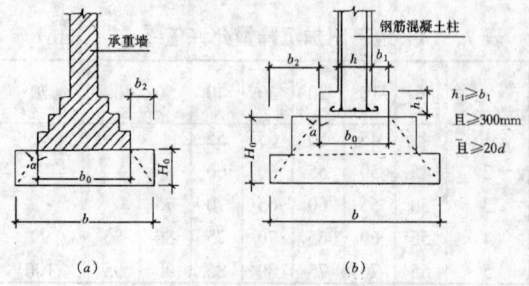

图8.1.2 无筋扩展基础构造示意
d——柱中纵向钢筋直径

表8.1.2 无筋扩展基础台阶宽高比的允许值

基础材料	质量要求	台阶宽高比的允许值		
		$p_k \leqslant 100$	$100 < p_k \leqslant 200$	$200 < p_k \leqslant 300$
混凝土基础	C15混凝土	1:1.00	1:1.00	1:1.25
毛石混凝土基础	C15混凝土	1:1.00	1:1.25	1:1.50
砖基础	砖不低于MU10、砂浆不低于M5	1:1.50	1:1.50	1:1.50
毛石基础	砂浆不低于M5	1:1.25	1:1.50	—
灰土基础	体积比为3:7或2:8的灰土,其最小干密度: 粉土 1.55 t/m³ 粉质粘土 1.50 t/m³ 粘土 1.45 t/m³	1:1.25	1:1.50	—
三合土基础	体积比1:2:4~1:3:6(石灰:砂:骨料),每层约虚铺220mm,夯至150mm	1:1.50	1:2.00	—

注: 1 p_k 为荷载效应标准组合时基础底面处的平均压力值(kPa);
2 阶梯形毛石基础的每阶伸出宽度,不宜大于200mm;
3 当基础由不同材料叠合组成时,应对接触部分作抗压验算;
4 基础底面处的平均压力值超过300kPa的混凝土基础,尚应进行抗剪验算。

8.2 扩展基础

8.2.1 扩展基础系指柱下钢筋混凝土独立基础和墙下钢筋混凝土条形基础。

8.2.2 扩展基础的构造,应符合下列要求:
1 锥形基础的边缘高度,不宜小于200mm;阶梯形基础的每阶高度,宜为300~500mm;
2 垫层的厚度不宜小于70mm;垫层混凝土强度等级应为C10;
3 扩展基础底板受力钢筋的最小直径不宜小于10mm;间距不宜大于200mm,也不宜小于100mm。墙下钢筋混凝土条形基础纵向分布钢筋的直径不小于8mm;间距不大于300mm;每延米分布钢筋的面积应不小于受力钢筋面积的1/10。当有垫层时钢筋保护层的厚度不小于40mm；无垫层时不小于70mm；

4 混凝土强度等级不应低于C20；

5 当柱下钢筋混凝土独立基础的边长和墙下钢筋混凝土条形基础的宽度大于或等于2.5m时，底板受力钢筋的长度可取边长或宽度的0.9倍，并宜交错布置(图8.2.2a)；

6 钢筋混凝土条形基础底板在T形及十字形交接处，底板横向受力钢筋仅沿一个主要受力方向通长布置，另一方向的横向受力钢筋可布置到主要受力方向底板宽度1/4处（图8.2.2b)。在拐角处底板横向受力钢筋应沿两个方向布置（图8.2.2c)。

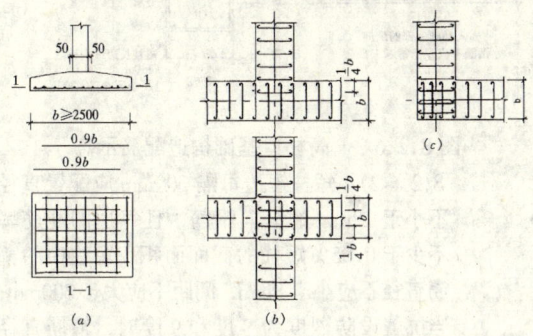

图8.2.2 扩展基础底板受力钢筋布置示意

8.2.3 钢筋混凝土柱和剪力墙纵向受力钢筋在基础内的锚固长度 l_a 应根据钢筋在基础内的最小保护层厚度按现行《混凝土结构设计规范》有关规定确定：

有抗震设防要求时，纵向受力钢筋的最小锚固长度 l_{aE} 应按下式计算：

一、二级抗震等级

$$l_{aE} = 1.15 l_a \quad (8.2.3\text{-}1)$$

三级抗震等级

$$l_{aE} = 1.05 l_a \quad (8.2.3\text{-}2)$$

四级抗震等级

$$l_{aE} = l_a \quad (8.2.3\text{-}3)$$

式中 l_a——纵向受拉钢筋的锚固长度。

8.2.4 现浇柱的基础，其插筋的数量、直径以及钢筋种类应与柱内纵向受力钢筋相同。插筋的锚固长度应满足第8.2.3条的要求，插筋与柱的纵向受力钢筋的连接方法，应符合现行《混凝土结构设计规范》的规定。插筋的下端宜作成直钩放在基础底板钢筋网上。当符合下列条件之一时，可仅将四角的插筋伸至底板钢筋网上，其余插筋锚固在基础顶面下 l_a 或 l_{aE}（有抗震设防要求时）处（图8.2.4)。

1 柱为轴心受压或小偏心受压，基础高度大于或等于1200mm；

2 柱为大偏心受压，基础高度大于或等于1400mm。

8.2.5 预制钢筋混凝土柱与杯口基础的连接，应符合下列要求（图8.2.5)：

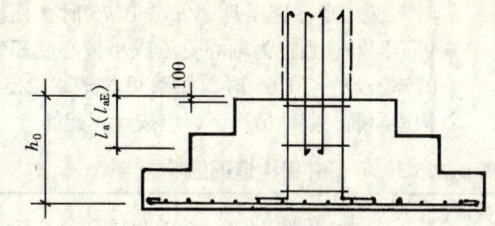

图8.2.4 现浇柱的基础中插筋构造示意

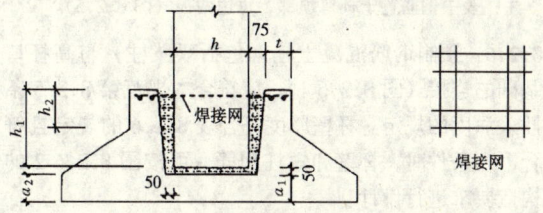

图8.2.5 预制钢筋混凝土柱独立基础示意

注：$a_2 \geqslant a_1$

1 柱的插入深度，可按表8.2.5-1选用，并应满足第8.2.3条钢筋锚固长度的要求及吊装时柱的稳定性。

表8.2.5-1 柱的插入深度 h_1（mm）

矩形或工字形柱				双肢柱
$h<500$	$500 \leqslant h<800$	$800 \leqslant h \leqslant 1000$	$h>1000$	
$h \sim 1.2h$	h	$0.9h$ 且$\geqslant 800$	$0.8h$ 且$\geqslant 1000$	$(1/3 \sim 2/3)h_a$ $(1.5 \sim 1.8)h_b$

注：1 h 为柱截面长边尺寸；h_a 为双肢柱全截面长边尺寸；h_b 为双肢柱全截面短边尺寸；

2 柱轴心受压或小偏心受压时，h_1 可适当减小，偏心距大于 $2h$ 时，h_1 应适当加大。

2 基础的杯底厚度和杯壁厚度，可按表8.2.5-2选用。

表8.2.5-2 基础的杯底厚度和杯壁厚度

柱截面长边尺寸 h（mm）	杯底厚度 a_1（mm）	杯壁厚度 t（mm）
$h<500$	$\geqslant 150$	$150 \sim 200$
$500 \leqslant h<800$	$\geqslant 200$	$\geqslant 200$
$800 \leqslant h<1000$	$\geqslant 200$	$\geqslant 300$
$1000 \leqslant h<1500$	$\geqslant 250$	$\geqslant 350$
$1500 \leqslant h<2000$	$\geqslant 300$	$\geqslant 400$

注：1 双肢柱的杯底厚度值，可适当加大；

2 当有基础梁时，基础梁下的杯壁厚度，应满足其支承宽度的要求；

3 柱子插入杯口部分的表面应凿毛，柱子与杯口之间的空隙，应用比基础混凝土强度等级高一级的细石混凝土充填密实，当达到材料设计强度的70%以上时，方能进行上部吊装。

3 当柱为轴心受压或小偏心受压且 $t/h_2 \geqslant 0.65$ 时，或大偏心受压且 $t/h_2 \geqslant 0.75$ 时，杯壁可不配筋；当柱为轴心受压或小偏心受压且 $0.5 \leqslant t/h_2 < 0.65$ 时，杯壁可按表8.2.5-3构造配筋；其他情况下，应按计算配筋。

表8.2.5-3　　杯壁构造配筋

柱截面长边尺寸 (mm)	$h<1000$	$1000 \leqslant h < 1500$	$1500 \leqslant h \leqslant 2000$
钢筋直径 (mm)	8~10	10~12	12~16

注：表中钢筋置于杯口顶部，每边两根（图8.2.5）。

8.2.6 预制钢筋混凝土柱（包括双肢柱）与高杯口基础的连接（图8.2.6-1），应符合本规范第8.2.5条插入深度的规定。杯壁厚度符合表8.2.6的规定且符合下列条件时，杯壁和短柱配筋，可按图8.2.6-2的构造要求进行设计。

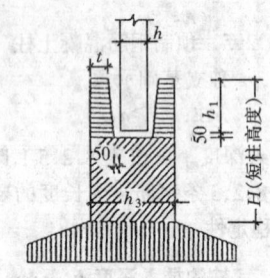

图8.2.6-1　高杯口基础

1 起重机起重量小于或等于75t，轨顶标高小于或等于14m，基本风压小于0.5kPa的工业厂房，且基础短柱的高度不大于5m；

2 起重机起重量大于75t，基本风压大于0.5kPa，且符合下列表达式：

$$E_2 I_2 / E_1 I_1 \geqslant 10 \quad (8.2.6-1)$$

式中　E_1——预制钢筋混凝土柱的弹性模量；
　　　I_1——预制钢筋混凝土柱对其截面短轴的惯性矩；
　　　E_2——短柱的钢筋混凝土弹性模量；
　　　I_2——短柱对其截面短轴的惯性矩。

3 当基础短柱的高度大于5m，并符合下列表达式：

$$\Delta_2 / \Delta_1 \leqslant 1.1 \quad (8.2.6-2)$$

式中　Δ_1——单位水平力作用在以高杯口基础顶面为固定端的柱顶时，柱顶的水平位移；
　　　Δ_2——单位水平力作用在以短柱底面为固定端的柱顶时，柱顶的水平位移。

4 高杯口基础短柱的纵向钢筋，除满足计算要求外，在非地震区及抗震设防烈度低于9度地区，且满足本条之1、2、3款的要求时，短柱四角纵向钢筋的直径不宜小于20mm，并延伸至基础底板的钢筋网上。短柱长边纵向钢筋，当长边尺寸小于或等于1000mm时，其钢筋直径不应小于12mm，间距不应大于300mm；当长边尺寸大于1000mm时，其钢筋直径不应小于16mm，间距不应大于300mm，且每隔一米左右伸下一根并作150mm的直钩支承在基础底部的钢筋网上，其余钢筋锚固至基础底板顶面下 l_a 处（图

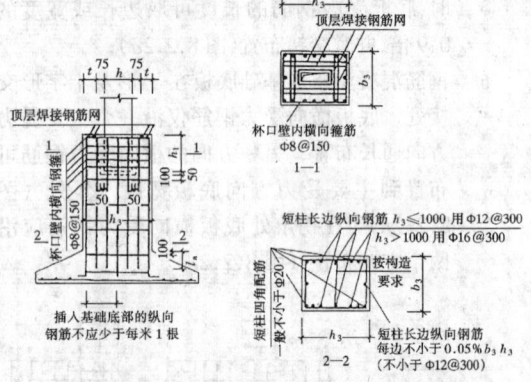

图8.2.6-2　高杯口基础构造配筋示意

8.2.6-2）。短柱短边每隔300mm应配置直径不小于12mm的纵向钢筋，且每边的配筋率不少于0.05％短柱的截面面积。短柱中的箍筋直径不应小于8mm，间距不应大于300mm；当抗震设防烈度为8度和9度时，箍筋直径不应小于8mm，间距不应大于150mm。

表8.2.6　　高杯口基础的杯壁厚度 t

h (mm)	t (mm)	h (mm)	t (mm)
$600 < h \leqslant 800$	$\geqslant 250$	$1000 < h \leqslant 1400$	$\geqslant 350$
$800 < h \leqslant 1000$	$\geqslant 300$	$1400 < h \leqslant 1600$	$\geqslant 400$

8.2.7 扩展基础的计算，应符合下列要求：

1 基础底面积，应按本规范第五章有关规定确定。在墙下条形基础相交处，不应重复计入基础面积；

2 对矩形截面柱的矩形基础，应验算柱与基础交接处以及基础变阶处的受冲切承载力；

受冲切承载力应按下列公式验算：

$$F_l \leqslant 0.7 \beta_{hp} f_t a_m h_0 \quad (8.2.7-1)$$
$$a_m = (a_t + a_b)/2 \quad (8.2.7-2)$$
$$F_l = p_j A_l \quad (8.2.7-3)$$

式中　β_{hp}——受冲切承载力截面高度影响系数，当 h 不大于800mm时，β_{hp} 取1.0；当 h 大于等于2000mm时，β_{hp} 取0.9，其间按线性内插法取用；
　　　f_t——混凝土轴心抗拉强度设计值；
　　　h_0——基础冲切破坏锥体的有效高度；
　　　a_m——冲切破坏锥体最不利一侧计算长度；
　　　a_t——冲切破坏锥体最不利一侧斜截面的上边长，当计算柱与基础交接处的受冲切承载力时，取柱宽；当计算基础变阶处的受冲切承载力时，取上阶宽；

a_b——冲切破坏锥体最不利一侧斜截面在基础底面积范围内的下边长,当冲切破坏锥体的底面落在基础底面以内(图8.2.7-1a、b),计算柱与基础交接处的受冲切承载力时,取柱宽加两倍基础有效高度;当计算基础变阶处的受冲切承载力时,取上阶宽加两倍该处的基础有效高度。当冲切破坏锥体的底面在l方向落在基础底面以外,即 $a+2h_0 \geq l$ 时(图8.2.7-1c),$a_b=l$;

p_j——扣除基础自重及其上土重后相应于荷载效应基本组合时的地基土单位面积净反力,对偏心受压基础可取基础边缘处最大地基土单位面积净反力;

A_l——冲切验算时取用的部分基底面积(图8.2.7-1a、b中的阴影面积ABCDEF,或图8.2.7-1c中的阴影面积ABCD);

F_l——相应于荷载效应基本组合时作用在A_l上的地基土净反力设计值。

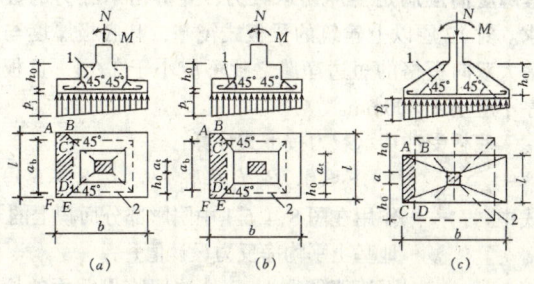

图8.2.7-1 计算阶形基础的受冲切承载力截面位置
(a) 柱与基础交接处;(b) 基础变阶处
1—冲切破坏锥体最不利一侧的斜截面;
2—冲切破坏锥体的底面线

3 基础底板的配筋,应按抗弯计算确定;
在轴心荷载或单向偏心荷载作用下底板受弯可按下列简化方法计算:

1) 对于矩形基础,当台阶的宽高比小于或等于2.5和偏心距小于或等于1/6基础宽度时,任意截面的弯矩可按下列公式计算(图8.2.7-2):

$$M_I = \frac{1}{12}a_1^2\left[(2l+a')\left(p_{max}+p-\frac{2G}{A}\right)+(p_{max}-p)l\right] \quad (8.2.7-4)$$

$$M_{II} = \frac{1}{48}(l-a')^2(2b+b')\left(p_{max}+p_{min}-\frac{2G}{A}\right) \quad (8.2.7-5)$$

式中 M_I、M_{II}——任意截面I-I、II-II处相应于荷载效应基本组合时的弯矩设计值;
a_1——任意截面I-I至基底边缘最大反力处的距离;

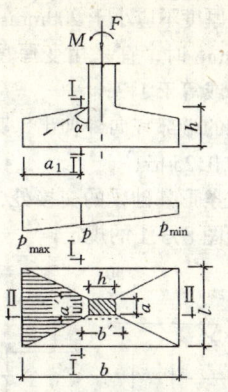

图8.2.7-2 矩形基础底板的计算示意

l、b——基础底面的边长;
p_{max}、p_{min}——相应于荷载效应基本组合时的基础底面边缘最大和最小地基反力设计值;
p——相应于荷载效应基本组合时在任意截面I-I处基础底面地基反力设计值;
G——考虑荷载分项系数的基础自重及其上的土重;当组合值由永久荷载控制时,$G=1.35G_k$,G_k为基础及其上土的标准自重。

2) 对于墙下条形基础任意截面的弯矩(图8.2.7-3),可取

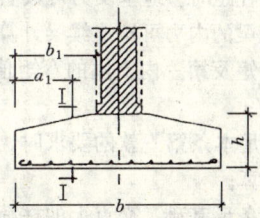

图8.2.7-3 墙下条形基础的计算示意

$l=a'=1m$ 按式(8.2.7-4)进行计算,其最大弯矩截面的位置,应符合下列规定:
当墙体材料为混凝土时,取$a_1=b_1$;
如为砖墙且放脚不大于1/4砖长时,取$a_1=b_1+1/4$砖长;

4 当扩展基础的混凝土强度等级小于柱的混凝土强度等级时,尚应验算柱下扩展基础顶面的局部受压承载力。

8.3 柱下条形基础

8.3.1 柱下条形基础的构造,除满足本规范第8.2.2条要求外,尚应符合下列规定:

1 柱下条形基础梁的高度宜为柱距的1/4~

1/8。翼板厚度不应小于200mm。当翼板厚度大于250mm时，宜采用变厚度翼板，其坡度宜小于或等于1:3；

2 条形基础的端部宜向外伸出，其长度宜为第一跨距的0.25倍；

3 现浇柱与条形基础梁的交接处，其平面尺寸不应小于图8.3.1的规定；

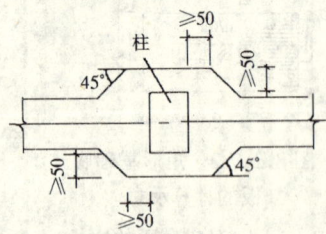

图8.3.1 现浇柱与条形基础梁交接处平面尺寸

4 条形基础梁顶部和底部的纵向受力钢筋除满足计算要求外，顶部钢筋按计算配筋全部贯通，底部通长钢筋不应少于底部受力钢筋截面总面积的1/3；

5 柱下条形基础的混凝土强度等级，不应低于C20。

8.3.2 柱下条形基础的计算，除应符合本规范8.2.7条第一款的要求外，尚应符合下列规定：

1 在比较均匀的地基上，上部结构刚度较好，荷载分布较均匀，且条形基础梁的高度不小于1/6柱距时，地基反力可按直线分布，条形基础梁的内力可按连续梁计算，此时边跨跨中弯矩及第一内支座的弯矩值宜乘以1.2的系数；

2 当不满足本条第一款的要求时，宜按弹性地基梁计算；

3 对交叉条形基础，交点上的柱荷载，可按交叉梁的刚度或变形协调的要求，进行分配。其内力可按本条上述规定，分别进行计算；

4 验算柱边缘处基础梁的受剪承载力；

5 当存在扭矩时，尚应作抗扭计算；

6 当条形基础的混凝土强度等级小于柱的混凝土强度等级时，尚应验算柱下条形基础梁顶面的局部受压承载力。

8.4 高层建筑筏形基础

8.4.1 筏形基础分为梁板式和平板式两种类型，其选型应根据工程地质、上部结构体系、柱距、荷载大小以及施工条件等因素确定。

8.4.2 筏形基础的平面尺寸，应根据地基土的承载力、上部结构的布置及荷载分布等因素按本规范第五章有关规定确定。对单幢建筑物，在地基土比较均匀的条件下，基底平面形心宜与结构竖向永久荷载重心重合。当不能重合时，在荷载效应准永久组合下，偏心距e宜符合下式要求：

$$e \leq 0.1W/A \qquad (8.4.2)$$

式中 W——与偏心距方向一致的基础底面边缘抵抗矩；

A——基础底面积。

8.4.3 筏形基础的混凝土强度等级不应低于C30。当有地下室时应采用防水混凝土，防水混凝土的抗渗等级应根据地下水的最大水头与防渗混凝土厚度的比值，按现行《地下工程防水技术规范》选用，但不应小于0.6MPa。必要时宜设架空排水层。

8.4.4 采用筏形基础的地下室，地下室钢筋混凝土外墙厚度不应小于250mm，内墙厚度不应小于200mm。墙的截面设计除满足承载力要求外，尚应考虑变形、抗裂及防渗等要求。墙体内应设置双面钢筋，竖向和水平钢筋的直径不应小于12mm，间距不应大于300mm。

8.4.5 梁板式筏基底板除计算正截面受弯承载力外，其厚度尚应满足受冲切承载力、受剪切承载力的要求。 对12层以上建筑的梁板式筏基，其底板厚度与最大双向板格的短边净跨之比不应小于1/14，且板厚不应小于400mm。

底板受冲切承载力按下式计算：

$$F_l \leq 0.7\beta_{hp}f_t u_m h_0 \qquad (8.4.5-1)$$

式中 F_l——作用在图8.4.5-1中阴影部分面积上的地基土平均净反力设计值；

u_m——距基础梁边$h_0/2$处冲切临界截面的周长（图8.4.5-1）。

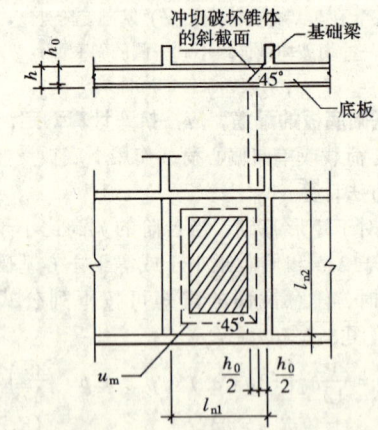

图8.4.5-1 底板冲切计算示意

当底板区格为矩形双向板时，底板受冲切所需的厚度h_0按下式计算：

$$h_0=\frac{(l_{n1}+l_{n2})-\sqrt{(l_{n1}+l_{n2})^2-\dfrac{4pl_{n1}l_{n2}}{p+0.7\beta_{hp}f_t}}}{4}$$

(8.4.5-2)

式中 l_{n1}、l_{n2}——计算板格的短边和长边的净长度；
p——相应于荷载效应基本组合的地基土平均净反力设计值。

底板斜截面受剪承载力应符合下式要求：

$$V_s \leqslant 0.7\beta_{hs}f_t(l_{n2}-2h_0)h_0 \quad (8.4.5\text{-}3)$$
$$\beta_{hs}=(800/h_0)^{1/4} \quad (8.4.5\text{-}4)$$

式中 V_s——距梁边缘 h_0 处，作用在图 8.4.5-2 中阴影部分面积上的地基土平均净反力设计值；

β_{hs}——受剪切承载力截面高度影响系数，当按公式（8.4.5-4）计算时，板的有效高度 h_0 小于 800mm 时，h_0 取 800mm；h_0 大于 2000mm 时，h_0 取 2000mm。

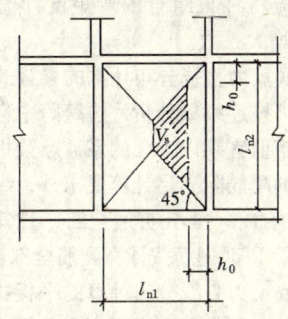

图 8.4.5-2 底板剪切计算示意

8.4.6 地下室底层柱、剪力墙与梁板式筏基的基础梁连接的构造应符合下列要求：

1 柱、墙的边缘至基础梁边缘的距离不应小于 50mm（图 8.4.6）：

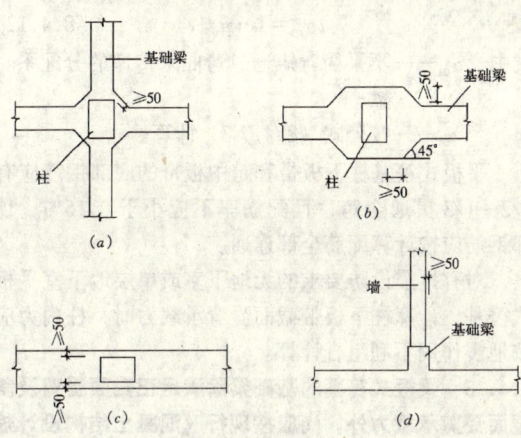

图 8.4.6 地下室底层柱或剪力墙与基础梁连接的构造要求

2 当交叉基础梁的宽度小于柱截面的边长时，交叉基础梁连接处应设置八字角，柱角与八字角之间的净距不宜小于 50mm（图 8.4.6a）；

3 单向基础梁与柱的连接，可按图 8.4.6b，c 采用；

4 基础梁与剪力墙的连接，可按图 8.4.6d 采用。

8.4.7 平板式筏基的板厚应满足受冲切承载力的要求。计算时应考虑作用在冲切临界面重心上的不平衡弯矩产生的附加剪力。距柱边 $h_0/2$ 处冲切临界截面的最大剪应力 τ_{max} 应按公式（8.4.7-1）、（8.4.7-2）、（8.4.7-3）计算（图 8.4.7）。板的最小厚度不应小于 400mm。

$$\tau_{max}=F_l/u_mh_0+\alpha_sM_{unb}c_{AB}/I_s \quad (8.4.7\text{-}1)$$
$$\tau_{max}\leqslant 0.7(0.4+1.2/\beta_s)\beta_{hp}f_t \quad (8.4.7\text{-}2)$$
$$\alpha_s=1-\frac{1}{1+\frac{2}{3}\sqrt{(c_1/c_2)}} \quad (8.4.7\text{-}3)$$

式中 F_l——相应于荷载效应基本组合时的集中力设计值，对内柱取轴力设计值减去筏板冲切破坏锥体内的地基反力设计值；对边柱和角柱，取轴力设计值减去筏板冲切临界截面范围内的地基反力设计值；地基反力值应扣除底板自重；

u_m——距柱边 $h_0/2$ 处冲切临界截面的周长，按本规范附录 P 计算；

h_0——筏板的有效高度；

M_{unb}——作用在冲切临界截面重心上的不平衡弯矩设计值；

c_{AB}——沿弯矩作用方向，冲切临界截面重心至冲切临界截面最大剪应力点的距离，按附录 P 计算；

I_s——冲切临界截面对其重心的极惯性矩，按本规范附录 P 计算；

β_s——柱截面长边与短边的比值，当 $\beta_s<2$ 时，β_s 取 2，当 $\beta_s>4$ 时，β_s 取 4；

c_1——与弯矩作用方向一致的冲切临界截面的边长，按本规范附录 P 计算；

c_2——垂直于 c_1 的冲切临界截面的边长，按本规范附录 P 计算；

α_s——不平衡弯矩通过冲切临界截面上的偏心剪力来传递的分配系数。

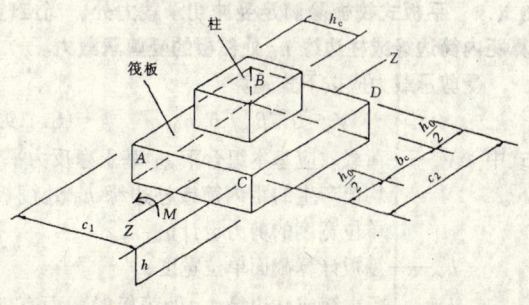

图 8.4.7 内柱冲切临界截面

当柱荷载较大，等厚度筏板的受冲切承载力不能满足要求时，可在筏板上面增设柱墩或在筏板下局部增加板厚或采用抗冲切箍筋来提高受冲切承载能力。

8.4.8 平板式筏基内筒下的板厚应满足受冲切承载力的要求，其受冲切承载力按下式计算：

$$F_l/u_m h_0 \leq 0.7\beta_{hp} f_t/\eta \quad (8.4.8)$$

式中 F_l——相应于荷载效应基本组合时的内筒所承受的轴力设计值减去筏板冲切破坏锥体内的地基反力设计值。地基反力值应扣除板的自重；

u_m——距内筒外表面 $h_0/2$ 处冲切临界截面的周长（图8.4.8）；

h_0——距内筒外表面 $h_0/2$ 处筏板的截面有效高度；

η——内筒冲切临界截面周长影响系数，取1.25。

当需要考虑内筒根部弯矩的影响时，距内筒外表面 $h_0/2$ 处冲切临界截面的最大剪应力可按公式（8.4.7-1）计算，此时 $\tau_{max} \leq 0.7\beta_{hp} f_t/\eta$。

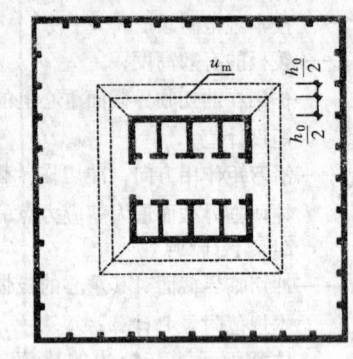

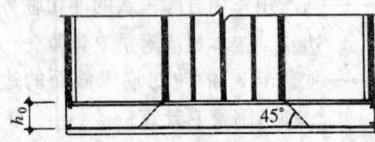

图8.4.8 筏板受内筒冲切的临界截面位置

8.4.9 平板式筏板除满足受冲切承载力外，尚应验算距内筒边缘或柱边缘 h_0 处筏板的受剪承载力。

受剪承载力应按下式验算：

$$V_s \leq 0.7\beta_{hs} f_t b_w h_0 \quad (8.4.9)$$

式中 V_s——荷载效应基本组合下，地基土净反力平均值产生的距内筒或柱边缘 h_0 处筏板单位宽度的剪力设计值；

b_w——筏板计算截面单位宽度；

h_0——距内筒或柱边缘 h_0 处筏板的截面有效高度。

当筏板变厚度时，尚应验算变厚度处筏板的受剪承载力。

当筏板的厚度大于2000mm时，宜在板厚中间部位设置直径不小于12mm、间距不大于300mm的双向钢筋网。

8.4.10 当地基土比较均匀、上部结构刚度较好、梁板式筏基梁的高跨比或平板式筏基板的厚跨比不小于1/6，且相邻柱荷载及柱间距的变化不超过20%时，筏形基础可仅考虑局部弯曲作用。筏形基础的内力，可按基底反力直线分布进行计算，计算时基底反力应扣除底板自重及其上填土的自重。当不满足上述要求时，筏基内力应按弹性地基梁板方法进行分析计算。

有抗震设防要求时，对无地下室且抗震等级为一、二级的框架结构，基础梁除满足抗震构造要求外，计算时尚应将柱根组合的弯矩设计值分别乘以1.5和1.25的增大系数。

8.4.11 按基底反力直线分布计算的梁板式筏基，其基础梁的内力可按连续梁分析，边跨跨中弯矩以及第一内支座的弯矩值宜乘以1.2的系数。梁板式筏基的底板和基础梁的配筋除满足计算要求外，纵横方向的底部钢筋尚应有 1/2～1/3 贯通全跨，且其配筋率不应小于0.15%，顶部钢筋按计算配筋全部连通。

8.4.12 按基底反力直线分布计算的平板式筏基，可按柱下板带和跨中板带分别进行内力分析。柱下板带中，柱宽及其两侧各0.5倍板厚且不大于1/4板跨的有效宽度范围内，其钢筋配置量不应小于柱下板带钢筋数量的一半，且应能承受部分不平衡弯矩 $\alpha_m M_{unb}$。M_{unb} 为作用在冲切临界截面重心上的不平衡弯矩，α_m 按下式计算：

$$\alpha_m = 1 - \alpha_s \quad (8.4.12)$$

式中 α_m——不平衡弯矩通过弯曲来传递的分配系数；

α_s——按公式（8.4.7-3）计算。

平板式筏基柱下板带和跨中板带的底部钢筋应有 1/2～1/3 贯通全跨，且配筋率不应小于0.15%；顶部钢筋应按计算配筋全部连通。

对有抗震设防要求的无地下室或单层地下室平板式筏基，计算柱下板带截面受弯承载力时，柱内力应按地震作用不利组合计算。

8.4.13 梁板式筏基的基础梁除满足正截面受弯及斜截面受剪承载力外，尚应按现行《混凝土结构设计规范》GB 50010 有关规定验算底层柱下基础梁顶面的局部受压承载力。

8.4.14 筏板与地下室外墙的接缝、地下室外墙沿高度处的水平接缝应严格按施工缝要求施工，必要时可设通长止水带。

8.4.15 高层建筑筏形基础与裙房基础之间的构造应符合下列要求：

1 当高层建筑与相连的裙房之间设置沉降缝时，高层建筑的基础埋深应大于裙房基础的

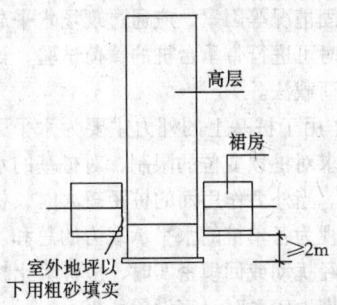

图 8.4.15 高层建筑与裙房间的沉降缝处理

埋深至少 2m。当不满足要求时必须采取有效措施。沉降缝地面以下处应用粗砂填实（图 8.4.15）；

2 当高层建筑与相连的裙房之间不设置沉降缝时，宜在裙房一侧设置后浇带，后浇带的位置宜设在距主楼边柱的第二跨内。后浇带混凝土宜根据实测沉降值并计算后期沉降差能满足设计要求后方可进行浇注；

3 当高层建筑与相连的裙房之间不允许设置沉降缝和后浇带时，应进行地基变形验算，验算时需考虑地基与结构变形的相互影响并采取相应的有效措施。

8.4.16 筏形基础地下室施工完毕后，应及时进行基坑回填工作。回填基坑时，应先清除基坑中的杂物，并应在相对的两侧或四周同时回填并分层夯实。

8.5 桩 基 础

8.5.1 本节包括混凝土预制桩和混凝土灌注桩低桩承台基础。

按桩的性状和竖向受力情况可分为摩擦型桩和端承型桩。摩擦型桩的桩顶竖向荷载主要由桩侧阻力承受；端承型桩的桩顶竖向荷载主要由桩端阻力承受。

8.5.2 桩和桩基的构造，应符合下列要求：

1 摩擦型桩的中心距不宜小于桩身直径的 3 倍；扩底灌注桩的中心距不宜小于扩底直径的 1.5 倍，当扩底直径大于 2m 时，桩端净距不宜小于 1m。在确定桩距时尚应考虑施工工艺中挤土等效应对邻近桩的影响。

2 扩底灌注桩的扩底直径，不应大于桩身直径的 3 倍。

3 桩底进入持力层的深度，根据地质条件、荷载及施工工艺确定，宜为桩身直径的 1~3 倍。在确定桩底进入持力层深度时，尚应考虑特殊土、岩溶以及震陷液化等影响。嵌岩灌注桩周边嵌入完整和较完整的未风化、微风化、中风化硬质岩体的最小深度，不宜小于 0.5m。

4 布置桩位时宜使桩基承载力合力点与竖向永久荷载合力作用点重合。

5 预制桩的混凝土强度等级不应低于 C30；灌注桩不应低于 C20；预应力桩不应低于 C40。

6 桩的主筋应经计算确定。打入式预制桩的最小配筋率不宜小于 0.8%；静压预制桩的最小配筋率不宜小于 0.6%；灌注桩最小配筋率不宜小于 0.2%~0.65%（小直径桩取大值）。

7 配筋长度：
  1）受水平荷载和弯矩较大的桩，配筋长度应通过计算确定。
  2）桩基承台下存在淤泥、淤泥质土或液化土层时，配筋长度应穿过淤泥、淤泥质土层或液化土层。
  3）坡地岸边的桩、8 度及 8 度以上地震区的桩、抗拔桩、嵌岩端承桩应通长配筋。
  4）桩径大于 600mm 的钻孔灌注桩，构造钢筋的长度不宜小于桩长的 2/3。

8 桩顶嵌入承台内的长度不宜小于 50mm。主筋伸入承台内的锚固长度不宜小于钢筋直径（Ⅰ级钢）的 30 倍和钢筋直径（Ⅱ级钢和Ⅲ级钢）的 35 倍。对于大直径灌注桩，当采用一柱一桩时，可设置承台或将桩和柱直接连接。桩和柱的连接可按本规范第 8.2.6 条高杯口基础的要求选择截面尺寸和配筋，柱纵筋插入桩身的长度应满足锚固长度的要求。

9 在承台及地下室周围的回填中，应满足填土密实性的要求。

8.5.3 群桩中单桩桩顶竖向力应按下列公式计算：

1 轴心竖向力作用下

$$Q_k = \frac{F_k + G_k}{n} \quad (8.5.3-1)$$

偏心竖向力作用下

$$Q_{ik} = \frac{F_k + G_k}{n} \pm \frac{M_{xk} y_i}{\sum y_i^2} \pm \frac{M_{yk} x_i}{\sum x_i^2} \quad (8.5.3-2)$$

2 水平力作用下

$$H_{ik} = \frac{H_k}{n} \quad (8.5.3-3)$$

式中 F_k——相应于荷载效应标准组合时，作用于桩基承台顶面的竖向力；

G_k——桩基承台自重及承台上土自重标准值；

Q_k——相应于荷载效应标准组合轴心竖向力作用下任一单桩的竖向力；

n——桩基中的桩数；

Q_{ik}——相应于荷载效应标准组合偏心竖向力作用下第 i 根桩的竖向力；

M_{xk}、M_{yk}——相应于荷载效应标准组合作用于承台底面通过桩群形心的 x、y 轴的力矩；

x_i、y_i——桩 i 至桩群形心的 y、x 轴线的距离；

H_k——相应于荷载效应标准组合时,作用于承台底面的水平力;

H_{ik}——相应于荷载效应标准组合时,作用于任一单桩的水平力。

8.5.4 单桩承载力计算应符合下列表达式:

1 轴心竖向力作用下

$$Q_k \leqslant R_a \qquad (8.5.4\text{-}1)$$

偏心竖向力作用下,除满足公式(8.5.4-1)外,尚应满足下列要求:

$$Q_{ik\,max} \leqslant 1.2R_a \qquad (8.5.4\text{-}2)$$

式中 R_a——单桩竖向承载力特征值。

2 水平荷载作用下

$$H_{ik} \leqslant R_{Ha} \qquad (8.5.4\text{-}3)$$

式中 R_{Ha}——单桩水平承载力特征值。

8.5.5 单桩竖向承载力特征值的确定应符合下列规定:

1 单桩竖向承载力特征值应通过单桩竖向静载荷试验确定。在同一条件下的试桩数量,不宜少于总桩数的1%,且不应少于3根。单桩的静载荷试验,应按本规范附录Q进行。

当桩端持力层为密实砂卵石或其他承载力类似的土层时,对单桩承载力很高的大直径端承型桩,可采用深层平板载荷试验确定桩端土的承载力特征值,试验方法应按本规范附录D。

2 地基基础设计等级为丙级的建筑物,可采用静力触探及标贯试验参数确定R_a值。

3 初步设计时单桩竖向承载力特征值可按下式估算:

$$R_a = q_{pa}A_p + u_p \sum q_{sia}l_i \qquad (8.5.5\text{-}1)$$

式中 R_a——单桩竖向承载力特征值;

q_{pa},q_{sia}——桩端端阻力、桩侧阻力特征值,由当地静载荷试验结果统计分析得;

A_p——桩底端横截面面积;

u_p——桩身周边长度;

l_i——第 i 层岩土的厚度。

当桩端嵌入完整及较完整的硬质岩中时,可按下式估算单桩竖向承载力特征值:

$$R_a = q_{pa}A_p \qquad (8.5.5\text{-}2)$$

式中 q_{pa}——桩端岩石承载力特征值。

4 嵌岩灌注桩桩端以下三倍桩径范围内应无软弱夹层、断裂破碎带和洞穴分布;并应在桩底应力扩散范围内无岩体临空面。桩端岩石承载力特征值,当桩端无沉渣时,应根据岩石饱和单轴抗压强度标准值按本规范 5.2.6 条确定,或按本规范附录 H 用岩基载荷试验确定。

8.5.6 单桩水平承载力特征值取决于桩的材料强度、截面刚度、入土深度、土质条件、桩水平位移允许值和桩顶嵌固情况等因素,应通过现场水平载荷试验确定。必要时可进行带承台桩的载荷试验,试验宜采用慢速维持荷载法。

8.5.7 当作用于桩基上的外力主要为水平力时,应根据使用要求对桩顶变位的限制,对桩基的水平承载力进行验算。当外力作用面的桩距较大时,桩基的水平承载力可视为各单桩的水平承载力的总和。当承台侧面的土未经扰动或回填密实时,应计算土抗力的作用。当水平推力较大时,宜设置斜桩。

8.5.8 当桩基承受拔力时,应对桩基进行抗拔验算及桩身抗裂验算。

8.5.9 桩身混凝土强度应满足桩的承载力设计要求。计算中应按桩的类型和成桩工艺的不同将混凝土的轴心抗压强度设计值乘以工作条件系数 ψ_c,桩身强度应符合下式要求:

桩轴心受压时 $Q \leqslant A_p f_c \psi_c$ (8.5.9)

式中 f_c——混凝土轴心抗压强度设计值;按现行《混凝土结构设计规范》取值;

Q——相应于荷载效应基本组合时的单桩竖向力设计值;

A_p——桩身横截面积;

ψ_c——工作条件系数,预制桩取0.75,灌注桩取0.6~0.7(水下灌注桩或长桩时用低值)。

8.5.10 对以下建筑物的桩基应进行沉降验算:

1 地基基础设计等级为甲级的建筑物桩基;

2 体型复杂、荷载不均匀或桩端以下存在软弱土层的设计等级为乙级的建筑物桩基;

3 摩擦型桩基。

嵌岩桩、设计等级为丙级的建筑物桩基、对沉降无特殊要求的条形基础下不超过两排桩的桩基、吊车工作级别 A5 及 A5 以下的单层工业厂房桩基(桩端下为密实土层),可不进行沉降验算。

当有可靠地区经验时,对地质条件不复杂、荷载均匀、对沉降无特殊要求的端承型桩基也可不进行沉降验算。

桩基础的沉降不得超过建筑物的沉降允许值,并应符合本规范表 5.3.4 的规定。

8.5.11 计算桩基础沉降时,最终沉降量宜按单向压缩分层总和法计算。地基内的应力分布宜采用各向同性均质线性变形体理论,按下列方法计算:

1 实体深基础(桩距不大于 $6d$);

2 其他方法,包括明德林应力公式方法。

计算应按本规范附录 R 进行。

8.5.12 应按有关规范的规定考虑特殊土对桩基的影响。应考虑岩溶等场地的特殊性,并在桩基设计中采取有效措施。抗震设防区的桩基按现行《建筑抗震设计规范》GB 50011 有关规定执行。

软土地区的桩基应考虑桩周土自重固结、蠕变、大面积堆载及施工中挤土对桩基的影响;在深厚软土中不宜采用大片密集有挤土效应的桩基。

位于坡地岸边的桩基应进行桩基稳定性验算。

对于预制桩,尚应进行运输、吊装和锤击等过程中的强度和抗裂验算。

8.5.13 以控制沉降为目的设置桩基时,应结合地区经验,并满足下列要求:

1 桩身强度应按桩顶荷载设计值验算;

2 桩、土荷载分配应按上部结构与地基共同作用分析确定;

3 桩端进入较好的土层,桩端平面处土层应满足下卧层承载力设计要求;

4 桩距可采用 $4d \sim 6d$(d 为桩身直径)。

8.5.14 桩基设计时,应结合地区经验考虑桩、土、承台的共同工作。

8.5.15 桩基承台的构造,除满足抗冲切、抗剪切、抗弯承载力和上部结构的要求外,尚应符合下列要求:

1 承台的宽度不应小于 500mm。边桩中心至承台边缘的距离不宜小于桩的直径或边长,且桩的外边缘至承台边缘的距离不小于 150mm。对于条形承台梁,桩的外边缘至承台梁边缘的距离不小于 75mm;

2 承台的最小厚度不应小于 300mm;

3 承台的配筋,对于矩形承台其钢筋应按双向均匀通长布置(图 8.5.15a),钢筋直径不宜小于 10mm,间距不宜大于 200mm;对于三桩承台,钢筋应按三向板带均匀布置,且最里面的三根钢筋围成的三角形应在柱截面范围内(图 8.5.15b)。承台梁的主筋除满足计算要求外,尚应符合现行《混凝土结构设计规范》GB 50010 关于最小配筋率的规定,主筋直径不宜小于 12mm,架立筋不宜小于 10mm,箍筋直径不宜小于 6mm(图 8.5.15c);

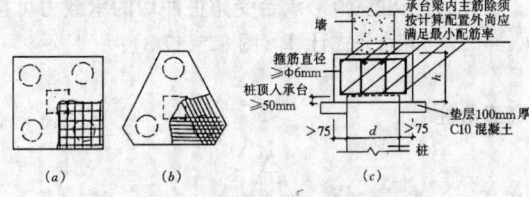

图 8.5.15 承台配筋示意

(a)矩形承台配筋;(b)三桩承台配筋

4 承台混凝土强度等级不应低于 C20,纵向钢筋的混凝土保护层厚度不应小于 70mm,当有混凝土垫层时,不应小于 40mm。

8.5.16 柱下桩基承台的弯矩可按以下简化计算方法确定:

1 多桩矩形承台计算截面取在柱边和承台高度变化处(杯口外侧或台阶边缘,图 8.5.16a):

$$M_x = \sum N_i y_i \quad (8.5.16-1)$$
$$M_y = \sum N_i x_i \quad (8.5.16-2)$$

式中 M_x、M_y——分别为垂直 y 轴和 x 轴方向计算截面处的弯矩设计值;

x_i、y_i——垂直 y 轴和 x 轴方向自桩轴线到相应计算截面的距离;

N_i——扣除承台和其上填土自重后相应于荷载效应基本组合时的第 i 桩竖向力设计值。

2 三桩承台

1)等边三桩承台(图 8.5.16b):

$$M = \frac{N_{\max}}{3}\left(s - \frac{\sqrt{3}}{4}c\right) \quad (8.5.16-3)$$

式中 M——由承台形心至承台边缘距离范围内板带的弯矩设计值;

$N_{\max}$——扣除承台和其上填土自重后的三桩中相应于荷载效应基本组合时的最大单桩竖向力设计值;

s——桩距;

c——方柱边长,圆柱时 $c = 0.866d$(d 为圆柱直径)。

2)等腰三桩承台(图 8.5.16c):

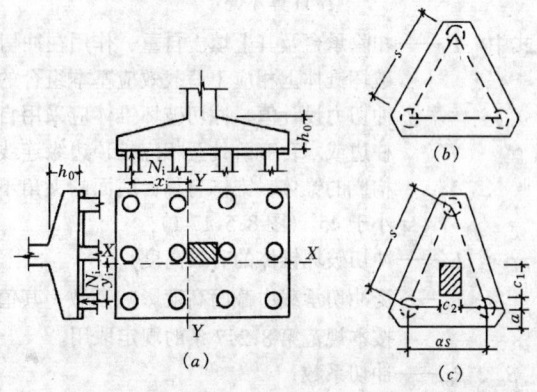

图 8.5.16 承台弯矩计算示意

$$M_1 = \frac{N_{\max}}{3}\left(s - \frac{0.75}{\sqrt{4-\alpha^2}}c_1\right) \quad (8.5.16-4)$$

$$M_2 = \frac{N_{\max}}{3}\left(\alpha s - \frac{0.75}{\sqrt{4-\alpha^2}}c_2\right) \quad (8.5.16-5)$$

式中 M_1、M_2——分别为由承台形心至承台两腰和底边的距离范围内板带的弯矩设计值;

s——长向桩距;

α——短向桩距与长向桩距之比,当 α 小于 0.5 时,应按变截面的二桩承台设计;

c_1、c_2——分别为垂直于、平行于承台底边的柱截面边长。

8.5.17 柱下桩基础独立承台受冲切承载力的计算，应符合下列规定：

1 柱对承台的冲切，可按下列公式计算（图8.5.17-1）：

$$F_l \leqslant 2[\beta_{ox}(b_c + a_{oy}) + \beta_{oy}(h_c + a_{ox})]\beta_{hp}f_t h_0$$
(8.5.17-1)

$$F_l = F - \sum N_i \quad (8.5.17-2)$$

$$\beta_{ox} = 0.84/(\lambda_{ox} + 0.2) \quad (8.5.17-3)$$

$$\beta_{oy} = 0.84/(\lambda_{oy} + 0.2) \quad (8.5.17-4)$$

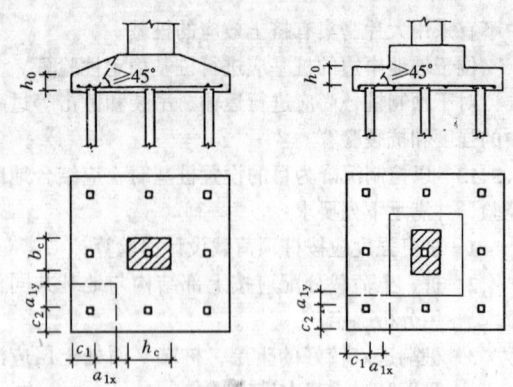

图8.5.17-2 矩形承台角桩冲切计算示意

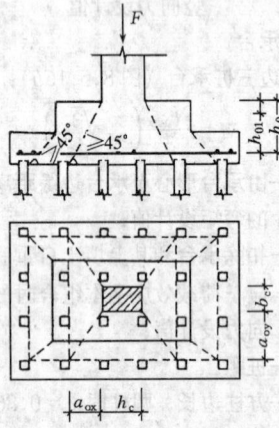

图8.5.17-1 柱对承台冲切计算示意

$$N_l \leqslant \left[\beta_{1x}\left(c_2 + \frac{a_{1y}}{2}\right) + \beta_{1y}\left(c_1 + \frac{a_{1x}}{2}\right)\right]\beta_{hp}f_t h_0$$
(8.5.17-5)

$$\beta_{1x} = \left(\frac{0.56}{\lambda_{1x} + 0.2}\right) \quad (8.5.17-6)$$

$$\beta_{1y} = \left(\frac{0.56}{\lambda_{1y} + 0.2}\right) \quad (8.5.17-7)$$

式中 N_l——扣除承台和其上填土自重后的角桩桩顶相应于荷载效应基本组合时的竖向力设计值；

β_{1x}、β_{1y}——角桩冲切系数；

λ_{1x}、λ_{1y}——角桩冲跨比，其值满足0.2～1.0，$\lambda_{1x}=a_{1x}/h_0$，$\lambda_{1y}=a_{1y}/h_0$；

c_1、c_2——从角桩内边缘至承台外边缘的距离；

a_{1x}、a_{1y}——从承台底角桩内边缘引45°冲切线与承台顶面或承台变阶处相交点至角桩内边缘的水平距离；

h_0——承台外边缘的有效高度。

式中 F_l——扣除承台及其上填土自重，作用在冲切破坏锥体上相应于荷载效应基本组合的冲切力设计值，冲切破坏锥体应采用自柱边或承台变阶处至相应桩顶边缘连线构成的锥体，锥体与承台底面的夹角不小于45°（图8.5.17-1）；

h_0——冲切破坏锥体的有效高度；

β_{hp}——受冲切承载力截面高度影响系数，其值按本规范第8.2.7条的规定取用；

β_{ox}、β_{oy}——冲切系数；

λ_{ox}、λ_{oy}——冲跨比，$\lambda_{ox}=a_{ox}/h_0$，$\lambda_{oy}=a_{oy}/h_0$，a_{ox}、a_{oy}为柱边或变阶处至桩边的水平距离；当$a_{ox}(a_{oy})<0.2h_0$时，$a_{ox}(a_{oy})=0.2h_0$；当$a_{ox}(a_{oy})>h_0$时，$a_{ox}(a_{oy})=h_0$；

F——柱根部轴力设计值；

$\sum N_i$——冲切破坏锥体范围内各桩的净反力设计值之和。

对中低压缩性土上的承台，当承台与地基土之间没有脱空现象时，可根据地区经验适当减小柱下桩基础独立承台受冲切计算的承台厚度。

2 角桩对承台的冲切，可按下列公式计算：

1) 多桩矩形承台受角桩冲切的承载力应按下式计算（图8.5.17-2）：

2) 三桩三角形承台受角桩冲切的承载力可按下列公式计算（图8.5.17-3）：

底部角桩

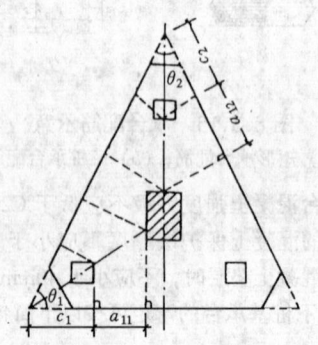

图8.5.17-3 三角形承台角桩冲切计算示意

$$N_l \leqslant \beta_{11}(2c_1 + a_{11})\tan\frac{\theta_1}{2}\beta_{hp}f_t h_0$$
(8.5.17-8)

$$\beta_{11} = \left(\frac{0.56}{\lambda_{11} + 0.2}\right)$$
(8.5.17-9)

顶部角桩

$$N_l \leqslant \beta_{12}(2c_2 + a_{12})\tan\frac{\theta_2}{2}\beta_{hp}f_t h_0$$
(8.5.17-10)

$$\beta_{12} = \left(\frac{0.56}{\lambda_{12} + 0.2}\right)$$
(8.5.17-11)

式中 λ_{11}、λ_{12}——角桩冲跨比，$\lambda_{11} = \frac{a_{11}}{h_0}$，$\lambda_{12} = \frac{a_{12}}{h_0}$；

a_{11}、a_{12}——从承台底角桩内边缘向相邻承台边引45°冲切线与承台顶面相交点至角桩内边缘的水平距离；当柱位于该45°线以内时则取柱边与桩内边缘连线为冲切锥体的锥线。

对圆柱及圆桩，计算时可将圆形截面换算成正方形截面。

8.5.18 柱下桩基独立承台应分别对柱边和桩边、变阶处和桩边联线形成的斜截面进行受剪计算（图8.5.18）。当柱边外有多排桩形成多个剪切斜截面时，尚应对每个斜截面进行验算。斜截面受剪承载力可按下列公式计算：

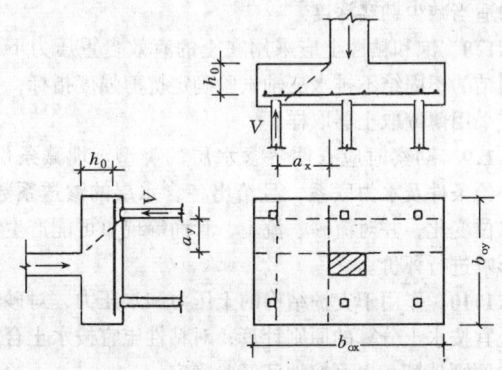

图 8.5.18 承台斜截面受剪计算示意

$$V \leqslant \beta_{hs}\beta f_t b_0 h_0$$
(8.5.18-1)

$$\beta = \frac{1.75}{\lambda + 1.0}$$
(8.5.18-2)

式中 V——扣除承台及其上填土自重后相应于荷载效应基本组合时斜截面的最大剪力设计值；

b_0——承台计算截面处的计算宽度。阶梯形承台变阶处的计算宽度、锥形承台的计算宽度应按本规范附录S确定；

h_0——计算宽度处的承台有效高度；

β——剪切系数；

β_{hs}——受剪切承载力截面高度影响系数，按公式（8.4.5-4）计算；

λ——计算截面的剪跨比，$\lambda_x = \frac{a_x}{h_0}$，$\lambda_y = \frac{a_y}{h_0}$。$a_x$、$a_y$为柱边或承台变阶处至$x$、$y$方向计算一排桩的桩边的水平距离，当$\lambda<0.3$时，取$\lambda=0.3$；当$\lambda>3$时，取$\lambda=3$。

8.5.19 当承台的混凝土强度等级低于柱或桩的混凝土强度等级时，尚应验算柱下或桩上承台的局部受压承载力。

8.5.20 承台之间的连接应符合下列要求：

1 单桩承台，宜在两个互相垂直的方向上设置联系梁；

2 两桩承台，宜在其短向设置联系梁；

3 有抗震要求的柱下独立承台，宜在两个主轴方向设置联系梁；

4 联系梁顶面宜与承台位于同一标高。联系梁的宽度不应小于250mm，梁的高度可取承台中心距的1/10～1/15；

5 联系梁的主筋应按计算要求确定。联系梁内上下纵向钢筋直径不应小于12mm且不应少于2根，并应按受拉要求锚入承台。

8.6 岩石锚杆基础

8.6.1 岩石锚杆基础适用于直接建在基岩上的柱基，以及承受拉力或水平力较大的建筑物基础。锚杆基础应与基岩连成整体，并应符合下列要求：

1 锚杆孔直径，宜取锚杆直径的3倍，但不应小于一倍锚杆直径加50mm。锚杆基础的构造要求，可按图8.6.1采用；

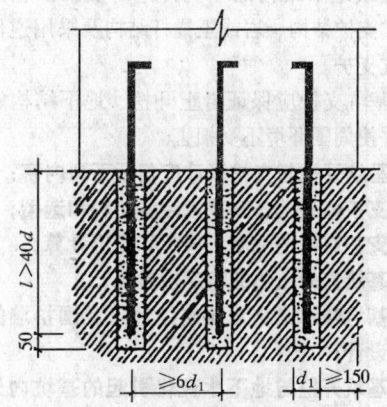

图 8.6.1 锚杆基础

d_1——锚杆孔直径；l——锚杆的有效锚固长度；d——锚杆直径

2 锚杆插入上部结构的长度，应符合钢筋的锚固长度要求；

3 锚杆宜采用热轧带肋钢筋，水泥砂浆强度不宜低于30MPa，细石混凝土强度不宜低于C30。灌浆前，应将锚杆孔清理干净。

8.6.2 锚杆基础中单根锚杆所承受的拔力，应按下列公式验算：

$$N_{ti} = \frac{F_k + G_k}{n} - \frac{M_{xk}y_i}{\sum y_i^2} - \frac{M_{yk}x_i}{\sum x_i^2} \quad (8.6.2\text{-}1)$$

$$N_{tmax} \leq R_t \quad (8.6.2\text{-}2)$$

式中 F_k——相应于荷载效应标准组合作用在基础顶面上的竖向力；

G_k——基础自重及其上的土自重；

M_{xk}、M_{yk}——按荷载效应标准组合计算作用在基础底面形心的力矩值；

x_i、y_i——第 i 根锚桩至基础底面形心的 y、x 轴线的距离；

N_{ti}——按荷载效应标准组合下，第 i 根锚杆所承受的拔力值；

R_t——单根锚杆抗拔承载力特征值。

8.6.3 对设计等级为甲级的建筑物，单根锚杆抗拔承载力特征值 R_t 应通过现场试验确定；对于其他建筑物可按下式计算：

$$R_t \leq 0.8\pi d_1 lf \quad (8.6.3)$$

式中 f——砂浆与岩石间的粘结强度特征值（MPa），可按表6.7.6选用。

9 基坑工程

9.1 一般规定

9.1.1 本章适用于各类岩、土质场地建（构）筑物有地下室或地下结构的基坑开挖与支护。包括：桩式、墙式支护结构、岩或土锚杆结构及采用逆作法施工的基坑支护。

9.1.2 基坑支护应保证岩土开挖、地下结构施工的安全，并使周围环境不受损害。

9.1.3 基坑开挖与支护设计应包括下列内容：
1 支护体系的方案技术经济比较和选型；
2 支护结构的强度、稳定和变形计算；
3 基坑内外土体的稳定性验算；
4 基坑降水或止水帷幕设计以及围护墙的抗渗设计；
5 基坑开挖与地下水变化引起的基坑内外土体的变形及其对基础桩、邻近建筑物和周边环境的影响；
6 基坑开挖施工方法的可行性及基坑施工过程中的监测要求。

9.1.4 基坑开挖与支护设计应具备下列资料：
1 岩土工程勘察报告；
2 建筑总平面图、地下管线图、地下结构的平面图和剖面图；
3 邻近建筑物和地下设施的类型、分布情况和结构质量的检测评价。

9.1.5 支护结构的荷载效应应包括下列各项：
1 土压力；
2 静水压力、渗流压力、承压水压力；
3 基坑开挖影响范围以内建（构）筑物荷载、地面超载、施工荷载及邻近场地施工的作用影响；
4 温度变化（包括冻胀）对支护结构产生的影响；
5 临水支护结构尚应考虑波浪作用和水流退落时的渗透力；
6 作为永久结构使用时尚应按有关规范考虑相关荷载作用。

9.1.6 土方开挖完成后应立即对基坑进行封闭，防止水浸和暴露，并应及时进行地下结构施工。基坑土方开挖应严格按设计要求进行，不得超挖。基坑周边超载，不得超过设计荷载限制条件。

9.1.7 基坑工程的勘察范围在基坑水平方向应达到基坑开挖深度的1～2倍。当开挖边界点外无法布置勘察点时，应通过调查取得相关资料。勘察深度应按基坑的复杂程度及工程地质、水文地质条件确定，宜为基坑深度的2～3倍。当在此深度内遇到厚层坚硬粘性土、碎石土及岩层时，可根据岩土类别及支护要求适当减少勘察深度。

9.1.8 饱和粘性土应采用在土的有效自重压力下预固结的不固结不排水三轴试验确定抗剪强度指标，并宜采用薄壁取土器取样。

9.1.9 勘察时应查明各含水层的类型、埋藏条件、补给条件及水力联系，且给出各含水层的渗透系数、水位变化，并对流砂、流土、管涌等现象可能产生的影响进行评价。

9.1.10 作用于支护结构的土压力和水压力，对砂性土宜按水土分算的原则计算；对粘性土宜按水土合算的原则计算；也可按地区经验确定。

9.1.11 主动土压力、被动土压力可采用库仑或朗肯土压力理论计算。当对支护结构水平位移有严格限制时，应采用静止土压力计算。

9.1.12 当按变形控制原则设计支护结构时，作用在支护结构的计算土压力可按支护结构与土体的相互作用原理确定，也可按地区经验确定。

9.1.13 当地下水有渗流作用时，地下水的作用应通过渗流计算确定。

9.2 设计计算

9.2.1 基坑开挖与支护计算时，应根据场地的实际土层分布、地下水条件、环境控制条件，按基坑开挖施工过程的实际工况设计。

支护结构构件截面设计时，荷载效应组合的设计值应按本规范公式（3.0.5-4）的原则确定。

9.2.2 基坑开挖与支护应进行稳定性验算。基坑稳定安全系数取值，当有地区工程经验时应以地区经验为准。各项稳定验算要求如下：

桩式、墙式支护结构的抗倾覆稳定和抗水平推移稳定，可按本规范附录T和附录U验算；整体抗滑稳定可按本规范第5.4.1条验算；坑底抗隆起稳定可按本规范附录V验算；坑底抗渗稳定可按本规范附录W验算。

9.2.3 桩式、墙式支护结构可根据静力平衡条件初步选定墙体的入土深度，在进行整体稳定性和墙体变形验算后综合确定墙体的入土深度。当坑底为饱和土时，应进行坑底抗隆起验算，有渗流时尚应进行抗渗流稳定的验算。

9.2.4 悬臂支护结构，宜按静力平衡法进行计算分析并应符合本规范附录T的规定；带支撑或锚杆支护结构，宜按侧向弹性地基反力法进行计算分析并应符合本规范附录U的规定，同时应考虑支撑或锚定点的位移、支撑刚度及施工工况等的影响。

9.2.5 因支护结构变形、岩土开挖及地下水条件引起的基坑内外土体变形应按以下条件控制：
1 不得影响地下结构尺寸、形状和正常施工；
2 不得影响既有桩基的正常使用；
3 对周边已有建（构）筑物引起的沉降不得超过本规范有关章节规定的要求；
4 不得影响周边管线的正常使用。

9.2.6 基坑开挖与支护应根据工程需要、周边环境及水文地质条件，可采用降低地下水位、隔离地下水、坑内明排或组合方法等对地下水进行控制，设计时尚应考虑由于降水、排水引起的地层变形的影响，当采用明排水时应作反滤层。停止降水时应采取保证结构物不上浮的措施。

9.2.7 预应力土层锚杆的设计应符合下列规定：
1 土层锚杆锚固段不宜设置在未经处理的软弱土层、不稳定土层和不良地质地段。
2 锚杆锚固体上排和下排间距不宜小于2.5m；水平方向间距不宜小于1.5m。锚杆锚固段上覆土层厚度不宜小于4.0m；锚杆的倾角宜为15°～35°。
3 锚杆杆体材料宜选用钢绞线或热轧带肋钢筋，当锚杆抗拔极限承载力小于500kN时，可采用Ⅱ级或Ⅲ级钢筋。
4 锚杆预应力筋的截面面积按下式确定：

$$A \geq 1.35 \frac{N_t}{\gamma_P \cdot f_{Pt}} \quad (9.2.7)$$

式中 N_t——荷载效应标准组合下，单根锚杆所承受的拉力值；

γ_P——张拉应力控制系数，对热处理钢筋宜取0.65，对钢绞线宜取0.75；

f_{Pt}——钢筋、钢绞线强度设计值。

5 锚杆锚固段在最危险滑动面以外的有效计算长度应满足稳定计算要求，且自由段长度不得少于5m。
6 锚杆轴向拉力特征值应按本规范附录X土层锚杆试验确定。
7 锚杆应在锚固体和外锚头强度达到15.0MPa以上后逐根进行张拉锁定，张拉荷载宜为设计轴向拉力的1.05～1.1倍，并应在稳定5～10min后，退至锁定荷载锁定。锚杆锁定拉力可取锚杆最大轴向拉力值的0.7～0.85倍。

9.2.8 **支护结构的内支撑必须采用稳定的结构体系和连接构造，其刚度应满足变形计算要求。** 对排桩式支护结构应设置帽梁和腰梁。

9.2.9 支护结构的内支撑系统，根据其布置形式，可视作平面杆件，按与支护桩、墙节点处的变形协调条件，计算其内力与变形。

9.2.10 支护结构的构造应符合下列要求：
1 现浇钢筋混凝土支护结构的混凝土强度等级不得低于C20。
2 桩、墙式支护结构的顶部应设置圈梁，其宽度应大于桩、墙的厚度。桩、墙顶嵌入圈梁的深度不宜小于50mm；桩、墙内竖向钢筋锚入圈梁内的长度宜按受拉锚固要求确定。
3 支撑和腰梁的纵向钢筋直径不宜小于16mm；箍筋直径不应小于8mm。

9.3 地下连续墙与逆作法

9.3.1 地下连续墙作为基坑支护结构适用于各种复杂施工环境和多种地质条件。

9.3.2 地下连续墙的墙厚应根据计算、并结合成槽机械的规格确定，但不宜小于600mm。地下连续墙单元墙段（槽段）的长度、形状，应根据整体平面布置、受力特性、槽壁稳定性、环境条件和施工要求等因素综合确定。当地下水位变动频繁或槽壁孔可能发生坍塌时，应进行成槽试验及槽壁的稳定性验算。

9.3.3 地下连续墙的构造应符合以下要求：
1 墙体混凝土的强度等级不应低于C20。
2 受力钢筋应采用Ⅱ级钢筋，直径不宜小于20mm。构造钢筋可采用Ⅰ级或Ⅱ级钢筋，直径不宜小于14mm。竖向钢筋的净距不宜小于75mm。构造钢筋的间距不应大于300mm。单元槽段的钢筋笼宜装配成一个整体；必须分段时，宜采用焊接或机械连接，应在结构内力较小处布置接头位置，接头应相互错开。
3 钢筋的保护层厚度，对临时性支护结构不宜小于50mm，对永久性支护结构不宜小于70mm。

4 竖向受力钢筋应有一半以上通长配置。

5 当地下连续墙与主体结构连接时，预埋在墙内的受力钢筋、连接螺栓或连接钢板，均应满足受力计算要求。锚固长度满足现行《混凝土结构设计规范》GB 50010 要求。预埋钢筋应采用Ⅰ级钢筋，直径不宜大于20mm。

6 地下连续墙顶部应设置钢筋混凝土圈梁，梁宽不宜小于墙厚尺寸；梁高不宜小于500mm；总配筋率不应小于0.4%。墙的竖向主筋应锚入梁内。

7 地下连续墙墙体混凝土的抗渗等级不得小于0.6MPa。二层以上地下室不宜小于0.8MPa。当墙段之间的接缝不设止水带时，应选用锁口圆弧型、槽型或V型等可靠的防渗止水接头，接头面应严格清刷，不得存有夹泥或沉渣。

9.3.4 地下室逆作法施工时结构设计应符合下列规定：

1 逆作法施工时，基坑支护结构宜采用地下连续墙。此支护结构可作为地下主体结构的一部分。

2 当楼盖、梁和板整体浇筑作为水平支撑体系时，应符合承载力、刚度及抗裂要求。在出土口处先施工板下梁系形成水平支撑体时，应按平面框架方法计算内力和变形，其肋梁应按偏心受压杆件验算构件的承载力和稳定性。

肋梁应留出插筋以与混凝土墙体的竖筋连接。当采用梁、板分次浇筑施工时，肋梁上应留出箍筋以便与后浇的混凝土楼板结合形成整体。

3 竖向支撑宜采用钢结构构件（型钢、钢管柱或格构柱）。梁柱节点的设计应满足梁板钢筋及后浇混凝土的施工要求。

4 地下连续墙与地下结构梁、板的连接，应通过墙体的预埋构件满足主体结构的受力要求；与底板应采用整体连接；接头钢筋应采用焊接或机械连接。宜在墙内侧设置钢筋混凝土内衬墙，满足地下室使用要求。

5 地下主体结构的梁、板当施工期间有超载时（如走车、堆土等），应考虑其影响。在兼作施工平台和栈桥时，其构件的强度和刚度应按正常使用和施工两种工况分别进行验算。立柱和立柱桩的荷载应包括施工平台或栈桥所受的施工荷载。

6 竖向立柱的沉降，应满足主体结构的受力和变形要求。

10 检验与监测

10.1 检 验

10.1.1 基槽（坑）开挖后，应进行基槽检验。基槽检验可用触探或其他方法，当发现与勘察报告和设计文件不一致、或遇异常情况时，应结合地质条件提出处理意见。

10.1.2 在压实填土的过程中，应分层取样检验土的干密度和含水量。每 50～100m² 面积内应有一个检验点，根据检验结果求得的压实系数，不得低于表 6.3.4 的规定，对碎石土干密度不得低于 2.0t/m³。

10.1.3 复合地基除应进行静载荷试验外，尚应进行竖向增强体及周边土的质量检验。

10.1.4 对预制打入桩、静力压桩，应提供经确认的施工过程有关参数。施工完成后尚应进行桩顶标高、桩位偏差等检验。

10.1.5 对混凝土灌注桩，应提供经确认的施工过程有关参数，包括原材料的力学性能检验报告、试件留置数量及制作养护方法、混凝土抗压强度试验报告、钢筋笼制作质量检查报告。施工完成后尚应进行桩顶标高、桩位偏差等检验。

10.1.6 人工挖孔桩终孔时，应进行桩端持力层检验。单柱单桩的大直径嵌岩桩，应视岩性检验桩底下 $3d$ 或 5m 深度范围内有无空洞、破碎带、软弱夹层等不良地质条件。

10.1.7 施工完成后的工程桩应进行桩身质量检验。直径大于 800mm 的混凝土嵌岩桩应采用钻孔抽芯法或声波透射法检测，检测桩数不得少于总桩数的 10%，且每根柱下承台的抽检桩数不得少于 1 根。直径小于和等于 800mm 的桩及直径大于 800mm 的非嵌岩桩，可根据桩径和桩长的大小，结合桩的类型和实际需要采用钻孔抽芯法或声波透射法或可靠的动测法进行检测，检测桩数不得少于总桩数的 10%。

10.1.8 施工完成后的工程桩应进行竖向承载力检验。竖向承载力检验的方法和数量可根据地基基础设计等级和现场条件，结合当地可靠的经验和技术确定。复杂地质条件下的工程桩竖向承载力的检验宜采用静载荷试验，检验桩数不得少于同条件下总桩数的 1%，且不得少于 3 根。大直径嵌岩桩的承载力可根据终孔时桩端持力层岩性报告结合桩身质量检验报告核验。

10.1.9 对地下连续墙，应提交经确认的有关成墙记录和报告。地下连续墙完成后尚应进行质量检验，检验方法可采用钻孔抽芯或声波透射法，检验槽段数不得小于同条件下总槽段数 20%。

10.1.10 抗浮锚杆完成后应进行抗拔力检验，检验数量不得少于锚杆总数的 3%，且不得少于 6 根。

10.2 监 测

10.2.1 大面积填方、填海等地基处理工程，应对地面沉降进行长期监测，施工过程中还应对土体变形、孔隙水压力等进行监测。

10.2.2 施工过程中需要降水而周边环境要求监控

时，应对地下水位变化和降水对周边环境的影响进行监测。

10.2.3 预应力锚杆施工完成后应对锁定的预应力进行监测，监测锚杆数量不得少于总数的10%，且不得少于6根。

10.2.4 基坑开挖应根据设计要求进行监测，实施动态设计和信息化施工。

10.2.5 基坑开挖监测内容包括支护结构的内力和变形，地下水位变化及周边建（构）筑物、地下管线等市政设施的沉降和位移等。监测内容可按照表10.2.5选择。

10.2.6 基坑开挖对邻近建（构）筑物的变形监控应考虑基坑开挖造成的附加沉降与原有沉降的叠加。

10.2.7 边坡工程施工过程中，应严格记录气象条件、挖方、填方、堆载等情况。爆破开挖时，应监控爆破对周边环境的影响。土石方工程完成后，尚应对边坡的水平位移和竖向位移进行监测，直到变形稳定为止，且不得少于三年。

表10.2.5 基坑监测项目选择表

地基基础设计等级\监测项目	支护结构水平位移	监控范围内建（构）筑物与地下管线变形	土方分层开挖标高	地下水位	锚杆拉力	支撑轴力或变形	立柱变形	桩墙内力	基坑底隆起	土体侧向变形	孔隙水压力	土压力
甲级	√	√	√	√	√	√	√	√	△	△	△	△
乙级	√	√	√	△	△	△	△	△				

注：1 地基基础设计等级根据表3.0.1确定。
2 √为必测项目，△为宜测项目。

10.2.8 对挤土桩，当周边环境保护要求严格，布桩较密时，应对打桩过程中造成的土体隆起和位移，邻桩桩顶标高及桩位、孔隙水压力等进行监测。

10.2.9 下列建筑物应在施工期间及使用期间进行变形观测：

1 地基基础设计等级为甲级的建筑物；
2 复合地基或软弱地基上的设计等级为乙级的建筑物；
3 加层、扩建建筑物；
4 受邻近深基坑开挖施工影响或受场地地下水等环境因素变化影响的建筑物；
5 需要积累建筑经验或进行设计反分析的工程。

附录A 岩石坚硬程度及岩体完整程度的划分

A.0.1 岩石坚硬程度根据现场观察进行定性划分应符合表A.0.1的规定。

表A.0.1 岩石坚硬程度的定性划分

名称		定性鉴定	代表性岩石
硬质岩	坚硬岩	锤击声清脆，有回弹，震手，难击碎；基本无吸水反应	未风化~微风化的花岗岩、闪长岩、辉绿岩、玄武岩、安山岩、片麻岩、石英岩、硅质砾岩、石英砂岩、硅质石灰岩等
硬质岩	较硬岩	锤击声较清脆，有轻微回弹，稍震手，较难击碎；有轻微吸水反应	1. 微风化的坚硬岩；2. 未风化~微风化的大理岩、板岩、石灰岩、钙质砂岩等
软质岩	较软岩	锤击声不清脆，无回弹，较易击碎；指甲可刻出印痕	1. 中风化的坚硬岩和较硬岩；2. 未风化~微风化的凝灰岩、千枚岩、砂质泥岩、泥灰岩等
软质岩	软岩	锤击声哑，无回弹，有凹痕，易击碎；浸水后，可捏成团	1. 强风化的坚硬岩和较硬岩；2. 中风化的较软岩；3. 未风化~微风化的泥质砂岩、泥岩等
软质岩	极软岩	锤击声哑，无回弹，有较深凹痕，手可捏碎；浸水后，可捏成团	1. 风化的软岩；2. 全风化的各种岩石；3. 各种半成岩

A.0.2 岩体的完整程度的划分宜按表A.0.2的规定。

表A.0.2 岩体完整程度的划分

名称	结构面组数	控制性结构面平均间距（m）	代表性结构类型
完整	1~2	>1.0	整状结构
较完整	2~3	0.4~1.0	块状结构
较破碎	>3	0.2~0.4	镶嵌状结构
破碎	>3	<0.2	碎裂状结构
极破碎	无序	—	散体状结构

附录B 碎石土野外鉴别

表B.0.1 碎石土密实度野外鉴别方法

密实度	骨架颗粒含量和排列	可挖性	可钻性
密实	骨架颗粒含量大于总重的70%，呈交错排列，连续接触	锹镐挖掘困难，用撬棍方能松动，井壁一般较稳定	钻进极困难，冲击钻探时，钻杆、吊锤跳动剧烈，孔壁较稳定

续表

密实度	骨架颗粒含量和排列	可挖性	可钻性
中密	骨架颗粒含量等于总重的60%～70%，呈交错排列，大部分接触	锹镐可挖掘，井壁有掉块现象，从井壁取出大颗粒处，能保持颗粒凹面形状	钻进较困难，冲击钻探时，钻杆、吊锤跳动不剧烈，孔壁有坍塌现象
稍密	骨架颗粒含量等于总重的55%～60%，排列混乱，大部分不接触	锹可以挖掘，井壁易坍塌，从井壁取出大颗粒后，砂土立即坍落	钻进较容易，冲击钻探时，钻杆稍有跳动，孔壁易坍塌
松散	骨架颗粒含量小于总重的55%，排列十分混乱，绝大部分不接触	锹易挖掘，井壁极易坍塌	钻进很容易，冲击钻探时，钻杆无跳动，孔壁极易坍塌

注：1 骨架颗粒系指与本规范表4.1.5相对应粒径的颗粒；
   2 碎石土的密实度应按表列各项要求综合确定。

附录C 浅层平板载荷试验要点

C.0.1 地基土浅层平板载荷试验可适用于确定浅部地基土层的承压板下应力主要影响范围内的承载力。承压板面积不应小于$0.25m^2$，对于软土不应小于$0.5m^2$。

C.0.2 试验基坑宽度不应小于承压板宽度或直径的三倍。应保持试验土层的原状结构和天然湿度。宜在拟试压表面用粗砂或中砂层找平，其厚度不超过20mm。

C.0.3 加荷分级不应少于8级。最大加载量不应小于设计要求的两倍。

C.0.4 每级加载后，按间隔10、10、10、15、15min，以后为每隔半小时测读一次沉降量，当在连续两小时内，每小时的沉降量小于0.1mm时，则认为已趋稳定，可加下一级荷载。

C.0.5 当出现下列情况之一时，即可终止加载：
1 承压板周围的土明显地侧向挤出；
2 沉降s急骤增大，荷载～沉降（p～s）曲线出现陡降段；
3 在某一级荷载下，24小时内沉降速率不能达到稳定；
4 沉降量与承压板宽度或直径之比大于或等于0.06。

当满足前三种情况之一时，其对应的前一级荷载定为极限荷载。

C.0.6 承载力特征值的确定应符合下列规定：
1 当p～s曲线上有比例界限时，取该比例界限所对应的荷载值；
2 当极限荷载小于对应比例界限的荷载值的2倍时，取极限荷载值的一半；
3 当不能按上述二款要求确定时，当压板面积为0.25～$0.50m^2$，可取$s/b=0.01$～0.015所对应的荷载，但其值不应大于最大加载量的一半。

C.0.7 同一土层参加统计的试验点不应少于三点，当试验实测值的极差不超过其平均值的30%时，取此平均值作为该土层的地基承载力特征值f_{ak}。

附录D 深层平板载荷试验要点

D.0.1 深层平板载荷试验可适用于确定深部地基土层及大直径桩桩端土层在承压板下应力主要影响范围内的承载力。

D.0.2 深层平板载荷试验的承压板采用直径为0.8m的刚性板，紧靠承压板周围外侧的土层高度应不少于80cm。

D.0.3 加荷等级可按预估极限承载力的1/10～1/15分级施加。

D.0.4 每级加荷后，第一个小时内按间隔10、10、10、15、15min，以后为每隔半小时测读一次沉降。当在连续两小时内，每小时的沉降量小于0.1mm时，则认为已趋稳定，可加下一级荷载。

D.0.5 当出现下列情况之一时，可终止加载：
1 沉降s急骤增大，荷载～沉降（p～s）曲线上有可判定极限承载力的陡降段，且沉降量超过$0.04d$（d为承压板直径）；
2 在某级荷载下，24小时内沉降速率不能达到稳定；
3 本级沉降量大于前一级沉降量的5倍；
4 当持力层土层坚硬，沉降量很小时，最大加载量不小于设计要求的2倍。

D.0.6 承载力特征值的确定应符合下列规定：
1 当p～s曲线上有比例界限时，取该比例界限所对应的荷载值；
2 满足前三条终止加载条件之一时，其对应的前一级荷载定为极限荷载，当该值小于对应比例界限的荷载值的2倍时，取极限荷载值的一半；
3 不能按上述二款要求确定时，可取$s/d=0.01$～0.015所对应的荷载值，但其值不应大于最大加载量的一半。

D.0.7 同一土层参加统计的试验点不应少于三点,当试验实测值的极差不超过平均值的30%时,取此平均值作为该土层的地基承载力特征值 f_{ak}。

附录 E 抗剪强度指标 c、φ 标准值

E.0.1 内摩擦角标准值 φ_k、粘聚力标准值 c_k,可按下列规定计算:

1 根据室内 n 组三轴压缩试验的结果,按下列公式计算某一土性指标的变异系数、试验平均值和标准差:

$$\delta = \sigma/\mu \quad (E.0.1\text{-}1)$$

$$\mu = \frac{\sum_{i=1}^{n} \mu_i}{n} \quad (E.0.1\text{-}2)$$

$$\sigma = \sqrt{\frac{\sum_{i=1}^{n}\mu_i^2 - n\mu^2}{n-1}} \quad (E.0.1\text{-}3)$$

式中 δ——变异系数;
  μ——试验平均值;
  σ——标准差。

2 按下列公式计算内摩擦角和粘聚力的统计修正系数 ψ_φ、ψ_c:

$$\psi_\varphi = 1 - \left(\frac{1.704}{\sqrt{n}} + \frac{4.678}{n^2}\right)\delta_\varphi \quad (E.0.1\text{-}4)$$

$$\psi_c = 1 - \left(\frac{1.704}{\sqrt{n}} + \frac{4.678}{n^2}\right)\delta_c \quad (E.0.1\text{-}5)$$

式中 ψ_φ——内摩擦角的统计修正系数;
  ψ_c——粘聚力的统计修正系数;
  δ_φ——内摩擦角的变异系数;
  δ_c——粘聚力的变异系数。

3
$$\varphi_k = \psi_\varphi \varphi_m \quad (E.0.1\text{-}6)$$
$$c_k = \psi_c c_m \quad (E.0.1\text{-}7)$$

式中 φ_m——内摩擦角的试验平均值;
  c_m——粘聚力的试验平均值。

附录 G 地基土的冻胀性分类及建筑基底允许残留冻土层最大厚度

G.0.1 地基土的冻胀性分类,可按表 G.0.1 分为不冻胀、弱冻胀、冻胀、强冻胀和特强冻胀。

G.0.2 基础底面下允许残留冻土层厚度 h_{max}(m),可按表 G.0.2 查取。

表 G.0.1 地基土的冻胀性分类

土的名称	冻前天然含水量 $w(\%)$	冻结期间地下水位距冻结面的最小距离 h_w(m)	平均冻胀率 $\eta(\%)$	冻胀等级	冻胀类别
碎(卵)石,砾、粗、中砂(粒径小于0.075mm颗粒含量大于15%),细砂(粒径小于0.075mm颗粒含量大于10%)	$w \leq 12$	>1.0	$\eta \leq 1$	I	不冻胀
		≤ 1.0	$1 < \eta \leq 3.5$	II	弱冻胀
	$12 < w \leq 18$	>1.0	$1 < \eta \leq 3.5$	II	弱冻胀
		≤ 1.0	$3.5 < \eta \leq 6$	III	冻 胀
	$w > 18$	>0.5	$3.5 < \eta \leq 6$	III	冻 胀
		≤ 0.5	$6 < \eta \leq 12$	IV	强冻胀
粉 砂	$w \leq 14$	>1.0	$\eta \leq 1$	I	不冻胀
		≤ 1.0	$1 < \eta \leq 3.5$	II	弱冻胀
	$14 < w \leq 19$	>1.0	$1 < \eta \leq 3.5$	II	弱冻胀
		≤ 1.0	$3.5 < \eta \leq 6$	III	冻 胀
	$19 < w \leq 23$	>1.0	$3.5 < \eta \leq 6$	III	冻 胀
		≤ 1.0	$6 < \eta \leq 12$	IV	强冻胀
	$w > 23$	不考虑	$\eta > 12$	V	特强冻胀
粉 土	$w \leq 19$	>1.5	$\eta \leq 1$	I	不冻胀
		≤ 1.5	$1 < \eta \leq 3.5$	II	弱冻胀
	$19 < w \leq 22$	>1.5	$1 < \eta \leq 3.5$	II	弱冻胀
		≤ 1.5	$3.5 < \eta \leq 6$	III	冻 胀
	$22 < w \leq 26$	>1.5	$3.5 < \eta \leq 6$	III	冻 胀
		≤ 1.5	$6 < \eta \leq 12$	IV	强冻胀
	$26 < w \leq 30$	>1.5	$6 < \eta \leq 12$	IV	强冻胀
		≤ 1.5	$\eta > 12$	V	特强冻胀
	$w > 30$	不考虑	$\eta > 12$	V	特强冻胀
粘性土	$w \leq w_p + 2$	>2.0	$\eta \leq 1$	I	不冻胀
		≤ 2.0	$1 < \eta \leq 3.5$	II	弱冻胀
	$w_p + 2 < w \leq w_p + 5$	>2.0	$1 < \eta \leq 3.5$	II	弱冻胀
		≤ 2.0	$3.5 < \eta \leq 6$	III	冻 胀
	$w_p + 5 < w \leq w_p + 9$	>2.0	$3.5 < \eta \leq 6$	III	冻 胀
		≤ 2.0	$6 < \eta \leq 12$	IV	强冻胀
	$w_p + 9 < w \leq w_p + 15$	>2.0	$6 < \eta \leq 12$	IV	强冻胀
		≤ 2.0	$\eta > 12$	V	特强冻胀
	$w > w_p + 15$	不考虑	$\eta > 12$	V	特强冻胀

注:1 w_p——塑限含水量(%);
   w——在冻土层内冻前天然含水量的平均值;
2 盐渍化冻土不在表列;
3 塑性指数大于22时,冻胀性降低一级;
4 粒径小于0.005mm的颗粒含量大于60%时,为不冻胀土;
5 碎石类土当充填物大于全部质量的40%时,其冻胀性按充填物土的类别判断;
6 碎石土、砾砂、粗砂、中砂(粒径小于0.075mm颗粒含量不大于15%)、细砂(粒径小于0.075mm颗粒含量不大于10%)均按不冻胀考虑。

表 G.0.2　建筑基底下允许残留冻土层厚度 h_{max}（m）

冻胀性	基础形式	采暖情况	基底平均压力（kPa）						
			90	110	130	150	170	190	210
弱冻胀土	方形基础	采暖	—	0.94	0.99	1.04	1.11	1.15	1.20
		不采暖	—	0.78	0.84	0.91	0.97	1.04	1.10
	条形基础	采暖	—	>2.50	>2.50	>2.50	>2.50	>2.50	>2.50
		不采暖	—	2.20	2.50	>2.50	>2.50	>2.50	>2.50
冻胀土	方形基础	采暖	—	0.64	0.70	0.75	0.81	0.86	—
		不采暖	—	0.55	0.60	0.65	0.69	0.74	—
	条形基础	采暖	—	1.55	1.79	2.03	2.26	2.50	—
		不采暖	—	1.15	1.35	1.55	1.75	1.95	—
强冻胀土	方形基础	采暖	—	0.42	0.47	0.51	0.56	—	—
		不采暖	—	0.36	0.40	0.43	0.47	—	—
	条形基础	采暖	—	0.74	0.88	1.00	1.13	—	—
		不采暖	—	0.56	0.66	0.75	0.84	—	—
特强冻胀土	方形基础	采暖	0.30	0.34	0.38	0.41	—	—	—
		不采暖	0.24	0.27	0.31	0.34	—	—	—
	条形基础	采暖	0.43	0.52	0.61	0.70	—	—	—
		不采暖	0.33	0.40	0.47	0.53	—	—	—

注：1　本表只计算法向冻胀力，如果基侧存在切向冻胀力，应采取防切向力措施。
　　2　本表不适用于宽度小于 0.6m 的基础，矩形基础可取短边尺寸按方形基础计算。
　　3　表中数据不适用于淤泥、淤泥质土和欠固结土。
　　4　表中基底平均压力数值为永久荷载标准值乘以 0.9，可以内插。

附录 H　岩基载荷试验要点

H.0.1　本附录适用于确定完整、较完整、较破碎岩基作为天然地基或桩基础持力层时的承载力。

H.0.2　采用圆形刚性承压板，直径为 300mm。当岩石埋藏深度较大时，可采用钢筋混凝土桩，但桩周需采取措施以消除桩身与土之间的摩擦力。

H.0.3　测量系统的初始稳定读数观测：加压前，每隔 10min 读数一次，连续三次读数不变可开始试验。

H.0.4　加载方式：单循环加载，荷载逐级递增直到破坏，然后分级卸载。

H.0.5　荷载分级：第一级加载值为预估设计荷载的 1/5，以后每级为 1/10。

H.0.6　沉降量测读：加载后立即读数，以后每 10min 读数一次。

H.0.7　稳定标准：连续三次读数之差均不大于 0.01mm。

H.0.8　终止加载条件：当出现下述现象之一时，即可终止加载：
1　沉降量读数不断变化，在 24 小时内，沉降速率有增大的趋势；
2　压力加不上或勉强加上而不能保持稳定。

注：若限于加载能力，荷载也应增加到不少于设计要求的两倍。

H.0.9　卸载观测：每级卸载为加载时的两倍，如为奇数，第一级可为三倍。每级卸载后，隔 10min 测读一次，测读三次后可卸下一级荷载。全部卸载后，当测读到半小时回弹量小于 0.01mm 时，即认为稳定。

H.0.10　岩石地基承载力的确定
1　对应于 $p \sim s$ 曲线上起始直线段的终点为比例界限。符合终止加载条件的前一级荷载为极限荷载。将极限荷载除以 3 的安全系数，所得值与对应于比例界限的荷载相比较，取小值；
2　每个场地载荷试验的数量不应少于 3 个，取最小值作为岩石地基承载力特征值。
3　岩石地基承载力不进行深宽修正。

附录 J　岩石单轴抗压强度试验要点

J.0.1　试料可用钻孔的岩心或坑、槽探中采取的岩块。

J.0.2　岩样尺寸一般为 $\phi 50mm \times 100mm$，数量不应少于六个，进行饱和处理。

J.0.3　在压力机上以每秒 500~800kPa 的加载速度加载，直到试样破坏为止，记下最大加载，做好试验前后的试样描述。

J.0.4　根据参加统计的一组试样的试验值计算其平均值、标准差、变异系数，取岩石饱和单轴抗压强度的标准值为：

$$f_{rk} = \psi \cdot f_{rm} \quad (J.0.4-1)$$

$$\psi = 1 - \left(\frac{1.704}{\sqrt{n}} + \frac{4.678}{n^2}\right)\delta \quad (J.0.4-2)$$

式中　f_{rm}——岩石饱和单轴抗压强度平均值；
　　　f_{rk}——岩石饱和单轴抗压强度标准值；
　　　ψ——统计修正系数；
　　　n——试样个数；
　　　δ——变异系数。

附录 K　附加应力系数 α、平均附加应力系数 $\bar{\alpha}$

K.0.1　矩形面积上均布荷载作用下角点的附加应力系数 α、平均附加应力系数 $\bar{\alpha}$（表 K.0.1）。

K.0.2 矩形面积上三角形分布荷载作用下的附加应力系数 α、平均附加应力系数 $\bar{\alpha}$（表 K.0.2）。

K.0.3 圆形面积上均布荷载作用下中点的附加应力系数 α、平均附加应力系数 $\bar{\alpha}$（表 K.0.3）。

K.0.4 圆形面积上三角形分布荷载作用下边点的附加应力系数 α、平均附加应力系数 $\bar{\alpha}$（表 K.0.4）。

表 K.0.1-1　　　　　　　矩形面积上均布荷载作用下角点附加应力系数 α

z/b	l/b											
	1.0	1.2	1.4	1.6	1.8	2.0	3.0	4.0	5.0	6.0	10.0	条形
0.0	0.250	0.250	0.250	0.250	0.250	0.250	0.250	0.250	0.250	0.250	0.250	0.250
0.2	0.249	0.249	0.249	0.249	0.249	0.249	0.249	0.249	0.249	0.249	0.249	0.249
0.4	0.240	0.242	0.243	0.243	0.244	0.244	0.244	0.244	0.244	0.244	0.244	0.244
0.6	0.223	0.228	0.230	0.232	0.232	0.233	0.234	0.234	0.234	0.234	0.234	0.234
0.8	0.200	0.207	0.212	0.215	0.216	0.218	0.220	0.220	0.220	0.220	0.220	0.220
1.0	0.175	0.185	0.191	0.195	0.198	0.200	0.203	0.204	0.204	0.204	0.205	0.205
1.2	0.152	0.163	0.171	0.176	0.179	0.182	0.187	0.188	0.189	0.189	0.189	0.189
1.4	0.131	0.142	0.151	0.157	0.161	0.164	0.171	0.173	0.174	0.174	0.174	0.174
1.6	0.112	0.124	0.133	0.140	0.145	0.148	0.157	0.159	0.160	0.160	0.160	0.160
1.8	0.097	0.108	0.117	0.124	0.129	0.133	0.143	0.146	0.147	0.148	0.148	0.148
2.0	0.084	0.095	0.103	0.110	0.116	0.120	0.131	0.135	0.136	0.137	0.137	0.137
2.2	0.073	0.083	0.092	0.098	0.104	0.108	0.121	0.125	0.126	0.127	0.128	0.128
2.4	0.064	0.073	0.081	0.088	0.093	0.098	0.111	0.116	0.118	0.118	0.119	0.119
2.6	0.057	0.065	0.072	0.079	0.084	0.089	0.102	0.107	0.110	0.111	0.112	0.112
2.8	0.050	0.058	0.065	0.071	0.076	0.080	0.094	0.100	0.102	0.104	0.105	0.105
3.0	0.045	0.052	0.058	0.064	0.069	0.073	0.087	0.093	0.096	0.097	0.099	0.099
3.2	0.040	0.047	0.053	0.058	0.063	0.067	0.081	0.087	0.090	0.092	0.093	0.094
3.4	0.036	0.042	0.048	0.053	0.057	0.061	0.075	0.081	0.085	0.086	0.088	0.089
3.6	0.033	0.038	0.043	0.048	0.052	0.056	0.069	0.076	0.080	0.082	0.084	0.084
3.8	0.030	0.035	0.040	0.044	0.048	0.052	0.005	0.072	0.075	0.077	0.080	0.080
4.0	0.027	0.032	0.036	0.040	0.044	0.048	0.060	0.067	0.071	0.073	0.076	0.076
4.2	0.025	0.029	0.033	0.037	0.041	0.044	0.056	0.063	0.067	0.070	0.072	0.073
4.4	0.023	0.027	0.031	0.034	0.038	0.041	0.053	0.060	0.064	0.066	0.069	0.070
4.6	0.021	0.025	0.028	0.032	0.035	0.038	0.049	0.056	0.061	0.063	0.066	0.067
4.8	0.019	0.023	0.026	0.029	0.032	0.035	0.046	0.053	0.058	0.060	0.064	0.064
5.0	0.018	0.021	0.024	0.027	0.030	0.033	0.043	0.050	0.055	0.057	0.061	0.062
6.0	0.013	0.015	0.017	0.020	0.022	0.024	0.033	0.039	0.043	0.046	0.051	0.052
7.0	0.009	0.011	0.013	0.015	0.016	0.018	0.025	0.031	0.035	0.038	0.043	0.045
8.0	0.007	0.009	0.010	0.011	0.013	0.014	0.020	0.025	0.028	0.031	0.037	0.039
9.0	0.006	0.007	0.008	0.009	0.010	0.011	0.016	0.020	0.024	0.026	0.032	0.035
10.0	0.005	0.006	0.007	0.007	0.008	0.009	0.013	0.017	0.020	0.022	0.028	0.032
12.0	0.003	0.004	0.005	0.005	0.006	0.006	0.009	0.012	0.014	0.017	0.022	0.026
14.0	0.002	0.003	0.003	0.004	0.004	0.005	0.007	0.009	0.011	0.013	0.018	0.023
16.0	0.002	0.002	0.003	0.003	0.003	0.004	0.005	0.007	0.009	0.010	0.014	0.020
18.0	0.001	0.002	0.002	0.002	0.003	0.003	0.004	0.006	0.007	0.008	0.012	0.018
20.0	0.001	0.001	0.002	0.002	0.002	0.002	0.004	0.005	0.006	0.007	0.010	0.016
25.0	0.001	0.001	0.001	0.001	0.001	0.002	0.002	0.003	0.004	0.004	0.007	0.013
30.0	0.001	0.001	0.001	0.001	0.001	0.001	0.002	0.002	0.003	0.003	0.005	0.011
35.0	0.000	0.000	0.001	0.001	0.001	0.001	0.001	0.002	0.002	0.002	0.004	0.009
40.0	0.000	0.000	0.000	0.000	0.001	0.001	0.001	0.001	0.001	0.002	0.003	0.008

注：l—基础长度（m）；b—基础宽度（m）；z—计算点离基础底面垂直距离（m）。

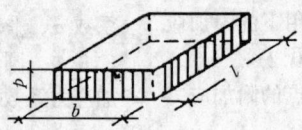

表 K.0.1-2　　　矩形面积上均布荷载作用下角点的平均附加应力系数 $\bar{\alpha}$

z/b \ l/b	1.0	1.2	1.4	1.6	1.8	2.0	2.4	2.8	3.2	3.6	4.0	5.0	10.0
0.0	0.2500	0.2500	0.2500	0.2500	0.2500	0.2500	0.2500	0.2500	0.2500	0.2500	0.2500	0.2500	0.2500
0.2	0.2496	0.2497	0.2497	0.2498	0.2498	0.2498	0.2498	0.2498	0.2498	0.2498	0.2498	0.2498	0.2498
0.4	0.2474	0.2479	0.2481	0.2483	0.2483	0.2484	0.2485	0.2485	0.2485	0.2485	0.2485	0.2485	0.2485
0.6	0.2423	0.2437	0.2444	0.2448	0.2451	0.2452	0.2454	0.2455	0.2455	0.2455	0.2455	0.2455	0.2456
0.8	0.2346	0.2372	0.2387	0.2395	0.2400	0.2403	0.2407	0.2408	0.2409	0.2409	0.2410	0.2410	0.2410
1.0	0.2252	0.2291	0.2313	0.2326	0.2335	0.2340	0.2346	0.2349	0.2351	0.2352	0.2352	0.2353	0.2353
1.2	0.2149	0.2199	0.2229	0.2248	0.2260	0.2268	0.2278	0.2282	0.2285	0.2286	0.2287	0.2288	0.2289
1.4	0.2043	0.2102	0.2140	0.2164	0.2180	0.2191	0.2204	0.2211	0.2215	0.2217	0.2218	0.2220	0.2221
1.6	0.1939	0.2006	0.2049	0.2079	0.2099	0.2113	0.2130	0.2138	0.2143	0.2146	0.2148	0.2150	0.2152
1.8	0.1840	0.1912	0.1960	0.1994	0.2018	0.2034	0.2055	0.2066	0.2073	0.2077	0.2079	0.2082	0.2084
2.0	0.1746	0.1822	0.1875	0.1912	0.1938	0.1958	0.1982	0.1996	0.2004	0.2009	0.2012	0.2015	0.2018
2.2	0.1659	0.1737	0.1793	0.1833	0.1862	0.1883	0.1911	0.1927	0.1937	0.1943	0.1947	0.1952	0.1955
2.4	0.1578	0.1657	0.1715	0.1757	0.1789	0.1812	0.1843	0.1862	0.1873	0.1880	0.1885	0.1890	0.1895
2.6	0.1503	0.1583	0.1642	0.1686	0.1719	0.1745	0.1779	0.1799	0.1812	0.1820	0.1825	0.1832	0.1838
2.8	0.1433	0.1514	0.1574	0.1619	0.1654	0.1680	0.1717	0.1739	0.1753	0.1763	0.1769	0.1777	0.1784
3.0	0.1369	0.1449	0.1510	0.1556	0.1592	0.1619	0.1658	0.1682	0.1698	0.1708	0.1715	0.1725	0.1733
3.2	0.1310	0.1390	0.1450	0.1497	0.1533	0.1562	0.1602	0.1628	0.1645	0.1657	0.1664	0.1675	0.1685
3.4	0.1256	0.1334	0.1394	0.1441	0.1478	0.1508	0.1550	0.1577	0.1595	0.1607	0.1616	0.1628	0.1639
3.6	0.1205	0.1282	0.1342	0.1389	0.1427	0.1456	0.1500	0.1528	0.1548	0.1561	0.1570	0.1583	0.1595
3.8	0.1158	0.1234	0.1293	0.1340	0.1378	0.1408	0.1452	0.1482	0.1502	0.1516	0.1526	0.1541	0.1554
4.0	0.1114	0.1189	0.1248	0.1294	0.1332	0.1362	0.1408	0.1438	0.1459	0.1474	0.1485	0.1500	0.1516
4.2	0.1073	0.1147	0.1205	0.1251	0.1289	0.1319	0.1365	0.1396	0.1418	0.1434	0.1445	0.1462	0.1479
4.4	0.1035	0.1107	0.1164	0.1210	0.1248	0.1279	0.1325	0.1357	0.1379	0.1396	0.1407	0.1425	0.1444
4.6	0.1000	0.1070	0.1127	0.1172	0.1209	0.1240	0.1287	0.1319	0.1342	0.1359	0.1371	0.1390	0.1410
4.8	0.0967	0.1036	0.1091	0.1136	0.1173	0.1204	0.1250	0.1283	0.1307	0.1324	0.1337	0.1357	0.1379
5.0	0.0935	0.1003	0.1057	0.1102	0.1139	0.1169	0.1216	0.1249	0.1273	0.1291	0.1304	0.1325	0.1348
5.2	0.0906	0.0972	0.1026	0.1070	0.1106	0.1136	0.1183	0.1217	0.1241	0.1259	0.1273	0.1295	0.1320
5.4	0.0878	0.0943	0.0996	0.1039	0.1075	0.1105	0.1152	0.1186	0.1211	0.1229	0.1243	0.1265	0.1292
5.6	0.0852	0.0916	0.0968	0.1010	0.1046	0.1076	0.1122	0.1156	0.1181	0.1200	0.1215	0.1238	0.1266
5.8	0.0828	0.0890	0.0941	0.0983	0.1018	0.1047	0.1094	0.1128	0.1153	0.1172	0.1187	0.1211	0.1240
6.0	0.0805	0.0866	0.0916	0.0957	0.0991	0.1021	0.1067	0.1101	0.1126	0.1146	0.1161	0.1185	0.1216
6.2	0.0783	0.0842	0.0891	0.0932	0.0966	0.0995	0.1041	0.1075	0.1101	0.1120	0.1136	0.1161	0.1193
6.4	0.0762	0.0820	0.0869	0.0909	0.0942	0.0971	0.1016	0.1050	0.1076	0.1096	0.1111	0.1137	0.1171
6.6	0.0742	0.0799	0.0847	0.0886	0.0919	0.0948	0.0993	0.1027	0.1053	0.1073	0.1088	0.1114	0.1149
6.8	0.0723	0.0779	0.0826	0.0865	0.0898	0.0926	0.0970	0.1004	0.1030	0.1050	0.1066	0.1092	0.1129
7.0	0.0705	0.0761	0.0806	0.0844	0.0877	0.0904	0.0949	0.0982	0.1008	0.1028	0.1044	0.1071	0.1109
7.2	0.0688	0.0742	0.0787	0.0825	0.0857	0.0884	0.0928	0.0962	0.0987	0.1008	0.1023	0.1051	0.1090
7.4	0.0672	0.0725	0.0769	0.0806	0.0838	0.0865	0.0908	0.0942	0.0967	0.0988	0.1004	0.1031	0.1071
7.6	0.0656	0.0709	0.0752	0.0789	0.0820	0.0846	0.0889	0.0922	0.0948	0.0968	0.0984	0.1012	0.1054
7.8	0.0642	0.0693	0.0736	0.0771	0.0802	0.0828	0.0871	0.0904	0.0929	0.0950	0.0966	0.0994	0.1036

续表

z/b \ l/b	1.0	1.2	1.4	1.6	1.8	2.0	2.4	2.8	3.2	3.6	4.0	5.0	10.0
8.0	0.0627	0.0678	0.0720	0.0755	0.0785	0.0811	0.0853	0.0886	0.0912	0.0932	0.0948	0.0976	0.1020
8.2	0.0614	0.0663	0.0705	0.0739	0.0769	0.0795	0.0837	0.0869	0.0894	0.0914	0.0931	0.0959	0.1004
8.4	0.0601	0.0649	0.0690	0.0724	0.0754	0.0779	0.0820	0.0852	0.0878	0.0893	0.0914	0.0943	0.0938
8.6	0.0588	0.0636	0.0676	0.0710	0.0739	0.0764	0.0805	0.0836	0.0862	0.0882	0.0898	0.0927	0.0973
8.8	0.0576	0.0623	0.0663	0.0696	0.0724	0.0749	0.0790	0.0821	0.0846	0.0866	0.0882	0.0912	0.0959
9.2	0.0554	0.0599	0.0637	0.0670	0.0697	0.0721	0.0761	0.0792	0.0817	0.0837	0.0853	0.0882	0.0931
9.6	0.0533	0.0577	0.0614	0.0645	0.0672	0.0696	0.0734	0.0765	0.0789	0.0809	0.0825	0.0855	0.0905
10.0	0.0514	0.0556	0.0592	0.0622	0.0649	0.0672	0.0710	0.0739	0.0763	0.0783	0.0799	0.0829	0.0880
10.4	0.0496	0.0537	0.0572	0.0601	0.0627	0.0649	0.0686	0.0716	0.0739	0.0759	0.0775	0.0804	0.0857
10.8	0.0479	0.0519	0.0553	0.0581	0.0606	0.0628	0.0664	0.0693	0.0717	0.0736	0.0751	0.0781	0.0834
11.2	0.0463	0.0502	0.0535	0.0563	0.0587	0.0609	0.0644	0.0672	0.0695	0.0714	0.0730	0.0759	0.0813
11.6	0.0448	0.0486	0.0518	0.0545	0.0569	0.0590	0.0625	0.0652	0.0675	0.0694	0.0709	0.0738	0.0793
12.0	0.0435	0.0471	0.0502	0.0529	0.0552	0.0573	0.0606	0.0634	0.0656	0.0674	0.0690	0.0719	0.0774
12.8	0.0409	0.0444	0.0474	0.0499	0.0521	0.0541	0.0573	0.0599	0.0621	0.0639	0.0654	0.0682	0.0739
13.6	0.0387	0.0420	0.0448	0.0472	0.0493	0.0512	0.0543	0.0568	0.0589	0.0607	0.0621	0.0649	0.0707
14.4	0.0367	0.0398	0.0425	0.0448	0.0468	0.0486	0.0516	0.0540	0.0561	0.0577	0.0592	0.0619	0.0677
15.2	0.0349	0.0379	0.0404	0.0426	0.0446	0.0463	0.0492	0.0515	0.0535	0.0551	0.0565	0.0592	0.0650
16.0	0.0332	0.0361	0.0385	0.0407	0.0425	0.0442	0.0469	0.0492	0.0511	0.0527	0.0540	0.0567	0.0625
18.0	0.0297	0.0323	0.0345	0.0364	0.0381	0.0396	0.0422	0.0442	0.0460	0.0475	0.0487	0.0512	0.0570
20.0	0.0269	0.0292	0.0312	0.0330	0.0345	0.0359	0.0383	0.0402	0.0418	0.0432	0.0444	0.0468	0.0524

矩形面积上三角形分布荷载作用下的附加应力系数 α 与平均附加应力系数 $\bar{\alpha}$

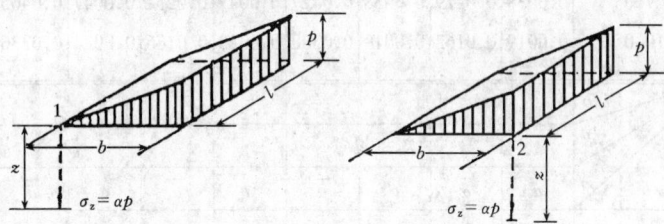

表 K.0.2

l/b	0.2				0.4				0.6				l/b
点	1		2		1		2		1		2		点
z/b 系数	α	$\bar{\alpha}$	α	$\bar{\alpha}$	α	$\bar{\alpha}$	α	$\bar{\alpha}$	α	$\bar{\alpha}$	α	$\bar{\alpha}$	z/b 系数
0.0	0.0000	0.0000	0.2500	0.2500	0.0000	0.0000	0.2500	0.2500	0.0000	0.0000	0.2500	0.2500	0.0
0.2	0.0223	0.0112	0.1821	0.2161	0.0280	0.0140	0.2115	0.2308	0.0296	0.0148	0.2165	0.2333	0.2
0.4	0.0269	0.0179	0.1094	0.1810	0.0420	0.0245	0.1604	0.2084	0.0487	0.0270	0.1781	0.2153	0.4
0.6	0.0259	0.0207	0.0700	0.1505	0.0448	0.0308	0.1165	0.1851	0.0560	0.0355	0.1405	0.1966	0.6
0.8	0.0232	0.0217	0.0480	0.1277	0.0421	0.0340	0.0853	0.1640	0.0553	0.0405	0.1093	0.1787	0.8
1.0	0.0201	0.0217	0.0346	0.1104	0.0375	0.0351	0.0638	0.1461	0.0508	0.0430	0.0852	0.1624	1.0
1.2	0.0171	0.0212	0.0260	0.0970	0.0324	0.0351	0.0491	0.1312	0.0450	0.0439	0.0673	0.1480	1.2
1.4	0.0145	0.0204	0.0202	0.0865	0.0278	0.0344	0.0386	0.1187	0.0392	0.0436	0.0540	0.1356	1.4
1.6	0.0123	0.0195	0.0160	0.0779	0.0238	0.0333	0.0310	0.1082	0.0339	0.0427	0.0440	0.1247	1.6
1.8	0.0105	0.0186	0.0130	0.0709	0.0204	0.0321	0.0254	0.0993	0.0294	0.0415	0.0363	0.1153	1.8
2.0	0.0090	0.0178	0.0108	0.0650	0.0176	0.0308	0.0211	0.0917	0.0255	0.0401	0.0304	0.1071	2.0
2.5	0.0063	0.0157	0.0072	0.0538	0.0125	0.0276	0.0140	0.0769	0.0183	0.0365	0.0205	0.0908	2.5
3.0	0.0046	0.0140	0.0051	0.0458	0.0092	0.0248	0.0100	0.0661	0.0135	0.0330	0.0148	0.0786	3.0
5.0	0.0018	0.0097	0.0019	0.0289	0.0036	0.0175	0.0038	0.0424	0.0054	0.0236	0.0056	0.0476	5.0
7.0	0.0009	0.0073	0.0010	0.0211	0.0019	0.0133	0.0019	0.0311	0.0028	0.0180	0.0029	0.0352	7.0
10.0	0.0005	0.0053	0.0004	0.0150	0.0009	0.0097	0.0010	0.0222	0.0014	0.0133	0.0014	0.0253	10.0

续表

z/b	l/b	0.8				1.0				1.2				z/b
	点	1		2		1		2		1		2		
	系数	α	$\bar{\alpha}$	α	$\bar{\alpha}$	α	$\bar{\alpha}$	α	$\bar{\alpha}$	α	$\bar{\alpha}$	α	$\bar{\alpha}$	
0.0		0.0000	0.0000	0.2500	0.2500	0.0000	0.0000	0.2500	0.2500	0.0000	0.0000	0.2500	0.2500	0.0
0.2		0.0301	0.0151	0.2178	0.2339	0.0304	0.0152	0.2182	0.2341	0.0305	0.0153	0.2184	0.2342	0.2
0.4		0.0517	0.0280	0.1844	0.2175	0.0531	0.0285	0.1870	0.2184	0.0539	0.0288	0.1881	0.2187	0.4
0.6		0.0621	0.0376	0.1520	0.2011	0.0654	0.0388	0.1575	0.2030	0.0673	0.0394	0.1602	0.2039	0.6
0.8		0.0637	0.0440	0.1232	0.1852	0.0688	0.0459	0.1311	0.1883	0.0720	0.0470	0.1355	0.1899	0.8
1.0		0.0602	0.0476	0.0996	0.1704	0.0666	0.0502	0.1086	0.1746	0.0708	0.0518	0.1143	0.1769	1.0
1.2		0.0546	0.0492	0.0807	0.1571	0.0615	0.0525	0.0901	0.1621	0.0664	0.0546	0.0962	0.1649	1.2
1.4		0.0483	0.0495	0.0661	0.1451	0.0554	0.0534	0.0751	0.1507	0.0606	0.0559	0.0817	0.1541	1.4
1.6		0.0424	0.0490	0.0547	0.1345	0.0492	0.0533	0.0628	0.1405	0.0545	0.0561	0.0696	0.1443	1.6
1.8		0.0371	0.0480	0.0457	0.1252	0.0435	0.0525	0.0534	0.1313	0.0487	0.0556	0.0596	0.1354	1.8
2.0		0.0324	0.0467	0.0387	0.1169	0.0384	0.0513	0.0456	0.1232	0.0434	0.0547	0.0513	0.1274	2.0
2.5		0.0236	0.0429	0.0265	0.1000	0.0284	0.0478	0.0318	0.1063	0.0326	0.0513	0.0365	0.1107	2.5
3.0		0.0176	0.0392	0.0192	0.0871	0.0214	0.0439	0.0233	0.0931	0.0249	0.0476	0.0270	0.0976	3.0
5.0		0.0071	0.0285	0.0074	0.0576	0.0088	0.0324	0.0091	0.0624	0.0104	0.0356	0.0108	0.0661	5.0
7.0		0.0038	0.0219	0.0038	0.0427	0.0047	0.0251	0.0047	0.0465	0.0056	0.0277	0.0056	0.0496	7.0
10.0		0.0019	0.0162	0.0019	0.0308	0.0023	0.0186	0.0024	0.0336	0.0028	0.0207	0.0028	0.0359	10.0

z/b	l/b	1.4				1.6				1.8				z/b
	点	1		2		1		2		1		2		
	系数	α	$\bar{\alpha}$	α	$\bar{\alpha}$	α	$\bar{\alpha}$	α	$\bar{\alpha}$	α	$\bar{\alpha}$	α	$\bar{\alpha}$	
0.0		0.0000	0.0000	0.2500	0.2500	0.0000	0.0000	0.2500	0.2500	0.0000	0.0000	0.2500	0.2500	0.0
0.2		0.0305	0.0153	0.2185	0.2343	0.0306	0.0153	0.2185	0.2343	0.0306	0.0153	0.2185	0.2343	0.2
0.4		0.0543	0.0289	0.1886	0.2189	0.0545	0.0290	0.1889	0.2190	0.0546	0.0290	0.1891	0.2190	0.4
0.6		0.0684	0.0397	0.1616	0.2043	0.0690	0.0399	0.1625	0.2046	0.0694	0.0400	0.1630	0.2047	0.6
0.8		0.0739	0.0476	0.1381	0.1907	0.0751	0.0480	0.1396	0.1912	0.0759	0.0482	0.1405	0.1915	0.8
1.0		0.0735	0.0528	0.1176	0.1781	0.0753	0.0534	0.1202	0.1789	0.0766	0.0538	0.1215	0.1794	1.0
1.2		0.0698	0.0560	0.1007	0.1666	0.0721	0.0568	0.1037	0.1678	0.0738	0.0574	0.1055	0.1684	1.2
1.4		0.0644	0.0575	0.0864	0.1562	0.0672	0.0586	0.0897	0.1576	0.0692	0.0594	0.0921	0.1585	1.4
1.6		0.0586	0.0580	0.0743	0.1467	0.0616	0.0594	0.0780	0.1484	0.0639	0.0603	0.0806	0.1494	1.6
1.8		0.0528	0.0578	0.0644	0.1381	0.0560	0.0593	0.0681	0.1400	0.0585	0.0604	0.0709	0.1413	1.8
2.0		0.0474	0.0570	0.0560	0.1303	0.0507	0.0587	0.0596	0.1324	0.0533	0.0599	0.0625	0.1338	2.0
2.5		0.0362	0.0540	0.0405	0.1139	0.0393	0.0560	0.0440	0.1163	0.0419	0.0575	0.0469	0.1180	2.5
3.0		0.0280	0.0503	0.0303	0.1008	0.0307	0.0525	0.0333	0.1033	0.0331	0.0541	0.0359	0.1052	3.0
5.0		0.0120	0.0382	0.0123	0.0690	0.0135	0.0403	0.0139	0.0714	0.0148	0.0421	0.0154	0.0734	5.0
7.0		0.0064	0.0299	0.0066	0.0520	0.0073	0.0318	0.0074	0.0541	0.0081	0.0333	0.0083	0.0558	7.0
10.0		0.0033	0.0224	0.0032	0.0379	0.0037	0.0239	0.0037	0.0395	0.0041	0.0252	0.0042	0.0409	10.0

续表

z/b	l/b	2.0				3.0				4.0				l/b	z/b
	点	1		2		1		2		1		2		点	
	系数	α	$\bar{α}$	α	$\bar{α}$	α	$\bar{α}$	α	$\bar{α}$	α	$\bar{α}$	α	$\bar{α}$	系数	
0.0		0.0000	0.0000	0.2500	0.2500	0.0000	0.0000	0.2500	0.2500	0.0000	0.0000	0.2500	0.2500		0.0
0.2		0.0306	0.0153	0.2185	0.2343	0.0306	0.0153	0.2186	0.2343	0.0306	0.0153	0.2186	0.2343		0.2
0.4		0.0547	0.0290	0.1892	0.2191	0.0548	0.0290	0.1894	0.2192	0.0549	0.0291	0.1894	0.2192		0.4
0.6		0.0696	0.0401	0.1633	0.2048	0.0701	0.0402	0.1638	0.2050	0.0702	0.0402	0.1639	0.2050		0.6
0.8		0.0764	0.0483	0.1412	0.1917	0.0773	0.0486	0.1423	0.1920	0.0776	0.0487	0.1424	0.1920		0.8
1.0		0.0774	0.0540	0.1225	0.1797	0.0790	0.0545	0.1244	0.1803	0.0794	0.0546	0.1248	0.1803		1.0
1.2		0.0749	0.0577	0.1069	0.1689	0.0774	0.0584	0.1096	0.1697	0.0779	0.0586	0.1103	0.1699		1.2
1.4		0.0707	0.0599	0.0937	0.1591	0.0739	0.0609	0.0973	0.1603	0.0748	0.0612	0.0982	0.1605		1.4
1.6		0.0656	0.0609	0.0826	0.1502	0.0697	0.0623	0.0870	0.1517	0.0708	0.0626	0.0882	0.1521		1.6
1.8		0.0604	0.0611	0.0730	0.1422	0.0652	0.0628	0.0782	0.1441	0.0666	0.0633	0.0797	0.1445		1.8
2.0		0.0553	0.0608	0.0649	0.1348	0.0607	0.0629	0.0707	0.1371	0.0624	0.0634	0.0726	0.1377		2.0
2.5		0.0440	0.0586	0.0491	0.1193	0.0504	0.0614	0.0559	0.1223	0.0529	0.0623	0.0585	0.1233		2.5
3.0		0.0352	0.0554	0.0380	0.1067	0.0419	0.0589	0.0451	0.1104	0.0449	0.0600	0.0482	0.1116		3.0
5.0		0.0161	0.0435	0.0167	0.0749	0.0214	0.0480	0.0221	0.0797	0.0248	0.0500	0.0256	0.0817		5.0
7.0		0.0089	0.0347	0.0091	0.0572	0.0124	0.0391	0.0126	0.0619	0.0152	0.0414	0.0154	0.0642		7.0
10.0		0.0046	0.0263	0.0046	0.0403	0.0066	0.0302	0.0066	0.0462	0.0084	0.0325	0.0083	0.0485		10.0

z/b	l/b	6.0				8.0				10.0				l/b	z/b
	点	1		2		1		2		1		2		点	
	系数	α	$\bar{α}$	α	$\bar{α}$	α	$\bar{α}$	α	$\bar{α}$	α	$\bar{α}$	α	$\bar{α}$	系数	
0.0		0.0000	0.0000	0.2500	0.2500	0.0000	0.0000	0.2500	0.2500	0.0000	0.0000	0.2500	0.2500		0.0
0.2		0.0306	0.0153	0.2186	0.2343	0.0306	0.0153	0.2186	0.2343	0.0306	0.0153	0.2186	0.2343		0.2
0.4		0.0549	0.0291	0.1894	0.2192	0.0549	0.0291	0.1894	0.2192	0.0549	0.0291	0.1894	0.2192		0.4
0.6		0.0702	0.0402	0.1640	0.2050	0.0702	0.0402	0.1640	0.2050	0.0702	0.0402	0.1640	0.2050		0.6
0.8		0.0776	0.0487	0.1426	0.1921	0.0776	0.0487	0.1426	0.1921	0.0776	0.0487	0.1426	0.1921		0.8
1.0		0.0795	0.0546	0.1250	0.1804	0.0796	0.0546	0.1250	0.1804	0.0796	0.0546	0.1250	0.1804		1.0
1.2		0.0782	0.0587	0.1105	0.1700	0.0783	0.0587	0.1105	0.1700	0.0783	0.0587	0.1105	0.1700		1.2
1.4		0.0752	0.0613	0.0986	0.1606	0.0752	0.0613	0.0987	0.1606	0.0753	0.0613	0.0987	0.1606		1.4
1.6		0.0714	0.0628	0.0887	0.1523	0.0715	0.0628	0.0888	0.1523	0.0715	0.0628	0.0889	0.1523		1.6
1.8		0.0673	0.0635	0.0805	0.1447	0.0675	0.0635	0.0806	0.1448	0.0675	0.0635	0.0808	0.1448		1.8
2.0		0.0634	0.0637	0.0734	0.1380	0.0636	0.0638	0.0736	0.1380	0.0636	0.0638	0.0738	0.1380		2.0
2.5		0.0543	0.0627	0.0601	0.1237	0.0547	0.0628	0.0604	0.1238	0.0548	0.0628	0.0605	0.1239		2.5
3.0		0.0469	0.0607	0.0504	0.1123	0.0474	0.0609	0.0509	0.1124	0.0476	0.0609	0.0511	0.1125		3.0
5.0		0.0283	0.0515	0.0290	0.0833	0.0296	0.0519	0.0303	0.0837	0.0301	0.0521	0.0309	0.0839		5.0
7.0		0.0186	0.0435	0.0190	0.0663	0.0204	0.0442	0.0207	0.0671	0.0212	0.0445	0.0216	0.0674		7.0
10.0		0.0111	0.0349	0.0111	0.0509	0.0128	0.0359	0.0130	0.0520	0.0139	0.0364	0.0141	0.0526		10.0

表 K.0.3 圆形面积上均布荷载作用下中点的附加应力系数 α 与平均附加应力系数 $\bar{\alpha}$

z/r	圆形 α	圆形 $\bar{\alpha}$	z/r	圆形 α	圆形 $\bar{\alpha}$
0.0	1.000	1.000	2.6	0.187	0.560
0.1	0.999	1.000	2.7	0.175	0.546
0.2	0.992	0.998	2.8	0.165	0.532
0.3	0.976	0.993	2.9	0.155	0.519
0.4	0.949	0.986	3.0	0.146	0.507
0.5	0.911	0.974	3.1	0.138	0.495
0.6	0.864	0.960	3.2	0.130	0.484
0.7	0.811	0.942	3.3	0.124	0.473
0.8	0.756	0.923	3.4	0.117	0.463
0.9	0.701	0.901	3.5	0.111	0.453
1.0	0.647	0.878	3.6	0.106	0.443
1.1	0.595	0.855	3.7	0.101	0.434
1.2	0.547	0.831	3.8	0.096	0.425
1.3	0.502	0.808	3.9	0.091	0.417
1.4	0.461	0.784	4.0	0.087	0.409
1.5	0.424	0.762	4.1	0.083	0.401
1.6	0.390	0.739	4.2	0.079	0.393
1.7	0.360	0.718	4.3	0.076	0.386
1.8	0.332	0.697	4.4	0.073	0.379
1.9	0.307	0.677	4.5	0.070	0.372
2.0	0.285	0.658	4.6	0.067	0.365
2.1	0.264	0.640	4.7	0.064	0.359
2.2	0.245	0.623	4.8	0.062	0.353
2.3	0.229	0.606	4.9	0.059	0.347
2.4	0.210	0.590	5.0	0.057	0.341
2.5	0.200	0.574			

续表

z/r	点 1 α	点 1 $\bar{\alpha}$	点 2 α	点 2 $\bar{\alpha}$
1.1	0.092	0.061	0.221	0.344
1.2	0.093	0.063	0.205	0.333
1.3	0.092	0.065	0.190	0.323
1.4	0.091	0.067	0.177	0.313
1.5	0.089	0.069	0.165	0.303
1.6	0.087	0.070	0.154	0.294
1.7	0.085	0.071	0.144	0.286
1.8	0.083	0.072	0.134	0.278
1.9	0.080	0.072	0.126	0.270
2.0	0.078	0.073	0.117	0.263
2.1	0.075	0.073	0.110	0.255
2.2	0.072	0.073	0.104	0.249
2.3	0.070	0.073	0.097	0.242
2.4	0.067	0.073	0.091	0.236
2.5	0.064	0.072	0.086	0.230
2.6	0.062	0.072	0.081	0.225
2.7	0.059	0.071	0.078	0.219
2.8	0.057	0.071	0.074	0.214
2.9	0.055	0.070	0.070	0.209
3.0	0.052	0.070	0.067	0.204
3.1	0.050	0.069	0.064	0.200
3.2	0.048	0.069	0.061	0.196
3.3	0.046	0.068	0.059	0.192
3.4	0.045	0.067	0.055	0.188
3.5	0.043	0.067	0.053	0.184
3.6	0.041	0.066	0.051	0.180
3.7	0.040	0.065	0.048	0.177
3.8	0.038	0.065	0.046	0.173
3.9	0.037	0.064	0.043	0.170
4.0	0.036	0.063	0.041	0.167
4.2	0.033	0.062	0.038	0.161
4.4	0.031	0.061	0.034	0.155
4.6	0.029	0.059	0.031	0.150
4.8	0.027	0.058	0.029	0.145
5.0	0.025	0.057	0.027	0.140

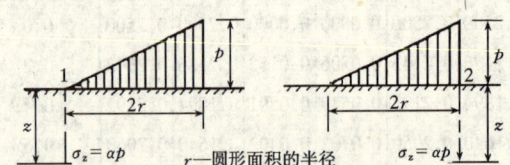

r —— 圆形面积的半径

表 K.0.4 圆形面积上三角形分布荷载作用下边点的附加应力系数 α 与平均附加应力系数 $\bar{\alpha}$

z/r	点 1 α	点 1 $\bar{\alpha}$	点 2 α	点 2 $\bar{\alpha}$
0.0	0.000	0.000	0.500	0.500
0.1	0.016	0.008	0.465	0.483
0.2	0.031	0.016	0.433	0.466
0.3	0.044	0.023	0.403	0.450
0.4	0.054	0.030	0.376	0.435
0.5	0.063	0.035	0.349	0.420
0.6	0.071	0.041	0.324	0.406
0.7	0.078	0.045	0.300	0.393
0.8	0.083	0.050	0.279	0.380
0.9	0.088	0.054	0.258	0.368
1.0	0.091	0.057	0.238	0.356

附录 L 挡土墙主动土压力系数 k_a

L.0.1 挡土墙在土压力作用下,其主动压力系数应按下列公式计算:

$$k_a = \frac{\sin(\alpha+\beta)}{\sin^2\alpha \sin^2(\alpha+\beta-\varphi-\delta)} \{k_q[\sin(\alpha+\beta)\sin(\alpha-\delta) + \sin(\varphi+\delta)\sin(\varphi-\beta)] + 2\eta\sin\alpha\cos\varphi\cos(\alpha+\beta-\varphi-\delta) - 2[(k_q\sin(\alpha+\beta)\sin(\varphi-\beta) + \eta\sin\alpha\cos\varphi)(k_q\sin(\alpha-\delta)\sin(\varphi+\delta) + \eta\sin\alpha\cos\varphi)]^{1/2}\}$$

(L.0.1-1)

$$k_q = 1 + \frac{2q}{\gamma h}\frac{\sin\alpha\cos\beta}{\sin(\alpha+\beta)} \quad (L.0.1-2)$$

$$\eta = \frac{2c}{\gamma h} \quad (L.0.1-3)$$

式中 q——地表均布荷载(以单位水平投影面上的荷载强度计)。

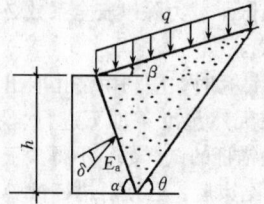

图 L.0.1 计算简图

L.0.2 对于高度小于或等于 5m 的挡土墙，当排水条件符合本规范第 6.6.1 条，填土符合下列质量要求时，其主动土压力系数可按附图 L.0.2 查得。当地下水丰富时，应考虑水压力的作用。

图中土类填土质量应满足下列要求：

1 Ⅰ类 碎石土，密实度应为中密，干密度应大于或等于 $2.0 t/m^3$；
2 Ⅱ类 砂土，包括砾砂、粗砂、中砂，其密实度应为中密，干密度应大于或等于 $1.65 t/m^3$；
3 Ⅲ类 粘土夹块石，干密度应大于或等于 $1.90 t/m^3$；
4 Ⅳ类 粉质粘土，干密度应大于或等于 $1.65 t/m^3$；

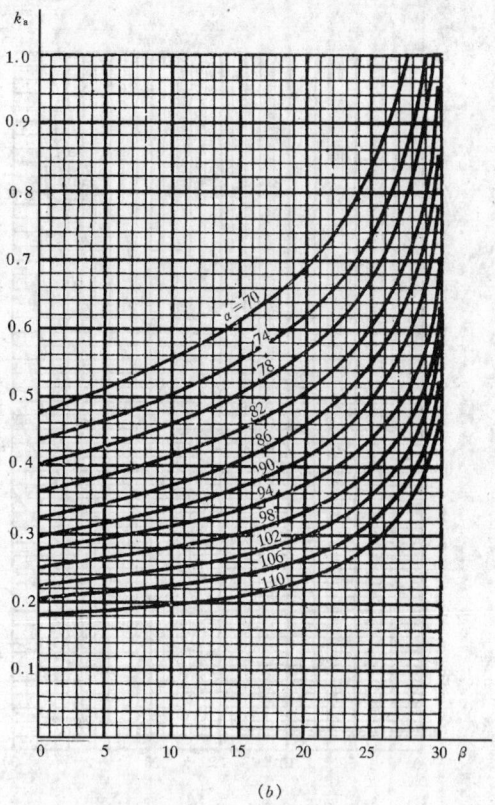

(b)

图 L.0.2 挡土墙主动土压力系数 k_a（二）
(b) Ⅱ类土土压力系数 $\left(\delta = \frac{1}{2}\varphi,\ q = 0\right)$

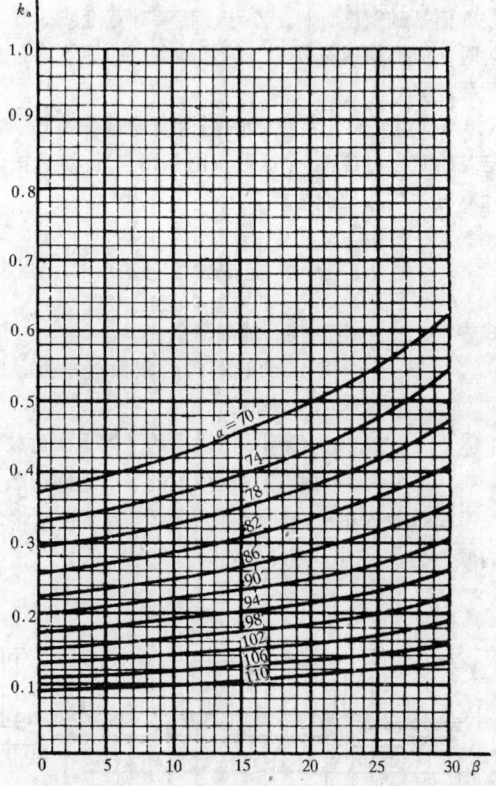

(a)

图 L.0.2 挡土墙主动土压力系数 k_a（一）
(a) Ⅰ类土土压力系数 $\left(\delta = \frac{1}{2}\varphi,\ q = 0\right)$

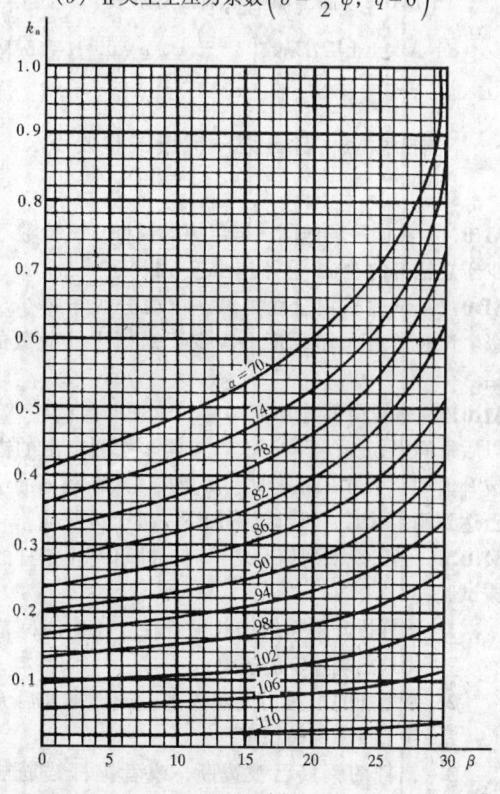

(c)

图 L.0.2 挡土墙主动土压力系数 k_a（三）
(c) Ⅲ类土土压力系数 $\left(\delta = \frac{1}{2}\varphi,\ q = 0,\ H = 5m\right)$

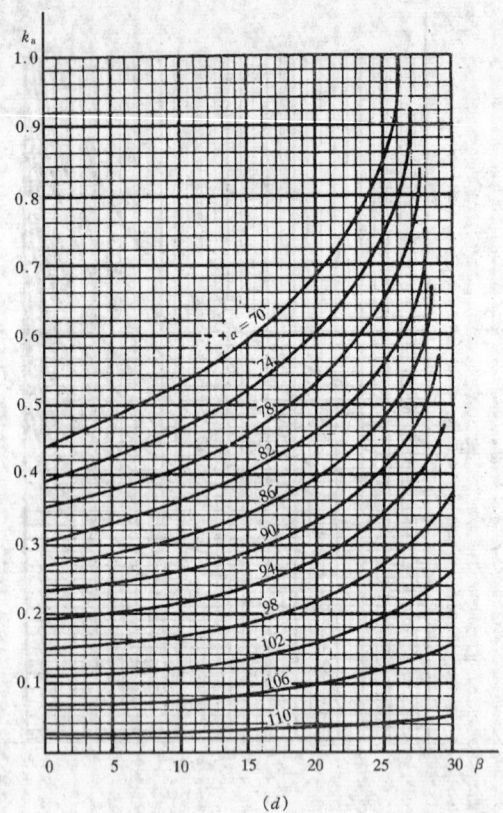

图 L.0.2 挡土墙主动土压力系数 k_a（四）

(d) Ⅳ类土土压力系数 $\left(\delta=\dfrac{1}{2}\varphi,\ q=0,\ H=5\mathrm{m}\right)$

附录M 岩石锚杆抗拔试验要点

M.0.1 在同一场地同一岩层中的锚杆，试验数不得少于总锚杆的5%，且不应少于6根。

M.0.2 试验采用分级加载，荷载分级不得少于8级。试验的最大加载量不应少于锚杆设计荷载的2倍。

M.0.3 每级荷载施加完毕后，应立即测读位移量。以后每间隔5min测读一次。连续4次测读出的锚杆拔升值均小于0.01mm时，认为在该级荷载下的位移已达到稳定状态，可继续施加下一级上拔荷载。

M.0.4 当出现下列情况之一时，即可终止锚杆的上拔试验：

1 锚杆拔升量持续增长，且在1小时时间范围内未出现稳定的迹象；
2 新增加的上拔力无法施加，或者施加后无法使上拔力保持稳定；
3 锚杆的钢筋已被拔断，或者锚杆锚筋被拔出。

M.0.5 符合上述终止条件的前一级拔升荷载，即为该锚杆的极限抗拔力。

M.0.6 参加统计的试验锚杆，当满足其极差不超过平均值的30%时，可取其平均值为锚杆极限承载力。极差超过平均值的30%时，宜增加试验量并分析离差过大的原因，结合工程情况确定极限承载力。

将锚杆极限承载力除以安全系数2为锚杆抗拔承载力特征值 R_t。

M.0.7 锚杆钻孔时，应利用钻孔取出的岩芯加工成标准试件，在天然湿度条件下进行岩石单轴抗压试验，每根试验锚杆的试样数，不得少于3个。

M.0.8 试验结束后，必须对锚杆试验现场的破坏情况进行详尽的描述和拍摄照片。

附录N 大面积地面荷载作用下地基附加沉降量计算

N.0.1 由地面荷载引起柱基内侧边缘中点的地基附加沉降计算值可按分层总和法计算，其计算深度按本规范公式（5.3.6）确定。

N.0.2 参与计算的地面荷载包括地面堆载和基础完工后的新填土，地面荷载应按均布荷载考虑，其计算范围：横向取5倍基础宽度，纵向为实际堆载长度。其作用面在基底平面处。

N.0.3 当荷载范围横向宽度超过5倍基础宽度时，按5倍基础宽度计算。小于5倍基础宽度或荷载不均匀时，应换算成宽度为5倍基础宽度的等效均布地面荷载计算。

N.0.4 换算时，将柱基两侧地面荷载按每段为0.5倍基础宽度分成10个区段（图N.0.4），然后按下式计算等效均布地面荷载：

$$q_{eq}=0.8\left[\sum_{i=0}^{10}\beta_i q_i - \sum_{i=0}^{10}\beta_i p_i\right] \quad (\mathrm{N.0.4})$$

式中 q_{eq}——等效均布地面荷载；
β_i——第 i 区段的地面荷载换算系数，按表N.0.4查取；
q_i——柱内侧第 i 区段内的平均地面荷载；
p_i——柱外侧第 i 区段内的平均地面荷载。

当等效均布地面荷载为正值时，说明柱基将发生内倾；为负值时，将发生外倾。

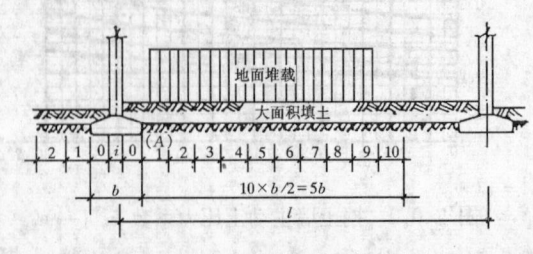

图 N.0.4 地面荷载区段划分

表 N.0.4　地面荷载换算系数 β_i

区段	0	1	2	3	4	5	6	7	8	9	10
$\frac{a}{5b} \geq 1$	0.30	0.29	0.22	0.15	0.10	0.08	0.06	0.04	0.03	0.02	0.01
$\frac{a}{5b} < 1$	0.52	0.40	0.30	0.13	0.08	0.05	0.02	0.01	—	—	—

注：a、b 见本规范表 7.5.4。

附录 P　冲切临界截面周长及极惯性矩计算公式

P.0.1　冲切临界截面的周长 u_m 以及冲切临界截面对其重心的极惯性矩 I_s，应根据柱所处的位置分别进行计算。内柱应按下列公式计算（图 P.0.1）：

$$u_m = 2c_1 + 2c_2 \quad (P.0.1-1)$$
$$I_s = c_1 h_0^3/6 + c_1^3 h_0/6 + c_2 h_0 c_1^2/2 \quad (P.0.1-2)$$
$$c_1 = h_c + h_0 \quad (P.0.1-3)$$
$$c_2 = b_c + h_0 \quad (P.0.1-4)$$
$$c_{AB} = c_1/2 \quad (P.0.1-5)$$

式中　h_c——与弯矩作用方向一致的柱截面的边长；
　　　b_c——垂直于 h_c 的柱截面边长。

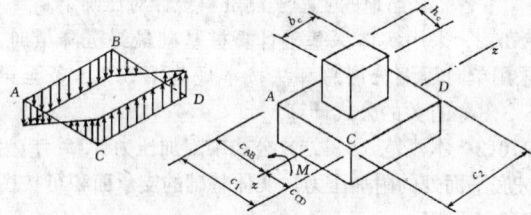

图 P.0.1　内柱冲切临界截面

P.0.2　边柱应按下列公式计算（图 P.0.2）：

$$u_m = 2c_1 + c_2 \quad (P.0.2-1)$$
$$I_s = c_1 h_0^3/6 + c_1^3 h_0/6 + 2h_0 c_1 (c_1/2 - \bar{x})^2$$
$$+ c_2 h_0 \bar{x}^2 \quad (P.0.2-2)$$
$$c_1 = h_c + h_0/2 \quad (P.0.2-3)$$
$$c_2 = b_c + h_0 \quad (P.0.2-4)$$
$$c_{AB} = c_1 - \bar{x} \quad (P.0.2-5)$$
$$\bar{x} = c_1^2 / 2c_1 + c_2 \quad (P.0.2-6)$$

式中　$\bar{x}$——冲切临界截面中心位置。

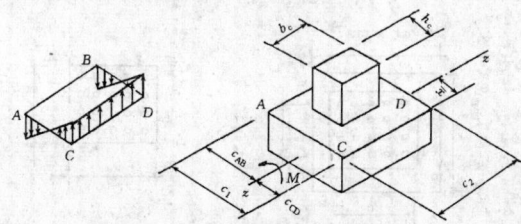

图 P.0.2　边柱冲切临界截面

P.0.3　角柱应按下列公式计算（图 P.0.3）：

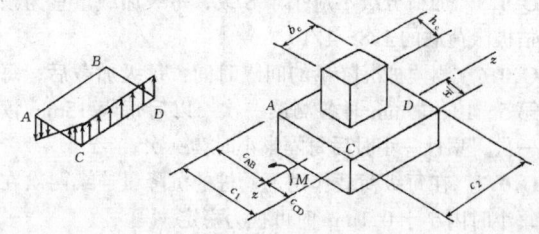

图 P.0.3　角柱冲切临界截面

$$u_m = c_1 + c_2 \quad (P.0.3-1)$$
$$I_s = c_1 h_0^3/12 + c_1^3 h_0/12 + h_0 c_1 (c_1/2 - \bar{x})^2 + c_2 h_0 \bar{x}^2 \quad (P.0.3-2)$$
$$c_1 = h_c + h_0/2 \quad (P.0.3-3)$$
$$c_2 = b_c + h_0/2 \quad (P.0.3-4)$$
$$c_{AB} = c_1 - \bar{x} \quad (P.0.3-5)$$
$$\bar{x} = c_1^2 / 2c_1 + 2c_2 \quad (P.0.3-6)$$

式中　$\bar{x}$——冲切临界截面中心位置。

附录 Q　单桩竖向静载荷试验要点

Q.0.1　单桩竖向静载荷试验的加载方式，应按慢速维持荷载法。

Q.0.2　加载反力装置宜采用锚桩，当采用堆载时应遵守以下规定。

　　1　堆载加于地基的压应力不宜超过地基承载力特征值。

　　2　堆载的限值可根据其对试桩和对基准桩的影响确定。

　　3　堆载量大时，宜利用桩（可利用工程桩）作为堆载的支点。

　　4　试验反力装置的最大抗拔或承重能力应满足试验加载的要求。

Q.0.3　试桩、锚桩（压重平台支座）和基准桩之间的中心距离应符合表 Q.0.3 的规定。

表 Q.0.3　试桩、锚桩和基准桩之间的中心距离

反力系统	试桩与锚桩（或压重平台支座墩边）	试桩与基准桩	基准桩与锚桩（或压重平台支座墩边）
锚桩横梁反力装置 压重平台反力装置	$\geq 4d$ 且 $> 2.0m$	$\geq 4d$ 且 $> 2.0m$	$\geq 4d$ 且 $> 2.0m$

注：d——试桩或锚桩的设计直径，取其较大者（如试桩或锚桩为扩底桩时，试桩与锚桩的中心距尚不应小于 2 倍扩大端直径）。

Q.0.4　开始试验的时间：预制桩在砂土中入土 7 天后；粘性土不得少于 15 天；对于饱和软粘土不得少于 25 天。灌注桩应在桩身混凝土达到设计强度后，

才能进行。

Q.0.5 加荷分级不应小于 8 级,每级加载量宜为预估极限荷载的 $1/8\sim1/10$。

Q.0.6 测读桩沉降量的间隔时间:每级加载后,每第 5、10、15min 时各测读一次,以后每隔 15min 读一次,累计一小时后每隔半小时读一次。

Q.0.7 在每级荷载作用下,桩的沉降量连续两次在每小时内小于 0.1mm 时可视为稳定。

Q.0.8 符合下列条件之一时可终止加载:

1 当荷载~沉降($Q\sim s$)曲线上有可判定极限承载力的陡降段,且桩顶总沉降量超过 40mm;

2 $\dfrac{\Delta s_{n+1}}{\Delta s_n} \geqslant 2$,且经 24 小时尚未达到稳定;

3 25m 以上的非嵌岩桩,$Q\sim s$ 曲线呈缓变型时,桩顶总沉降量大于 $60\sim80$mm;

4 在特殊条件下,可根据具体要求加载至桩顶总沉降量大于 100mm。

注:1 Δs_n——第 n 级荷载的沉降增量;
Δs_{n+1}——第 $n+1$ 级荷载的沉降增量;

2 桩底支承在坚硬岩(土)层上,桩的沉降量很小时,最大加载量不应小于设计荷载的两倍。

Q.0.9 卸载观测:每级卸载值为加载值的两倍。卸载后隔 15min 测读一次,读两次后,隔半小时再读一次,即可卸下一级荷载。全部卸载后,隔 $3\sim4$ 小时再测读一次。

Q.0.10 单桩竖向极限承载力应按下列方法确定:

1 作荷载~沉降($Q\sim s$)曲线和其他辅助分析所需的曲线。

2 当陡降段明显时,取相应于陡降段起点的荷载值。

3 当出现本附录 Q.0.8 第二款的情况,取前一级荷载值。

4 $Q\sim s$ 曲线呈缓变型时,取桩顶总沉降量 $s=$ 40mm 所对应的荷载值,当桩长大于 40m 时,宜考虑桩身的弹性压缩。

5 按上述方法判断有困难时,可结合其他辅助分析方法综合判定。对桩基沉降有特殊要求者,应根据具体情况选取。

6 参加统计的试桩,当满足其极差不超过平均值的 30% 时,可取其平均值为单桩竖向极限承载力。极差超过平均值的 30% 时,宜增加试桩数量并分析离差过大的原因,结合工程具体情况确定极限承载力。

注:对桩数为 3 根及 3 根以下的柱下桩台,取最小值。

7 将单桩竖向极限承载力除以安全系数 2,为单桩竖向承载力特征值 R_a。

附录 R 桩基础最终沉降量计算

R.0.1 桩基础最终沉降量的计算采用单向压缩分层总和法:

$$s = \psi_P \sum_{j=1}^{m} \sum_{i=1}^{n_j} \dfrac{\sigma_{j,i}\Delta h_{j,i}}{E_{sj,i}} \quad (R.0.1)$$

式中 s——桩基最终计算沉降量(mm);

m——桩端平面以下压缩层范围内土层总数;

$E_{sj,i}$——桩端平面下第 j 层土第 i 个分层在自重应力至自重应力加附加应力作用段的压缩模量(MPa);

n_j——桩端平面下第 j 层土的计算分层数;

$\Delta h_{j,i}$——桩端平面下第 j 层土的第 i 个分层厚度(m);

$\sigma_{j,i}$——桩端平面下第 j 层土第 i 个分层的竖向附加应力(kPa)可分别按本附录 R.0.2 或 R.0.4 的规定计算。

ψ_p——桩基沉降计算经验系数,各地区应根据当地的工程实测资料统计对比确定。

R.0.2 采用实体深基础计算桩基础最终沉降量时,采用单向压缩分层总和法按本规范第 5.3.5 条至第 5.3.8 条有关的公式计算。

R.0.3 本规范(5.3.5)公式中附加压力计算,应为桩底平面处的附加压力。实体基础的支承面积可按图 R.0.3 采用。

实体深基础桩基沉降计算经验系数 ψ_p 应根据地区桩基础沉降观测资料及经验统计确定。在不具备条件时,ψ_p 值可按表 R.0.3 选用。

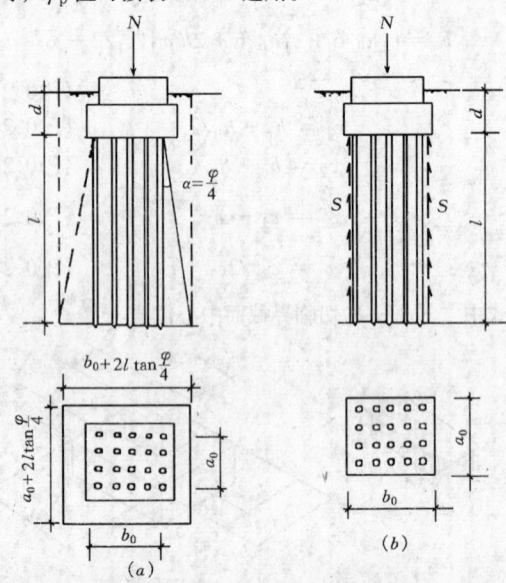

图 R.0.3 实体深基础的底面积

表R.0.3 实体深基础计算桩基沉降经验系数ψ_p

$\overline{E}_s$ (MPa)	$\overline{E}_s<15$	$15\leq\overline{E}_s<30$	$30\leq\overline{E}_s<40$
ψ_p	0.5	0.4	0.3

R.0.4 采用明德林应力公式计算地基中的某点的竖向附加应力值时,可将各根桩在该点所产生的附加应力,逐根叠加按下式计算。

$$\sigma_{j,i} = \sum_{k=1}^{n}(\sigma_{zp,k}+\sigma_{zs,k}) \quad (R.0.4-1)$$

Q为单桩在竖向荷载的准永久组合作用下的附加荷载,由桩端阻力Q_p和桩侧摩阻力Q_s共同承担,且:$Q_p=\alpha Q$,α是桩端阻力比。桩的端阻力假定为集中力,桩侧摩阻力可假定为沿桩身均匀分布和沿桩身线性增长分布两种形式组成,其值分别为βQ和$(1-\alpha-\beta)Q$,如图R.0.4所示。

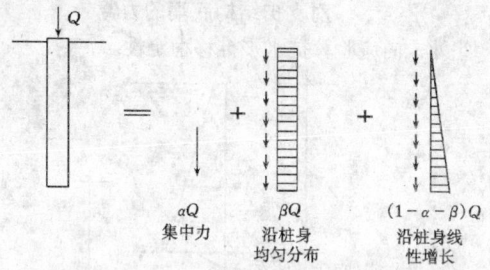

图R.0.4 单桩荷载分担

第k根桩的端阻力在深度z处产生的应力:

$$\sigma_{zp,k} = \frac{\alpha Q}{l^2}I_{p,k} \quad (R.0.4-2)$$

第k根桩的侧摩阻力在深度z处产生的应力:

$$\sigma_{zs,k} = \frac{Q}{l^2}[\beta I_{sl,k}+(1-\alpha-\beta)I_{s2,k}] \quad (R.0.4-3)$$

对于一般摩擦型桩可假定桩侧摩阻力全部是沿桩身线性增长的(即$\beta=0$),则(R.0.4-3)式可简化为:

$$\sigma_{zs,k} = \frac{Q}{l^2}(1-\alpha)I_{s2,k} \quad (R.0.4-4)$$

式中 l——为桩长(m);
I_p,I_{sl},I_{s2}——应力影响系数,可用对明德林应力公式进行积分的方式推导得出。

对于桩顶的集中力:

$$I_p = \frac{1}{8\pi(1-\nu)}\left\{\frac{(1-2\nu)(m-1)}{A^3}-\frac{(1-2\nu)(m-1)}{B^3}\right.$$
$$+\frac{3(m-1)^3}{A^5}$$
$$+\frac{3(3-4\nu)m(m+1)^2-3(m+1)(5m-1)}{B^5}$$
$$\left.+\frac{30m(m+1)^3}{B^7}\right\} \quad (R.0.4-5)$$

对于桩侧摩阻力沿桩身均匀分布的情况:

$$I_{sl} = \frac{1}{8\pi(1-\nu)}\left\{\frac{2(2-\nu)}{A}\right.$$
$$-\frac{2(2-\nu)+2(1-2\nu)(m^2/n^2+m/n^2)}{B}$$
$$+\frac{(1-2\nu)2(m/n)^2}{F}-\frac{n^2}{A^3}$$
$$-\frac{4m^2-4(1+\nu)(m/n)^2m^2}{F^3}$$
$$-\frac{4m(1+\nu)(m+1)(m/n+1/n)^2-(4m^2+n^2)}{B^3}$$
$$\left.+\frac{6m^2(m^4-n^4)/n^2}{F^5}-\frac{6m[mn^2-(m+1)^5/n^2]}{B^5}\right\} \quad (R.0.4-6)$$

对于桩侧摩阻力沿桩身线性增长的情况:

$$I_{s2} = \frac{1}{4\pi(1-\nu)}\left\{\frac{2(2-\nu)}{A}\right.$$
$$-\frac{2(2-\nu)(4m+1)-2(1-2\nu)(1+m)m^2/n^2}{B}$$
$$-\frac{2(1-2\nu)m^3/n^2-8(2-\nu)m}{F}-\frac{mn^2+(m-1)^3}{A^3}$$
$$-\frac{4m^2m+4m^3-15n^2m-2(5+2\nu)(m/n)^2(m+1)^3+(m+1)^3}{B^3}$$
$$-\frac{2(7-2\nu)mn^2-6m^3+2(5+2\nu)(m/n)^2m^3}{F^3}$$
$$-\frac{6mn^2(n^2-m^2)+12(m/n)^2(m+1)^5}{B^5}$$
$$+\frac{12(m/n)^2m^5+6mn^2(n^2-m^2)}{F^5}$$
$$\left.+2(2-\nu)\ln\left(\frac{A+m-1}{F+m}\times\frac{B+m+1}{F+m}\right)\right\} \quad (R.0.4-7)$$

式中 $A^2=n^2+(m-1)^2$;$B^2=n^2+(m+1)^2$;
$F^2=n^2+m^2$;$n=r/l$;$m=z/l$
ν——地基土的泊松比;
r——计算点离桩身轴线的水平距离;
z——计算应力点离承台底面的竖向距离。

将公式(R.0.4-1)~(R.0.4-4)代入公式(R.0.1),得到单向压缩分层总和法沉降计算公式:

$$s = \psi_p\frac{Q}{l^2}\sum_{j=1}^{m}\sum_{i=1}^{n_j}\frac{\Delta h_{j,i}}{E_{sj,i}}\sum_{k=1}^{n}[\alpha I_{p,k}+(1-\alpha)I_{s2,k}]$$
$$(R.0.4-8)$$

R.0.5 采用明德林应力公式计算桩基础最终沉降量时,竖向荷载准永久组合作用下附加荷载的桩端阻力比α和桩基沉降计算经验系数ψ_p应根据当地工程的实测资料统计确定。

附录S 阶梯形承台及锥形承台斜截面受剪的截面宽度

S.0.1 对于阶梯形承台应分别在变阶处(A_1-A_1,B_1-B_1)及柱边处(A_2-A_2,B_2-B_2)进行斜截面

受剪计算（图 S.0.1）。

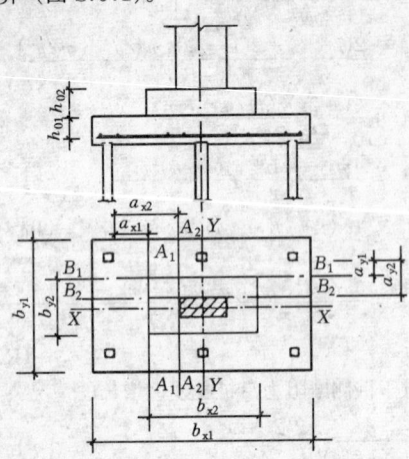

图 S.0.1　阶梯形承台斜截面
受剪计算示意

计算变阶处截面 A_1-A_1、B_1-B_1 的斜截面受剪承载力时，其截面有效高度均为 h_{01}，截面计算宽度分别为 b_{y1} 和 b_{x1}。

计算柱边截面 A_2-A_2 和 B_2-B_2 处的斜截面受剪承载力时，其截面有效高度均为 $h_{01}+h_{02}$，截面计算宽度按下式计算：

对 A_2-A_2　$b_{y0}=\dfrac{b_{y1}\cdot h_{01}+b_{y2}\cdot h_{02}}{h_{01}+h_{02}}$　（S.0.1-1）

对 B_2-B_2　$b_{x0}=\dfrac{b_{x1}\cdot h_{01}+b_{x2}\cdot h_{02}}{h_{01}+h_{02}}$　（S.0.1-2）

S.0.2　对于锥形承台应对 $A-A$ 及 $B-B$ 两个截面进行受剪承载力计算（图 S.0.2），截面有效高度均

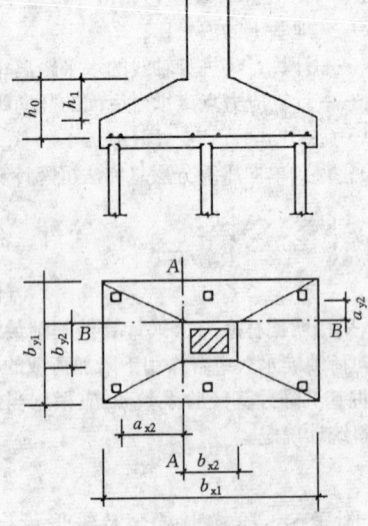

图 S.0.2　锥形承台受剪计算示意

为 h_0，截面的计算宽度按下式计算：

对 $A-A$　$b_{y0}=\left[1-0.5\dfrac{h_1}{h_0}\left(1-\dfrac{b_{y2}}{b_{y1}}\right)\right]b_{y1}$　（S.0.2-1）

对 $B-B$　$b_{x0}=\left[1-0.5\dfrac{h_1}{h_0}\left(1-\dfrac{b_{x2}}{b_{x1}}\right)\right]b_{x1}$　（S.0.2-2）

附录 T　桩式、墙式悬臂支护结构计算要点

T.0.1　桩式、墙式悬臂支护结构抗整体倾覆稳定性应满足以下条件（图 T.0.1）：

$$\dfrac{M_p}{M_a}=\dfrac{E_p b_p}{E_a b_a}\geqslant 1.3 \qquad (T.0.1)$$

式中　E_p、b_p——分别为被动侧土压力的合力及合力对支护结构底端的力臂；

　　　E_a、b_a——分别为主动侧土压力的合力及合力对支护结构底端的力臂。

此外，尚应验算抗水平推移稳定性。

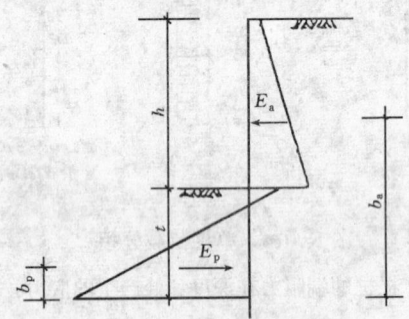

图 T.0.1　悬臂式结构计算简图

T.0.2　桩式、墙式悬臂支护结构的最大弯矩位置在基坑面以下，可根据剪力为零的条件确定。

T.0.3　本附录方法不适用于当支护桩（墙）下端为淤泥土的情况。

附录 U　桩式、墙式锚撑支护结构计算要点

U.0.1　桩式、墙式锚撑支护结构抗整体倾覆稳定性应满足以下条件（图 U.0.1）：

$$\dfrac{E_{pk}b_k+\Sigma T_i a_i}{E_{ak}\cdot a_k}\geqslant 1.3 \qquad (U.0.1)$$

此外，尚应验算抗水平推移稳定性。

U.0.2　锚撑式支护结构的计算尚应符合以下规定：

1　应逐层计算基坑开挖过程中每层支撑设置前支护结构的内力，达到最终挖土深度后，应验算支护结构抗倾覆的稳定性；当基坑回填过程需要拆除或替换支撑时，尚应计算相应状态下支护结构的稳定性及内力。

2　应根据支护结构嵌固段端点的支承条件合理

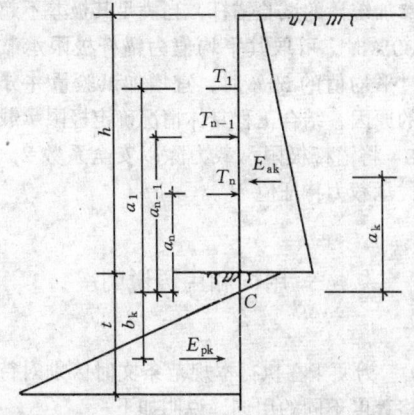

图 U.0.1 桩式、墙式锚撑支护结构计算

　　选定计算方法,可按等值梁法、静力平衡法或弹性抗力法计算内力。

　3　假定支撑为不动支点,且下层支撑设置后,上层支撑的支撑力保持不变。

附录 V 基坑底抗隆起稳定性验算

V.0.1 当基坑底为软土时,应验算坑底土抗隆起稳定性。支护桩、墙端以下土体向上涌起,可按下式验算（图V.0.1）：

$$\frac{N_c \cdot \tau_o + \gamma \cdot t}{\gamma(h+t)+q} \geqslant 1.6 \quad (\text{V}.0.1)$$

式中 N_c——承载力系数,条形基础时取 $N_c=5.14$;
　　　τ_o——抗剪强度,由十字板试验或三轴不固结不排水试验确定（kPa）;
　　　γ——土的重度（kN/m³）;
　　　t——支护结构入土深度（m）;
　　　h——基坑开挖深度（m）;
　　　q——地面荷载（kPa）。

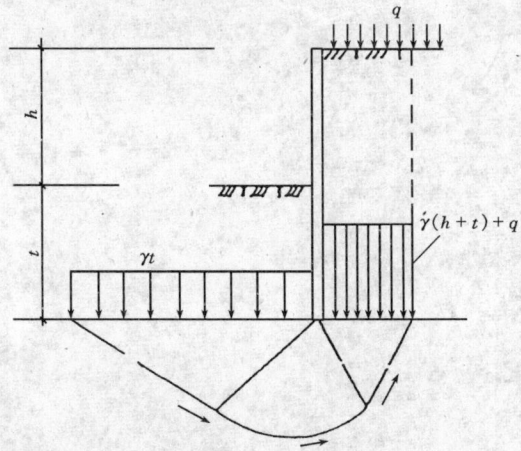

图 V.0.1 基坑底抗隆起稳定性验算示意

附录 W 基坑底抗渗流稳定性验算

W.0.1 当上部为不透水层,坑底下某深度处有承压水层时,基坑底抗渗流稳定性可按下式验算（图W.0.1）。

$$\frac{\gamma_m(t+\Delta t)}{P_w} \geqslant 1.1 \quad (\text{W}.0.1)$$

式中 γ_m——透水层以上土的饱和重度（kN/m³）;
　　　$t+\Delta t$——透水层顶面距基坑底面的深度（m）;
　　　P_w——含水层水压力（kPa）。

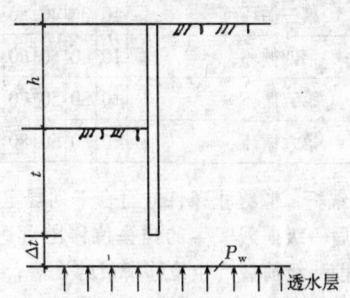

图 W.0.1 基坑底抗渗流
稳定验算示意

W.0.2 当基坑内外存在水头差时,粉土和砂土应进行抗渗稳定性验算,渗透的水力梯度不应超过临界水力梯度。

附录 X 土层锚杆试验要点

X.0.1 试验锚杆不应少于3根,用作试验的锚杆参数、材料及施工工艺应与工程锚杆相同;

X.0.2 最大试验荷载 Q_{max} 所产生的应力不应超过钢丝、钢绞线、钢筋强度标准值的0.8倍;

X.0.3 粘性土层锚杆试验加载等级与测读锚头位移应遵守下列规定：

　1　采用循环加载,初始荷载宜取 $A \cdot f_{ptk}$ 的0.1倍,每级加载增量宜取 $A \cdot f_{ptk}$ 的 1/10～1/15;

　2　砂土、粘性土层锚杆加载等级与观测时间应符合表X.0.3的规定;

　3　在每级加载观测时间内,测读锚头位移不应少于3次;

　4　在每级加载观测时间内,当锚头位移增量不大于0.1mm时,可施加下一级荷载;不满足时应在锚头位移增量2小时以内小于2mm时,再施加下一级荷载。

X.0.4 锚杆试验所得的总弹性位移应超过自由段长度理论弹性伸长量的80%,且应小于自由段长度与

1/2锚固段长度之和的理论弹性伸长量。

表 X.0.3　砂土、粘性土层锚杆试验加载等级与锚头位移测读时间

每次循环累计加载量 ($A \cdot f_{ptk}$%) \ 循环加载次数	加载段				卸载段		
测读时间间隔 (min)	5	5	5	10	5	5	5
初始荷载	—	—	—	10	—	—	—
第一循环	10	—	—	30	—	—	10
第二循环	10	20	30	40	30	20	10
第三循环	10	30	40	50	40	30	10
第四循环	10	30	50	60	50	30	10
第五循环	10	30	50	70	50	30	10
第六循环	10	30	60	80	60	30	10

X.0.5　锚杆试验终止条件应符合下列规定：
  1　后一级荷载产生的锚头位移增量达到或超过前一级荷载产生位移增量的2倍；
  2　某级荷载下锚头总位移不收敛；
  3　锚头总位移超过设计允许位移值。

X.0.6　试验报告应绘制锚杆荷载——位移（$Q-s$）曲线；锚杆荷载——弹性位移（$Q-s_e$）曲线；锚杆荷载——塑性位移（$Q-s_p$）曲线。

X.0.7　锚杆的极限承载力应取终止试验荷载的前一级荷载的95%。

参加统计的试验锚杆，当满足其极差不超过平均值的30%时，可取其平均值为锚杆极限承载力。极差超过平均值的30%时，宜增加试验量并分析离差过大的原因，结合工程具体情况确定极限承载力。

X.0.8　将锚杆极限承载力除以安全系数2，即为锚杆抗拔承载力特征值 R_t。

用词和用语说明

1　为便于在执行本规范条文时区别对待，对要求严格程度不同的用词，说明如下：

（1）表示很严格，非这样做不可的用词：
正面词采用"必须"；反面词采用"严禁"。

（2）表示严格，在正常情况下均应这样做的用词：
正面词采用"应"；反面词采用"不应"或"不得"。

（3）表示允许稍有选择，在条件许可时首先应这样做的用词：
正面词采用"宜"或"可"；反面词采用"不宜"。

2　条文中指定应按其他有关标准、规范执行时，写法为"应符合……的规定"。非必须按所指定的标准、规范或其他规定执行时，写法为"可参照……"。

中华人民共和国国家标准

建筑地基基础设计规范

GB 50007—2002

条 文 说 明

目　次

1 总则 …………………………………… 6—57
2 术语和符号 …………………………… 6—57
3 基本规定 ……………………………… 6—57
4 地基岩土的分类及工程特性
　指标 …………………………………… 6—58
　4.1 岩土的分类 ……………………… 6—58
　4.2 工程特性指标 …………………… 6—59
5 地基计算 ……………………………… 6—60
　5.1 基础埋置深度 …………………… 6—60
　5.2 承载力计算 ……………………… 6—66
　5.3 变形计算 ………………………… 6—68
6 山区地基 ……………………………… 6—71
　6.3 压实填土地基 …………………… 6—71
　6.6 土质边坡与重力式挡墙 ………… 6—73
　6.7 岩石边坡与岩石锚杆挡墙 ……… 6—73
7 软弱地基 ……………………………… 6—75
　7.2 利用与处理 ……………………… 6—75
　7.5 大面积地面荷载 ………………… 6—75
8 基础 …………………………………… 6—77
　8.1 无筋扩展基础 …………………… 6—77
　8.2 扩展基础 ………………………… 6—77
　8.3 柱下条形基础 …………………… 6—78
　8.4 高层建筑筏形基础 ……………… 6—79
　8.5 桩基础 …………………………… 6—82
9 基坑工程 ……………………………… 6—86
　9.1 一般规定 ………………………… 6—86
　9.2 设计计算 ………………………… 6—87
　9.3 地下连续墙与逆作法 …………… 6—89
10 检验与监测 ………………………… 6—90
　10.1 检验 …………………………… 6—90
　10.2 监测 …………………………… 6—91
附录 G 基底下允许冻土层最大
　　　 厚度 h_{max} 的计算 ………… 6—91

1 总 则

1.0.1 《建筑结构设计统一标准》对结构设计应满足的功能要求作了如下规定：一、能承受在正常施工和正常使用时可能出现的各种作用；二、在正常使用时具有良好的工作性能；三、在正常维护下具有足够的耐久性能；四、在偶然事件发生时及发生后，仍能保持必需的整体稳定。按此规定根据地基工作状态地基设计时应当考虑：

1 在长期荷载作用下，地基变形不致造成承重结构的损坏；

2 在最不利荷载作用下，地基不出现失稳现象。

因此，地基基础设计应注意区分上述两种功能要求。在满足第一功能要求时，地基承载力的选取以不使地基中出现长期塑性变形为原则，同时还要考虑在此条件下各类建筑可能出现的变形特征及变形量。由于地基土的变形具有长期的时间效应，与钢、混凝土、砖石等材料相比，它属于大变形材料。从已有的大量地基事故分析，绝大多数事故皆由地基变形过大且不均匀所造成。故在规范中明确规定了按变形设计的原则、方法；对于一部分地基基础设计等级为丙级的建筑物当按地基承载力设计基础面积及埋深后，其变形亦同时可满足要求时才不进行变形计算。

1.0.2 由于地基土的性质复杂。在同一地基内土的力学指标离散性一般较大，加上暗塘、古河道、山前洪积、溶岩等许多不良地质条件，必需强调因地制宜原则。本规范对总的设计原则、计算均作出了通用规定，也给出了许多参数。各地区可根据土的特性、地质情况作具体补充。此外，设计人员必须根据具体工程的地质条件，采用优化设计方法，以提高设计质量。

1.0.4 地基基础设计中，作用在基础上的各类荷载及其组合方法按现行《建筑结构荷载规范》执行。在地下水位以下时应扣去水的浮力。否则，将使计算结果偏差很大而造成重大失误。在计算土压力、滑坡推力、稳定性时尤应注意。

本规范只给出各类基础基底反力、力矩、挡墙所受的土压力等。至于基础断面大小及配筋量尚应满足抗弯、冲切、剪切、抗压等要求，设计时应根据所选基础材料按照有关规范规定执行。

2 术语和符号

2.1.3 由于土为大变形材料，当荷载增加时，随着地基变形的相应增长，地基承载力也在逐渐加大，很难界定出一个真正的"极限值"；另一方面，建筑物的使用有一个功能要求，常常是地基承载力还有潜力可挖，而变形已达到或超过按正常使用的限值。因之，地基设计是采用正常使用极限状态这一原则，所选定的地基承载力是在地基土的压力变形曲线线性变形段内相应于不超过比例界限点的地基压力值，即允许承载力。

根据国外有关文献，相应于我国规范中"标准值"的含义可以有特征值、公称值、名义值、标定值四种，在国际标准《结构可靠性总原则》ISO2394中相应的术语直译为"特征值"（characteristic value），该值的确定可以是统计得出，也可以是传统经验值或某一物理量限定的值。

本次修订采用"特征值"一词，用以表示正常使用极限状态计算时采用的地基承载力和单桩承载力的值，其涵义即为在发挥正常使用功能时所允许采用的抗力设计值，以避免过去一律提"标准值"时所带来的混淆。

3 基本规定

3.0.1 建筑地基基础设计等级是按照地基基础设计的复杂性和技术难度确定的，划分时考虑了建筑物的性质、规模、高度和体型；对地基变形的要求；场地和地基条件的复杂程度；以及由于地基问题对建筑物的安全和正常使用可能造成影响的严重程度等因素。

地基基础设计等级采用三级划分，如表3.0.1。现对该表作如下重点说明：

在地基基础设计等级为甲级的建筑物中，30层以上的高层建筑，不论其体型复杂与否均列入甲级，这是考虑到其高度和重量对地基承载力和变形均有较高要求，采用天然地基往往不能满足设计需要，而须考虑桩基或进行地基处理；体型复杂、层数相差超过10层的高低层连成一体的建筑物是指在平面上和立面上高度变化较大、体型变化复杂，且建于同一整体基础上的高层宾馆、办公楼、商业建筑等建筑物。由于上部荷载大小相差悬殊、结构刚度和构造变化复杂，很易出现地基不均匀变形，为使地基变形不超过建筑物的允许值，地基基础设计的复杂程度和技术难度均较大，有时需要采用多种地基和基础类型或考虑采用地基与基础和上部结构共同作用的变形分析计算来解决不均匀沉降对基础和上部结构的影响问题；大面积的多层地下建筑物存在深基坑开挖的降水、支护和对邻近建筑物可能造成严重不良影响等问题，增加了地基基础设计的复杂性，有些地面以上没有荷载或荷载很小的大面积多层地下建筑物，如地下车库、商场、运动场等还存在抗地下水浮力设计等问题；复杂地质条件下的坡上建筑物是指坡体岩土的种类、性质、产状和地下水条件变化复杂等对坡体稳定性不利的情况，此时应作坡体稳定性分析，必要时应采取整治措施；对原有工程有较大影响的新建建筑物是指在原有建筑物旁和在地铁、地下隧道、重要地下管道上或旁边新建的建筑物，当新建建筑物对原有工程影响较大时，为保证原有工程的安全和正常使用，增加了地基基础设计的复杂性和难度；场地和地基条件复杂的建筑物是指不良地质现象强烈发育的场地，如泥石流、崩塌、滑坡、岩溶土洞塌陷等，或地质环境恶劣的场地，如地下采空区、地面沉降区、地裂缝地区等，复杂地基是指地基岩土种类和性质变化很大、有古河道或暗浜分布、地基为特殊性岩土，如膨胀土、湿陷性土等，以及地下水对工程影响很大需特殊处理等情况，上述情况均增加了地基基础设计的复杂程度和技术难度。对在复杂地质条件和软土地区开挖较深的基坑工程，由于基坑支护、开挖和地下水控制等技术复杂、难度较大，也列入甲级。

表 3.0.1 所列的设计等级为丙级的建筑物是指建筑场地稳定，地基岩土均匀良好、荷载分布均匀的七层及七层以下的民用建筑和一般工业建筑物以及次要的轻型建筑物。

由于情况复杂，设计时应根据建筑物和地基的具体情况参照上述说明确定地基基础的设计等级。

3.0.2 本条规定了地基设计的原则。

1 各类建筑物的地基计算均应满足承载力计算的要求。

2 设计等级为甲、乙级的建筑物均应按地基变形设计，这是由于因地基变形造成上部结构的破坏和裂缝的事例很多，因此控制地基变形成为地基设计的主要原则，在满足承载力计算的前提下，应按控制地基变形的正常使用极限状态设计。

3 本次修订增加了对地下水埋藏较浅，而地下室或地下构筑物存在上浮问题时，应进行抗浮验算的规定。

3.0.3 本条规定了对地基勘察的要求。

1 在地基基础设计前必须进行岩土工程勘察。

2 对岩土工程勘察报告的内容作出规定。

3 对不同地基基础设计等级建筑物的地基勘察方法，测试内容提出了不同要求。

4 强调应进行施工验槽，如发现问题应进行补充勘察，以保证工程质量。

3.0.4 地基基础设计时，所采用的荷载效应最不利组合和相应的抗力限值应按下列规定：

当按地基承载力计算和地基变形计算以确定基础底面积和埋深时应采用正常使用极限状态，相应的荷载效应组合为标准组合和准永久组合。

在计算挡土墙土压力、地基和斜坡的稳定及滑坡推力时，采用承载能力极限状态荷载效应基本组合，荷载效应组合设计值 S 中荷载分项系数均为 1.0。

在根据材料性质确定基础或桩台的高度、支挡结构截面、计算基础或支挡结构内力、确定配筋和验算材料强度时，应按承载能力极限状态考虑，采用荷载效应基本组合。此时，S 中包含相应的荷载分项系数。

3.0.5 荷载效应组合的设计值应按现行《建筑结构荷载规范》GB 50009 的规定执行。规范编制组对基础构件设计的分项系数进行了大量试算工作，对高层建筑筏板基础 5 人次 8 项工程、高耸构筑物 1 人次 2 项工程、烟囱 2 人次 8 项工程，支挡结构 5 人次 20 项工程的试算结果统计，对由永久荷载控制的荷载效应基本组合确定设计值时，综合荷载分项系数应取 1.35。

4 地基岩土的分类及工程特性指标

4.1 岩土的分类

4.1.2～4.1.4 岩石的工程性质极为多样，差别很大，进行工程分类十分必要。89 规范首先进行坚固性分类，再进行风化分类。按坚固性分为"硬质岩"和"软质岩"，列举了代表性岩石名称，以新鲜岩块的饱和单轴抗压强度 30MPa 为分界标准。问题在于，新鲜的未风化的岩块在现场很难取得，难以执行。另外，只分"硬质"和"软质"，也显得粗了些，而对工程最重要的是软岩和极软岩。

岩石的分类可以分为地质分类和工程分类。地质分类主要根据其地质成因、矿物成份、结构构造和风化程度，可以用地质名称加风化程度表达，如强风化花岗岩、微风化砂岩等。这对于工程的勘察设计确是十分必要的。工程分类主要根据岩体的工程性状，使工程师建立起明确的工程特性概念。地质分类是一种基本分类，工程分类应在地质分类的基础上进行，目的是为了较好地概括其工程性质，便于进行工程评价。

为此，本次修订除了规定应确定地质名称和风化程度外，增加了"岩块的坚硬程度"和"岩体的完整程度"的划分，并分别提出了定性和定量的划分标准和方法，对于可以取样试验的岩石，应尽量采用定量的方法，对于难以取样的破碎和极破碎岩石，可用附录 A 的定性方法，可操作性较强。岩石的坚硬程度直接和地基的强度和变形性质有关，其重要性是无疑的。岩体的完整程度反映了它的裂隙性，而裂隙性是岩体十分重要的特性，破碎岩石的强度和稳定性较完整岩石大大削弱，尤其对边坡和基坑工程更为突出。

本次修订将岩石的坚硬程度和岩体的完整程度各分五级。划分出极软岩十分重要，因为这类岩石常有特殊的工程性质，例如某些泥岩具有很高的膨胀性；泥质砂岩、全风化花岗岩等有很强的软化性（饱和单轴抗压强度可等于零）；有的第三纪砂岩遇水崩解，有流砂性质。划分出极破碎岩体也很重要，有时开挖时很硬，暴露后逐渐崩解。片岩各向异性特别显著，作为边坡极易失稳。

破碎岩石测岩块的纵波波速有时会有困难，不易准确测定，此时，岩块的纵波波速可用现场测定岩性相同但岩体完整的纵波波速代替。

4.1.6 碎石土难以取样试验，89规范用野外鉴别方法划分密实度。本次修订以重型动力触探锤击数 $N_{63.5}$ 为主划分其密实度，更为客观和可靠，同时保留野外鉴别法，列入附录B。

重型圆锥动力触探在我国已有近五十年的应用经验，各地积累了大量资料。铁道部第二勘测设计院通过筛选，采用了59组对比数据，包括卵石、碎石、圆砾、角砾，分布在四川、广西、辽宁、甘肃等地，数据经修正（表4.1.6-1），统计分析了 $N_{63.5}$ 与地基承载力关系（表4.1.6-2）。

表 4.1.6-1　修正系数

$N_{63.5}$ l(m)	5	10	15	20	25	30	35	40	≥50
≤2	1.0	1.0	1.0	1.0	1.0	1.0	1.0	1.0	1.0
4	0.96	0.95	0.93	0.92	0.90	0.98	0.87	0.86	0.84
6	0.93	0.90	0.88	0.85	0.83	0.81	0.79	0.78	0.75
8	0.90	0.86	0.83	0.80	0.77	0.75	0.73	0.71	0.67
10	0.88	0.83	0.79	0.75	0.72	0.69	0.67	0.64	0.61
12	0.85	0.79	0.75	0.70	0.67	0.64	0.61	0.59	0.55
14	0.82	0.76	0.71	0.66	0.62	0.58	0.56	0.53	0.50
16	0.79	0.73	0.67	0.62	0.57	0.54	0.51	0.48	0.45
18	0.77	0.70	0.63	0.57	0.53	0.49	0.46	0.43	0.40
20	0.75	0.67	0.59	0.53	0.48	0.44	0.41	0.39	0.36

注：l 为杆长。

表 4.1.6-2　$N_{63.5}$ 与承载力的关系

$N_{63.5}$	3	4	5	6	8	10	12	14	16
σ_0(kPa)	140	170	200	240	320	400	480	540	600
$N_{63.5}$	18	20	22	24	26	28	30	35	40
σ_0(kPa)	660	720	780	830	870	900	930	970	1000

注：1. 适用的深度范围为1～20m；
　　2. 表内的 $N_{63.5}$ 为经修正后的平均击数。

表4.1.6-1的修正，实际上是对杆长、上覆土自重压力、侧摩阻力的综合修正。

过去积累的资料基本上是 $N_{63.5}$ 与地基承载力的关系，极少与密实度有关。考虑到碎石土的承载力主要与密实度有关，故本次修订利用了表4.1.6-2的数据，参考其他资料，制定了本条按 $N_{63.5}$ 划分碎石土密实度的标准。

4.1.8 关于标准贯入试验锤击数 N 值的修正问题，虽然国内外已有不少研究成果，但意见很不一致。在我国，一直用经过修正后的 N 值确定地基承载力，用不修正的 N 值判别液化。国外和我国某些地方规范，则采用有效上覆自重压力修正。因此，勘察报告首先提供未经修正的实测值，这是基本数据。然后，在应用时根据当地积累资料统计分析时的具体情况，确定是否修正和如何修正。用 N 值确定砂土密实度，确定这个标准时并未经过修正，故表4.1.8中的 N 值为未经过修正的数值。

4.1.11 粉土的性质介于砂土和粘性土之间。砂粒含量较多的粉土，地震时可能产生液化，类似于砂土的性质。粘粒含量较多（＞10%）的粉土不会液化，性质近似于粘性土。而西北一带的黄土，颗粒成分以粉粒为主，砂粒和粘粒含量都很低。因此，将粉土细分为亚类，是符合工程需要的。但目前，由于经验积累的不同和认识上的差别，尚难确定一个能被普遍接受的划分亚类标准，故本条未作划分亚类的明确规定。

4.1.13 红粘土是红土的一个亚类。红土化作用是在炎热湿润气候条件下的一种特定的化学风化成土作用。它较为确切地反映了红粘土形成的历程与环境背景。

区域地质资料表明：碳酸盐类岩石与非碳酸盐类岩石常呈互层产出，即使在碳酸盐类岩石成片分布的地区，也常见非碳酸盐类岩石夹杂其中。故将成土母岩扩大到"碳酸盐岩系出露区的岩石"。

在岩溶洼地、谷地、准平原及丘陵斜坡地带，当受片状及间歇性水流冲蚀，红粘土的土粒被带到低洼处堆积成新的土层，其颜色较未搬运者为浅，常含粗颗粒，但总体上仍保持红粘土的基本特征，而明显有别于一般的粘性土。这类土在鄂西、湘西、广西、粤北等山地丘陵区分布，还远较红粘土广泛。为了利于对这类土的认识和研究，将它划定为次生红粘土。

4.1.15～4.1.16 本次修订增加了膨胀土和湿陷性土的定义。

4.2 工程特性指标

4.2.1 静力触探、动力触探、标准贯入试验等原位测试，用于确定地基承载力，在我国已有丰富经验，可以应用，故列入本条，并强调了必须有地区经验，即当地的对比资料。同时还应注意，当地基基础设计等级为甲级和乙级时，应结合室内试验成果综合分析，不宜单独应用。

74规范建立了土的物理力学性指标与地基承载力关系，89规范仍保留了地基承载力表，列入附录，并在使用上加以适当限制。承载力表使用方便是其主要优点，但也存在一些问题。承载力表是用大量的试验数据，通过统计分析得到的。我国幅员广大，土质条件各异，用几张表格很难概括全国的规律。用查表法确定承载力，在大多数地区可能基本适合或偏保守，但也不排除个别地区可能不安全。此外，随着设计水平的提高和对工程质量要求的趋于严格，变形控制已是地基设计的重要原则，本规范作为国标，如仍沿用承载力表，显然已不适应当前的要求，故本次修订决定取消有关承载力表的条文和附录，勘察单位应根据试验和地区经验确定地基承载力等设计参数。

4.2.2 工程特性指标的代表值，对于地基计算至关重要。本条明确规定了代表值的选取原则。标准值取其概率分布的0.05分位数；地基承载力特征值是指由载荷试验地基土压力变形关系线性变形段内不超过比例界限点的地基压力值，实际即为地基承载力的允许值。

4.2.3 载荷试验是确定岩土承载力的主要方法，89规范列入了浅层平板载荷试验。考虑到浅层平板载荷试验不能解决深层土的问题，故本次修订增加了深层载荷试验的规定。这种方法已积累了一定经验，为了统一操作，将其试验要点列入了本规范的附录D。

4.2.4 采用三轴剪切试验测定土的抗剪强度，是国际上常规的方法。优点是受力条件明确，可以控制排水条件，既可用于总应力法，也可用于有效应力法；缺点是对取样和试验操作要求较高，土质不均时试验成果不理想。相比之下，直剪试验虽然简便，但受力条件复杂，无法控制排水，故本次修订推荐三轴试验。鉴于多数工程施工速度快，较接近于不固结不排水剪条件，故本规范推荐UU试验。而且，用UU试验成果计算，一般比较安全。但预压固结的地基，应采用固结不排水剪。进行UU试验时，宜在土的有效自重压力下预固结，更符合实际。

室内试验确定土的抗剪强度指标影响因素很多，包括土的分层合理性、土样均匀性、操作水平等，某些情况下使试验结果的变异系数较大，这时应分析原因，增加试验组数，合理取值。

4.2.5 土的压缩性指标是建筑物沉降计算的依据。为了与沉降计算的受力条件一致，本次修订时强调了施加的最大压力应超过土的有效自重压力与预计的附加压力之和，并取与实际工程相同的压力段计算变形参数。

考虑土的应力历史进行沉降计算的方法，注意了欠压密土在土的自重压力下的继续压密和超压密土的卸载回弹再压缩，比较符合实际情况，是国际上常用的方法。本次修订时增加了通过高压固结试验测定有关参数的规定。

5 地基计算

5.1 基础埋置深度

5.1.3 除岩石地基外，位于天然土质地基上的高层建筑筏形或箱形基础应有适当的埋置深度，以保证筏形和箱形基础的抗倾覆和抗滑移稳定性。

本条给出的抗震设防区内的高层建筑筏形和箱形基础埋深不宜小于建筑物高度的1/15，是基于工程实践和科研成果。北京市勘察设计研究院张在明等在分析北京八度抗震设防区内高层建筑地基整体稳定性

与基础埋深的关系时，以二幢分别为15层和25层的建筑，考虑了地震作用和地基的种种不利因素，用圆弧滑动面法进行分析，其结论是：从地基稳定的角度考虑，当25层建筑物的基础埋深为1.8m时，其稳定安全系数为1.44，如埋深为3.8m（1/17.8）时，则安全系数达到1.64。对位于岩石地基上的高层建筑筏形和箱形基础，其埋置深度应根据抗滑移的要求来确定。

5.1.6 地基土的冻胀性分类

土的冻胀性分类基本上与GBJ7—89中的一致，仅对下列几个内容进行了修改。

1 增加了特强冻胀土一档。因原分类表中当冻胀率η大于6%时为强冻胀，在实际的冻胀性地基土中η不小于20%的并不少见，由不冻胀到强冻胀划分的很密，而强冻胀之后再不细分，显得太粗，有些在冻胀的过程中出现的力学指标如土的冻胀应力，切向冻胀力等，变化范围太大。因此，本规范作相应改动，增加了η大于12%特强冻胀土一档。

2 在粗颗粒土中的细粒土含量（填充土），超过某一定的数值时如40%，其冻胀性可按所填充之物的冻胀性考虑。

当高塑性粘土如塑性指数I_p不小于22时，土的渗透性下降，影响其冻胀性的大小，所以考虑冻胀性下降一级。当土层中的粘粒（粒径小于0.005mm）含量大于60%，可看成为不透水的土，此时的地基土为不冻胀土。

3 近十几年内国内某些单位对季节冻土层地下水补给高度的研究做了很多工作，见表5.1-1、表5.1-2、表5.1-3、表5.1-4。

表5.1-1 土壤毛管水上升高度与冻深、冻胀的比较*

项 目 土壤类别	毛管水上升高度（mm）	冻深速率变化点距地下水位的高度（mm）	明显冻胀层距地下水位的高度（mm）
重壤土	1500～2000	1300	1200
轻壤土	1000～1500	1000	1000
细砂	<500	—	400

* 王希尧 不同地下水埋深和不同土壤条件下冻结和冻胀试验研究《冰川冻土》1980.3。

表5.1-2 无冻胀层距离潜水位的高度*

土壤类别	重壤	轻壤	细砂	粗砂
无冻胀层距离潜水位的高度（mm）	1600	1200	600	400

* 王希尧 浅潜水对冻胀及其层次分布的影响《冰川冻土》1982.2。

表 5.1-3　　地下水位对冻胀影响程度*

土 类	地下水距冻结线的距离 z（m）				
亚粘土	z>2.5	2.0<z<2.5	1.5<z<2.0	1.2<z<1.5	z<1.2
亚砂土	z>2.0	1.5<z<2.0	1.0<z<1.5	0.5<z<1.0	z<0.5
砂性土	z>1.0	0.7<z<1.0	0.5<z<0.7	z<0.5	
粗 砂	z>1.0	0.5<z<1.0	z<0.5	—	
冻胀类别	不冻胀	弱冻胀	冻胀	强冻胀	特强冻胀

* 童长江等　切向冻胀力的设计值　科学院冰川所　大庆油田设计院 1986.7

表 5.1-4　　冻胀分类地下水界线值*

土层名	冻胀分类 地下水位（m）	不冻胀	弱冻胀	冻胀	强冻胀	特强冻胀
粘性土	计算值	1.87	1.21	0.93	0.45	<0.45
	推荐值	>2.00	>1.5	>1.0	>0.5	<0.5
细砂	计算值	0.87	0.54	0.33	0.06	<0.06
	推荐值	>1.0	>0.6	>0.4	>0.1	<0.1

* 戴惠民　王兴隆　季冻区公路桥涵地基土冻胀与基础埋深的研究
　　黑龙江省交通科学研究所 1989.5

根据上述研究成果，以及专题研究"粘性土地基冻胀性判别的可靠性"，将季节冻土的冻胀性分类表中冻结期间地下水位距冻结面的最小距离 h_0 作了部分调整，其中粉砂列由 1.5m 改为 1.0m；粉土列由 2.0m 改为 1.5m；粘性土列中当 w 大于 w_p+9 后，改成大于 w_p+15 为特强冻胀土。

4　冻结深度与冻层厚度两个概念容易混淆，对不冻胀土二者相同，但对冻胀土，尤其强冻胀以上的土，二者相差颇大。计算冻层厚度时，自然地面是随冻胀量的加大而逐渐上抬的，设计基础埋深时所需的冻深值是自冻前原自然地面算起的，它等于冻层厚度减去冻胀量，特此强调引起注意。

5.1.7 冻深影响系数中的 ψ_{zs}、ψ_{zw} 及 ψ_{ze}

影响冻深的因素很多，最主要的是气温，除此之外尚有季节冻结层附近的地质（岩性）条件，水分状况以及环境特征等等。在上述诸因素中，除山区外，只有气温属地理性指标，其他一些因素，在平面分布上都是彼此独立的，带有随机性，各自的变化无规律，有些地方的变化还是相当大的，它们属局部性指标，局部性指标用小比例尺的全国分布图来表示，不合适。例如哈尔滨郊区有一个高陡坡，水平距离不过十余米，坡上土的含水量小，地下水位低，冻深约

1.9m，而坡下地下水位高，土的含水量大，属特强冻胀土，历年冻深不超过 1.5m。这种情况在冻深图中是无法表示清楚的，也不可能表示清楚。

附录 G《中国季节性冻土标准冻深线图》应该理解为在标准条件下取得的，该标准条件即为标准冻深的定义：地下水位与冻结锋面之间的距离大于 2m，非冻胀粘性土，地表平坦、裸露，城市之外的空旷场地中，多年实测（不少于十年）最大冻深的平均值。冻深的影响系数有土质系数，湿度系数，环境系数和地形系数等。

土质对冻深的影响是众所周知的，因岩性不同其热物理参数也不同，粗颗粒土的导热系数比细颗粒土的大。因此，当其他条件一致时，粗颗粒土比细颗粒土的冻深大，砂类土的冻深比粘性土的大。我国对这方面问题的实测数据不多、不系统，苏联 74 年和 83 年设计规范《房屋及建筑物地基》中有明确规定，本规范采纳了他们的数据。

土的含水量和地下水位对冻深也有明显的影响，我国东北地区做了不少工作，这里将土中水分与地下水位都用土的冻胀性表示（见本规范附录 G 中土的冻胀性分类表），水分（湿度）对冻深的影响系数见表 5.1-5。因土中水在相变时要放出大量的潜热，所以含水量越多，地下水位越高（冻结时向上迁移），参与相交的水量就越多，放出的潜热也就越多，由于冻胀土冻结的过程也是放热的过程，放热在某种程度上减缓了冻深的发展速度，因此冻深相对变浅。

表 5.1-5　　水分对冻深的影响系数
（含水量、地下水位）

资料出处	不冻胀	弱冻胀	冻 胀	强冻胀	特强冻胀
黑龙江低温所（闫家岗站）	1.00	1.00	0.90	0.85	0.80
黑龙江低温所（龙凤站）	1.00	1.00	0.90	0.80	0.77
大庆油田设计院（让胡路站）	1.00	0.95	0.90	0.85	0.75
黑龙江交通所（庆安站）	1.00	0.95	0.90	0.85	0.75
推荐值	1.00	0.95	0.90	0.85	0.80

注：土的含水量与地下水位深度都含在土的冻胀性中，参见土的冻胀性分类表。

坡度和坡向对冻深也有一定的影响，因坡向不同，接收日照的时间有长有短，得到的辐射热有多有少，向阳坡的冻深最小，背阴坡的冻深最大。坡度的大小也有很大关系，同是向阳坡，坡度大者阳光光线的入射角相对较小，单位面积上的光照强度变大，接受的辐射热量就多，前苏联《普通冻土学》中给出了

坡向对融化深度的影响系数。但是有关这方面的定量实测资料很少，坡度界限不好确定，因此本规范暂不考虑。

城市的气温高于郊外，这种现象在气象学中称为城市的"热岛效应"。城市里的辐射受热状况改变了（深色的沥青屋顶及路面吸收大量阳光），高耸的建筑物吸收更多的阳光，各种建筑材料的热容量和传热量大于松土。据计算，城市接受的太阳辐射量比郊外高出10%～30%，城市建筑物和路面传送热量的速度比郊外湿润的砂黏土快3倍，工业设施排烟、放气、交通车辆排放尾气，人为活动等都放出很多热量，加之建筑群集中，风小对流差等，使周围气温升高。

目前无论国际还是国内对城市气候的研究越来越重视，该项研究已列入国家基金资助课题，对北京、上海、沈阳等十个城市进行了重点研究，已取得一批阶段成果。根据国家气象局气象科学研究院气候所和中国科学院、国家计委北京地理研究所气候室的专家提供的数据，经过整理列于表5.1-6中。"热岛效应"是一个比较复杂的问题，和城市人口数量、人口密度、年平均气温、风速、阴雨天气等诸多因素有关。根据观测资料与专家意见，作如下规定：20～50万人口的城市（市区），只按近郊考虑0.95的影响系数，50～100万人口的城市，只按市区考虑0.90的系数，大于100万的，除考虑市区外，还可扩大考虑5km范围内的近郊区。此处所说的城市（市区）是指市民居住集中的市区，不包括郊区和市属县、镇。

表5.1-6 "热岛效应"对冻深的影响

城市	北京	兰州	沈阳	乌鲁木齐
市区冻深 远郊冻深	52%	80%	85%	93%
规范推荐值	市区0.90	近郊0.95		村镇1.00

关于冻深的取值，尽量应用当地的实测资料，要注意个别年份挖探一个、两个数据不能算实测数据，多年实测资料（不少于十年）的平均值才为实测数据（个体不能代表均值）。

5.1.8 按双层地基计算模型对基底下允许冻土层最大厚度h_{max}的计算：

残留冻土层的确定只是根据自然场地的冻胀变形规律，没有考虑基础荷重的作用与土中应力对冻胀的影响，或者说地基土的冻胀变形与其上有无建筑物无关，与其上的荷载大小无关。例如，单层的平房与十几层高的住宅楼在按残留冻土层进行基础埋深的设计时，将得出相同的残留冻土层厚度，具有同一埋深，这显然是不够合理的。

本规范所采用的方法是以弹性层状空间半无限体力学的理论为基础的，在一般情况下（非冻结季节）地基土是单层的均质介质，而在季节冻土冻结期间则变成了含有冻土和未冻土两层的非均质介质，即双层地基，在融化过程中又变成了融土—冻土—未冻土的三层地基。

地基土在冻结之前由附加荷载引起的附加应力的分布是属于均质（单层）的，当冻深发展到浅基础底面以下，由于已冻土的力学特征参数与未冻土的差别较大而变成了两层。如果地基土是非冻胀性的，虽然地基已变成两层，但地基中原有的附加应力分布则仍保持着固有的单层的形式，若地基属于冻胀性土时，随着冻胀力的产生和不断增大，地基中的附加应力则进行着一系列变化，即重分配，冻胀力发展增大的过程，也是附加应力重分配的过程。

凡是基础埋置在冻深范围之内的建（构）筑物，其荷载都是较小的（因如果荷载较大，埋深浅了则不能满足变形和稳定的要求），一般都应用均质直线变形体的弹性理论计算土中应力，土冻结之后的力学指标大大提高了，可以用双层空间半无限直线变形体理论来分析地基中的应力。

季节冻结层在冬季，土的负温度沿深度的分布，当冻层厚度不超过最大冻深的3/4时，即负气温在翌年入春回升之前可看成直线关系。根据黑龙江省寒地建筑科学研究院在哈尔滨和大庆两地冻土站（冻深在两米左右地区）实测的竖向平均温度梯度，可近似地用0.1℃/cm表示，地下各点负温度的绝对值可用下式计算：

$$T = 0.1(h-z) \quad (℃) \quad (5.1-1)$$

式中 h——自基础底面算起至冻结界面的冻层厚度（cm）；

z——自基础底面算起冻土层中某点的竖向坐标（cm）。

冻土的变形模量（或近似称弹性模量）与土的种类、含水程度、荷载大小、加载速率以及土的负温度等都有密切关系，其变形模量与土温的关系委托中国科学院兰州冰川冻土研究所做的试验，经过整理简化后其结果为：

$$E = E_0 + KT^a = [10 + 44T^{0.733}] \times 10^3 (kPa)$$
$$(5.1-2)$$

将（5.1-1）式代入，得

$$E = [10 + 238(h-z)^{0.733}] \times 10^3 \quad (kPa)$$
$$(5.1-3)$$

式中 E_0——冻土在0℃时的变形模量（kPa）。

双层地基的计算简图如图5.1-1所示，编制有限元的计算程序，用数值计算来近似解出双层地基交接面（冻结界面）上基础中心轴下垂直应力系数。根据湖南省计算技术研究所、中国科学院哈尔滨工程力学研究所的双层地基的解析计算结果，根据实际地基两层的刚度比、基础面积、形状、土层高度等参数求出了条形、方形和圆形图表的结果。

根据一定的基础形式（条形、圆形或矩形），一

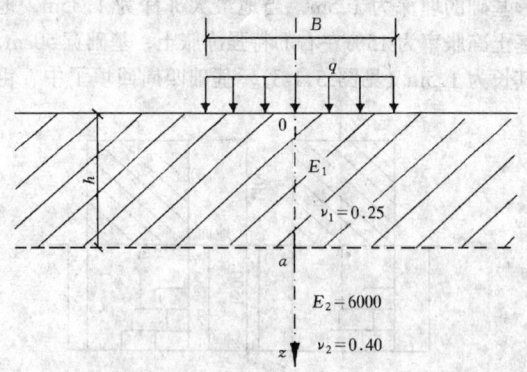

图 5.1-1 双层地基计算简图
$$E_1 = [10 + 238(h-z)^{0.733}] \times 10^3$$

定的基础尺寸（基础宽度、直径或边长的数值）和一定的基底之下的冻层厚度，即可查出冻结界面上基础中心点下的应力系数值。

土的冻胀应力是这样得到的，如图 5.1-2 所示，图 5.1-2a 为一基础放置在冻土层内，设计冻深为 H，基础埋深为 h，冻土层的变形模量、泊松比为 E_1、ν_1，下卧不冻土层的为 E_2、ν_2 均为已知，图 5.1-2b 所示的地基与基础，其所有情况与图 5.1-2a 完全相同，二者所不同之处在于图 5.1-2a 为作用力 P 施加在基础上，地基内 a 点产生应力 p_a，图 5.1-2b 为基础固定不动，由于冻土层膨胀对基础产生一力 P'，引起地基内 a 点的应力为 p'_a，在界面上的冻胀应力按约束程度的不同有一定的分布规律。如果 $P'=P$ 时，则 $p'_a = p_a$，由于地基基础所组成的受力系统与大小完全相同，则地基和基础的应力状态也完全一致。换句话说，由 P 引起的在冻结界面上附加应力的大小和分布完全相同于产生冻胀力 $P'(=P)$ 时在冻结界面上冻胀应力的分布和大小，所以求冻胀应力的过程与求附加应力的过程是相同的。也可将附加应力看成冻胀应力的反作用力。

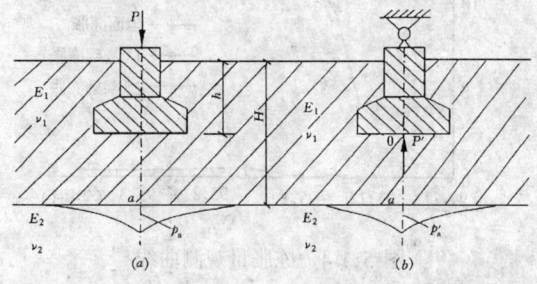

图 5.1-2 地基土的冻胀应力示意
a) 由附加荷载作用在冻土地基上；
b) 由冻胀应力作用在基础上

黑龙江省寒地建筑科学研究院于哈尔滨市郊的闫家岗冻土站中，在四个不同冻胀性的场地上进行了法向冻胀力的观测，正方形基础尺寸 $A = 0.5 m^2$，冻层厚度为 1.5~1.8m，基础埋深为零，四个场地的冻胀率 η 分别为 $\eta_1 = 23.5\%$，$\eta_2 = 16.4\%$，$\eta_3 = 8.3\%$，$\eta_4 = 2.5\%$。

由于在试验冻胀力的过程中基础有 20~30mm 的上抬量，法向冻胀力有一定的松弛，因此，在测得力值的基础上再增加 50%。形成"土的冻胀应力曲线"素材的情况是，冻胀率 $\eta = 20\%$，最大冻深 $H = 1.5m$，基础面积 $A = 0.5m^2$，则冻胀力达到 1000kN，相当 2000kPa，这样大的冻胀力用在工程上有一定的可靠性。

根据基础底面之下的冻层厚度 h 与基础尺寸，查双层地基的应力系数图表，就可容易地求出在该时刻冻胀应力 σ_{fh} 的大小。将不同冻胀率条件下和不同深度处得出的冻胀应力画在一张图上便获得土的冻胀应力曲线。在求基础埋深的过程中，传到基础上的荷载只计算上部结构的自重，临时性的活荷载不能计入，如剧院、电影院的观众厅，在有演出节目时座无虚席，但散场以后空无一人，当夜间基土冻胀时活荷载根本就不存在。另如学校的教室，在严冬放寒假，正值冻胀严重的时令，学生却都回家去，也是空的了，等等。因此，在计算平衡冻胀力的附加荷载时，只计算实际存在的（墙体扣除门窗洞）结构自重，尚应乘以一个小于 1 的荷载系数（如 0.9），考虑偶然最不利的情况。

基础底面处的接触附加压力可以算出，冻层厚度发展到任一深度处的应力系数可以查到，基底附加压力乘以应力系数即为该截面上的附加应力。然后寻求小于或等于附加应力的冻胀应力，这种截面所在的深度减去应力系数所对应的冻层厚度即为所求的基础的最小埋深，在这一深度上由于向下的附加应力已经把向上的冻胀应力给平衡了，即压住了，肯定不会出现冻胀变形，所以是安全的。

5.1.9 防切向冻胀力的措施

降低或消除切向冻胀力的措施很多，诸如：基侧保温法、基侧换土法、改良水土条件法、人工盐渍化法、使土颗粒聚集或分散法、憎水处理法以及基础锚固法等等。这些方法中有的不太经济，有的不能耐久，有的施工不便，还有的会遗留副作用。寻求效果显著、施工简便、造价低廉的防切向冻胀力的措施仍是必要的。本文提出了大家早已知晓，并经过试验确认有效的两个切向冻胀力的防治措施。

1 基侧填砂

用基侧填砂来减小或消除切向冻胀力，许多文献都有简单提及，但是填砂的适用范围、填砂的最小厚度等都没详述，也未曾见有关直接论述的研究报导。对此，我们进行了专题研究。

众所周知，无粘性粗颗粒土（砂类土）的抗剪强度 τ_f 为

$$\tau_f = \sigma \tan\varphi \tag{5.1-4}$$

式中 τ_f——砂类土的抗剪强度（kPa）;
σ——作用于剪切面上的法向压力（kPa）;
φ——土的内摩擦角（°）。

砂土的抗剪强度数值与剪切面上的法向压力呈线性关系,当土的内摩擦角一定时,法向压力越大抗剪强度越高,法向压力越小,抗剪强度越低,当法向压力为零时,其抗剪强度接近于零。地基土在冻结膨胀时所产生的冻胀力通过土与基础冻结在一起的剪切面传递切向冻胀力,砂类土的持水能力很小,当砂土处在地下水位之上时,不但为非饱和土而且含水量很小,其力学性能接近于非冻结的干砂,称松散冻土,所以砂土与土和砂土与基础侧表面冻结在一起的冻结强度就是砂类土的抗剪强度。剪切面上的抗剪强度越高,可传递较大的切向冻胀力,抗剪强度较小时只能产生有限的力值,当抗剪强度为零时,则切向冻胀力也就不存在了。

基础施工完成后回填基坑时在基侧外表（采暖建筑）或两侧（非采暖建筑）填入厚度不小于10cm的中、粗砂,在这种情况下砂土所受到的压力为静止土压力,p_0为作用在基侧填砂表面下任意深度z处的静止土压力强度,按下式计算:

$$p_0 = k_0 \gamma z \quad (5.1-5)$$

式中 k_0——侧压力系数;
γ——砂土的重力密度（kN/m³）;
z——自地表算起破土的深度（m）。

由公式可见,静止土压力强度沿深度呈三角形分布,上部（因此处的冻胀量最大）,由于侧压力不大其抗剪强度低而很小,在下部土的冻胀量较小,因其侧压力偏大抗剪强度反而较高。

冻胀性地基土在开始冻结时就产生冻胀,冻胀的结果不单向上膨胀,沿水平方向照样也膨胀,膨胀的结果产生水平冻胀力,反应在基侧回填砂层上为正压力,使其抗剪强度具有某一较高的数值,当气温下降到一定程度,如-5℃之后,冻胀性较强的粉质粘土已越过剧烈相变区,土中的未冻水含量已很少,随着时间的推移,土温的继续下降,原先已经冻胀了的地基土开始收缩,收缩的结果减少了水平冻胀压力数值,气温再度降低,地温也相应下降,地基土继续冷缩,这样随着冬季的降温连续过程,地基土收缩的演变是由压力减小到零,再由零发展到拉力,当拉应力超过抗拉强度极限时便出现裂缝。基侧填砂层的抗剪强度由大变小,由小到零,地基土的水平压力为零时,其抗剪强度就不存在了。后来发展到开裂,切向冻胀力就更不能产生了。

在冬季细心观察,很容易发现大地的寒冻裂缝及在基础外侧墙边有裂缝存在,一般都较深和较宽,尤其采暖房屋的条形基础外侧更明显。

在闫家岗冻土站进行了毛石条形基础基侧填砂的试验观测,场地的地下水位距冻结线1~2m,毛石条形基础的埋深为1.5m,当地最大冻深为1.35m,地基土冻胀率为15%左右的特强冻胀土,基础宽50cm,其长为1.5m（见图5.1-3）,基础四周回填了中、粗

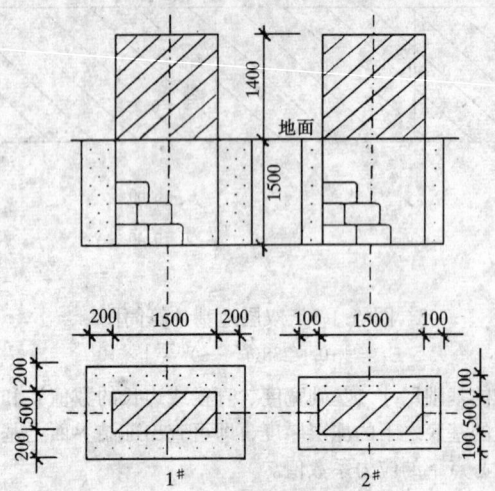

图5.1-3 毛石条形基础试验简图

砂,其中一个基础砂层的厚度为20cm,另一个砂层的厚度为10cm,基础上部用红砖干砌1.4m高,代替少许的结构自重。本试验连续观测了三年,1994—1995年度的试验结果见图5.1-4、图5.1-5,由此可见,尽管基侧回填砂层仅有10cm,毛石基础表面还很粗糙,又处在特强冻胀土中,就这样仍没有冻胀量出现。

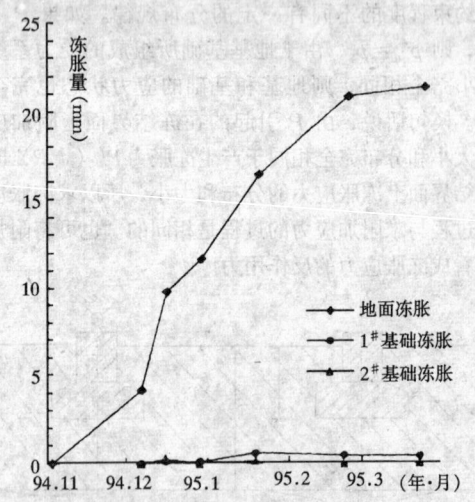

图5.1-4 冻胀量观测曲线

用基侧填砂来防止切向冻胀力是一个既简便又经济的好办法,但它仅适用于地下水位之上,如果所填之砂达到饱和或含泥量过多,在冻结时与土与基础坚固地冻结在一起有较高的冻结强度就会失效。施工时必须保证不小于10cm的厚度,才安全可靠。

2 斜面基础

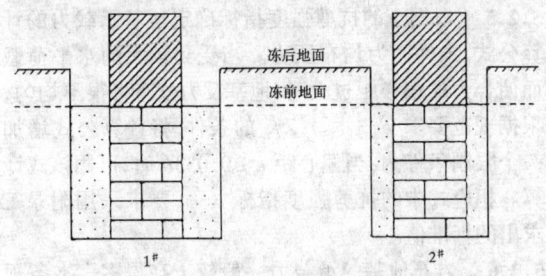

图 5.1-5 地基土冻胀后的情况

关于其截面为上小下大斜面基础防切向冻胀力的问题早有简单地报导，但都认为它是锚固基础的一种，即用下部基础断面中的扩大部分来阻止切向冻胀力将基础抬起，类似于带扩大板的自锚式基础。国际冻土力学著名学者俄罗斯的 B·O·奥尔洛夫教授等人认为基础斜边的倾角 β 仅有 $2\sim3°$ 即可解决问题。这种作用对将基础埋设在冻层之内的浅基础毫无意义，因它没有伸入冻层之下起锚固作用的部分。再者，没有配置受拉钢筋的一般基础，也无法承受由切向冻胀力作用所产生的上拔力。

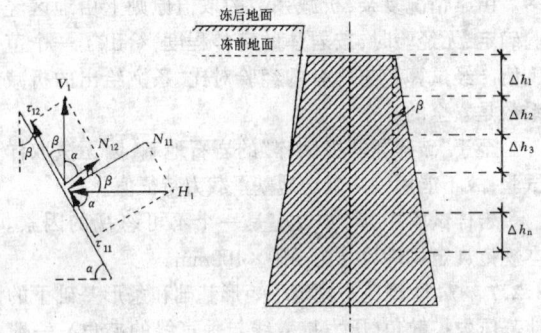

图 5.1-6 斜面基础基侧受力分布图

我们在各种不同冻胀率、包括 15% 左右的特强冻胀土的场地上进行了多种倾斜角多年度的观测试验。从试验结果上看土与基础作用的相互关系中，所表现出的并不像上述提及"对切向冻胀力起阻止的自锚作用"。现分析斜面的受力情况。取一单位长度截面为正梯形的钢筋混凝土条形基础埋置在冻胀性土的地基中，斜面基础的底角为 α，将冻层内的地基土分成 n 层，每层的高度为 Δh，并认为冻胀只在温度为零度的冻结界面一次完成，当温度继续降低不再膨胀反而出现冷缩。

在冬初当第一层土冻结时，土产生冻胀，并同时出现两个方向膨胀：沿水平方向膨胀基础受一水平作用力 H_1；垂直向上膨胀基础受一作用力 V_1。V_1 可分解成两个分力，即沿基础斜边的 τ_{12} 和沿基础斜边法线方向的 N_{12}，τ_{12} 即是由于土有向上膨胀趋势对基础施加的切向冻胀力，N_{12} 是由于土有向上膨胀的趋势对基础斜边法线方向作用的拉应力。水平冻胀力 H_1 也可分解成两个分力，其一是 τ_{11}，其二是 N_{11}，τ_{11} 是由于水平冻胀力的作用施加在基础斜边上的切向冻胀力，N_{11} 则是由于水平冻胀力作用施加在基础斜边上的正压力（见图 5.1-6 受力分布图）。此时，第一层土作用于基侧的切向冻胀力为 $\tau_1 = \tau_{11} + \tau_{12}$。正压力 $N_1 = N_{11} - N_{12}$。由于 N_{12} 为正拉力，它的存在将降低基侧受到的正压力数值。当冻结界面发展到第二层土时，除第一层的原受力不变之外又叠加了第二层土冻胀时对第一层的作用，由于第二层土冻胀时受到第一层的约束，使第一层土对基侧的切向冻胀力增加至 $\tau_1 = \tau_{11} + \tau_{12} + \tau_{22}$，而且当冻结第二层土时第一层土所处位置的土温又有所降低，土在产生水平冻胀后出现冷缩，令冻土层的冷缩拉力为 N_c，此时正压力为 $N_1 = N_{11} - N_{12} - N_c$。当冻层发展到第三层土时，第一、二层重又出现一次上述现象。

由以上分析可以看出，某层的切向冻胀力随冻深的发展而逐步增加，而该层位置基础斜面上受到的冻胀压应力随冻深的发展数值逐渐变小，当冻深发展到第 n 层，第一层的切向冻胀力超过基侧与土的冻结强度时，基础便与冻土产生相对位移，切向冻胀力不再增加而下滑，出现卸载现象。N_1 由一开始冻结产生较大的压应力，随着冻深向下发展、土温的降低、下层土的冻胀等作用，拉应力分量在不断地增长，当达到一定程度，N_1 由压力变成拉力，所以当达到抗拉强度极限时，基侧与土将开裂，由于冻土的受拉呈脆性破坏，一旦开裂很快沿基侧向下延伸扩展，这一开裂，使基础与基侧土之间产生空隙，切向冻胀力也就不复存在了。

应该说明的是，在冻胀土层范围之内的基础扩大部分根本起不到锚固作用，因在上层冻胀时基础下部所出现的锚固力，等冻深发展到该层时，随着该层的冻胀而消失了，只有处在下部未冻土中基础的扩大部分才起锚固作用，但我们所说的浅埋基础根本不存在这一伸入未冻土层中的部分。

在闫家岗冻土站不同冻胀性土的场地上进行了多组方锥形（截头锥）桩基础的多年观测，观测结果表明，当 β 角大于等于 $9°$ 时，基础即是稳定的，见图 5.1-7。基础稳定的原因不是由于切向冻胀力被下部扩大部分给锚住，而是由于在倾斜表面上出现拉力分量与冷缩分量叠加之后的开裂，切向冻胀力退出工作所造成的，见图 5.1-8 的试验结果。

用斜面基础防切向冻胀力具有如下特点：

1 在冻胀作用下基础受力明确，技术可靠。当其倾斜角 β 大于等于 $9°$ 时，将不会出现因切向冻胀力作用而导致的冻害事故发生；

2 不但可以在地下水位之上，也可在地下水位之下应用；

3 耐久性好，在反复冻融作用下防冻胀效果不变；

4 不用任何防冻胀材料就可解决切向冻胀问题。

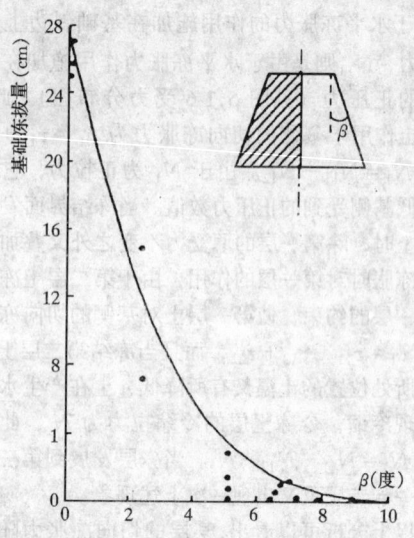

图 5.1-7 斜面基础的抗冻拔试验

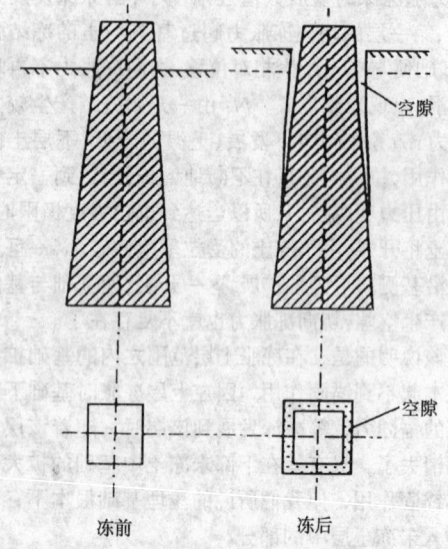

图 5.1-8 斜面基础的防冻胀试验

该种基础施工时较常规基础相比稍有麻烦,当基础侧面较粗糙时,可用水泥砂浆将基础侧面抹平。

5.2 承载力计算

5.2.4 本次修订在表 5.2.4 中,增加了质量控制严格的大面积压实填土地基,采用深度修正后的地基承载力特征值设计时,对于压实系数大于 0.95、粘粒含量 $\rho_c \geqslant 10\%$ 的粉土 η_d 取 1.5;对于最大干密度大于 2.1t/m³ 的级配砂石 η_d 取 2.0;其他人工填土地基 η_d 取 1.0。

目前建筑工程大量存在着主裙楼一体的结构,对于主体结构地基承载力的深度修正,宜将基础底面以上范围内的荷载,按基础两侧的超载考虑,当超载宽度大于基础宽度两倍时,可将超载折算成土层厚度作为基础埋深,基础两侧超载不等时,取小值。

5.2.5 根据土的抗剪强度指标确定地基承载力的计算公式,条件原为均布压力。当受到较大的水平荷载而使合力的偏心距过大时,地基反力分布将很不均匀,根据规范要求 $p_{kmax} \leqslant 1.2f_a$ 的条件,将计算公式增加一个限制条件为:当偏心距 $e \leqslant 0.033b$ 时,可用该式计算。相应式中的抗剪强度指标 c、φ,要求采用附录 E 求出的标准值。

5.2.6 岩石地基的承载力一般较土高得多。本条规定:"用岩基载荷试验方法确定"。但对完整、较完整和较破碎的岩体可以取样试验时,可以根据饱和单轴抗压强度标准值,乘以折减系数确定地基承载力特征值。

关键问题是如何确定折减系数。岩石饱和单轴抗压强度与地基承载力之间的不同在于:第一,抗压强度试验时,岩石试件处于无侧限的单轴受力状态;而地基承载力则处于有围压的三轴应力状态。如果地基是完整的,则后者远远高于前者。第二,岩块强度与岩体强度是不同的,原因在于岩体中存在或多或少,或宽或窄,或显或隐的裂隙,这些裂隙不同程度地降低了地基的承载力。显然,越完整,折减越少;越破碎,折减越多。由于情况复杂,折减系数的取值原则上由地区经验确定,无经验时,按岩体的完整程度,给出了一个范围值。经试算和与已有的经验对比,条文给出的折减系数是安全的。

至于"破碎"和"极破碎"的岩石地基,因无法取样试验,故不能用该法确定地基承载力特征值。

岩样试验中,尺寸效应是一个不可忽视的因素。本规范规定试件尺寸为 $\phi50 \times 100$mm。

5.2.7 74 版规范中规定了矩形基础和条形基础下的地基压力扩散角(压力扩散线与垂直线的夹角),一般取 22°,当土层为密实的碎石土,密实的砾砂、粗砂、中砂以及老粘土时,取 30°。当基础底面至软弱下卧层顶面以上的土层厚度小于或等于 1/4 基础宽度时,可按 0°计算。

双层土的压力扩散作用有理论解,但缺乏试验证明,在 1972 年开始编制地基规范时主要根据理论解及仅有的一个由四川省科研所提供的现场载荷试验。为慎重起见,提出了上述的应用条件。在修订规范 89 版时,由天津市建研所进行了大批室内模型试验及三组野外试验,得到一批数据。由于试验局限在基宽与硬层厚度相同的条件,对于大家希望解决的较薄硬土层的扩散作用只有借诸理论公式探求其合理应用范围了。以下就修改补充部分中两方面进行说明。

(一) 硬层土厚度 z 等于基宽 b 时,硬层的压力扩散角试验。

天津建研所的试验共 16 组,其中野外载荷试验两组,室内模型试验 14 组,试验中进行了软层顶面处的压力测量。

试验所选用的材料,室内为粉质粘土、淤泥质粘土,用人工制备。野外用煤球灰及石屑。双层土的刚

度指标用 $\alpha = E_{s1}/E_{s2}$ 控制，分别取 $\alpha = 2、4、5、6$ 等。模型基宽为 360 及 200mm 两种，现场压板宽度为 1410mm。

现场试验下卧层为煤球灰，变形模量为 2.2MPa，极限荷载 60kPa，按 $s = 0.015b \approx 21.1$mm 时所对应的压力仅仅为 40kPa。(图 5.2-1，曲线 1)。上层硬土为振密煤球灰及振密石屑，其变形模量为 10.4 及 12.7MPa，这两组试验 $\alpha = 5、6$，从图 5.2-1 曲线中可明显看到：当 $z = b$ 时，$\alpha = 5、6$ 的硬层有明显的压力扩散作用，曲线 2 所反映的承载力为曲线 1 的 3.5 倍，曲线 3 所反映的承载力为曲线 1 的 4.25 倍。

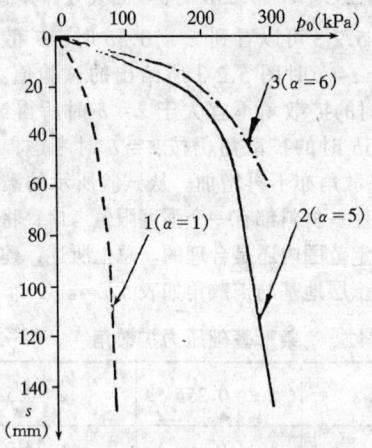

图 5.2-1 现场载荷试验 p-s 曲线
1—原有煤球灰地基；2—振密煤球灰地基；
3—振密土石屑地基

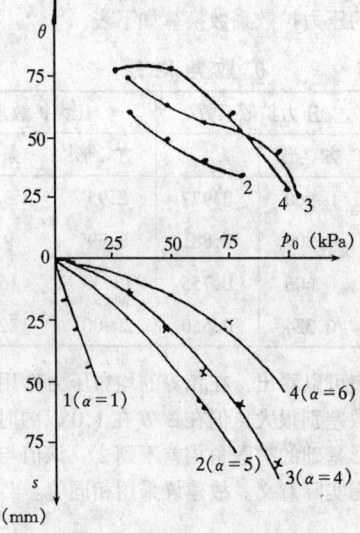

图 5.2-2 室内模型试验 p-s 曲线 p-θ 曲线
注：$\alpha = 2.4$ 时，下层土模量为 4.0MPa
$\alpha = 6$ 时，下层土模量为 2.9MPa

室内模型试验：硬层为标准砂，$e = 0.66$，$E_s = 11.6 \sim 14.8$MPa；下卧软层分别选用流塑状粉质粘土，变形模量在 4MPa 左右；淤泥质土、变形模量为 2.5MPa 左右。从载荷试验曲线上很难找到这两类土的比例界线值，如图 5.2-2，曲线 1 流塑状粉质粘土 $s = 50$mm 时的强度仅 20kPa。作为双层地基，当 $\alpha = 2$，$s = 50$mm 时的强度为 56kPa（曲线 2），$\alpha = 4$ 时为 70kPa（曲线 3），$\alpha = 6$ 时为 96kPa（曲线 4）。虽然按同一下沉量来确定强度是欠妥的，但可反映垫层的扩散作用，说明 θ 愈大，压力扩散的效果愈显著。

关于硬层压力扩散角的确定一般有两种方法，一种是取承载力比值倒算 θ 角，另一种是采用实测压力比值，天津建研所采用后一种方法，取软层顶三个压力实测平均值作为扩散到软层上的压力值，然后按扩散角公式求 θ 值。

从图 5.2-2 中 θ-p_0 曲线上按实测压力求出的 θ 角随荷载增加迅速降低，到硬土层出现开裂后降到最低值。(图 5.2-2)。

根据平面模型实测压力计算的 θ 值分别为：$\alpha = 4$ 时，$\theta = 24.67°$；$\alpha = 5$ 时，$\theta = 26.98°$；$\alpha = 6$ 时，$\theta = 27.31°$ 均小于 $30°$。而直观的破裂角却为 $30°$（图 5.2-3）。

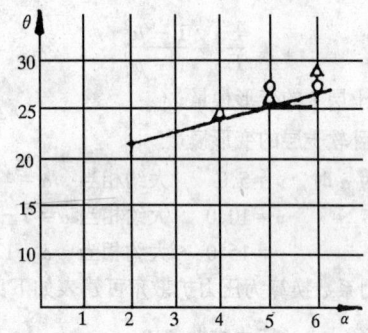

图 5.2-3 双层地基试验 α-θ 曲线
△—室内试验；○—现场试验

现场载荷试验实测压力值见表 5.2-1。

表 5.2-1　　　现场实测压力

载荷板下压力 p_0 (kPa)		60	80	100	140	160	180	220	240	260	300
软弱下卧层面上平均压力 p_z (kPa)	2 ($\alpha=5$)	27.3		31.2			33.2	50.5		87.9	130.3
	3 ($\alpha=6$)			24		26.7			33.5		704

按表 5.2-1 实测压力作图 5.2-4，可以看出，当荷载增加到 a 点后，传到软土顶界面上的压力急骤增加，即压力扩散角迅速降低，到 b 点时，$\alpha = 5$ 时为 28.6°，$\alpha = 6$ 时为 28°，如果按 a 点所对应的压力分别为 180kPa、240kPa，其对应的扩散角为 30.34° 及 36.85°，换言之，在 p-s 曲线中比例界限范围内的 θ 角比破坏时略高。

为讨论这个问题，在缺乏试验论证的条件下，只

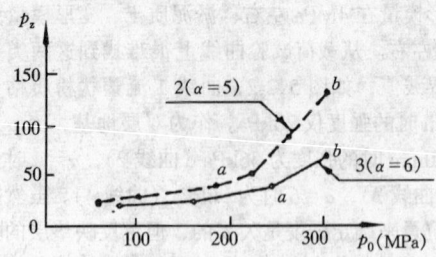

图 5.2-4 载荷板压力 p_0 与界面压力 p_z 关系

能借助已有理论解进行分析。

根据叶戈罗夫的平面问题解答条形均布荷载下双层地基中点应力 p_z 的应力系数 k_z 如表 5.2-2。

表 5.2-2 条形基础中点地基应力系数

z/b	$\nu=1.0$	$\nu=5.0$	$\nu=10.0$	$\nu=15.0$
0.0	1.00	1.00	1.00	1.00
0.25	1.02	0.95	0.87	0.82
0.50	0.90	0.69	0.58	0.52
1.00	0.60	0.41	0.33	0.29

表中 $\nu = \dfrac{E_{s1}}{E_{s2}} \cdot \dfrac{1-\mu_2^2}{1-\mu_1^2}$

E_{s1}——硬土层土的变形模量；
E_{s2}——下卧软土层的变形模量。

换算为 α 时，$\nu=5.0$ 大约相当 $\alpha=4$
$\nu=10.0$ 大约相当 $\alpha=7\sim8$
$\nu=15.0$ 大约相当 $\alpha=12$

将应力系数换算为压力扩散角可建表如下：

表 5.2-3 压力扩散角 θ

z/b	$\nu=1.0$, $\alpha=1$	$\nu=5.0$, $\alpha\approx4$	$\nu=10.0$, $\alpha\approx7\sim8$	$\nu=15.0$, $\alpha\approx12$
0.00	—	—	—	—
0.25	0	5.94°	16.63°	23.7°
0.50	3.18°	24.0°	35.0°	42.0°
1.00	18.43°	35.73°	45.43°	50.75°

从计算结果分析：该值与图 5.2-2 所示试验值不同，当压力小时，试验值大于理论值，随着压力增加，试验值逐渐减小。到接近破坏时，试验值趋近于 25°，比理论值小 50% 左右，出现上述现象的原因可能是理论值只考虑土直线变形段的应力扩散，当压板下出现塑性区即载荷试验出现拐点后，土的应力应变关系已呈非线性性质，当下卧层较差时，硬层挠曲变形不断增加，直到出现开裂。这时压力扩散角取决于上层土的刚性角逐渐达到某一定值。从地基承载力的角度出发，采用破坏时的扩散角验算下卧层的承载力比较安全可靠，并与实测土的破裂角度相当。因此，在采用理论值计算时，θ 大于 30°的均以 30°为限，θ 小于 30°的则以理论计算值为基础；求出 $z=0.25b$ 时的扩散角，如图 5.2-5。

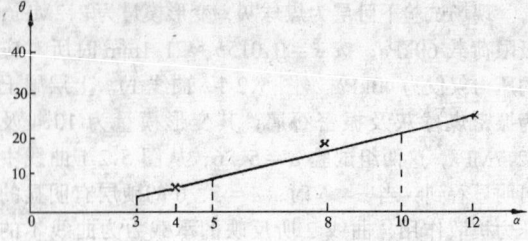

图 5.2-5 $z=0.25b$ 时 α-θ 曲线（计算值）

从表 5.2-3 可以看到 $z=0.5b$ 时，扩散角计算值均大于 $z=b$ 时图 5.2-3 所给出的试验值。同时，$z=0.5b$ 时的扩散角不宜大于 $z=b$ 时所得试验值。故 $z=0.5b$ 时的扩散角仍按 $z=b$ 时考虑，而大于 $0.5b$ 时扩散角亦不再增加。从试验所示的破裂面的出现以及任一材料都有一个强度限值考虑，将扩散角限制在一定范围内还是合理的。总上所述，建议条形基础下硬土层地基的扩散角如表 5.2-4。

表 5.2-4 条形基础压力扩散角

E_{s1}/E_{s2}	$z=0.25b$	$z=0.5b$
3	6°	23°
5	10°	25°
10	20°	30°

关于方形基础的扩散角与条形基础扩散角，可按均质土中的压力扩散系数换算如下表。

表 5.2-5 扩散角对照

z/b	压力扩散系数		压力扩散角	
	方形	条形	方形	条形
0.2	0.960	0.977	2.95°	3.36°
0.4	0.800	0.881	8.39°	9.58°
0.6	0.606	0.755	13.33°	15.13°
1.0	0.334	0.550	20.00°	22.24°

从上表可以看出，在相等的均布压力作用下，压力扩散系数差别很大，但在 z/b 在 1.0 以内时，方形基础与条形基础的扩散角相差不到 2°，该值与建表误差相比已无实际意义。故建议采用相同值。

5.3 变形计算

5.3.4 对表 5.3.4 中高度在 100m 以上高耸结构物（主要为高烟囱）基础的倾斜允许值和高层建筑物基础倾斜允许值，分别说明如下：

A. 高耸构筑物部份：（增加 $H>100$m 时的允许变形值）

1 国内外规范、文献中烟囱高度 $H>100m$ 时的允许变形值的有关规定:

1) 我国烟囱设计规范 (1982年) 见表 5.3-1。

表 5.3-1　　基础允许倾斜值

烟囱高度 H (m)	基础允许倾斜值
$100<H\leq150$	≤ 0.004
$150<H\leq200$	≤ 0.003
$200<H$	≤ 0.002

上述规定的基础允许倾斜值,主要为根据烟囱筒身的附加弯矩不致过大。

2) 前苏联地基规范 СНиП2.02.01-83 (1985年) 见表 5.3-2。

表 5.3-2　　地基允许倾斜值和沉降值

烟囱高度 H (m)	地基允许倾斜值	地基平均沉降量 (mm)
$100<H<200$	$1/2H$	300
$200<H<300$	$1/2H$	200
$300<H$	$1/2H$	100

3) 基础分析与设计 [美] J.E.BOWLES (1977年)

烟囱、水塔的圆环基础的允许倾斜值为 0.004

4) 结构的允许沉降 [美] M.I.ESRIG (1973年)

高大的刚性建筑物明显可见的倾斜为 0.004

2 确定高烟囱基础允许倾斜值的依据:

1) 影响高烟囱基础倾斜的因素

1.风力

2.日照

3.地基土不均匀及相邻建筑物的影响

4.由施工误差造成的烟囱筒身基础的偏心

上述诸因素中风、日照的最大值仅为短时间作用,而地基不均匀与施工误差的偏心则为长期作用,相对地讲后者更为重要。根据1977年电力系统高烟囱设计问题讨论会会议纪要,从已建成的高烟囱看,烟囱筒身中心垂直偏差,当采用激光对中找直后,顶端施工偏差值均小于 $H/1000$,说明施工偏差是很小的。因此,地基土不均匀及相邻建筑物的影响是高烟囱基础产生不均匀沉降 (即倾斜) 的重要因素。

确定高烟囱基础的允许倾斜值,必须考虑基础倾斜对烟囱筒身强度和地基土附加压力的影响。

2) 基础倾斜产生的筒身二阶弯矩在烟囱筒身总附加弯矩中的比率

我国烟囱设计规范中的烟囱筒身由风荷载、基础倾斜和日照所产生的自重附加弯矩公式为:

$$M_f = \frac{Gh}{2}\left[\left(H-\frac{2}{3}h\right)\left(\frac{1}{\rho_w}+\frac{\alpha_{hz}\Delta_t}{2\gamma_0}\right)+m_\theta\right]$$

(5.3.4-1)

式中　G——由筒身顶部算起 $h/3$ 处的烟囱每米高的折算自重;

h——计算截面至筒顶高度;

H——筒身总高度;

$\dfrac{1}{\rho_w}$——筒身代表截面处由风荷载及附加弯矩产生的曲率;

α_{hz}——混凝土总变形系数;

Δ_t——筒身日照温差,可按 $20℃$ 采用;

m_θ——基础倾斜值;

γ_0——由筒身顶部算起 $0.6H$ 处的筒壁平均半径。

从上式可看出:当筒身曲率 $\dfrac{1}{\rho_w}$ 较小时附加弯矩中基础倾斜部分才起较大作用,为了研究基础倾斜在筒身附加弯矩中的比率,有必要分析风、日照、地基倾斜对上式的影响。在 m_θ 为定值时,由基础倾斜引起的附加弯矩与总附加弯矩的比值为

$$m_\theta \Big/ \left[\left(H-\frac{2}{3}h\right)\left(\frac{1}{\rho_w}+\frac{\alpha_{hz}\Delta_t}{2\gamma_0}\right)+m_\theta\right]$$

(5.3.4-2)

很显然,基倾附加弯矩所占比率在强度阶段与使用阶段是不同的,后者较前者大些。

现以高度为180m、顶部内径为6m、风荷载为 $50kgf/m^2$ 的烟囱为例:

在标高25m处求得的各项弯矩值为

总风弯矩　　　　$M_w = 13908.5 t-m$

总附加弯矩　　　$M_f = 4394.3 t-m$

其中　风荷附加　$M_{fw} = 3180.4$

　　　日照附加　$M_{ft} = 395.5$

　　　地倾附加　$M_{fj} = 818.4$ ($m_\theta = 0.003$)

可见当基础倾斜0.003时,由基础倾斜引起的附加弯矩仅占总弯矩 ($M_w + M_f$) 值的4.6%,同样当基础倾斜0.006时,为10%,综上所述可以认为在一般情况下,筒身达到明显可见的倾斜 (0.004) 时,地基倾斜在高烟囱附加弯矩计算中是次要的。

但高烟囱在风、地震、温度、烟气侵蚀等诸多因素作用下工作,筒身又为环形薄壁截面,有关刚度、应力计算的因素复杂、并考虑到对邻接部分免受损害,参考了国内外规范、文献后认为,随着烟囱高度的增加,适当地递减烟囱基础允许倾斜值是合适的,因此,在修订TJ7-74地基基础设计规范表21时,对高度 $h>100m$ 高耸构筑物基础的允许倾斜值可采用我国烟囱设计规范的有关数据。

B. 高层建筑部分

这部分主要参考我国高层建筑箱基设计规程JGJ6有关规定及编制说明中有关资料定出允许变形值。

1 我国箱基规定横向整体倾斜的计算值 α,在

非地震区宜符合 $\alpha \leqslant \dfrac{b}{100H}$，式中，$b$ 为箱形基础宽度（m）；H 为建筑物高度。在箱基编制说明中提到在地震区 α 值宜用 $\dfrac{b}{150H} \sim \dfrac{b}{200H}$。

2 对刚性的高层房屋的允许倾斜值主要取决于人类感觉的敏感程度，倾斜值达到明显可见的程度大致为 1/250，结构损坏则大致在倾斜值达到 1/150 时开始。

5.3.5

1 压缩模量的取值，在考虑到地基变形的非线性性质，一律采用固定压力段下的 E_s 值必然会引起沉降计算的误差，因此采用实际压力下的 E_s 值，即

$$E_s = \dfrac{1+e_0}{a}$$

式中 e_0——土自重压力下的孔隙比；

a——从土自重压力至土的自重压力与附加压力之和压力段的压缩系数。

2 地基压缩层范围内压缩模量 E_s 的加权平均值

提出按分层变形进行 E_s 的加权平均方法

设：$\dfrac{\Sigma A_i}{E_s} = \dfrac{A_1}{E_{s1}} + \dfrac{A_2}{E_{s2}} + \dfrac{A_3}{E_{s3}} + \cdots\cdots = \Sigma \dfrac{A_i}{E_{si}}$

则：$\overline{E}_s = \dfrac{\Sigma A_i}{\Sigma \dfrac{A_i}{E_{si}}}$

式中 $\overline{E}_s$——压缩层内加权平均的 E_s 值；

E_{si}——压缩层内某一层土的 E_s 值；

A_i——压缩层内某一层土的附加应力面积。

显然，应用上式进行计算能够充分体现各分层土的 E_s 值在整个沉降计算中的作用，使在沉降计算中 E_s 完全等效于分层的 E_s。

3 根据 132 栋建筑物的资料进行沉降计算并与资料值进行对比得出沉降计算经验系数 ψ_s 与平均 E_s 之间的关系，在编制规范表 5.3.5 时，考虑了在实际工作中有时设计压力小于地基承载力的情况，将基底压力小于 $0.75f_{ak}$ 时另列一栏，在表 5.3.5 的数值方面采用了一个平均压缩模量值可对应给出一个 ψ_s 值，并允许采用内插方法，避免了采用压缩模量区间取一个 ψ_s 值，在区间分界处因 ψ_s 取值不同而引起的误差。

5.3.6 对于存在相邻影响情况下的地基变形计算深度，这次修订时仍以相对变形作为控制标准（以下简称为变形比法）。

在 TJ7-74 规范之前，我国一直沿用前苏联 НИТУ127-55 规范，以地基附加应力对自重应力之比为 0.2 或 0.1 作为控制计算深度的标准（以下简称应力比法），该法沿用成习，并有相当经验。但它没有考虑到土层的构造与性质，过于强调荷载对压缩层深度的影响而对基础大小这一更为重要的因素重视不足。自 TJ7-74 规范试行以来，变形比法的规定，纠正了上述的毛病，取得了不少经验，但也存在一些问题。有的文献指出，变形比法规定向上取计算层厚为 1m 的计算变形值，对于不同的基础宽度，其计算精度不等。从与实测资料的对比分析中，可以看出，用变形比法计算独立基础、条形基础时，其值偏大。但对于 $b=10\sim50\mathrm{m}$ 的大基础，其值却与实测值相近。为使变形比法在计算小基础时，其计算 z_n 值也不至过于偏大，经过多次统计，反复试算，提出采用 $0.3(1+\ln b)\mathrm{m}$ 代替向上取计算层厚为 1m 的规定，取得较为满意的结果（以下简称为修正变形比法）。表 5.3.6 就是根据 $0.3(1+\ln b)\mathrm{m}$ 的关系。以更粗的分格给出的向上取计算层厚 Δz 值。

5.3.7 本条列入了当无相邻荷载影响时确定基础中点的变形计算深度简化公式（5.3.7），该公式系根据具有分层深标的 19 个载荷试验（面积 $0.5\sim13.5\mathrm{m}^2$）和 31 个工程实测资料统计分析而得。分析结果表明，对于一定的基础宽度，地基压缩层的深度不一定随着荷载 p 的增加而增加。对于基础形状（如矩形基础、圆形基础）与地基土类别（如软土、非软土）对压缩层深度的影响亦无显著的规律，而基础大小和压缩层深度之间却有明显的有规律性的关系。

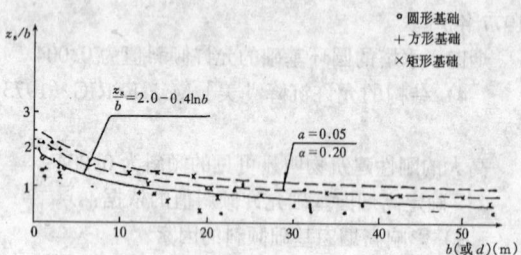

图 5.3.7 $z_s/b \sim b$ 实测点和回归线

图 5.3.7 为以实测压缩层深度 z_s 与基础宽度 b 之比为纵坐标，而以 b 为横坐标的实测点与回归线图。实线方程 $z_s/b = 2.0-0.4\ln b$ 为根据实测点求得的结果。为使曲线具有更高的保证率，方程式右边引入随机项 $t_\alpha\phi_0 S$，取置信度 $1-\alpha=95\%$ 时，该随机项偏于安全地取 0.5，故公式变为：

$$z_s = b(2.5-0.4\ln b)$$

图 5.3.7 的实线之上有两条虚线。上层虚线为 $\alpha=0.05$，具有置信度为 95% 的方程，即式 (5.3.7)。下层虚线为 $\alpha=0.2$，具有置信度为 80% 的方程。为安全起见只推荐前者。

此外，从图 5.3.7 中可以看到绝大多数实测点分布在 $z_s/b=2$ 的线以下。即使最高的个别点，也只位于 $z_s/b=2.2$ 之处。国内外一些资料亦认为压缩层深度以取 2 倍 b 或稍高一点为宜。

在计算深度范围内存在基岩或存在相对硬层时，按第 5.3.5 条的原则计算地基变形时，由于下卧硬层存在，地基应力分布明显不同于 Boussinesq 应力分

布。为了减少计算工作量，此次条文修订增加对于计算深度范围内存在基岩和相对硬层时的简化计算原则。

在计算深度范围内存在基岩或存在相对硬层时，地基土层中最大压应力的分布可采用 K.E. 叶戈罗夫带式基础下的结果（表5.3-4）。对于矩形基础，长短边边长之比大于等于2时，可参考该结果。

表 5.3-4 带式基础下非压缩性地基上面土层中的最大压应力系数

z/h	非压缩性土层的埋深		
	$h=b$	$h=2b$	$h=5b$
1.0	1.000	1.00	1.00
0.8	1.009	0.99	0.82
0.6	1.020	0.92	0.57
0.4	1.024	0.84	0.44
0.2	1.023	0.78	0.37
0	1.022	0.76	0.36

注：表中 h 为非压缩性地基上面土层的厚度，b 为带式荷载的半宽，z 为纵坐标。

5.3.9 应该指出高层建筑由于基础埋置较深，地基回弹再压缩变形往往在总沉降中占重要地位，甚至某些高层建筑设置 3~4 层（甚至更多层）地下室时，总荷载有可能等于或小于该深度土的自重压力，这时高层建筑地基沉降变形将由地基回弹变形决定。公式（5.3.9）中，E_{ci} 应按《土工试验方法标准》GB/T50123—1999 进行试验确定，计算时应按回弹曲线上相应的压力段计算。沉降计算经验系数 ψ_c 应按地区经验采用，根据工程实测资料统计 ψ_c 小于或接近 1.0。

地基回弹变形计算算例：

某工程采用箱形基础，基础平面尺寸 64.8×12.8m²，基础埋深 5.7m，基础底面以下各土层分别在自重压力下作回弹试验，测得回弹模量如表5.3-5。

表 5.3-5 土的回弹模量

土 层	层厚 (m)	回弹模量（MPa）			
		$E_{0-0.25}$	$E_{0.25-0.5}$	$E_{0.5-1.0}$	$E_{1.0-2.0}$
③粉土	1.8	28.7	30.2	49.1	570
④粉质粘土	5.1	12.8	14.1	22.3	280
⑤卵石	6.7	100（无试验资料，估算值）			

基底附加应力 108kN/m²，计算基础中点最大回弹量。

回弹计算结果见表5.3-6。

从计算过程及土的回弹试验曲线特征可知，地基土回弹的初期，回弹量较小，回弹模量很大，所以地基土的回弹变形土层计算深度是有限的。

表 5.3-6 回弹量计算表

z_i	$\bar{\alpha}_i$	$\dfrac{z_i\bar{\alpha}_i - z_{i-1}\bar{\alpha}_{i-1}}{\bar{\alpha}_{i-1}}$	p_z+p_{cz} (kPa)	E_{ci} (MPa)	$p_c(z_i\bar{\alpha}_i - z_{i-1}\bar{\alpha}_{i-1})/E_{ci}$
0	1.000	0	0	—	
1.8	0.996	1.7928	41	28.7	6.75mm
4.9	0.964	2.9308	115	22.3	14.17mm
5.9	0.950	0.8814	139	280	0.34mm
6.9	0.925	0.7775	161	280	0.3mm
合计：					21.56mm

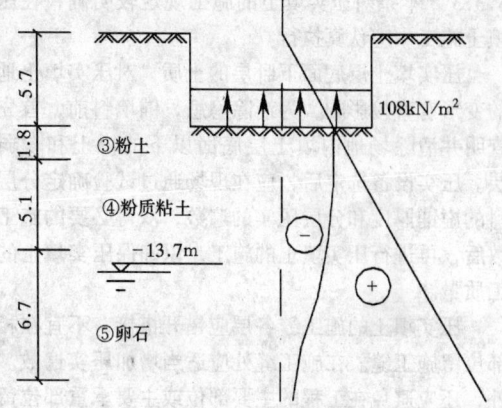

6 山区地基

6.3 压实填土地基

6.3.1 本节将分层压实和分层夯实的填土，统称为压实填土。压实填土地基包括压实填土及其下部天然土层两部分，压实填土地基的变形也包括压实填土及其下部天然土层的变形。

压实填土自身的变形与其厚度、干密度等因素有关。在干密度相同的情况下，压实填土厚度小的，其变形也小；反之，其变形则大。而下部天然土层的变形，则与其土的性质有关。

为节约用地，少占或不占良田，在平原、山区和丘陵地带的建设中，广泛利用压实填土作为建筑或其它工程的地基持力层。

压实填土需通过设计，按设计意图进行分层压实，对其填料性质和施工质量有严格控制，填土的厚度及力学性质较均匀，其承载力和变形需满足地基设计要求。不允许对未经检验查明的以及不符合要求的压实填土作为建筑工程的地基持力层。

6.3.2 利用当地的土、石或性能稳定的工业废料作为压实填土的填料，既经济，又省工、省时，符合因地制宜、就地取材和多快好省的建设原则。

采用粘性土和粘粒含量 $\rho_c \geqslant 10\%$ 的粉土作填料时，填料的含水量至关重要。在一定的压实功下，填料在最优含水量时，干密度可达最大值，压实效果最好。填料的含水量太大，容易压成"橡皮土"，应将其适当晾干后再分层夯实；填料的含水量太小，土颗粒之间的阻力大，则不易压实。当填料含水量小于12%时，应将其适当增湿。压实填土施工前，应在现场选取有代表性的填料进行击实试验，测定其最优含水量，用以指导施工。

粗颗粒的砂、石等材料具透水性，而湿陷性黄土和膨胀性土遇水反应敏感，前者引起湿陷，后者引起膨胀，二者对建筑物都会产生有害变形。为此，在湿陷性黄土场地和膨胀性土场地进行压实填土的施工，不得使用粗颗粒的透水性材料作填料。

6.3.3 本条对压实填土的施工规定较明确，在压实填土施工中应认真执行。

压实填土层底面下卧层的土质，对压实填土地基的变形有直接影响，为消除隐患，铺填料前，首先应查明并清除场地内填土层底面以下的耕土和软弱土层。压实设备选定后，应在现场通过试验确定分层填料的虚铺厚度和分层压实的遍数，取得必要的施工参数后，再进行压实填土的施工，以确保压实填土的施工质量。

压实填土的施工缝各层应错开搭接，不宜在相同部位留施工缝。在施工缝处应适当增加压实遍数。此外，还应避免在工程的主要部位或主要承重部位留施工缝。

压实填土施工结束后，当不能及时施工基础和主体工程时，可采取必要的保护措施，防止压实填土表层直接日晒或受雨水泡软。

6.3.4 本条将基础底面以上和基础底面以下的压实填土及其施工顺序统一进行规定，设计、施工将有章可循，并有利于保证压实填土的施工质量，以往对基础底面以上的压实填土质量控制不严，监测不力，存在隐患较多，如地坪大量下沉和开裂，设备及设备基础严重倾斜，影响正常使用，这种状况显然不能再继续下去。基础底面标高以上的压实填土直接位于散水和室内地坪的垫层以下，且是各种地沟、管沟或设备基础的地基持力层，除对其承载力和变形有一定要求外，并要使上部压实填土渗透性小，水稳性好，具弱透水性或不透水性，以减小或防止压实填土的渗漏。在表6.3.4中增加说明，地坪垫层以下及基础底面标高以上的压实填土，压实系数不应小于0.94。

压实填土的施工，在有条件的场地或工程，应首先考虑采用一次施工，即将基础底面以下和以上的压实填土一次施工完毕后，再开挖基坑及基槽。对无条件一次施工的场地或工程，当基础超出±0.00标高后，也宜将基础底面以上的压实填土施工完毕，并应按本条规定控制其施工质量，力求避免在主体工程完工后，再施工基础底面以上的压实填土。

以细颗粒粘性土作填料的压实填土，一般采用环刀取样检验其质量，而以粗颗粒砂石作填料的压实填土，不能按照检验细颗粒土的方法采用环刀取样，而应按现行《土工试验方法标准》GB/T50123—1999的有关规定，在现场采用灌水法或灌砂法测定其密度。

土的最大干密度试验有室内试验和现场试验两种，室内试验应严格按照现行《土工试验方法标准》GB/T50123—1999的有关规定，轻型和重型击实设备应严格限定其使用范围。当室内试验结果不能正确评价现场土料的最大干密度时，应在现场对土料作不同击实功下的压实试验（根据土料性质取不同含水量），采用灌水法和灌砂法测定其密度，并按其最大干密度作为控制最大干密度。

6.3.5 有些中小型工程或偏远地区，由于缺乏击实试验设备，或由于工期及其他原因，确无条件进行击实试验，在这种情况下，允许按本条6.3.5公式计算压实填土的最大干密度，计算结果与击实试验数值不一定完全一致，但可与当地经验作比较。

6.3.6 边坡设计应控制坡高和坡比，而边坡的坡比与其高度密切相关，如土性指标相同，边坡愈高，坡比愈小，坡体的滑动势就愈大。为了提高其稳定性，通常将坡比放缓，但坡比太缓，压实的土方量则大，不一定经济合理。因此，坡比不宜太缓，也不宜太陡，坡比和坡高应有一合适的关系。

本条表6.3.6的规定吸收了铁路、公路等部门的有关（包括边坡开挖）资料和经验，是比较成熟的。

压实填土由于填料性质及其厚度不同，它们的边坡允许值亦有所不同。以碎石等为填料的压实填土，在抗剪强度和变形方面要好于以粘性土为填料的压实填土，前者，颗粒表面粗糙，阻力较大，变形稳定快，且不易产生滑移，边坡允许值相对较小；后者，阻力较小，变形稳定慢，边坡允许值相对较大。

6.3.7 在斜坡上进行压实填土，应考虑压实填土沿斜坡滑动的可能，并应根据天然地面的实际坡度验算其稳定性。当天然地面坡度大于0.20时，填料前，宜将斜坡的坡面挖成高、低不平或挖成若干台阶，使压实填土与斜坡坡面紧密接触，形成整体，防止压实填土向下滑动。此外，还应将斜坡顶面以上的雨水有组织地引向远处，防止雨水流向压实的填土内。

6.3.8 在建设期间，压实填土场地阻碍原地表水的畅通排泄往往很难避免，但遇到此种情况时，应根据当地地形及时修筑雨水截水沟，疏通排水系统，使雨水顺利排走。

设置在压实填土场地的上、下水管道，由于材料及施工等原因，管道渗漏的可能性很大，为了防止影响邻近建筑或其他工程，设计、施工应采取必要的防渗漏措施。

6.3.9 压实填土的承载力是设计的重要参数，也是检验压实填土质量的主要指标之一。在现场采用静载荷试验或其他原位测试,其结果较准确,可信度高。

当采用载荷试验检验压实填土的承载力时,应考虑压板尺寸与压实填土厚度的关系。压实填土厚度大,压板尺寸也要相应增大,或采取分层检验。否则,检测结果只能反映上层或某一深度范围内压实填土的承载力。

6.6 土质边坡与重力式挡墙

6.6.1 边坡设计的一般原则

1 边坡工程与环境之间有着密切的关系,边坡处理不当,将破坏环境,毁坏生态平衡,治理边坡必须强调环境保护。

2 在山区进行建设,切忌大挖大填,某些建设项目,不顾环境因素,大搞人造平原,最后出现大规模滑坡,大量投资毁于一旦,还酿成生态环境的破坏。应提倡依山就势。

3 工程地质勘察工作,是不可缺少的基本建设程序。边坡工程的影响面较广,处理不当就可酿成地质灾害,工程地质勘察尤为重要。勘察工作不能局限于红线范围,必须扩大勘察面,一般在坡顶的勘察范围,应达到坡高的 1~2 倍,才能获取较完整的地质资料。对于高大边坡,应进行专题研究,提出可行性方案经论证后方可实施。

4 边坡支挡结构的排水设计,是支挡结构设计很重要的一环,许多支挡结构的失效,都与排水不善有关。根据重庆市的统计,倒塌的支挡结构,由于排水不善造成的事故占80%以上。

6.6.3 边坡支挡结构上的土压力计算

1 土压力的计算,目前国际上仍采用楔体试算法。根据大量试算与实际观测结果的对比,对于高大挡土结构来说,采用古典土压力理论计算的结果偏小,土压力的分布也有较大的偏差。对于高大挡土墙,通常也不允许出现达到极限状态时的位移值,因此在土压力计算式中计入增大系数。

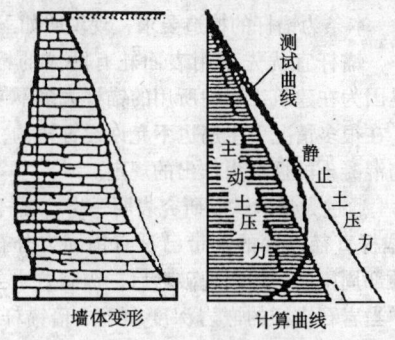

图 6.6.3 墙体变形与土压力

2 土压力计算公式是在土体达到极限平衡状态的条件下推导出来的,当边坡支挡结构不能达到极限状态时,土压力设计值应取主动土压力与静止土压力的某一中间值。

3 在山区建设中,经常遇到 60~80° 陡峻的岩石自然边坡,其倾角远陡于库仑破坏面的倾角,这时如果仍然采用古典土压力理论计算土压力,将会出现较大的偏差。当岩石自然边坡的倾角大于 $45° + \varphi/2$ 时,应按楔体试算法计算土压力值。

6.6.4~6.6.5

重力式挡土结构,是过去用得较多的一种挡土结构型式。在山区地盘比较狭窄,重力式挡土结构的基础宽度较大,影响土地的开发利用,对于高大挡土墙,往往也是不经济的。石料是主要的地方材料,经多个工程测算,对于高度6m以上的挡土墙,采用桩锚体系挡土结构,其造价、稳定性、安全性、土地利用率等等方面,都较重力式挡土结构为好。所以规范规定"重力式挡土墙宜用于高度小于6m、地层稳定、开挖土石方时不会危及相邻建筑物安全的地段"。

对于重力式挡土墙的稳定性验算,许多设计者反映,重力式挡土墙的稳定性验算,主要由抗滑稳定性控制,而现实工程中倾覆稳定破坏的可能性又大于滑动破坏。说明过去抗倾覆稳定性安全系数偏低,这次稍有调整,由原来的1.5调整成1.6。

6.7 岩石边坡与岩石锚杆挡墙

6.7.2

整体稳定边坡,原始地应力释放后回弹较快,在现场很难测量到横向推力。但在高切削的岩石边坡上,很容易发现边坡顶部的拉伸裂隙,其深度约为边坡高度的 0.2~0.3 倍,离开边坡顶部边缘一定距离后便很快消失,说明边坡顶部确实有拉应力存在。这一点从二维光弹试验中也得到了证明。从光弹试验中也证明了边坡的坡脚,存在着压应力与剪切应力,对岩石边坡来说,岩石本身具有较高的抗压与抗剪切强度,所以岩石边坡的破坏,都是从顶部垮塌开始的。因此对于整体结构边坡的支护,应注意加强顶部的支护结构。

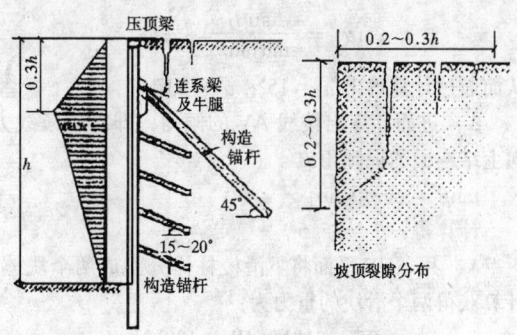

图 6.7.2 整体稳定边坡顶部裂隙

边坡的顶部裂隙比较发育,必须采用强有力的锚杆进行支护,在顶部 (0.2~0.3)h 高度处,至少布置一排结构锚杆,锚杆的横向间距不应大于 3m,长度不应小于 6m。结构锚杆直径不宜小于 130mm,钢筋不宜小于3φ22。其余部分为防止风化剥落，可采用锚杆进行构造防护。防护锚杆的孔径宜采用50～100mm，锚杆长度宜采用2～4m，锚杆的间距宜采用1.5～2.0m。

6.7.3 单结构面外倾边坡的横推力较大，主要原因是结构面的抗剪强度一般较低。在工程实践中，单结构面外倾边坡的横推力，通常采用楔形体平面课题进行计算。

对于具有两组或多组结构面形成的下滑棱柱体，其下滑力通常采用棱形体分割法进行计算。现举例如下：

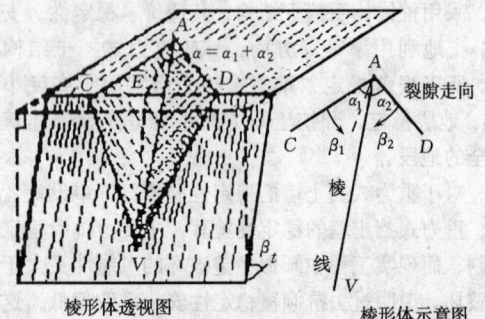

棱形体透视图　　　棱形体示意图

图 6.7.3 具有两组结构面的下滑棱柱体示意

1 已知：新开挖的岩石边坡的坡角为80°。边坡上存在着两组结构面（如图所示）：结构面1走向AC，与边坡顶部边缘线CD的夹角为75°，其倾角$\beta_1=70°$；其结构面2走向AD，与边坡顶部边缘线DC的夹角为40°，其倾角$\beta_2=43°$。即两结构面走向线的夹角α为65°。AE点的距离为3m。经试验两个结构面上的内摩擦角均为$\varphi=15.6°$，其粘聚力近于0。岩石的重度为24kN/m³。

2 棱线AV与两结构面走向线间的平面夹角α_1及α_2。可采用下列计算式进行计算：

$$\cot\alpha_1 = \frac{\tan\beta_1}{\sin\alpha\tan\beta_2} + \cot\alpha$$

$$\cot\alpha_2 = \frac{\tan\beta_2}{\sin\alpha\tan\beta_1} + \cot\alpha$$

从而通过计算得出 $\alpha_1=15°$；$\alpha_2=50°$。

3 进而计算出棱线AV的倾角，即沿着棱线方向上结构面的视倾角β'：

$$\tan\beta' = \tan\beta_1\sin\alpha_1$$

计算得：$\beta' = 35.5°$

4 用AVE平面将下滑棱柱体分割成两个块体。计算获得两个滑块的重力为：

$$W_1 = 31\text{kN}; \quad W_2 = 139\text{kN}$$

棱柱体总重为$W = W_1 + W_2 = 170\text{kN}$。

5 对两个块体的重力分解成垂直与平行于结构面的分力：

$$N_1 = W_1\cos\beta_1 = 10.6\text{kN}$$
$$T_1 = W_1\sin\beta_1 = 29.1\text{kN}$$
$$N_2 = W_2\cos\beta_2 = 101.7\text{kN}$$
$$T_2 = W_2\sin\beta_2 = 94.8\text{kN}$$

6 再将平行于结构面的下滑力分解成垂直与平行于棱线的分力：

$$\tan\theta_1 = \tan(90-\alpha_1)\cos\beta_1 = 1.28 \quad \theta_1 = 52°$$
$$\tan\theta_2 = \tan(90-\alpha_2)\cos\beta_2 = 0.61 \quad \theta_2 = 32°$$
$$T_{s1} = T_1\cos\theta_1 = 18\text{kN}$$
$$T_{s2} = T_2\cos\theta_2 = 80\text{kN}$$

7 棱柱体总的下滑力：$T_s = T_{s1} + T_{s2} = 98\text{kN}$

两结构面上的摩阻力：

$$F_t = (N_1 + N_2)\tan\varphi = (10.6+101.7)\tan15.6° = 31\text{kN}$$

作用在支挡结构上推力：$T = T_s - F_t = 67\text{kN}$

6.7.4 岩石锚杆挡土结构，是一种新型挡土结构体系，对支挡高大土质边坡很有成效。岩石锚杆挡土结构的位移很小，支挡的土体不可能达到极限状态，当按主动土压力理论计算土压力时，必须乘以一个增大系数。

岩石锚杆挡土结构是通过立柱或竖桩将土压力传递给锚杆，再由锚杆将土压力传递给稳定的岩体，达到支挡的目的。立柱间的挡板是一种维护结构，其作用是挡住两立柱间的土体，使其不掉下来。因存在着卸荷拱作用，两立柱间的土体作用在挡土板的土压力是不大的，有些支挡结构没有设置挡板也能安全支挡边坡。

岩石锚杆挡土结构的立柱必须嵌入稳定的岩体中，一般的嵌入深度为立柱断面尺寸的3倍。当所支挡的主体位于高度较大的陡崖边坡的顶部时，可有两种处理办法：

1 将立柱延伸到坡脚，为了增强立柱的稳定性，可在陡崖的适当部位增设一定数量的锚杆。

2 将立柱在具有一定承载能力的陡崖顶部截断，在立柱底部增设锚杆，以承受立柱底部的横推力及部分竖向力。

6.7.5 本条为锚杆的构造要求，现说明如下：

1 锚杆宜优先采用表面轧有肋纹的钢筋作主筋，是因为在建筑工程中所用的锚杆大多不使用机械锚头，在很多情况下主筋也不允许设置弯钩，为增加主筋与混凝土的握裹力作出的规定。

2 通过大量的试验研究表明，岩石锚杆在15～20倍锚杆直径以深的地带已没有锚固力分布，只有锚杆顶部周围的岩体出现破坏后，锚固力才会向深部延伸。当岩石锚杆的嵌岩深度小于3倍锚杆直径时，其抗拔力较低，不能采用本规范式（6.7.6）进行抗拔承载力计算。

3 锚杆的施工质量对锚杆抗拔力的影响很大，在施工中必须将钻孔清洗干净，孔壁不允许有泥膜存在。锚杆的施工还应满足有关施工验收规范的规定。

7 软弱地基

7.2 利用与处理

7.2.7~7.2.9 近年来，采用复合地基处理技术加固地基技术日益成熟，各地区取得了许多成功的经验，为国家节省了大量资金，本次规范修订增加了复合地基的设计原则，并规定建筑地基中采用复合地基技术，目前仅指由地基土和竖向增强体组成，共同承担荷载的人工地基。复合地基设计的基本原则：

1 复合地基设计应满足建筑物承载力和变形要求；

2 复合地基承载力特征值应通过现场复合地基载荷试验确定，有经验时可采用竖向增强体和其周边土的载荷试验确定；

必须指出，由于复合地基竖向增强体种类多，复合地基设计承载力表达式不能完全统一，必须按地区经验由现场试验结果确定；

3 复合地基变形量不得超过本规范表 5.3.4 规定的建筑物地基变形允许值；

4 增强体顶部应设褥垫层，以使增强体与地基土共同发挥承载作用。

7.5 大面积地面荷载

7.5.4 在计算依据（基础由于地面荷载引起的倾斜值≤0.008）和计算方法与原规范相同的基础上，做了复算见表 7.5.4-1。

表中：$[q_{eq}]$——地面的均布荷载允许值；

$[s'_q]$——中间柱基内侧边缘中点的地基附加沉降允许值；

β_0——压在基础上的地面堆载（不考虑基础外的地面堆载影响）对基础内倾值的影响系数；

β'_0——和压在基础上的地面堆载纵向方向一致的压在基础上的地面堆载对基础内倾值的影响系数；

l——车间跨度；

b——车间跨度方向基础底面边长；

d——基础埋深；

a——地面堆载的纵向长度；

z_n——从室内地坪面起算的地基变形计算深度；

$\overline{E}_s$——地基变形计算深度内按应力面积法求得土的平均压缩模量；

$\overline{\alpha}_{Az}$、$\overline{\alpha}_{Bz}$——柱基内、外侧边缘中点自室内地坪面起算至 z_n 处的平均附加应力系数；

$\overline{\alpha}_{Ad}$、$\overline{\alpha}_{Bd}$——柱基内、外侧边缘中点自室内地坪面起算至基底处的平均附加应力系数；

$\tan\theta^0$——纵向方向和压在基础上的地面堆载一致的压在地基上的地面堆载引起基础的内倾值；

$\tan\theta$——地面堆载范围与基础内侧边缘线重合时，均布地面堆载引起的基础内倾值。

$\beta_1,\cdots\cdots\beta_{10}$——分别表示地面堆载离柱基内侧边缘的不同位置和堆载的纵向长度对基础内倾值的影响系数。

表 7.5.4-1 中：

$$[q_{eq}] = \frac{0.008 b \overline{E}_s}{z_n(\overline{\alpha}_{Az}-\overline{\alpha}_{Bz})-d(\overline{\alpha}_{Ad}-\overline{\alpha}_{Bd})}$$

$$[s'_s] = \frac{0.008 b z_n \overline{\alpha}_{Az}}{z_n(\overline{\alpha}_{Az}-\overline{\alpha}_{Bz})-d(\overline{\alpha}_{Ad}-\overline{\alpha}_{Bd})}$$

$$\beta_0 = \frac{0.33 b}{z_n(\overline{\alpha}_{Az}-\overline{\alpha}_{Bz})-d(\overline{\alpha}_{Ad}-\overline{\alpha}_{Bd})}$$

$$\beta'_0 = \frac{\tan\theta^0}{\tan\theta}$$

大面积地面荷载作用下地基附加沉降的计算举例单层工业厂房，跨度 $l=24m$，柱基底面边长 $b=3.5m$，基础埋深 1.7m，地基土的压缩模量 $\overline{E}_s=4MPa$，堆载纵向长度 $a=60m$，厂房填土在基础完工后填筑，地面荷载大小和范围如图 7.5.4 所示，求由于地面荷载作用下柱基内侧边缘中点（A）的地基附加沉降值，并验算是否满足天然地基设计要求。

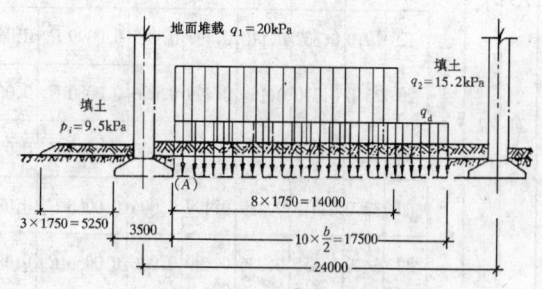

图 7.5.4 地面荷载计算示意

一、等效均布地面荷载 q_{eq}

计算步骤如表 7.5.4-2 所示。

二、柱基内侧边缘中点（A）的地基附加沉降值 s'_g

计算时取 $a'=30m$，$b'=17.5m$。计算步骤如表 7.5.4-3 所示。

表 7.5.4-1 均布荷载允许值 $[q_{eq}]$ 地基沉降允许值 $[s'_g]$ 和系数 β 的计算总表

l(m)	d(m)	b(m)	a(m)	z_n(m)	$\bar{\alpha}_{Az}$	$\bar{\alpha}_{Bz}$	$\bar{\alpha}_{Ad}$	$\bar{\alpha}_{Bd}$	$[q_{eq}]$(kPa)	$[s'_g]$(m)	β_0	1	2	3	4	5	6	7	8	9	10	β'_0
12	2	1	6	13.0	0.282	0.163	0.488	0.088	$0.0107\bar{E}_s$	0.0393	0.44											
			11	16.5	0.324	0.216	0.485	0.082	$0.0082\bar{E}_s$	0.0438	0.34											
			22	21.0	0.358	0.264	0.498	0.095	$0.0068\bar{E}_s$	0.0513	0.28											
			33	23.0	0.366	0.276	0.499	0.096	$0.0063\bar{E}_s$	0.0528	0.26											
			44	24.0	0.378	0.284	0.499	0.096	$0.0055\bar{E}_s$	0.0476	0.23											
12	2	2	6	13.0	0.279	0.108	0.488	0.024	$0.0123\bar{E}_s$	0.0448	0.51	0.27	0.24	0.17	0.10	0.08	0.05	0.03	0.03	0.03	0.01	
			10	15.0	0.324	0.150	0.499	0.031	$0.0096\bar{E}_s$	0.0446	0.39											
			20	20.0	0.349	0.198	0.499	0.029	$0.0077\bar{E}_s$	0.0540	0.32	0.21	0.20	0.15	0.12	0.09	0.07	0.06	0.04	0.03	0.03	
			30	22.0	0.363	0.222	0.49	0.029	$0.0074\bar{E}_s$	0.0590	0.31		0.31		0.31		0.18		0.11		0.09	
			40	22.5	0.373	0.231	0.499	0.029	$0.0071\bar{E}_s$	0.0596	0.29											
18	2	3	6	13.5	0.282	0.082	0.488	0.010	$0.0138\bar{E}_s$	0.0526	0.57		0.64		0.24		0.08		0.04		—	
			12	18.0	0.333	0.134	0.498	0.010	$0.0092\bar{E}_s$	0.0551	0.38	0.38	0.23	0.15	0.10	0.06	0.05	0.03	0.02	0.02	0.01	
			15	19.5	0.349	0.153	0.498	0.011	$0.0084\bar{E}_s$	0.0574	0.35	0.31	0.22	0.15	0.10	0.08	0.05	0.03	0.03	0.02	0.01	0.06
			30	24.0	0.388	0.205	0.499	0.012	$0.0071\bar{E}_s$	0.0659	0.29	0.27	0.21	0.14	0.11	0.08	0.06	0.05	0.03	0.03	0.02	
			45	27.0	0.396	0.228	0.499	0.011	$0.0067\bar{E}_s$	0.0723	0.28		0.42		0.28		0.15		0.08		0.07	
			60	28.5	0.399	0.237	0.499	0.012	$0.0066\bar{E}_s$	0.0737	0.27											
24	2	4	6	14.0	0.277	0.059	0.488	0.002	$0.0154\bar{E}_s$	0.0596	0.63	0.40	0.34	0.12	0.06	0.04	0.02	0.01	0.01	—		
			12	19.0	0.332	0.110	0.497	0.005	$0.0099\bar{E}_s$	0.0625	0.41	0.40	0.25	0.13	0.08	0.06	0.03	0.02	0.01	0.01	0.01	
			20	23.0	0.370	0.154	0.499	0.006	$0.0080\bar{E}_s$	0.0683	0.33	0.35	0.23	0.14	0.09	0.07	0.04	0.03	0.02	0.02	0.01	
			40	28.0	0.408	0.206	0.499	0.006	$0.0068\bar{E}_s$	0.0780	0.28											
			60	32.0	0.413	0.229	0.499	0.006	$0.0066\bar{E}_s$	0.0866	0.27	0.27	0.21	0.15	0.10	0.08	0.06	0.03	0.50	0.08	0.02	
			80	34.0	0.415	0.236	0.499	0.006	$0.0063\bar{E}_s$	0.0884	0.26											
30	2	5	6	14.0	0.279	0.046	0.488	0.002	$0.0175\bar{E}_s$	0.0681	0.72	0.57	0.24	0.10	0.05	0.03	0.01	—	—	—		
			12	20.0	0.327	0.091	0.498	0.001	$0.0107\bar{E}_s$	0.0702	0.44	0.47	0.24	0.12	0.07	0.04	0.02	0.02	0.02	0.01	—	0.10
			25	26.0	0.384	0.151	0.499	0.003	$0.0079\bar{E}_s$	0.0785	0.32			0.61	0.23	0.29	0.05	0.01				
			50	32.5	0.419	0.204	0.499	0.003	$0.0067\bar{E}_s$	0.0910	0.28											
			75	35.0	0.430	0.226	0.499	0.003	$0.0065\bar{E}_s$	0.0978	0.27	0.60	0.21	0.15	0.09	0.08	0.05	0.04	0.03	0.03	0.02	
			100	37.5	0.430	0.234	0.499	0.003	$0.0063\bar{E}_s$	0.1012	0.26	0.31	0.21	0.13	0.10	0.07	0.06	0.04	0.03	0.02	0.03	

表 7.5.4-2

区 段	0	1	2	3	4	5	6	7	8	9	10
$\beta_i\left(\dfrac{a}{5b}=\dfrac{6000}{1750}>1\right)$	0.30	0.29	0.22	0.15	0.10	0.08	0.06	0.04	0.03	0.02	0.01
q_i (kPa) 堆载	0	20.0	20.0	20.0	20.0	20.0	20.0	20.0	20.0	0	0
填土	15.2	15.2	15.2	15.2	15.2	15.2	15.2	15.2	15.2	15.2	15.2
合计	15.2	35.2	35.2	35.2	35.2	35.2	35.2	35.2	35.2	15.2	15.2
p_i (kPa) 填土	9.5	9.5	9.5	4.8							
$\beta_i q_i - \beta_i p_i$ (kPa)	1.7	7.5	5.7	4.6	3.5	2.8	2.1	1.4	1.1	0.3	0.2
$q_{eq} = 0.8 \sum_{i=0}^{10}(\beta_i q_i - \beta_i p_i) = 0.8 \times 30.9 = 24.7 \text{kPa}$											

表 7.5.4-3

z_i (m)	$\dfrac{a'}{b'}$	$\dfrac{z_i}{b'}$	$\bar{\alpha}_i$	$z_i \bar{\alpha}_i$ (m)	$z_i \bar{\alpha}_i - z_{i-1}\bar{\alpha}_{i-1}$	E_{si} (MPa)	$\Delta s'_{gi}=\dfrac{q_{lg}}{E_{si}} \times (z_i\bar{\alpha}_i - z_{i-1}\bar{\alpha}_{i-1})$ (mm)	$s'_g=\sum_{i=1}^{n}\Delta s'_{gi}$ (mm)	$\dfrac{\Delta s'_{gi}}{\sum_{i=1}^{n}\Delta s'_{gi}}$
0	$\dfrac{30.00}{17.50}=1.71$	0							
28.80		$\dfrac{28.80}{17.50}=1.65$	$2\times 0.2069 = 0.4138$	11.92		4.0	73.6	73.6	
30.00		$\dfrac{30.00}{17.50}=1.71$	$2\times 0.2044 = 0.4088$	12.26	0.34	4.0	2.1	75.7	0.028>0.025
29.80		$\dfrac{29.80}{17.50}=1.70$	$2\times 0.2049 = 0.4098$	12.21		4.0	75.4		
31.00		$\dfrac{31.00}{17.50}=1.77$	$2\times 0.2020 = 0.4040$	12.52	0.34	4.0	1.9	77.3	0.0246<0.025

注：根据地面荷载宽度 $b'=17.5$m，查表 5.2.6，由地基变形计算深度 z 处向上取计算层厚度为 1.2m。

从上表中得知地基变形计算深度 z_n 为 31m，所以由地面荷载引起柱基内侧边缘中点（A）的地基附加沉降值 $s'_g = 77.3$mm。按 $a=60$m，$b=3.5$m。查表 7.5.4 得地基附加沉降允许值 $[s'_g] = 80$mm，故满足天然地基设计的要求。

8 基 础

8.1 无筋扩展基础

8.1.2 表 8.1.2 中提供的无筋扩展混凝土基础台阶宽高比的允许值，是根据材料力学、现行混凝土结构设计规范确定的。当基础底面的平均压力值超过 300kPa 时，按下式验算墙（柱）边缘或变阶处的受剪承载力：

$$V_s \leqslant 0.366 f_t A$$

式中 V_s——相应于荷载效应基本组合时的地基土平均净反力产生的沿墙（柱）边缘或变阶处单位长度的剪力设计值；

A——沿墙（柱）边缘或变阶处混凝土基础单位长度面积。

8.2 扩展基础

8.2.6 自《建筑地基基础设计规范》GBJ 7—89 颁布后，国内高杯口基础杯壁厚度以及杯壁和短柱部分的配筋要求基本上照此执行，情况良好。本次修编时除保留原有的要求外,增加了抗震设防烈度为8°和9°时,对短柱部分的横向箍筋的要求其配置量不宜小于$\phi 8@150$。

制定高杯口基础的构造依据是:

1 杯壁厚度 t

多数设计在计算有短柱基础的厂房排架时,一般都不考虑短柱的影响,将排架柱视作固定在基础杯口顶面的二阶柱(图8.2.6-1b)。这种简化计算所得的弯矩 m 较考虑有短柱存在按三阶柱(图8.2.6-1c)计算所得的弯矩小。

原机械工业部设计院对起重机起重量小于或等于

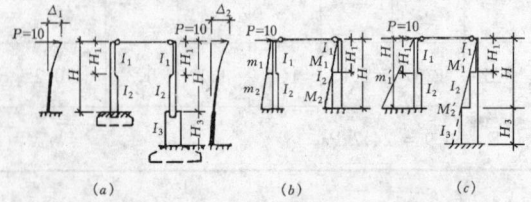

图8.2.6-1 带短柱基础厂房的计算示意
(a)厂房图形;(b)简化计算;(c)精确计算

75t,轨顶标高在14m以下的一般工业厂房作了大量分析工作,分析结果表明:短柱刚度愈小即 $\frac{\Delta_2}{\Delta_1}$ 的比值愈大(图8.2.6-1a),则弯矩误差 $\frac{\Delta m}{m}\%$,即 $\frac{m'-m}{m}\%$ 愈大。图8.2.6-2为二阶柱和三阶柱的弯矩误差关系,从图中可以看到,当 $\frac{\Delta_2}{\Delta_1}=1.11$ 时,$\frac{\Delta m}{m}=8\%$,构件尚属安全使用范围之内。在相同的短柱高度和相同的柱截面条件下,短柱的刚度与杯壁的厚度 t 有关,GBJ7—89规范就是据此规定杯壁的厚度。通过十多年实践,按构造配筋的限制条件可适当放宽,本规范参照《机械工厂结构设计规范》GBJ 8—97增加了8.2.6之2、3限制条件。

对符合本规范条文要求,且满足表8.2.6杯壁厚度最小要求的设计,可不考虑高杯口基础短柱部分对排架的影响,否则应按三阶柱进行分析。

2 杯壁配筋

杯壁配筋的构造要求是基于横向(顶层钢筋网和横向箍筋)和纵向钢筋共同工作的计算方法,并通过试验验证。大量试算工作表明,除较小柱截面的杯口外,均能保证必需的安全度。顶层钢筋网由于抗弯力臂大,设计时应充分利用其抗弯承载力以减少杯壁其他的钢筋用量。横向箍筋 $\phi 8@150$ 的抗弯承载力随柱的插入杯口深度 h_1 而异,但当柱截面高度 h 大于1000mm,$h_1=0.8h$ 时,抗弯能力有限,因此设计时横向箍筋不宜大于 $\phi 8@150$。纵向钢筋构造要求为 $\phi 12\sim\phi 16$,且其设置量又与 h 成正比,h 愈大则其抗弯承载力愈大,当 $h\geqslant 1000$mm时,其抗弯承载力已达到甚至超过顶层钢筋网的抗弯承载力。

8.2.7 阶梯形独立柱基及锥形独立柱基其斜截面受剪的折算宽度,可按照本规范附录S确定。

8.3 柱下条形基础

8.3.1、8.3.2 基础梁的截面高度应根据地基反力、柱荷载的大小等因素确定。大量工程实践表明,柱下条形基础梁的截面高度一般为柱距的1/4~1/8。原上海工业建筑设计院对五十项工程的统计,条形基础梁的高跨比在1/4~1/6之间的占工程数的88%。在选择基础梁截面时,距柱边缘处基础梁的受剪截面和斜截面受剪承载力尚应满足现行《混凝土结构设计规范》的要求。

对柱下条形基础梁的内力计算方法,本规范划分了按连续梁计算内力的适用条件。在比较均匀的地基上,上部结构刚度较好,荷载分布较均匀,且条形基础梁的截面高度大于或等于1/6柱距时,地基反力可按直线分布考虑。其中规定基础梁高度大于或等于1/6的柱距的条件是根据柱距 l 与文克勒地基模型中的弹性特征系数 λ 的乘积 $\lambda l \leqslant 1.75$ 作了分析,当高跨比大于或等于1/6时,对一般柱距及中等压缩性的地基都可考虑地基反力为直线分布。当不满足上述条件时,宜按弹性地基梁法计算内力,分析时采用的地基模型应结合地区经验进行选择。

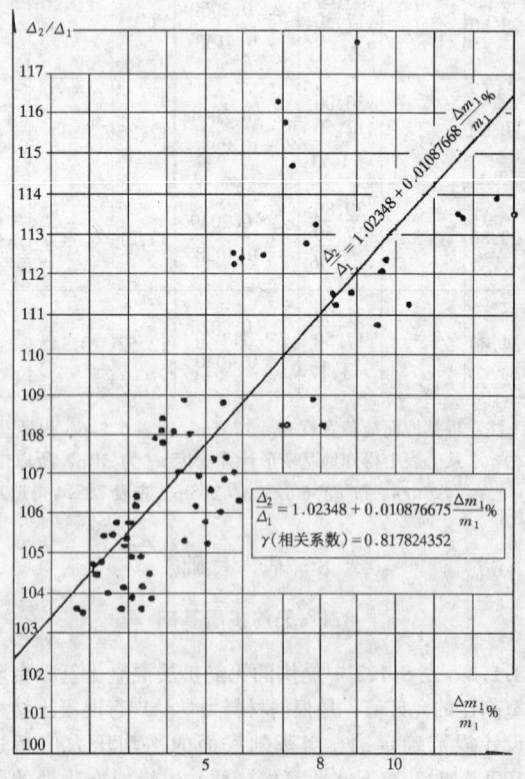

图8.2.6-2 一般工业厂房 $\frac{\Delta_2}{\Delta_1}$ 与 $\frac{\Delta m}{m}\%$(上柱)关系

8.4 高层建筑筏形基础

8.4.2 对单幢建筑物，在均匀地基的条件下，基础底面的压力和基础的整体倾斜主要取决于荷载效应准永久组合下产生的偏心距大小。对基底平面为矩形的筏基，在偏心荷载作用下，基础抗倾覆稳定系数 K_F 可用下式表示：

$$K_F = \frac{y}{e} = \frac{\gamma B}{e} = \frac{\gamma}{e/B}$$

式中 B——与组合荷载竖向合力偏心方向平行的基础边长；
　　　e——作用在基底平面的组合荷载全部竖向合力对基底面积形心的偏心距；
　　　y——基底平面形心至最大受压边缘的距离，γ 为 y 与 B 的比值。

从式中可以看出 e/B 直接影响着抗倾覆稳定系数 K_F，K_F 随着 e/B 的增大而降低，因此容易引起较大的倾斜。表 8.4.2 三个典型工程的实测证实了在地基条件相同时，e/B 越大，则倾斜越大。

表 8.4.2 e/B 值与整体倾斜的关系

地基条件	工程名称	横向偏心距 e (m)	基底宽度 B (m)	e/B	实测倾斜（‰）
上海软土地基	胸科医院	0.164	17.9	1/109	2.1（有相邻影响）
上海软土地基	某研究所	0.154	14.8	1/96	2.7
北京硬土地基	中医医院	0.297	12.6	1/42	1.716（唐山地震北京烈度为6度，未发现明显变化）

高层建筑由于楼身质心高，荷载重，当筏形基础开始产生倾斜后，建筑物总重对基础底面形心将产生新的倾覆力矩增量，而倾覆力矩的增量又产生新的倾斜增量，倾斜可能随时间而增长，直至地基变形稳定为止。因此，为避免基础产生倾斜，应尽量使结构竖向荷载合力作用点与基础平面形心重合，当偏心难以避免时，则应规定竖向合力偏心距的限值。本规范根据实测资料并参考交通部《公路桥涵设计规范》对桥墩合力偏心距的限制，规定了在荷载效应准永久组合时，$e \leq 0.1 W/A$。从实测结果来看，这个限制对硬土地区稍严格，当有可靠依据时可适当放松。

8.4.5 通过对已建工程的分析，并鉴于梁板式筏基基础梁下实测土反力存在的集中效应、底板与地基土之间的摩擦作用以及实际工程中底板的跨厚比一般都在 $1/4 \sim 1/6$ 之间变动等有利因素，本规范明确了取距梁边缘 h_0 作为验算底板受剪的部位。

8.4.7 N.W. Hanson 和 J.M. Hanson 在他们的"混凝土板柱之间剪力和弯矩的传递"试验报告中指出：板与柱之间的不平衡弯矩传递，一部分不平衡弯矩是通过临界截面周边的弯曲应力 T 和 C 来传递，而一部分不平衡弯矩则通过临界截面上的偏心剪力对临界截面重心产生的弯矩来传递，如图 8.4.7-1 所示。因此，在验算距柱边 $h_0/2$ 处的冲切临界截面剪应力时，除需考虑竖向荷载产生的剪应力外，尚应考虑作用在冲切临界截面重心上的不平衡弯矩所产生的附加剪应力。本规范公式（8.4.7-1）右侧第一项是根据现行《混凝土结构设计规范》GB 50010 在集中力作用下的冲切承载力计算公式换算而得，右侧第二项是引自美国 ACI 318 规范中有关的计算规定。

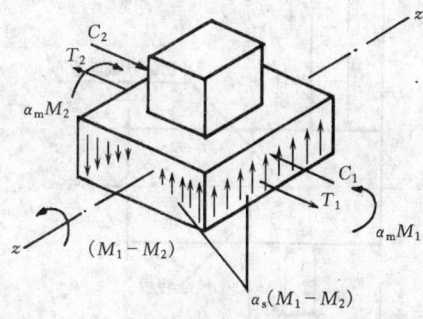

图 8.4.7-1 板与柱不平衡弯矩传递示意

关于公式（8.4.7-1）中集中力取值的问题，国内外大量试验结果表明，内柱的冲切破坏呈完整的锥体状，我国工程实践中一直沿用柱所承受的轴向力设计值减去冲切破坏锥体范围内相应的地基反力作为集中力；对边柱和角柱，由于我国在这方面试验积累的成果不多，本规范参考了国外经验，取柱轴力设计值减去冲切临界截面范围内相应的地基反力作为集中力设计值。

公式（8.4.7-1）中的 M_{unb} 是指作用在柱边 $h_0/2$ 处冲切临界截面重心上的弯矩，对边柱它包括由柱根处轴力设计值 N 和该处筏板冲切临界截面范围内相应的地基反力 P 对临界截面重心产生的弯矩。由于本条款中筏板和上部结构是分别计算的，因此计算 M 值时尚应包括柱子根部的弯矩 M_c，如图 8.4.7-2 所示，M 的表达式为：

$$M_{unb} = Ne_N - Pe_p \pm M_c$$

对于内柱，由于对称关系，柱截面形心与冲切临界截面重心重合，$e_N = e_p = 0$，因此冲切临界截面重心上的弯矩，取柱根弯矩。

我国钢筋混凝土受冲切承载力公式具有计算简单的优点，但存在考虑因素不全面的问题。国外试验表明，当柱截面的长边与短边的比值 β_s 大于 2 时，沿冲切临界截面的长边的受剪承载力约为柱短边受剪承载力的一半或更低。本规范的公式（8.4.7-2）是在我国现行混凝土结构设计规范受冲切承载力公式的基础上，参考了美国 ACI 318 规范中受冲切承载力公式中有关规定，引进了柱截面长、短边比值的影响，适用于包括扁柱和单片剪力墙在内的平板式筏基。图 8.4.7-3 给出了以 ACI 318 计算结果为参照物的在不同 β_s 条件下筏板有效高度比较表。当 $\beta_s \leq 2$ 时，由于我国受冲切承载力取值偏低，按本规范算得的筏板有效高度略大于美国 ACI 318 规范相关公式的结果；当 $2 < \beta_s \leq 4$ 时，基本上保持在现行《混凝土结构设计规范》可靠指标基础上，成比例与 ACI 318 规范计算结

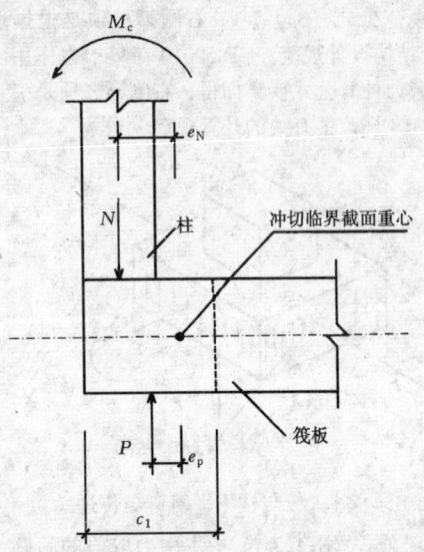

图 8.4.7-2 边柱 M_{unb} 计算示意

果同步；$\beta_s>4$ 时则略大于美国 ACI 318 规范的计算结果。

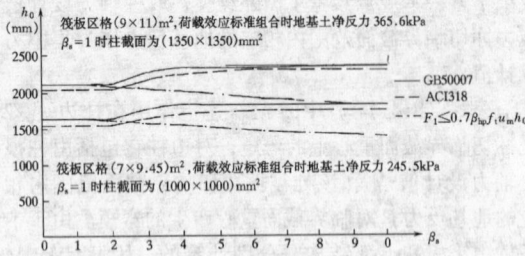

图 8.4.7-3 不同 β_s 条件下筏板有效高度的比较

对有抗震设防要求的平板式筏基，尚应验算地震作用组合的临界截面的最大剪应力 $\tau_{E,max}$，此时公式（8.4.7-1）和（8.4.7-2）应改写为：

$$\tau_{E,max} = \frac{V_{sE}}{A_s} + \alpha_s \frac{M_E}{I_s} c_{AB}$$

$$\tau_{E,max} \leq \frac{0.7}{\gamma_{RE}} \left(0.4 + \frac{1.2}{\beta_s}\right) \beta_{hp} f_t$$

式中 V_{sE}——考虑地震作用组合后的集中反力设计值；

M_E——考虑地震作用组合后的冲切临界截面重心上的弯矩；

A_s——距柱边 $h_0/2$ 处的冲切临界截面的筏板有效面积；

γ_{RE}——抗震调整系数，取 0.85。

8.4.8 Venderbilt 在他的"连续板的抗剪强度"试验报告中指出：混凝土抗冲切承载力随比值 u_m/h_0 的增加而降低。为此，美国 ACI 318 规范 1989 版对受冲切承载力公式增加了新的条款。由于使用功能上的要求，内筒占有相当大的面积，因而距内筒外表面

$h_0/2$ 处的冲切临界截面周长是很大的，在 h_0 保持不变的条件下，内筒下筏板的受冲切承载力实际上是降低了，因此需要适当提高内筒下筏板的厚度。本规范给出的内筒下筏板冲切截面周长影响系数 η，是通过实际工程中不同尺寸的内筒，经分析并和美国 ACI 318 规范对比后确定的（详表 8.4.8）。

表 8.4.8 内筒下筏板厚度比较

筒尺寸 (m×m)	筏板混凝土强度等级	荷载标准组合的内筒轴力 (kN)	荷载标准组合的基底净反力 (kN/m²)	规范名称	筏板有效高度 (m) 不考虑冲切临界截面周长影响	筏板有效高度 (m) 考虑冲切临界截面周长影响
11.3×13.0	C30	128051	383.4	GB50007	1.22	1.39*
				ACI 318	1.18	1.44
12.6×27.2	C40	424565	453.1	GB50007	2.41	2.72*
				ACI 318	2.36	2.71
24×24	C40	718848	480	GB50007	3.2	3.58*
				ACI 318	3.07	3.55
24×24	C40	442980	300	GB50007	2.39	2.57*
				ACI 318	2.12	2.67
24×24	C40	336960	225	GB50007	1.95	2.28*
				ACI 318	1.67	2.21

注：1. 荷载分项系数平均值：GB50007 取 1.35，ACI 318 取 1.45；
2. *：考虑冲切临界截面周长影响系数 1.25。

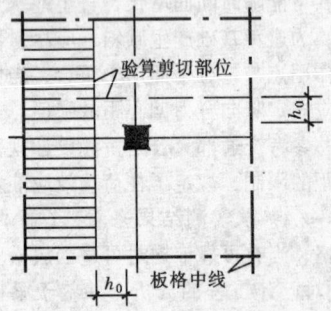

图 8.4.9-1 内柱（筒）下筏板验算剪切部位示意

8.4.9 本规范明确了取距内柱和内筒边缘 h_0 处作为验算筏板受剪的部位，如图 8.4.9-1 所示；角柱下验算筏板受剪的部位取距柱角 h_0 处，如图 8.4.9-2 所示。公式（8.4.9）中的 V_s 即作用在图 8.4.9-1 或图 8.4.9-2 中阴影面积上的地基净反力平均设计值除以验算截面处板格中至中的长度（内柱）、或距角柱角点 h_0 处 45°斜线的长度（角柱）。国内筏板试验报告表明：筏板的裂缝首先出现在板的角部，设计中当采用简化计算方法时，需适当考虑角点附近土反力的集中效应。图 8.4.9-3 给出了筏板模型试验中裂缝发展的

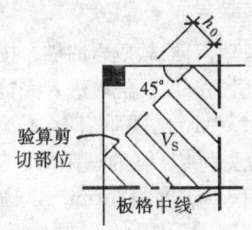

图 8.4.9-2 角柱(筒)
下筏板验算剪切
部位示意

过程。设计中当角柱下筏板受剪承载力不满足规范要求时,也可采用适当加大底层角柱横截面或局部增加筏板角隅板厚等有效措施,以期降低受剪截面处的剪力。

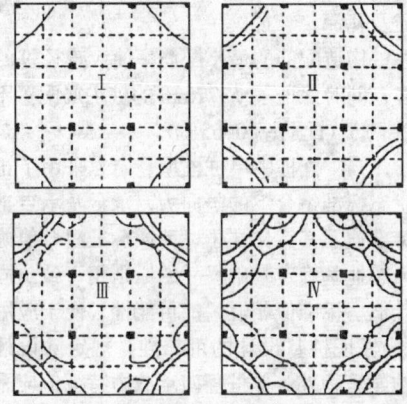

图 8.4.9-3 筏板模型试验裂缝发展过程

8.4.10 我国高层建筑箱形基础的工程实测资料表明,由于上部结构参与工作,箱形基础的纵向相对挠曲值都很小,第四纪土地区一般都小于万分之一,软土地区一般都小于万分之三。因此,一般情况下计算时不考虑整体弯曲的作用,整体弯曲的影响通过构造措施予以保证。对于高层建筑筏形基础,黄熙龄和郭

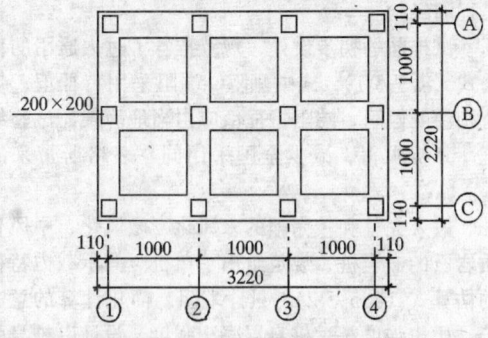

图 8.4.10-1 模型试验加载梁平面图

天强在他们的框架柱——筏基础模型试验报告中指出,在均匀地基上,上部结构刚度较好,荷载分布较均匀,筏板厚度满足冲切承载力要求,且筏板的厚跨

比不小于1/6时,可不考虑筏板的整体弯曲,只按局部弯曲计算,地基反力可按直线分布。试验是在粉质粘土和碎石土两种不同类型的土层上进行的,筏基平面尺寸为 3220mm×2220mm,厚度为 150mm(图

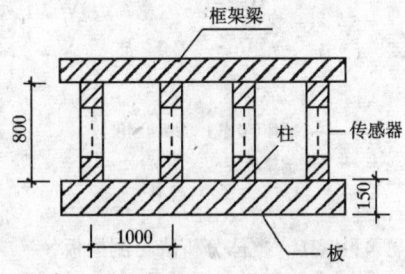

图 8.4.10-2 模型试验(B)轴线剖面图

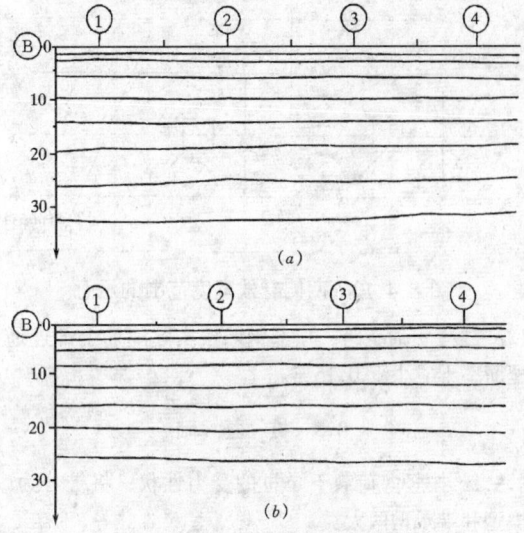

图 8.4.10-3a (B)轴线沉降曲线
(a)粉质粘土;(b)碎石土

8.4.10-1),其上为三榀单跨框架(图 8.4.10-2)。试验结果表明,土质无论是粉质粘土还是碎石土,沉降都相当均匀(图 8.4.10-3),筏板的整体挠曲约为万分之三,整体挠曲相似于箱型基础。基础内力的分布规律,按整体分析法(考虑上部结构作用)与倒梁法是一致的,且倒梁板法计算出来的弯矩值还略大于整体分析法。

8.4.12 工程实践表明,在柱宽及其两侧一定范围的有效宽度内,其钢筋配置量不应小于柱下板带配筋量的一半,且应能承受板与柱之间一部分不平衡弯矩 $\alpha_m M_{unb}$,以保证板柱之间的弯矩传递,并使筏板在地震作用过程中处于弹性状态,保证柱根处能实现预期的塑性铰。条款中有效宽度的范围,是根据筏板较厚的特点,以小于1/4板跨为原则而提出来的。有效宽度范围如图 8.4.12 所示。

对筏板的整体弯曲影响,本条款通过构造措施予以保证,要求柱下板带和跨中板带的底部钢筋应有

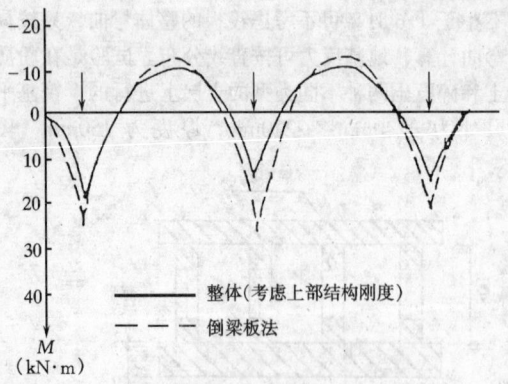

图 8.4.10-3b　整体分析法与倒梁板法弯矩计算结果比较

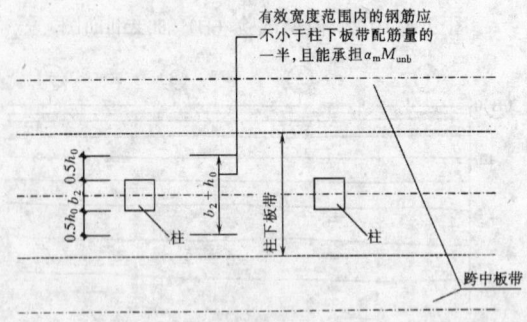

图 8.4.12　两侧有效宽度范围的示意

1/2~1/3贯通全跨，顶部钢筋按实际配筋全部连通，配筋率不应小于0.15%。

8.5 桩 基 础

8.5.1 按竖向荷载下单桩的受力性状，将桩分为摩擦型和端承型两大类。

摩擦型桩可分为摩擦桩和端承摩擦桩，桩端阻力很小时，称为摩擦桩。同理，端承型桩也可分为端承桩和摩擦端承桩，桩侧阻力很小时，称为端承桩。

8.5.2 本条所规定的桩和桩基的构造，考虑到各种不同的情况综合制定，补充并完善了89规范的内容。

1 为减少摩擦型桩侧阻的叠加效应，仍规定取最小桩距为$3d$；扩底灌注桩包括夯扩桩、机械和人工扩底灌注桩等，为保证其侧阻的发挥也作了相应的规定。

施工工艺对桩距的要求十分重要，由于成桩中的挤土效应以及拔管（钻）时带动桩周土，往往造成邻近桩的断裂或缩颈，在饱和软土和结构性强的土中尤为突出，因此，在决定桩距时，对挤土桩应特别重视。

2 扩底灌注桩扩底直径不宜大于三倍桩身直径，系考虑到扩底施工的难易和安全，同时需要保持桩间土的稳定，有利于桩基受力。

3 桩端进入持力层的最小深度，主要是考虑了在各类持力层中成桩的可能性和难易程度，并尽量提高桩端阻力。

桩端进入破碎岩石或软质岩的桩，按一般桩来计算桩端进入持力层的深度。桩端进入完整和较完整的未风化、微风化、中风化硬质岩石时，入岩施工困难，同时硬质岩已提供足够的端阻力。规范条文中，提出桩周边嵌岩最小深度为0.5m，以确保桩端与岩体面接触。

4 桩端位于倾斜地层的桩基，受到滑移土体的水平力作用，为此桩应采用通长配筋，并应通过计算确定配筋量。

承台下存在淤泥、淤泥质土或液化土层时，为提高桩基稳定性，同时考虑到施工中避免挤土等影响而产生断桩，配筋长度应穿过上述土层。

大直径桩往往桩长很大，特别是钻孔桩，下部成孔质量有时出现问题，设置部分通长钢筋，可以验证下部孔径及孔深。

灌注桩构造配筋的最小配筋率使大直径桩的配筋不致过多，同时保证了$\phi 377mm$的桩主筋配置不少于6根$\phi 12$钢筋（配筋率0.65%）。

8.5.3~8.5.4 群桩中单桩桩顶竖向力采用了正常使用极限状态标准组合下的竖向力，承台及承台上土自重采用标准值。其意义在于以荷载标准组合值确定桩数，与天然地基确定基础尺寸的原则相一致。同时避免了设计值、标准值相混淆的可能性，便于应用。

8.5.5 为保证桩基设计的可靠性，规定除设计等级为丙级的建筑物外，单桩竖向承载力特征值应采用竖向静载荷试验确定。

设计等级为丙级的建筑物可根据静力触探或标准贯入试验方法确定单桩竖向承载力特征值。用静力触探或标贯方法确定单桩承载力已有不少地区和单位进行过研究和总结，取得了许多宝贵经验。其他原位测试方法确定单桩竖向承载力的经验不足，规范未推荐。

确定单桩竖向承载力时，应重视类似工程、邻近工程的经验。

试桩前的初步设计，规范推荐了过去通用的估算公式（8.5.5-1），式中侧阻、端阻采用特征值，规范特别注明侧阻、端阻特征值应由当地静载荷试验结果统计分析求得，减少全国采用同一表格所带来的误差。

嵌入完整和较完整的未风化、微风化、中风化硬质岩石的嵌岩桩，规范给出了单桩竖向承载力特征值的估算式（8.5.5-2），只计端阻。简化计算的意义在于硬质岩强度超过桩身混凝土强度，设计以桩身强度控制，不必要再计入侧阻、嵌岩阻力等不定因素。当然，嵌岩桩并不是不存在侧阻和嵌岩阻力，有时侧阻和嵌岩阻力占有很大的比例。对于嵌入破碎岩和软质岩石中的桩，单桩承载力特征值则按8.5.5-1式进行估算。

为确保大直径嵌岩桩的设计可靠性，必须确定桩底一定深度内岩体性状。此外，在桩底应力扩散范围内可能埋藏有相对软弱的夹层，甚至存在洞隙，应引起足够注意。岩层表面往往起伏不平，有隐伏沟槽存在，特别在碳酸盐类岩石地区，岩面石芽、溶槽密布，此时桩端可能落于岩面隆起或斜面处，有导致滑移的可能。因此，规范规定在桩底端应力扩散范围内应无岩体临空面存在，并确保基底岩体的稳定性。实践证明，作为基础施工图设计依据的详细勘察阶段的工作精度，满足不了这类桩设计施工的要求，因此，当基础方案选定之后，还应根据桩位及要求进行专门性的桩基勘察，以便针对各个桩的持力层选择入岩深度、确定承载力，并为施工处理等提供可靠依据。

8.5.6 单桩水平承载力与诸多因素相关，单桩水平承载力特征值应由单桩水平载荷试验确定。

规范特别写入了带承台桩的水平载荷试验。桩基抵抗水平力很大程度上依赖于承台底阻力和承台侧面抗力，带承台桩基的水平载荷试验能反映桩基在水平力作用下的实际工作状况。

带承台桩基水平载荷试验采用慢速维持载荷法，用以确定长期荷载下的桩基水平承载力和地基土水平反力系数。加载分级及每级荷载稳定标准可按单桩竖向静载荷试验的办法。当加载至桩身破坏或位移超过30～40mm（软土取大值）时停止加载。卸载按2倍加载等级逐级卸载，每30min卸一级载，并于每次卸载前测读位移。

根据试验数据绘制荷载位移 H_0-X_0 曲线及荷载位移梯度 $H_0-(\Delta X_0/\Delta H_0)$ 曲线，取 $H_0-(\Delta X_0/\Delta H_0)$ 曲线的第一拐点为临界荷载，取第二拐点或 H_0-X_0 曲线的陡降起点为极限荷载。若桩身设有应力测读装置，还可根据最大弯矩点变化特征综合判定临界荷载和极限荷载。

对于重要工程，可模拟承台顶竖向荷载的实际状况进行试验。

水平荷载作用下桩基内各单桩的抗力分配与桩数、桩距、桩身刚度、土质性状、承台形式等诸多因素有关。

水平力作用下的群桩效应的研究工作不深入，条文规定了水平力作用面的桩距较大时，桩基的水平承载力可视为各单桩水平承载力的总和，实际上在低桩承台的前提下应注重采取措施充分发挥承台底面及侧面土的抗力作用，加强承台间的连系等等。当承台周围填土质量有保证时，应考虑土的抗力作用按弹性抗力法进行计算。

用斜桩来抵抗水平力是一项有效的措施，在桥梁桩基中采用较多。但在一般工业与民用建筑中则很少采用，究其原因是依靠承台埋深大多可以解决水平力的问题。

8.5.9 近年来随着高层建筑的发展，对桩承载力的要求很高，各种超长桩应用较多，为保证建筑物安全，确保桩身混凝土强度至关重要。

上海市地基基础设计规范中对桩身混凝土强度折减作了如下规定：

1 灌注桩 $\psi=0.60$，施工质量有充分把握时也不得超过0.68。

2 预制桩 $\psi=0.60\sim0.75$。

3 预应力桩 $Q\leqslant(0.60\sim0.75)f_cA_p-0.34A_p\sigma_{Pc}$

σ_{Pc}——为桩身截面混凝土有效预加应力。

以上规定中均未考虑结构重要性系数。

考虑到全国的状况，本次修订增加了桩的承载力尚应满足桩身混凝土强度的要求。

8.5.10 为了贯彻以变形控制设计的原则，规范条文规定了需要进行沉降验算的建筑物桩基，补充了89规范中的空缺。对于地基基础设计等级为丙级的建筑物、群桩效应不明显的建筑物桩基，可根据单桩静载荷试验的变形及当地工程经验估算建筑物的沉降量。

8.5.11 软土中摩擦桩的桩基础沉降计算是一个非常复杂的问题。纵观许多描述桩基实际沉降和沉降发展过程的文献可以知道，土体中桩基沉降实质是由桩身压缩、桩端刺入变形和桩端平面以下土层受群桩荷载共同作用产生的整体压缩变形等多个主要分量组成，并且是需要经历数年、甚至更长时间才能完成的过程。即使忽略土中桩身弹性压缩量，由于桩端刺入变形与桩土体之间相互作用、土体组成的多相性质、土骨架的非线性应力应变性质和蠕变性质有关，在目前认识水平条件下，土中摩擦桩桩基沉降不是简单的弹性理论所能描述的问题，这说明为什么完全依据理论的各种桩基沉降计算方法，在实际工程的应用中往往都与实测结果存在较大的出入，即使经过修正，两者也只能在某一特定范围内比较接近。正因为如此，本规范推荐的桩基最终沉降量的计算方法，并不是一种纯理论的方法，其实质是一种经验拟合的方法。根据Geddes按弹性理论中Mindlin应力公式积分后得出的单桩荷载在半无限体中产生的应力解出发，用简单叠加法原则求得群桩荷载在地基中产生的应力，然后再按分层总和法原理计算沉降，并乘以经验系数，从而使计算结果更接近于工程实际，与实体基础的方法相比，该法能方便地考虑桩基中桩数、桩间距、不规则布桩及不同桩长等因素对沉降计算的影响。

从经验拟合这一观点出发，本次规范在这一条款中的修订工作主要是收集大量实际工程资料进行统计分析。修订组共收集了上海地区93幢建筑的完整实测资料和工程计算资料，在随后的资料复查整理中，因各种原因共放弃了其中24幢建筑物的资料，实际用于分析的建筑物共69幢。在统计分析的过程中逐步确定了各项计算规定，最后确定了桩基最终沉降量计算的经验修正系数 ψ_p。为了得到确定的统计结果，作了一系列经验性的规定。

1 统计分析中的计算规定及说明：

1）统计时是将各幢建筑物中心点计算沉降值或最大计算沉降值与实测各点的平均沉降值进行比较。计算得到的最大沉降值，不是代表建筑物在某处实际发生的最大沉降值，而是估算的建筑物最终平均沉降值。从这一规定可知，不提倡用这一方法计算建筑物的不均匀沉降。因为缺少实测倾斜值与计算值的对比统计资料，也因为这种算法不考虑上部结构的刚度，可能严重歪曲了实际的不均匀沉降。若计算点任意选取，可能得到互相矛盾的结果。

2）公式中所用的压缩模量 E_s 为计算深度处土在自重应力至自重应力加附加应力作用下的压缩模量。一般采用勘察报告中提供的由室内土工压缩试验得到的数值。压缩模量的取值对于沉降计算有很大的影响，但由于目前对于原位试验本身及其试验结果与室内试验得出的 E_s 之间的规律尚未有较明确的统一认识，本次修编时仍采用室内压缩试验得出的压缩模量。待今后进一步积累经验，再行修订。

3）在采用分层总和法计算沉降时，考虑到桩端处的应力集中，土体的计算分层厚度在桩端以下一定范围内应适当加密。实际工程计算时，一般区域计算层厚度取 1m，加密区域计算层厚度取 0.1m，已能保证足够的精度。

8.5.13 八十年代上海市开始采用为控制沉降而设置桩基的方法，取得显著的社会经济效益。目前天津、湖北、福建等省市也相继应用了上述方法。开发这种方法是考虑桩、土、承台共同工作时，基础的承载力可以满足要求，而下卧层变形过大，此时采用摩擦型桩旨在减少沉降，以满足建筑物的使用要求。以控制沉降为目的设置桩基是指直接用沉降量指标来确定用桩的数量。能否实行这种设计方法，必须要有当地的经验，特别是符合当地工程实践的桩基沉降计算方法。直接用沉降量确定用桩数量后，还必须满足本条所规定的使用条件和构造措施。上述方法的基本原则有三点：

一、设计用桩数量可以根据沉降控制条件，即允许沉降量计算确定；

二、基础总安全度不能降低，应按桩、土和承台共同作用的实际状态来验算。桩土共同工作是一个复杂的过程，随着沉降的发展，桩、土的荷载分担不断变化，作为一种最不利状态的控制，桩顶荷载可能接近或等于单桩极限承载力。为了保证桩基的安全度，规定按承载力特征值计算的桩群承载力与土承载力之和应大于等于荷载效应标准组合作用于桩基承台顶面的竖向力与承台及其上土自重之和；

三、为保证桩、土和承台共同工作，应采用摩擦型桩，使桩基产生可以容许的沉降，承台底不致脱空，在桩基沉降过程中充分发挥桩端持力层的抗力，

同时桩端还要置于相对较好的土层中，防止沉降过大，达不到预期控制沉降的目的。为保证承台底不脱空，当承台底土为欠固结土或承载力利用价值不大的软土时，尚应对其进行处理。

8.5.16 桩基承台的弯矩计算

1 承台试件破坏过程的描述

中国石化总公司洛阳设计院和郑州工学院曾就桩台受弯问题进行专题研究。试验中发现，凡属抗弯破坏的试件均呈梁式破坏的特点。四桩承台试件采用均布方式配筋，试验时初始裂缝首先在承台两个对应边的一边或两边中部或中部附近产生，之后在两个方向交替发展，并逐渐演变成各种复杂的裂缝而向承台中部合拢，最后形成各种不同的破坏模式。三桩承台试件是采用梁式配筋，承台中部因无配筋而抗裂性能较差，初始裂缝多由承台中部开始向外发展，最后形成各种不同的破坏模式。可以得出，不论是三桩试件还是四桩试件，它们在开裂破坏的过程中，总是在两个方向上互相交替承担上部主要荷载，而不是平均承担，也即是交替起着梁的作用。

2 推荐的抗弯计算公式

通过对众多破坏模式的理论分析，选取图 8.5.16 所示的四种典型模式作为公式推导的依据。

（1）图 8.5.16（a）四桩承台破坏模式系屈服线将承台分成很规则的若干块几何块体。设块体为刚性的，变形略去不计，最大弯矩产生于屈服线处，该弯矩全部由钢筋来承担，不考虑混凝土的拉力作用，则利用极限平衡方法并按悬臂梁计算。

$$M_x = \Sigma (N_i y_i)$$

$$M_y = \Sigma (N_i x_i)$$

（2）图 8.5.16（b）是等边三桩承台具有代表性

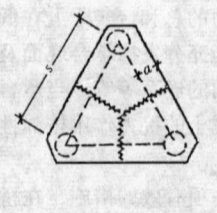
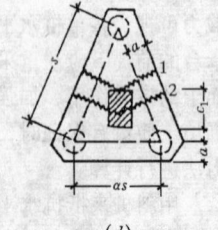

图 8.5.16 承台破坏模式

（a）四桩承台；（b）等边三桩承台（一）

（c）等边三桩承台（二）；（d）等腰三桩承台

的破坏模式,可利用钢筋混凝土板的屈服线理论,按机动法的基本原理来推导公式得:

$$M = \frac{N_{max}}{3}\left(s - \frac{\sqrt{3}}{2}c\right) \quad (a)$$

由图 8.5.16（c）的等边三桩承台最不利破坏模式,可得另一个公式即:

$$M = \frac{N_{max}}{3}s \quad (b)$$

式（a）考虑屈服线产生在柱边,过于理想化;式（b）未考虑柱子的约束作用,是偏于安全的。根据试件破坏的多数情况,采用（a）（b）二式的平均值为规范的推荐公式（8.5.16-3）

$$M = \frac{N_{max}}{3}\left(s - \frac{\sqrt{3}}{4}c\right)$$

(3) 由图 8.5.16（d）,等腰三桩承台典型的屈服线基本上都垂直于等腰三桩承台的两个腰,当试件在长跨产生开裂破坏后,才在短跨内产生裂缝。因之根据试件的破坏形态并考虑梁的约束影响作用,按梁的理论给出计算公式。

在长跨,当屈服线通过柱中心时:

$$M_1 = \frac{N_{max}}{3}s \quad (a')$$

当屈服线通过柱边缝时:

$$M_1 = \frac{N_{max}}{3}\left(s - \frac{1.5}{\sqrt{4-\alpha^2}}c_1\right) \quad (b')$$

式（a'）未考虑柱子的约束影响,偏于安全;而式（b'）考虑屈服线通过柱边缘处,又不够安全,今采用两式的平均值作为推荐公式（8.5.16-4）

$$M_1 = \frac{N_{max}}{3}\left(s - \frac{0.75}{\sqrt{4-\alpha^2}}c_1\right)$$

上述所有三桩承台计算的 M 值均指由柱截面形心到相应承台边的板带宽度范围内的弯矩,因而可按此相应宽度采用三向配筋。

8.5.17 柱对承台的冲切计算方法,本规范在编制时曾考虑了以下两种计算方法:方法一为冲切临界截面取柱边 $0.5h_0$ 处,当冲切临界截面与桩相交时,冲切力扣除相交那部分单桩承载力,采用这种计算方法的国家有美国、新西兰,我国九十年代前一些设计单位亦多采用此法;方法二为冲切锥体取柱边或承台变阶处至相应桩顶内边缘连线所构成的锥体并考虑了冲跨比的影响,原苏联及我国《建筑桩基技术规范》均采用这种方法。计算结果表明,这两种方法求得的柱对承台冲切所需的有效高度是十分接近的,相差约 5% 左右。考虑到方法一在计算过程中需要扣除冲切临界截面与柱相交那部分面积的单桩承载力,为避免计算上繁琐,本规范推荐采用方法二。

本规范公式（8.5.17-1）中的冲切系数是按 $\lambda=1$ 时与我国现行《混凝土结构设计规范》的受冲切承载力公式相衔接,即冲切破坏锥体与承台底面的夹角为 45°时冲切系数 $\alpha=0.7$ 提出来的。

本规范公式（8.5.17-5）中的角桩冲切系数公式是在我国 JGJ94—94 规范基础上,参照我国现行《混凝土结构设计规范》的受冲切承载力公式,修正后提出来的。修正后的角桩冲切系数,当 λ 在 0.3~0.4 之间时已非常接近原苏联资料数据,当 $\lambda>0.4$ 后则逐渐小于原苏联资料。但统计数据表明,承台角桩的冲跨比一般都在 0.3~0.6 之间变动,因此在该范围内角桩的冲切承载力已接近原苏联资料数据。

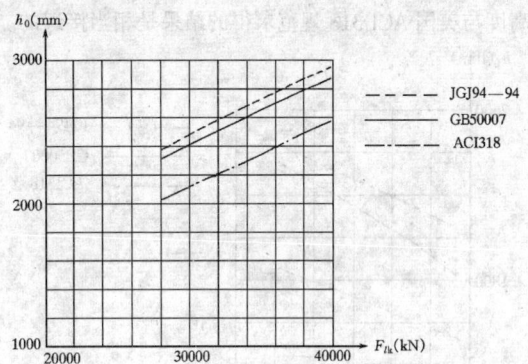

图 8.5.17-1　内柱对承台冲切时承台有效高度比较

图 8.5.17-1 及图 8.5.17-2 分别给出了一典型的九桩承台内柱对承台冲切、角桩对承台冲切所需的承台有效高度比较表,其中桩径为 800mm,柱距为 2400mm,方柱尺寸为 1550mm,承台宽度为 6400mm。计算时荷载分项系数平均值:GB50007 及 JGJ94—94 取 1.35,ACI 318 取 1.45,混凝土设计强度按 GB50010。不言而喻,由于本规范的冲切系数大于《建筑桩基技术规范》的冲切系数,因而按本规范算得的承台有效高度略有降低,但与 ACI 318 规范相比较略偏于安全。但是,美国钢筋混凝土学会 CRSI 手册认为由角桩荷载引起的承台角隅 45°剪切破坏较

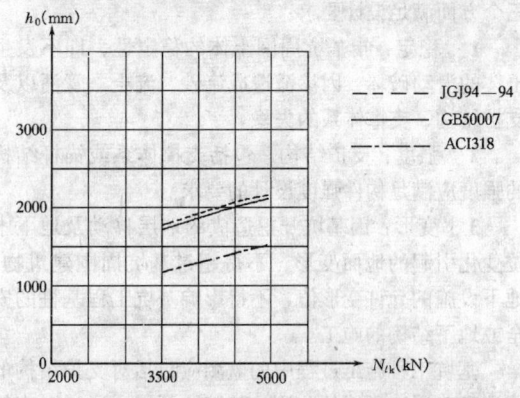

图 8.5.17-2　角桩对承台冲切时承台有效高度比较

之角桩冲切破坏更为不利，因此尚需验算距柱边 h_0 承台角隅 $45°$ 处的抗剪强度。

8.5.18 桩基承台的抗剪计算，在小剪跨比的条件下具有深梁的特征。关于深梁的抗剪问题，近年来我国已发表了一系列有关的抗剪强度试验报告以及抗剪承载力计算文章，尽管文章中给出的抗剪承载力的表达式不尽相同，但结果具有很好的一致性。本规范提出的剪切系数是通过分析和比较后确定的，它已能涵盖深梁、浅梁不同条件的受剪承载力。图 8.5.18 给出了一典型的九桩承台的柱边剪切所需的承台有效高度比较表，按本规范求得的柱边剪切所需的承台有效高度与美国 ACI 318 规范求得的结果是相当接近的。

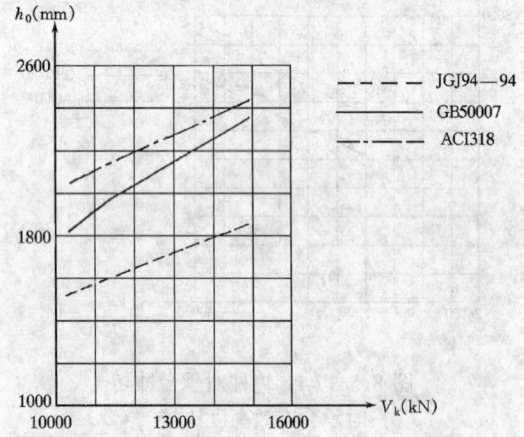

图 8.5.18 柱边剪切承台有效高度比较

9 基坑工程

9.1 一般规定

9.1.1~9.1.2 基坑支护结构是对地下工程安全施工起决定性作用的结构物，深基坑一般要经历较长施工周期，因此不能简单地将基坑支护结构作为临时性结构而不适当地降低结构的安全度。

9.1.3 基坑支护结构设计应从稳定、强度和变形等三个方面满足设计要求：

1 稳定：指基坑周围土体的稳定性，即不发生土体的滑动破坏，因渗流造成流砂、流土、管涌以及支护结构、支撑体系的失稳。

2 强度：支护结构，包括支撑体系或锚杆结构的强度应满足构件强度设计的要求。

3 变形：因基坑开挖造成的地层移动及地下水位变化引起的地面变形，不得超过基坑周围建筑物、地下设施的允许变形值，不得影响基坑工程基桩的安全或地下结构的施工。

基坑工程施工过程中的监测应包括对支护结构的监测和对周边环境的监测。随基坑开挖，通过对支护结构桩、墙及其支撑系统的内力、变形的测试，掌握其工作性能和状态。通过对影响区域内的建筑物、地下管线的变形监测，了解基坑降水和开挖过程中对其影响的程度，作出在施工过程中基坑安全性的评价。

9.1.4 为基坑工程设计而提供的建筑总平面图，应标明用地的红线范围。

9.1.6 基坑开挖是大面积的卸荷过程，易引起基坑周边土体应力场变化及地面沉降。降雨或施工用水渗入土体会降低土体的强度和增加侧压力，粘性土随着基坑暴露时间延长，坑底土强度逐渐降低，从而降低支护体系的安全度。基底暴露后应及时铺筑混凝土垫层，这对保护坑底土不受施工扰动、延缓应力松弛具有重要的作用，特别是在雨季施工中作用更为明显。

基坑周边荷载，会增加墙后土压力，增加滑动力矩，降低支护体系的安全度。施工过程中，不得随意在基坑周围堆土，形成超过设计要求的地面超载。

9.1.7 深基坑内拟建建筑物的详细勘察，大多数是沿建筑物外轮廓布置勘探工作，往往使基坑工程的设计和施工依据的地质资料不足。本条要求勘察及勘探范围应超出建筑物轮廓线，一般取基坑周围相当基坑深度的 2 倍，当有特殊情况时，尚需扩大范围。

勘探点的深度一般不应小于基坑深度的 2 倍。在软土中的基坑开挖，勘探点的深度即使相当于基坑深度的 2 倍也往往不够，这时，可结合地基详勘的深孔资料一并考虑，在必要时也可补充布置深孔。

9.1.8 基坑工程设计时，土性指标、计算方法、安全度是统一考虑的，故土的抗剪强度指标应慎重选取，这一点必须加以强调。三轴试验受力明确，又可控制排水条件，因此，在基坑工程中确定土的强度指标时规定应采用三轴剪切试验方法。为减少取土时对土样的扰动，应采用薄壁取土器取样。由于基坑用机械开挖，速度较快，支护结构上的土压力形成很快，为与其相适应，采用不排水剪是合理的。

剪切前的固结条件，应根据土的渗透性而定。对饱和软粘土，由于灵敏度高，取土易扰动，为使结果不致过低，按现行《岩土工程勘察规范》GB 50021，可在自重压力下进行固结后再进行不排水剪。

9.1.9 含水层的水文地质、工程地质参数包括渗透系数、影响半径及压缩模量、孔隙比等，其水文地质参数值宜采用抽水试验确定。基坑地下水的控制设计事先需仔细调查邻近地下管线的渗漏情况及地表水源的补给情况。

9.1.10 处于地下水位以下的水压力和土压力，按有效应力原理分析时，水压力与土压力是分开计算的。这种方法概念比较明确。但是在实际使用中有时还存在一些困难，特别是粘性土在实际工程中孔隙水压力往往难以确定。因此，在许多情况下，往往采用总应力法计算土压力，即将水压力和土压力合算，各地对此都积累有一定的工程实践经验。然而，在这种方法中亦存在一些问题，如低估了水压力的作用，对这些复杂性必须有足够的认识。

通常，由于粘性土渗透性弱，地下水对土颗粒不易形成浮力，故宜采用饱和重度，用总应力强度指标水土合算，其计算结果中已包括了水压力的作用。但当支护结构与周围土层之间能形成水头时，仍应单独考虑水压力的作用。对地下水位以下的粉土、砂土、碎石土，由于其渗透性强，地下水对土颗粒可形成浮力，故应采用水土分算。水压力可按静水压力计算。

9.1.11 自然状态下的土体内水平向有效应力，可认为与静止土压力相等。土体侧向变形会改变其水平应力状态。最终的水平应力，随着变形的大小和方向可呈现出两种极限状态（主动极限平衡状态和被动极限平衡状态），支护结构处于主动极限平衡状态时，受主动土压力作用，是侧向土压力的最小值。

库仑土压理论和朗肯土压理论是工程中常用的两种经典土压理论，无论用库仑或朗肯理论计算土压力，由于其理论的假设与实际工作情况有一定的出入，只能看作是近似的方法，与实测数据有一定差异。一些试验结果证明，库仑土压理论在计算主动土压力时，与实际较为接近。在计算被动土压力时，其计算结果与实际相比，往往偏大。

静止土压力系数 k_0 值随土体密实度、固结程度的增加而增加，当土层处于超压密状态时，k_0 值的增大尤为显著。静止土压力系数 k_0 宜通过试验测定。当无试验条件时，对正常固结土也可按表9.1.11估算。

表9.1.11　静止土压力系数 k_0

土类	坚硬土	硬—可塑粘性土粉质粘土、砂土	可—软塑粘性土	软塑粘性土	流塑粘性土
k_0	0.2~0.4	0.4~0.5	0.5~0.6	0.6~0.75	0.75~0.8

对于不允许位移的支护结构，在设计中要按静止土压力作为侧向土压力。

9.1.12 作用在支护结构上的土压力及其分布规律取决于支护体的刚度及横向位移条件。

刚性支护结构的土压力分布可由经典的库仑和朗肯土压理论计算得到，实测结果表明，只要支护结构的顶部的位移不小于其底部的位移，土压力沿垂直方向分布可按三角形计算。但是，如果支护结构底部位移大于顶部位移，土压力将沿高度呈曲线分布，此时，土压力的合力较上述典型条件要大10%~15%，在设计中应予注意。

柔性支护结构的位移及土压力分布情况比较复杂，设计时应根据具体情况分析，选择适当的土压力值，有条件时土压力值应采用现场实测、反演分析等方法总结地区经验，使设计更加符合实际情况。

9.2　设计计算

9.2.2 深基坑的稳定问题直接与支护结构体系的变形、稳定以及基坑的工程地质、水文地质条件有关。基坑失稳的形态和原因是多种多样的，由于设计上的过错、漏项或施工不慎，均可造成基坑失稳。

基坑失稳可分为两种主要的形态：

1 因基坑土体的强度不足、地下水渗流作用而造成基坑失稳，包括基坑内外侧土体整体滑动失稳；基坑底土因承载力不足而隆起；地层因承压水作用，管涌、渗漏等等。

本条明确桩式、墙式支护结构应进行抗倾覆和抗水平推移稳定验算，并在附录T和附录U中明确了计算方法，但抗力分项系数的取值很复杂。经几组对比资料分析，对于悬臂式支护结构，当 $\varphi=23°\sim33°$，$c=5\sim15$kPa 时，嵌入深度系数 $\gamma_D=1.2$，抗倾覆稳定安全系数 $\gamma_M=1.8\sim1.2$，抗水平推移稳定安全系数 $\gamma_H\geqslant1.5$；而对于内撑或锚杆式支护结构，相同的土层条件，嵌入深度系数 $\gamma_D=1.2$，γ_M 仅相当于 1.07 左右，γ_H 相当于 $1.23\sim1.5$。基于此分析，本规范未简单采用 γ_D 作为稳定安全系数，而在附录T、U中主要提出了抗倾覆稳定性要求，当 $\gamma_M\geqslant1.3$ 时，对应的抗水平推移安全系数 γ_H 均在 $1.4\sim1.5$ 以上。

基坑底抗隆起稳定性（坑底涌土）验算，实质上是软土地基承载力不足，故用 $\varphi=0$ 的承载力公式进行验算。

对于一般的粘性土，参照 Prandtl 和 Terzaghi 的地基承载力公式，并将桩墙底面的平面作为极限承载力的基准面，承载力安全系数的验算公式如下：

$$K_s = \frac{\gamma D N_q + c N_c}{\gamma(H+D) + q} \quad (9.2.2)$$

式中　γ——土的重度（kN/m³）；
　　　c——土的粘聚力（kN/m²）；
　　　q——地面荷载（kN/m²）；
　　　N_c、N_q——地基承载力系数。

$$\left. \begin{array}{l} N_q = \tan^2\left(45° + \dfrac{\varphi}{2}\right)\cdot e^{\pi\tan\varphi} \\ N_c = (N_q - 1)\cdot \dfrac{1}{\tan\varphi} \end{array} \right\}$$

采用 Prandtl 公式时，N_c、N_q 按上式计算，此时要求 $K_s\geqslant1.1\sim1.2$。

采用 Terzaghi 公式时，N_c、N_q 按下式计算此时要求 $K_s\geqslant1.15\sim1.25$。

$$\left. \begin{array}{l} N_q = \dfrac{e^{\left(\frac{3}{4}\pi - \frac{\varphi}{2}\right)\tan\varphi}}{2\cos^2\left(45° + \dfrac{\varphi}{2}\right)} \\ N_c = (N_q - 1)\cdot \dfrac{1}{\tan\varphi} \end{array} \right\}$$

式中　φ——土的内摩擦角。

基坑的渗流稳定性可以分两种情况，一种是坑底面以下有透水层时，若抗渗流稳定安全系数不满足要求时应采取降水（降压）措施。

另一种情况是当支护桩以下一定范围内无透水层

时，以基坑底面处坑内外水头差 h' 作为计算压力差，但由于水头差至支护桩底已损失 50%，故支护桩底面处的水压力为 $\gamma_w\left(\dfrac{1}{2}h'+t\right)$，此值必须小于上覆土重一定数值作为安全储备。

2 因支护结构（包括桩、墙、支撑系统等）的强度、刚度或稳定性不足引起支护结构系统破坏而造成基坑倒塌、破坏。

9.2.3 为了基坑的安全施工和坑底周围土体的稳定，支护结构必须有一定的插入坑底以下土中的深度（又称嵌入深度），这个深度直接关系到基坑工程的稳定性，且较大程度地影响工程的造价。

支护结构的嵌入深度，目前常采用极限平衡法计算确定。根据支护结构可能出现的位移条件，在桩墙的相应部位分别取主动土压力或被动土压力，形成静力极限平衡的计算简图。当入土深度较大时，桩、墙下端可能出现反弯点，反弯点下的力系考虑反弯点下桩墙段在土中出现的反向位移的情况。

对于悬臂式支护桩，桩前后土压力分布如图 9.2.3 所示。

基坑底土压力由式 9.2.3-1 确定。

$$p_a^h = \gamma h k_a - 2c\sqrt{k_a} \quad (9.2.3-1)$$

$p=0$ 的零点深度 D 由式 9.2.3-2 求得。

$$D = \dfrac{\gamma h k_a - 2c(\sqrt{k_p}+\sqrt{k_a})}{\gamma(k_p-k_a)} \quad (9.2.3-2)$$

$h+z_1$ 深度处土压力和 $h+t$ 处的土压力可按式 9.2.3-3 求得。

$$\left.\begin{array}{l}p_p^{z_1}-p_a^{z_1+h}=\gamma z_1 k_p + 2c\sqrt{k_p} - [\gamma(z_1+h)k_a - 2c\sqrt{k_a}]\\ p_p^{h+t}-p_a^t=\gamma(h+t)k_p+2c\sqrt{k_p}-(\gamma t k_a - 2c\sqrt{k_a})\end{array}\right\}$$
$$(9.2.3-3)$$

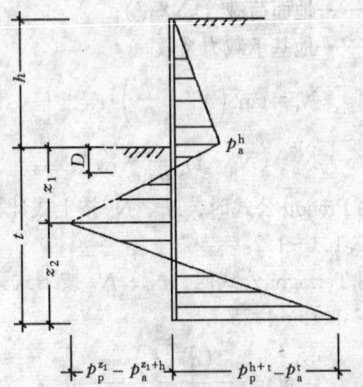

图 9.2.3 桩前后土压力分布

未知数 z_1（或 z_2）和 t 可用使任一点力矩之和等于零和水平力之和等于零两组方程式 9.2.3-4 求解。

$$\left.\begin{array}{l}z_2=\sqrt{\dfrac{\gamma k_a(h+t)^3-\gamma k_p t^3}{\gamma(k_p-k_a)(h+2t)}}\\ \gamma k_a(h+t)^2-\gamma k_p t^2+\gamma z_2(k_p-k_a)(h+2t)=0\end{array}\right\}$$
$$(9.2.3-4)$$

式中 h、t——分别为坑深和桩墙插入坑底面以下土中深度（m）；

k_a、k_p——分别为主动与被动土压力系数。土压力系数计算采用不固结不排水三轴剪切指标；

z_1、z_2——如图 9.2.3 所示。

t、z_2 可用试算法求得。计算得到的 t 值需乘以 1.1 的安全系数作为设计入土深度。

9.2.4 关于侧向弹性地基反力法，工程界亦有人称之为"弹性抗力法"、"地基反力法"、"土抗力法"、"竖向弹性地基梁的基床系数法"等。该法由受水平力作用的单桩的解析推演而来。通常侧向弹性地基梁计算，基床系数采用 m 法的假定，按杆系有限元方法求得支护桩的内力和变形。

由于侧向弹性地基抗力法能较好地反映基坑开挖和回筑过程各种工况和复杂情况对支护结构受力的影响，如：施工过程中基坑开挖、支撑设置、失效或拆除、荷载变化、预加压力、墙体刚度改变、与主体结构板、墙的结合方式、内撑式挡土结构基坑两侧非对称荷载等的影响；结构与地层的相互作用及开挖过程中土体刚度变化的影响；支护结构的空间效应及支护结构与支撑系统的共同作用；反映施工过程及施工完成后的使用阶段墙体受力变化的连续性。因此对于地层软弱、环境保护要求高的基坑、多支点支护结构或空间效应明显的支护结构，宜采用侧向弹性地基反力法。侧向弹性地基反力法的计算精度主要取决于一些基本计算参数的取值是否符合实际，如基床系数、墙背和墙前土压力的分布、支撑的刚度等。各地可通过地区经验加以完善；还需注意在淤泥质地层中，由于难以反映土体的流变特性，计算墙体水平位移可能偏小，应通过工程实践予以调整。

9.2.5 基坑问题过去往往作为地下室施工的一种临时性措施，支护结构设计一般由施工单位考虑，以不倒塌作为满足施工要求为目的。随着建设的发展，尤其在建筑群中间，周边又有复杂的管网分布，基坑设计的稳定性仅是必要条件，很多场合主要控制条件是变形，基坑的变形计算比较复杂，且不够成熟。本规范尚不能推荐一种满意的方法。尤其对超压密土经验更少。本条作为一般性要求提出，以期引起工程技术人员特别是设计人员的高度重视。

基坑工程设计时，应根据环境要求确定基坑位移的控制要求。如当基坑周边无永久性建筑或公用设施时，保证稳定即可满足要求。但为了保证基坑的安全，稳定仍需有一个允许的临界位移值。通过监测控制施工，以确保安全。

基坑的最大水平位移值，与基坑开挖深度、地质条件及支护结构类型等有关，在基坑支护结构体系的设计满足正常的承载能力极限状态（承载能力和结构变形）要求时，支护结构水平位移最大值与基坑底土层的抗隆起稳定安全系数有一定的统计关系,图9.2.5为对上海的部分基坑工程的统计关系曲线。图中 δ_h 为最大水平位移,h 为基坑深度,K_s 为抗隆起稳定安全系数。

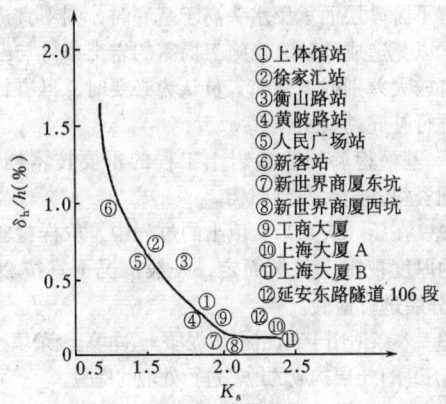

图 9.2.5　上海基坑工程 $\delta_h/h \sim K_s$ 统计关系曲线

9.2.6　本条适用于建筑基坑工程施工过程中对地下水的控制。

集水明排是在基坑内设置排水沟和集水井,用抽水设备将基坑中水从集水井排出,达到疏干基坑内积水的目的。井点降水是对基坑内的地下水或基坑底板以下的承压水进行疏干或减压。隔水是用地下连续墙及喷射注浆（旋喷）、深层搅拌或注浆形成具有一定强度和抗渗性能的截水墙或底板,阻止地下水流入基坑的方法,包括竖向隔水（悬持式和落底式）及水平封底隔水。

为了保障周围建筑物、地下管线等的安全及正常使用,需综合考虑降排水对支护结构变形产生的影响。有时,为有效控制降低地下水位引起的沉陷,需考虑采用隔渗措施,常用的有：1) 采用地下连续墙、连续排列的排桩墙挡水；2) 采用分离式排桩墙,在桩间设旋喷、深层搅拌等与桩共同形成隔水帷幕或在桩后单独设隔渗墙；3) 其他情况可考虑采用高压喷射注浆等方法形成封底隔渗。

基坑降水设计原则：

1) 降水井点宜尽量布置在基坑外,如需要在基坑内设井点,应仔细研究地下水及地层资料,采用砂（砾）渗井或短期使用的抽水井。含水层渗透系数较小,下部有渗透性较好的地层时,宜考虑抽水井、渗井综合作用；

2) 基坑支护结构采用分离排列的桩式结构,不设隔水帷幕时,降水井点应主要布置在基坑外,达到控制地下水进入基坑及降低承压水头的目的；基坑内可视基坑规模、地下水和地层情况,布置一定数量的自渗井和抽水井；

3) 基坑四周设竖向隔水帷幕（包括地下连续墙）,隔水帷幕插入隔水层时,井点应设置在基坑内；隔水帷幕未进入隔水层时,降水井点宜设置在基坑外,如为降低降水对周围建筑物的影响,井点也可设置在基坑内；

4) 基坑设全封闭隔水帷幕,一般不需设井点降低地下水位,为正常开挖基坑,可在基坑内布设井点抽除坑内积水。

基坑隔水是基坑围护的一部分,设计时是两者统一考虑的,必要时,应预先进行试验。

9.2.7　考虑锚杆群锚效应规定了锚杆上下、水平锚固体的最小距离。这里指的是锚固体间距而不是锚杆布置时的间距,当锚杆布置时的间距较小时,可考虑调整锚杆角度等方法确保锚固体的最小间距。

保证锚杆自由段长度是为了施加预应力并防止预应力过大损失的需要。锚杆锚固段长度 L_a 应由基本试验确定。

9.2.8　柱列式或板墙式支护结构,墙体厚度通常较小,必须靠支撑结构才能建立起整体刚度。此外挡土结构所受的外力作用也不同于其他结构,除了场地的岩土工程性质外,还受到环境条件、施工方法、时空效应等诸多因素的影响。支撑结构的设计必须适应上述的特殊情况采用稳定的结构体系,连接构造必须确保传力和变形协调的可靠性。通常采用多次超静定结构形式,即使局部构件失效也不致影响整个支撑结构的稳定。

平面支撑体系可以直接支撑两端围护墙上所受到的部分侧压力,且构造简单,受力明确,适用范围较广。但当构件长度较大时,应考虑弹性压缩对基坑位移的影响。此外,当基坑两侧的水平作用力相差悬殊时,支撑结构计算模型的边界条件应与支撑结构的实际位移条件相符合。

当必须利用支撑构件兼作施工平台或栈桥时,除应满足本章有关规定外,尚应满足作业平台（或栈桥）结构的强度和变形要求。

在目前条件下,国内大多数基坑支护结构的内力和变形都采用平面杆系模型进行计算。在这种情况下,通常把支撑结构视为平面框架,即将支撑结构从支护结构中截离出来,在截高处加上相应的支护结构内力,以及作用在支撑上的其他荷载,用平面杆系模型进行分析。

支撑构件截面的抗压、抗弯及抗剪等承载力设计应根据所选择的构件材料,按相应的结构设计规范执行,采用相应的荷载分项系数。

9.3　地下连续墙与逆作法

9.3.2　地下连续墙的常用厚度为 600～800mm,已建工程中最大厚度为 1200mm。墙厚除应满足设计要求外,还需结合成槽机械的规格来确定,一般为偶数值。

9.3.3　地下连续墙的防渗主要依靠墙体的自防渗。所以对墙体混凝土的抗渗等级有个基本要求。地下连续墙防渗的薄弱环节是墙段间的接头部位。当墙段之间接缝处不设止水带时，所选用的防渗止水接头必须严格按施工规程操作，并需达到防渗止水的目的。

9.3.4 地下室逆作法施工，是利用地下室的楼盖结构（梁、板、柱）和外墙结构，作为基坑围护结构在坑内的水平支撑体系和围护体系，由上而下进行地下室结构的施工，与此同时，可进行上部结构的施工。

根据工程的实际情况，也可选择部分逆作法，即由上而下进行逆作法施工地下室的每层楼盖梁，形成水平框格式支撑，地下室封底后再向上逐层浇注楼板，或从零层楼板（或是一层楼板）开始，由上而下逆作法施工负一层至负二层地下室结构，形成可靠的水平支撑，然后挖完地下室土方，封底后再向上逐层施工其他各层未施工的楼板。

逆作法施工时，基坑分层开挖的深度是按地下室主体结构施工的需要确定的。此时，地下室主体结构的设计计算工况应与相应的施工工况相一致。在地下室逆作法施工时，地下室的楼盖结构（梁、板、柱）和外墙结构除应按正常使用工况进行设计外，还应按各阶段的施工工况进行验算。

地下室逆作法施工时，必须在地下室的各层楼板上，在同一垂直断面位置处，预留供出土用的出土口。为了不因出土口的预留而破坏水平支撑体系的整体性，可在该位置先施工板下的梁系，以此梁系作为水平支撑体系的一部分。

地下室逆作法施工所带来的一个问题，便是梁柱节点设计的复杂性。梁柱节点是整个结构体系的一个关键部位。梁板柱钢筋的连接和后浇混凝土的浇筑，关系到在节点处力的传递是否可靠。所以，对梁柱节点的设计必须考虑到满足梁板钢筋及后浇混凝土的施工要求。

10 检验与监测

10.1 检 验

10.1.1 本条主要适用于以天然土层为地基持力层的浅基础，基槽检验工作应包括下列内容：

1 应做好验槽准备工作，熟悉勘察报告，了解拟建建筑物的类型和特点，研究基础设计图纸及环境监测资料。当遇有下列情况时，应列为验槽的重点：

  1）当持力土层的顶板标高有较大的起伏变化时；
  2）基础范围内存在两种以上不同成因类型的地层时；
  3）基础范围内存在局部异常土质或坑穴、古井、老地基或古迹遗址时；
  4）基础范围内遇有断层破碎带、软弱岩脉以及湮废河、湖、沟、坑等不良地质条件时；
  5）在雨季或冬季等不良气候条件下施工，基底土质可能受到影响时。

2 验槽应首先核对基槽的施工位置。平面尺寸和槽底标高的允许误差，可视具体的工程情况和基础类型确定。

验槽方法宜使用袖珍贯入仪等简便易行的方法为主，必要时可在槽底普遍进行轻便钎探，当持力层下埋藏有下卧砂层而承压水头高于基底时，则不宜进行钎探，以免造成涌砂。当施工揭露的岩土条件与勘察报告有较大差别或者验槽人员认为必要时，可有针对性地进行补充勘察工作。

3 基槽检验报告是岩土工程的重要技术档案，应做好资料齐全，及时归档。

10.1.2 在压（或夯）实填土的过程中，取样检验分层土的厚度视施工机械而定，一般情况下宜按 20～50cm 分层进行检验。

10.1.3 本条适用于对淤泥、淤泥质土、冲填土、杂填土或其他高压缩性土层构成的地基进行处理的检验。

复合地基的强度及变形模量应通过原位试验方法检验确定，但由于试验的压板面积有限，考虑到大面积荷载的长期作用结果与小面积短时荷载作用的试验结果有一定的差异，故需要再对竖向增强体及地基土的质量进行检验。对挤密碎石桩应用动力触探法检测桩身和桩间土的密实度。对水泥土搅拌桩、低强度素混凝土桩、石灰粉煤灰桩，应对桩身的连续性和材料进行检验。

10.1.4 预制打入桩、静力压桩应提供经确认的桩顶标高、桩底标高、桩端进入持力层的深度等。其中预制桩还应提供打桩的最后三阵锤击贯入度、总锤击数等，静力压桩还应提供最大压力值等。

当预制打入桩、静力压桩的入土深度与勘察资料不符或对桩端下卧层有怀疑时，可采用补勘方法，检查自桩端以上 1m 起至下卧层 5d 范围内的标准贯入击数和岩土特征。

10.1.5 混凝土灌注桩提供经确认的参数应包括桩端进入持力层的深度，对锤击沉管灌注桩，应提供最后三阵锤击贯入度、总锤击数等。对钻（冲）孔桩，应提供孔底虚土或沉渣情况等。当锤击沉管灌注桩、冲（钻）孔灌注桩的入土（岩）深度与勘察资料不符或对桩端下卧层有怀疑时，可采用补勘方法，检查自桩端以上 1m 起至下卧层 5d 范围内的岩土特征。

10.1.6 人工挖孔桩应逐孔进行终孔验收，终孔验收的重点是持力层的岩土特征。对单柱单桩的大直径嵌岩桩，承载能力主要取决于嵌岩段岩性特征和下卧层的持力性状；终孔时，应用超前钻逐孔对孔底下 3d 或 5m 深度范围内持力层进行检验，查明是否存在溶洞、破碎带和软夹层等，并提供岩芯抗压强度试验报告。

10.1.7 桩基工程事故，有相当部分是因桩身存在严重的质量问题而造成的。桩基施工完成后，合理地选取工程桩进行完整性检测，评定工程桩质量是十分重要的。抽检方式必须随机、有代表性。常用桩基完整性检测方法有钻孔抽芯法、声波透射法、高应变动力检测法、低应变动力检测法等。其中低应变方法方便灵活，检测速度快，适宜用于预制桩、小直径灌注桩的检测。一般情况下低应变方法能可靠地检测到桩顶下第一个浅部缺陷的界面，但由于激振能量小，当桩身存在多个缺陷或桩周土阻力很大或桩长较大时，难以检测到桩底反射波和深部缺陷的反射波信号，影响检测结果准确度。改进方法是加大激振能量，相对地采用高应变检测方法的效果要好，但对大直径桩，特别是嵌岩桩，高、低应变均难以取得较好的检测效果。钻孔抽芯法通过钻取混凝土芯样和桩底持力层岩芯，既可直观地判别桩身混凝土的连续性、持力层岩土特征及沉渣情况，又可通过芯样试压，了解相应混凝土和岩样的强度，是大直径桩的重要检测方法。不足之处是一孔之见，存在片面性，且检测费用大，效率低。声波透射法通过预埋管逐个剖面检测桩身质量，既能可靠地发现桩身缺陷，又能合理地评定缺陷的位置、大小和形态，不足之处是需要预埋管，检测时缺乏随机性，且只能有效检测桩身质量。实际工作中，将声波透射法与钻孔抽芯法有机地结合起来进行大直径桩质量检测是科学、合理的，且是切实有效的检测手段。

直径大于 800mm 的嵌岩桩，其承载力一般设计得较高，桩身质量是控制承载力的主要因素之一，应采用可靠的钻孔抽芯或声波透射法（或两者组合）进行检测。每个柱下承台的桩抽检数不得少于一根的规定，涵盖了单柱单桩的嵌岩桩必须 100% 检测。直径大于 800mm 非嵌岩桩检测数量不少于总桩数的10%。小直径桩其抽检数量宜为 20%。对预制桩，当接桩质量可靠时，抽检率可比灌注桩稍低。

10.1.8 工程桩竖向承载力检验可根据建筑物的重要程度确定抽检数量及检验方法。对地基基础设计等级为甲、乙级的工程，宜采用慢速静荷载加载法进行承载力检验。

当嵌岩桩的设计承载力很高，受试验条件和试验能力限制时，可根据终孔时桩端持力层岩性报告结合桩身质量检验报告核验单桩承载力。

10.1.9 对地下连续墙，应提交经确认的成墙记录，主要包括槽底岩性、入岩深度、槽底标高、槽宽、垂直度、清渣、钢筋笼制作和安装质量、混凝土灌注质量记录及预留试块强度检验报告等。由于高低应变检测数学模型与连续墙不符，对地下连续墙的检测，应采用钻孔抽芯或声波透射法。对承重连续墙，检验槽段不宜少于同条件下总槽段数的 20%。

10.2 监　　测

10.2.2 人工挖孔桩降水、基坑开挖降水等都对环境有一定的影响，为了确保周边环境的安全和正常使用，施工降水过程中应对地下水位变化、周边地形、建筑物的变形、沉降、倾斜、裂缝和水平位移等情况进行监测。

10.2.3 预应力锚杆施加的预应力实际值因锁定工艺不同和基坑及周边条件变化而发生改变，需要监测。

10.2.4 由于设计、施工不当造成的基坑事故时有发生，人们认识到基坑工程的监测是实现信息化施工、避免事故发生的有效措施，又是完善、发展设计理论、设计方法和提高施工水平的重要手段。

10.2.5 监测项目选择应根据基坑支护形式、地质条件、工程规模、施工工况与季节及环境保护的要求等因素综合而定。

10.2.6 监测值的变化和周边建（构）筑物、管网允许的最大沉降变形是确定监控报警标准的主要因素，其中周边建（构）筑物原有的沉降与基坑开挖造成的附加沉降叠加后，不能超过允许的最大沉降变形值。

10.2.7 爆破对周边环境的影响程度与炸药量、引爆方式、地质条件、离爆破点距离等有关，实际影响程度需对测点的振动速度和频率进行监测确定。

10.2.8 挤土桩施工过程中造成的土体隆起等挤土效应，不但影响周边环境，也会造成邻桩的抬起，严重影响成桩质量和单桩承载力，应实施监控。

10.2.9 本条所指的建筑物沉降观测包括从施工开始，整个施工期内和使用期间对建筑物进行的沉降观测。并以实测资料作为建筑物地基基础工程质量检查的依据之一，建筑物施工期的观测日期和次数，应根据施工进度确定，建筑物竣工后的第一年内，每隔 2～3 月观测一次，以后适当延长至 4～6 月，直至达到沉降变形稳定标准为止。

附录 G　基底下允许冻土层最大厚度 $h_{\max}$ 的计算

1　已知条件

　1) 土的冻胀性 η（%）（可由实测取得，也可从本规范附表查取）；

　2) 基础类型；

　3) 基础底面尺寸 a、b (m)；

　4) 基础底面接触压力 p (kPa)；

　5) 采暖与否。

2　计算：

A. 求非采暖建筑基础下冻土层的最大厚度 $h_{\max}$(m)

　1) 查附图 1，求出最大冻深处的冻胀应力 σ_{fh} (kPa)；

　2) 计算 $p_0 = 0.90 \times p$

　3) 计算应力系数 $\alpha_d = \dfrac{\sigma_{fh}}{p_0}$；

　4) 根据基础类型、查附图-2 或附图-3 用 a 或 b 和 α_d 找出 h 即 $h_{\max}$。

B. 求采暖建筑基础下冻土层的最大厚度 $h_{\max}$（按阳墙角，取 $\psi_t = 0.85$，$\psi_h = 0.75$）

　1) 试选 $h_{\max}$：

　　a. 计算 $\alpha_d = \dfrac{\psi_t + 1}{2} \cdot \psi_h \cdot \dfrac{\sigma_{fh}}{p}$；

b. 由 α_d、a 或 b 查附图-2 或附图-3，得 h_0；

c. 参考 b 中之 h，假设 h 值。

2) 由 a 或 b 及 h 查附图-2 或附图-3，找出 α_d。

3) 计算裸露场地建筑基础的冻胀力 $p_e = \dfrac{\sigma_{fh}}{\alpha_d}$。

4) 计算采暖对冻胀力的影响系数 ψ_v：

$$\psi_v = \dfrac{\dfrac{\psi_t+1}{2} \cdot z_d - d_{\min}}{z_d - d_{\min}}$$

5) 采暖房屋下基础的冻胀力 $p_h = \psi_v \cdot \psi_h \cdot p_e$。

6) 当 $p_0 \geqslant p_h$ 时 $h_{\max}$ 可用，否则，重复计算 2)~6)，直到满意为止。

C. 求采暖建筑基础下允许冻土层的最大厚度 $h_{\max}$（按阳墙角，取 $\psi_t = 1.00$，$\psi_h = 0.75$）

1) 查出 σ_{fh}；

2) 计算 $p_0 = 0.9p$；

3) 求出 $p_c = \dfrac{p_0}{\psi_h} = \dfrac{p_0}{0.75}$；

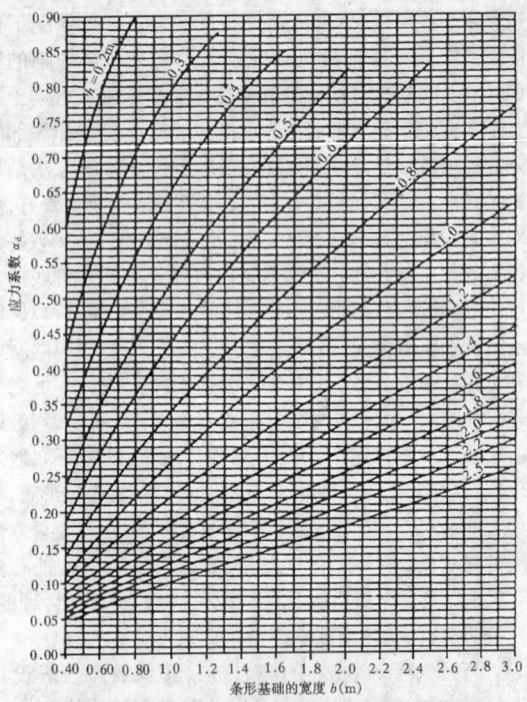

附图 2　条形基础双层地基应力系数曲线

注：h——自基础底面到冻结界面的冻层厚度（cm）

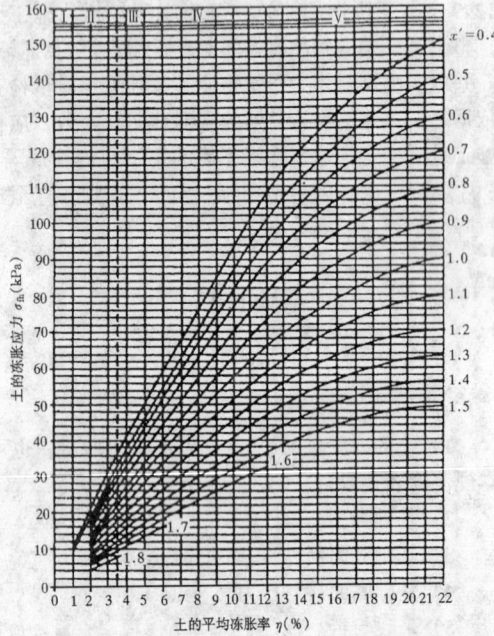

附图-1　土的平均冻胀率与冻胀应力关系曲线

注：①平均冻胀率 η 为最大地面冻胀量与设计冻深之比；

②z^t 为获此曲线的试验场地从自然地面算起至任意计算断面处的冻结深度，当计算出现最大冻深时的允许冻土层最大厚度时，$z^t = z_d$；

③该曲线是适用于 $z_0 = 1890$mm，冻深 z_d 为 1800mm 的弱冻胀土；冻深 z_d 为 1700mm 的冻胀土；冻深 z_d 为 1600mm 的强冻胀土；冻深 z_d 为 1500mm 的特强冻胀土。在用到其他冻深的地方，应将所要计算断面的深度 z_c 乘以试验场地设计冻深与所要计算的场地的设计冻深的比值，然后按图查取。

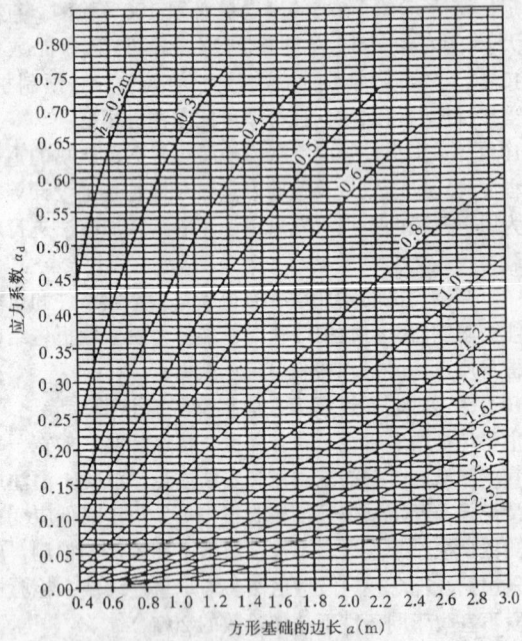

附图 3　方形基础双层地基应力系数曲线

注：h——自基础底面到冻结界面的冻层厚度（cm）

4) 计算应力系数 $\alpha_d = \dfrac{\sigma_{fh}}{p_c}$；

5) 由 α_d 查附图 2、附图 3，找出 h 即 $h_{\max}$。

说明：考虑到二层以上楼房的室内外高差较大，所以附录 G 之 $h_{\max}$ 表中一律取采暖对冻深的影响系数 ψ_t 为 1.00。

中华人民共和国国家标准

岩土工程勘察规范

Code for investigation of geotechnical engineering

GB 50021—2001

主编部门：中华人民共和国建设部
批准部门：中华人民共和国建设部
施行日期：２００２年３月１日

关于发布国家标准
《岩土工程勘察规范》的通知

建标［2002］7号

根据我部《关于印发一九九八年工程建设国家标准制订、修订计划（第二批）的通知》（建标［1998］244号）的要求，由建设部会同有关部门共同修订的《岩土工程勘察规范》，经有关部门会审，批准为国家标准，编号为GB50021—2001，自2002年3月1日起施行。其中，1.0.3、4.1.11、4.1.17、4.1.18、4.1.20、4.8.5、4.9.1、5.1.1、5.2.1、5.3.1、5.4.1、5.7.2、5.7.8、5.7.10、7.2.2、14.3.3为强制性条文，必须严格执行。原《岩土工程勘察规范》GB50021—94于2002年12月31日废止。

本规范由建设部负责管理和对强制性条文的解释，建设部综合勘察研究设计院负责具体技术内容的解释，建设部标准定额研究所组织中国建筑工业出版社出版发行。

中华人民共和国建设部
2002年1月10日

前　　言

本规范是根据建设部建标［1998］244号文的要求，对1994年发布的国标《岩土工程勘察规范》的修订。在修订过程中，主编单位建设部综合勘察研究设计院会同有关勘察、设计、科研、教学单位组成编制组，在全国范围内广泛征求意见，重点修改的部分编写了专题报告，并与正在实施和正在修订的有关国家标准进行了协调，经多次讨论，反复修改，先后形成了《初稿》、《征求意见稿》、《送审稿》，经审查，报批定稿。

本规范基本上保持了1994年发布的《规范》的适用范围、总体框架和主要内容，作了局部调整。现分为14章：1.总则；2.术语和符号；3.勘察分级和岩土分类；4.各类工程的勘察基本要求；5.不良地质作用和地质灾害；6.特殊性岩土；7.地下水；8.工程地质测绘和调查；9.勘探和取样；10.原位测试；11.室内试验；12.水和土腐蚀性的评价；13.现场检验和监测；14.岩土工程分析评价和成果报告。

本次修订的主要内容有：1.适用范围增加了"核电厂"的勘察；2.增加了"术语和符号"章；3.增加了岩石坚硬程度分类、完整程度分类和岩体基本质量分级；4.修订了"房屋建筑和构筑物"以及"桩基础"勘察的要求；5.修订了"地下洞室"、"岸边工程"、"基坑工程"和"地基处理"勘察的规定；6.将"尾矿坝和贮灰坝"节改为"废弃物处理工程"的勘察；7.将"场地稳定性"章名改为"不良地质作用和地质灾害"；8.将"强震区的场地和地基"、"地震液化"合为一节，取名"场地与地基的地震效应"；9.对特殊性土中的"湿陷性土"和"红粘土"作了修订；10.加强了对"地下水"勘察的要求；11.增加了"深层载荷试验"和"扁铲侧胀试验"等。同时压缩了篇幅，突出勘察工作必须遵守的技术规则，以利作为工程质量检查的执法依据。

本规范将来可能进行局部修订，有关局部修订的信息和条文内容将刊登在《工程建设标准化》杂志上。

本规范以黑体字标志的条文为强制性条文，必须严格执行。

为了提高规范质量，请各单位在执行过程中，注意总结经验，积累资料。随时将有关意见反馈给建设部综合勘察研究设计院（北京东直门内大街177号，邮编100007），以供今后修订时参考。

参加本次修订的单位和人员名单如下：
主编单位：建设部综合勘察研究设计院
参编单位：北京市勘察设计研究院
　　　　　上海市岩土工程勘察设计研究院
　　　　　中南勘察设计院
　　　　　国家电力公司电力规划设计总院
　　　　　机械工业部勘察研究院
　　　　　中国兵器工业勘察设计研究院
　　　　　同济大学
主要起草人：顾宝和、高大钊（以下以姓氏笔画为序）朱小林、李受祉、李耀刚、项勃、张在明、张苏民、周　红、莫群欢、戴联筠
参与审阅的专家委员会成员有：林在贯（以下以姓氏笔画为序）
　　王　铠、王顺富、王惠昌、卞昭庆、李荣强、邓安福、苏贻冰、张旷成、周亮臣、周炳源、周锡元、林颂恩、钟　亮、高　岱、翁鹿年、黄志仑、傅世法、樊颂华、魏章和

建设部
2001年10月

目次

1 总则 ················· 7—5
2 术语和符号 ············· 7—5
  2.1 术语 ··············· 7—5
  2.2 符号 ··············· 7—5
3 勘察分级和岩土分类 ········ 7—6
  3.1 岩土工程勘察分级 ········ 7—6
  3.2 岩石的分类和鉴定 ········ 7—7
  3.3 土的分类和鉴定 ········· 7—8
4 各类工程的勘察基本要求 ······ 7—9
  4.1 房屋建筑和构筑物 ········ 7—9
  4.2 地下洞室 ············ 7—11
  4.3 岸边工程 ············ 7—13
  4.4 管道和架空线路工程 ······· 7—13
  4.5 废弃物处理工程 ········· 7—15
  4.6 核电厂 ·············· 7—16
  4.7 边坡工程 ············ 7—18
  4.8 基坑工程 ············ 7—19
  4.9 桩基础 ·············· 7—20
  4.10 地基处理 ············ 7—20
  4.11 既有建筑物的增载和保护 ···· 7—21
5 不良地质作用和地质灾害 ······ 7—22
  5.1 岩溶 ················ 7—22
  5.2 滑坡 ················ 7—24
  5.3 危岩和崩塌 ············ 7—24
  5.4 泥石流 ·············· 7—25
  5.5 采空区 ·············· 7—25
  5.6 地面沉降 ············· 7—26
  5.7 场地和地基的地震效应 ····· 7—27
  5.8 活动断裂 ············· 7—27
6 特殊性岩土 ············· 7—28
  6.1 湿陷性土 ············· 7—28
  6.2 红粘土 ·············· 7—29
  6.3 软土 ················ 7—29
  6.4 混合土 ·············· 7—30
  6.5 填土 ················ 7—30
  6.6 多年冻土 ············· 7—31
  6.7 膨胀岩土 ············· 7—32
  6.8 盐渍岩土 ············· 7—33
  6.9 风化岩和残积土 ········· 7—34
  6.10 污染土 ·············· 7—34
7 地下水 ··············· 7—34
  7.1 地下水的勘察要求 ········ 7—34
  7.2 水文地质参数的测定 ······· 7—35
  7.3 地下水作用的评价 ········ 7—35
8 工程地质测绘和调查 ········ 7—36
9 勘探和取样 ············· 7—37
  9.1 一般规定 ············· 7—37
  9.2 钻探 ················ 7—37
  9.3 井探、槽探和洞探 ········ 7—37
  9.4 岩土试样的采取 ········· 7—37
  9.5 地球物理勘探 ·········· 7—38
10 原位测试 ·············· 7—38
  10.1 一般规定 ············ 7—38
  10.2 载荷试验 ············ 7—38
  10.3 静力触探试验 ·········· 7—39
  10.4 圆锥动力触探试验 ······· 7—40
  10.5 标准贯入试验 ·········· 7—41
  10.6 十字板剪切试验 ········· 7—41
  10.7 旁压试验 ············ 7—41
  10.8 扁铲侧胀试验 ·········· 7—42
  10.9 现场直接剪切试验 ······· 7—42
  10.10 波速测试 ············ 7—43
  10.11 岩体原位应力测试 ······· 7—43
  10.12 激振法测试 ·········· 7—43
11 室内试验 ·············· 7—44
  11.1 一般规定 ············ 7—44
  11.2 土的物理性质试验 ······· 7—44
  11.3 土的压缩—固结试验 ······ 7—44
  11.4 土的抗剪强度试验 ······· 7—45
  11.5 土的动力性质试验 ······· 7—45
  11.6 岩石试验 ············ 7—45
12 水和土腐蚀性的评价 ······· 7—45
  12.1 取样和测试 ··········· 7—45
  12.2 腐蚀性评价 ··········· 7—46
13 现场检验和监测 ·········· 7—47
  13.1 一般规定 ············ 7—47
  13.2 地基基础的检验和监测 ···· 7—47
  13.3 不良地质作用和地质灾害的

监测 ……………………………… 7—47
　13.4 地下水的监测 ………………… 7—48
14 岩土工程分析评价和成果
　　报告 ………………………………… 7—48
　14.1 一般规定 ……………………… 7—48
　14.2 岩土参数的分析和选定 ……… 7—48
　14.3 成果报告的基本要求 ………… 7—49
附录 A 岩土分类和鉴定 …………… 7—50

附录 B 圆锥动力触探锤击数修正 …… 7—52
附录 C 泥石流的工程分类 …………… 7—52
附录 D 膨胀土初判方法 ……………… 7—52
附录 E 水文地质参数测定方法 ……… 7—52
附录 F 取土器技术标准 ……………… 7—53
附录 G 场地环境类型 ………………… 7—53
附录 H 规范用词说明 ………………… 7—54
条文说明 ………………………………… 7—55

1 总 则

1.0.1 为了在岩土工程勘察中贯彻执行国家有关的技术经济政策,做到技术先进,经济合理,确保工程质量,提高投资效益,制定本规范。

1.0.2 本规范适用于除水利工程、铁路、公路和桥隧工程以外的工程建设岩土工程勘察。

1.0.3 各项工程建设在设计和施工之前,必须按基本建设程序进行岩土工程勘察。岩土工程勘察应按工程建设各勘察阶段的要求,正确反映工程地质条件,查明不良地质作用和地质灾害,精心勘察、精心分析,提出资料完整、评价正确的勘察报告。

1.0.4 岩土工程勘察,除应符合本规范的规定外,尚应符合国家现行有关标准、规范的规定。

2 术语和符号

2.1 术 语

2.1.1 岩土工程勘察 geotechnical investigation

根据建设工程的要求,查明、分析、评价建设场地的地质、环境特征和岩土工程条件,编制勘察文件的活动。

2.1.2 工程地质测绘 engineering geological mapping

采用搜集资料、调查访问、地质测量、遥感解译等方法,查明场地的工程地质要素,并绘制相应的工程地质图件。

2.1.3 岩土工程勘探 geotechnical exploration

岩土工程勘察的一种手段,包括钻探、井探、槽探、坑探、洞探以及物探、触探等。

2.1.4 原位测试 in-situ tests

在岩土体所处的位置,基本保持岩土原来的结构、湿度和应力状态,对岩土体进行的测试。

2.1.5 岩土工程勘察报告 geotechnical investigation report

在原始资料的基础上进行整理、统计、归纳、分析、评价,提出工程建议,形成系统的为工程建设服务的勘察技术文件。

2.1.6 现场检验 in-situ inspection

在现场采用一定手段,对勘察成果或设计、施工措施的效果进行核查。

2.1.7 现场监测 in-situ monitoring

在现场对岩土性状和地下水的变化,岩土体和结构物的应力、位移进行系统监视和观测。

2.1.8 岩石质量指标(RQD) rock quality designation

用直径为75mm的金刚石钻头和双层岩芯管在岩石中钻进,连续取芯,回次钻进所取岩芯中,长度大于10cm的岩芯段长度之和与该回次进尺的比值,以百分数表示。

2.1.9 土试样质量等级 quality classification of soil samples

按土试样受扰动程度不同划分的等级。

2.1.10 不良地质作用 adverse geologic actions

由地球内力或外力产生的对工程可能造成危害的地质作用。

2.1.11 地质灾害 geological disaster

由不良地质作用引发的,危及人身、财产、工程或环境安全的事件。

2.1.12 地面沉降 ground subsidence, land subsidence

大面积区域性的地面下沉,一般由地下水过量抽吸产生区域性降落漏斗引起。大面积地下采空和黄土自重湿陷也可引起地面沉降。

2.1.13 岩土参数标准值 standard value of a geotechnical parameter

岩土参数的基本代表值,通常取概率分布的0.05分位数。

2.2 符 号

2.2.1 岩土物理性质和颗粒组成

e——孔隙比;
I_L——液性指数;
I_P——塑性指数;
n——孔隙度,孔隙率;
S_r——饱和度;
w——含水量,含水率;
w_L——液限;
w_P——塑限;
W_u——有机质含量;
γ——重力密度(重度);
ρ——质量密度(密度);
ρ_d——干密度。

2.2.2 岩土变形参数

a——压缩系数;
C_c——压缩指数;
C_e——再压缩指数;
C_s——回弹指数;
c_h——水平向固结系数;
c_v——垂直向固结系数;
E_0——变形模量;
E_D——侧胀模量;
E_m——旁压模量;
E_s——压缩模量;
G——剪切模量;
p_c——先期固结压力;

2.2.3 岩土强度参数

c——粘聚力；
p_0——载荷试验比例界限压力，旁压试验初始压力；
p_f——旁压试验临塑压力；
p_L——旁压试验极限压力；
p_u——载荷试验极限压力；
q_u——无侧限抗压强度；
τ——抗剪强度；
φ——内摩擦角。

2.2.4 触探及标准贯入试验指标

R_f——静力触探摩阻比；
f_s——静力触探侧阻力；
N——标准贯入试验锤击数；
N_{10}——轻型圆锥动力触探锤击数；
$N_{63.5}$——重型圆锥动力触探锤击数；
N_{120}——超重型圆锥动力触探锤击数；
p_s——静力触探比贯入阻力；
q_c——静力触探锥头阻力。

2.2.5 水文地质参数

B——越流系数；
k——渗透系数；
Q——流量，涌水量；
R——影响半径；
S——释水系数；
T——导水系数；
u——孔隙水压力。

2.2.6 其他符号

F_s——边坡稳定系数；
I_D——侧胀土性指数；
K_D——侧胀水平应力指数；
p_e——膨胀力；
U_D——侧胀孔压指数；
ΔF_s——附加湿陷量；
s——基础沉降量，载荷试验沉降量；
S_t——灵敏度；
α_w——红粘土的含水比；
v_p——压缩波波速；
v_s——剪切波波速；
δ——变异系数；
Δ_s——总湿陷量；
μ——泊松比；
σ——标准差。

3 勘察分级和岩土分类

3.1 岩土工程勘察分级

3.1.1 根据工程的规模和特征，以及由于岩土工程问题造成工程破坏或影响正常使用的后果，可分为三个工程重要性等级：

1 一级工程：重要工程，后果很严重；
2 二级工程：一般工程，后果严重；
3 三级工程：次要工程，后果不严重。

3.1.2 根据场地的复杂程度，可按下列规定分为三个场地等级：

1 符合下列条件之一者为一级场地（复杂场地）：

1）对建筑抗震危险的地段；
2）不良地质作用强烈发育；
3）地质环境已经或可能受到强烈破坏；
4）地形地貌复杂；
5）有影响工程的多层地下水、岩溶裂隙水或其他水文地质条件复杂，需专门研究的场地。

2 符合下列条件之一者为二级场地（中等复杂场地）：

1）对建筑抗震不利的地段；
2）不良地质作用一般发育；
3）地质环境已经或可能受到一般破坏；
4）地形地貌较复杂；
5）基础位于地下水位以下的场地。

3 符合下列条件者为三级场地（简单场地）：

1）抗震设防烈度等于或小于6度，或对建筑抗震有利的地段；
2）不良地质作用不发育；
3）地质环境基本未受破坏；
4）地形地貌简单；
5）地下水对工程无影响。

注：1 从一级开始，向二级、三级推定，以最先满足的为准；第3.1.3条亦按本方法确定地基等级。
2 对建筑抗震有利、不利和危险地段的划分，应按现行国家标准《建筑抗震设计规范》(GB50011)的规定确定。

3.1.3 根据地基的复杂程度，可按下列规定分为三个地基等级：

1 符合下列条件之一者为一级地基（复杂地基）：

1）岩土种类多，很不均匀，性质变化大，需特殊处理；
2）严重湿陷、膨胀、盐渍、污染的特殊性岩土，以及其他情况复杂，需作专门处理的岩土。

2 符合下列条件之一者为二级地基（中等复杂地基）：

1）岩土种类较多，不均匀，性质变化较大；
2）除本条第1款规定以外的特殊性岩土。

3 符合下列条件者为三级地基（简单地基）：

1）岩土种类单一，均匀，性质变化不大；

2）无特殊性岩土。

3.1.4 根据工程重要性等级、场地复杂程度等级和地基复杂程度等级，可按下列条件划分岩土工程勘察等级。

甲级 在工程重要性、场地复杂程度和地基复杂程度等级中，有一项或多项为一级；

乙级 除勘察等级为甲级和丙级以外的勘察项目；

丙级 工程重要性、场地复杂程度和地基复杂程度等级均为三级。

注：建筑在岩质地基上的一级工程，当场地复杂程度等级和地基复杂程度等级均为三级时，岩土工程勘察等级可定为乙级。

3.2 岩石的分类和鉴定

3.2.1 在进行岩土工程勘察时，应鉴定岩石的地质名称和风化程度，并进行岩石坚硬程度、岩体完整程度和岩体基本质量等级的划分。

3.2.2 岩石坚硬程度、岩体完整程度和岩体基本质量等级的划分，应分别按表 3.2.2-1～表 3.2.2-3 执行。

表 3.2.2-1　岩石坚硬程度分类

坚硬程度	坚硬岩	较硬岩	较软岩	软岩	极软岩
饱和单轴抗压强度 f_r（MPa）	$f_r>60$	$60 \geq f_r >30$	$30 \geq f_r >15$	$15 \geq f_r >5$	$f_r \leq 5$

注：1 当无法取得饱和单轴抗压强度数据时，可用点荷载试验强度换算，换算方法按现行国家标准《工程岩体分级标准》（GB50218）执行；
　　2 当岩体完整程度为极破碎时，可不进行坚硬程度分类。

表 3.2.2-2　岩体完整程度分类

完整程度	完整	较完整	较破碎	破碎	极破碎
完整性指数	>0.75	0.75～0.55	0.55～0.35	0.35～0.15	<0.15

注：完整性指数为岩体压缩波速度与岩块压缩波速度之比的平方，选定岩体和岩块测定波速时，应注意其代表性。

表 3.2.2-3　岩体基本质量等级分类

坚硬程度＼完整程度	完整	较完整	较破碎	破碎	极破碎
坚硬岩	Ⅰ	Ⅱ	Ⅲ	Ⅳ	Ⅴ
较硬岩	Ⅱ	Ⅲ	Ⅳ	Ⅳ	Ⅴ
较软岩	Ⅲ	Ⅳ	Ⅳ	Ⅴ	Ⅴ
软岩	Ⅳ	Ⅳ	Ⅴ	Ⅴ	Ⅴ
极软岩	Ⅴ	Ⅴ	Ⅴ	Ⅴ	Ⅴ

3.2.3 当缺乏有关试验数据时，可按本规范附录 A 表 A.0.1 和表 A.0.2 划分岩石的坚硬程度和完整程度。岩石风化程度的划分可按本规范附录 A 表 A.0.3 执行。

3.2.4 当软化系数等于或小于 0.75 时，应定为软化岩石；当岩石具有特殊成分、特殊结构或特殊性质时，应定为特殊性岩石，如易溶性岩石、膨胀性岩石、崩解性岩石、盐渍性岩石等。

3.2.5 岩石的描述应包括地质年代、地质名称、风化程度、颜色、主要矿物、结构、构造和岩石质量指标 RQD。对沉积岩应着重描述沉积物的颗粒大小、形状、胶结物成分和胶结程度；对岩浆岩和变质岩应着重描述矿物结晶大小和结晶程度。

根据岩石质量指标 RQD，可分为好的（RQD>90）、较好的（RQD=75～90）、较差的（RQD=50～75）、差的（RQD=25～50）和极差的（RQD<25）。

3.2.6 岩体的描述应包括结构面、结构体、岩层厚度和结构类型，并宜符合下列规定：

1 结构面的描述包括类型、性质、产状、组合形式、发育程度、延展情况、闭合程度、粗糙程度、充填情况和充填物性质以及充水性质等；

2 结构体的描述包括类型、形状、大小和结构体在围岩中的受力情况等；

3 岩层厚度分类应按表 3.2.6 执行。

表 3.2.6　岩层厚度分类

层厚分类	单层厚度 h（m）	层厚分类	单层厚度 h（m）
巨厚层	$h>1.0$	中厚层	$0.5 \geq h >0.1$
厚层	$1.0 \geq h >0.5$	薄层	$h \leq 0.1$

3.2.7 对地下洞室和边坡工程，尚应确定岩体的结构类型。岩体结构类型的划分应按本规范附录 A 表 A.0.4 执行。

3.2.8 对岩体基本质量等级为Ⅳ级和Ⅴ级的岩体，鉴定和描述除按本规范第 3.2.5 条～第 3.2.7 条执行外，尚应符合下列规定：

1 对软岩和极软岩，应注意是否具有可软化性、膨胀性、崩解性等特殊性质；

2 对极破碎岩体，应说明破碎的原因，如断层、全风化等；

3 开挖后是否有进一步风化的特性。

3.3 土的分类和鉴定

3.3.1 晚更新世 Q_3 及其以前沉积的土,应定为老沉积土;第四纪全新世中近期沉积的土,应定为新近沉积土。根据地质成因,可划分为残积土、坡积土、洪积土、冲积土、淤积土、冰积土和风积土等。土根据有机质含量分类,应按本规范附录 A 表 A.0.5 执行。

3.3.2 粒径大于 2mm 的颗粒质量超过总质量 50% 的土,应定名为碎石土,并按表 3.3.2 进一步分类。

表 3.3.2 碎石土分类

土的名称	颗粒形状	颗粒级配
漂 石	圆形及亚圆形为主	粒径大于 200mm 的颗粒质量超过总质量 50%
块 石	棱角形为主	
卵 石	圆形及亚圆形为主	粒径大于 20mm 的颗粒质量超过总质量 50%
碎 石	棱角形为主	
圆 砾	圆形及亚圆形为主	粒径大于 2mm 的颗粒质量超过总质量 50%
角 砾	棱角形为主	

注:定名时,应根据颗粒级配由大到小以最先符合者确定。

3.3.3 粒径大于 2mm 的颗粒质量不超过总质量的 50%,粒径大于 0.075mm 的颗粒质量超过总质量 50% 的土,应定名为砂土,并按表 3.3.3 进一步分类。

表 3.3.3 砂土分类

土的名称	颗粒级配
砾 砂	粒径大于 2mm 的颗粒质量占总质量 25%~50%
粗 砂	粒径大于 0.5mm 的颗粒质量超过总质量 50%
中 砂	粒径大于 0.25mm 的颗粒质量超过总质量 50%
细 砂	粒径大于 0.075mm 的颗粒质量超过总质量 85%
粉 砂	粒径大于 0.075mm 的颗粒质量超过总质量 50%

注:定名时应根据颗粒级配由大到小以最先符合者确定。

3.3.4 粒径大于 0.075mm 的颗粒质量不超过总质量的 50%,且塑性指数等于或小于 10 的土,应定名为粉土。

3.3.5 塑性指数大于 10 的土应定名为粘性土。

粘性土应根据塑性指数分为粉质粘土和粘土。塑性指数大于 10,且小于或等于 17 的土,应定名为粉质粘土;塑性指数大于 17 的土应定名为粘土。

注:塑性指数应由相应于 76g 圆锥仪沉入土中深度为 10mm 时测定的液限计算而得。

3.3.6 除按颗粒级配或塑性指数定名外,土的综合定名应符合下列规定:

1 对特殊成因和年代的土类应结合其成因和年代特征定名;

2 对特殊性土,应结合颗粒级配或塑性指数定名;

3 对混合土,应冠以主要含有的土类定名;

4 对同一土层中相间呈韵律沉积,当薄层与厚层的厚度比大于 1/3 时,宜定为"互层";厚度比为 1/10~1/3 时,宜定为"夹层";厚度比小于 1/10 的土层,且多次出现时,宜定为"夹薄层";

5 当土层厚度大于 0.5m 时,宜单独分层。

3.3.7 土的鉴定应在现场描述的基础上,结合室内试验的开土记录和试验结果综合确定。土的描述应符合下列规定:

1 碎石土应描述颗粒级配、颗粒形状、颗粒排列、母岩成分、风化程度、充填物的性质和充填程度、密实度等;

2 砂土应描述颜色、矿物组成、颗粒级配、颗粒形状、粘粒含量、湿度、密实度等;

3 粉土应描述颜色、包含物、湿度、密实度、摇震反应、光泽反应、干强度、韧性等;

4 粘性土应描述颜色、状态、包含物、光泽反应、摇震反应、干强度、韧性、土层结构等;

5 特殊性土除应描述上述相应土类规定的内容外,尚应描述其特殊成分和特殊性质;如对淤泥尚需描述嗅味,对填土尚需描述物质成分、堆积年代、密实度和厚度的均匀程度等;

6 对具有互层、夹层、夹薄层特征的土,尚应描述各层的厚度和层理特征。

3.3.8 碎石土的密实度可根据圆锥动力触探锤击数按表 3.3.8-1 或表 3.3.8-2 确定,表中的 $N_{63.5}$ 和 N_{120} 应按本规范附录 B 修正。定性描述可按本规范附录 A 表 A.0.6 的规定执行。

表 3.3.8-1 碎石土密实度按 $N_{63.5}$ 分类

重型动力触探锤击数 $N_{63.5}$	密实度	重型动力触探锤击数 $N_{63.5}$	密实度
$N_{63.5} \leq 5$	松 散	$10 < N_{63.5} \leq 20$	中 密
$5 < N_{63.5} \leq 10$	稍 密	$N_{63.5} > 20$	密 实

注:本表适用于平均粒径等于或小于 50mm,且最大粒径小于 100mm 的碎石土。对于平均粒径大于 50mm,或最大粒径大于 100mm 的碎石土,可用超重型动力触探或用野外观察鉴别。

表 3.3.8-2 碎石土密实度按 N_{120} 分类

超重型动力触探锤击数 N_{120}	密实度	超重型动力触探锤击数 N_{120}	密实度
$N_{120} \leq 3$	松 散	$11 < N_{120} \leq 14$	密 实
$3 < N_{120} \leq 6$	稍 密	$N_{120} > 14$	很 密
$6 < N_{120} \leq 11$	中 密		

3.3.9 砂土的密实度应根据标准贯入试验锤击数实测值 N 划分为密实、中密、稍密和松散，并应符合表 3.3.9 的规定。当用静力触探探头阻力划分砂土密实度时，可根据当地经验确定。

表 3.3.9 砂土密实度分类

标准贯入锤击数 N	密实度	标准贯入锤击数 N	密实度
$N \leq 10$	松散	$15 < N \leq 30$	中密
$10 < N \leq 15$	稍密	$N > 30$	密实

3.3.10 粉土的密实度应根据孔隙比 e 划分为密实、中密和稍密；其湿度应根据含水量 $w(\%)$ 划分为稍湿、湿、很湿。密实度和湿度的划分应分别符合表 3.3.10-1 和表 3.3.10-2 的规定。

表 3.3.10-1 粉土密实度分类

孔隙比 e	密实度
$e < 0.75$	密实
$0.75 \leq e \leq 0.90$	中密
$e > 0.9$	稍密

注：当有经验时，也可用原位测试或其他方法划分粉土的密实度。

表 3.3.10-2 粉土湿度分类

含水量 w	湿度
$w < 20$	稍湿
$20 \leq w \leq 30$	湿
$w > 30$	很湿

3.3.11 粘性土的状态应根据液性指数 I_L 划分为坚硬、硬塑、可塑、软塑和流塑，并应符合表 3.3.11 的规定。

表 3.3.11 粘性土状态分类

液性指数	状态	液性指数	状态
$I_L \leq 0$	坚硬	$0.75 < I_L \leq 1$	软塑
$0 < I_L \leq 0.25$	硬塑	$I_L > 1$	流塑
$0.25 < I_L \leq 0.75$	可塑		

4 各类工程的勘察基本要求

4.1 房屋建筑和构筑物

4.1.1 房屋建筑和构筑物（以下简称建筑物）的岩土工程勘察，应在搜集建筑物上部荷载、功能特点、结构类型、基础形式、埋置深度和变形限制等方面资料的基础上进行。其主要工作内容应符合下列规定：

1 查明场地和地基的稳定性、地层结构、持力层和下卧层的工程特性、土的应力历史和地下水条件以及不良地质作用等；

2 提供满足设计、施工所需的岩土参数，确定地基承载力，预测地基变形性状；

3 提出地基基础、基坑支护、工程降水和地基处理设计与施工方案的建议；

4 提出对建筑物有影响的不良地质作用的防治方案建议；

5 对于抗震设防烈度等于或大于 6 度的场地，进行场地与地基的地震效应评价。

4.1.2 建筑物的岩土工程勘察宜分阶段进行，可行性研究勘察应符合选择场址方案的要求；初步勘察应符合初步设计的要求；详细勘察应符合施工图设计的要求；场地条件复杂或有特殊要求的工程，宜进行施工勘察。

场地较小且无特殊要求的工程可合并勘察阶段。当建筑物平面布置已经确定，且场地或其附近已有岩土工程资料时，可根据实际情况，直接进行详细勘察。

4.1.3 可行性研究勘察，应对拟建场地的稳定性和适宜性做出评价，并应符合下列要求：

1 搜集区域地质、地形地貌、地震、矿产、当地的工程地质、岩土工程和建筑经验等资料；

2 在充分搜集和分析已有资料的基础上，通过踏勘了解场地的地层、构造、岩性、不良地质作用和地下水等工程地质条件；

3 当拟建场地工程地质条件复杂，已有资料不能满足要求时，应根据具体情况进行工程地质测绘和必要的勘探工作；

4 当有两个或两个以上拟选场地时，应进行比选分析。

4.1.4 初步勘察应对场地内拟建建筑地段的稳定性做出评价，并进行下列主要工作：

1 搜集拟建工程的有关文件、工程地质和岩土工程资料以及工程场地范围的地形图；

2 初步查明地质构造、地层结构、岩土工程特性、地下水埋藏条件；

3 查明场地不良地质作用的成因、分布、规模、发展趋势，并对场地的稳定性做出评价；

4 对抗震设防烈度等于或大于 6 度的场地，应对场地和地基的地震效应做出初步评价；

5 季节性冻土地区，应调查场地土的标准冻结深度；

6 初步判定水和土对建筑材料的腐蚀性；

7 高层建筑初步勘察时，应对可能采取的地基基础类型、基坑开挖与支护、工程降水方案进行初步分析评价。

4.1.5 初步勘察的勘探工作应符合下列要求：

1 勘探线应垂直地貌单元、地质构造和地层界线布置；

2 每个地貌单元均应布置勘探点，在地貌单元交接部位和地层变化较大的地段，勘探点应予加密；

3 在地形平坦地区,可按网格布置勘探点;

4 对岩质地基,勘探线和勘探点的布置,勘探孔的深度,应根据地质构造、岩体特性、风化情况等,按地方标准或当地经验确定;对土质地基,应符合本节第4.1.6条～第4.1.10条的规定。

4.1.6 初步勘察勘探线、勘探点间距可按表4.1.6确定,局部异常地段应予加密。

表4.1.6 初步勘察勘探线、勘探点间距(m)

地基复杂程度等级	勘探线间距	勘探点间距
一级(复杂)	50～100	30～50
二级(中等复杂)	75～150	40～100
三级(简单)	150～300	75～200

注:1 表中间距不适用于地球物理勘探;
  2 控制性勘探点宜占勘探点总数的1/5～1/3,且每个地貌单元均应有控制性勘探点。

4.1.7 初步勘察勘探孔的深度可按表4.1.7确定。

表4.1.7 初步勘察勘探孔深度(m)

工程重要性等级	一般性勘探孔	控制性勘探孔
一级(重要工程)	≥15	≥30
二级(一般工程)	10～15	15～30
三级(次要工程)	6～10	10～20

注:1 勘探孔包括钻孔、探井和原位测试孔等;
  2 特殊用途的钻孔除外。

4.1.8 当遇下列情形之一时,应适当增减勘探孔深度:

1 当勘探孔的地面标高与预计整平地面标高相差较大时,应按其差值调整勘探孔深度;

2 在预定深度内遇基岩时,除控制性勘探孔仍应钻入基岩适当深度外,其他勘探孔达到确认的基岩后即可终止钻进;

3 在预定深度内有厚度较大,且分布均匀的坚实土层(如碎石土、密实砂、老沉积土等)时,除控制性勘探孔应达到规定深度外,一般性勘探孔的深度可适当减小;

4 当预定深度内有软弱土层时,勘探孔深度应适当增加,部分控制性勘探孔应穿透软弱土层或达到预计控制深度;

5 对重型工业建筑应根据结构特点和荷载条件适当增加勘探孔深度。

4.1.9 初步勘察采取土试样和进行原位测试应符合下列要求:

1 采取土试样和进行原位测试的勘探点应结合地貌单元、地层结构和土的工程性质布置,其数量可占勘探点总数的1/4～1/2;

2 采取土试样的数量和孔内原位测试的竖向间距,应按地层特点和土的均匀程度确定;每层土均应采取土试样或进行原位测试,其数量不宜少于6个。

4.1.10 初步勘察应进行下列水文地质工作:

1 调查含水层的埋藏条件,地下水类型、补给排泄条件,各层地下水位,调查其变化幅度,必要时应设置长期观测孔,监测水位变化;

2 当需绘制地下水等水位线图时,应根据地下水的埋藏条件和层位,统一量测地下水位;

3 当地下水可能浸湿基础时,应采取水试样进行腐蚀性评价。

4.1.11 详细勘察应按单体建筑物或建筑群提出详细的岩土工程资料和设计、施工所需的岩土参数;对建筑地基做出岩土工程评价,并对地基类型、基础形式、地基处理、基坑支护、工程降水和不良地质作用的防治等提出建议。主要应进行下列工作:

1 搜集附有坐标和地形的建筑总平面图,场区的地面整平标高,建筑物的性质、规模、荷载、结构特点,基础形式、埋置深度,地基允许变形等资料;

2 查明不良地质作用的类型、成因、分布范围、发展趋势和危害程度,提出整治方案的建议;

3 查明建筑范围内岩土层的类型、深度、分布、工程特性,分析和评价地基的稳定性、均匀性和承载力;

4 对需进行沉降计算的建筑物,提供地基变形计算参数,预测建筑物的变形特征;

5 查明埋藏的河道、沟浜、墓穴、防空洞、孤石等对工程不利的埋藏物;

6 查明地下水的埋藏条件,提供地下水位及其变化幅度;

7 在季节性冻土地区,提供场地土的标准冻结深度;

8 判定水和土对建筑材料的腐蚀性。

4.1.12 对抗震设防烈度等于或大于6度的场地,勘察工作应按本规范第5.7节执行;当建筑物采用桩基础时,应按本规范第4.9节执行;当需进行基坑开挖、支护和降水设计时,应按本规范第4.8节执行。

4.1.13 工程需要时,详细勘察应论证地基土和地下水在建筑施工和使用期间可能产生的变化及其对工程和环境的影响,提出防治方案、防水设计水位和抗浮设计水位的建议。

4.1.14 详细勘察勘探点布置和勘探孔深度,应根据建筑物特性和岩土工程条件确定。对岩质地基,应根据地质构造、岩体特性、风化情况等,结合建筑物对地基的要求,按地方标准或当地经验确定;对土质地基,应符合本节第4.1.15条～第4.1.19条的规定。

4.1.15 详细勘察勘探点的间距可按表4.1.15确定。

表 4.1.15 详细勘察勘探点的间距（m）

地基复杂程度等级	勘探点间距	地基复杂程度等级	勘探点间距
一级（复杂）	10～15	三级（简单）	30～50
二级（中等复杂）	15～30		

4.1.16 详细勘察的勘探点布置，应符合下列规定：

1 勘探点宜按建筑物周边线和角点布置，对无特殊要求的其他建筑物可按建筑物或建筑群的范围布置；

2 同一建筑范围内的主要受力层或有影响的下卧层起伏较大时，应加密勘探点，查明其变化；

3 重大设备基础应单独布置勘探点；重大的动力机器基础和高耸构筑物，勘探点不宜少于3个；

4 勘探手段宜采用钻探与触探相配合，在复杂地质条件、湿陷性土、膨胀岩土、风化岩和残积土地区，宜布置适量探井。

4.1.17 详细勘察的单栋高层建筑勘探点的布置，应满足对地基均匀性评价的要求，且不应少于4个；对密集的高层建筑群，勘探点可适当减少，但每栋建筑物至少应有1个控制性勘探点。

4.1.18 详细勘察的勘探深度自基础底面算起，应符合下列规定：

1 勘探孔深度应能控制地基主要受力层，当基础底面宽度不大于5m时，勘探孔的深度对条形基础不应小于基础底面宽度的3倍，对单独柱基不应小于1.5倍，且不应小于5m；

2 对高层建筑和需作变形计算的地基，控制性勘探孔的深度应超过地基变形计算深度；高层建筑的一般性勘探孔应达到基底下0.5～1.0倍的基础宽度，并深入稳定分布的地层；

3 对仅有地下室的建筑或高层建筑的裙房，当不能满足抗浮设计要求，需设置抗浮桩或锚杆时，勘探孔深度应满足抗拔承载力评价的要求；

4 当有大面积地面堆载或软弱下卧层时，应适当加深控制性勘探孔的深度；

5 在上述规定深度内当遇基岩或厚层碎石土等稳定地层时，勘探孔深度应根据情况进行调整。

4.1.19 详细勘察的勘探孔深度，除应符合4.1.18条的要求外，尚应符合下列规定：

1 地基变形计算深度，对中、低压缩性土可取附加压力等于上覆土层有效自重压力20%的深度；对于高压缩性土层可取附加压力等于上覆土层有效自重压力10%的深度；

2 建筑总平面内的裙房或仅有地下室部分（或当基底附加压力 $p_0 \leq 0$ 时）的控制性勘探孔的深度可适当减小，但应深入稳定分布地层，且根据荷载和土质条件不宜少于基底下0.5～1.0倍基础宽度；

3 当需进行地基整体稳定性验算时，控制性勘探孔深度应根据具体条件满足验算要求；

4 当需确定场地抗震类别而邻近无可靠的覆盖层厚度资料时，应布置波速测试孔，其深度应满足确定覆盖层厚度的要求；

5 大型设备基础勘探孔深度不宜小于基础底面宽度的2倍；

6 当需进行地基处理时，勘探孔的深度应满足地基处理设计与施工要求；当采用桩基时，勘探孔的深度应满足本规范第4.9节的要求。

4.1.20 详细勘察采取土试样和进行原位测试应符合下列要求：

1 采取土试样和进行原位测试的勘探点数量，应根据地层结构、地基土的均匀性和设计要求确定，对地基基础设计等级为甲级的建筑物每栋不应少于3个；

2 每个场地每一主要土层的原状土试样或原位测试数据不应少于6件（组）；

3 在地基主要受力层内，对厚度大于0.5m的夹层或透镜体，应采取土试样或进行原位测试；

4 当土层性质不均匀时，应增加取土数量或原位测试工作量。

4.1.21 基坑或基槽开挖后，岩土条件与勘察资料不符或发现必须查明的异常情况时，应进行施工勘察；在工程施工或使用期间，当地基土、边坡体、地下水等发生未曾估计到的变化时，应进行监测，并对工程和环境的影响进行分析评价。

4.1.22 室内土工试验应符合本规范第11章的规定，为基坑工程设计进行的土的抗剪强度试验，应满足本规范第4.8.4条的规定。

4.1.23 地基变形计算应按现行国家标准《建筑地基基础设计规范》（GB50007）或其他有关标准的规定执行。

4.1.24 地基承载力应结合地区经验按有关标准综合确定。有不良地质作用的场地，建在坡上或坡顶的建筑物，以及基础侧旁开挖的建筑物，应评价其稳定性。

4.2 地下洞室

4.2.1 本节适用于人工开挖的无压地下洞室的岩土工程勘察。

4.2.2 地下洞室围岩的质量分级应与洞室设计采用的标准一致，无特殊要求时可根据现行国家标准《工程岩体分级标准》（GB50218）执行，地下铁道围岩类别应按现行国家标准《地下铁道、轻轨交通岩土工程勘察规范》（GB50307）执行。

4.2.3 可行性研究勘察应通过搜集区域地质资料，现场踏勘和调查，了解拟选方案的地形地貌、地层岩性、地质构造、工程地质、水文地质和环境条件，做出可行性评价，选择合适的洞址和洞口。

4.2.4 初步勘察应采用工程地质测绘、勘探和测试等方法，初步查明选定方案的地质条件和环境条件，初步确定岩体质量等级（围岩类别），对洞址和洞口的稳定性做出评价，为初步设计提供依据。

4.2.5 初步勘察时，工程地质测绘和调查应初步查明下列问题：

1 地貌形态和成因类型；
2 地层岩性、产状、厚度、风化程度；
3 断裂和主要裂隙的性质、产状、充填、胶结、贯通及组合关系；
4 不良地质作用的类型、规模和分布；
5 地震地质背景；
6 地应力的最大主应力作用方向；
7 地下水类型、埋藏条件、补给、排泄和动态变化；
8 地表水体的分布及其与地下水的关系、淤积物的特征；
9 洞室穿越地面建筑物、地下构筑物、管道等既有工程时的相互影响。

4.2.6 初步勘察时，勘探与测试应符合下列要求：

1 采用浅层地震剖面法或其他有效方法圈定隐伏断裂、构造破碎带，查明基岩埋深，划分风化带；
2 勘探点宜沿洞室外侧交叉布置，勘探点间距宜为100～200m，采取试样和原位测试勘探孔不宜少于勘探孔总数的2/3；控制性勘探孔深度，对岩体基本质量等级为Ⅰ级和Ⅱ级的岩体宜钻入洞底设计标高下1～3m；对Ⅲ级岩体宜钻入3～5m，对Ⅳ级、Ⅴ级的岩体和土层，勘探孔深度应根据实际情况确定；
3 每一主要岩层和土层均应采取试样，当有地下水时应采取水试样；当洞区存在有害气体或地温异常时，应进行有害气体成分、含量或地温测定；对高地应力地区，应进行地应力量测；
4 必要时，可进行钻孔弹性波或声波测试，钻孔地震CT或钻孔电磁波CT测试；
5 室内岩石试验和土工试验项目，应按本规范第11章的规定执行。

4.2.7 详细勘察应采用钻探、钻孔物探和测试为主的勘察方法，必要时可结合施工导洞布置洞探，详细查明洞址、洞口、洞室穿越线路的工程地质和水文地质条件，分段划分岩体质量等级（围岩类别），评价洞体和围岩的稳定性，为设计支护结构和确定施工方案提供资料。

4.2.8 详细勘察应进行下列工作：

1 查明地层岩性及其分布，划分岩组和风化程度，进行岩石物理力学性质试验；
2 查明断裂构造和破碎带的位置、规模、产状和力学属性，划分岩体结构类型；
3 查明不良地质作用的类型、性质、分布，并提出防治措施的建议；
4 查明主要含水层的分布、厚度、埋深，地下水的类型、水位、补给排泄条件，预测开挖期间出水状态、涌水量和水质的腐蚀性；
5 城市地下洞室需降水施工时，应分段提出工程降水方案和有关参数；
6 查明洞室所在位置及邻近地段的地面建筑和地下构筑物、管线状况，预测洞室开挖可能产生的影响，提出防护措施。

4.2.9 详细勘察可采用浅层地震勘探和孔间地震CT或孔间电磁波CT测试等方法，详细查明基岩埋深、岩石风化程度，隐伏体（如溶洞、破碎带等）的位置，在钻孔中进行弹性波波速测试，为确定岩体质量等级（围岩类别），评价岩体完整性，计算动力参数提供资料。

4.2.10 详细勘察时，勘探点宜在洞室中线外侧6～8m交叉布置，山区地下洞室按地质构造布置，且勘探点间距不应大于50m；城市地下洞室的勘探点间距，岩土变化复杂的场地宜小于25m，中等复杂的宜为25～40m，简单的宜为40～80m。

采集试样和原位测试勘探孔数量不应少于勘探孔总数的1/2。

4.2.11 详细勘察时，第四系中的控制性勘探孔深度应根据工程地质、水文地质条件、洞室埋深、防护设计等需要确定；一般性勘探孔可钻至基底设计标高下6～10m。控制性勘探孔深度，可按本节第4.2.6条第2款的规定执行。

4.2.12 详细勘察的室内试验和原位测试，除应满足初步勘察的要求外，对城市地下洞室尚应根据设计要求进行下列试验：

1 采用承压板边长为30cm的载荷试验测求地基基床系数；
2 采用面热源法或热线比较法进行热物理指标试验，计算热物理参数：导温系数、导热系数和比热容；
3 当需提供动力参数时，可用压缩波波速v_p和剪切波波速v_s计算求得，必要时，可采用室内动力性质试验，提供动力参数。

4.2.13 施工勘察应配合导洞或毛洞开挖进行，当发现与勘察资料有较大出入时，应提出修改设计和施工方案的建议。

4.2.14 地下洞室围岩的稳定性评价可采用工程地质分析与理论计算相结合的方法，可采用数值法或弹性有限元图谱法计算。

4.2.15 当洞室可能产生偏压、膨胀压力、岩爆和其他特殊情况时，应进行专门研究。

4.2.16 详细勘察阶段地下洞室岩土工程勘察报告，除按本规范第14章的要求执行外，尚应包括下列内容：

1 划分围岩类别；
2 提出洞址、洞口、洞轴线位置的建议；
3 对洞口、洞体的稳定性进行评价；
4 提出支护方案和施工方法的建议；
5 对地面变形和既有建筑的影响进行评价。

4.3 岸边工程

4.3.1 本节适用于港口工程、造船和修船水工建筑物以及取水构筑物的岩土工程勘察。

4.3.2 岸边工程勘察应着重查明下列内容：
1 地貌特征和地貌单元交界处的复杂地层；
2 高灵敏软土、层状构造土、混合土等特殊土和基本质量等级为Ⅴ级岩体的分布和工程特性；
3 岸边滑坡、崩塌、冲刷、淤积、潜蚀、沙丘等不良地质作用。

4.3.3 可行性研究勘察时，应进行工程地质测绘或踏勘调查，内容包括地层分布、构造特点、地貌特征、岸坡形态、冲刷淤积、水位升降、岸滩变迁、淹没范围等情况和发展趋势。必要时应布置一定数量的勘探工作，并应对岸坡的稳定性和场址的适宜性做出评价，提出最优场址方案的建议。

4.3.4 初步设计阶段勘察应符合下列规定：
1 工程地质测绘，应调查岸线变迁和动力地质作用对岸线变迁的影响；埋藏河、湖、沟谷的分布及其对工程的影响；潜蚀、沙丘等不良地质作用的成因、分布、发展趋势及其对场地稳定性的影响；
2 勘探线宜垂直岸向布置；勘探线和勘探点的间距，应根据工程要求、地貌特征、岩土分布、不良地质作用等确定；岸坡地段和岩石与土层组合地段宜适当加密；
3 勘探孔的深度应根据工程规模、设计要求和岩土条件确定；
4 水域地段可采用浅层地震剖面或其他物探方法；
5 对场地的稳定性做出进一步评价，并对总平面布置、结构和基础形式、施工方法和不良地质作用的防治提出建议。

4.3.5 施工图设计阶段勘察时，勘探线和勘探点应结合地貌特征和地质条件，根据工程总平面布置确定，复杂地基地段应予加密。勘探孔深度应根据工程规模、设计要求和岩土条件确定，除建筑物和结构物特点与荷载外，应考虑岸坡稳定性、坡体开挖、支护结构、桩基等的分析计算需要。

根据勘察结果，应对地基基础的设计和施工及不良地质作用的防治提出建议。

4.3.6 原位测试除应符合本规范第10章的要求外，软土中可用静力触探或静力触探与旁压试验相结合，进行分层，测定土的模量、强度和地基承载力等；用十字板剪切试验，测定土的不排水抗剪强度。

4.3.7 测定土的抗剪强度选用剪切试验方法时，应考虑下列因素：
1 非饱和土在施工期间和竣工以后受水浸成为饱和土的可能性；
2 土的固结状态在施工和竣工后的变化；
3 挖方卸荷或填方增荷对土性的影响。

4.3.8 各勘察阶段勘探线和勘探点的间距、勘探孔的深度、原位测试和室内试验的数量等的具体要求，应符合现行有关标准的规定。

4.3.9 评价岸坡和地基稳定性时，应考虑下列因素：
1 正确选用设计水位；
2 出现较大水头差和水位骤降的可能性；
3 施工时的临时超载；
4 较陡的挖方边坡；
5 波浪作用；
6 打桩影响；
7 不良地质作用的影响。

4.3.10 岸边工程岩土工程勘察报告除应遵守本规范第14章的规定外，尚应根据相应勘察阶段的要求，包括下列内容：
1 分析评价岸坡稳定性和地基稳定性；
2 提出地基基础与支护设计方案的建议；
3 提出防治不良地质作用的建议；
4 提出岸边工程监测的建议。

4.4 管道和架空线路工程

（Ⅰ）管道工程

4.4.1 本节适用于长输油、气管道线路及其大型穿、跨越工程的岩土工程勘察。

4.4.2 长输油、气管道工程可分选线勘察、初步勘察和详细勘察三个阶段。对岩土工程条件简单或有工程经验的地区，可适当简化勘察阶段。

4.4.3 选线勘察应通过搜集资料、测绘与调查，掌握各方案的主要岩土工程问题，对拟选穿、跨越河段的稳定性和适宜性做出评价，并应符合下列要求：
1 调查沿线地形地貌、地质构造、地层岩性、水文地质等条件，推荐线路越岭方案；
2 调查各方案通过地区的特殊性岩土和不良地质作用，评价其对修建管道的危害程度；
3 调查控制线路方案河流的河床和岸坡的稳定程度，提出穿、跨越方案比选的建议；
4 调查沿线水库的分布情况，近期和远期规划，水库水位、回水浸没和坍岸的范围及其对线路方案的影响；
5 调查沿线矿产、文物的分布概况；
6 调查沿线地震动参数或抗震设防烈度。

4.4.4 穿越和跨越河流的位置应选择河段顺直，河床与岸坡稳定，水流平缓，河床断面大致对称，河床岩土构成比较单一，两岸有足够施工场地等有利河段。宜避开下列河段：

    1 河道异常弯曲，主流不固定，经常改道；

    2 河床为粉细砂组成，冲淤变幅大；

    3 岸坡岩土松软，不良地质作用发育，对工程稳定性有直接影响或潜在威胁；

    4 断层河谷或发震断裂。

4.4.5 初步勘察应包括下列内容：

    1 划分沿线的地貌单元；

    2 初步查明管道埋设深度内岩土的成因、类型、厚度和工程特性；

    3 调查对管道有影响的断裂的性质和分布；

    4 调查沿线各种不良地质作用的分布、性质、发展趋势及其对管道的影响；

    5 调查沿线井、泉的分布和地下水位情况；

    6 调查沿线矿藏分布及开采和采空情况；

    7 初步查明拟穿、跨越河流的洪水淹没范围，评价岸坡稳定性。

4.4.6 初步勘察应以搜集资料和调查为主。管道通过河流、冲沟等地段宜进行物探。地质条件复杂的大中型河流，应进行钻探。每个穿、跨越方案宜布置勘探点1～3个；勘探孔深度应按本节第4.4.8条的规定执行。

4.4.7 详细勘察应查明沿线的岩土工程条件和水、土对金属管道的腐蚀性，提出工程设计所需要的岩土特性参数。穿、跨越地段的勘察应符合下列规定：

    1 穿越地段应查明地层结构、土的颗粒组成和特性；查明河床冲刷和稳定程度；评价岸坡稳定性，提出护坡建议；

    2 跨越地段的勘探工作应按本节第4.4.15条和第4.4.16条的规定执行。

4.4.8 详细勘察勘探点的布置，应满足下列要求：

    1 对管道线路工程，勘探点间距视地质条件复杂程度而定，宜为200～1000m，包括地质点及原位测试点，并应根据地形、地质条件复杂程度适当增减；勘探孔深度宜为管道埋设深度以下1～3m；

    2 对管道穿越工程，勘探点应布置在穿越管道的中线上，偏离中线不应大于3m，勘探点间距宜为30～100m，并不应少于3个；当采用沟埋敷设方式穿越时，勘探孔深度宜钻至河床最大冲刷深度以下3～5m；当采用顶管或定向钻方式穿越时，勘探孔深度应根据设计要求确定。

4.4.9 抗震设防烈度等于或大于6度地区的管道工程，勘察工作应满足本规范第5.7节的要求。

4.4.10 岩土工程勘察报告应包括下列内容：

    1 选线勘察阶段，应简要说明线路各方案的岩土工程条件，提出各方案的比选推荐建议；

    2 初步勘察阶段，应论述各方案的岩土工程条件，并推荐最优线路方案；对穿、跨越工程尚应评价河床及岸坡的稳定性，提出穿、跨越方案的建议；

    3 详细勘察阶段，应分段评价岩土工程条件，提出岩土工程设计参数和设计、施工方案的建议；对穿越工程尚应论述河床和岸坡的稳定性，提出护岸措施的建议。

(Ⅱ) 架空线路工程

4.4.11 本节适用于大型架空线路工程，包括220kV及其以上的高压架空送电线路、大型架空索道等的岩土工程勘察。

4.4.12 大型架空线路工程可分初步设计勘察和施工图设计勘察两阶段；小型架空线路可合并勘察阶段。

4.4.13 初步设计勘察应符合下列要求：

    1 调查沿线地形地貌、地质构造、地层岩性和特殊性岩土的分布、地下水及不良地质作用，并分段进行分析评价；

    2 调查沿线矿藏分布、开发计划与开采情况；线路宜避开可采矿层；对已开采区，应对采空区的稳定性进行评价；

    3 对大跨越地段，应查明工程地质条件，进行岩土工程评价，推荐最优跨越方案。

4.4.14 初步设计勘察应以搜集和利用航测资料为主。大跨越地段应做详细的调查或工程地质测绘，必要时，辅以少量的勘探、测试工作。

4.4.15 施工图设计勘察应符合下列要求：

    1 平原地区应查明塔基土层的分布、埋藏条件、物理力学性质，水文地质条件及环境水对混凝土和金属材料的腐蚀性；

    2 丘陵和山区除查明本条第1款的内容外，尚应查明塔基近处的各种不良地质作用，提出防治措施建议；

    3 大跨越地段尚应查明跨越河段的地形地貌，塔基范围内地层岩性、风化破碎程度、软弱夹层及其物理力学性质；查明对塔基有影响的不良地质作用，并提出防治措施建议；

    4 对特殊设计的塔基和大跨越塔基，当抗震设防烈度等于或大于6度时，勘察工作应满足本规范第5.7节的要求。

4.4.16 施工图设计勘察阶段，对架空线路工程的转角塔、耐张塔、终端塔、大跨越塔等重要塔基和地质条件复杂地段，应逐个进行塔基勘探。直线塔基地段宜每3～4个塔基布置一个勘探点；深度应根据杆塔受力性质和地质条件确定。

4.4.17 架空线路岩土工程勘察报告应包括下列内容：

    1 初步设计勘察阶段，应论述沿线岩土工程条件和跨越主要河流地段的岸坡稳定性，选择最优线路方案；

    2 施工图设计勘察阶段，应提出塔位明细表，论述塔位的岩土条件和稳定性，并提出设计参数和基础方案以及工程措施等建议。

4.5 废弃物处理工程

（Ⅰ）一般规定

4.5.1 本节适用于工业废渣堆场、垃圾填埋场等固体废弃物处理工程的岩土工程勘察。核废料处理场地的勘察尚应满足有关规范的要求。

4.5.2 废弃物处理工程的岩土工程勘察，应着重查明下列内容：

1 地形地貌特征和气象水文条件；
2 地质构造、岩土分布和不良地质作用；
3 岩土的物理力学性质；
4 水文地质条件、岩土和废弃物的渗透性；
5 场地、地基和边坡的稳定性；
6 污染物的运移，对水源和岩土的污染，对环境的影响；
7 筑坝材料和防渗覆盖用粘土的调查；
8 全新活动断裂、场地地基和堆积体的地震效应。

4.5.3 废弃物处理工程勘察的范围，应包括堆填场（库区）、初期坝、相关的管线、隧洞等构筑物和建筑物，以及邻近相关地段，并应进行地方建筑材料的勘察。

4.5.4 废弃物处理工程的勘察应配合工程建设分阶段进行。可分为可行性研究勘察、初步勘察和详细勘察，并应符合有关标准的规定。

可行性研究勘察应主要采用踏勘调查，必要时辅以少量勘探工作，对拟选场地的稳定性和适宜性做出评价。

初步勘察应以工程地质测绘为主，辅以勘探、原位测试、室内试验，对拟建工程的总平面布置、场地的稳定性、废弃物对环境的影响等进行初步评价，并提出建议。

详细勘察应采用勘探、原位测试和室内试验等手段进行，地质条件复杂地段应进行工程地质测绘，获取工程设计所需的参数，提出设计施工和监测工作的建议，并对不稳定地段和环境影响进行评价，提出治理建议。

4.5.5 废弃物处理工程勘察前，应搜集下列技术资料：

1 废弃物的成分、粒度、物理和化学性质，废弃物的日处理量、输送和排放方式；
2 堆场或填埋场的总容量、有效容量和使用年限；
3 山谷型堆填场的流域面积、降水量、径流量、多年一遇洪峰流量；
4 初期坝的坝长和坝顶标高，加高坝的最终坝顶标高；
5 活动断裂和抗震设防烈度；
6 邻近的水源地保护带、水源开采情况和环境保护要求。

4.5.6 废弃物处理工程的工程地质测绘应包括场地的全部范围及其邻近有关地段，其比例尺，初步勘察宜为 1:2000～1:5000，详细勘察的复杂地段不应小于 1:1000，除应按本规范第 8 章的要求执行外，尚应着重调查下列内容：

1 地貌形态、地形条件和居民区的分布；
2 洪水、滑坡、泥石流、岩溶、断裂等与场地稳定性有关的不良地质作用；
3 有价值的自然景观、文物和矿产的分布，矿产的开采和采空情况；
4 与渗漏有关的水文地质问题；
5 生态环境。

4.5.7 废弃物处理工程应按本规范第 7 章的要求，进行专门的水文地质勘察。

4.5.8 在可溶岩分布区，应着重查明岩溶发育条件，溶洞、土洞、塌陷的分布，岩溶水的通道和流向，岩溶造成地下水和渗出液的渗漏，岩溶对工程稳定性的影响。

4.5.9 初期坝的筑坝材料勘察及防渗和覆盖用粘土材料的勘察，应包括材料的产地、储量、性能指标、开采和运输条件。可行性勘察时应确定产地，初步勘察时应基本完成。

（Ⅱ）工业废渣堆场

4.5.10 工业废渣堆场详细勘察时，勘探工作应符合下列规定：

1 勘探线宜平行于堆填场、坝、隧洞、管线等构筑物的轴线布置，勘探点间距应根据地质条件复杂程度确定；
2 对初期坝，勘探孔的深度应能满足分析稳定、变形和渗漏的要求；
3 与稳定、渗漏有关的关键性地段，应加密加深勘探孔或专门布置勘探工作；
4 可采用有效的物探方法辅助钻探和井探；
5 隧洞勘察应符合本规范第 4.2 节的规定。

4.5.11 废渣材料加高坝的勘察，应采用勘探、原位测试和室内试验的方法进行，并应着重查明下列内容：

1 已有堆积体的成分、颗粒组成、密实程度、堆积规律；
2 堆积材料的工程特性和化学性质；
3 堆积体内浸润线位置及其变化规律；
4 已运行坝体的稳定性，继续堆积至设计高度的适宜性和稳定性；
5 废渣堆积坝在地震作用下的稳定性和废渣材

料的地震液化可能性；

6 加高坝运行可能产生的环境影响。

4.5.12 废渣材料加高坝的勘察，可按堆积规模垂直坝轴线布设不少于三条勘探线，勘探点间距在堆场内可适当增大；一般勘探孔深度应进入自然地面以下一定深度，控制性勘探孔深度应能查明可能存在的软弱层。

4.5.13 工业废渣堆场的岩土工程评价应包括下列内容：

1 洪水、滑坡、泥石流、岩溶、断裂等不良地质作用对工程的影响；

2 坝基、坝肩和库岸的稳定性，地震对稳定性的影响；

3 坝址和库区的渗漏及建库对环境的影响；

4 对地方建筑材料的质量、储量、开采和运输条件，进行技术经济分析。

4.5.14 工业废渣堆场的勘察报告，除应符合本规范第 14 章的规定外，尚应满足下列要求：

1 按本节第 4.5.13 条的要求，进行岩土工程分析评价，并提出防治措施的建议；

2 对废渣加高坝的勘察，应分析评价现状和达到最终高度时的稳定性，提出堆积方式和应采取措施的建议；

3 提出边坡稳定、地下水位、库区渗漏等方面监测工作的建议。

（Ⅲ）垃圾填埋场

4.5.15 垃圾填埋场勘察前搜集资料时，除应遵守本节第 4.5.5 条的规定外，尚应包括下列内容：

1 垃圾的种类、成分和主要特性以及填埋的卫生要求；

2 填埋方式和填埋程序以及防渗衬层和封盖层的结构，渗出液集排系统的布置；

3 防渗衬层、封盖层和渗出液集排系统对地基和废弃物的容许变形要求；

4 截污坝、污水池、排水井、输液输气管道和其他相关构筑物情况。

4.5.16 垃圾填埋场的勘探测试，除应遵守本节第 4.5.10 条的规定外，尚应符合下列要求：

1 需进行变形分析的地段，其勘探深度应满足变形分析的要求；

2 岩土和似土废弃物的测试，可按本规范第 10 章和第 11 章的规定执行，非土废弃物的测试，应根据其种类和特性采用合适的方法，并可根据现场监测资料，用反分析方法获取设计参数；

3 测定垃圾渗出液的化学成分，必要时进行专门试验，研究污染物的运移规律。

4.5.17 垃圾填埋场勘察的岩土工程评价除应按本节第 4.5.13 条的规定执行外，尚宜包括下列内容：

1 工程场地的整体稳定性以及废弃物堆积体的变形和稳定性；

2 地基和废弃物变形，导致防渗衬层、封盖层及其他设施失效的可能性；

3 坝基、坝肩、库区和其他有关部位的渗漏；

4 预测水位变化及其影响；

5 污染物的运移及其对水源、农业、岩土和生态环境的影响。

4.5.18 垃圾填埋场的岩土工程勘察报告，除应符合本规范第 14 章的规定外，尚应符合下列规定：

1 按本节第 4.5.17 条的要求进行岩土工程分析评价；

2 提出保证稳定、减少变形、防止渗漏和保护环境措施的建议；

3 提出筑坝材料、防渗和覆盖用粘土等地方材料的产地及相关事项的建议；

4 提出有关稳定、变形、水位、渗漏、水土和渗出液化学性质监测工作的建议。

4.6 核 电 厂

4.6.1 本节适用于各种核反应堆型的陆地固定式商用核电厂的岩土工程勘察。核电厂勘察除按本节执行外，尚应符合有关核安全法规、导则和有关国家标准、行业标准的规定。

4.6.2 核电厂岩土工程勘察的安全分类，可分为与核安全有关建筑和常规建筑两类。

4.6.3 核电厂岩土工程勘察可划分为初步可行性研究、可行性研究、初步设计、施工图设计和工程建造等五个勘察阶段。

4.6.4 初步可行性研究勘察应以搜集资料为主，对各拟选厂址的区域地质、厂址工程地质和水文地质、地震动参数区划、历史地震及历史地震的影响烈度以及近期地震活动等方面资料加以研究分析，对厂址的场地稳定性、地基条件、环境水文地质和环境地质做出初步评价，提出建厂的适宜性意见。

4.6.5 初步可行性研究勘察，厂址工程地质测绘的比例尺应选用 1:10000～1:25000；范围应包括厂址及其周边地区，面积不宜小于 4km²。

4.6.6 初步可行性研究勘察，应通过必要的勘探和测试，提出厂址的主要工程地质分层，提供岩土初步的物理力学性质指标，了解预选核岛区附近的岩土分布特征，并应符合下列要求：

1 每个厂址勘探孔不宜少于两个，深度应为预计设计地坪标高以下 30～60m；

2 应全断面连续取芯，回次岩芯采取率对一般岩石应大于 85%，对破碎岩石应大于 70%；

3 每一主要岩土层应采取 3 组以上试样；勘探孔内间隔 2～3m 应作标准贯入试验一次，直至连续的中等风化以上岩体为止；当钻进至岩石全风化层时，应增加标准贯入试验频次，试验间隔不应大于0.5m；

　　4　岩石试验项目应包括密度、弹性模量、泊松比、抗压强度、软化系数、抗剪强度和压缩波速度等；土的试验项目应包括颗粒分析、天然含水量、密度、比重、塑限、液限、压缩系数、压缩模量和抗剪强度等。

4.6.7　初步可行性研究勘察，对岩土工程条件复杂的厂址，可选用物探辅助勘察，了解覆盖层的组成、厚度和基岩面的埋藏特征，了解隐伏岩体的构造特征，了解是否存在洞穴和隐伏的软弱带。

　　在河海岸坡和山丘边坡地区，应对岸坡和边坡的稳定性进行调查，并做出初步分析评价。

4.6.8　评价厂址适宜性应考虑下列因素：

　　1　有无能动断层，是否对厂址稳定性构成影响；

　　2　是否存在影响厂址稳定的全新世火山活动；

　　3　是否处于地震设防烈度大于8度的地区，是否存在与地震有关的潜在地质灾害；

　　4　厂址区及其附近有无可开采矿藏，有无影响地基稳定的人类历史活动、地下工程、采空区、洞穴等；

　　5　是否存在可造成地面塌陷、沉降、隆起和开裂等永久变形的地下洞穴、特殊地质体、不稳定边坡和岸坡、泥石流及其他不良地质作用；

　　6　有无可供核岛布置的场地和地基，并具有足够的承载力；

　　7　是否危及供水水源或对环境地质构成严重影响。

4.6.9　可行性研究勘察内容应符合下列规定：

　　1　查明厂址地区的地形地貌、地质构造、断裂的展布及其特征；

　　2　查明厂址范围内地层成因、时代、分布和各岩层的风化特征，提供初步的动静物理力学参数；对地基类型、地基处理方案进行论证，提出建议；

　　3　查明危害厂址的不良地质作用及其对场地稳定性的影响，对河岸、海岸、边坡稳定性做出初步评价，并提出初步的治理方案；

　　4　判断抗震设计场地类别，划分对建筑物有利、不利和危险地段，判断地震液化的可能性；

　　5　查明水文地质基本条件和环境水文地质的基本特征。

4.6.10　可行性研究勘察应进行工程地质测绘，测绘范围应包括厂址及其周边地区，测绘地形图比例尺为1:1000～1:2000，测绘要求按本规范第8章和其他有关规定执行。

　　本阶段厂址区的岩土工程勘察应以钻探和工程物探相结合的方式，查明基岩和覆盖层的组成、厚度和工程特性；基岩埋深、风化特征、风化层厚度等；并应查明工程区存在的隐伏软弱带、洞穴和重要的地质构造；对水域应结合水工建筑物布置方案，查明海（湖）积地层分布、特征和基岩面起伏状况。

4.6.11　可行性研究阶段的勘探和测试应符合下列规定：

　　1　厂区的勘探应结合地形、地质条件采用网格状布置，勘探点间距宜为150m。控制性勘探点应结合建筑物和地质条件布置，数量不宜少于勘探点总数的1/3，沿核岛和常规岛中轴线应布置勘探线，勘探点间距宜适当加密，并应满足主体工程布置要求，保证每个核岛和常规岛不少于1个；

　　2　勘探孔深度，对基岩场地宜进入基础底面以下基本质量等级为Ⅰ级、Ⅱ级的岩体不少于10m；对第四纪地层场地宜达到设计地坪标高以下40m，或进入Ⅰ级、Ⅱ级岩体不少于3m；核岛区控制性勘探孔深度，宜达到基础底面以下2倍反应堆厂房直径；常规岛区控制性勘探孔深度，不宜小于地基变形计算深度，或进入基础底面以下Ⅰ级、Ⅱ级、Ⅲ级岩体3m；对水工建筑物应结合水下地形布置，并考虑河岸、海岸的类型和最大冲刷深度；

　　3　岩石钻孔应全断面取芯，每回次岩芯采取率对一般岩石应大于85%，对破碎岩石应大于70%，并统计RQD、节理条数和倾角；每一主要岩层应采取3组以上的岩样；

　　4　根据岩土条件，选用适当的原位测试方法，测定岩土的特性指标，可用声波测试方法，评价岩体的完整程度和划分风化等级；

　　5　在核岛位置，宜选1~2个勘探孔，采用单孔法或跨孔法，测定岩土的压缩波速和剪切波速，计算岩土的动力参数；

　　6　岩土室内试验项目除应符合本节第4.6.6条的要求外，增加每个岩体（层）代表试样的动弹性模量、动泊松比和动阻尼比等动态参数测试。

4.6.12　可行性研究阶段的地下水调查和评价应符合下列规定：

　　1　结合区域水文地质条件，查明厂区地下水类型，含水层特征，含水层数量、埋深、动态变化规律及其与周围水体的水力联系和地下水化学成分；

　　2　结合工程地质钻探对主要地层分别进行注水、抽水或压水试验，测求地层的渗透系数和单位吸水率，初步评价岩体的完整性和水文地质条件；

　　3　必要时，布置适当的长期观测孔，定期观测和记录水位，每季度定时取水样一次作水质分析，观测周期不应少于一个水文年。

4.6.13　可行性研究阶段应根据岩土工程条件和工程需要，进行边坡勘察、土石方工程和建筑材料的调查和勘察。具体要求按本规范第4.7节和有关标准执行。

4.6.14　初步设计勘察应分核岛、常规岛、附属建筑和水工建筑四个地段进行，并应符合下列要求：

1 查明各建筑地段的岩土成因、类别、物理性质和力学参数，并提出地基处理方案；

　　2 进一步查明勘察区内断层分布、性质及其对场地稳定性的影响，提出治理方案的建议；

　　3 对工程建设有影响的边坡进行勘察，并进行稳定性分析和评价，提出边坡设计参数和治理方案的建议；

　　4 查明建筑地段的水文地质条件；

　　5 查明对建筑物有影响的不良地质作用，并提出治理方案的建议。

4.6.15 初步设计核岛地段勘察应满足设计和施工的需要，勘探孔的布置、数量和深度应符合下列规定：

　　1 应布置在反应堆厂房周边和中部，当场地岩土工程条件较复杂时，可沿十字交叉线加密或扩大范围。勘探点间距宜为10～30m；

　　2 勘探点数量应能控制核岛地段地层岩性分布，并能满足原位测试的要求。每个核岛勘探点总数不应少于10个，其中反应堆厂房不应少于5个，控制性勘探点不应少于勘探点总数的1/2；

　　3 控制性勘探孔深度宜达到基础底面以下2倍反应堆厂房直径，一般性勘探孔深度宜进入基础底面以下Ⅰ、Ⅱ级岩体不少于10m。波速测试孔深度不应小于控制性勘探孔深度。

4.6.16 初步设计常规岛地段勘察，除应符合本规范第4.1节的规定外，尚应符合下列要求：

　　1 勘探点应沿建筑物轮廓线、轴线或主要柱列线布置，每个常规岛勘探点总数不应少于10个，其中控制性勘探点不宜少于勘探点总数的1/4；

　　2 控制性勘探孔深度对岩质地基应进入基础底面下Ⅰ级、Ⅱ级岩体不少于3m，对土质地基应钻至压缩层以下10～20m；一般性勘探孔深度，岩质地基应进入中等风化层3～5m，土质地基应达到压缩层底部。

4.6.17 初步设计阶段水工建筑的勘察应符合下列规定：

　　1 泵房地段钻探工作应结合地层岩性特点和基础埋置深度，每个泵房勘探点数量不应少于2个，一般性勘探孔应达到基础底面以下1～2m，控制性勘探孔应进入中等风化岩石1.5～3.0m；土质地基中控制性勘探孔深度应达到压缩层以下5～10m；

　　2 位于土质场地的进水管线，勘探点间距不宜大于30m，一般性勘探孔深度应达到管线底标高以下5m，控制性勘探孔应进入中等风化岩石1.5～3.0m；

　　3 与核安全有关的海堤、防波堤，钻探工作应针对该地段所处的特殊地质环境布置，查明岩土物理力学性质和不良地质作用；勘探点宜沿堤轴线布置，一般性勘探孔深度应达到堤底设计标高以下10m，控制性勘探孔应穿透压缩层或进入中等风化岩石1.5～3.0m。

4.6.18 初步设计阶段勘察的测试，除应满足本规范第4.1节、第10章和第11章的要求外，尚应符合下列规定：

　　1 根据岩土性质和工程需要，选择合适的原位测试方法，包括波速测试、动力触探试验、抽水试验、注水试验、压水试验和岩体静载荷试验等；并对核反应堆厂房地基进行跨孔法波速测试和钻孔弹模测试，测求核反应堆厂房地基波速和岩石的应力应变特性；

　　2 室内试验除进行常规试验外，尚应测定岩土的动静弹性模量、动静泊松比、动阻尼比、动静剪切模量、动抗剪强度、波速等指标。

4.6.19 施工图设计阶段应完成附属建筑的勘察和主要水工建筑以外其他水工建筑的勘察，并根据需要进行核岛、常规岛和主要水工建筑的补充勘察。勘察内容和要求可按初步设计阶段有关规定执行，每个与核安全有关的附属建筑物不应少于一个控制性勘探孔。

4.6.20 工程建造阶段勘察主要是现场检验和监测，其内容和要求按本规范第13章和有关规定执行。

4.6.21 核电厂的液化判别应按现行国家标准《核电厂抗震设计规范》（GB50267）执行。

4.7 边坡工程

4.7.1 边坡工程勘察应查明下列内容：

　　1 地貌形态，当存在滑坡、危岩和崩塌、泥石流等不良地质作用时，应符合本规范第5章的要求；

　　2 岩土的类型、成因、工程特性，覆盖层厚度，基岩面的形态和坡度；

　　3 岩体主要结构面的类型、产状、延展情况、闭合程度、充填状况、充水状况、力学属性和组合关系，主要结构面与临空面关系，是否存在外倾结构面；

　　4 地下水的类型、水位、水压、水量、补给和动态变化，岩土的透水性和地下水的出露情况；

　　5 地区气象条件（特别是雨期、暴雨强度），汇水面积、坡面植被、地表水对坡面、坡脚的冲刷情况；

　　6 岩土的物理力学性质和软弱结构面的抗剪强度。

4.7.2 大型边坡勘察宜分阶段进行，各阶段应符合下列要求：

　　1 初步勘察应搜集地质资料，进行工程地质测绘和少量的勘探和室内试验，初步评价边坡的稳定性；

　　2 详细勘察应对可能失稳的边坡及相邻地段进行工程地质测绘、勘探、试验、观测和分析计算，做出稳定性评价，对人工边坡提出最优开挖坡角；对可能失稳的边坡提出防护处理措施的建议；

　　3 施工勘察应配合施工开挖进行地质编录，核对、补充前阶段的勘察资料，必要时，进行施工安全预报，提出修改设计的建议。

4.7.3 边坡工程地质测绘除应符合本规范第8章的要求外，尚应着重查明天然边坡的形态和坡角，软弱结构面的产状和性质。测绘范围应包括可能对边坡稳定有影响的地段。

4.7.4 勘探线应垂直边坡走向布置，勘探点间距应根据地质条件确定。当遇有软弱夹层或不利结构面时，应适当加密。勘探孔深度应穿过潜在滑动面并深入稳定层2～5m。除常规钻探外，可根据需要，采用探洞、探槽、探井和斜孔。

4.7.5 主要岩土层和软弱层应采取试样。每层的试样对土层不应少于6件，对岩层不应少于9件，软弱层宜连续取样。

4.7.6 三轴剪切试验的最高围压和直剪试验的最大法向压力的选择，应与试样在坡体中的实际受力情况相近。对控制边坡稳定的软弱结构面，宜进行原位剪切试验。对大型边坡，必要时可进行岩体应力测试、波速测试、动力测试、孔隙水压力测试和模型试验。

抗剪强度指标，应根据实测结果结合当地经验确定，并宜采用反分析方法验证。对永久性边坡，尚应考虑强度可能随时间降低的效应。

4.7.7 边坡的稳定性评价，应在确定边坡破坏模式的基础上进行，可采用工程地质类比法、图解分析法、极限平衡法、有限单元法进行综合评价。各区段条件不一致时，应分区段分析。

边坡稳定系数 F_s 的取值，对新设计的边坡、重要工程宜取1.30～1.50，一般工程宜取1.15～1.30，次要工程宜取1.05～1.15。采用峰值强度时取大值，采取残余强度时取小值。验算已有边坡稳定时，F_s 取1.10～1.25。

4.7.8 大型边坡应进行监测，监测内容根据具体情况可包括边坡变形、地下水动态和易风化岩体的风化速度等。

4.7.9 边坡岩土工程勘察报告除应符合本规范第14章的规定外，尚应论述下列内容：

1 边坡的工程地质条件和岩土工程计算参数；

2 分析边坡和建在坡顶、坡上建筑物的稳定性，对坡下建筑物的影响；

3 提出最优坡形和坡角的建议；

4 提出不稳定边坡整治措施和监测方案的建议。

4.8 基坑工程

4.8.1 本节主要适用于土质基坑的勘察。对岩质基坑，应根据场地的地质构造、岩体特征、风化情况、基坑开挖深度等，按当地标准或当地经验进行勘察。

4.8.2 需进行基坑设计的工程，勘察时应包括基坑工程勘察的内容。在初步勘察阶段，应根据岩土工程条件，初步判定开挖可能发生的问题和需要采取的支护措施；在详细勘察阶段，应针对基坑工程设计的要求进行勘察；在施工阶段，必要时尚应进行补充勘察。

4.8.3 基坑工程勘察的范围和深度应根据场地条件和设计要求确定。勘察深度宜为开挖深度的2～3倍，在此深度内遇到坚硬粘性土、碎石土和岩层，可根据岩土类别和支护设计要求减少深度。勘察的平面范围宜超出开挖边界外开挖深度的2～3倍。在深厚软土区，勘察深度和范围尚应适当扩大。在开挖边界外，勘察手段以调查研究、搜集已有资料为主，复杂场地和斜坡场地应布置适量的勘探点。

4.8.4 在受基坑开挖影响和可能设置支护结构的范围内，应查明岩土分布，分层提供支护设计所需的抗剪强度指标。土的抗剪强度试验方法，应与基坑工程设计要求一致，符合设计采用的标准，并应在勘察报告中说明。

4.8.5 当场地水文地质条件复杂，在基坑开挖过程中需要对地下水进行治理（降水或隔渗）时，应进行专门的水文地质勘察。

4.8.6 当基坑开挖可能产生流砂、流土、管涌等渗透性破坏时，应有针对性地进行勘察，分析评价其产生的可能性及对工程的影响。当基坑开挖过程中有渗流时，地下水的渗流作用宜通过渗流计算确定。

4.8.7 基坑工程勘察，应进行环境状况的调查，查明邻近建筑物和地下设施的现状、结构特点以及对开挖变形的承受能力。在城市地下管网密集分布区，可通过地理信息系统或其他档案资料了解管线的类别、平面位置、埋深和规模，必要时应采用有效方法进行地下管线探测。

4.8.8 在特殊性岩土分布区进行基坑工程勘察时，可根据本规范第6章的规定进行勘察，对软土的蠕变和长期强度，软岩和极软岩的失水崩解、膨胀土的膨胀性和裂隙性以及非饱和土增湿软化等对基坑的影响进行分析评价。

4.8.9 基坑工程勘察，应根据开挖深度、岩土和地下水条件以及环境要求，对基坑边坡的处理方式提出建议。

4.8.10 基坑工程勘察应针对以下内容进行分析，提供有关计算参数和建议：

1 边坡的局部稳定性、整体稳定性和坑底抗隆起稳定性；

2 坑底和侧壁的渗透稳定性；

3 挡土结构和边坡可能发生的变形；

4 降水效果和降水对环境的影响；

5 开挖和降水对邻近建筑物和地下设施的影响。

4.8.11 岩土工程勘察报告中与基坑工程有关的部分应包括下列内容：

1 与基坑开挖有关的场地条件、土质条件和工程条件；

2 提出处理方式、计算参数和支护结构选型的建议；

3 提出地下水控制方法、计算参数和施工控制的建议；

4 提出施工方法和施工中可能遇到的问题的防治措施的建议；

5 对施工阶段的环境保护和监测工作的建议。

4.9 桩基础

4.9.1 桩基岩土工程勘察应包括下列内容：

1 查明场地各层岩土的类型、深度、分布、工程特性和变化规律；

2 当采用基岩作为桩的持力层时，应查明基岩的岩性、构造、岩面变化、风化程度，确定其坚硬程度、完整程度和基本质量等级，判定有无洞穴、临空面、破碎岩体或软弱岩层；

3 查明水文地质条件，评价地下水对桩基设计和施工的影响，判定水质对建筑材料的腐蚀性；

4 查明不良地质作用，可液化土层和特殊性岩土的分布及其对桩基的危害程度，并提出防治措施的建议；

5 评价成桩可能性，论证桩的施工条件及其对环境的影响。

4.9.2 土质地基勘探点间距应符合下列规定：

1 对端承桩宜为 12～24m，相邻勘探孔揭露的持力层层面高差宜控制为 1～2m；

2 对摩擦桩宜为 20～35m；当地层条件复杂，影响成桩或设计有特殊要求时，勘探点应适当加密；

3 复杂地基的一柱一桩工程，宜每柱设置勘探点。

4.9.3 桩基岩土工程勘察宜采用钻探和触探以及其他原位测试相结合的方式进行，对软土、粘性土、粉土和砂土的测试手段，宜采用静力触探和标准贯入试验；对碎石土宜采用重型或超重型圆锥动力触探。

4.9.4 勘探孔的深度应符合下列规定：

1 一般性勘探孔的深度应达到预计桩长以下 3～5d（d 为桩径），且不得小于 3m；对大直径桩，不得小于 5m；

2 控制性勘探孔深度应满足下卧层验算要求；对需验算沉降的桩基，应超过地基变形计算深度；

3 钻至预计深度遇软弱层时，应予加深；在预计勘探孔深度内遇稳定坚实岩土时，可适当减小；

4 对嵌岩桩，应钻入预计嵌岩面以下 3～5d，并穿过溶洞、破碎带，到达稳定地层；

5 对可能有多种桩长方案时，应根据最长桩方案确定。

4.9.5 岩土室内试验应满足下列要求：

1 当需估算桩的侧阻力、端阻力和验算下卧层强度时，宜进行三轴剪切试验或无侧限抗压强度试验；三轴剪切试验的受力条件应模拟工程的实际情况；

2 对需估算沉降的桩基工程，应进行压缩试验，试验最大压力应大于上覆自重压力与附加压力之和；

3 当桩端持力层为基岩时，应采取岩样进行饱和单轴抗压强度试验，必要时尚应进行软化试验；对软岩和极软岩，可进行天然湿度的单轴抗压强度试验。对无法取样的破碎和极破碎的岩石，宜进行原位测试。

4.9.6 单桩竖向和水平承载力，应根据工程等级、岩土性质和原位测试成果并结合当地经验确定。对地基基础设计等级为甲级的建筑物和缺乏经验的地区，应建议做静载荷试验。试验数量不宜少于工程桩数的 1%，且每个场地不少于 3 个。对承受较大水平荷载的桩，应建议进行桩的水平承载试验；对承受上拔力的桩，应建议进行抗拔试验。勘察报告应提出估算的有关岩土的基桩侧阻力和端阻力。必要时提出估算的竖向和水平承载力和抗拔承载力。

4.9.7 对需要进行沉降计算的桩基工程，应提供计算所需的各层岩土的变形参数，并宜根据任务要求，进行沉降估算。

4.9.8 桩基工程的岩土工程勘察报告除应符合本规范第 14 章的要求，并按第 4.9.6 条、第 4.9.7 条提供承载力和变形参数外，尚应包括下列内容：

1 提供可选的桩基类型和桩端持力层；提出桩长、桩径方案的建议；

2 当有软弱下卧层时，验算软弱下卧层强度；

3 对欠固结土和有大面积堆载的工程，应分析桩侧产生负摩阻力的可能性及其对桩基承载力的影响，并提供负摩阻力系数和减少负摩阻力措施的建议；

4 分析成桩的可能性，成桩和挤土效应的影响，并提出保护措施的建议；

5 持力层为倾斜地层，基岩面凹凸不平或岩土中有洞穴时，应评价桩的稳定性，并提出处理措施的建议。

4.10 地基处理

4.10.1 地基处理的岩土工程勘察应满足下列要求：

1 针对可能采用的地基处理方案，提供地基处理设计和施工所需的岩土特性参数；

2 预测所选地基处理方法对环境和邻近建筑物的影响；

3 提出地基处理方案的建议；

4 当场地条件复杂且缺乏成功经验时，应在施工现场对拟选方案进行试验或对比试验，检验方案的设计参数和处理效果；

5 在地基处理施工期间，应进行施工质量和施工对周围环境和邻近工程设施影响的监测。

4.10.2 换填垫层法的岩土工程勘察宜包括下列内容：

    1 查明待换填的不良土层的分布范围和埋深；

    2 测定换填材料的最优含水量、最大干密度；

    3 评定垫层以下软弱下卧层的承载力和抗滑稳定性，估算建筑物的沉降；

    4 评定换填材料对地下水的环境影响；

    5 对换填施工过程应注意的事项提出建议；

    6 对换填垫层的质量进行检验或现场试验。

4.10.3 预压法的岩土工程勘察宜包括下列内容：

    1 查明土的成层条件，水平和垂直方向的分布，排水层和夹砂层的埋深和厚度，地下水的补给和排泄条件等；

    2 提供待处理软土的先期固结压力、压缩性参数、固结特性参数和抗剪强度指标、软土在预压过程中强度的增长规律；

    3 预估预压荷载的分级和大小、加荷速率、预压时间、强度的可能增长和可能的沉降；

    4 对重要工程，建议选择代表性试验区进行预压试验；采用室内试验、原位测试、变形和孔压的现场监测等手段，推算软土的固结系数、固结度与时间的关系和最终沉降量，为预压处理的设计施工提供可靠依据；

    5 检验预压处理效果，必要时进行现场载荷试验。

4.10.4 强夯法的岩土工程勘察宜包括下列内容：

    1 查明强夯影响深度范围内土层的组成、分布、强度、压缩性、透水性和地下水条件；

    2 查明施工场地和周围受影响范围内的地下管线和构筑物的位置、标高；查明有无对振动敏感的设施，是否需在强夯施工期间进行监测；

    3 根据强夯设计，选择代表性试验区进行试夯，采用室内试验、原位测试、现场监测等手段，查明强夯有效加固深度、夯击能量、夯击遍数与夯沉量的关系，夯坑周围地面的振动和地面隆起，土中孔隙水压力的增长和消散规律。

4.10.5 桩土复合地基的岩土工程勘察宜包括下列内容：

    1 查明暗塘、暗浜、暗沟、洞穴等的分布和埋深；

    2 查明土的组成、分布和物理力学性质，软弱土的厚度和埋深，可作为桩基持力层的相对硬层的埋深；

    3 预估成桩施工可能性（有无地下障碍、地下洞穴、地下管线、电缆等）和成桩工艺对周围土体、邻近建筑、工程设施和环境的影响（噪声、振动、侧向挤土、地面沉陷或隆起等），桩体与水土间的相互作用（地下水对桩材的腐蚀性、桩材对周围水土环境的污染等）；

    4 评定桩间土承载力，预估单桩承载力和复合地基承载力；

    5 评定桩间土、桩身、复合地基、桩端以下变形计算深度范围内土层的压缩性，任务需要时估算复合地基的沉降量；

    6 对需验算复合地基稳定性的工程，提供桩间土、桩身的抗剪强度；

    7 任务需要时应根据桩土复合地基的设计，进行桩间土、单桩和复合地基载荷试验，检验复合地基承载力。

4.10.6 注浆法的岩土工程勘察宜包括下列内容：

    1 查明土的级配、孔隙性或岩石的裂隙宽度和分布规律，岩土渗透性，地下水埋深、流向和流速，岩土的化学成分和有机质含量；岩土的渗透性宜通过现场试验测定；

    2 根据岩土性质和工程要求选择浆液和注浆方法（渗透注浆、劈裂注浆、压密注浆等），根据地区经验或通过现场试验确定浆液浓度、粘度、压力、凝结时间、有效加固半径或范围，评定加固后地基的承载力、压缩性、稳定性或抗渗性；

    3 在加固施工过程中对地面、既有建筑物和地下管线等进行跟踪变形观测，以控制灌注顺序、注浆压力、注浆速率等；

    4 通过开挖、室内试验、动力触探或其他原位测试，对注浆加固效果进行检验；

    5 注浆加固后，应对建筑物或构筑物进行沉降观测，直至沉降稳定为止，观测时间不宜少于半年。

4.11 既有建筑物的增载和保护

4.11.1 既有建筑物的增载和保护的岩土工程勘察应符合下列要求：

    1 搜集建筑物的荷载、结构特点、功能特点和完好程度资料，基础类型、埋深、平面位置，基底压力和变形观测资料；场地及其所在地区的地下水开采历史，水位降深、降速，地面沉降、形变，地裂缝的发生、发展等资料；

    2 评价建筑物的增层、增载和邻近场地大面积堆载对建筑物的影响时，应查明地基土的承载力，增载后可能产生的附加沉降和沉降差；对建造在斜坡上的建筑物尚应进行稳定性验算；

    3 对建筑物接建或在其紧邻新建建筑物，应分析新建建筑物在既有建筑物地基土中引起的应力状态改变及其影响；

    4 评价地下水抽降对建筑物的影响时，应分析抽降引起地基土的固结作用和地面下沉、倾斜、挠曲或破裂对既有建筑物的影响，并预测其发展趋势；

    5 评价基坑开挖对邻近既有建筑物的影响时，应分析开挖卸载导致的基坑底部剪切隆起，因坑内外水头差引发管涌，坑壁土体的变形与位移、失稳等危险；同时还应分析基坑降水引起的地面不均匀沉降的不良环境效应；

　　6 评价地下工程施工对既有建筑物的影响时，应分析伴随岩土体内的应力重分布出现的地面下沉、挠曲等变形或破裂，施工降水的环境效应，过大的围岩变形或坍塌等对既有建筑物的影响。

4.11.2 建筑物的增层、增载和邻近场地大面积堆载的岩土工程勘察应包括下列内容：

　　1 分析地基土的实际受荷程度和既有建筑物结构、材料状况及其适应新增荷载和附加沉降的能力；

　　2 勘探点应紧靠基础外侧布置，有条件时宜在基础中心线布置，每栋单独建筑物的勘探点不宜少于3个；在基础外侧适当距离处，宜布置一定数量勘探点；

　　3 勘探方法除钻探外，宜包括探井和静力触探或旁压试验；取土和旁压试验的间距，在基底以下一倍基宽的深度范围内宜为0.5m，超过该深度时可为1m；必要时，应专门布置探井查明基础类型、尺寸、材料和地基处理等情况；

　　4 压缩试验成果中应有 $e-\lg p$ 曲线，并提供先期固结压力、压缩指数、回弹指数和与增荷后土中垂直有效压力相应的固结系数，以及三轴不固结不排水剪切试验成果；当拟增层数较多或增载量较大时，应作载荷试验，提供主要受力层的比例界限荷载、极限荷载、变形模量和回弹模量；

　　5 岩土工程勘察报告应着重对增载后的地基土承载力进行分析评价，预测可能的附加沉降和差异沉降，提出关于设计方案、施工措施和变形监测的建议。

4.11.3 建筑物接建、邻建的岩土工程勘察应符合下列要求：

　　1 除应符合本规范第4.11.2条第1款的要求外，尚应评价建筑物的结构和材料适应局部挠曲的能力；

　　2 除按本规范第4.1节的有关要求对新建建筑物布置勘探点外，尚应为研究接建、邻建部位的地基土、基础结构和材料现状布置勘探点，其中应有探井或静力触探孔，其数量不宜少于3个，取土间距宜为1m；

　　3 压缩试验成果中应有 $e-\lg p$ 曲线，并提供先期固结压力、压缩指数、回弹指数和与增荷后土中垂直有效压力相应的固结系数，以及三轴不固结不排水剪切试验成果；

　　4 岩土工程勘察报告应评价由新建部分的荷载在既有建筑物地基土中引起的新的压缩和相应的沉降差；评价新基坑的开挖、降水、设桩等对既有建筑物的影响，提出设计方案、施工措施和变形监测的建议。

4.11.4 评价地下水抽降影响的岩土工程勘察应符合下列要求：

　　1 研究地下水抽降与含水层埋藏条件、可压缩土层厚度、土的压缩性和应力历史等的关系，做出评价和预测；

　　2 勘探孔深度应超过可压缩地层的下限，并应取土试验或进行原位测试；

　　3 压缩试验成果中应有 $e-\lg p$ 曲线，并提供先期固结压力、压缩指数、回弹指数和与增荷后土中垂直有效压力相应的固结系数，以及三轴不固结不排水剪切试验成果；

　　4 岩土工程勘察报告应分析预测场地可能产生地面沉降、形变、破裂及其影响，提出保护既有建筑物的措施。

4.11.5 评价基坑开挖对邻近建筑物影响的岩土工程勘察应符合下列要求：

　　1 搜集分析既有建筑物适应附加沉降和差异沉降的能力，与拟挖基坑在平面与深度上的位置关系和可能采用的降水、开挖与支护措施等资料；

　　2 查明降水、开挖等影响所及范围内的地层结构，含水层的性质、水位和渗透系数，土的抗剪强度、变形参数等工程特性；

　　3 岩土工程勘察报告除应符合本规范第4.8节的要求外，尚应着重分析预测坑底和坑外地面的卸荷回弹，坑周土体的变形位移和坑底发生剪切隆起或管涌的危险，分析施工降水导致的地面沉降的幅度、范围和对邻近建筑物的影响，并就安全合理的开挖、支护、降水方案和监测工作提出建议。

4.11.6 评价地下开挖对建筑物影响的岩土工程勘察应符合下列要求：

　　1 分析已有勘察资料，必要时应做补充勘探测试工作；

　　2 分析沿地下工程主轴线出现槽形地面沉降和在其两侧或四周的地面倾斜、挠曲的可能性及其对两侧既有建筑物的影响，并就安全合理的施工方案和保护既有建筑物的措施提出建议；

　　3 提出对施工过程中地面变形、围岩应力状态、围岩或建筑物地基失稳的前兆现象等进行监测的建议。

5 不良地质作用和地质灾害

5.1 岩　溶

5.1.1 拟建工程场地或其附近存在对工程安全有影响的岩溶时，应进行岩溶勘察。

5.1.2 岩溶勘察宜采用工程地质测绘和调查、物探、钻探等多种手段结合的方法进行，并应符合下列要求：

　　1 可行性研究勘察应查明岩溶洞隙、土洞的发育条件，并对其危害程度和发展趋势作出判断，对场地的稳定性和工程建设的适宜性做出初步评价；

  2 初步勘察应查明岩溶洞隙及其伴生土洞、塌陷的分布、发育程度和发育规律，并按场地的稳定性和适宜性进行分区。

  3 详细勘察应查明拟建工程范围及有影响地段的各种岩溶洞隙和土洞的位置、规模、埋深，岩溶堆填物性状和地下水特征，对地基基础的设计和岩溶的治理提出建议。

  4 施工勘察应针对某一地段或尚待查明的专门问题进行补充勘察。当采用大直径嵌岩桩时，尚应进行专门的桩基勘察。

5.1.3 岩溶场地的工程地质测绘和调查，除应遵守本规范第8章的规定外，尚应调查下列内容：

  1 岩溶洞隙的分布、形态和发育规律；

  2 岩面起伏、形态和覆盖层厚度；

  3 地下水赋存条件、水位变化和运动规律；

  4 岩溶发育与地貌、构造、岩性、地下水的关系；

  5 土洞和塌陷的分布、形态和发育规律；

  6 土洞和塌陷的成因及其发展趋势；

  7 当地治理岩溶、土洞和塌陷的经验。

5.1.4 可行性研究和初步勘察宜采用工程地质测绘和综合物探为主，勘探点的间距不应大于本规范第4章的规定，岩溶发育地段应予加密。测绘和物探发现的异常地段，应选择有代表性的部位布置验证性钻孔。控制性勘探孔的深度应穿过表层岩溶发育带。

5.1.5 详细勘察的勘探工作应符合下列规定：

  1 勘探线应沿建筑物轴线布置，勘探点间距不应大于本规范第4章的规定，条件复杂时每个独立基础均应布置勘探点；

  2 勘探孔深度除应符合本规范第4章的规定外，当基础底面下的土层厚度不符合本节第5.1.10条第1款的条件时，应有部分或全部勘探孔钻入基岩；

  3 当预定深度内有洞体存在，且可能影响地基稳定时，应钻入洞底基岩面下不少于2m，必要时应圈定洞体范围；

  4 对一柱一桩的基础，宜逐柱布置勘探孔；

  5 在土洞和塌陷发育地段，可采用静力触探、轻型动力触探、小口径钻探等手段，详细查明其分布；

  6 当需查明断层、岩组分界、洞隙和土洞形态、塌陷等情况时，应布置适当的探槽或探井；

  7 物探应根据物性条件采用有效方法，对异常点应采用钻探验证，当发现或可能存在危害工程的洞体时，应加密勘探点；

  8 凡人员可以进入的洞体，均应入洞勘查，人员不能进入的洞体，宜用井下电视等手段探测。

5.1.6 施工勘察工作量应根据岩溶地基设计和施工要求布置。在土洞、塌陷地段，可在已开挖的基槽内布置触探或钎探。对重要或荷载较大的工程，可在槽底采用小口径钻探，进行检测。对大直径嵌岩桩，勘探点应逐桩布置，勘探深度应不小于底面以下桩径的3倍并不小于5m，当相邻桩底的基岩面起伏较大时应适当加深。

5.1.7 岩溶发育地区的下列部位宜查明土洞和土洞群的位置：

  1 土层较薄、土中裂隙及其下岩体洞隙发育部位；

  2 岩面张开裂隙发育，石芽或外露的岩体与土体交接部位；

  3 两组构造裂隙交汇处和宽大裂隙带；

  4 隐伏溶沟、溶槽、漏斗等，其上有软弱土分布的负岩面地段；

  5 地下水强烈活动于岩土交界面的地段和大幅度人工降水地段；

  6 低洼地段和地表水体近旁。

5.1.8 岩溶勘察的测试和观测宜符合下列要求：

  1 当追索隐伏洞隙的联系时，可进行连通试验；

  2 评价洞隙稳定性时，可采取洞体顶板岩样和充填物土样作物理力学性质试验，必要时可进行现场顶板岩体的载荷试验；

  3 当需查明土的性状与土洞形成的关系时，可进行湿化、胀缩、可溶性和剪切试验；

  4 当需查明地下水动力条件、潜蚀作用，地表水与地下水联系，预测土洞和塌陷的发生、发展时，可进行流速、流向测定和水位、水质的长期观测。

5.1.9 当场地存在下列情况之一时，可判定为未经处理不宜作为地基的不利地段：

  1 浅层洞体或溶洞群，洞径大，且不稳定的地段；

  2 埋藏的漏斗、槽谷等，并覆盖有软弱土体的地段；

  3 土洞或塌陷成群发育地段；

  4 岩溶水排泄不畅，可能暂时淹没的地段。

5.1.10 当地基属下列条件之一时，对二级和三级工程可不考虑岩溶稳定性的不利影响：

  1 基础底面以下土层厚度大于独立基础宽度的3倍或条形基础宽度的6倍，且不具备形成土洞或其他地面变形的条件；

  2 基础底面与洞体顶板间岩土厚度虽小于本条第1款的规定，但符合下列条件之一时：

    1）洞隙或岩溶漏斗被密实的沉积物填满且无被水冲蚀的可能；

    2）洞体为基本质量等级为Ⅰ级或Ⅱ级岩体，顶板岩石厚度大于或等于洞跨；

    3）洞体较小，基础底面大于洞的平面尺寸，并有足够的支承长度；

4) 宽度或直径小于1.0m的竖向洞隙、落水洞近旁地段。

5.1.11 当不符合本规范第5.1.10条的条件时，应进行洞体地基稳定性分析，并符合下列规定：

1 顶板不稳定，但洞内为密实堆积物充填且无流水活动时，可认为堆填物受力，按不均匀地基进行评价；

2 当能取得计算参数时，可将洞体顶板视为结构自承重体系进行力学分析；

3 有工程经验的地区，可按类比法进行稳定性评价；

4 在基础近旁有洞隙和临空面时，应验算向临空面倾覆或沿裂面滑移的可能；

5 当地基为石膏、岩盐等易溶岩时，应考虑溶蚀继续作用的不利影响；

6 对不稳定的岩溶洞隙可建议采用地基处理或桩基础。

5.1.12 岩溶勘察报告除应符合本规范第14章的规定外，尚应包括下列内容：

1 岩溶发育的地质背景和形成条件；

2 洞隙、土洞、塌陷的形态、平面位置和顶底标高；

3 岩溶稳定性分析；

4 岩溶治理和监测的建议。

5.2 滑　坡

5.2.1 拟建工程场地或其附近存在对工程安全有影响的滑坡或有滑坡可能时，应进行专门的滑坡勘察。

5.2.2 滑坡勘察应进行工程地质测绘和调查，调查范围应包括滑坡及其邻近地段。比例尺可选用1:200～1:1000。用于整治设计时，比例尺应选用1:200～1:500。

5.2.3 滑坡区的工程地质测绘和调查，除应遵守本规范第8章的规定外，尚应调查下列内容：

1 搜集地质、水文、气象、地震和人类活动等相关资料；

2 滑坡的形态要素和演化过程，圈定滑坡周界；

3 地表水、地下水、泉和湿地等的分布；

4 树木的异态、工程设施的变形等；

5 当地治理滑坡的经验。

对滑坡的重点部位应摄影或录像。

5.2.4 勘探线和勘探点的布置应根据工程地质条件、地下水情况和滑坡形态确定。除沿主滑方向应布置勘探线外，在其两侧滑坡体外也应布置一定数量勘探线。勘探点间距不宜大于40m，在滑坡体转折处和预计采取工程措施的地段，也应布置勘探点。

勘探方法除钻探和触探外，应有一定数量的探井。

5.2.5 勘探孔的深度应穿过最下一层滑面，进入稳定地层，控制性勘探孔应深入稳定地层一定深度，满足滑坡治理需要。

5.2.6 滑坡勘察应进行下列工作：

1 查明各层滑坡面（带）的位置；

2 查明各层地下水的位置、流向和性质；

3 在滑坡体、滑坡面（带）和稳定地层中采取土试样进行试验。

5.2.7 滑坡勘察时，土的强度试验宜符合下列要求：

1 采用室内、野外滑面重合剪，滑带宜作重塑土或原状土多次剪试验，并求出多次剪和残余剪的抗剪强度；

2 采用与滑动受力条件相似的方法；

3 采用反分析方法检验滑动面的抗剪强度指标。

5.2.8 滑坡的稳定性计算应符合下列要求：

1 正确选择有代表性的分析断面，正确划分牵引段、主滑段和抗滑段；

2 正确选用强度指标，宜根据测试成果、反分析和当地经验综合确定；

3 有地下水时，应计入浮托力和水压力；

4 根据滑面（滑带）条件，按平面、圆弧或折线，选用正确的计算模型；

5 当有局部滑动可能时，除验算整体稳定外，尚应验算局部稳定；

6 当有地震、冲刷、人类活动等影响因素时，应计及这些因素对稳定的影响。

5.2.9 滑坡稳定性的综合评价，应根据滑坡的规模、主导因素、滑坡前兆、滑坡区的工程地质和水文地质条件，以及稳定性验算结果进行，并应分析发展趋势和危害程度，提出治理方案的建议。

5.2.10 滑坡勘察报告除应符合本规范第14章的规定外，尚应包括下列内容：

1 滑坡的地质背景和形成条件；

2 滑坡的形态要素、性质和演化；

3 提供滑坡的平面图、剖面图和岩土工程特性指标；

4 滑坡稳定分析；

5 滑坡防治和监测的建议。

5.3 危岩和崩塌

5.3.1 拟建工程场地或其附近存在对工程安全有影响的危岩或崩塌时，应进行危岩和崩塌勘察。

5.3.2 危岩和崩塌勘察宜在可行性研究或初步勘察阶段进行，应查明产生崩塌的条件及其规模、类型、范围，并对工程建设适宜性进行评价，提出防治方案的建议。

5.3.3 危岩和崩塌地区工程地质测绘的比例尺宜采用1:500～1:1000；崩塌方向主剖面的比例尺宜采用1:200。除应符合本规范第8章的规定外，尚应查明下列内容：

1 地形地貌及崩塌类型、规模、范围,崩塌体的大小和崩落方向;
2 岩体基本质量等级、岩性特征和风化程度;
3 地质构造,岩体结构类型,结构面的产状、组合关系、闭合程度、力学属性、延展及贯穿情况;
4 气象(重点是大气降水)、水文、地震和地下水的活动;
5 崩塌前的迹象和崩塌原因;
6 当地防治崩塌的经验。

5.3.4 当需判定危岩的稳定性时,宜对张裂缝进行监测。对有较大危害的大型危岩,应结合监测结果,对可能发生崩塌的时间、规模、滚落方向、途径、危害范围等做出预报。

5.3.5 各类危岩和崩塌的岩土工程评价应符合下列规定:
1 规模大,破坏后果很严重,难于治理的,不宜作为工程场地,线路应绕避;
2 规模较大,破坏后果严重的,应对可能产生崩塌的危岩进行加固处理,线路应采取防护措施;
3 规模小,破坏后果不严重的,可作为工程场地,但应对不稳定危岩采取治理措施。

5.3.6 危岩和崩塌区的岩土工程勘察报告除应遵守本规范第14章的规定外,尚应阐明危岩和崩塌区的范围、类型,作为工程场地的适宜性,并提出防治方案的建议。

5.4 泥 石 流

5.4.1 拟建工程场地或其附近有发生泥石流的条件并对工程安全有影响时,应进行专门的泥石流勘察。

5.4.2 泥石流勘察应在可行性研究或初步勘察阶段进行,应查明泥石流的形成条件和泥石流的类型、规模、发育阶段、活动规律,并对工程场地做出适宜性评价,提出防治方案的建议。

5.4.3 泥石流勘察应以工程地质测绘和调查为主。测绘范围应包括沟谷至分水岭的全部地段和可能受泥石流影响的地段。测绘比例尺,对全流域宜采用1:50 000;对中下游可采用1:2 000~1:10 000。除应符合本规范第8章的规定外,尚应调查下列内容:
1 冰雪融化和暴雨强度、一次最大降雨量,平均及最大流量,地下水活动等情况;
2 地形地貌特征,包括沟谷的发育程度、切割情况、坡度、弯曲、粗糙程度,并划分泥石流的形成区、流通区和堆积区,圈绘整个沟谷的汇水面积;
3 形成区的水源类型、水量、汇水条件、山坡坡度、岩层性质和风化程度;查明断裂、滑坡、崩塌、岩堆等不良地质作用的发育情况及可能形成泥石流固体物质的分布范围、储量;
4 流通区的沟床纵横坡度、跌水、急湾等特征;查明沟床两侧山坡坡度、稳定程度,沟床的冲淤变化和泥石流的痕迹;
5 堆积区的堆积扇分布范围,表面形态,纵坡,植被,沟道变迁和冲淤情况;查明堆积物的性质、层次、厚度、一般粒径和最大粒径;判定堆积区的形成历史、堆积速度,估算一次最大堆积量;
6 泥石流沟谷的历史,历次泥石流的发生时间、频数、规模、形成过程、暴发前的降雨情况和暴发后产生的灾害情况;
7 开矿弃渣、修路切坡、砍伐森林、陡坡开荒和过度放牧等人类活动情况;
8 当地防治泥石流的经验。

5.4.4 当需要对泥石流采取防治措施时,应进行勘探测试,进一步查明泥石流堆积物的性质、结构、厚度、固体物质含量、最大粒径,流速、流量,冲出量和淤积量。

5.4.5 泥石流的工程分类,宜遵守本规范附录C的规定。

5.4.6 泥石流地区工程建设适宜性的评价,应符合下列要求:
1 I_1类和II_1类泥石流沟谷不应作为工程场地,各类线路宜避开;
2 I_2类和II_2类泥石流沟谷不宜作为工程场地,当必须利用时应采取治理措施;线路应避免直穿堆积扇,可在沟口设桥(墩)通过;
3 I_3类和II_3类泥石流沟谷可利用其堆积区作为工程场地,但应避开沟口;线路可在堆积扇通过,可分段设桥和采取排洪、导流措施,不宜改沟、并沟;
4 当上游大量弃渣或进行工程建设,改变了原有供排平衡条件时,应重新判定产生新的泥石流的可能性。

5.4.7 泥石流岩土工程勘察报告,除应遵守本规范第14章的规定外,尚应包括下列内容:
1 泥石流的地质背景和形成条件;
2 形成区、流通区、堆积区的分布和特征,绘制专门工程地质图;
3 划分泥石流类型,评价其对工程建设的适宜性;
4 泥石流防治和监测的建议。

5.5 采 空 区

5.5.1 本节适用于老采空区、现采空区和未来采空区的岩土工程勘察。采空区勘察应查明老采空区上覆岩层的稳定性,预测现采空区和未来采空区的地表移动、变形的特征和规律性;判定其作为工程场地的适宜性。

5.5.2 采空区的勘察宜以搜集资料、调查访问为主,并应查明下列内容:
1 矿层的分布、层数、厚度、深度、埋藏特征和上覆岩层的岩性、构造等；

　　2　矿层开采的范围、深度、厚度、时间、方法和顶板管理，采空区的塌落、密实程度、空隙和积水等；

　　3　地表变形特征和分布，包括地表陷坑、台阶、裂缝的位置、形状、大小、深度、延伸方向及其与地质构造、开采边界、工作面推进方向等的关系；

　　4　地表移动盆地的特征，划分中间区、内边缘区和外边缘区，确定地表移动和变形的特征值；

　　5　采空区附近的抽水和排水情况及其对采空区稳定的影响；

　　6　搜集建筑物变形和防治措施的经验。

5.5.3　对老采空区和现采空区，当工程地质调查不能查明采空区的特征时，应进行物探和钻探。

5.5.4　对现采空区和未来采空区，应通过计算预测地表移动和变形的特征值，计算方法可按现行标准《建筑物、水体、铁路及主要井巷煤柱留设与压煤开采规程》执行。

5.5.5　采空区宜根据开采情况，地表移动盆地特征和变形大小，划分为不宜建筑的场地和相对稳定的场地，并宜符合下列规定：

　　1　下列地段不宜作为建筑场地：

　　　1）在开采过程中可能出现非连续变形的地段；

　　　2）地表移动活跃的地段；

　　　3）特厚矿层和倾角大于55°的厚矿层露头地段；

　　　4）由于地表移动和变形引起边坡失稳和山崖崩塌的地段；

　　　5）地表倾斜大于10mm/m，地表曲率大于0.6mm/m² 或地表水平变形大于6mm/m的地段。

　　2　下列地段作为建筑场地时，应评价其适宜性：

　　　1）采空区采深采厚比小于30的地段；

　　　2）采深小，上覆岩层极坚硬，并采用非正规开采方法的地段；

　　　3）地表倾斜为3～10mm/m，地表曲率为0.2～0.6mm/m² 或地表水平变形为2～6mm/m的地段。

5.5.6　采深小、地表变形剧烈且为非连续变形的小窑采空区，应通过搜集资料、调查、物探和钻探等工作，查明采空区和巷道的位置、大小、埋藏深度、开采时间、开采方式、回填塌落和充水等情况；并查明地表裂缝、陷坑的位置、形状、大小、深度、延伸方向及其与采空区的关系。

5.5.7　小窑采空区的建筑物应避开地表裂缝和陷坑地段。对次要建筑且采空区采深采厚比大于30，地表已经稳定时可不进行稳定性评价；当采深采厚比小于30时，可根据建筑物的基底压力、采空区的埋深、范围和上覆岩层的性质等评价地基的稳定性，并根据矿区经验提出处理措施的建议。

5.6　地面沉降

5.6.1　本节适用于抽吸地下水引起水位或水压下降而造成大面积地面沉降的岩土工程勘察。

5.6.2　对已发生地面沉降的地区，地面沉降勘察应查明其原因和现状，并预测其发展趋势，提出控制和治理方案。

　　对可能发生地面沉降的地区，应预测发生的可能性，并对可能的沉降层位做出估计，对沉降量进行估算，提出预防和控制地面沉降的建议。

5.6.3　对地面沉降原因，应调查下列内容：

　　1　场地的地貌和微地貌；

　　2　第四纪堆积物的年代、成因、厚度、埋藏条件和土性特征，硬土层和软弱压缩层的分布；

　　3　地下水位以下可压缩层的固结状态和变形参数；

　　4　含水层和隔水层的埋藏条件和承压性质，含水层的渗透系数、单位涌水量等水文地质参数；

　　5　地下水的补给、径流、排泄条件，含水层间或地下水与地面水的水力联系；

　　6　历年地下水位、水头的变化幅度和速率；

　　7　历年地下水的开采量和回灌量，开采或回灌的层段；

　　8　地下水位下降漏斗和回灌时地下水反漏斗的形成和发展过程。

5.6.4　对地面沉降现状的调查，应符合下列要求：

　　1　按精密水准测量要求进行长期观测，并按不同的结构单元设置高程基准标、地面沉降标和分层沉降标；

　　2　对地下水的水位升降，开采量和回灌量，化学成分，污染情况和孔隙水压力消散、增长情况进行观测；

　　3　调查地面沉降对建筑物的影响，包括建筑物的沉降、倾斜、裂缝及其发生时间和发展过程；

　　4　绘制不同时间的地面沉降等值线图，并分析地面沉降中心与地下水位下降漏斗的关系及地面回弹与地下水位反漏斗的关系；

　　5　绘制以地面沉降为特征的工程地质分区图。

5.6.5　对已发生地面沉降的地区，可根据工程地质和水文地质条件，建议采取下列控制和治理方案：

　　1　减少地下水开采量和水位降深，调整开采层次，合理开发，当地面沉降发展剧烈时，应暂时停止开采地下水；

　　2　对地下水进行人工补给，回灌时应控制回灌水源的水质标准，以防止地下水被污染；

　　3　限制工程建设中的人工降低地下水位。

5.6.6　对可能发生地面沉降的地区应预测地面沉降的可能性和估算沉降量，并可采取下列预测和防治措施：

1 根据场地工程地质、水文地质条件,预测可压缩层的分布;

2 根据抽水压密试验、渗透试验、先期固结压力试验、流变试验、载荷试验等的测试成果和沉降观测资料,计算分析地面沉降量和发展趋势;

3 提出合理开采地下水资源,限制人工降低地下水位及在地面沉降区内进行工程建设应采取措施的建议。

5.7 场地和地基的地震效应

5.7.1 抗震设防烈度等于或大于6度的地区,应进行场地和地基地震效应的岩土工程勘察,并应根据国家批准的地震动参数区划和有关的规范,提出勘察场地的抗震设防烈度、设计基本地震加速度和设计特征周期分区。

5.7.2 在抗震设防烈度等于或大于6度的地区进行勘察时,应划分场地类别,划分对抗震有利、不利或危险的地段。

5.7.3 对需要采用时程分析的工程,应根据设计要求,提供土层剖面、覆盖层厚度和剪切波速度等有关参数。任务需要时,可进行地震安全性评估或抗震设防区划。

5.7.4 为划分场地类别布置的勘探孔,当缺乏资料时,其深度应大于覆盖层厚度。当覆盖层厚度大于80m时,勘探孔深度应大于80m,并分层测定剪切波速。10层和高度30m以下的丙类和丁类建筑,无实测剪切波速时,可按现行国家标准《建筑抗震设计规范》(GB50011)的规定,按土的名称和性状估计土的剪切波速。

5.7.5 抗震设防烈度为6度时,可不考虑液化的影响,但对沉陷敏感的乙类建筑,可按7度进行液化判别。甲类建筑应进行专门的液化勘察。

5.7.6 场地地震液化判别应先进行初步判别,当初步判别认为有液化可能时,应再作进一步判别。液化的判别宜采用多种方法,综合判定液化可能性和液化等级。

5.7.7 液化初步判别除按现行国家有关抗震规范进行外,尚宜包括下列内容进行综合判别:

1 分析场地地形、地貌、地层、地下水等与液化有关的场地条件;

2 当场地及其附近存在历史地震液化遗迹时,宜分析液化重复发生的可能性;

3 倾斜场地或液化层倾向水面或临空面时,应评价液化引起土体滑移的可能性。

5.7.8 地震液化的进一步判别应在地面以下15m的范围内进行;对于桩基和基础埋深大于5m的天然地基,判别深度应加深至20m。对判别液化而布置的勘探点不应少于3个,勘探孔深度应大于液化判别深度。

5.7.9 地震液化的进一步判别,除应按现行国家标准《建筑抗震设计规范》(GB50011)的规定执行外,尚可采用其他成熟方法进行综合判别。

当采用标准贯入试验判别液化时,应按每个试验孔的实测击数进行。在需作判定的土层中,试验点的竖向间距宜为1.0~1.5m,每层土的试验点数不宜少于6个。

5.7.10 凡判别为可液化的土层、应按现行国家标准《建筑抗震设计规范》(GB50011)的规定确定其液化指数和液化等级。

勘察报告除应阐明可液化的土层、各孔的液化指数外,尚应根据各孔液化指数综合确定场地液化等级。

5.7.11 抗震设防烈度等于或大于7度的厚层软土分布区,宜判别软土震陷的可能性和估算震陷量。

5.7.12 场地或场地附近有滑坡、滑移、崩塌、塌陷、泥石流、采空区等不良地质作用时,应进行专门勘察,分析评价在地震作用时的稳定性。

5.8 活动断裂

5.8.1 抗震设防烈度等于或大于7度的重大工程场地应进行活动断裂(以下简称断裂)勘察。断裂勘察应查明断裂的位置和类型,分析其活动性和地震效应,评价断裂对工程建设可能产生的影响,并提出处理方案。

对核电厂的断裂勘察,应按核安全法规和导则进行专门研究。

5.8.2 断裂的地震工程分类应符合下列规定:

1 全新活动断裂为在全新地质时期(一万年)内有过地震活动或近期正在活动,在今后一百年可能继续活动的断裂;全新活动断裂中、近期(近500年来)发生过地震震级$M \geq 5$级的断裂,或在今后100年内,可能发生$M \geq 5$级的断裂,可定为发震断裂;

2 非全新活动断裂:一万年以前活动过,一万年以来没有发生过活动的断裂。

5.8.3 全新活动断裂可按表5.8.3分级。

表5.8.3 全新活动断裂分级

指标 断裂分级	活动性	平均活动速率 v(mm/a)	历史地震震级 M
Ⅰ 强烈全新活动断裂	中晚更新世以来有活动,全新世活动强烈	$v>1$	$M \geq 7$
Ⅱ 中等全新活动断裂	中晚更新世以来有活动,全新世活动较强烈	$1 \geq v \geq 0.1$	$7 > M \geq 6$
Ⅲ 微弱全新活动断裂	全新世有微弱活动	$v<0.1$	$M<6$

5.8.4 断裂勘察，应搜集和分析有关文献档案资料，包括卫星航空相片，区域构造地质，强震震中分布，地应力和地形变，历史和近期地震等。

5.8.5 断裂勘察工程地质测绘，除应符合本规范第8章的要求外，尚应包括下列内容的调查：

1 地形地貌特征：山区或高原不断上升剥蚀或有长距离的平滑分界线；非岩性影响的陡坡、峭壁、深切的直线形河谷，一系列滑坡、崩塌和山前叠置的洪积扇；定向断续线形分布的残丘、洼地、沼泽、芦苇地、盐碱地、湖泊、跌水、泉、温泉等；水系定向展布或同向扭曲错动等。

2 地质特征：近期断裂活动留下的第四系错动，地下水和植被的特征；断层带的破碎和胶结特征等；深色物质宜采用放射性碳14（C^{14}）法，非深色物质宜采用热释光法或铀系法，测定已错断层位和未错断层位的地质年龄，并确定断裂活动的最新时限。

3 地震特征：与地震有关的断层、地裂缝、崩塌、滑坡、地震湖、河流改道和砂土液化等。

5.8.6 大型工业建设场地，在可行性研究勘察时，应建议避让全新活动断裂和发震断裂。避让距离应根据断裂的等级、规模、性质、覆盖层厚度、地震烈度等因素，按有关标准综合确定。非全新活动断裂可不采取避让措施，但当浅埋且破碎带发育时，可按不均匀地基处理。

6 特殊性岩土

6.1 湿陷性土

6.1.1 本节适用于干旱和半干旱地区除黄土以外的湿陷性碎石土、湿陷性砂土和其他湿陷性土的岩土工程勘察。对湿陷性黄土的勘察应按现行国家标准《湿陷性黄土地区建筑规范》（GB50025）执行。

6.1.2 当不能取试样做室内湿陷性试验时，应采用现场载荷试验确定湿陷性。在200kPa压力下浸水载荷试验的附加湿陷量与承压板宽度之比等于或大于0.023的土，应判定为湿陷性土。

6.1.3 湿陷性土场地勘察，除应遵守本规范第4章的规定外，尚应符合下列要求：

1 勘探点的间距应按本规范第4章的规定取小值。对湿陷性土分布极不均匀的场地应加密勘探点；

2 控制性勘探孔深度应穿透湿陷性土层；

3 应查明湿陷性土的年代、成因、分布和其中的夹层、包含物、胶结物的成分和性质；

4 湿陷性碎石土和砂土，宜采用动力触探试验和标准贯入试验确定力学特性；

5 不扰动土试样应在探井中采取；

6 不扰动土试样除测定一般物理力学性质外，尚应作土的湿陷性和湿化试验；

7 对不能取得不扰动土试样的湿陷性土，应在探井中采用大体积法测定密度和含水量；

8 对于厚度超过2m的湿陷性土，应在不同深度处分别进行浸水载荷试验，并应不受相邻试验的浸水影响。

6.1.4 湿陷性土的岩土工程评价应符合下列规定：

1 湿陷性土的湿陷程度划分应符合表6.1.4的规定；

2 湿陷性土的地基承载力宜采用载荷试验或其他原位测试确定；

3 对湿陷性土边坡，当浸水因素引起湿陷性土本身或其与下伏地层接触面的强度降低时，应进行稳定性评价。

6.1.5 湿陷性土地基受水浸湿至下沉稳定为止的总湿陷量 Δ_s（cm），应按下式计算：

$$\Delta_s = \sum_{i=1}^{n} \beta \Delta F_{si} h_i \qquad (6.1.5)$$

式中 ΔF_{si}——第 i 层土浸水载荷试验的附加湿陷量（cm）；

h_i——第 i 层土的厚度（cm），从基础底面（初步勘察时自地面下1.5m）算起，$\Delta F_{si}/b < 0.023$ 的不计入；

β——修正系数（cm^{-1}）。承压板面积为0.50m² 时，$\beta=0.014$；承压板面积为0.25m² 时，$\beta=0.020$。

表6.1.4 湿陷程度分类

试验条件 湿陷程度	附加湿陷量 ΔF_s（cm）	
	承压板面积 0.50m²	承压板面积 0.25m²
轻微	$1.6 < \Delta F_s \leq 3.2$	$1.1 < \Delta F_s \leq 2.3$
中等	$3.2 < \Delta F_s \leq 7.4$	$2.3 < \Delta F_s \leq 5.3$
强烈	$\Delta F_s > 7.4$	$\Delta F_s > 5.3$

注：对用取土器取得不扰动试样的湿陷性粉砂，其试验方法和评定标准按现行国家标准《湿陷性黄土地区建筑规范》（GB50025）执行。

6.1.6 湿陷性土地基的湿陷等级应按表6.1.6判定。

6.1.7 湿陷性土地基的处理应根据土质特征、湿陷等级和当地建筑经验等因素综合确定。

表6.1.6 湿陷性土地基的湿陷等级

总湿陷量 Δ_s（cm）	湿陷性土总厚度（m）	湿陷等级
$5 < \Delta_s \leq 30$	>3	Ⅰ
	≤3	Ⅱ
$30 < \Delta_s \leq 60$	>3	
	≤3	Ⅲ
$\Delta_s > 60$	>3	
	≤3	Ⅳ

6.2 红粘土

6.2.1 本节适用于红粘土（含原生与次生红粘土）的岩土工程勘察。颜色为棕红或褐黄，覆盖于碳酸盐岩系之上，其液限大于或等于50%的高塑性粘土，应判定为原生红粘土。原生红粘土经搬运、沉积后仍保留其基本特征，且其液限大于45%的粘土，可判定为次生红粘土。

6.2.2 红粘土地区的岩土工程勘察，应着重查明其状态分布、裂隙发育特征及地基的均匀性。

1 红粘土的状态除按液性指数判定外，尚可按表6.2.2-1判定；

表6.2.2-1 红粘土的状态分类

状 态	含 水 比 a_w
坚 硬	$a_w \leq 0.55$
硬 塑	$0.55 < a_w \leq 0.70$
可 塑	$0.70 < a_w \leq 0.85$
软 塑	$0.85 < a_w \leq 1.00$
流 塑	$a_w > 1.00$

注：$a_w = w/w_L$

2 红粘土的结构可根据其裂隙发育特征按表6.2.2-2分类；
3 红粘土的复浸水特性可按表6.2.2-3分类；
4 红粘土的地基均匀性可按表6.2.2-4分类。

表6.2.2-2 红粘土的结构分类

土体结构	裂隙发育特征
致密状的	偶见裂隙（<1条/m）
巨块状的	较多裂隙（1~2条/m）
碎块状的	富裂隙（>5条/m）

表6.2.2-3 红粘土的复浸水特性分类

类别	I_r与I'_r关系	复浸水特性
Ⅰ	$I_r \geq I'_r$	收缩后复浸水膨胀，能恢复到原位
Ⅱ	$I_r < I'_r$	收缩后复浸水膨胀，不能恢复到原位

注：$I_r = w_L/w_P$，$I'_r = 1.4 + 0.0066 w_L$。

表6.2.2-4 红粘土的地基均匀性分类

地基均匀性	地基压缩层范围内岩土组成
均匀地基	全部由红粘土组成
不均匀地基	由红粘土和岩石组成

6.2.3 红粘土地区的工程地质测绘和调查应按本规范第8章的规定进行，并着重查明下列内容：

1 不同地貌单元红粘土的分布、厚度、物质组成、土性等特征及其差异；
2 下伏基岩岩性、岩溶发育特征及其与红粘土土性、厚度变化的关系；
3 地裂分布、发育特征及其成因，土体结构特征，土体中裂隙的密度、深度、延展方向及其发育规律；
4 地表水体和地下水的分布、动态及其与红粘土状态垂向分带的关系；
5 现有建筑物开裂原因分析，当地勘察、设计、施工经验等。

6.2.4 红粘土地区勘探点的布置，应取较密的间距，查明红粘土厚度和状态的变化。初步勘察勘探点间距宜取30~50m；详细勘察勘探点间距，对均匀地基宜取12~24m，对不均匀地基宜取6~12m。厚度和状态变化大的地段，勘探点间距还可加密。各阶段勘探孔的深度可按本规范第4.1节的有关规定执行。对不均匀地基，勘探孔深度应达到基岩。

对不均匀地基、有土洞发育或采用岩面端承桩时，宜进行施工勘察，其勘探点间距和勘探孔深度根据需要确定。

6.2.5 当岩土工程评价需要详细了解地下水埋藏条件、运动规律和季节变化时，应在测绘调查的基础上补充进行地下水的勘察、试验和观测工作。有关要求按本规范第7章的规定执行。

6.2.6 红粘土的室内试验除应满足本规范第11章的规定外，对裂隙发育的红粘土应进行三轴剪切试验或无侧限抗压强度试验。必要时，可进行收缩试验和复浸水试验。当需评价边坡稳定性时，宜进行重复剪切试验。

6.2.7 红粘土的地基承载力应按本规范第4.1.24条的规定确定。当基础浅埋、外侧地面倾斜、有临空面或承受较大水平荷载时，应结合以下因素综合考虑确定红粘土的承载力：

1 土体结构和裂隙对承载力的影响；
2 开挖面长时间暴露，裂隙发展和复浸水对土质的影响。

6.2.8 红粘土的岩土工程评价应符合下列要求：

1 建筑物应避免跨越地裂密集带或深长地裂地段；
2 轻型建筑物的基础埋深应大于大气影响急剧层的深度；炉窑等高温设备的基础应考虑地基土的不均匀收缩变形；开挖明渠时应考虑土体干湿循环的影响；在石芽出露的地段，应考虑地表水下渗形成的地面变形；
3 选择适宜的持力层和基础形式，在满足本条第2款要求的前提下，基础宜浅埋，利用浅部硬壳层，并进行下卧层承载力的验算；不能满足承载力和变形要求时，应建议进行地基处理或采用桩基础；
4 基坑开挖时宜采取保湿措施，边坡应及时维护，防止失水干缩。

6.3 软 土

6.3.1 天然孔隙比大于或等于1.0，且天然含水量大于液限的细粒土应判定为软土，包括淤泥、淤泥质土、泥炭、泥炭质土等。

6.3.2 软土勘察除应符合常规要求外，尚应查明下列内容：

1 成因类型、成层条件、分布规律、层理特征、水平向和垂直向的均匀性；

2 地表硬壳层的分布与厚度、下伏硬土层或基岩的埋深和起伏；

3 固结历史、应力水平和结构破坏对强度和变形的影响；

4 微地貌形态和暗埋的塘、浜、沟、坑、穴的分布、埋深及其填土的情况；

5 开挖、回填、支护、工程降水、打桩、沉井等对软土应力状态、强度和压缩性的影响；

6 当地的工程经验。

6.3.3 软土地区勘察宜采用钻探取样与静力触探结合的手段。勘探点布置应根据土的成因类型和地基复杂程度确定。当土层变化较大或有暗埋的塘、浜、沟、坑、穴时应予加密。

6.3.4 软土取样应采用薄壁取土器，其规格应符合本规范第9章的要求。

6.3.5 软土原位测试宜采用静力触探试验、旁压试验、十字板剪切试验、扁铲侧胀试验和螺旋板载荷试验。

6.3.6 软土的力学参数宜采用室内试验、原位测试，结合当地经验确定。有条件时，可根据堆载试验、原型监测反分析确定。抗剪强度指标室内宜采用三轴试验，原位测试宜采用十字板剪切试验。

压缩系数、先期固结压力、压缩指数、回弹指数、固结系数，可分别采用常规固结试验、高压固结试验等方法确定。

6.3.7 软土的岩土工程评价应包括下列内容：

1 判定地基产生失稳和不均匀变形的可能性；当工程位于池塘、河岸、边坡附近时，应验算其稳定性；

2 软土地基承载力应根据室内试验、原位测试和当地经验，并结合下列因素综合确定：

　1）软土成层条件、应力历史、结构性、灵敏度等力学特性和排水条件；

　2）上部结构的类型、刚度、荷载性质和分布，对不均匀沉降的敏感性；

　3）基础的类型、尺寸、埋深和刚度等；

　4）施工方法和程序。

3 当建筑物相邻高低层荷载相差较大时，应分析其变形差异和相互影响；当地面有大面积堆载时，应分析对相邻建筑物的不利影响；

4 地基沉降计算可采用分层总和法或土的应力历史法，并应根据当地经验进行修正，必要时，应考虑软土的次固结效应；

5 提出基础形式和持力层的建议；对于上为硬层，下为软土的双层土地基进行下卧层验算。

6.4 混 合 土

6.4.1 由细粒土和粗粒土混杂且缺乏中间粒径的土应定名为混合土。

当碎石土中粒径小于 0.075mm 的细粒土质量超过总质量的 25% 时，应定名为粗粒混合土；当粉土或粘性土中粒径大于 2mm 的粗粒土质量超过总质量的 25% 时，应定名为细粒混合土。

6.4.2 混合土的勘察应符合下列要求：

1 查明地形和地貌特征，混合土的成因、分布，下卧土层或基岩的埋藏条件；

2 查明混合土的组成、均匀性及其在水平方向和垂直方向上的变化规律；

3 勘探点的间距和勘探孔的深度除应满足本规范第4章的要求外，尚应适当加密加深；

4 应有一定数量的探井，并应采取大体积土试样进行颗粒分析和物理力学性质测定；

5 对粗粒混合土宜采用动力触探试验，并应有一定数量的钻孔或探井检验；

6 现场载荷试验的承压板直径和现场直剪试验的剪切面直径均应大于试验土层最大粒径的5倍，载荷试验的承压板面积不应小于 $0.5m^2$，直剪试验的剪切面面积不宜小于 $0.25m^2$。

6.4.3 混合土的岩土工程评价应包括下列内容：

1 混合土的承载力应采用载荷试验、动力触探试验并结合当地经验确定；

2 混合土边坡的容许坡度值可根据现场调查和当地经验确定。对重要工程应进行专门试验研究。

6.5 填 土

6.5.1 填土根据物质组成和堆填方式，可分为下列四类：

1 素填土：由碎石土、砂土、粉土和粘性土等一种或几种材料组成，不含杂物或含杂物很少；

2 杂填土：含有大量建筑垃圾、工业废料或生活垃圾等杂物；

3 冲填土：由水力冲填泥砂形成；

4 压实填土：按一定标准控制材料成分、密度、含水量，分层压实或夯实而成。

6.5.2 填土勘察应包括下列内容：

1 搜集资料，调查地形和地物的变迁，填土的来源、堆积年限和堆积方式；

2 查明填土的分布、厚度、物质成分、颗粒级配、均匀性、密实性、压缩性和湿陷性；

3 判定地下水对建筑材料的腐蚀性。

6.5.3 填土勘察应在本规范第4章规定的基础上加密勘探点，确定暗埋的塘、浜、坑的范围。勘探孔的深度应穿透填土层。

勘探方法应根据填土性质确定。对由粉土或粘性土组成的素填土,可采用钻探取样、轻型钻具与原位测试相结合的方法;对含较多粗粒成分的素填土和杂填土宜采用动力触探、钻探,并应有一定数量的探井。

6.5.4 填土的工程特性指标宜采用下列测试方法确定:

1 填土的均匀性和密实度宜采用触探法,并辅以室内试验;

2 填土的压缩性、湿陷性宜采用室内固结试验或现场载荷试验;

3 杂填土的密度试验宜采用大容积法;

4 对压实填土,在压实前应测定填料的最优含水量和最大干密度,压实后应测定其干密度,计算压实系数。

6.5.5 填土的岩土工程评价应符合下列要求:

1 阐明填土的成分、分布和堆积年代,判定地基的均匀性、压缩性和密实度;必要时应按厚度、强度和变形特性分层或分区评价;

2 对堆积年限较长的素填土、冲填土和由建筑垃圾或性能稳定的工业废料组成的杂填土,当较均匀和较密实时可作为天然地基;由有机质含量较高的生活垃圾和对基础有腐蚀性的工业废料组成的杂填土,不宜作为天然地基;

3 填土地基承载力应按本规范第 4.1.24 条的规定综合确定;

4 当填土底面的天然坡度大于 20% 时,应验算其稳定性。

6.5.6 填土地基基坑开挖后应进行施工验槽。处理后的填土地基应进行质量检验。对复合地基,宜进行大面积载荷试验。

6.6 多 年 冻 土

6.6.1 含有固态水,且冻结状态持续二年或二年以上的土,应判定为多年冻土。

6.6.2 根据融化下沉系数 δ_0 的大小,多年冻土可分为不融沉、弱融沉、融沉、强融沉和融陷五级,并应符合表 6.6.2 的规定。冻土的平均融化下沉系数 δ_0 可按下式计算:

$$\delta_0 = \frac{h_1 - h_2}{h_1} = \frac{e_1 - e_2}{1 + e_1} \times 100(\%)$$

(6.6.2)

式中 h_1、e_1——冻土试样融化前的高度(mm)和孔隙比;

h_2、e_2——冻土试样融化后的高度(mm)和孔隙比。

表 6.6.2 多年冻土的融沉性分类

土的名称	总含水量 w_0(%)	平均融沉系数 δ_0	融沉等级	融沉类别	冻土类型
碎石土,砾、粗、中砂(粒径小于0.075mm 的颗粒含量不大于15%)	$w_0 < 10$	$\delta_0 \leq 1$	I	不融沉	少冰冻土
	$w_0 \geq 10$	$1 < \delta_0 \leq 3$	II	弱融沉	多冰冻土
碎石土,砾、粗、中砂(粒径小于0.075mm 的颗粒含量大于15%)	$w_0 < 12$	$\delta_0 \leq 1$	I	不融沉	少冰冻土
	$12 \leq w_0 < 15$	$1 < \delta_0 \leq 3$	II	弱融沉	多冰冻土
	$15 \leq w_0 < 25$	$3 < \delta_0 \leq 10$	III	融沉	富冰冻土
	$w_0 \geq 25$	$10 < \delta_0 \leq 25$	IV	强融沉	饱冰冻土
粉砂、细砂	$w_0 < 14$	$\delta_0 \leq 1$	I	不融沉	少冰冻土
	$14 \leq w_0 < 18$	$1 < \delta_0 \leq 3$	II	弱融沉	多冰冻土
	$18 \leq w_0 < 28$	$3 < \delta_0 \leq 10$	III	融沉	富冰冻土
	$w_0 \geq 28$	$10 < \delta_0 \leq 25$	IV	强融沉	饱冰冻土
粉土	$w_0 < 17$	$\delta_0 \leq 1$	I	不融沉	少冰冻土
	$17 \leq w_0 < 21$	$1 < \delta_0 \leq 3$	II	弱融沉	多冰冻土
	$21 \leq w_0 < 32$	$3 < \delta_0 \leq 10$	III	融沉	富冰冻土
	$w_0 \geq 32$	$10 < \delta_0 \leq 25$	IV	强融沉	饱冰冻土
粘性土	$w_0 < w_p$	$\delta_0 \leq 1$	I	不融沉	少冰冻土
	$w_p \leq w_0 < w_p + 4$	$1 < \delta_0 \leq 3$	II	弱融沉	多冰冻土
	$w_p + 4 \leq w_0 < w_p + 15$	$3 < \delta_0 \leq 10$	III	融沉	富冰冻土
	$w_p + 15 \leq w_0 < w_p + 35$	$10 < \delta_0 \leq 25$	IV	强融沉	饱冰冻土
含土冰层	$w_0 \geq w_p + 35$	$\delta_0 > 25$	V	融陷	含土冰层

注:**1** 总含水量 w_0 包括冰和未冻水;

2 本表不包括盐渍化冻土、冻结泥炭化土、腐殖土、高塑性粘土。

6.6.3 多年冻土勘察应根据多年冻土的设计原则、多年冻土的类型和特征进行,并应查明下列内容:

1 多年冻土的分布范围及上限深度;

2 多年冻土的类型、厚度、总含水量、构造特征、物理力学和热学性质;

3 多年冻土层上水、层间水和层下水的赋存形式、相互关系及其对工程的影响;

4 多年冻土的融沉性分级和季节融化层土的冻胀性分级;

5 厚层地下冰、冰椎、冰丘、冻土沼泽、热融滑塌、热融湖塘、融冻泥流等不良地质作用的形态特征、形成条件、分布范围、发生发展规律及其对工程的危害程度。

6.6.4 多年冻土地区勘探点的间距,除应满足本规范第 4 章的要求外,尚应适当加密。勘探孔的深度应满足下列要求:

1 对保持冻结状态设计的地基，不应小于基底以下2倍基础宽度，对桩基应超过桩端以下3~5m；

2 对逐渐融化状态和预先融化状态设计的地基，应符合非冻土地基的要求；

3 无论何种设计原则，勘探孔的深度均宜超过多年冻土上限深度的1.5倍；

4 在多年冻土的不稳定地带，应查明多年冻土下限深度；当地基为饱冰冻土或含土冰层时，应穿透该层。

6.6.5 多年冻土的勘探测试应满足下列要求：

1 多年冻土地区钻探宜缩短施工时间，宜采用大口径低速钻进，终孔直径不宜小于108mm，必要时可采用低温泥浆，并避免在钻孔周围造成人工融区或孔内冻结；

2 应分层测定地下水位；

3 保持冻结状态设计地段的钻孔，孔内测温工作结束后应及时回填；

4 取样的竖向间隔，除应满足本规范第4章的要求外，在季节融化层应适当加密，试样在采取、搬运、贮存、试验过程中应避免融化；

5 试验项目除按常规要求外，尚应根据需要，进行总含水量、体积含冰量、相对含冰量、未冻水含量、冻结温度、导热系数、冻胀量、融化压缩等项目的试验；对盐渍化多年冻土和泥炭化多年冻土，尚应分别测定易溶盐含量和有机质含量；

6 工程需要时，可建立地温观测点，进行地温观测；

7 当需查明与冻土融化有关的不良地质作用时，调查工作宜在二月至五月份进行；多年冻土上限深度的勘察时间宜在九、十月份。

6.6.6 多年冻土的岩土工程评价应符合下列要求：

1 多年冻土的地基承载力，应区别保持冻结地基和容许融化地基，结合当地经验用载荷试验或其他原位测试方法综合确定，对次要建筑物可根据邻近工程经验确定；

2 除次要工程外，建筑物宜避开饱冰冻土、含土冰层地段和冰锥、冰丘、热融湖、厚层地下冰，融区与多年冻土区之间的过渡带，宜选择坚硬岩层、少冰冻土和多冰冻土地段以及地下水位或冻结层上水位低的地段和地形平缓的高地。

6.7 膨胀岩土

6.7.1 含有大量亲水矿物，湿度变化时有较大体积变化，变形受约束时产生较大内应力的岩土，应判定为膨胀岩土。膨胀土的初判应符合本规范附录D的规定；终判应在初判的基础上按本节第6.7.7条进行。

6.7.2 膨胀岩土场地，按地形地貌条件可分为平坦场地和坡地场地。符合下列条件之一者应划为平坦场地：

1 地形坡度小于5°，且同一建筑物范围内局部高差不超过1m；

2 地形坡度大于5°小于14°，与坡肩水平距离大于10m的坡顶地带。

不符合以上条件的应划为坡地场地。

6.7.3 膨胀岩土地区的工程地质测绘和调查应包括下列内容：

1 查明膨胀岩土的岩性、地质年代、成因、产状、分布以及颜色、节理、裂缝等外观特征；

2 划分地貌单元和场地类型，查明有无浅层滑坡、地裂、冲沟以及微地貌形态和植被情况；

3 调查地表水的排泄和积聚情况以及地下水类型、水位和变化规律；

4 搜集当地降水量、蒸发力、气温、地温、干湿季节、干旱持续时间等气象资料，查明大气影响深度；

5 调查当地建筑经验。

6.7.4 膨胀岩土的勘察应遵守下列规定：

1 勘探点宜结合地貌单元和微地貌形态布置；其数量应比非膨胀岩土地区适当增加，其中采取试样的勘探点不应少于全部勘探点的1/2；

2 勘探孔的深度，除应满足基础埋深和附加应力的影响深度外，尚应超过大气影响深度；控制性勘探孔不应小于8m，一般性勘探孔不应小于5m；

3 在大气影响深度内，每个控制性勘探孔均应采取Ⅰ、Ⅱ级土试样，取样间距不应大于1.0m，在大气影响深度以下，取样间距可为1.5~2.0m；一般性勘探孔从地表下1m开始至5m深度内，可取Ⅲ级土试样，测定天然含水量。

6.7.5 膨胀岩土的室内试验，除应遵守本规范第11章的规定外，尚应测定下列指标：

1 自由膨胀率；

2 一定压力下的膨胀率；

3 收缩系数；

4 膨胀力。

6.7.6 重要的和有特殊要求的工程场地，宜进行现场浸水载荷试验、剪切试验或旁压试验。对膨胀岩应进行粘土矿物成分、体膨胀量和无侧限抗压强度试验。对各向异性的膨胀岩土，应测定其不同方向的膨胀率、膨胀力和收缩系数。

6.7.7 对初判为膨胀土的地区，应计算土的膨胀变形量、收缩变形量和胀缩变形量，并划分胀缩等级。计算和划分方法应符合现行国家标准《膨胀土地区建筑技术规范》（GBJ112）的规定。有地区经验时，亦可根据地区经验分级。

当拟建场地或其邻近有膨胀岩土损坏的工程时，应判定为膨胀岩土，并进行详细调查，分析膨胀岩土对工程的破坏机制，估计膨胀力的大小和胀缩等级。

6.7.8 膨胀岩土的岩土工程评价应符合下列规定：

1 对建在膨胀岩土上的建筑物，其基础埋深、地基处理、桩基设计、总平面布置、建筑和结构措施、施工和维护，应符合现行国家标准《膨胀土地区建筑技术规范》（GBJ112）的规定；

2 一级工程的地基承载力应采用浸水载荷试验方法确定；二级工程宜采用浸水载荷试验；三级工程可采用饱和状态下不固结不排水三轴剪切试验计算或根据已有经验确定；

3 对边坡及位于边坡上的工程，应进行稳定性验算；验算时应考虑坡体内含水量变化的影响；均质土可采用圆弧滑动法，有软弱夹层及层状膨胀岩土应按最不利的滑动面验算；具有胀缩裂缝和地裂缝的膨胀土边坡，应进行沿裂缝滑动的验算。

6.8 盐渍岩土

6.8.1 岩土中易溶盐含量大于0.3%，并具有溶陷、盐胀、腐蚀等工程特性时，应判定为盐渍岩土。

6.8.2 盐渍岩按主要含盐矿物成分可分为石膏盐渍岩、芒硝盐渍岩等。盐渍土根据其含盐化学成分和含盐量可按表6.8.2-1和6.8.2-2分类。

表6.8.2-1 盐渍土按含盐化学成分分类

盐渍土名称	$\dfrac{c(Cl^-)}{2c(SO_4^{2-})}$	$\dfrac{2c(CO_3^{2-})+c(HCO_3^-)}{c(Cl^-)+2c(SO_4^{2-})}$
氯盐渍土	>2	—
亚氯盐渍土	2～1	—
亚硫酸盐渍土	1～0.3	—
硫酸盐渍土	<0.3	—
碱性盐渍土	—	>0.3

注：表中 $c(Cl^-)$ 为氯离子在100g土中所含毫摩数，其他离子同。

表6.8.2-2 盐渍土按含盐量分类

盐渍土名称	平均含盐量（%）		
	氯及亚氯盐	硫酸及亚硫酸盐	碱性盐
弱盐渍土	0.3～1.0	—	—
中盐渍土	1～5	0.3～2.0	0.3～1.0
强盐渍土	5～8	2～5	1～2
超盐渍土	>8	>5	>2

6.8.3 盐渍岩土地区的调查工作，应包括下列内容：

1 盐渍岩土的成因、分布和特点；

2 含盐化学成分、含盐量及其在岩土中的分布；

3 溶蚀洞穴发育程度和分布；

4 搜集气象和水文资料；

5 地下水的类型、埋藏条件、水质、水位及其季节变化；

6 植物生长状况；

7 含石膏为主的盐渍岩石膏的水化深度，含芒硝较多的盐渍岩，在隧道通过地段的地温情况；

8 调查当地工程经验。

6.8.4 盐渍岩土的勘探测试应符合下列规定：

1 除应遵守本规范第4章规定外，勘探点布置尚应满足查明盐渍岩土分布特征的要求；

2 采取岩土试样宜在干旱季节进行，对用于测定含盐离子的扰动土取样，宜符合表6.8.4的规定；

表6.8.4 盐渍土扰动土试样取样要求

勘察阶段	深度范围（m）	取土试样间距（m）	取样孔占勘探孔总数的百分数（%）
初步勘察	<5	1.0	100
	5～10	2.0	50
	>10	3.0～5.0	20
详细勘察	<5	0.5	100
	5～10	1.0	50
	>10	2.0～3.0	30

注：浅基取样深度到10m即可。

3 工程需要时，应测定有害毛细水上升的高度；

4 应根据盐渍土的岩性特征，选用载荷试验等适宜的原位测试方法，对于溶陷性盐渍土尚应进行浸水载荷试验确定其溶陷性；

5 对盐胀性盐渍土宜现场测定有效盐胀厚度和总盐胀量，当土中硫酸钠含量不超过1%时，可不考虑盐胀性；

6 除进行常规室内试验外，尚应进行溶陷性试验和化学成分分析，必要时可对岩土的结构进行显微结构鉴定；

7 溶陷性指标的测定可按湿陷性土的湿陷试验方法进行。

6.8.5 盐渍岩土的岩土工程评价应包括下列内容：

1 岩土中含盐类型、含盐量及主要含盐矿物对岩土工程特性的影响；

2 岩土的溶陷性、盐胀性、腐蚀性和场地工程建设的适宜性；

3 盐渍土地基的承载力宜采用载荷试验确定，当采用其他原位测试方法时，应与载荷试验结果进行对比；

4 确定盐渍岩地基的承载力时，应考虑盐渍岩的水溶性影响；

5 盐渍岩边坡的坡度宜比非盐渍岩的软质岩石边坡适当放缓，对软弱夹层、破碎带应部分或全部加以防护；

6 盐渍岩土对建筑材料的腐蚀性评价应按本规范第12章执行。

6.9 风化岩和残积土

6.9.1 岩石在风化营力作用下,其结构、成分和性质已产生不同程度的变异,应定名为风化岩。已完全风化成土而未经搬运的应定名为残积土。

6.9.2 风化岩和残积土的勘察应着重查明下列内容:

1 母岩地质年代和岩石名称;
2 按本规范附录 A 表 A.0.3 划分岩石的风化程度;
3 岩脉和风化花岗岩中球状风化体(孤石)的分布;
4 岩土的均匀性、破碎带和软弱夹层的分布;
5 地下水赋存条件。

6.9.3 风化岩和残积土的勘探测试应符合下列要求:

1 勘探点间距应取本规范第 4 章规定的小值;
2 应有一定数量的探井;
3 宜在探井中或用双重管、三重管采取试样,每一风化带不应少于 3 组;
4 宜采用原位测试与室内试验相结合,原位测试可采用圆锥动力触探、标准贯入试验、波速测试和载荷试验;
5 室内试验除应按本规范第 11 章的规定执行外,对相当于极软岩和极破碎的岩体,可按土工试验要求进行,对残积土,必要时应进行湿陷性和湿化试验。

6.9.4 对花岗岩残积土,应测定其中细粒土的天然含水量 w_f、塑限 w_P、液限 w_L。

6.9.5 花岗岩类残积土的地基承载力和变形模量应采用载荷试验确定。有成熟地方经验时,对于地基基础设计等级为乙级、丙级的工程,可根据标准贯入试验等原位测试资料,结合当地经验综合确定。

6.9.6 风化岩和残积土的岩土工程评价应符合下列要求:

1 对于厚层的强风化和全风化岩石,宜结合当地经验进一步划分为碎块状、碎屑状和土状;厚层残积土可进一步划分为硬塑残积土和可塑残积土,也可根据含砾或含砂量划分为粘性土、砂质粘性土和砾质粘性土;
2 建在软硬互层或风化程度不同地基上的工程,应分析不均匀沉降对工程的影响;
3 基坑开挖后应及时检验,对于易风化的岩类,应及时砌筑基础或采取其他措施,防止风化发展;
4 对岩脉和球状风化体(孤石),应分析评价其对地基(包括桩基)的影响,并提出相应的建议。

6.10 污 染 土

6.10.1 由于致污物质侵入改变了物理力学性状的土,应判定为污染土。污染土的定名可在原分类名称前冠以"污染"二字。

6.10.2 污染土场地包括可能受污染的拟建场地、受污染的拟建场地和受污染的已建场地三类。污染土场地的勘察和评价应包括下列内容:

1 查明污染前后土的物理力学性质、矿物成分和化学成分等;
2 查明污染源、污染物的化学成分、污染途径、污染史等;
3 查明污染土对金属和混凝土的腐蚀性;
4 查明污染土的分布,按照有关标准划分污染等级;
5 查明地下水的分布、运动规律及其与污染作用的关系;
6 提出污染土的力学参数,评价污染土地基的工程特性;
7 提出污染土的处理意见。

6.10.3 污染土的勘探点和采取试样间距应适当加密。当有地下水时,应在勘探孔的不同深度采取水试样。

6.10.4 污染土的承载力宜采用载荷试验和其他原位测试确定,并进行污染土与未污染土的对比试验。

6.10.5 污染土的室内试验宜包括下列内容:

1 根据土在污染后可能引起的性质改变,增加相应的物理力学性质试验项目;
2 根据土与污染物相互作用特性,进行化学分析、矿物分析、物相分析,必要时作土的显微结构鉴定;
3 进行污染物含量分析、水对混凝土和金属的腐蚀性分析;
4 考虑土与污染物相互作用的时间效应,并作污染与未污染和不同污染程度的对比试验。

6.10.6 对污染土的勘探测试,当污染物对人体有害或对机具仪器有腐蚀性时,应采取必要的防护措施。

6.10.7 污染土的岩土工程评价应满足下列要求:

1 划分污染程度并进行分区;
2 评价污染土的变化特征和发展趋势;
3 判定污染土、水对金属和混凝土的腐蚀性;
4 评价污染土作为拟建工程场地和地基的适宜性,提出防治污染和污染土处理的建议。

7 地 下 水

7.1 地下水的勘察要求

7.1.1 岩土工程勘察应根据工程要求,通过搜集资料和勘察工作,掌握下列水文地质条件:

1 地下水的类型和赋存状态;

2 主要含水层的分布规律；

3 区域性气候资料，如年降水量、蒸发量及其变化和对地下水位的影响；

4 地下水的补给排泄条件、地表水与地下水的补排关系及其对地下水位的影响；

5 勘察时的地下水位、历史最高地下水位、近3～5年最高地下水位、水位变化趋势和主要影响因素；

6 是否存在对地下水和地表水的污染源及其可能的污染程度。

7.1.2 对缺乏常年地下水位监测资料的地区，在高层建筑或重大工程的初步勘察时，宜设置长期观测孔，对有关层位的地下水进行长期观测。

7.1.3 对高层建筑或重大工程，当水文地质条件对地基评价、基础抗浮和工程降水有重大影响时，宜进行专门的水文地质勘察。

7.1.4 专门的水文地质勘察应符合下列要求：

1 查明含水层和隔水层的埋藏条件，地下水类型、流向、水位及其变化幅度，当场地有多层对工程有影响的地下水时，应分层量测地下水位，并查明互相之间的补给关系；

2 查明场地地质条件对地下水赋存和渗流状态的影响；必要时应设置观测孔，或在不同深度处埋设孔隙水压力计，量测压力水头随深度的变化；

3 通过现场试验，测定地层渗透系数等水文地质参数。

7.1.5 水试样的采取和试验应符合下列规定：

1 水试样应能代表天然条件下的水质情况；

2 水试样的采取和试验项目应符合本规范第12章的规定；

3 水试样应及时试验，清洁水放置时间不宜超过72小时，稍受污染的水不宜超过48小时，受污染的水不宜超过12小时。

7.2 水文地质参数的测定

7.2.1 水文地质参数的测定方法应符合本规范附录E的规定。

7.2.2 地下水位的量测应符合下列规定：

1 遇地下水时应量测水位；

2 稳定水位应在初见水位后经一定的稳定时间后量测；

3 对多层含水层的水位量测，应采取止水措施，将被测含水层与其他含水层隔开。

7.2.3 初见水位和稳定水位可在钻孔、探井或测压管内直接量测，稳定水位的间隔时间按地层的渗透性确定，对砂土和碎石土不得少于0.5h，对粉土和粘性土不得少于8h，并宜在勘察结束前统一量测稳定水位。量测读数至厘米，精度不得低于±2cm。

7.2.4 测定地下水流向可用几何法，量测点不应少于呈三角形分布的3个测孔（井）。测点间距按岩土的渗透性、水力梯度和地形坡度确定，宜为50～100m。应同时量测各孔（井）内水位，确定地下水的流向。

地下水流速的测定可采用指示剂法或充电法。

7.2.5 抽水试验应符合下列规定：

1 抽水试验方法可按表7.2.5选用；

2 抽水试验宜三次降深，最大降深应接近工程设计所需的地下水位降深的标高；

3 水位量测应采用同一方法和仪器，读数对抽水孔为厘米，对观测孔为毫米；

4 当涌水量与时间关系曲线和动水位与时间的关系曲线，在一定范围内波动，而没有持续上升和下降时，可认为已经稳定；

5 抽水结束后应量测恢复水位。

表7.2.5 抽水试验方法和应用范围

试 验 方 法	应 用 范 围
钻孔或探井简易抽水	粗略估算弱透水层的渗透系数
不带观测孔抽水	初步测定含水层的渗透性参数
带观测孔抽水	较准确测定含水层的各种参数

7.2.6 渗水试验和注水试验可在试坑或钻孔中进行。对砂土和粉土，可采用试坑单环法；对粘性土可采用试坑双环法；试验深度较大时可采用钻孔法。

7.2.7 压水试验应根据工程要求，结合工程地质测绘和钻探资料，确定试验孔位，按岩层的渗透特性划分试验段，按需要确定试验的起始压力、最大压力和压力级数，及时绘制压力与压入水量的关系曲线，计算试段的透水率，确定 $p-Q$ 曲线的类型。

7.2.8 孔隙水压力的测定应符合下列规定：

1 测定方法可按本规范附录E表E.0.2确定；

2 测试点应根据地质条件和分析需要布置；

3 测压计的安装和埋设应符合有关安装技术规定；

4 测试数据应及时分析整理，出现异常时应分析原因，并采取相应措施。

7.3 地下水作用的评价

7.3.1 岩土工程勘察应评价地下水的作用和影响，并提出预防措施的建议。

7.3.2 地下水力学作用的评价应包括下列内容：

1 对基础、地下结构物和挡土墙，应考虑在最不利组合情况下，地下水对结构物的上浮作用，原则上应按设计水位计算浮力；对节理不发育的岩石和粘土且有地方经验或实测数据时，可根据经验确定；

有渗流时，地下水的水头和作用宜通过渗流计算进行分析评价；

2 验算边坡稳定时，应考虑地下水及其动水压力对边坡稳定的不利影响；

3 在地下水位下降的影响范围内，应考虑地面沉降及其对工程的影响；当地下水位回升时，应考虑可能引起的回弹和附加的浮托力；

4 当墙背填土为粉砂、粉土或粘性土，验算支挡结构物的稳定时，应根据不同排水条件评价静水压力、动水压力对支挡结构物的作用；

5 在有水头压差的粉细砂、粉土地层中，应评价产生潜蚀、流砂、涌土、管涌的可能性；

6 在地下水位下开挖基坑或地下工程时，应根据岩土的渗透性、地下水补给条件，分析评价降水或隔水措施的可行性及其对基坑稳定和邻近工程的影响。

7.3.3 地下水的物理、化学作用的评价应包括下列内容：

1 对地下水位以下的工程结构，应评价地下水对混凝土、金属材料的腐蚀性，评价方法按本规范第12章执行；

2 对软质岩石、强风化岩石、残积土、湿陷性土、膨胀岩土和盐渍岩土，应评价地下水的聚集和散失所产生的软化、崩解、湿陷、胀缩和潜蚀等有害作用；

3 在冻土地区，应评价地下水对土的冻胀和融陷的影响。

7.3.4 对地下水采取降低水位措施时，应符合下列规定：

1 施工中地下水位应保持在基坑底面以下 0.5~1.5m；

2 降水过程中应采取有效措施，防止土颗粒的流失；

3 防止深层承压水引起的突涌，必要时应采取措施降低基坑下的承压水头。

7.3.5 当需要进行工程降水时，应根据含水层渗透性和降深要求，选用适当的降低水位方法。当几种方法有互补性时，亦可组合使用。

8 工程地质测绘和调查

8.0.1 岩石出露或地貌、地质条件较复杂的场地应进行工程地质测绘。对地质条件简单的场地，可用调查代替工程地质测绘。

8.0.2 工程地质测绘和调查宜在可行性研究或初步勘察阶段进行。在可行性研究阶段搜集资料时，宜包括航空相片、卫星相片的解译结果。在详细勘察阶段可对某些专门地质问题作补充调查。

8.0.3 工程地质测绘和调查的范围，应包括场地及其附近地段。测绘的比例尺和精度应符合下列要求：

1 测绘的比例尺，可行性研究勘察可选用 1:5 000~1:50 000；初步勘察可选用 1:2 000~1:10 000；详细勘察可选用 1:500~1:2 000；条件复杂时，比例尺可适当放大；

2 对工程有重要影响的地质单元体（滑坡、断层、软弱夹层、洞穴等），可采用扩大比例尺表示；

3 地质界线和地质观测点的测绘精度，在图上不应低于 3mm。

8.0.4 地质观测点的布置、密度和定位应满足下列要求：

1 在地质构造线、地层接触线、岩性分界线、标准层位和每个地质单元体应有地质观测点；

2 地质观测点的密度应根据场地的地貌、地质条件、成图比例尺和工程要求等确定，并应具代表性；

3 地质观测点应充分利用天然和已有的人工露头，当露头少时，应根据具体情况布置一定数量的探坑或探槽；

4 地质观测点的定位应根据精度要求选用适当方法；地质构造线、地层接触线、岩性分界线、软弱夹层、地下水露头和不良地质作用等特殊地质观测点，宜用仪器定位。

8.0.5 工程地质测绘和调查，宜包括下列内容：

1 查明地形、地貌特征及其与地层、构造、不良地质作用的关系，划分地貌单元；

2 岩土的年代、成因、性质、厚度和分布；对岩层应鉴定其风化程度，对土层应区分新近沉积土、各种特殊性土；

3 查明岩体结构类型，各类结构面（尤其是软弱结构面）的产状和性质，岩、土接触面和软弱夹层的特性等，新构造活动的形迹及其与地震活动的关系；

4 查明地下水的类型、补给来源、排泄条件，井泉位置，含水层的岩性特征、埋藏深度、水位变化、污染情况及其与地表水体的关系；

5 搜集气象、水文、植被、土的标准冻结深度等资料；调查最高洪水位及其发生时间、淹没范围；

6 查明岩溶、土洞、滑坡、崩塌、泥石流、冲沟、地面沉降、断裂、地震震害、地裂缝、岸边冲刷等不良地质作用的形成、分布、形态、规模、发育程度及其对工程建设的影响；

7 调查人类活动对场地稳定性的影响，包括人工洞穴、地下采空、大挖大填、抽水排水和水库诱发地震等；

8 建筑物的变形和工程经验。

8.0.6 工程地质测绘和调查的成果资料宜包括实际材料图、综合工程地质图、工程地质分区图、综合地质柱状图、工程地质剖面图以及各种素描图、照片和文字说明等。

8.0.7 利用遥感影像资料解译进行工程地质测绘时，现场检验地质观测点数宜为工程地质测绘点数的 30%~50%。野外工作应包括下列内容：

1 检查解译标志；

2 检查解译结果；

3 检查外推结果；

4 对室内解译难以获得的资料进行野外补充。

9 勘探和取样

9.1 一般规定

9.1.1 当需查明岩土的性质和分布，采取岩土试样或进行原位测试时，可采用钻探、井探、槽探、洞探和地球物理勘探等。勘探方法的选取应符合勘察目的和岩土的特性。

9.1.2 布置勘探工作时应考虑勘探对工程自然环境的影响，防止对地下管线、地下工程和自然环境的破坏。钻孔、探井和探槽完工后应妥善回填。

9.1.3 静力触探、动力触探作为勘探手段时，应与钻探等其他勘探方法配合使用。

9.1.4 进行钻探、井探、槽探和洞探时，应采取有效措施，确保施工安全。

9.2 钻 探

9.2.1 钻探方法可根据岩土类别和勘察要求按表9.2.1选用。

表 9.2.1　钻探方法的适用范围

钻探方法		钻进地层				勘察要求	
		粘性土	粉土	砂土	碎石土	岩石	直观鉴别、采取不扰动试样	直观鉴别、采取扰动试样
回转	螺旋钻探	++	+	-	-	-	++	++
	无岩芯钻探	++	++	++	+	++	-	-
	岩芯钻探	++	++	+	+	++	++	++
冲击	冲击钻探	-	+	++	++	-	-	-
	锤击钻探	++	++	++	+	-	-	++
振动钻探		++	++	++	+	-	+	++
冲洗钻探		+	++	++	-	-	-	-

注：++：适用；+：部分适用；-：不适用。

9.2.2 勘探浅部土层可采用下列钻探方法：
1 小口径麻花钻（或提土钻）钻进；
2 小口径勺形钻钻进；
3 洛阳铲钻进。

9.2.3 钻探口径和钻具规格应符合现行国家标准的规定。成孔口径应满足取样、测试和钻进工艺的要求。

9.2.4 钻探应符合下列规定：
1 钻进深度和岩土分层深度的量测精度，不应低于±5cm；
2 应严格控制非连续取芯钻进的回次进尺，使分层精度符合要求；
3 对鉴别地层天然湿度的钻孔，在地下水位以上应进行干钻；当必须加水或使用循环液时，应采用双层岩芯管钻进；
4 岩芯钻探的岩芯采取率，对完整和较完整岩体不应低于80%，较破碎和破碎岩体不应低于65%；对需重点查明的部位（滑动带、软弱夹层等）应采用双层岩芯管连续取芯；
5 当需确定岩石质量指标RQD时，应采用75mm口径（N型）双层岩芯管和金刚石钻头；
6 定向钻进的钻孔应分段进行孔斜测量；倾角和方位的量测精度应分别为±0.1°和±3.0°。

9.2.5 钻探操作的具体方法，应按现行标准《建筑工程地质钻探技术标准》(JGJ87)执行。

9.2.6 钻孔的记录和编录应符合下列要求：
1 野外记录应由经过专业训练的人员承担；记录应真实及时，按钻进回次逐段填写，严禁事后追记；
2 钻探现场可采用肉眼鉴别和手触方法，有条件或勘察工作有明确要求时，可采用微型贯入仪等定量化、标准化的方法；
3 钻探成果可用钻孔野外柱状图或分层记录表示；岩土芯样可根据工程要求保存一定期限或长期保存，亦可拍摄岩芯、土芯彩照纳入勘察成果资料。

9.3 井探、槽探和洞探

9.3.1 当钻探方法难以准确查明地下情况时，可采用探井、探槽进行勘探。在坝址、地下工程、大型边坡等勘察中，当需详细查明深部岩层性质、构造特征时，可采用竖井或平洞。

9.3.2 探井的深度不宜超过地下水位。竖井和平洞的深度、长度、断面按工程要求确定。

9.3.3 对探井、探槽和探洞除文字描述记录外，尚应以剖面图、展示图等反映井、槽、洞壁和底部的岩性、地层分界、构造特征、取样和原位试验位置，并辅以代表性部位的彩色照片。

9.4 岩土试样的采取

9.4.1 土试样质量应根据试验目的按表9.4.1分为四个等级。

表 9.4.1　土试样质量等级

级别	扰动程度	试 验 内 容
Ⅰ	不扰动	土类定名、含水量、密度、强度试验、固结试验
Ⅱ	轻微扰动	土类定名、含水量、密度
Ⅲ	显著扰动	土类定名、含水量
Ⅳ	完全扰动	土类定名

注：1 不扰动是指原位应力状态虽已改变，但土的结构、密度和含水量变化很小，能满足室内试验各项要求；
2 除地基基础设计等级为甲级的工程外，在工程技术要求允许的情况下可用Ⅱ级土试样进行强度和固结试验，但宜先对土试样受扰动程度作抽样鉴定，判定用于试验的适宜性，并结合地区经验使用试验成果。

9.4.2 试样采取的工具和方法可按表9.4.2选择。

表9.4.2　不同等级土试样的取样工具和方法

土试样质量等级	取样工具和方法		适用土类									
			粘性土				粉土	砂土				砾砂、碎石土、软岩
			流塑	软塑	可塑	硬塑	坚硬		粉砂	细砂	中砂	粗砂	
I	薄壁取土器	固定活塞	++	++	++	+	−	+	+	−	−	−	−
		水压固定活塞	++	++	++	+	−	+	+	−	−	−	−
		自由活塞	−	+	+	−	−	+	−	−	−	−	−
		敞口	−	+	+	−	−	+	−	−	−	−	−
	回转取土器	单动三重管	−	+	++	++	+	+	+	−	−	−	−
		双动三重管	−	−	+	+	+	−	+	+	++	+	+
	探井（槽）中刻取块状土样		++	++	++	++	++	++	+	−	−	−	−
II	薄壁取土器	水压固定活塞	++	++	++	+	−	+	+	−	−	−	−
		自由活塞	+	+	+	−	−	+	−	−	−	−	−
		敞口	+	+	+	−	−	+	−	−	−	−	−
	回转取土器	单动三重管	−	+	++	++	+	+	+	−	−	−	−
		双动三重管	−	−	+	+	+	−	+	+	++	+	+
	厚壁敞口取土器		+	+	+	+	−	+	+	−	−	−	−
III	厚壁敞口取土器		+	+	+	+	+	+	+	+	+	+	−
	标准贯入器		+	+	+	+	+	+	+	+	+	+	−
	螺纹钻头		+	+	+	+	−	+	−	−	−	−	−
	岩芯钻头		+	+	+	+	+	+	+	+	+	+	+
IV	标准贯入器		+	+	+	+	+	+	+	+	+	+	−
	螺纹钻头		+	+	+	+	+	+	−	−	−	−	−
	岩芯钻头		+	+	+	+	+	+	+	+	+	+	+

注：1　++：适用；+：部分适用；−：不适用；
　　2　采取砂土试样应有防止试样失落的补充措施；
　　3　有经验时，可用束节式取土器代替薄壁取土器。

9.4.3 取土器的技术规格应按本规范附录F执行。

9.4.4 在钻孔中采取I、II级砂样时，可采用原状取砂器，并按相应的现行标准执行。

9.4.5 在钻孔中采取I、II级土试样时，应满足下列要求：

　1　在软土、砂土中宜采用泥浆护壁；如使用套管，应保持管内水位等于或稍高于地下水位，取样位置应低于套管底三倍孔径的距离；

　2　采用冲洗、冲击、振动等方式钻进时，应在预计取样位置1m以上改用回转钻进；

　3　下放取土器前应仔细清孔，清除扰动土，孔底残留浮土厚度不应大于取土器废土段长度（活塞取土器除外）；

　4　采取土试样宜用快速静力连续压入法；

　5　具体操作方法应按现行标准《原状土取样技术标准》（JGJ89）执行。

9.4.6 I、II、III级土试样应妥善密封，防止湿度变化，严防曝晒或冰冻。在运输中应避免振动，保存时间不宜超过三周。对易于振动液化和水分离析的土试样宜就近进行试验。

9.4.7 岩石试样可利用钻探岩芯制作或在探井、探槽、竖井和平洞中刻取。采取的毛样尺寸应满足试块加工的要求。在特殊情况下，试样形状、尺寸和方向由岩体力学试验设计确定。

9.5　地球物理勘探

9.5.1 岩土工程勘察中可在下列方面采用地球物理勘探：

　1　作为钻探的先行手段，了解隐蔽的地质界线、界面或异常点；

　2　在钻孔之间增加地球物理勘探点，为钻探成果的内插、外推提供依据；

　3　作为原位测试手段，测定岩土体的波速、动弹性模量、动剪切模量、卓越周期、电阻率、放射性辐射参数、土对金属的腐蚀性等。

9.5.2 应用地球物理勘探方法时，应具备下列条件：

　1　被探测对象与周围介质之间有明显的物理性质差异；

　2　被探测对象具有一定的埋藏深度和规模，且地球物理异常有足够的强度；

　3　能抑制干扰，区分有用信号和干扰信号；

　4　在有代表性地段进行方法的有效性试验。

9.5.3 地球物理勘探，应根据探测对象的埋深、规模及其与周围介质的物性差异，选择有效的方法。

9.5.4 地球物理勘探成果判释时，应考虑其多解性，区分有用信息与干扰信号。需要时应采用多种方法探测，进行综合判释，并应有已知物探参数或一定数量的钻孔验证。

10　原位测试

10.1　一般规定

10.1.1 原位测试方法应根据岩土条件、设计对参数的要求、地区经验和测试方法的适用性等因素选用。

10.1.2 根据原位测试成果，利用地区性经验估算岩土工程特性参数和对岩土工程问题做出评价时，应与室内试验和工程反算参数作对比，检验其可靠性。

10.1.3 原位测试的仪器设备应定期检验和标定。

10.1.4 分析原位测试成果资料时，应注意仪器设备、试验条件、试验方法等对试验的影响，结合地层条件，剔除异常数据。

10.2　载荷试验

10.2.1 载荷试验可用于测定承压板下应力主要影响范围内岩土的承载力和变形特性。浅层平板载荷试验适用于浅层地基土；深层平板载荷试验适用于埋深等于或大于3m和地下水位以上的地基土；螺旋板载荷试验适用于深层地基土或地下水位以下的地基土。

10.2.2 载荷试验应布置在有代表性的地点，每个场地不宜少于3个，当场地内岩土体不均时，应适当增加。浅层平板载荷试验应布置在基础底面标高处。

10.2.3 载荷试验的技术要求应符合下列规定：

1 浅层平板载荷试验的试坑宽度或直径不应小于承压板宽度或直径的三倍；深层平板载荷试验的试井直径应等于承压板直径；当试井直径大于承压板直径时，紧靠承压板周围土的高度不应小于承压板直径；

2 试坑或试井底的岩土应避免扰动，保持其原状结构和天然湿度，并在承压板下铺设不超过20mm的砂垫层找平，尽快安装试验设备；螺旋板头入土时，应按每转一圈下入一个螺距进行操作，减少对土的扰动；

3 载荷试验宜采用圆形刚性承压板，根据土的软硬或岩体裂隙密度选用合适的尺寸；土的浅层平板载荷试验承压板面积不应小于$0.25m^2$，对软土和粒径较大的填土不应小于$0.5m^2$；土的深层平板载荷试验承压板面积宜选用$0.5m^2$；岩石载荷试验承压板的面积不宜小于$0.07m^2$；

4 载荷试验加荷方式应采用分级维持荷载沉降相对稳定法（常规慢速法）；有地区经验时，可采用分级加荷沉降非稳定法（快速法）或等沉降速率法；加荷等级宜取10～12级，并不应少于8级，荷载量测精度不应低于最大荷载的±1%；

5 承压板的沉降可采用百分表或电测位移计量测，其精度不应低于±0.01mm；

6 对慢速法，当试验对象为土体时，每级荷载施加后，间隔5 min、5 min、10 min、10 min、15 min、15min测读一次沉降，以后间隔30 min测读一次沉降，当连续两小时每小时沉降量小于等于0.1mm时，可认为沉降已达相对稳定标准，施加下一级荷载；当试验对象是岩体时，间隔1 min、2 min、2 min、5min测读一次沉降，以后每隔10min测读一次，当连续三次读数差小于等于0.01mm时，可认为沉降已达相对稳定标准，施加下一级荷载；

7 当出现下列情况之一时，可终止试验：

1）承压板周边的土出现明显侧向挤出，周边岩土出现明显隆起或径向裂缝持续发展；

2）本级荷载的沉降量大于前级荷载沉降量的5倍，荷载与沉降曲线出现明显陡降；

3）在某级荷载下24小时沉降速率不能达到相对稳定标准；

4）总沉降量与承压板直径（或宽度）之比超过0.06。

10.2.4 根据载荷试验成果分析要求，应绘制荷载（p）与沉降（s）曲线，必要时绘制各级荷载下沉降（s）与时间（t）或时间对数（lgt）曲线。应根据p-s曲线拐点，必要时结合s-lgt曲线特征，确定比例界限压力和极限压力。当p-s呈缓变曲线时，可取对应于某一相对沉降值（即s/d，d为承压板直径）的压力评定地基土承载力。

10.2.5 土的变形模量应根据p-s曲线的初始直线段，可按均质各向同性半无限弹性介质的弹性理论计算。

浅层平板载荷试验的变形模量E_0（MPa），可按下式计算：

$$E_0 = I_0(1-\mu^2)\frac{pd}{s} \quad (10.2.5-1)$$

深层平板载荷试验和螺旋板载荷试验的变形模量E_0（MPa），可按下式计算：

$$E_0 = \omega \frac{pd}{s} \quad (10.2.5-2)$$

式中 I_0——刚性承压板的形状系数，圆形承压板取0.785；方形承压板取0.886；

μ——土的泊松比（碎石土取0.27，砂土取0.30，粉土取0.35，粉质粘土取0.38，粘土取0.42）；

d——承压板直径或边长（m）；

p——p-s曲线线性段的压力（kPa）；

s——与p对应的沉降（mm）；

ω——与试验深度和土类有关的系数，可按表10.2.5选用。

10.2.6 基准基床系数K_v可根据承压板边长为30cm的平板载荷试验，按下式计算：

$$K_v = \frac{p}{s} \quad (10.2.6)$$

表10.2.5 深层载荷试验计算系数 ω

土类 d/z	碎石土	砂土	粉土	粉质粘土	粘土
0.30	0.477	0.489	0.491	0.515	0.524
0.25	0.469	0.480	0.482	0.506	0.514
0.20	0.460	0.471	0.474	0.497	0.505
0.15	0.444	0.454	0.457	0.479	0.487
0.10	0.435	0.446	0.449	0.470	0.478
0.05	0.427	0.437	0.439	0.461	0.468
0.01	0.418	0.429	0.431	0.452	0.459

注：d/z为承压板直径和承压板底面深度之比。

10.3 静力触探试验

10.3.1 静力触探试验适用于软土、一般粘性土、粉土、砂土和含少量碎石的土。静力触探可根据工程需要采用单桥探头、双桥探头或带孔隙水压力量测的单、双桥探头，可测定比贯入阻力（p_s）、锥尖阻力（q_c）、侧壁摩阻力（f_s）和贯入时的孔隙水压力

(u)。

10.3.2 静力触探试验的技术要求应符合下列规定：

1 探头圆锥锥底截面积应采用10cm²或15cm²，单桥探头侧壁高度应分别采用57mm或70mm，双桥探头侧壁面积应采用150～300cm²，锥尖锥角应为60°；

2 探头应匀速垂直压入土中，贯入速率为1.2m/min；

3 探头测力传感器应连同仪器、电缆进行定期标定，室内探头标定测力传感器的非线性误差、重复性误差、滞后误差、温度漂移、归零误差均应小于1%FS，现场试验归零误差应小于3%，绝缘电阻不小于500MΩ；

4 深度记录的误差不应大于触探深度的±1%；

5 当贯入深度超过30m，或穿过厚层软土后再贯入硬土层时，应采取措施防止孔斜或断杆，也可配置测斜探头，量测触探孔的偏斜角，校正土层界线的深度；

6 孔压探头在贯入前，应在室内保证探头应变腔为已排除气泡的液体所饱和，并在现场采取措施保持探头的饱和状态，直至探头进入地下水位以下的土层为止；在孔压静探试验过程中不得上提探头；

7 当在预定深度进行孔压消散试验时，应量测停止贯入后不同时间的孔压值，其计时间隔由密而疏合理控制；试验过程不得松动探杆。

10.3.3 静力触探试验成果分析应包括下列内容：

1 绘制各种贯入曲线：单桥和双桥探头应绘制p_s-z曲线、q_c-z曲线、f_s-z曲线、R_f-z曲线；孔压探头尚应绘制u_i-z曲线、q_t-z曲线、f_t-z曲线、B_q-z曲线和孔压消散曲线：u_t-$\lg t$曲线；

其中 R_f——摩阻比；
　　u_i——孔压探头贯入土中量测的孔隙水压力（即初始孔压）；
　　q_t——真锥头阻力（经孔压修正）；
　　f_t——真侧壁摩阻力（经孔压修正）；
　　B_q——静态孔压系数，$B_q = \dfrac{u_i - u_0}{q_t - \sigma_{vo}}$；
　　u_0——试验深度处静水压力（kPa）；
　　σ_{vo}——试验深度处总上覆压力（kPa）；
　　u_t——孔压消散过程时刻t的孔隙水压力。

2 根据贯入曲线的线型特征，结合相邻钻孔资料和地区经验，划分土层和判定土类；计算各土层静力触探有关试验数据的平均值，或对数据进行统计分析，提供静力触探数据的空间变化规律。

10.3.4 根据静力触探资料，利用地区经验，可进行力学分层，估算土的塑性状态或密实度、强度、压缩性、地基承载力、单桩承载力、沉桩阻力，进行液化判别等。根据孔压消散曲线可估算土的固结系数和渗透系数。

10.4 圆锥动力触探试验

10.4.1 圆锥动力触探试验的类型可分为轻型、重型和超重型三种，其规格和适用土类应符合表10.4.1的规定。

表10.4.1 圆锥动力触探类型

类型		轻型	重型	超重型
落锤	锤的质量（kg）	10	63.5	120
	落距（cm）	50	76	100
探头	直径（mm）	40	74	74
	锥角（°）	60	60	60
探杆直径（mm）		25	42	50～60
指标		贯入30cm的读数N_{10}	贯入10cm的读数$N_{63.5}$	贯入10cm的读数N_{120}
主要适用岩土		浅部的填土、砂土、粉土、粘性土	砂土、中密以下的碎石土、极软岩	密实和很密的碎石土、软岩、极软岩

10.4.2 圆锥动力触探试验技术要求应符合下列规定：

1 采用自动落锤装置；

2 触探杆最大偏斜度不应超过2%，锤击贯入应连续进行；同时防止锤击偏心、探杆倾斜和侧向晃动，保持探杆垂直度；锤击速率每分钟宜为15～30击；

3 每贯入1m，宜将探杆转动一圈半；当贯入深度超过10m，每贯入20cm宜转动探杆一次；

4 对轻型动力触探，当$N_{10}>100$或贯入15cm锤击数超过50时，可停止试验；对重型动力触探，当连续三次$N_{63.5}>50$时，可停止试验或改用超重型动力触探。

10.4.3 圆锥动力触探试验成果分析应包括下列内容：

1 单孔连续圆锥动力触探试验应绘制锤击数与贯入深度关系曲线；

2 计算单孔分层贯入指标平均值时，应剔除临界深度以内的数值、超前和滞后影响范围内的异常值；

3 根据各孔分层的贯入指标平均值，用厚度加权平均法计算场地分层贯入指标平均值和变异系数。

10.4.4 根据圆锥动力触探试验指标和地区经验，可进行力学分层，评定土的均匀性和物理性质（状态、密实度）、土的强度、变形参数、地基承载力、单桩承载力，查明土洞、滑动面、软硬土层界面，检测地基处理效果等。应用试验成果时是否修正或如何修正，应根据建立统计关系时的具体情况确定。

10.5 标准贯入试验

10.5.1 标准贯入试验适用于砂土、粉土和一般粘性土。

10.5.2 标准贯入试验的设备应符合表10.5.2的规定。

表10.5.2 标准贯入试验设备规格

落锤	锤的质量（kg）	63.5
	落距（cm）	76
贯入器	对开管 长度（mm）	>500
	对开管 外径（mm）	51
	对开管 内径（mm）	35
	管靴 长度（mm）	50～76
	管靴 刃口角度（°）	18～20
	管靴 刃口单刃厚度（mm）	2.5
钻杆	直径（mm）	42
	相对弯曲	<1/1000

10.5.3 标准贯入试验的技术要求应符合下列规定：

1 标准贯入试验孔采用回转钻进，并保持孔内水位略高于地下水位。当孔壁不稳定时，可用泥浆护壁，钻至试验标高以上15cm处，清除孔底残土后再进行试验；

2 采用自动脱钩的自由落锤法进行锤击，并减小导向杆与锤间的摩阻力，避免锤击时的偏心和侧向晃动，保持贯入器、探杆、导向杆联接后的垂直度，锤击速率应小于30击/min；

3 贯入器打入土中15cm后，开始记录每打入10cm的锤击数，累计打入30cm的锤击数为标准贯入试验锤击数N。当锤击数已达50击，而贯入深度未达30cm时，可记录50击的实际贯入深度，按下式换算成相当于30cm的标准贯入试验锤击数N，并终止试验。

$$N = 30 \times \frac{50}{\Delta S} \quad (10.5.3)$$

式中 ΔS——50击时的贯入度（cm）。

10.5.4 标准贯入试验成果N可直接标在工程地质剖面图上，也可绘制单孔标准贯入击数N与深度关系曲线或直方图。统计分层标贯击数平均值时，应剔除异常值。

10.5.5 标准贯入试验锤击数N值，可对砂土、粉土、粘性土的物理状态，土的强度、变形参数、地基承载力、单桩承载力，砂土和粉土的液化，成桩的可能性等做出评价。应用N值时是否修正和如何修正，应根据建立统计关系时的具体情况确定。

10.6 十字板剪切试验

10.6.1 十字板剪切试验可用于测定饱和软粘性土（$\varphi \approx 0$）的不排水抗剪强度和灵敏度。

10.6.2 十字板剪切试验点的布置，对均质土竖向间距可为1m，对非均质或夹薄层粉细砂的软粘性土，宜先作静力触探，结合土层变化，选择软粘土进行试验。

10.6.3 十字板剪切试验的主要技术要求应符合下列规定：

1 十字板板头形状宜为矩形，径高比1:2，板厚宜为2～3mm；

2 十字板头插入钻孔底的深度不应小于钻孔或套管直径的3～5倍；

3 十字板插入至试验深度后，至少应静止2～3min，方可开始试验；

4 扭转剪切速率宜采用（1°～2°）/10s，并应在测得峰值强度后继续测记1min；

5 在峰值强度或稳定值测试完后，顺扭转方向连续转动6圈后，测定重塑土的不排水抗剪强度；

6 对开口钢环十字板剪切仪，应修正轴杆与土间的摩阻力的影响。

10.6.4 十字板剪切试验成果分析应包括下列内容：

1 计算各试验点土的不排水抗剪峰值强度、残余强度、重塑土强度和灵敏度；

2 绘制单孔十字板剪切试验土的不排水抗剪峰值强度、残余强度、重塑土强度和灵敏度随深度的变化曲线，需要时绘制抗剪强度与扭转角度的关系曲线；

3 根据土层条件和地区经验，对实测的十字板不排水抗剪强度进行修正。

10.6.5 十字板剪切试验成果可按地区经验，确定地基承载力、单桩承载力，计算边坡稳定，判定软粘性土的固结历史。

10.7 旁压试验

10.7.1 旁压试验适用于粘性土、粉土、砂土、碎石土、残积土、极软岩和软岩等。

10.7.2 旁压试验应在有代表性的位置和深度进行，旁压器的量测腔应在同一土层内。试验点的垂直间距应根据地层条件和工程要求确定，但不宜小于1m，试验孔与已有钻孔的水平距离不宜小于1m。

10.7.3 旁压试验的技术要求应符合下列规定：

1 预钻式旁压试验应保证成孔质量，钻孔直径与旁压器直径应良好配合，防止孔壁坍塌；自钻式旁压试验的自钻钻头、钻头转速、钻进速率、刃口距离、泥浆压力和流量等应符合有关规定；

2 加荷等级可采用预期临塑压力的1/5～1/7，初始阶段加荷等级可取小值，必要时可作卸荷再加荷试验，测定再加荷旁压模量；

3 每级压力应维持1min或2min后再施加下一级压力，维持1min时，加荷后15s、30s、60s测读变形量，维持2min时，加荷后15s、30s、60s、120s测读变形量；

4 当量测腔的扩张体积相当于量测腔的固有体积时，或压力达到仪器的容许最大压力时，应终止试验。

10.7.4 旁压试验成果分析应包括下列内容：

1 对各级压力和相应的扩张体积（或换算为半径增量）分别进行约束力和体积的修正后，绘制压力与体积曲线，需要时可作蠕变曲线；

2 根据压力与体积曲线，结合蠕变曲线确定初始压力、临塑压力和极限压力；

3 根据压力与体积曲线的直线段斜率，按下式计算旁压模量：

$$E_m = 2(1+\mu)\left(V_c + \frac{V_0+V_f}{2}\right)\frac{\Delta p}{\Delta V}$$

(10.7.4)

式中 E_m——旁压模量（kPa）；
μ——泊松比，按式10.2.5取值；
V_c——旁压器量测腔初始固有体积（cm³）；
V_0——与初始压力 p_0 对应的体积（cm³）；
V_f——与临塑压力 p_f 对应的体积（cm³）；
$\Delta p/\Delta V$——旁压曲线直线段的斜率（kPa/cm³）。

10.7.5 根据初始压力、临塑压力、极限压力和旁压模量，结合地区经验可评定地基承载力和变形参数。根据自钻式旁压试验的旁压曲线，还可测求土的原位水平应力、静止侧压力系数、不排水抗剪强度等。

10.8 扁铲侧胀试验

10.8.1 扁铲侧胀试验适用于软土、一般粘性土、粉土、黄土和松散～中密的砂土。

10.8.2 扁铲侧胀试验技术要求应符合下列规定：

1 扁铲侧胀试验探头长230～240mm、宽94～96mm、厚14～16mm；探头前缘刃角12°～16°，探头侧面钢膜片的直径60mm；

2 每孔试验前后均应进行探头率定，取试验前后的平均值为修正值；膜片的合格标准为：率定时膨胀至0.05mm的气压实测值 $\Delta A = 5 \sim 25$kPa；率定时膨胀至1.10mm的气压实测值 $\Delta B = 10 \sim 110$kPa；

3 试验时，应以静力匀速将探头贯入土中，贯入速率宜为2cm/s；试验点间距可取20～50cm；

4 探头达到预定深度后，应匀速加压和减压测定膜片膨胀至0.05mm、1.10mm和回到0.05mm的压力 A、B、C 值；

5 扁铲侧胀消散试验，应在需测试的深度进行，测读时间间隔可取1min、2min、4min、8min、15min、30min、90min，以后每90min测读一次，直至消散结束。

10.8.3 扁铲侧胀试验成果分析应包括下列内容：

1 对试验的实测数据进行膜片刚度修正：

$$p_0 = 1.05(A - z_m + \Delta A) - 0.05(B - z_m - \Delta B) \quad (10.8.3\text{-}1)$$

$$p_1 = B - z_m - \Delta B \quad (10.8.3\text{-}2)$$

$$p_2 = C - z_m + \Delta A \quad (10.8.3\text{-}3)$$

式中 p_0——膜片向土中膨胀之前的接触压力（kPa）；
p_1——膜片膨胀至1.10mm时的压力（kPa）；
p_2——膜片回到0.05mm时的终止压力（kPa）；
z_m——调零前的压力表初读数（kPa）。

2 根据 p_0、p_1 和 p_2 计算下列指标：

$$E_D = 34.7(p_1 - p_0) \quad (10.8.3\text{-}4)$$

$$K_D = (p_0 - u_0)/\sigma_{vo} \quad (10.8.3\text{-}5)$$

$$I_D = (p_1 - p_0)/(p_0 - u_0) \quad (10.8.3\text{-}6)$$

$$U_D = (p_2 - u_0)/(p_0 - u_0) \quad (10.8.3\text{-}7)$$

式中 E_D——侧胀模量（kPa）；
K_D——侧胀水平应力指数；
I_D——侧胀土性指数；
U_D——侧胀孔压指数；
u_0——试验深度处的静水压力（kPa）；
σ_{vo}——试验深度处土的有效上覆压力（kPa）。

3 绘制 E_D、I_D、K_D 和 U_D 与深度的关系曲线。

10.8.4 根据扁铲侧胀试验指标和地区经验，可判别土类，确定粘性土的状态、静止侧压力系数、水平基床系数等。

10.9 现场直接剪切试验

10.9.1 现场直剪试验可用于岩土体本身、岩土体沿软弱结构面和岩体与其他材料接触面的剪切试验，可分为岩土体试体在法向应力作用下沿剪切面剪切破坏的抗剪断试验，岩土体剪断后沿剪切面继续剪切的抗剪试验（摩擦试验），法向应力为零时岩体剪切的抗切试验。

10.9.2 现场直剪试验可在试洞、试坑、探槽或大口径钻孔内进行。当剪切面水平或近于水平时，可采用平推法或斜推法；当剪切面较陡时，可采用楔形体法。

同一组试验体的岩性应基本相同，受力状态应与岩土体在工程中的实际受力状态相近。

10.9.3 现场直剪试验每组岩体不宜少于5个。剪切面积不得小于0.25m²。试体最小边长不宜小于50cm，高度不宜小于最小边长的0.5倍。试体之间的距离应大于最小边长的1.5倍。

每组土体试验不宜少于3个。剪切面积不宜小于0.3m²，高度不宜小于20cm或为最大粒径的4～8倍，剪切面开缝应为最小粒径的1/3～1/4。

10.9.4 现场直剪试验的技术要求应符合下列规定：

1 开挖试坑时应避免对试体的扰动和含水量的显著变化；在地下水位以下试验时，应避免水压力和渗流对试验的影响；

2 施加的法向荷载、剪切荷载应位于剪切面、剪切缝的中心；或使法向荷载与剪切荷载的合力通过剪切面的中心，并保持法向荷载不变；

3 最大法向荷载应大于设计荷载，并按等量分级；荷载精度应为试验最大荷载的±2%；

4 每一试体的法向荷载可分4～5级施加；当法向变形达到相对稳定时，即可施加剪切荷载；

5 每级剪切荷载按预估最大荷载的8%～10%分级等量施加，或按法向荷载的5%～10%分级等量施加；岩体按每5～10min，土体按每30s施加一级剪切荷载；

6 当剪切变形急剧增长或剪切变形达到试体尺寸的1/10时，可终止试验；

7 根据剪切位移大于10mm时的试验成果确定残余抗剪强度，需要时可沿剪切面继续进行摩擦试验。

10.9.5 现场直剪试验成果分析应包括下列内容：

1 绘制剪切应力与剪切位移曲线、剪应力与垂直位移曲线，确定比例强度、屈服强度、峰值强度、剪胀点和剪胀强度；

2 绘制法向应力与比例强度、屈服强度、峰值强度、残余强度的曲线，确定相应的强度参数。

10.10 波 速 测 试

10.10.1 波速测试适用于测定各类岩土体的压缩波、剪切波或瑞利波的波速，可根据任务要求，采用单孔法、跨孔法或面波法。

10.10.2 单孔法波速测试的技术要求应符合下列规定：

1 测试孔应垂直；

2 将三分量检波器固定在孔内预定深度处，并紧贴孔壁；

3 可采用地面激振或孔内激振；

4 应结合土层布置测点，测点的垂直间距宜取1～3m，层位变化处加密，并宜自下而上逐点测试。

10.10.3 跨孔法波速测试的技术要求应符合下列规定：

1 振源孔和测试孔，应布置在一条直线上；

2 测试孔的孔距在土层中宜取2～5m，在岩层中宜取8～15m，测点垂直间距宜取1～2m；近地表测点宜布置在0.4倍孔距的深度处，震源和检波器应置于同一地层的相同标高处；

3 当测试深度大于15m时，应进行激振孔和测试孔倾斜度和倾斜方位的量测，测点间距宜取1m。

10.10.4 面波法波速测试可采用瞬态法或稳态法，宜采用低频检波器，道间距可根据场地条件通过试验确定。

10.10.5 波速测试成果分析应包括下列内容：

1 在波形记录上识别压缩波和剪切波的初至时间；

2 计算由振源到达测点的距离；

3 根据波的传播时间和距离确定波速；

4 计算岩土小应变的动弹性模量、动剪切模量和动泊松比。

10.11 岩体原位应力测试

10.11.1 岩体应力测试适用于无水、完整或较完整的岩体。可采用孔壁应变法、孔径变形法和孔底应变法测求岩体空间应力和平面应力。

10.11.2 测试岩体原始应力时，测点深度应超过应力扰动影响区；在地下洞室中进行测试时，测点深度应超过洞室直径的二倍。

10.11.3 岩体应力测试技术要求应符合下列规定：

1 在测点测段内，岩性应均一完整；

2 测试孔的孔壁、孔底应光滑、平整、干燥；

3 稳定标准为连续三次读数（每隔10min读一次）之差不超过5$\mu\varepsilon$；

4 同一钻孔内的测试读数不应少于三次。

10.11.4 岩芯应力解除后的围压试验应在24小时内进行；压力宜分5～10级，最大压力应大于预估岩体最大主应力。

10.11.5 测试成果整理应符合下列要求：

1 根据测试成果计算岩体平面应力和空间应力，计算方法应符合现行国家标准《工程岩体试验方法标准》（GB/T50266）的规定；

2 根据岩芯解除应变值和解除深度，绘制解除过程曲线；

3 根据围压试验资料，绘制压力与应变关系曲线，计算岩石弹性常数。

10.12 激 振 法 测 试

10.12.1 激振法测试可用于测定天然地基和人工地基的动力特性，为动力机器基础设计提供地基刚度、阻尼比和参振质量。

10.12.2 激振法测试应采用强迫振动方法，有条件时宜同时采用强迫振动和自由振动两种测试方法。

10.12.3 进行激振法测试时，应搜集机器性能、基础形式、基底标高、地基土性质及均匀性、地下构筑物和干扰振源等资料。

10.12.4 激振法测试的技术要求应符合下列规定：

1 机械式激振设备的最低工作频率宜为3～5Hz，最高工作频率宜大于60Hz；电磁激振设备的扰力不宜小于600N；

2 块体基础的尺寸宜采用2.0m×1.5m×1.0m。在同一地层条件下，宜采用两个块体基础进行对比试验，基底面积一致，高度分别为1.0m和1.5m；桩基测试应采用两根桩，桩间距取设计间距；桩台边缘至桩轴的距离可取桩间距的1/2，桩台的长宽比应为2:1，高度不宜小于1.6m；当进行不同桩数的对比试验时，应增加桩数和相应桩台面积；测试基础的混凝土强度等级不宜低于C15；

3 测试基础应置于拟建基础附近和性质类似的土层上，其底面标高应与拟建基础底面标高一致；

4 应分别进行明置和埋置两种情况的测试，埋置基础的回填土应分层夯实；

5 仪器设备的精度、安装、测试方法和要求等，应符合现行国家标准《地基动力特性测试规范》（GB/T 50269）的规定。

10.12.5 激振法测试成果分析应包括下列内容：

1 强迫振动测试应绘制下列幅频响应曲线：

1) 竖向振动为竖向振幅随频率变化的幅频响应曲线（A_z-f 曲线）；

2) 水平回转耦合振动为水平振幅随频率变化的幅频响应曲线（$A_{x\varphi}$-f 曲线）和竖向振幅随频率变化的幅频响应曲线（$A_{z\varphi}$-f 曲线）；

3) 扭转振动为扭转扰力矩作用下的水平振幅随频率变化的幅频响应曲线（$A_{x\psi}$-f 曲线）；

2 自由振动测试应绘制下列波形图：

1) 竖向自由振动波形图；

2) 水平回转耦合振动波形图；

3 根据强迫振动测试的幅频响应曲线和自由振动测试的波形图，按现行国家标准《地基动力特性测试规范》（GB/T 50269）计算地基刚度系数、阻尼比和参振质量。

11 室内试验

11.1 一般规定

11.1.1 岩土性质的室内试验项目和试验方法应符合本章的规定，其具体操作和试验仪器应符合现行国家标准《土工试验方法标准》（GB/T50123）和国家标准《工程岩体试验方法标准》（GB/T50266）的规定。岩土工程评价时所选用的参数值，宜与相应的原位测试成果或原型观测反分析成果比较，经修正后确定。

11.1.2 试验项目和试验方法，应根据工程要求和岩土性质的特点确定。当需要时应考虑岩土的原位应力场和应力历史，工程活动引起的新应力场和新边界条件，使试验条件尽可能接近实际；并应注意岩土的非均质性、非等向性和不连续性以及由此产生的岩土体与岩土试样在工程性状上的差别。

11.1.3 对特种试验项目，应制定专门的试验方案。

11.1.4 制备试样前，应对岩土的重要性状做肉眼鉴定和简要描述。

11.2 土的物理性质试验

11.2.1 各类工程均应测定下列土的分类指标和物理性质指标：

砂土：颗粒级配、比重、天然含水量、天然密度、最大和最小密度。

粉土：颗粒级配、液限、塑限、比重、天然含水量、天然密度和有机质含量。

粘性土：液限、塑限、比重、天然含水量、天然密度和有机质含量。

注：1 对砂土，如无法取得Ⅰ级、Ⅱ级、Ⅲ级土样时，可只进行颗粒级配试验；

2 目测鉴定不含有机质时，可不进行有机质含量试验。

11.2.2 测定液限时，应根据分类评价要求，选用现行国家标准《土工试验方法标准》（GB/T50123）规定的方法，并应在试验报告上注明。有经验的地区，比重可根据经验确定。

11.2.3 当需进行渗流分析，基坑降水设计等要求提供土的透水性参数时，可进行渗透试验。常水头试验适用于砂土和碎石土；变水头试验适用于粉土和粘性土；透水性很低的软土可通过固结试验测定固结系数、体积压缩系数，计算渗透系数。土的渗透系数取值应与野外抽水试验或注水试验的成果比较后确定。

11.2.4 当需对土方回填或填筑工程进行质量控制时，应进行击实试验，测定土的干密度与含水量关系，确定最大干密度和最优含水量。

11.3 土的压缩—固结试验

11.3.1 当采用压缩模量进行沉降计算时，固结试验最大压力应大于土的有效自重压力与附加压力之和，试验成果可用 e-p 曲线整理，压缩系数和压缩模量的计算应取自土的有效自重压力至土的有效自重压力与附加压力之和的压力段。当考虑基坑开挖卸荷和再加荷影响时，应进行回弹试验，其压力的施加应模拟实际的加、卸荷状态。

11.3.2 当考虑土的应力历史进行沉降计算时，试验成果应按 e-$\lg p$ 曲线整理，确定先期固结压力并计算压缩指数和回弹指数。施加的最大压力应满足绘制完整的 e-$\lg p$ 曲线。为计算回弹指数，应在估计的先期固结压力之后，进行一次卸荷回弹，再继续加荷，直至完成预定的最后一级压力。

11.3.3 当需进行沉降历时关系分析时，应选取部分土试样在土的有效自重压力与附加压力之和的压力下，作详细的固结历时记录，并计算固结系数。

11.3.4 对厚层高压缩性软土上的工程，任务需要时应取一定数量的土试样测定次固结系数，用以计算次固结沉降及其历时关系。

11.3.5 当需进行土的应力应变关系分析，为非线性弹性、弹塑性模型提供参数时，可进行三轴压缩试验，并宜符合下列要求：

  1 采用三个或三个以上不同的固定围压，分别使试样固结，然后逐级增加轴压，直至破坏；每个围压的试验宜进行一至三次回弹，并将试验结果整理成相应于各固定围压的轴向应力与轴向应变关系曲线；

  2 进行围压与轴压相等的等压固结试验，逐级加荷，取得围压与体积应变关系曲线。

11.4 土的抗剪强度试验

11.4.1 三轴剪切试验的试验方法应按下列条件确定：

  1 对饱和粘性土，当加荷速率较快时宜采用不固结不排水（UU）试验；饱和软土应对试样在有效自重压力下预固结后再进行试验；

  2 对经预压处理的地基、排水条件好的地基、加荷速率不高的工程或加荷速率较快但土的超固结程度较高的工程，以及需验算水位迅速下降时的土坡稳定性时，可采用固结不排水（CU）试验；当需提供有效应力抗剪强度指标时，应采用固结不排水测孔隙水压力（$C\overline{U}$）试验。

11.4.2 直接剪切试验的试验方法，应根据荷载类型、加荷速率和地基土的排水条件确定。对内摩擦角 $\varphi\approx0$ 的软粘土，可用Ⅰ级土试样进行无侧限抗压强度试验。

11.4.3 测定滑坡带等已经存在剪切破裂面的抗剪强度时，应进行残余强度试验。在确定计算参数时，宜与现场观测反分析的成果比较后确定。

11.4.4 当岩土工程评价有专门要求时，可进行 K_0 固结不排水试验、K_0 固结不排水测孔隙水压力试验、特定应力比固结不排水试验、平面应变压缩试验和平面应变拉伸试验等。

11.5 土的动力性质试验

11.5.1 当工程设计要求测定土的动力性质时，可采用动三轴试验、动单剪试验或共振柱试验。在选择试验方法和仪器时，应注意其动应变的适用范围。

11.5.2 动三轴和动单剪试验可用于测定土的下列动力性质：

  1 动弹性模量、动阻尼比及其与动应变的关系；

  2 既定循环周数下的动应力与动应变关系；

  3 饱和土的液化剪应力与动应力循环周数关系。

11.5.3 共振柱试验可用于测定小动应变时的动弹性模量和动阻尼比。

11.6 岩石试验

11.6.1 岩石的成分和物理性质试验可根据工程需要选定下列项目：

  1 岩矿鉴定；

  2 颗粒密度和块体密度试验；

  3 吸水率和饱和吸水率试验；

  4 耐崩解性试验；

  5 膨胀试验；

  6 冻融试验。

11.6.2 单轴抗压强度试验应分别测定干燥和饱和状态下的强度，并提供极限抗压强度和软化系数。岩石的弹性模量和泊松比，可根据单轴压缩变形试验测定。对各向异性明显的岩石应分别测定平行和垂直层理面的强度。

11.6.3 岩石三轴压缩试验宜根据其应力状态选用四种围压，并提供不同围压下的主应力差与轴向应变关系、抗剪强度包络线和强度参数 c、φ 值。

11.6.4 岩石直接剪切试验可测定岩石以及节理面、滑动面、断层面或岩层层面等不连续面上的抗剪强度，并提供 c、φ 值和各法向应力下的剪应力与位移曲线。

11.6.5 岩石抗拉强度试验可在试件直径方向上，施加一对线性荷载，使试件沿直径方向破坏，间接测定岩石的抗拉强度。

11.6.6 当间接确定岩石的强度和模量时，可进行点荷载试验和声波速度测试。

12 水和土腐蚀性的评价

12.1 取样和测试

12.1.1 当有足够经验或充分资料，认定工程场地的土或水（地下水或地表水）对建筑材料不具腐蚀性时，可不取样进行腐蚀性评价。否则，应取水试样或土试样进行试验，并按本章评定其对建筑材料的腐蚀性。

12.1.2 采取水试样和土试样应符合下列规定：

  1 混凝土或钢结构处于地下水位以下时，应采取地下水试样和地下水位以上的土试样，并分别作腐蚀性试验；

  2 混凝土或钢结构处于地下水位以上时，应采取土试样作土的腐蚀性试验；

  3 混凝土或钢结构处于地表水中时，应采取地表水试样，作水的腐蚀性试验；

  4 水和土的取样数量每个场地不应少于各2件，对建筑群不宜少于各3件。

12.1.3 腐蚀性试验项目和试验方法应符合表12.1.3的规定。

表12.1.3　腐蚀性试验项目

序号	试验项目	试验方法
1	pH值	电位法或锥形电极法
2	Ca^{2+}	EDTA容量法
3	Mg^{2+}	EDTA容量法
4	Cl^-	摩尔法
5	SO_4^{2-}	EDTA容量法
6	HCO_3^-	酸滴定法
7	CO_3^{2-}	酸滴定法
8	侵蚀性CO_2	盖耶尔法
9	游离CO_2	碱滴定法
10	NH_4^+	钠氏试剂比色法
11	OH^-	酸滴定法
12	总矿化度	质量法
13	氧化还原电位	铂电极法
14	极化曲线	两电极恒电流法
15	电阻率	四极法
16	质量损失	管罐法

注：1　序号1~7为判定土腐蚀性需试验的项目，序号1~9为判定水腐蚀性需试验的项目；
　　2　序号10~12为水质受严重污染时需试验的项目；序号13~16为对土对钢结构腐蚀性试验项目；
　　3　序号1对水试样为电位法，对土试样为锥形电极法（原位测试）；序号2~12为室内试验项目；序号13~15为原位测试项目；序号16为室内扰动土的试验项目；
　　4　土的易溶盐分析土水比为1:5。

12.2　腐蚀性评价

12.2.1　受环境类型影响，水和土对混凝土结构的腐蚀性，应符合表12.2.1的规定；环境类型的划分按本规范附录G执行。

表12.2.1　按环境类型水和土对混凝土结构的腐蚀性评价

腐蚀等级	腐蚀介质	环境类型 Ⅰ	Ⅱ	Ⅲ
弱中强	硫酸盐含量 SO_4^{2-} (mg/L)	250~500 500~1500 >1500	500~1500 1500~3000 >3000	1500~3000 3000~6000 >6000
弱中强	镁盐含量 Mg^{2+} (mg/L)	1000~2000 2000~3000 >3000	2000~3000 3000~4000 >4000	3000~4000 4000~5000 >5000
弱中强	铵盐含量 NH_4^+ (mg/L)	100~500 500~800 >800	500~800 800~1000 >1000	800~1000 1000~1500 >1500
弱中强	苛性碱含量 OH^- (mg/L)	35000~43000 43000~57000 >57000	43000~57000 57000~70000 >70000	57000~70000 70000~100000 >100000
弱中强	总矿化度 (mg/L)	10000~20000 20000~50000 >50000	20000~50000 50000~60000 >60000	50000~60000 60000~70000 >70000

注：1　表中数值适用于有干湿交替作用的情况，无干湿交替作用时，表中数值应乘以1.3的系数；
　　2　表中数值适用于不冻区（段）的情况；对冰冻区（段），表中数值应乘以0.8的系数，对微冻区（段）应乘以0.9的系数；
　　3　表中数值适用于水的腐蚀性评价，对土的腐蚀性评价，应乘以1.5的系数；单位以mg/kg表示；
　　4　表中苛性碱(OH^-)含量(mg/L)应为NaOH和KOH中的OH^-含量(mg/L)。

12.2.2　受地层渗透性影响，水和土对混凝土结构的腐蚀性评价，应符合表12.2.2的规定。

表12.2.2　按地层渗透性水和土对混凝土结构的腐蚀性评价

腐蚀等级	pH值 A	B	侵蚀性CO_2 (mg/L) A	B	HCO_3^- (mmol/L) A	B
弱	5.0~6.5	4.0~5.0	15~30	30~60	1.0~0.5	—
中	4.0~5.0	3.5~4.0	30~60	60~100	<0.5	—
强	<4.0	<3.5	>60	—	—	—

注：1　表中A是指直接临水或强透水层中的地下水；B是指弱透水层中的地下水。
　　2　HCO_3^-含量是指水的矿化度低于0.1g/L的软水时，该类水质HCO_3^-的腐蚀性；
　　3　土的腐蚀性评价只考虑pH值指标；评价其腐蚀性时，A是指含水量$w \geq 20\%$的强透水土层；B是指含水量$w \geq 30\%$的弱透水土层。

12.2.3　当按表12.2.1和12.2.2评价的腐蚀等级不同时，应按下列规定综合评定：
　　1　腐蚀等级中，只出现弱腐蚀，无中等腐蚀或强腐蚀时，应综合评价为弱腐蚀；
　　2　腐蚀等级中，无强腐蚀；最高为中等腐蚀时，应综合评价为中等腐蚀；
　　3　腐蚀等级中，有一个或一个以上为强腐蚀，应综合评价为强腐蚀。

12.2.4　水和土对钢筋混凝土结构中钢筋的腐蚀性评价，应符合表12.2.4的规定。

表12.2.4　对钢筋混凝土结构中钢筋的腐蚀性评价

腐蚀等级	水中的Cl^-含量(mg/L) 长期浸水	干湿交替	土中的Cl^-含量(mg/kg) $w<20\%$的土层	$w \geq 20\%$的土层
弱	>5000	100~500	400~750	250~500
中	—	500~5000	750~7500	500~5000
强	—	>5000	>7500	>5000

注：当水或土中同时存在氯化物和硫酸盐时，表中的Cl^-含量是指氯化物中的Cl^-与硫酸盐折算后的Cl^-之和，即Cl^-含量=$Cl^- + SO_4^{2-} \times 0.25$。单位分别为mg/L和mg/kg。

12.2.5　水和土对钢结构的腐蚀性评价，应分别符合表12.2.5-1和表12.2.5-2的规定。

表12.2.5-1　水对钢结构腐蚀性评价

腐蚀等级	pH值，($Cl^- + SO_4^{2-}$)含量(mg/L)
弱	pH 3~11，($Cl^- + SO_4^{2-}$) <500
中	pH 3~11，($Cl^- + SO_4^{2-}$) ≥500
强	pH <3，($Cl^- + SO_4^{2-}$)任何浓度

注：1　表中系指氧能自由溶入的水和地下水；
　　2　本表亦适用于钢管道；
　　3　如水的沉淀物中有褐色絮状物沉淀（铁）、悬浮物中有褐色生物膜、绿色丛块，或有硫化氢臭，应作铁细菌、硫酸盐还原细菌的检查，查明有无细菌腐蚀。

表 12.2.5-2　土对钢结构腐蚀性评价

腐蚀等级	pH	氧化还原电位（mV）	电阻率（Ω·m）	极化电流密度（mA/cm²）	质量损失（g）
弱	5.5~4.5	>200	>100	<0.05	<1
中	4.5~3.5	200~100	100~50	0.05~0.20	1~2
强	<3.5	<100	<50	>0.20	>2

12.2.6 水、土对建筑材料腐蚀的防护，应符合现行国家标准《工业建筑防腐蚀设计规范》（GB50046）的规定。

13 现场检验和监测

13.1 一般规定

13.1.1 现场检验和监测应在工程施工期间进行。对有特殊要求的工程，应根据工程特点，确定必要的项目，在使用期内继续进行。

13.1.2 现场检验和监测的记录、数据和图件，应保持完整，并应按工程要求整理分析。

13.1.3 现场检验和监测资料，应及时向有关方面报送。当监测数据接近危及工程的临界值时，必须加密监测，并及时报告。

13.1.4 现场检验和监测完成后，应提交成果报告。报告中应附有相关曲线和图纸，并进行分析评价，提出建议。

13.2 地基基础的检验和监测

13.2.1 天然地基的基坑（基槽）开挖后，应检验开挖揭露的地基条件是否与勘察报告一致。如有异常情况，应提出处理措施或修改设计的建议。当与勘察报告出入较大时，应建议进行施工勘察。检验应包括下列内容：
  1 岩土分布及其性质；
  2 地下水情况；
  3 对土质地基，可采用轻型圆锥动力触探或其他机具进行检验。

13.2.2 桩基工程应通过试钻或试打，检验岩土条件是否与勘察报告一致。如遇异常情况，应提出处理措施。当与勘察报告差异较大时，应建议进行施工勘察。单桩承载力的检验，应采用载荷试验与动测相结合的方法。对大直径挖孔桩，应逐桩检验孔底尺寸和岩土情况。

13.2.3 地基处理效果的检验，除载荷试验外，尚可采用静力触探、圆锥动力触探、标准贯入试验、旁压试验、波速测试等方法，并应按本规范第10章的规定执行。

13.2.4 基坑工程监测方案，应根据场地条件和开挖支护的施工设计确定，并应包括下列内容：
  1 支护结构的变形；
  2 基坑周边的地面变形；
  3 邻近工程和地下设施的变形；
  4 地下水位；
  5 渗漏、冒水、冲刷、管涌等情况。

13.2.5 下列工程应进行沉降观测：
  1 地基基础设计等级为甲级的建筑物；
  2 不均匀地基或软弱地基上的乙级建筑物；
  3 加层、接建，邻近开挖、堆载等，使地基应力发生显著变化的工程；
  4 因抽水等原因，地下水位发生急剧变化的工程；
  5 其他有关规范规定需要做沉降观测的工程。

13.2.6 沉降观测应按现行标准《建筑物变形测量规范》（JGJ8）的规定执行。

13.2.7 工程需要时可进行岩土体的下列监测：
  1 洞室或岩石边坡的收敛量测；
  2 深基坑开挖的回弹量测；
  3 土压力或岩体应力量测。

13.3 不良地质作用和地质灾害的监测

13.3.1 下列情况应进行不良地质作用和地质灾害的监测：
  1 场地及其附近有不良地质作用或地质灾害，并可能危及工程的安全或正常使用时；
  2 工程建设和运行，可能加速不良地质作用的发展或引发地质灾害时；
  3 工程建设和运行，对附近环境可能产生显著不良影响时。

13.3.2 不良地质作用和地质灾害的监测，应根据场地及其附近的地质条件和工程实际需要编制监测纲要，按纲要进行。纲要内容包括：监测目的和要求、监测项目、测点布置、观测时间间隔和期限、观测仪器、方法和精度、应提交的数据、图件等，并及时提出灾害预报和采取措施的建议。

13.3.3 岩溶土洞发育区应着重监测下列内容：
  1 地面变形；
  2 地下水位的动态变化；
  3 场区及其附近的抽水情况；
  4 地下水位变化对土洞发育和塌陷发生的影响。

13.3.4 滑坡监测应包括下列内容：
  1 滑坡体的位移；
  2 滑面位置及错动；
  3 滑坡裂缝的发生和发展；
  4 滑坡体内外地下水位、流向、泉水流量和滑

带孔隙水压力;

 5 支挡结构及其他工程设施的位移、变形、裂缝的发生和发展。

13.3.5 当需判定崩塌剥离体或危岩的稳定性时,应对张裂缝进行监测。对可能造成较大危害的崩塌,应进行系统监测,并根据监测结果,对可能发生崩塌的时间、规模、塌落方向和途径、影响范围等做出预报。

13.3.6 对现采空区,应进行地表移动和建筑物变形的观测,并应符合下列规定:

 1 观测线宜平行和垂直矿层走向布置,其长度应超过移动盆地的范围;

 2 观测点的间距可根据开采深度确定,并大致相等;

 3 观测周期应根据地表变形速度和开采深度确定。

13.3.7 因城市或工业区抽水而引起区域性地面沉降,应进行区域性的地面沉降监测,监测要求和方法应按有关标准进行。

13.4 地下水的监测

13.4.1 下列情况应进行地下水监测:

 1 地下水位升降影响岩土稳定时;

 2 地下水位上升产生浮托力对地下室或地下构筑物的防潮、防水或稳定性产生较大影响时;

 3 施工降水对拟建工程或相邻工程有较大影响时;

 4 施工或环境条件改变,造成的孔隙水压力、地下水压力变化,对工程设计或施工有较大影响时;

 5 地下水位的下降造成区域性地面沉降时;

 6 地下水位升降可能使岩土产生软化、湿陷、胀缩时;

 7 需要进行污染物运移对环境影响的评价时。

13.4.2 监测工作的布置,应根据监测目的、场地条件、工程要求和水文地质条件确定。

13.4.3 地下水监测方法应符合下列规定:

 1 地下水位的监测,可设置专门的地下水位观测孔,或利用水井、地下水天然露头进行;

 2 孔隙水压力、地下水压力的监测,可采用孔隙水压力计、测压计进行;

 3 用化学分析法监测水质时,采样次数每年不应少于4次,进行相关项目的分析。

13.4.4 监测时间应满足下列要求:

 1 动态监测时间不应少于一个水文年;

 2 当孔隙水压力变化可能影响工程安全时,应在孔隙水压力降至安全值后方可停止监测;

 3 对受地下水浮托力的工程,地下水压力监测应进行至工程荷载大于浮托力后可停止监测。

14 岩土工程分析评价和成果报告

14.1 一般规定

14.1.1 岩土工程分析评价应在工程地质测绘、勘探、测试和搜集已有资料的基础上,结合工程特点和要求进行。各类工程、不良地质作用和地质灾害以及各种特殊性岩土的分析评价,应分别符合本规范第4章、第5章和第6章的规定。

14.1.2 岩土工程分析评价应符合下列要求:

 1 充分了解工程结构的类型、特点、荷载情况和变形控制要求;

 2 掌握场地的地质背景,考虑岩土材料的非均质性、各向异性和随时间的变化,评估岩土参数的不确定性,确定其最佳估值;

 3 充分考虑当地经验和类似工程的经验;

 4 对于理论依据不足、实践经验不多的岩土工程问题,可通过现场模型试验或足尺试验取得实测数据进行分析评价;

 5 必要时可建议通过施工监测,调整设计和施工方案。

14.1.3 岩土工程分析评价应在定性分析的基础上进行定量分析。岩土体的变形、强度和稳定应定量分析;场地的适宜性、场地地质条件的稳定性,可仅作定性分析。

14.1.4 岩土工程计算应符合下列要求:

 1 按承载能力极限状态计算,可用于评价岩土地基承载力和边坡、挡墙、地基稳定性等问题,可根据有关设计规范规定,用分项系数或总安全系数方法计算,有经验时也可用隐含安全系数的抗力容许值进行计算;

 2 按正常使用极限状态要求进行验算控制,可用于评价岩土体的变形、动力反应、透水性和涌水量等。

14.1.5 岩土工程的分析评价,应根据岩土工程勘察等级区别进行。对丙级岩土工程勘察,可根据邻近工程经验,结合触探和钻探取样试验资料进行;对乙级岩土工程勘察,应在详细勘探、测试的基础上,结合邻近工程经验进行,并提供岩土的强度和变形指标;对甲级岩土工程勘察,除按乙级要求进行外,尚宜提供载荷试验资料,必要时应对其中的复杂问题进行专门研究,并结合监测对评价结论进行检验。

14.1.6 任务需要时,可根据工程原型或足尺试验岩土体性状的量测结果,用反分析的方法反求岩土参数,验证设计计算,查验工程效果或事故原因。

14.2 岩土参数的分析和选定

14.2.1 岩土参数应根据工程特点和地质条件选用,

并按下列内容评价其可靠性和适用性：
1 取样方法和其他因素对试验结果的影响；
2 采用的试验方法和取值标准；
3 不同测试方法所得结果的分析比较；
4 测试结果的离散程度；
5 测试方法与计算模型的配套性。

14.2.2 岩土参数统计应符合下列要求：
1 岩土的物理力学指标，应按场地的工程地质单元和层位分别统计；
2 应按下列公式计算平均值、标准差和变异系数：

$$\phi_m = \frac{\sum_{i=1}^{n}\phi_i}{n} \quad (14.2.2\text{-}1)$$

$$\sigma_f = \sqrt{\frac{1}{n-1}\left[\sum_{i=1}^{n}\phi_i^2 - \frac{\left(\sum_{i=1}^{n}\phi_i\right)^2}{n}\right]} \quad (14.2.2\text{-}2)$$

$$\delta = \frac{\sigma_f}{\phi_m} \quad (14.2.2\text{-}3)$$

式中 ϕ_m——岩土参数的平均值；
　　　σ_f——岩土参数的标准差；
　　　δ——岩土参数的变异系数。

3 分析数据的分布情况并说明数据的取舍标准。

14.2.3 主要参数宜绘制沿深度变化的图件，并按变化特点划分为相关型和非相关型。需要时应分析参数在水平方向上的变异规律。

相关型参数宜结合岩土参数与深度的经验关系，按下式确定剩余标准差，并用剩余标准差计算变异系数。

$$\sigma_r = \sigma_f\sqrt{1-r^2} \quad (14.2.3\text{-}1)$$

$$\delta = \frac{\sigma_r}{\phi_m} \quad (14.2.3\text{-}2)$$

式中 σ_r——剩余标准差；
　　　r——相关系数；对非相关型，$r=0$。

14.2.4 岩土参数的标准值 ϕ_k 可按下列方法确定：

$$\phi_k = \gamma_s\phi_m \quad (14.2.4\text{-}1)$$

$$\gamma_s = 1 \pm \left\{\frac{1.704}{\sqrt{n}} + \frac{4.678}{n^2}\right\}\delta \quad (14.2.4\text{-}2)$$

式中 γ_s——统计修正系数。
注：式中正负号按不利组合考虑，如抗剪强度指标的修正系数应取负值。

统计修正系数 γ_s 也可按岩土工程的类型和重要性、参数的变异性和统计数据的个数，根据经验选用。

14.2.5 在岩土工程勘察报告中，应按下列不同情况提供岩土参数值：
1 一般情况下，应提供岩土参数的平均值、标准差、变异系数、数据分布范围和数据的数量；
2 承载能力极限状态计算所需要的岩土参数标准值，应按式（14.2.4-1）计算；当设计规范另有专门规定的标准值取值方法时，可按有关规范执行。

14.3 成果报告的基本要求

14.3.1 岩土工程勘察报告所依据的原始资料，应进行整理、检查、分析，确认无误后方可使用。

14.3.2 岩土工程勘察报告应资料完整、真实准确、数据无误、图表清晰、结论有据、建议合理、便于使用和适宜长期保存，并应因地制宜，重点突出，有明确的工程针对性。

14.3.3 岩土工程勘察报告应根据任务要求、勘察阶段、工程特点和地质条件等具体情况编写，并应包括下列内容：
1 勘察目的、任务要求和依据的技术标准；
2 拟建工程概况；
3 勘察方法和勘察工作布置；
4 场地地形、地貌、地层、地质构造、岩土性质及其均匀性；
5 各项岩土性质指标，岩土的强度参数、变形参数、地基承载力的建议值；
6 地下水埋藏情况、类型、水位及其变化；
7 土和水对建筑材料的腐蚀性；
8 可能影响工程稳定的不良地质作用的描述和对工程危害程度的评价；
9 场地稳定性和适宜性的评价。

14.3.4 岩土工程勘察报告应对岩土利用、整治和改造的方案进行分析论证，提出建议；对工程施工和使用期间可能发生的岩土工程问题进行预测，提出监控和预防措施的建议。

14.3.5 成果报告应附下列图件：
1 勘探点平面布置图；
2 工程地质柱状图；
3 工程地质剖面图；
4 原位测试成果图表；
5 室内试验成果图表。
注：当需要时，尚可附综合工程地质图、综合地质柱状图、地下水等水位线图、素描、照片、综合分析图表以及岩土利用、整治和改造方案的有关图表、岩土工程计算简图及计算成果图表等。

14.3.6 对岩土的利用、整治和改造的建议，宜进行不同方案的技术经济论证，并提出对设计、施工和现场监测要求的建议。

14.3.7 任务需要时，可提交下列专题报告：
1 岩土工程测试报告；
2 岩土工程检验或监测报告；
3 岩土工程事故调查与分析报告；
4 岩土利用、整治或改造方案报告；

5 专门岩土工程问题的技术咨询报告。

14.3.8 勘察报告的文字、术语、代号、符号、数字、计量单位、标点，均应符合国家有关标准的规定。

14.3.9 对丙级岩土工程勘察的成果报告内容可适当简化，采用以图表为主，辅以必要的文字说明；对甲级岩土工程勘察的成果报告除应符合本节规定外，尚可对专门性的岩土工程问题提交专门的试验报告、研究报告或监测报告。

附录 A 岩土分类和鉴定

A.0.1 岩石坚硬程度等级可按表 A.0.1 定性划分。

表 A.0.1　岩石坚硬程度等级的定性分类

坚硬程度等级		定性鉴定	代表性岩石
硬质岩	坚硬岩	锤击声清脆，有回弹，震手，难击碎，基本无吸水反应	未风化～微风化的花岗岩、闪长岩、辉绿岩、玄武岩、安山岩、片麻岩、石英岩、石英砂岩、硅质砾岩、硅质石灰岩等
	较硬岩	锤击声较清脆，有轻微回弹，稍震手，较难击碎，有轻微吸水反应	1 微风化的坚硬岩； 2 未风化～微风化的大理岩、板岩、石灰岩、白云岩、钙质砂岩等
软质岩	较软岩	锤击声不清脆，无回弹，较易击碎，浸水后指甲可刻出印痕	1 中等风化～强风化的坚硬岩或较硬岩； 2 未风化～微风化的凝灰岩、千枚岩、泥灰岩、砂质泥岩等
	软岩	锤击声哑，无回弹，有凹痕，易击碎，浸水后手可掰开	1 强风化的坚硬岩或较硬岩； 2 中等风化～强风化的较软岩； 3 未风化～微风化的页岩、泥岩、泥质砂岩等
	极软岩	锤击声哑，无回弹，有较深凹痕，手可捏碎，浸水后可捏成团	1 全风化的各种岩石； 2 各种半成岩

A.0.2 岩体完整程度等级可按表 A.0.2 定性划分。

表 A.0.2　岩体完整程度的定性分类

完整程度	结构面发育程度		主要结构面的结合程度	主要结构面类型	相应结构类型
	组数	平均间距(m)			
完整	1～2	>1.0	结合好或结合一般	裂隙、层面	整体状或巨厚层状结构
较完整	1～2	>1.0	结合差	裂隙、层面	块状或厚层状结构
	2～3	1.0～0.4	结合好或结合一般		块状结构
较破碎	2～3	1.0～0.4	结合差	裂隙、层面、小断层	裂隙块状或中厚层状结构
	≥3	0.4～0.2	结合好		镶嵌碎裂结构
			结合一般		中、薄层状结构
破碎	≥3	0.4～0.2	结合差	各种类型结构面	裂隙块状结构
		≤0.2	结合一般或结合差		碎裂状结构
极破碎	无序		结合很差		散体状结构

注：平均间距指主要结构面（1～2组）间距的平均值。

A.0.3 岩石风化程度可按表 A.0.3 划分。

表 A.0.3　岩石按风化程度分类

风化程度	野外特征	风化程度参数指标	
		波速比 K_v	风化系数 K_f
未风化	岩质新鲜，偶见风化痕迹	0.9～1.0	0.9～1.0
微风化	结构基本未变，仅节理面有渲染或略有变色，有少量风化裂隙	0.8～0.9	0.8～0.9
中等风化	结构部分破坏，沿节理面有次生矿物，风化裂隙发育，岩体被切割成岩块。用镐难挖，岩芯钻方可钻进	0.6～0.8	0.4～0.8
强风化	结构大部分破坏，矿物成分显著变化，风化裂隙很发育，岩体破碎，用镐可挖，干钻不易钻进	0.4～0.6	<0.4
全风化	结构基本破坏，但尚可辨认，有残余结构强度，可用镐挖，干钻可钻进	0.2～0.4	—
残积土	组织结构全部破坏，已风化成土状，锹镐易挖掘，干钻易钻进，具可塑性	<0.2	

注：1　波速比 K_v 为风化岩石与新鲜岩石压缩波速度之比；
2　风化系数 K_f 为风化岩石与新鲜岩石饱和单轴抗压强度之比；
3　岩石风化程度，除按表列野外特征和定量指标划分外，也可根据当地经验划分；
4　花岗岩类岩石，可采用标准贯入试验划分，$N≥50$ 为强风化；$50>N≥30$ 为全风化；$N<30$ 为残积土；
5　泥岩和半成岩，可不进行风化程度划分。

A.0.4 岩体根据结构类型可按表 A.0.4 划分：

表 A.0.4 岩体按结构类型划分

岩体结构类型	岩体地质类型	结构体形状	结构面发育情况	岩体工程特征	可能发生的岩土工程问题
整体状结构	巨块状岩浆岩和变质岩，巨厚层沉积岩	巨块状	以层面和原生、构造节理为主，多呈闭合型，间距大于1.5m，一般为1～2组，无危险结构	岩体稳定，可视为均质弹性各向同性体	局部滑动或坍塌，深埋洞室的岩爆
块状结构	厚层状沉积岩，块状岩浆岩和变质岩	块状柱状	有少量贯穿性节理裂隙，结构面间距0.7～1.5m，一般为2～3组，有少量分离体	结构面互相牵制，岩体基本稳定，接近弹性各向同性体	
层状结构	多韵律薄层、中厚层状沉积岩，副变质岩	层状板状	有层理、片理、节理，常有层间错动	变形和强度受层面控制，可视为各向异性弹塑性体，软岩可产生塑性变形	可沿结构面滑塌，软岩稳定性较差
碎裂状结构	构造影响严重的破碎岩层	碎块状	断层、节理、片理、层理发育，结构面间距0.25～0.50m，一般3组以上，有许多分离体	整体强度很低，并受软弱结构面控制，呈弹塑性体，稳定性很差	易发生规模较大的岩体失稳，地下水加剧失稳
散体状结构	断层破碎带，强风化及全风化带	碎屑状	构造和风化裂隙密集，结构面错综复杂，多充填粘性土，形成无序小块和碎屑	完整性遭极大破坏，稳定性极差，接近松散体介质	易发生规模较大的岩体失稳，地下水加剧失稳

A.0.5 土根据有机质含量可按表 A.0.5 分类。

表 A.0.5 土按有机质含量分类

分类名称	有机质含量 W_u（%）	现场鉴别特征	说明
无机土	$W_u<5\%$		
有机质土	$5\%\leq W_u\leq 10\%$	深灰色，有光泽，味臭，除腐殖质外尚含少量未完全分解的动植物体，浸水后水面出现气泡，干燥后体积收缩	1 如现场能鉴别或有地区经验时，可不做有机质含量测定； 2 当 $w>w_L$，$1.0\leq e<1.5$ 时称淤泥质土 3 当 $w>w_L$，$e\geq 1.5$ 时称淤泥
泥炭质土	$10\%<W_u\leq 60\%$	深灰或黑色，有腥臭味，能看到未完全分解的植物结构，浸水体胀，易崩解，有植物残渣浮于水中，干缩现象明显	可根据地区特点和需要按 W_u 细分为： 弱泥炭质土（$10\%<W_u\leq 25\%$） 中泥炭质土（$25\%<W_u\leq 40\%$） 强泥炭质土（$40\%<W_u\leq 60\%$）
泥炭	$W_u>60\%$	除有泥炭质土特征外，结构松散，土质很轻，暗无光泽，干缩现象极为明显	

注：有机质含量 W_u 按灼失量试验确定。

A.0.6 碎石土密实度野外鉴别可按表 A.0.6 执行。

表 A.0.6 碎石土密实度野外鉴别

密实度	骨架颗粒含量和排列	可挖性	可钻性
松散	骨架颗粒质量小于总质量的60%，排列混乱，大部分不接触	锹可以挖掘，井壁易坍塌，从井壁取出大颗粒后，立即塌落	钻进较易，钻杆稍有跳动，孔壁易坍塌
中密	骨架颗粒质量等于总质量的60%～70%，呈交错排列，大部分接触	锹镐可挖掘，井壁有掉块现象，从井壁取出大颗粒处，能保持凹面形状	钻进较困难，钻杆、吊锤跳动不剧烈，孔壁有坍塌现象
密实	骨架颗粒质量大于总质量的70%，呈交错排列，连续接触	锹镐挖掘困难，用撬棍方能松动，井壁较稳定	钻进困难，钻杆、吊锤跳动剧烈，孔壁较稳定

注：密实度应按表列各项特征综合确定。

附录 B 圆锥动力触探锤击数修正

B.0.1 当采用重型圆锥动力触探确定碎石土密实度时,锤击数 $N_{63.5}$ 应按下式修正:

$$N_{63.5} = \alpha_1 \cdot N'_{63.5} \quad (B.0.1)$$

式中 $N_{63.5}$——修正后的重型圆锥动力触探锤击数;
   α_1——修正系数,按表 B.0.1 取值;
   $N'_{63.5}$——实测重型圆锥动力触探锤击数。

表 B.0.1 重型圆锥动力触探锤击数修正系数

$N'_{63.5}$ \ L(m)	5	10	15	20	25	30	35	40	≥50
2	1.00	1.00	1.00	1.00	1.00	1.00	1.00		
4	0.96	0.95	0.93	0.92	0.90	0.89	0.87	0.86	0.84
6	0.93	0.90	0.88	0.85	0.83	0.81	0.79	0.78	0.75
8	0.90	0.86	0.83	0.80	0.77	0.75	0.73	0.71	0.67
10	0.88	0.83	0.79	0.75	0.72	0.69	0.67	0.64	0.61
12	0.85	0.79	0.75	0.70	0.67	0.64	0.61	0.59	0.55
14	0.82	0.76	0.71	0.66	0.62	0.58	0.56	0.53	0.50
16	0.79	0.73	0.67	0.62	0.57	0.54	0.51	0.48	0.45
18	0.77	0.70	0.63	0.57	0.53	0.49	0.46	0.43	0.40
20	0.75	0.67	0.59	0.53	0.48	0.44	0.41	0.39	0.36

注:表中 L 为杆长。

B.0.2 当采用超重型圆锥动力触探确定碎石土密实度时,锤击数 N_{120} 应按下式修正:

$$N_{120} = \alpha_2 \cdot N'_{120} \quad (B.0.2)$$

式中 N_{120}——修正后的超重型圆锥动力触探锤击数;
   α_2——修正系数,按表 B.0.2 取值;
   N'_{120}——实测超重型圆锥动力触探锤击数。

表 B.0.2 超重型圆锥动力触探锤击数修正系数

N'_{120} \ L(m)	1	3	5	7	10	15	20	25	30	35	40
1	1.00	1.00	1.00	1.00	1.00	1.00	1.00	1.00	1.00	1.00	1.00
2	0.96	0.92	0.91	0.90	0.90	0.90	0.89	0.89	0.88	0.88	0.88
3	0.94	0.88	0.86	0.85	0.84	0.84	0.83	0.82	0.82	0.81	0.81
5	0.92	0.82	0.79	0.78	0.77	0.76	0.75	0.74	0.73	0.72	0.72
7	0.90	0.78	0.75	0.74	0.73	0.71	0.70	0.69	0.68	0.67	0.66
9	0.88	0.75	0.72	0.70	0.69	0.67	0.66	0.64	0.63	0.62	0.62
11	0.87	0.73	0.69	0.67	0.66	0.64	0.62	0.61	0.60	0.59	0.53
13	0.86	0.71	0.67	0.65	0.64	0.61	0.60	0.58	0.57	0.56	0.55
15	0.84	0.69	0.65	0.62	0.61	0.59	0.58	0.56	0.55	0.54	0.53
17	0.85	0.68	0.63	0.60	0.59	0.57	0.54	0.54	0.53	0.52	0.50
19	0.84	0.66	0.62	0.60	0.58	0.56	0.54	0.52	0.52	0.51	0.48

注:表中 L 为杆长。

附录 C 泥石流的工程分类

C.0.1 泥石流的工程分类应按表 C.0.1 执行:

表 C.0.1 泥石流的工程分类和特征

类别	泥石流特征	流域特征	亚类	严重程度	流域面积(km²)	固体物质一次冲出量(×10⁴m³)	流量(m³/s)	堆积区面积(km²)
I 高频率泥石流沟谷	基本上每年均有泥石流发生。固体物质主要来源于沟谷的滑坡、崩塌。暴发雨强小于2~4mm/10min。除岩性因素外,滑坡、崩塌严重的沟谷多发生粘性泥石流,规模大,反之多发生稀性泥石流,规模小	多位于强烈抬升区,岩层破碎,风化强烈,山体稳定性差。泥石流堆积新鲜,无植被或仅有稀疏草丛。粘性泥石流沟中下游河床坡度大于4%	I₁	严重	>5	>5	>100	>1
			I₂	中等	1~5	1~5	30~100	<1
			I₃	轻微	<1	<1	<30	—
II 低频率泥石流沟谷	暴发周期一般在10年以上。固体物质主要来源于沟床,泥石流发生时"揭床"现象明显。暴雨时坡面产生的浅层滑坡往往是激发泥石流形成的重要因素。暴发雨强,一般大于4mm/10min。粘性泥石流规模一般较大,性质有粘有稀	山体稳定性相对较好,无大型活动性滑坡、崩塌。沟床和扇形地上巨砾遍布。沟床较好,沟床内灌木丛密布,扇形地多已辟为农田。粘性泥石流沟中下游河床坡度小于4%	II₁	严重	>10	>5	>100	>1
			II₂	中等	1~10	1~5	30~100	<1
			II₃	轻微	<1	<1	<30	—

注:1 表中流量对高频率泥石流沟指百年一遇流量;对低频率泥石流沟指历史最大流量;
  2 泥石流的工程分类宜采用野外特征与定量指标相结合的原则,定量指标满足其中一项即可。

附录 D 膨胀土初判方法

D.0.1 具有下列特征的土可初判为膨胀土:

1 多分布在二级或二级以上阶地、山前丘陵和盆地边缘;
2 地形平缓,无明显自然陡坎;
3 常见浅层滑坡、地裂,新开挖的路堑、边坡、基槽易发生坍塌;
4 裂缝发育,方向不规则,常有光滑面和擦痕,裂缝中常充填灰白、灰绿色粘土;
5 干时坚硬,遇水软化,自然条件下呈坚硬或硬塑状态;
6 自由膨胀率一般大于40%;
7 未经处理的建筑物成群破坏,低层较多层严重,刚性结构较柔性结构严重;
8 建筑物开裂多发生在旱季,裂缝宽度随季节变化。

附录 E 水文地质参数测定方法

E.0.1 水文地质参数可用表 E.0.1 的方法测定。

表E.0.1 水文地质参数测定方法

参 数	测 定 方 法
水位	钻孔、探井或测压管观测
渗透系数、导水系数	抽水试验、注水试验、压水试验、室内渗透试验
给水度、释水系数	单孔抽水试验、非稳定流抽水试验、地下水位长期观测、室内试验
越流系数、越流因数	多孔抽水试验（稳定流或非稳定流）
单位吸水率	注水试验、压水试验
毛细水上升高度	试坑观测、室内试验

注：除水位外，当对数据精度要求不高时，可采用经验数值。

E.0.2 孔隙水压力可按表E.0.2的方法测定。

表E.0.2 孔隙水压力测定方法和适用条件

仪器类型		适用条件	测定方法
测压计式	立管式测压计	渗透系数大于10^{-4}cm/s的均匀孔隙含水层	将带有过滤器的测压管打入土层，直接在管内量测
	水压式测压计	渗透系数低的土层，量测由潮汐涨落、挖方引起的压力变化	用装在孔壁的小型测压计探头，地下水压力通过塑料管传导至水银压力计测定
	电测式测压计（电阻应变式、钢弦应变式）	各种土层	孔压通过透水石传导至膜片，引起挠度变化，诱发电阻片（或钢弦）变化，用接收仪测定
	气动测压计	各种土层	利用两根排气管使压力为常数，传来的孔压在透水元件中的水压阀产生压差测定
孔压静力触探仪		各种土层	在探头上装有多孔透水过滤器、压力传感器，在贯入过程中测定

附录F 取土器技术标准

F.0.1 取土器技术参数应符合表F.0.1的规定。

表F.0.1 取土器技术参数

取土器参数	厚壁取土器	薄壁取土器		
		敞口自由活塞	水压固定活塞	固定活塞
面积比 $\frac{D_w^2 - D_e^2}{D_e^2} \times 100$（%）	13～20	≤10	10～13	
内间隙比 $\frac{D_s - D_e}{D_e} \times 100$（%）	0.5～1.5	0	0.5～1.0	
外间隙比 $\frac{D_w - D_t}{D_t} \times 100$（%）	0～2.0	0		
刃口角度 α（°）	<10	5～10		
长度 L（mm）	400，550	对砂土：$(5～10)D_e$ 对粘性土：$(10～15)D_e$		
外径 D_t（mm）	75～89，108	75，100		
衬管	整圆或半合管，塑料、酚醛层压纸或镀锌铁皮制成	无衬管，束节式取土器衬管同左		

注：1 取样管及衬管内壁必须光滑圆整；
2 在特殊情况下取土器直径可增大至150～250mm；
3 表中符号：
D_e——取土器刃口内径；
D_s——取样管内径，加衬管时为衬管内径；
D_t——取样管外径；
D_w——取土器管靴外径，对薄壁管$D_w = D_t$。

附录G 场地环境类型

G.0.1 场地环境类型的分类，应符合表G.0.1的规定：

表G.0.1 环境类型分类

环境类别	场地环境地质条件
Ⅰ	高寒区、干旱区直接临水；高寒区、干旱区含水量 $w \geq 10\%$ 的强透水土层或含水量 $w \geq 20\%$ 的弱透水土层
Ⅱ	湿润区直接临水；湿润区含水量 $w \geq 20\%$ 的强透水土层或含水量 $w \geq 30\%$ 的弱透水土层

续表

环境类别	场地环境地质条件
Ⅲ	高寒区、干旱区含水量 $w<20\%$ 的弱透水土层或含水量 $w<10\%$ 的强透水土层；湿润区含水量 $w\leqslant30\%$ 的弱透水土层或含水量 $w<20\%$ 的强透水土层

注：1 高寒区是指海拔高度等于或大于 3000m 的地区；干旱区是指海拔高度小于 3000m，干燥度指数 K 值等于或大于 1.5 的地区；湿润区是指干燥度指数 K 值小于 1.5 的地区；
  2 强透水层是指碎石土、砾砂、粗砂、中砂和细砂；弱透水层是指粉砂、粉土和粘性土；
  3 含水量 $w<3\%$ 的土层，可视为干燥土层，不具有腐蚀环境条件；
  4 当有地区经验时，环境类型可根据地区经验划分；当同一场地出现两种环境类型时，应根据具体情况选定。

G.0.2 场地冰冻区的分类，应根据当地一月份平均温度按表 G.0.2 确定。

表 G.0.2   冰 冻 区 分 类

一月份月平均温度（℃）	>0	0~-4	<-4
冰冻区分类	不冻区	微冻区	冰冻区

G.0.3 场地冰冻段的分类，应根据场地标准冻深和地面下温度按表 G.0.3 确定。

表 G.0.3   冰 冻 段 分 类

地面下温度（℃）	>0	0~-4	<-4
冰冻段分类	不冻段	微冻段	冰冻段

附录 H 规范用词说明

H.0.1 为便于在执行本规范条文时区别对待，对于要求严格程度不同的用词，说明如下：
  1 表示很严格，非这样做不可的用词：正面词采用"必须"，反面词采用"严禁"。
  2 表示严格，在正常情况下均应这样做的用词：正面词采用"应"，反面词采用"不应"或"不得"。
  3 表示允许稍有选择，在条件许可时首先应这样做的用词：正面词采用"宜"或"可"，反面词采用"不宜"。

H.0.2 条文中指定应按其他有关标准、规范执行时，写法为"应符合……的规定"。非必须按所指定的标准、规范或其他规定执行时，写法为"可参照……"。

中华人民共和国国家标准

岩土工程勘察规范

GB 50021—2001

条 文 说 明

目　　次

1　总则 ················ 7—57
2　术语和符号 ············ 7—57
　2.1　术语 ·············· 7—57
　2.2　符号 ·············· 7—58
3　勘察分级和岩土分类 ······ 7—58
　3.1　岩土工程勘察分级 ······ 7—58
　3.2　岩石的分类和鉴定 ······ 7—58
　3.3　土的分类和鉴定 ········ 7—59
4　各类工程的勘察基本要求 ···· 7—62
　4.1　房屋建筑和构筑物 ······ 7—62
　4.2　地下洞室 ············ 7—64
　4.3　岸边工程 ············ 7—65
　4.4　管道和架空线路工程 ···· 7—65
　4.5　废弃物处理工程 ········ 7—67
　4.6　核电厂 ·············· 7—68
　4.7　边坡工程 ············ 7—68
　4.8　基坑工程 ············ 7—69
　4.9　桩基础 ·············· 7—71
　4.10　地基处理 ············ 7—73
　4.11　既有建筑物的增载和保护 ·· 7—73
5　不良地质作用和地质灾害 ···· 7—75
　5.1　岩溶 ················ 7—75
　5.2　滑坡 ················ 7—75
　5.3　危岩和崩塌 ············ 7—76
　5.4　泥石流 ·············· 7—77
　5.5　采空区 ·············· 7—78
　5.6　地面沉降 ············ 7—79
　5.7　场地和地基的地震效应 ···· 7—80
　5.8　活动断裂 ············ 7—82
6　特殊性岩土 ·············· 7—83
　6.1　湿陷性土 ············ 7—83
　6.2　红粘土 ·············· 7—84
　6.3　软土 ················ 7—85
　6.4　混合土 ·············· 7—86
　6.5　填土 ················ 7—86
　6.6　多年冻土 ············ 7—86
　6.7　膨胀岩土 ············ 7—87
　6.8　盐渍岩土 ············ 7—87
　6.9　风化岩和残积土 ········ 7—88
　6.10　污染土 ·············· 7—89
7　地下水 ·················· 7—90
　7.1　地下水的勘察要求 ······ 7—90
　7.2　水文地质参数的测定 ···· 7—91
　7.3　地下水作用的评价 ······ 7—92
8　工程地质测绘和调查 ········ 7—93
9　勘探和取样 ·············· 7—94
　9.1　一般规定 ············ 7—94
　9.2　钻探 ················ 7—94
　9.3　井探、槽探和洞探 ······ 7—94
　9.4　岩土试样的采取 ········ 7—94
　9.5　地球物理勘探 ·········· 7—96
10　原位测试 ················ 7—97
　10.1　一般规定 ············ 7—97
　10.2　载荷试验 ············ 7—97
　10.3　静力触探试验 ·········· 7—98
　10.4　圆锥动力触探试验 ······ 7—99
　10.5　标准贯入试验 ········ 7—100
　10.6　十字板剪切试验 ······ 7—100
　10.7　旁压试验 ············ 7—101
　10.8　扁铲侧胀试验 ········ 7—103
　10.9　现场直接剪切试验 ···· 7—103
　10.10　波速测试 ············ 7—104
　10.11　岩体原位应力测试 ···· 7—105
　10.12　激振法测试 ·········· 7—105
11　室内试验 ················ 7—105
　11.1　一般规定 ············ 7—105
　11.2　土的物理性质试验 ···· 7—105
　11.3　土的压缩-固结试验 ···· 7—106
　11.4　土的抗剪强度试验 ···· 7—106
　11.5　土的动力性质试验 ···· 7—106
　11.6　岩石试验 ············ 7—106
12　水和土腐蚀性的评价 ······ 7—107
　12.1　取样和测试 ·········· 7—107
　12.2　腐蚀性评价 ·········· 7—107
13　现场检验和监测 ·········· 7—107
　13.1　一般规定 ············ 7—107
　13.2　地基基础的检验和监测 ·· 7—108
　13.3　不良地质作用和地质灾害
　　　　的监测 ·············· 7—108
　13.4　地下水的监测 ········ 7—108
14　岩土工程分析评价和成果报告 ······ 7—108
　14.1　一般规定 ············ 7—108
　14.2　岩土参数的分析和选定 ·· 7—109
　14.3　成果报告的基本要求 ···· 7—109

1 总　　则

1.0.1 本规范是在《岩土工程勘察规范》(GB50021—94)（以下简称《94规范》）基础上修订而成的。《94规范》是我国第一本岩土工程勘察规范，执行以来，对保证勘察工作的质量，促进岩土工程事业的发展，起到了应有的作用。本次修订基本保持《94规范》的适用范围和总体框架，作了局部调整。加强和补充了近年来发展的新技术和新经验；改正和删除了《94规范》某些不适当、不确切的条款；按新的规范编写规定修改了体例；并与有关规范进行了协调。修订时，注意了本规范是强制性的国家标准，是勘察方面的"母规范"，原则性的技术要求，适用于全国的技术标准，应在本规范中体现；因地制宜的具体细节和具体数据，留给相关的行业标准和地方标准规定。

1.0.2 岩土工程的业务范围很广，涉及土木工程建设中所有与岩体和土体有关的工程技术问题。相应的，本规范的适用范围也较广，一般土木工程都适用，但对于水利工程、铁路、公路和桥隧工程，由于专业性强，技术上有特殊要求，因此，上述工程的岩土工程勘察应符合现行有关标准、规范的规定。

对航天飞行器发射基地，文物保护等工程的勘察要求，本规范未作具体规定，应根据工程具体情况进行勘察，满足设计和施工的需要。

《94规范》未包括核电厂勘察。近十余年来，我国进行了一批核电厂的勘察，积累了一定经验，故本次修订增加了有关核电厂勘察的内容。

1.0.3 先勘察，后设计、再施工，是工程建设必须遵守的程序，是国家一再强调的十分重要的基本政策。但是，近年来仍有一些工程，不进行岩土工程勘察就设计施工，造成工程安全事故或安全隐患。为此，本条规定："各项工程建设在设计和施工之前，必须按基本建设程序进行岩土工程勘察"。

20世纪80年代以前，我国的勘察体制基本上还是建国初期的前苏联模式，即工程地质勘察体制。其任务是查明场地或地区的工程地质条件，为规划、设计、施工提供地质资料。在实际工作中，一般只提出勘察场地的工程地质条件和存在的地质问题，而很少涉及解决问题的具体办法。所提资料设计单位如何应用也很少了解和过问，使勘察与设计施工严重脱节。20世纪80年代以来，我国开始实施岩土工程体制，经过20年的努力，这种体制已经基本形成。岩土工程勘察的任务，除了应正确反映场地和地基的工程地质条件外，还应结合工程设计、施工条件，进行技术论证和分析评价，提出解决岩土工程问题的建议，并服务于工程建设的全过程，具有很强的工程针对性。《94规范》按此指导思想编制，本次修订继续保持了这一正确的指导思想。

场地或其附近存在不良地质作用和地质灾害时，如岩溶、滑坡、泥石流、地震区、地下采空区等，这些场地条件复杂多变，对工程安全和环境保护的威胁很大，必须精心勘察，精心分析评价。此外，勘察时不仅要查明现状，还要预测今后的发展趋势。工程建设对环境会产生重大影响，在一定程度上干扰了地质作用原有的动态平衡。大填大挖，加载卸载，蓄水排水，控制不好，会导致灾难。勘察工作既要对工程安全负责，又要对保护环境负责，做好勘察评价。

1.0.4 由于规范的分工，本规范不可能将岩土工程勘察中遇到的所有技术问题全部包括进去。勘察人员在进行工作时，还需遵守其他有关规范的规定。

2　术语和符号

2.1　术　　语

2.1.1 本条对"岩土工程勘察"的释义来源于2000年9月25日国务院293号令《建设工程勘察设计管理条例》。其总则第二条有关的原文如下：

"本条例所称建设工程勘察，是指根据建设工程的要求，查明、分析、评价建设场地的地质地理环境特征和岩土工程条件，编制建设工程勘察文件的活动。"

本条基本全文引用。但注意到，这里定义的是"建设工程勘察"，内涵较"岩土工程勘察"宽，故稍有删改，现作以下说明：

1 岩土工程勘察是为了满足工程建设的要求，有明确的工程针对性，不同于一般的地质勘察；

2 "查明、分析、评价"需要一定的技术手段，即工程地质测绘和调查、勘探和取样、原位测试、室内试验、检验和监测、分析计算、数据处理等；不同的工程要求和地质条件，采用不同的技术方法；

3 "地质、环境特征和岩土工程条件"是勘察工作的对象，主要指岩土的分布和工程特征，地下水的赋存及其变化，不良地质作用和地质灾害等；

4 勘察工作的任务是查明情况，提供数据，分析评价和提出处理建议，以保证工程安全，提高投资效益，促进社会和经济的可持续发展；

5 岩土工程勘察是岩土工程中的一个重要组成，岩土工程包括勘察、设计、施工、检验、监测和监理等，既有一定的分工，又密切联系，不宜机械分割。

2.1.3 触探包括静力触探和动力触探，用以探测地层，测定土的参数，既是一种勘探手段，又是一种测试手段。物探也有两种功能，用以探测地层、构造、洞穴等，是勘探手段；用以测波速，是测试手段。钻探、井探等直接揭露地层，是直接的勘探手段；而触探通过力学分层判定地层，物探通过各种物理方法探测，有一定的推测因素，都是间接的勘探手段。

2.1.5 岩土工程勘察报告一般由文字和图表两部分组成。表示地层分布和岩土数据，可用图表；分析论证，提出建议，可用文字。文字与图表互相配合，相辅相成，效果较好。

2.1.10 断裂、地震、岩溶、崩塌、滑坡、塌陷、泥石流、冲刷、潜蚀等等，《94规范》及其他书籍，称之为"不良地质现象"。其实，"现象"只是一种表现，只是地质作用的结果。勘察工作应调查和研究的不仅是现象，还包括其内在规律，故用现名。

2.1.11 灾害是危及人类人身、财产、工程或环境安全的事件。地质灾害是由不良地质作用引发的这类事件，可能造成重大人员伤亡、重大经济损失和环境改变，因而是岩土工程勘察的重要内容。

2.2 符 号

2.2.1 岩土的重力密度(重度)γ和质量密度(密度)ρ是两个概念。前者是单位体积岩土所产生的重力，是一种力；后者是单位体积内所含的质量。

2.2.3 土的抗剪强度指标，有总应力法和有效应力法，总应力法符号为C、φ，有效应力法符号为c'、φ'。对于总应力法，由于不同的固法条件和排水条件，试验成果各不相同。故勘察报告应对试验方法作必要的说明。

2.2.4 重型圆锥动力触探锤击数的符号原用$N_{(63.5)}$，以便与标准贯入锤击数$N_{63.5}$区分。现在，已将标准贯入锤击数符号改为N，重型圆锥动力触探锤击数符号已无必要用$N_{(63.5)}$，故改为$N_{63.5}$，与N_{10}、N_{120}的表示方法一致。

3 勘察分级和岩土分类

3.1 岩土工程勘察分级

3.1.1《建筑结构可靠度设计统一标准》(GB50068—2001)，将建筑结构分为三个安全等级，《建筑地基基础设计规范》(GB50007)将地基基础设计分为三个等级，都是从设计角度考虑的。对于勘察，主要考虑工程规模大小和特点，以及由于岩土工程问题造成破坏或影响正常使用的后果。由于涉及各行各业，涉及房屋建筑、地下洞室、线路、电厂及其他工业建筑、废弃物处理工程等，很难做出具体划分标准，故本条做了比较原则的规定。以住宅和一般公用建筑为例，30层以上的可定为一级，7～30层的可定为二级，6层及6层以下的可定为三级。

3.1.2 "不良地质作用强烈发育"，是指泥石流沟谷、崩塌、滑坡、土洞、塌陷、岸边冲刷、地下水强烈潜蚀等极不稳定的场地，这些不良地质作用直接威胁着工程安全；"不良地质作用一般发育"是指虽有上述不良地质作用，但并不十分强烈，对工程安全的影响不严重。

"地质环境"是指人为因素和自然因素引起的地下采空、地面沉降、地裂缝、化学污染、水位上升等。所谓"受到强烈破坏"是指对工程的安全已构成直接威胁，如浅层采空、地面沉降盆地的边缘地带、横跨地裂缝、因蓄水而沼泽化等；"受到一般破坏"是指已有或将有上述现象，但不强烈，对工程安全的影响不严重。

3.1.3 多年冻土情况特殊，勘察经验不多，应列为一级地基。"严重湿陷、膨胀、盐渍、污染的特殊性岩土，"是指自重湿陷性土、三级非自重湿陷性土、三级膨胀性土等。其他需作专门处理的，以及变化复杂，同一场地上存在多种强烈程度不同的特殊性岩土时，也应列为一级地基。

3.1.4 划分岩土工程勘察等级，目的是突出重点，区别对待，以利管理。岩土工程勘察等级应在工程重要性等级，场地等级和地基等级的基础上划分。一般情况下，勘察等级可在勘察工作开始前，通过搜集已有资料确定。但随着勘察工作的开展，对自然认识的深入，勘察等级也可能发生改变。

对于岩质地基，场地地质条件的复杂程度是控制因素。建造在岩质地基上的工程，如果场地和地基条件比较简单，勘察工作的难度是不大的。故即使是一级工程，场地和地基为三级时，岩土工程勘察等级也可定为乙级。

3.2 岩石的分类和鉴定

3.2.1～3.2.3 岩石的工程性质极为多样，差别很大，进行工程分类十分必要。《94规范》首先按岩石强度分类，再进行风化分类。按岩石强度分为极硬、次硬、次软和极软，列举了代表性岩石名称。又以新鲜岩块的饱和抗压强度30MPa为分界标准。问题在于，新鲜的未风化的岩块在现场有时很难取得，难以执行。

岩石的分类可以分为地质分类和工程分类。地质分类主要根据其地质成因、矿物成分、结构构造和风化程度，可以用地质名称(即岩石学名称)加风化程度表达，如强风化花岗岩、微风化砂岩等。这对于工程的勘察设计确是十分必要的。工程分类主要根据岩体的工程性状，使工程师建立起明确的工程特性概念。地质分类是一种基本分类，工程分类应在地质分类的基础上进行，目的是为了较好地概括其工程性质，便于进行工程评价。

为此，本次修订除了规定应确定地质名称和风化程度外，增加了岩块的"坚硬程度"、岩体的"完整程度"和"岩体基本质量等级"的划分。并分别提出了定性和定量的划分标准和方法，可操作性较强。岩石的坚硬程度直接与地基的承载力和变形性质有关，其重要性是无疑的。岩体的完整程度反映了它的裂隙性，而裂隙性是岩体十分重要的特性，破碎岩石的强度和稳定性较完整岩石大大削弱，尤其对边坡和基坑工程更为突出。

本次修订将岩石的坚硬程度和岩体的完整程度各分五级，二者综合又分五个基本质量等级。与国标《工程岩体分级标准》(GB50218—94)和《建筑地基基础设计规范》(GB50007—2002)协调一致。

划分出极软岩十分重要，因为这类岩石不仅极软，而且常有特殊的工程性质，例如某些泥岩具有很高的膨胀性；泥质砂岩、全风化花岗岩等有很强的软化性（单轴饱和抗压强度可等于零）；有的第三纪砂岩遇水崩解，有流砂性质。划分出极破碎岩体也很重要，有时开挖时很硬，暴露后逐渐崩解。片岩各向异性特别显著，作为边坡极易失稳。事实上，对于岩石地基，特别注意的主要是软岩、极软岩、破碎和极破碎的岩石以及基本质量等级为Ⅴ级的岩石，对可取原状试样的，可用土工试验方法测定其性状和物理力学性质。

举例：

1　花岗岩，微风化：为较硬岩，完整，质量基本等级为Ⅱ级；

2　片麻岩，中等风化：为较软岩，较破碎，质量基本等级为Ⅳ级；

3　泥岩，微风化：为软岩，较完整，质量基本等级为Ⅳ级；

4　砂岩（第三纪），微风化：为极软岩，较完整，质量基本等级为Ⅴ级；

5　糜棱岩（断层带）：极破碎，质量基本等级为Ⅴ级。

岩石风化程度分为五级，与国际通用标准和习惯一致。为了便于比较，将残积土也列在表A.0.3中。国际标准ISO/TC 182/SC1也将风化程度分为五级，并列入残积土。风化带是逐渐过渡的，没有明确的界线，有些情况不一定能划分出五个完全的等级。一般花岗岩的风化分带比较完全，而石灰岩、泥岩等常常不存在完全的风化分带。这时可采用类似"中等风化—强风化""强风化—全风化"等语句表述。同样，岩体的完整性也可用类似的方法表述。第三系的砂岩、泥岩等半成岩，处于岩石与土之间，划分风化带意义不大，不一定要描述风化。

3.2.4　关于软化岩石和特殊性岩石的规定，与《94规范》相同，软化岩石浸水后，其承载力会显著降低，应引起重视。以软化系数0.75为界限，是借鉴国内外有关规范和数十年工程经验规定的。

石膏、岩盐等易溶性岩石、膨胀性泥岩、湿陷性砂岩等，性质特殊，对工程有较大危害，应专门研究，故本规范将其专门列出。

3.2.5、3.2.6　岩石和岩体的野外描述十分重要，规定应当描述的内容是必要的。岩石质量指标RQD是国际上通用的鉴别岩石工程性质好坏的方法，国内也有较多经验，《94规范》中已有反映，本次修订作了更为明确的规定。

3.3　土的分类和鉴定

3.3.1　本条由《94规范》2.2.3和2.2.4条合并而成。

3.3.2　本条与《94规范》的规定一致。

3.3.3　本条与《94规范》的规定一致。

3.3.4　本条对于粉土定名的规定与《94规范》一致。

粉土的性质介于砂土和粘性土之间，较粗的接近砂土而较细的接近于粘性土。将粉土划分为亚类，在工程上是需要的。在修订过程中，曾经讨论过是否划分亚类，并有过几种划分亚类的方案建议。但考虑到在全国范围内采用统一的分类界限，如果没有足够的资料复核，很难把握适应各种不同的情况。因此，这次修订仍然采用《94规范》的方法，不在全国规范中对粉土规定亚类的划分标准，需要对粉土划分亚类的地区，可以根据地方经验，确定相应的亚类划分标准。

3.3.5　本条与《94规范》的规定一致。

3.3.6　本条与《94规范》的规定基本一致，仅增加了"夹层厚度大于0.5m时，宜单独分层"。各款举例如下：

1　对特殊成因和年代的土类，如新近沉积粉土，残坡积碎石土等；

2　对特殊性土，如淤泥质粘土，弱盐渍粉土，碎石素填土等；

3　对混合土，如含碎石粘土，含粘土角砾等；

4　对互层，如粘土与粉砂互层；对夹薄层，如粘土夹薄层粉砂。

3.3.7　本条基本上与《94规范》一致，仅局部修改了土的描述内容。

有人建议，应对砂土和粉土的湿度规定划分标准。《规范》修订组考虑，砂土和粉土取样困难，饱和度难以测准，规定了标准不易执行。作为野外描述，不一定都要有定量标准。至于是否饱和（涉及液化判别），地下水位上下是明确的界线，勘察人员是容易确定的。

对于粘性土和粉土的描述，《94规范》比较简单，不够完整。参照美国ASTM土的统一分类法，关于土的目力鉴别方法和《土的分类标准》(GBJ145)的简易鉴别方法，补充了摇振反应、光泽反应、干强度和韧性的描述内容。为了便于描述，给出了如表3.1所示的描述等级。

3.3.8 对碎石土密实度的划分，《94规范》只给出了野外鉴别的方法，完全根据经验进行定性划分，可比性和可靠性都比较差。在实际工程中，有些地区已经积累了用动力触探鉴别碎石土密实度的经验，这次修订时在保留定性鉴别方法的基础上，补充了重型动力触探和超重型动力触探定量鉴别碎石土密实度的方法。现作如下说明：

表3.1　　　　土的描述等级

	摇振反应	光泽反应	干强度	韧性
粉土	迅速、中等	无光泽反应	低	低
粘性土	无	光滑、稍有光滑	高、中等	高、中等

1 关于划分档次

对碎石土的密实度，表3.3.8-1分为四档，表3.3.8-2分为五档，附录A表A.0.6分为三档，似不统一。这是由于$N_{63.5}$较N_{120}能量小，不适用于"很密"的碎石土，故只能分四档；野外鉴别很难明确客观标准，往往因人而异，故只能粗一些，分为三档；所以，野外鉴别的"密实"，相当于用N_{120}的"密实"和"很密"；野外鉴别的"松散"，相当于用动力触探鉴别的"稍密"和"松散"。由于这三种鉴别方法所得结果不一定一致，故勘察报告中应交待依据的是"野外鉴别"、"重型圆锥动力触探"还是"超重型圆锥动力触探"。

2 关于划分依据

圆锥动力触探多年积累的经验，是锤击数与地基承载力之间的关系；由于影响承载力的因素较多，不便于在全国范围内建立统一的标准，故本次修订只考虑了用锤击数划分碎石土的密实度，并与国标《建筑地基基础设计规范》（GB50007—2002）协调；至于如何根据密实度或根据锤击数确定地基承载力，则由地方标准或地方经验确定。

表3.3.8-1是根据铁道部第二勘测设计院研究成果，进行适当调整而编制而成。表3.3.8-2是根据中国建筑西南勘察研究院的研究成果，由王顺富先生向本《规范》修订组提供的。

3 关于成果的修正

圆锥动力触探成果的修正问题，虽已有一些研究成果，但尚缺乏统一的认识；这里包括杆长修正、上覆压力修正、探杆摩擦修正、地下水修正等；作为国家标准，目前做出统一规定的条件还不成熟；但有一条原则，即勘察成果首要如实反映实测值，应用时可以进行修正，并适当交待修正的依据。应用表3.3.8-1和表3.3.8-2时，根据该成果研制单位的意见，修正方法列在本规范附录B中；表B.0.1和表B.0.2中的数据均源于唐贤强等著《地基工程原位测试技术》（中国铁道出版社，1996）。为表达统一，均取小数点后二位。

3.3.9 砂土密实度的鉴别方法保留了《94规范》的内容，但在修改过程中，曾讨论过对划分密实度的标准贯入击数是否需要修正的问题。

标准贯入击数的修正方法一般包括杆长修正和上覆压力修正。本规范在术语中规定标准贯入击数N为实测值；在勘察报告中所提供的成果也规定为实测值，不进行任何修正。在使用时可根据具体情况采用实测值或修正后的数值。

采用标准贯入击数估计土的物理力学指标或地基承载力时，其击数是否需要修正应与经验公式统计时所依据的原始数据的处理方法一致。

用标准贯入试验判别饱和砂土或粉土液化时，由于当时建立液化判别式的原始数据是未经修正的实测值，且在液化判别式中也已经反映了测点深度的影响，因此用于判别液化的标准贯入击数不作修正，直接用实测值进行判别。

在《94规范》报批稿形成以后，曾有专家提出过用标准贯入击数鉴别砂土密实度时需要进行上覆压力修正的建议，鉴于当时已经通过审查会审查，不宜再进行重大变动，因此将这一问题留至本次修订时处理。

本次修订时，经过反复论证，认为应当从用标准贯入击数鉴别砂土密实度方法的形成历史过程来判断是否应当加以修正。采用标准贯入击数鉴别砂土密实度的方法最早由太沙基和泼克在1948年提出，其划分标准如表3.2所示。这一标准对世界各国有很大的影响，许多国家的鉴别标准大多是在太沙基和泼克1948年的建议基础上发展的。

表3.2　　　太沙基和泼克建议的标准

标准贯入击数	<4	4~10	10~30	30~50	>50
密实度	很松	松散	中密	密实	很密

我国自1953年南京水利实验处引进标准贯入试验后，首先在治淮工程中应用，以后在许多部门推广应用。制定《工业与民用建筑地基基础设计规范》（TJ 7-74）时将标准贯入试验正式作为勘察手段列入规范，后来在修订《建筑地基基础设计规范》（GBJ 7-89）时总结了我国应用标准贯入击数划分砂土密实度的经验，给出了如表3.3所示的划分标准。这一标准将小于10击的砂土全部定为"松散"，不划分出"很松"的一档；将10~30击的砂土划分为两类，增加了击数为10~15的"稍密"一档；将击数大于30击的统称为"密实"，不划分出"很密"的密实度类型；而在实践中当标准贯入击数达到50击时一般就终止了贯入试验。

表3.3　　我国通用的密实度划分标准

标准贯入击数	<10	10~15	15~30	>30
密实度	松散	稍密	中密	密实

从上述演变可以看出，我国目前所通用的密实度划分标准实际上就是1948年太沙基和泼克建议的标准，而当时还没有提出杆长修正和上覆压力修正的方法。也就是说，太沙基和泼克当年用以划分砂土密实度的标准贯入击数并没有经过修正。因此，根据本规范对标准贯入击数修正的处理原则，在采用这一鉴别密实度的标准时，应当使用标准贯入击数的实测值。本次修订时仍然保持《94规范》的规定不变，即鉴别砂土密实度时，标准贯入击数用不加修正的实测值N。

3.3.10 本条与《94规范》一致。

在征求意见的过程中，有意见认为粉土取样比较困难，特别是地下水位以下的土样在取土过程中容易失水，使孔隙比减小，因此不易评价正确，故建议改用原位测试方法评价粉土的密实度。在修订过程中曾考虑过采用静力触探划分粉土密实度的方案，但经资料分析发现，静力触探比贯入阻力与孔隙比之间的关系非常分散，不同地区的粉土，其散点的分布范围不

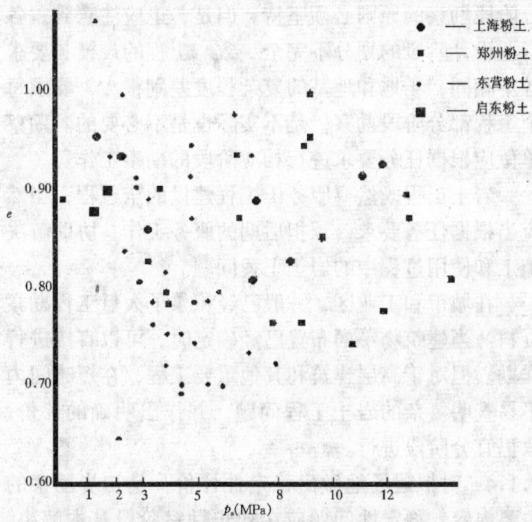

图3.1 孔隙比与比贯入阻力的散点图

同。如图3.1所示，分别为山东东营粉土、江苏启东粉土、郑州粉土和上海粉土，由于静力触探比贯入阻力不仅反映了土的密实度，而且也反映了土的结构性。由于不同地区粉土的结构强度不同，在散点图上各地的粉土都处于不同的部位。有的地区粉土具有很小的孔隙比，但比贯入阻力不大；而另外的地区粉土的孔隙比比较大，可是比贯入阻力却很大。因此，在全国范围内，根据目前的资料，没有可能用静力触探比贯入阻力的统一划分界限来评价粉土的密实度。但是在同一地区的粉土，如结构性相差不大且具备比较充分的资料条件，采用静力触探或其他原位测试手段划分粉土的密实度具有一定的可能性，可以进行试划分以积累地区的经验。

有些建议认为，水下取土求得的孔隙比一般都小于0.75，不能反映实际情况，采用孔隙比鉴别粉土

密实度会造成误判。由于取土质量低劣而造成严重扰动时，出现这种情况是可能的，但制定标准时不能将取土质量不符合要求的情况作为依据。只要认真取土，采取合格的土样，孔隙比的指标还是能够反映实际情况的。为了验证，随机抽取了粉土地区的勘察报告，对东营地区的粉土资料进行散点图分析。该地区地下水位2～3m，最大取土深度9～12m，取样点在地下水位上下都有，多数取自地下水位以下。考虑到压缩模量数据比较多，因此分析了压缩模量与各种物理指标之间的关系。

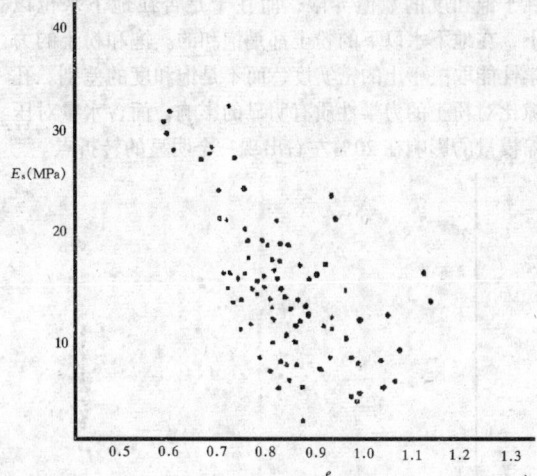

图3.2 压缩模量与孔隙比的散点图

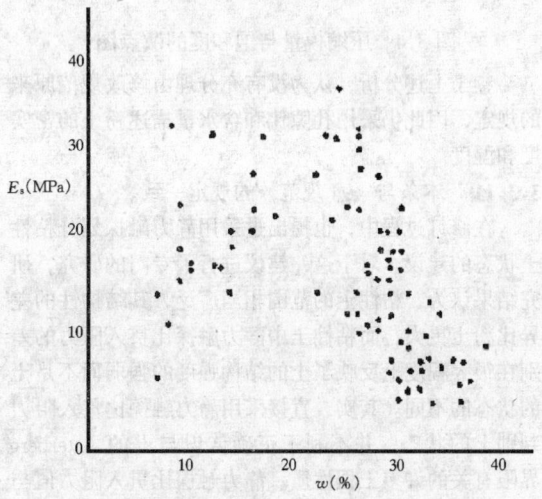

图3.3 压缩模量与含水量的散点图

图3.2显示了压缩模量与孔隙比之间存在比较好的规律性，孔隙比分布在0.55～1.0之间，大约有2/3的孔隙比大于0.75，说明无论是水上或水下，孔隙比都是反映粉土力学性能比较敏感的指标。如果用含水量来描述压缩模量的变化，则从图3.3可以发现，当含水量小于20%时，含水量增大，模量相应增大；但在含水量超过20%以后则出现相反的现象。

在低含水量阶段，模量随含水量增大而增大的变化规律可能与非饱和土的基质吸力有关。采用饱和度描述时，在图3.4中，当土处于低饱和度时，压缩模量也随饱和度增大而增大；但当饱和度大于80%以后，压缩模量与饱和度之间则没有明显的规律性。对比图3.2和图3.4，也说明地下水位以下处于饱和状态的粉土，影响其力学性质的主要因素是土的孔隙比而不是饱和度。

从散点图分析，可以说明对于粉土的描述，饱和度并不是一个十分重要的指标。鉴别粉土是否饱和不在于饱和度的数值界限，而在于是否在地下水位以下，在地下水以下的粉土都是饱和的。饱和粉土的力学性能取决于土的密实度，而不是饱和度的差别。孔隙比对粉土的力学性质有明显的影响，而含水量对压缩模量的影响在20%左右出现一个明显的转折点。

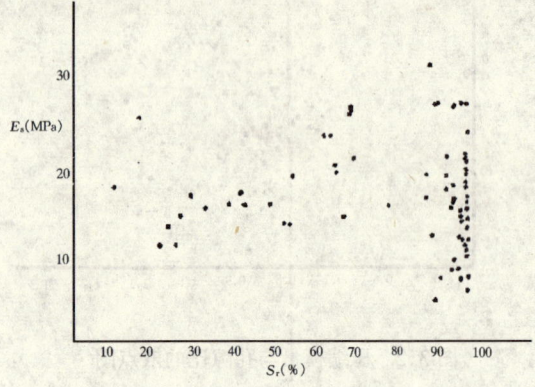

图3.4　压缩模量与饱和度的散点图

鉴于上述分析，认为没有充分理由修改规范原来的规定，因此仍采用孔隙比和含水量描述粉土的密实度和湿度。

3.3.11　本条与《94规范》的规定一致。

在修订过程中，也提出过采用静力触探划分粘性土状态的建议。对于这一建议进行了专门的研究，研究结果认为，粘性土的范围相当广泛，其结构性的差异比粉土更大，而粘性土中静力触探比贯入阻力的差别在很大程度上反映了土的结构强度的强弱而不是土的状态的不同。其实，直接采用静力触探比贯入阻力判别土的状态，并不利于正确认识与土的Atterberg界限有关的许多工程性质。静力触探比贯入阻力值与采用液性指数判别的状态之间存在的差异，反映了客观存在的结构性影响。例如比贯入阻力比较大，而状态可能是软塑或流塑，这正说明了土的结构强度使比贯入阻力比较大，一旦扰动结构，强度将急剧下降。可以提醒人们注意保持土的原状结构，避免结构扰动以后土的力学指标的弱化。

4　各类工程的勘察基本要求

4.1　房屋建筑和构筑物

4.1.1　本条主要对房屋建筑和构筑物的岩土工程勘察，在原则上规定了应做的工作和应有的深度。岩土工程勘察应有明确的针对性，因而要求了解建筑物的上部荷载、功能特点、结构类型、基础形式、埋置深度和变形限制的要求，以便提出岩土工程设计参数和地基基础设计方案的建议。不同的勘察阶段，对建筑结构了解的深度是不同的。

4.1.2　本规范规定勘察工作宜分阶段进行，这是根据我国工程建设的实际情况和数十年勘察工作的经验规定的。勘察是一种探索性很强的工作，总有一个从不知到知，从知之不多到知之较多的过程，对自然的认识总是由粗而细，由浅而深，不可能一步到位。况且，各设计阶段对勘察成果也有不同的要求，因此，分阶段勘察的原则必须坚持。但是，也应注意到，各行业设计阶段的划分不完全一致，工程的规模和要求各不相同，场地和地基的复杂程度差别很大，要求每个工程都分阶段勘察，是不实际也是不必要的。勘察单位应根据任务要求进行相应阶段的勘察工作。

岩土工程既然要服务于工程建设的全过程，当然应当根据任务要求，承担后期的服务工作，协助解决施工和使用过程中的岩土工程问题。

在城市和工业区，一般已经积累了大量工程勘察资料。当建筑物平面布置已经确定时，可以直接进行详勘。但对于高层建筑和其他重要工程，在短时间内不易查明复杂的岩土工程问题，并作出明确的评价，故仍宜分阶段进行。

4.1.4　对拟建场地做出稳定性评价，是初步勘察的主要内容。稳定性问题应在初步勘察阶段基本解决，不宜留给详勘阶段。

高层建筑的地基基础，基坑的开挖与支护，工程降水等问题，有时相当复杂，如果这些问题都留到详勘时解决，往往因时间仓促，解决不好，故要求初勘阶段提出初步分析评价，为详勘时进一步深入评价打下基础。

4.1.5　岩质地基的特征和土质地基很不一样，与岩体特征，地质构造，风化规律有关，且沉积岩与岩浆岩、变质岩，地槽区与地台区，情况有很大差别，本节规定主要针对平原区的土质地基，对岩质地基只作了原则规定，具体勘察要求应按有关行业标准或地方标准执行。

4.1.6　初勘时勘探线和勘探点的间距，《94规范》按"岩土工程勘察等级"分档。"岩土工程勘察等级"包含了工程重要性等级、场地等级和地基等级，而勘探孔的疏密则主要决定于地基的复杂程度，故本次修订改为按"地基复杂程度等级"分档。

4.1.7 初勘时勘探孔的深度,《94规范》按"岩土工程勘察等级"分档。实际上,勘探孔的深度主要决定于建筑物的基础埋深、基础宽度、荷载大小等因素,而初勘时又缺乏这些数据,故表4.1.7按工程重要性等级分档,且给了一个相当宽的范围,勘察人员可根据具体情况选择。

4.1.8 根据地质条件和工程要求适当增减勘探孔深度的规定,不仅适用于初勘阶段,也适用于详勘及其他勘察阶段。

4.1.10 地下水是岩土工程分析评价的主要因素之一,搞清地下水是勘察工作的重要任务。但只限于查明场地当时的情况有时还不够,故在初勘和详勘中,应通过资料搜集等工作,掌握工程场地所在的城市或地区的宏观水文地质条件,包括:

    1 地下水的空间赋存状态及类型;

    2 决定地下水空间赋存状态、类型的宏观地质背景;主要含水层和隔水层的分布规律;

    3 历史最高水位,近3~5年最高水位,水位的变化趋势和影响因素;

    4 宏观区域和场地内的主要渗流类型。

工程需要时,还应设置长期观测孔,设置孔隙水压力装置,量测水头随平面、深度和随时间的变化,或进行专门的水文地质勘察。

4.1.11 这两条规定了详细勘察的具体任务。到了详勘阶段,建筑总平面布置已经确定,面临单体工程地基基础设计的任务。因此,应当提供详细的岩土工程资料和设计施工所需的岩土参数,并进行岩土工程评价,提出相应的工程建议。现作以下几点说明:

    1 为了使勘察工作的布置和岩土工程的评价具有明确的工程针对性,解决工程设计和施工中的实际问题,搜集有关工程结构资料,了解设计要求,是十分重要的工作;

    2 地基的承载力和稳定性是保证工程安全的前提,这是毫无疑问的;但是,工程经验表明,绝大多数与岩土工程有关的事故是变形问题,包括总沉降、差异沉降、倾斜和局部倾斜;变形控制是地基设计的主要原则,故本条规定了应分析评价地基的均匀性,提供岩土变形参数,预测建筑物的变形特性;有的勘察单位根据设计单位要求和业主委托,承担变形分析任务,向岩土工程设计延伸,是值得肯定的;

    3 埋藏的古河道、沟浜,以及墓穴、防空洞、孤石等,对工程的安全影响很大,应予查明;

    4 地下水的埋藏条件是地基基础设计和基坑设计施工十分重要的依据,详勘时应予查明;由于地下水位有季节变化和多年变化,故规定应"提供地下水位及其变化幅度",有关地下水更详细的规定见本规范第7章。

4.1.13 地下停车场、地下商店等,近年来在城市中大量兴建。这些工程的主要特点是"超补偿式基础",开挖较深,挖土卸载量较大,而结构荷载很小。在地下水位较高的地区,防水和抗浮成了重要问题。高层建筑一般带多层地下室,需防水设计,在施工过程中有时也有抗浮问题。在这样的条件下,提供防水设计水位和抗浮设计水位成了关键。这是一个较为复杂的问题,有时需要进行专门论证。

4.1.14 本条规定的指导思想与第4.1.5条一致。

4.1.15 本次修订时,除了改为按"地基复杂程度等级"分档外,根据近年来的工程经验,对勘探点间距的数值也作了调整。

4.1.16 建筑地基基础设计的原则是变形控制,将总沉降、差异沉降、局部倾斜、整体倾斜控制在允许的限度内。影响变形控制最重要的因素是地层在水平方向上的不均匀性,故本条第2款规定,地层起伏较大时应补充勘探点。尤其是古河道,埋藏的沟浜,基岩面的局部变化等。

勘探方法应精心选择,不应单纯采用钻探。触探可以获取连续的定量的数据,又是一种原位测试手段,井探可以直接观察岩土结构,避免单纯依据岩芯判断。因此,勘探手段包括钻探、井探、静力触探和动力触探,应根据具体情况选择。为了发挥钻探和触探的各自特点,宜配合应用。以触探方法为主时,应有一定数量的钻探配合。对复杂地质条件和某些特殊性岩土,布置一定数量的探井是很必要的。

4.1.17 高层建筑的荷载大,重心高,基础和上部结构的刚度大,对局部的差异沉降有较好的适应能力,而整体倾斜是主要控制因素,尤其是横向倾斜。为此,本条对高层建筑勘探点的布置作了明确规定,以满足岩土工程评价和地基基础设计的要求。

4.1.18、4.1.19 由于高层建筑的基础埋深和宽度都很大,钻孔比较深。钻孔深度适当与否,将极大地影响勘察质量、费用和周期。对天然地基,控制性钻孔的深度,应满足以下几个方面的要求:

    1 等于或略深于地基变形计算的深度,满足变形计算的要求;

    2 满足地基承载力和弱下卧层验算的需要;

    3 满足支护体系和工程降水设计的要求;

    4 满足对某些不良地质作用追索的要求。

以上各点中起控制作用的是满足变形计算要求。

确定变形计算深度有"应力比法"和"沉降比法",现行国家标准《建筑地基基础设计规范》(GB50007)—2002是沉降比法。但对于勘察工作,由于缺乏荷载和模量等数据,用沉降比法确定孔深是无法实施的。过去的办法是将孔深与基础宽度挂钩,虽然简便,但不全面。本次修订采用应力比法。经分析,第4.1.19条第1款的规定是完全可以满足变形计算要求的,在计算机已经普及的今天,也完全可以做到。

对于需要进行稳定分析的情况，孔深应根据稳定分析的具体要求确定。对于基础侧旁开挖，需验算稳定时，控制性钻孔达到基底下2倍基宽时可以满足；对于建筑在坡顶和坡上的建筑物，应结合边坡的具体条件，根据可能的破坏模式确定孔深。

当场地或场地附近没有可信的资料时，至少要有一个钻孔满足划分建筑场地类别对覆盖层厚度的要求。

建筑平面边缘的控制性钻孔，因为受压层深度较小，经过计算，可以适当减小。但应深入稳定地层。

4.1.20 由于土性指标的变异性，单个指标不能代表土的工程特性，必须通过统计分析确定其代表值，故本条第2款规定了原状土试样和原位测试的最少数量，以满足统计分析的需要。当场地较小时，可利用场地邻近的已有资料。

4.1.23、4.1.24 地基承载力、地基变形和地基的稳定性，是建筑物地基勘察中分析评价的主要内容。鉴于已在有关国家标准中作了明确的规定，这两条强调了根据地方经验综合评定的原则，不再作具体规定。

4.2 地下洞室

4.2.2 国内目前围岩分类方法很多，国家标准有：《锚杆喷射混凝土支护技术规范》（GBJ86—85）、《工程岩体分级标准》（GB50218—94）和《地下铁道、轻轨交通岩土工程勘察规范》(GB50307—99)。另外，水电系统、铁路系统和公路系统均有自己的围岩分类。

本规范推荐国家标准《工程岩体分级标准》(GB50218—94)中的岩体质量分级标准和《地下铁道、轻轨交通岩土工程勘察规范》(GB50307—99)中的围岩分类。

前者首先确定基本质量级别，然后考虑地下水、主要软弱结构面和地应力等因素对基本质量级别进行修正，并以此衡量地下洞室的稳定性，岩体级别越高，则洞室的自稳能力越好。

后者则为了与《地下铁道设计规范》(GB50157—92)相一致，采用了铁路系统的围岩分类法。这种围岩分类是根据围岩的主要工程地质特征（如岩石强度、受构造的影响大小、节理发育情况和有无软弱结构面等）、结构特征和完整状态以及围岩开挖后的稳定状态等综合确定围岩类别。并可根据围岩类别估算围岩的均布压力。

而《锚杆喷射混凝土支护技术规范》（GBJ86—85）的围岩分类，则是根据岩体结构、受构造的影响程度、结构面发育情况、岩石强度和声波指标以及毛洞稳定性情况等综合确定。

以上三种围岩分类，都是国家标准，各有特点，各有用途，使用时应注意与设计采用的标准相一致。

4.2.3 根据多年的实践经验，地下洞室勘察分阶段实施是十分必要的。这不仅符合按程序办事的基本建设原则，也是由于自然界地质现象的复杂性和多变性所决定。因为这种复杂多变性，在一定的勘察阶段内难以全部认识和掌握，需要一个逐步深化的认识过程。分阶段实施勘察工作，可以减少工作的盲目性，有利于保证工程质量。《94规范》分为可行性与初步勘察、详细勘察和施工勘察三个阶段。但各阶段的勘察内容和勘察方法不够明确。本次修订，划分为可行性研究勘察、初步勘察、详细勘察和施工勘察四个阶段，并详细规定了各勘察阶段的勘察内容和勘察方法。当然，也可根据拟建工程的规模、性质和地质条件，因地制宜地简化勘察阶段。

可行性研究勘察阶段可通过搜集资料和现场踏勘，对拟选方案的适宜性做出评价，选择合适的洞址和洞口。

4.2.4～4.2.6 这三条规定了地下洞室初步勘察的勘察内容和勘察方法。规定初步勘察宜采用工程地质测绘，并结合工程需要，辅以物探、钻探和测试工作。

工程地质测绘的任务是查明地形地貌、地层岩性、地质构造、水文地质条件和不良地质作用，为评价洞区稳定性和建洞适宜性提供资料；为布置物探和钻探工作量提供依据。在地下洞室勘察中，工程地质测绘做好了，可以起到事半功倍的作用。

工程物探可采用浅层地震剖面勘探和地震CT等方法圈定地下隐伏体，探测构造破碎带；在钻孔内测定弹性波或声波波速，可评价岩体完整性，计算岩体动力参数，划分围岩类别等。

钻探工作可根据工程地质测绘的疑点和工程物探的异常点布置。本节第4.2.6条规定的勘探点间距和勘探孔深度是综合了《军队地下工程勘测规范》(GJB2813—1997)、《地下铁道、轻轨交通岩土工程勘察规范》(GB50307—99)和《公路隧道勘测规程》(JTJ063—85)等几本规范的有关内容制定的。

4.2.7～4.2.12 这六条规定的是详细勘察。

详细勘察阶段是地下洞室勘察的一个重要勘察阶段，其任务是在查明洞体地质条件的基础上，分段划分岩体质量级别或围岩类别，评价洞体和围岩稳定性，为洞室支护设计和确定施工方案提供资料。勘探方法应采用钻探、孔内物探和测试，必要时，还可布置洞探。工程地质测绘在详勘阶段一般情况下不单独进行，只是根据需要作一些补充性调查。

试验工作除常规的以外，对地下铁道，尚应测定基床系数和热物理参数。

1 基床系数用于衬砌设计时计算围岩的弹性抗力强度，应通过载荷试验求得（参见本规范第10.2.6条）；

2 热物理参数用于地下洞室通风负荷设计，通常采用面热源法和热线比较法测定潮湿土层的导温系数、导热系数和比热容；热线比较法还适用于测定岩石的导热系数，比热容还可用热平衡法测定，具体测定方法可参见国家标准《地下铁道、轻轨交通岩土工程勘察规范》（GB50307—99）条文说明；

3 室内动力性质试验包括动三轴试验、动单剪试验和共振柱试验等；动力参数包括动弹性模量、动剪切模量、动泊松比。

4.2.13 地下洞室勘察，凭工程地质测绘、工程物探和少量的钻探工作，其精度是难以满足施工要求的，尚需依靠施工勘察和超前地质预报加以补充和修正。因此，施工勘察和地质超前预报关系到地下洞室掘进速度和施工安全，可以起到指导设计和施工的作用。

超前地质预报主要内容包括下列四方面：

1 断裂、破碎带和风化囊的预报；
2 不稳定块体的预报；
3 地下水活动情况的预报；
4 地应力状况的预报。

超前预报的方法，主要有超前导坑预报法、超前钻孔测试法和掌子面位移量测法等。

4.2.14 评价围岩稳定性，应采用工程地质分析与理论计算相结合的方法。两者不可偏颇。

本次删去了《94规范》中的围岩压力计算公式，理由是随着科技的发展，计算方法进步很快，而这些公式显得有些陈旧，继续保留在规范中，不利于新技术、新方法的应用，不利于技术进步和发展。

关于地下洞室围岩稳定性计算分析，可采用数值法或"弹性有限元图谱法"，计算方法可参照有关书籍。

4.3 岸边工程

4.3.1 本节规定主要适用于港口工程的岩土工程勘察，对修船、造船水工建筑物、通航工程和取水构筑物的勘察，也可参照执行。

4.3.2 本条强调了岸边工程勘察需要重点查明的几个问题。

岸边工程处于水陆交互地带，往往一个工程跨越几个地貌单元；地层复杂，层位不稳定，常分布有软土、混合土、层状构造土；由于地表水的冲淤和地下水动水压力的影响，不良地质作用发育，多滑坡、坍岸、潜蚀、管涌等现象；船舶停靠挤压力、波浪、潮汐冲击力，系缆力等均对岸坡稳定产生不利影响。岸边工程勘察任务就是要重点查明和评价这些问题，并提出治理措施的建议。

4.3.3～4.3.5 岸边工程的勘察阶段，大、中型工程分为可行性研究、初步设计和施工图设计三个勘察阶段；对小型工程、地质条件简单或有成熟经验地区的工程可简化勘察阶段。第4.3.3条~第4.3.5条分别列出了上述三个勘察阶段的勘察方法和内容的原则性规定。

4.3.6 本条列出的几种原位测试方法，大多是港口工程勘察经常采用的测试方法，已有成熟的经验。

4.3.7 测定土的抗剪强度方法应结合工程实际情况，例如：

1 当非饱和土在施工期间和竣工后可能受水浸泡成为饱和土时，应进行饱和状态下的抗剪强度试验；

2 当土的固结状态在施工期间或竣工后可能变化时，宜进行土的不同固结度的抗剪强度试验；

3 挖方区宜进行卸荷条件下的抗剪强度试验，填方区则可进行常规方法的抗剪强度试验。

4.3.8 各勘察阶段的勘探工作量的布置和数量可参照《港口工程勘察规范》（JTJ240）执行。

4.3.9 评价岸坡和地基稳定性时，应按地质条件和土的性质，划分若干个区段进行验算。

对于持久状况的岸坡和地基稳定性验算，设计水位应采用极端低水位，对有波浪作用的直立坡，应考虑不同水位和波浪力的最不利组合。

当施工过程中可能出现较大的水头差、较大的临时超载、较陡的挖方边坡时，应按短暂状况验算其稳定性。如水位有骤降的情况，应考虑水位骤降对土坡稳定的影响。

4.4 管道和架空线路工程
（Ⅰ）管道工程

4.4.1 本节主要适用于长输油、气管道线路及其穿、跨越工程的岩土工程勘察。长输油气管道主要或优先采用地下埋设方式，管道上覆土厚1.0～1.2m；自然条件比较特殊的地区，经过技术论证，亦可采用土堤埋设、地上敷设和水下敷设等方式。

4.4.2 管道工程勘察阶段的划分应与设计阶段相适应。大型管道工程和大型穿越、跨越工程可分为选线勘察、初步勘察和详细勘察三个阶段。中型工程可分为选线勘察和详细勘察两个阶段。对于小型线路工程和小型穿、跨越工程一般不分阶段，一次达到详勘要求。

4.4.3 选线勘察主要是搜集和分析已有资料，对线路主要的控制点（例如大中型河流穿、跨越点）进行踏勘调查，一般不进行勘探工作。选线勘察是一个重要的勘察阶段。以往有些单位在选线工作中，由于对地质工作不重视，没有工程地质专业人员参加，甚至不进行选线勘察，事后发现选定的线路方案有不少岩土工程问题。例如沿线的滑坡、泥石流等不良地质作用较多，不易整治。如果整治，则耗费很大，增加工程投资；如不加以整治，则后患无穷。在这种情况下，有时不得不重新组织选线。为此，加强选线勘察是十分必要的。

4.4.4 管道遇有河流、湖泊、冲沟等地形、地物障碍时，必须跨越或穿越通过。根据国内外的经验，一般是穿越较跨越好。但是管道线路经过的地区，各种自然条件不尽相同，有时因为河床不稳，要求穿越管线埋藏很深；有时沟深坡陡，管线敷设的工程量很大；有时水深流急施工穿越工程特别困难；有时因为对河流经常疏浚或渠道经常扩挖，影响穿越管道的安全。在这些情况下，采用跨越的方式比穿越方式好。因此应根据具体情况因地制宜地确定穿越或跨越方式。

河流的穿、跨越点选得是否合理，是关系到设计、施工和管理的关键问题。所以，在确定穿、跨越点以前，应进行必要的选址勘察工作。通过认真的调查研究，比选出最佳的穿、跨越方案。既要照顾到整个线路走向的合理性，又要考虑到岩土工程条件的适宜性。本条从岩土工程的角度列举了几种不适宜作为穿、跨越点的河段，在实际工作中应结合具体情况适当掌握。

4.4.5、4.4.6 初勘工作，主要是在选线勘察的基础上，进一步搜集资料，现场踏勘，进行工程地质测绘和调查，对拟选线路方案的岩土工程条件做出初步评价，协同设计人员选择出最优的线路方案。这一阶段的工作主要是进行测绘和调查，尽量利用天然和人工露头，一般不进行勘探和试验工作，只在地质条件复杂、露头条件不好的地段，才进行简单的勘探工作。因为在初勘时，还可能有几个比选方案，如果每一个方案都进行较为详细的勘察工作，工作量太大。所以，在确定工作内容时，要求初步查明管道埋设深度内的地层岩性、厚度和成因。这里的"初步查明"是指把岩土的基本性质查清楚，如有无流砂、软土和对工程有影响的不良地质作用。

穿、跨越工程的初勘工作，也以搜集资料、踏勘、调查为主，必要时进行物探工作。山区河流，河床的第四系覆盖层厚度变化大，单纯用钻探手段难以控制，可采用电法或地震勘探，以了解基岩埋藏深度。对于大中型河流，除地面调查和物探工作外，尚需进行少量的钻探工作。对于勘探线上的勘探点间距，未作具体规定，以能初步查明河床地质条件为原则。这是考虑到本阶段对河床地层的研究仅是初步的，山区河流同平原河流的河床沉积差异性很大，即使是同一条河流，上游与下游也有较大的差别。因此，勘探间距应根据具体情况确定。至于勘探孔的深度，可以与详勘阶段的要求相同。

4.4.8 管道穿越工程详勘阶段的勘探点间距，规定"宜为30～100m"，范围较大。这是考虑到山区河流与平原河流的差异很大。对山区河流而言，30m的间距，有时还难以控制地层的变化。对平原河流，100m的间距，甚至再增大一些，也可以满足要求。因此，当基岩面起伏大或岩性变化大时，勘探点的间距应适当加密，或采用物探方法，以控制地层变化。按现用设备，当采用定向钻方式穿越时，钻探点应偏离中心线15m。

（Ⅱ）架空线路工程

4.4.11 本节适用于大型架空线路工程，主要是高压架空线路工程，其他架空线路工程可参照执行。

4.4.13、4.4.14 初勘阶段应以搜集资料和踏勘调查为主，必要时可做适当的勘探工作。为了能选择地质、地貌条件较好，路径短、安全、经济、交通便利、施工方便的线路路径方案，可按不同地质、地貌情况分段提出勘察报告。

调查和测绘工作，重点是调查研究路径方案跨河地段的岩土工程条件和沿线的不良地质作用，对各路径方案沿线地貌、地层岩性、特殊性岩土分布、地下水情况也了解，以便正确划分地貌、地质地段，结合有关文献资料归纳整理提出岩土工程勘察报告。对特殊设计的大跨越地段和主要塔基，应做详细的调查研究，当已有资料不能满足要求时，尚应进行适量的勘探测试工作。

4.4.15、4.4.16 施工图设计勘察是在已经选定的线路下进行杆塔定位，结合塔位进行工程地质调查、勘探和测试，提出合理的地基基础和地基处理方案、施工方法的建议等。下面阐述各地段的具体要求：

1 平原地区勘察，转角、耐张、跨越和终端塔等重要塔基和复杂地段应逐基勘探，对简单地段的直线塔基勘探点间距可酌情放宽；

根据国内已建和在建的500kV送电线路工程勘察方案的总结，结合土质条件、塔的基础类型、基础埋深和荷重大小以及塔基受力的特点，按有关理论计算结果，勘探孔深度一般为基础埋置深度下0.5～2.0倍基础底面宽度，表4.1可作参考；

表4.1 不同类型塔基勘探深度

塔型	勘探孔深度 (m)		
	硬塑土层	可塑土层	软塑土层
直线塔	$d+0.5b$	$d+(0.5～1.0)b$	$d+(1.0～1.5)b$
耐张、转角、跨越和终端塔	$d+(0.5～1.0)b$	$d+(1.0～1.5)b$	$d+(1.5～2.0)b$

注：1 本表适用于均质土层。如为多层土或碎石土、砂土时，可适当增减；
2 d—基础埋置深度 (m)，b—基础底面宽度 (m)。

2 线路经过丘陵和山区，应围绕塔基稳定性并以此为重点进行勘察工作；主要是查明塔基及其附近是否有滑坡、崩塌、倒石堆、冲沟、岩溶和人工洞穴等不良地质作用及其对塔基稳定性的影响；

3 跨越河流、湖沼勘察，对跨越地段杆塔位置的选择，应与有关专业共同确定；对于岸边和河中立塔，尚需根据水文调查资料（包括百年一遇洪水、淹没范围、岸边与河床冲刷以及河床演变等），结合塔位工程地质条件，对杆塔地基的稳定性做出评价。

跨越河流或湖沼，宜选择在跨距较短、岩土工程条件较好的地点布设杆塔。对跨越塔，宜布置在两岸地势较高、岸边稳定、地基土质坚实、地下水埋藏较深处；在湖沼地区立塔，则宜将塔位布设在湖沼沉积层较薄处，并需着重考虑杆塔地基环境水对基础的腐蚀性。

架空线路杆塔基础受力的基本特点是上拔力、下压力或倾覆力。因此，应根据杆塔性质（直线塔或耐张塔等），基础受力情况和地基情况进行基础上拔稳定计算、基础倾覆计算和基础下压地基计算，具体的计算方法可参照原水利电力部标准《送电线路基础设计技术规定》(SDGJ62)执行。

4.5 废弃物处理工程
（Ⅰ）一般规定

本节在《94规范》的基础上，有较大修改和补充，主要为：

1 《94规范》适用范围为矿山尾矿和火力发电厂灰渣，本次修订扩大了适用范围，包括矿山尾矿、火力发电厂灰渣、氧化铝厂赤泥等工业废料，还包括城市固体垃圾等各种废弃物；这是由于我国工业和城市废弃物处理的问题日益突出，废弃物处理工程的建设日益增多，客观上有扩大本节适用范围的需要；同时，各种废弃物堆场的特点虽各有不同，但其基本特征是类似的，可作为一节加以规定；

2 核废料的填埋处理要求很高，有核安全方面的专门要求，尚应满足相关规范的规定；

3 作为国家标准，本规范只对通用性的技术要求作了规定，具体的专门性技术要求由各行业标准自行规定，与《94规范》比，条文内容更为简明；

4 《94规范》只规定了"尾矿坝"和"贮灰坝"的勘察；事实上，对于山谷型堆填场，不仅有坝，还有其他工程设施。除山谷型外，还有平地型、坑埋型等，本次修订作了相应补充；

5 需要指出，矿山废石、冶炼厂炉渣等粗粒废弃物堆场，目前一般不作勘察，故本节未作规定；但有时也会发生岩土工程问题，如引发泥石流，应根据任务要求和具体情况确定如何勘察。

4.5.3 本条规定了废弃物处理工程的勘察范围。对于山谷型废弃物堆场，一般由下列工程组成：

1 初期坝：一般为土石坝，有的上游用砂石、土工布组成反滤层；

2 堆填场：即库区，有的还设截洪沟，防止洪水入库；

3 管道、排水井、隧洞等，用以输送尾矿、灰渣、降水、排水，对于垃圾堆填场，尚有排气设施；

4 截污坝、污水池、截水墙、防渗帷幕等，用以集中有害渗出液，防止对周围环境的污染，对垃圾填埋场尤为重要；

5 加高坝：废弃物堆填超过初期坝高后，用废渣材料加高坝体；

6 污水处理厂，办公用房等建筑物；

7 垃圾填埋场的底部设有复合型密封层，顶部设有密封层；赤泥堆场底部也有土工膜或其他密封层；

8 稳定、变形、渗漏、污染等的监测系统。

由于废弃物的种类、地形条件、环境保护要求等各不相同，工程建设运行过程有较大差别，勘察范围应根据任务要求和工程具体情况确定。

4.5.4 废弃物处理工程分阶段勘察是必要的，但由于各行业情况不同，各工程规模不同，要求不同，不宜硬性规定。废渣材料加高坝不属于一般意义勘察，而属于专门要求的详细勘察。

4.5.5 本条规定了勘探前需搜集的主要技术资料。这里主要规定废弃物处理工程勘察需要的专门性资料，未列入与一般场地勘察要求相同的地形图、地质图、工程总平面图等资料。各阶段搜集资料的重点亦有所不同。

4.5.6～4.5.8 洪水、滑坡、泥石流、岩溶、断裂等地质灾害，对工程的稳定有严重威胁，应予查明。滑坡和泥石流还可挤占库区，减小有效库容。有价值的自然景观包括，有科学意义需要保护的特殊地貌、地层剖面、化石群等。文物和矿产常有重要的文化和经济价值，应进行调查，并由专业部门评估，对废弃物处理工程建设的可行性有重要影响。与渗透有关的水文地质条件，是建造防渗帷幕、截污坝、截水墙等工程的主要依据，测绘和勘探时应着重查明。

4.5.9 初期坝建筑材料及防渗和覆盖用粘土的费用对工程的投资影响较大，故应在可行性勘察时确定产地，初步勘察时基本查明。

（Ⅱ）工业废渣堆场

4.5.10 对勘探测试工作量和技术要求，本节未作具体规定，应根据工程实际情况和有关行业标准的要求确定，以能满足查明情况和分析评价要求为准。

（Ⅲ）垃圾填埋场

4.5.16 废弃物的堆积方式和工程性质不同于天然土，按其性质可分为似土废弃物和非土废弃物。似土废弃物如尾矿、赤泥、灰渣等，类似于砂土、粉土、粘性土，其颗粒组成、物理性质、强度、变形、渗透和动力性质，可用土工试验方法测试。非土废弃物如生活垃圾，取样测试都较困难，应针对具体情况，专门考虑。有些力学参数也可通过现场监测，用反分析确定。

4.5.17 力学稳定和化学污染是废弃物处理工程评价两大主要问题，故条文对评价内容作了具体规定。

变形有时也会影响工程的安全和正常使用。土石坝的差异沉降可引起坝身裂缝；废弃物和地基土的过量变形，可造成封盖和底部密封系统开裂。

4.6 核 电 厂

4.6.1 核电厂是各类工业建筑中安全性要求最高、技术条件最为复杂的工业设施。本节是在总结已有核电厂勘察经验的基础上，遵循核电厂安全法规和导则的有关规定，参考国外核电厂前期工作的经验制定的，适用于各种核反应堆型的陆上商用核电厂的岩土工程勘察。

4.6.2 核电厂的下列建筑物为与核安全有关建筑物：
1 核反应堆厂房；
2 核辅助厂房；
3 电气厂房；
4 核燃料厂房及换料水池；
5 安全冷却水泵房及有关取水构筑物；
6 其他与核安全有关的建筑物。

除上列与核安全有关建筑物之外，其余建筑物均为常规建筑物。与核安全有关建筑物应为岩土工程勘察的重点。

4.6.3 本条核电厂勘察五个阶段划分的规定，是根据基建审批程序和已有核电厂工程的实际经验确定的。各个阶段循序渐进、逐步投入。

4.6.4 根据原电力工业部《核电厂工程建设项目可行性研究内容与深度规定》（试行），初步可行性研究阶段应对2个或2个以上厂址进行勘察，最终确定1～2个候选厂址。勘察工作以搜集资料为主，根据地质复杂程度，进行调查、测绘、钻探、测试和试验，满足初步可行性研究阶段的深度要求。

4.6.5 初步可行性研究阶段工程地质测绘内容包括地形、地貌、地层岩性、地质构造、水文地质以及岩溶、滑坡、崩塌、泥石流等不良地质作用。重点调查断层构造的展布和性质，必要时应实测剖面。

4.6.6、4.6.7 本阶段的工程物探要根据厂址的地质条件选择进行。结合工程地质调查，对岸坡、边坡的稳定性进行分析，必要时可做少量的勘察工作。

4.6.8 厂址和厂址附近是否存在能动断层是评价厂址适宜性的重要因素。根据有关规定，在地表或接近地表处有可能引起明显错动的断层为能动断层。符合下列条件之一者，应鉴定为能动断层：
1 该断层在晚更新世（距今约10万年）以来在地表或近地表处有过运动的证据；
2 证明与已知能动断层存在构造上的联系，由于已知能动断层的运动可能引起该断层在地表或近地表处的运动；
3 厂址附近的发震构造，当其最大潜在地震可能在地表或近地表产生断裂时，该发震构造应认为是能动断层。

根据我国目前的实际情况，核岛基础一般选择在中等风化、微风化或新鲜的硬质岩石地基上，其他类型的地基并不是不可以放置核岛，只是由于我国在这方面的经验不足，应当积累经验。因此，本节规定主要适用于核岛地基为岩石地基的情况。

4.6.10 工程地质测绘的范围应视地质、地貌、构造单元确定。测绘比例尺在厂址周边地区可采用1：2000，但在厂区不应小于1：1000。工程物探是本阶段的重点勘察手段，通常选择2～3种物探方法进行综合物探，物探与钻探应互相配合，以便有效地获得厂址的岩土工程条件和有关参数。

4.6.11 《核电厂地基安全问题》（HAF0108）中规定：厂区钻探采用150m×150m网格状布置钻孔，对于均匀地基厂址或简单地质条件厂址较为适用。如果地基条件不均匀或较为复杂，则钻孔间距应适当调整。对水工建筑物宜垂直河床或海岸布置2～3条勘探线，每条勘探线2～4个钻孔。泵房位置不应少于1个钻孔。

4.6.12 本条所指的水文地质工作，包括对核环境有影响的水文地质工作和常规的水文地质工作两方面。

4.6.14 根据核电厂建筑物的功能和组合，划分为4个不同的建筑地段，这些不同建筑地段的安全性质及其结构、荷载、基础形式和埋深等方面的差异，是考虑勘察手段和方法的选择、勘探深度和布置要求的依据。

断裂属于不良地质作用范畴，考虑到核电厂对断裂的特殊要求，单列一项予以说明。这里所指的断裂研究，主要是断裂工程性质的研究，即结合其位置、规模，研究其与建筑物安全稳定的关系，查明其危害性。

4.6.15 核岛是指反应堆厂房及其紧邻的核辅助厂房。对核岛地段钻孔的数量只提出了最低的界限，主要考虑了核岛的几何形状和基础面积。在实际工作中，可根据场地实际工程地质条件进行适当调整。

4.6.16 常规岛地段按其建筑物安全等级相当于火力发电厂汽轮发电机厂房，考虑到与核岛系统的密切关系，本条对常规岛的勘探工作量作了具体的规定。在实际工作中，可根据场地工程地质条件适当调整工作量。

4.6.17 水工建筑物种类较多，各具不同的结构和使用特点，且每个场地工程地质条件存在着差别。勘察工作应充分考虑上述特点，有针对性地布置工作量。

4.6.18 本条列举的几种原位测试方法是进行岩土工程分析与评价所需要的项目，应结合工程的实际情况予以选择采用。核岛地段波速测试，是一项必须进行的工作，是取得岩土体动力参数和抗震设计分析的主要手段，该项目测试对设备和技术有很高的要求，因此，对服务单位的选择、审查十分重要。

4.7 边 坡 工 程

4.7.1 本条规定了边坡勘察应查明的主要内容。根据边坡的岩土成分，可分为岩质边坡和土质边坡，土质边坡的主要控制因素是土的强度，岩质边坡的主要控制因素一般是岩体的结构面。无论何种边坡，地下水的活动都是影响边坡稳定的重要因素。进行边坡工程勘察时，应根据具体情况有所侧重。

4.7.2 本条规定的"大型边坡勘察宜分阶段进行"，是指对大型边坡的专门性勘察。一般情况下，边坡勘察和建筑物的勘察是同步进行的。边坡问题应在初勘阶段基本解决，一步到位。

4.7.3 对于岩质边坡，工程地质测绘是勘察工作首要内容，本条指出三点：

1 着重查明边坡的形态和坡角，这对于确定边坡类型和稳定坡率是十分重要的；

2 着重查明软弱结构面的产状和性质，因为软弱结构面一般是控制岩质边坡稳定的主要因素；

3 测绘范围不能仅限于边坡地段，应适当扩大到可能对边坡稳定有影响的地段。

4.7.4 对岩质边坡，勘察的一个重要工作是查明结构面。有时，常规钻探难以解决问题，需辅用一定数量的探洞，探井，探槽和斜孔。

4.7.6 正确确定岩土和结构面的强度指标，是边坡稳定分析和边坡设计成败的关键。本条强调了以下几点：

1 岩土强度室内试验的应力条件应尽量与自然条件下岩土体的受力条件一致；

2 对控制性的软弱结构面，宜进行原位剪切试验，室内试验成果的可靠性较差；对软土可采用十字板剪切试验；

3 实测是重要的，但更要强调结合当地经验，并宜根据现场坡角采用反分析验证；

4 岩土性质有时有"蠕变"，强度可能随时间而降低，对于永久性边坡应予注意。

4.7.7 本条首先强调，"边坡的稳定性评价，应在确定边坡破坏模式的基础上进行"。不同的边坡有不同的破坏模式。如果破坏模式选错，具体计算失去基础，必然得不到正确结果。破坏模式有平面滑动、圆弧滑动、锲形体滑落、倾倒、剥落等，平面滑动又有沿固定平面滑动和沿（45°+ φ/2）倾角滑动等。有的专家将边坡分为若干类型，按类型确定破坏模式，并列入了地方标准，这是可取的。但我国地质条件十分复杂，各地差别很大，尚难归纳出全国统一的边坡分类和破坏模式，可继续积累数据和资料，待条件成熟后再作修订。

鉴于影响边坡稳定的不确定因素很多，故本条建议用多种方法进行综合评价。其中，工程地质类比法具有经验性和地区性的特点，应用时必须全面分析已有边坡与新研究边坡的工程地质条件的相似性和差异性，同时还应考虑工程的规模、类型及其对边坡的特殊要求。可用于地质条件简单的中、小型边坡。

图解分析法需在大量的节理裂隙调查统计的基础

上进行。将结构面调查统计结果绘成等密度图，得出结构面的优势方位。在赤平极射投影图上，根据优势方位结构面的产状和坡面投影关系分析边坡的稳定性。

1 当结构面或结构面交线的倾向与坡面倾向相反时，边坡为稳定结构；

2 当结构面或结构面交线的倾向与坡面倾向一致，但倾角大于坡角时，边坡为基本稳定结构；

3 当结构面或结构面交线的倾向与坡面倾向之间夹角大于45°，且倾角小于坡角时，边坡为不稳定结构。

求潜在不稳定体的形状和规模需采用实体比例投影。对图解法所得出的潜在不稳定边坡应计算验证。

本条稳定系数的取值与《94规范》一致。

4.7.8 大型边坡工程一般需要进行地下水和边坡变形的监测，目的在于为边坡设计提供参数，检验措施（如支挡、疏干等）的效果和进行边坡稳定的预报。

4.8 基 坑 工 程

4.8.1、4.8.2 目前基坑工程的勘察很少单独进行，大多是与地基勘察一并完成的。但是由于有些勘察人员对基坑工程的特点和要求不很了解，提供的勘察成果不一定能满足基坑支护设计的要求。例如，对采用桩基的建筑地基勘察往往对持力层、下卧层研究较仔细，而忽略浅部土层的划分和取样试验；侧重于针对地基的承载性能提供土质参数，而忽略支护设计所需要的参数；只在划定的轮廓线以内进行勘探工作，而忽略对周边的调查了解等等。因深基坑开挖属于施工阶段的工作，一般设计人员提供的勘察任务委托书可能不会涉及这方面的内容。此时勘察部门应根据本节的要求进行工作。

岩质基坑的勘察要求和土质基坑有较大差别，到目前为止，我国基坑工程的经验主要在土质基坑方面，岩质基坑的经验较少。故本节规定只适用于土质基坑。岩质基坑的勘察可根据实际情况按地方经验进行。

4.8.3 基坑勘察深度范围 $2H$ 大致相当于在一般土质条件下悬臂桩墙的嵌入深度。在土质特别软弱时可能需要更大的深度。但一般地基勘察的深度比这更大，所以满足本条规定的要求不会有问题。但在平面扩大勘察范围可能会遇到困难。考虑这一点，本条规定对周边以调查研究、搜集原有勘察资料为主。在复杂场地和斜坡场地，由于稳定性分析的需要，或布置锚杆的需要，必须有实测地质剖面，故应适量布置勘探点。

4.8.4 抗剪强度是支护设计最重要的参数，但不同的试验方法（有效应力法或总应力法，直剪或三轴，UU或CU)可能得出不同的结果。勘察时应按照设计所依据的规范、标准的要求进行试验,提供数据。表4.2列出不同标准对土压力计算的规定,可供参考。

表4.2 不同规范、规程对土压力计算的规定

规范规程标准	计算方法	计算参数	土压力调整
建设部行标	采用朗肯理论砂土、粉土水土分算,粘性土有经验时水土合算	直剪固快峰值 c、φ 或三轴 c_{cu}、φ_{cu}	主动侧开挖面以下土自重压力不变
冶金部行标	采用朗肯或库伦理论按水土分算原则计算,有经验时对粘性土也可以水土合算	分算时采用有效应力指标 c'、φ' 或用 c_{cu}、φ_{cu} 代替,合算时采用 c_{cu}、φ_{cu} 乘以0.7的强度折减系数	有邻近建筑物基础时 $K_{ma}=(K_0+K_a)/2$;被动区不能充分发挥时 $K_{mp}=(0.3\sim0.5)K_p$
湖北省规定	采用朗肯理论粘性土、粉土水土合算,砂土水土分算,有经验时也可水土合算	分算时采用有效应力指标 c'、φ';合算时采用总应力指标 c、φ;提供有强度指标的经验值	一般不作调整
深圳规范	采用朗肯理论水位以上水土合算;水位以下粘性土水土合算,粉土、砂土、碎石土水土分算	分算时采用有效应力指标 c'、φ';合算时采用总应力指标 c、φ	无规定
上海规程	采用朗肯理论以水土分算为主,对水泥土围护结构水土合算	水土分算采用 c_{cu}、φ_{cu},水土合算采用经验主动土压力系数 η_a	对有支撑的围护结构开挖面以下土压力为矩形分布。提出动用土压力概念,提高的主动土压力系数界于 $K_0\sim(K_a+K_0)/2$ 之间,降低的被动土压力系数界于 $(0.5\sim0.9)K_p$ 之间
广州规定	采用朗肯理论以水土分算为主,有经验时对粘性土、淤泥可水土合算	采用 c_{cu}、φ_{cu},有经验时可采用其他参数	开挖面以下采用矩形分布模式

从理论上说基坑开挖形成的边坡是侧向卸荷,其应力路径是 σ_1 不变,σ_3 减小,明显不同于承受建筑物荷载的地基土。另外有些特殊性岩土(如超固结老粘性土、软质岩),开挖暴露后会发生应力释放、膨胀、收缩开裂、浸水软化等现象,强度急剧衰减。因此选择用于支护设计的抗剪强度参数,应考虑开挖造成的边界条件改变、地下水条件的改变等影响,对超固结土原则上取值应低于原状试样的试验结果。

4.8.5 深基坑工程的水文地质勘察工作不同于供水水文地质勘察工作,其目的应包括两个方面:一是满足降水设计(包括降水井的布置和井管设计)需要,二是满足对环境影响评估的需要。前者按通常供水水文地质勘察工作的方法即可满足要求,后者因涉及问题很多,要求更高。降水对环境影响评估需要对基坑外围的渗流进行分析,研究流场优化的各种措施,考虑降水延续时间长短的影响。因此,要求勘察对整个地层的水文地质特征有更详细的了解。具体的勘察和试验工作可执行本规范第7章及其他相关规范的规定。

4.8.7 环境保护是深基坑工程的重要任务之一,在建筑物密集、交通流量大的城区尤其突出。由于对周边建(构)筑物和地下管线情况不了解,就盲目开挖造成损失的事例很多,有的后果十分严重。所以一定要事先进行环境状况的调查,设计、施工才能有针对性地采取有效保护措施。对地面建筑物可通过观察访问和查阅档案资料进行了解,对地下管线可通过地面标志、档案资料进行了解。有的城市建立有地理信息系统,能提供更详细的资料。如确实搜集不到资料,应采用开挖、物探、专用仪器或其他有效方法进行探测。

4.8.9 目前采用的支护措施和边坡处理方式多种多样,归纳起来不外乎表4.3所列的三大类。由于各地地质情况不同,勘察人员提供建议时应充分了解工程所在地区经验和习惯,对已有的工程进行调查。

表4.3 基坑边坡处理方式类型和适用条件

类型	结构种类	适用条件
设置挡土结构	地下连续墙、排桩、钢板桩,悬臂加内支撑或加锚	开挖深度大,变形控制要求高,各种土质条件
土体加固或锚固	水泥土挡墙	开挖深度不大,变形控制要求一般,土质条件中等或较好
土体加固或锚固	喷锚支护	开挖深度不大,变形控制要求一般,土质条件中等或较好
土体加固或锚固	土钉墙	开挖深度不大,变形控制要求一般,土质条件中等或较好
放坡减载	根据土质情况按一定坡率放坡,加坡面保护处理	开挖深度不大,变形控制要求不严,土质条件较好,有放坡减荷的场地条件

注:1 表中处理方式可组合使用;
2 变形控制要求应根据工程的安全等级和环境条件确定。

4.8.10 本条文所列内容应是深基坑支护设计的工作

内容。但作为岩土工程勘察，应在岩土工程评价方面有一定的深度。只有通过比较全面的分析评价，才能使支护方案选择的建议更为确切，更有依据。

进行上述评价的具体方法可参考表4.4。

表4.4　不同规范、规程对支护结构设计计算的规定

规范规程标准	设计方法	稳定性分析	渗流稳定分析
建设部行标	悬臂和支点刚度大的桩墙采用被动区极限应力法，支点刚度小时采用弹性支点法，内力取上述两者中的大值，变形按弹性支点法计算	抗隆起采用Prandtl承载力公式，整体稳定用圆弧法分析	抗底部突涌验算，抗侧壁管涌验算
冶金部行标	采用极限平衡法计算入土深度，二、三级基坑采用极限平衡法计算内力，一级基坑采用土抗力法计算内力和变形，坑边有重要保护对象时采用平面有限元法计算位移	用不排水强度τ_u ($\varphi=0$)验算底部承载力，也可用小圆弧法验算坑底土的稳定，验算时可考虑桩墙的抗弯，整体稳定用圆弧法分析	抗底部突涌验算，抗侧壁管涌验算
湖北省规定	采用极限平衡法计算入土深度，采用弹性抗力法计算内力和变形，有条件时采用平面有限元法计算变形	抗隆起采用prandtl承载力公式，整体稳定用圆弧法分析	以抗底部突涌验算为主，抗侧壁管涌验算列有公式，但很少应用
深圳规范	悬臂、单支点采用极限土压力平衡法计算，用m法计算变形多支点用极限土压力平衡法计算插入深度，用弹性支点杆系有限元法、m法计算内力和变形	抗隆起稳定性验算采用Caguot-Prandtl承载力公式，整体稳定用圆弧法分析	抗侧壁管涌验算
上海规程	以桩墙下段的极限土压力力矩平衡验算抗倾覆稳定性板式支护结构采用竖向弹性地基梁基床系数法，弹性抗力分布有多种选择	Prandtl承载力公式，也可用小圆弧法，可考虑或不考虑桩墙的抗弯整定用圆弧法分析	抗底部突涌验算，抗侧壁管涌验算
广州规定	悬臂、单支点用极限土压力平衡法确定嵌固深度多支点采用弹性抗力法	圆弧法GB50007—2002的折线形滑动面分析法	抗侧壁管涌用验算

注：1　稳定性分析的小圆弧法是以最下一层支撑点为圆心，该点至桩墙底的距离为半径作圆，然后进行滑动力矩和稳定力矩计算的分析方法；

2　弹性支点杆系有限元法，竖向弹性地基梁基床系数法，土抗力法实际上是指同一类型的分析方法，可简称弹性抗力法。即将桩墙视为一维杆件，承受主动区某种分布形式已知的土压力荷载，被动区的土抗力和支撑锚点的支反力则以弹簧模拟，认为抗力、反力值随变形而变化；在此假定下模拟桩墙与土的相互作用，求解内力和变形；

3　极限土压力平衡法是假定支护结构、被动侧的土压力均达到理论的极限值，对支护结构进行整体平衡计算的方法；

4　当坑底以下存在承压水含水层时进行抗突涌验算，一般只考虑承压水含水层上覆土层自重能否平衡承压水水头压力；当侧壁有含水层且依靠隔水帷幕阻隔地下水进入基坑时进行抗侧壁管涌验算，计算原则是按最短渗流路径计算水力坡降，与临界水力坡降比较。

降水消耗水资源。我国是水资源贫乏的国家，应尽量避免降水，保护水资源。降水对环境会有或大或小的影响，对环境影响的评价目前还没有成熟的得到公认的方法。一些规范、规程、规定上所列的方法是根据水头下降在土层中引起的有效应力增量和各土层的压缩模量分层计算地面沉降，这种粗略方法计算结果并不可靠。根据武汉地区的经验，降水引起的地面沉降与水位降幅、土层剖面特征、降水延续时间等多种因素有关；而建筑物受损害的程度不仅与动水位坡降有关，而且还与土层水平方向压缩性的变化和建筑物的结构特点有关。地面沉降最大区域和受损害建筑物不一定都在基坑近旁，而可能在远离基坑外的某处。因此评价降水对环境的影响主要依靠调查了解地区经验，有条件时宜进行考虑时间因素的非稳定流渗流场分析和压缩层的固结时间过程分析。

4.9　桩基础

4.9.1　本节适用于已确定采用桩基础方案时的勘察工作。本条是对桩基勘察内容的总要求。

本条第2款，查明基岩的构造，包括产状、断裂、裂隙发育程度以及破碎带宽度和充填物等，除通过钻探、井探手段外，尚可根据具体情况辅以地表露头的调查测绘和物探等方法。本次修订，补充应查明

风化程度及其厚度,确定其坚硬程度、完整程度和基本质量等级。这对于选择基岩为桩基持力层时是非常必要的。查明持力层下一定深度范围内有无洞穴、临空面、破碎岩体或软弱岩层,对桩的稳定也是非常重要的。

本条第5款,桩的施工对周围环境的影响,包括打入预制桩和挤土成孔的灌注桩的振动、挤土对周围既有建筑物、道路、地下管线设施和附近精密仪器设备基础等带来的危害以及噪声等公害。

4.9.2 为满足设计时验算地基承载力和变形的需要,勘察时应查明拟建建筑物范围内的地层分布、岩土的均匀性。要求勘探点布置在柱列线位置上,对群桩应根据建筑物的体型布置在建筑物轮廓的角点、中心和周边位置上。

勘探点的间距取决于岩土条件的复杂程度。根据北京、上海、广州、深圳、成都等许多地区的经验,桩基持力层为一般粘性土、砂卵石或软土,勘探点的间距多数在12~35m之间。桩基设计,特别是预制桩,最为担心的就是持力层起伏情况不清,而造成截桩或接桩。为此,应控制相邻勘探点揭露的持力层层面坡度、厚度以及岩土性状的变化。本条给出控制持力层层面高差幅度为1~2m,预制桩应取小值。不能满足时,宜加密勘探点。复杂地基的一柱一桩工程,往往采用大口径桩,荷载很大,一旦出事,无以补救,结构设计上要求更严。实际工程中,每个桩位都需有可靠的地质资料。

4.9.3 作为桩基勘察已不再是单一的钻探取样手段,桩基础设计和施工所需的某些参数单靠钻探取土是无法取得的。而原位测试有其独特之处。我国幅员广大,各地区地质条件不同,难以统一规定原位测试手段。因此,应根据地区经验和地质条件选择合适的原位测试手段与钻探配合进行。如上海等软土地基条件下,静力触探已成为桩基勘察中必不可少的测试手段。砂土采用标准贯入试验也颇为有效,而成都、北京等地区的卵石层地基中,重型和超重型圆锥动力触探为选择持力层起到了很好的作用。

4.9.4 设计对勘探深度的要求,既要满足选择持力层的需要,又要满足计算基础沉降的需要。因此,对勘探孔有控制性孔和一般性孔(包括钻探取土孔和原位测试孔)之分。勘探孔深度的确定原则,目前各地各单位在实际工作中,一般有以下几种:

1 按桩端深度控制:软土地区一般性勘探孔深度达桩端下3~5m处;

2 按桩径控制:持力层为砂、卵石层或基岩情况下,勘探孔深度进入持力层(3~5)d(d为桩径);

3 按持力层顶板深度控制:较多做法是,一般软土地区持力层为硬塑粘性土、粉土或密实砂土时,要求达到顶板深度以下2~3m;残积土或粒状土地区要求达到顶板深度以下2~6m;而基岩地区应注意将孤石误判为基岩的问题;

4 按变形计算深度控制:一般自桩端下算起,最大勘探深度取决于变形计算深度;对软土,如《上海市地基基础设计规范》(GBJ08—11)一般算至附加应力等于土自重应力的20%处;上海市民用建筑设计院通过实测,以各种公式计算,认为群桩中变形计算深度主要与桩群宽度b有关,而与桩长关系不大;当群桩平面形状接近于方形时,桩尖以下压缩层厚度大约等于一倍b;但仅仅将钻探深度与基础宽度挂钩的做法是不全面的,还与建筑平面形状、基础埋深和基底的附加压力有关;根据北京市勘察设计研究院对若干典型住宅和办公楼的计算,对于比较坚硬的场地,当建筑层数为14、24、32层,基础宽度为25~45m,基础埋深为7~15m,以及地下水位变化很大的情况下,变形计算深度(从桩尖算起)为(0.6~1.25)b;对于比较软弱的地基,各项条件相同时,为(0.9~2.0)b。

4.9.5 基岩作为桩基持力层时,应进行风干状态和饱和状态下的极限抗压强度试验,但对软岩和极软岩,风干和浸水均可使岩样破坏,无法试验,因此,应封样保持天然湿度,做天然湿度的极限抗压强度试验。性质接近土时,按土工试验要求。破碎和极破碎的岩石无法取样,只能进行原位测试。

4.9.6 从全国范围来看,单桩极限承载力的确定较可靠的方法仍为桩的静载荷试验。虽然各地、各单位有经验方法估算单桩极限承载力,如用静力触探指标估算等方法,也都与载荷试验建立相应关系后采用。根据经验确定桩的承载力一般比实际偏低较多,从而影响了桩基技术和经济效益的发挥,造成浪费。但也有不安全不可靠的,以致发生工程事故,故本规范强调以静载荷试验为主要手段。

对于承受较大水平荷载或承受上拔力的桩,鉴于目前计算的方法和经验尚不多,应建议进行现场试验。

4.9.7 沉降计算参数和指标,可以通过压缩试验或深层载荷试验取得,对于难以采取原状土和难以进行深层载荷试验的情况,可采用静力触探试验、标准贯入试验、重型动力触探试验、旁压试验、波速测试等综合评价,求得计算参数。

4.9.8 勘察报告中可以提出几个可能的桩基持力层,进行技术、经济比较后,推荐合理的桩基持力层。一般情况下应选择具有一定厚度、承载力高、压缩性较低、分布均匀,稳定的坚实土层或岩层作为持力层。报告中应按不同的地质剖面提出桩端标高建议,阐明持力层厚度变化、物理力学性质和均匀程度。

沉桩的可能性除与锤击能量有关外,还受桩身材料强度、地层特性、桩群密集程度、群桩的施工顺序等多种因素制约,尤其是地质条件的影响最大,故必须在掌握准确可靠的地质资料,特别是原位测试资料的基础上,提出对沉桩可能性的分析意见。必要时,可通过试桩进行分析。

对钢筋混凝土预制桩、挤土成孔的灌注桩等的挤土效应,打桩产生的振动,以及泥浆污染,特别是在饱和软粘土中沉入大量、密集的挤土桩时,将会产生很高的超孔隙水压力和挤土效应,从而对周围已成的桩和已有建筑物、地下管线等产生危害。灌注桩施工中的泥浆排放产生的污染,挖孔桩排水造成地下水位下降和地面沉降,对周围环境都可产生不同程度的影响,应予分析和评价。

4.10 地 基 处 理

4.10.1 进行地基处理时应有足够的地质资料,当资料不全时,应进行必要的补充勘察。本条规定了地基处理时对岩土工程勘察的基本要求。

1 岩土参数是地基处理设计成功与否的关键,应选用合适的取样方法、试验方法和取值标准;

2 选用地基处理方法应注意其对环境和附近建筑物的影响;如选用强夯法施工时,应注意振动和噪声对周围环境产生不利影响;选用注浆法时,应避免化学浆液对地下水、地表水的污染等;

3 每种地基处理方法都有各自的适用范围、局限性和特点;因此,在选择地基处理方法时都要进行具体分析,从地基条件、处理要求、处理费用和材料、设备来源等综合考虑,进行技术、经济、工期等方面的比较,以选用技术上可靠,经济上合理的地基处理方法;

4 当场地条件复杂,或采用某种地基处理方法缺乏成功经验,或采用新方法、新工艺时,应进行现场试验,以取得可靠的设计参数和施工控制指标;当难以选定地基处理方案时,可进行不同地基处理方法的现场对比试验,通过试验选定可靠的地基处理方法;

5 在地基处理施工过程中,岩土工程师应在现场对施工质量和施工对周围环境的影响进行监督和监测,保证施工顺利进行。

4.10.2 换填垫层法是先将基底下一定范围内的软弱土层挖除,然后回填强度较高、压缩性较低且不含有机质的材料,分层碾压后作为地基持力层,以提高地基承载力和减少变形。

换填垫层法的关键是垫层的碾压密实度,并应注意换填材料对地下水的污染影响。

4.10.3 预压法是在建筑物建造前,在建筑场地进行加载预压,使地基的固结沉降提前基本完成,从而提高地基承载力。预压法适用于深厚的饱和软粘土,预压方法有堆载预压和真空预压。

预压法的关键是使荷载的增加与土的承载力增长率相适应。为加速土的固结速率,预压法结合设置砂井或排水板以增加土的排水途径。

4.10.4 强夯法适用于从碎石土到粘性土的各种土类,但对饱和软粘土使用效果较差,应慎用。

强夯施工前,应在施工现场进行试夯,通过试验确定强夯的设计参数——单点夯击能、最佳夯击能、夯击遍数和夯击间歇时间等。

强夯法由于振动和噪声对周围环境影响较大,在城市使用有一定的局限性。

4.10.5 桩土复合地基是在土中设置由散体材料(砂、碎石)或弱胶结材料(石灰土、水泥土)或胶结材料(水泥)等构成桩柱体,与桩间土一起共同承受建筑荷载。这种由两种不同强度的介质组成的人工地基称为复合地基。复合地基中的桩柱体的作用,一是置换,二是挤密。因此,复合地基除可提高地基承载力、减少变形外,还有消除湿陷和液化的作用。

复合地基适用于松砂、软土、填土和湿陷性黄土等土类。

4.10.6 注浆法包括粒状剂和化学剂注浆法。粒状剂包括水泥浆、水泥砂浆、粘土浆、水泥粘土浆等,适用于中粗砂、碎石土和裂隙岩体;化学剂包括硅酸钠溶液、氢氧化钠溶液、氯化钙溶液等,可用于砂土、粉土、粘性土等。作业工艺有旋喷法、深层搅拌、压密注浆和劈裂注浆等。其中粒状剂注浆法和化学剂注浆法属渗透注浆,其他属混合注浆。

注浆法有强化地基和防水止渗的作用,可用于地基处理、深基坑支挡和护底、建造地下防渗帷幕,防止砂土液化、防止基础冲刷等方面。

因大部分浆液有一定的毒性,应防止浆液对地下水的污染。

4.11 既有建筑物的增载和保护

4.11.1 条文所列举的既有建筑物的增载和保护的类型主要系指在大中城市的建筑密集区进行改建和新建时可能遇到的岩土工程问题。特别是在大城市,高层建筑的数量增加很快,高度也在增高,建筑物增层、增载的情况较多;不少大城市正在兴建或计划兴建地铁,城市道路的大型立交工程也在增多等。深基坑,地下掘进,较深、较大面积的施工降水,新建建筑物的荷载在既有建筑物地基中引起的应力状态的改变等是这些工程的岩土工程特点,给我们提出了一些特殊的岩土工程问题。我们必须重视和解决好这些问题,以避免或减轻对既有建筑物可能造成的影响,在兴建建筑物的同时,保证既有建筑物的完好与安全。

本条逐一指出了各类增载和保护工程的岩土工程勘察的工作重点,注意搞清所指出的重点问题,就能使勘探、试验工作的针对性强,所获的数据资料科学、适用,从而使岩土工程分析和评价建议,能抓住主要矛盾,符合实际情况。此外,系统的监测工作是重要手段之一,往往不能缺少。

4.11.2 为建筑物的增载或增层而进行的岩土工程勘察的目的,是查明地基土的实际承载能力(临塑荷载、极限荷载),从而确定是否尚有潜力可以增层或增载。

1 增层、增载所需的地基承载力潜力是不宜通过查以往有关的承载力表的办法来衡量的;这是因为:

　　1)地基土的承载力表是建立在数理统计基础上的;表中的承载力只是符合一定的安全保证概率的数值,并不直接反映地基土的承载力和变形特性,更不是承载力与变形关系上的特性点;

　　2)地基土承载力表的使用是有条件的;岩土工程师应充分了解最终的控制与衡量条件是建筑物的容许变形(沉降、挠曲、倾斜);

因此,原位测试和室内试验方法的选择决定于测试成果能否比较直接地反映地基土的承载力和变形特性,能否直接显示土的应力-应变的变化、发展关系和有关的力学特性点;

2 下列是比较明确的土的力学特性点:

　　1)载荷试验 s-p 曲线上的比例界限和极限荷载;

　　2)固结试验 e-$\lg p$ 曲线上的先期固结压力和再压缩指数与压缩指数;

　　3)旁压试验 V-p 曲线上的临塑压力 p_f 与极限压力 p_L 等。

静力触探锥尖阻力亦能在相当接近的程度上反映土的原位不排水强度。

根据测试成果分析得出的地基土的承载力与计划增层、增载后地基将承受的压力进行比较,并结合必要的沉降历时关系预测,就可得出符合或接近实际的岩土工程结论。当然,在作出关于是否可以增层、增载和增层、增载的量值和方式、步骤的最后结论之前,还应考虑既有建筑物结构的承受能力。

4.11.3 建筑物的接建、邻建所带来的主要岩土工程问题,是新建建筑物的荷载引起的、在既有建筑物紧邻新建部分的地基中的应力叠加。这种应力叠加会导致既有建筑物地基土的不均匀附加压缩和建筑物的相对变形或挠曲,直至严重裂损。针对这一主要问题,需要在接建、邻建部位专门布置勘探点。原位测试和室内试验的重点,如同第 4.11.2 条所述,也应以获得地基土的承载力和变形特性参数为目的,以便分析研究接建、邻建部位的地基土在新的应力状态下的稳定程度,特别是预测地基土的不均匀附加沉降和既有建筑物将承受的局部性的相对变形或挠曲。

4.11.4 在国内外由于城市、工矿地区开采地下水或以疏干为目的的降低地下水位所引起的地面沉降、挠曲或破裂的例子日益增多。这种地下水抽降与伴随而来的地面形变严重时,可导致沿江沿海城市的海水倒灌或扩大洪水淹没范围,成群成带的建筑物沉降、倾斜与裂损,或一些采空区、岩溶区的地面塌陷等。

由地下水抽降所引起的地面沉降与形变不仅发生在软粘性土地区,土的压缩性并不很高,但厚度巨大的土层也可能出现数值可观的地面沉降与挠曲。若一个地区或城市的土层巨厚、不均或存在有先期隐伏的构造断裂时,地下水抽降引起的地面沉降会以地面的显著倾斜、挠曲,以至有方向性的破裂为特征。

表现为地面沉降的土层压缩可以涉及很深处的土层,这是因为由地下水抽降造成的作用于土层上的有效压力的增加是大范围的。因此,岩土工程勘察需要勘探、取样和测试的深度很大,这样才能预测可能出现的土层累计压缩总量(地面沉降)。本条的第 2 款要求"勘探孔深度应超过可压缩地层的下限"和第 3 款关于试验工作的要求,就是这个目的。

4.11.5 深基坑开挖是高层建筑岩土工程问题之一。高层建筑物通常有多层地下室,需要进行深的开挖;有些大型工业厂房、高耸构筑物和生产设备等也要求将基础埋置很深,因而也有深基坑问题。深基坑开挖对相邻既有建筑物的影响主要有:

1 基坑边坡变形、位移,甚至失稳的影响;

2 由于基坑开挖、卸荷所引起的四邻地面的回弹、挠曲;

3 由于施工降水引起的邻近建筑物软基的压缩或地基土中部分颗粒的流失而造成的地面不均匀沉降、破裂;在岩溶、土洞地区施工降水还可能导致地面塌陷。

岩土工程勘察研究内容就是要分析上述影响产生的可能性和程度,从而决定采取何种预防、保护措施。本条还提出了关于基坑开挖过程中的监测工作的要求。对基坑开挖,这种信息法的施工方法可以弥补岩土工程分析和预测的不足,同时还可积累宝贵的科学数据,提高今后分析、预测水平。

4.11.6 地下开挖对建筑物的影响主要表现为:

1 由地下开挖引起的沿工程主轴线的地面下沉和轴线两侧地面的对倾与挠曲。这种地面变形会导致地面既有建筑物的倾斜、挠曲甚至破坏;为了防止这些破坏性后果的出现,岩土工程勘察的任务是在勘探测试的基础上,通过工程分析,提出合理的施工方法、步骤和最佳保护措施的建议,包括系统的监测;

2 地下工程施工降水,其可能的影响和分析研究方法同第 4.11.5 条的说明。

在地下工程的施工中,监测工作特别重要。通过系统的监测,不但可验证岩土工程分析预测和所采取的措施的正确与否,而且还能通过对岩土与支护工程性状及其变化的直接跟踪,判断问题的演变趋势,以便及时采取措施。系统的监测数据、资料还是进行科学总结,提高岩土工程学术水平的基础。

5 不良地质作用和地质灾害

5.1 岩　溶

5.1.1 岩溶在我国是一种相当普遍的不良地质作用，在一定条件下可能发生地质灾害，严重威胁工程安全。特别在大量抽吸地下水，使水位急剧下降，引发土洞的发展和地面塌陷的发生，我国已有很多实例。故本条强调"拟建工程场地或其附近存在对工程安全有影响的岩溶时，应进行岩溶勘察"。

5.1.2 本条规定了岩溶的勘察阶段划分及其相应工作内容和要求。

1 强调可行性研究或选址勘察的重要性。在岩溶区进行工程建设，会带来严重的工程稳定性问题；故在场址比选中，应加深研究，预测其危害，做出正确抉择；

2 强调施工阶段补充勘察的必要性；岩溶土洞是一种形态奇特、分布复杂的自然现象，宏观上虽有发育规律，但在具体场地上，其分布和形态则是无常的；因此，进行施工勘察非常必要。

岩溶勘察的工作方法和程序，强调下列各点：

1 重视工程地质研究，在工作程序上必须坚持以工程地质测绘和调查为先导；

2 岩溶规律研究和勘探应遵循从面到点、先地表后地下、先定性后定量、先控制后一般以及先疏后密的工作准则；

3 应有针对性地选择勘探手段，如为查明浅层岩溶，可采用槽探，为查明浅层土洞可用钎探，为查明深埋土洞可用静力触探等；

4 采用综合物探，用多种方法相互印证，但不宜以未经验证的物探成果作为施工图设计和地基处理的依据。

岩溶地区有大片非可溶性岩石存在时，勘察工作应与岩溶区段有所区别，可按一般岩质地基进行勘察。

5.1.3 本条规定了岩溶场地工程地质测绘应着重查明的内容，共7款，都与岩土工程分析评价密切有关。岩溶洞隙、土洞和塌陷的形成和发展，与岩性、构造、土质、地下水等条件有密切关系。因此，在工程地质测绘时，不仅要查明形态和分布，更要注意研究机制和规律。只有做好了工程地质测绘，才能有的放矢地进行勘探测试，为分析评价打下基础。

土洞的发展和塌陷的发生，往往与人工抽吸地下水有关。抽吸地下水造成大面积成片塌陷的例子屡见不鲜，进行工程地质测绘时应特别注意。

5.1.4 岩溶地区可行性研究勘察和初步勘察的目的，是查明拟建场地岩溶发育规律和岩溶形态的分布规律，宜采用工程地质测绘和多种物探方法进行综合判释。勘探点间距宜适当加密；勘探孔深度揭穿对工程有影响的表层发育带即可。

5.1.5 详勘阶段，勘探点应沿建筑物轴线布置。对地质条件复杂或荷载较大的独立基础应布置一定深度的钻孔。对一柱一桩的基础，应一柱一孔予以控制。当基底以下土层厚度不符合第5.1.10条第1款的规定时，应根据荷载情况，将部分或全部钻孔钻入基岩；当在预定深度内遇见洞体时，应将部分钻孔钻入洞底以下。

对荷载大或一柱多桩时，即使一柱一孔，有时还难以完全控制，有些问题可留到施工勘察去解决。

5.1.6 施工勘察阶段，应在已开挖的基槽内，布置轻型动力触探、钎探或静力触探，判断土洞的存在，桂林等地经验证明，坚持这样做十分必要。

5.1.7 土洞与塌陷对工程的危害远大于岩体中的洞隙，查明其分布尤为重要。但是，对单个土洞一一查明，难度及工作量都较大。土洞和塌陷的形成和发展，是有规律的。本条根据实践经验，提出在岩溶发育区中，土洞可能密集分布的地段，在这些地段上重点勘探，使勘察工作有的放矢。

5.1.8 工程需要时，应积极创造条件，更多地进行一些洞体顶板试验，积累资料。目前实测资料很少，岩溶定量评价缺少经验，铁道部第二设计院曾在高速行车的条件下，在路基浅层洞体内进行顶板应力量测，贵州省建筑设计院曾在白云岩的天然洞体上进行两组载荷试验，所得结果都说明天然岩溶洞体对外荷载具有相当的承受能力，据此可以认为，现行评价洞体稳定性的方法是有较大安全储备的。

5.1.9 当前岩溶评价仍处于经验多于理论、宏观多于微观、定性多于定量阶段。本条根据已有经验，提出几种对工程不利的情况。当遇所列情况时，宜建议绕避或舍弃，否则将会增大处理的工程量，在经济上是不合理的。

5.1.10 第5.1.9条从不利和否定角度，归纳出了一些条件，本条从有利和肯定的角度提出当符合所列条件时，可不考虑岩溶稳定影响的几种情况。综合两者，力图从两个相反的侧面，在稳定性评价中，从定性上划出去了一大块，而余下的就只能留给定量评价去解决了。本条所列内容与《建筑地基基础设计规范》(GB50007—2002)有关部分一致。

5.1.11 本条提出了如不符合第5.1.10条规定的条件需定量评价稳定性时，需考虑的因素和方法。在解决这一问题时，关键在于查明岩溶的形态和计算参数的确定。当岩溶体隐伏于地下，无法量测时，只能在施工开挖时，边揭露边处理。

5.2 滑　坡

5.2.1 拟建工程场地存在滑坡或有滑坡可能时，应进行滑坡勘察；拟建工程场地附近存在滑坡或有滑坡可能，如危及工程安全，也应进行滑坡勘察。这是因为，滑坡是一种对工程安全有严重威胁的不良地质作用和地质灾害，可能造成重大人身伤亡和经济损失，产生严重后果。考虑到滑坡勘察的特点，故本条指出，"应进行专门的滑坡勘察"。

滑坡勘察阶段的划分，应根据滑坡的规模、性质和对拟建工程的可能危害确定。例如，有的滑坡规模大，对拟建工程影响严重，即使为初步设计阶段，对滑坡也要进行详细勘察，以免等到施工图设计阶段再由于滑坡问题否定场址，造成浪费。

5.2.3 有些滑坡勘察对地下水问题重视不足，如含水层层数、位置、水量、水压、补给来源等未搞清楚，给整治工作造成困难甚至失败。

5.2.4 滑坡勘察的工作量，由于滑坡的规模不同，滑动面的形状不同，很难做出统一的具体规定。因此，应由勘察人员根据实际情况确定。本条只规定了勘探点的间距不宜大于40m。对规模小的滑坡，勘探点的间距应慎重考虑，以查清滑坡为原则。

滑坡勘察，布置适量的探井以直接观察滑动面，并采取包括滑面的土样，是非常必要的。动力触探、静力触探常有助于发现和寻找滑动面，适当布置动力触探、静力触探孔对搞清滑坡是有益的。

5.2.7 本条规定采用室内或野外滑面重合剪，或取滑带土作重塑土或原状土多次重复剪，求取抗剪强度。试验宜采用与滑动条件相类似的方法，如快剪、饱和快剪等。当用反分析方法检验时，应采用滑动后实测主断面计算。对正在滑动的滑坡，稳定系数F_s可取0.95～1.00，对处在暂时稳定的滑坡，稳定系数F_s可取1.00～1.05。可根据经验，给定c、φ中的一个值，反求另一值。

5.2.8 应按本条规定考虑诸多影响因素。当滑动面为折线形时，滑坡稳定性分析，可采用如下方法计算稳定安全系数：

$$F_s = \frac{\sum_{i=1}^{n-1}\left(R_i \prod_{j=i}^{n-1}\psi_j\right) + R_n}{\sum_{i=1}^{n-1}\left(T_i \prod_{j=i}^{n-1}\psi_j\right) + T_n} \quad (5.1)$$

$$\psi_j = \cos(\theta_i - \theta_{i+1}) - \sin(\theta_i - \theta_{i+1})\tan\varphi_{i+1} \quad (5.2)$$

$$R_i = N_i \tan\varphi_i + c_i L_i \quad (5.3)$$

式中 F_s——稳定系数；
θ_i——第i块段滑动面与水平面的夹角（°）；
R_i——作用于第i块段的抗滑力（kN/m）；
N_i——第i块段滑动面的法向分力（kN/m）；
φ_i——第i块段土的内摩擦角（°）；
c_i——第i块段土的粘聚力（kPa）；
L_i——第i块段滑动面长度（m）；

T_i——作用于第i块段滑动面上的滑动分力（kN/m），出现与滑动方向相反的滑动分力时，T_i应取负值；
ψ_j——第i块段的剩余下滑动力传递至$i+1$块段时的传递系数（$j=i$）。

稳定系数F_s应符合下式要求：

$$F_s \geqslant F_{st} \quad (5.4)$$

式中 F_{st}——滑坡稳定安全系数，根据研究程度及其对工程的影响确定。

当滑坡体内地下水已形成统一水面时，应计入浮托力和动水压力。

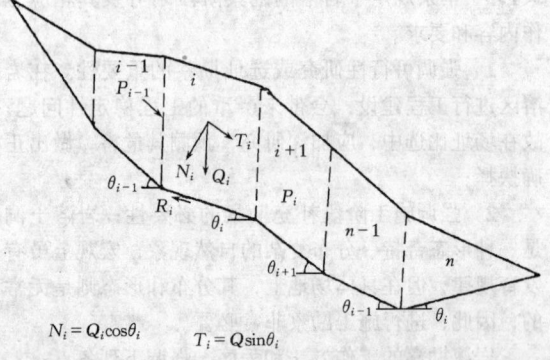

$$N_i = Q_i\cos\theta_i \qquad T_i = Q_i\sin\theta_i$$

图5.1 滑坡稳定系数计算

滑坡推力的计算，是滑坡治理成败以及是否经济合理的重要依据，也是对滑坡的定量评价。因此，计算方法和计算参数的选取都应十分慎重。《建筑地基基础设计规范》（GB50007—2000）采用的滑坡推力计算公式，是切合实际的。本条还建议采用室内外试验反分析方法验证滑面或滑带土的抗剪强度。

5.2.9 由于影响滑坡稳定的因素十分复杂，计算参数难以选定，故不宜单纯依靠计算，应综合评价。

5.3 危岩和崩塌

5.3.1、5.3.2 在山区选择场址和考虑总平面布置时，应判定山体的稳定性，查明是否存在危岩和崩塌。实践证明，这些问题如不在选择场址或可行性研究阶段及早发现和解决，会给工程建设造成巨大的损失。因此，本条规定危岩和崩塌勘察应在选择场址或初步勘察阶段进行。

危岩和崩塌的涵义有所区别，前者是指岩体被结构面切割，在外力作用下产生松动和塌落，后者是指危岩的塌落过程及其产物。

5.3.3 危岩和崩塌勘察的主要方法是进行工程地质测绘和调查，着重分析研究形成崩塌的基本条件，这些条件包括：

1 地形条件：斜坡高陡是形成崩塌的必要条件，规模较大的崩塌，一般产生在高度大于30m，坡度大于45°的陡峻斜坡上；而斜坡的外部形状，对崩塌的形成也有一定的影响；一般在上陡下缓的凸坡和凹凸不平的陡坡上易发生崩塌；

2 岩性条件：坚硬岩石具有较大的抗剪强度和抗风化能力，能形成陡峻的斜坡，当岩层节理裂隙发育，岩石破碎时易产生崩塌；软硬岩石互层，由于风化差异，形成锯齿状坡面，当岩层上硬下软时，上陡下缓或上凸下凹的坡面亦易产生崩塌；

3 构造条件：岩层的各种结构面，包括层面、裂隙面、断层面等都是抗剪性较低的、对边坡稳定不利的软弱结构面。当这些不利结构面倾向临空面时，被切割的不稳定岩块易沿结构面发生崩塌；

4 其他条件：如昼夜温差变化、暴雨、地震、不合理的采矿或开挖边坡，都能促使岩体产生崩塌。

危岩和崩塌勘察的任务就是要从上述形成崩塌的基本条件着手，分析产生崩塌的可能性及其类型、规模、范围，提出防治方案的建议，预测发展趋势，为评价场地的适宜性提供依据。

5.3.4 危岩的观测可通过下列步骤实施：

1 对危岩及裂隙进行详细编录；

2 在岩体裂隙主要部位要设置伸缩仪，记录其水平位移量和垂直位移量；

3 绘制时间与水平位移、时间与垂直位移的关系曲线；

4 根据位移随时间的变化曲线，求得移动速度。

必要时可在伸缩仪上联接警报器，当位移量达到一定值或位移突然增大时，即可发出警报。

5.3.5 《94规范》有崩塌分类的条文。由于城市和乡村，建筑物与线路，崩塌造成的后果对不同工程很不一致，难以用落石方量作为标准来分类，故本次修订时删去。

5.3.6 危岩和崩塌区的岩土工程评价应在查明形成崩塌的基本条件的基础上，圈出可能产生崩塌的范围和危险区，评价作为工程场地的适宜性，并提出相应的防治对策和方案的建议。

5.4 泥石流

5.4.1、5.4.2 泥石流对工程威胁很大。泥石流问题若不在前期发现和解决，会给以后工作造成被动或在经济上造成损失，故本条规定泥石流勘察应在可行性研究或初步勘察阶段完成。

泥石流虽然有其危害性，但并不是所有泥石流沟谷都不能作为工程场地，而决定于泥石流的类型、规模、目前所处的发育阶段，暴发的频繁程度和破坏程度等，因而勘察的任务应认真做好调查研究，做出确切的评价，正确判定作为工程场地的适宜性和危害程度，并提出防治方案的建议。

5.4.3 泥石流勘察在一般情况下，不进行勘探或测试，重点是进行工程地质测绘和调查。测绘和调查的范围应包括沟口至分水岭的全部地段，即包括泥石流的形成区、流通区和堆积区。

现将工程地质测绘和调查中的几个主要问题说明如下：

1 泥石流沟谷在地形地貌和流域形态上往往有其独特反映，典型的泥石流沟谷，形成区多为高山环抱的山间盆地；流通区多为峡谷，沟谷两侧山坡陡峻，沟床顺直，纵坡梯度大；堆积区则多呈扇形或锥形分布，沟道摆动频繁，大小石块混杂堆积，垄岗起伏不平；对于典型的泥石流沟谷，这些区段均能明显划分，但对不典型的泥石流沟谷，则无明显的流通区，形成区与堆积区直接相连；研究泥石流沟谷的地形地貌特征，可从宏观上判定沟谷是否属泥石流沟谷，并进一步划分区段；

2 形成区应详细调查各种松散碎屑物质的分布范围和数量；对各种岩层的构造破碎情况、风化层厚度、滑坡、崩塌、岩堆等现象均应调查清楚，正确划分各种固体物质的稳定程度，以估算一次供给的可能数量；

3 流通区应详细调查沟床纵坡，因为典型的泥石流沟谷，流通区没有冲淤现象，其纵坡梯度是确定"不冲淤坡度"（设计疏导工程所必需的参数）的重要计算参数；沟谷的急湾、基岩跌水陡坎往往可减弱泥石流的流通，是抑制泥石流活动的有利条件；沟谷的阻塞情况可说明泥石流的活动强度，阻塞严重者多为破坏性较强的粘性泥石流，反之则为破坏性较弱的稀性泥石流；固体物质的供给主要来源于形成区，但流通区两侧山坡及沟床内仍可能有固体物质供给，调查时应予注意；

泥石流痕迹是了解沟谷在历史上是否发生过泥石流及其强度的重要依据，并可了解历史上泥石流的形成过程、规模，判定目前的稳定程度，预测今后的发展趋势。

4 堆积区应调查堆积区范围、最新堆积物分布特点等；以分析历次泥石流活动规律，判定其活动程度、危害性，说明并取得一次最大堆积量等重要数据。

一般地说，堆积扇范围大，说明以往的泥石流规模也较大，堆积区目前的河道如已形成了较固定的河槽，说明近期泥石流活动已不强烈。从堆积物质的粒径大小、堆积的韵律，亦可分析以往泥石流的规模和暴发的频繁程度，并估算一次最大堆积量。

5.4.4 泥石流堆积物的性质、结构、厚度、固体物质含量百分比，最大粒径、流速、流量、冲积量和淤积量等指标，是判定泥石流类型、规模、强度、频繁程度、危害程度的重要标志，同时也是工程设计的重要参数。如年平均冲出量、淤积总量是拦淤设计和预测排导沟沟口可能淤积高度的依据。

5.4.5 泥石流的工程分类是要解决泥石流沟谷作为工程场地的适宜性问题。本分类首先根据泥石流特征和流域特征，把泥石流分为高频率泥石流沟谷和低频率泥石流沟谷两类；每类又根据流域面积，固体物质一次冲出量、流量、堆积区面积和严重程度分为三个亚类。定量指标的具体数据是参照了《公路路线、路基设计手册》和原中国科学院成都地理研究所1979年资料，并经修改而成的。

5.4.6 泥石流地区工程建设适宜性评价，一方面应考虑到泥石流的危害性，确保工程安全，不能轻率地将工程设在有泥石流影响的地段；另一方面也不能认为凡属泥石流沟谷均不能兴建工程，而应根据泥石流的规模、危害程度等区别对待。因此，本条根据泥石流的工程分类，分别考虑建筑的适宜性。

  1 考虑到I_1类和II_1类泥石流沟谷规模大，危害性大，防治工作困难且不经济，故不能作为各类工程的建设场地；

  2 对于I_2类和II_2类泥石流沟谷，一般地说，以避开为好，故作了不宜作为工程建设场地的规定，当必须作为建设场地时，应提出综合防治措施的建议；对线路工程（包括公路、铁路和穿越线路工程）宜在流通区或沟口选择沟床固定、沟形顺直、沟道纵坡比较一致、冲淤变化较小的地段设桥或墩通过，并尽量选择在沟道比较狭窄的地段以一孔跨越通过，当不可能一孔跨越时，应采用大跨径，以减少桥墩数量；

  3 对于I_3类和II_3类泥石流沟谷，由于其规模及危害性均较小，防治也较容易和经济，堆积扇可作为工程建设场地；线路工程可以在堆积扇通过，但宜用一沟一桥，不宜任意改沟、并沟，根据具体情况做好排洪、导流等防治措施。

5.5 采空区

5.5.1 由于不同采空区的勘察内容和评价方法不同，所以本规范把采空区划分为老采空区、现采空区和未来采空区三类。对老采空区主要应查明采空区的分布范围、埋深、充填情况和密实程度等，评价其上覆岩层的稳定性；对现采空区和未来采空区应预测地表移动的规律，计算变形特征值。通过上述工作判定其作为建筑场地的适宜性和对建筑物的危害程度。

5.5.2、5.5.3 采空区勘察主要通过搜集资料和调查访问，必要时辅以物探、勘探和地表移动的观测，以查明采空区的特征和地表移动的基本参数。其具体内容如第5.5.2条1～6款所列，其中第4款主要适用于现采空区和未来采空区。

5.5.4 由地下采煤引起的地表移动有下沉和水平移动，由于地表各点的移动量不相等，又由此产生三种变形：倾斜、曲率和水平变形。这两种移动和三种变形将引起其上建筑物基础和建筑物本身产生移动和变形。地表呈平缓而均匀的下沉和水平移动，建筑物不会变形，没有破坏的危险，但过大的不均匀下沉和水平移动，就会造成建筑物严重破坏。

  地表倾斜将引起建筑物附加压力的重分配。建筑的均匀荷重将会变成非均匀荷重，导致建筑结构内应力发生变化而引起破坏。

  地表曲率对建筑物也有较大的影响。在负曲率（地表下凹）作用下，使建筑物中央部分悬空。如果建筑物长度过大，则在其重力作用下从底部断裂，使建筑物破坏。在正曲率（地表上凸）作用下，建筑物两端将会悬空，也能使建筑物开裂破坏。

  地表水平变形也会造成建筑物的开裂破坏。

  《建筑物、水体、铁路及主要井巷煤柱留设与压煤开采规程》附录四列出了地表移动与变形的三种计算方法：典型曲线法、负指数函数法（剖面函数法）和概率积分法。岩土工程师可根据需要选用。

5.5.5 根据地表移动特征、地表移动所处阶段和地表移动、变形值的大小等进行采空区场地的建筑适宜性评价。下列场地不宜作为建筑场地：

  1 在开采过程中可能出现非连续变形的地段，当采深采厚比大于25～30，无地质构造破坏和采用正规采矿方法的条件下，地表一般出现连续变形；连续变形的分布是有规律的，其基本指标可用数学方法或图解方法表示；在采深采厚比小于25～30，或虽大于25～30，但地表覆盖层很薄，且采用高落式等非正规开采方法或上覆岩层有地质构造破坏时，易出现非连续变形，地表将出现大的裂缝或陷坑；非连续变形是没有规律的、突变的，其基本指标目前尚无严密的数学公式表示；非连续变形对地面建筑的危害要比连续变形大得多；

  2 处于地表移动活跃阶段的地段，在开采影响下的地表移动是一个连续的时间过程，对于地表每一个点的移动速度是有规律的，亦即地表移动都是由小逐渐增大到最大值，随后又逐渐减小直至零。在地表移动的总时间中，可划分为起始阶段、活跃阶段和衰退阶段；其中对地表建筑物危害最大的是地表移动的活跃阶段，是一个危险变形期；

  3 地表倾斜大于10mm/m或地表曲率大于0.6mm/m^{2}或地表水平变形大于6mm/m的地段；这些地段对砖石结构建筑物破坏等级已达IV级，建筑物将严重破坏甚至倒塌；对工业构筑物，此值也已超过容许变形值，有的已超过极限变形值，因此本条作了相应的规定。

  应该说明的是，如果采取严格的抗变形结构措施，则即使是处于主要影响范围内，可能出现非连续变形的地段或水平变形值较大（$\varepsilon=10\sim17$mm/m）的地段，也是可以建筑的。

5.5.6 小窑一般是手工开挖，采空范围较窄，开采深度较浅，一般多在50m深度范围内，但最深也可达200～300m，平面延伸达100～200m，以巷道采掘为主，向两边开挖支巷道，一般呈网格状分布或无规律，单层或2～3层重叠交错，巷道的高宽一般为2～3m，大多不支撑或临时支撑，任其自由垮落。因此，地表变形的特征是：

1 由于采空范围较窄，地表不会产生移动盆地。但由于开采深度小，又任其垮落，因此地表变形剧烈，大多产生较大的裂缝和陷坑；

2 地表裂缝的分布常与开采工作面的前进方向平行；随开采工作面的推进，裂缝也不断向前发展，形成互相平行的裂缝。裂缝一般上宽下窄，两边无显著高差出现。

小窑开采区一般不进行地质勘探，搜集资料的工作方法主要是向有关方面调查访问，并进行测绘、物探和勘探工作。

5.5.7 小窑采空区稳定性评价，首先是根据调查和测绘圈定地表裂缝、塌陷范围，如地表尚未出现裂缝或裂缝尚未达到稳定阶段，可参照同类型的小窑开采区的裂缝角用类比法确定。其次是确定安全距离。地表裂缝或塌陷区属不稳定阶段，建筑物应予避开，并有一定的安全距离。安全距离的大小可根据建筑物等级、性质确定，一般应大于5～15m。当建筑物位于采空区影响范围之内时，要进行顶板稳定分析，但目前顶板稳定性的力学计算方法尚不成熟。因此，本规范未推荐计算公式。主要靠搜集当地矿区资料和当地建筑经验，确定其是否需要处理和采取何种处理措施。

5.6 地 面 沉 降

5.6.1 本条规定了本节内容的适用范围。

1 从沉降原因来说，本节指的是由于常年抽吸地下水引起水位或水压下降而造成的地面沉降；它往往具有沉降速率大，年沉降量达到几十至几百毫米和持续时间长（一般将持续几年到几十年）的特征。本节不包括由于以下原因所造成的地面沉降：

　1) 地质构造运动和海平面上升所造成的地面沉降；
　2) 地下水位上升或地面水下渗造成的黄土自重湿陷；
　3) 地下洞穴或采空区的塌陷；
　4) 建筑物基础沉降时对附近地面的影响；
　5) 大面积堆载造成的地面沉降；
　6) 欠压密土的自重固结；
　7) 地震、滑坡等造成的地面陷落。

2 本节规定适用于较大范围的地面沉降，一般在100km²以上，不适用于局部范围由于抽吸地下水引起水位下降（例如基坑施工降水）而造成的地面沉降。

5.6.2 地面沉降勘察有两种情况，一是勘察地区已发生了地面沉降；一是勘察地区有可能发生地面沉降。两种情况的勘察内容是有区别的，对于前者，主要是调查地面沉降的原因，预测地面沉降的发展趋势，并提出控制和治理方案；对于后者，主要应预测地面沉降的可能性和估算沉降量。

5.6.3 地面沉降原因的调查包括三个方面的内容。即场地工程地质条件，场地地下水埋藏条件和地下水变化动态。

国内外地面沉降的实例表明，发生地面沉降地区的共同特点是它们都位于厚度较大的松散堆积物，主要是第四纪堆积物之上。沉降的部位几乎无例外地都在较细的砂土和粘性土互层之上。当含水层上的粘性土厚度较大，性质松软时，更易造成较大沉降。因此，在调查地面沉降原因时，应首先查明场地的沉积环境和年代，弄清楚冲积、湖积或浅海相沉积平原或盆地中第四纪松散堆积物的岩性、厚度和埋藏条件。特别要查明硬土层和软弱压缩层的分布。必要时尚可根据这些地层单元体的空间组合，分出不同的地面沉降地质结构区。例如，上海地区按照三个软粘土压缩层和暗绿色硬粘土层的空间组合，分成四个不同的地面沉降地质结构区，其产生地面沉降的效应也不一样。

从岩土工程角度研究地面沉降，应着重研究地表下一定深度内压缩层的变形机理及其过程。国内外已有研究成果表明，地面沉降机制与产生沉降的土层的地质成因、固结历史、固结状态、孔隙水的赋存形式及其释水机理等有密切关系。

抽吸地下水引起水位或水压下降，使上覆土层有效自重压力增加，所产生的附加荷载使土层固结，是产生地面沉降的主要原因。因此，对场地地下水埋藏条件和历年来地下水变化动态进行调查分析，对于研究地面沉降来说是至关重要的。

5.6.4 对地面沉降现状的调查主要包括下列三方面内容：

1 地面沉降量的观测；
2 地下水的观测；
3 对地面沉降范围内已有建筑物的调查。

地面沉降量的观测是以高精度的水准测量为基础的。由于地面沉降的发展和变化一般都较缓慢，用常规水准测量方法已满足不了精度要求。因此本条要求地面沉降观测应满足专门的水准测量精度要求。

进行地面沉降水准测量时一般需要设置三种标点。高程基准标，也称背景标，设置在地面沉降所不能影响的范围，作为衡量地面沉降基准的标点。地面沉降标用于观测地面升降的地面水准点。分层沉降标，用于观测某一深度处土层的沉降幅度的观测标。

地面沉降水准测量的方法和要求应按现行国家标准《国家一、二等水准测量规范》（GB12897）规定执行。一般在沉降速率大时可用Ⅱ等精度水准，缓慢时要用Ⅰ等精度水准。

对已发生地面沉降的地区进行调查研究，其成果可综合反映到以地面沉降为主要特征的专门工程地质分区图上。从该图可以看出地下水开采量、回灌量、水位变化、地质结构与地面沉降的关系。

5.6.5 对已发生地面沉降的地区，控制地面沉降的基本措施是进行地下水资源管理。我国上海地区首先进行了各种措施的试验研究，先后采取了压缩水量、人工补给地下水和调整地下水开采层次等综合措施，在上海市区取得了基本控制地面沉降的成效。在这三种主要措施中，压缩地下水开采量使地下水位恢复是控制地面沉降的最主要措施，这些措施的综合利用已为国内条件与上海类似的地区所采用。

向地下水进行人工补给灌注时，要严格控制回灌水源的水质标准，以防止地下水被污染，并要根据地下水动态和地面沉降规律，制定合理的采灌方案。

5.6.6 可能发生地面沉降的地区，一般是指具有以下情况的地区：

1 具有产生地面沉降的地质环境模式，如冲积平原、三角洲平原、断陷盆地等；

2 具有产生地面沉降的地质结构，即第四纪松散堆积层厚度很大；

3 根据已有地面测量和建筑物观测资料，随着地下水的进一步开采，已有发生地面沉降的趋势。

对可能发生地面沉降的地区，主要是预测地面沉降的发展趋势，即预测地面沉降量和沉降过程。国内外有不少资料对地面沉降提供了多种计算方法。归纳起来大致有理论计算方法，半理论半经验方法和经验方法等三种。由于地面沉降区地质条件和各种边界条件的复杂性，采用半理论半经验方法或经验方法，经实践证明是较简单实用的计算方法。

5.7 场地和地基的地震效应

5.7.1 本条规定在抗震设防烈度等于或大于6度的地区勘察时，应考虑地震效应问题，现作如下说明：

1 《建筑抗震设计规范》（GB50011—2001）规定了设计基本地震加速度的取值，6度为0.05g，7度为0.10（0.15）g，8度为0.20（0.30）g，9度为0.40g；为了确定地震影响系数曲线上的特征周期值，通过勘察确定建筑场地类别是必须做的工作；

2 饱和砂土和饱和粉土的液化判别，6度时一般情况下可不考虑，但对液化沉陷敏感的乙类建筑应判别液化，并规定可按7度考虑；

3 对场地和地基地震效应，不同的烈度区有不同的考虑，所谓场地和地基的地震效应一般包括以下内容：

1）相同的基底地震加速度，由于覆盖层厚度和土的剪切模量不同，会产生不同的地面运动。

2）强烈的地面运动会造成场地和地基的失稳或失效，如地裂、液化、震陷、崩塌、滑坡等；

3）地表断裂造成的破坏；

4）局部地形、地质结构的变异引起地面异常波动造成的破坏。

由国家批准，中国地震局主编的《中国地震动参数区划图》（GB18306—2001）已于2001年8月1日实施。由地震烈度区划向地震动参数区划过渡是一项重要的技术进步。《中国地震动参数区划图》（GB18306—2001）的内容包括"中国地震动峰值加速度区划图"、"中国地震动反应谱特征周期区划图"和"关于地震基本烈度向地震动参数过渡的说明"等。同时，《建筑抗震设计规范》（GB50011—2001）规定了我国主要城镇抗震设防烈度、设计基本地震加速度和设计特征周期分区。勘察报告应提出这些基本数据。

5.7.2~5.7.4 对这几条做以下说明：

1 划分建筑场地类别，是岩土工程勘察在地震烈度等于或大于6度地区必须进行的工作，现行国家标准《建筑抗震设计规范》（GB50011）根据土层等效剪切波速和覆盖层厚度划分为四类，当有可靠的剪切波速和覆盖层厚度值而场地类别处于类别的分界线附近时，可按插值方法确定场地反应谱特征周期。

2 勘察时应有一定数量的勘探孔满足上述要求，其深度应大于覆盖层厚度，并分层测定土的剪切波速；当场地覆盖层厚度已大致掌握并在以下情况时，为测量土层剪切波速的勘探孔可不必穿过覆盖层，而只需达到20m即可：

1）对于中软土，覆盖层厚度能肯定不在50m左右；

2）对于软弱土，覆盖层厚度能肯定不在80m左右；

如果建筑场地类别处在两种类别的分界线附近，需要按插值方法确定场地反应谱特征周期时，勘察时应提供可靠的剪切波速和覆盖层厚度值。

3 测量剪切波速的勘探孔数量，《建筑抗震设计规范》（GB50011—2001）有下列规定：

"在场地初步勘察阶段，对大面积的同一地质单元，测量土层剪切波速的钻孔数量，应为控制性钻孔数量的1/3~1/5，山间河谷地区可适量减少，但不宜少于3个；在场地详细勘察阶段，对单幢建筑，测量土层剪切波速的钻孔数量不宜少于2个，数据变化较大时，可适量增加；对小区中处于同一地质单元的密集高层建筑群，测量土层剪切波速的钻孔数量可适当减少，但每幢高层建筑不得少于一个"。

4 划分对抗震有利、不利或危险的地段和对抗震不利的地形，《建筑抗震设计规范》（GB50011）有明确规定，应遵照执行。

5.7.5 地震液化的岩土工程勘察，应包括三方面的内容，一是判定场地土有无液化的可能性；二是评价液化等级和危害程度；三是提出抗液化措施的建议。

地震震害调查表明，6度区液化对房屋结构和其他各类工程所造成的震害是比较轻的，故本条规定抗震设防烈度为6度时，一般情况下可不考虑液化的影响，但为安全计，对液化沉陷敏感的乙类建筑（包括相当于乙类建筑的其他重要工程），可按7度进行液化判别。

由于甲类建筑（包括相当于甲类建筑的其他特别重要工程）的地震作用要按本地区设防烈度提高一度计算，当为8、9度时尚应专门研究，所以本条相应地规定甲类建筑应进行专门的液化勘察。

本节所指的甲、乙、丙、丁类建筑，系按现行国家标准《建筑物抗震设防分类标准》（GB50223—95）的规定划分。

5.7.6、5.7.7 主要强调三点：

1 液化判别应先进行初步判别，当初步判别认为有液化可能时，再作进一步判别；

2 液化判别宜用多种方法综合判定，这是因为地震液化是由多种内因（土的颗粒组成、密度、埋藏条件、地下水位、沉积环境和地质历史等）和外因（地震动强度、频谱特征和持续时间等）综合作用的结果；例如，位于河曲凸岸新近沉积的粉细砂特别容易发生液化，历史上曾经发生过液化的场地容易再次发生液化等；目前各种判别液化的方法都是经验方法，都有一定的局限性和模糊性，故强调"综合判别"；

3 河岸和斜坡地带的液化，会导致滑移失稳，对工程的危害很大，应予特别注意；目前尚无简易的判别方法，应根据具体条件专门研究。

5.7.8 关于液化判别的深度问题，《94规范》和《建筑抗震设计规范》89版均规定为15m。在规范修订过程中，曾考虑加深至20m，但经过反复研究后认为，根据现有的宏观震害调查资料，地震液化主要发生在浅层，深度超过15m的实例极少。将判别深度普遍增加至20m，科学依据不充分，又加大了勘察工作量，故规定一般情况仍为15m，桩基和深埋基础才加深至20m。

5.7.9 说明以下三点：

1 液化的进一步判别，现行国家标准《建筑抗震设计规范》（GB50011—2001）的规定如下：

当饱和土标准贯入锤击数（未经杆长修正）小于液化判别标准贯入锤击数临界值时，应判为液化土。液化判别标准贯入锤击数临界值可按下式计算：

$$N_{cr} = N_0[0.9 + 0.1(d_s - d_w)]\sqrt{\frac{3}{\rho_c}} \quad (d_s \leq 15) \tag{5.5}$$

$$N_{cr} = N_0(2.4 - 0.1d_w)\sqrt{\frac{3}{\rho_c}} \quad (15 < d_s \leq 20) \tag{5.6}$$

式中 N_{cr}——液化判别标准贯入锤击数临界值；

N_0——液化判别标准贯入锤击数基准值，应按表5.1采用；

d_s——饱和土标准贯入点深度（m）；

ρ_c——粘粒含量百分率，当小于3或为砂土时，应采用3；

表5.1 标准贯入锤击数基准值

设计地震分组	烈度		
	7	8	9
第一组	6（8）	10（13）	16
第二、三组	8（10）	12（15）	18

注：括号内数值用于设计基本地震加速度取0.15g和0.30g的地区。

2 《94规范》曾规定，采用静力触探试验判别，是根据唐山地震不同烈度区的试验资料，用判别函数法统计分析得出的，已纳入铁道部《铁路工程抗震设计规范》和《铁路工程地质原位测试规程》，适用于饱和砂土和饱和粉土的液化判别；具体规定是：当实测计算比贯入阻力 p_s 或实测计算锥尖阻力 q_c 小于液化比贯入阻力临界值 p_{scr} 或液化锥尖阻力临界值 q_{ccr} 时，应判别为液化土，并按下列公式计算：

$$p_{scr} = p_{s0}\alpha_w\alpha_u\alpha_p \tag{5.7}$$

$$q_{ccr} = q_{c0}\alpha_w\alpha_u\alpha_p \tag{5.8}$$

$$\alpha_w = 1 - 0.065(d_w - 2) \tag{5.9}$$

$$\alpha_u = 1 - 0.05(d_u - 2) \tag{5.10}$$

式中 p_{scr}、q_{ccr}——分别为饱和土静力触探液化比贯入阻力临界值及锥尖阻力临界值（MPa）；

p_{s0}、q_{c0}——分别为地下水深度 $d_w = 2$m，上覆非液化土层厚度 $d_u = 2$m 时，饱和土液化判别比贯入阻力基准值和液化判别锥尖阻力基准值（MPa），可按表5.2取值；

α_w——地下水位埋深修正系数，地面常年有水且与地下水有水力联系时，取1.13；

α_u——上覆非液化土层厚度修正系数，对深基础，取1.0；

d_w——地下水位深度（m）；

d_u——上覆非液化土层厚度（m），计算时应将淤泥和淤泥质土层厚度扣除；

α_p——与静力触探摩阻比有关的土性修正系数，可按表5.3取值；

表 5.2　比贯入阻力和锥尖阻力基准值 p_{s0}、q_{c0}

抗震设防烈度	7度	8度	9度
p_{s0}（MPa）	5.0~6.0	11.5~13.0	18.0~20.0
q_{c0}（MPa）	4.6~5.5	10.5~11.8	16.4~18.2

表 5.3　土性修正系数 α_p 值

土类	砂土	粉土	
静力触探摩阻比 R_f	$R_f \leqslant 0.4$	$0.4 < R_f \leqslant 0.9$	$R_f > 0.9$
α_p	1.00	0.60	0.45

3　用剪切波速判别地面下 15m 范围内饱和砂土和粉土的地震液化，可采用以下方法：

实测剪切波速 v_s 大于按下式计算的临界剪切波速时，可判为不液化；

$$v_{scr} = v_{s0}(d_s - 0.0133d_s^2)^{0.5} \left[1.0 - 0.185\left(\frac{d_w}{d_s}\right)\right]\left(\frac{3}{\rho_c}\right)^{0.5} \quad (5.11)$$

式中　v_{scr}——饱和砂土或饱和粉土液化剪切波速临界值(m/s)；
　　　v_{s0}——与烈度、土类有关的经验系数，按表 5.4 取值；
　　　d_s——剪切波速测点深度（m）；
　　　d_w——地下水深度（m）。

表 5.4　与烈度、土类有关的经验系数 v_{s0}

土类	v_{s0}（m/s）		
	7度	8度	9度
砂土	65	95	130
粉土	45	65	90

该法是石兆吉研究员根据 Dobry 刚度法原理和我国现场资料推演出来的，现场资料经筛选后共 68 组砂土，其中液化 20 组，未液化 48 组；粉土 145 组，其中液化 93 组，不液化 52 组。有粘粒含量值的 33 组。《天津市建筑地基基础设计规范》(TBJ1-88) 结合当地情况引用了该成果。

5.7.10　评价液化等级的基本方法是：逐点判别（按照每个标准贯入试验点判别液化可能性），按孔计算（按每个试验孔计算液化指数），综合评价（按照每个孔的计算结果，结合场地的地质地貌条件，综合确定场地液化等级）。

5.7.11　强烈地震时软土发生震陷，不仅被科学实验和理论研究证实，而且在宏观震害调查中，也证明它的存在，但研究成果尚不够充分，较难进行预测和可靠的计算，《94 规范》主要根据唐山地震经验提出的下列标准，可作为参考：

当地基承载力特征值或剪切波速大于表 5.5 数值时，可不考虑震陷影响。

表 5.5　临界承载力特征值和等效剪切波速

抗震设防烈度	7度	8度	9度
承载力特征值 f_a（kPa）	>80	>100	>120
等效剪切波速 v_{sr}（m/s）	>90	>140	>200

根据科研成果，湿度大的黄土在地震作用下，也会发生液化和震陷，已在室内动力试验和古地震的调查中得到证实。鉴于迄今为止尚无公认的预测判别方法，故本次修订未予列入。

5.8　活 动 断 裂

5.8.1　活动断裂的勘察和评价是重大工程在选址时应进行的一项重要工作。重大工程一般是指对社会有重大价值或者有重大影响的工程，其中包括使用功能不能中断或需要尽快恢复的生命线工程，如医疗、广播、通讯、交通、供水、供电、供气等工程。重大工程的具体确定，应按照国务院、省级人民政府和各行业部门的有关规定执行。大型工业建设场地或者《建筑抗震设计规范》（GB50011）规定的甲类、乙类及部分重要的丙类建筑，应属于重大工程。考虑到断裂勘察的主要研究问题是断裂的活动性和地震，断裂主要在地震作用下才会对场地稳定性产生影响。因此，本条规定在抗震设防烈度等于或大于 7 度的地区应进行断裂勘察。

5.8.2　本条从岩土工程和地震工程的观点出发，考虑到工程安全的实际需要，对断裂的分类及其涵义作了明确的规定，既与传统的地质观点有区别，又保持了一定的连续性，更考虑到工程建设的需要和适用性。在活动断裂前冠以"全新"二字，并赋予较为确切的涵义。考虑到"发震断裂"与"全新活动断裂"的密切关系，将一部分近期有强烈地震活动的"全新活动断裂"定义为"发震断裂"。这样划分可以将地壳上存在的绝大多数断裂归入对工程建设场地稳定性无影响的"非全新活动断裂"中去，对工程建设有利。

5.8.3　考虑到全新活动断裂的规模、活动性质、地震强度、运动速率差别很大，十分复杂。重要的是其对工程稳定性的评价和影响也很不相同，不能一概而论。本条根据我国断裂活动的继承性、新生性特点和工程实践经验，参考了国外的一些资料，考虑断裂的活动时间、活动速率和地震强度等因素，将全新活动断裂分为强烈全新活动断裂、中等全新活动断裂和微弱全新活动断裂。

5.8.4、5.8.5　当前国内外地震地质研究成果和工程实践经验都较为丰富，在工程中勘察与评价活动断裂一般都可以通过搜集、查阅文献资料，进行工程地质测绘和调查就可以满足要求，只有在必要的情况下，才进行专门的勘探和测试工作。

搜集和研究厂址所在地区的地质资料和有关文献档案是鉴别活动断裂的第一步，也是非常重要的一步，在许多情况下，甚至只要搜集、分析、研究已有的丰富的文献资料，就能基本查明和解决有关活动断裂的问题。

在充分搜集已有文献资料和进行航空相片、卫星、相片解译的基础上进行野外调查，开展工程地质测绘是目前进行断裂勘察、鉴别活动断裂的最重要、最常用的手段之一。活动断裂都是在老构造的基础上发生新活动的断裂，一般说来它们的走向、活动特点、破碎带特性等断裂要素与构造有明显的继承性。因此，在对一个工程地区的断裂进行勘察时，应首先对本地区的构造格架有清楚的认识和了解。野外测绘和调查可以根据断裂活动引起的地形地貌特征、地质地层特征和地震迹象等鉴别活动特征。

5.8.6 本条对断裂的处理措施作了原则的规定。首先规定了重大工程场地或大型工业场地在可行性研究中，对可能影响工程稳定性的全新活动断裂，应采取避让的处理措施。避让的距离应根据工程和活动断裂的情况进行具体分析和研究确定。当前有些标准已作了一些具体的规定，如《建筑抗震设计规范》（GB50011—2001）在仅考虑断裂错动影响的条件下，按单个建筑物的分类提出了避让距离。《火力发电厂岩土工程勘测技术规程》（DL/T 5074—1997）提出了"大型发电厂与断裂的安全距离及处理措施"。

6 特殊性岩土

6.1 湿陷性土

6.1.1 湿陷性土在我国分布广泛，除常见的湿陷性黄土外，在我国干旱和半干旱地区，特别是在山前洪、坡积扇（裙）中常遇到湿陷性碎石土、湿陷性砂土等。这种土在一定压力下浸水也常呈现强烈的湿陷性。由于这类湿陷性土在评价方面尚不能完全沿用我国现行国家标准《湿陷性黄土地区建筑规范》（GB50025）的有关规定，所以本规范补充了这部分内容。

6.1.2 这类非黄土的湿陷性土的勘察评价首先要判定是否具有湿陷性。由于这类土不能如黄土那样用室内浸水压缩试验，在一定压力下测定湿陷系数 δ_s，并以 δ_s 值等于或大于 0.015 作为判定湿陷性黄土的标准界限。本规范规定采用现场浸水载荷试验作为判定湿陷性土的基本方法，并规定以在 200kPa 压力作用下浸水载荷试验的附加湿陷量与承压板宽度之比等于或大于 0.023 的土应判定为湿陷性土，其基本思路为：

1 假设在 200kPa 压力作用下载荷试验主要受压层的深度范围 z 等于承压板底面以下1.5倍承压板宽度；

2 浸水后产生的附加湿陷量 ΔF_s 与深度 z 之比 $\Delta F_s/z$，即相当于土的单位厚度产生的附加湿陷量；

3 与室内浸水压缩试验相类比，把单位厚度的附加湿陷量（在室内浸水压缩试验即为湿陷系数 δ_s）作为判定湿陷性土的定量界限指标，并将其值规定为 0.015，即

$$\Delta F_s/z = \delta_s = 0.015 \quad (6.1)$$
$$z = 1.5b \quad (6.2)$$
$$\Delta F_s/b = 1.5 \times 0.015 \approx 0.023 \quad (6.3)$$

以上这种判定湿陷性的方法当然是很粗略的，从理论上说，现场载荷试验与室内压缩试验的应力状态和变形机制是不相同的。但是考虑到目前没有其他更好的方法来判定这类土的湿陷性，从《94规范》施行以来，也还没有收集到不同意见，所以本规范暂且仍保留 0.023 作为用 $\Delta F_s/b$ 值判定湿陷性的界限值的规定，以便进一步积累数据，总结经验。这个值与现行国家标准《湿陷性黄土地区建筑规范》（GB50025）规定的载荷试验"取浸水下沉量（s）与承压板宽度（b）之比值等于 0.017 所对应的压力作为湿陷起始压力值"略有差异，现行国家标准《湿陷性黄土地区建筑规范》（GB50025）的 0.017 大致相当于主要受压层的深度范围 z 等于承压板宽度的 1.1 倍。

6.1.3 本条基本上保留了《94规范》第 5.1.2 条的内容，突出强调了以下内容：

1 有这种土分布的勘察场地，由于地貌、地质条件比较特殊，土层产状多较复杂，所以勘探点间距不宜过大，应按本规范第 4 章的规定取小值，必要时还应适当加密；

2 控制性勘探孔深度应穿透湿陷土层；

3 对于碎石土和砂土，宜采用动力触探试验和标准贯入试验确定力学特性；

4 不扰动土试样应在探井中采取；

5 增加了对厚度较大的湿陷性土，应在不同深度处分别进行浸水载荷试验的要求。

6.1.4 本条内容与《94规范》相比，有了一些变动，主要为：

1 将湿陷性土的湿陷程度与地基湿陷等级两个不同的概念区别开来，湿陷程度主要按湿陷系数（也就是在压力作用下浸水时湿陷性土的单位厚度所产生的附加湿陷量）的大小来划分，为了与现行《湿陷性黄土地区建筑规范》（GB50025）相适应，将湿陷程度分为轻微、中等和强烈三类；

2 从本规范第 6.1.2 条的基本思路出发，可以得出不同湿陷程度的土的载荷试验附加湿陷量界限值，如表 6.1 所示。

表6.1　湿陷程度分类

湿陷程度	湿陷性黄土的湿陷系数 δ_s	与此相当的 $\Delta F_s/b$	附加湿陷量 ΔF_s (cm) 承压板面积 0.50m²	附加湿陷量 ΔF_s (cm) 承压板面积 0.25m²
轻微	$0.015 \leq \delta_s \leq 0.03$	$0.023 \leq \Delta F_s/b \leq 0.045$	$1.6 \leq \Delta F_s \leq 3.2$	$1.1 \leq \Delta F_s \leq 2.3$
中等	$0.03 < \delta_s \leq 0.07$	$0.045 < \Delta F_s/b \leq 0.105$	$3.2 < \Delta F_s \leq 7.4$	$2.3 < \Delta F_s \leq 5.3$
强烈	$\delta_s > 0.07$	$\Delta F_s/b > 0.105$	$\Delta F_s > 7.4$	$\Delta F_s > 5.3$

6.1.5 与湿陷性黄土相似，本规范采用基础底面以下各湿陷性土层的累计总湿陷量 Δ_s 作为判定湿陷性地基湿陷等级的定量标准。

由于湿陷性土的湿陷性是用载荷试验附加湿陷量来表示的，所以总湿陷量 Δ_s 的计算公式中，引入附加湿陷量 ΔF_s，并对修正系数 β 值作了相应的调整。

1 基本思路是与现行国家标准《湿陷性黄土地区建筑规范》(GB50025)的总湿陷量计算公式相协调，β 取值考虑两方面的因素，一是基础底面以下湿陷性土层的厚度一般都不大，可以按现行国家标准《湿陷性黄土地区建筑规范》(GB50025)中基底下5m深度内的相应 β 值考虑；二是 β 值与承压板宽度 b 有关，可推导得出 β 为承压板宽度 b 的倒数，所以当承压板面积为 0.50m²（$b=70.7$cm）和 0.25m²（$b=50$cm）时，β 分别取 0.014cm⁻¹ 和 0.020cm⁻¹；

2 由于载荷试验的结果主要代表承压板底面以下 $1.5b$ 范围内土层的湿陷性；对于基础底面以下湿陷性土层厚度超过 2m 时，应在不同深度处分别进行浸水载荷试验。

6.1.6 湿陷性土地基的湿陷等级根据总湿陷量 Δ_s 按表 6.1.6 判定，需要说明的是：

1 湿陷性土地基的湿陷等级分为Ⅰ（轻微）、Ⅱ（中等）、Ⅲ（严重）、Ⅳ（很严重）四级；

2 湿陷等级的分级标准基本上与现行国家标准《湿陷性黄土地区建筑规范》(GB50025)相近；

3 由于缺乏非黄土湿陷性土的自重湿陷性资料，故一般不作建筑场地湿陷类型的判定，在确定地基湿陷等级时，总湿陷量 Δ_s 大于 30cm 时，一般可按照自重湿陷性场地考虑；

4 在总湿陷量 Δ_s 相同的情况下，基底下湿陷性土总厚度较小意味着土层湿陷性较为强烈，因此体现出表 6.1.6 中基底下湿陷性土总厚度小于 3m 的地基湿陷等级按提高一级考虑。

6.1.7 在湿陷性土地区进行建设，应根据湿陷性土的特点、湿陷等级、工程要求，结合当地建筑经验，因地制宜，采取以地基处理为主的综合措施，防止地基湿陷。

6.2 红 粘 土

6.2.1 本节所指的红粘土是我国红土的一个亚类，即母岩为碳酸盐岩系（包括间夹其间的非碳酸盐岩类岩石），经湿热条件下的红土化作用形成的特殊土类。本条明确了红粘土包括原生与次生红粘土。以下各条规定均适用于这两类红粘土。按照本条的定义，原生红粘土比较易于判定，次生红粘土则可能具备某种程度的过渡性质。勘察中应通过第四纪地质、地貌的研究，根据红粘土特征保留的程度确定是否判定为次生红粘土。

6.2.2 本条着重指出红粘土作为特殊性土有别于其他土类的主要特征是：上硬下软、表面收缩、裂隙发育。地基是否均匀也是红粘土分布区的重要问题。本节以后各条的规定均针对这些特征作出。至于与其他土类具有共性的勘察内容，可按有关章节的规定执行，本节不予重复。为了反映上硬下软的特征，勘察中应详细划分土的状态。红粘土状态的划分可采用一般粘性土的液性指数划分法，也可采用红粘土特有含水比划分法。为反映红粘土裂隙发育的特征，应根据野外观测的裂隙密度对土体结构进行分类。红粘土的网状裂隙分布，与地貌有一定联系，如坡度、朝向等，且呈由浅而深递减之势。红粘土中的裂隙会影响土的整体强度，降低其承载力，是土体稳定的不利因素。

红粘土天然状态膨胀率仅 0.1%~2.0%，其胀缩性主要表现为收缩，线缩率一般 2.5%~8%，最大达 14%。但在缩后复水，不同的红粘土有明显的不同表现，根据统计分析提出了经验方程 $I'_r \approx 1.4 + 0.0066 w_L$ 以此对红粘土进行复水特性划分。划属Ⅰ类者，复水后随含水量增大而解体，胀缩循环呈现胀势，缩后土样高大于原始高，胀量逐次积累以崩解告终；风干复水，土的分散性、塑性恢复、表现出凝聚与胶溶的可逆性。划属Ⅱ类者，复水土的含水量增量微，外形完好，胀缩循环呈现缩势，缩量逐次积累，缩后土样高小于原始高；风干复水，干后形成的团粒不完全分离，土的分散性、塑性及 I_r 值降低，表现出胶体的不可逆性。这两类红粘土表现出不同的水稳性和工程性能。

红粘土地区地基的均匀性差别很大。如地基压缩层范围均为红粘土，则为均匀地基；否则，上覆硬塑红粘土较薄，红粘土与岩石组成的土岩组合地基，是很严重的不均匀地基。

6.2.3 红粘土地区的工程地质测绘和调查，是在一般性的工程地质测绘基础上进行的。其内容与要求可根据工程和现场的实际情况确定。条文中提及的五个方面，工作中可以灵活掌握，有所侧重，或有所简略。

6.2.4 由于红粘土具有垂直方向状态变化大，水平方向厚度变化大的特点，故勘探工作应采用较密的点距，特别是土岩组合的不均匀地基。红粘土底部常有软弱土层，基岩面的起伏也很大，故勘探孔的深度不宜单纯根据地基变形计算深度来确定，以免漏掉对场地与地基评价至关重要的信息。对于土岩组合的不均匀地基，勘探孔深度应达到基岩，以便获得完整的地层剖面。

基岩面上土层特别软弱，有土洞发育时，详细勘察阶段不一定能查明所有情况，为确保安全，在施工阶段补充进行施工勘察是必要的，也是现实可行的。基岩面高低不平，基岩面倾斜或有临空面时，嵌岩桩容易失稳，进行施工勘察是必要的。

6.2.5 水文地质条件对红粘土评价是非常重要的因素。仅仅通过地面的测绘调查往往难以满足岩土工程评价的需要。此时补充进行水文地质勘察、试验、观测工作是必要的。

6.2.6 裂隙发育是红粘土的重要特性，故红粘土的抗剪强度应采用三轴试验。红粘土有收缩特性，收缩再浸水（复水）时又有不同的性质，故必要时可做收缩试验和复浸水试验。

6.2.7 红粘土承载力的确定方法，原则上与一般土并无不同。应特别注意的是红粘土裂隙的影响以及裂隙发展和复浸水可能使其承载力下降。考虑到各种不利的临空边界条件，尽可能选用符合实际的测试方法。过去积累的确定红粘土承载力的地区性成熟经验，应予充分利用。

6.2.8 地裂是红粘土地区的一种特有的现象。地裂规模不等，长可达数百米，深可延伸至地表下数米，所经之处地面建筑无一不受损坏。故评价时应建议建筑物绕避地裂。

红粘土中基础埋深的确定可能面临矛盾。从充分利用硬层，减轻下卧软层的压力而言，宜尽量浅埋；但从避免地面不利因素影响而言，又必须深于大气影响急剧层的深度。评价时应充分权衡利弊，提出适当的建议。如果采用天然地基难以解决上述矛盾，则宜放弃天然地基，改用桩基。

6.3 软 土

6.3.1 软土中淤泥和淤泥质土，现行国家标准《建筑地基基础设计规范》（GB50007—2002）已有明确定义。泥炭和泥炭质土中含有大量未分解的腐殖质，有机质含量大于60%为泥炭；有机质含量10%～60%为泥炭质土。

6.3.2 从岩土工程的技术要求出发，对软土的勘察应特别注意查明下列问题：

  1 对软土的排水固结条件、沉降速率、强度增长等起关键作用的薄层理与夹砂层特征；

  2 土层均匀性，即厚度、土性等在水平向和垂直向的变化；

  3 可作为浅基础、深基础持力层的硬土层或基岩的埋藏条件；

  4 软土的固结历史，确定是欠固结、正常固结或超固结土，是十分重要的。先期固结压力前后变形特性有很大不同，不同固结历史的软土的应力应变关系有不同特征；要很好确定先期固结压力，必须保证取样的质量；另外，应注意灵敏性粘土受扰动后，结构破坏对强度和变形的影响；

  5 软土地区微地貌形态与不同性质的软土层分布有内在联系，查明微地貌、旧堤、堆土场、暗埋的塘、浜、沟、穴等，有助于查明软土层的分布；

  6 施工活动引起的软土应力状态、强度、压缩性的变化；

  7 地区的建筑经验是十分重要的工程实践经验，应注意搜集。

6.3.3 软土勘察应考虑下列问题：

  1 对勘探点的间距，提出了针对不同成因类型的软土和地基复杂程度采用不同布置的原则；

  2 对勘探孔的深度，不要简单地按地基变形计算深度确定，而提出根据地质条件、建筑物特点、可能的基础类型确定；此外还应预计到可能采取的地基处理方案的要求；

  3 勘探手段以钻探取样与静力触探相结合为原则；在软土地区用静力触探孔取代相当数量的勘探孔，不仅减少钻探取样和土工试验的工作量，缩短勘察周期，而且可以提高勘察工作质量；静力触探是软土地区十分有效的原位测试方法；标准贯入试验对软土并不适用，但可用于软土中的砂土、硬粘性土等。

6.3.4 软土易扰动，保证取土质量十分重要，故本条作了专门规定。

6.3.5 本条规定了软土地区适用的原位测试方法，这是几十年经验的总结。静力触探最大的优点在于精确的分层，用旁压试验测定软土的模量和强度，用十字板剪切试验测定内摩擦角近似为零的软土强度，实践证明是行之有效的。扁铲侧胀试验和螺旋板载荷试验，虽然经验不多，但最适用于软土也是公认的。

6.3.6 试验土样的初始应力状态、应力变化速率、排水条件和应变条件均应尽可能模拟工程的实际条件。故对正常固结的软土应在自重应力下预固结后再作不固结不排水三轴剪切试验。

6.3.7 软土的岩土工程分析与评价应考虑下列问题：

  1 分析软土地基的均匀性，包括强度、压缩性的均匀性，注意边坡稳定性；

  2 选择合适的持力层，并对可能的基础方案进行技术经济论证，尽可能利用地表硬壳层；

  3 注意不均匀沉降和减少不均匀沉降的措施；

  4 对评定软土地基承载力强调了综合评定的原则，不单靠理论计算，要以当地经验为主，对软土地基承载力的评定，变形控制原则十分重要；

5 软土地基的沉降计算仍推荐分层总和法，一维固结沉降计算模式并乘经验系数的计算方法，但也可采用其他新的计算方法，以便积累经验，提高技术水平。

6.4 混 合 土

6.4.1 混合土在颗粒分布曲线形态上反映出呈不连续状。主要成因有坡积、洪积、冰水沉积。

经验和专门研究表明：粘性土、粉土中的碎石组分的质量只有超过总质量的25%时，才能起到改善土的工程性质的作用；而在碎石土中，粘粒组分的质量大于总质量的25%时，则对碎石土的工程性质有明显的影响，特别是当含水量较大时。

6.4.2 本条是从混合土的特点出发，提出了勘察时应重点注意的问题。混合土大小颗粒混杂，故应有一定数量的探井，以便直接观察，采取试样。动力触探对粗粒混合土是很好的手段，但应有一定数量的钻孔或探井配合。

6.5 填 土

6.5.3 填土的勘察方法，应针对不同的物质组成，采用不同的手段。轻型动力触探适用于粘性土、粉土素填土，静力触探适用于冲填土和粘性土素填土，动力触探适用于粗粒填土。杂填土成分复杂，均匀性很差，单纯依靠钻探难以查明，应有一定数量的探井。

6.5.4 素填土和杂填土可能有湿陷性，如无法取样作室内试验，可在现场用浸水载荷试验确定。本条的压实填土指的是压实粘性土填土。

6.5.5 除了控制质量的压实填土外，一般说来，填土的成分比较复杂，均匀性差，厚度变化大，利用填土作为天然地基应持慎重态度。

6.6 多年冻土

6.6.1 我国多年冻土主要分布在青藏高原、帕米尔及西部高山（包括祁连山、阿尔泰山、天山等），东北的大小兴安岭和其他高山的顶部也有零星分布。冻土的主要特点是含有冰，本次修订时，参照《冻土地区建筑地基基础设计规范》(JGJ118—98)，对多年冻土定义作了调整，从保持冻结状态3年或3年以上改为2年或2年以上。

多年冻土中如含易溶盐或有机质，对其热学性质和力学性质都会产生明显影响，前者称为盐渍化多年冻土，后者称为泥炭化多年冻土，勘察时应予注意。

6.6.2 多年冻土对工程的主要危害是其融沉性（或称融陷性），故应进行融沉性分级。本次修订时，仍将融沉性分为五级，并参考《冻土地区建筑地基基础设计规范》(JGJ118—98)，对具体指标作了调整。

6.6.3 多年冻土的设计原则有"保持冻结状态的设计"、"逐渐融化状态的设计"和"预先融化状态的设计"。不同的设计原则对勘察的要求是不同的。在多年冻土勘察中，多年冻土上限深度及其变化值，是各项工程设计的主要参数。影响上限深度及其变化的因素很多，如季节融化层的导热性能、气温及其变化，地表受日照和反射热的条件，多年地温等。确定上限深度主要有下列方法：

1 野外直接测定：

在最大融化深度的季节，通过勘探或实测地温，直接进行鉴定；在衔接的多年冻土地区，在非最大融化深度的季节进行勘探时，可根据地下冰的特征和位置判断上限深度；

2 用有关参数或经验方法计算：

东北地区常用上限深度的统计资料或公式计算，或用融化速率推算；青藏高原常用外推法判断或用气温法、地温法计算。

多年冻土的类型，按埋藏条件分为衔接多年冻土和不衔接多年冻土；按物质成分有盐渍多年冻土和泥炭多年冻土；按变形特性分为坚硬多年冻土、塑性多年冻土和松散多年冻土。多年冻土的构造特征有整体状构造、层状构造、网状构造等。多年冻土的冻胀性分级，按现行《冻土地区建筑地基基础设计规范》(JGJ118—98)执行。

6.6.4 多年冻土勘探孔的深度，应符合设计原则的要求。参照《冻土地区建筑地基基础设计规范》(JGJ118—98)做出了本条第1、2款的规定。多年冻土的上限深度，不稳定地带的下限深度，对于设计也很重要，亦宜查明。饱冰冻土和含土冰层的融沉量很大，勘探时应予穿透，查明其厚度。

6.6.5 对本条作以下几点说明：

1 为减少钻进中摩擦生热，保持岩芯核心土温不变，钻速要低，孔径要大，一般开孔孔径不宜小于130mm，终孔孔径不宜小于108mm；回次钻进时间不宜超过5min，进尺不宜超过0.3m，遇含冰量大的泥炭或粘性土可进尺 0.5m；

钻进中使用的冲洗液可加入适量食盐，以降低冰点；

2 进行热物理和冻土力学试验的冻土试样，取出后应立即冷藏，尽快试验；

3 由于钻进过程中孔内蓄存了一定热量，要经过一段时间的散热后才能恢复到天然状态的地温，其恢复的时间随深度的增加而增加，一般20m深的钻孔需一星期左右的恢复时间，因此孔内测温工作应在终孔7天后进行；

4 多年冻土的室内试验和现场观测项目，应根据工程要求和现场具体情况，与设计单位协商后确定；室内试验方法可按照现行国家标准《土工试验方法标准》(GB/T50123)的规定执行。

6.6.6 多年冻土地基设计时，保持冻结地基与容许融化地基的承载力大不相同，必须区别对待。地基承载力目前尚无计算方法，只能根据载荷试验、其他原位测试并结合当地经验确定。除了次要的临时性的工程外，一定要避开不良地段，选择有利地段。

6.7 膨胀岩土

6.7.1 膨胀岩土包括膨胀岩和膨胀土。由于膨胀岩的资料较少，故本节只作了原则性的规定，尚待以后积累经验。

膨胀岩土的判定，目前尚无统一的指标和方法，多年来采用综合判定。本规范仍采用这种方法，并分为初判和终判两步。对膨胀土初判主要根据地貌形态、土的外观特征和自由膨胀率；终判是在初判的基础上结合各种室内试验及邻近工程损坏原因分析进行，这里需要说明三点：

1 自由膨胀率是一个很有用的指标，但不能作为惟一依据，否则易造成误判；

2 从实用出发，应以是否造成工程的损害为最直接的标准；但对于新建工程，不一定有已有工程的经验可借鉴，此时仍可通过各种室内试验指标结合现场特征判定；

3 初判和终判不是互相分割的，应互相结合，综合分析，工作的次序是从初判到终判，但终判时仍应综合考虑现场特征，不宜仅凭个别试验指标确定。

对于膨胀岩的判定尚无统一指标，作为地基时，可参照膨胀土的判定方法进行判定。因此，本节一般将膨胀岩土的判定方法相提并论。目前，膨胀岩作为其他环境介质时，其膨胀性的判定标准也不统一。例如，中国科学院地质研究所将钠蒙脱石含量5%～6%，钙蒙脱石含量11%～14%作为判定标准。铁道部第一勘测设计院以蒙脱石含量8%、或伊利石含量20%作为标准。此外，也有将粘粒含量作为判定指标的，例如铁道部第一勘测设计院以粒径小于0.002mm含量占25%或粒径小于0.005mm含量占30%作为判定标准。还有将干燥饱和吸水率25%作为膨胀岩和非膨胀岩的划分界线。

但是，最终判定时岩石膨胀性的指标还是膨胀力和不同压力下的膨胀率，这一点与膨胀土相同。

对于膨胀岩，膨胀率与时间的关系曲线以及在一定压力下膨胀率与膨胀力的关系，对洞室的设计和施工具有重要的意义。

6.7.2 大量调查研究资料表明，坡地膨胀岩土的问题比平坦场地复杂得多，故将场地类型划分为"平坦"和"坡地"是十分必要的。本条的规定与现行国家标准《膨胀土地区建筑技术规范》（GBJ112—87）一致，只是在表述方式上作了改进。

6.7.3 工程地质测绘和调查规定的五项内容，是为了综合判定膨胀土的需要设定的。即从岩性条件、地形条件、水文地质条件、水文和气象条件以及当地建筑损坏情况和治理膨胀土的经验等诸方面判定膨胀土及其膨胀潜势，进行膨胀岩土评价，并为治理膨胀岩土提供资料。

6.7.4 勘探点的间距、勘探孔的深度和取土数量是根据膨胀土的特殊情况规定的。大气影响深度是膨胀土的活动带，在活动带内，应适当增加试样数量。我国平坦场地的大气影响深度一般不超过5m，故勘察孔深度要求超过这个深度。

采取试样要求从地表下1m开始，这是因为在计算含水量变化值 Δw 需要地表下1m处土的天然含水量和塑限含水量值。对于膨胀岩中的洞室，钻探深度应按洞室勘察要求考虑。

6.7.5 本条提出的四项指标是判定膨胀岩土，评价膨胀潜势，计算分级变形量和划分地基膨胀等级的主要依据，一般情况下都应测定。

6.7.6 膨胀岩土性质复杂，不少问题尚未搞清。因此对膨胀岩土的测试和评价，不宜采用单一方法，宜在多种测试数据的基础上进行综合分析和综合评价。

膨胀岩土常具各向异性，有时侧向膨胀力大于竖向膨胀力，故规定应测定不同方向的胀缩性能，从安全考虑，可选用最大值。

6.7.7 本条规定的对建在膨胀岩土上的建筑物与构筑物应计算的三项重要指标和胀缩等级的划分，与现行国家标准《膨胀土地区建筑技术规范》（GBJ112—87）的规定一致。不同地区膨胀岩土对建筑物的作用是很不相同的，有的以膨胀为主，有的以收缩为主，有的交替变形，因而设计措施也不同，故本条强调要进行这方面的预测。

膨胀岩土是否可能造成工程的损害以及损害的方式和程度，通过对已有工程的调查研究来确定，是最直接最可靠的方法。

6.7.8 膨胀岩土的承载力一般较高，承载力问题不是主要矛盾，但应注意承载力随含水量的增加而降低。膨胀岩土裂隙很多，易沿裂隙面破坏，故不应采用直剪试验确定强度，应采用三轴试验方法。

膨胀岩土往往在坡度很小时就发生滑动，故坡地场地应特别重视稳定性分析。本条根据膨胀岩土的特点对稳定分析的方法做了规定。其中考虑含水量变化的影响十分重要，含水量变化的原因有：

1 挖方填方量较大时，岩土体中含水状态将发生变化；

2 平整场地破坏了原有地貌、自然排水系统和植被，改变了岩土体吸水和蒸发；

3 坡面受多向蒸发，大气影响深度大于平坦地带；

4 坡地旱季出现裂缝，雨季雨水灌入，易产生浅层滑坡；久旱降雨造成坡体滑动。

6.8 盐渍岩土

6.8.1 关于易溶盐含量的标准，《94规范》采用

0.5%，是沿用前苏联的标准。根据资料，现在俄罗斯建设部门的有关规定，是对不同土类分别定出不同含盐量界限，其中最小的易溶盐含量为 0.3%。我国石油天然气总公司颁发的《盐渍土地区建筑规定》也定为 0.3%。我国柴达木、准噶尔、塔里木地区的资料表明："不少土样的易溶盐含量虽然小于 0.5%，但其溶陷系数却大于 0.01，最大的可达 0.09；我国有些地区，如青海西部的盐渍土厚度很大，超过 20m，浸水后累计溶陷量大。"（据徐攸在《盐渍土的工程特性、评价及改良》）。因此，将易溶盐含量标准由 0.5%改为 0.3%，对保证工程安全是必要的。

除了细粒盐渍土外，我国西北内陆盆地山前冲积扇的砂砾层中，盐份以层状或窝状聚集在细粒土夹层的层面上，形状为几厘米至十几厘米厚的结晶盐层或含盐砂砾透镜体，盐晶呈纤维状晶族（华遵孟《西北内陆盆地粗颗粒盐渍土研究》）。对这类粗粒盐渍土，研究成果和工程经验不多，勘察时应予注意。

6.8.2 盐渍岩当环境条件变化时，其工程性质亦产生变化。以含盐量指标确定盐渍岩，有待今后继续积累资料。盐渍岩一般见于湖相或深湖相沉积的中生界地层。如白垩系红色泥质粉砂岩、三叠系泥灰岩及页岩。

含盐化学成分、含盐量对盐渍土有下列影响：

1 含盐化学成分的影响

1) 氯盐类的溶解度随温度变化甚微，吸湿保水性强，使土体软化；
2) 硫酸盐类则随温度的变化而胀缩，使土体变软；
3) 碳酸盐类的水溶液有强碱性反应，使粘土胶体颗粒分散，引起土体膨胀；

表 6.8.2-1 采用易溶盐阴离子，在 100g 土中各自含有毫摩数的比值划分盐渍土类型；铁道部在内陆盐渍土地区多年工作经验，认为按阴离子比值划分比较简单易行，并将这种方法纳入现行行业标准《铁路工程地质技术规范》（TB10012—2001）；

2 含盐量的影响

盐渍土中含盐量的多少对盐渍土的工程特性影响较为明显，表 6.8.2-2 是在含盐性质的基础上，根据含盐量的多少划分的，这个标准也是沿用了现行行业标准《铁路工程地质技术规范》（TB10012—2001）的标准；根据部分单位的使用，认为基本反映了我国实际情况。

6.8.3 盐渍岩土地区的调查工作是根据盐渍岩土的具体条件拟定的。

1 硬石膏（$CaSO_4$）经水化后形成石膏（$CaSO_4 \cdot 2H_2O$），在水化过程中体积膨胀，可导致建筑物的破坏；另外，在石膏-硬石膏分布地区，几乎都发育岩溶化现象，在建筑物运营期间内，在石膏-硬石膏中出现岩溶化洞穴，而造成基础的不均匀沉陷；

2 芒硝（Na_2SO_4）的物态变化导致其体积的膨胀与收缩；芒硝的溶解度，当温度在 32.4℃ 以下时，随着温度的降低而降低。因此，温度变化，芒硝将发生严重的体积变化，造成建筑物基础和洞室围岩的破坏。

6.8.4 为了划分盐渍土，应按表 6.8.4 的要求采取扰动土样。盐渍土平面分区可为总平面图设计选择最佳建筑场地；竖向分区则为地基设计、地下管道的埋设以及盐渍土对建筑材料腐蚀性评价等，提供有关资料。

据柴达木盆地实际观测结果，日温差引起的盐胀深度仅达表层下 0.3m 左右，深层土的盐胀由年温差引起，其盐胀深度范围在 0.3m 以下。

盐渍土盐胀临界深度，是指盐渍土的盐胀处于相对稳定时的深度。盐胀临界深度可通过野外观测获得。方法是在拟建场地自地面向下 5m 左右深度内，于不同深度处埋设测标，每日定时数次观测气温、各测标的盐胀量及相应深度处的地温变化，观测周期为一年。

柴达木盆地盐胀临界深度一般大于 3.0m，大于一般建筑物浅基的埋深，如某深度处盐渍土由温差变化影响而产生的盐胀压力，小于上部有效压力时，其基础可适当浅埋，但室内地下需作处理。以防由盐渍土的盐胀而导致的地面膨胀破坏。

6.8.5 盐渍土由于含盐性质及含盐量的不同，土的工程特性各异，地域性强，目前尚不具备以土工试验指标与载荷试验参数建立关系的条件，故载荷试验是获取盐渍土地基承载力的基本方法。

氯和亚氯盐渍土的力学强度的总趋势是总含盐量（S_{DS}）增大，比例界限（p_0）随之增大，当 S_{DS} 在 10% 范围内，p_0 增加不大，超过 10% 后，p_0 有明显提高。这是因为土中氯盐在其含量超过一定的临界溶解含量时，则以晶体状态析出，同时对土粒产生胶结作用。使土的力学强度提高。

硫酸和亚硫酸盐渍土的总含盐量对力学强度的影响与氯盐渍土相反，即土的力学强度随 S_{DS} 的增大而减小。其原因是，当温度变化超越硫酸盐盐胀临界温度时，将发生硫酸盐体积的胀与缩，引起土体结构破坏，导致地基承载力降低。

6.9 风化岩和残积土

6.9.1 本条阐述风化岩和残积土的定义。不同的气候条件和不同的岩类具有不同风化特征，湿润气候以化学风化为主，干燥气候以物理风化为主。花岗岩类多沿节理风化，风化厚度大，且以球状风化为主。层状岩，多受岩性控制，硅质比粘土质不易风化，风化后层理尚较清晰，风化厚度较薄。可溶岩以溶蚀为主，有岩溶现象，不具完整的风化带，风化岩保持原岩结构和构造，而残积土则已全部风化成土，矿物结晶、结构、构造不易辨认，成碎屑状的松散体。

6.9.2 本条规定了风化岩和残积土勘察的任务，但对不同的工程应有所侧重。如作为建筑物天然地基时，应着重查明岩土的均匀性及其物理力学性质，作为桩基础时应重点查明破碎带和软弱夹层的位置和厚度等。

6.9.3 勘探点布置除遵循一般原则外，对层状岩应垂直走向布置，并考虑具有软弱夹层的特点。

勘探取样，规定在探井中刻取或采用双重管、三重管取样器，目的是为了保证采取风化岩样质量的可靠性。风化岩和残积土一般很不均匀，取样试验的代表性差，故应考虑原位测试与室内试验结合的原则，并以原位测试为主。

对风化岩和残积土的划分，可用标准贯入试验或无侧限抗压强度试验，也可采用波速测试，同时也不排除用规定以外的方法，可根据当地经验和岩土的特点确定。

6.9.4 对花岗岩残积土，为求得合理的液性指数，应确定其中细粒土（粒径小于 0.5mm）的天然含水量 w_f、塑性指数 I_p、液性指数 I_L，试验应筛去粒径大于 0.5mm 的粗颗粒后再作。而常规试验方法所作出的天然含水量失真，计算出的液性指数都小于零，与实际情况不符。细粒土的天然含水量可以实测，也可用下式计算：

$$w_f = \frac{w - w_A 0.01 P_{0.5}}{1 - 0.01 P_{0.5}} \quad (6.4)$$

$$I_P = w_L - w_P \quad (6.5)$$

$$I_L = \frac{w_f - w_P}{I_P} \quad (6.6)$$

式中 w——花岗岩残积土（包括粗、细粒土）的天然含水量(%)；

w_A——粒径大于 0.5mm 颗粒吸着水含水量(%)，可取 5%；

$P_{0.5}$——粒径大于 0.5mm 颗粒质量占总质量的百分比(%)；

w_L——粒径小于 0.5mm 颗粒的液限含水量(%)；

w_P——粒径小于 0.5mm 颗粒的塑限含水量(%)。

6.9.5 花岗岩分布区，因为气候湿热，接近地表的残积土受水的淋滤作用，氧化铁富集，并稍具胶结状态，形成网纹结构，土质较坚硬。而其下强度较低，再下由于风化程度减弱强度逐渐增加。因此，同一岩性的残积土强度不一，评价时应予注意。

6.10 污 染 土

目前国内外关于污染土，特别是岩土工程方面的资料不多，国外也还没有制定这方面的规范。我国从20世纪60年代开始就有勘察单位进行污染土的勘察、评价和处理，但资料较分散。本节条文编写的主要依据是国内一些勘察单位已开展过污染土工作所采用的勘察手段、评价原则等有关资料，征求了部分有关勘察设计单位的意见，并参考了少量国外资料。

6.10.1 污染土，英语为 contaminated soil。本条定义是基于岩土工程意义给出的，不包含环境评价意义。本节条文不适用于受核污染的岩土。

6.10.2 根据国内进行过的污染土勘察工作，包括三种场地类型。其中最多的是受污染的已建场地，即对污染土造成的建筑物地基事故的勘察调查。三类场地的勘察要求和评价内容稍有不同。如对可能受污染场地，不存在第四款和污染史调查等问题，本条内容的基本点是研究土与污染物相互作用的条件、方式、结果和影响。

6.10.3 对本条做下列说明：

1 目前国内尚不具有污染土勘察专用的设备或手段，还只能采用一般常用的手段进行污染土的勘察；手段的选用主要根据土的原分类对于该手段的适宜性，如对于污染的砂土或砂岩，可选择适宜砂土或岩石的勘察手段；

2 勘探点布置的原则是要查明污染土及污染程度的空间分布，对各类场地提出了不同具体要求；

3 对污染土、水取样间距和数量只提出原则要求，不作具体规定，可根据场地具体情况确定。

6.10.4 目前对污染土工程特性的认识尚不足，由于土与污染物相互作用的复杂性，每一特定场地的污染土有它自己的特性。因此，应尽可能进行各种原位测试，污染土的承载力应尽量采用载荷试验确定。

国内已有在可能受污染场地作野外浸酸载荷试验的经验。这种试验是评价污染土工程特性的可靠依据。

6.10.5 室内试验项目应根据土与污染物相互作用特点及土的性质的变化确定。根据国内外一些实例，污染土的性质可能具有下列某些特征：

1 酸液对各种土类都会导致力学指标的降低；

2 碱液可导致酸性土的强度降低，有的资料表明，压力在 50kPa 以内时压缩性的增大尤为明显，但碱性可使黄土的强度增大；

3 酸碱液都可能改变土的颗粒大小和结构，或降低土颗粒间的连接力；从而改变土的塑性指标；多数情况下塑性指数降低，但也有增大的实例；

4 我国西北的戈壁碎石土硫酸浸入可导致土体膨胀，而盐酸浸入时无膨胀现象，但强度明显降低；

5 土受污染后一般将改变渗透性；

6 酸性侵蚀可能使某些土中的易溶盐含量有明显增加；

7 土的 pH 值可能明显地反映不同的污染程度；

8 土与污染物相互作用一般都具有明显的时间效应。

6.10.7 污染土的岩土工程评价，对可能受污染场地，提出污染可能产生的后果和防治措施；对已受污染场地，应进行污染分级和分区，提出污染土工程特性、腐蚀性、治理措施和发展趋势等。

作为污染等级的划分标志，应具备下列条件：

1 与土和污染物相互作用有明显的相关性；
2 与土的物理力学指标变化有明显的相关性；
3 测定该参数有较简易、迅速、经济的方法。

由于土和污染物相互作用的多样性和复杂性，不可能规定统一的标志参数和统一的等级划分标准，必须根据场地的具体条件确定。化工部南京勘察公司采用的标志参数是易溶盐含量，并参考了盐渍土等级划分标准。美国 Lehigh 大学在室内试验中区分不同污染程度的参数是 pH 值。标志参数还可以采用某一个元素或某一化合物的含量，或某一物理力学指标，甚至是颜色、嗅味、状态等。在定量划分有较大困难时，也可采用半定量标准，应视具体情况确定。

污染土场地的分区应根据土受污染的严重程度和对建筑的危害程度确定，一般可划分为严重污染土场地、中等污染土场地和轻微污染土场地。

污染土的防治处理应在污染土分区基础上，对不同污染程度区别对待，一般情况下严重和中等污染土是必须处理的，轻微污染土可不处理。但对建筑物或基础具腐蚀性时，应提出防护措施的建议。

预测发展趋势，应对污染源未完全隔绝条件下可能产生的后果，对污染作用的时间效应导致土性继续变化做出预测。这种趋势可能向有利方面变化，也可能向不利方面变化。

7 地 下 水

7.1 地下水的勘察要求

7.1.1～7.1.4 这4条都是在本次修订中增加的内容，归纳了近年来各地在岩土工程勘察，特别是高层建筑勘察中取得的一些经验。条文中的"主要含水层"，包括上层滞水的含水层。

随着城市建设的高速发展，特别是高层建筑的大量兴建，地下水的赋存和渗流形态对基础工程的影响日渐突出。表现在：

1 很多高层建筑的基础埋深超过10m，甚至超过20m，加上建筑体型往往比较复杂，大部分"广场式建筑（plaza）"的建筑平面内都包含有纯地下室部分，在北京、上海、西安、大连等城市还修建了地下广场；在抗浮设计和地下室外墙承载力验算中，正确确定抗浮设防水位成为一个牵涉巨额造价以及施工难度和周期的十分关键的问题；

2 高层建筑的基础，除埋置较深外，其主体结构部分多采用箱基或筏基；基础宽度很大，加上基底压力较大，基础的影响深度可数倍、甚至十数倍于一般多层建筑；在这个深度范围内，有时可能遇到2层或2层以上的地下水，比如北京规划区东部望京小区一带，在地面下40m范围内，地下水有5层之多；不同层位的地下水之间，水力联系和渗流形态往往各不相同，造成人们难于准确掌握建筑场地孔隙水压力场的分布；由于孔隙水压力在土力学和工程分析中的重要作用，对孔压的考虑不周将影响建筑沉降分析、承载力验算、建筑整体稳定性验算等一系列重要的工程评价问题；

3 显而易见，在基坑支护工程中，地下水控制设计和支护结构的侧向压力更与上述问题紧密相关。

工程经验表明，在大规模的工程建设中，对地下水的勘察评价将对工程的安全与造价产生极大影响。为适应这一客观需要，本次修订中强调：

1 加强对有关宏观资料的搜集工作，加重初步勘察阶段对地下水勘察的要求；

2 由于，第一、地下水的赋存状态是随时间变化的，不仅有年变化规律，也有长期的动态规律；第二、一般情况下详细勘察阶段时间紧迫，只能了解勘察时刻的地下水状态，有时甚至没有足够的时间进行本章第7.2节规定的现场试验；因此，除要求加强对长期动态规律的搜集资料和分析工作外，提出了有关在初勘阶段预设长期观测孔和进行专门的水文地质勘察的条文；

3 认识到地下水对基础工程的影响，实质上是水压力或孔隙水压力场的分布状态对工程结构影响的问题，而不仅仅是水位问题；了解在基础受压层范围内孔隙水压力场的分布，特别是在粘性土层中的分布，在高层建筑勘察与评价中是至关重要的；因此提出了有关了解各层地下水的补给关系、渗流状态，以及量测压力水头随深度变化的要求；有条件时宜进行渗流分析，量化评价地下水的影响。

4 多层地下水分层水位（水头）的观测，尤其是承压水压力水头的观测，虽然对基础设计和基坑设计都十分重要，但目前不少勘察人员忽视这件工作，造成勘察资料的欠缺，本次修订作了明确的规定；

5 渗透系数等水文地质参数的测定，有现场试验和室内试验两种方法。一般室内试验误差较大，现场试验比较切合实际，故本条规定通过现场试验测定，当需了解某些弱透水性地层的参数时，也可采用室内试验方法。

7.1.5 地下水样的采取应注意下列几点：

1 简分析水样取100ml，分析侵蚀性二氧化碳的水样取500ml，并加大理石粉2～3g，全分析水样取300ml；

2 取水容器要洗净，取样前应用水试样的水对水样瓶反复冲洗三次；

3 采取水样时应将水样瓶沉入水中预定深度缓

慢将水注入瓶中，严防杂物混入，水面与瓶塞间要留1cm左右的空隙；

4 水样采取后要立即封好瓶口，贴好水样标签，及时送化验室。

7.2 水文地质参数的测定

7.2.1 测定水文地质参数的方法有多种，应根据地层透水性能的大小和工程的重要性以及对参数的要求，按附录E选择。

7.2.2、7.2.3 地下水位的量测，着重说明下列几点：

1 稳定水位是指钻探时的水位经过一定时间恢复到天然状态后的水位；地下水位恢复到天然状态的时间长短受含水层渗透性影响最大，根据含水层渗透性的差异，本条规定了至少需要的时间；当需要编制地下水等水位线图或工期较长时，在工程结束后宜统一量测一次稳定水位；

2 采用泥浆钻进时，为了避免孔内泥浆的影响，需将测水管打入含水层20cm方能较准确地测得地下水位；

3 地下水位量测精度规定为±2cm是指量测工具、观测等造成的总误差的限值，因此量测工具应定期用钢尺校正。

7.2.4 对地下水流向流速的测定作如下说明：

1 用几何法测定地下水流向的钻孔布置，除应在同一水文地质单元外，尚需考虑形成锐角三角形，其中最小的夹角不宜小于40°；孔距宜为50～100m，过大和过小都将影响量测精度；

2 用指示剂法测定地下水流速，试验孔与观测孔的距离由含水层条件确定，一般细砂层为2～5m，含砾粗砂层为5～15m，裂隙岩层为10～15m，对岩溶水可大于50m；指示剂可采用各种盐类、着色颜料等，其用量决定于地层的透水性和渗透距离；

3 用充电法测定地下水的流速适用于地下水位埋深不大于5m的潜水。

7.2.5 本条是对抽水试验的原则规定，具体说明下列几点：

1 抽水试验是求算含水层的水文地质参数较有效的方法；岩土工程勘察一般用稳定流抽水试验即可满足要求，正文表7.2.5所列的应用范围，可结合工程特点、勘察阶段及对水文地质参数精度的要求选择；

2 抽水量和水位降深应根据工程性质、试验目的和要求确定；对于要求比较高的工程，应进行3次不同水位降深，并使最大的水位降深接近工程设计的水位标高，以便得到符合实际的数据；一般工程可进行1～2次水位降深；

3 试验孔和观测孔的水位量测采用同一方法和器具，可以减少其间的相对误差；对观测孔的水位测读数至毫米，是因其不受抽水泵和抽水时水面波动的影响，水位下降较小，且直接影响水文地质参数计算的精度；

4 抽水试验的稳定标准是当出水量和动水位与时间关系曲线均在一定范围内同步波动而没有持续上升和下降的趋势时即认为达到稳定；稳定延续时间，可根据工程要求和含水地层的渗透性确定；

5 试验成果分析可参照《供水水文地质勘察规范》（TJ27）进行。

7.2.6 本条所列注水试验的几种方法是国内外测定饱和松散土渗透性能的常用方法。试坑法和试坑单环法只能近似地测得土的渗透系数。而试坑双环法因排除侧向渗透的影响。测试精度较高。试坑试验时坑内注水水层厚度常用10cm。

7.2.7 本条主要参照《水利水电工程钻孔压水试验规程》（SL25—92）及美国规范制定，具体说明下列几点：

1 常规性的压水试验为吕荣试验，该方法是1933年吕荣（M.Lugeon）首次提出，经多次修正完善，已为我国和大多数国家采用；成果表达采用透水率，单位为吕荣（Lu），当试段压力为1MPa，每米试段的压入流量为1L/min时，称为1Lu；

除了常规性的吕荣试验外，也可根据工程需要，进行专门性的压水试验；

2 压水试验的试验段长度一般采用5m，要根据地层的单层厚度，裂隙发育程度以及工程要求等因素确定；

3 按工程需要确定试验最大压力、压力施加的分级数及起始压力；调整压力表的工作压力为起始压力；一般采用三级压力五个阶段进行，取1.0MPa为试验最大压力；每1～2min记录压入水量，当连续五次读数的最大值和最小值与最终值之差，均小于最终值的10%时，为本级压力的最终压入水量，这是为了更好地控制压入量的最终值接近极值，以控制试验精度；

4 压水试验压力施加方法应由小到大，逐级增加到最大压力后，再由大到小逐级减小到起始压力；并逐级测定相应的压入水量，及时绘制压力与压入水量的相关图表，其目的是了解岩层裂隙在各种压力下的特点，如高压堵塞、成孔填塞、裂隙张闭、周围井泉等因素的影响；

5 p-Q曲线可分为五种类型：A型（层流型）、B型（紊流型）、C型（扩张型）、D型（冲蚀型）、E型（充填型）；

6 试验时应经常观测工作管外的水位变化及附近可能受影响的坑、孔、井、泉的水位和水量变化，出现异常时应分析原因，并及时采取相应措施。

7.2.8 对孔隙水压力的测定具体说明以下几点：

1 所列孔隙水压力测定方法及适用条件主要参

考英国规范及我国实际情况制定，各种测试方法的优缺点简要说明如下：

立管式测压计安装简单，并可测定土的渗透性，但过滤器易堵塞，影响精度，反应时间较慢；

水压式测压计反应快，可同时测定渗透性，宜用于浅埋，有时也用于在钻孔中量测大的孔隙水压力，但因装置埋设在土层，施工时易受损坏；

电测式测压计（电阻应变式、钢弦应变式）性能稳定、灵敏度高，不受电线长短影响，但安装技术要求高，安装后不能检验，透水探头不能排气，电阻应变片不能保持长期稳定性；

气动测压计价格低廉，安装方便，反应快，但透水探头不能排气，不能测渗透性；

孔压静力触探仪操作简便，可在现场直接得到超孔隙水压力曲线，同时测出土层的锥尖阻力；

2 目前我国测定孔隙水压力，多使用振弦式孔隙压力计即电测式测压计和数字式钢弦频率接收仪；

3 孔隙水压力试验点的布置，应考虑地层性质、工程要求、基础型式等，包括量测地基土在荷载不断增加过程中，新建筑物对临近建筑物的影响、深基础施工和地基处理引起孔隙水压力的变化；对圆形基础一般以圆心为基点按径向布孔，其水平及垂直方向的孔距多为5~10m；

4 测压计的埋设与安装直接影响测试成果的正确性；埋设前必须经过标定。安装时将测压计探头放置到预定深度，其上覆盖30cm砂均匀充填，并投入膨润土球，经压实注入泥浆密封；泥浆的配合比为4（膨润土）:8~12（水）:1（水泥）地表部分应有保护罩以防水灌入；

5 试验成果应提供孔隙水压力与时间变化的曲线图和剖面图（同一深度），孔隙水压力与深度变化曲线图。

7.3 地下水作用的评价

7.3.1 在岩土工程的勘察、设计、施工过程中，地下水的影响始终是一个极为重要的问题，因此，在工程勘察中应当对其作用进行预测和评估，提出评价的结论与建议。

地下水对岩土体和建筑物的作用，按其机制可以划分为两类。一类是力学作用；一类是物理、化学作用。力学作用原则上应当是可以定量计算的，通过力学模型的建立和参数的测定，可以用解析法或数值法得到合理的评价结果。很多情况下，还可以通过简化计算，得到满足工程要求的结果。由于岩土特性的复杂性，物理、化学作用有时难以定量计算，但可以通过分析，得出合理的评价。

7.3.2 地下水对基础的浮力作用，是最明显的一种力学作用。在静水环境中，浮力可以用阿基米德原理计算。一般认为，在透水性较好的土层或节理发育的岩石地基中，计算结果即等于作用在基底的浮力；对于渗透系数很低的粘土来说，上述原理在原则上也应该是适用的，但是有实测资料表明，由于渗透过程的复杂性，粘土中基础所受到的浮托力往往小于水柱高度。在铁路路基设计规范中，曾规定在此条件下，浮力可作一定折减。由于这个问题缺乏必要的理论依据，很难确切定量，故本条规定，只有在具有地方经验或实测数据时，方可进行一定的折减；在渗流条件下，由于土单元体的体积 V 上存在与水力梯度 i 和水的重力密度 γ_w 呈正比的渗流力（体积力）J，

$$J = i\gamma_w V \tag{7.1}$$

造成了土体中孔隙水压力的变化，因此，浮力与静水条件下不同，应该通过渗流分析得到。

无论用何种条分极限平衡方法验算边坡稳定性，孔隙水压力都会对各分条底部的有效应力条件产生重大影响，从而影响最后的分析结果。当存在渗流条件时，和上述原理一样，渗流状态还会影响到孔隙水压力的分布，最后影响到安全系数的大小。因此条文对边坡稳定性分析中地下水作用的考虑作了原则规定。

验算基坑支护支挡结构的稳定性时，不管是采用水土合算还是水土分算的方法，都需要首先将地下水的分布搞清楚，才能比较合理地确定作用在支挡结构上的水土压力。当渗流作用影响明显时，还应该考虑渗流对水压力的影响。

渗流作用可能产生潜蚀、流砂、流土或管涌现象，造成破坏。以上几种现象，都是因为基坑底部某个部位的最大渗流梯度 i_{max} 大于临界梯度 i_{cr}，致使安全系数 F_s 不能满足要求：

$$F_s = \frac{i_{cr}}{i_{max}} \tag{7.2}$$

从土质条件来判断，不均匀系数小于10的均匀砂土，或不均匀系数虽大于10，但含细粒量超过35%的砂砾石，其表现形式为流砂或流土；正常级配的砂砾石，当其不均匀系数大于10，但细粒含量小于35%时，其表现形式为管涌；缺乏中间粒径的砂砾石，当细粒含量小于20%时为管涌，大于30%时为流土。以上经验可供分析评价时参考。

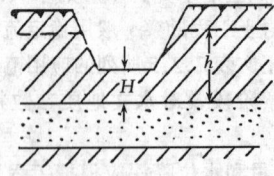

图 7.1 含水层示意图

在防止由于深处承压水水压力而引起的基底隆起，需验算基坑底不透水层厚度与承压水水头压力，见图 7.1 并按平衡式（7.3）进行计算：

$$\gamma H = \gamma_w \cdot h \tag{7.3}$$

要求基坑开挖后不透水层的厚度按式（7.4）计算：

$$H \geqslant (\gamma_w/\gamma) \cdot h \quad (7.4)$$

式中 H——基坑开挖后不透水层的厚度（m）；
　　γ——土的重度；
　　γ_w——水的重度；
　　h——承压水头高于含水层顶板的高度（m）。

以上式子中当 $H = (\gamma_w/\gamma) \cdot h$ 时处在极限平衡状态，工程实践中，应有一定的安全度，但多少为宜，应根据实际工程经验确定。

对于地下水位以下开挖基坑需采取降低地下水位的措施时，需要考虑的的问题主要有：1. 能否疏干基坑内的地下水，得到便利安全的作业面；2. 在造成水头差条件下，基坑侧壁和底部土体是否稳定；3. 由于地下水的降低，是否会对邻近建筑、道路和地下设施造成不利影响。

7.3.3 即使是在赋存条件和水质基本不变的前提下，地下水对岩土体和结构基础的作用往往也是一个渐变的过程，开始可能不为人们所注意，一旦危害明显就难以处理。由于受环境，特别是人类活动的影响，地下水位和水质还可能发生变化。所以在勘察时要注意调查研究，在充分了解地下水赋存环境和岩土条件的前提下做出合理的预测和评价。

7.3.4、7.3.5 要求施工中地下水位应降至开挖面以下一定距离（砂土应在0.5m以下，粘性土和粉土应在1m以下）是为了避免由于土体中毛细作用使槽底土质处于饱和状态，在施工活动中受到严重扰动，影响地基的承载力和压缩性。在降水过程中如不满足有关规范要求，带出土颗粒，有可能使基底土体受到扰动，严重时可能影响拟建建筑的安全和正常使用。

工程降水方法可参考表7.1选用。

表7.1　降低地下水位方法的适用范围

技术方法	适用地层	渗透系数（m/d）	降水深度
明排井	粘性土、粉土、砂土	<0.5	<2m
真空井点	粘性土、粉土、砂土	0.1～20	单级<6m 多级<20m
电渗井点	粘性土、粉土	<0.1	按井的类型确定
引渗井	粘性土、粉土、砂土	0.1～20	根据含水层条件选用
管井	砂土、碎石土	1.0～200	>5m
大口井	砂土、碎石土	1.0～200	<20m

8　工程地质测绘和调查

8.0.1、8.0.2 为查明场地及其附近的地貌、地质条件，对稳定性和适宜性做出评价，工程地质测绘和调查具有很重要的意义。工程地质测绘和调查宜在可行性研究或初步勘察阶段进行；详细勘察时，可在初步勘察测绘和调查的基础上，对某些专门地质问题（如滑坡、断裂等）作必要的补充调查。

8.0.3 对本条作以下几点说明：

1　地质点和地质界线的测绘精度，本次修订统一定为在图上不应低于3mm，不再区分场地内和其他地段，因同一张工程地质图，精度应当统一；

2　本条明确提出：对工程有特殊意义的地质单元体，如滑坡、断层、软弱夹层、洞穴、泉等，都应进行测绘，必要时可用扩大比例尺表示，以便更好地解决岩土工程的实际问题；

3　为了达到精度要求，通常要求在测绘填图中，采用比提交成图比例尺大一级的地形图作为填图的底图；如进行1:10000比例尺测绘时，常采用1:5000的地形图作为外业填图底图；外业填图完成后再缩成1:10000的成图，以提高测绘的精度。

8.0.4 地质观测点的布置是否合理，是否具有代表性，对于成图的质量至关重要。地质观测点宜布置在地质构造线、地层接触线、岩性分界线、不整合面和不同地貌单元、微地貌单元的分界线和不良地质作用分布的地段。同时，地质观测点应充分利用天然和已有的人工露头，例如采石场、路堑、井、泉等。当天然露头不足时，应根据场地的具体情况布置一定数量的勘探工作。条件适宜时，还可配合进行物探工作，探测地层、岩性、构造、不良地质作用等问题。

地质观测点的定位标测，对成图的质量影响很大，常采用以下方法：

1　目测法，适用于小比例尺的工程地质测绘，该法系根据地形、地物以目估或步测距离标测；

2　半仪器法，适用于中等比例尺的工程地质测绘，它是借助于罗盘仪、气压计等简单的仪器测定方位和高度，使用步测或测绳量测距离；

3　仪器法，适用于大比例尺的工程地质测绘，即借助于经纬仪、水准仪等较精密的仪器测定地质观测点的位置和高程；对于有特殊意义的地质观测点，如地质构造线、不同时代地层接触线、不同岩性分界线、软弱夹层、地下水露头以及有不良地质作用等，均宜采用仪器法。

4　卫星定位系统（GPS）：满足精度条件下均可应用。

8.0.5 对于工程地质测绘和调查的内容，本条特别强调应与岩土工程紧密结合，应着重针对岩土工程的实际问题。

8.0.6 测绘和调查成果资料的整理，本条只作了一般内容的规定，如果是为解决某一专门的岩土工程问题，也可编绘专门的图件。

在成果资料整理中应重视素描图和照片的分析整理工作。美国、加拿大、澳大利亚等国的岩土工程咨询公司都充分利用摄影和素描这个手段。这不仅有助于岩土工程成果资料的整理，而且在基坑、竖井等回填后，一旦由于科研上或法律诉讼上的需要，就比较容易恢复和重现一些重要的背景资料。在澳大利亚几乎每份岩土工程勘察报告都附有典型的彩色照片或素描图。

8.0.7 搜集航空相片和卫星相片的数量，同一地区应有2～3套，一套制作镶嵌略图，一套用于野外调绘，一套用于室内清绘。

在初步解译阶段，对航空相片或卫星相片进行系统的立体观测，对地貌和第四纪地质进行解译，划分松散沉积物与基岩的界线，进行初步构造解译等。

第二阶段是野外踏勘和验证。核实各典型地质体在照片上的位置，并选择一些地段进行重点研究，作实测地质剖面和采集必要的标本。

最后阶段是成图，将解译资料，野外验证资料和其他方法取得的资料，集中转绘到地形底图上，然后进行图面结构的分析。如有不合理现象，要进行修正，重新解译或到野外复验。

9 勘探和取样

9.1 一般规定

9.1.1 为达到理想的技术经济效果，宜将多种勘探手段配合使用，如钻探加触探，钻探加地球物理勘探等。

9.1.2 钻孔和探井如不妥善回填，可能造成对自然环境的破坏，这种破坏往往在短期内或局部范围内不易察觉，但能引起严重后果。因此，一般情况下钻孔、探井和探槽均应回填，且应分段回填夯实。

9.1.3 钻探和触探各有优缺点，有互补性，二者配合使用能取得良好的效果。触探的力学分层直观而连续，但单纯的触探由于其多解性容易造成误判。如以触探为主要勘探手段，除非有经验的地区，一般均应有一定数量的钻孔配合。

9.2 钻探

9.2.1 选择钻探方法应考虑的原则是：
1 地层特点及钻探方法的有效性；
2 能保证以一定的精度鉴别地层，了解地下水的情况；
3 尽量避免或减轻对取样段的扰动影响。

正文表9.2.1就是按照这些原则编制的。现在国外的一些规范、标准中，都有关于不同钻探方法或工具的条款。实际工作中的偏向是着重注意钻进的有效性，而不太重视如何满足勘察技术要求。为了避免这种偏向，本条规定，为达到一定的目的，制定勘察工作纲要时，不仅要规定孔位、孔深，而且要规定钻探方法。钻探单位应按任务书指定的方法钻进，提交成果中也应包括钻进方法的说明。

9.2.3 美国金刚石岩芯钻机制造者协会的标准（简称DCDMA标准）在国际上应用最广，已有形成世界标准的趋势。国外有关岩土工程勘探、测试的规范标准以及合同文件中均习惯以该标准的代号表示钻孔口径，如Nx、Ax、Ex等。由于多方面的原因，我国现行的钻探管材标准与DCDMA比较还有一定的差别，故容许两种标准并行。

9.2.4 本条所列各项要求，是针对既要求直观鉴别地层，又要求采取不扰动土试样的情况提出的，如果勘察要求降低，对钻探的要求也可相应地放宽。

岩石质量指标RQD是岩芯中长度在10cm以上的分段长度总和与该回次钻进深度之比，以百分数表示，国际岩石力学学会建议，量测时应以岩芯的中心线为准。RQD值是对岩体进行工程评价广泛应用的指标。显然，只有在钻进操作统一标准的条件下测出的RQD值才具有可比性，才是有意义的。对此本条按照国际通用标准作出了规定。

9.2.6 本条是有关钻探成果的标准化要求。钻探野外记录是一项重要的基础工作，也是一项有相当难度的技术工作，因此应配备有足够专业知识和经验的人员来承担。野外描述一般以目测手触鉴别为主，结果往往因人而异。为实现岩土描述的标准化，除本条的原则规定外，如有条件可补充一些标准化定量化的鉴别方法，将有助于提高钻探记录的客观性和可比性，这类方法包括：使用标准粒度模块区分砂土类别，用孟塞尔（Munsell）色标比色法表示颜色；用微型贯入仪测定土的状态；用点荷载仪判别岩石风化程度和强度等。

9.3 井探、槽探和洞探

本节无条文说明。

9.4 岩土试样的采取

9.4.1 本条改变了过去将土试样简单划分为"原状土样"和"扰动土样"的习惯，而按可供试验项目将土试样分为四个级别。绝对不扰动的土样从理论上说是无法取得的。因此Hvorslev将"能满足所有室内试验要求，能用以近似测定土的原位强度、固结、渗透以及其他物理性质指标的土样"定义为"不扰动土样"。但是，在实际工作中并不一定要求一个试样做所有的试验，而不同试验项目对土样扰动的敏感程度是不同的。因此可以针对不同的试验目的来划分土试样的质量等级。采取不同级别土试样花费的代价差别很大。按本条规定可根据试验内容选定试样等级。

土试样扰动程度的鉴定有多种方法，大致可分以下几类：

1 现场外观检查　观察土样是否完整，有无缺陷，取样管或衬管是否挤扁、弯曲、卷折等；

2 测定回收率　按照 Hvorslev 的定义，回收率为 L/H；H 为取样时取土器贯入孔底以下土层的深度，L 为土样长度，可取土试样毛长，而不必是净长，即可从土试样顶端算至取土器刃口，下部如有脱落可不扣除；回收率等于 0.98 左右是最理想的，大于 1.0 或小于 0.95 是土样受扰动的标志；取样回收率可在现场测定，但使用敞口式取土器时，测定有一定的困难；

3 X 射线检验　可发现裂纹、空洞、粗粒包裹体等；

4 室内试验评价　由于土的力学参数对试样的扰动十分敏感，土样受扰动的程度可以通过力学性质试验结果反映出来；最常见的方法有两种：

1）根据应力应变关系评定　随着土试样扰动程度增加，破坏应变 ε_f 增加，峰值应力降低，应力应变关系曲线线型趋缓。根据国际土力学基础工程学会取样分会汇集的资料，不同地区对不扰动土试样作不排水压缩试验得出的破坏应变值 ε_f 分别是：加拿大粘土 1%；南斯拉夫粘土 1.5%，日本海相粘土 6%；法国粘性土 3%～8%；新加坡海相粘土 2%～5%；如果测得的破坏应变值大于上述特征值，该土样即可认为是受扰动的；

2）根据压缩曲线特征评定　定义扰动指数 $I_D = (\Delta e_0 / \Delta e_m)$，式中 Δe_0 为原位孔隙比与土样在先期固结压力处孔隙比的差值，Δe_m 为原位孔隙比与重塑土在上述压力处孔隙比的差值。如果先期固结压力未能确定，可改用体积应变 ε_v 作为评定指标；

$$\varepsilon_v = \Delta V / V = \Delta e / (1 + e_0)$$

式中 e_0 为土样的初始孔隙比，Δe 为加荷至自重压力时的孔隙比变化量。

近年来，我国沿海地区进行了一些取样研究，采用上述指标评定的标准见表 9.1。

表 9.1　评价土试样扰动程度的参考标准

扰动程度 评价指标	几乎未 扰动	少量 扰动	中等 扰动	很大 扰动	严重 扰动	资料 来源
ε_f	1%～3%	3%～5%	5%～6%	6%～10%	>10%	上海
ε_f	3%～5%	3%～5%	5%～8%	>10%	>15%	连云港
I_D	<0.15	0.15～0.30	0.30～0.50	0.50～0.75	>0.75	上海
ε_v	<1%	1%～2%	2%～4%	4%～10%	>10%	上海

应当指出，上述指标的特征值不仅取决于土试样的扰动程度，而且与土的自身特性和试验方法有关，故不可能提出一个统一的衡量标准，各地应按照本地区的经验参考使用上述方法和数据。

一般而言，事后检验把关并不是保证土试样质量的积极措施。对土试样作质量分级的指导思想是强调事先的质量控制，即对采取某一级别土试样所必须使用的设备和操作条件做出严格的规定。

9.4.2 正文表 9.4.2 中所列各种取土器大都是国外常见的取土器。按壁厚可分为薄壁和厚壁两类，按进入土层的方式可分为贯入和回转两类。

薄壁取土器壁厚仅 1.25～2.00mm，取样扰动小，质量高，但因壁薄，不能在硬和密实的土层中使用。按其结构形式有以下几种：

1 敞口式，国外称为谢尔贝管，是最简单的一种薄壁取土器，取样操作简便，但易逃土；

2 固定活塞式，在敞口薄壁取土器内增加一个活塞以及一套与之相连接的活塞杆，活塞杆可通过取土器的头部并经由钻杆的中空延伸至地面；下放取土器时，活塞处于取样管刃口端部，活塞杆与钻杆同步下放，到达取样位置后，固定活塞杆与活塞，通过钻杆压入取样管进行取样；活塞的作用在于下放取土器时可排开孔底浮土，上提时可隔绝土样顶端的水压、气压、防止逃土，同时又不会像上提阀那样产生过度的负压引起土样扰动；取样过程中，固定活塞还可以限制土样进入取样管后顶端的膨胀上凸趋势；因此，固定活塞取土器取样质量高，成功率也高；但因需要两套杆件，操作比较费事；固定活塞薄壁取土器是目前国际公认的高质量取土器，其代表性型号有 Hvorslev 型、NGI 型等；

3 水压固定活塞式，是针对固定活塞式的缺点而制造的改进型；国外以其发明者命名为奥斯特伯格取土器；其特点是去掉活塞杆，将活塞连接在钻杆底端，取样管则与另一套在活塞缸内的可动活塞联结，取样时通过钻杆施加水压，驱动活塞缸内的可动活塞，将取样管压入土中，其取样效果与固定活塞式相同，操作较为简便，但结构仍较复杂；

4 自由活塞式，与固定活塞式不同之处在于活塞杆不延伸至地面，而只穿过接头，并用弹簧锥卡予以控制；取样时依靠土试样将活塞顶起，操作较为简便，但土试样上顶活塞时易受扰动，取样质量不及以上两种。

回转型取土器有两种：

1 单动三重（二重）管取土器，类似岩芯钻探中的双层岩芯管，取样时外管旋转，内管不动，故称单动；如在内管内再加衬管，则成为三重管；其代表性型号为丹尼森（Denison）取土器。丹尼森取土器的改进型称为皮切尔（Pitcher）取土器，其特点是内管刃口的超前值可通过一个竖向弹簧按土层软硬程度自动调节，单动三重管取土器可用于中等以至较硬的土层；

2 双动三重（二重）管取土器，与单动不同之处在于取样内管也旋转，因此可切削进入坚硬的地层，一般适用于坚硬粘性土，密实砂砾以至软岩。

厚壁敞口取土器，系指我国目前大多数单位使用的内装镀锌铁皮衬管的对分式取土器。这种取土器与国际上惯用的取土器相比，性能相差甚远，最理想的情况下，也只能取得Ⅱ级土样，不能视为高质量的取土器。

目前，厚壁敞口取土器中，大多使用镀锌铁皮衬管，其弊病甚多，对土样质量影响很大，应逐步予以淘汰，代之以塑料或酚醛层压纸管。目前仍允许使用镀锌铁皮衬管，但要特别注意保持其形状圆整，重复使用前应注意整形，清除内外壁粘附的蜡、土或锈斑。

考虑我国目前的实际情况，薄壁取土器尚需逐步普及，故允许以束节式取土器代替薄壁取土器。但只要有条件，仍以采用标准薄壁取土器为宜。

9.4.4 有关标准为1996年10月建设部发布，中华人民共和国建设部工业行业标准《原状取砂器》(JG/T5061.10—1996)。

9.4.5 关于贯入取土器的方法，本条规定宜用快速静力连续压入法，即只要能压入的要优先采用压入法，特别对软土必须采用压入法。压入应连续而不间断，如用钻机给进机构施压，则应配备有足够压入行程和压入速度的钻机。

9.5 地球物理勘探

本节内容仅涉及采用地球物理勘探方法的一般原则，目的在于指导非地球物理勘探专业的工程地质与岩土工程师结合工程特点选择地球物理勘探方法。强调工程地质、岩土工程与地球物理勘探的工程师密切配合，共同制定方案，分析判释成果。地球物理勘探方法具体方案的制定与实施，应执行现行工程地球物理勘探规程的有关规定。

地球物理勘探发展很快，不断有新的技术方法出现。如近年来发展起来的瞬态多道面波法、地震CT、电磁波CT法等，效果很好。当前常用的工程物探方法详见表9.2。

表9.2 地球物理勘探方法的适用范围

方法名称		适用范围
电法	自然电场法	1 探测隐伏断层、破碎带； 2 测定地下水流速、流向
电法	充电法	1 探测地下洞穴； 2 测定地下水流速、流向； 3 探测地下或水下隐埋物体； 4 探测地下管线
电法	电阻率测深	1 测定基岩埋深，划分松散沉积层序和基岩风化带； 2 探测隐伏断层、破碎带； 3 探测地下洞穴； 4 测定潜水面深度和含水层分布； 5 探测地下或水下隐埋物体
电法	电阻率剖面法	1 测定基岩埋深； 2 探测隐伏断层、破碎带； 3 探测地下洞穴； 4 探测地下或水下隐埋物体
电法	高密度电阻率法	4 测定潜水面深度和含水层分布； 5 探测地下或水下隐埋物体
电法	激发极化法	1 探测隐伏断层、破碎带； 2 探测地下洞穴； 3 划分松散沉积层序； 4 测定潜水面深度和含水层分布； 5 探测地下或水下隐埋物体
电磁法	甚低频	1 探测隐伏断层、破碎带； 2 探测地下或水下隐埋物体； 3 探测地下管线
电磁法	频率测深	1 测定基岩埋深，划分松散沉积层序和风化带； 2 探测隐伏断层、破碎带； 3 探测地下洞穴； 4 探测河床水深及沉积泥沙厚度； 5 探测地下或水下隐埋物体； 6 探测地下管线
电磁法	电磁感应法	1 探测隐伏断层、破碎带； 2 探测地下洞穴； 3 探测地下管线； 4 探测地下或水下隐埋物体； 5 探测地下管线
电磁法	地质雷达	1 测定基岩埋深，划分松散沉积层序和基岩风化带； 2 探测隐伏断层、破碎带； 3 探测地下洞穴； 4 测定潜水面深度和含水层分布； 5 探测河床水深及沉积泥沙厚度； 6 探测地下或水下隐埋物体； 7 探测地下管线
电磁法	地下电磁波法（无线电波透视法）	1 探测隐伏断层、破碎带； 2 探测地下洞穴； 3 探测地下或水下隐埋物体； 4 探测地下管线

续表

方法名称		适用范围
地震波法和声波法	折射波法	1 测定基岩埋深，划分松散沉积层序和基岩风化带； 2 测定潜水面深度和含水层分布； 3 探测河床水深及沉积泥沙厚度
	反射波法	1 测定基岩埋深，划分松散沉积层序和基岩风化带； 2 探测隐伏断层、破碎带； 3 探测地下洞穴； 4 测定潜水面深度和含水层分布； 5 探测河床水深及沉积泥沙厚度； 6 探测地下或水下隐埋物体； 7 探测地下管线
	直达波法（单孔法和跨孔法）	划分松散沉积层序和基岩风化带；
	瑞雷波法	1 测定基岩埋深，划分松散沉积层序和基岩风化带； 2 探测隐伏断层、破碎带； 3 探测地下洞穴； 4 探测地下隐埋物体； 5 探测地下管线
	声波法	1 测定基岩埋深，划分松散沉积层序和基岩风化带； 2 探测隐伏断层、破碎带； 3 探测含水层； 4 探测洞穴和地下或水下隐埋物体； 5 探测地下管线； 6 探测滑坡体的滑动面
	声纳浅层剖面法	1 探测河床水深及沉积泥沙厚度； 2 探测地下或水下隐埋物体
地球物理测井（放射性测井、电测井、电视测井）		1 探测地下洞穴； 2 划分松散沉积层序及基岩风化带； 3 测定潜水面深度和含水层分布； 4 探测地下或水下隐埋物体

10 原 位 测 试

10.1 一 般 规 定

10.1.1 在岩土工程勘察中，原位测试是十分重要的手段，在探测地层分布，测定岩土特性，确定地基承载力等方面，有突出的优点，应与钻探取样和室内试验配合使用。在有经验的地区，可以原位测试为主。在选择原位测试方法时，应考虑的因素包括土类条件、设备要求、勘察阶段等，而地区经验的成熟程度最为重要。

布置原位测试，应注意配合钻探取样进行室内试验。一般应以原位测试为基础，在选定的代表性地点或重要意义的地点采取少量试样，进行室内试验。这样的安排，有助于缩短勘察周期，提高勘察质量。

10.1.2 原位测试成果的应用，应以地区经验的积累为依据。由于我国各地的土层条件、岩土特性有很大差别，建立全国统一的经验关系是不可取的，应建立地区性的经验关系，这种经验关系必须经过工程实践的验证。

10.1.4 各种原位测试所得的试验数据，造成误差的因素是较为复杂的，由测试仪器、试验条件、试验方法、操作技能、土层的不均匀性等所引起。对此应有基本估计，并剔除异常数据，提高测试数据的精度。静力触探和圆锥动力触探，在软硬地层的界面上，有超前和滞后效应，应予注意。

10.2 载 荷 试 验

10.2.1 平板载荷试验（plate loading test）是在岩土体原位，用一定尺寸的承压板，施加竖向荷载，同时观测承压板沉降，测定岩土体承载力和变形特性；螺旋板载荷试验（screw plate loading test）是将螺旋板旋入地下预定深度，通过传力杆向螺旋板施加竖向荷载，同时量测螺旋板沉降，测定土的承载力和变形特性。

常规的平板载荷试验，只适用于地表浅层地基和地下水位以上的地层。对于地下深处和地下水位以下的地层，浅层平板载荷试验已显得无能为力。以前在钻孔底进行的深层载荷试验，由于孔底土的扰动，板土间的接触难以控制等原因，早已废弃不用。《94规范》规定了螺旋板载荷试验，本次修订仍列入不变。

进行螺旋板载荷试验时，如旋入螺旋板深度与螺距不相协调，土层也可能发生较大扰动。当螺距过大，竖向荷载作用大，可能发生螺旋板本身的旋进，影响沉降的量测。上述这些问题，应注意避免。

本次修订增加了深层平板载荷试验方法，适用于地下水位以上的一般土和硬土。这种方法已经积累了一定经验，为了统一操作标准和计算方法，列入了本规范。

10.2.2 一般认为，载荷试验在各种原位测试中是最为可靠的，并以此作为其他原位测试的对比依据。但这一认识的正确性是有前提条件的，即基础影响范围内的土层应均一。实际土层往往是非均质土或多层土，当土层变化复杂时，载荷试验反映的承压板影响范围内地基土的性状与实际基础下地基土的性状将有很大的差异。故在进行载荷试验时，对尺寸效应要有足够的估计。

10.2.3 对载荷试验的技术要求作如下说明：

1 对于深层平板载荷试验，试井截面应为圆形，直径宜取 0.8~1.2m，并有安全防护措施；承压板直径取 800mm 时，采用厚约 300mm 的现浇混凝土板或预制的刚性板；可直接在外径为 800mm 的钢环或钢筋混凝土管柱内浇筑；紧靠承压板周围土层高度不应小于承压板直径，以尽量保持半无限体内部的受力状

态,避免试验时土的挤出;用立柱与地面的加荷装置连接,亦可利用井壁护圈作为反力,加荷试验时应直接测读承压板的沉降;

2 对试验面,应注意使其尽可能平整,避免扰动,并保证承压板与土之间有良好的接触;

3 承压板宜采用圆形压板,符合轴对称的弹性理论解,方形板则成为三维复杂课题;板的尺寸,国外采用的标准承压板直径为 0.305m,根据国内的实际经验,可采用 0.25~0.5m²,软土应采用尺寸大些的承压板,否则易发生歪斜;对碎石土,要注意碎石的最大粒径;对硬的裂隙性粘土及岩层,要注意裂隙的影响;

4 加荷方法,常规方法以沉降相对稳定法(即一般所谓的慢速法)为准;如试验目的是确定地基承载力,加荷方法可以考虑采用沉降非稳定法(快速法)或等沉降速率法,但必须有对比的经验,在这方面应注意积累经验,以加快试验周期;如试验目的是确定土的变形特性,则快速加荷的结果只反映不排水条件的变形特性,不反映排水条件的固结变形特性;

5 承压板的沉降量测的精度影响沉降稳定的标准;当荷载沉降曲线无明确拐点时,可加测承压板周围土面的升降、不同深度土层的分层沉降或土层的侧向位移;这有助于判别承压板下地基土受荷后的变化、发展阶段及破坏模式,判定拐点;

6 一般情况下,载荷试验应做到破坏,获得完整的 p-s 曲线,以便确定承载力特征值;只有试验目的为检验性质时,加荷至设计要求的二倍时即可终止;发生明显侧向挤出隆起或裂缝,表明受荷地层发生整体剪切破坏,这属于强度破坏极限状态;等速沉降或加速沉降,表明承压板下产生塑性破坏或刺入破坏,这是变形破坏极限状态;过大的沉降(承压板直径的 0.06 倍),属于超过限制变形的正常使用极限状态。

在确定终止试验标准时,对岩体而言,常表现为承压板上和板外的测表不停地变化,这种变化有增加的趋势。此外,有时还表现为荷载加不上,或加上去后很快降下来。当然,如果荷载已达到设备的最大出力,则不得不终止试验,但应判定是否满足了试验要求。

10.2.5 用浅层平板载荷试验成果计算土的变形模量的公式,是人们熟知的,其假设条件是荷载在弹性半无限空间的表面。深层平板载荷试验荷载作用在半无限体内部,不宜采用荷载作用在半无限体表面的弹性理论公式,式(10.2.5-2)是在 Mindlin 解的基础上推算出来的,适用于地基内部垂直均布荷载作用下变形模量的计算。根据岳建勇和高大钊的推导(《工程勘察》2002 年 1 期),深层载荷试验的变形模量可按下式计算:

$$E_0 = I_0 I_1 I_2 (1-\mu^2) \frac{pd}{s} \quad (10.1)$$

式中,I_1 为与承压板埋深有关的系数,I_2 为与土的泊松比有关的系数,分别为

$$I_1 = 0.5 + 0.23 \frac{d}{z} \quad (10.2)$$

$$I_2 = 1 + 2\mu^2 + 2\mu^4 \quad (10.3)$$

为便于应用,令

$$\omega = I_0 I_1 I_2 (1-\mu^2) \quad (10.4)$$

则

$$E_0 = \omega \frac{pd}{s} \quad (10.5)$$

式中,ω 为与承压板埋深和土的泊松比有关的系数,如碎石的泊松比取 0.27,砂土取 0.30,粉土取 0.35,粉质粘土取 0.38,粘土取 0.42,则可制成本规范表 10.2.5。

10.3 静力触探试验

10.3.1 静力触探试验(CPT)(cone penetration test)是用静力匀速将标准规格的探头压入土中,同时量测探头阻力,测定土的力学特性,具有勘探和测试双重功能;孔压静力触探试验(piezocone penetration test)除静力触探原有功能外,在探头上附加孔隙水压力量测装置,用于量测孔隙水压力增长与消散。

10.3.2 对静力触探的技术要求中的主要问题作如下说明:

1 圆锥截面积,国际通用标准为 10cm²,但国内勘察单位广泛使用 15cm² 的探头;10cm² 与 15cm² 的贯入阻力相差不大,在同样的土质条件和机具贯入能力的情况下,10cm² 比 15cm² 的贯入深度更大;为了向国际标准靠拢,最好使用锥头底面积为 10cm² 的探头。探头的几何形状及尺寸会影响测试数据的精度,故应定期进行检查;

以 10cm² 探头为例,锥头直径 d_e、侧壁筒直径 d_s 的容许误差分别为:

$$34.8 \leqslant d_e \leqslant 36.0 \text{mm};$$

$$d_e \leqslant d_s \leqslant d_e + 0.35 \text{mm};$$

锥截面积应为 10.00cm²±(3%~5%);

侧壁筒直径必须大于锥头直径,否则会显著减小侧壁摩阻力;侧壁摩擦筒侧面积应为 150cm²±2%;

2 贯入速率要求匀速,贯入速率(1.2±0.3)m/min 是国际通用的标准;

3 探头传感器除室内率定误差(重复性误差、非线性误差、归零误差、温度漂移等)不应超过 ±1.0%FS 外,特别提出在现场当探头返回地面时应记录归零误差,现场的归零误差不应超过 3%,这是试验数据质量好坏的重要标志;探头的绝缘度不应小于 500MΩ 的条件,是 3 个工程大气压下保持 2h;

4 贯入读数间隔一般采用 0.1m,不超过 0.2m,深度记录误差不超过 ±1%;当贯入深度超过 30m 或穿过软土层贯入硬土层后,应有测斜数据;当偏斜明显,应校正土层分层界线;

5 为保证触探孔与垂直线间的偏斜度小，所使用探杆的偏斜度应符合标准：最初 5 根探杆每米偏斜小于 0.5mm，其余小于 1mm；当使用的贯入深度超过 50m 或使用 15～20 次，应检查探杆的偏斜度；如贯入厚层软土，再穿入硬层、碎石土、残积土，每用过一次应作探杆偏斜度检查。

触探孔一般至少距探孔 25 倍孔径或 2m。静力触探宜在钻孔前进行，以免钻孔对贯入阻力产生影响。

10.3.3、10.3.4 对静力触探成果分析做以下说明：

1 绘制各种触探曲线应选用适当的比例尺。

例如：深度比例尺：1 个单位长度相当于 1m；

q_c（或 p_s）：1 个单位长度相当于 2MPa；

f_s：1 个单位长度相当于 0.2 MPa；

u（或 Δu）：1 个单位长度相当于 0.05 MPa；

$R_f = (f_s/q_c \times 100\%)$：1 个单位长度相当于 1；

2 利用静力触探贯入曲线划分土层时，可根据 q_c（或 p_s）、R_f 贯入曲线的线型特征、u 或 Δu 或 $[\Delta u/(q_c - p'_0)]$ 等，参照邻近钻孔的分层资料划分土层。利用孔压触探资料，可以提高土层划分的能力和精度，分辨薄夹层的存在；

3 利用静探资料可估算土的强度参数、浅基或桩基的承载力、砂土或粉土的液化。只要经验关系经过检验已证实是可靠的，利用静探资料可以提供有关设计参数。利用静探资料估算变形参数时，由于贯入阻力与变形参数间不存在直接的机理关系，可能可靠性差些；利用孔压静探资料有可能评定土的应力历史，这方面还有待于积累经验。由于经验关系有其地区局限性，采用全国统一的经验关系不是方向，宜在地方规范中解决这一问题。

10.4 圆锥动力触探试验

10.4.1 圆锥动力触探试验（DPT）（dynamic penetration test）是用一定质量的重锤，以一定高度的自由落距，将标准规格的圆锥形探头贯入土中，根据打入土中一定距离所需的锤击数，判定土的力学特性，具有勘探和测试双重功能。

本规范列入了三种圆锥动力触探（轻型、重型和超重型）。轻型动力触探的优点是轻便，对于施工验槽、填土勘察、查明局部软弱土层、洞穴等分布，均有实用价值。重型动力触探是应用最广泛的一种，其规格标准与国际通用标准一致。超重型动力触探的能量指数（落锤能量与探头截面积之比）与国外的并不一致，但相近，适用于碎石土。

表中所列贯入指标为贯入一定深度的锤击数（如 N_{10}、$N_{63.5}$、N_{120}），也可采用动贯入阻力。动贯入阻力可采用荷兰的动力公式：

$$q_d = \frac{M}{M+m} \cdot \frac{M \cdot g \cdot H}{A \cdot e} \quad (10.6)$$

式中 q_d——动贯入阻力（MPa）；

M——落锤质量（kg）；

m——圆锥探头及杆件系统（包括打头、导向杆等）的质量（kg）

H——落距（m）；

A——圆锥探头截面积（cm²）；

e——贯入度，等于 D/N，D 为规定贯入深度，N 为规定贯入深度的击数；

g——重力加速度，其值为 9.81m/s²。

上式建立在古典的牛顿非弹性碰撞理论（不考虑弹性变形量的损耗）。故限用于：

1）贯入土中深度小于 12m，贯入度 2～50mm。

2）$m/M < 2$。如果实际情况与上述适用条件出入大，用上式计算应慎重。

有的单位已经研制电测动贯入阻力的动力触探仪，这是值得研究的方向。

10.4.2 本条考虑了对试验成果有影响的一些因素。

1 锤击能量是最重要的因素。规定落锤方式采用控制落距的自动落锤，使锤击能量比较恒定，注意保持杆件垂直，探杆的偏斜度不超过 2%。锤击时防止偏心及探杆晃动。

2 触探杆与土间的侧摩阻力是另一重要因素。试验过程中，可采取下列措施减少侧摩阻力的影响：

1）使探杆直径小于探头直径。在砂土中探头直径与探杆直径比应大于 1.3，而在粘土中可小些；

2）贯入一定深度后旋转探杆（每 1m 转动一圈或半圈），以减少侧摩阻力；贯入深度超过 10m，每贯入 0.2m，转动一次；

3）探头的侧摩阻力与土类、土性、杆的外形、刚度、垂直度、触探深度等均有关，很难用一固定的修正系数处理，应采取切合实际的措施，减少侧摩阻力，对贯入深度加以限制；

3 锤击速度也影响试验成果，一般采用每分钟 15～30 击；在砂土、碎石土中，锤击速度影响不大，则可采用每分钟 60 击。

4 贯入过程应不间断地连续贯入，在粘性土中击入的间歇会使侧摩阻力增大。

5 地下水位对击数与土的力学性质的关系没有影响，但对击数与土的物理性质（砂土孔隙比）的关系有影响，故应记录地下水位埋深。

10.4.3 对动力触探成果分析作如下说明：

1 根据触探击数、曲线形态，结合钻探资料可进行力学分层，分层时注意超前滞后现象，不同土层的超前滞后量是不同的。

上为硬土层下为软土层，超前约为0.5~0.7m，滞后约为0.2m；上为软土层下为硬土层，超前约为0.1~0.2m，滞后约为0.3~0.5m。

2 在整理触探资料时，应剔除异常值，在计算土层的触探指标平均值时，超前滞后范围内的值不反映真实土性；临界深度以内的锤击数偏小，不反映真实土性，故不应参加统计。动力触探本来是连续贯入的，但也有配合钻探，间断贯入的做法，间断贯入时临界深度以内的锤击数同样不反映真实土性，不应参加统计；

3 整理多孔触探资料时，应结合钻探资料进行分析，对均匀土层，可用厚度加权平均法统计场地分层平均触探击数值；

10.4.4 动力触探指标可用于评定土的状态、地基承载力、场地均匀性等，这种评定系建立在地区经验的基础上。

10.5 标准贯入试验

10.5.1 标准贯入试验（SPT）（standard penetration test）是用质量为63.5kg的穿心锤，以76cm的落距，将标准规格的贯入器，自钻孔底部预打15cm，记录再打入30cm的锤击数，判定土的力学特性。

本条提出标准贯入试验仅适用于砂土、粉土和一般粘性土，不适用于软塑~流塑软土。在国外用实心圆锥头（锥角60°）替换贯入器下端的管靴，使标贯适用于碎石土、残积土和裂隙性硬粘土以及软岩。但由于国内尚无这方面的具体经验，故在条文内未列入，可作为有待开发的内容。

10.5.2 正文表10.5.2是考虑了国内各单位实际使用情况，并参考了国际标准制定的。贯入器规格，国外标准多为外径51mm，内径35mm，全长660~810mm。

贯入器内外径的误差，欧洲标准确定为±1mm是合理的。

本规范采用42mm钻杆。日本采用40.5、50、60mm钻杆。钻杆的弯曲度小于1%，应定期检查，剔除弯管。

欧洲标准，落锤的质量误差为±0.5kg。

10.5.3 关于标准贯入试验的技术要求，作如下说明：

1 根据欧洲标准，锤击速度不应超过30击/min；

2 宜采用回转钻进方法，以尽可能减少对孔底土的扰动。钻进时注意：

1) 保持孔内水位高出地下水位一定高度，保持孔底土处于平衡状态，不使孔底发生涌砂变松，影响N值；

2) 下套管不要超过试验标高；

3) 要缓慢地下放钻具，避免孔底土的扰动；
4) 细心清孔；
5) 为防止涌砂或塌孔，可采用泥浆护壁；

3 由于手拉绳牵引贯入试验时，绳索与滑轮的摩擦阻力及运转中绳索所引起的张力，消耗了一部分能量，减少了落锤的冲击能，使锤击数增加；而自动落锤完全克服了上述缺点，能比较真实地反映土的性状。据有关单位的试验，N值自动落锤为手拉落锤的0.8倍，为SR-30型钻机直接吊打时的0.6倍；据此，本规范规定采用自动落锤法。

4 通过标贯实测，发现真正传输给杆件系统的锤击能量有很大差异，它受机具设备、钻杆接头的松紧、落锤方式、导向杆的摩擦、操作水平及其他偶然因素等支配；美国ASTM-D4633-86制定了实测锤击的力-时间曲线，用应力波能量法分析，即计算第一压缩波应力波曲线积分可得传输杆件的能量；通过现场实测锤击应力波能量，可以对不同锤击能量的N值进行合理的修正。

10.5.5 关于标贯试验成果的分析整理，作如下说明：

1 修正问题，国外对N值的传统修正包括：饱和粉细砂的修正、地下水位的修正、土的上覆压力修正；国内长期以来并不考虑这些修正，而着重考虑杆长修正；杆长修正是依据牛顿碰撞理论，杆件系统质量不得超过锤重二倍，限制了标贯使用深度小于21m，但实际使用深度已远超过21m，最大深度已达100m以上；通过实测杆件的锤击应力波，发现锤击传输给杆件的能量变化远大于杆长变化时能量的衰减，故建议不作杆长修正的N值是基本的数值；但考虑到过去建立的N值与土性参数、承载力的经验关系，所用N值均经杆长修正，而抗震规范评定砂土液化时，N值又不作修正；故在实际应用N值时，应按具体岩土工程问题，参照有关规范考虑是否作杆长修正或其他修正；勘察报告应提供不作杆长修正的N值，应用时再根据情况考虑修正或不修正，用何种方法修正；

2 由于N值离散性大，故在利用N值解决工程问题时，应持慎重态度，依据单孔标贯资料提供设计参数是不可信的；在分析整理时，与动力触探相同，应剔除个别异常的N值；

3 依据N值提供定量的设计参数时，应有当地的经验，否则只能提供定性的参数，供初步评定用。

10.6 十字板剪切试验

10.6.1 十字板剪切试验（VST）（vane shear test）是用插入土中的标准十字板探头，以一定速率扭转，量测土破坏时的抵抗力矩，测定土的不排水抗剪强度。

十字板剪切试验的适用范围，大部分国家规定限于饱和软粘性土（$\varphi \approx 0$），我国的工程经验也限于饱和软粘性土，对于其他的土，十字板剪切试验会有相当大的误差。

10.6.2 试验点竖向间隔规定为1m，以便均匀地绘制不排水抗剪强度-深度变化曲线；当土层随深度的变化复杂时，可根据静力触探成果和工程实际需要，选择有代表性的点布置试验点，不一定均匀间隔布置试验点，遇到变层，要增加测点。

10.6.3 十字板剪切试验的主要技术标准作如下说明：

1 十字板头形状国外有矩形、菱形、半圆形等，但国内均采用矩形，故本规范只列矩形。当需要测定不排水抗剪强度的各向异性变化时，可以考虑采用不同菱角的菱形板头，也可以采用不同径高比板头进行分析。矩形十字板头的径高比1:2为通用标准。十字板头面积比，直接影响插入板头时对土的挤压扰动，一般要求面积比小于15%；十字板头直径为50mm和75mm，翼板厚度分别为2mm和3mm，相应的面积比为13%～14%。

2 十字板头插入孔底的深度影响测试成果，美国规定为$5b$（b为钻孔直径），前苏联规定为0.3～0.5m，原联邦德国规定为0.3m，我国规定为$(3\sim 5)b$。

3 剪切速率的规定，应考虑能满足在基本不排水条件下进行剪切；Skempton认为用0.1°/s的剪切速率得到的c_u误差最小；实际上对不同渗透性的土，规定相应的不排水条件的剪切速率是合理的；目前各国规程规定的剪切速率在0.1°/s～0.5°/s，如美国0.1°/s，英国0.1°/s～0.2°/s，前苏联0.2°/s～0.3°/s，原联邦德国0.5°/s。

4 机械式十字板剪切仪由于轴杆与土层间存在摩阻力，因此应进行轴杆校正。由于原状土与重塑土的摩阻力是不同的，为了使轴杆与土间的摩阻力减到最低值，使进行原状土和扰动土不排水抗剪强度试验时有同样的摩阻力值，在进行十字板试验前，应将轴杆先快速旋转十余圈。

由于电测式十字板直接测定的是施加于板头的扭矩，故不需进行轴杆摩擦的校正。

5 国外十字板剪切试验规程对精度的规定，美国为1.3kPa，英国1kPa，前苏联1～2kPa，原联邦德国2kPa，参照这些标准，以1～2kPa为宜。

10.6.4 十字板剪切试验的成果分析应用作如下说明：

1 实践证明，正常固结的饱和软粘性土的不排水抗剪强度是随深度增加的；室内抗剪强度的试验成果，由于取样扰动等因素，往往不能很好反映这一变化规律；利用十字板剪切试验，可以较好地反映不排水抗剪强度随深度的变化。

2 根据原状土与重塑土不排水抗剪强度的比值可计算灵敏度，可评价软粘土的触变性。

3 绘制抗剪强度与扭转角的关系曲线，可了解土体受剪时的剪切破坏过程，确定软土的不排水抗剪强度峰值、残余值及剪切模量（不排水）。目前十字板头扭转角的测定还存在困难，有待研究。

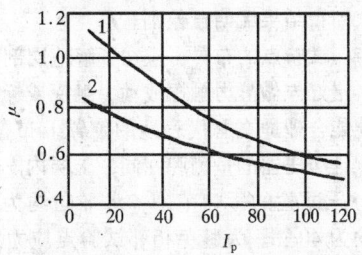

图10.1 修正系数 μ

4 十字板剪切试验所测得的不排水抗剪强度峰值，一般认为是偏高的，土的长期强度只有峰值强度的60%～70%。因此在工程中，需根据土质条件和当地经验对十字板测定的值作必要的修正，以供设计采用。

Daccal等建议用塑性指数确定修正系数 μ（如图10.1）。图中曲线2适用于液性指数大于1.1的土，曲线1适用于其他软粘土。

10.6.5 十字板不排水抗剪强度，主要用于可假设 $\varphi \approx 0$，按总应力法分析的各类土工问题中：

1 计算地基承载力

按中国建筑科学研究院、华东电力设计院的经验，地基容许承载力可按式（10.7）估算：

$$q_a = 2c_u + \gamma h \tag{10.7}$$

式中 c_u——修正后的不排水抗剪强度（kPa）；

γ——土的重度（kN/m³）；

h——基础埋深（m）；

2 地基抗滑稳定性分析；

3 估算桩的端阻力和侧阻力：

桩端阻力　　$q_p = 9c_u$ （10.8）

桩侧阻力　　$q_s = \alpha \cdot c_u$ （10.9）

α 与桩类型、土类、土层顺序等有关；

依据 q_p 及 q_s 可以估算单桩极限承载力；

4 通过加固前后土的强度变化，可以检验地基的加固效果；

5 根据 c_u-h 曲线，判定软土的固结历史：若 c_u-h 曲线大致呈一通过地面原点的直线，可判定为正常固结土；若 c_u-h 直线不通过原点，而与纵坐标的向上延长轴线相交，则可判定为超固结土。

10.7 旁 压 试 验

10.7.1 旁压试验（PMT）（pressuremeter test）是用可侧向膨胀的旁压器，对钻孔孔壁周围的土体施加径向压力的原位测试，根据压力和变形关系，计算土的模量和强度。

旁压仪包括预钻式、自钻式和压入式三种。国内目前以预钻式为主，本节以下各条规定也是针对预钻式的。压入式目前尚无产品，故暂不列入。旁压器分单腔式和三腔式。当旁压器有效长径比大于4时，可认为属无限长圆柱扩张轴对称平面应变问题。单腔式、三腔式所得结果无明显差别。

10.7.2 旁压试验点的布置，应在了解地层剖面的基础上进行，最好先做静力触探或动力触探或标准贯入试验，以便能合理地在有代表性的位置上布置试验。布置时要保证旁压器的量测腔在同一土层内。根据实践经验，旁压试验的影响范围，水平向约为60cm，上下方向约为40cm。为避免相邻试验点应力影响范围重叠，建议试验点的垂直间距至少为1m。

10.7.3 对旁压试验的主要技术要求说明如下：

1 成孔质量是预钻式旁压试验成败的关键，成孔质量差，会使旁压曲线反常失真，无法应用。为保证成孔质量，要注意：
  1) 孔壁垂直、光滑、呈规则圆形，尽可能减少对孔壁的扰动；
  2) 软弱土层（易发生缩孔、坍孔）用泥浆护壁；
  3) 钻孔孔径应略大于旁压器外径，一般宜大2～8mm。

2 加荷等级的选择是重要的技术问题，一般可根据土的临塑压力或极限压力而定，不同土类的加荷等级，可按表10.1选用。

表10.1　旁压试验加荷等级表

土的特征	加荷等级（kPa）	
	临塑压力前	临塑压力后
淤泥、淤泥质土、流塑粘性土和粉土、饱和松散的粉砂	≤15	≤30
软塑粘性土和粉土、疏松黄土、稍密很湿粉细砂、稍密中粗砂	15～25	30～50
可塑～硬塑粘性土和粉土、黄土、中密～密实很湿粉细砂、稍密～中密中粗砂	25～50	50～100
坚硬粘性土和粉土、密实中粗砂	50～100	100～200
中密～密实碎石土、软质岩	≥100	≥200

3 关于加荷速率，目前国内有"快速法"和"慢速法"两种。国内一些单位的对比试验表明，两种不同加荷速率对临塑压力和极限压力影响不大。为提高试验效率，本规范规定使用每级压力维持1min或2min的快速法。在操作和读数熟练的情况下，尽可能采用短的加荷时间；快速加荷所得旁压模量相当于不排水模量。

4 加荷后按15s、30s、60s或15s、30s、60s和120s读数。

5 旁压试验终止试验条件为：
  1) 加荷接近或达到极限压力；
  2) 量测腔的扩张体积相当于量测腔的固有体积，避免弹性膜破裂；
  3) 国产PY2-A型旁压仪，当量管水位下降刚达36cm时（绝对不能超过40cm），即应终止试验；
  4) 法国GA型旁压仪规定，当蠕变变形等于或大于50cm³或量筒读数大于600cm³时应终止试验。

10.7.4、10.7.5 对旁压试验成果分析和应用作如下说明：

1 在绘制压力（p）与扩张体积（ΔV）或（$\Delta V/V_0$）、水管水位下沉量（s）、或径向应变曲线前，应先进行弹性膜约束力和仪器管路体积损失的校正。由于约束力随弹性膜的材质、使用次数和气温而变化，因此新装或用过若干次后均需对弹性膜的约束力进行标定。仪器的综合变形，包括调压阀、量管、压力计、管路等在加压过程中的变形。国产旁压仪还需作体积损失的校正，对国外GA型和GAm型旁压仪，如果体积损失很小，可不作体积损失的校正。

2 特征值的确定：
特征值包括初始压力（p_0），临塑压力（p_f）和极限压力（p_L）：
  1) p_0 的确定：按M'enard，定为旁压曲线中段直线段的起始点或蠕变曲线的第一拐点相应的压力；按国内经验，该压力比实际的原位初始侧向应力大，因此推荐直接按旁压曲线用作图法确定 p_0；
  2) 临塑压力 p_f 为旁压曲线中段直线的末尾点或蠕变曲线的第二拐点相应的压力；
  3) 极限压力 p_L 定义为：
    (a) 量测腔扩张体积相当于量测腔固有体积（或扩张后体积相当于二倍固有体积）时的压力；
    (b) p-ΔV 曲线的渐近线对应的压力，或用 p-（$1/\Delta V$）关系，末段直线延长线与 p 轴的交点相应的压力。

3 利用旁压曲线的特征值评定地基承载力：
  1) 根据当地经验，直接取用 p_f 或 p_f-p_0 作为地基土承载力；
  2) 根据当地经验，取（p_L-p_0）除以安全系数作为地基承载力。

4 计算旁压模量：
由于加荷采用快速法，相当于不排水条件；依据弹性理论，对于预钻式旁压仪，可用下式计算旁压模量：

$$E_{\mathrm{m}} = 2(1+\mu)\left(V_{\mathrm{c}} + \frac{V_0 + V_{\mathrm{f}}}{2}\right)\frac{\Delta p}{\Delta V} \quad (10.10)$$

式中 E_{m}——旁压模量（kPa）；
μ——泊松比；
V_{c}——旁压器量测腔初始固有体积（cm³）；
V_0——与初始压力 p_0 对应的体积（cm³）；
V_{f}——与临塑压力 p_{f} 对应的体积（cm³）；
$\Delta p/\Delta V$——旁压曲线直线段的斜率（kPa/cm³）。

国内原有用旁压系数及旁压曲线直线段计算变形模量的公式，由于采用慢速法加荷，考虑了排水固结变形。而本规范规定统一使用快速加荷法，故不再推荐旁压试验变形模量的计算公式。

对于自钻式旁压试验，仍可用式（10.10）计算旁压模量。由于自钻式旁压试验的初始条件与预钻式旁压试验不同，预钻式旁压试验的原位侧向应力经钻孔后已释放。两种试验对土的扰动也不相同，故两者的旁压模量并不相同，因此应说明试验所用旁压仪类型。

10.8 扁铲侧胀试验

10.8.1 扁铲侧胀试验（DMT）（dilatometer test），也有译为扁板侧胀试验，系 20 世纪 70 年代意大利 Silvano Marchetti 教授创立。扁铲侧胀试验是将带有膜片的扁铲压入土中预定深度，充气使膜片向孔壁土中侧向扩张，根据压力与变形关系，测定土的模量及其他有关指标。因能比较准确地反映小应变的应力应变关系，测试的重复性较好，引入我国后，受到岩土工程界的重视，进行了比较深入的试验研究和工程应用，已列入铁道部《铁路工程地质原位测试规程》2002 年报批稿，美国 ASTM 和欧洲 EUROCODE 亦已列入。经征求意见，决定列入本规范。

扁铲侧胀试验最适宜在软弱、松散土中进行，随着土的坚硬程度或密实程度的增加，适宜性渐差。当采用加强型薄膜片时，也可应用于密实的砂土，参见表 10.2。

表 10.2 扁铲侧胀试验在不同土类中的适用程度

土类	$q_{\mathrm{c}}<1.5$MPa, $N<5$		$q_{\mathrm{c}}=7.5$MPa, $N=25$		$q_{\mathrm{c}}=15$MPa, $N=40$	
	未压实填土	自然状态	轻压实填土	自然状态	紧密压实填土	自然状态
粘土	A	A	B	B	B	B
粉土	B	B	B	B	C	C
砂土	A	A	B	B	C	C
砾石	C	C	G	G	G	G
卵石	G	G	G	G	G	G
风化岩石	B	C	G	G	G	G
带状粘土	A	B	B	B	C	C
黄土	A	A	B	B	—	—
泥炭	A	A	B	B	—	—
沉泥、尾矿砂	A	—	B	—	—	—

注：适用性分级：A 最适用；B 适用；C 有时适用；G 不适用。

10.8.2 本条规定的探头规格与国际通用标准和国内生产的扁铲侧胀仪探头规格一致。要注意探头不能有明显弯曲，并应进行老化处理。探头加工的具体技术标准由有关产品标准规定。

可用贯入能力相当的静力触探机将探头压入土中。

10.8.3 扁铲侧胀试验成果资料的整理按以下步骤进行：

1 根据探头率定所得的修正值 ΔA 和 ΔB，现场试验所得的实测值 A、B、C，计算接触压力 p_0、膜片膨胀至 1.10mm 的压力 p_1 和膜片回到 0.05mm 的压力 p_2；

2 根据 p_0、p_1 和 p_2 计算侧胀模量 E_{D}、侧胀水平应力指数 K_{D}、侧胀土性指数 I_{D} 和侧胀孔压指数 U_{D}；

3 绘制上述 4 个参数与深度的关系曲线。

上述各种数据的测定方法和参数的计算方法，均与国内外通用方法一致。

10.8.4 扁铲侧胀试验成果的应用经验目前尚不丰富。根据铁道部第四勘测设计院的研究成果，利用侧胀土性指数 I_{D} 划分土类，粘性土的状态，利用侧胀模量计算饱和粘性土的水平不排水弹性模量，利用侧胀水平应力指数 K_{D} 确定土的静止侧压力系数等，有良好的效果，并列入铁道部《铁路工程地质原位测试规程》2002 年报批稿。上海、天津以及国际上都有一些研究成果和工程经验，由于扁铲侧胀试验在我国开展较晚，故应用时必须结合当地经验，并与其他测试方法配合，相互印证。

10.9 现场直接剪切试验

10.9.1 《94 规范》中本节包括现场直剪试验和现场三轴试验，本次修订时，考虑到现场三轴试验已非常规，属于专门性试验，故不列入本规范。国家标准《工程岩体试验方法标准》（GB/T50266—99）也未包括现场三轴试验。现场直剪试验，应根据现场工程地质条件、工程荷载特点、可能发生的剪切破坏模式、剪切面的位置和方向、剪切面的应力等条件，确定试验对象，选择相应的试验方法。由于试验岩土体远比室内试样大，试验成果更符合实际。

10.9.2 本条所列的各种试验布置方案，各有适用条件。

图 10.2 中 (a)、(b)、(c) 剪切荷载平行于剪切面，为平推法；(d) 剪切荷载与剪切面成 α 角，为斜推法。(a) 施加的剪切荷载有一力臂 e_1 存在，使剪切面的剪应力和法向应力分布不均匀。(b) 使施加的法向荷载产生的偏心力矩与剪切荷载产生的力矩平衡，改善剪切面上的应力分布，使趋于均匀分布，但法向荷载的偏心矩 e_2 较难控制，故应力分布仍可能不均匀。(c) 剪切面上的应力分布是均匀的，

但试验施工存在一定困难。

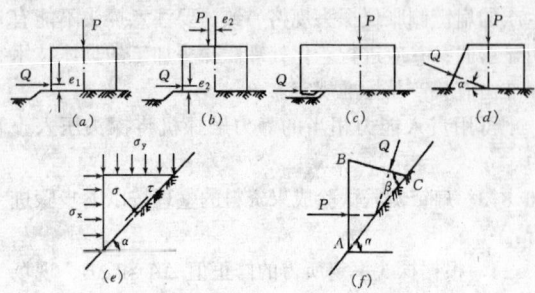

图 10.2 现场直剪方案布置

图 10.2 中（d）法向荷载和斜向荷载均通过剪切面中心，α 角一般为 15°。在试验过程中，为保持剪切面上的正应力不变，随着 α 值的增加，P 值需相应降低，操作比较麻烦。进行混凝土与岩体的抗剪试验，常采用斜推法，进行土体、软弱面（水平或近乎水平）的抗剪试验，常采用平推法。

当软弱面倾角大于其内摩擦角时，常采用楔形体（e）、（f）方案，前者适用于剪切面上正应力较大的情况，后者则相反。

图中符号 P 为竖向（法向）荷载；Q 为剪切荷载；σ_x、σ_y 为均布应力；τ 为剪应力；σ 为法向应力；e_1、e_2 为偏心距；（e）、（f）为沿倾向软弱面剪切的楔形试体。

10.9.3 岩体试样尺寸不小于 50cm×50cm，一般采用 70cm×70cm 的方形体，与国际标准一致。土体试样可采用圆柱体或方柱体，使试样高度不小于最小边长的 0.5 倍；土体试样高度则与土中的最大粒径有关。

10.9.4 对现场直剪试验的主要技术要求作如下说明：

1 保持岩土样的原状结构不受扰动是非常重要的，故在爆破、开挖和切样过程中，均应避免岩土样或软弱结构面破坏和含水量的显著变化；对软弱岩土体，在顶面和周边加护层（钢或混凝土），护套底边应在剪切面以上；

2 在地下水位以下试验时，应先降低水位，安装试验装置恢复水位后，再进行试验；

3 法向荷载和剪切荷载应尽可能通过剪切面中心；试验过程中注意保持法向荷载不变；对于高含水量的塑性软弱层，法向荷载应分级施加，以免软弱层挤出。

10.9.5 绘制剪应力与剪切位移关系曲线和剪应力与垂直位移曲线。依据曲线特征，确定强度参数，见图 10.3。

1 比例界限压力定义为剪应力与剪切位移曲线直线段的末端相应的剪应力，如直线段不明显，可采用一些辅助手段确定：

1) 用循环荷载方法 在比例强度前卸荷后的剪切位移基本恢复，过比例界限后则不然；

2) 利用试体以下基底岩土体的水平位移与试样的水平位移的关系判断 在比例界限之前，两者相近；过比例界限后，试样的水平位移大于基底岩土的水平位移；

3) 绘制 τ-u/τ 曲线（τ-剪应力，u-剪切位移）在比例界限之前，u/τ 变化极小；过比例界限后，u/τ 值增大加快；

2 屈服强度可通过绘制试样的绝对剪切位移 u_A 与试样和基底间的相对位移 u_R 以及与剪应力 τ 的关系曲线来确定，在屈服强度之前，u_R 的增率小于 u_A，过屈服强度后，基底变形趋于零，则 u_A 与 u_R 的增率相等，其起始点为 A，剪应力 τ 与 u_A 曲线上 A 点相应的剪应力即屈服强度；

3 峰值强度和残余强度是容易确定的；

4 剪胀强度相当于整个试样由于剪切带发生体积变大而发生相对位移的剪应力，可根据剪应力与垂直位移曲线判定；

5 岩体结构面的抗剪强度，与结构面的形状、闭合、充填情况和荷载大小及方向等有关。

根据长江科学院的经验，对于脆性破坏岩体，可以采取比例强度确定抗剪强度参数；而对于塑性破坏岩体，可以利用屈服强度确定抗剪强度参数。

验算岩土体滑动稳定性，可以采取残余强度确定的抗剪强度参数。因为在滑动面上破坏的发展是累进的，发生峰值强度破坏后，破坏部分的强度降为残余强度。

10.10 波速测试

10.10.1 波速测试目的，是根据弹性波在岩土体内的传播速度，间接测定岩土体在小应变条件下（10^{-4}～10^{-6}）动弹性模量。试验方法有跨孔法、单孔法（检层法）和面波法。

10.10.2 单孔波速法，可沿孔向上或向下检层进行测试。主要检测水平的剪切波速，识别第一个剪切波的初至是关键。关于激振方法，通常的做法是：用锤水平敲击上压重物的木板或混凝土板，作为水平剪切波的振源。板与孔口距离取 1～3m，板上压重大于

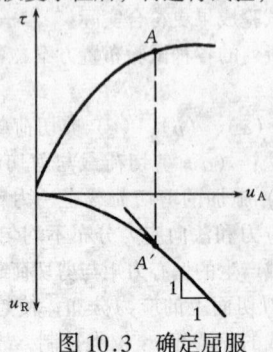

图 10.3 确定屈服强度的辅助方法

400kg，板与地面紧密接触。沿板的纵轴从两个相反方向敲击两端，记录极性相反的两组剪切波形。除地面激振外，也可在孔内激振。

10.10.3 跨孔法以一孔为激振孔，宜布置2个钻孔作为检波孔，以便校核。钻孔应垂直，当孔深较大，应对钻孔的倾斜度和倾斜方位进行量测，量测精度应达到0.1°，以便对激振孔与检波孔的水平距离进行修正。在现场应及时对记录波形进行鉴别判断，确定是否可用；如不行，在现场可立即重做。钻孔如有倾斜，应作孔距的校正。

10.10.4 面波的传统测试方法为稳态法，近年来，瞬态多道面波法获得很大发展，并已在工程中大量应用，技术已经成熟，故列入了本规范。

10.10.5 小应变动剪切模量、动弹性模量和动泊松比，应按下列公式计算：

$$G_d = \rho v_S^2 \tag{10.11}$$

$$E_d = \frac{\rho v_S^2(3v_P^2 - 4v_S^2)}{v_P^2 - v_S^2} \tag{10.12}$$

$$\mu_d = \frac{v_P^2 - 2v_S^2}{2(v_P^2 - v_S^2)} \tag{10.13}$$

式中 v_S、v_P——分别为剪切波波速和压缩波波速；
G_d——土的动剪切模量；
E_d——土的动弹性模量；
μ_d——土的动泊松比；
ρ——土的质量密度。

10.11 岩体原位应力测试

10.11.1 孔壁应变法测试采用孔壁应变计，量测套钻解除应力后钻孔孔壁的岩石应变；孔径变形法测试采用孔径变形计，量测套钻解除应力后的钻孔孔径的变化；孔底应变法测试采用孔底应变计，量测套钻解除应力后的钻孔孔底岩面应变。按弹性理论公式计算岩体内某点的应力。当需测求空间应力时，应采用三个钻孔交会法测试。

10.11.3 岩体应力测试的设备、测试准备、仪器安装和测试过程按现行国家标准《工程岩体试验方法标准》（GB/T50266）执行。

10.11.4 应力解除后的岩芯若不能在24h内进行围压试验，应对岩芯进行蜡封，防止含水率变化。

10.11.5 孔壁应变法、孔径变形法和孔底应变法计算空间应力、平面应力分量和空间主应力及其方向，可按《工程岩体试验方法标准》（GB/T50266）附录A执行。

10.12 激振法测试

10.12.1 激振法测试包括强迫振动和自由振动，用于测定天然地基和人工地基的动力特性。

10.12.2 具有周期性振动的机器基础，应采用强迫振动测试。由于竖向自由振动试验，当阻尼比较大时，特别是有埋深的情况，实测的自由振动波数少，很快就衰减了。从波形上测得的固有频率值以及由振幅计算的阻尼比，都不如强迫振动试验准确。但是，当基础固有频率较高时，强迫振动测不出共振峰值的情况也是有的。因此，本条规定，"有条件时，宜同时采用强迫振动和自由振动两种测试方法"，以便互相补充，互为印证。

10.12.4 由于块体基础水平回转耦合振动的固有频率及在软弱地基土的竖向振动固有频率一般均较低，因此激振设备的最低频率规定为3～5Hz，使测出的幅频响应共振曲线能较好地满足数据处理的需要。而桩基础的竖向振动固有频率高，要求激振设备的最高工作频率尽可能地高，最好能达到60Hz以上，以便能测出桩基础的共振峰值。电磁式激振设备的工作频率范围很宽，但扰力太小时对桩基础的竖向振动激不起来，因此规定，扰力不宜小于600N。

为了获得地基的动力参数，应进行明置基础的测试，而埋置基础的测试是为获得埋置后对动力参数的提高效果，有了两者的动力参数，就可进行机器基础的设计。因此本条规定"测试基础应分别做明置和埋置两种情况的测试"。

10.12.5 强迫振动测试结果经数据处理后可得到变扰力或常扰力的幅频响应曲线。自由振动测试结果为波形图。根据幅频响应曲线上的共振频率和共振振幅可计算动力参数，根据波形图上的振幅和周期数计算动力参数。具体计算方法和计算公式按现行国家标准《地基动力特性测试规范》（GB/T50269）的规定执行。

11 室内试验

11.1 一般规定

11.1.1、11.1.2 本章只规定了岩土试验项目和试验方法的选取以及一些原则性问题，主要供岩土工程师所用。至于具体的操作和试验仪器规格，则应按有关的规范、标准执行。由于岩土试样和试验条件不可能完全代表现场的实际情况，故规定在岩土工程评价时，宜将试验结果与原位测试成果或原型观测反分析成果比较，并作必要的修正。

一般的岩土试验，可以按标准的、通用的方法进行。但是，岩土工程师必须注意到岩土性质和现场条件中存在的许多复杂情况，包括应力历史、应力场、边界条件、非均质性、非等向性、不连续性等等，使岩土体与岩土试样的性状之间存在不同程度的差别。试验时应尽可能模拟实际，使用试验成果时不要忽视这些差别。

11.2 土的物理性质试验

11.2.1 本条规定的都是最基本的试验项目，一般工程都应进行。

11.2.2 测定液限，我国通常用76g瓦氏圆锥仪，但在国际上更通用卡氏碟式仪，故目前在我国是两种方法并用，《土工试验方法标准》（GB/T50123—1999）也同时规定这两种方法和液塑限联合测定法。由于测定方法的试验成果有差异，故应在试验报告上注明。

土的比重变化幅度不大，有经验的地区可根据经验判定，误差不大，是可行的。但在缺乏经验的地区，仍应直接测定。

11.3 土的压缩-固结试验

11.3.1 采用常规固结试验求得的压缩模量和一维固结理论进行沉降计算，是目前广泛应用的方法。由于压缩系数和压缩模量的值随压力段而变，故本条作了明确的规定，并与现行国家标准《建筑地基基础设计规范》（GB50007—2002）一致。

11.3.2 考虑土的应力历史，按e-$\lg p$曲线整理固结试验成果，计算压缩指数、回弹指数，确定先期固结压力，并按不同的固结状态（正常固结、欠固结、超固结）进行沉降计算，是国际上通用的方法，故本条作了相应的规定，并与现行国家标准《土工试验方法标准》（GB/T50123—1999）一致。

11.3.4 沉降计算时一般只考虑主固结，不考虑次固结。但对于厚层高压缩性软土，次固结沉降可能占相当份量，不应忽视。故本条作了相应规定。

11.3.5 除常规的沉降计算外，有的工程需建立较复杂的土的力学模型进行应力应变分析，试验方法包括：

1 三轴试验，按需要采用若干不同围压，使土试样分别固结后逐级增加轴压，取得在各级围压下的轴向应力与应变关系，供非线性弹性模型的应力应变分析用；各级围压下的试验，宜进行1~3次回弹试验；

2 当需要时，除上述试验外，还要在三轴仪上进行等向固结试验，即保持围岩与轴压相等；逐级加荷，取得围压与体积应变关系，计算相应的体积模量，供弹性、非线性弹性、弹塑性等模型的应力应变分析用。

11.4 土的抗剪强度试验

11.4.1 排水状态对三轴试验成果影响很大，不同的排水状态所测得的c、φ值差别很大，故本条在这方面作了一些具体的规定，使试验时的排水状态尽量与工程实际一致。不固结不排水剪得到的抗剪强度最小，用其进行计算结果偏于安全，但是饱和软粘土的原始固结程度不高，而且取样等过程又难免一定的扰动影响，故为了不使试验结果过低，规定了在有效自重压力下进行预固结的要求。

11.4.2 虽然直剪试验存在一些明显的缺点，受力条件比较复杂，排水条件不能控制等，但由于仪器和操作都比较简单，又有大量实践经验，故在一定条件下仍可利用，但对其应用范围应予限制。

无侧限抗压强度试验实际上是三轴试验的一个特例，适用于$\varphi\approx 0$的软粘土，国际上用得较多，故在本条作了相应的规定，但对土试样的质量等级作了严格规定。

11.4.3 测滑坡带上土的残余强度，应首先考虑采用含有滑面的土样进行滑面重合剪试验。但有时取不到这种土样，此时可用取自滑面或滑带附近的原状土样或控制含水量和密度的重塑土样做多次剪切。试验可用直剪仪，必要时可用环剪仪。

11.4.4 本条规定的是一些非常规的特种试验，当岩土工程分析有专门需要时才做，主要包括两大类：

1 采用接近实际的固结应力比，试验方法包括K_0固结不排水（CK_0U）试验，K_0固结不排水测孔压（$CK_0\overline{U}$）试验和特定应力比固结不排水（CKU）试验；

2 考虑到沿可能破坏面的大主应力方向的变化，试验方法包括平面应变压缩（PSC）试验，平面应变拉伸（PSE）试验等。

这些试验一般用于应力状态复杂的堤坝或深挖方的稳定性分析。

11.5 土的动力性质试验

11.5.1 动三轴、动单剪、共振柱是土的动力性质试验中目前比较常用的三种方法。其他方法或还不成熟，或仅作专门研究之用。故不在本规范中规定。

不但土的动力参数值随动应变而变化，而且不同仪器或试验方法有其应变值的有效范围。故在提出试验要求时，应考虑动应变的范围和仪器的适用性。

11.5.2 用动三轴仪测定动弹性模量、动阻尼比及其与动应变的关系时，在施加动荷载前，宜在模拟原位应力条件下先使土样固结。动荷载的施加应从小应力开始，连续观测若干循环周数，然后逐渐加大动应力。

测定既定的循环周数下轴向应力与应变关系，一般用于分析震陷和饱和砂土的液化。

11.6 岩石试验

本节规定了岩土工程勘察时，对岩石试验的一般要求，具体试验方法按现行国家标准《工程岩体试验方法标准》（GB/T50266）执行。

11.6.5 由于岩石对于拉伸的抗力很小，所以岩石的抗拉强度是岩石的重要特征之一。测定岩石抗拉强度的方法很多，但比较常用的有劈裂法和直接拉伸法。本规范推荐的是劈裂法。

11.6.6 点荷载试验和声波速度试验都是间接试验方法，利用试验关系确定岩石的强度参数，在工程上是很实用的方法。

12 水和土腐蚀性的评价

12.1 取样和测试

12.1.1 本条规定的目的是想减少一些不必要的工作量。一些地方规范也有类似的规定，如《北京地区建筑地基基础勘察设计规范》（DBJ01—501—92）规定："一般情况下，可不考虑地下水的腐蚀性，但对有环境水污染的地区，应查明地下水对混凝土的腐蚀性。"《上海地基基础设计规范》（DBJ08—11—89）规定："上海市地下水对混凝土一般无侵蚀性，在地下水有可能受环境水污染地段，勘察时应取水样化验，判定其有无侵蚀性。"

水、土对建筑材料的腐蚀危害是非常大的，因此除对有足够经验和充分资料的地区可以不进行水、土腐蚀性评价外，其他地区均应采取水、土试样，进行腐蚀性分析。

12.1.2 地下水位以上的构筑物，规定只取土样，不取水样，但实际工作中应注意地下水位的季节变化幅度，当地下水位上升，可能浸没构筑物时，仍应取水样进行水的腐蚀性测试。

12.1.3 《94规范》表13.2.2-1和表13.2.2-2中的测试项目和方法均相同，故将其合并为一个表，稍作调整，即现在的表12.1.3。

序号13～16是原位测试项目，用于评价土对钢结构的腐蚀性。试验方法和评价标准可参见林宗元主编的《岩土工程试验监测手册》。

12.2 腐蚀性评价

12.2.1、12.2.2 场地环境类型对土、水的腐蚀性影响很大，附录G作了具体规定。不同的环境类型主要表现为气候所形成的干湿交替、冻融交替、日气温变化、大气湿度等。附录G第G.0.1条表注1中的干燥度，是说明气候干燥程度的指标。我国干燥度大于1.5的地区有：新疆（除局部）、西藏（除东部）、甘肃（除局部）、青海（除局部）、宁夏、内蒙（除局部）、陕西北部、山西北部、河北北部、辽宁西部、吉林西部，其他各地基本上小于1.5。不能确认或需干燥度的具体数据时，可向各地气象部门查询。

在不同的环境类型中，腐蚀介质构成腐蚀的界限值是不同的。表12.2.1和表12.2.2是根据《环境水对混凝土侵蚀性判定方法及标准》专题研究组的研究成果编制的。专题研究组进行了下列工作：

1 调查研究了我国各地区混凝土的破坏实例，并分析了区域水化学分布状况，及其产生的自然地理环境条件，总结了腐蚀破坏的规律；

2 在新疆焉耆盆地盐渍土地区和青海红层盆地建立了野外试验点，进行了野外暴露试验；

3 在华北地区的气候条件下，进行室内、外长期的对比暴露试验；

4 调查研究了某些国家的腐蚀性判定标准，并对我国各部门现行标准进行了对比分析研究。

表12.2.1中的数值适用于有干湿交替和不冻区（段）水的腐蚀性评价标准，对无干湿交替作用、冰冻区和微冻区，对土的腐蚀性评价，尚应乘以一定的系数，这在表注中已加以说明，使用该表时应予注意。

干湿交替是指地下水位变化和毛细水升降时，建筑材料的干湿变化情况。干湿交替和气候区与腐蚀性的关系十分密切。相同浓度的盐类，在干旱区和湿润区，其腐蚀程度是不同的。前者可能是强腐蚀，而后者可能是弱腐蚀或无腐蚀性。冻融交替也是影响腐蚀的重要因素。如盐的浓度相同，在不冻区尚达不到饱和状态，因而不会析出结晶，而在冰冻区，由于气温降低，盐分易析出结晶，从而破坏混凝土。

12.2.4 表12.2.4水、土对钢筋混凝土结构中的钢筋的腐蚀性判定标准，引自前苏联《建筑物防腐蚀设计规范》（CHИΠ2—03—11—85）。

钢筋长期浸泡在水中，由于氧溶入较少，不易发生电化学反应，故钢筋不易被腐蚀；相反，处于干湿交替状态的钢筋，由于氧溶入较多，易发生电化学反应，钢筋易被腐蚀。

12.2.5 表12.2.5-1和表12.2.5-2是参考了国外有关水、土对钢结构的腐蚀性评价标准，并结合我国实际情况编制的。这些标准有德国的DIN50929（1985）、前苏联的ΓOCT9.015—74（1984年版本）和美国的ANSI/AWWAC105/A21.5—82。我国武钢1.7m轧机工程、上海宝钢工程和前苏联设计的一些火电厂等均由国外设计，腐蚀性评价均是按他们提供的标准进行测试和评价的。以上两表在近几年的工程实践中，进行了多次检验，对不同土质、环境，效果较好。

12.2.6 水、土对建筑材料腐蚀的防护，国家标准《工业建筑防腐蚀设计规范》（GB50046）和《建筑防腐蚀工程施工及验收规范》（GB50212）已有详细的规定。为了避免重复，本规范不再列入"防护措施"。当水、土对建筑材料有腐蚀性时，可按上述规范的规定，采取防护措施。

13 现场检验和监测

13.1 一般规定

13.1.1 所谓有特殊要求的工程，是指有特殊意义的，一旦损坏将造成生命财产重大损失，或产生重大社会影响的工程；对变形有严格限制的工程；采用新的设计施工方法,而又缺乏经验的工程。

13.1.3 监测工作对保证工程安全有重要作用。例如:建筑物变形监测,基坑工程的监测,边坡和洞室稳定的监测,滑坡监测,崩塌监测等。当监测数据接近安全临界值时,必须加密监测,并迅速向有关方面报告,以便及时采取措施,保证工程和人身安全。

13.2 地基基础的检验和监测

13.2.1 天然地基的基坑(基槽)检验,是必须做的常规工作,通常由勘察人员会同建设、设计、施工、监理以及质量监督部门共同进行。下列情况应着重检验:

1 天然地基持力层的岩性、厚度变化较大时;桩基持力层顶面标高起伏较大时;

2 基础平面范围内存在两种或两种以上不同地层时;

3 基础平面范围内存在异常土质,或有坑穴、古墓、古遗址、古井、旧基础时;

4 场地存在破碎带、岩脉以及湮废河、湖、沟、浜时;

5 在雨季、冬季等不良气候条件下施工,土质可能受到影响时。

检验时,一般首先核对基础或基槽的位置、平面尺寸和坑底标高,是否与图纸相符。对土质地基,可用肉眼、微型贯入仪、轻型动力触探等简易方法,检验土的密实度和均匀性,必要时可在槽底普遍进行轻型动力触探。但坑底下埋有砂层,且承压水头高于坑底时,应特别慎重,以免造成冒水涌砂。当岩土条件与勘察报告出入较大或设计有较大变动时,可有针对性地进行补充勘察。

13.2.2 桩长设计一般采用地层和标高双控制,并以勘察报告为设计依据。但在工程实践中,实际地层情况与勘察报告不一致是常有的事,故应通过试打试钻,检验岩土条件是否与设计时预计的一致,在工程桩施工时,也应密切注意是否有异常情况,以便及时采取必要的措施。

13.2.4 目前基坑工程的设计计算,还不能十分准确,无论计算模式还是计算参数,常常和实际情况不一致。为了保证工程安全,监测是非常必要的。通过对监测数据的分析,必要时可调整施工程序,调整支护设计。遇有紧急情况时,应及时发出警报,以便采取应急措施。本条规定的5款是监测的基本内容,主要从保证基坑安全的角度提出的。为科研积累数据所需的监测项目,应根据需要另行考虑。

监测数据应及时整理,及时报送,发现异常或趋于临界状态时,应立即向有关部门报告。

13.2.7 对于地下洞室,常需进行岩体内部的变形监测。可根据具体情况,在洞室顶部、洞壁水平部位、45°角部,采用机械钻孔埋设多点位移计,监测成洞时围岩的变形和成洞后围岩的蠕动。

13.3 不良地质作用和地质灾害的监测

13.3.3 岩溶对工程的最大危害是土洞和塌陷。而土洞和塌陷的发生和发展又与地下水的运动密切相关,特别是人工抽吸地下水,使地下水位急剧下降时,常常引发大面积的地面塌陷。故本条规定,岩溶土洞区监测工作的内容中,除了地面变形外,特别强调对地下水的监测。

13.3.4 滑坡体位移监测时,应建立平面和高程控制测量网,通过定期观测,确定位移边界、位移方向、位移速率和位移量。滑面位置的监测可采用钻孔测斜仪、单点或多点钻孔挠度计、钻孔伸长仪等进行,钻孔应穿过滑面,量测元件应通过滑带。地下水对滑坡的活动极为重要,应根据滑坡体及其附近的水文地质条件精心布置,并应搜集当地的气象水文资料,以便对比分析。

对滑坡地点和规模的预报,应在搜集区域地质、地形地貌、气象水文、人类活动等资料的基础上,结合监测成果分析判定。对滑坡时间的预报,应在地点预报的基础上,根据滑坡要素的变化,结合地面位移和高程位移监测、地下水监测,以及测斜仪、地音仪、测震仪、伸长计的监视进行分析判定。

13.3.6 现采空区的地表移动和建筑物变形观测工作,一般由矿产开采单位进行,勘察单位可向其搜集资料。

13.4 地下水的监测

13.4.1 地下水的动态变化,包括水位的季节变化和多年变化,人为因素造成的地下水的变化,水中化学成分的运移等,对工程的安全和环境的保护,常常是最重要最关键的因素,故本条作了相应的规定。

13.4.2 为工程建设进行的地下水监测,与区域性的地下水长期观测不同,监测要求随工程而异,不宜对监测工作的布置作具体而统一规定。

13.4.4 孔隙水压力和地下水压力的监测,应特别注意设备的埋设和保护,建立长期良好而稳定的工作状态。水质监测每年不少于4次,原则上可以每季度一次。

14 岩土工程分析评价和成果报告

14.1 一般规定

14.1.1 本条主要提出了岩土工程分析评价的总要求,说明与本规范各章的关系。

14.1.2 基本内容与《94规范》相同,仅修改了部分提法。

14.1.3 将《94规范》的定性分析和定量分析两条

合并为一条，写法比较精炼。

14.1.6 将《94规范》中有关原型观测、足尺试验和反分析的主要规定综合而成。在《94规范》中关于反分析设了专门一节，在工程勘察中，反分析仅作为分析数据的一种手段，并不是勘察阶段的主要内容，与成果报告中其他节的内容也不匹配，因此不单独设节。

14.2 岩土参数的分析和选定

14.2.1 评价岩土参数的可靠性与适用性，在《94规范》规定的基础上，增加了测试结果的离散程度和测试方法与计算模型的配套性两个要求。

14.2.3 岩土参数的标准差可以作为参数离散性的尺度，但由于标准差是有量纲的指标，不能用于不同参数离散性的比较。为了评价岩土参数的变异特点，引入了变异系数δ的概念。变异系数δ是无量纲系数，使用上比较方便，在国际上是一个通用的指标，许多学者给出了不同国家、不同土类、不同指标的变异系数经验值。在正确划分地质单元和标准试验方法的条件下，变异系数反映了岩土指标固有的变异性特征，例如，土的重度的变异系数一般小于0.05，渗透系数的变异系数一般大于0.4；对于同一个指标，不同的取样方法和试验方法得到的变异系数可能相差比较大，例如用薄壁取土器取土测定的不排水强度的变异系数比常规厚壁取土器取土测定的结果小得多。

在《94规范》中给出了按参数变异性大小评价的标准，划分为很低、低、中等、高、很高五种变异性，目的是"按变异系数划分变异类型，有助于工程师定量地判别与评价岩土参数的变异特性，以便区别对待，提出不同的设计参数值。"但在使用中发现，容易将这一规定误解为判别指标是否合格的标准，对有些变异系数本身比较大的指标认为勘察试验有问题，这显然不是规范条文的原意。为了避免不必要的误解，修订时取消了这个评价岩土参数变异性的标准。

14.2.4 岩土参数标准值的计算公式与《94规范》的方法没有差异。

岩土参数的标准值是岩土工程设计的基本代表值，是岩土参数的可靠性估值。这是采用统计学区间估计理论基础上得到的关于参数母体平均值置信区间的单侧置信界限值：

$$\phi_k = \phi_m \pm t_\alpha \sigma_m = \phi_m (1 \pm t_\alpha \delta) = \gamma_s \phi_m \tag{14.1}$$

$$\gamma_s = 1 \pm t_\alpha \delta \tag{14.2}$$

式中 σ_m——场地的空间均值标准差

$$\sigma_m = \Gamma(L)\sigma_f \tag{14.3}$$

标准差折减系数$\Gamma(L)$可用随机场理论方法求得，

$$\Gamma(L) = \sqrt{\frac{\delta_e}{h}} \tag{14.4}$$

式中 δ_e——相关距离（m）；

h——计算空间的范围（m）；

考虑到随机场理论方法尚未完全实用化，可以采用下面的近似公式计算标准差折减系数：

$$\Gamma(L) = \frac{1}{\sqrt{n}} \tag{14.5}$$

将公式（14.3）和（14.4）代入公式（14.2）中得到下式：

$$\gamma_s = 1 \pm t_\alpha \delta = 1 \pm t_\alpha \Gamma(L)\delta = 1 \pm \frac{t_\alpha}{\sqrt{n}}\delta \tag{14.6}$$

式中t_α为统计学中的学生氏函数的界限值，一般取置信概率α为95%。为了便于应用，也为了避免工程上误用统计学上的过小样本容量（如$n=2$、3、4等）在规范中不宜出现学生氏函数的界限值。因此，通过拟合求得下面的近似公式：

$$\frac{t_\alpha}{\sqrt{n}} = \left\{\frac{1.704}{\sqrt{n}} + \frac{4.678}{n^2}\right\} \tag{14.7}$$

从而得到规范的实用公式（14.2.4-2）。

14.2.5 岩土工程勘察报告一般只提供岩土参数的标准值，不提供设计值，故本条未列岩土参数设计值的计算。需要时，当采用分项系数描述设计表达式计算时，岩土参数设计值ϕ_d按下式计算：

$$\phi_d = \frac{\phi_k}{\gamma} \tag{14.8}$$

式中 γ——岩土参数的分项系数，按有关设计规范的规定取值。

14.3 成果报告的基本要求

14.3.1 原始资料是岩土工程分析评价和编写成果报告的基础，加强原始资料的编录工作是保证成果报告质量的基本条件。这些年来，经常发现有些单位勘探测试工作做得不少，但由于对原始资料的检查、整理、分析、鉴定不够重视，因而不能如实反映实际情况，甚至造成假象，导致分析评价的失误。因此，本条强调，对岩土工程分析所依据的一切原始资料，均应进行整理、检查、分析、鉴定，认定无误后方可利用。

14.3.3、14.3.4 鉴于岩土工程的规模大小各不相同，目的要求、工程特点、自然条件等差别很大，要制订一个统一的适用于每个工程的报告内容和章节名称，显然是不切实际的。因此，本条只规定了岩土工程勘察报告的基本内容。

与传统的工程地质勘察报告比较，岩土工程勘察报告增加了下列内容：

1 岩土利用、整治、改造方案的分析和论证；

2 工程施工和运营期间可能发生的岩土工程问

题的预测及监控、预防措施的建议。

14.3.7 本条指出,除综合性的岩土工程勘察报告外,尚可根据任务要求,提交专题报告。例如:

某工程旁压试验报告(单项测试报告);

某工程验槽报告(单项检验报告);

某工程沉降观测报告(单项监测报告);

某工程倾斜原因及纠倾措施报告(单项事故调查分析报告);

某工程深基开挖的降水与支挡设计(单项岩土工程设计);

某工程场地地震反应分析(单项岩土工程问题咨询);

某工程场地土液化势分析评价(单项岩土工程问题咨询)。